# TRAITÉ
# DE CHIMIE
## ÉLÉMENTAIRE,
## THÉORIQUE ET PRATIQUE.

IMPRIMÉ CHEZ PAUL RENOUARD,
RUE GARANCIÈRE, N. 5.

# TRAITÉ
# DE CHIMIE
## ÉLÉMENTAIRE,
## THÉORIQUE ET PRATIQUE,

SUIVI D'UN

**ESSAI SUR LA PHILOSOPHIE CHIMIQUE**

ET

D'UN PRÉCIS SUR L'ANALYSE,

**Par M. le Baron L. J. THENARD,**

Pair de France, Conseiller au Conseil Royal de l'Instruction publique, de l'Académie Royale des Sciences de l'Institut de France; Doyen de la Faculté des Sciences de l'Académie de Paris, Professeur de Chimie au Collége Royal de France et à l'École polytechnique; Membre de l'Académie Royale de Médecine, de la Société philomatique, de la Légion-d'Honneur; des Académies et Sociétés Royales de Londres, de Berlin, de Stockholm, d'Edimbourg, de Pétersbourg, de Copenhague, de Madrid, de Naples, de Munich, de Gœttingue, de Bologne, de Modène, de Lucques, d'Erfurt, etc., etc.

**SIXIÈME ÉDITION.**

TOME QUATRIÈME.

PARIS.

CROCHARD, LIBRAIRE-EDITEUR,

PLACE DE L'ÉCOLE-DE-MÉDECINE, N° 13.

1835.

# ERRATA.

---

*Le lecteur est prié de faire les corrections suivantes :*

| PAGES. | LIGNES. |
|---|---|
| 2, | 29 : Il n'est question dans la note (1) que des composés naturels. |
| 7, | 8 et 9 : et quand ; *lisez* : et que, quand. |
| 9, | 18 et 19 : acétane ; *lisez* : acétone. |
| 9, | 34 : et souvent à la ; *lisez* : et souvent, si la chaleur est portée jusqu'au rouge, à la. |
| 12, | 19 : ces sous-divisions ; *lisez* : les sous-divisions. |
| 50, | dernière ligne : *Ann. de Chim. et de Phys.* ; *ajoutez* : LVI, 297. |
| 52, | 38 : acide acétique ; *lisez* : acide acétique hydraté. |
| 61, | 30 : HO ; *lisez* : $H^2O$. |
| 69, | 16 : ; quand ; *lisez* : , que quand. |
| 69, | 17 : , on verse ; *lisez* : : alors on verse. |
| 75, | 21 : d'eau ; *lisez* ; d'acide pyro-gallique. |
| 77, | 33 : et pourquoi ; *lisez* : pourquoi. |
| 77, | 34 : et qu'il ; *lisez* : et pourquoi il. |
| 80, | 41 : au nombre ; *lisez* : du nombre. |
| 104, | 5 : 6,4112 ; *lisez* : 6,4319. |
| 118, | 20 : $\frac{}{3}$ ; *lisez* : $\frac{1}{3}$. |
| 120, | 35 : ($C^4H^2O^3$,$AZ^2H^6$) ; *lisez* : ($C^4H^2O^3$,$Az^2H^6$). |
| 123, | 39 et 40 : $C^8H^8O^4$ ; *lisez* : $C^{12}H^8O^4$. |
| 138, | 1 et 2 de la note : des acides margaritique et sébacique ; *lisez* : de l'acide sébacique. |
| 177, | 17 : cyanique ; *lisez* : cyanurique. |
| 177, | 18 : 2° ; *lisez* : 2°, pour produits volatils,. |
| 180, | 22 : cyanurique ; *lisez* : para-cyanurique. |
| 180, | 37 : du cyanurate ; *lisez* : du cyanurate de potasse. |
| 180, | 38 . d'ammoniaque ; *lisez* : d'ammoniaque qui se dégage. |
| 181, | 26 : $\frac{}{2}$ ; *lisez* : $\frac{1}{2}$. |
| 203, | 19 : reporter l'alinéa après la 4e ligne, page 204. |
| 221, | 31 : sulfhydrate ; *lisez* : sulfocyanhydrate. |
| 223, | 25 : l'auteur ; *lisez* : M. Liebig. |
| 233, | 40 : et a du ; *lisez* : à de l'acide purpurique et à du. |
| 253, | 19 : $5^{52}H^{92}O^4$ ; *lisez* : $C^{52}H^{92}O^4$. |
| 256, | dernière ligne : oxidés de fer ; *lisez* : peroxidés de fer. |
| 261, | 2 : sulfovinique de l'esprit de bois ; *lisez* : sulfo-méthylique. |
| 262, | 21 : Toutes ; *lisez* : Presque toutes. |
| 278, | 18 : est mêlée ; *lisez* : et mêlée. |
| 292, | 25 : pour enlever la para-ménispermine ; *lisez* : qui dissout la ménispermine, puis évaporer à siccité la liqueur éthérée. |
| 326, | 10 : elle ; *lisez* : l'arabine. |
| 334, | 6 : le ; *lisez* : la. |

| Pages | Lignes. |
|---|---|
| 334, | 7 : il; *lisez :* elle. |
| 356, | 28 et 29 : iodhydrique; *lisez :* iodique. |
| 368, | 6 : d'albumine; *lisez :* d'albumine, etc. |
| 369, | 6 : $C^{15}H^9O^4$; *lisez :* $C^{14}H^{10}O^4$. |
| 379, | 37 : *ajoutez :* observons toutefois que cette substance avait déjà été signalée par Bucholz. |
| 386, | 30 : $C^{14}H^7O$; *lisez :* $C^{14}H^7O^2$. |
| 387, | 33 : équivalant; *lisez :* équivalent. |
| 394, | 2 : l'huile de ricin excepté; *lisez :* excepté l'huile de ricin, et quelques autres. |
| 413, | 13 : bi-carbure; *lisez :* carbure. |
| 414, | dernière ligne : purifiées; *lisez :* et purifiée. |
| 426, | 32 et 33 : *supprimez :* et rectifié par la distillation. |
| 427, | 10 : d'un tube mince; *lisez :* d'un tube d'un petit diamètre. |
| 434, | 20 : nt soumises; *lisez :* sont soumises. |
| 435, | 26 : $C^8H^8,H^2O$; *lisez :* $C^8H^8,2H^2O$. |
| 436, | 23 : p. 36; *ajoutez :* et t. LIV, p. 235. |
| 449, | 12 : naissance; *ajoutez :* à du sulfate de baryte,. |
| 451, | 17 : méthylène; *ajoutez :* ou bien encore par double décomposition (2332). |
| 487, | 30 : 3 $C^{63}H^{67}O$; *lisez :* $3C^{68}H^{67}O$. |
| 491. | 5 : la seule; *ajoutez :* de ces dernières. |
| 496, | 7 : *supprimez :* d'*assa-fœtida.* |
| 504, | 7, : $C^2H^{20}O$; *lisez :* $C^{20}H^{20}O$. |
| 515, | 23 : de l'eau; *lisez :* de l'eau. Le cyanure de benzoïle. |
| 547, | 1 : $CH^6$; *lisez :* $Ch^6$. |
| 558, | 3; $+ Az^4H^{12}$, ; *lisez :* $+ Az^4H^{12} =$. |
| 560, | 37 : $C^{16}H^{10}O^6$; *lisez :* $C^{16}Az^2H^{10}O^6$. |
| 560, | 41 : $CAz^2H^8O^5$; *lisez :* $C^{16}Az^2H^8O^5$. |
| 566 | 42 : que l'eau; *lisez :* l'eau. |

# TABLE

## DES MATIÈRES CONTENUES DANS LE QUATRIÈME VOLUME.

---

## SECONDE PARTIE.

### *CORPS ORGANIQUES OU CHIMIE VÉGÉTALE ET ANIMALE.*

---

### LIVRE PREMIER

*Des diverses substances végétales et animales, page 2.*

FIN DE LA TABLE DU QUATRIÈME VOLUME.

# TRAITÉ
# DE CHIMIE
## ÉLÉMENTAIRE
## THÉORIQUE ET PRATIQUE.

---

# SECONDE PARTIE.

## *CORPS ORGANIQUES ou CHIMIE VÉGÉTALE ET ANIMALE.*

1914. Les végétaux et les animaux se composent de différentes parties que l'anatomie nous apprend à séparer. Ces parties sont formées de diverses substances, telles que le sucre, la gomme, le ligneux, la fibrine, l'albumine, qu'on parvient à extraire par des procédés chimiques ; et ces substances elles-mêmes, que nous connaîtrons sous le nom de *substances immédiates*, le sont de plusieurs principes dont les propriétés ont été étudiées précédemment.

Rechercher quels sont ces principes, faire l'histoire des substances immédiates, examiner comment elles se forment dans l'acte de la nutrition, chercher à en créer de semblables et même de nouvelles, déterminer celles qui entrent dans la composition de toutes les parties des plantes et des animaux, et étudier successivement toutes ces parties, voilà ce qui constitue les deux branches de la chimie, qu'on appelle *chimie végétale* et *chimie animale* : de là, l'ordre que nous allons suivre.

Nous avions cru devoir dans les éditions précédentes, à l'instar de tous les auteurs, séparer complètement la chimie végétale de la chimie animale. Cette division serait excellente, si les matières végétales avaient toujours une autre composition que les matières animales. Mais comme elles ne diffèrent les unes des autres qu'en ce que les premières sont rarement azotées, et que les secondes au contraire le sont souvent, il nous a paru beaucoup plus rationnel de les réunir : nous traiterons donc d'abord des diverses substances immédiates, puis nous nous occuperons successivement *de la physiologie chimique végétale* et *de la physiologie chimique animale*, c'est-à-dire de la formation des substances immédiates au sein des végétaux et des animaux, de la recherche de celles qui constituent les différentes parties végétales et animales, et des principaux phénomènes auxquels la réaction de ces substances peut donner lieu.

# LIVRE PREMIER.

Des diverses substances immédiates végétales et animales.

## CHAPITRE I.

### *Des principes des substances immédiates.*

1915. Les principes des substances immédiates sont seulement au nombre de quatre, l'hydrogène, le carbone, l'oxigène et l'azote (1). Les trois premiers constituent les substances végétales, à part quelques-unes qui contiennent de l'azote, et quelques autres qui ne sont formées que de carbone et d'hydrogène (2). Les substances animales au contraire, sont composées de ces quatre principes, si l'on en excepte un petit nombre, telles que les graisses, le sucre de lait, etc., qui ne sont point azotées. Il est facile de le prouver en chauffant jusqu'au rouge les substances végétales et animales avec du bioxide de cuivre : on les convertit alors en eau et en gaz acide

(1) Ce n'est que dans des cas extrêmement rares que le soufre ou le phosphore en fait partie. En effet, jusqu'à présent le soufre n'a guère été trouvé comme principe constituant que dans l'essence de moutarde, et le phosphore que dans la matière grasse du cerveau et dans la laitance de la carpe.

(2) L'acide oxalique, l'acide mellitique et l'acide croconique ne renferment, il est vrai, que du carbone et de l'oxigène; mais ces acides devraient plutôt être placés dans le règne minéral que dans le règne végétal.

carbonique pur, ou en eau et en gaz carbonique et gaz azote, dont les quantités varient suivant que les substances contiennent plus ou moins d'hydrogène et de carbone, etc. Or, comme le bi-oxide ne leur fournit qu'une partie de l'oxigène nécessaire pour brûler ces deux corps combustibles, il s'ensuit que la substance est elle-même oxigénée. (*Voy.* l'analyse des substances organiques dans le 5$^{e}$ volume.)

On pourrait croire au premier aperçu qu'un si petit nombre de principes ne devrait donner lieu qu'à un nombre très limité de substances. Mais lorsqu'on vient à considérer que, pour en obtenir de nouvelles, il suffit de faire varier la proportion, soit de l'hydrogène, soit du carbone, soit de l'oxigène, soit de l'azote, ou même de les combiner dans un autre ordre, on est conduit à une conséquence tout opposée : aussi le nombre des substances immédiates est-il très considérable ; il s'est accru rapidement depuis quelques années, et doit même sembler infini, à ne consulter que la théorie.

---

## CHAPITRE II.

### *Lois relatives à la composition des substances immédiates.*

1916. Probablement que toutes les substances immédiates végétales et animales sont soumises dans leur composition à des lois générales. Ces lois ont déjà été l'objet de beaucoup de recherches ; mais elles ne sont pas encore bien connues.

On sait seulement :

1° Que quand une substance immédiate ne contient point d'azote, et que la quantité de son oxigène est à la quantité de gaz hydrogène dans un rapport plus grand que dans l'eau ou que 1 à 2 en volume, elle est acide, quelle que soit la quantité de carbone qui entre dans sa composition.

2° Que quand ce rapport est de 1 à 2 en volume ou de 1 à un nombre plus grand que 2, la substance peut encore être acide; mais que le plus souvent elle est neutre ou indifférente.

3° Que quand la substance contient beaucoup de carbone, elle contient en même temps beaucoup d'hydrogène, et réciproquement; qu'alors elle est très inflammable et huileuse, ou résineuse, ou alcoolique, ou éthérée.

4° Qu'aucune substance immédiate ne contient assez d'oxigène pour transformer son hydrogène et son carbone en eau et en acide carbonique, et que cette transformation s'opère toutes les fois que les élémens sont dans ce rapport.

5° Qu'il existe des substances immédiates qui sont de véritables bases salifiables, et que toutes les substances de ce genre, connues jusqu'ici, contiennent de l'azote.

6° Que plusieurs substances immédiates ont un radical commun, qui, en se combinant avec différentes proportions du même corps ou de corps divers, donnent naissance à une série de composés d'où résultent des groupes naturels : ces groupes se multiplieront sans doute et permettront d'établir des classifications qui rendront l'étude des matières organiques beaucoup plus facile et plus intéressante.

Qu'ainsi 2 atomes de benzoïle ($C^{23}H^{10}O^2$) forment par leur union :

| | | | |
|---|---|---|---|
| Avec | 2 at. d'hydrogène | — | 2 at. d'essence d'amandes amères ($C^{28}H^{10}O^2,H^2$). |
| — | 1 at. d'oxigène, | — | 1 at. d'acide benzoïque ($C^{28}H^{10}O^2,O$). |
| — | 1 at. de soufre, | — | 1 at. de sulfure de benzoïle ($C^{28}H^{10}O^2,S$). |
| — | 2 at. de chlore, | — | 2 at. de chlorure de benzoïle ($C^{28}H^{10}O^2,Ch^2$). |

Que 2 atomes de cyanogène ($C^4Az^2$) forment par leur union :

| | | | |
|---|---|---|---|
| Avec | 2 at. d'hydrogène | — | 2 at. d'acide cyanhydrique ($C^4Az^2,H^2$). |
| — | 1 at. d'oxigène, | — | 1 at. d'acide cyanique ($C^4Az^2,O$). |
| — | 1 at. de soufre, | — | 1 at. de sulfo-cyanogène ($C^4Az^2,S^2$). |
| — | 2 at. de chlore, | — | 2 at. de chlorure de cyanogène ($C^4Az^2,Ch^2$). |
| — | 2 at. de benzoïle, | — | 2 at. de cyanure de benzoïle ($C^4Az^2,C^{28}H^{10}O^2$). |

7° Qu'un assez grand nombre de substances organiques peuvent être représentées dans leur composition par deux corps, par exemple :

| | |
|---|---|
| L'acide acétique par de l'acide carbonique et de l'acétone........................ | $C^8H^6O^3 = C^2O^2 + C^6H^6O$. |
| L'acide citrique par de l'acide acétique hydraté et de l'oxide de carbone................ | $3C^2HO = (C^8H^6O^3,H^2O + C^8O^4$. |
| L'alcool par de l'eau et de l'éther........... | $2C^4H^6O = H^2O + C^8H^{10}O$. |
| L'éther par de l'eau et du bi-carbure d'hydrog.. | $C^8H^{10}O = H^2O + C^8H^8$. |
| L'asparamide par de l'ammoniaque et de l'acide asparmique........................ | $C^8Az^2H^3O^3 = C^8AzH^5O^3 + AzH^3$. |

Qu'en mettant chacune de ces substances avec une autre qui ait beaucoup d'affinité pour l'un des corps constituans, elles se résolvent en ceux-ci, à moins que l'eau dont on fait usage pour déterminer la réaction, ne vienne s'associer aux phénomènes et changer les résultats ; que quelquefois la chaleur seule suffit pour opérer cette séparation.

Ainsi, l'acide acétique combiné à la baryte et chauffé avec précaution, donne de l'acide carbonique qui reste uni à la base plus de l'acétone.

8° Que, d'après M. Dumas, un corps hydrogéné soumis à l'action déshydrogénante du chlore, du brôme, de l'iode, de l'oxigène, etc., gagne par chaque atome d'hydrogène qu'il perd, 1 atome de chlore, de brôme, d'iode, et un demi-atome d'oxigène.

Que la même règle s'applique à un corps hydrogéné qui contient de l'oxigène.

Que, quand le corps hydrogéné renferme de l'eau, celle-ci perd son hydrogène sans que rien le remplace; mais qu'à partir de ce point, l'hydrogène enlevé se trouve remplacé, comme il vient d'être dit; par exemple :

L'huile essentielle d'amandes amères ou hydrure de benzoïle ($C^{28}H^{10}O^2+H^2$) enlève $O^2$ à l'air, et se convertit en acide benzoïque $C^{28}H^{10}O^3$, en produisant 1 at. d'eau $H^2O$. Traitée par le chlore, elle forme le chlorure de benzoïle ($C^{28}H^{10}O^2+Ch^2$) et 2 at. d'acide chlorhydrique $H^2Ch^2$. (*Journ. de Pharm.*, XX, 285.)

Un atome d'alcool ($C^8H^8,H^4O^2$) cède d'abord les 4 at. d'hydrogène des 2 at. d'eau $H^4O^2$ à 4 at. de chlore, et se trouve transformé en $C^8H^8O^2$, équivalant à un demi-atome d'éther acétique; puis chaque atome d'hydrogène enlevé est remplacé par 1 at. de chlore, de manière à produire du *chloral* et de l'acide chlorhydrique, comme le montre l'équation suivante : $C^8H^8O^2+Ch^{12}=C^8H^2O^2Ch^6+6HCh$.

## CHAPITRE III.

### *Propriétés générales des substances organiques.*

1917. Toutes les substances immédiates, végétales et animales, sont solides ou liquides à la température ordinaire; leurs autres propriétés physiques varient.

1918. *Action du feu.* — Plusieurs sont volatiles par elles-mêmes : tels sont l'acide acétique, l'alcool, l'éther, le camphre, les huiles essentielles. D'autres se vaporisent dans les différens gaz : nous citerons, pour exemple, l'acide stéarique, l'acide margarique, l'acide oléique, l'indigo. D'autres sont fixes; ce sont les plus nombreuses.

Soumises à la distillation, les premières n'éprouvent aucune altération; les deuxièmes se décomposent et se volatilisent en partie; les troisièmes se décomposent complètement et donnent des produits qui varient en raison de la substance distillée et de la température à laquelle elle est exposée : de l'eau, du gaz carbonique, de l'acide acétique, du gaz oxide de carbone, de l'huile plus ou moins colorée et plus ou moins épaisse, des carbures gazeux d'hydogène, du charbon; tels sont en général les produits de celles qui se composent de carbone, d'hydrogène, d'oxigène, et qui sont chauffées peu-à-peu jusqu'au rouge : celles qui contiennent de l'azote fournissent en outre de l'acide cyanhydrique, de l'ammoniaque qui s'unit aux acides, et du gaz azote même.

Quelquefois les produits sont plus nombreux.

Quelquefois, au contraire, lorsque le degré de chaleur est au-dessous du rouge naissant, ils le sont beaucoup moins, et consistent seulement en quelques nouvelles matières non charbonnées, qui se distillent ou se subliment ou restent au fond du vase distillatoire. C'est à cette sorte de distillation que M. Pelouze a donné le nom de *distillation blanche* pour la distinguer de la distillation ordinaire (1962).

Aucune substance d'ailleurs ne résiste, qu'elle soit volatile ou non, à une très haute température; toutes alors se transforment principalement en gaz oxide de carbone, en carbure gazeux d'hydrogène, en charbon et en azote, lorsque ce principe fait partie de leur composition.

Rien de plus facile que de constater ces divers résultats.

1919. *Distillation ordinaire des matières fixes non azotées.* — On introduit la substance dans une cornue de grès; cette cornue est placée dans un fourneau à réverbère; son col pénètre dans une allonge qui se rend dans un récipient tubulé, et de ce récipient part un tube qui s'engage sous des flacons pleins d'eau. Les tubulures étant bien lutées, on met du feu dans le fourneau, de manière à porter peu-à-peu la panse de la cornue jusqu'au rouge. Bientôt la décomposition se produit; elle commence à avoir lieu même bien au-dessous de la chaleur rouge; elle s'annonce par des vapeurs blanches et par un dégagement de gaz. L'on juge qu'elle est achevée, lorsqu'il ne se dégage plus ni gaz ni vapeurs, malgré la violence du feu. Les gaz se rassemblent dans les flacons; l'eau, l'acide acétique et l'huile se condensent dans le récipient; le charbon reste dans la cornue. L'huile est ordinairement épaisse et d'un brun noirâtre; elle ressemble à du goudron; une petite portion se dissout dans l'acide acétique, et une autre passe avec les gaz dans les récipiens; c'est à cette huile que les gaz doivent l'odeur empyreumatique qu'ils ont toujours.

Toutes les substances ne donnent point ces produits en quantités égales. De celles qui contiennent beaucoup d'oxigène, on retire beaucoup d'eau, de gaz carbonique, d'acide acétique, et de celles qui sont très hydrogénées, beaucoup d'huile et de gaz carbure d'hydrogène. Dans tous les cas, on obtient pour résidu le charbon que n'ont pu dissoudre, soit isolément, soit réunis, l'hydrogène et l'oxigène faisant partie de la substance soumise à la distillation. L'eau et l'acide carbonique, qui sont très oxigénés, se forment les premiers. Le gaz oxide de carbone et l'acide acétique qui le sont moins, ne se forment qu'en second lieu; l'huile, qui ne l'est que peu, et le carbure d'hydrogène, qui ne l'est pas, ne se forment qu'en dernier lieu. Il est évident, en effet, que tant que la substance contient beaucoup d'oxigène, il ne peut se former de matière huileuse, puisque l'oxigène convertit cette matière en eau et en gaz carbonique; et si dans le cours de l'expérience tous ces produits se dégagent à-la-fois, c'est parce que la substance qui est au centre de la cornue est moins chaude que celle qui touche les parois, et quand l'une achève de se décomposer, la décomposition de l'autre commence à s'opérer. Du reste, il est trop facile de concevoir la formation de chacun de ces produits pour devoir nous y arrêter.

1920. *Distillation des substances fixes azotées.* — On y procède comme à la précédente. En général, ces substances donnent d'abord de l'eau, du gaz carbonique, puis du carbonate d'ammoniaque dont une partie cristallise dans les vases en aiguilles blanches, de l'acétate d'ammoniaque, du cyanhydrate d'ammoniaque en très petite quantité, du gaz oxide de carbone, une huile épaisse, noire, lourde et très fétide, du gaz carbure d'hydrogène, du gaz azote et un charbon volumineux qui, la plupart du temps, présente de l'éclat et indique la fusion ou du moins le ramollissement des matières dont il est le résidu.

1921. *Distillation blanche.* — La seule différence qui existe entre la manière de la faire et celle dont on effectue la distillation ordinaire, consiste dans l'emploi de soins convenables pour maintenir la température à un degré constant. (*Voyez* les généralités sur les acides pyrogénés et ceux qui leur donnent naissance.)

1922. *Décomposition à une très haute température.* — On l'opère en plaçant dans une cornue la matière volatile ou fixe, la distillant et faisant passer ses vapeurs ou les produits volatils dans lesquels elle se transforme, à travers un tube de porcelaine porté au degré de la chaleur blanche, et communiquant avec un flacon refroidi, auquel est adapté un tube ordinaire propre à recueillir les gaz.

1923. *Décomposition spontanée.* — Il est des substances organiques qui, lorsqu'elles sont humides ou dissoutes, ont la propriété de se décomposer spontanément à la température ordinaire; un assez grand nombre même sont dans ce cas; leurs principes se dissocient, se combinent dans d'autres proportions, et donnent naissance à des produits nouveaux. L'air favorise singulièrement cette sorte de décomposition, que nous ne faisons qu'annoncer et que nous examinerons avec beaucoup de soins par la suite.

1924. *Action du gaz oxigène et de l'air.* — Tout le monde sait qu'à l'aide de la chaleur, la plupart des substances végétales et animales sèches prennent feu dans l'air. Les plus combustibles sont les huiles, les résines, etc. où l'hydrogène prédomine; et les moins combustibles sont les acides où l'oxigène est au contraire presque toujours prédominant: aussi, plusieurs de ceux-ci brûlent-ils sans lumière; nous citerons comme exemple l'acide oxalique.

L'air n'agit évidemment que par son oxigène; il tend donc à convertir la substance organique en eau et en acide carbonique; telle serait en effet le résultat de son action s'il était en assez grande quantité et si la température était assez élevée; mais c'est ce qui n'arrive jamais, même dans les meilleures cheminées et dans les meilleurs poêles; voilà pourquoi il s'amasse de la suie dans leurs tuyaux.

1925. *Action des métalloïdes,* etc.—L'hydrogène, l'azote, le bore, le silicium, le carbone, sont sans action sur les substances organiques.

Le soufre, le phosphore ne s'unissent qu'à la plupart de celles où l'hydrogène prédomine; ils se dissolvent dans les huiles, dans l'éther, dans l'alcool, et forment des composés solides avec les résines.

Le chlore attaque presque toutes les substances organiques; il n'y a guère que quelques acides qu'il n'attaque pas. L'action a lieu ordinairement à la température atmosphérique; c'est toujours en s'emparant d'une partie de leur hydrogène qu'il décompose ces substances. Il passe ainsi à l'état d'acide chlorhydrique, et les transforme en d'autres matières qui n'ont point encore été examinées.

Que l'on verse de la teinture de tournesol dans une dissolution de chlore, la couleur bleue disparaîtra et deviendra jaune aussitôt que le contact aura lieu; en vain l'on versera de l'ammoniaque pour la faire reparaître, l'on obtiendra tout au plus une teinte d'un jaune rougeâtre.

Que l'on fasse cette expérience sur toute autre couleur végétale ou animale, il en résultera de semblables phénomènes; qu'on la répète sur l'encre, corps composé d'acide tannique, d'acide gallique et d'oxide de fer, il se formera en outre du chlorure de fer.

Il est facile de concevoir d'après cela pourquoi l'on emploie le chlore avec tant de succès pour blanchir les estampes, les gravures, le papier, les fils de lin et de chanvre, et pour décomposer les miasmes putrides qui se répandent quelquefois dans l'air.

Le brôme et l'iode tendent en général à agir sur les substances végétales et animales comme le chlore; mais leur action ne se manifeste souvent qu'à l'aide de la chaleur; il y a dans ce cas formation d'acide brômhydrique et d'acide iodhydrique.

1927. Le potassium et le sodium, à une température peu élevée, décomposent toutes les substances végétales et animales qui contiennent de l'oxigène; ils s'emparent de ce principe et déterminent entre les autres une réaction sur laquelle nous n'avons que des données très vagues. La décomposition est toujours accompagnée de chaleur et de lumière, quand la quantité d'oxigène est notable.

1928. *Action de l'eau.*— L'eau n'agit presque jamais à froid que comme dissolvant sur les substances organiques; alors elle n'est point décomposée par elles et ne les décompose point elle-même. On observe que toutes celles où l'oxigène prédomine sont solubles dans ce liquide, et que toutes celles où l'hydrogène est très prédominant y sont, au contraire, insolubles ou peu solubles.

Quelques-unes seulement font exception, telles que l'acétane, l'alcool et le principe doux des huiles, sont solubles en toutes proportions; et encore contiennent-ils une assez grande quantité d'oxigène.

Quant à celles où l'oxigène et l'hydrogène sont dans les proportions qui constituent l'eau, il en est qui s'y dissolvent et d'autres qui ne s'y dissolvent pas.

1929. *Action des bases salifiables.* — La plupart des bases salifiables s'unissent aux substances immédiates acides, et forment des sels que nous étudierons par la suite. Leur action sur les autres substances n'a point encore été bien étudiée : on sait seulement, que les dissolutions alcalines concentrées et bouillantes, finissent par altérer celles de ces substances qui ne sont point volatiles; qu'à une température de 200°, il se forme souvent de l'acide oxalique et de l'acide acétique; et que quand elles sont azotées, la soude et surtout la potasse, donnent lieu, à un dégagement d'ammoniaque et souvent à la formation d'un cyanure.

1930. *Action des acides.* — Il n'est que deux acides, l'acide sulfurique et l'acide azotique, dont on ait examiné l'action générale sur les substances organiques, et encore cet examen, comme on va le voir, est-il fort incomplet et laisse-t-il beaucoup à desirer.

L'action de l'acide sulfurique est très variée. Quelquefois il se combine avec elles; souvent il les décompose en occasionant la formation d'une certaine quantité d'eau aux dépens de leurs principes, et les transforme en d'autres matières; souvent aussi, tout en les décomposant, il est lui-même décomposé, et de là, des produits divers. Il arrive encore que dans quelques circonstances il détermine l'association des principes de l'eau à ceux d'une matière organique, de telle sorte qu'il se produit une seule matière, contenant en plus les élémens de l'eau, ou deux matières, contenant, l'une l'hydrogène, et l'autre l'oxigène de l'eau.

Par exemple : 1° Met-on en contact à une chaleur modérée, pendant environ une demi-heure, un mélange d'environ parties égales d'acide sulfurique concentré et de naphtaline, il en résulte un composé particulier que l'on connaît sous le nom *d'acide sulfo-naphtalique*.

2° Chauffe-t-on un mélange de 4 parties d'acide sulfurique concentré et une partie d'alcool ($C^8H^8,H^4O^2$), celui-ci se transforme en eau et bi-carbure gazeux d'hydrogène (153).

3° Traite-t-on, à la température de 150°, la sciure de bois et presque toutes les substances organiques, par l'acide sulfurique concentré, elles se charbonnent, une partie de leurs principes combustibles absorbent l'oxigène de l'acide, et de là, du gaz sulfureux, du gaz carbonique, etc.

4° Fait-on bouillir de l'amidon avec de l'acide sulfurique étendu de dix fois son poids d'eau, pendant 7 à 8 heures; l'amidon s'empare des principes d'une certaine quantité d'eau et passe à l'état de sucre de raisin.

Enfin décompose-t-on une substance du genre *amide* par l'acide sulfurique affaibli, il en résulte tout-à-coup du sulfate d'ammoniaque et un acide particulier. Ainsi, deux atomes d'oxamide ($C^4Az^2H^4O^2$), plus 1 atome d'eau ($H^2O$), donnent, avec 1 atome d'acide sulfurique, 1 atome d'acide oxalique ($C^4O^3$), et 1 at. de sulfate d'ammoniaque ($SO^3+Az^2H^6$). Telle serait également l'action des autres acides puissans.

De nouveaux phénomènes sont produits par l'acide sulfurique sur beaucoup de substances organiques, solubles, par l'intermède du bi-oxide de manganèse. En portant le mélange à un degré de chaleur convenable, une réaction quelquefois très vive s'établit; il se forme beaucoup de gaz carbonique, et souvent une grande quantité d'acide formique qui passe dans les récipiens; c'est même en traitant 1 partie de sucre ou d'amidon par 3 parties d'acide sulfurique préalablement étendu et autant de bi-oxide de manganèse, qu'on se procure ordinairement l'acide formique.

1931. *L'acide azotique* décompose presque toutes les substances organiques, si ce n'est à froid, du moins à chaud ; les acides mellitique, succinique, benzoïque, camphorique, subérique, cholestérique, ambréïque, picrique, asparmique, semblent seuls faire exception. L'acide azotique, tout en décomposant la substance organique, est lui-même décomposé; il lui enlève une partie de son hydrogène et de son carbone, avec lesquels il fait de l'eau et de l'acide carbonique, passe à l'état d'acide hypo-azotique, ou d'oxide d'azote ou d'azote, et la transforme en divers acides dont l'un est presque toujours l'acide oxalique; et quelquefois, lorsque la matière est très charbonnée, comme les résines, en une matière connue sous le nom de tannin artificiel.

Le sucre, l'amidon, la gomme, donnent de l'acide oxalhydrique, et de l'acide oxalique; la gomme, le sucre de lait, l'acide pectique, de l'acide mucique et de l'acide oxalique; les matières azotées, telles que la fibrine, l'albumine, la gélatine, le caséum, le gluten, la soie, de l'acide picrique et de l'acide oxalique; l'acide urique, de l'acide purpurique et de l'acide oxalique (Voyez les substances organiques en particulier, ou les divers acides). Dans tous les cas, il y a toujours formation d'un peu d'acide cyanhydrique, et l'acide oxalique, le plus oxigéné de tous, prend naissance en dernier lieu; un excès d'acide azotique le convertirait en gaz carbonique.

D'ailleurs il se combine à quelques matières comme l'acide sulfurique et agit comme lui sur les *amides*.

1932. *Action des sels.* — Les substances immédiates végétales et animales, contenant toutes, à l'exception des acides oxalique et formique, plus d'hydrogène et de carbone qu'il n'en faut pour convertir leur oxigène en eau et en acide carbonique ou même en gaz oxide de carbone, les sels doivent agir sur elles à une haute température comme sur ces deux métalloïdes : aussi a-t-on observé, 1° que, dans ce cas, les sulfates étaient ramenés à l'état d'oxides ou de sulfures; 2° qu'en projetant un mélange d'azotate et surtout de chlorate de potasse et de substances riches en carbone et en hydrogène dans un creuset rouge, il en résultait une vive combustion; 3° que le chlorate de potasse détonait avec elles par un choc fort et subit, etc. (*Voyez* l'action du carbone et de l'hydrogène sur les sels).

Ces effets ne sont jamais produits à la température ordinaire. A cette température, il n'y a guère que les acides, les substances susceptibles de jouer le rôle de base, l'alcool, les matières colorantes qui aient de l'action sur les sels. Les acides peuvent s'emparer des bases, et les substances salifiables des acides. L'alcool agit comme dissolvant. Quant aux matières colorantes, elles tendent à s'unir aux sels mêmes, en les décomposant quelquefois, du moins en partie.

Observons, toutefois, que les sels dont les oxides sont très aisés à ramener à l'état métallique ou à un état inférieur d'oxidation, tels que les sels d'or, et en général, des métaux des deux dernières sections, les sels de sesqui-oxide de manganèse, etc., sont susceptibles de céder de l'oxigène à un assez grand nombre de composés organiques, même à froid, mais beaucoup plus facilement à la température de l'ébullition. De l'eau, de l'acide carbonique, et quelquefois des produits variés prennent alors naissance.

---

## CHAPITRE IV.

*Classification des substances végétales et animales.*

On a vu précédemment que les substances immédiates, végétales et animales, étaient les unes acides, d'autres basiques, les autres neutres ou indifférentes. De là résultent trois classes principales, dans lesquelles ces substances se partagent naturellement. Nous y en joindrons, toutefois, une quatrième qui comprendra les matières colorantes, parce que l'on n'est encore parvenu qu'à en isoler quelques-unes et qu'elles ont des propriétés communes qui en composent un groupe naturel. Ce n'est pas ici le lieu de faire connaître ces sous-divisions : nous ne les exposerons qu'en traitant de chaque classe.

### CLASSE I.

*Des acides organiques.*

1933. On connaît, dans l'état actuel, au moins 66 acides. Les uns sont formés seulement de carbone et d'oxigène; les autres, de carbone, d'oxigène et d'hydrogène; d'autres contiennent de l'azote. Nous les diviserons donc en trois sections.

Nous y en ajouterons deux autres, l'une qui comprendra les acides dont l'existence est douteuse, et l'autre, les acides composés d'acides connus et de matières organiques, lesquels sont plutôt des sels acides que des acides proprement dits.

Déjà nous avons fait connaître une partie des propriétés générales des acides (1917): nous achèverons de les exposer en parlant de chaque groupe. Nous ne devons maintenant considérer que les sels qu'ils sont susceptibles de former.

Tous, en se combinant avec les bases, forment des sels qui, neutralisés le plus possible, sont composés de telle manière que l'oxigène de l'acide est un multiple par un nombre entier de l'oxigène de la base. Les stéarates et les oléates font seuls exception. L'oxigène de la base fait les $\frac{2}{5}$ de l'oxigène de l'acide : ils correspondent donc aux phosphates et arséniates.

Tous ces sels sont décomposés par une chaleur rouge, et donnent lieu à des produits divers. En effet, lorsque le sel appartient aux deux premières sections, les principes de l'acide agissent les uns sur les autres; il en résulte de l'eau, de l'acide carbonique, de l'hydrogène carboné, du gaz oxide de carbone, etc., et la base reste intacte. Mais lorsque le sel appartient aux quatre dernières sections, non-seulement l'acide est décomposé, mais l'oxide est réduit lui-même en totalité ou en partie. Cependant il arrive quelquefois que, dans ce cas, l'acide n'éprouve qu'une altération partielle : c'est ce qui a lieu quand il est volatil, et que l'oxide est facilement réductible. Alors l'oxide est réduit par une portion de l'acide, tandis que l'autre se dégage : voilà ce que nous offre en particulier l'acétate de bi-oxide de cuivre ou le verdet cristallisé. (1)

Les sels organiques se comportent avec la pile de même que les sels minéraux. L'acide se rend au pôle positif et l'oxide pur ou réduit au pôle négatif.

L'eau dissout tous les sels qui sont à bases de potasse, de soude ou d'ammoniaque. Parmi ceux dont les bases sont différentes, il en est un grand nombre qu'elle ne dissout point.

Tout ce que nous avons dit de l'action hygrométrique de l'air sur les sels minéraux s'applique aux sels organiques.

Les bases salifiables qui ont le plus de tendance à s'unir aux acides par l'intermède de l'eau, sont : la baryte, la strontiane, la chaux, la lithine, la potasse, la soude; viennent ensuite l'ammoniaque et la magnésie. On ne sait rien de positif sur le rang qu'occupent les autres entre elles. On ne sait presque rien non plus sur l'ordre que suivent les acides végétaux et animaux dans leur union avec les diverses bases. Cependant il paraît que les acides oxalique, mellitique, para-tartrique, tartrique, citrique, tannique, etc., se trouvent au premier rang; et que les acides mucique, ulmique, subérique, les divers acides gras, l'acide urique, l'acide allantoïque, etc., occupent le dernier. Les acides oxalique et pyro-tartrique enlèvent la chaux même à l'acide sulfurique, et ces mêmes acides, plus l'acide tartrique, enlèvent de la potasse aux combinaisons de cette base avec les acides minéraux les plus puissans.

(1) Quelques sels, dont les bases sont très faibles, et les acides volatils laissent même dégager ceux-ci, sans qu'ils se décomposent; ex. : l'acétate d'alumine.

Les sels organiques dissous dans l'eau se comportent avec les métaux de même que les sels minéraux.

C'est encore comme ceux-ci qu'ils agissent les uns sur les autres ou bien sur les sels minéraux mêmes.

Enfin on les prépare comme ces sortes de sels.

## 1re SECTION.

## *Acides composés de carbone et d'oxigène.*

1934. Ces acides sont au nombre de trois : l'acide oxalique, l'acide croconique et l'acide mellitique. Tous trois sont solides, susceptibles de cristalliser, solubles dans l'eau et dans l'alcool. Chauffé en vase clos, l'acide oxalique se décompose et se volatilise en partie : les deux autres se décomposent entièrement en laissant un résidu charbonneux. L'acide azotique convertit le premier en acide carbonique; il transforme le deuxième en un acide particulier; il n'attaque pas le dernier.

Leur composition est représentée par $C^4O^3$, $C^{10}O^4$, $C^8O^3$, de telle sorte que, comme l'acide carbonique a pour formule $C^2O^2$, et l'oxide de carbone $C^2O$, il s'ensuit que les 5 composés de charbon et d'oxigène connus aujourd'hui contiennent pour 40 atomes de charbon, savoir : l'acide carbonique 40 atomes d'oxigène, l'acide oxalique, 30; l'oxide de carbone, 20; l'acide croconique, 16; l'acide mellitique, 15.

### ARTICLE Ier.

### *De l'acide oxalique.*

1935. *État naturel, préparation.* — L'acide oxalique, dont la découverte est due à Bergman, se trouve dans la nature quelquefois à l'état de liberté, comme dans les poils des pois chiches, mais le plus souvent uni à la chaux, à la potasse, à la soude et à l'oxide de fer. On l'obtient, soit en traitant le sucre ou l'amidon par six à sept fois son poids d'acide azotique, soit en l'extrayant de l'oxalate acide de potasse ou sel d'oseille.

Pour extraire l'acide oxalique de l'oxalate acide de potasse ou sel d'oseille, on commence par dissoudre ce sel dans vingt-cinq à trente fois son poids d'eau, et l'on y verse une dissolution d'acétate de plomb du commerce, jusqu'à ce qu'il ne se fasse plus de précipité. Il en résulte de l'acétate de potasse soluble, et de l'oxalate de plomb insoluble qui se dépose sous forme de poudre blanche. Lorsque le dépôt est formé, on le lave par décantation à plusieurs reprises. Ensuite on met l'oxalate dans une capsule avec la moitié de son poids d'acide sulfurique concentré, que l'on étend auparavant de quatre à cinq fois son poids d'eau, puis on porte peu-à-peu la liqueur jusqu'à l'ébullition (1). L'oxalate de plomb est promptement décomposé; son oxide s'unit à l'acide sulfurique, et forme un sulfate qui se précipite en poudre blanche, tandis que son acide reste en dissolution; mais comme cette dissolution contient en même temps une petite quantité d'acide sulfurique, il faut, pour précipiter complètement celui-ci, ajouter un peu de litharge en poudre très fine ou plutôt de l'oxalate de plomb et remuer continuellement la liqueur. On cessera d'en ajouter quand la liqueur, dont on filtrera de temps en temps une portion, cessera d'être troublée par l'azotate de baryte ou le chlorure de barium. Alors on la filtrera tout entière; on la recevra dans un flacon, et l'on y fera passer un courant de gaz sulfhydrique. Ce gaz réduira une petite quantité d'oxide de plomb qui sera restée unie à l'oxide oxalique, et donnera lieu par conséquent à des flocons noirâtres de sulfure de plomb. Enfin, on filtrera de nouveau la liqueur; on la fera évaporer convenablement, et, par le refroidissement, on en séparera des cristaux d'acide très pur. En évaporant les eaux mères, on en retirera d'autres cristaux aussi purs que les précédens.

Ce procédé est susceptible de deux modifications : l'une consiste à séparer l'excès d'acide sulfurique par la baryte, et l'autre à traiter directement l'oxalate de plomb par l'acide sulfhydrique. En effet :

1° Que l'on mette l'oxalate en suspension dans dix à douze fois son poids d'eau, et que l'on fasse passer à travers, bulle à bulle, un excès de gaz sulfhydrique, il en résultera de l'eau et du sulfure de plomb insoluble qui se précipitera sous forme de flocons noirs, tandis que l'acide oxalique deviendra libre et restera en dissolution dans la liqueur. Il n'y aura donc qu'à la filtrer et la faire évaporer convenablement pour obtenir l'acide oxalique cristallisé.

2° L'oxalate de plomb étant décomposé par l'acide sulfurique, comme nous l'avons dit précédemment, si l'on ajoute peu-à-peu de l'eau de baryte à la liqueur, et si l'on cesse d'en ajouter aussitôt que cette base ne la troublera plus, l'acide sulfurique se trouvera précipité en entier, et la liqueur filtrée ne contiendra plus que l'acide oxalique. La seule condition à observer est de ne pas mettre plus de base qu'il n'en faut pour saturer l'acide sulfurique, ou d'arriver à un point tel que la liqueur ne soit troublée ni par l'azotate de baryte ni par l'acide sulfurique.

1936. *Propriétés.* — L'acide oxalique cristallise en longs

(1) Pour connaître la quantité d'oxalate de plomb sur laquelle on opère, il faut seulement en faire sécher une partie.

prismes incolores, transparens et quadrilatères, terminés par des sommets dièdres. Sa saveur est très forte et son action sur le tournesol très grande.

Soumis à l'action du feu dans une cornue, il se fond dans son eau de cristallisation, s'épaissit, et se partage à environ 115° en deux parties, dont l'une se décompose et donne lieu à des gaz et à des vapeurs dans lesquels l'autre se vaporise; celle-ci unie seulement à 1 atome d'eau, se condense sous forme cristalline dans le col de la cornue. En supposant que les gaz acide carbonique et oxide de carbone se dégagent dans tout le cours de l'opération en volumes qui soient dans le rapport de 6 à 5 (et tel est en effet le rapport dans lequel M. Gay-Lussac les a généralement trouvés), voici quels seraient les produits formés par 12 atomes d'acide oxalique desséché :

$$12\,(C^4O^3 + H^2O) = \begin{cases} 24\ CO \text{ (acide carbonique)}, \\ 10\ C^2O \text{ (oxide de carbone)}. \\ 10\ H^2O \text{ (eau)} \\ C^4H^2O^3 + H^2O \text{ (acide formique concentré)}. \end{cases}$$

Lorsqu'on fait passer l'acide oxalique dans un tube rouge de feu, sa décomposition est totale et s'opère sans dépôt de charbon; ce qui provient de la grande quantité d'oxigène qui entre dans sa composition. Il est inaltérable à l'air, soluble dans 8 fois ½ son poids d'eau et beaucoup plus soluble dans l'eau bouillante. La présence de l'acide azotique augmente considérablement sa solubilité. L'alcool le dissout moins facilement que l'eau. Au moment où ses cristaux sont en contact avec celle-ci, ils semblent se rompre et produisent un léger bruit. Il réduit la dissolution de chorure d'or en décomposant l'eau et donnant lieu à du gaz carbonique et à de l'acide chlorhydrique. Mis en contact à chaud avec 40 fois son poids d'acide sulfurique concentré, il disparaît peu-à-peu et se transforme en un mélange de parties égales en volume de gaz carbonique et de gaz oxide de carbone (Dobœreiner, *Ann. de Chim. et de Phys.*, t. XIX, p. 83). Sa tendance pour s'unir à la chaux est telle, qu'il l'enlève à l'acide sulfurique, et qu'il trouble la dissolution de sulfate de chaux.

Il se forme presque toujours en plus ou moins grande quantité, soit en traitant les matières organiques par l'acide azotique, soit en les calcinant avec la potasse ou la soude, comme on l'a dit précédemment (1931 et 1929).

1937. *Composition.*—L'acide oxalique anhydre est formé de 33,76 de carbone et de 66,24 d'oxigène. Il est susceptible de s'unir à l'eau en 2 proportions. Combiné avec 2 atomes de ce composé, il constitue l'acide cristallisé : l'acide le plus sec que l'on puisse obtenir en renferme encore 1 atome. On ne connaît l'acide anhydre que dans quelques oxalates, tels que les oxalates de zinc et de plomb.

On a donc les formules suivantes :

$C^4O^3$, pour l'acide anhydre ;

$C^4O^3+2H^2O$, pour l'acide cristallisé ;

$C^4O^3+H^2O$ pour l'acide le plus desséché possible.

D'où l'on voit que l'acide oxalique est intermédiaire entre l'acide carbonique et l'oxide de carbone.

## *Oxalates.*

1938. *Propriétés.* — Tous les oxalates se décomposent au degré de la chaleur rouge et donnent des produits très variables, suivant qu'ils sont secs ou hydratés, que l'oxide est ou non susceptible de réduction, et que la base est alcaline ou non alcaline. Les phénomènes seront toujours plus ou moins faciles à interpréter, en tenant compte de ces conditions, et se rappelant que l'acide oxalique anhydre $C^4O^3=$ 2 atomes de gaz carbonique (2 CO) et 1 atome de gaz oxide de carbone ($C^2O$), ou volumes égaux de l'un et de l'autre.

L'oxalate est-il alcalin et anhydre? Il se transforme en gaz oxide de carbone et en carbonate. C'est ainsi que l'oxalate de chaux ($CaO,C^4O^3$) devient $C^2O+(CaO,C^2O^2)$. S'il était hydraté, l'eau se dégagerait et se décomposerait en partie ; mais alors on obtiendrait tous les produits qui proviennent de la décomposition des sels végétaux dont l'acide est hydrogéné.

L'oxalate a-t-il pour base tout autre oxide qu'un alcali? L'acide oxalique se trouve changé en volumes égaux de gaz carbonique et de gaz oxide de carbone, si l'oxide n'est pas réduit, et en gaz carbonique seulement, s'il est réduit : par exemple, l'oxalate de zinc anhydre ($ZnO,C^4O^3$) passe à l'état de $ZnO + 2CO + C^2O$. L'oxalate de plomb anhydre ($PbO,C^4O^3$) passe à celui de $PbO^{\frac{1}{2}}+3CO+CO^{\frac{1}{2}}$ (1); l'oxalate d'argent hydraté ($AgO,C^4O^3$) $+ H^2O=Ag+4CO+H^2O$. Les oxalates de cuivre et de mercure se comportent comme celui d'argent. Dans les deux cas, lorsque l'oxalate est hydraté, l'eau se dégage, ordinairement du moins, sans éprouver d'altération.

Parmi tous les oxalates neutres métalliques, il paraît qu'il n'y a que ceux qui sont à base de potasse, de soude, de lithine, de glucine, d'alumine, de chrôme, de vanadium, de platine ou de bi-oxide de molybdène, qui soient solubles d'une manière remarquable : les trois premiers le deviennent moins

(1) $PbO^{\frac{1}{2}}$ est un nouvel oxide observé par M. Dulong et dont l'existence a été constatée par M. Boussingault (*Ann. de ch. et de phys.*, LIV, 264) ; il contient moitié moins d'oxigène que le protoxide ordinaire et a pour formule $Pb^2O$.

par un excès d'acide, tandis que ceux qui sont insolubles se dissolvent presque tous, au contraire, lorsque l'acide est prédominant. En effet, si, d'une part, on verse une dissolution concentrée d'acide oxalique dans une dissolution neutre et concentrée d'oxalate de potasse ou de soude, il se formera, au bout d'un certain temps, des cristaux d'oxalate acide; et si l'on verse, d'autre part, peu-à-peu, de l'acide oxalique dans de l'eau de baryte, la liqueur se troublera d'abord et s'éclaircira ensuite. Il faudrait beaucoup plus d'acide pour rétablir la transparence dans de l'eau de chaux, en raison de la grande cohésion de l'oxalate calcaire.

La chaux, la baryte, la strontiane sont les bases qui ont le plus de tendance à s'unir avec l'acide oxalique par l'intermède de l'eau : viennent ensuite la lithine, la potasse et la soude, puis l'ammoniaque et la magnésie.

Les oxalates sont les sels végétaux les plus difficiles à décomposer par les acides; ils résistent à l'action d'un grand nombre de ceux-ci : cela est si vrai que l'acide oxalique forme des précipités d'oxalate de chaux dans toutes les dissolutions de sels calcaires, même de sulfate de chaux.

1939. *État naturel.* — Jusqu'à présent, on n'a rencontré que quatre oxalates dans la nature. L'oxalate de chaux, l'oxalate acide de potasse, l'oxalate de soude et l'oxalate de fer. L'oxalate de chaux, suivant Schéele, se trouve seulement en petite quantité : 1° dans les racines d'ache, d'asclépias, d'arrête-bœuf, de curcuma, de carline, de dictame blanc, de fenouil, de gentiane rouge, de gingembre, d'iris de Florence, de mandragore, d'orcanette, de patience, de saponaire, de scille, de tormentille, de valériane, de zédoaire; 2° dans les écorces de cascarille, de cannelle, de sureau et de simarouba. Mais, d'après M. Braconnot, il se trouve en quantité considérable dans les plantes de la famille des lichens; les lichens crustacés en contiennent presque la moitié de leur poids : de là l'origine de cet oxalate dans le règne inorganique : il paraît enfin que l'oxalate de chaux est à ces cryptogames ce que le carbonate de chaux est aux lithophytes, ou le phosphate de chaux à la charpente osseuse des animaux les plus parfaits (*Ann. de Chim. et de Phys.*, XXVIII, 318). Quelquefois aussi l'oxalate de chaux forme des concrétions dans la vessie de l'homme. L'oxalate acide de potasse existe dans le *rumex*, et particulièrement dans le *rumex acetosella*, que l'on cultive en Suisse pour se procurer ce sel, dans les *oxalis*, dans les tiges et les feuilles du *rheum palmatum*, et probablement dans les feuilles des *berberis*. L'oxalate de soude a été découvert par M. Gay-Lussac dans la barille, et c'est de ce sel que provient la majeure partie de la soude qu'on obtient en calcinant cette plante. Quant à l'oxalate de fer, M. Mariano de Rivero l'admet dans un lignite friable découvert à Kolowserun, près Belin en Bohême. (*Ann. de Chim. et de Phys.*, t. XVIII, p. 207.)

1940. *Préparation.* — Les oxalates de potasse, de soude, d'ammoniaque, se préparent directement, c'est-à-dire, en traitant ces bases libres ou carbonatées par l'acide oxalique. Ceux qui sont insolubles s'obtiennent, en général, par la voie des doubles décompositions. Cependant on peut les obtenir aussi de même que les oxalates solubles : mais alors il faut traiter l'oxide ou le carbonate par un petit excès d'acide oxalique, faire bouillir la liqueur, la filtrer, et ne considérer le dépôt comme de l'oxalate qu'après l'avoir bien lavé.

1941. *Composition.* — Il existe quatre genres d'oxalates : des oxalates neutres, des oxalates bi-basiques, des sesqui-oxalates et des bi-oxalates. Le protoxide de potassium en produit trois (1943) : beaucoup d'autres oxides n'en produisent tout au plus que deux.

Les uns contiennent l'acide anhydre et sont complètement exempts d'eau : c'est le plus petit nombre ; on ne connaît même guère que les oxalates neutres de zinc, de plomb et de chaux qui soient dans ce cas. Presque tous les autres, au contraire, contiennent l'acide uni à un atome d'eau, et, chose digne de remarque, n'ont pu être obtenus jusqu'ici qu'en cet état de combinaison. De là, des produits divers dans la calcination des oxalates.

Quoi qu'il en soit, dans les oxalates neutres, la quantité d'oxigène de l'oxide est à la quantité d'oxigène de l'acide comme 1 à 3, et à la quantité d'acide même comme 1 à 4,5286.

1942. *Usages.* — Un seul oxalate est employé dans les arts : c'est l'oxalate acidule ou acide de potasse, appelé vulgairement *sel d'oseille*. On s'en sert pour enlever les taches d'encre et de rouille de dessus le linge ; celles de rouille disparaissent beaucoup mieux, lorsqu'on met le sel dans une cuiller d'étain ; ordinairement même, la présence de ce métal est indispensable, il ramène le peroxide de fer à l'état de protoxide ; un peu de chaleur favorise la réaction. On se sert aussi du sel d'oseille pour aviver la couleur du carthame ou le rouge végétal, et pour extraire l'acide oxalique. Enfin, on en fait usage pour découvrir la présence de la chaux dans divers liquides ; mais on peut se servir avec plus de succès encore des oxalates neutres de potasse, de soude ou d'ammoniaque. Les sels de ces trois bases sont les seuls qui, avec l'oxalate de chaux, méritent d'être étudiés en particulier. Il sera facile d'ailleurs de faire l'histoire des autres, d'après ce que nous avons dit des sels végétaux et des oxalates en général.

*Oxalates de potasse.*

1943. *Oxalate neutre.* — Cet oxalate s'obtient en neutralisant l'acide oxalique ou le sel d'oseille par la potasse. Il est si soluble dans l'eau qu'il est difficile de le faire cristalliser. Lorsqu'on le décompose par le feu, on obtient un résidu qui est entièrement formé de carbonate de potasse. Les acides sulfurique, azotique, chlorhydrique, et en général tous les acides puissans, lui enlèvent une certaine quantité de base, et le font passer à l'état de quadroxalate, qui est beaucoup moins soluble que l'oxalate neutre, et qui se précipite sous forme de cristaux, si celui-ci est concentré. Les eaux de chaux, de baryte, de strontiane, y déterminent des précipités blancs d'oxalate de ces bases. Il en est de même des sels dont la base forme un sel insoluble en s'unissant avec l'acide oxalique.

1944. *Bi-oxalate* ou *oxalate acidule de potasse.* — Lorsqu'on veut se procurer ce sel parfaitement pur, il faut combiner une certaine quantité de potasse avec le double de l'acide qu'elle exige pour se neutraliser.

Ce sel cristallise facilement. Ses cristaux sont des parallélipipèdes opaques et très courts. Il rougit la teinture de tournesol. En le calcinant, on obtient un résidu entièrement formé de carbonate de potasse. Il n'attire point l'humidité de l'air. Il est bien moins soluble dans l'eau que l'oxalate neutre : aussi produit-on un précipité cristallin acidule en versant de l'acide oxalique dans une dissolution concentrée d'oxalate neutre.

1945. *Quadroxalate* ou *oxalate acide de potasse.* — On obtient ce quadroxalate de la même manière que le bi-oxalate, si ce n'est que l'on combine la base avec deux fois autant d'acide. Sa cristallisation s'opère facilement; il rougit fortement le tournesol.

Soumis à l'action du feu, il se décompose et donne lieu aux mêmes produits que les oxalates neutre et acidule; son action sur l'air est nulle; il est moins soluble dans l'eau que le précédent; il paraît que l'alcool n'en dissout pas la plus petite quantité; il se comporte à-peu-près avec les bases et les sels comme l'acide oxalique; il fait quelquefois partie du sel d'oseille, ainsi que l'oxalate acidule, et est par conséquent employé comme tel.

1946. Le sel d'oseille s'extrait en Suisse du *rumex acetosella*, et en Angleterre de l'*oxalis acetosella*. Le rumex est pilé, mêlé avec une certaine quantité d'eau, et soumis à la presse après quelques jours de macération; ensuite on chauffe légèrement le suc, et on le porte dans une cuve en bois. Là on le met en contact avec de l'argile pendant un à deux jours; au bout de ce temps, il se trouve clarifié; on le décante et on l'évapore convenablement dans une chaudière de cuivre. Peu-à-peu il se forme des cristaux; mais comme ils sont verdâtres, on les purifie par de nouvelles cristallisations. De 500 grammes de rumex, on retire environ 4 grammes de sel d'oseille, 2 décigrammes de chlorure de potassium, 2 centigrammes de sulfate de potasse, 120 grammes d'extrait. Probablement que bientôt l'on profitera de la grande quantité d'oxalate de chaux que contiennent les lichens pour se procurer l'oxalate acide de potasse, et par suite l'acide oxalique, à bon marché.

### *Oxalates de soude.*

1947. *Oxalate neutre.* — Cet oxalate, que M. Gay-Lussac a trouvé dans la barille, est peu sapide et ordinairement en petits cristaux grenus. Le feu en opère facilement la décomposition, et le résidu qu'on obtient est entièrement formé de carbonate de soude. L'air ne l'altère point. Il n'est pas très soluble dans l'eau. Lorsqu'on le traite par les acides sulfurique, azotique, chlorhydrique, il passe à l'état de sur-oxalate. Il nous offre, avec les bases salifiables et les sels, les mêmes phénomènes que celui de potasse.

On l'obtient en neutralisant une certaine quantité de soude par l'acide oxalique: pour peu que la dissolution alcaline et la dissolution acide soient concentrées, il se précipite en grande partie à mesure qu'il se forme.

1948. *Bi-oxalate* ou *oxalate acidule.* — Le bi-oxalate de soude se prépare en versant dans une dissolution de soude deux fois autant d'acide qu'elle en exigerait pour être saturée; il se précipite ordinairement en poudre cristalline, lorsque les liqueurs sont tant soit peu concentrées; il rougit la teinture de tournesol; sa solubilité est moins grande encore que celle de l'oxalate neutre: il est sans usage.

### *Oxalates d'ammoniaque.*

1949. *Oxalate neutre.* — L'oxalate neutre d'ammoniaque s'obtient en saturant l'acide oxalique par l'ammoniaque, et faisant évaporer convenablement la dissolution. Il cristallise en longs tétraèdres terminés par des sommets dièdres; sa saveur est très piquante. Par la distillation, on en retire d'abord de l'eau et une petite quantité d'ammoniaque; puis il se sublime du carbonate d'ammoniaque, de l'oxalate non décomposé, et une matière azotée particulière, observée pour la première fois par M. Dumas et nommée par lui *oxamide*; il se dégage en même temps de la vapeur aqueuse, de l'oxide de carbone, de l'acide carbonique, et il reste dans la cornue un petit résidu charbonneux. Ce sel est très soluble dans l'eau, et insoluble dans l'alcool. Les acides sulfurique, azotique, chlorhydrique, le font passer à l'état de bi-oxalate. Lorsque l'on met en contact parties égales de solutions faites à froid et saturées, d'oxalate d'ammoniaque et de bi-chlorure de mercure, et qu'on place le mélange dans l'obscurité, les deux sels ne s'altèrent en aucune manière, même dans l'espace de huit jours; mais, en les exposant à la lumière solaire, ils ne tardent point à se décomposer : au bout de quelques minutes, la liqueur commence à se troubler, devient laiteuse, et laisse déposer une certaine quantité de proto-chlorure de mercure; il se dégage ensuite du gaz carbonique pendant quelques heures, et la liqueur s'éclaircit. Cette liqueur ne contient plus alors que de l'oxalate et du chlorhydrate d'ammoniaque, et de l'acide carbonique (M. Planche, *Journal de Pharmacie*, tom. 1, pag. 62). Voici comment on peut se rendre compte de ces observations intéressantes. 1 atome d'acide oxalique se convertit en 4 atomes d'acide carbonique au moyen de l'oxigène de 1 atome d'eau, tandis que l'hydrogène de celle-ci enlève la moitié du chlore du bi-chlorure de mercure, le ramène à l'état de protochlorure, et forme de l'acide chlorhydrique qui s'unit à l'ammoniaque, en même temps que de l'acide carbonique se trouve produit. C'est ce que représente l'équation $(C^4O^3, Az^2H^6) + H^2O + 2HgCh^2 = C^4O^4 + 2HgCh + (H^2Ch^2, Az^2H^6)$. Si les sels étaient trop étendus d'eau, l'acide carbonique ne se dégagerait pas, il resterait en dissolution

L'oxalate d'ammoniaque est formé de 1 atome d'acide oxalique et de 2 atomes d'ammoniaque unis à 1 atome d'eau, ce qui donne pour formule $(2H^3Az, C^4O^3) + H^2O$ : d'où l'on voit que 1 atome d'oxalate d'ammoniaque sec équivaut à 2 atomes de cyanogène ($C^4Az^2$) plus 3 atomes d'eau ($H^6O^3$). Aussi, lorsqu'on traite à chaud l'oxalate d'ammoniaque par un grand excès d'acide sulfurique concentré, en même temps qu'il se forme de l'acide carbonique et de l'oxide de carbone, se produit-il de l'eau, du cyanogène et du sulfate d'ammoniaque.

Il n'est employé que dans les laboratoires : l'on s'en sert, comme réactif, pour reconnaître la présence de la chaux.

1950. *Bi-oxalate d'ammoniaque.* — Ce bi-oxalate se prépare en combinant l'ammoniaque avec deux fois autant d'acide qu'elle en exige pour sa neutralisation. Il est moins soluble que l'oxalate neutre, et l'on reconnaîtra facilement ses autres propriétés d'après ce que nous avons dit des sels et des oxalates en général.

*Oxalate de chaux.*

1951. Ce sel, ainsi que nous l'avons dit précédemment, se trouve dans un assez grand nombre de plantes.

On l'obtient en versant de l'oxalate acide de potasse dans les dissolutions de sels calcaires. Il apparaît tout-à-coup et se rassemble peu-à-peu au fond du vase en poudre blanche. Desséché à 100°, il retient une telle quantité d'eau, qu'il a pour formule $(C^4 O^3, Ca O) + H^2 O$. Ce n'est qu'avec beaucoup de difficulté qu'on parvient à le priver d'eau sans l'altérer.

L'eau ne le dissout point; il n'y devient soluble que sous l'influence des acides, et encore ne s'y dissout-il alors qu'en petite quantité. Les acides ainsi que les bases n'en opèrent point la décomposition : aussi, toutes les fois qu'on verse de l'acide oxalique dans une dissolution d'un sel calcaire, ou de l'eau de chaux dans de l'acide oxalique ou un oxalate même très étendu d'eau, se forme-t-il tout-à-coup ou du moins dans l'espace de quelque temps un précipité blanc. De là l'usage qu'on en fait pour reconnaître et doser la chaux.

Les sels sont également sans action sur lui; il n'y a que les carbonates de potasse et de soude qui puissent le décomposer par l'intermède de l'eau, à la chaleur de l'ébullition.

ARTICLE II.

*Acide croconique.*

1952. L'acide croconique dont le nom est tiré du mot grec κροκον, safran, qui rappelle sa couleur jaune, a été découvert par M. Gmélin, dans le produit volatil de la calcination du carbonate de potasse et du charbon; il est formé d'après ce chimiste de 48,86 de carbone et de 51,14 d'oxigène : ce qui, d'après sa capacité de saturation, donne pour la formule atomique de son nombre proportionnel, $C^{10} O^4$.

Pour l'obtenir, on réduit le croconate de potasse en poudre, et on le traite par un mélange d'alcool anhydre et d'acide sulfurique dont on emploie une quantité insuffisante pour la décomposition totale du sel. L'acide sulfurique doit avoir une densité de 1,78; plus concentré, il donnerait lieu à de l'acide sulfo-vinique. Le mélange remué fréquemment est mis en digestion à une douce chaleur pendant plusieurs heures, ou plutôt jusqu'à ce qu'il cesse de précipiter le chlorure de barium. Il en résulte du sulfate de potasse et de l'acide croconique libre, qui sont : le premier insoluble, et le second très soluble au contraire dans la liqueur. Or, comme le croconate de potasse y est lui-même insoluble, il s'ensuit qu'il ne faut plus que la filtrer et l'abandonner à une évaporation spontanée pour avoir l'acide à l'état de siccité; mais comme dans cet état il est plutôt pulvérulent que cristallisé, on doit l redissoudre dans une petite quantité d'eau et laisser de nouveau la dissolution s'évaporer spontanément. L'acide se dépose peu-à-peu sous forme de cristaux grenus et de prismes déliés, transparens et d'un jaune orangé; on ignore s'ils sont hydratés.

L'acide croconique est inodore. Sa saveur est très acide et a l'astringence des sels de fer. Exposé à une chaleur de 100°, il ne s'altère pas; une température plus élevée le transforme en gaz carbonique et en charbon susceptible de brûler sans résidu.

Il s'unit facilement aux bases. La plupart des croconates sont d'un jaune rougeâtre ou d'un jaune citron. Tous sont détruits par la calcination.

Ceux de potasse, de soude, d'ammoniaque sont solubles.

Les croconates de baryte et de chaux sont presque insolubles : aussi, l'acide croconique précipite-t-il en jaune pâle les eaux de baryte et de chaux.

Aucun croconate ne se trouve dans la nature.

Le croconate de potasse s'obtient comme il va être dit plus bas; les autres, directement ou par la voie des doubles décompositions, suivant qu'ils sont solubles ou insolubles.

Dans les croconates neutres, la quantité d'oxigène de l'oxide est à la quantité d'oxigène de l'acide, comme 1 à 4, et à la quantité d'acide même comme 1 à 7,822.

Un seul a été examiné avec quelques soins : c'est le croconate de potasse.

1953. *Croconate de potasse.* — Il prend naissance lorsqu'on traite par l'eau le produit de l'action du potassium sur le gaz oxide de carbone, à une température voisine du rouge. Ce produit qui vient d'être examiné, par M. Liébig, est composé de telle sorte, qu'il peut être représenté par $K^2 C^{14} O^7$. Résulte-t-il de la combinaison de 2 atomes de potassium avec 7 atomes d'oxide de carbone, ou bien les élémens s'y trouvent-ils groupés dans un ordre tout autre? C'est un point encore incertain actuellement et qu'éclairciront probablement les expériences entreprises par M. Liébig. Quelle que soit d'ailleurs la nature de ce composé, il est de fait que, mis en contact avec l'eau, il décompose autant d'atomes de ce liquide qu'il renferme d'atomes de potassium, en met l'hydrogène en liberté, et fournit des quantités atomiques égales d'oxalate et de croconate de potasse. L'équation suivante représente la réaction :

$$K^2C^{14}O^7+H^4O^2=(KO, C^4O^3)+(KO, C^{10}O^4)+H^4.$$

La matière qui donne lieu au croconate de potasse se produit inévitablement, lorsqu'on calcine un mélange de carbonate de potasse et de charbon pour se procurer le potassium par le procédé qui a été décrit (730). Aussi emploie-t-on ordinairement, pour préparer le croconate de potasse, les produits accidentellement formés dans cette opération. On établit à la suite du vase qui reçoit le potassium, quelques flacons de verre par le moyen de tubes intermédiaires. Une substance grise et floconneuse se dépose, soit dans ces flacons, où l'on voit se rendre une fumée blanche épaisse, soit dans le tube de fer qui va de la cornue au récipient. En la dissolvant dans l'eau et filtrant la dissolution pour la séparer d'une matière rouge insoluble, on obtient une liqueur d'un jaune brunâtre qui, évaporée au soleil ou à une chaleur de 30°, laisse déposer d'abord une foule de cristaux jaune rougeâtre de croconate de potasse, puis des cristaux de bi-carbonate et d'oxalate de potasse, colorés en brun par une substance particulière. Pour être pur, le croconate doit être redissous et soumis à une nouvelle cristallisation. Il se présente sous forme d'aiguilles déliées, transparentes et d'un jaune orangé, qui contiennent deux atomes d'eau.

Le croconate de potasse ainsi obtenu est neutre. Sa saveur est analogue à celle du nitre. Chauffé doucement, il perd son eau de cristallisation, s'effleurit et devient opaque et d'un jaune citron. Chauffé plus fortement, même dans des vaisseaux fermés et sans élever la chaleur jusqu'au rouge, il s'embrase tout-à-coup, devient noir, et se transforme en gaz carbonique et gaz oxide de carbone qui se dégagent, et en charbon et carbonate de potasse qui restent dans la cornue. Le gaz oxide de carbone est probablement dû à l'action secondaire du charbon sur le carbonate. En supposant qu'il en soit ainsi, et faisant abstraction de ce gaz, la formule suivante exprimerait la réaction véritable : $(KO, C^{10} O^4) = C^2 O^2 + C^6 + (KO, C^2O^2)$, c'est-à-dire que 1 atome de croconate de potasse donnerait 2 atomes de gaz carbonique libre, 6 atomes de charbon, 1 atome de carbonate de potasse.

Le croconate de potasse est soluble dans l'eau, plus à chaud qu'à froid, de sorte qu'il cristallise par refroidissement. Il est complètement insoluble dans l'alcool anhydre.

Il précipite les sels de protoxide de fer en brun jaunâtre, les sels de peroxide en brun presque noir, les sels de protoxide d'étain, de protoxide de mercure, les sels de plomb, de bismuth, d'argent, en jaune rougeâtre. Ce dernier précipité paraît être un sel double. Il précipite aussi les sels de bi-oxide de mercure. Mêlé au sulfate de cuivre, il occasionne, au bout de quelques heures, un dépôt de croconate de cuivre en grains cristallins, transparens, d'un orangé foncé, qui, chauffés sur une feuille de platine, détonent en lançant des étincelles. Il réduit tout-à-coup la dissolution de chlorure d'or, surtout à chaud. Il paraîtrait même, d'après une expérience de M. Gmélin, qu'une partie de croconate donnerait 25,4 d'or, ce qui équivaut à plus de $\frac{1}{6}$ de plus que n'en peut produire l'acide croconique seul. S'il en était ainsi, il faudrait que l'acide contînt de l'hydrogène. Le croconate de potasse ne trouble en aucune manière les sels de magnésie, d'alumine, de manganèse, de zinc, de nickel, de cobalt, de chrôme, d'urane.

Enfin, le croconate de potasse, traité par l'acide azotique ou par l'acide sulfhydrique, produit des composés nouveaux qui n'ont point encore été bien examinés, et qui cependant sont dignes d'attention. (*Voyez* le Mémoire de Gmélin, *Ann. des Mines*, 1^re^ série, XII, 170.)

### *De l'acide mellitique.*

1954. *État naturel, préparation.* — L'acide mellitique, découvert par Klaproth, ne se trouve dans la nature qu'uni à l'alumine; il forme avec cette base l'*honigstein*, qu'on appelle encore *pierre de miel* ou *mellite*, substance très rare, observée pour la première fois en 1790, par Werner.

M. Wöhler l'extrait de la mellite, de la manière suivante: Après l'avoir réduite en poudre impalpable, il la traite par une dissolution bouillante de carbonate d'ammoniaque. De l'acide carbonique se dégage, et la presque totalité de l'alumine se dépose. Une très petite quantité seulement de cette terre reste en dissolution avec le mellitate d'ammoniaque, et se sépare de ce sel au moment où il cristallise. C'est ce qui fait qu'en concentrant la liqueur, on obtient des cristaux de mellitate ammoniacal à l'état de pureté.

Ajoutant ensuite de l'acétate de plomb ordinaire, il se précipite du mellitate de plomb, d'où l'on extrait l'acide de la même manière que l'acide oxalique de l'oxalade de plomb (1935).

1955. *Propriétés.* — L'acide mellitique a une saveur fortement acide. L'air ne l'altère pas. Il résiste à une température de plus de 300°. Projeté sur une plaque suffisamment chaude, il se décompose sans se fondre en donnant lieu à une fumée qui n'affecte point l'odorat: lorsque la décomposition se fait dans une cornue, l'on obtient un résidu charbonneux abondant, et un sublimé acide, cristallin, fusible, qui paraît être un acide pyrogéné: il ne se produit pas d'huile, et il ne se répand pas la plus légère odeur empyreumatique.

Cet acide est très soluble dans l'eau, et forme une dissolution qui, par l'évaporation, devient sirupeuse, se couvre d'une croûte, et se prend en masse pulvérulente. Abandonnée à elle-même, la liqueur se concentre peu-à-peu et laisse déposer l'acide en aiguilles déliées groupées en étoiles.

Il est également très soluble dans l'alcool froid. Mais si la dissolution de l'acide mellitique dans l'alcool anhydre est soumise pendant quelque temps à l'ébullition, il se trouve converti en un nouvel acide doué de propriétés très différentes, et qui n'a été du reste que très peu examiné. L'acide sulfurique concentré dissout l'acide mellitique à l'aide de la chaleur, et ne l'altère pas même à la température à laquelle il se distille. L'acide azotique fumant n'exerce aucune action sur lui, soit à froid, soit à l'ébullition.

Il forme dans les eaux de chaux, de baryte, de strontiane, des précipités blancs, solubles dans l'acide azotique ou chlorhydrique. Il en forme aussi de blancs dans l'acétate de baryte, dans l'acétate de plomb, dans l'azotate de mercure, et dans l'azotate neutre d'argent. Celui qu'il produit dans l'azotate de fer est de couleur isabelle. Ces divers précipités ont tous la propriété de se dissoudre dans l'acide azotique.

*Composition.* — MM. Liébig et Wöhler, en analysant le mellitate d'argent, ont trouvé que l'acide mellitique était formé de 50,21 de carbone et de 49,79 d'oxigène;

Ce qui correspond à la formule $C^8O^3$. (*Ann. de Chim. et de Phys.*, XLIII, 200.)

## *Mellitates.*

1956. Les mellitates desséchés se décomposent par le feu, en donnant un grand résidu charbonneux et laissant dégager des produits qui ne contiennent pas d'hydrogène.

Il paraît que, parmi les mellitates neutres, il n'y a que ceux de potasse, de soude et d'ammoniaque qui soient solubles dans l'eau, et que les mellitates insolubles se dissolvent, soit dans un excès d'acide mellitique, soit dans les acides puissans qui forment des sels solubles avec leurs bases.

*État naturel.* — On ne trouve dans la nature, comme nous l'avons dit précédemment, que le mellitate d'alumine. Il ne s'est même rencontré jusqu'à présent qu'à Arten en Thuringe, dans des couches de bois fossile, et en Suisse. Il est ordinairement sous forme de petits cristaux octaédriques, rarement bien transparens. Il est d'un jaune de miel ou d'ambre, fragile, cassant, tendre et facile à pulvériser. Sa pesanteur spécifique est de 1,55. Il est formé, d'après M. Wöhler, de 14,5 d'alumine, 41,4 d'acide mellitique et 44,1 d'eau de cristallisation; d'où l'on déduit la formule $(3C^8O^3,Al^2O^3)+18H^2O$: il contient en outre des traces de résine.

*Préparation.* — Le mellitate neutre d'ammoniaque s'obtient en traitant la mellite par le carbonate d'ammoniaque (1954); ceux de potasse et de soude, en combinant l'acide mellitique avec les bases: les autres, qui sont insolubles, s'obtiennent, soit directement, soit en versant de l'acide mellitique dans les acétates et plus souvent par la voie des doubles décompositions.

*Composition.* — Dans les mellitates métalliques neutres, l'oxigène de la base est à celui de l'acide comme 1 à 3 et à la quantité d'acide lui-même comme 1 à 6,0575.

On a observé l'existence de quelques mellitates acides et même de quelques sous-mellitates, qui probablement sont soumis aux lois ordinaires dans leur composition.

1957. *Mellitate de potasse.* — Le mellitate neutre de potasse affecte la forme de longs prismes groupés et irréguliers. Lorsqu'on verse dans la dissolution concentrée de ce sel un peu d'acide azotique, il s'en sépare des cristaux de mellitate acide de potasse qui, redissous dans l'eau chaude, se sépare par le refroidissement en prismes hexagones, non symétriques et à sommets obliques. Ce mellitate acide précipite la dissolution d'alun, propriété que n'a pas l'oxalate acide de potasse; exposé à l'action de la chaleur, il donne d'abord de l'eau, puis se boursoufle et se charbonne tout-à-coup.

1958. *Mellitate de soude.* — Il cristallise en aiguilles déliées à éclat soyeux.

1959. *Mellitate d'ammoniaque.* — Le mellitate d'ammoniaque se dépose en cristaux assez volumineux, transparens et brillans, qui affectent deux formes différentes appartenant au prisme oblique, suivant qu'ils sont obtenus d'une liqueur par refroidissement, ou par une évaporation lente à une température de 25 à 35°. Ils sont toujours au même point de saturation, légèrement acides, et contiennent la même quantité d'eau; ce sont des sels *dimorphes* d'après Wöhler. Les premiers se conservent long-temps à l'air et deviennent ensuite d'un blanc laiteux et opaque sans perdre leur forme; les autres deviennent opaques, grenus, pulvérulens, au moment où on les retire de la liqueur, soit qu'on les essuie, qu'on les place sur du papier humide ou dans un tube bien fermé: dans aucun de ces cas, ils n'abandonnent d'eau. Quelquefois la moitié d'un cristal conserve sa limpidité et ne change plus.

Le mellitate d'ammoniaque soumis à la distillation laisse dégager d'abord de l'eau, ensuite de l'acide cyanhydrique, et donne un sublimé cristallin, d'un vert brillant, dont la nature n'a point été reconnue.

Voyez les Mémoires de Klaproth, *Ann. de Ch.*, XLIV, 232, et le Dictionnaire de Klaproth et Wolf; — les observations de Wöhler sur les mellitates, dans l'ouvrage de M. Berzélius, t. VI; et celles de MM. Wöhler et Liébig, *Ann. de Ch. et de Ph.*, XLIII, 200.

## SECTION II.

### *Acides composés de carbone, d'oxigène et d'hydrogène.*

1960. Nous en distinguerons 48. Les uns, au nombre de 18, sont plus ou moins gras; les autres, au contraire, ne le sont point.

Dans ceux-ci, en général, l'oxigène est à l'hydrogène dans un rapport aussi grand ou plus grand que dans l'eau; quelques-uns seulement contiennent un excès d'hydrogène; 7 à 8 sont dans le premier cas, savoir: l'acide acétique, l'acide lactique, l'acide pyro-tartrique, l'acide pyro-gallique, l'acide métagallique, l'acide quinique, l'acide ulmique et peut-être l'acide pectique : il n'a point été analysé; 17 sont dans le second; 5 dans le troisième : ce sont les acides camphorique, subérique, benzoïque, cinnamique et caïncique.

Quant aux acides gras, ils sont toujours très hydrogénés et très carburés.

### *Acides de la 2<sup>e</sup> section qui ne sont point gras.*

1961. Ces divers acides seront divisés en 4 groupes :

Le premier comprendra : 1° les acides fixes susceptibles de se transformer, lorsqu'on les distille à une certaine température, en de nouveaux acides, en eau et gaz carbonique, ou seulement en nouveaux acides, et en l'un des deux autres corps; 2° les acides ainsi produits ou ceux qu'on appelle *pyrogénés*.

Le deuxième groupe comprendra les acides fixes qui donnent à la distillation les produits ordinaires des matières végétales.

Le troisième, les acides volatils non pyrogénés, que l'acide azotique convertit en acide oxalique, et par suite en eau et acide carbonique.

Le quatrième, les acides volatils que l'acide azotique n'attaque pas ou change en acides inattaquables par lui.

#### 1<sup>er</sup> GROUPE.

### *Des acides fixes et de leurs acides pyrogénés.*

1962. Presque tous les acides végétaux fixes, c'est-à-dire,

qui ne peuvent être distillés sans éprouver de décomposition, sont susceptibles de donner naissance, sous la seule influence de la chaleur, à de nouveaux acides particuliers, variables, quant à leur composition et à leurs propriétés, avec la nature même des acides fixes qui les ont produits. C'est ainsi qu'en distillant l'acide citrique, on obtient l'acide pyro-citrique, qu'en distillant les acides malique, tartrique, quinique, méconique, gallique, etc. on obtient avec chacun d'eux un acide pyrogéné particulier.

Jusqu'ici il n'avait pas été possible de saisir de lien, d'entrevoir de rapport général entre l'acide pyrogéné et l'acide qui le produit. La nature excessivement complexe des corps qui prenaient simultanément naissance pendant les distillations, ne permettait pas de tirer d'autre généralité que celle de la production même de ces nombreux composés, et pour m'exprimer plus clairement, la formation du goudron, celle du charbon, du vinaigre ou des gaz oxide de carbone, et hydrogène carboné, etc., etc., dans la distillation de l'acide malique, par exemple, paraissait tout aussi nécessaire que celle de l'acide pyro-malique lui-même, et la composition de ce dernier n'avait pas plus de rapport avec celle de l'acide malique que la composition de telle ou telle substance qu'avait engendrée la calcination.

C'est M. Pelouze, qui, par des expériences d'une haute importance, faites d'abord sur le tannin et l'acide gallique, puis sur l'acide malique, est venu changer l'état de nos connaissances sur cette partie de la chimie organique. Je tiens de sa bienveillance l'extrait qui suit.

Quand on chauffe dans un appareil convenablement disposé et à une température stationnaire de 150°, le tannin dont la formule est $C^{36}H^{18}O^{12}$, on remarque un dégagement abondant d'un gaz qui n'est autre chose que de l'acide carbonique entièrement absorbable par la potasse; de l'eau pure ruisselle le long du col de la cornue, et à sa partie inférieure on trouve un acide fixe également pur.

L'action chimique, dont il est question, se représente exactement par la formule $4\,C^{36}H^{18}O^{12} = 11\,(C^{12}H^4O^2, H^2O) + 3\,H^2O + 12\,CO$ : $C^{12}H^4O^2$, est l'acide métagallique hydraté.

A une température de 215°, l'acide gallique exprimé par $C^{14}H^6O^5$, se transforme en acide carbonique et en acide pyro-gallique, ce qu'indique $C^{14}H^6O^5 = C^2O^2 + C^{12}H^6O^3$.

A 250°, au lieu d'acide pyrogallique dont il ne se produit plus la moindre quantité, il donne de l'acide métagallique, de l'eau et de l'acide carbonique, et alors on a $C^{14}H^6O^5 = C^2O^2 + (C^{12}H^4O^2, H^2O)$.

A 150°, l'acide malique se transforme complètement en eau et en un acide particulier.

Si l'on a soin de ne pas dépasser les limites de température que j'ai indiquées, il ne se produit absolument que de l'eau, de l'acide carbonique et les acides pyrogénés dont il a été parlé. Ces produits compliqués qu'on voyait accompagner jusqu'ici les distillations, ne se forment pas. *La distillation est blanche*, si l'on peut s'exprimer ainsi, et la scission qu'elle détermine dans les élémens de l'acide organique, est aussi nette qu'elle est simple et remarquable. On voit quelquefois une matière fixe par elle-même se transformer complètement en composés volatils, de telle sorte, qu'après l'opération, rien ne reste dans les vases distillatoires.

Il était curieux de chercher à généraliser ces nouvelles distillations, d'examiner s'il ne serait pas possible, en appliquant à la décomposition des autres acides des températures constantes et aussi basses que le comporterait cette décomposition même, de produire des acides pyrogénés immédiatement purs, n'entraînant avec eux que de l'eau et de l'acide carbonique. De grandes difficultés devaient sans doute se présenter; mais ne pourrait-on pas en vaincre quelques-unes et tirer d'un certain nombre de faits bien nets et bien déterminés quelque chose de général? L'expérience a déjà répondu à cette attente.

La distillation des acides végétaux, regardée jusqu'ici comme une des opérations les plus complexes de la chimie, peut être maintenant analysée avec précision. Les produits auxquels elle donne naissance sont soumis à une seule et même loi que l'on peut exprimer de la manière suivante : « Un acide pyrogéné quelconque, plus une certaine quantité d'eau et d'acide carbonique, ou l'un seulement de ces deux composés binaires, représente toujours la composition de l'acide qui l'a produit. »

Souvent l'expérience démontre d'une manière directe et incontestable la loi dont il est question; c'est quand la distillation s'effectue à des températures assez basses, ou quand les produits qui se forment sont assez stables pour que l'acide carbonique, l'eau et la substance pyrogénée soient obtenus immédiatement purs; mais souvent aussi les distillations ne peuvent avoir lieu sans être accompagnées de matières charbonneuses ou d'huiles empyreumatiques.

Dans ce dernier cas, la loi ne se laisse pas démontrer d'une manière aussi simple, mais elle n'en est pas moins vraie, ainsi qu'il est facile de le prouver.

Parmi beaucoup de faits que je pourrais citer à l'appui de

ces assertions, je ne parlerai que de ceux qui sont relatifs à la distillation de l'acide malique.

Cet acide, distillé à la manière ordinaire, c'est-à-dire, sans mesure exacte de température et entre 300 à 400°, se décompose rapidement, donne beaucoup de charbon, beaucoup d'huile empyreumatique, d'acide acétique, des gaz oxide de carbone et hydrogène carboné, de l'acide carbonique, de l'eau et deux acides volatils cristallisables.

Ces deux acides sont isomériques, ne diffèrent de l'acide malique que par de l'eau, et offrent exactement, à l'état d'hydrate, la composition de celui-ci dans les malates.

Sans aller plus loin, sans chercher à me rendre compte de la formation de tant de produits divers, je puis faire rentrer les deux nouveaux acides dans la loi générale, puisqu'ils ne diffèrent de l'acide malique qui les a produits que par de l'eau.

Cependant, si je veux m'expliquer la formation des gaz, des huiles, du charbon, etc., etc., j'en attribue la cause à la destruction des acides pyrogénés, et j'en trouve la preuve positive dans l'application d'une température modérée à la distillation de l'acide malique. En effet, comme je l'ai déjà dit, je n'obtiens plus alors que de *l'eau pure* et les deux acides pyrogénés dans un état de pureté également parfaite.

Ainsi, pour cet exemple particulier comme pour tous les autres, quand des substances étrangères viennent s'ajouter à l'acide carbonique, à l'eau et à la substance pyrogénée, j'en attribue la formation, non pas à la matière que je distille, mais subsidiairement à la substance pyrogénée elle-même.

Ici, dans le cas que j'ai choisi, on peut démontrer rigoureusement l'exactitude de cette assertion, mais il est d'autres cas où cela est plus difficile; c'est quand l'acide pyrogéné est peu volatil, ou que, se volatilisant avec facilité, sa production n'a lieu qu'à une température élevée, circonstance pendant laquelle une partie en est toujours détruite. Mais, comme d'un côté on obtient constamment de l'eau ou de l'acide carbonique, que les deux composés ainsi que l'acide pyrogéné, se forment toujours en quantité d'autant plus grande que la distillation a été plus ménagée, on conçoit très bien que tous les produits étrangers sont le résultat de la décomposition de la substance pyrogénée, d'autant plus que, dans tous les cas, cette substance a une composition telle, qu'en lui ajoutant de l'eau et de l'acide carbonique, elle représente l'acide qui l'a produite.

Quand un acide est volatil, il se soustrait par sa volatilité même à l'action de la chaleur, qui tend à former un nouvel acide pyrogéné. En le combinant avec une base inorganique qui le retienne convenablement, il se comporte alors relativement à l'action de la chaleur, comme un acide fixe, et il est soumis à la même loi.

La base minérale, pour remplir le but qu'on se propose, doit conserver l'acide volatil à une température assez élevée pour que la matière pyrogénée puisse prendre naissance; mais, d'un autre côté, elle ne doit pas le retenir à une chaleur trop forte; car alors la substance pyrogénée même serait infailliblement détruite.

C'est ainsi, pour citer un exemple, que l'acide acétique, distillé sur de la baryte, donne de l'acétone et du carbonate de baryte, sans aucun autre produit, tandis que l'acétate de potasse qui résiste à une température presque rouge, donne, outre le carbonate de potasse et un peu d'acétone, du charbon, des huiles, et tous les autres produits de la calcination des matières organiques.

Cependant, c'est le même acide que l'on a soumis dans les deux cas à l'action de la chaleur; mais les circonstances sont différentes : la baryte abandonnant l'acide acétique à une température qui ne détruit pas la matière pyrogénée, celle-ci et l'acide carbonique doivent se produire sans altération, et c'est pour cela que la distillation est *blanche*, dans ce cas, comme elle l'est par exemple dans celui de la transformation de l'acide gallique en acide pyro-gallique. S'il n'en est plus de même quand on remplace la baryte par la potasse, c'est que l'acétone se détruit à la haute température à laquelle commence la décomposition de l'acétate de potasse, et je ne puis mieux comparer cette dernière opération qu'à la distillation de ceux des acides végétaux qui, outre de l'eau, de l'acide carbonique et un acide pyrogéné, donnent les nombreux produits empyreumatiques que l'on connaît.

Pour se faire une idée encore plus claire de ces phénomènes, on peut regarder l'acétate de baryte et l'acétate de potasse, comme formés chacun par un acide différent. L'acide du premier de ces sels éprouvera une décomposition facile de la part de la chaleur; sa combustion sera *blanche* comme celle de l'acide malique. L'acide du second sel, plus difficile à décomposer, produira une combustion *noire*, due à la destruction d'une grande partie de la substance pyrogénée; ce sera le cas de l'acide mucique, qui, outre l'acide pyro-mucique, donne constamment d'autres produits empyreumatiques.

Nous ne développerons pas davantage ces considérations générales; elles suffiront pour faire concevoir facilement les transformations que la plupart des acides fixes éprouvent à un certain degré de chaleur. Examinons donc actuellement chacun de ceux-ci en même temps que leurs acides pyrogénés. On en compte dix-neuf : les acides tartrique, para-tartrique, pyro-tartrique; citrique, pyro-citrique; malique, maléique, para-maléique; tannique, gallique, pyro-gallique, méta-gallique; méconique, méta-méconique, pyro-méconique; mucique, pyro-mucique; quinique, pyro-quinique.

Nous y joindrons comme annexe l'acide caïncique, parce que, soumis à la distillation, il donne lieu à une matière blanche en partie cristalline qui pourrait être un acide pyrogéné.

### ARTICLE I.

### *Acide tartrique.*

1963. *Historique, état naturel.* — L'existence de l'acide tartrique a été démontrée dans la crême de tartre ou le bi-tartrate de potasse par Duhamel, Margraff et Rouelle le jeune ; c'est Schéele qui le premier est parvenu à l'isoler.

L'acide tartrique se rencontre libre, mais en petite quantité dans le tamarin, et quelquefois dans les raisins; il y accompagne le bi-tartrate de potasse. On le trouve aussi dans la nature, uni à la chaux, à l'alumine, et surtout à la potasse. C'est du bi-tartrate de potasse qu'on le retire.

1964. *Préparation.* — On pulvérise une certaine quantité de crême de tartre ou bi-tartrate de potasse, par exemple, 5 kilogrammes, que l'on met sur le feu dans une bassine de cuivre avec 50 kilogrammes d'eau. Lorsque l'eau est bouillante, on y projette peu-à-peu de la craie réduite en poudre fine, jusqu'à ce que l'excès d'acide soit saturé, en ayant soin toutefois, pour faciliter l'action, d'agiter le mélange de temps en temps avec une spatule : il en résulte un grand dégagement de gaz acide carbonique, du tartrate de chaux qui se précipite, et du tartrate de potasse qui reste en dissolution, retenant un peu de tartrate calcaire. Ensuite on verse un excès de chlorure de calcium dans la liqueur : par ce moyen, le tartrate de potasse est décomposé; son acide entre en combinaison avec la chaux, et le nouveau tartrate calcaire se mêle à celui qui s'était formé d'abord. Alors on lave le précipité à grande eau, par décantation, pour enlever le chlorure de potassium qui provient de l'action du chlorure de calcium sur le tartrate alcalin, et on le traite par l'acide sulfurique concentré, que l'on étend de 10 à 12 parties d'eau avant de l'employer : la quantité d'acide sulfurique doit former les $\frac{52}{100}$ du bi-tartrate. Enfin, l'on fait cristalliser l'acide tartrique, et on le purifie par la litharge ou par la baryte. (*Voyez* ce qui a été dit sur l'acide oxalique, 1935.)

Au lieu de chlorure de calcium, on emploie quelquefois de l'acétate de chaux pour précipiter le tartrate de potasse. Il en résulte alors de l'acétate de potasse qui reste en dissolution, et qui peut être obtenu, à l'état de cristaux, par l'évaporation, et versé dans le commerce.

1965. *Propriétés.* — La saveur de l'acide tartrique est très forte; son action sur le tournesol est par conséquent très grande. Il ne cristallise que difficilement. Pour que la cristallisation se fasse, il faut que la liqueur soit très concentrée et abandonnée pendant plusieurs jours dans un lieu tranquille. Les cristaux sont des prismes hexaèdres dont les faces sont parallèles deux à deux, et dont les sommets sont terminés par des pyramides triangulaires; mais comme ils sont souvent comprimés dans le sens de l'axe, ils ont ordinairement la forme de lames (M. Peclet). Lorsqu'on triture l'acide tartrique, il se réduit quelquefois en une pâte épaisse; ce qui provient probablement d'une certaine quantité d'eau restée entre ses lames.

Exposé à l'action de la chaleur, l'acide tartrique se fond, se boursoufle, se décompose, répand une odeur particulière, qui a quelque chose de celle du caramel, et forme de l'acide pyrotartrique, indépendamment de tous les produits que donne la distillation des matières végétales.

Si l'on fait l'expérience dans un vase ouvert, par exemple dans un creuset, on obtient d'autres produits; l'acide s'enflamme et se convertit en eau et en acide carbonique.

L'acide tartrique est soluble dans la moitié de son poids d'eau bouillante. Il est très soluble aussi dans l'eau froide. Il se dissout moins facilement dans l'alcool. Sa dissolution aqueuse se décompose par le contact de l'air et se couvre de moisissure surtout lorsqu'elle est faible : de l'acide acétique se forme en même temps. Il n'en est point de même, lorsque l'acide est cristallisé : il n'éprouve aucune altération.

L'acide azotique attaque facilement l'acide tartrique ; il le convertit en acide oxalique.

Chauffé vers 200° avec un excès de potasse et un peu d'eau, l'acide tartrique se décompose sans tumescence, ne dégage point d'hydrogène ou n'en dégage que des traces, et produit de l'acide oxalique. (Gay-Lussac, *Ann. Chim. et Ph.*, XLI, 399.)

L'on a prétendu, dans ces derniers temps, que l'acide tartrique avait la propriété de former avec l'acide borique un composé très soluble dans l'eau; mais, suivant les expériences de M. Vogel, il paraît au contraire, qu'après avoir fait un mélange de parties égales d'acide tartrique et d'acide borique, on parvient très facilement à les séparer l'un de l'autre par l'eau, qui dissout le premier et laisse le second presque intact.

(*Journal de Pharmacie*, tome II, page 420, et tome III, page 1.)

Versé peu-à-peu dans les eaux de chaux, de baryte, de strontiane, et dans la dissolution d'acétate de plomb, l'acide tartrique produit des précipités blancs qui se dissolvent à mesure que l'acide prédomine. L'ammoniaque ne fait point reparaître celui de chaux : il se forme alors un sel double, soluble et indécomposable par cet alcali. L'acide tartrique produit aussi des précipités dans les dissolutions concentrées de potasse, de soude et d'ammoniaque : ceux-ci sont des bi-tartrates qu'un excès d'acide ne peut point redissoudre.

1966. *Composition.* — L'acide tartrique est formé de 36,503 de carbone, de 3,724 d'hydrogène, et de 59,743 d'oxigène.

Ce qui, d'après sa capacité de saturation, donne pour formule : $C^8 H^4 O^5$.

Celle de l'acide cristallisé est $C^8 H^4 O^5 + H^2 O$. On ne peut en séparer l'eau qu'en le combinant avec quelques bases.

Cet acide est employé en teinture ; on s'en sert aussi à la place de l'acide citrique pour faire de la limonade.

1967. *Acide tartrique modifié par la chaleur.* — M. Braconnot a observé, qu'en exposant un instant à une vive chaleur 4 grammes d'acide tartrique dans un creuset, ils se sont fondus en se boursouflant, et ont donné, après le refroidissement, une matière sèche, jaunâtre, transparente comme de la gomme, du poids de 3,65 ; que cette matière, ramollie par la chaleur, acquérait une grande ductilité qui permettait de la tirer en longs fils aussi fins que des cheveux, et qu'elle devait être considérée comme une acide isomérique avec l'acide tartrique ordinaire. En effet, l'acide tartrique modifié est incristallisable, et forme avec les bases des sels particuliers : par exemple, il produit avec la magnésie un sel acide très soluble dans l'eau ; avec la potasse et la soude, des sels neutres, incristallisables, déliquescens ; avec la chaux, une masse poissante, mucilagineuse, insipide, filant entre les doigts comme de la térébenthine. Ce sel calcaire se dissout dans un excès de son acide, surtout à chaud, et reste, après l'évaporation de la liqueur à siccité, sous forme d'un vernis, sec, fragile, qui, plongé pendant quelque temps dans l'eau, se change en un dépôt sablonneux de tartrate de chaux ordinaire. (*Ann. de Chim. et de Ph.*, XLVIII, 299.)

## *Tartrates.*

1968. Les tartrates, dans leur décomposition par le feu, se comportent comme les autres sels végétaux, si ce n'est que ceux qui sont avec excès d'acide, telle que la crême de tartre, donnent lieu à une certaine quantité d'acide pyro-tartrique.

1969. Les tartrates neutres de potasse, de soude, de lithine, d'ammoniaque, de magnésie, d'alumine, de glucine, de bi-oxide de molybdène, de vanadium, de chrôme, d'antimoine, de bi-oxide de cuivre, sont solubles dans l'eau. La plupart des autres, et particulièrement les tartrates de baryte, de strontiane, de chaux, de zircone, de thorine, de cadmium, de protoxide de molybdène, de plomb, de fer, de manganèse, de zinc, d'étain, de mercure, d'argent, y sont insolubles ou peu solubles.

Les tartrates neutres insolubles sont, en général, susceptibles de se dissoudre dans un excès d'acide. Plusieurs tartrates neutres très solubles forment au contraire avec l'acide tartrique, des bi-tartrates peu solubles. Tels sont surtout les tartrates de potasse, de soude, d'ammoniaque.

Il s'ensuit qu'en versant peu-à-peu un excès d'acide tartrique dans les eaux de baryte, de strontiane et de chaux, les précipités qui se forment d'abord ne doivent pas tarder à disparaître, tandis que ceux que l'on obtient par un excès de ce même acide dans les dissolutions concentrées de potasse, de soude et d'ammoniaque, ou de tartrates neutres de ces bases doivent être permanens. Les premiers sont toujours floconneux; les seconds toujours cristallins.

Il s'ensuit encore que la plupart des acides doivent troubler les dissolutions de tartrates neutres de potasse, de soude et d'ammoniaque, parce qu'ils transforment ces sels en tartrates acides, et qu'au contraire, par la même raison, ils doivent opérer la dissolution des tartrates neutres insolubles. En effet, pour peu que l'acide soit fort, le premier phénomène aura toujours lieu; le second se produira toujours aussi, à moins que l'acide ne puisse pas dissoudre la base du tartrate. Voilà enfin la raison pour laquelle l'acide tartrique forme un précipité de bi-tartrate dans une dissolution de sulfate neutre de potasse.

1970. La chaux est la base qui a le plus de tendance à se combiner avec l'acide tartrique, par l'intermède de l'eau; vient ensuite la baryte, puis la strontiane, et probablement la lithine; après elles viennent la potasse et la soude, l'ammoniaque et la magnésie. Si donc l'on verse des eaux de baryte, de strontiane et de chaux dans des dissolutions de tartrates de soude, de potasse, d'ammoniaque, il en résultera un précipité plus ou moins abondant.

1970 *bis*. Les tartrates de potasse, de soude et d'ammoniaque sont non-seulement capables de se combiner ensemble, mais encore avec la plupart des autres tartrates, de manière à former des sels doubles. Tous ces sels sont plus ou moins solubles dans l'eau ; quelques-uns même n'existent que par l'intermède de ce liquide : tels sont les tartrates de chaux et de potasse, de chaux et de soude, de chaux et d'ammoniaque : aussi, lorsqu'on concentre leurs dissolutions, le tartrate de chaux s'en sépare-t-il en grande partie, en raison de sa cohésion.

Il sera facile, d'après cela, de concevoir pourquoi les tartrates de potasse, de soude et d'ammoniaque, ne troublent point les dissolutions de fer et de mangnèse, et troublent au contraire les dissolutions des sels de baryte, de strontiane, de chaux, de plomb : c'est que, dans le premier cas, il se forme des sels doubles, quelque petite que soit la quantité de tartrate que l'on emploie, et que, dans le second, il ne s'en forme qu'autant que le tartrate employé est en très grand excès.

1971. *Etat naturel.* — On n'a trouvé jusqu'à présent que trois tartrates dans la nature : le bi-tartrate de potasse, le tartrate de chaux et le tartrate d'alumine. Le premier est assez abondant; les deux autres, rares. Le bi-tartrate de potasse et le tartrate de chaux existent tous deux dans le raisin. Le bi-tartrate se rencontre encore dans le tamarin; c'est du raisin qu'on l'extrait pour les besoins du commerce : impur il prend le nom de *tartre;* pur, il prend celui de *crême de tartre.*

Quant au tartrate d'alumine, il a été observé par Arosenius, dans le *Lycopodium complanatum.*

1972. *Préparation.* — Tous les tartrates neutres solubles s'obtiennent en traitant leurs oxides, purs ou unis à l'acide carbonique, par l'acide tartrique : il n'y a que celui de potasse que l'on prépare plus économiquement, en se servant de crême de tartre au lieu d'acide tartrique.

Pour obtenir ceux qui sont insolubles, il faut employer la voie des doubles décompositions, à moins qu'il ne puisse en résulter des tartrates doubles solubles, comme avec les tartrates de fer, de manganèse (1310). Dans ce dernier cas, il faut les faire directement, c'est-à-dire, comme les tartrates neutres solubles, et faire en sorte qu'il y ait un petit excès d'acide. A la vérité, il se dissout un peu de tartrate ; mais la majeure partie échappe à l'action de l'excès d'acide, et reste sous forme de poudre.

Tous les tartrates doubles résultant de la combinaison du tartrate de potasse avec un autre tartrate, se font en traitant la crême de tartre ou bi-tartrate de potasse par les oxides ou les carbonates. En traitant également par les carbonates ou les oxides les bi-tartrates de soude et d'ammoniaque, on obtiendra des tartrates doubles, dans la composition desquels entrent les tartrates de soude ou d'ammoniaque.

Quant aux tartrates acides, ils s'obtiennent tous en traitant les oxides, ou les carbonates, ou les tartrates, par l'acide tartrique. Dans tous les cas, il faut employer l'eau pour intermède.

1980. *Composition.* — Dans les tartrates neutres, la quantité d'oxigène de l'oxide est à la quantité d'oxigène de l'acide comme 1 à 5, et à la quantité d'acide même comme 1 à 8,3071. Quoique insoluble, celui de chaux contient 4 atomes d'eau, ou 27,42 pour 100, de sorte que sa formule est $(CaO,C^8H^4O^5) + 4H^2O$; mais ce qui est plus remarquable, c'est que la chaleur de l'eau bouillante ne le déshydrate pas. Plusieurs autres tartrates sont dans ce cas. Parmi ceux qui ne retiennent point d'eau, nous citerons les tartrates de plomb et d'argent.

1981. *Usages.* — Les tartrates que l'on emploie dans les arts et dans la médecine, sont au nombre de cinq: savoir : le tartrate de potasse, le bi-tartrate de potasse ou crême de tartre, le tartrate de potasse et de soude, le tartrate de potasse et de fer, le tartrate de potasse et d'antimoine (*Voyez* ces sels en particulier). Nous nous occuperons particulièrement de ceux-ci dans l'histoire des espèces.

### *Bi-tartrate de potasse, ou crême de tartre.*

1982. *Etat naturel.* — Le bi-tartrate de potasse existe dans le raisin et le tamarin; il se dépose, uni avec une petite quantité de lie et de tartrate de chaux, sur les parois des tonneaux dans lesquels l'on conserve le vin, et forme sur ces parois une couche plus ou moins épaisse, connue sous le nom de *tartre*. Dans le commerce, le tartre qui provient des vins blancs porte le nom de *tartre blanc*, et le tartre qui provient des vins rouges porte celui de *tartre rouge*. Tous deux sont l'assemblage d'un grand nombre de petites paillettes cristallines, et ne diffèrent sensiblement l'un de l'autre que par la quantité de matière colorante qui entre dans leur combinaison.

1983. *Préparation.* — La purification du tartre s'exécute en grand à Montpellier; elle est fondée sur la propriété qu'a le tartrate acide de potasse d'être très peu soluble dans l'eau froide, et de l'être beaucoup plus dans l'eau chaude.

Après avoir pulvérisé le tartre, on le fait bouillir avec de l'eau dans une chaudière de cuivre. Lorsque l'eau en est saturée, on la verse dans des terrines où elle laisse déposer, par le refroidissement, une couche cristalline presque décolorée. Cette couche est redissoute dans l'eau bouillante; on délaie 4 à 5 pour cent d'une terre argileuse et sablonneuse dans la dissolution, et on évapore celle-ci jusqu'à pellicule. L'argile s'empare de la matière colorante, et il se précipite de la liqueur, à mesure qu'elle refroidit, des cristaux blancs qui, exposés en plein air sur des toiles pendant quelques jours, acquièrent un nouveau degré de blancheur. Ces cristaux blancs, demi transparens, sont la crême de tartre pure qui contient toujours un peu de tartrate de chaux, etc. (1). Les eaux-mères servent à faire de nouvelles dissolutions (*Traité* de M. Chaptal *sur les vins*). Il serait bon sans doute de faire usage de charbon animal.

1984. *Propriétés.* — Le bi-tartrate de potasse a une saveur légèrement acide; il cristallise, d'après M. Chaptal, en prismes quadrangulaires, courts, coupés de biais aux deux extrémités, qui contiennent seulement 4,74 pour 100 d'eau de cristallisation ou 1 atome.

Soumis à l'action du feu dans une cornue, il se décompose, donne lieu à de l'acide pyro-tartrique et à tous les produits qui proviennent de la distillation des matières végétales. Une partie se dissout dans 15 d'eau bouillante et 95 d'eau froide. Il est absolument insoluble dans l'alcool. A l'état solide, il n'éprouve aucune altération de la part de l'air; dissous dans l'eau, il en éprouve une qui ne se manifeste que dans l'espace d'un assez grand nombre de jours, et d'où résultent une espèce de moisissure, du carbonate de potasse et un peu d'huile.

Les eaux de baryte, de strontiane, de chaux, versées en excès dans la dissolution de tartrate acide de potasse, s'emparent de tout l'acide de ce sel, et forment des tartrates qui se précipitent. L'acétate de plomb se comporte de la même manière avec cette dissolution.

En saturant l'excès d'acide du tartrate acide de potasse par les bases salifiables, on obtient toujours des sels doubles, lorsque les tartrates de ces bases sont solubles. Il n'en est pas toujours de même, lorsqu'ils sont insolubles : alors leur cohésion l'emporte quelquefois sur l'affinité qu'ils ont pour le tartrate de potasse, de sorte qu'ils se précipitent en totalité, ou du moins en grande partie : c'est ce que l'on observe particulièrement avec la baryte, la strontiane et la chaux.

(1) De 1000 parties de crême de tartre décomposée par la distillation, MM. Fourcroy et Vauquelin ont obtenu un résidu qui contenait, outre le charbon, 350 parties de carbonate de potasse, 6 de carbonate de chaux, 1,2 de silice, 9,25 d'alumine, 0,76 d'oxides de fer et de manganèse. Les deux carbonates provenaient de la décomposition des tartrates de potasse et de chaux.

Le tartrate acide de potasse, qui est peu soluble dans l'eau par lui-même, y devient très soluble par le moyen des borates neutres de potasse, de soude et d'ammoniaque, ou bien encore de l'acide borique. Que l'on fasse bouillir pendant cinq minutes, dans 16 parties d'eau, 6 parties de crême de tartre et 2 parties de borax, qu'on laisse refroidir ensuite la dissolution ; qu'on la sépare, par le filtre ou par la décantation, d'un peu de tartrate de chaux qui se sera déposé, l'on obtiendra 7 parties d'une matière qui aura la propriété d'attirer l'humidité de l'air, de se dissoudre dans un poids d'eau froide égal au sien, et dans la moitié de son poids d'eau bouillante. Que l'on remplace dans cette opération le borax par l'acide borique, et que, sur 4 parties de crême de tartre, l'on ajoute seulement une partie d'acide, ces deux substances se dissoudront promptement, et donneront, par l'évaporation de la liqueur, un résidu plus soluble encore que le précédent. C'est aussi de cette manière que se comportent l'acide borique et les borates alcalins avec le tartrate acide de soude (Vogel, *Journal de Pharmacie*, t. III, p. I). Que se passe-t-il dans ces différentes opérations ? Pourquoi la crême de tartre est-elle rendue si soluble ? Ce ne peut être que par l'effet d'une combinaison intime. Il est évident que, dans le cas où l'on n'emploie que de l'acide borique, dont l'affinité pour les bases salifiables est très faible, il ne peut se former qu'un composé de cet acide et de crême de tartre ; mais lorsqu'on fait usage de borax, n'est-il pas possible qu'il se forme tout-à-la-fois du tartrate de potasse et de soude, et un composé de tartrate acide et d'acide borique ? Cependant M. Vogel a admis que, dans ce cas-là même, la crême de tartre ne faisait que s'unir au borate.

Le peroxide de manganèse nous offre, avec le tartrate acide de potasse, un phénomène, qui a été observé pour la première fois par Schéele. Lorsqu'on fait chauffer cet oxide avec ce sel et de l'eau, il se dégage du gaz acide carbonique, et il se forme un composé de tartrate de potasse et de protoxide de manganèse : il est donc évident que le peroxide de manganèse est ramené à l'état de protoxide par l'acide tartrique : sans doute qu'outre l'acide carbonique qui se dégage, et que l'on peut obtenir en faisant l'expérience dans une cornue, il se produit de l'eau et de l'acide formique.

1986. *Usages.* — Les usages de la crême de tartre sont très nombreux. C'est de ce sel qu'on extrait l'acide tartrique. On s'en sert en pharmacie pour préparer différens sels ; savoir : le sel végétal ou tartrate de potasse ; le sel de Seignette ou tartrate de potasse et de soude ; l'émétique ou tartrate de potasse et d'antimoine; le tartre martial soluble, les boules de Mars ou de Nancy, la teinture de Mars de Ludovic, la teinture de Mars tartarisée, le tartre chalybé, composés qui résultent tous de la combinaison du tartrate de potasse avec une plus ou moins grande quantité de tartrate de fer. Seule ou mêlée au borax, la crême de tartre est encore employée en médecine comme purgatif. En teinture, on en fait assez souvent usage pour augmenter la fixité des couleurs. Dans les laboratoires, on la calcine avec le nitre pour se procurer la potasse pure (675). C'est en brûlant la lie des vins qui contiennent une plus ou moins grande quantité de tartre qu'on fait les cendres gravelées. C'était en calcinant le tartre qu'on préparait autrefois l'espèce de carbonate de potasse qu'on appelait *sel de tartre*. Enfin, c'est en mêlant le tartre avec le nitre, et décomposant le mélange par le feu, qu'on prépare le *flux blanc* et le *flux noir*. Tous deux s'obtiennent, savoir : le flux blanc, en projetant dans un vase rouge 2 parties de nitre et 1 partie de tartre, le flux noir, en y projetant 2 parties de tartre et 1 de nitre. Celui-ci est un mélange de carbonate de potasse et de charbon; l'autre n'est que du carbonate de potasse, à part toutefois la petite quantité de matières fournies par les sels étrangers au tartrate acide de potasse, qui se trouvent dans le tartre.

Nous ne dirons rien des autres tartrates acides; tout ce qu'on en sait se trouve compris dans l'histoire générique.

*Tartrates simples de potasse, de soude, d'ammoniaque.*

1987. Le tartrate de potasse, appelé ordinairement *sel végétal* en médecine, où il est employé quelquefois comme purgatif, ne se rencontre point dans la nature.

Ce sel se prépare en saturant par le carbonate de potasse l'excès d'acide de la crême de tartre : on fait chauffer une dissolution de carbonate de potasse dans une bassine d'argent; on y projette, à plusieurs reprises, de la crême de tartre réduite en poudre très fine, et l'on agite presque continuellement la liqueur : chaque fois qu'on en projette, il se forme une effervescence due au gaz carbonique qui se dégage; on continue d'en projeter jusqu'à ce que l'effervescence cesse d'avoir lieu. Il est nécessaire que la saturation soit parfaite : on y parviendra toujours en versant successivement de petites quantités de crême de tartre ou de carbonate de potasse, selon que la liqueur sera acide ou alcaline. Alors on la filtrera pour en séparer un peu de tartrate de chaux que la crême de tartre contient, et qui apparaît sous la forme de flocons blancs;

on la fera évaporer convenablement, on la versera dans des terrines chaudes, et on l'abandonnera à elle-même dans un lieu tranquille. Ce n'est qu'au bout de quelques jours qu'il commencera à s'y former des cristaux. (1)

Le tartrate de potasse cristallise en prismes rectangulaires à quatre pans, terminés par des sommets dièdres : sa saveur est amère.

L'eau, à la température ordinaire, en dissout le quart de son poids, et l'eau bouillante beaucoup plus que le sien.

Les acides sulfurique, azotique, chlorhydrique, et en général tous les acides, pour peu qu'ils aient de force, produisent dans sa dissolution concentrée un précipité cristallin de tartrate acide que la potasse, la soude et l'ammoniaque font disparaître promptement. L'alumine, au contraire, s'y dissout en grande quantité, sans toutefois que la liqueur devienne sensiblement alcaline.

Lorsqu'on le fait bouillir avec de l'eau et de la chaux, qu'on filtre la liqueur et qu'on la fait évaporer, elle se prend à un certain degré de concentration en une masse gélatineuse qui se liquéfie peu-à-peu par le refroidissement et redevient transparente, et qui, chauffée, se trouble et s'épaissit de nouveau. Le tartrate de chaux, traité de même par une dissolution de potasse, produit un semblable phénomène.

1988. Le tartrate de soude et le tartrate d'ammoniaque se préparent en saturant une dissolution d'acide tartrique par le carbonate de soude et le carbonate d'ammoniaque ; le tartrate d'ammoniaque peut également se préparer en saturant cette même dissolution par l'ammoniaque. Ces sels cristallisent en aiguilles : celui d'ammoniaque devient acide pour peu qu'on le chauffe.

L'histoire des autres tartrates simples se trouve comprise dans l'histoire générale.

### *Tartrate de soude et de potasse.*

1989. Le tartrate de potasse et de soude s'obtient par un procédé analogue à celui que nous avons décrit précédemment pour obtenir le tartrate de potasse, c'est-à-dire, en saturant l'excès d'acide de la crême de tartre par le car-

(1) Pour que la cristallisation ait lieu, il faut que la liqueur soit très concentrée : on observe qu'elle se prend quelquefois en sirop sans donner de cristaux. Quelques chimistes prétendent que cela n'a lieu qu'autant qu'elle n'est point alcaline, assurant que le tartrate de potasse ne cristallise bien que par un petit excès d'alcali.

bonate de soude, filtrant la liqueur et la faisant évaporer.

Ce sel est un de ceux qui cristallisent le plus régulièrement. Ses cristaux sont des prismes à huit ou dix pans inégaux; mais il ne prend cette forme qu'autant qu'on le reçoit sur des fils plongés dans la liqueur, ou qu'on procède à la cristallisation par la méthode de *Leblanc* (1295). En employant la méthode ordinaire, les prismes se trouvent coupés dans la direction de leur axe, ce qui a fait dire du tartrate de soude et de potasse, par les anciens, qu'il cristallisait en tombeaux.

Le tartrate de potasse et de soude a une très légère saveur amère; il est inaltérable à l'air; l'eau chaude en dissout une grande quantité; l'eau froide en dissout moins; il se comporte avec les acides et l'alumine de la même manière que le tartrate de potasse. Sa formule est $(KO,C^8H^4O^5) + (NaO,C^8H^4O^5) + 5\,H^2O$.

On l'emploie quelquefois en médecine comme léger purgatif; autrefois on en faisait un fréquent usage : il s'appelait alors *sel de Seignette*, du nom d'un apothicaire de la Rochelle qui l'avait obtenu le premier.

### *Tartrate de potasse et d'antimoine, ou émétique.*

1990. L'émétique est l'un des médicamens les plus héroïques. Sa découverte date de 1631. Adrien Mynsicht est celui qui le fit connaître le premier dans un ouvrage ayant pour titre : *Thesaurus medico-chimicus*.

L'émétique est toujours un produit de l'art : on a proposé divers procédés pour le préparer. C'est en traitant un mélange de crême de tartre et de verre d'antimoine par l'eau bouillante qu'on se le procure suivant le Codex de Paris. Plusieurs phénomènes, qu'il est nécessaire de faire connaître, se présentent dans cette opération : il se dégage une petite quantité de gaz sulfhydrique, et il se forme en même temps des flocons de kermès qui sont d'un brun marron. La liqueur est toujours jaunâtre ou d'un jaune vert; lorsqu'on l'évapore jusqu'à un certain point et qu'on la laisse refroidir, elle se prend assez souvent en gelée, après avoir laissé déposer des cristaux d'émétique et de tartrate de chaux : ceux-ci, qui sont sous forme d'aiguilles, partent tous d'un centre commun, recouvrent çà et là les cristaux d'émétique, qui affectent ordinairement la forme d'octaèdres.

Tous ces phénomènes peuvent s'expliquer en se rappelant que le verre d'antimoine renferme beaucoup de protoxide d'antimoine, plus un peu d'antimoine proto-sulfuré, de silicate de protoxide d'antimoine et de protoxide de fer (1086), observant que l'antimoine est à l'état de protoxide dans l'émétique, que la crême de tartre renferme toujours une petite quantité de tartrate de chaux, et supposant d'ailleurs que le kermès est un sulfure ou oxi-sulfure hydraté. En effet, presque tout le protoxide se combine avec l'excès d'acide de la crême de tartre; une très petite partie seulement s'unit avec un peu de sulfure d'antimoine, et de là résulte beaucoup d'émétique et quelques flocons de kermès. L'acide sulfhydrique est dû évidemment à la décomposition de l'eau, qui s'opère sans doute par la réaction du bi-tartrate de potasse sur la portion de sulfure d'antimoine très divisé qui ne s'unit point à l'oxide : il se produit ainsi une nouvelle quantité d'émétique, mais extrêmement minime. La gelée est due à la silice, qui, se dissolvant d'abord, redevient libre par l'évaporation de la liqueur, et y reste en suspension. Quant à la couleur, elle provient d'un peu de tartrate de fer. Enfin, si l'on trouve du tartrate de chaux sur les cristaux d'émétique, c'est que ce sel calcaire, séparé de la crême de tartre par le protoxide d'antimoine, est insoluble dans l'eau froide, et au contraire sensiblement soluble dans l'eau chaude.

Quoi qu'il en soit, il faut procéder à l'opération de la manière suivante : on prend 50 parties de crême de tartre et 100 de verre d'antimoine, tous deux réduits en poudre fine; on les met avec 1200 parties d'eau dans un vase de verre, de terre ou de porcelaine, et on fait bouillir la liqueur pendant une demi-heure, en la remuant presque continuellement; on la filtre et on la fait évaporer jusqu'à siccité, pour rassembler la silice et en détruire l'état gélatineux. Ensuite on traite le résidu par l'eau chaude; on filtre la dissolution de nouveau, on la concentre et on l'abandonne à elle-même : bientôt il s'en sépare des cristaux d'émétique. Lorsqu'il ne s'en produit plus, ce qui a ordinairement lieu au bout de vingt-quatre heures, on décante les eaux-mères; on les concentre à plusieurs reprises en les laissant refroidir chaque fois, et on retire ainsi des cristaux jusqu'à la fin de l'opération. Ceux qui proviennent des eaux-mères sont toujours plus ou moins colorés; quelquefois ceux qu'on obtient d'abord le sont eux-mêmes : on les purifie par de nouvelles cristallisations : le produit est de 158 parties d'émétique, plus un résidu contenant de l'émétique impur.

Cette méthode de préparer l'émétique exige, comme on voit, une assez longue manipulation. C'est pourquoi il est préférable d'employer le procédé recommandé par la pharmacopée de Dublin, lequel consiste à faire chauffer 100 parties de proto-chlorure d'antimoine, 110 de crême de tartre en poudre très fine, et 900 d'eau : il est évident que, dans ce cas, le chlorure est décomposé par l'eau, que l'oxigène de celle-ci fait passer l'antimoine à l'état de protoxide, tandis que l'hydrogène en fait passer le chlore à l'état d'acide chlorhydrique, et que c'est ce protoxide qui, s'unissant à l'excès d'acide de la crême de tartre, constitue l'émétique. On obtient tout de suite des cristaux très beaux, très purs, et en grande quantité; les eaux-mères évaporées en fournissent elles-mêmes qui sont très blancs. Rien de plus facile d'ailleurs que de préparer le chlorure en traitant le sulfure d'antimoine par l'acide chlorhydrique, auquel on ajoutera, si l'on veut, très peu d'acide azotique.

L'émétique est incolore; il cristallise en tétraèdres ou en octaèdres transparens; il rougit le tournesol; sa saveur est nauséabonde : tout le monde sait combien son action sur l'économie animale est énergique.

Exposé à l'air, il s'effleurit peu-à-peu. L'eau bouillante en dissout près de la moitié de son poids, et l'eau froide la quinzième partie du sien. Versés dans la dissolution de ce sel, les acides sulfurique, azotique, chlorhydrique, la troublent; et la potasse, la soude, l'ammoniaque, ou leurs carbonates, en précipitent de l'oxide d'antimoine. Les eaux de baryte, de strontiane, de chaux, y forment non-seulement un précipité d'oxide d'antimoine, comme les autres alcalis, mais encore un précipité de tartrates de ces bases. Celui qu'y produisent les sulfures alcalins n'est formé que de kermès; tandis que celui qu'y fait naître l'acide sulfhydrique contient tout à-la-fois du kermès et de la crême de tartre. Les décoctions de plusieurs espèces de quinquina et de diverses plantes, surtout de celles qui sont astringentes et amères, décomposent également l'émétique, et toujours alors le précipité est formé d'oxide d'antimoine uni à des matières végétales, et de crême de tartre : aussi les médecins se gardent-ils d'administrer ce médicament avec ces sortes de substances.

L'on a prétendu, pendant long-temps, que l'émétique variait dans sa composition, même lorsqu'il était préparé par le même procédé. Cette opinion était principalement admise, parce que l'émétique ne produit pas toujours des effets identiques sur le même individu. Mais ne sait-on pas que l'action d'un médicament dépend non-seulement de sa nature, mais encore de l'état où se trouve le malade auquel il est administré? Il est certain que ce sel n'est jamais que du bi-tartrate de potasse, dont l'excès d'acide est saturé par l'oxide d'antimoine; d'où il suit qu'il peut tout au plus être mêlé avec d'autres corps : par exemple, avec la crême de tartre si l'on n'emploie pas assez de verre d'antimoine, ou avec un peu de tartrate de fer et de tartrate de chaux si l'on se contente d'une seule cristallisation.

L'émétique pur a pour formule $(KO, C^8H^4O^5)+(Sb^2O^3, C^8H^4O^5)+2H^2O$. Bien qu'il rougisse la teinture de tournesol, le rapport des quantités d'oxigène de l'acide et des bases fait voir que ce sel a la composition des tartrates bi-basiques.

Tous les sels d'antimoine étant purgatifs et émétiques, la vertu de l'émétique réside sans doute dans le tartrate d'antimoine qu'il contient.

### *Tartrate de potasse et de fer.*

1991. Ce sel s'obtient en faisant bouillir de l'eau sur un mélange de parties égales de limaille de fer et de crême de tartre, filtrant la liqueur et la concentrant par l'évaporation; il cristallise en petites aiguilles; sa couleur est verdâtre, et sa saveur très styptique.

Sa dissolution n'est troublée ni par la potasse, ni par la soude, ni par l'ammoniaque, ni par ces bases unies à l'acide carbonique; elle l'est, au contraire, par l'acide sulfhydrique, d'où résultent de l'eau, du sulfure de fer insoluble, et du bi-tartrate de potasse.

D'après ce qui précède, le tartre martial soluble, le tartre chalybé, la teinture de Mars de *Ludovic*, la teinture de Mars tartarisée, et les boules de *Nancy*, ne sont autre chose que des combinaisons de tartrate de potasse et de tartrate de fer. (Voy. le *Codex*.)

## ARTICLE II.

### *Acide paratartrique.*

1992. L'acide paratartrique, connu d'abord sous le nom d'acide racémique, fut signalé par John, en 1819, comme distinct de tous ceux qui étaient connus (*Dictionnaire de chimie*, t. IV, p. 125); mais ce ne fut qu'en 1829 qu'il a été admis au rang des acides nouveaux, d'après une annonce de M. Gay-Lussac, d'une part, et d'après des expériences de M. Walchner de l'autre (*Ann. de Ch. et de Phys.*, XXXIII, 437. — *Manuel de chimie théorique* de L. Gmelin, 3e édit., t. II, p. 53.

Il ne s'est encore rencontré que dans quelques vins, et surtout dans ceux des Vosges, à l'état de bi-paratartrate de potasse.

Pour l'obtenir, on sature par le carbonate de soude le tartre que donnent ces sortes de vins, et l'on fait cristalliser la dissolution saline. Le double tartrate de soude et de potasse cristallise en grande partie. Le paratartrate double reste au contraire dans l'eau-mère. Après avoir décoloré celle-ci par le charbon animal, on la précipite par l'acétate de plomb, et l'on décompose le précipité par le gaz sulfhydrique (1935). La liqueur filtrée renferme tout à-la-fois de l'acide tartrique et de l'acide paratartrique.

Celui-ci cristallisant avec facilité, tandis que l'autre se prend d'abord sous forme de sirop, il est facile de les séparer et de purifier au besoin l'acide paratartrique par une nouvelle cristallisation.

L'acide paratartrique affecte la forme de grands rhombes obliques, diaphanes, qui sont toujours hydratés. Il est sans odeur, et sa saveur est aussi forte que celle de l'acide tartrique. Soumis à l'action du feu, il entre facilement en fusion, jaunit, puis se décompose, donne un liquide épais chargé de beaucoup d'acide pyro-tartrique, mais très peu d'huile empireumatique et un faible résidu de charbon.

Il exige pour se dissoudre près de 6 fois son poids d'eau à 15° et une quantité bien plus grande d'alcool.

Sa composition et sa capacité de saturation sont absolument les mêmes que celles de l'acide tartrique.

Sa formule est donc $C^8H^4O^5$.

Il n'existe point à l'état anhydre, et ses cristaux sont représentés par $C^8H^4O^5 + H^4O^2$. Par la dessiccation à une température modérée, ils perdent la $\frac{1}{2}$ de leur eau et deviennent $C^8H^4O^5 + H^2O$. (Berzelius, *Ann. de Ch. et de Phys.*, XLVI, 128.)

### *Paratartrates.*

1993. Les paratartrates ont la même saveur que celle des tartrates correspondans; ils donnent les mêmes produits, lorsqu'on les décompose par le feu; ils renferment le plus ordinairement le même nombre d'atomes d'eau; mais ils diffèrent des tartrates par leurs formes cristallines et leur degré de solubilité.

Les paratartrates neutres de potasse, de soude, de soude et de potasse, d'ammoniaque, de peroxide de fer, de protoxide d'étain, de protoxide d'antimoine et de potasse, sont solubles. Ceux de baryte, de strontiane, de magnésie, de manganèse, de zinc, de protoxide de fer, de bi-oxide de cuivre, de protoxide de mercure, d'argent, sont insolubles, ou du moins très peu solubles; les bi-paratartrates de potasse, de soude et d'ammoniaque exigent également beaucoup d'eau pour se dissoudre.

Le paratartrate de chaux fournit un excellent moyen pour

distinguer l'acide paratartrique de l'acide tartrique. En effet, le paratartrate dissous dans l'acide chlorhydrique très étendu se précipite tout de suite, ou en peu de temps, par l'addition de l'ammoniaque, tandis que la dissolution du tartrate calcaire dans cet acide, soumise à la même épreuve, reste transparente ; ce n'est qu'au bout de quelques heures qu'elle laisse déposer de petits cristaux brillans et diaphanes sur les parois du verre. D'ailleurs l'acide paratartrique trouble au bout de quelque temps la dissolution de sulfate calcaire, propriété que ne possède point l'acide tartrique. (*Ann. de Chim. et de Phys.*, t. XLVI, p. 128.)

### ARTICLE III.

### *Acide pyro-tartrique.*

1994. Cet acide a été découvert par Rose.

Il est blanc, inodore, très soluble dans l'eau et dans l'alcool, d'une saveur fortement acide, et comparable, sous ce rapport, à celle de l'acide tartrique lui-même.

Il entre en fusion vers 100°, et en ébullition à environ 188°. Il est difficile de le volatiliser entièrement sans en décomposer une petite quantité.

L'acide pyro-tartrique en dissolution concentrée ne trouble pas les eaux de chaux, de baryte, et de strontiane, les dissolutions salines de mercure au maximum ou au minimum, de sulfate de peroxide de fer, de sulfate de zinc, de manganèse et de cuivre, d'acétate neutre de plomb ; mais uni à la potasse ou à la soude, il forme, 1° avec le sulfate de peroxide de fer un précipité jaune-chamois, soluble dans environ 200 fois son poids d'eau ; 2° avec le sulfate de cuivre, un précipité vert qui exige à-peu-près la même quantité d'eau pour se dissoudre ; 3° avec l'azotate de mercure un précipité blanc, abondant ; 4° avec l'acétate neutre de plomb, un précipité blanc floconneux qui n'apparaît qu'au bout de quelques heures, et qui se compose de 1 atome de protoxide et de 1 atome d'acide pyro-tartrique ; 5° avec le sous-acétate de plomb, un précipité blanc instantané : l'acide pyro-tartrique seul le produit également.

Ces diverses propriétés le caractérisent suffisamment. Ajoutons d'ailleurs que le pyro-tartrate neutre de potasse est très soluble, déliquescent, et très difficilement cristallisable ; qu'il n'existe pas de bi-pyro-tartrate de potasse, et qu'un excès d'acide ne fait que se mêler au sel neutre.

L'acide pyro-tartrique ne se trouve pas dans la nature. Il est toujours le produit de l'art. Pour l'obtenir, on introduit de l'acide tartrique dans une cornue de verre que l'on maintient à une température de 250 à 300°. Il se dégage abondamment de l'acide carbonique et de l'eau, des gaz oxide de carbone et hydrogène carboné, un peu d'huile empyreumatique, beaucoup d'acide acétique dans un très grand état de concentration, et une certaine quantité d'acide pyro-tartrique. La meilleure manière d'extraire ce dernier acide du liquide complexe dans lequel il se trouve dissous, consiste à distiller cette liqueur jusqu'à ce que le résidu de la cornue ait acquis une consistance sirupeuse; on change alors le récipient, on continue la distillation presque jusqu'à siccité, et on expose le dernier produit distillé à un froid très vif ou à une évaporation spontanée sous la machine pneumatique : il s'en dépose dans les deux cas des cristaux irréguliers, encore jaunâtres et d'une odeur empyreumatique, que l'on purifie en les soumettant à la presse entre plusieurs doubles de papier joseph, les dissolvant ensuite dans l'eau, traitant la dissolution bouillante par un peu de noir animal et la faisant refroidir : elle laisse précipiter peu-à-peu de beaux cristaux incolores et sans odeur, d'acide pyro-tartrique pur.

M. Pelouze a analysé récemment l'acide pyro-tartrique et le pyro-tartrate de plomb, et est arrivé à des résultats différens de ceux qui avaient été trouvés.

L'acide pyro-tartrique est formé de

| | |
|---|---|
| Carbone | 46,00 |
| Hydrogène | 5,96 |
| Oxigène | 48,04 |
| | 100,000 |

nombres qui correspondent à la formule suivante : $C^{10}H^{8}O^{4}$.

D'après l'analyse du pyro-tartrate de plomb, l'acide pyro-tartrique perd un atome d'eau par la saturation, et entre dans les sels pour $C^{10}H^{6}O^{3}$. Sa formule est donc $C^{10}H^{6}O^{3}+H^{2}O$.

Il était curieux de voir quel acide on obtiendrait en distillant l'acide paratartrique dont la composition est exactement la même que celle de l'acide tartrique; c'est ce que M. Pelouze a fait, et il a reconnu que ces deux acides donnent des acides absolument identiques. Il a examiné cette question avec d'autant plus de soin que les acides citrique et malique, qui sont isomériques, fournissent à la distillation des acides pyrogénés entièrement différens par leur composition comme par leurs propriétés. (*Ann. de Chim. et de Phys.* )

## ARTICLE IV.

### *Acide citrique.*

1995. *Historique, état naturel.* — On sait depuis un temps immémorial que le suc de citron est acide; cependant Schéele est le premier chimiste qui a prouvé que l'acide contenu dans ce suc était distinct de tous les autres. C'est à l'acide citrique qu'est due l'acidité de l'orange et du limon. On le rencontre mêlé à l'acide malique dans presque tous les fruits rouges, et surtout dans la groseille (Tilloy, *Ann. de Chim. et de Phys.*, t. XXXIX, p. 222). D'ailleurs, il ne se trouve jamais en combinaison avec les bases salifiables, si ce n'est avec la chaux, en petite quantité.

*Préparation.* — L'acide citrique s'extrait toujours des citrons. Après avoir extrait le jus de ces fruits, on le fait chauffer et on y verse peu-à-peu de la craie réduite en poudre fine, jusqu'à ce que la saturation soit presque complète. Il en résulte une vive effervescence et du citrate calcaire. Celui-ci étant insoluble se précipite; on le recueille sur un filtre et on le lave à plusieurs reprises avec de l'eau chaude. Lorsque l'eau, qui d'abord passe colorée, cesse de l'être, on arrête les lavages et on traite le citrate par l'acide sulfurique. Les meilleures proportions paraissent être une partie de citrate calcaire supposé sec (1), et 3 parties d'acide sulfurique à 1,15 de pesanteur spécifique. Le citrate et l'acide doivent être mêlés dans une capsule, et leur réaction doit être favorisée par l'agitation et la chaleur. Dans cette opération, l'acide sulfurique se combine avec la chaux et forme un sulfate peu soluble, tandis que l'acide citrique reste en dissolution avec un peu de sulfate de chaux, de matière végétale mucilagineuse, et l'excès d'acide sulfurique. Au bout d'environ demi-heure, en supposant qu'on opère sur 400 à 500 grammes de citrate, on filtre, on lave, et on réunit toutes les liqueurs, que l'on concentre jusqu'à apparition de pellicule cristalline, et qu'on laisse ensuite refroidir. Par ce moyen, la majeure partie de l'acide citrique cristallise dans l'espace de quelques jours. En concentrant les eaux-mères, on obtient de nouveaux cristaux. L'excès d'acide sulfurique sert à diviser la matière mucilagineuse et à favoriser la cristallisation. Peut-être que l'addition d'un peu d'acide azotique, qui sans doute attaque et acidifie facilement cette matière, produirait un meilleur effet :

(1) Pour connaître la quantité d'eau que le citrate contient, on fait sécher une partie de ce sel.

il a, dans tous les cas, l'avantage de décolorer la liqueur.

Quoi qu'il en soit, l'acide ainsi préparé n'est pas pur; il contient de l'acide sulfurique, dont on le sépare dans les laboratoires par un procédé absolument semblable à celui que nous avons décrit en parlant de l'acide oxalique et de sa purification (1935).

*Propriétés.* — L'acide citrique cristallise en prismes rhomboïdaux, dont les plans sont inclinés entre eux sous des angles d'environ 60 et 120°, et dont les extrémités sont terminées par quatre faces trapézoïdales qui embrassent les angles solides. Sa saveur, qui est très acide et même insupportable lorsqu'il est concentré, devient très agréable lorsqu'il est étendu d'eau. Il rougit fortement la teinture de tournesol.

Distillé en vaisseau clos, il commence par se fondre dans son eau de cristallisation, en laisse dégager une certaine quantité, puis se décompose et se transforme, du moins en partie, en un nouvel acide qui se sublime, et que nous décrirons sous le nom d'*acide pyro-citrique* (1997). Exposé à l'air, il n'éprouve aucune altération; chauffé avec le contact de ce fluide, il se fond, se boursoufle, exhale une vapeur âcre, et ne laisse aucun résidu. 75 parties d'eau à 18° dissolvent 100 parties d'acide citrique; l'eau bouillante en dissout moitié de plus, et l'alcool bien moins. La dissolution aqueuse d'acide citrique, à moins qu'elle ne soit concentrée, finit par se décomposer, même dans des vaisseaux fermés, et se couvre de moisissure.

Lorsqu'on verse peu-à-peu cet acide dans les eaux de baryte, de strontiane, il en résulte un précipité qui disparaît dans un excès d'acide : il trouble aussi l'eau de chaux; mais pour cela il faut l'employer en cristaux, et faire en sorte que la chaux soit prédominante. Un excès d'acide dissout le citrate calcaire, comme les citrates de baryte et de strontiane. Il trouble également l'acétate de plomb; il ne trouble point, au contraire, l'azotate de plomb, l'azotate de mercure. Traité par l'acide azotique à chaud, il finit par passer à l'état d'acide oxalique (1931).

L'acide citrique chauffé avec de l'acide sulfurique est transformé en acide acétique et en gaz oxide de carbone; telle est du moins la décomposition qu'il éprouve quand on fait chauffer un de ses sels avec de l'acide sulfurique. (Liébig.)

La potasse le décompose à la température d'environ 200°. Il se produit de l'acide oxalique. (Gay-Lussac.)

*Composition.* — Cet acide, à l'état anhydre, est formé de 41,40 de carbone, de 54,96 d'oxigène, de 3,64 d'hydrogène.

Or, comme les analyses de divers citrates offrent des anomalies frappantes, il est difficile d'assigner exactement la formule atomique du nombre proportionnel de l'acide citrique. Cependant, nous adopterons avec M. Berzelius $C^8H^4O^4$, parce que cette quantité atomique unie à 1 atome de soude donne un citrate dont la neutralité paraît bien constatée. (Voir, à ce sujet, les observations de MM. Berzelius et Liébig, *Ann. de Chim. et de Phys.*, t. LII, p. 424.)

Dans cette hypothèse, les cristaux obtenus à froid seront représentés par la formule $3C^8H^4O^4+4H^2O$; ceux qui sont obtenus à chaud auront pour expression $C^8H^4O^4+H^2O$ : dans tous les cas, les premiers, desséchés à une température de 30 à 40°, perdent la $\frac{1}{2}$ de leur eau; les seconds, au contraire, comme l'a remarqué Gmelin, n'en perdent point à 100°, et lorsqu'on les soumet à une température un peu plus élevée, ils se fondent en un liquide limpide : leur poids ne diminue pas, et après le refroidissement ils se trouvent changés en une masse dure parfaitement transparente.

*Usages.* — Sous forme de cristaux, l'acide citrique n'est employé que pour faire des limonades. A cet effet, on le broie avec la quantité de sucre convenable, et on aromatise le tout avec un peu d'essence de citron : pour se servir de cette limonade, qu'on appelle *limonade sèche*, et qu'on conserve dans un flacon bien bouché, il suffit de la dissoudre dans l'eau.

A l'état de jus de citron, on l'emploie non-seulement pour préparer des limonades, mais encore en teinture.

## *Citrates.*

1996. *Propriétés.* — Tous les citrates, exposés au feu, se décomposent, et donnent des produits semblables à ceux dont nous avons parlé dans nos généralités sur les sels végétaux.

Il en est cependant deux, le citrate de soude et le citrate de baryte, qui d'après M. Berzelius offrent une particularité remarquable : c'est qu'à une certaine température ils perdent pour chaque atome de sel $\frac{1}{3}$ d'atome d'eau de plus qu'ils n'en contiennent réellement; qu'ils ne brunissent ni ne donnent de vapeurs empyreumatiques, et que, traités ensuite par l'eau, ils reproduisent toute la quantité de sel primitive. (*Ann. de Chim. et de Phys.*, t. LII, p. 427.)

Les citrates de potasse, de soude, d'ammoniaque, de strontiane, de glucine, de vanadium, de fer, sont solubles dans l'eau, et plus ou moins facilement cristallisables. Ceux de baryte, de chaux, de magnésie, d'alumine, d'yttria, de cadmium, de nickel, d'urane, de plomb, de mercure, d'argent, sont insolubles ou très peu solubles; mais ils se dissolvent plus ou moins dans un excès d'acide citrique ou dans tout autre acide capable de former avec leurs bases des sels solubles. L'action de l'eau sur les autres est inconnue.

Il paraît que la chaux, la baryte, la strontiane, sont les trois bases qui ont le plus de tendance à s'unir avec l'acide citrique, par l'intermède de l'eau : viennent ensuite la lithine, la potasse et la soude, puis l'ammoniaque et la magnésie, etc.

*Etat naturel, préparation, composition.* — On ne trouve aucun citrate dans la nature, si ce n'est le citrate de chaux, en petite quantité, dans la plupart des fruits qui contiennent de l'acide citrique.

Tous les citrates solubles se font directement, c'est-à-dire, en traitant les oxides ou les carbonates par l'acide citrique. Ceux qui sont insolubles peuvent s'obtenir par la voie des doubles décompositions.

Mais la propriété qu'ils ont de se transformer facilement en divers sels acides et basiques, fait qu'il est presque impossible de les avoir dans un état constant de saturation. De là de grandes difficultés pour déterminer la composition des citrates neutres, et par conséquent le poids atomique de l'acide citrique. Toutefois, si, comme nous l'avons dit précédemment, on ne consulte que la neutralisation de la soude par l'acide citrique, on trouvera que les citrates devront être composés d'une quantité atomique d'acide $C^8H^4O^4$ et d'une quantité de base renfermant 1 atome d'oxigène; d'où il suit que la quantité d'oxigène de l'oxide sera à celle de l'acide comme 1 est à 4, et à celle de l'acide même comme 1 est à 7,307.

## ARTICLE V.

### *Acide pyro-citrique.*

1997. L'acide citrique soumis à une distillation ménagée se décompose, donne beaucoup d'eau, d'acide carbonique, quelques traces de matières empyreumatiques, un léger résidu de charbon, et une quantité considérable d'un acide particulier, volatil, auquel M. Lassaigne, qui l'a découvert, a donné le nom d'*acide pyro-citrique*. En exposant à une basse température le produit liquide qui provient de cette distillation, le nouvel acide se dépose sous forme de beaux cristaux, blancs, de telle sorte que pour les purifier complètement il suffit ensuite de les comprimer entre plusieurs doubles de papier joseph, de les redissoudre dans l'eau, de faire bouillir la dissolution avec un peu de noir animal, de la filtrer, de la concentrer et de la laisser refroidir. L'acide parfaitement pur reprend sa première forme cristalline.

Il est d'une blancheur éclatante, sans odeur; sa saveur est assez forte; sa solubilité dans l'eau et dans l'alcool, très grande.

Soumis à l'action de la chaleur, il fond et donne un liquide incolore, d'une transparence parfaite, affectant quelques-unes des propriétés des huiles volatiles, comme par exemple de se diviser dans l'eau en gouttes transparentes, de se dissoudre dans l'alcool et d'en être précipité par l'eau en produisant un liquide laiteux imitant une émulsion. Peu-à-peu ces gouttes d'apparence tout-à-fait oléagineuse, ainsi que l'émulsion, disparaissent dans l'eau, et la dissolution ressemble alors à celle des autres acides.

A une température assez élevée, mais qui n'a pas été déterminée, l'acide pyro-citrique entre en ébullition, produit des vapeurs très irritantes qui se condensent sous forme d'un liquide incolore, lequel se prend après quelques heures et quelquefois instantanément, en une masse cristalline. Quelques précautions que l'on prenne, il laisse toujours un léger résidu, ce qui tient sans doute à ce que son point de décomposition est très rapproché de celui de son ébullition.

L'acide pyro-citrique ne précipite pas les eaux de chaux, de baryte et de strontiane.

Les pyro-citrates n'ont pas été étudiés jusqu'ici.

M. Dumas a fait l'analyse du pyro-citrate de plomb, et en a déduit la composition suivante pour l'acide pyro-citrique :

| | |
|---|---|
| Carbone | 54,07 |
| Hydrogène | 3,53 |
| Oxigène | 42,40 |
| | 100,00 |

Cette composition correspond à la formule $C^{10}H^{4}O^{3}$ qui représente une proportion d'acide pyro-citrique.

ARTICLE VI.

### *Acide malique.*

1998. Cet acide, découvert en 1785 par Schéele, se rencontre dans presque tous les fruits, surtout dans les pommes, les prunes, les prunelles, les baies de sorbier, d'épine-vinette, de sureau noir. Fourcroy en admet l'existence dans le pollen du dattier d'Egypte; Adet, dans le suc de l'ananas; Hoffmann, dans l'*agave americana*. M. Vauquelin l'a trouvé mêlé aux acides tartrique et citrique dans la pulpe de tamarin, à l'acide oxalique dans les pois chiches, et formant avec la chaux un malate acide dans le suc du *sempervivum tectorum*. Enfin c'est à cet acide et à l'acide citrique que les groseilles, les framboises, et en général les fruits rouges, doivent leur saveur aigre.

Pendant long-temps, l'acide malique ne put être obtenu à l'état de pureté : ses propriétés étaient donc mal connues. C'est par suite d'un travail fait par M. Donovan qu'il ne reste presque plus rien à desirer à cet égard. M. Donovan crut reconnaître en 1815 un acide particulier dans les baies du sorbier; bientôt après, M. Braconnot et M. Vauquelin publièrent des expériences à l'appui des assertions de ce chimiste : de là l'acide sorbique, dont l'existence paraissait assez bien constatée. Mais M. Labillardière et M. Braconnot lui-même, étant parvenus à prouver, chacun de son côté, par de nouvelles recherches qui datent de 1818, que l'acide du sorbier ne différait en rien de l'acide malique purifié, il en est résulté que l'histoire de l'acide sorbique assez bien faite est devenue celle de l'acide malique. Ces deux acides n'en forment plus qu'un, et tout ce qui a été dit de l'acide sorbique doit s'appliquer à l'acide malique.

D'une autre part, il fut au contraire démontré par MM. Vogel, Tromsdorff et Guérin, que l'acide malique avait été confondu à tort avec l'acide qui se produit en traitant le sucre par trois fois son poids d'acide azotique à 25°, et que celui-ci auquel M. Guérin a donné le nom d'*acide oxalhydrique*, devait être regardé comme un acide distinct.

*Préparation.* — C'est des fruits du sorbier qu'on extrait l'acide malique. Lorsqu'ils sont presque parvenus à leur maturité, on les pile dans un mortier de marbre ou de verre, et on les soumet à une forte pression; le jus que l'on obtient est d'abord porté à l'ébullition, puis filtré, presque entièrement neutralisé par le carbonate de soude, et mêlé avec un excès d'azotate de plomb en dissolution. Il en résulte un précipité abondant, qui, abandonné à lui-même dans un lieu modérément chaud, se convertit peu-à-peu en un grand nombre de groupes cristallins entourés d'une matière floconneuse. En lavant le dépôt à plusieurs reprises avec de l'eau froide, et décantant la liqueur chaque fois, on enlève facilement la matière floconneuse, tandis que les cristaux beaucoup plus lourds se réunissent au fond du vase. Ces cristaux sont du malate de plomb, mais mêlé à du tartrate, à de l'*albuminate* (composé d'albumine et d'oxide de plomb), et jaunis par la couleur du sorbier.

Pour les purifier et en retirer l'acide, on les soumet à l'ébullition avec un petit excès d'acide sulfurique étendu dans une capsule en porcelaine jusqu'à ce qu'ils perdent leur état grenu. Alors sur la masse qui se forme, et qui contient du sulfate de plomb, de l'acide sulfurique libre, de l'acide malique, de la matière colorante, de l'albumine, de l'acide tartrique et peut-être de l'acide citrique, on ajoute peu-à-peu du sulfure de barium dissous, et on cesse d'en ajouter lorsque la liqueur se trouve contenir un peu de baryte, ou qu'elle précipite par l'acide sulfurique.

Par ce moyen, on transforme le sulfate de plomb en sulfate de baryte et en sulfure de plomb. La liqueur très acide se décolore et s'éclaircit presque tout-à-coup, effet qui paraît être dû au plomb sulfuré. Quoi qu'il en soit, on la filtre et on la fait bouillir avec un excès de carbonate de baryte. L'acide tartrique se dépose sous forme de tartrate, et l'acide citrique s'il en existe, sous celle de citrate. L'albumine se trouve également séparée. Quant à l'acide malique, il reste dissous à l'état de malate acide que le carbonate de baryte ne parvient point à saturer; c'est pour cela même qu'on fait usage de ce sel. Par conséquent, après une nouvelle filtration, il suffira de précipiter la baryte par une quantité proportionnelle d'acide sulfurique étendu pour avoir l'acide malique pur, et de concentrer convenablement la liqueur pour l'obtenir en cristaux.

*Propriétés.* — L'acide malique, amené par l'évaporation à une consistance sirupeuse, cristallise en mamelons. Il est blanc, inodore; sa saveur, qui est très forte, ressemble à celle des acides citrique et tartrique. Sa densité est plus grande que celle de l'eau.

Exposé à l'air, il ne tarde pas à attirer l'humidité et à se résoudre en liqueur : il est donc déliquescent : aussi est-il très soluble dans l'eau et même dans l'alcool. Soumis à l'action du feu dans une cornue, il entre en fusion, laisse dégager une partie de l'eau qu'il contient, se décompose en donnant lieu à un petit résidu de charbon et à deux acides isomères qui se vaporisent et se condensent, l'un à l'état liquide, et l'autre sous forme d'aiguilles blanches.

Par l'acide azotique, à l'aide de la chaleur, il est promptement converti en acide oxalique. L'acide sulfurique agit sur l'acide malique, lorsqu'on le chauffe avec les malates, de la même manière, que sur l'acide des citrates (p. 52 de ce vol.).

Il ne trouble ni la dissolution de l'azotate de plomb, ni celle de l'azotate d'argent, ni l'eau de chaux, ni l'eau de baryte; mais il précipite la dissolution d'azotate de protoxide de mercure.

*Composition.* — L'acide malique est isomérique avec l'acide citrique. Anhydre, il est composé suivant M. Liébig (*Ann. de Ch. et de Phys.*, LII, 438):

| | |
|---|---|
| de Carbone | 41,84 |
| Hydrogène | 3,42 |
| Oxigène | 54,74 |
| | 100,00 |

Ce qui, d'après la composition des malates neutres, donne pour formule du nombre proportionnel $C^8H^4O^4$.

Quant à l'acide malique cristallisé, M. Pelouze a trouvé qu'il était représenté par $C^8H^4O^4 + H^2O$.

## *Malates.*

1999. Tous les malates, en se décomposant par le feu, se boursouflent, et donnent des produits analogues à ceux qui proviennent de la décomposition des autres sels végétaux (1933). La plupart se dissolvent dans l'eau et peuvent s'unir à un excès d'acide. Cet excès d'acide les rend solubles lorsqu'ils ne le sont pas, ou augmente leur solubilité lorsqu'ils ne le sont que peu, et la diminue, au contraire, lorsqu'ils possèdent cette propriété à un haut degré.

Probablement que les bases salifiables alcalines enlèvent l'acide malique à toutes les autres, et que les malates, dans leur contact avec les différens sels, se comportent, comme nous l'avons dit, d'une manière générale (1310).

Aucun malate ne se trouve dans la nature, si ce n'est celui de chaux à l'état de malate acide.

*Préparation.* — Les malates se préparent directement, c'est-à-dire, en combinant l'acide avec les oxides : quelques-uns seulement s'obtiennent par d'autres procédés. (*Voyez* ce qui vient d'être dit à ce sujet en traitant de l'*acide malique.*)

*Composition.* — Les malates neutres sont composés de telle manière que la quantité d'oxigène de l'oxide est à la quantité d'oxigène de l'acide comme 1 : 4 et à la quantité d'acide lui-même comme 1 à 7, 27 (Liébig). Les malates acides semblent toujours contenir 2 fois autant d'acide que les malates neutres.

Nous ne croyons pas devoir examiner en détail tous les malates. Nous dirons seulement que l'acide malique s'unit à toutes les bases, et forme, savoir :

Avec la soude, la potasse et l'ammoniaque, des sels qui, à l'état neutre, sont très solubles, incristallisables, et qui, à l'état acide, ont la propriété de cristalliser. La facilité avec laquelle cristallise le bi-malate d'ammoniaque, est même si grande que l'on peut obtenir ce sel pur à l'aide de plusieurs cristallisations successives, en se servant directement, pour le préparer, du jus des baies de sorbier et de l'ammoniaque liquide;

Avec la baryte, un sel neutre, insoluble dans l'eau, inaltérable à l'air, et un sur-malate incristallisable;

Avec la chaux, 1° un sel neutre, soluble dans 147 parties d'eau à 12° et dans 65 d'eau bouillante, dont la saveur ressemble beaucoup à celle du salpêtre; 2° un bi-malate qui se dissout dans 50 parties d'eau à 12°, qui produit avec l'ammoniaque un sel double, et qui cristallise en prismes à six faces, dont deux plus larges, opposées et terminées par un sommet en biseau; 3° un sous-sel insoluble et pulvérulent;

Avec la magnésie, un sel neutre en cristaux réguliers, efflorescens, solubles dans 28 parties d'eau à 15 degrés, et un sel acide très soluble;

Avec l'alumine, un sel incristallisable qui, par l'évaporation, se prend en masse transparente, gommeuse, inaltérable à l'air, et d'où l'alumine n'est précipitée ni par la potasse ni par l'ammoniaque;

Avec le protoxide de manganèse, un sel neutre, soluble, incristallisable, et un sel acide moins soluble, dont les cristaux transparens se réunissent en groupes arrondis et d'une légère teinte rosée. C'est en versant de l'acide malique sur le carbonate de manganèse qu'on prépare ces sels;

Avec le protoxide de fer, un sel neutre et un sel acide qui se prennent, par l'évaporation, en masses brunes, gommeuses, inaltérables à l'air, et qui peuvent être faits en versant de l'acide malique sur le fer métallique ou protoxidé.

Avec les oxides d'étain, des sels très solubles, incristallisables, déliquescens;

Avec le bi-oxide de cuivre, un sel très soluble, incristallisable, inaltérable à l'air, et un sur-malate également soluble et incristallisable. Mêlé avec une dissolution de potasse, celui-ci n'abandonne qu'une partie de son oxide et forme, selon toute apparence, un sel double;

Avec le protoxide de plomb, un sel neutre peu soluble dans l'eau froide, très sensiblement soluble dans l'eau chaude, cristallisable en aiguilles brillantes, nacrées, et ayant l'aspect de l'acide benzoïque sublimé. Ce malate s'obtient facilement en versant de l'acide malique dans une dissolution d'acétate de plomb;

Avec le protoxide de mercure, un sel neutre très peu soluble dans l'eau et que l'on se procure facilement, en versant de l'acide malique dans une dissolution d'azotate mercuriel protoxidé;

Avec le bi-oxide de mercure, un sel neutre incristallisable, d'un aspect gommeux, se partageant, dans son contact avec l'eau, en sous-sel insoluble et en sel acide soluble.

ARTICLE VII.

*Acide maléique.*

2000. En examinant successivement le produit de la distillation de l'acide malique, MM. Braconnot et Lassaigne y avaient reconnu successivement, le premier, un acide nouveau qu'il appela *acide pyro-malique*, et le second, un autre acide également nouveau auquel il ne donna point de nom (*Ann. de Ch. et de Ph.*, VIII, 149;—XI, 93). L'étude de ces acides était fort incomplète. On ne connaissait ni leur composition, ni leur formation, ni leurs propriétés les plus saillantes. M. Pelouze, dans un mémoire rempli d'observations d'un haut intérêt, a déterminé tous ces points avec beaucoup d'exactitude. Il a trouvé que ces deux acides sont isomériques. Or comme il a cru devoir changer le nom d'acide pyro-malique en celui d'*acide maléique*, il a désigné l'autre sous le nom d'acide *para-maléique*. Il a évité ainsi la dénomination d'*acide para-pyro-malique*, qui eût été trop longue. (*Ann. de Chim. et de Phys.*, LVI, 72.)

*Propriétés.* — L'*acide maléique* est blanc, inodore, facilement cristallisable en prismes qui ont pour base un parallélogramme obliquangle; sa saveur, d'abord acide, est bientôt suivie d'une sensation nauséabonde très désagréable.

L'eau et l'alcool le dissolvent très facilement et en grande quantité. Sa dissolution aqueuse rougit fortement le papier bleu de tournesol; l'acide qu'elle contient, au lieu de se déposer dans l'eau-mère, s'en sépare et grimpe à de grandes hauteurs le long des parois des vases.

L'acide maléique ne trouble pas l'eau de chaux; il forme dans celle de baryte un précipité blanc, qui se change en quelques instans, en de petites paillettes cristallines. Un excès d'eau de baryte ou d'acide maléique redissout le précipité, qui n'exige pas d'ailleurs beaucoup d'eau pour disparaître.

L'acétate de plomb versé dans de l'acide maléique très étendu d'eau, y fait naître un dépôt blanc, insoluble, qui se change après quelques minutes, en de fort jolies lames brillantes, d'un aspect micacé.

Quand les dissolutions sont concentrées et le sel de plomb en excès, la liqueur se prend en une masse blanche, de consistance tremblante, ressemblant à de l'empois. Cette masse conserve pendant long-temps ses propriétés physiques; mais peu-à-peu, surtout par l'addition d'une certaine quantité d'eau, on en voit sortir des cristaux brillans de même nature que ceux que donnent les dissolutions étendues, et qui finissent par remplacer la masse blanche tout entière.

L'acide maléique ne produit aucun trouble dans la dissolution d'argent, ce qui le distingue de l'acide para-maléique. Les maléates de potasse, de soude, d'ammoniaque sont très solubles et facilement cristallisables. Ceux de cuivre et de fer sont moins solubles.

Les maléates qui ont pour bases les alcalis végétaux sont en général bien cristallisés et tous sont solubles.

*Préparation.* — L'acide maléique se prépare en exposant l'acide malique à une chaleur de 180 à 200°, dans une cornue placée dans un bain d'huile, à côté d'un thermomètre qui doit en accuser sans cesse la température. On voit distiller le long du col de la cornue un liquide incolore, qui ne tarde pas à se prendre en une masse cristalline, d'un aspect brillant. Si l'acide malique que l'on distille est pur, ces cristaux le sont eux-mêmes. Dans le cas contraire, ils peuvent être légèrement colorés, et sentir un peu l'empyreume; il faut alors les redissoudre et filtrer la liqueur bouillante sur un peu de noir animal. L'acide maléique cristallise par le refroidissement dans un état de pureté complète.

Les cristaux d'acide maléique retirés d'une dissolution aqueuse présentent la même composition que celle des acides citrique et malique dans les sels. Ils sont formés de

| | |
|---|---|
| Carbone | 41,84 |
| Hydrogène | 3,41 |
| Oxigène | 54,75 |
| | 100,00 |

composition qui correspond à la formule $C^8H^4O^4 = C^8H^2O^3 + HO$.

La saturation et une température de 160 à 170° font perdre à l'acide maléique 1 atome d'eau et le ramènent à la composition et à la formule suivante :

| | | |
|---|---|---|
| $C^8$ | 305,744 | 49,45 |
| $H^2$ | 12,479 | 2,02 |
| $O^5$ | 300,000 | 48,53 |
| 1 atome | 618,223 | 100,00 |

## ARTICLE VIII.

### *Acide para-maléique.*

2001. Quand on expose pendant quelque temps l'acide maléique hydraté à une température un peu plus élevée que celle de son point de fusion, qui a lieu vers 130°, qu'on le maintient par exemple entre 140 à 150°, on le voit se transformer peu-à-peu en cristaux blancs, qui ne sont autre chose que de l'acide para-maléique. Cette transformation est purement isomérique; elle s'opère sans absorption, sans dégagement de gaz; tout aussi bien dans un tube fermé par les deux bouts que dans un vase ouvert. A la place d'un acide très soluble et très fusible, comme l'était l'acide employé à cette expérience, on trouve un nouvel acide qui exige plus de deux cents parties d'eau pour se dissoudre, un acide qu'une température de plus de 200° ne peut fondre, et qui jouit d'ailleurs d'un grand nombre d'autres propriétés très caractéristiques.

Ainsi obtenu l'acide para-maléique se présente sous la forme de prismes longs, déliés et striés, qui paraissent être tantôt rhomboïdaux, tantôt hexaèdres. Leur saveur franchement acide n'a rien de la saveur nauséabonde de l'acide maléique.

Les eaux de chaux, de baryte et de strontiane ne sont pas troublées par l'acide para-maléique. Il forme à froid, dans l'acétate de plomb, une précipité qui ne cristallise pas, comme le fait si facilement le maléate de la même base; à chaud, au contraire, le précipité se redissout à mesure qu'il se produit et se dépose en cristaux par le refroidissement.

Mais de tous les caractères de l'acide para-maléique, le plus important est celui qu'il présente avec l'azotate d'argent. Une partie de cet acide dissoute dans plus de deux cent mille parties d'eau, forme avec ce sel un précipité blanc très visible, malgré la grande masse de liquide dans laquelle il est noyé, et qu'un excès d'acide azotique fait disparaître. Cet insolubilité, quoique énorme, est encore plus grande quand, au lieu de se servir d'acide para-maléique libre, on l'emploie combiné avec une base. Elle est telle alors que les liqueurs filtrées ne produisent pas le plus léger nuage avec l'acide chlorhydrique, et cependant, de tous les sels, le plus insoluble est peut-être le chlorure d'argent.

Les para-maléates de cuivre et de fer sont aussi fort peu solubles. Le premier est d'un beau vert, le deuxième est jaune-chamois et se confond, quant à l'aspect, avec le succinate de peroxide de fer.

Le para-maléate de potasse cristallise en lames prismatiques, radiées. Il est très soluble, ainsi que les para-maléates de soude et d'ammoniaque.

Le para-maléate de plomb a exactement la même composition et la même quantité d'eau de cristallisation que le maléate de la même base. Comme ce dernier, il la perd avec facilité et se représente par la formule : $(PbO,C^8H^2O^3)+3H^2O$.

La meilleure manière de préparer l'acide para-maléique consiste à exposer pendant long-temps l'acide malique à une température stationnaire de 150°. Il se change alors entièrement en eau et en acide para-maléique. Le résidu, sublimé avec précaution dans une capsule de porcelaine que l'on surmonte d'un entonnoir en verre, acquiert une blancheur aussi éclatante que celle de la neige. Sa pureté est alors parfaite.

On a vu qu'avec l'acide maléique on obtient facilement l'acide para-maléique, sous l'influence d'une température de 150 à 160°. On peut également, étant donné de l'acide para-maléique, le faire repasser à l'état d'acide maléique. Il suffit de l'exposer à une température un peu supérieure à celle de son point de volatilisation qui a lieu vers 250°. Il donne alors un sublimé blanc cristallin, beaucoup plus volatil que lui. Ce sublimé, formé de $C^8 H^2 O^3$, s'hydrate quand on le dissout dans l'eau, et donne des cristaux d'acide maléique.

L'acide para-maléique et ses combinaisons salines ont la même composition que l'acide maléique et les maléates.

*Nota.* La transformation isomérique de l'acide maléique en acide para-maléique, sous l'influence de la chaleur, explique de la manière la plus satisfaisante les différences, en apparence si singulières, qu'amène une variation thermométrique de quelques degrés dans la nature des produits de la distillation de l'acide malique.

*A* 176°, l'acide malique se transforme en eau et en acides maléique et para-maléique dans des rapports à-peu-près égaux.

*A* 150°, il se transforme en eau et en acide para-maléique, sans acide maléique.

*A* 200°, il se change en eau et en acide maléique. Il n'apparaît qu'une quantité extrêmement petite d'acide para-maléique.

En admettant, ce qui est très vraisemblable, que l'acide maléique soit seul le produit nécessaire de l'action de la chaleur sur l'acide malique, lorsqu'on chauffera ce dernier à 200°, la réaction sera très prompte; l'acide maléique formé entrera en ébullition, passera rapidement du vase distillatoire dans les récipiens, mais comme la transformation n'est pas instantanée, qu'elle exige au contraire un laps de temps beaucoup plus long que celui de la sublimation, une petite quantité d'acide para-maléique pourra se produire, l'autre acide, au contraire, devra dominer, et c'est effectivement ce que démontre l'expérience.

Lorsque au lieu de chauffer fortement, on maintient pendant long-temps la température de l'acide malique à 150°, et qu'ensuite on distille pour recueillir les produits, l'acide para-maléique devient à son tour prédominant, parce que, d'une part, l'acide para-maléique primitivement formé n'a pas été assez chauffé pour se sublimer, et que, d'une autre part, il l'a été néanmoins assez pour subir la transformation isomérique; ce que démontre encore l'expérience directe.

Enfin, si à 176°, on remarque que les acides se produisent dans des rapports à-peu-près égaux, c'est qu'à ce terme la formation de l'acide maléique est encore lente. Une partie doit donc se transformer en acide isomérique et l'autre distiller, puisque la température est assez élevée pour cela.

### ARTICLE IX.

### *Acide quinique et acide pyro-quinique.*

2002. *Propriétés.* — L'acide quinique découvert par Hoffmann, pharmacien à Leer, a une saveur assez forte, qui n'a rien d'amer quand il est pur. Son action sur la teinture de tournesol est très grande. Il ne cristallise que difficilement. Ses cristaux transparens et incolores sont des lames divergentes dont la forme n'a pas encore été bien déterminée, et qui lui donnent jusqu'à un certain point l'aspect de l'acide tartrique.

Soumis à l'action du feu dans une cornue, il entre promptement en fusion, bouillonne, se décompose, noircit et donne, avec de l'huile empyreumatique, d'après Pelletier et Caventou, des vapeurs piquantes d'acide pyro-quinique, dont une partie se condense à l'état liquide, et l'autre sous forme de cristaux (1). L'air ne l'altère pas.

Il est soluble dans l'eau et l'alcool. L'eau, à +9° en dissout environ la deuxième partie et demie de son poids.

Mis en contact à chaud avec une petite quantité d'acide azotique, il se transforme en un acide qui se sublime et qui a quelque analogie avec l'acide pyro-quinique. Une plus grande quantité d'acide azotique le fait passer à l'état d'acide oxalique. L'acide sulfurique, avant de le charbonner, lui donne une belle teinte verte.

Enfin, il convertit la fécule en sucre, à la manière de l'acide

(1) Il est probable, d'après les remarques de M. Pelouze, sur la formation des acides pyrogénés, qu'en n'employant dans la distillation de l'acide quinique que la température nécessaire pour former l'acide pyro-quinique, on obtiendrait celui-ci exempt d'huile empireumatique. Sa propriété la plus remarquable, suivant MM. Pelletier et Caventou, est de former un précipité d'un très beau vert dans une dissolution de sulfate de protoxide de fer mêlé de sulfate de peroxide. Ce caractère est tellement sensible, que l'acide prend une couleur verte lorsqu'on l'unit à de la chaux ou à de la baryte, qui contiennent des traces de ce métal. (*Journal de Pharmacie*, VII, 78.)

sulfurique, sous l'influence de l'eau et de la chaleur. (Henry et Plisson.)

*Etat naturel, préparation.* — L'acide quinique a été d'abord trouvé dans le quinquina, uni à la chaux. Berzelius a fait voir depuis, que cette écorce contenait en même temps un peu de quinate de potasse, et que le quinate calcaire se rencontrait aussi dans l'aubier du sapin, et probablement d'un grand nombre de bois. C'est du quinate de chaux qu'on l'extrait. Pour se procurer ce sel, il faut traiter le *quinquina* par l'acide sulfurique étendu d'eau, et précipiter la liqueur par la chaux, comme on le fait dans la préparation de la quinine; évaporer en sirop la liqueur filtrée ou tirée à clair, traiter le résidu par l'alcool qui est sans action sur le quinate de chaux, redissoudre ce sel dans l'eau, faire digérer de l'hydrate d'alumine gélatineux avec la dissolution jusqu'à ce qu'elle soit presque incolore, et la concentrer de manière qu'elle puisse cristalliser.

Lorsqu'on s'est ainsi procuré le quinate calcaire en cristaux, on le dissout de nouveau dans l'eau, l'on y verse du sous-acétate de plomb en très faible excès, il en résulte un sous-quinate plombique, qu'on lave, qu'on délaie dans une quantité d'eau convenable, et qu'on décompose par un courant de gaz sulfhydrique, en se conformant à ce qui a été dit au sujet de l'acide oxalique. C'est le seul moyen d'obtenir l'acide quinique exempt de potasse.

*Composition.* — De 100 d'acide, M. Liébig a retiré, terme moyen, de deux expériences : 46,193 de carbone, 6,10 d'hydrogène, 47,706 d'oxigène; ce qui, d'après la capacité de saturation de l'acide quinique, donne pour la formule atomique de son nombre proportionnel : $C^{30}H^{24}O^{12}$.

## *Quinates.*

2003. Exposés à la chaleur, les quinates hydratés se fondent et se dessèchent en une sorte de vernis qui, humecté légèrement, ne tarde point à reprendre l'apparence cristalline. Chauffés plus fortement, ils se décomposent en répandant une odeur analogue à celle que donnent les tartrates.

Tous les quinates neutres sont solubles dans l'eau, et cristallisent assez bien, surtout par évaporation spontanée. Ils sont insolubles dans l'alcool anhydre. Les cristaux, à part ceux d'argent, contiennent toujours de l'eau combinée, qui, quelquefois même, est fortement retenue.

On peut les obtenir en unissant directement les bases avec l'acide quinique, ou bien par la double décomposition du quinate de baryte et d'un sulfate soluble.

Leur composition est telle que la quantité d'oxigène de

l'oxide est à celle de l'oxigène de l'acide comme 1 à 12, et à la quantité d'acide même comme 1 à 24,96 d'après Liébig.

Suivant Baup, le premier rapport serait celui de 1 à 10, et le second de 1 à 22,712, et par conséquent, la formule du nombre proportionnel de l'acide quinique aurait pour expression : $C^{30} H^{20} O^{10}$ : il contiendrait de plus 2 atomes d'eau.

(*Voy.* les Mémoires de Hoffmann, *Ann. de Chimie de Crell*, 1790, II, 314. — De Vauquelin, *Ann. de Chimie*, LIX, 162. — De MM. Pelletier et Caventou, *Journal de Pharm.*, VII, 78. — De MM. Henry et Plisson, *Journal de Pharmacie*, XIII, 268; XIV, 241; XV, 389. — De M. Liébig, *Ann. de Chim. et de Physiq.*, XLVII, 188. — De M. Baup, *Ann. de Chim. et de Phys.*, LI, 56.)

ARTICLE X.

## *Acide tannique* (*tannin*).

2004. L'acide tannique n'est que le tannin pur. On en connaissait l'existence avant les expériences de M. Pelouze; mais on ne l'avait jamais obtenu que combiné à d'autres corps, de sorte que son histoire laissait beaucoup à desirer. Ce chimiste l'a tracée avec une grande netteté dans un mémoire très remarquable, dont les importans résultats jettent en même temps beaucoup de jour sur l'étude des propriétés de l'acide gallique et des acides qu'il est susceptible de former lorsqu'on le distille. (*Ann. de Chim. et de Phys.*, LIV, 337.)

*Propriétés.* — L'acide tannique est solide, blanc ou très légèrement jaunâtre, inodore, excessivement astringent, très soluble dans l'eau et dans l'alcool, beaucoup moins soluble dans l'éther sulfurique, incristallisable.

A l'abri du contact de l'air, sa dissolution aqueuse n'éprouve aucune altération; mais si, lorsqu'elle est très étendue, on l'abandonne à elle-même, elle perd peu-à-peu sa transparence et laisse déposer une matière cristalline légèrement grisâtre, dont l'acide gallique constitue la presque totalité. Il suffit même alors, pour obtenir cet acide dans un état de pureté complète, de traiter la dissolution par un peu de noir animal, et de la filtrer bouillante à travers un filtre lavé préalablement à l'acide chlorhydrique. L'acide se dépose en aiguilles blanches par le refroidissement. Si l'expérience précédente se fait avec le contact du gaz oxigène dans un tube gradué sur le mercure, ce gaz est absorbé lentement et remplacé par un égal volume d'acide carbonique. On voit au bout de quelques semaines la liqueur traversée par de nombreuses aiguilles cristallines, incolores, d'acide gallique. Il est donc évident que l'acide tannique se trouve ainsi transformé en acide gallique. Comment s'opère cette transformation? de la manière suivante :

$$C^{36}H^{18}O^{12}+9O=2(C^{14}H^{6}O^{5})+3(H^{2}O)+4(C^{2}O^{2}).$$

C'est-à-dire que 9 atomes d'oxigène, en réagissant sur 1 atome de tannin, produisent 2 atomes d'acide gallique, 3 atomes d'eau et 4 atomes d'acide carbonique.

Brûlé sur une lame de platine, l'acide tannique n'y laisse pas le plus léger résidu.

Sa dissolution est précipitée en blanc par les acides sulfurique, azotique, phosphorique, arsénique, chlorhydrique; elle ne l'est point par les acides sulfureux, sélénieux, oxalique, tartrique, lactique, acétique, citrique, succinique.

Mis en contact avec l'alumine en gelée, l'acide tannique est rapidement absorbé par l'agitation, et donne lieu à un sel très insoluble.

Il fait effervescence avec les carbonates alcalins, décompose la plupart des sels métalliques des quatre dernières sections, et y occasionne des précipités abondans, dont les couleurs varient et peuvent servir à faire reconnaître les métaux : celui que donnent les sels de peroxide de fer est bleu-violet; les sels de protoxide ne sont pas troublés.

L'acide tannique forme également avec les sels à bases organiques des tannates blancs insolubles ou très peu solubles dans l'eau, mais très solubles dans les acides végétaux.

La dissolution de gélatine produit avec l'acide tannique un composé insoluble dans l'eau, élastique, opaque, ressemblant à une espèce de membrane. Ce précipité disparaît dans un grand excès de gélatine. La peau dépilée par la chaux et telle qu'on la prépare pour le tannage, agitée dans un vase fermé avec une dissolution de tannin, absorbe complètement cet acide, et forme avec lui un composé complètement insoluble, imputrescible, qui n'est autre chose que le cuir. C'est le meilleur moyen que l'on connaisse de s'assurer si le tannin n'est pas mêlé d'acide gallique. Quand il est pur, l'eau qui surnage la peau ne manifeste plus au bout de quelques heures le plus léger signe de coloration avec un sel de fer au *maximum*; tandis que, mêlée avec de l'acide gallique que la peau ne peut absorber, la liqueur se colore plus ou moins fortement.

*Composition.* — L'acide tannique est composé de

| | |
|---|---|
| Carbone | 51,56 |
| Hydrogène | 4,20 |
| Oxigène | 44,24 |

Ce qui, d'après sa capacité de saturation, tirée de l'analyse du tannate de plomb, donne en atomes pour formule du nombre proportionnel $C^{36}H^{18}O^{12}$.

L'acide n'existe pas à l'état d'hydrate : du moins il ne perd pas d'eau, lorsqu'on le sature et qu'on le chauffe.

*État naturel.* — On admet l'acide tannique ou le tannin, non-seulement dans la noix de galle, mais encore dans la plupart des écorces, dans le cachou, dans la gomme kino, dans le sumac, dans le thé, etc., etc.

L'infusion des écorces, surtout de celle de chêne, se comportant avec les réactifs comme l'infusion de noix de galle, il est extrêmement probable que le tannin renfermé dans ces substances est identique; mais il n'est pas démontré qu'il en soit de même de celui du cachou, de la gomme kino, etc.: du moins les précipités que forment leurs infusions dans les solutions métalliques diffèrent très sensiblement de ceux qu'on obtient avec la noix de galle; il se pourrait que les différences observées dépendissent de ce que le tannin dans le cachou, la gomme kino, etc., serait combiné avec diverses matières végétales. De nouvelles expériences sont nécessaires pour décider cette question. (1)

(1) *Noix de galle.* — Les noix de galle sont des excroissances produites par la piqûre que fait un insecte aux feuilles du chêne, afin d'y déposer ses œufs. Ces excroissances se développent à la manière des fruits, et se dessèchent après leur maturité : alors elles sont tuberculeuses, de consistance ligneuse, de couleur grisâtre ou noirâtre, de la grosseur d'une forte balle de plomb, creuses, et souvent percées d'un petit trou qui a servi d'issue aux insectes développés dans leur intérieur.

Les noix de galle les plus estimées nous viennent du Levant; elles sont connues sous le nom de *galles d'Alep*. Les chênes de nos forêts nous offrent souvent de semblables excroissances; mais elles ne mûrissent point et restent lisses et spongieuses.

M. Davy s'est occupé de l'analyse des noix de galle; il a trouvé que 500 parties de galle d'Alep donnaient 185 parties de matière soluble, parmi lesquelles se trouvaient plus de 160 de tannin.

La partie ligneuse incinérée contenait beaucoup de carbonate de chaux.

La galle de Chine paraît contenir beaucoup plus de matière soluble que celle d'Alep; car, suivant M. Brande, les trois quarts de cette galle se dissolvent dans l'eau. (*Ann. de Ch. et de Phys.*, V, 409.)

*Cachou.* — Il paraît que le cachou est un extrait du *mimosa catechu*, arbre qui croît dans la province de Bahar dans l'Indostan. Selon Kerr et Garcias, c'est en faisant bouillir dans l'eau des copeaux de l'intérieur du tronc de cet arbre, réduisant la liqueur à un treizième de son volume, et l'exposant ensuite à l'air, jusqu'à ce qu'elle soit entièrement évaporée, qu'on extrait cette substance.

Le cachou se trouve dans le commerce sous forme de gâteaux de différentes grandeurs. Il est solide, cassant, compacte, d'une cassure mate, sans odeur, d'une saveur astringente, et ensuite douceâtre. L'eau le dissout facilement et en sépare une matière terreuse qui paraît avoir été ajoutée lors de sa préparation.

M. Davy distingue deux espèces de cachou, le cachou de Bombay et le cachou de Bengale; celui-ci est d'un brun chocolat, l'autre d'une couleur moins foncée. Leur composition est à-peu-près la même. M. Davy a retiré de 200 parties de :

*Préparation de l'acide tannique.* — On choisit une allonge longue et étroite, terminée à sa partie supérieure par un bouchon de cristal. On introduit d'abord une mèche de coton dans la douille de cette allonge, et par-dessus de la noix de galle réduite en poudre très fine. On comprime très légèrement cette poudre, et quand son volume est égal à la moitié de la capacité de l'allonge, on achève de remplir celle-ci avec de l'éther sulfurique du commerce, on la place au-dessus d'une carafe, on bouche *imparfaitement* l'appareil, et on l'abandonne à lui-même. Le lendemain, on trouve dans la carafe un liquide séparé en deux couches bien distinctes, dont l'une très légère et très fluide, occupe la partie supérieure, et l'autre beaucoup plus dense, de couleur légèrement ambrée, d'un aspect sirupeux, reste au fond du vase. On ne cesse d'épuiser de la sorte la poudre de noix de galle par de nouvel éther; quand on s'aperçoit que le volume du liquide dense n'augmente plus, on verse les deux liqueurs dans un entonnoir dont on tient le bec bouché avec le doigt. On attend quelques instans, et lorsque les deux couches se sont reformées, on laisse tomber la plus pesante dans une capsule, et l'on met l'autre de côté pour la distiller et en retirer l'éther qui en constitue la majeure partie. On lave à plusieurs reprises le liquide dense avec de l'éther sulfurique pur, et on le porte ensuite dans une étuve ou sous le récipient d'une machine pneumatique. Il s'en dégage d'abondantes vapeurs d'éther et un peu d'eau; la matière augmente considérablement de volume, et laisse un résidu spongieux comme cris-

*Cachou de Bombay.*

| | |
|---|---|
| Tannin | 109 parties. |
| Extractif | 68 |
| Mucilage | 13 |
| Matière insoluble, formée de sable et de chaux | 10 |

*Cachou de Bengale.*

| | |
|---|---|
| Tannin | 97 |
| Extractif | 73 |
| Mucilage | 16 |
| Résidu formé de chaux et d'alumine | 14 |

*Gomme kino.* — La gomme kino, d'après le docteur Duncan, est un extrait du *coccoloba uvifera*. Elle nous vient principalement de la Jamaïque. On en tire aussi de différentes espèces d'*eucalyptus*, et particulièrement du *resinifera* ou arbre à gomme brune de Botany-Bay. La gomme kino a une saveur amère, astringente; elle est sous forme de masses noires, et devient d'un rouge brun quand on la réduit en petits fragmens. L'eau chaude la dissout facilement, mais l'eau froide n'a que peu d'action sur elle. On la ramollit aisément en la tenant quelque temps dans la main. M. Vauquelin, qui s'est occupé de l'analyse de cette substance, a trouvé qu'elle était presque entièrement formée de tannin. (*Ann. de chim.*, XLVI, 321.)

tallin, très brillant, quelquefois incolore, mais le plus souvent d'une teinte légèrement jaunâtre.

C'est du tannin pur dont la noix de galle peut fournir de la sorte 40 à 45 centièmes de son poids.

Il est indispensable que l'éther employé à son extraction, ait été préalablement agité avec de l'eau ou qu'il en contienne déjà comme celui du commerce; car, quand on lui substitue de l'éther anhydre, et qu'on prend d'une autre part de la noix de galle bien sèche, on n'obtient pas la plus légère quantité de tannin.

*Tannates.* — Les tannates soumis à l'influence simultanée de l'oxigène et d'un alcali, sont tous décomposés et transformés en une matière colorante rouge qui n'a pas été examinée.

Le tannate de plomb neutre se prépare en versant de l'acétate de plomb dans une dissolution de tannin qu'il faut avoir grand soin de tenir constamment en excès. En faisant l'inverse, on obtient un tannate bi-basique.

Le tannate de peroxide de fer, qui est la base de l'encre, et que l'on obtient facilement sous forme d'une poudre d'un bleu-violet fort éclatant, en versant du sulfate de peroxide de fer dans une dissolution de tannin, est un sel neutre que représente la formule :

$$(Fe^2 O^3 + 3 (C^{36} H^{18} O^{12}).$$

Le tannate d'antimoine a une composition analogue.

ARTICLE XI.

## *Acide gallique.*

2005. On pensait jusque dans ces derniers temps que l'acide gallique, découvert par Schéele en 1786, existait tout formé dans la noix de galle d'où on le retire; c'est M. Pelouze qui, par des observations pleines de justesse et d'intérêt, a fait voir, comme nous le démontrerons en parlant de sa préparation, qu'il résulte de l'action de l'oxigène de l'air sur le tannin ou acide tannique.

*Propriétés.* — L'acide gallique est solide, légèrement acidule et styptique, sans odeur, cristallisable en aiguilles soyeuses de la plus grande blancheur, soluble dans environ 100 fois son poids d'eau froide et dans une quantité beaucoup moindre d'eau bouillante; plus soluble dans l'alcool que dans l'eau, peu soluble dans l'éther.

Dissous dans l'eau et abandonné à lui-même dans des vases fermés, il se conserve indéfiniment; mais il se détruit peu-à-peu au contact de l'air, se couvre de moisissures et produit une matière noire que M. Dœbereiner considère comme de l'*ulmine*.

L'acide gallique produit dans les eaux de baryte, de strontiane et de chaux, des précipités blancs qui se dissolvent dans un excès d'acide, et cristallisent en aiguilles prismatiques, satinées, inaltérables à l'air. Si au lieu d'excès d'acide, il y avait excès de base, et qu'on exposât le sel au contact de l'air, il absorberait une grande quantité d'oxigène, se détruirait rapidement, émettrait un peu d'acide carbonique, deviendrait d'abord verdâtre et donnerait promptement lieu à une matière rouge, qui n'a pas été examinée.

Versé dans les dissolutions de potasse, de soude, d'ammoniaque, l'acide gallique ne les trouble point ; il en résulte des gallates solubles, incolores tant qu'ils sont à l'abri du contact de l'air, et qui prennent une couleur brune très foncée sous l'influence du gaz oxigène en absorbant une petite quantité de celui-ci.

L'acide gallique ne décompose pas les sels de protoxide de fer; mais il forme avec le sulfate de peroxide de ce métal un précipité bleu foncé, beaucoup moins insoluble que le tannate de la même base. Ce précipité, bien lavé, se conserve à l'air sec ou humide ; mais abandonné à lui-même dans la liqueur au sein de laquelle il s'est formé, il disparaît peu-à-peu ; la liqueur se décolore en quelques jours, ou acquiert une teinte légèrement verdâtre ; l'acide sulfurique reprend au gallate presque tout l'oxide de fer, ramené au minimum par une partie de l'acide gallique : l'autre partie de cet acide cristallise ou reste en dissolution.

L'acide gallique enlève l'oxide de plomb à l'acide acétique et à l'acide azotique et donne lieu à un gallate blanc inaltérable à l'air, lorsqu'on le mêle à l'acétate et à l'azotate plombiques.

Il est sans action sur la plupart des autres sels, notamment sur les sels à bases végétales.

Enfin il n'occasionne aucun trouble dans la dissolution de gélatine : ce caractère est même le meilleur pour s'assurer qu'il est exempt de tannin.

*État naturel.* — L'acide gallique ne se trouve dans la nature qu'en petite quantité, et toujours uni, soit à la brucine, soit à la vératrine, soit à la chaux.

*Composition.* — L'acide gallique est formé de :

| | |
|---|---|
| Carbone | 49,89 |
| Hydrogène | 3,49 |
| Oxigène | 46,62 |

ce qui, d'après l'analyse du gallate de plomb, donne pour la formule atomique du nombre proportionnel de cet acide,

$$C^{14}H^{6}O^{5}$$

A l'état cristallin, il contient 1 atome d'eau qu'il perd par la dessiccation.

*Préparation.*—Suivant Schéele, après avoir pulvérisé la noix de galle, il faut la faire infuser trois ou quatre jours avec 8 parties d'eau, et exposer l'infusion à l'air en la couvrant d'un papier troué. Dans l'espace de un à deux mois, elle s'évapore presque entièrement, et il se forme peu-à-peu de la moisissure à sa surface et un précipité cristallin. La moisissure étant enlevée, on exprime le dépôt dans un linge, puis on le traite par l'eau bouillante. La dissolution est soumise à une douce évaporation, et par le refroidissement il s'en sépare des cristaux d'acide gallique grenus et étoilés de couleur grisâtre. Ces cristaux sont l'acide tel que Schéele l'a obtenu. Dans cet état, ils retiennent évidemment une petite quantité de matière étrangère qui les colore en gris. Le meilleur moyen de les purifier consiste à les mettre dans un matras à long col, avec 8 parties d'eau et $\frac{1}{6}$ de partie de charbon animal très divisé; à tenir la liqueur à la température d'environ 80° pendant un quart d'heure, et à la filtrer : elle ne tarde point à se prendre en une masse très blanche qui est l'acide même; il ne faut plus alors que le faire égoutter sur un filtre, ou le presser fortement dans une toile pour l'avoir très pur. (M. Braconnot.)

De 250 grammes de noix de galle, M. Braconnot a retiré, par ce procédé, jusqu'à 50 grammes d'acide : seulement il n'a pas tout-à-fait opéré comme nous venons de le dire. L'infusion fut faite avec quatre parties d'eau au lieu de 8; passée d'abord au travers d'une toile, elle fut ensuite filtrée, puis versée dans une carafe de verre, qui resta couverte d'un papier et abandonnée à elle-même, à la température de 18 à 25°, pendant deux mois. Au bout de ce temps, il s'était formé un grand dépôt contenant beaucoup d'acide gallique. Alors la liqueur, à la surface de laquelle il y avait une couche de moisissure et qui n'avait pas subi d'évaporation sensible, fut décantée et réduite en consistance sirupeuse; elle fournit en 24 heures, par ce moyen, une nouvelle quantité d'acide. Le marc des 250 grammes, humecté et abandonné à la fermentation en même temps que l'infusion, en donna lui-même, de telle manière, en un mot, que la quantité d'acide obtenue se trouva équivaloir à la cinquième partie de la noix de galle employée. (*Ann. de Chim. et de Phys.*, IX, 181.)

Comment, dans cette préparation, l'acide gallique prend-il

naissance? Il est évident, d'après ce que nous avons vu précédemment, qu'il doit résulter de l'action de l'oxigène de l'air sur le tannin ou acide tannique contenu en grande quantité dans la noix de galle.

En effet, 1° le tannin pur se transforme, sous l'influence de l'air et de l'eau, en acide gallique sans produire de moisissure.

2° Une infusion de noix de galle se conserve indéfiniment, comme celle de tannin, dans des vases hermétiquement fermés.

3° La poudre de noix de galle de laquelle on a extrait le tannin, par le procédé qui a été indiqué ci-dessus, étant traitée par l'eau et abandonnée à l'air, ne donne plus d'acide gallique, quoique d'ailleurs la liqueur se recouvre d'une grande quantité de moisissure.

4° Tous les procédés qui consistent à extraire immédiatement l'acide gallique de la noix de galle en fournissent à peine, tandis que par le procédé de Schéele on en obtient jusqu'à 20 à 25 pour cent du poids de la noix de galle.

On est en droit de conclure de ces faits que la production des moisissures n'est liée en aucune manière à celle de l'acide gallique; que ce dernier est produit par l'action décomposante de l'air sur le tannin contenu dans l'infusion de noix de galle, et que la quantité toujours extrêmement minime d'acide gallique qu'on peut retirer de cette infusion récente provient, avec toute vraisemblance, de l'altération que la noix de galle a éprouvée pendant sa dessiccation au contact de l'air. (Pelouze, *Ann. de Ch. et de Phys.*, LIV, 337.)

2006. *Acide ellagique.* — Le dépôt qui se forme dans l'infusion de noix de galle abandonnée à elle-même n'est pas composé uniquement d'acide gallique et d'une matière qui le colore; il contient en outre un peu de gallate et de sulfate de chaux, et un nouvel acide qui a été signalé pour la première fois par M. Chevreul en 1815, acide excessivement faible, sur lequel M. Braconnot a fait des observations en 1818, et qu'il a proposé d'appeler *ellagique*, du mot *galle*, renversé.

On l'obtient à l'état de pureté en traitant le dépôt par l'eau bouillante, qui dissout l'acide gallique et est sans action sur l'acide ellagique, mettant ensuite le résidu avec un faible excès d'une dissolution de potasse très étendue, filtrant la liqueur et l'abandonnant à elle-même, au contact de l'air : peu-à-peu l'acide carbonique de l'atmosphère s'empare d'une portion de l'alcali, et détermine un précipité nacré abondant d'*ellagate* de potasse. Alors on lave le précipité jusqu'à ce que l'eau sorte incolore, et l'on verse dessus de l'acide chlorhydrique faible.

Celui-ci s'unit à la potasse et forme avec elle un sel que quelques lavages enlèvent; le nouvel acide, au contraire, devient libre, et se sépare sous forme de poudre.

L'acide ellagique est insipide, pulvérulent, d'un blanc un peu fauve; il rougit à peine le papier de tournesol.

L'eau bouillante, et à plus forte raison l'eau froide, ne le dissolvent pas d'une manière sensible; il en est de même de l'alcool et de l'éther.

Soumis à l'action du feu dans une cornue, il se décompose, au moins en partie, laisse un résidu de charbon, et produit une vapeur jaune qui se condense en cristaux aciculaires, transparens, d'une couleur jaune-verdâtre.

Exposé à la flamme d'une bougie, il ne fond point, et brûle seulement avec une sorte de scintillation.

L'acide azotique en opère la décomposition. La chaleur de la main et l'agitation suffisent pour déterminer la réaction. D'abord la liqueur se colore en rouge, qui finit par devenir aussi foncé que celui du sang; bientôt après il y a production d'acide oxalique, etc.

Quoique l'acide ellagique soit si faible que, à la température de l'eau bouillante, il ne dégage pas l'acide carbonique des carbonates, il s'unit facilement aux bases salifiables; il produit même de la chaleur au moment de son action sur une dissolution de potasse très étendue d'eau.

Lorsqu'on met l'acide ellagique en contact avec la potasse, il n'en résulte de sel soluble qu'autant que la liqueur verdit le sirop de violettes : de là, M. Braconnot a conclu que l'ellagate neutre était insoluble. Pour moi, je suis tenté de croire que ce que ce chimiste a pris pour de l'*ellagate* neutre était un *ellagate* acide auquel l'acide excédant communiquait son insolubilité. Cette opinion me paraît d'autant plus vraisemblable que l'*ellagate* neutre, en raison de la faiblesse de l'acide ellagique, doit agir sur les couleurs.

Quoi qu'il en soit, on peut conclure de là que l'acide ellagique doit former tous sels insolubles avec les bases insolubles ou peu solubles : il paraît même qu'avec l'ammoniaque, il ne produit qu'un sel insoluble, quelle que soit la quantité d'alcali qu'on emploie. (*Ann. de Chim. et de Phys.*, t. IX, p. 187.)

L'acide ellagique desséché est formé, d'après M. Pelouze, de 55,69 de carbone, de 2,48 d'hydrogène, et de 41,83 d'oxigène, composition qui correspond à la formule $C^{14}H^4O^4$. Sous forme de cristaux, il contient 11,7 pour 100 d'eau, et devient $C^{14}H^4O^4+H^2O$.

Or, puisque l'acide gallique a pour formule $C^{14}H^6O^5$, il s'ensuit que l'acide ellagique hydraté a la même composition que l'acide gallique anhydre, et que sa formation, qui a lieu en même temps que celle de l'acide gallique se conçoit de la même manière.

Probablement que dans quelques circonstances, encore inconnues, ils pourraient se transformer l'un dans l'autre.

Déjà M. Pelouze a annoncé avoir obtenu de l'acide gallique en traitant l'ellagate de potasse par l'acide chlorhydrique dans le but d'en mettre l'acide en liberté. Il n'a observé qu'une seule fois ce phénomène, et il lui a été impossible de le reproduire. (*Ann. de Chim. et de Phys.* t. LIV, p. 357.)

## ARTICLE XII.

### *Acide pyrogallique.*

2007. En soumettant l'acide gallique à une température de 215° à 220°, on le convertit complètement en acide carbonique pur et en un nouvel acide pyrogéné qui est l'acide pyrogallique. Cette réaction remarquable est représentée par l'équation :

$C^{14}H^6O^5 = C^2O^2 + C^{12}H^6O^3$, c'est-à-dire que d'une proportion d'acide gallique, on retire 1 proportion d'acide carbonique et 1 proportion d'eau.

Si on dépassait de quelques degrés seulement la température indiquée, si l'on chauffait, par exemple, jusqu'à 250°, l'opération serait manquée. On n'obtiendrait pas la plus légère quantité d'acide pyrogallique. Il serait entièrement remplacé par de l'acide métagallique. Il faut donc placer la cornue qui contient l'acide gallique dans un bain d'huile, avec un thermomètre à côté, et maintenir le bain à une température stationnaire de 220°, tant qu'il se dégage de l'acide carbonique.

L'opération finie, on trouve dans le dôme et le long des parois de la cornue, des lames et des aiguilles d'acide pyrogallique, dont la blancheur est comparable à celle de la neige. Ces cristaux n'ont pas besoin de subir de purification, car ils ne sont mêlés à aucun corps étranger : leur pureté peut être considérée comme parfaite.

L'acide pyrogallique est extrêmement soluble dans l'eau et dans l'alcool, moins soluble dans l'éther.

Il rougit très faiblement le papier de tournesol, entre en fusion vers 115° et en ébullition vers 210°. Sa vapeur est incolore, inflammable et légèrement piquante.

A 250°, il noircit fortement, laisse dégager de l'eau, et donne un résidu abondant d'acide métagallique.

Il ne trouble pas les eaux de chaux, de baryte et de strontiane. La potasse, la soude et l'ammoniaque forment avec lui des sels très solubles, qui se décomposent sous l'influence de l'air et des alcalis, comme le font les gallates et tannates, en produisant une matière colorante rouge qui paraît être la même dans ces différens cas.

Les sels de fer au *maximum* sont instantanément ramenés au *minimum* par leur mélange avec l'acide pyrogallique. La liqueur se colore en rouge, sans laisser déposer la moindre trace de précipité. En substituant un pyrogallate soluble à l'aide pyrogallique, ou en faisant agir cet acide sur le peroxide de fer hydraté, on obtient un précipité d'une couleur bleue très intense.

Les cristaux d'acide pyrogallique ne perdent rien de leur poids par la fusion. Ils sont formés de

| | |
|---|---|
| Carbone | 57,61 |
| Hydrogène | 4,70 |
| Oxigène | 37,69 |
| | 100,00 |

Ce qui, d'après l'analyse du pyrogallate de plomb, donne pour la formule atomique du nombre proportionnel de l'acide $C^{12}H^{6}O^{3}$.

### ARTICLE XIII.

### *Acide métagallique.*

2008. Lorsqu'on expose l'acide gallique à une température de 250 à 260°, il se transforme entièrement en acide carbonique, en eau et en acide métagallique qui reste dans le fond du vase distillatoire ; et si l'on prend la précaution de n'arrêter le feu qu'après que le dégagement du gaz carbonique a cessé depuis quelque temps, on est certain que le résidu est de l'acide métagallique parfaitement pur.

Cette opération se représente très exactement de la manière suivante :

$$C^{14}H^{6}O^{5} = C^{2}O^{2} + H^{2}O + C^{12}H^{4}O^{2} \text{ (acide métagallique).}$$

Le tannin est également susceptible de se transformer à une chaleur de 250° en acide métagallique, en eau et en acide carbonique, comme l'indique l'équation :

$$3(C^{36}H^{16}O^{12}) = 6(C^{2}O^{2}) + 8(H^{2}O) + 8(C^{12}H^{4}O^{2}.)$$

L'acide métagallique se présente sous forme d'une masse noire, brillante, inodore, insipide, complètement insoluble dans l'eau, capable de supporter une température assez élevée sans se décomposer.

Il dégage, à chaud, l'acide carbonique des carbonates de potasse et de soude, et est sans action sur le carbonate de baryte ; il est même sans action sur l'eau de baryte, en raison de son insolubilité et de celle du métagallate de baryte. Il se dissout au contraire avec facilité dans la potasse, la soude et l'ammoniaque, et se sépare de la liqueur en flocons noirs par l'addition d'un acide.

Le métagallate de potasse, préparé en faisant bouillir une dissolution alcaline avec un excès d'acide métagallique en gelée, est neutre; il forme des précipités noirs avec les sels de plomb, de fer, de cuivre, de magnésie, de zinc, d'argent, de chaux, de baryte et de strontiane.

L'acide métagallique se distingue de l'*ulmine*, avec laquelle il a quelques rapports, en ce qu'il est insoluble dans l'alcool qui dissout au contraire fort bien cette substance. Sa composition est d'ailleurs très différente.

Il est formé de

| | |
|---|---|
| Carbone | 72,86 |
| Hydrogène | 3,18 |
| Oxigène | 23,96 |
| | 100,00 |

Ce qui, d'après sa capacité de saturation tirée de l'analyse du métagallate d'argent, donne :

Pour la formule atomique de son nombre proportionnel... $C^{24}H^6O^5$.
Libre, il contient 1 at. d'eau et est représenté par....... $C^{24}H^6O^5+H^2O$.

On voit par cette composition que l'acide métagallique est exactement à l'acide pyrogallique ce que l'acide ellagique est à l'acide gallique. Il ne diffère en effet de l'acide pyrogallique que par de l'eau; aussi a-t-on vu qu'en chauffant l'acide pyrogallique à 250°, on le convertissait en eau et en acide métagallique, circonstance qui explique très bien pourquoi, lorsqu'on chauffe l'acide gallique, une différence de quelques degrés seulement donne lieu à des résultats si opposés, à 220° de l'acide pyrogallique, à 240° et au-dessus de l'acide métagallique : cela explique aussi pourquoi à 215°, le tannin lui-même peut donner de l'acide pyrogallique, et pourquoi, comme l'acide gallique, il cesse d'en donner à 240°, et qu'il est remplacé par de l'eau et de l'acide métagallique.

### ARTICLE XIV.

### *Acide méconique.*

2009. M. Séguin a, le premier, signalé l'existence de cet acide dans l'opium. M. Sertuerner remarqua quelques années plus tard qu'il était susceptible de se sublimer, et lui donna le nom d'acide *méconique;* mais c'est à M. Robiquet que l'on doit une histoire complète de cet acide remarquable.

*État naturel; préparation.* — L'acide méconique existe dans le suc des pavots qui croissent en Orient; il y est en partie libre et en partie combiné avec la chaux, la morphine et la codéine.

Pour l'extraire, on verse dans l'infusion d'opium un petit excès de dissolution de chlorure de calcium. Il se produit, par double échange, des chlorhydrates de morphine et de codéine qui restent dissous, et un dépôt pulvérulent d'une couleur brune plus ou moins foncée, formé principalement de méconate et de sulfate de chaux.

Après avoir bien lavé ce précipité, d'abord avec de l'eau, puis avec de l'alcool bouillant, on en prend 100 parties que l'on délaie dans 1000 parties d'eau chauffée à environ 90°, on agite vivement le mélange, et l'on y ajoute peu-à-peu assez d'acide chlorhydrique pur pour dissoudre la presque totalité du méconate de chaux. Ce qui résiste à la dissolution est principalement du sulfate de chaux. La liqueur chaude est filtrée à travers du papier préalablement débarrassé de fer par des lavages à l'acide chlorhydrique; elle laisse déposer par le refroidissement une quantité considérable de cristaux de méconate acide de chaux; on les réunit sur un filtre, ensuite on les soumet à la presse, on les dissout dans une suffisante quantité d'eau à 90°, chargée de 50 grammes d'acide chlorhydrique pur, et l'on continue de maintenir la liqueur à cette température en prenant les plus grandes précautions pour qu'elle n'atteigne pas 100°.

Quand la dissolution est complète, on l'abandonne au refroidissement: il ne tarde pas à s'y former des cristaux d'acide méconique sensiblement pur. Si ces cristaux brûlés sur une lame de platine laissent un résidu, il faut les redissoudre et leur enlever les dernières portions de chaux par une nouvelle addition d'acide chlorhydrique. Cette purification exige d'ailleurs beaucoup de soins, parce que, d'une part l'acide méconique se décompose facilement dans l'eau bouillante, et que d'une autre part il a une très grande tendance à former des bi-sels, ce qui rend plus difficile l'extraction des dernières portions de chaux.

M. Robiquet, à qui est dû ce mode de préparation, recommande, pour avoir de l'acide d'une pureté complète, de reprendre les cristaux par de la potasse caustique étendue d'eau, d'en ajouter jusqu'à saturation, de faire chauffer l'espèce de bouillie qui en résulte jusqu'au point de la dissoudre, de laisser refroidir, de passer le *magma* que l'on obtient à travers une toile, et de le soumettre à la presse; la matière colorante reste dans les eaux-mères. Au besoin, le méconate est de nouveau redissous dans l'eau chaude, solidifié par refroidissement et exprimé; il est alors du plus beau blanc. En le traitant par l'acide chlorhydrique avec toutes les précautions indiquées pour le méconate de chaux, il donne de l'acide méconique extrêmement pur.

L'acide méconique ainsi obtenu, se présente sous forme de belles écailles blanches, transparentes, micacées, inaltérables à l'air, solubles dans environ quatre fois leur poids d'eau bouillante, mais en se décomposant et se transformant en acides métaméconique et carbonique (2010). Il est beaucoup moins soluble dans l'eau froide; sa saveur est acide, beaucoup moins toutefois que celle de la plupart des autres acides végétaux. Sa propriété la plus caractéristique est tirée de sa réaction sur les sels de fer au *maximum* : il forme avec eux une liqueur rouge d'une grande intensité. On peut reconnaître ainsi la présence de l'acide méconique dans des liqueurs qui n'en renferment que des traces.

L'acide méconique précipite aussi l'azotate d'argent, et quand on verse cet azotate neutre dans une dissolution d'acide méconique, le méconate blanc que l'on obtient se change, pendant le lavage et la dessiccation, en paillettes cristallines très brillantes. L'acide azotique concentré dissout entièrement ce méconate; mais si on la chauffe, elle se trouble, suivant la remarque de M. Liébig, et laisse déposer du cyanure d'argent.

La composition de l'acide méconique a été déterminée en dernier lieu par M. Liébig; il y a trouvé :

| | |
|---|---|
| Carbone | 42,460 |
| Hydrogène | 1,979 |
| Oxigène | 55,561 |
| | 100,000 |

Ces nombres correspondent à la formule $C^{14}H^{4}O^{7}$, qui exprime 1 proportion d'acide réel entrant dans les combinaisons salines. A l'état de liberté il contient 21,5 pour 100 d'eau, quantité correspondant à 1 atome.

## ARTICLE XV.

### *Acide métaméconique.*

2010. Cet acide a été découvert par M. Robiquet, qui lui avait donné le nom d'acide paraméconique, le croyant isomérique avec l'acide méconique.

Il n'existe pas dans la nature; on le forme par l'action de la chaleur sur l'acide méconique, et il se produit à des températures très différentes, suivant que l'on chauffe ce dernier acide dans l'eau ou sans la présence de ce liquide.

Quand on fait bouillir l'acide méconique dans l'eau, on remarque un dégagement continu et abondant d'acide carbonique pur. La liqueur se trouble et laisse déposer des cristaux grenus, jaunâtres et très peu solubles, qui constituent l'acide métaméconique dans un état plus ou moins voisin de celui de pureté.

Quand au lieu de faire intervenir l'eau, on chauffe l'acide méconique par la voie sèche, vers 200°, on remarque, comme dans le cas précédent, un dégagement abondant d'acide carbonique, et l'on obtient un résidu fixe à cette température, et qui n'est encore que l'acide métaméconique lui-même.

Cette réaction se représente par l'équation suivante :

$$C^{14}H^4O^7 = C^2O^2 + C^{12}H^4O^5.$$

Cet acide, à part sa production qui est fort remarquable, est peu intéressant. Il est beaucoup moins soluble, beaucoup moins sapide que l'acide méconique. Comme lui, il rougit fortement les sels de fer peroxidé.

Son nombre proportionnel est considérable, et représenté par la formule $C^{24}H^8O^{10}$.

## ARTICLE XVI.

### *Acide pyromeconique.*

2011. Quand on expose l'acide métaméconique à une température de 260 à 280°, il se décompose en acide carbonique et en un acide particulier, auquel M. Robiquet a donné le nom d'*acide pyroméconique*. Cet acide se forme également en soumettant l'acide méconique à cette même température.

L'acide pyroméconique est beaucoup plus soluble dans l'eau et dans l'alcool que les acides méconique et métaméconique. Il partage avec eux la propriété de colorer en rouge les dissolutions de fer au *maximum*. Il résiste comme eux aussi à l'action de l'acide sulfurique; et comme eux, il est converti avec facilité par l'acide azotique, en acide oxalique. On l'en distingue toutefois aisément par sa volatilité, et surtout par sa fusibilité qui est très grande, tandis que les deux autres se décomposent sans passer par l'état liquide.

L'analyse de cet acide faite par M. Robiquet, a conduit à la composition suivante :

$$C^{20}H^8O^6,$$

qui est la formule atomique au nombre proportionnel de l'acide pyroméconique.

Si donc l'on fait abstraction de quelques traces de matières empyreumatiques, qui se forment en même temps que lui pendant la distillation des acides méconique et métaméconique, à une température de 180°, abstraction qu'il est permis de faire en se fondant sur ce qui a été dit dans les observations générales sur les corps pyrogénés, on pourra se représenter de la manière la plus nette les phénomènes qui accompagnent la production de cet acide.

On aura $C^{14}H^4O^7$ = acide méconique.
$C^{24}H^8O^{10}$ = acide métaméconique.
$C^{20}H^8O^6$ = acide pyroméconique.

Prenons 2 atomes d'acide méconique, chauffons-les à 200°, ils deviendront 2 $(C^2O^2)+C^{24}H^8O^{10}$, comme le représente la formule suivante :

$$2(C^{14}H^4O^7)=2(C^2O^2)+C^{24}H^8O^{10}.$$

La production de l'acide métaméconique, premier produit de la décomposition de l'acide méconique, se trouve donc parfaitement expliquée.

Il n'est pas moins facile d'expliquer celle de l'acide pyroméconique; en effet, en chauffant immédiatement l'acide méconique à 280°, on a :

$$2(C^{14}H^4O^7=4(C^2O^2)+C^{20}H^8O^6.$$

A son tour, l'acide métaméconique à 180°, donnera l'équation :

$$C^{24}H^8O^{10}=2(C^2O^2)+C^{20}H^8O^6.$$

ARTICLE XVII.

## *Acide mucique.*

2012. L'acide mucique, découvert par Schéele en 1780, n'existe ni libre ni combiné dans la nature; on ne peut l'obtenir qu'en traitant certaines substances par l'acide azotique, savoir : la gomme, la manne grasse, le sucre de lait, la pectine et l'acide pectique. C'est avec le sucre de lait que Schéele l'obtint pour la première fois; ce qui lui fit d'abord donner le nom d'*acide saccho-lactique* ou *sachlactique*. On suit encore aujourd'hui le même procédé : on prend 4 parties d'acide azotique et une partie de sucre de lait, et on introduit le tout dans une cornue dont la capacité est double de celle du volume du mélange. Après avoir adapté un récipient tubulé au col de la cornue, pour recueillir l'acide qui échappe à la décomposition, on la place sur un fourneau, et on la chauffe modérément. La réaction est vive; il en résulte tous les produits qui proviennent de l'action de l'acide azotique sur les matières végétales (1931), et, de plus, une certaine quantité d'acide mucique, qui se précipite sous la forme de poudre blanche. Lorsqu'il ne se dégage presque plus de gaz, ou qu'il n'y a presque plus d'effervescence, l'opération est terminée, ou du moins il ne s'agit plus que de laver l'acide mucique à grande eau pour le séparer des acides avec lesquels il peut être mêlé, et de le dessécher à une douce chaleur.

Celui qu'on prépare avec la gomme est toujours mêlé d'oxalate ou de mucate de chaux, à moins qu'on ne le mette en digestion avec de l'acide azotique faible qui finit par dissoudre ces deux sels. La chaux, dans cette opération, est fournie par la gomme. (M. Laugier, *Ann. de Chim.*, t. LXXII, pag. 81.)

L'acide mucique est sous forme de poudre blanche, craquant sous les dents, d'une saveur légèrement acide, rougissant faiblement la teinture de tournesol. Soumis dans une cornue à l'action de la chaleur, il se gonfle, noircit, fond, se décompose, donne naissance à tous les produits qui proviennent de la distillation des matières végétales, et à de l'acide pyro-mucique qui se sublime et se dissout en grande partie dans le liquide brun qui se forme en même temps que lui. (Houtou-Labillardière.)

L'acide mucique n'éprouve rien à l'air. L'eau bouillante en dissout la soixantième partie de son poids : par le refroidissement, elle en laisse déposer une petite quantité en cristaux. La dissolution, saturée, évaporée rapidement jusqu'à siccité, donne, suivant Berzelius, une masse visqueuse, brun-jaunâtre, qui n'est ni de l'acide mucique, ni de l'acide malique, ni de l'acide tartrique, et dont on ignore d'ailleurs la nature. Il paraît que l'acide mucique est absolument insoluble dans l'alcool. Versé dans les eaux de chaux, de baryte, de strontiane, il les précipite tout-à-coup : un excès d'acide redissout le précipité. Il trouble également les azotates d'argent, de mercure, et les acétate, azotate et chlorure de plomb; mais il n'agit en aucune manière sur les sels de magnésie et d'alumine, sur les chlorures d'étain et de mercure, et sur les sulfates de fer, de cuivre, de zinc et de manganèse. (Schéele, seconde partie de ses Mémoires, p. 76.)

L'acide mucique produit de l'acide oxalique par l'action de la potasse, à la température d'environ 200°, comme le font un grand nombre de matières organiques (1931).

*Composition.* — L'acide mucique est composé de 34,72 de carbone; 5,72 d'hydrogène, et de 60,56 d'oxigène; ce qui, d'après sa capacité de saturation, donne pour formule atomique du nombre proportionnel, $C^{12}H^{10}O^{8}$.

*Mucates.*

2013. Parmi les mucates, il paraît qu'il n'en est que très peu qui soient solubles dans l'eau; savoir : ceux de potasse, de soude, d'ammoniaque. Plusieurs le sont dans un excès de leur acide; tous le deviennent dans les acides forts, capables de former avec leurs bases des sels solubles.

Tous aussi sont décomposés par le feu. Celui d'ammoniaque se trouve dans un cas particulier : l'ammoniaque s'en dégage d'abord en grande partie, de sorte que le résidu se comporte à-peu-près comme l'acide mucique. La plupart des acides ont la propriété de décomposer les mucates de potasse, de soude et d'ammoniaque : il en résulte de nouveaux sels solubles, et dans tous les cas, pour peu que la dissolution soit concentrée, l'acide mucique est précipité en poudre blanche. L'eau de chaux, l'eau de baryte et l'eau de strontiane, décomposent également les mucates solubles; elles s'emparent de leur acide, et forment de nouveaux sels qui se précipitent en flocons blancs. Il en est de même des dissolutions salines, autres que celles à bases de potasse, de soude et d'ammoniaque. Presque toutes ces dissolutions troublent les mucates d'ammoniaque, de soude et de potasse.

Aucun mucate n'existe dans la nature. On fait directement les mucates solubles dans l'eau. Les autres peuvent probablement s'obtenir par la voie des doubles décompositions. Ils sont tous sans usages.

Dans les mucates, la quantité d'oxigène de l'oxide est à la quantité d'oxigène de la base comme 1 est à 8, et à la quantité d'acide comme 1 est à 13,2102.

ARTICLE XVIII.

*Acide pyro-mucique.*

2014. L'acide pyro-mucique entrevu par Schéele et découvert en 1818, par M. Houton-Labillardière, est l'un des produits de la distillation de l'acide mucique.

*Propriétés.* — Il est incolore, sans odeur, très sapide, sans action sur l'air.

L'eau à 15° en dissout $\frac{1}{26}$ de son poids; bouillante, elle en dissout beaucoup plus et en abandonne une partie, par le refroidissement, en petites lames oblongues. L'alcool le dissout au moins aussi bien que l'eau.

Il ne trouble ni les eaux de baryte, de strontiane, de chaux, ni la plupart des dissolutions salines, si ce n'est celles d'azotates de protoxide et de bi-oxide de mercure et de sous-acétate de plomb : il y forme des précipités blancs qu'un excès de sel redissout. Il colore seulement en vert sale la dissolution de sulfate de bi-oxide de cuivre. La propriété qu'il a de précipiter les azotates de mercure le distingue de l'acide pyro-tartrique auquel il ressemble jusqu'à un certain point.

Cet acide s'unit facilement aux bases salifiables et donne :

*Avec la potasse*, un sel très soluble dans l'eau et dans l'alcool, déliquescent et qui évaporé à pellicule, se prend en une masse grenue;

*Avec la soude*, un sel moins déliquescent et moins soluble dans l'eau et l'alcool que le précédent : cependant il ne cristallise que difficilement;

*Avec la baryte*, *la strontiane*, *la chaux*, des sels solubles dans l'eau, un peu plus à chaud qu'à froid, insolubles dans l'alcool, faciles à obtenir en petits cristaux inaltérables à l'air;

*Avec l'ammoniaque*, un sel soluble dans l'eau, qui par l'évaporation de la liqueur, perd une partie de sa base, devient acide, et cristallise alors avec facilité;

*Avec le protoxide de plomb*, un sel neutre soluble qui possède des propriétés remarquables et que l'on obtient en mettant l'acide pyro-mucique liquide en contact avec le carbonate de plomb humide. Lorsqu'on en évapore la dissolution, il se rassemble à la surface en globules liquides, brunâtres, transparens, d'un aspect oléagineux, et qui, peu après qu'on les a enlevés, prennent la mollesse et la ténacité de la poix, et enfin deviennent solides, opaques et blanchâtres : cette propriété est commune au succinate de plomb.

Avec le bi-oxide de cuivre et l'oxide d'argent, des sels solubles : aussi le pyro-mucate de potasse ne précipite-t-il ni les sels d'argent, ni les sels de cuivre : il ne fait que colorer en vert le sulfate cuivrique.

Avec le peroxide de fer, un sel insoluble, d'une couleur vert-sale, qui se précipite lorsqu'on verse du pyro-mucate de potasse dans une dissolution de sulfate de peroxide de fer, et qui se redissout soit dans l'acide pyro-mucique, soit dans un excès du sel ferrugineux.

Avec les oxides de mercure, des sels insolubles qui peuvent être obtenus non-seulement par la voie des doubles décompositions, mais encore directement.

*Préparation.*— L'acide pyro-mucique peut se préparer absolument de la même manière que l'acide pyro-tartrique. La distillation suit à-peu-près la même marche, et donne d'autant plus d'acide pyrogéné et d'autant moins de matières empyreumatiques qu'elle a été faite à une température plus modérée.

*Composition.* — M. Pelouze la trouvé formé de :

| | |
|---|---|
| Carbone........................... | 54,07 |
| Hydrogène......................... | 3,53 |
| Oxigène........................... | 42,40 |

Ce qui donne pour formule $C^{10}H^4O^3$.

C'est-à-dire exactement la même que celle des acides pyro-citrique et pyro-méconique avec lesquels il paraît être isomérique.

Toutefois, en partant de la capacité de saturation déterminée par M. Labillardière, il faudrait doubler ce nombre pour avoir le poids de l'équivalent de l'acide : la formule deviendrait alors $C^{20}H^8O^6$. Mais M. Labillardière n'aurait-il pas employé de l'acide hydraté qui abandonnerait son eau en se combinant avec les bases? (*Ann. de Chim. et de Phys.*, t. IX, p. 365.)

## ARTICLE XIX.

### *Acide caïncique.*

2015. Cet acide a été découvert en 1830 dans la racine de kahinca (*chioccoca racemosa anguifuga flore luteo*); plante originaire du Brésil, par MM. François, Pelletier et Caventou. Il paraît qu'il y existe uni à la chaux et à l'état de caïncate acide.

Plusieurs procédés ont été employés par les auteurs pour l'extraire ; le plus simple est le suivant : il consiste à traiter la racine en poudre à plusieurs reprises par l'alcool, à concentrer, par la distillation, la liqueur alcoolique en consistance d'extrait, à agiter l'extrait avec de l'eau, à filtrer la dissolution et à y ajouter successivement de petites portions de lait de chaux jusqu'à ce qu'elle soit dépourvue d'amertume. Il en résulte un sous-caïncate de chaux insoluble, qui doit être mis en contact à chaud avec une dissolution alcoolique d'acide oxalique. Bientôt le sel est décomposé. Il suffit alors de passer la nouvelle liqueur à travers un filtre, et de la laisser refroidir : une partie de l'acide caïncique s'en dépose sous forme de petites aiguilles déliées, ordinairement groupées entre elles. Le reste s'obtient par une douce évaporation.

L'acide caïncique pur est sans odeur ; sa saveur, nulle d'abord, devient ensuite fortement amère, et laisse un léger sentiment d'astriction à la gorge, qui se dissipe bientôt. Il rougit le papier de tournesol d'une manière très sensible. Pris intérieurement il agit comme un puissant diurétique, et c'est sans doute en lui que réside la vertu de la racine de kahinca. Chauffé dans un tube de verre, à la lampe à esprit-de-vin, il se ramollit, se charbonne, et donne un sublimé blanc sans amertume, et par conséquent d'une autre nature que l'acide lui-même. L'air ne l'altère pas. L'eau n'en dissout que la $\frac{1}{600}$ partie de son poids : il en est de même de l'éther. L'alcool au contraire le dissout facilement, mais plus à chaud qu'à froid, et le laisse cristalliser par refroidissement.

Les acides concentrés exercent sur l'acide caïncique une action remarquable. L'acide sulfurique le charbonne immédiatement en le décomposant. L'acide chlorhydrique le dissout, mais presque à l'instant le convertit en une masse gélatineuse transparente, insoluble dans l'eau et dépourvue d'amertume. L'acide azotique agit d'abord d'une manière analogue; puis donne lieu à un dégagement de bi-oxide, et enfin, long-temps après, à une matière jaune, amère, sans aucune trace d'acide oxalique. L'acide acétique, à chaud, agit encore sur l'acide caïncique, de même que l'acide chlorhydrique : à froid, il n'en opère que la dissolution.

Suivant M. Liébig, l'acide est composé sur 100 de 57,38 de carbone; 7,48 d'hydrogène; 35, 14 d'oxigène, et contient 1 atome d'eau de cristallisation. (*Ann. de Chim. et de Phys.*, t. XLVII, p. 185.)

D'où l'on peut déduire la formule $C^{16}H^{14}O^4$ pour l'acide desséché, et la formule $C^{16}H^{14}O^4 + H^2O$ pour l'acide hydraté.

2016. *Caïncates.*—Les caïncates neutres examinés jusqu'ici, savoir : ceux de potasse, d'ammoniaque, de baryte, de chaux, sont solubles dans l'eau, déliquescens et incristallisables. Tous se dissolvent dans l'alcool; le sous-caïncate est même soluble dans l'alcool bouillant, quoique insoluble dans l'eau. Tous laissent précipiter leur acide par l'addition d'acide sulfurique, azotique ou chlorhydrique, étendu. Aucun d'entre eux n'a été analysé. (*Voy.* pour plus de détails *Journ. de Pharm.*, t. XVI, p. 465.)

## IIe GROUPE.

### *Des acides fixes qui ne donnent point d'acides pyrogénés.*

2017. Ces acides sont seulement au nombre de trois, l'acide oxalhydrique, l'acide ulmique, l'acide pectique. Soumis à la distillation, ils donnent les produits qu'on retire des matières végétales ordinaires (1919). Cependant, il serait possible que l'acide oxalhydrique, chauffé convenablement, fût susceptible de se transformer, comme les précédens, en acide carbonique, en eau et en un nouvel acide qui serait un acide pyrogéné. M. Pelouze va même jusqu'à croire que tous les acides fixes, formés de carbone, d'hydrogène et d'oxigène, doivent être dans ce cas.

## ARTICLE I.

### *Acide oxalhydrique.*

2018. L'acide oxalhydrique n'a point été trouvé dans la nature ; il prend naissance pendant la réaction de l'acide azotique sur un grand nombre de substances végétales, telles que les sucres, l'amidon, la gomme. Confondu d'abord par Schéele, puis par Fourcroy et Vauquelin, etc., avec l'acide malique, il en a été distingué par Vogel et par Tromsdorff. Mais c'est à M. Guérin Varry que l'on doit les recherches les plus détaillées sur cet acide. Il lui a donné le nom d'acide oxalhydrique, en raison de ce qu'il peut être représenté dans sa composition par de l'acide oxalique et de l'hydrogène.

*Préparation.* — Pour le préparer, M. Guérin mêle une partie de gomme arabique avec 2 parties d'acide azotique du commerce étendu de la $\frac{1}{2}$ de son poids d'eau, dans une cornue d'un volume quadruple de celui du mélange, et munie d'un ballon tubulé. La dissolution de la gomme dans l'acide est facilitée par une légère chaleur. On enlève le feu à l'apparition des vapeurs rutilantes que produit, à la rencontre de l'air, le bi-oxide d'azote, et quand le dégagement de gaz a cessé, on entretient pendant une heure la liqueur dans une lente ébullition. Il faut ensuite l'étendre de quatre fois son poids d'eau, la neutraliser exactement par l'ammoniaque, y verser de l'azotate de chaux qui précipite l'acide oxalique formé en même temps que l'acide oxalhydrique, puis décomposer l'oxalhydrate d'ammoniaque par l'acétate de plomb. L'oxalhydrate de plomb insoluble qui en résulte est filtré, lavé, et traité par le gaz sulfhydrique ou l'acide sulfurique, comme il a été dit au sujet de la préparation de l'acide oxalique. L'acide oxalhydrique mis alors en liberté est encore accompagné de beaucoup de matière colorante ; c'est pour cela que la dissolution doit être saturée au moyen de l'ammoniaque, évaporée jusqu'à pellicule, et abandonnée à elle-même. L'oxalhydrate d'ammoniaque cristallise, et après avoir été purifié par le charbon animal, fournit de l'acide incolore, en le transformant en oxalhydrate de plomb, et décomposant ce sel comme il vient d'être dit. Pour obtenir l'acide oxalhydrique le plus sec possible, il faut après l'avoir évaporé, à l'aide du feu, jusqu'à consistance sirupeuse, l'exposer dans le vide sec de la machine pneumatique.

*Propriétés.* — L'acide oxalhydrique concentré forme, à la température ordinaire, un sirop fort épais, incolore et inodore, qui paraît être incristallisable (1). Sa saveur a beaucoup d'analogie avec celle de l'acide oxalique. Sa densité est de 1,416 à 20°. Il se mêle en toutes proportions à l'eau et à l'alcool, et absorbe avec beaucoup d'avidité l'humidité atmosphérique. L'éther froid ou bouillant ne le dissout qu'en très petite quantité. Il se détruit facilement par l'action de la chaleur : à 106°, il commence à s'altérer et à jaunir. Chauffé dans un appareil distillatoire, il se boursoufle considérablement, se décompose à la manière ordinaire des substances végétales, et laisse un résidu très volumineux de charbon. Étendu de beaucoup d'eau, il s'altère aisément à l'air, et se couvre de moisissure au bout de quelques jours.

L'acide oxalhydrique passe à l'état d'acide formique, sous l'influence de l'acide sulfurique et du peroxide de manganèse, à l'aide d'une légère chaleur. L'acide azotique le décompose lentement à froid, rapidement à chaud, le déshydrogène et le transforme en acide oxalique.

Il forme dans les eaux de chaux, de strontiane, de baryte, des précipités solubles dans un léger excès d'acide, et produit dans les dissolutions d'acétate de plomb et d'azotates de plomb, d'argent, des flocons blancs volumineux.

L'étain n'est nullement attaqué par l'acide oxalhydrique, soit à froid, soit à chaud; le fer et le zinc, au contraire, s'y dissolvent, à froid, avec dégagement de gaz hydrogène.

*Composition.* — Suivant M. Guérin, l'acide oxalhydrique anhydre, tel qu'il existe par exemple dans le sel de plomb, est composé de 32,42 de carbone, 63,62 d'oxigène, et 3,96 d'hydrogène,

Ce qui, d'après sa capacité de saturation, donne en atomes pour la formule de son nombre proportionnel : $C^8H^6O^6$;

L'acide concentré contient 2 atomes d'acide anhydre pour 1 atome d'eau, et se trouve représenté par $2C^8H^6O^6 + H^2O$.

### *Des oxalhydrates.*

2019. Dans ces sels, la quantité d'oxigène de l'oxide est à celui de l'acide comme 1 est à 6, et à la quantité d'acide lui-même comme 1 à 4,903.

Les oxalhydrates se décomposent au feu de même que les autres sels végétaux.

Les oxalhydrates de potasse, de soude et d'ammoniaque sont très solubles dans l'eau. L'oxalhydrate de potasse neutre

(1) Cependant M. Tromsdorff rapporte qu'il est parvenu à faire prendre une dissolution de cet acide en une masse visqueuse au milieu de laquelle on distinguait des cristaux.

ou acide, et le bi-oxalhydrate d'ammoniaque sont susceptibles de cristalliser. Les oxalhydrates neutres de baryte, de strontiane, et surtout celui de chaux, sont moins solubles que les précédens. L'oxalhydrate de plomb est insoluble dans l'eau froide, même après l'addition d'acide oxalhydrique; l'eau bouillante en dissout une très petite quantité qu'elle laisse déposer, par le refroidissement, sous forme de paillettes : ce sel est d'ailleurs remarquable par la propriété qu'il a de s'enflammer comme la poudre, lorsqu'on le chauffe avec l'acide azotique.

La préparation des oxalhydrates n'offre aucune particularité remarquable, et s'exécute comme celle des sels végétaux précédemment décrits. (*Voy.* les mémoires de M. Tromsdorff et Guérin, *Ann. de Chim. et de Phys.* t. LIV, p. 320; et t. LII, p. 318.)

## ARTICLE II.

### *Acide pectique.*

2020. *État*, etc.—Cet acide, entrevu par M. Payen (*Journ. de Pharm.*, t. x, p. 385; et *Journ. de Chim. méd.*, t. I, p. 539), a été observé soigneusement par M. Braconnot. Ce chimiste avait d'abord pensé qu'il était répandu dans tous les végétaux, et qu'il constituait la gelée végétale proprement dite; mais, depuis, il s'est assuré que l'acide pectique est le résultat de l'action des oxides alcalins sur la gelée même. Il paraît, toutefois, qu'on le rencontre tout formé dans quelques végétaux, et particulièrement dans la betterave. Son nom est tiré du mot grec πηκτις, *coagulum*, en raison de la consistance gélatineuse sous laquelle il se présente; et par suite de cette dénomination, M. Braconnot propose d'appeler *pectine* la gelée végétale.

*Propriétés.*—L'acide pectique, obtenu par le procédé qui sera décrit plus bas, est sous forme d'une gelée incolore, sans odeur, légèrement acide, qui rougit très distinctement le papier de tournesol.

Distillé dans une petite cornue de verre, il donne un produit chargé de beaucoup d'huile empyreumatique, etc., mais d'aucune trace d'ammoniaque.

L'eau froide et même l'eau bouillante ne le dissolvent qu'en petite quantité; aussi la dissolution filtrée agit-elle moins sur le tournesol que l'acide gélatineux. Cette dissolution est incolore; elle ne laisse rien déposer par le refroidissement, et quoiqu'elle ne contienne que très peu d'acide pectique, elle se prend en une gelée transparente due à l'acide qui se précipite, soit qu'on y ajoute du sucre ou de l'alcool, ou de l'eau de chaux, ou de l'eau de baryte, ou un sel quelconque, ou même un acide ordinaire.

L'acide sulfurique concentré a peu d'action à froid sur l'acide pectique; à chaud il le décompose, le noircit avec dégagement de gaz sulfureux. L'acide azotique le transforme en acides mucique, oxalique, etc.

Lorsqu'on chauffe doucement l'acide pectique gélatineux avec un excès de potasse ou de soude caustique dans un creuset de platine, et qu'on agite le mélange, celui-ci ne tarde point à se liquefier et à prendre une couleur brunâtre. En l'évaporant à siccité, on observe qu'il se trouve presque entièrement converti en oxalate. (Vauquelin, *Ann. de Ch. et de Ph.*, t. XLI, p. 55.)

L'acide pectique s'unit à toutes les bases, et dégage l'acide carbonique des carbonates alcalins par l'intermède de l'eau et à l'aide d'une légère chaleur; mais les pectates de potasse, de soude et d'ammoniaque, sont les seuls solubles. Pour obtenir ceux de potasse et de soude, il faut, après avoir uni l'acide à l'alcali, verser dans la liqueur de l'alcool affaibli qui entraîne l'excès de base et la matière colorante que peut renfermer l'acide. Le pectate reste sous forme d'une gelée qui n'a plus besoin que d'être lavée sur un linge avec de l'eau alcoolisée, puis exprimée et desséchée : il se gonfle dans l'eau en s'y dissolvant. C'est avec ce pectate dissous qu'on forme tous les autres pectates métalliques par la voie des doubles décompositions.

Les pectates neutres de potasse, de soude et d'ammoniaque, dissous dans l'eau, possèdent, comme l'acide pectique, la propriété d'être séparés de leur dissolvant, en gelée, par l'alcool, le sucre, les dissolutions salines, etc. La potasse et la soude forment également dans ces pectates un dépôt gélatineux, qui, suivant M. Braconnot, est un sous-pectate; mais si l'on consulte l'analogie, on sera porté à croire que les pectates avec excès d'*alcali* doivent être plus solubles que les pectates neutres, et que par conséquent l'excès de base doit agir dans ce cas comme le sucre, l'alcool, etc., c'est-à-dire en s'emparant de l'eau.

La plupart des acides minéraux décomposent les pectates et séparent de ceux qui sont solubles l'acide pectique en gelée. Il n'en est pas de même des acides végétaux purs. Du moins, lorsqu'on ajoute un excès d'acide acétique, citrique, malique, gallique, ou de l'infusion de noix de galle, à une dissolution de pectate acide d'ammoniaque, elle conserve toute sa fluidité sans donner aucun dépôt. D'ailleurs l'acide pectique nouvellement précipité n'est point sensiblement plus soluble dans les acides végétaux que dans l'eau pure.

Enfin, presque tous les sels, excepté ceux de potasse, de soude, d'ammoniaque, sont précipités par les pectates de ces trois bases : il en résulte autant de pectates insolubles.

Le pectate neutre de potasse est composé de 85 d'acide et de 15 de potasse, d'où il suit que le rapport de l'oxigène à l'acide doit être de 1 à 33,43.

*Préparation.* — Nous croyons devoir rapporter textuellement le procédé de l'auteur ; voici comment il s'exprime :

« Je prendrai pour exemple les carottes, quoiqu'elles con-
« tiennent une matière colorante. Ces racines étant bien la-
« vées, je les réduis en pulpe par le moyen d'une râpe ; j'ex-
« prime le suc, et je lave le marc avec de l'eau de pluie filtrée ;
« je continue les lavages jusqu'à ce que l'eau sorte incolore
« par expression ; je fais avec ce marc et une certaine quantité
« d'eau une bouillie demi liquide dans laquelle j'ajoute, en
« agitant, de la dissolution de potasse ou de soude du com-
« merce rendue caustique (et mieux du carbonate de potasse
« ou de soude), en quantité suffisante pour maintenir dans
« la liqueur, jusqu'à la fin de l'opération, un léger excès d'al-
« cali sensible au goût ; j'expose de suite le mélange à la cha-
« leur et le fais bouillir pendant environ un quart d'heure,
« ou jusqu'à ce qu'en prenant avec un tube une portion de la
« liqueur épaisse qui en résulte, elle se coagule entièrement
« en gelée avec un acide. Je passe alors la liqueur bouillante
« à travers une toile ; je lave la masse avec de l'eau de pluie
« qui ne contienne point de sulfate de chaux, et je réunis les
« liqueurs qui sont épaisses, mucilagineuses, et se prendraient
« en gelée si on les laissait se refroidir. J'avais coutume de
« décomposer ce pectate alcalin avec un acide pour en préci-
« piter la gelée ; mais ayant éprouvé quelques difficultés dans
« les lavages de celle-ci, j'ai renoncé à ce moyen ; je préfère
« décomposer la dissolution de ce pectate avec un peu de
« chlorure de calcium étendu de beaucoup d'eau ; j'obtiens
« par là une gelée transparente excessivement abondante de
« pectate de chaux insoluble, qu'il m'est facile de bien laver
« sur une toile ; je fais bouillir pendant quelques minutes cette
« combinaison avec de l'eau aiguisée d'un peu d'acide hydro-
« chlorique qui dissout la chaux et de l'amidon ; je jette en-
« suite le tout sur une toile, et j'obtiens l'acide pectique, que
« je parviens à laver avec la plus grande facilité avec de l'eau
« pure. Si on lavait cet acide en gelée avec de l'eau qui contînt
« du sulfate de chaux, il s'emparerait du sel terreux pour

« former une combinaison triple qui refuserait de se dissou-« dre dans les alcalis. »

Les quantités de matières employées dans l'opération, sont : marc de carottes bien lavé et fortement exprimé, 50 parties, eau 300, potasse à la chaux 1.

*Usages*. — M. Braconnot a fait avec l'acide pectique des gelées qui ont été trouvées excellentes. (*Ann. de Chim. et de Phys.*, t. XXVIII, p. 173, et t. XXX, p. 96.)

### ARTICLE III.

### *Acide ulmique.*

2021. L'acide ulmique fut aperçu par M. Vauquelin pour la première fois, en 1797, dans les produits de l'exsudation d'un ulcère d'orme : il y est uni à la potasse (*Ann. de Chim.*, t. XXI, p. 39). Klaproth fit la même observation en 1804 (*Journ. de Gehlen*, t. IV, p. 329). L'acide reçut alors de M. Thompson le nom d'*ulmine*. Plusieurs chimistes s'en occupèrent ensuite. Cependant, jusqu'en 1819, nous n'avions que de très vagues notions sur cette nouvelle substance. A cette époque, M. Braconnot étant parvenu à l'obtenir artificiellement en traitant la sciure de bois par la potasse, nous la fit beaucoup mieux connaître (*Ann. de Chim. et de Phys.*, t. XII, p. 189). Il constata la plupart de ses propriétés ; mais quoiqu'il eût reconnu qu'elle rougissait le tournesol et neutralisait les bases, il n'en changea pas le nom ; ce fut M. P. Boullay qui, dans un travail où il avait surtout pour objet de faire l'analyse de l'ulmine et de déterminer les nombreuses circonstances de sa production, ainsi que le rôle qu'elle joue dans la végétation, proposa de lui donner une dénomination qui indiquât son acidité : il l'appela donc *acide ulmique* (*Ann. de Chim. et de Phys.*, t. XLIII, p. 273). Nous avons cru devoir adopter cette dénomination, parce qu'elle rappelle le végétal où l'ulmine a été découverte, et que l'acidité de cette matière n'est pas douteuse. M. Berzelius, à la vérité, considérant que l'ulmine fait partie de la terre végétale, et qu'elle a été souvent confondue avec d'autres subtances, préfère le nom de *géine, d'acide géique*. Mais la confusion cessera en n'appliquant la dénomination d'ulmine ou d'acide ulmique qu'aux matières identiques avec celle qui provient de l'action de la potasse sur le bois ou le linge, et que nous allons étudier spécialement.

*Propriétés*. — L'acide ulmique, à l'état d'hydrate, rougit la teinture de tournesol, surtout à chaud. On ne saurait l'obtenir en cristaux. Desséché il est noir et très fragile. Sa cassure a l'éclat du jayet. Il a peu de saveur, et point d'odeur.

20 grammes d'acide ulmique, distillés dans une cornue, ont fourni à M. Braconnot 4 grammes d'eau et d'acide acétique presque incolore, 3 grammes d'huile empyreumatique brune, fluide, soluble dans l'alcool et la potasse, des gaz et 9,8 grammes d'un charbon qui, après sa combustion, a laissé 0,75 grammes de cendres grises.

Exposé à la flamme d'une bougie, l'acide ulmique se boursoufle légèrement et brûle avec lumière, mais peu sensible. L'eau n'en opère la dissolution qu'autant qu'il est hydraté ou récemment précipité de ses dissolutions alcalines et bien lavé, et encore ne se charge-t-elle que d'environ $\frac{1}{2500}$ d'acide, qui suffit toutefois pour colorer la liqueur en jaune brunâtre; à chaud, elle en prend un peu plus. L'alcool et l'acide sulfurique concentré le dissolvent en bien plus grande quantité; il en est de même de l'acide acétique bouillant: aussi les dissolutions étendues d'eau se troublent-elles tout-à-coup.

Les véritables dissolvans de l'acide ulmique sont la potasse, la soude, l'ammoniaque; il se forme alors des ulmates neutres qui moussent à la manière du savon, dont les acides séparent l'acide ulmique en flocons bruns, et dans lesquels les dissolutions salines de baryte, de strontiane, de chaux, et presque tous les sels des cinq dernières sections, forment des précipités d'ulmates.

La dissolution aqueuse d'acide ulmique forme elle-même des précipités lorsqu'on la mêle avec divers sels, savoir: avec l'acétate et l'azotate de plomb, le sulfate de peroxide de fer, le proto-chlorure d'étain, etc.; mais comme le même phénomène se présente avec le chlorure de sodium, et que celui-ci n'agit évidemment qu'en rendant, par sa présence, l'acide ulmique insoluble dans l'eau, il serait possible que les autres sels n'eussent qu'une action analogue.

Enfin, chauffé sous l'influence de l'eau avec les carbonates alcalins, l'acide ulmique en dégage tout le gaz carbonique et se dissout. A froid, il se produit tout à-la-fois de l'ulmate et du bi-carbonate.

*Composition.* — M. Boullay, en analysant l'ulmate de bi-oxide de cuivre, a trouvé que l'acide ulmique devait être formé de 56,7 de charbon, de 4,8 d'hydrogène, de 38,5 d'oxigène; et que la composition atomique de son nombre proportionnel devait avoir pour formule $C^{60}H^{30}O^{15}$. Deux autres analyses, celle de l'ulmate d'argent et celle de l'ulmate de plomb l'ont conduit à la formule $C^{56}H^{28}O^{14}$: il a préféré la première, parce qu'il a supposé que les ulmates de plomb et d'argent avaient pu céder de l'acide ulmique aux eaux de lavages qui s'étaient colorées; d'un autre part, il serait possible qu'il fût resté de l'eau dans les ulmates analysés, et que la quantité de charbon trouvée fût trop petite : l'aspect de l'acide et ses différens modes de formation donnent quelque poids à cette supposition. Une nouvelle analyse devient donc nécessaire : je le crois d'autant plus que Sprengel a obtenu, en brûlant l'acide ulmique par l'oxide de cuivre, 58 de carbone, 2,1 d'hydrogène, 39,9 d'oxigène, que ses analyses d'ulmates ne présente aucun accord, et que M. Pelouze lui-même a trouvé dans cet acide plus de carbone et d'hydrogène que M. Boullay. Il faudrait pour prononcer sûrement sur l'acide ulmique, trouver le moyen de le faire cristalliser, ou de faire cristalliser quelques ulmates.

*État naturel, et production artificielle.* — L'acide ulmique passe pour être très répandu dans la nature, mais presque toujours uni aux bases. On dit qu'il se trouve en grande quantité dans le terreau, la terre de bruyère, les tourbières, la terre d'ombre; qu'il fait partie de tous les fumiers, de la suie, des fumerons de bois; qu'il constitue la matière colorante du fil écru; qu'il prend naissance, lorsqu'on met le bois, le sucre, etc. en contact avec l'acide sulfurique concentré, et qu'il se forme surtout quand on fait réagir, comme M. Braconnot l'a observé, la potasse hydratée sur la sciure de bois ou le linge.

Que le produit de l'action de la potasse sur le bois contienne de l'acide ulmique, c'est un fait parfaitement constaté. Mais il ne l'est pas aussi bien que l'acide soit tout formé dans le terreau, les tourbes, etc. Suivant Berzelius, il ne se produirait que sous l'influence des alcalis. S'il en était ainsi, il faudrait admettre tout à-la-fois l'ulmine et l'acide ulmique, qui seraient peut-être l'un à l'autre comme la pectine à l'acide pectique.

*Préparation.* — C'est en traitant la sciure de bois par l'hydrate de potasse qu'on se procure facilement l'acide ulmique. On met parties égales de sciure de bois et d'hydrate de potasse caustique à la chaux dans un creuset d'argent, on y ajoute un peu d'eau, et l'on torréfie le mélange en le remuant sans cesse : il arrive un moment où la sciure se ramollit presque instantanément et se boursoufle beaucoup. Si alors on retire le creuset du feu, et qu'on examine le produit, on verra qu'il se dissoudra dans l'eau avec une extrême facilité, sauf un léger résidu de silice, de carbonate de chaux, de phosphate de chaux et de quelques traces de substances végétales, et que la dissolution, d'un brun foncé, contiendra, en combinaison avec l'alcali, une grande quantité d'acide ulmique et de l'acide acétique. Pour en retirer l'acide ulmique, il suffira d'ajouter de l'acide sulfurique faible, de recueillir le précipité sur un filtre, de le laver et de le faire sécher : on observera que tant que les eaux de lavage contiendront de l'acide employé à la précipitation de l'acide ulmique, elles seront incolores; mais qu'aussitôt qu'elles n'en contiendront plus, elles dissoudront un peu d'acide ulmique et se coloreront : voilà pourquoi les acides un peu énergiques décolorent tout de suite la dissolution aqueuse d'acide ulmique.

Si l'on admettait comme vraie l'analyse de M. Boullay, il semblerait que la potasse ne dût agir sur le bois qu'en le privant d'une certaine quantité d'eau, puisque le bois moins de l'eau représente l'acide ulmique. Mais les phénomènes sont plus compliqués; en effet, M. Chevreul a observé que, lorsqu'on chauffait de la sciure de bois avec de la potasse humectée, il se dégageait en abondance du gaz hydrogène uni à très peu de carbone, et qu'en délayant ensuite la masse dans l'eau, elle absorbait à l'instant même l'oxigène de l'air, et passait du jaune au brun, d'où il suit que la théorie de la production de l'acide ulmique ne peut pas encore être assignée.

*Usages.* — Suivant toute apparence, l'acide ulmique joue un grand rôle dans la végétation, puisqu'il fait partie du terreau, des fumiers, de la terre végétale, de la terre de bruyère; ce doit être un engrais puissant et de longue durée.

## III^e GROUPE.

### *Acides volatils non pyrogénés, susceptibles d'être transformés par l'acide azotique en eau et acide carbonique.*

2022. Les acides qui composent ce groupe sont l'acide acétique, l'acide formique et l'acide lactique. Ils possèdent non-seulement les propriétés qui viennent d'être énoncées dans le titre, mais encore ils sont le plus souvent liquides à la température ordinaire, et forment des sels plus ou moins solubles dans l'eau (1). Ils ont assez d'analogie les uns avec les autres, pour que, pendant assez long-temps, les acides formique et lactique aient été confondus avec l'acide acétique.

(1) L'acide formique est toujours liquide. L'acide acétique cristallise à la température de plus de 13° quand il ne retient qu'un atome d'eau : s'il en contenait davantage, il ne cristalliserait plus. L'acide lactique, dissous dans l'eau, ne peut être que ramené à l'état sirupeux par l'évaporation : pour l'obtenir solide, il faut le distiller.

ARTICLE I.

## *Acide acétique.*

2023. *État naturel.* — L'acide acétique se rencontre fréquemment dans la nature; l'art le produit facilement. On le trouve dans la sève de presque toutes les plantes, uni à la potasse. La sueur, l'urine de l'homme, le lait même le plus récent, en contiennent d'une manière sensible. Il se développe dans l'estomac à la suite de mauvaises digestions. C'est l'un des produits constans de la fermentation putride que sont capables d'éprouver les matières végétales et animales; c'est aussi l'un des produits de leur décomposition par le feu, par l'acide azotique, par l'acide sulfurique et par les alcalis. Toute liqueur vineuse qu'on expose au contact de l'air ne tarde point à s'acidifier, et l'acide qui se forme est encore l'acide acétique. Enfin, il paraît que toutes les fois qu'on trouble l'équilibre qui existe entre les principes des matières organiques, il en résulte presque toujours une certaine quantité de cet acide.

2024. *Propriétés.* — L'acide acétique le plus pur qu'on ait pu obtenir jusqu'à présent cristallise entièrement à la température d'environ + 13°, et forme une masse qui ne se fond que difficilement même à 22°,5; il est incolore; son odeur est très piquante, sa saveur très forte, son action sur la teinture de tournesol très grande; sa pesanteur spécifique, à la température de 15°,62, est de 1,063.

Combiné avec l'eau, dans le rapport de 100 à 132,05, il ne change point de pesanteur spécifique; mais alors il reste liquide, même à plusieurs degrés au-dessous de 0. En l'étendant d'une moins grande quantité d'eau, sa pesanteur spécifique augmente; elle est de 1,079, ou à son maximum, lorsque l'eau est à l'acide comme 29, 27 est à 100 : dans tous les cas, au moment du mélange, la température s'élève de quelques degrés. (Mollerat, *Ann. de Chimie*, t. LXVIII, p. 88.)

L'acide acétique est volatil : aussi n'est-il point altéré par la distillation; il ne se décompose même qu'en très petite partie au degré de la chaleur du rouge naissant. Il bout à 120°, et donne lieu à une vapeur qui s'enflamme par le contact d'une bougie allumée. Exposé à l'air, il en attire peu-à-peu l'humidité. L'eau le dissout presque en toutes proportions : sa solubilité dans l'alcool est moins grande. Il s'unit aux bases salifiables d'une manière assez intime, et forme des sels dont plusieurs sont employés dans les arts et dans la médecine.

M. Pelouze a fait sur l'acide acétique des observations remarquables qui doivent trouver place ici, et qui semblent être en opposition avec les affinités que cet acide possède; il a vu :

1° Que l'acide acétique concentré ne rougissait pas le papier de tournesol;

2° Qu'il n'avait aucune action ni à chaud, ni à froid sur le carbonate de chaux;

3° Qu'il s'unissait bien à la chaux;

4° Qu'il décomposait facilement les carbonates de potasse et de soude, moins bien ceux de plomb et de zinc, très difficilement ceux de strontiane, de baryte et de magnésie, et qu'il cessait de les décomposer tous, lorsqu'il était mêlé avec plusieurs fois son poids d'alcool absolu;

5° Que l'acide ainsi mêlé d'alcool pouvait même précipiter en une demi-minute, par l'agitation, le carbonate de potasse d'une eau qui en était saturée;

6° Que dans tous les cas, comme on le sait, l'acide acétique étendu d'eau, décomposait ces divers carbonates en donnant lieu tout-à-coup à un grand dégagement de gaz carbonique. (*Ann. de Ch. et de Ph.*, t. L, p. 316.)

Plusieurs autres acides nous offrent des phénomènes analogues; nous essaierons de les expliquer dans la philosophie chimique.

2025. *Préparation.* — On se procure l'acide acétique, soit en distillant le vinaigre ou le vin aigri par l'air, soit en purifiant l'acide pyro-ligneux, soit en décomposant l'acétate de cuivre par le feu, soit en décomposant les acétates anhydres par l'acide sulfurique (1). Celui qu'on obtient par le premier procédé est très étendu d'eau; celui qu'on obtient par le deuxième est concentré; celui qu'on obtient par le troisième l'est davantage; enfin, celui qu'on obtient par le dernier l'est plus encore.

2026. Rien n'est plus facile que la distillation du vinaigre: on y procède comme à celle de l'eau. Il faut arrêter l'opération lorsque le résidu a la consistance de la lie de vin. En outrepassant ce terme, on risquerait de décomposer une partie de la matière végétale. L'acide ainsi obtenu, prend ordinairement le nom de *vinaigre distillé;* il a peu d'odeur et de saveur : les derniers produits qu'on obtient sont bien plus acides que les premiers, parce que l'eau est plus volatile que l'acide acétique.

(1) L'acide pyro-ligneux est de l'acide acétique étendu d'eau et coloré en jaune rougeâtre par de l'huile empyreumatique qu'il tient en dissolution. C'est l'un des produits de la distillation du bois. M. Colin a fait sur ces produits et sur l'acide pyro-ligneux des observations qu'il a publiées. (*Ann. de ch. et de phys.*, XII, 205.)

2027. L'acide pyro-ligneux se purifie de la manière suivante :

On commence par verser dans cet acide autant de craie qu'il en peut décomposer à la température ordinaire; il s'y forme bientôt une écume d'un brun noirâtre qu'on enlève soigneusement. (1)

Ensuite on fait bouillir la liqueur, et l'on achève de la saturer avec de la chaux délitée : après quoi l'on y ajoute une quantité convenable de sulfate de soude; celui-ci produit, avec l'acétate de chaux, de l'acétate de soude soluble et du sulfate de chaux qui se précipite et entraîne plus ou moins de goudron.

Lorsque le sulfate de chaux est bien déposé, l'on décante la dissolution d'acétate de soude, et on la concentre jusqu'à pellicule; alors on la met dans des cristallisoirs, où, par le refroidissement, elle finit par se prendre en masse.

Cette masse cristallisée est très impure; elle est noire et imprégnée de beaucoup de goudron; c'est en la desséchant, lui faisant éprouver la fusion ignée, la redissolvant dans l'eau, la filtrant et la faisant cristalliser de nouveau au moins une fois, qu'on la purifie : par la fusion, le goudron se volatilise ou se charbonne, de sorte que les cristaux d'acétate que l'on obtient sont sensiblement purs.

Ces cristaux ainsi obtenus sont fondus dans une quantité déterminée d'eau; l'on mêle avec la dissolution un poids également donné d'acide sulfurique, et de là résultent du sulfate de soude qui cristallise presque entièrement, et de l'acide acétique qu'on extrait par distillation.

Toutes les opérations qui précèdent la cristallisation qu'on fait subir en second lieu à l'acétate de soude, peuvent être faites en grand dans des vases en tôle ou en fonte. Les autres ne doivent l'être que dans des vases de verre, de grès ou de cuivre étamé.

L'acide est d'autant plus concentré, que la quantité d'eau ajoutée est moins considérable.

Celui qui provient des fabriques de Choisy pèse spécifiquement 1,057, et peut saturer environ les $\frac{30}{100}$ de son poids de carbonate de soude sec : on le recueille dans des récipiens en argent.

2028. Ce n'est point dans une cornue de verre qu'on calcine l'acétate de cuivre pour le décomposer; l'on fait cette

(1) Quelquefois, au lieu de traiter immédiatement l'acide par la craie ou la chaux, on le distille : par ce moyen, on le sépare de la majeure partie du goudron ou de l'huile empyreumatique qu'il contient.

opération dans une cornue de grès. Après avoir rempli aux deux tiers la cornue de cet acétate, et l'avoir placée dans un fourneau à réverbère, l'on adapte à son col une allonge et un récipient tubulé, dont la tubulure porte un long tube droit; l'on échauffe peu-à-peu le fourneau, et bientôt la décomposition a lieu. L'acide acétique se partage en deux parties : l'une s'empare de l'oxigène de l'oxide de cuivre, et de là résultent du gaz acide carbonique, de l'eau, du gaz carbure d'hydrogène, une petite quantité d'esprit pyro-acétique ou d'*acétone*, beaucoup de cuivre métallique très divisé, un peu d'acétate de protoxide, et quelques traces de charbon; l'autre, devenue libre, s'unit à l'eau formée, s'élève à l'état de vapeurs épaisses, et vient se condenser avec l'esprit pyro-acétique dans le récipient, qu'il faut avoir soin de refroidir avec des linges mouillés. Le gaz acide carbonique se dégage par le tube droit; on pourrait le recueillir sur l'eau par un tube recourbé. L'acétate se sublime sous forme de poudre blanche. Quant au cuivre et au charbon, ils restent dans la cornue. L'opération est terminée lorsqu'il ne sort plus de vapeurs de la cornue, et que celle-ci est portée au rouge obscur. On doit conduire le feu avec beaucoup de ménagement : sans cela la réaction serait subite, et donnerait lieu à une grande perte d'acide.

Dans tous les cas, le produit contient toujours un peu d'acétate de bi-oxide de cuivre, et est coloré en vert, phénomène qui paraît provenir de ce que les vapeurs acides et aqueuses réagiraient sur l'acétate de protoxide qui serait contenu dans le col du vase, et le transformeraient en acétate de bi-oxide, soluble, et en cuivre métallique; aussi est-on obligé de distiller l'acide une seconde fois pour le séparer de ce sel. Cette nouvelle distillation se fait dans une cornue de verre, munie d'un récipient tubulé, et doit être continuée jusqu'à ce que tout le liquide soit presque volatilisé.

C'est à l'acide acétique ainsi préparé qu'on donne le nom de *vinaigre radical*. Il est ordinairement uni à une petite quantité d'acétone. On l'emploie en médecine; mais il peut presque toujours être remplacé par celui qui provient de l'acétate de soude.

En opérant sur 20$^{kil.}$,315 d'acétate de bi-oxide de cuivre ou de verdet, MM. *Derosne* ont obtenu 9$^{kil.}$,943 d'acide vert et non rectifié, 6$^{kil.}$,792 de cuivre, et 3$^{kil.}$,580 de fluides élastiques chargés d'une quantité d'acide acétique capable seulement de saturer 91 grammes de potasse caustique, liquide et concentrée. Comme ils avaient pour objet d'examiner les proportions de l'acide aux différentes époques de la distillation, ils ont eu soin de changer les récipiens, de manière à partager l'acide en

4 parties. Le premier recueilli avait une odeur faible et était légèrement coloré; il pesait 2kil.,754, et marquait à l'aréomètre 9°,5—0. Le deuxième avait une odeur plus forte que le premier, et sa couleur était plus foncée; il pesait 3kil.,074, et sa densité à l'aréomètre était indiquée par 10°,5—0. Le troisième était d'une couleur plus intense encore que le deuxième; son odeur était aussi beaucoup plus forte, mais empyreumatique; son poids de 3kil.,855, et sa densité représentée à l'aréomètre par 4°,5—0; il contenait de l'acétone et plus d'acide que les précédens. Le quatrième avait une couleur légèrement citrine; il ne contenait point de cuivre; son odeur était faiblement acide; il pesait seulement 0kil.,260, et sa densité, au lieu d'être plus grande que celle de l'eau, était moindre, car il ne marquait à l'aréomètre que ½ degré + 0; il était moins acide que les trois précédens, et renfermait une assez grande quantité d'acétone. Ces deux derniers produits, soumis à une douce chaleur, ne tardaient point à laisser dégager la majeure partie de leur acétone, et à marquer à l'aréomètre de 6 à 7°—0. C'est à cette substance que MM. Derosne ont attribué la cause pour laquelle les derniers produits sont plus légers que les premiers; mais ils doivent cette légèreté aussi en partie au peu d'eau qu'ils contiennent (2024).

Quoique le vinaigre radical contienne moins d'eau que le vinaigre de bois, il en contient encore un excès. Le seul procédé qui donne l'acide acétique cristallisable et le plus concentré possible, consiste à traiter les acétates secs par l'acide sulfurique du commerce, bouilli et refroidi sans le contact de l'air. L'opération s'exécute facilement sur l'acétate de soude fondu et pulvérisé, dans une cornue tubulée, munie d'un récipient.

On y introduit successivement l'acétate et l'acide sulfurique en quantité proportionnelle, par la tubulure, puis l'on chauffe doucement et convenablement le mélange. 100 d'acétate exigent pour leur décomposition 64,39 d'acide très concentré.

2029. *Composition.* — Privé d'eau ou tel qu'il se trouve dans les acétates desséchés, l'acide acétique est composé de :

| | |
|---|---|
| Carbone | 47,536 |
| Hydrogène | 5,822 |
| Oxigène | 46,642 |

D'où l'on voit que l'acide acétique anhydre a pour formule $C^8H^6O^3$, et qu'il peut être représenté par $C^2O^2 + C^6H^6O$ = 2 atomes d'acide carbonique + 1 atome d'acétone, ou bien encore par 3 atomes d'eau et 8 atomes de carbone.

Quant à l'acide acétique hydraté, le plus concentré possible et pesant 1,063, il paraît être formé de 1 atome d'acide anhydre et de 1 atome d'eau. Sa formule serait donc : $C^8H^6O^3 + H^2O$. Or, comme en combinant 100 parties de cet acide avec 29,27 d'eau, ou 1 atome de l'un avec 2 atomes de l'autre, on obtient l'acide acétique au *maximum* de densité ou pesant 1,0791, il s'ensuit que, dans le premier, l'oxigène de l'acide est trois fois celui de l'eau, et que, dans le deuxième, il lui est égal. Par conséquent, si l'on regarde l'eau comme faisant fonction de base, le premier serait un acétate neutre, et le deuxième un acétate tri-basique.

2030. *Usages, historique.* — Ses usages sont très étendus : à l'état de vinaigre, on l'emploie comme assaisonnement et comme anti-septique ; sous ce même état, et sous celui de vinaigre distillé, on s'en sert dans les arts pour préparer divers acétates. Mêlé à l'état de vinaigre radical avec le sulfate de potasse, de manière à humecter celui-ci, il constitue le sel de vinaigre que l'on enferme dans de petits flacons de verre, et dont on fait usage comme excitant.

Pendant long-temps, on a pensé que l'acide acétique était différent du vinaigre distillé ; on s'imaginait que celui-ci était moins oxigéné : aussi l'appelait-on *acide acéteux*. C'est M. Adet qui, le premier, fit voir qu'il n'y avait aucune différence entre l'un et l'autre. Son opinion, combattue par plusieurs chimistes, a été confirmée par les expériences de M. Darracq. (*Ann. de Chim.*, t. XXVII, p. 299 et t. XLI, p. 264.)

## *Acétates.*

2031. *Propriétés.* — La plupart des acétates, dans leur décomposition par le feu, donnent lieu à tous les produits qui proviennent de la décomposition des autres sels végétaux, et en outre à une certaine quantité d'esprit pyro-acétique ou d'acétone (1933). En général, lorsqu'un acétate est facilement décomposable par le feu, il donne beaucoup d'acide acétique et peu ou point d'acétone ; il donne, au contraire, beaucoup d'acétone, et peu ou point d'acide lorsqu'il exige une haute température pour se décomposer. Les acétates d'argent, de nickel, de cuivre, etc., sont dans le premier cas ; ceux de potasse, de soude, de chaux, de manganèse, de zinc, etc., sont dans le deuxième : c'est ce que l'on verra dans le tableau suivant, dû à M. Chenevix ; tableau dans lequel ce chimiste examine les produits provenant de la distillation d'un certain nombre d'acétates. (*Ann. de Ch.*, t. LXIX, p. 32.)

| | | ACÉTATE D'ARGENT. | ACÉTATE DE NICKEL. | ACÉTATE DE CUIVRE. | ACÉTATE DE PLOMB. | ACÉTATE DE PEROXIDE DE FER. | ACÉTATE DE ZINC. | ACÉTATE DE MANGANÈSE. |
|---|---|---|---|---|---|---|---|---|
| | Perte au feu. | 0,36 | 0,61 | 0,64 | 0,37 | 0,49 | | 0,555 |
| RÉSIDU de la CORNUE. | État de la base. (1) | Métallique. | Métallique. | Métallique. | Métallique. | Oxide noir. | Oxide blanc. | Oxide brun. |
| | Carbone résidu. | 0,05 | 0,14 | 0,055 | 0,04 | 0,02 | 0,05 | 0,035 |
| PRODUITS LIQUIDES. | Pesanteur spécifique, celle de l'eau étant 10. | 10,656 | 10,398 | 10,556 | 9,407 | 10,11 | 8,452 | 8,264 |
| | Rapport d'acidité. | 107,309 | 44,731 | 84,868 | 3,045 | 27,236 | 2,258 | 1,285 |
| | Esprit pyro-acétique (2) | 0 | 0,2 | 0,17 | 0,555 | 0,24 | 0,696 | 0,94 |
| PRODUITS GAZEUX. | Acide carbonique. | 8 | 35 | 10 | 20 | 18 | 16 | 20 |
| | Hydrogène carburé. | 12 | 60 | 34 | 8 | 34 | 28 | 32 |
| | Total des gaz. | 20 | 95 | 44 | 28 | 52 | 44 | 52 |

(1) Presque tous les résidus métalliques sont pyro-phoriques, ou capables de s'enflammer par le contact de l'air après leur entier refroidissement; ce que M. Chenevix attribue au carbone très divisé avec lequel ils sont mêlés, et ce qui, suivant M. Magnus, doit être le résultat de la porosité.

(2) 1° Les quantités ci-jointes sont exprimées en volume.

2° Il suffit de verser un excès de carbonate de potasse dans les produits des acétates de plomb, de fer, de zinc et de manganèse, pour en séparer l'esprit en grande partie et le rassembler à la surface de la liqueur.

3° L'esprit pyro-acétique est toujours mêlé d'un peu d'huile dont l'auteur n'a pas tenu compte.

4° L'acide acétique seul ne donne point d'acétone; les acétates sont les seuls corps qui puissent en produire.

Ajoutons, pour completer le tableau : 1° que des acétates de potasse, de soude, de chaux, M. Chenevix a retiré une liqueur beaucoup moins acide et beaucoup plus chargée d'acétone que d'aucun des acétates qui précèdent; 2° que M. Liébig, en soumettant l'acétate de baryte à une chaleur convenable, est même parvenu à le convertir complètement en acétone et en carbonate de baryte; que probablement les autres acétates alcalins, chauffés convenablement aussi, se transformeraient dans les mêmes produits.

Comment expliquer ces divers résultats? en se rappelant que l'acide acétique peut être représenté dans sa composition par 2 atomes d'acide carbonique et 1 atome d'acétone; que les bases alcalines favorisent cette transformation par leur irréductibilité et leur affinité pour l'acide carbonique; mais qu'il n'en est pas de même avec les oxides des dernières sections; que ceux-ci se réduisent facilement, surtout en présence de l'acide acétique dont ils décomposent une partie; que le métal étant réduit, ne peut agir par la tendance qu'il aurait à s'unir à l'acide carbonique, et que dès-lors la portion d'acide acétique devenue libre, doit se dégager sans éprouver d'altération.

Presque tous les acétates sont solubles dans l'eau; il n'y a guère que ceux de mercure et d'argent qui ne le soient que très peu; plusieurs, et notamment les acétates alcalins et terreux, quand ils sont dissous, s'altèrent dans l'espace de quelques mois; ils se couvrent de moisissure verdâtre et se transforment en carbonates.

2032. Il n'est aucun acétate qui ne puisse être décomposé par les acides sulfurique, phosphorique, azotique, chlorhydrique, fluorhydrique, etc.; il en résulte un nouveau sel, et l'acide acétique se vaporise en partie. (*Voyez*, pour les autres propriétés, l'*Histoire générale des Sels végétaux*, 1933.)

2033. *Etat naturel.* — On ne trouve dans la nature que deux acétates : l'acétate de potasse et l'acétate d'ammoniaque; celui de potasse existe en petite quantité dans la sève de presque tous les arbres; l'autre ne se rencontre que dans l'urine pourrie et les matières azotées en putréfaction.

2034. *Préparation*, etc. — Tous les acétates se forment directement, c'est-à-dire, en traitant les oxides ou les carbonates par l'acide acétique. Cependant ceux de zinc et de fer s'obtiennent le plus ordinairement en traitant directement les métaux en grenaille par une suffisante quantité d'acide. Il est possible d'en obtenir aussi plusieurs autres par la voie des doubles décompositions, par exemple, en décomposant des quantités atomiques d'acétate de plomb par des sulfates solubles :

le sulfate de plomb se précipite, et le nouvel acétate reste dissous.

2035. *Composition.* — Dans les acétates neutres, la quantité d'oxigène de l'oxide est à la quantité d'oxigène de l'acide comme 1 à 3, et à la quantité d'acide même comme 1 à 6,4112. Or, comme l'on connaît la composition des oxides, il est facile de calculer celle des acétates.

2036. *Usages.* — Le nombre des acétates dont on se sert dans les arts et dans la médecine est de neuf : ces neuf acétates sont ceux qui ont pour bases la potasse, la soude, la chaux, l'ammoniaque, l'alumine, l'oxide de fer, le protoxide de plomb, le bi-oxide de cuivre et le protoxide de mercure. Nous allons étudier chacun de ces sels en particulier, et nous étudierons en outre les acétates de baryte, de strontiane et de magnésie.

### *Acétate de potasse.*

2038. L'acétate de potasse, connu autrefois sous le nom de *terre foliée de tartre*, à cause de son aspect, et de ce que, pour l'obtenir, on se servait de l'alcali du tartre, a une saveur très piquante; il est sans action sur le tournesol; on ne peut l'obtenir cristallisé qu'en paillettes, ou du moins n'est-ce qu'avec beaucoup de temps qu'il cristallise en prismes. C'est peut-être le sel le plus déliquescent qui existe. En effet, lorsqu'il a le contact de l'air, il en attire l'humidité, au point qu'il se couvre presqu'à l'instant même de petites gouttelettes : l'eau doit par conséquent en dissoudre plusieurs fois son poids à la température ordinaire, etc. (1299).

En chauffant dans une cornue de verre munie d'un récipient entouré de glace et surmonté d'un tube recourbé, un mélange de parties égales d'acétate de potasse et d'acide arsénieux, ces deux corps ne tardent point à se décomposer, et de leur décomposition résultent, 1° du gaz acide carbonique, du gaz carbure d'hydrogène et du gaz arséniure d'hydrogène qui se dégagent par le tube; 2° deux produits liquides d'une pesanteur spécifique différente, qui se condensent dans le ballon, et qui contiennent ordinairement quelques flocons d'arsénic très divisé; 3° de la potasse en partie carbonatée qui reste au fond de la cornue, et de l'arsénic métallique qui tapisse les parois de son col. Il est deux de ces produits que nous ne connaissons point encore, et que nous devons examiner : ce sont les produits liquides. On les sépare en les versant dans un tube long et étroit, effilé à la lampe, et ne présentant par conséquent qu'une petite ouverture qui permet de les recevoir dans des flacons différens.

Le plus pesant a un aspect huileux, et est légèrement jaune. Il répand dans l'air des vapeurs épaisses, exhale une odeur horriblement fétide qui se communique au loin avec une extrême rapidité, et qui s'attache tellement aux vêtemens, qu'ils en restent imprégnés pendant plusieurs jours. Il ne s'enflamme point par l'approche d'un corps en combustion (1). Soumis à une douce chaleur dans une cornue, il ne tarde point à bouillir : ainsi distillé, il conserve toutes ses propriétés primitives. Lorsqu'on en projette quelques gouttes dans un flacon plein d'air, il se forme tout-à-coup un nuage épais, et peu de temps après cet air acquiert la propriété d'éteindre les bougies. Lorsqu'on fait la même expérience dans un flacon plein de gaz carbonique humide, il se produit aussi des vapeurs, moins toutefois que dans le cas précédent; mais lorsque cet acide est sec, il ne s'en manifeste aucune. On voit donc, d'après cela, que les fumées blanches que ce liquide répand dans l'air dépendent tout à-la-fois de l'oxigène et de l'eau qu'il absorbe.

Il est peu soluble dans l'eau. Les alcalis ne l'attaquent que difficilement. Versé dans le chlore gazeux, son inflammation est subite et sa décomposition complète : après quoi il précipite par l'eau de chaux en blanc, et par l'acide sulfhydrique en jaune; tandis que, saturé de potasse et évaporé, il forme un sel feuilleté, attirant fortement l'humidité de l'air et réunissant les propriétés de l'acétate de potasse.

Dissous dans l'eau, et mis en contact avec l'acide sulfhydrique, il produit un précipité blanc, légèrement jaune, très divisé, formé principalement d'arsénic et de soufre, et qui ne se sépare qu'avec beaucoup de temps d'une sorte de matière oléagineuse, laquelle vient se rassembler à la surface de la liqueur : celle-ci est alors sensiblement acide, et la potasse y fait bientôt reconnaître la présence de l'acide acétique.

Enfin, en l'exposant à l'air pendant quelques jours, il répand d'abord d'épaisses vapeurs, cristallise ensuite, s'humecte légèrement, se trouble par l'eau de chaux, et donne lieu sur-le-champ, par l'acide sulfhydrique, à un précipité d'un beau jaune.

De ces expériences, j'ai conclu que ce liquide pouvait être regardé comme une espèce de savon à base d'acide et d'arsénic,

(1) Cependant Cadet et les chimistes de Dijon le regardent comme ayant la propriété de prendre feu spontanément. Pour moi, j'ai observé qu'il ne prenait feu de lui-même qu'autant qu'il contenait des flocons noirs d'arsénic et qu'autant que ces flocons avaient le contact de l'air. D'une autre part, M. Dumas l'a obtenu spontanément inflammable. Est-ce que sa composition serait variable?

ou comme une sorte d'acétate oléo-arsénical; mais il me paraît très probable qu'il entre dans sa composition une certaine quantité d'esprit pyro-acétique. De nouvelles expériences sont nécessaires pour prononcer sur sa nature.

On l'a connu jusqu'à présent sous le nom de *liqueur fumante de Cadet*, parce que c'est ce chimiste qui en a fait la découverte.

Le produit liquide le moins dense est d'un jaune brunâtre, a l'aspect d'une eau colorée, se combine en toutes proportions avec elle, ne forme qu'un léger nuage dans l'atmosphère, et a beaucoup moins d'odeur que le premier. Il n'en diffère que par l'eau qu'il contient et par une plus grande quantité d'acide acétique qui entre dans sa composition. (*Voyez* le *Mémoire* de Cadet, de l'Académie des Sciences; les *Observations* des chimistes de Dijon dans la *Chimie de Dijon;* et les *Annales de Chimie*, tom. LII, pag. 54.)

*Etat naturel, préparation*, etc. — On trouve l'acétate de potasse en petite quantité, d'après M. Vauquelin, dans la sève de presque tous les arbres. Long-temps on a fait un secret du procédé par lequel on l'obtient parfaitement blanc, et tel que l'exige le commerce; aujourd'hui ce procédé est connu de tous les pharmaciens.

Il consiste à prendre de la potasse du commerce bien blanche, à la dissoudre dans l'eau, à filtrer la dissolution, et à la verser peu-à-peu dans du vinaigre distillé, de manière à ne pas saturer tout l'acide. Alors on évapore doucement la liqueur jusqu'à siccité, dans une bassine d'argent, en ayant soin que, pendant toute l'opération, il y ait toujours un petit excès d'acide, et en remuant constamment la liqueur avec une spatule au moment où l'évaporation touche à sa fin. Si l'acétate, au lieu d'être acide, était avec excès d'alcali, il se colorerait d'une manière sensible, parce que, suivant l'observation de M. Frémy, la potasse a la propriété de noircir la petite quantité de matière végétale que le vinaigre distillé contient toujours. Cette matière, à la vérité, peut être enlevée par le charbon : aussi, quelques pharmaciens se servent de ce corps pour blanchir la terre foliée. (*Voyez*, au reste, pour plus de détails, le *Mémoire* de M. Frémy, *Bulletin de Pharmacie*, tom. I, pag. 512, et tom. II, pag. 572; celui de M. de Bernouilli, t. I, p. 512; et celui de M. Figuier, t. V, p. 407.)

L'acétate de potasse n'est employé qu'en médecine, comme fondant.

### *Acétate de soude.*

2039. L'acétate de soude se prépare en grand, comme il a

été dit (2027). Il cristallise en longs prismes striés, qui contiennent 40,11 d'eau sur 100. Sa saveur est piquante et amère. Exposé au feu, il éprouve d'abord la fusion aqueuse, puis la fusion ignée, et se décompose ensuite. Il est inaltérable à l'air, ou du moins ne s'y effleurit qu'avec beaucoup de lenteur. L'eau, à la température ordinaire, en dissout au moins le tiers de son poids; l'eau bouillante en dissout une plus grande quantité; il est moins soluble dans l'alcool.

*Acétate de baryte.*

2040. L'acétate de baryte peut s'obtenir en traitant à chaud un excès de carbonate de baryte par le vinaigre distillé ou l'acide acétique du bois, ou bien comme l'azotate de baryte, en traitant par l'acide acétique le sulfure de barium délayé dans l'eau (1655).

Ce sel est très piquant, très âcre, sans action sur le tournesol; à 15° et au-dessus, il cristallise en prismes qui contiennent 6,6 pour 100 d'eau; mais au-dessous il donne lieu à des cristaux aiguillés qui en renferment 3 fois autant, de telle sorte que, dans les premiers, l'oxigène de l'eau égale celui de la base, et que dans les autres, il en est le triple; dans tous les cas, il est efflorescent (Mitscherlich). Cent parties d'eau en dissolvent 57 à la température ordinaire, et 97 lorsqu'elle est bouillante. L'alcool froid en dissout à peine un centième de son poids.

*Acétate de strontiane.*

2041. L'acétate de strontiane s'obtient comme celui de baryte. Comme lui, il est âcre, piquant, sans action sur le tournesol; comme lui aussi il donne lieu à des cristaux qui contiennent différentes quantités d'eau, suivant qu'ils sont formés au-dessus ou au-dessous de 15°. Les premiers en renferment 4,23 pour 100, et les seconds 26; d'où l'on voit que dans ceux-ci l'oxigène de l'eau est 4 fois celui de la base, et que dans les autres, il n'en est que la $\frac{1}{2}$. Les plus hydratés s'effleurissent à l'air et se dissolvent dans 2 fois $\frac{1}{2}$ leur poids d'eau froide.

*Acétate de chaux.*

2042. L'acétate de chaux se prépare en traitant la chaux ou le carbonate de chaux en poudre par le vinaigre distillé ou l'acide provenant de la distillation du bois.

Ce sel cristallise facilement en aiguilles prismatiques, d'un aspect brillant et satiné; il est incolore et sans action sur le tournesol; sa saveur est âcre et très piquante; il est très soluble dans l'eau; une chaleur rouge en opère la décomposition, etc.

On ne l'a point encore trouvé dans la nature. Préparé avec la chaux éteinte et l'acide pyro-ligneux, l'on s'en sert pour décomposer le sulfate de soude et obtenir par suite de l'acide acétique concentré (2027).

### *Acétate de magnésie.*

2043. Incolore, très amer, sans action sur le tournesol, difficilement cristallisable, décomposable par une chaleur rouge, légèrement déliquescent, très soluble dans l'eau, etc., s'obtient en traitant à chaud un excès de carbonate de magnésie par le vinaigre distillé ou l'acide acétique du bois, filtrant la liqueur et la faisant évaporer; n'existe point dans la nature; sans usages.

### *Acétate d'alumine.*

2044. L'acétate l'alumine est incolore, très astringent, très styptique, incristallisable; il rougit sensiblement le tournesol. C'est un des acétates dont l'acide peut se dégager au-dessous de la chaleur rouge sans éprouver de décomposition, phénomène dû sans doute à ce que ce sel retient une certaine quantité d'eau. Il attire l'humidité de l'air : aussi est-il très soluble.

Soumis en dissolution à l'action du feu, il conserve sa transparence lorsqu'il est pur; mais lorsqu'il contient du sulfate de potasse, il ne tarde point à se troubler, et laisse déposer plus ou moins d'alumine qui se redissout peu-à-peu par le refroidissement et l'agitation de la liqueur. L'alun, les sulfates de magnésie, de soude et d'ammoniaque, le sel marin, l'azotate de potasse sont également capables de produire la décomposition de l'acétate d'alumine; mais les chlorures de calcium et de barium, l'azotate de baryte et l'acétate de plomb ne possèdent point cette propriété. Ces résultats sont difficiles à expliquer d'une manière satisfaisante. (Gay-Lussac, *Ann. de Chim. et de Phys.*, tom. VI, pag. 201.)

L'acétate d'alumine pur se prépare en mettant en contact à la température ordinaire un excès d'alumine en gelée avec l'acide acétique liquide et concentré, décantant ou filtrant la dissolution après quelques heures de contact.

Ce sel ne s'emploie qu'en teinture; on s'en sert pour fixer les couleurs sur les toiles peintes. Alors on l'obtient par un procédé plus économique que celui que nous venons d'indiquer. Ce procédé consiste à verser une dissolution d'acétate de plomb dans une dissolution d'alun, c'est-à-dire, de sulfate d'alumine et de potasse ou d'ammoniaque : outre l'acétate d'alumine, il en résulte de l'acétate de potasse ou d'ammoniaque soluble et du sulfate de plomb insoluble, d'où il suit que l'acétate d'alumine ainsi préparé n'est point pur; mais le sel avec lequel il est mêlé ne produit aucun effet nuisible sur les couleurs qu'il s'agit de fixer.

### *Acétate d'ammoniaque.*

2045. Ce sel, que l'on appelait autrefois *esprit de Mendererus*, et que l'on n'emploie qu'en médecine, existe en petite quantité dans les urines pourries. On l'obtient en saturant l'ammoniaque par le vinaigre distillé, ou l'acide acétique provenant de la distillation du bois, et évaporant la dissolution convenablement; mais comme il passe, dans le cours de l'évaporation, à l'état d'acétate acide, il faut le neutraliser, lorsqu'elle est presque terminée, par une addition d'alcali.

L'acétate d'ammoniaque neutre ne cristallise point; en le distillant dans une cornue, il s'en dégage de l'eau, de l'ammoniaque, et il se sublime un acétate acide dont une partie se trouve sous forme de longs cristaux déliés et aplatis.

Sa saveur est très piquante. Il est très soluble dans l'eau et dans l'alcool. Sa dissolution aqueuse se décompose peu-à-peu, et donne naissance à du carbonate d'ammoniaque. Mêlée avant d'avoir subi d'altération avec le bi-chlorure de mercure lui-même dissous, elle se trouble au bout de quelque temps, suivant M. Planche, prend un aspect laiteux, et laisse déposer une matière blanche, volumineuse, nacrée, qui paraît être un sel ammoniaco-mercuriel. (*Journal de Pharmacie*, tom. 1, pag. 59.)

L'*acétate acide* se prépare facilement en chauffant dans une cornue de verre un mélange intime de 1 proportion d'acétate de potasse de soude ou de chaux, et de 1 proportion de chlorhydrate d'ammoniaque. L'acétate se sublime presque tout entier sous forme de cristaux semblables aux précédens. L'opération se fait si bien que l'on devrait se servir de l'acétate, obtenu ainsi, pour se procurer l'*esprit de Mendererus*.

### *Acétate de fer.*

2046. L'acétate de fer peut contenir ce métal sous deux états d'oxidation : à l'état de protoxide et à l'état de sesquioxide. L'acétate de protoxide de fer s'obtient en traitant, à l'aide de la chaleur et sans le contact de l'air, la tournure de fer par l'acide acétique concentré. L'eau est décomposée; son oxigène se porte sur le fer, et son hydrogène se dégage. Quant à l'acétate de sesqui-oxide, on le prépare en dissolvant dans ce même acide le peroxide de fer. On peut encore l'obtenir en traitant la tournure de fer par l'acide acétique avec le contact de l'air : alors l'eau et l'air contribuent tous deux à l'oxidation du métal. C'est même par ce procédé, en employant toutefois le vinaigre ordinaire ou l'acide pyro-ligneux, qu'on se procure l'acétate de fer dont l'on fait usage dans les manufactures de toiles peintes. On appelle *tonne au noir* le tonneau dans lequel cet acétate se fait peu-à-peu, à la température ordinaire. L'acétate de peroxide de fer rougit fortement la teinture de tournesol; il ne cristallise point; sa couleur est d'un brun rouge; il est très soluble dans l'eau; on ne l'emploie qu'en teinture.

De la limaille de fer, arrosée seulement de vinaigre, ne tarde point *à se rouiller* par le contact de l'air, et à prendre tant de cohérence qu'on peut s'en servir pour sceller le fer dans la pierre, etc. Ne se produit-il point alors un acétate avec un très grand excès d'oxide?

### *Acétates de cuivre.*

2047. Il existe, d'après Berzélius, cinq acétates de bi-oxide de cuivre : l'un est neutre, le deuxième sesqui-basique, le troisième bi-basique, le quatrième tri-basique, et le dernier beaucoup plus basique encore.

L'acétate neutre est celui qui porte le nom de *verdet cristallisé*, de *cristaux de vénus* dans le commerce, et l'acétate bi-basique, celui qui y est connu sous la simple dénomination de *verdet*, et plus souvent sous celle de *vert-de-gris*. Nous allons d'abord parler de ces deux acétates, comme étant employés dans les arts et les mieux connus.

2048. *Acétate neutre*, *verdet cristallisé*, *cristaux de vénus*. — Le verdet cristallisé se prépare en grand à Montpellier, en traitant le vert-de-gris par le vinaigre. Des hommes, qu'on appelle *leveurs*, vont recueillir le vert-de-gris chez tous les particuliers qui en fabriquent, et le portent dans les ateliers où se fait le verdet. Là on le dissout à chaud dans le vinaigre, on concentre la liqueur convenablement, et on la verse dans des vases où elle cristallise par le refroidissement. Pour en favoriser la cristallisation, on y plonge ordinairement des bâtons verticaux, fendus en quatre presque jusqu'au sommet, à partir de la base. C'est sur ces bâtons que l'acétate se dépose en prismes rhomboïdaux d'un assez gros volume.

L'on peut encore obtenir l'acétate de bi-oxide, soit en dissolvant directement celui-ci dans l'acide acétique, soit en mêlant 1 proportion d'acétate de chaux ou de plomb avec 1 proportion de sulfate de cuivre bi-oxidé.

Sa composition est exprimée par la formule ($C^8H^6O^3+CuO$)$+H^2O$. L'oxigène de l'eau égale donc celui de la base.

Sa saveur est sucrée et styptique, sa couleur d'un vert bleuâtre. Il est plus vénéneux que le sous-acétate, légèrement efflorescent, soluble dans 5 fois son poids d'eau bouillante et très peu soluble dans l'alcool.

Soumis à l'action du feu, il ne tarde point à se décomposer. En le chauffant dans une cornue de verre, M. Vogel a observé que, vers le milieu de l'opération, les parois supérieures de la cornue se tapissaient d'une multitude de flocons blancs, neigeux, et que le fond se couvrait de cristaux d'un blanc de satin; suivant lui, cette matière blanche et ces cristaux seraient, non pas de l'acétate de protoxide, comme il a été dit (2028), mais de l'acétate de bi-oxide anhydre ou privé d'eau, qui pourrait également s'obtenir en faisant séjourner, pendant quelques minutes seulement, du verdet cristallisé dans l'acide sulfurique concentré, et qui redeviendrait promptement bleu lorsqu'on l'exposerait à l'air. (*Journal de Pharmacie*, t. 1, p. 339.)

Les usages de ce sel sont peu nombreux : on s'en sert principalement pour obtenir le vinaigre radical; il entre aussi dans la composition du *vert-d'eau*, liqueur verte qu'on emploie pour le lavis des plans; quelquefois il est employé en peinture et en teinture.

2049. *Acétate bi-basique ou vert-de-gris.* — C'est à Montpellier, et dans les environs de cette ville, qu'on fabrique principalement le vert-de-gris en France.

On commence par soumettre le marc de raisin à la fermentation, et lorsqu'il est devenu acide, on le place par couches alternatives avec des lames de cuivre dans des pots de grès, appelés *oules*. Mais auparavant il faut avoir soin de mouiller les plaques avec une dissolution de vert-de-gris dans l'eau, de les sécher doucement et de les faire chauffer au point de ne pouvoir plus pour ainsi dire les tenir à la main. En cet état, trois semaines suffisent pour les couvrir de vert-de-gris. Alors on les retire, on les conserve pendant deux ou trois jours, au bout desquels elles sont plongées dans l'eau à plusieurs reprises, mais en mettant entre deux immersions consécutives un intervalle de sept à huit jours. Par ce moyen la couche de vert-de-gris se gonfle et se détache facilement en la raclant avec le couteau. Les lames nettoyées sont soumises de nouveau à l'action du marc, etc., sans avoir besoin de les frotter avec de l'eau chargée de vert-de-gris; elles ne se détruisent complètement que dans un temps assez considérable, encore bien qu'elles n'aient qu'une demi-ligne d'épaisseur. Cette opération se fait chez presque tous les particuliers dans un coin de la cave. La théorie en est facile à concevoir. Le marc contient toujours une certaine quantité de vin qui s'aigrit par le contact de l'air; le cuivre absorbe l'oxigène de ce fluide, en raison de l'affinité de son oxide pour l'acide acétique; à mesure qu'il se forme de l'oxide et de l'acide, ils s'unissent, et de là résulte le vert-de-gris : aussi le cuivre qui a le contact du vinaigre et de l'air se couvre-t-il de vert-de-gris du jour au lendemain. Il paraît même que c'est ainsi qu'on prépare le *vert-de-gris* en Suède pour les besoins du commerce. (*Voyez*, pour plus de détails, la *Chimie appliquée aux arts*, de M. Chaptal.)

Le vert-de-gris est pulvérulent et d'un vert pâle tirant sur le bleu. Assez souvent on y distingue de tout petits cristaux blancs qui ont la même composition que la poudre. Pris intérieurement, il occasionne, à petite dose, des vomissemens et de très fortes coliques. Son action sur le tournesol est nulle. Par la distillation, on en retire les mêmes produits que du verdet cristallisé (2028); l'air ne l'altère en aucune manière; il est insoluble dans l'alcool.

L'eau le décompose et le transforme, suivant M. Berzelius, d'une part en acétate neutre et en acétate sesqui-basique, qui se dissolvent, et d'autre part, en acétate tri-basique insoluble; puis en lavant celui-ci à grande eau, il finit par se décomposer lui-même et se changer en acétate sur-basique qui est noir.

Le vert-de-gris est composé de 43,34 p. de bi-oxide de cuivre, 27,45 d'acide acétique, et 29,21 d'eau; d'où l'on voit qu'il a pour formule : $(C^8H^6O^3+2CuO)+8H^2O$.

M. Berzelius est porté à le regarder non comme un acétate bi-basique, mais comme un composé d'acétate neutre et d'hydrate de bi-oxide. Il se fonde sur ce qu'en le chauffant jusqu'à 60°, ce sel change de couleur, perd de l'eau, et laisse 76,5 pour 100 d'une masse verte formée de 1 atome d'acétate neutre, et de 1 atome d'acétate tri-basique.

On s'en sert en médecine comme d'un léger cathérétique, et en pharmacie pour faire l'emplâtre divin, etc.; on l'emploie aussi dans la peinture à l'huile, dans quelques teintures, mais surtout pour le verdet.

Il ne faut pas le confondre ave la substance verte qui se forme sur les vases de cuivre qu'on n'a pas soin de nettoyer. Cette substance, que l'on appelle aussi *vert-de-gris*, est un véritable sous-carbonate de bi-oxide.

2050. *Acétate sesqui-basique.* — Ce sel s'obtient en traitant le vert-de-gris par l'eau et abandonnant la dissolution à l'évaporation spontanée ; il se rassemble peu-à-peu autour de la paroi du vase en une masse bleu-verdâtre amorphe. Il peut encore être préparé en ajoutant par petites portions de l'ammoniaque à une dissolution concentrée et bouillante d'acétate neutre, jusqu'à ce que le précipité bleu qui se forme d'abord soit redissous. L'acétate basique se dépose par le refroidissement de la liqueur sous forme de *magma*. On le purifie en le jetant sur un filtre, le pressant entre plusieurs doubles de papier joseph, et le lavant avec de l'alcool.

Exposé à la température de 100°, il perd 10 pour 100 ou la $\frac{1}{2}$ de son eau de cristallisation, et devient un peu plus vert. Il est très sensiblement soluble dans l'eau, et se transforme, quand on chauffe la liqueur, en acétate neutre qui reste dissous, et en acétate sur-basique brun qui se dépose. Il est formé de 43,24 p. d'oxide, de 37,14 d'acide acétique, et de 19,62 d'eau.

Ce qui donne pour formule : $(2C^8H^6O^3+3CuO)+6H^2O$.

C'est l'acétate sesqui-basique, mêlé à l'acétate tri-basique, qui constituerait, d'après M. Berzelius, le vert-de-gris que l'on obtient en Suède, en mettant le cuivre en contact avec l'acide acétique, et qui est plus vert que le vert-de-gris de Montpellier.

2051. *Acétate tri-basique*. — On se le procure, soit en traitant l'acétate bi-basique par l'eau, comme il a été dit précédemment, soit en faisant macérer une dissolution d'acétate neutre en excès avec de l'hydrate de bi-oxide de cuivre, soit en versant dans cette dissolution une quantité d'ammoniaque insuffisante pour redissoudre le précipité bleu, le lavant et le recueillant sur un filtre. Lavé avec une trop grande quantité d'eau, surtout quand elle est bouillante, il passe à l'état d'acétate sur-basique et noircit.

Il est formé de 64,32 de bi-oxide, 27,33 d'acide et 7,35 d'eau.

Ce qui donne pour formule $2\ (C^8H^6O^3+3CuO)+3H^2O$.

2052. *Acétate sur-basique*. — C'est en étendant d'eau la dissolution d'acétate bi-basique et la faisant chauffer qu'on obtient ce nouveau sel. Plus elle est étendue et moins il faut de chaleur pour le produire. Tant que l'acétate sur-basique reste en suspension dans la liqueur, il la colore en brun de foie; mais recueilli sur un filtre, il est noir et colore fortement les corps avec lesquels on le touche. Chauffé, il brûle en donnant lieu à un petit bruit et lançant des étincelles. Il est composé de 92,3 d'oxide, 2,45 d'acide et 5,25 d'eau :

D'où il suit que l'oxide contiendrait 16 fois, et l'eau quatre fois autant d'oxigène que l'acide.

### *Acétates de plomb.*

2053. Il existe au moins trois acétates de plomb : un acétate neutre, un acétate tri-basique et un acétate sé-basique. C'est le premier de ces sels que l'on connaît dans le commerce sous les noms de *sel de saturne*, de *sucre de saturne*, de *sucre de plomb*.

2054. *Acétate neutre.* — L'acétate neutre est un sel dont on consomme une grande quantité dans les arts : aussi en existe-t-il plusieurs grandes fabriques. De tous les procédés que l'on peut employer pour le préparer, le meilleur consiste à traiter, soit par le vinaigre distillé, soit par l'acide pyro-ligneux purifié, la litharge ou l'oxide provenant de la calcination du plomb. (1145).

L'opération se fait facilement dans des chaudières en plomb ou en cuivre étamé : on met l'oxide dans la chaudière avec un petit excès d'acide, et l'on fait chauffer la liqueur. Bientôt la dissolution a lieu ; on la concentre et on la porte dans des vases où elle se refroidit peu-à-peu, et où le sel cristallise en aiguilles blanches et brillantes. On décante ensuite les eaux-mères pour les soumettre à une nouvelle évaporation, et en extraire d'autres cristaux.

Les cristaux d'acétate de plomb sont de longs prismes à quatre pans terminés par des sommets dièdres ; ils peuvent être ou très fins ou assez gros. Sur 100 parties, ils contiennent 14par.,30 d'eau ou 3 atomes. Leur saveur est d'abord sucrée, et ensuite astringente. On en retire, par la distillation, les mêmes produits que de l'acétate de cuivre (2028). Exposés à l'air, ils tombent peu-à-peu en efflorescence et finissent, d'après M. Denot, par passer à l'état d'acétate sesqui-basique, en laissant dégager de l'acide acétique (*J. de Pharm.*, xx, 8). Ils sont très solubles dans l'eau, puisqu'à 100° elle en peut dissoudre plusieurs fois son poids. L'eau chargée d'acétate bout à la même température que l'eau pure, ce qui explique pourquoi ce sel n'est déliquescent dans aucune circonstance (1299). C'est également à 100°, suivant M. Matteucci, qu'a lieu l'ébullition du sel cristallisé, lequel entre en fusion aqueuse à 57° ½ : il abandonne ainsi son eau de cristallisation, et ne tarde pas à se solidifier à une température peu différente de 100°. A 280°, il éprouve la fusion ignée ; il bout ensuite pendant quelque temps, laisse dégager de l'acide acétique, et une petite quantité d'acétone, et après avoir pris une couleur brunâtre, il se fige de nouveau. Il se trouve alors ramené à l'état d'acétate tri-basique, qu'une chaleur plus intense décomposerait lui-même, en donnant naissance à de l'acétone mêlé de beaucoup d'acide carbonique. (Matteucci, *Ann. de Ch. et de Ph.*, t. XLVI, p. 429.)

L'acide sulfurique et les sulfates solubles, produisent à l'instant même, dans la dissolution d'acétate de plomb, un précipité de sulfate de plomb en poudre blanche. Lorsqu'on y verse de l'acide carbonique liquide, on y détermine aussi un faible précipité de carbonate de plomb (1). Mais, de toutes les propriétés de ce sel, la plus remarquable est de pouvoir dissoudre une très grande quantité de protoxide de plomb, et de former ainsi les sous-acétates dont il sera question plus bas (2055 et 2056).

Les usages de l'acétate de plomb sont importans : on l'emploie en médecine, à l'extérieur, comme calmant et résolutif, et à l'intérieur, comme anti-aphrodisiaque. Dans les manufactures de toiles peintes, on s'en sert pour préparer la grande quantité d'acétate d'alumine qu'on y consomme comme mordant (2044); enfin, l'on en fait usage pour obtenir le blanc de plomb, ainsi que nous l'avons dit (1438).

2055. *Acétate tri-basique.* — Ce sel cristallise en lames opaques et blanches; sa saveur est la même que celle de l'acétate neutre: seulement elle est moins sucrée; il verdit très sensiblement le sirop de violettes, et rougit le papier de curcuma, en sorte qu'il se comporte avec ces couleurs comme les sels alcalins. Il est beaucoup moins soluble dans l'eau que le précédent. L'acide carbonique en précipite sur-le-champ une grande quantité de carbonate de plomb d'un très beau blanc. Toutes les dissolutions de sels neutres, même celles des azotates de potasse, de soude, le troublent sur-le-champ. Dans tous les cas, il en résulte des sous-sels de plomb insolubles. Il est également décomposé par les dissolutions de gomme, etc., et par la plupart des dissolutions de matières animales.

Pour obtenir l'acétate de plomb tri-basique, il faut prendre une partie d'acétate neutre, deux parties de litharge privée d'acide carbonique par la calcination et réduite en poudre fine, mettre le tout dans une casserole de cuivre avec 20 à 25 parties d'eau, faire bouillir la liqueur pendant quinze à vingt minutes, et ensuite la filtrer et la concentrer. (2)

Ce sous-acétate contient, pour la même quantité d'acide, trois fois autant d'oxide que l'acétate neutre : il n'est point hydraté.

L'extrait de saturne, qui se prépare en sur-saturant le vinai-

(1) L'acétate de plomb du commerce verdit en général un peu le sirop de violettes; il est probable que ce n'est qu'après avoir été traité par l'acide carbonique qu'on peut réellement le considérer comme neutre.

(2) La litharge doit être calcinée, parce que l'acétate de plomb ne pourrait point dissoudre le carbonate de plomb qu'elle contient toujours en plus ou moins grande quantité.

gre d'oxide de plomb et en faisant évaporer la dissolution jusqu'à un certain point, est évidemment un sous-acétate de plomb semblable à celui que nous venons de décrire. Étendu d'eau, il devient blanc et forme l'*eau blanche*, ou l'*eau végéto-minérale*, ou l'*eau de Goulard*. L'eau distillée elle-même produit cet effet, pourvu qu'elle ait eu le contact de l'air pendant quelques jours : le précipité qui se forme alors ne peut être que du carbonate de plomb ; mais celui qui provient de l'eau ordinaire peut contenir en outre un peu de sulfate.

L'on se sert particulièrement de sous-acétate de plomb pour préparer les matières que l'on connaît dans le commerce sous le nom de *blanc de plomb*, *blanc de céruse*, et qui ne sont que du carbonate de plomb. Toutefois ce produit s'obtient encore par d'autres procédés; tous ont été exposés (1438 *bis*).

2056. *Acétate sé-basique.* — On se le procure en faisant digérer avec de l'oxide de plomb bien pulvérisé un excès de dissolution d'acétate tri-basique, ou en ajoutant à cette dissolution de l'ammoniaque faible, de manière à ne pas la décomposer entièrement. L'acétate de plomb sé-basique se présente sous forme d'une poudre blanche, volumineuse, qui peut être lavée à l'eau froide sans se dissoudre sensiblement ; il est légèrement soluble dans l'eau bouillante, et donne, par le refroidissement, des cristaux incolores, satinés, penniformes.

*Acétate de mercure.*

2057. L'acétate de mercure peut être, comme les autres sels de mercure, à l'état de protoxide ou de bi-oxide. Nous ne parlerons que de l'acétate de protoxide, parce que c'est le seul employé.

Cet acétate cristallise en paillettes blanches et nacrées ; il provoque la salivation; sa saveur est très désagréable, quoique moins forte que celle de la plupart des autres sels mercuriels solubles ; il n'altère point le tournesol.

Soumis à l'action du feu, il ne tarde point à se décomposer. L'air est sans action sur lui. L'eau, à la température ordinaire, n'en dissout qu'une très petite quantité; lorsqu'elle est bouillante, elle en dissout davantage, et en laisse déposer par le refroidissement sous forme de cristaux.

L'acétate de protoxide de mercure peut s'obtenir, soit en faisant bouillir dans un matras de l'acide acétique à 4 degrés de l'aréomètre sur de l'hydrate de bi-oxide de mercure, filtrant ensuite la liqueur et la laissant refroidir (1); soit en

(1) Suivant M. Garot, il se forme en même temps de l'acétate de bi-oxide qui reste dissous ; et si, au lieu d'hydrate de bi-oxide, on se servait de bi-oxide anhydre il ne se produirait que de l'acétate de bi-oxide. (*Journ. de Pharm.*, XII, 462.)

versant une dissolution neutre d'acétate de potasse dans une dissolution également neutre d'azotate de protoxide de mercure : dans ce dernier cas, l'acétate se forme à l'instant même, il se précipite presque tout entier, et pour l'obtenir pur, il suffit de décanter la liqueur et de laver le dépôt; dans le premier, le bi-oxide est ramené à l'état de protoxide.

Cet acétate entre dans la composition des dragées de Keyser; quelquefois aussi on le fait entrer, au lieu d'azotate de mercure dans la composition du sirop de *Belet*.

### ARTICLE II.

### *Acide formique.*

2058. L'acide des fourmis a été l'objet d'un grand nombre de recherches, et pendant long-temps les chimistes n'ont point été d'accord sur ses propriétés. Les uns voulaient que ce fût de l'acide acétique, et les autres un acide particulier. Mais les expériences de Suersen, publiées dans le *Journal de Gehlen*, t. IV, p. 1; celles de Gehlen lui-même, qui ont paru par extrait dans les *Annales de Chimie*, t. LXXXIII, p. 208, et celles de M. Doebereiner ont décidé la question. L'acide formique est un acide distinct, qui possède même des propriétés très remarquables. (*Ann. de Chim. et de Phys.*, t XX, p. 329.)

*Etat naturel, production artificielle.*—L'acide formique paraît n'exister que dans les fourmis : il y est mêlé à l'acide malique. Mais il se forme dans un grand nombre de circonstances. Nous en avons déjà fait remarquer la production dans la distillation de l'acide oxalique. M. Pelouze l'a constatée dans la décomposition de l'acide cyanhydrique par les acides puissans, ainsi que dans celle du cyanure de potassium soumis à l'action de la chaleur sous l'influence de l'eau.

Il s'en forme, lorsqu'on fait chauffer une dissolution d'acide tartrique, d'acide citrique, etc., avec le bi-oxide de manganèse, le bi-oxide de plomb, l'acide chromique; et alors il se produit en même temps de l'eau, du gaz carbonique, et du tartrate ou citrate de protoxide. Il s'en forme surtout lorsqu'on fait agir un mélange d'acide sulfurique et de bi-oxide de manganèse, ou de bi-oxide de plomb, ou d'acide chromique, sur les matières organiques, telles que le sucre, l'amidon, l'alcool, l'acide tartrique, etc.

*Préparation.* — Gehlen sature le suc exprimé des fourmis, par le carbonate de potasse, verse dans la liqueur du sulfate de fer au *maximum* d'oxidation, la filtre, l'évapore en consistance de sirop, et la distille dans une cornue de verre, avec une suffisante quantité d'acide sulfurique. Le produit qui passe dans le récipient est très acide et sans odeur sensible d'acide sulfureux. Il le met en contact avec du carbonate de cuivre, fait évaporer la dissolution, et en retire de beaux cristaux bleus, qu'il considère comme du *formiate* de cuivre. C'est en décomposant ce sel, à l'aide de la chaleur, par les $\frac{2}{3}$ de son poids d'acide sulfurique, dans une cornue munie d'un récipient, et rectifiant le produit au moyen d'une seconde distillation, qu'il obtient l'acide formique pur et le plus concentré possible. De 13 onces de formiate ainsi traité, il a retiré plus de 6 onces et demie d'acide.

Il est bien plus commode de l'obtenir artificiellement que de l'extraire des fourmis. Pour cela, M. Doebereiner emploie la dissolution de 1 partie de sucre dans 2 parties d'eau, 2 $\frac{1}{2}$ ou 3 parties de peroxide de manganèse bien pulvérisé, et 3 parties d'acide sulfurique concentré, qu'il étend d'un poids d'eau égal au sien. Le mélange de sucre et de bioxide de manganèse est placé dans la chaudière d'un alambic en cuivre, et chauffé jusqu'à environ 60° : on y ajoute ensuite peu-à-peu et en agitant continuellement avec une baguette de bois le $\frac{1}{3}$ de l'acide sulfurique que l'on doit employer. Il se produit une effervescence si vive qu'il y aurait *débordement* de la liqueur dans le cas où le volume du vase ne serait pas quinze fois plus grand que celui des matières qu'il contient. Il faut alors placer le chapiteau sur l'appareil, et le mettre en communication avec le tube réfrigérant, afin de condenser les vapeurs. Dès que la réaction s'est apaisée, on verse dans la chaudière les deux autres tiers de l'acide sulfurique, on agite le tout et l'on distille presque jusqu'à siccité. Le produit de la distillation se compose d'eau, d'acide formique, d'une matière éthérée, et, suivant M. Göbel, d'acide acétique. Il doit être neutralisé à chaud avec de l'oxide ou du carbonate de plomb, qui donne lieu à du formiate et à de l'acétate de ce métal. En raison de son peu de solubilité, le formiate est séparé facilement, par la cristallisation, de l'acétate qui se dissout en grande quantité. Ce formiate distillé avec de l'acide sulfurique préalablement étendu de son poids d'eau, fournit de l'acide pur, dont on achève la concentration dans le vide en absorbant la vapeur par l'acide sulfurique du commerce.

L'acide formique est incolore, son odeur aigre et piquante, sa saveur assez forte; sa pesanteur spécifique à 20° est de 1,116, par conséquent un peu plus grande que celle de l'acide acétique. Il est toujours liquide, même à une très basse température, et rougit tout de suite les couleurs bleues végétales.

Chauffé dans une cornue, il entre bientôt en ébullition et se vaporise sans se décomposer. Il se mêle à l'eau en toutes proportions, produit de l'éther avec l'alcool comme l'acide acétique, forme avec les alcalis, les terres et les oxides métalliques, des sels solubles qui diffèrent, sous plusieurs rapports, des acétates, quoiqu'au reste ces deux classes de sels aient beaucoup d'analogie entre elles. Enfin ce qui le distingue surtout de l'acide acétique, c'est que, mêlé avec l'acide sulfurique concentré, à la température ordinaire, il se convertit en eau et en oxide de carbone, et que, chauffé doucement avec l'azotate d'argent ou de mercure, il les réduit en donnant lieu à de l'eau et à du gaz carbonique. Il n'exerce au contraire aucune action sur le chlorure d'argent et sur le proto-chlorure de mercure : chauffé avec le bi-chlorure de ce métal, il ne le ramène qu'à l'état de proto-chlorure.

M. Berzelius, qui en a fait l'analyse, y a trouvé 2,68 d'hydrogène, 64,47 d'oxigène et 32,85 de carbone, composition qui s'accorde parfaitement avec la transformation de cet acide en eau et en gaz oxide de carbone. (*Théorie des proportions chimiques.*)

D'après ces résultats, et la capacité de saturation de cet acide, à l'état anhydre, tel qu'il existe dans un grand nombre de sels, il a pour formule atomique de son nombre proportionnel $C^4H^2O^3 = 465,36$.

L'acide formique le plus concentré possible retient encore 1 atome d'eau, et sa formule est $C^4H^2O^3 + H^2O$.

### *Formiates.*

2059. Tous les formiates sont plus ou moins solubles dans l'eau. Les uns y sont très solubles : tel est celui de potasse qui est même déliquescent, quoiqu'à un moindre degré que l'acétate de la même base. D'autres, comme ceux de protoxide de fer, de cobalt, de nickel, de plomb, ne s'y dissolvent qu'en petite quantité : le formiate de plomb, par exemple, exige 36 fois son poids d'eau froide, mais beaucoup moins d'eau bouillante.

La plupart d'entre eux cristallisent facilement.

Soumis à l'action du feu, tous se décomposent ; les formiates de cuivre, de bismuth, de plomb, d'urane, de cadmium, de cobalt, de nickel, de zinc, de cérium (1) laissent pour résidu leurs métaux purs suivant M. Fr. Göbel de Dorpat. L'opération peut être effectuée dans un tube de verre à la flamme de

(1) Est-il bien certain que le cérium qui a tant d'affinité pour l'oxigène, soit en effet réduit?

la lampe à l'alcool. A plus forte raison, doit-il en être ainsi des formiates des deux dernières sections. Il suffit même de faire bouillir avec de l'eau les formiates de mercure et surtout celui d'argent pour en réduire le métal : de l'eau, de l'acide carbonique prennent naissance, et le quart de l'acide formique devient libre, comme on le voit dans la formule suivante : $4(C^4H^2O^3,AgO)=4Ag+12CO+3H^2O+C^4H^2O^3$.

C'est également ce qui a lieu, lorsqu'on fait chauffer ensemble les azotates de mercure et d'argent avec les formiates alcalins : la réduction est même plus prompte qu'avec l'acide formique, et bien que les dissolutions salines d'or, de platine, de palladium ne laissent pas précipiter la moindre trace de métal pendant une ébullition soutenue avec l'acide formique, le formiate de soude détermine la séparation complète de ces trois métaux, partie en paillettes brillantes, partie sous forme pulvérulente. (M. Göbel.)

Le procédé le plus commode pour préparer les formiates consiste à les faire directement, c'est-à-dire, à saturer l'acide formique par les bases libres ou carbonatées.

Dans ces sels, la quantité d'oxigène de la base est à celle de l'oxigène de l'acide comme 1 à 3 et à la quantité d'acide même comme 1 à 4,6536.

Nous n'examinerons en particulier que le formiate d'ammoniaque, qui a été étudié par M. Pelouze, et qui présente seul des particularités remarquables.

2060. *Formiate d'ammoniaque.* — C'est un sel blanc, très soluble dans l'eau, d'une saveur fraîche et piquante. Soumis à l'action de la chaleur, il entre complètement en fusion vers 120° ; à 140°, il abandonne une faible quantité d'ammoniaque; à 180°, il se décompose en acide cyanhydrique et en eau. Rien de plus facile que de se rendre compte de cette réaction singulière, en considérant l'équation suivante dont le premier membre représente le formiate d'ammoniaque hydraté, tel qu'on l'obtient à l'état solide, et le second de l'acide cyanhydrique et de l'eau: $(C^4H^2O^3,Az^2H^6)+H^2O=(C^4Az^2,H^2)+H^8O^4$. Il n'échappe que des traces de formiate ammoniacal à la décomposition, lorsque l'opération se fait dans un tube étroit plongé dans du mercure à la température de 180° à 200°. Malgré son isomérie avec un mélange d'acide cyanhydrique et d'eau, le formiate d'ammoniaque ne manifeste aucune propriété vénéneuse et ne présente ainsi aucune analogie avec l'acide cyanhydrique qui est peut-être le poison le plus énergique que l'on connaisse.

*Voyez* pour plus de détails les Mémoires déjà cités, et les recherches de M. Pelouze, *Ann. de Chim. et de Phys.*, t. XLVIII, pag. 395; celles de M. Doebereiner, *Ann. de Chim. et de Phys.*, t. LII, p. 103; et enfin celles de M. Gobel, *Journal de Pharm.*, t. XIX, pag. 485.

### ARTICLE III.

### *Acide lactique.*

2061. L'acide lactique, dont Schéele annonça l'existence dans le petit-lait aigri, en 1780, a été successivement l'objet d'un assez grand nombre de recherches. Regardé d'abord comme un acide nouveau, puis considéré pendant long-temps comme de l'acide acétique, il est aujourd'hui, d'après les nouvelles expériences de MM. J. Gay-Lussac et J. Pelouze, l'un des acides les mieux caractérisés.

*Etat naturel.* — L'acide lactique existe en petite quantité non-seulement dans le lait, mais encore libre ou combiné, d'après M. Berzelius, dans tous les fluides animaux et la chair musculaire.

*Préparation.* — Le suc de betterave, le lait, l'eau de riz, l'infusion de noix vomique, abandonnés quelque temps à la fermentation, le produisent abondamment. Il est probable que beaucoup d'autres substances organiques, placées dans les mêmes circonstances, le produiraient aussi. C'est du suc de betterave et du lait fermenté que MM. J. Gay-Lussac et Pelouze l'ont extrait de la manière suivante :

Le suc de betterave abandonné pendant deux mois à la fermentation dans une étuve à 25 ou 30°, est tiré à clair et évaporé en consistance de sirop. Toute la masse est alors traversée par une multitude de cristaux de mannite, dont le nombre augmente à mesure que disparaît le suc de raisin qui s'y trouve aussi contenu (1). Le produit de l'évaporation est traité par l'alcool, qui dissout l'acide lactique et occasionne la séparation d'une grande quantité de matières diverses. L'extrait alcoolique est repris par l'eau qui forme un nouveau dépôt. La liqueur est ensuite saturée par du carbonate de zinc, d'où résulte une précipitation plus abondante encore que les précédentes. Concentré convenablement, le lactate de zinc cristallise; on le recueille, on le fait chauffer avec de l'eau à laquelle on ajoute du charbon animal préalablement lavé à l'acide chlorhydrique. La dissolution filtrée toute bouillante laisse déposer le lactate de zinc en cristaux très blancs, qui

(1) Les auteurs font remarquer qu'il paraît que le sucre de betterave se convertit d'abord en sucre de raisin et celui-ci en mannite; car la quantité de mannite est toujours en rapport avec la durée de la fermentation, si bien que l'on finit par n'obtenir que de la mannite sans sucre de raisin.

doivent être lavés avec de l'alcool bouillant, dans lequel ils sont insolubles. Alors on les décompose par l'eau de baryte; puis, après avoir versé la quantité d'acide sulfurique nécessaire pour précipiter la base dans la liqueur filtrée, on la filtre de nouveau, on l'évapore à une douce chaleur et on achève de l'évaporer dans le *vide sec*. Enfin, en agitant la matière restante avec de l'éther sulfurique qui dissout l'acide, on sépare encore quelques traces de matière floconneuse qui l'altéraient, et en vaporisant l'éther, l'acide reste parfaitement pur. S'il ne l'était pas, ce qui n'a lieu qu'en opérant sur les dernières cristallisations du lactate de zinc, il faudrait : 1° saturer l'acide lactique de chaux; 2° faire bouillir le lactate de chaux avec de l'eau et du charbon animal privé de sel calcaire par l'acide chlorhydrique; 3° traiter le lactate cristallisé par l'alcool bouillant, qui le dissout, l'évaporer, le redissoudre dans l'eau et le décomposer par une quantité convenable d'acide oxalique. L'acide lactique ainsi préparé est toujours de la plus grande pureté.

Le lait abandonné pendant long-temps à la fermentation et traité de la même manière que le sucre de betterave, fournit de l'acide lactique également pur.

Il paraît aussi, d'après les observations de M. Corriol, qu'il suffit de faire fermenter pendant quelques jours une infusion aqueuse de noix vomique pour obtenir un dépôt de lactate de chaux, et que ce lactate, traité successivement par l'eau et l'alcool, acquiert une très grande blancheur. Ce sel, suivant M. Corriol, constituerait les 2 à 3 centièmes du poids de la noix vomique. Il y a trouvé aussi un peu de lactate de magnésie.

Concentré le plus possible dans le vide, l'acide lactique se présente à l'état d'un liquide tout-à-fait incolore, sirupeux, sans odeur, extrêmement acide, dont la densité à la température de 20°,5 est 1,215. Exposé au contact de l'air, il en attire l'humidité. L'eau et l'alcool le dissolvent en toutes proportions. Sa solubilité dans l'éther sulfurique est moins grande.

Il ne trouble pas les eaux de chaux, de baryte, de strontiane.

L'acide azotique concentré le transforme facilement, à chaud, en acide oxalique.

Versé à froid dans une dissolution concentrée d'acétate de magnésie, il y produit en quelques instans un précipité blanc et grenu de lactate de cette base. La liqueur sent fortement le vinaigre. Il donne également un précipité de lactate de zinc avec la dissolution concentrée d'acétate de zinc.

Bouilli avec une dissolution d'acétate de potasse, il en dégage de l'acide acétique. 2 gouttes d'acide lactique suffisent pour coaguler sur-le-champ une centaine de grammes de lait bouillant. Une bien plus grande quantité d'acide n'altère point le lait à froid.

Mais de tous les caractères de l'acide lactique, les plus remarquables sont ceux qu'il nous offre dans sa sublimation. Chauffé graduellement et avec précaution, l'acide sirupeux se colore bientôt, et, outre des gaz inflammables, du vinaigre et un résidu de charbon, il donne une grande quantité d'acide lactique blanc et concret, que l'on purifie en le comprimant entre plusieurs doubles de papier joseph pour le débarrasser d'une matière odorante qui l'accompagne, et le dissolvant ensuite dans l'alcool bouillant, d'où il se dépose par le refroidissement en tables rhomboïdales d'une blancheur éclatante.

L'acide concret est sapide, mais incomparablement moins que l'acide liquide, ce que les auteurs attribuent à la lenteur avec laquelle s'opère sa solubilité. Il se fond vers 107°, bout à 250°, se sublime sous forme de cristaux et sans résidu si l'opération est conduite avec soin, et ne perd pas la plus petite quantité d'eau, même en le fondant et le sublimant ainsi à plusieurs reprises. Ses vapeurs sont blanches, irritantes, inflammables dans l'air à l'approche d'un corps en combustion, et susceptibles de brûler avec une flamme bleue.

Sa tendance à cristalliser est si grande que, fondu dans un tube de verre et agité rapidement, on ne peut empêcher l'acide de se solidifier sous des formes parfaitement nettes.

L'acide lactique concret ne se dissout que très lentement dans l'eau. Sa dissolution s'opère mieux à chaud qu'à froid. Evaporée, elle prend une consistance sirupeuse, et son acidité, qui d'abord était presque nulle, devient insupportable. Vainement on essaie d'en retirer l'acide cristallisé en la concentrant dans le vide; elle conserve tout entière l'état liquide et ne laisse déposer aucun rudiment de cristaux.

Exposé à l'air, l'acide concret se liquéfie également, mais dans un espace de temps beaucoup plus considérable encore.

*Composition.* — L'acide lactique présente une composition différente à l'état sirupeux, à l'état de combinaison avec les bases, et à l'état concret. Les formules qui correspondent à ces trois états, sont les suivantes :

| | |
|---|---|
| Acide liquide.......... | $C^{12}H^{12}O^{6}$ ou $C^{8}H^{8}O^{4} + H^{4}O^{2}$. |
| Acide combiné avec les bases | $C^{12}H^{10}O^{5}$ ou $C^{8}H^{8}O^{4} + H^{2}O$. |
| Acide concret.......... | $C^{12}H^{8}O^{4}$. |

D'où il suit que dans les sels, l'acide retient encore 1 atome d'eau.

Or, comme la présence d'un atome d'eau dans tous les lactates est fort extraordinaire, et comme, d'une autre part, l'eau ne dissout que très difficilement l'acide concret, encore bien que l'acide liquide ne puisse point cristalliser et soit déliquescent, nous sommes portés à croire que l'acide concret est une substance autre que l'acide des lactates, que celui-ci se trouve à l'état anhydre dans ces sortes de sels, et que par conséquent l'acide liquide est composé d'un atome d'acide réel et d'un atome d'eau.

*Lactates.*

2062. Tous les lactates sont plus ou moins solubles dans l'eau. Plusieurs y sont si solubles qu'ils ne cristallisent que très difficilement ou même qu'on ne peut les obtenir en cristaux : tels sont les lactates de potasse, de soude, d'ammoniaque, de baryte, d'alumine, de plomb.

Tous s'obtiennent, soit en combinant directement l'acide lactique avec les bases, soit en décomposant les lactates de plomb et de baryte par les sulfates solubles.

Leur composition est remarquable en ce sens que, d'après MM. J. Gay-Lussac et J. Pelouze, tous renfermeraient, comme nous l'avons déjà dit, 1 atome d'eau que l'on ne peut en séparer par la chaleur sans décomposer en même temps l'acide, en supposant toutefois que l'acide des lactates soit de l'acide concret hydraté.

*Lactates de potasse, de soude.* — Très solubles dans l'eau, déliquescens, difficilement cristallisables.

*Lactate d'ammoniaque.* — Neutre, il est comme les précédens, très soluble, etc.; mais lorsqu'on fait évaporer sa dissolution à l'aide de la chaleur, il abandonne une partie de la base, passe à l'état de lactate acide qui cristallise.

*Lactate d'alumine.* — Très soluble dans l'eau, difficilement cristallisable.

*Lactates de baryte, de plomb.* — Incristallisables, quoique non déliquescens : ils se prennent en masse d'apparence gommeuse par la dessiccation.

*Lactate de chrome.* — Si soluble qu'on ne peut l'obtenir en cristaux.

*Lactate de chaux.* — Ce sel est très soluble dans l'eau bouillante, d'où il se dépose en grande partie par le refroidissement, sous forme d'aiguilles blanches très courtes, qui partent d'un centre commun et contiennent 29,5 d'eau pour 100 ou 6 atomes. Aussi quand on le chauffe, avant d'éprouver la fusion ignée, éprouve-t-il la fusion aqueuse : l'alcool bouillant en dissont aussi une grande quantité.

*Lactate de magnésie.* — S'obtient facilement en petits cristaux blancs, très brillans au soleil, légèrement efflorescens, contenant 4 atomes d'eau et solubles seulement dans environ 30 fois leur poids de ce liquide.

*Lactate de zinc.* — Peu soluble dans l'eau froide, beaucoup plus soluble dans l'eau bouillante : d'où il se dépose en prismes à 4 pans à sommets tronqués obliquement, et qui contiennent 4 atomes d'eau de cristallisation. L'alcool ne le dissout pas sensiblement.

*Lactate de manganèse.* — Ce sel est soluble et cristallise avec la plus grande facilité en prismes tétraèdres terminés par des sommets dièdres ou biseaux obtus placés sur les faces adjacentes les plus étroites : 2 des faces sont beaucoup plus larges que les deux autres. Ils sont blancs ou légèrement rosés, s'effleurissent à l'air, et contiennent 5 atomes d'eau de cristallisation.

*Lactate de protoxide de fer.* — Il s'obtient aisément en mettant l'acide lactique en contact avec la limaille de fer. L'eau est décomposée : de là un grand dégagement d'hydrogène et formation du lactate qui se dépose sous forme d'aiguilles fines tétraédriques, peu solubles et de la plus grande blancheur. Ces cristaux contiennent 6 atomes d'eau ou 19,2 pour 100; ils résistent assez bien au contact de l'air; mais en dissolution, ils passent rapidement à l'état de lactate de peroxide.

Ce lactate, quand il est neutre, est brun et déliquescent.

*Lactate de bi-oxide de cuivre.* — De même que le lactate de manganèse, il cristallise avec la plus grande facilité. Les cristaux sont des prismes à 4 pans, d'un beau bleu, efflorescens, contenant 3 atomes d'eau de cristallisation, insolubles dans l'alcool.

## IV$^{e}$ GROUPE.

*Acides volatils que l'acide azotique n'attaque point, ou change en acides inattaquables par lui.*

2063. Dans ce groupe se trouvent compris 5 acides : l'acide succinique et les acides benzoïque, camphorique, subérique, cinnamique. Les 4 premiers sont remarquables en ce que l'acide azotique le plus concentré ne peut les attaquer, ni à froid, ni à chaud, et l'acide cinnamique ne l'est pas moins en ce que l'acide azotique ne peut que le convertir en acide benzoïque. L'acide succinique contient un excès d'oxigène par rapport à l'hydrogène; les 4 autres, avec l'acide caïncique, contiennent au contraire un excès d'hydrogène et par conséquent beaucoup de carbone : ils se rapprochent donc par leur nature des acides gras et forment en quelque sorte le passage de ceux qui ne le sont pas, à ceux qui le sont.

ARTICLE I.

*Acide succinique.*

2064. L'acide succinique se trouve dans l'ambre jaune ou le succin. On le rencontre aussi, d'après Lecanu et Serbat, mais en très petite quantité, dans les résines des conifères. C'est du succin qu'on le retire par distillation. On remplit à moitié de succin une cornue de verre; on adapte à son col une allonge et un récipient tubulé, et l'on procède à la distillation, en ayant soin de ménager le feu. Il passe d'abord une eau jaunâtre, chargée d'acide acétique; ensuite il se sublime de l'acide succinique, coloré par un peu d'huile, et dont une partie se condense en aiguilles dans le col de la cornue; puis la matière, qui avait éprouvé un boursouflement assez considérable, s'affaisse tout-à-coup; l'opération est alors terminée: au-delà, il ne se dégagerait presque plus d'acide, et il se formerait beaucoup d'huile épaisse et brune qui le salirait. Une livre de succin donne environ ½ once d'acide.

Plusieurs procédés ont été proposés pour purifier cet acide, ou le séparer de l'huile jaunâtre dont il est toujours imprégné. Le meilleur nous paraît être celui de Guyton-Morveau: il consiste à dissoudre l'acide succinique dans le double de son poids d'acide azotique, et à évaporer la dissolution dans une cornue jusqu'à siccité; toute l'huile est décomposée; l'acide succinique reste intact; il ne faut plus alors que le laver avec un peu d'eau à zéro, le dissoudre ensuite dans de l'eau bouillante, et le faire cristalliser pour l'avoir le plus pur possible.

L'acide succinique ainsi purifié est blanc, transparent; sa saveur a quelque chose d'acre; il rougit assez fortement la teinture de tournesol, et cristallise en prismes dont la forme n'a point encore été bien déterminée. Exposé à la chaleur, il fond à 180°, bout et se sublime à 235°. Il est inaltérable à l'air. L'eau à 100° en dissout près de la moitié de son poids; l'eau à 16° la cinquième partie du sien; l'alcool bouillant, beaucoup plus que l'alcool à la température ordinaire; l'essence de térébenthine, une quantité à peine sensible. (Lecanu et Serbat.)

L'acide cristallisé par la voie humide, contient 1 atome d'eau sur 1 atome d'acide sec. Sublimé lentement, par exemple à 140°, il en perd ½ atome et se trouve alors sous forme d'aiguilles d'une grande blancheur. Sublimé brusquement, il en perd davantage (F. d'Arcet). A l'état anhydre, ou tel qu'il existe dans la succinate d'argent, il est composé de 47,99 de carbone, de 47,78 d'oxigène, et de 4,23 d'hydrogène = $C^8H^4O^3$. (Berzelius, *Ann. de Chim.*, t. XCIV, p. 189.)

## *Succinates.*

2065. Les succinates ont à peine été étudiés : aussi ne présenterons-nous que quelques observations sur leurs propriétés.

Tous les succinates sont décomposés par le feu. Celui de chaux, dont la formule est $(C^8H^4O^3,CaO)+H^2O$ se transforme, suivant M. F. d'Arcet, en 1 at. de carbonate de chaux $(C^2O^2, CaO)+1$ at. de gaz carbonique CO, + 1 at. d'un corps nouveau qu'il appelle succinone, à cause de sa ressemblance avec la benzone, l'acetone, etc., et qui est représenté par $C^5H^5O^{\frac{1}{2}}$.

Les succinates de potasse, de soude, d'ammoniaque sont très solubles; ceux de magnésie, de manganèse, de zinc, d'étain, de bismuth paraissent aussi l'être; ceux de baryte, de strontiane, de chaux, de fer, de plomb, de cérium, de mercure, sont au contraire insolubles, ou très peu solubles, et probablement qu'il en est de même de la plupart des autres. Tous se dissolvent dans un acide fort et capable de dissoudre l'oxide du succinate.

Le succinate de soude donne des cristaux prismatiques, qui ont une saveur amère; celui de potasse attire l'humidité de l'air; celui d'ammoniaque ne cristallise qu'autant qu'il est acide.

Aucun succinate n'existe dans la nature. On peut faire tous les succinates directement, c'est-à-dire en traitant les oxides ou les carbonates par l'acide succinique. Lorsqu'ils sont insolubles, on peut encore les obtenir, du moins pour la plupart, par la voie des doubles décompositions.

Lorsque au lieu de faire agir l'acide succinique et l'ammoniaque sous l'influence de l'eau, on les met en contact, l'un et l'autre complètement secs; lorsqu'on cherche à unir, par exemple, le gaz ammoniac avec l'acide succinique anhydre, il en résulte une réaction qui donne lieu à 1 atome d'eau et à un nouveau corps $(C^8H^5AzO^2)$ appelé succinamide, comme le fait voir la formule suivante :

$$AzH^5 + C^8H^4O^3 = H^2O, + (C^8H^5AzO^2)$$

c'est-à-dire que 1 atome d'ammoniaque, plus 1 atome d'acide succinique = 1 at. d'eau, plus 1 at. de succinamide. (F. d'Arcet.)

*Composition.*—La composition des succinates est telle, que la quantité d'oxigène de l'oxide est à la quantité d'oxigène de l'acide comme 1 à 3 et à la quantité d'acide même, comme 1 à 6,3071.

Le succinate de potasse, ou de soude, ou d'ammoniaque, peut être employé pour séparer le peroxide de fer de l'oxide de manganèse; car le peroxide de fer est entièrement précipité de ses dissolutions par ces sels, et l'oxide de manganèse ne l'est nullement. Ce procédé n'a d'autre inconvénient que d'être trop dispendieux.

ARTICLE II.

### *Acide camphorique.*

2066. L'acide camphorique, découvert en 1785 par Kosegarten, a une saveur légèrement amère; il rougit d'une manière très sensible le tournesol, et cristallise en paillettes ou petites aiguilles.

Projeté sur des charbons ardens, il s'exhale entièrement en une fumée blanche, épaisse, acre et piquante. Chauffé dans une cornue, il se fond, puis se décompose, et se sublime en partie : aussi se forme-t-il une certaine quantité d'huile, d'acide acétique, etc.

L'air n'a point d'action sensible sur l'acide camphorique. L'eau, à la température de 12° en dissout la quatre-vingt-neuvième partie de son poids, et l'eau bouillante un peu plus de la huitième partie du sien. Il paraît que l'alcool bouillant peut le dissoudre en toutes proportions; mais qu'il faut environ six parties d'alcool à la température ordinaire pour en dissoudre une. Les acides minéraux, les huiles volatiles et fixes, peuvent aussi en opérer la dissolution. Enfin, l'acide camphorique s'unit au camphre, en dissolvant celui-ci dans l'acide fondu à une douce chaleur, et forme un composé qui se produit toujours, lorsque dans la préparation de l'acide camphorique, l'on n'ajoute point assez d'acide azotique, ou que l'on ne soutient point assez long-temps l'ébullition.

*Composition.*—M. Liébig a trouvé l'acide camphorique formé de 56,167 de carbone, 6,981 d'hydrogène et 36,852 d'oxigène; d'où il a déduit pour formule de cet acide $C^{20}H^{15}O^{6}$. (*Ann. de Chim. et de Phys.*, t. XLVII, p. 98.)

M. Dumas y admet 1 atome d'hydrogène de plus et arrive à des résultats fort importans sur la composition relative du camphène ou *radical de camphre*, du camphre lui-même, et de l'acide camphorique. Suivant lui :

1 volume de vapeur de camphène = $C^{10}H^{8}$.
2 volumes de vapeur de camphre = $2C^{10}H^{8}+O$.
L'acide camphorique = $2C^{10}H^{8}+O^{5}$.

Par conséquent, le camphre serait un oxide, et l'acide camphorique un acide de camphène, correspondans au protoxide d'azote et à l'acide azotique. (*Ann. de Chim. et de Phys.*, t. L, p. 225.)

*État naturel.* — L'acide camphorique n'existe point dans la nature; on ne peut l'obtenir qu'en traitant le camphre par une grande quantité d'acide azotique : il faut employer 12 parties d'acide à 25° de l'aréomètre de Baumé contre une de camphre. On introduit le tout dans une cornue de verre, au col de laquelle on adapte un récipient; on place la cornue sur un fourneau, et on porte la liqueur à l'ébullition. Lorsque la distillation est à moitié faite, on cohobe; on continue l'opération, et l'on cohobe une seconde fois, lorsque de nouveau la liqueur est à moitié distillée : alors on remet encore l'opération en activité, et on la soutient jusqu'à ce qu'il ne reste plus dans la cornue qu'environ le quart de la quantité d'acide que l'on a employé, ou plutôt qu'il ne se dégage plus de bi-oxide d'azote. Par le refroidissement, l'acide camphorique ne tarde point à cristalliser. Comme il est peu soluble, on le sépare facilement de l'acide azotique avec lequel il est mêlé, en lui faisant subir plusieurs lavages.

La théorie de cette opération est très simple. En effet, M. Liebig a observé qu'il ne se produisait point de gaz carbonique dans la réaction par laquelle l'acide camphorique prend naissance. Or, comme d'une autre part, il est très probable que l'acide camphorique n'est que du camphre ($C^{20}H^{16}O$) + 4 atomes d'oxigène, il s'ensuit que l'acide azotique n'enlève aucun principe au camphre et ne lui cède que de l'oxigène. Mais, si l'on reconnaissait avec M. Liebig que l'acide camphorique a pour formule ($C^{20}H^{15}O^{5}$), il est évident qu'alors l'acide azotique non seulement céderait de l'oxigène au camphre, mais lui enleverait en même temps 1 at. d'hydrogène.

*Camphorates.*

2067. Exposés à l'action du feu, dans des vaisseaux fermés, les camphorates métalliques sont entièrement détruits, en donnant lieu à de l'eau et de l'huile empireumatique etc., qui se vaporisent, et à du charbon qui reste dans la cornue. Celui d'ammoniaque n'est qu'en partie décomposé; l'autre partie se sublime, mais probablement à l'état de camphorate acide.

Chauffés à l'air, ces sels brûlent avec une flamme ordinairement bleue, quelquefois rougeâtre.

Les camphorates de potasse, de soude, d'ammoniaque, de strontiane, de baryte, de chaux, de magnésie, de protoxide de manganèse, se dissolvent abondamment dans l'eau. Les trois premiers sont même tellement déliquescens qu'ils ne cristallisent que difficilement. Les camphorates de nickel et de bioxide de platine sont peu solubles; ceux de peroxide de fer, de zinc, d'étain, de peroxide d'urane, de plomb, de cuivre, de protoxide de mercure, d'argent, sont tout-à-fait insolubles.

Les camphorates solubles ont presque tous une saveur amère légèrement aromatique. Ils sont susceptibles d'être décomposés par un grand nombre d'acides qui en séparent l'acide camphorique.

*Etat naturel*, *préparation*, *composition*. — Aucun camphorate ne se trouve dans la nature.

Les camphorates solubles peuvent s'obtenir directement ou bien en traitant par le camphorate de baryte les sulfates des bases que l'on veut unir à l'acide camphorique. Quant aux camphorates insolubles, on les prépare soit en précipitant les acétates par l'acide camphorique, soit par la voie des doubles décompositions.

Les camphorates neutres sont tellement composés, que la quantité d'oxigène de l'oxide est à la quantité d'oxigène de l'acide comme 1 à 5, et à la quantité d'acide même comme 1 à 13,642.

*Voyez* pour plus de détails sur l'acide camphorique et les camphorates, les recherches de Bucholz, *Ann. de Chim.*, t. LXXXIV, p. 301; — celles de R. Brandes, *Journ. de Schweigger*, 38,267 : — celles de Bouillon-Lagrange, *Ann. de Chim.*, t. XXIII et XXVII, mais en observant que ce chimiste a confondu avec ces sels ceux que forment l'acide camphorique uni au camphre, et qui offrent une solubilité beaucoup moindre.

### ARTICLE III.

### *Acide subérique.*

2068. L'acide subérique n'existe point dans la nature; c'est toujours un produit de l'art; on l'obtient en traitant le liège par l'acide azotique. Suivant Berzelius, le liège peut être remplacé par l'écorce d'un autre arbre, par du vieux linge ou du papier. Les proportions à employer sont 6 parties d'acide à 30 dégres du pèse-liqueur, et une partie de râpure de liège. On doit introduire le tout dans une cornue de verre d'une capacité double du volume du mélange, placer la cornue sur un fourneau, adapter un ballon à son col pour recueillir les portions d'acide qui échappent à la décomposition, porter la liqueur jusqu'à l'ébullition, cohober plusieurs fois afin de bien attaquer le liège, et verser la matière dans une capsule de porcelaine quand l'action de l'acide est devenue très faible : alors on évapore la liqueur à une douce chaleur, en la remuant continuellement avec une spatule ou un tube. Réduite en consistance d'extrait, on la délaie dans cinq ou six fois son poids d'eau, et on la fait chauffer pendant quelque temps, après quoi on la retire du feu. Il s'en sépare deux matières solides par le refroidissement : l'une se dépose au fond du vase sous forme de gros flocons : c'est la partie ligneuse naturellement contenue dans le liège; l'autre se rassemble et se fige à la surface du liquide : c'est une sorte de matière grasse qu'il est facile d'enlever avec une carte. Tout l'acide subérique se trouve dans la dissolution, mêlé à un peu d'acide oxalique. Cette dissolution, qui est jaune, a une saveur acide et amère. On en retire l'acide subérique en la faisant concentrer et refroidir à plusieurs reprises. L'acide apparaît sous forme de petits flocons d'un blanc jaunâtre. On enlève par l'eau froide la plus grande partie de la matière jaune qui le colore, etc., et l'on finit de le purifier en le dissolvant plusieurs fois dans l'eau bouillante, qui le laisse déposer en flocons très blancs. L'on peut, par ce procédé, se procurer 5 grammes d'acide avec 60 grammes de liége. Peut-être serait-il bon de le sublimer pour l'obtenir plus pur encore.

L'acide subérique est blanc et pulvérulent; sa saveur est très faible : aussi a-t-il peu d'action sur le tournesol.

Exposé à une douce chaleur dans une cornue de verre, il se fond à la manière de la graisse. Si on le retire du feu et si on l'agite lorsqu'il est ainsi fondu, il s'attache aux parois de la cornue et cristallise par le refroidissement. En poussant la distillation plus loin, il se produit des vapeurs qui viennent se condenser au dôme de la cornue, sous forme d'aiguilles, lesquelles possèdent toutes les propriétes de l'acide subérique, et dont quelques-unes ont jusqu'à 27 millimètres de longueur : il ne reste au fond de la cornue qu'une légère couche charbonneuse. Projeté sur des charbons incandescens, l'acide subérique se volatilise en entier, en répandant une odeur de suif très prononcée. Une partie de cet acide exige pour se dissoudre 80 parties d'eau à 13°, 38 parties à 60°, 2 parties à 100°, 4 parties et demie d'alcool anhydre à 10° et moins de 1 partie d'alcool bouillant. En étendant d'eau la dissolution alcoolique concentrée, on en sépare une portion d'acide subérique. L'éther dissout $\frac{1}{10}$ de son poids d'acide subérique à la température de 4°, et $\frac{1}{6}$ à la température de l'ébullition. L'essence de térébenthine bouillante en dissout un poids égal au sien, et se prend en masse par le refroidissement. Il paraît qu'il n'est point attaqué par l'acide azotique. Il précipite en blanc l'azotate et l'acétate de plomb, l'azotate de mercure, l'azotate d'argent bien neutre, le chlorure d'étain et le sulfate de protoxide de fer; il ne forme aucun précipité dans la dissolution de sulfate de cuivre et de sulfate de zinc.

M. Bussy, en l'analysant de nouveau, l'a trouvé composé, à l'état anhydre, de 61,99 de carbone, de 7,59 d'hydrogène, de 30,42 d'oxigène : ce qui, d'après sa capacité de saturation, donne pour la formule atomique de son nombre proportionnel $C^{16}H^{12}O^{3}$. Ces résultats ont été confirmés par Brandes.

La formule de l'acide hydraté est $C^{16}H^{12}O^{3}+H^{2}O$.

Cet acide est sans usages; il a été découvert en 1787 par M. Brugnatelli, examiné ensuite par M. Bouillon-Lagrange en 1797, et étudié par M. Chevreul, par M. Bussy, et par M. Brandes. (*Ann. de Chim.*, XXIII, 42—LXII, 323; *Journ. de Pharm.*, VIII, 107.—XIX, 425; *Annalen der Pharmacic*, 1834.)

*Subérates.*

2069. Lorsqu'on expose les subérates au feu dans une cornue, une partie de l'acide se décompose; l'autre se volatilise.

Les subérates de potasse, d'ammoniaque, de soude, de magnésie, d'alumine, de protoxide de manganèse sont très solubles. Les deux premiers cristallisent avec assez de facilité; les autres ne cristallisent que difficilement ou même sont incristallisables. Ceux de baryte, de chaux, de strontiane sont peu solubles. Parmi ceux des quatre dernières sections, la plupart sont probablement insolubles. Les subérates de plomb, d'argent, de mercure, d'étain, de fer, le sont sans aucun doute, puisque ces métaux sont précipités de leurs dissolutions par l'acide subérique.

Presque tous les acides forment un précipité abondant et floconneux d'acide subérique, dans les dissolutions concentrées de subérates de potasse, de soude, d'ammoniaque. Ces sortes de sels décomposent la plupart des dissolutions neutres métalliques appartenant aux quatre dernières sections : le dépôt qui en résulte est un subérate insoluble. Le subérate d'ammoniaque précipite aussi la dissolution d'alun et celle d'azotate de chaux et de chlorure de calcium, pourvu toutefois que celles-ci soient très concentrées.

Aucun subérate n'existe dans la nature.

Tous ceux qui sont solubles peuvent s'obtenir directement, en traitant les bases par l'acide subérique. Ceux qui sont insolubles peuvent être préparés sans doute par la voie des doubles décompositions.

Dans les subérates neutres, la quantité d'oxigène de l'oxide est à la quantité d'oxigène de l'acide comme 1 à 3, et à la quantité d'acide même comme 1 à 9,864.

Ces sels sont sans usages; ils ont été étudiés par M. Bouillon-Lagrange et par Brandes.

ARTICLE IV.

*Acide benzoïque.*

2070. *État naturel, préparation.* — L'acide benzoïque, qui

tire son nom du *benjoin*, ne s'est rencontré jusqu'à présent que dans les baumes, dans la vanille, l'huile d'amandes amères exposée à l'air. On prétend qu'il se trouve aussi dans le roseau aromatique, l'écorce de bouleau, le castoréum, les fleurs de mélilot et la fève Tonka.

Sa préparation est fondée sur la propriété qu'il a de se vaporiser. On prend une certaine quantité de benjoin, par exemple, 500 grammes; après les avoir concassés, on les met dans un vase de terre dont les bords sont usés, et que l'on recouvre d'un long cône en carton. La base de ce cône peut être unie au vase par des bandes de papier collé, et son sommet doit être troué, afin de livrer passage aux vapeurs qui ne se condenseraient pas. L'appareil, ainsi disposé, est placé sur un fourneau où l'on fait un feu très modéré. Bientôt le benjoin entre en fusion : alors son acide se vaporise, se condense sur les parois du cône, et cristallise en aiguilles blanches satinées. De temps en temps il faut enlever le cône et faire tomber l'acide avec la barbe d'une plume. Il faut surtout bien ménager le feu; sans cela presque tout l'acide sortirait par le sommet du cône, et la portion qu'on obtiendrait serait colorée en jaune par un peu de substance huileuse. L'opération, bien conduite, dure plusieurs heures. On reconnaît qu'elle est terminée, lorsque le résidu, qui est formé de la résine de benjoin en grande partie charbonnée, ne laisse plus dégager de vapeurs blanches et piquantes. Mais comme dans cet état, l'acide benzoïque contient toujours une petite quantité de matière étrangère, qui lui donne l'odeur de baume ou d'encens, on doit : 1° le faire chauffer avec son poids d'acide azotique à 25°, dans une cornue de verre munie d'un récipient, jusqu'à ce que la liqueur soit réduite presqu'à siccité, afin de détruire la matière qui le rend odorant; 2° le dissoudre dans l'eau et le faire cristalliser pour le séparer de l'acide azotique avec lequel il reste uni; 3° le sécher à une douce chaleur.

On peut aussi se procurer l'acide benzoïque en faisant bouillir 25 à 30 parties d'eau sur un mélange d'une partie de chaux éteinte, et de 10 parties de benjoin en poudre, filtrant la liqueur qui contient alors beaucoup de benzoate de chaux, la concentrant par l'évaporation, y versant de l'acide chlorhydrique, et traitant par l'acide azotique, comme nous venons de l'indiquer tout-à-l'heure, l'acide benzoïque qui se précipite, uni tout à-la-fois à un peu de résine et de matière odorante. Ce procédé donne environ 13 pour 100 d'acide : le précédent en donne un peu moins.

*Propriétés.* — L'acide benzoïque est solide, blanc, légèrement ductile; il rougit très sensiblement la teinture de tournesol; sa saveur est piquante et un peu amère; pur, il n'a pas d'odeur; distillé avec certaines résines, il en prend une comparable à celle de l'encens; ses cristaux sont de longs prismes blancs, opaques et satinés, qui contiennent toujours 1 atome d'eau : on ne peut les déshydrater sans les décomposer, ou qu'en les unissant à quelques bases, par exemple à l'oxide d'argent.

Exposé au feu dans une cornue, il ne tarde point à fondre; bientôt il s'en décompose une très petite partie; le reste se vaporise entièrement et cristallise dans le col du vase. La densité de sa vapeur est de 4,2623, d'après M. Mittscherlich. Chauffé à l'air libre, il s'exhale en fumée blanche qui s'enflamme à l'approche d'un corps en ignition : cette fumée est très irritante et provoque à l'instant la toux. Si, lorsque l'acide benzoïque est fondu, on le laisse refroidir, il se prend en une masse dure au milieu de laquelle on aperçoit une foule de petites aiguilles divergentes.

L'air ne l'altère d'aucune manière. L'eau à 100° en dissout une grande quantité, et l'eau à 16° moins de la deux centième partie de son poids : aussi la première, quand elle est saturée, en laisse-t-elle déposer, par le refroidissement, une assez grande quantité, sous forme d'aiguilles. Il est plus soluble dans l'alcool, soit à chaud, soit à froid; une partie d'acide n'exige pas tout-à-fait, pour se dissoudre, deux parties de ce liquide, d'où l'eau le précipite presque tout entier en flocons blancs. L'essence, au degré de l'eau bouillante, peut en fondre assez pour se prendre en masse en passant de cette température à celle de 10°. Les acides minéraux, même les plus puissans, ont peu d'action sur lui; la plupart ne font qu'en opérer la dissolution : l'acide azotique, chose bien digne de remarque, est dans ce cas. La potasse est pareillement sans action décomposante sur lui, au degré de chaleur qui détermine, sous l'influence de cet alcali, la décomposition de tant d'autres matières organiques et la production d'acide oxalique (1929). Enfin il s'unit aux bases salifiables, et forme des sels que nous examinerons d'une manière générale.

MM. Wohler et Liebig ont trouvé l'acide benzoïque anhydre composé de 74,378 de carbone, de 4,567 d'hydrogène et de 21,035 d'oxigène :

Ce qui, d'après la composition des benzoates, donne pour la formule atomique de son nombre proportionnel : $C^{28}H^{10}O^{3}$. C'est en analysant le benzoate d'argent qu'ils sont parvenus à ces résultats. (*Ann. de Chim. et de Phys.*, t. LI, p. 273.)

Quant à l'acide cristallisé et obtenu par voie de sublimation, il contient toujours un atome d'eau; il est donc représenté par $C^{28}H^{10}O^{3}+H^{2}O$.

Nous verrons d'ailleurs plus loin que MM. Wohler et Liebig admettent l'existence d'un radical qu'ils appellent benzoyle ; que ce radical aurait pour formule : $C^{28}H^{10}O^{2}$, et qu'il forme en se combinant, savoir :

avec 2 atomes d'hydrogène, l'huile d'amande amère et la benzoïne (substances isomériques.) $=C^{28}H^{10}O^{2}+H^{2}$.
avec 1 at. d'oxigène, l'acide benzoïque............ $=C^{28}H^{10}O^{2}+O$.
avec 2 at. de chlore, le chlorure de benzoyle....... $=C^{28}H^{10}O^{2}+Ch^{2}$.
avec 2 at. de cyanogène, le cyanure de benzoyle.... $=C^{28}H^{10}O^{2}+Cy^{2}$.
avec 2 at. de brome, le bromure de benzoyle....... $=C^{28}H^{10}O^{2}+Br^{2}$.
avec 2 at. d'iode, l'iodure de benzoyle............ $=C^{28}H^{10}O^{2}+I^{2}$.
avec 1 at. de soufre, le sulfure de benzoyle......... $=C^{28}H^{10}O^{2}+S$.
avec 2 at. d'azote et 4 at. d'hydrogène, la benzamide. $=C^{28}H^{10}O^{2}+Az^{2}H^{4}$.
avec $O+C^{8}H^{8}+H^{2}O$, l'éther benzoïque.

*Benzoates.*

2071. Les benzoates n'ont encore été que fort peu étudiés; aussi l'histoire que nous en allons faire sera-t-elle très incomplète.

Soumis à l'action du feu, tous sont décomposés ; mais les benzoates alcalins, et surtout le benzoate de chaux nous offrent des phénomènes remarquables qui ont été observés avec soin par M. Peligot. Il a vu : 1° que le benzoate de chaux anhydre était représenté dans sa composition par 1 atome de benzone, matière grasse particulière, et par 1 atome de carbonate de chaux. $(C^{28}H^{10}O^{3}, CaO) = C^{26}H^{10}O+(C^{2}O^{2},CaO)$.

2° Que le benzoate de chaux hydraté pouvait l'être par $C^{24}H^{12}$ (quadri-carbure d'hydrogène huileux), par 1 atome d'acide carbonique, et 1 atome de carbonate de chaux. $(C^{28}H^{10}O^{3},CaO+H^{2}O)=C^{24}H^{12}+C^{2}O^{2}+(C^{2}O^{2},CaO)$.

3° Que l'acide benzoïque hydraté ou sublimé, mis en contact avec de la chaux éteinte, donne à la distillation un quadricarbure d'hydrogène huileux parfaitement pur, et du carbonate de chaux, propriété que M. Mitscherlich a aussi constatée de son côté. $(C^{28}H^{10}O,H^{2}O)=C^{24}H^{12}+2(C^{2}O^{2},CaO)$.

4° Que 2 atomes de benzone 2 $(C^{26}H^{10}O)$, distillés avec de la chaux vive, produisent 1 atome de carbonate de chaux, plus 2 atomes de naphtaline. $2(C^{26}H^{10}O)=(C^{2}O^{2},CaO)+2(C^{25}H^{10})$.

Si donc, il était possible de se procurer du benzoate de chaux anhydre, tout porte à croire qu'en le décomposant au degré de chaleur convenable, on le transformerait en carbonate de chaux et en benzone, tout comme on transforme l'acétate calcaire en carbonate calcaire et en acétone ; mais comme il est impossible de le dessécher complètement, la réaction qui s'opère se trouve influencée par l'eau de l'hydrate qui n'est point à beaucoup près dégagée à l'époque où les nouveaux produits prennent naissance.

Voilà pourquoi, lorsqu'on distille le benzoate de chaux cristallisé, lequel contient toujours 1 atome d'eau, il se produit tout à-la-fois du carbonate de chaux qui reste dans la cornue, de la benzone, de la naphtaline et du quadri-carbure d'hydrogène huileux.

En rectifiant ces produits dans une cornue, au bain-marie, on parvient à les séparer; il passe d'abord dans le récipient, une huile limpide, plus légère que l'eau, cristallisable à quelques degrés au-dessous de zéro, et qui bout vers 82°: c'est le quadri-carbure d'hydrogène. Continuant ensuite la distillation à feu nu, il se vaporise un peu d'eau, puis une nouvelle matière oléagineuse qui ne bout qu'à 250°, et qui, par le refroidissement, laisse déposer de la naphtaline en cristaux. Cette matière est la benzone qui, exposée à un froid de 20°, se trouble, prend l'aspect d'une émulsion, abandonne la naphtaline et le carbure d'hydrogène qu'elle retenait, et se sépare en deux couches : la supérieure est la *benzone pure*.

Mis en contact avec de l'eau, les benzoates des deux premières sections se dissolvent et cristallisent par l'évaporation de la liqueur; il en est de même des benzoates de manganèse, de zinc; ceux de fer, d'argent, de mercure, d'étain, de cuivre, de cérium, sont presque les seuls qui passent pour être insolubles. Tous sont décomposables par les acides puissans. C'est pourquoi, lorsqu'on verse de l'acide azotique, de l'acide chlorhydrique ou sulfurique, dans une dissolution concentrée de benzoate, il se précipite à l'instant de l'acide benzoïque; quant au nouveau sel, il reste dans la liqueur s'il est soluble, ou se dépose avec l'acide benzoïque s'il est insoluble.

On fait tous les benzoates solubles en combinant, par l'intermède de l'eau, l'acide benzoïque avec les bases salifiables, à une douce chaleur, et faisant évaporer la liqueur. Ceux qui sont insolubles pourraient sans doute s'obtenir par la voie des doubles décompositions.

Dans les benzoates, la quantité d'oxigène de l'oxide est à la quantité d'oxigène de l'acide comme 1 à 3, et à la quantité d'acide même comme 1 à 14,325.

## *Acide cinnamique.*

Cet acide vient d'être découvert par MM. Dumas et Peligot. Leurs expériences n'étant point encore publiées, il n'en sera question qu'à l'article *Huile de canelle*, avec laquelle ils l'ont obtenu.

## SECTION II.

### *Des Acides gras.*

2072. Soumis à la distillation, les uns se décomposent et se volatilisent en partie; les autres se volatilisent complètement. Ils se partagent donc en deux groupes bien distincts.

#### I^er GROUPE.

#### *Acides gras en partie décomposables et volatils.*

2073. Ces acides sont au nombre de dix, savoir : les acides stéarique, margarique, oléique, ricinique, margaritique, oléidique, élaïdique, palmique, roccellique et sébacique.

2074. *Propriétés.* — Tous sont incolores et sans odeur, ou du moins n'en ont qu'une analogue aux huiles et aux graisses. Deux d'entre eux, l'acide oléïque et l'acide oléïdique sont liquides à la température ordinaire; les autres sont solides, mais se fondent à une température peu élevée, et se prennent en masse cristalline par le refroidissement. Soumis à la distillation, ils se volatilisent et se décomposent en partie, comme nous l'avons déjà dit. La partie de l'acide décomposée donne lieu à des traces d'eau, d'acide carbonique, à un peu plus d'acide acétique, à beaucoup d'huile empyreumatique et de carbure gazeux d'hydrogène, sans laisser de dépôt charbonneux. Cependant, si l'opération se faisait dans le vide, et si la chaleur était modérée, on finirait par les réduire en vapeur sans leur faire subir d'altération; tels sont du moins les acides stéarique et margarique. Ils sont insolubles dans l'eau. L'acide sébacique seul se dissout bien dans l'eau bouillante. Leurs dissolvans sont l'éther, l'alcool, les huiles grasses et les huiles essentielles. Leurs dissolutions alcooliques sont troublées par l'eau et rougissent la teinture du tournesol.

Les acides gras s'unissent facilement aux alcalis; ils forment avec la potasse, la soude, l'ammoniaque des sels neutres ou basiques solubles, et avec la plupart des autres bases des sels insolubles. Soumis à la distillation, les sels qui ont pour base un oxide alcalin et pour acide l'acide stéarique ou l'acide margarique, laissent un résidu de carbonate, tandis que le produit volatil se compose principalement d'une matière grasse neutre, dont la composition se représente par une proportion de l'acide gras primitif, moins les élémens d'une proportion d'acide carbonique. (*Voy.* stéarone, margarone.)

Il est vraisemblable que la plupart des autres acides de ce

groupe subiraient, dans les mêmes circonstances, le même genre de décomposition.

Presque tous les acides possèdent la propriété de décomposer les sels dont les acides gras font partie. Ceux-ci sont donc extrêmement faibles.

2075. *Etat naturel.* — Les acides gras sont presque tous des produits de l'art. L'acide margarique et l'acide oléïque sont les seuls qu'on trouve tout formés dans la nature. Ils font partie du gras des cadavres et s'y trouvent combinés avec l'ammoniaque. On les trouve aussi unis à la soude dans divers liquides animaux.

2076. *Préparation.* — Tous se forment dans l'acte de la saponification, c'est-à-dire en faisant chauffer les bases salifiables puissantes, et particulièrement la potasse et la soude avec de l'eau et diverses matières grasses (1). Tous, excepté l'acide palmique et l'acide roccellique, se forment encore, lorsqu'on soumet ces matières à la distillation. La plupart peuvent également se produire, lorsqu'on traite ces mêmes matières par les acides sulfurique et azotique. Enfin, plusieurs, comme les acides stéarique, margarique et oléïque, prennent naissance en quantité sensible, lorsqu'on expose les matières grasses à l'air, et qu'elles se rancissent.

Les deux derniers procédés ne sont jamais mis en pratique. Rarement on emploie le second. Presque toujours on suit le premier.

La matière grasse qui doit donner l'acide est chauffée avec la dissolution alcaline, en ayant soin d'agiter souvent le mélange. Bientôt, cette matière s'associant aux principes d'une petite quantité d'eau est décomposée et transformée, d'une part, en un ou plusieurs acides gras qui s'unissent à la base, avec laquelle ils forment des sels très peu solubles dans l'eau froide, et d'autre part, en glycérine soluble au contraire en toutes proportions dans ce liquide, d'où l'on voit qu'il est toujours facile de séparer les deux produits.

La réaction etant opérée, on recueille le sel ou les sels alcalins, on les purifie par des moyens appropriés aux circonstances dans lesquelles on se trouve placé, puis on les fait dissoudre dans l'eau chaude, et l'on verse dans la liqueur un acide, tel que l'acide chlorhydrique, l'acide tartrique : l'acide gras est mis en liberté et se rassemble à la partie supérieure.

Prenons pour exemple la *stéarine*, matière grasse que l'on sait parfaitement purifier, et qui ne produit que de l'acide

(1) Cependant on conserve des doutes sur la production des acides margaritique et sébacique par ce procédé.

stéarique et de la glycérine. Sa formule est : $C^{146}H^{140}O^7$. Que l'on en retranche $C^{140}H^{134}O^5$ qui représente l'acide stéarique anhydre, le reste, joint aux élémens d'un atome d'eau $H^2O$, donne la formule de la glycérine $C^6H^8O^3$. Or, c'est précisément en cette quantité d'acide et de glycérine que se transforme 1 at. de stéarine. Donc, etc.

ARTICLE Ier.

*Acide stéarique.*

2077. Cet acide étant le produit caractéristique de la saponification du suif, M. Chevreul, à qui la découverte en est due, a cru devoir lui donner le nom de *stéarique*, dérivé de *στέαρ*, *suif*.

*Propriétés.* — L'acide stéarique est blanc, insipide, inodore. Sa densité est moindre que celle de l'eau. Il entre en fusion à 70°, et forme un liquide incolore, limpide, qui cristallise en belles aiguilles entrelacées, brillantes, du plus beau blanc. A froid, il est sans action sur la teinture de tournesol; à chaud, il la rougit promptement.

Chauffé dans le vide d'un baromètre, dont le bout fermé est courbé en forme de cornue, il bout et se volatilise sans s'altérer; mais soumis à la distillation à la manière ordinaire, il se volatilise et se décompose en partie, en donnant lieu à un très petit résidu charbonneux, et à tous les produits qui proviennent de la décomposition des corps gras.

L'acide stéarique est insoluble dans l'eau; il est, au contraire, très soluble dans l'alcool, surtout à chaud; il s'y dissout même en toutes proportions au-dessus de 70°. En se séparant lentement d'une solution alcoolique, il se dépose en larges écailles blanches, brillantes. L'eau le précipite sur le champ de cette solution.

La plupart des corps gras sont probablement aussi capables de le dissoudre.

L'acide stéarique brûle à la manière de la cire, lorsqu'on le chauffe suffisamment avec le contact de l'air.

L'acide azotique le décompose à un certain degré de chaleur, et l'un des produits de la décomposition paraît être un acide analogue à celui qui provient de l'action de l'acide azotique sur le suif.

L'acide sulfurique concentré le décompose également à l'aide de la chaleur; mais, à froid, les deux acides se combinent. Le composé peut être obtenu cristallisé; l'eau le précipite de sa dissolution dans l'acide sulfurique en excès.

*Etat naturel, préparation.* — L'acide stéarique ne se trouve point dans la nature : c'est en saponifiant les graisses de mouton, de bœuf, de porc, qu'on le forme. On prend 100 parties de graisse de porc purifiée, 100 parties d'eau, et 25 parties de potasse caustique; on met le tout dans une capsule, et on l'expose à une température d'environ 100°, en ayant soin de remplacer l'eau qui s'évapore, et de remuer de temps en temps la matière, jusqu'à ce que la saponification soit achevée, c'est-à-dire, jusqu'à ce que la masse soit homogène, demi-transparente, et fasse, avec l'eau bouillante, une dissolution limpide. La graisse se trouve, par ce moyen, transformée en acides stéarique, margarique, oléique, et en glycérine. Alors on recueille le savon; on le sépare, autant que possible, de l'eau dont il est imprégné, et on le met, à froid, en contact avec le double de son poids d'alcool d'une densité de 0,821, qui dissout l'oléate de potasse, et attaque à peine le margarate et le stéarate. Après vingt-quatre heures de macération, la liqueur est jetée sur un filtre, et le filtre lavé avec de l'alcool.

Pour pouvoir ensuite séparer le stéarate et le margarate l'un de l'autre, et même de la petite quantité d'oléate qu'ils retiennent, il faut les traiter, pour les dissoudre, par une assez grande quantité d'alcool bouillant, laisser refroidir la dissolution, faire égoutter le dépôt qui se forme, le redissoudre dans l'alcool chaud, et traiter ainsi plusieurs fois le dépôt qu'on obtient : le margarate finit par rester tout entier dans la dissolution, tandis qu'une partie du stéarate se précipite : on reconnaît qu'il est pur par la propriété qu'il a de donner un acide fusible à 70°.

Pour extraire l'acide de ce stéarate, on fait chauffer ce sel dans une capsule avec de l'eau et de l'acide chlorhydrique. Celui-ci s'empare de la potasse, et l'acide stéarique vient se réunir au-dessus du liquide aqueux; dès que cet acide est figé, on l'enlève et on le lave avec de l'eau jusqu'à ce qu'elle ne précipite plus l'azotate d'argent. Si l'acide était mêlé de quelques matières étrangères, il faudrait le faire fondre et le filtrer dans du papier joseph privé de carbonate de chaux.

Au lieu de traiter la graisse saponifiée par l'alcool froid, dans l'intention de séparer l'oléate de potasse, l'on pourrait encore, et ce procédé est même le plus économique, dissoudre d'abord la masse savonneuse dans l'eau bouillante, et verser la dissolution dans une grande quantité d'eau froide. Par ce moyen, presque tout l'oléate resterait dans la liqueur avec de l'alcali et un peu de margarate et de stéarate, tandis que la majeure partie de ces deux derniers sels se précipiterait à l'état acide, mêlée seulement à une très petite quantité de suroléate. D'ailleurs, en suivant ce procédé, il faut toujours avoir recours à l'alcool pour opérer la séparation du bi-stéarate et du bi-margarate de potasse. (*Voy.* ce que nous avons dit plus haut.)

*Composition.* — Suivant M. Chevreul, l'acide stéarique n'est sec qu'autant qu'il fait partie des combinaisons salines. Dès qu'il devient libre, il s'unit à une petite quantité d'eau. M. Chevreul la rend sensible en chauffant l'acide dans un tube de verre avec le protoxide de plomb.

100 parties d'acide sec ont été trouvées formées de 7,377 d'oxigène, de 80,145 de carbone, et de 12,478 d'hydrogène. En passant à l'état d'hydrate, elles absorbent 3,52 d'eau (*Voy.* pour plus de détails, l'ouvrage de M. Chevreul). Ces résultats conduisent aux formules suivantes, savoir :

$C^{140}H^{134}O^{5}$, pour 2 proportions d'acide anhydre = 6699,5.

$C^{140}H^{134}O^{5} + 2H^{2}O$ pour l'acide hydraté.

*Stéarates.*

2078. L'acide stéarique s'unit à la plupart des bases salifiables, et forme des stéarates neutres et des bi-stéarates décomposables par un grand nombre d'acides. On observe cependant qu'il peut dégager à 100°, et même à une température inférieure, l'acide carbonique des carbonates alcalins.

La quantité d'oxigène de l'oxide est à la quantité d'oxigène de l'acide comme 2 à 5 dans les stéarates neutres, et comme 1 à 5 dans les stéarates acides.

*Stéarates de potasse.* — Le stéarate neutre de potasse s'obtient en chauffant dans une capsule 2 parties d'acide stéarique avec 2 parties de potasse à l'alcool, dissoutes dans 20 parties d'eau. Le sel, par le refroidissement, se sépare, sous forme de grumeaux, d'une eau-mère alcaline qu'on décante. On soumet le stéarate à la presse entre des papiers joseph, puis on le fait dissoudre dans quinze fois son poids d'alcool d'une densité de 0,821, d'où il se dépose pur et cristallisé en petites paillettes ou en larges écailles très brillantes, à mesure que la liqueur se refroidit.

L'éther bouillant enlève une petite quantité de bi-stéarate au stéarate neutre de potasse; l'alcool le dissout sans l'altérer. Quant à l'eau, son action varie en raison de sa quantité et de sa température. Le stéarate ne forme qu'un mucilage opaque avec dix fois son poids d'eau froide; il se dissout dans vingt cinq fois son poids d'eau bouillante; par le refroidissement, la solution se prend en masse nacrée et visqueuse. Si l'on étend cette solution limpide de mille fois ou plus son poids d'eau froide, le stéarate se décompose en potasse, qui reste dissoute dans l'eau avec des traces presque insensibles d'acide stéarique, et en bi-stéarate insoluble qui se dépose en petites écailles nacrées. Le même phénomène aurait lieu, mais seulement par le refroidissement, si au lieu d'eau froide on employait l'eau bouillante. C'est en étendant ainsi d'une très grande quantité d'eau la solution de stéarate qu'on se procure le stéarate acide.

Des phénomènes curieux naissent du contact du tournesol avec l'acide stéarique ou les stéarates de potasse. 1° Que l'on mette à chaud, en contact avec l'acide stéarique, un excès d'extrait concentré de tournesol, il se formera du stéarate neutre de potasse qui se précipitera; qu'on répète cette expérience avec l'extrait étendu d'eau, ce sera du bi-stéarate qui prendra naissance : dans les deux cas, la liqueur restera bleue; pour qu'elle rougît, il faudrait que l'acide fût prédominant. 2° Que l'on dissolve du bi-stéarate de potasse dans de l'alcool faible, et qu'on verse goutte à goutte, dans la solution, de l'extrait aqueux de tournesol, celui-ci passera au rouge, parce qu'il cédera son alcali au bi-stéarate, qui deviendra stéarate neutre; que l'on ajoute de l'eau au liquide rouge, la couleur bleue reparaîtra, et il se déposera du bi-stéarate de potasse en petites paillettes.

*Stéarate de soude.* — Le stéarate neutre de soude se prépare comme celui de potasse, mais en employant 20 parties d'acide stéarique, 13 parties de soude et 300 parties d'eau.

Ce sel est sous forme de cristaux brillans ou en plaques demi-transparentes; il est soluble dans l'esprit-de-vin. L'éther bouillant en enlève un peu d'acide; l'eau froide ne le dissout ni ne l'altère. L'eau bouillante en opère la dissolution; mais, par le refroidissement, ce sel se trouve transformé en bi-stéarate et en alcali, lorsqu'il y a deux ou trois mille fois autant d'eau que de stéarate. C'est de cette manière qu'on se procure ce sel acide, qui est blanc, insipide, insoluble dans l'eau et très soluble dans l'alcool.

*Stéarate d'ammoniaque.* — Ce sel se forme en abandonnant de l'acide stéarique au milieu d'une atmosphère de gaz ammoniaque, jusqu'à ce qu'il n'y ait plus d'absorption. Il est blanc, presque inodore, d'une saveur alcaline. Soumis à la distillation, il donne d'abord de l'ammoniaque, puis un sur-stéarate empireumatique; mais dans une atmosphère d'ammoniaque, il peut être sublimé sans éprouver d'autre altération que la perte d'une portion de sa base, qu'il reprend par le refroidissement.

*Autres stéarates.* — Les autres stéarates sont insolubles dans l'eau et susceptibles pour la plupart de se fondre à un degré de chaleur convenable. Ils peuvent être préparés par double décomposition.

## ARTICLE II.

### *Acide margarique.*

2079. L'*acide margarique* a été ainsi appelé par M. Chevreul, de μαργαρίτης (perle), parce que l'un de ses caractères est d'avoir l'aspect de la nacre de perle, et de le communiquer à plusieurs des combinaisons qu'il forme avec les bases salifiables.

*Propriétés.* — Ses propriétés physiques sont les mêmes que celles de l'acide stéarique, si ce n'est qu'il fond à 60°, et qu'il cristallise par le refroidissement en aiguilles entrelacées, qui sont plus rapprochées que celles de l'acide stéarique et moins brillantes.

L'acide margarique est insoluble dans l'eau; il est extrêmement soluble dans l'alcool et dans l'éther; il s'unit aux bases salifiables et forme des sels qui ont beaucoup d'analogie avec les stéarates. Il rougit la teinture de tournesol, et décompose à chaud les carbonates de potasse et de soude.

Chauffé dans une cornue, il bout, dégage une vapeur élastique qui se liquefie et se solidifie ensuite; il produit aussi de l'huile empyreumatique, etc., et ne laisse qu'un très petit résidu charbonneux.

*Etat naturel*, *Préparation.* — L'acide margarique ne s'est trouvé, jusqu'à présent, tout formé que dans le gras des cadavres et dans quelques liquides animaux. Pour se le procurer, ce qu'il y a de mieux à faire, est de traiter l'une des graisses saponifiables, par exemple, la graisse de porc, par la potasse. L'opération doit être exécutée comme nous l'avons dit en parlant de la préparation de l'acide stéarique (2e procédé). L'acide margarique uni à la potasse reste dissous avec du stéarate acide et de l'oléate acide de potasse dans les lavages alcooliques faits à chaud : en les faisant concentrer et refroidir on obtient, 1° un dépôt formé de ces trois sels; 2° une dissolution de ces trois sels; mais il y a cette différence entre le dépôt et la matière dissoute, que, dans le premier, le sur-oléate est en petite quantité, tandis qu'il est la partie dominante de la dissolution. Après avoir traité le dépôt par l'alcool chaud, si l'on fait refroidir la dissolution, et si on soumet le nouveau dépôt au même cercle d'opérations, on finit par avoir, 1° du bi-stéarate de potasse; 2° du bi-margarate de potasse, dont l'acide est fusible à 56 ou 60°. Il ne faut plus alors que traiter le bi-margarate par l'acide chlorhydrique pour en extraire l'acide margarique, en se conformant à ce qui a été dit pour l'extraction de l'acide stéarique (2077).

Lorsque au lieu de graisse de porc, ou de bœuf, ou de mouton, l'on se sert de graisse d'homme ou d'huile d'olive, il ne se forme que des acides oléique et margarique, et dès-lors la préparation de celui-ci est très simple; car l'oléate de potasse se dissout très bien à froid dans l'alcool, tandis que le margarate ne s'y dissout qu'en petite quantité.

M. Gusserow a donné encore un autre procédé qui doit être plus expéditif. Il consiste à dissoudre dans l'eau le savon d'huile d'olive, à y verser une dissolution d'acétate de plomb neutre, à recueillir le précipité, à le sécher, à l'épuiser par l'éther froid qui dissout entièrement l'oléate de plomb sans toucher au margarate, et enfin à décomposer le résidu par l'acide chlorhydrique bouillant.

*Composition.* — M. Chevreul regarde l'acide margarique comme un hydrate qui contient, de même que l'acide stéarique, 3,52 d'eau pour 100 d'acide sec. Abstraction faite de cette eau, il l'a trouvé composé de 8,937 d'oxigène, de 79,053 de carbone et de 12,010 d'hydrogène. C'est cette composition, essentiellement différente de celle de l'acide stéarique, qui établit entre ces deux acides les principaux caractères qui les distinguent, et d'après lesquels M. Chevreul a été conduit à en faire deux espèces.

Ces résultats conduisent aux formules suivantes :

$C^{70}H^{65}O^{3}$, pour l'acide anhydre;

$C^{70}H^{65}O^{3}$, $H^{2}O$, pour l'acide hydraté.

En admettant une légère erreur dans les données de l'analyse (supposition qui peut être justifiée par l'extrême difficulté que présente la séparation complète de l'acide oléique), et substituant $H^{67}$ à $H^{65}$, l'on arrive, ainsi que l'a fait observer M. Berzelius, à une conséquence remarquable sur la composition des acides stéarique et margarique. Il pourront être en effet considérés comme ayant pour radical commun $C^{70}H^{67}$, et seront représentés, savoir: l'acide stéarique par $2C^{70}H^{67}+5O$, et l'acide margarique par $C^{70}H^{67}+3\ O$. Cette relation est la même que celle qui existe entre l'acide hyposulfurique et l'acide sulfurique, et rendrait compte de la cause des analogies que l'on remarque entre ces deux acides gras.

2080. *Margarates.* — L'acide margarique, en s'unissant aux bases salifiables, forme des sels neutres et des bi-sels qui ont la plus grande analogie avec les stéarates : aussi, quand on connaît les propriétés des uns est-il facile de prévoir les propriétés des autres. Toutefois ils ne sont pas soumis aux mêmes lois de composition. Dans les margarates neutres, le rapport des quantités d'oxigène qui existe dans l'acide et dans l'oxide est celui de 3 à 1. On les obtient de la même manière. Ils se comportent, à très peu de chose près, de même avec l'eau, l'éther, l'alcool. Cependant le margarate neutre et le bi-margarate de potasse sont très sensiblement plus solubles dans l'alcool, et c'est sur cette propriété qu'est fondé le moyen de les séparer et d'isoler les acides stéarique et margarique.

## ARTICLE III.

### *Acide oléique.*

2081. *Propriétés.* — L'acide oléique a l'aspect d'une huile incolore : de là le nom que M. Chevreul lui a donné. Sa densité est de 0,898 à 19°. Il a une légère odeur et une légère saveur rance ; il se prend à quelques degrés au-dessous de 0°, en une masse blanche formée d'aiguilles.

Chauffé dans le vide, il se volatilise sans éprouver d'altération ; distillé à la manière ordinaire, il se décompose, du moins en partie.

L'eau ne le dissout pas sensiblement ; l'alcool d'une densité de 0,822 le dissout, au contraire, en toutes proportions. Il s'unit facilement aux acides stéarique et margarique, et forme des combinaisons dont l'alcool froid sépare beaucoup d'acide oléique et peu des deux autres acides. Comme les acides margarique et stéarique, il rougit le tournesol et décompose les carbonates.

*Etat naturel, préparation.* — De même que l'acide margarique, l'acide oléique fait partie du gras des cadavres, et de même que lui aussi, il doit être préparé en faisant chauffer l'une des graisses saponifiables, la graisse de porc, etc., avec la potasse. On doit se rappeler qu'alors il se produit tout-à-la-fois des stéarate, margarate et oléate, et qu'en traitant à froid le savon par de l'alcool à 0,821, on dissout l'oléate et on attaque à peine les deux autres sels. Si donc l'on fait évaporer doucement la liqueur alcoolique, et si l'on reprend le résidu, à la température ordinaire, par de l'alcool très concentré, l'oléate se dissoudra avec des traces de margarate et stéarate ; mais par un second, et, au besoin, par un troisième traitement semblable au premier, on purifiera sensiblement ce sel. Il ne s'agira plus alors que de le décomposer par une dissolution aqueuse d'acide tartrique. Celui-ci s'unit à la potasse, et l'acide oléique qui en est séparé vient nager sur le liquide aqueux. On enlève l'acide oléique avec une pipette ; on l'agite avec de l'eau chaude pour le laver ; on le recueille ensuite dans un petit vase, et on l'expose à des degrés de température de plus en plus bas, qui doivent être insuffisans pour congeler la totalité de la masse. Après chaque exposition de l'acide à un certain degré de froid, il est nécessaire de le filtrer dans un papier lavé à l'acide chlorhydrique, afin de séparer l'acide margarique qui s'est solidifié.

*Composition.*— L'acide oléique, tel que nous venons de l'examiner, contient, suivant M. Chevreul, 3,95 d'eau pour 100 d'acide sec. Abstraction faite de celle-ci, il a été trouvé composé de 7,699 d'oxigène, de 80,942 de carbone, de 11,359 d'hydrogène.

Ces résultats et ceux que M. Chevreul a obtenus dans l'analyse des oléates, conduisent aux formules suivantes, savoir :

$C^{140}H^{120}O^{5}$ représentant 2 proportions d'acide anhydre.

$C^{140}H^{120}O^{5}+2H^{2}O$, représentant 2 prop. d'acide hydraté.

2082. *Oléates.* — L'acide oléique s'unit à la plupart des bases salifiables, et de là résultent des oléates neutres, des suroléates, et quelquefois aussi des sous-oléates. L'on connaît un sous-oléate ou un oléate neutre de plomb, des oléates neutres et des sur-oléates de potasse et de soude.

Les oléates neutres sont tellement composés, que la quantité d'oxigène de l'oxide est à la quantité d'oxigène de l'acide comme 2 à 5, et à la quantité d'acide même comme 2 à 65,87.

*Oléates de potasse.* — L'oléate neutre de potasse se prépare à la manière du stéarate de potasse, en chauffant dans une capsule 1 partie d'acide oléique avec 1 partie de potasse à l'alcool, dissoute dans 5 p. d'eau, etc. (*V.* la préparation du stéarate.)

Ce sel est pulvérulent, incolore, et presque sans odeur ; sa saveur est amère et alcaline.

Une partie d'oléate sec forme avec 2 parties d'eau froide une gelée transparente, et avec 4 parties d'eau également froide un liquide sirupeux. Il se liquéfie peu-à-peu dans un espace saturé de vapeur ; cet oléate est donc très soluble : il paraît cependant que, dissous dans une très grande quantité d'eau, il finit par se réduire à la longue en potasse qui reste dans la dissolution, et en sur-oléate gélatineux qui se dépose.

Presque tous les acides précipitent l'acide oléique de sa dissolution dans la potasse. L'acide carbonique lui-même produit cet effet à la température de 5°.

Lorsqu'on verse des eaux de chaux, de baryte, de strontiane, dans une solution d'oléate de potasse, il se forme à l'instant des oléates insolubles de ces bases. C'est également ce qui a lieu avec la plupart des sels métalliques solubles autres que ceux à bases de potasse et de soude.

L'*oléate acide de potasse* ne se prépare pas en traitant l'oléate neutre par l'eau : il faut le faire en unissant l'acide à la base. Les proportions que l'on doit employer sont 103,5 parties d'acide oléique, 400 parties d'eau, 9,21 de potasse réelle. En faisant digérer le mélange à une douce chaleur, le sel se forme à l'instant et produit une masse gélatineuse.

*Oléate de soude.* — L'oléate neutre de soude se fait comme le stéarate neutre de potasse, en chauffant dans une capsule 1 partie d'acide oléique avec 0,66 partie de soude à l'alcool dissoute dans 5 parties d'eau, etc. (*Voy.* la préparation du stéarate neutre de potasse, p. 141.)

Ce sel est incolore, presque inodore ; sa saveur est amère et alcaline.

Il attire l'humidité de l'air, mais ne se liquéfie point dans un espace saturé de vapeur, ainsi que cela arrive à l'oléate de potasse.

Une partie d'oléate de soude est très soluble à 12° dans 10 part. d'eau. Il est à présumer qu'une solution très étendue se transforme avec le temps en soude, et en sur-oléate qui se précipite.

Cet oléate se comporte avec les acides, les bases et les sels comme celui de potasse.

*Sur-oléate de soude.* — Ce sel, qu'on pourrait obtenir en combinant la soude avec l'acide dans les proportions convenables, n'a point été examiné.

*Oléates de baryte, de chaux, de strontiane, de magnésie, de zinc, de cuivre, de cobalt, de nickel, de chrôme.* — Ces oléates, qui sont tous insolubles, peuvent être préparés par la voie des doubles décompositions. Il serait possible sans doute d'en préparer beaucoup d'autres par ce procédé. (*Voy.* l'ouvrage de M. Chevreul.)

## ARTICLE IV.

### *Acides ricinique, oléidique (1) et margaritique.*

Ces acides, découverts par MM. Bussy et Lecanu, se forment tous trois en saponifiant l'huile de ricin. Les deux premiers se produisent encore, lorsqu'on la soumet à la distillation. Que l'on distille en effet de l'huile de ricin dans une cornue de verre, à la manière ordinaire, et l'on obtiendra, à part un peu de gaz qui se dégage, à part aussi un peu d'eau et d'acide acétique, une huile volatile incolore, des acides ricinique et oléidique qui se condenseront avec l'huile dans le récipient, et une matière solide qui restera dans la cornue. Les acides et l'huile volatile sont à-peu-près en proportions égales

(1) L'acide que nous appelons *oléidique* avait d'abord reçu des chimistes par lesquels il a été découvert le nom d'acide *oléo-ricinique*, destiné à rappeler la similitude de son état physique et de celui de l'acide oléique : ce nom avait l'inconvénient de porter à croire au premier abord que l'acide était formé d'acide oléique et d'acide ricinique ; il fut changé, pour ce motif, en celui d'acide *élaiodique*. Nous trouvons préférable la dénomination d'acide *oléidique*, parce qu'elle remplit l'objet que l'on avait en vue dans le choix du premier nom, et se trouve ainsi cadrer avec la dénomination d'acide *margaritique*, qui rappelle l'existence d'un rapport de même nature entre ce dernier acide et l'acide margarique. Elle a d'ailleurs l'avantage d'éviter la confusion qui pourrait résulter de la ressemblance du nom d'acide élaiodique et du nom d'acide élaïdique, que M. F. Boudet, a eu le tort de donner plus tard à un autre acide gras (2086).

et forment près du tiers de l'huile employée ; la matière solide équivaut presque aux deux autres tiers.

2083. *Acide ricinique.* — Pour l'obtenir, il faut d'abord laver à plusieurs reprises le produit de la distillation de l'huile de ricin, puis faire bouillir pendant long-temps la matière huileuse restante avec de l'eau ; par ce moyen, on sépare successivement l'acide acétique et l'huile volatile, et il ne reste plus que les acides ricinique et oléidique, ayant l'apparence d'une huile grasse. Le mélange est soumis à une seconde distillation, et lorsque le tiers de la matière a passé dans le récipient, l'opération doit être arrêtée. Le produit obtenu est composé principalement d'acide ricinique solide et contient en outre de l'acide oléidique liquide. On sépare ce dernier acide du premier, en comprimant fortement la masse entre des feuilles de papier joseph par lesquelles il est absorbé.

L'acide ricinique reste sous forme d'une masse blanche nacrée. Sa saveur, très âcre, ne se développe qu'au bout de quelque temps, mais est très persistante. Il entre en fusion à la température de 22°, et constitue un liquide, limpide, incolore, qui cristallise confusément en se refroidissant. Chauffé dans une cornue, il se volatilise à une température qui ne paraît pas fort élevée et sans éprouver pour ainsi dire d'altération. Il est complètement insoluble dans l'eau, très soluble au contraire dans l'alcool et dans l'éther. Ses dissolutions rougissent fortement le papier de tournesol.

L'acide ricinique s'unit aux bases et dégage à chaud l'acide carbonique des carbonates alcalins. Les ricinates de potasse et de soude sont analogues aux savons ordinaires ; comme eux, ils sont solubles dans l'eau, décomposables par les acides, par les sels calcaires, et sans doute aussi par les sels de baryte, de strontiane et la plupart des sels des 5 dernières sections. Les ricinates de magnésie et de plomb sont très remarquables, en ce que, insolubles dans l'eau, ils se dissolvent dans l'alcool, propriété que possèdent à peine les oléates et les margarates des mêmes bases. La dissolution du ricinate de magnésie, soumise à une douce évaporation, permet même d'obtenir ce sel en belles aiguilles nacrées et du plus beau blanc.

Enfin l'acide ricinique est composé de 73,56 de carbone, de 9,86 d'hydrogène et de 16,58 d'oxigène.

Par conséquent, la fusibilité de l'acide ricinique, sa grande solubilité dans l'alcool et l'éther, la propriété que possède aussi l'alcool de dissoudre les ricinates de magnésie et de plomb, la proportion de ses principes constituans, le distinguent parfaitement des acides margarique et stéarique avec lesquels il a quelque rapport.

2084. *Acide oléidique.*—Le papier joseph dont on se sert pour séparer l'acide ricinique de l'acide oléidique, reste imprégné de celui-ci. Si donc l'on traite le papier par l'alcool et si l'on chauffe la liqueur, on obtiendra l'acide oléidique pour résidu. Mais il contiendra nécessairement plus ou moins d'acide ricinique dont il est impossible de le priver.

Ainsi obtenu, l'acide oléidique est liquide, jaune, âcre et imprégné légèrement de l'odeur de l'huile volatile que donne l'huile de ricin à la distillation. Exposé à quelques degrés au-dessous de zéro, il se prend en masse cristalline. L'eau ne le dissout pas. L'alcool, l'éther, le dissolvent au contraire en toutes proportions. Il s'unit facilement aux bases. Les oléidates de potasse et de soude sont très solubles dans l'eau et l'alcool. Ceux de magnésie et de plomb sont également solubles dans l'alcool, mais insolubles dans l'eau.

Lorsqu'on le chauffe avec l'oxide de plomb, il laisse dégager, comme les acides ricinique, oléique, margarique, une quantité d'eau constante. MM. Bussy et Lecanu supposent qu'elle provient de la réaction des acides sur l'oxide de plomb; pour moi, je pense qu'elle est toute contenue dans les acides, que ceux-ci sont hydratés et qu'ils l'abandonnent au moment de leur union avec l'oxide de plomb.

2085. *Acide margaritique.*—L'huile de ricin se transforme avec la plus grande facilité, sous l'influence des alcalis, en acides ricinique, oléidique, margaritique et en glycérine. Il suffit pour cela d'introduire dans un matras 8 parties d'huile de ricin avec 2 parties d'hydrate de potasse dissoutes dans 2 parties d'eau, et d'exposer le mélange à la chaleur du bain-marie, pendant quelques minutes. La masse devient transparente, homogène, de consistance visqueuse, susceptible de se dissoudre en grande quantité dans l'eau, et sans en troubler la transparence : de là le moyen de se procurer l'acide margaritique, encore bien qu'il ne s'en produise que les deux millièmes du poids de l'huile.

A cet effet, l'on étend la dissolution de savon de ricin d'une grande quantité d'eau, et l'on y verse un excès d'acide chlorhydrique qui la décompose et sépare les trois acides qu'elle contient en une matière grasse, liquide, représentant les $\frac{94}{100}$ de l'huile de ricin employée. Cette liqueur oléagineuse, est ensuite dissoute dans l'alcool, chargé d'un peu d'acide chlorhydrique, pour enlever les petites portions de base qu'elle pourrait retenir, puis précipitée par l'eau et lavée à plusieurs reprises; ainsi traitée, elle est liquide comme auparavant, d'un jaune rougeâtre, inodore, très âcre. Alors on la place dans un lieu où la température est de $+ 15$ à $+ 18°$, et au bout de quelques heures elle se trouble et laisse déposer une petite quantité de matière solide, qu'on recueille sur un filtre et que l'on comprime fortement entre des feuilles de papier joseph, pour absorber tout le liquide. Cette matière solide est l'acide margaritique, qui dans cet état forme une masse blanche, compacte, dure, cassante; on le purifie en le redissolvant dans l'alcool concentré et bouillant : il cristallise par le refroidissement de la liqueur en paillettes nacrées, brillantes et douces au toucher.

L'acide margaritique est insipide, inodore, complètement insoluble dans l'eau, soluble dans trois fois son poids d'alcool bouillant, beaucoup moins soluble dans l'alcool à la température de 50 degrés, et à plus forte raison dans l'alcool froid, susceptible en dissolution de rougir fortement le tournesol, fusible seulement à 130 degrés, décomposable et volatil en partie, lorsqu'on le chauffe au point de le faire bouillir. Mis en contact avec les bases, il s'y unit facilement, neutralise la potasse et la soude et forme des composés analogues aux savons. Le margaritate de magnésie est insoluble dans l'alcool, ce qui le distingue essentiellement des acides ricinique et oléidique. Son peu de fusibilité et sa faible solubilité dans l'alcool froid, ne permettent point d'ailleurs de le confondre avec les acides margarique et stéarique.

Enfin l'acide margaritique est formé de 70,500 de carbone, de 10,905 d'hydrogène, de 18,595 d'oxigène. Il est à regretter que les auteurs n'aient pas déterminé la capacité de saturation de cet acide et des deux précédens pour en conclure la formule atomique. (*Journ. de Pharmacie*, t. XIII, p. 57.)

### ARTICLE V.

### *Acide élaïdique.*

2086. L'acide élaïdique n'existe point dans la nature, et ne s'obtient qu'en distillant ou saponifiant l'élaïdine (*Voyez* cette sorte de corps gras). La saponification offre le meilleur moyen de préparation. Cette opération s'exécute facilement en chauffant 4 parties d'élaïdine avec 1 d'hydrate de potasse dissoute dans 2 parties d'eau. Le savon ainsi formé se dissout dans l'eau, mais si l'on ajoute à la liqueur une quantité suffisante de chlorure de sodium, il s'en sépare en passant en partie à l'état de savon de soude, et se rassemble à la surface.

Redissous dans l'eau, et décomposé à chaud par l'acide chlorhydrique, il donne lieu à de l'acide élaïdique, qui se présente d'abord sous forme d'une huile fluide, et se prend par le refroidissement en une masse cristalline.

Cet acide entre en fusion à 44° et rougit alors fortement le papier de tournesol humide. Soumis à la distillation, il est partiellement détruit, mais la majeure partie se volatilise sans altération. Il paraît qu'il est insoluble dans l'eau; il se dissout au contraire dans l'alcool et dans l'éther. L'alcool étendu d'eau et marquant 22° à l'aréomètre de Beaumé, en dissout un poids égal au sien à la température de 36°. L'acide fondu se mêle en toutes proportions avec l'alcool et l'éther bouillans. Dissous à chaud dans l'alcool, il s'en sépare par le refroidissement en paillettes nacrées, dont l'éclat surpasse celui des cristaux que forment les autres acides gras.

L'acide élaïdique contient de l'eau combinée qu'il ne perd qu'en s'unissant aux bases. Il est susceptible de les saturer, et même de dégager l'acide carbonique des carbonates alcalins. Dans ses sels neutres, la quantité d'oxigène de la base est à la quantité d'acide comme 1 est à 34,1.

2087. Les élaïdates de potasse et de soude se préparent en chauffant l'acide élaïdique avec un excès de carbonate alcalin dissous dans l'eau, évaporant à siccité, et traitant le résidu par l'alcool anhydre, qui, en dissolvant l'élaïdate, le sépare de l'excès de carbonate employé. L'élaïdate d'ammoniaque se forme directement. Les autres élaïdates paraissent être insolubles dans l'eau, et pourront être obtenus par la voie des doubles décompositions. Celui de magnésie est un peu soluble dans l'alcool anhydre; celui de plomb, un peu plus. L'éther est même susceptible de dissoudre une petite quantité d'élaïdate de mercure.

Les élaïdates ont été fort peu étudiés; on ne les connaît, ainsi que leur acide, que par le travail de M. F. Boudet. (*Ann. de Chim. et de Phys.*, t. L, p. 404.)

### ARTICLE VI.

### *Acide palmique.*

2088. L'acide palmique découvert, de même que l'acide élaïdique, par M. F. Boudet (*Ann. de Ch. et de Phys.*, t. L, p. 415), n'a pas été étudié depuis. Son histoire présente une grande analogie avec celle du dernier acide. Sa préparation s'effectue au moyen de la palmine par un procédé tout semblable. Après avoir été mis en liberté, il a besoin d'être purifié par la compression entre des feuilles de papier joseph et par des cristallisations réitérées dans l'alcool. Sa cristallisation présente une difficulté d'une singulière nature. Quel que soit le degré de l'alcool dont on fasse usage, la majeure partie de l'acide, tend à se séparer de la dissolution sous forme d'un liquide huileux, qui paraît être une combinaison d'acide palmique et d'alcool. Cette huile reste à la surface de la dissolution, et se prend, au bout d'un temps plus ou moins long, en une masse confusément cristallisée, tandis que la liqueur beaucoup moins chargée d'acide cristallise elle-même plus régulièrement au-dessous. Ce n'est que dans des circonstances difficiles à réaliser, et dont il n'a pas été possible à M. Boudet de se rendre compte, que cet effet cesse de se produire.

L'acide palmique cristallise en aiguilles blanches et soyeuses, se fond à 50°, et se volatilise, en s'altérant en partie, à une température plus élevée. Il rougit fortement le papier de tournesol humide, se dissout en toutes proportions dans l'éther et l'alcool concentrés, décompose les carbonates alcalins, abandonne de l'eau en s'unissant aux bases, et forme des sels qui se préparent de la même manière que les élaïdates. La quantité d'oxigène qui existe dans l'eau de l'acide palmique hydraté et dans les oxides qui le saturent, est à la quantité d'acide, à très peu près, dans le rapport de 1 à 24.

2089. Le palmate neutre de soude ramène au bleu le papier de tournesol rougi. L'eau le dissout, pourvu qu'elle ne soit pas en quantité trop considérable; mais une grande dilution en opère la décomposition. Une partie de l'alcali devient libre, et du bi-palmate se sépare de la liqueur. L'eau dissout aussi le palmate d'ammoniaque et probablement celui de potasse. Les autres palmates paraissent être insolubles dans l'eau, mais quelques-uns se dissolvent d'une manière sensible dans l'alcool.

ARTICLE VII.

### *Acide roccellique.*

2090. C'est à Heeren qu'on doit la connaissance de l'acide roccellique. Il l'a trouvé dans le *roccella tinctoria*.

Cet acide est sans odeur et sans saveur. Il se fond à environ 130 degrés, et se prend à 122° en une masse cristalline blanche, sans rien perdre de son poids, d'où il suit qu'il ne contient point d'eau de cristallisation. Exposé à une température plus élevée, il se décompose en vase clos à la manière des graisses, prend feu et brûle comme elles au contact de l'air.

L'eau, même lorsqu'elle est bouillante, ne le dissout point. Il est très soluble dans l'alcool et l'éther. Une partie d'acide n'exige pour sa dissolution que 1,81 partie d'alcool bouillant, d'une densité de 0,819. La solution alcoolique rougit le tournesol et cristallise par refroidissement.

On se le procure en faisant digérer le lichen avec l'ammoniaque caustique et concentrée, précipitant par le chlorure de calcium la dissolution étendue d'eau, lavant sur un filtre le précipité qui contient beaucoup de roccellate de chaux, le décomposant par l'acide chlorhydrique, et dissolvant dans l'éther l'acide roccellique mis en liberté. La dissolution éthérée donne par évaporation l'acide roccellique en cristaux tenus, très blancs, à éclat soyeux, que le microscope fait reconnaître pour être de petites tables carrées.

M. Liebig en a retiré 67,940 de carbone, 10,756 d'hydrogène et 21,304 d'oxigène, ce qui, d'après la capacité de saturation de cet acide, donne en atomes pour la formule de son nombre proportionnel $C^{33}H^{32}O^{4}$. Cependant M. Liebig adopte $C^{32}H^{32}O^{4}$, qui représente un oxide de bi-carbure d'hydrogène.

2091. *Roccellates.*—Quelques observations seulement ont été faites sur les roccellates de potasse, d'ammoniaque et de chaux.

Celui de potasse cristallise en lames fines comme l'acide roccellique; il se dissout dans l'eau, et sa dissolution mousse comme celle du savon.

Le roccellate d'ammoniaque est très soluble. Sa dissolution mousse comme la précédente. Évaporée jusqu'à siccité, elle laisse un résidu semblable à un vernis. A l'aide de la chaleur, elle se charge de beaucoup d'acide roccellique, qu'elle abandonne en se refroidissant ou en l'étendant d'eau.

Le roccellate de chaux est insoluble, et s'obtient par voie de double décomposition sous forme d'un précipité blanc; il ne s'unit, ni à un excès de base, ni à un excès d'acide. (*Voy.* le mémoire de Heeren, *Journal de Schweigger-Seidel*, LIX, 347, et l'analyse de Liebig, *Ann. de Chim. et de Phys.*, XLVII, 123.)

### ARTICLE VIII.

### *Acide sébacique.*

2092. L'acide sébacique tire son nom du mot latin *sebum*, suif. C'est un des produits de la distillation des graisses, et le premier des acides gras découverts.

Cet acide est sans odeur; sa saveur est faible, sa pesanteur spécifique plus grande que celle de l'eau; il rougit d'une manière très sensible la teinture du tournesol; il cristallise en petites aiguilles blanches qui n'ont que très peu de consistance.

Soumis à l'action du feu, il fond comme une espèce de graisse, et se vaporise en grande partie.

L'air ne l'altère point.

Il est bien plus soluble dans l'eau à chaud qu'à froid : aussi de l'eau bouillante qui en est saturée se prend-elle en masse par le refroidissement. L'alcool en dissout, à la température ordinaire, une grande quantité.

Il forme, avec les alcalis, des sels neutres solubles : si l'on verse de l'acide sulfurique, azotique ou chlorhydrique dans une dissolution concentrée de sébate, il s'en dépose tout-à-coup une très grande quantité d'acide sébacique.

Enfin il précipite les dissolutions d'acétate et d'azotate de plomb, d'acétate et d'azotate de mercure, et celle d'azotate d'argent.

Pour en obtenir une quantité très sensible, il faut distiller 3 à 4 kilogrammes de suif ou d'axonge dans une cornue de grès de 7 à 8 litres, recevoir dans un ballon, par le moyen d'une allonge, les produits qui peuvent être condensés, et qui sont formés de beaucoup d'acides margarique et oléique, d'huile empyreumatique, et de très peu d'acide acétique et d'acide sébacique; traiter à plusieurs reprises ce produit par de l'eau bouillante, agiter la liqueur pendant quelques minutes, la laisser refroidir, la décanter à chaque fois, et y verser un excès de dissolution d'acétate de plomb : il en résulte sur-le-champ un précipité blanc et floconneux de sébate de plomb, qui doit être réuni sur un filtre, lavé et séché. Alors on introduit le sébate dans une fiole avec son poids d'acide sulfurique étendu de 5 à 6 parties d'eau; on expose cette fiole à une température d'environ 100 degrés; l'acide sulfurique s'empare de l'oxide de plomb, et met en liberté l'acide sébacique qui reste en dissolution; on jette le tout sur un filtre, et l'acide sébacique cristallise par refroidissement; mais, comme il est imprégné d'acide sulfurique, il faut le laver jusqu'à ce qu'il ne communique plus à l'eau la propriété de précipiter par l'azotate de baryte. Amené à ce point, il ne s'agit plus que de le faire sécher à une douce chaleur.

L'acide sébacique a été analysé par MM. Dumas et Péligot qui y admettent, à l'état anhydre, 65,65 de carbone, 8,59 d'hydrogène, 25,76 d'oxigène.

D'après cela sa formule atomique est $C^{20} H^{16} O^{3}$.

L'acide sublimé est représenté par $C^{20} H^{16} O^{3} + H^{2} O$.

Il est sans usages, et a été découvert par M. Thenard.

Cet acide ne doit point être confondu avec celui qui était désigné par ce nom avant l'époque que nous venons de citer. Celui-ci, auquel on attribuait une odeur forte et repoussante, n'est que de l'acide acétique, ou de l'acide chlorhydrique, ou de la graisse gazéifiée ou altérée suivant le procédé qu'on emploie pour le préparer. (*Ann. de Ch.*, t. XXXIX, p. 193.)

### *Savons.*

2093. Les savons sont des composés que l'on obtient en traitant les huiles grasses végétales ou animales, et en général toutes les graisses, par les bases salifiables puissantes. Le corps gras, par la réaction de ses élémens et par la fixation des principes d'une petite quantité d'eau, se transforme alors, comme nous l'avons fait voir précédemment, d'après les expériences de M. Chevreul, en glycérine, et en divers acides, qui sont : l'acide margarique et l'acide oléique, lorsqu'on opère sur les huiles végétales ; ces mêmes acides et l'acide stéarique, quand l'opération se fait sur les graisses de mouton, de bœuf, de porc. La glycérine, dont il ne se produit jamais qu'une petite quantité, reste libre ; les acides margarique, oléique et stéarique, qui sont très abondans, s'unissent à la base salifiable en présence de laquelle ils se trouvent, et constituent le savon, de sorte que celui-ci doit être regardé comme un véritable composé salin. Nous devons donc nous en occuper en même temps que des acides gras.

Parmi les savons, il n'en est que trois qui soient solubles dans l'eau ; savoir : ceux de potasse, de soude et d'ammoniaque.

Les savons ammoniacaux se font tous à froid, en raison de la volatilité de la base (1). Ceux de potasse et de soude se préparent toujours, au contraire, en faisant bouillir les huiles avec les dissolutions alcalines. Les autres étant insolubles, on peut les faire par la voie des doubles décompositions : ainsi, que l'on mêle deux dissolutions, l'une de savon ordinaire et l'autre de chlorure de calcium, on obtiendra aussitôt un précipité floconneux de savon calcaire. C'est pour cela que les eaux des puits de Paris, qui contiennent environ $\frac{1}{460}$ de sulfate de chaux, ne sont point propres au savonnage. Nous ne parlerons en particulier que des savons à bases de soude et de potasse, parce que ce sont les seuls employés dans les arts et l'économie domestique. Le savon de soude est toujours solide, et le savon de potasse toujours mou.

2094. *Savons à base de soude.* — Toutes les huiles ou les graisses n'ont point la propriété de se saponifier également bien. Celles qui se saponifient le mieux sont parmi les huiles, celles de ricin, d'olive, d'amande douce ; et parmi les graisses, le suif, la graisse, le beurre.

On ne consomme, en général, que du savon d'huile d'olive, du savon de suif et du savon de graisse. Le premier est celui dont on fait principalement usage en France, dans l'Italie et dans l'Espagne, où les oliviers sont communs, tandis qu'on ne

(1) Le composé que l'ammoniaque semble former tout de suite avec les huiles est-il un véritable savon? c'est-à-dire, résulte-t-il de l'union de l'ammoniaque avec l'acide margarique et l'acide oléique? J'en doute. Ce n'est probablement que par un contact prolongé que l'ammoniaque peut déterminer la formation de ces sortes d'acides et se saponifier réellement.

se sert, pour ainsi dire, que des autres en Allemagne, en Angleterre et en Prusse.

Décrivons, comme exemple, la fabrication du savon d'huile d'olive. Les matières que l'on emploie pour cette fabrication, sont : 1° de l'huile d'olive, à laquelle on ajoute ordinairement $\frac{1}{5}$ d'huile de graines ; sans cette addition, la coupe du savon ne serait point douce ni unie, elle serait comme grumeleuse et occasionnerait une perte assez grande au marchand débitant ; 2° de la soude du commerce de bonne qualité, c'est-à-dire, à 30 ou 36°, ou contenant à-peu-près 30 à 36 pour 100 de carbonate de soude sec ; 3° de la chaux vive ; 4° de l'eau.

100 parties d'huile exigent environ 54 parties de soude à 36° pour leur saponification ; et 3 parties de soude exigent, pour devenir caustiques, 1 partie de chaux.

1° Après avoir pilé la soude, éteint la chaux, on en fait un mélange sur lequel on verse une certaine quantité d'eau froide. Au bout de douze heures, on fait écouler la liqueur, qui prend le nom de *première lessive*, et qui marque de 20 à 25°. Traitant ensuite le résidu deux fois par de nouvelle eau pour l'épuiser, on se procure deux autres lessives, dont l'une marque de 10 à 15°, et l'autre de 4 à 5°.

2° Lorsque le fabricant a fait provision de lessives à diverses densités, il s'occupe de la cuite : pour cela, il emploie des chaudières qui varient beaucoup dans leur construction, et qui peuvent contenir depuis 2,500 jusqu'à 12,500 kilogrammes de savon. Dans tous les cas, elles portent à leur fond un tuyau de 68 millimètres de diamètre, nommé l'*épine*.

On commence par mettre de la lessive faible dans la chaudière ; ensuite on y verse peu-à-peu de l'huile, et l'on fait bouillir le mélange. Bientôt la combinaison s'opère, forme une espèce d'émulsion : on ménage le feu et on ajoute successivement de la lessive faible, de l'huile, en ayant soin, pour accélérer la combinaison, de maintenir toujours la masse bien empâtée, bien homogène, sans lessive au fond de la chaudière, et sans huile à la surface.

3° Quand on a ainsi mis dans la chaudière toute l'huile que l'on veut saponifier, on y ajoute peu-à-peu de la lessive forte, qui sature l'huile et convertit l'espèce de savon avec excès d'huile, dont nous venons de parler, en savon parfait qui se sépare de la lessive et vient se rassembler à la surface. (1)

4° Ce phénomène ayant eu lieu, la lessive, quoique très abondante, n'est plus propre à la saponification : on n'y trouve

(1) Les lessives acquérant plus de densité par le mélange de la lessive forte, favorisent cette séparation.

plus en effet que des sels neutres, du carbonate de soude, et un peu de soude caustique non absorbée. C'est pourquoi, le feu étant tombé, on la tire par l'épine, de manière à mettre le savon presqu'à sec. Alors on ajoute de nouvelles lessives caustiques, neuves et concentrées, et on rallume le feu : on verse ainsi successivement dans la chaudière plus de lessive caustique qu'il n'en faut pour saturer l'huile; on fait bouillir pour n'avoir aucun doute sur la saturation; on arrête la cuisson quand la lessive est parvenue à 1,150 ou à 1,200 de pesanteur spécifique; puis on retire comme précédemment cette lessive, sur laquelle nage le savon, et l'on met celui-ci à sec sur le fond de la chaudière. Dans cet état, le savon est d'un bleu foncé tirant sur le noir, et ne contient que 16 pour 100 d'eau. Sa couleur provient, selon toute apparence, d'un savon alumino-ferrugineux, qui se forme lors de l'empâtage, se dissout dans le savon alcalin et donne lieu par sa réaction sur le sulfure de sodium à un peu de sulfure de fer. (1)

Le savon, arrivé à ce point, peut être converti en savon blanc ou en savon marbré.

5° Pour le convertir en savon blanc, il faut le délayer peu-à-peu dans des lessives faibles, en ménageant la chaleur, et le bien laisser déposer en couvrant la chaudière. Le savon alumino-ferrugineux noirâtre n'étant pas soluble dans le savon à cette température, s'en sépare et tombe au fond de la chaudière. On puise la pâte du savon, qui est devenue parfaitement blanche, et on la coule dans des *mises*, où elle se prend en masse par le refroidissement, et d'où elle est enlevée pour être coupée en tables ou en briques.

Ce savon est connu dans le commerce sous le nom de *savon en table;* il contient à-peu-près, sur 100 :

| | |
|---|---|
| Protoxide de sodium ou soude | 4,6 |
| Matière grasse | 50,2 |
| Eau | 45,2 |
| | 100,0 |

Il est employé de préférence pour les usages délicats, comme le blanchissage de la dentelle, la teinture, parce que, ayant été lavé avec des lessives faibles et purifié par décantation, il ne contient, pour ainsi dire, ni excès d'alcali, ni autre corps étran-

(1) L'alumine provient des fours dans lesquels on fabrique les soudes, et se dissout dans celles-ci pendant le lessivage. L'oxide de fer provient des materiaux employés, ou du sol sur lequel on opère, ou de la plante même, dans le cas où l'on se sert des soudes naturelles. Quant au sulfure de sodium, il fait partie de la soude.

Lorsque les lessives ne contiennent pas assez d'oxide de fer pour que le savon alumineux se colore en beau bleu, on en ajoute à la cuite une quantité suffisante,

ger : aussi est-il beaucoup plus doux et moins mordant que le marbré, dont nous allons actuellement parler.

2095. Lorsque la cuite du savon est terminée, et que la lessive sur laquelle il nage a acquis de 1,150 à 1,200 de pesanteur spécifique, le savon est bleu-noir, comme nous l'avons déjà dit. Dans cet état, si, au lieu d'en vouloir faire du savon en table, on veut en faire du savon marbré, on s'y prend de la manière suivante.

Nous avons vu que le savon ne contient alors que 0,16 d'eau, et que la masse entière est colorée en bleu noirâtre. Il faut ajouter l'eau qui y manque pour que le corps colorant ou le savon alumino-ferrugineux se sépare de la pâte blanche et se réunisse en veines plus ou moins grandes, de manière à former une espèce de marbrure bleue sur un fond blanc.

La séparation de ce corps peut être comparée à une sorte de cristallisation : pour qu'elle se fasse bien, il est nécessaire que le savon soit convenablement délayé dans des lessives faibles, et qu'il ne se refroidisse ni trop vite ni trop lentement.

S'il est trop délayé et s'il se refroidit trop lentement, on n'a que du savon blanc; tout le marbré tombe au fond. Dans le cas contraire, il est à tout petits grains, comme du granit.

Ce procédé est donc fondé sur la moindre solubilité du savon alumino-ferrugineux à une basse température, et sur la propriété qu'a la dissolution de ne plus pouvoir le retenir et de s'en séparer à une certaine densité.

Quoi qu'il en soit, lorsqu'on a ajouté à la cuite la quantité convenable de lessive faible pour l'amener au point desiré, on coule le savon dans des mises, de même que le savon blanc, et on l'en retire de la même manière après son refroidissement pour être coupé en briques. (1)

ce qui se fait en l'arrosant avec une dissolution de couperose après l'empâtage de l'huile.

Dans tous les cas, il paraît que les acides gras se combinent d'abord avec l'alumine et l'oxide de fer, qu'il en résulte un savon alumino-ferrugineux jaunâtre, et que ce n'est qu'à la chaleur de l'ébullition que ce savon se colore, c'est-à-dire que la réaction entre le savon de fer et le sulfure de sodium a lieu.

C'est à M. d'Arcet, dont les connaissances dans les arts sont si étendues, que je dois ces observations.

(1) Les mises dans lesquelles on coule le savon lorsqu'il est cuit, se construisent de différentes manières, suivant les localités et selon la manière de voir du fabricant. Les plus ordinaires sont de grandes caisses faites de planches ajoutées dans des membrures et assujéties par des clefs en bois; elles sont placées sur de fortes plates-formes, de manière que la lessive qui s'en écoule puisse être recueillie dans un réservoir. D'autres fois, elles sont formées par plusieurs dalles de pierre liées par un ciment.

Le savon marbré contient environ, sur 100 :

| | |
|---|---|
| Protoxide de sodium ou soude | 6 |
| Matière grasse | 64 |
| Eau | 30 |
| | 100 |

Ce savon est toujours plus dur et plus constant dans ses proportions que le savon en table. En effet, la nécessité de produire le marbré fait que le fabricant n'est pas le maître de faire varier la quantité d'eau : elle dépend de la marbrure. Le savon blanc en table peut, au contraire, recevoir autant d'eau que le fabricant desire, et est même d'autant plus blanc qu'il en contient davantage; d'où il suit que le savon marbré doit être préféré à celui-ci.

2096. Quelle que soit sa couleur, le savon possède les mêmes propriétés, à son degré de force près. Tout le monde en connaît l'aspect et la consistance. Sa pesanteur spécifique est plus grande que celle de l'eau; sa saveur est légèrement alcaline. Exposé au feu, il entre promptement en fusion, se boursoufle ensuite et se décompose. L'air, en se renouvelant, le dessèche peu-à-peu presque entièrement. L'eau en opère la dissolution plus facilement à chaud qu'à froid; cette dissolution est sur-le-champ troublée par la plupart des acides, qui, en s'emparant de la soude et précipitant les acides huileux qui s'y trouvent, forment une espèce d'émulsion; elle l'est également par tous les sels solubles métalliques, autres que ceux à bases de potasse, de soude, et donne lieu à des savons insolubles. L'alcool peut aussi dissoudre le savon; il en dissout une grande quantité surtout à chaud. En effet, que l'on sature l'alcool de savon à la température de l'ébullition, et qu'on abandonne la liqueur à elle-même, elle se prendra par le refroidissement en une masse jaune et transparente : en se séchant, si le savon est formé de soude et de suif, cette masse ne devient point opaque; on voit encore très distinctement les objets à travers, lors même que son épaisseur est d'un demi-pouce. Enfin le savon, de quelque nature qu'il soit, possède la propriété d'enlever de dessus le linge et les étoffes la plupart des corps gras qui peuvent y être appliqués.

2097. *Savons à base de potasse* ou *savons mous*. — Les savons que forment les graisses et les huiles avec la potasse restent mous, ou plus ou moins pâteux. On en connaît deux espèces dans le commerce : ce sont les savons d'huile de graines, qui portent le nom de *savons verts*, et les *savons de toilette*, faits au moyen de la potasse et du saindoux.

Les fabricans de savon vert préparent leurs lessives comme les fabricans de savons ordinaires, et conduisent leur opération de la même manière, jusqu'à ce que toute l'huile soit ajoutée. Dans cet état, le savon ressemble à un onguent; il contient excès d'huile; il est d'un blanc sale et à peine transparent. On ménage le feu, et on remue continuellement au fond de la chaudière avec de grandes spatules; ensuite on ajoute peu-à-peu de nouvelles lessives bien caustiques et un peu plus fortes que les premières. La saturation de l'huile s'opère, et le savon devient transparent. On continue alors le feu pour donner au savon la consistance convenable, et on le coule dans des tonneaux pour être ainsi livré au commerce.

On voit que cette espèce de savon diffère beaucoup du savon fabriqué avec l'huile d'olive et la soude. Ici, depuis le commencement de l'opération jusqu'à la fin, l'art du savonnier consiste à opérer la combinaison de l'huile avec la potasse, sans que le savon formé cesse d'être en dissolution dans la lessive; tandis que, dans la fabrication du savon dur, il est, au contraire, nécessaire, comme nous l'avons vu, de séparer le savon de la lessive, avant même que la saturation de l'huile soit tout-à-fait achevée.

Le savon vert contient, en général, plus d'alcali qu'il n'en faut pour la saturation de l'huile. C'est un savon parfait dissous dans une lessive alcaline.

Il doit être bien transparent, d'une belle couleur verte, qui se donne quelquefois au moyen de l'indigo. Il est formé ordinairement de :

| | |
|---|---|
| Protoxide de potassium ou potasse...... | 9,5 |
| Matière grasse...................... | 44 |
| Eau................................ | 46,5 |
| | 100,0 |

Le savon de potasse peut être transformé aisément en savon de soude; il suffit pour cela de le mêler en dissolution avec une certaine quantité de sel marin et de faire chauffer la liqueur : le nouveau savon se sépare de la lessive, et se termine à la manière ordinaire. Ce procédé est employé en grand dans tous les pays où les savons de graisse sont en usage; et où la soude est à un prix plus élevé que la potasse.

2098. *Savons de toilette.* — Indépendamment des savons dont nous venons de parler, on distingue encore les savons de toilette : ceux-ci sont, comme les précédens, tantôt à base de soude et tantôt à base de potasse. Ceux qui sont à base de soude se font avec les huiles d'amande douce, de noisette, de palme, avec le saindoux, le suif, le beurre; les autres ne se font qu'avec les graisses et ordinairement le saindoux. Tous se confectionnent de même que le savon blanc ou le savon en table;

mais il est nécessaire qu'ils soient, autant que possible, dégagés d'alcalis : leur saveur, en un mot, ne doit pas être caustique.

2099. *Emplâtre diapalme.*— C'est en faisant chauffer parties égales d'huile d'olive, d'axonge et de litharge, et ajoutant au mélange qu'on remue sans cesse, un peu de cire blanche et de sulfate de zinc, qu'on fait l'emplâtre diapalme, emplâtre qu'il est possible d'obtenir aussi en précipitant une solution de savon par une solution d'acétate de plomb. L'emplâtre diapalme n'est donc, pour ainsi dire, qu'un mélange de stéarate, margarate et oléate de plomb.

2100. Il est facile de se rendre compte de la cause pour laquelle les savons sont plus ou moins durs ou plus ou moins mous. Cette cause dépend, d'une part, de la nature de la base, et d'autre part, des quantités relatives de margarate, d'oléate et de stéarate produites.

On remarque que la potasse forme avec les trois acides stéarique, margarique et oléique, des composés qui prennent l'aspect d'un mucilage ou d'une gelée épaisse dans leur contact avec l'eau. Ils ne peuvent donc donner lieu qu'à un savon mou. Ces trois acides produisent, au contraire, avec la soude des sels que l'eau ne ramollit point comme les précédens; le stéarate de soude résiste plus à l'action de l'eau que le margarate, et celui-ci plus que l'oléate; d'où il suit que le savon sera d'autant plus dur, qu'il contiendra plus d'acide stéarique. Or, l'acide stéarique provient principalement de la stéarine, et l'acide oléique de l'oléine.

Si donc le corps gras est riche en stéarine, il fera un savon de soude très solide (exemples : suif, graisse animale solide, huile d'olive); mais si l'oléine dans ce corps est très abondante, il en résultera un savon qui sera moins dur (huile de graines).

Il paraît d'ailleurs que l'odeur qui s'exhale de certains savons, tels que celui de suif, dépend de la présence d'un acide volatil. Ce n'est point ici le lieu de traiter cette question : nous ne l'examinerons qu'en étudiant les acides gras volatils (2101).

Telles sont les observations que nous avons cru devoir présenter sur l'art du savonnier. L'on pourra d'ailleurs consulter 1° le Mémoire de d'Arcet le père, Lelièvre et Pelletier (*Ann. de Chim.*, t. XIX, p. 253); 2° les *Observations* de M. Colin (*Ann. de Ch. et de Ph.*, t. III, p. 5); 3° la *Description*, par Marcel de Serres, *des procédés suivis en Allemagne pour fabriquer les savons de graisse* (*Ann. de Chim.*, t. LXXVI, p. 54); 4° le *Traité* de M. Chevreul sur les *Matières grasses*; 5° le *Mémoire* de M. Lecanu, *Ann. de Chim. et de Phys.*, t. LV, p. 192.

## IIe GROUPE.

### *Acides gras volatils sans altération.*

2101. Huit acides gras sont susceptibles d'être distillés sous la pression ordinaire sans éprouver de décomposition : ce sont les acides butyrique, caprique, caproïque, phocénique, hircique, valérianique, crotonique et cévadique. A la vérité, quelques-uns, comme l'acide butyrique, subissent une légère altération, lorsqu'on les distille dans une cornue remplie d'air; mais la décomposition qu'ils éprouvent doit être attribuée, non pas à l'action de la chaleur, mais à celle de l'oxigène de l'air qu'ils absorbent d'une manière très sensible.

Tous sont incolores et doués d'une saveur et d'une odeur fortes et désagréables. Tous sont liquides à la température ordinaire, excepté les acides caproïque et cévadique, qui le deviennent, l'un à 18° et l'autre à 20°. Il n'en est aucun qui ne passe à la distillation avec de l'eau portée à l'ébullition. L'alcool, l'éther, les huiles les dissolvent facilement. Quelques-uns, tels que l'acide butyrique, sont aussi très solubles dans l'eau; mais le plus grand nombre ne s'y dissout qu'en très petite quantité. Ils s'unissent, comme les acides du groupe précédent, avec les bases salifiables, à cela près qu'ils forment plus de sels solubles.

*État naturel.* — La plupart de ces acides existent tout formés dans la nature, mais en très petite quantité. Ils font presque toujours partie des huiles ou des graisses dont on les extrait par la saponification. La raison en est simple, c'est que l'air altère peu-à-peu ces sortes de matières et les acidifie d'une manière très marquée. Nous citerons pour exemple le beurre, l'huile de dauphin qui donne l'acide phocénique.

*Préparation.* — Il paraît que les acides gras volatils se forment dans les mêmes circonstances que les autres acides gras (2076), et qu'il suffit même quelquefois, pour en obtenir des quantités sensibles, de traiter certaines graisses ou certaines huiles par l'alcool. C'est aussi comme les acides gras du groupe précédent qu'on les obtient presque tous, c'est-à-dire, en saponifiant les matières grasses par la potasse ou la soude, et décomposant les sels par les acides sulfurique, phosphorique, etc. D'ailleurs, indépendamment de l'acide gras volatil, il se forme de la glycérine, et la théorie est la même que celle que nous avons exposée précédemment (2076).

ARTICLE I.

## *Acide phocénique.*

2102. L'acide phocénique est le produit de l'action des alcalis sur une huile particulière que M. Chevreul appelle *phocénine*, et qu'il a trouvée unie, savoir : avec l'oléine dans l'huile de marsouin (*delphinus phocæna*), avec l'oléine, la cétine, une matière colorante et une matière odorante, dans celle du dauphin.

*Propriétés.* — L'acide phocénique est incolore, liquide à la température ordinaire; il ressemble à une huile volatile; sa densité à 28° est de 0,932. Son odeur est très forte et a de l'analogie avec celles de l'acide acétique et du beurre fort. Sa saveur, d'abord acide et très piquante, rappelle ensuite la saveur de la pomme de reinette.

Cet acide conserve sa liquidité à 9° au-dessous de zéro, et ne bout qu'au-dessus de 100°. Dans le vide, il peut être distillé sans éprouver d'altération; mais dans une cornue pleine d'air, il s'altère sensiblement, à moins qu'il ne soit en dissolution dans l'eau : alors il passe très pur avec elle dans les récipiens. C'est même sur cette propriété qu'est fondé l'art de l'extraire.

L'acide phocénique, par le contact d'un corps en combustion, s'enflamme à la manière des huiles volatiles.

L'eau à 30° n'en dissout que la 18e partie de son poids; l'alcool d'une densité de 0,794 le dissout, au contraire, en toutes proportions. La solution aqueuse d'acide phocénique se décompose spontanément dans un flacon qui n'en est pas entièrement rempli, et acquiert l'odeur de cuir apprêté avec l'huile de poisson. Enfin, l'acide phocénique forme avec les bases salifiables des sels qui ne permettent de le confondre avec aucun autre acide. Dans les phocénates neutres, la quantité d'oxigène de l'oxide paraît être à la quantité d'acide comme 8,65 à 100, et à la quantité d'oxigène de l'acide comme 1 à 3; d'où il suit que la capacité de saturation de cet acide est presque trois fois aussi grande que celle des acides stéarique, margarique et oléique.

*Etat naturel, préparation.* — M. Chevreul, d'après l'odeur que les baies de *viburnum opulus* exhalent lorsqu'on les écrase entre les doigts, a été conduit à rechercher dans ces fruits et à y découvrir l'acide phocénique. Il en existe aussi une très petite quantité dans les huiles de dauphin et de marsouin. Jusqu'ici il n'a été trouvé dans aucune autre matière.

Lorsqu'on veut se le procurer, ce qu'il y a de mieux à faire, est de saponifier par la potasse l'huile de marsouin ou de dauphin, et de délayer la masse savonneuse dans une grande quantité d'eau, comme nous l'avons dit au sujet de la préparation de l'acide stéarique : de là résultent un sur-margarate qui se dépose avec un peu de sur-oléate, de l'oléate, du phocénate et de la glycérine, qui restent en dissolution avec une petite quantité de margarate et l'excès d'alcali. L'acide margarique vient de l'oléine; l'acide phocénique de la phocénine; quant à l'acide oléique et à la glycérine, ils proviennent des deux substances grasses contenues dans l'huile. Après avoir traité la masse savonneuse par l'eau, on la tire à clair autant que possible; puis on y verse un petit excès d'acide tartrique ou phosphorique, qui en sépare de l'acide oléique et de l'acide margarique, et qui en même temps rend libre l'acide phocénique. Celui-ci reste en dissolution dans la liqueur : on la décante ou on la filtre, et on la soumet à la distillation. Tout l'acide phocénique se volatilise en même temps que de l'eau dans laquelle il se trouve dissous. On sature le produit par de l'hydrate de baryte, et quand, par évaporation, le phocénate de baryte a été desséché, on met dans un tube fermé par un bout 100 part. de ce phocénate sec, avec 33,4 p. d'acide sulfurique à 66°, préalablement étendu de 33,4 parties d'eau; on agite le mélange, et l'on obtient, 1° du sulfate de baryte insoluble; 2° un liquide aqueux, qui n'est que de l'eau saturée d'acide phocénique; 3° de l'acide phocénique hydraté qui se rassemble à la surface du liquide aqueux. En décantant l'acide avec une pipette, et ajoutant au résidu 33,4 parties d'eau, on obtient une nouvelle quantité d'acide hydraté qu'on décante comme le premier; après quoi il est impossible d'en extraire d'autre : le phocénate est épuisé.

*Composition.* — Cent parties d'acide hydraté contiennent 9,89 d'eau pour 100 d'acide sec. Abstraction faite de cette eau, M. Chevreul l'a trouvé composé de 65,00 de carbone, 8,25 d'hydrogène et 26,75 d'oxigène.

La formule atomique du nombre proportionnel, qui s'accorde le mieux avec ces nombres, est $C^{20}H^{15}O^{3}$. Elle supposerait toutefois 1 pour cent de carbone de plus que l'expérience n'en a donné.

En l'admettant pour l'acide anhydre, l'acide hydraté serait représenté par $C^{20}H^{15}O^{3} + H^{2}O$. (Voy. l'ouvrage de M. Chevreul.)

### ARTICLE II.

### *Acides butyrique, caproïque et caprique.*

2103. Les acides butyrique, caproïque, caprique sont le produit de l'action des alcalis sur une huile particulière, la butyrine, qu'on trouve dans le beurre, unie à l'oléine et à la stéarine. Le nom du premier est dérivé de *butyrum*, beurre; et celui des deux autres, de *capra*, chèvre.

*Etat naturel, préparation.* —L'acide butyrique à l'état libre existe en très petite quantité dans le beurre; l'acide caproïque et caprique n'ont encore été trouvés tout formés dans aucune substance.

Tous trois s'obtiennent en traitant le beurre de la même manière qu'on traite l'huile de marsouin ou de dauphin pour se procurer l'acide phocénique; c'est-à-dire, qu'on saponifie le beurre par la potasse, qu'on délaie la masse savonneuse dans l'eau, qu'on décompose la dissolution par l'acide tartrique ou phosphorique, et qu'on soumet à la distillation la liqueur décantée ou filtrée. Les trois acides, qui sont volatils, passent avec l'eau dans les récipiens; mais comme presque toujours il y a un peu de liqueur projetée qui contient de la glycérine et du phosphate ou tartrate de potasse, il est bon de distiller ces acides une seconde fois.

On les neutralise ensuite avec de l'hydrate de baryte cristallisé : or, comme 100 parties d'eau dissolvent 36 parties de butyrate à 10°, qu'elles n'en dissolvent que 8 de caproate à 10°,5, et que 0,5 de caprate à 20°, on conçoit qu'en évaporant la dissolution à siccité, et traitant ces sels desséchés par de l'eau en quantité convenable, il doit rester une matière presque uniquement composée de caprate; on conçoit également que, par des évaporations et cristallisations successives, il doit être possible d'obtenir pur plus ou moins de caproate et de butyrate, d'autant plus que ces sels affectent des formes différentes et sont très faciles à reconnaître. Tels sont, en effet, les moyens que M. Chevreul a employés. Du reste, dès qu'on a du butyrate, ou du caproate, ou du caprate de baryte, il ne faut plus pour en extraire l'acide, que le mettre en contact avec l'acide sulfurique, en se conformant, sauf les proportions, à ce que nous avons dit au sujet de l'extraction de l'acide phocénique.

On peut aussi décomposer le mélange des butyrate, caprate et caproate de baryte au moyen de l'acide phosphorique, enlever avec une pipette le liquide oléagineux qui se sépare de la liqueur aqueuse, agiter cette dernière liqueur à plusieurs reprises avec de l'éther qui s'empare des acides gras qui y étaient restés dissous, vaporiser l'éther pour obtenir ceux-ci et les réunir au premier produit oléagineux obtenu. Le mélange des trois acides est agité plusieurs fois de suite avec son poids d'eau. Ce liquide, la première fois surtout, ne dissout presque que de l'acide butyrique. Le résidu qu'il laisse indissous, consiste en un mélange d'acides caprique et caproïque, et retient seulement des traces d'acide butyrique. Leur séparation s'achève du reste comme il vient d'être dit.

*Acide butyrique.*—Pour la préparation de cet acide, on emploie 63 parties d'acide sulfurique, que l'on étend de 63 parties d'eau, sur 100 de butyrate de baryte. L'acide butyrique se rassemble à la surface de la liqueur; on le décante avec une pipette.

L'acide butyrique est liquide, semblable à une huile volatile, limpide, incolore ou presque incolore. Sa densité à 10° est de 0,9675. Son odeur est analogue à celle de l'acide phocénique, mais moins forte, et quand on la connaît, il est très facile de l'en distinguer. Il a une saveur acide très piquante et un arrière-goût douceâtre.

A 9° sous zéro, il est encore liquide. Pour entrer en ébullition, il exige plus de 100°. Chauffé dans le vide, il se volatilise sans s'altérer, tandis que dans un vase plein d'air il se décompose en partie.

Mis en contact avec les corps en combustion, il s'enflamme sur-le-champ. L'eau le dissout en toutes proportions; il en est de même de l'alcool et de l'éther.

Il s'unit à la plupart des bases salifiables et forme des sels neutres dans lesquels la quantité d'oxigène de la base est à la quantité d'oxigène de l'acide comme 1 à 3, et à l'acide même comme 10,3 à 100.

L'acide hydraté contient 11,6 d'eau sur 100 d'acide sec. A part l'eau, il est formé de 30,58 d'oxigène, de 62,42 de carbone, et de 7,00 d'hydrogène.

Ce qui correspond à la formule $C^{16}H^{11}O^{3}$ pour l'acide anhydre, et $C^{16}H^{11}O^{3}+H^{2}O$ pour l'acide hydraté.

On voit que, sous beaucoup de rapports, il se rapproche de l'acide phocénique.

*Acide caproïque.* — Cet acide qui, comme les précédens, est liquide, incolore, semblable à une huile volatile, très inflammable, a une saveur acide piquante et un arrière-goût douceâtre plus prononcé que celui de l'acide butyrique, une odeur analogue à celle de l'acide acétique ou plutôt de la sueur, une densité de 0,922 à 26°.

Il s'altère sensiblement lorsqu'on le distille dans une cornue. Cent parties d'eau n'en dissolvent pas 1,04 à 7°; l'alcool le dissout en toutes proportions.

Sa capacité pour les bases est telle que la quantité d'oxigène de l'oxide est à la quantité d'oxigène de l'acide comme 1 à 3, et à celle de l'acide comme 7,5 à 100.

L'acide hydraté contient 8,66 d'eau pour 100 d'acide sec; celui-ci est composé de 22,46 d'oxigène, de 68,67 de carbone, et de 8,87 d'hydrogène.

La formule de l'acide anhydre est $C^{24}H^{19}O^{3}$, celle de l'acide hydraté $C^{24}H^{19}O^{3}+H^{2}O$.

*Acide caprique.* — L'acide caprique, sous forme de petites aiguilles incolores à 16°,5, se liquéfie à 18°; sa saveur est acide, brûlante; son odeur est la même que celle de l'acide caproïque et se rapproche en même temps un peu de celle du bouc. Sa densité à 18° est de 0,9103.

L'acide caprique est presque insoluble dans l'eau à 20°; 100 parties d'eau n'en dissolvent en effet que 0,15. L'alcool le dissout en toutes proportions.

En s'unissant aux bases salifiables, il forme des sels neutres dans lesquels la quantité d'oxigène de l'oxide est à la quantité d'oxigène de l'acide comme 1 est à 3, et la quantité d'acide comme 5,89 à 100.

L'acide hydraté contient 7,4 d'eau pour 100 d'acide sec; celui-ci est formé de 16,16 d'oxigène, de 74,10 de carbone et de 9,74 d'hydrogène.

Ce qui correspond à la formule $C^{36}H^{29}O^{3}$ pour l'acide anhydre, et à $C^{36}H^{29}O^{3}+H^{2}O$ pour l'acide hydraté.

### ARTICLE III.

### *Acide hircique.*

2104. L'acide *hircique* est, selon M. Chevreul, le produit de l'action des alcalis sur une huile particulière qu'il appelle *hircine*, et qu'il a trouvée unie à la stéarine et à l'oléine dans les graisses de bouc et de mouton.

Cet acide s'obtient, de même que l'acide phocénique, en substituant l'une de ces deux graisses à l'huile de marsouin.

Il n'a encore été que peu étudié : on sait seulement qu'il est incolore, liquide à zéro, plus léger que l'eau, volatil; qu'il a l'odeur de l'acide acétique et celle du bouc; qu'il rougit le tournesol; qu'il est peu soluble dans l'eau et très soluble dans l'alcool; qu'il forme avec la potasse un sel déliquescent, avec la baryte un sel qui n'est pas très soluble dans l'eau, avec l'ammoniaque un sel qui a une odeur de bouc plus prononcée que celle de l'acide.

### ARTICLE IV.

### *Acide valérianique.*

2105. L'acide valérianique, observé d'abord par MM. Pentz et Grote, a été étudié avec plus de soin par M. Trommsdorff dans ces derniers temps (*Ann. de Ch. et de Phys.*, t. LIV, p. 208). Il paraît exister tout formé dans la valériane. Pour le préparer, on distille avec de l'eau des racines de *valeriana officinalis* coupées longitudinalement. Au-dessus du produit aqueux, surnage une huile qui doit en être séparée. Elle contient une quantité notable d'acide valérianique. Agitée fortement et assez long-temps avec de l'eau et du carbonate de magnésie, elle abandonne l'acide qui passe à l'état de valerianate de magnésie, soluble dans l'eau.

On se débarrasse de l'huile en la distillant, et après sa volatilisation on verse dans la liqueur restante une quantité d'acide sulfurique proportionnelle au carbonate de magnésie employé. L'acide valérianique, devenu libre, vient nager à la surface de la dissolution.

Le produit aqueux de la distillation des racines de valériane retient aussi en dissolution de l'acide valérianique; il peut être obtenu en saturant la liqueur par du carbonate de soude, la concentrant par l'évaporation et y ajoutant de l'acide sulfurique affaibli, comme au valérianate de magnésie.

Dans tous les cas, l'acide obtenu a besoin d'être distillé à une douce chaleur. Il faut refroidir convenablement le récipient, et en changer, dès que les gouttes qui s'y rendent ne sont plus laiteuses. C'est alors de l'acide pur qui se vaporise. La distillation peut être effectuée sur du chlorure de calcium, mais dans ce cas une partie de l'acide valérianique est détruite et transformée en une autre liqueur oléagineuse, brune et chargée d'acide chlorhydrique, sur laquelle nage l'acide non altéré.

L'acide valérianique se présente avec l'aspect d'une huile limpide et incolore, qui reste liquide même à — 21°. Sa saveur extrêmement forte, très acide et repoussante, laisse un arrière-goût douceâtre, lorsque l'acide a été dissous dans une grande quantité d'eau. Il produit sur la langue une tache blanche, comme le font les autres acides gras volatils. Son odeur présente beaucoup d'analogie avec celle de la valériane. Il a pour densité 0,994 à la température de 10°; il entre en ébullition à 132° sous la pression de 27p. 6l., et se distille sans s'altérer; d'ailleurs il commence à se vaporiser bien avant cette température. Chauffé dans une cuiller de platine, il brûle avec une flamme intense et sans résidu. Les taches huileuses qu'il laisse sur le papier, disparaissent complètement par la chaleur. Le papier de tournesol est fortement rougi par sa dissolution; mais exposé à l'air chaud, il redevient bleu promptement.

L'acide valérianique peut prendre environ 20 pour 100 d'eau, sans cesser d'être oléagineux. Il exige 30 fois son poids d'eau à 12° pour sa dissolution complète. Il se mêle à l'alcool en toutes proportions, se dissout abondamment dans l'acide acétique concentré, et dissout lui-même l'iode et le camphre. A froid, l'acide sulfurique fumant le jaunit fortement; à chaud, il le charbonne en dégageant de l'acide sulfureux. L'acide azotique fumant agit à peine sur lui, même en les distillant ensemble à plusieurs reprises.

D'après les analyses, que M. Ch. Ettling a faites de l'acide valérianique dans le sel de baryte et le sel d'argent, cet acide doit être formé, à l'état anhydre, de 64,96 de carbone; 9,54 d'hydrogène, et 25,50 d'oxigène.

Ce qui correspond à la formule $C^{20} H^{18} O^3$.

L'acide valérianique oléagineux, privé d'eau autant que possible, en retient encore 1 at. et se trouve représenté par $C^{20} H^{18} O^3 + H^2 O$.

*Valérianates.* — Les valérianates neutres, qui sont les seuls que l'on ait produits jusqu'ici, renferment une quantité d'oxide dont l'oxigène est à celui de l'acide comme 1 à 3, et à la quantité d'acide même comme 1 à 12,892.

Ils se préparent en combinant directement l'acide et la base par l'intermède de l'eau, ou, lorsqu'ils sont insolubles, par double décomposition.

En général, ils sont un peu gras au toucher, ils possèdent une odeur particulière et une saveur douce avec un arrière-goût piquant. Parmi eux, quelques-uns, comme ceux de potasse et de soude, tombent en déliquescence à l'air; d'autres s'y effleurissent, un certain nombre s'y conserve sans altération. Beaucoup d'entre eux se dissolvent dans l'eau; la plupart sont solubles dans l'alcool. Plusieurs peuvent être obtenus en cristaux bien déterminés; d'autres, au contraire, ne donnent que des masses salines amorphes. La chaleur les détruit et en dégage souvent de l'acide valérianique non altéré. Leurs dissolutions concentrées sont décomposées par les acides sulfurique, azotique, arsénique, phosphorique, chlorhydrique, tartrique, malique, succinique, acétique. L'acide oléagineux se sépare instantanément. L'acide benzoïque, loin d'exercer une action sur les valérianates, cède sa place à l'acide valérianique, mis en contact avec les benzoates.

## ARTICLE V.

### *Acide crotonique.*

2106. C'est de l'huile de la semence du *croton tiglium* (graine de pignon d'Inde) que l'on extrait l'acide crotonique, dont la découverte est due à MM. Pelletier et Caventou. A cet effet on emploie encore le procédé que nous avons décrit pour la préparation de l'acide phocénique; mais comme l'acide crotonique est très volatil, il faut chauffer le crotonate de baryte sec avec de l'acide phosphorique concentré, et recevoir le produit dans un récipient entouré d'un mélange frigorifique : l'acide ne tarde point à se dégager et à se congeler; il se congélerait même à—5°.

L'acide crotonique se volatilise à quelques degrés au-dessus de zéro en répandant une forte odeur qui irrite le nez et les yeux. Sa saveur est âcre; pris intérieurement, il cause des inflammations et agit comme poison. Il rougit d'une manière très sensible le tournesol.

L'acide crotonique, en s'unissant aux bases, perd toute son odeur, et forme des sels qui ont été à peine examinés.

Le crotonate de potasse affecte la forme de prismes rhomboïdaux; il est inaltérable à l'air et difficilement soluble dans l'alcool à 0,85.

Celui de baryte est tout à-la-fois soluble dans l'eau et dans l'alcool; ils le laissent déposer en cristaux nacrés par une douce évaporation.

Celui de magnésie est en poudre blanche un peu grenue, et presque insoluble dans l'eau. Les crotonates solubles forment un précipité jaune dans le sulfate de protoxide de fer, et des précipités blancs dans les dissolutions de plomb, d'argent et de bi-oxide de cuivre.

L'acide crotonique n'a point encore été analysé.

Est-il tout formé dans l'huile de *graine du pignon d'Inde*, ou est-il le produit de la saponification? Il est certain que l'huile en contient de tout formé, car elle est acide, et c'est à l'acide lui-même qu'elle doit l'odeur pénétrante qui la caractérise : aussi, lorsqu'on la broie avec de la magnésie et un peu d'eau, devient-elle presque inodore, et lorsque après avoir fait sécher la matière broyée on dissout l'huile dans l'éther, obtient-on un résidu qui, chauffé avec l'acide phosphorique, donne de l'acide crotonique très piquant. Mais, d'une autre part, en vaporisant l'éther et saponifiant l'huile, etc., il en résulte une nouvelle quantité d'acide crotonique, plus grande même que la première. On est donc porté à croire qu'il en est de l'acide crotonique comme de l'acide butyrique, qu'ils existent libres dans les corps gras qui servent à les préparer, mais qu'ils sont en même temps un des produits de la saponification. (*Voy.* les mémoires de MM. Pelletier et Caventou, et les observations de M. Brandes. *Journal de Pharm.*, t. IV, p. 293, et t. XV, p. 514.)

ARTICLE VI.

*Acide cévadique.*

2107. L'acide cévadique, découvert par MM. Pelletier et Caventou, est un produit de la saponification de la matière grasse de la cévadille. Il s'obtient comme l'acide phocénique, à cela près, qu'étant solide, il faut le séparer par voie de distillation du cévadate de baryte, en chauffant celui-ci dans une cornue avec de l'acide phosphorique. (*Voy.* l'extraction de l'acide phocénique.)

Cet acide est sous forme d'aiguilles ou de concrétions cristallines d'un beau blanc; son odeur est analogue à celle de l'acide butyrique. Vingt degrés de chaleur suffisent pour le fondre; à une température qui n'est pas beaucoup plus élevée, il se sublime en cristaux aiguillés; il est soluble dans l'eau, l'alcool, l'éther; il s'unit aux bases salifiables et forme des sels peu odorans. Le cévadate d'ammoniaque précipite en blanc les sels de sesqui-oxide de fer. (*Ann. de Ch. et de Phys.*, XIV, 71.)

## SECTION III.

*Des acides azotés.*

2108. Il est des acides azotés qui ont ou peuvent avoir le *cyanogène* pour radical, et d'autres dont le cyanogène ne fait point partie; mais, parmi ceux-ci, quelques-uns sont gras. Il est donc naturel de partager les acides azotés en trois groupes.

Ier GROUPE.

*Acides à radical de cyanogène.*

2109. Ces acides sont au nombre de neuf, savoir : l'acide cyanique, l'acide cyanurique, l'acide cyanilique, l'acide para-cyanurique, l'acide fulminique, l'acide cyanhydrique, l'acide cyanhydrique proto-cyano-ferruré, l'acide cyanhydrique sesqui-cyano-ferruré, et l'acide sulfo-cyanhydrique. Les acides cyanurique, cyanilique, para-cyanurique, sont isomères avec l'acide cyanique hydraté, et l'acide fulminique l'est avec l'acide cyanique anhydre. Nous allons les examiner, ainsi que leurs sels, dans l'ordre où ils viennent d'être nommés. Nous examinerons ensuite les sulfures de cyanogène, les chlorures, bromures, iodures de cyanogène, et le *mellon*, corps récemment découvert par M. Liebig, et qui, comme le cyanogène, est formé de carbone et d'azote.

ARTICLE I.

*Acide cyanique.*

2110. Vauquelin avait annoncé la formation de l'acide cyanique dans la réaction de l'eau et du cyanogène; mais c'est

M. Wöhler qui mit son existence hors de doute. (*Ann. de Ch. et de Phys.*, t. XX, p. 353, — XXVII, p. 196, — XLIII, p. 69.)

Etudié d'abord par M. Wöhler seul, il le fut ensuite par MM. Wöhler et Liebig dans un travail très remarquable, qui leur est commun. (*Ann. de Chim. et de Phys.*, t. XLVI, p. 25.)

*Etat naturel, préparation.* — L'acide cyanique est toujours un produit de l'art; il se forme dans plusieurs circonstances remarquables : 1° en calcinant un cyanure métallique, par exemple le double cyanure de potassium et de fer avec l'azotate de potasse, et surtout le peroxide de manganèse : le produit contient du cyanate de potasse que l'on peut dissoudre dans l'alcool bouillant et qui se dépose en cristaux lamelleux par le refroidissement; 2° en chauffant la potasse au milieu du cyanogène; il se forme tout à-la-fois du cyanure de potassium et du cyanate de potasse; 3° en dissolvant le cyanogène dans une dissolution de potasse ou de soude; 4° en traitant le chlorure de cyanogène par les alcalis, d'où résulte du cyanate et un chlorure alcalin; 5° en décomposant par le feu, dans une cornue, l'acide cyanurique ou l'urée pure et sèche.

C'est même en décomposant ainsi l'acide cyanurique dans une cornue, que l'on se procure assez facilement l'acide cyanique. L'opération se pratique, comme nous l'avons dit précédemment, en ayant soin de chauffer peu-à-peu le vase distillatoire jusqu'au rouge, et d'entourer le récipient d'un mélange frigorifique. L'acide s'y condense à l'état d'hydrate en un liquide incolore très fluide, très volatil, d'une odeur très piquante et très pénétrante, qui affecte fortement les yeux.

La plus petite goutte mise sur la peau produit à l'instant même une ampoule blanche, en donnant lieu à des douleurs très vives.

Mis en contact avec les gaz, il se vaporise, rougit le papier de tournesol, et possède alors la propriété de se conserver très long-temps; mais lorsqu'on le retire du récipient, où il s'est condensé, et qu'il a repris la température ordinaire, il se décompose en quelques minutes, il se trouble, devient laiteux, bout en s'échauffant spontanément et fortement, s'épaissit, et produit dans la masse des explosions telles que la matière est projetée de tous côtés, et qu'elles font craindre que le vase ne se brise en mille pièces; il se transforme en acide para-cyanurique, substance isomère avec l'acide cyanique hydraté. Une température de zéro retarde cette transformation, mais ne l'empêche pas; au lieu de se faire en quelques minutes, elle ne s'opère plus qu'en une heure : aussi l'acide cyanique, dans sa préparation, est-il souvent mêlé à un peu d'acide para-cyanurique auquel il donne naissance.

Les phénomènes qu'il nous présente avec l'eau sont des plus curieux. Si l'on fait passer de la vapeur d'acide cyanique sur de petits morceaux de glace, ceux-ci se fondent rapidement, et la liqueur qui répand l'odeur de l'acide, laisse à peine dégager des bulles tant qu'on la maintient à zéro. Il n'en est plus de même, quand elle reprend la température ambiante ; elle fait bientôt une vive effervescence, due à un dégagement rapide de gaz carbonique ; il se dépose de l'acide para-cyanurique, et elle ne se trouve plus contenir que de l'urée. Pour concevoir ce qui se passe, il faut, savoir : 1° que 1 at. d'acide cyanique + 3 at. d'eau, équivalent à 2 at. de bi-carbonate d'ammoniaque : $C^4Az^2O+3H^2O=(H^6Az^2,C^4O^4)$ ; 2° que 1 atome de cyanate d'ammoniaque + 1 atome d'eau équivalent à 1 atome d'urée : $(Az^2H^6,C^4Az^2O)+H^2O=C^4Az^4H^8O^2$ ; 3° que 1 at. d'acide cyanique hydraté équivaut à 1 at. d'acide para-cyanurique $(C^4Az^2O+H^2O)=C^4Az^2H^2O^2$, d'où l'on voit que l'acide cyanique se partage en 3 parties ; que la première, en s'unissant aux élémens de l'eau, forme du bi-carbonate d'ammoniaque ; que la seconde décompose le bi-carbonate, en dégage le gaz carbonique, et donne lieu à du cyanate d'ammoniaque qui, avec l'eau, passe à l'état d'urée ; que la troisième devient acide para-cyanurique ; peut-être même la réaction est-elle simultanée, et la conversion de l'acide cyanique et de l'eau en gaz carbonique et urée se produit-elle, sans qu'il y ait formation passagère de carbonate d'ammoniaque et de cyanate d'ammoniaque.

L'alcool absolu produit également des phénomènes remarquables avec la vapeur d'acide cyanique ; il l'absorbe rapidement, s'échauffe au point d'entrer en ébullition sans dégagement de gaz permanens, se trouble tout-à-coup et laisse déposer une grande quantité d'un précipité blanc cristallin, qui peut être considéré comme un composé d'atomes égaux, d'acide cyanique, d'eau et d'alcool. (*Voy.* éther cyanique.)

*Composition.* — En analysant le cyanate d'argent et le cyanate de potasse, M. Wöhler a trouvé que l'acide cyanique était composé de 35,29 de carbone ; de 41,18 d'azote, de 23,53 d'oxigène.

Ce qui, d'après sa capacité de saturation, donne pour formule $C^4 Az^2 O$.

Libre et le plus concentré possible, il contient 1 at. d'eau, et est alors représenté par $C^4 Az^2 O + H^2 O$.

### *Cyanates.*

2111. Les cyanates alcalins, lorsqu'ils sont anhydres, résistent à l'action de la chaleur rouge : c'est même en calcinant un mélange de cyanure double de potassium et de fer avec le bi-oxide de manganèse que l'on prépare le cyanate de potasse. Probablement que la plupart des autres cyanates anhydres pourraient supporter une assez forte chaleur sans s'altérer.

Les cyanates de potasse, de soude, d'ammoniaque, de baryte, sont solubles; ceux de plomb, de bi-oxide de cuivre, de protoxide de mercure, d'argent sont insolubles : on ne sait rien de précis sur la solubilité ou l'insolubilité des autres.

Lorsqu'on verse un acide assez puissant sur un cyanate pour le décomposer, et presque tous sont dans ce cas, l'acide cyanique éprouve lui-même une complète décomposition : chaque atome d'acide cyanique s'empare des principes de 3 atomes d'eau et donne lieu à 4 atomes de gaz carbonique qui se dégage, et à 2 atomes d'ammoniaque qui se combine avec l'acide employé, comme l'indique la formule suivante, où l'on fait usage d'acide sulfurique $SO^3$, et de cyanate de potasse $(KO, C^4Az^2O)$ dissous dans l'eau : $(KO, C^4 Az^2 O) + 2 SO^3 + 3 H^2O = (KO, SO^3) + (H^6 Az^2, SO^3) + 4 CO$.

Si donc l'on mettait l'acide cyanique lui-même en contact avec un autre acide, il devrait également être transformé en gaz carbonique et en ammoniaque : c'est ce qui a lieu en effet.

*Composition.* — Dans les cyanates neutres, la quantité d'oxigène de l'acide est à la quantité d'oxigène de l'oxide comme 1 à 1, et à la quantité d'acide même comme 1 à 4,299.

*Cyanate de potasse.* — Pour se le procurer, il faut chauffer au rouge obscur, un mélange intime de parties égales de bi-oxide de manganèse et de cyanure jaune de potassium et de fer, pulvériser la masse, la faire bouillir ensuite avec de l'alcool à 86 degrés centésimaux, décanter, filtrer la liqueur, et la laisser refroidir : le cyanate se dépose en petites lames blanches, semblables au chlorate de potasse. On doit bien se garder de trop élever la température : l'acide cyanique serait détruit lui-même par l'oxigène du bi-oxide. Pour prévenir cet inconvénient, M. Liebig se contente de donner la forme de cône au mélange, et d'en allumer le sommet : l'inflammation se propage peu-à-peu jusqu'à la base et détermine la réaction qui donne lieu au cyanate.

Le cyanate de potasse est anhydre. Il a la même saveur que celle du nitre. Soumis dans des vases à l'abri de l'air et de l'humidité, il fond et supporte la chaleur rouge sans se décomposer. Chauffé avec le potassium, il se transforme en un mélange de potasse et de cyanure de potassium : en substituant le soufre au potassium, on obtient du sulfate de potasse, du sulfo-cyanure, et du sulfure de potassium.

L'alcool absolu est sans action sur lui ; l'eau froide le dissout sans altération, mais il suffit de faire chauffer la dissolution pour donner lieu à une réaction entre l'eau et l'acide cyanique, d'où résulte pour chaque atome de cyanate 4 atomes de gaz carbonique, 1 atome de potasse et 2 atomes d'ammoniaque.

Les acides opèrent cette transformation à la température ordinaire, comme il a été dit précédemment.

*Cyanate d'ammoniaque.* — Lorsqu'on fait rendre peu-à-peu de la vapeur cyanique à travers le mercure dans une éprouvette, contenant du gaz ammoniac sec, il y a dégagement de chaleur et production subite d'un nuage blanc et épais qui se condense sur les parois du vase en une masse cristalline très volumineuse, laquelle ne se compose que de cyanate basique : seulement, lorsque la température s'élève trop au moment de la combinaison, il se forme en même temps de l'urée, qui apparaît en gouttes limpides.

Ce cyanate est soluble dans l'eau froide : aussi, pour obtenir le cyanate ammoniacal en dissolution, suffit-il de traiter à froid le cyanate de plomb par l'ammoniaque. La potasse en met la base à nu ; les acides en transforment l'acide cyanique, aux dépens des élémens de l'eau, en acide carbonique et en ammoniaque. Les dissolutions salines de plomb et d'argent en précipitent des cyanates blancs.

Le cyanate d'ammoniaque se conserve très bien au milieu du gaz ammoniac sec ; mais si on le dissout dans l'eau et si l'on fait bouillir la dissolution, il laisse exhaler l'excès d'ammoniaque qu'il contient, et chaque atome de cyanate neutre, en s'associant aux principes de 1 atome d'eau, forme 1 atome d'urée. En effet $(H^6 Az^2, C^4 Az^2 O) + H^2 O = (H^8 C^4 Az^4 O^2)$, formule de l'urée. L'évaporation spontanée et à plus forte raison la fusion du cyanate cristallisé, donnent lieu au même résultat ; alors l'atome d'eau que celui-ci contient et qui provient de l'acide cyanique hydraté se trouve décomposé.

*Cyanate de plomb.* — C'est en versant du cyanate de potasse dans une dissolution d'acétate de plomb qu'on l'obtient ; il se précipite en poudre blanche composée de petites aiguilles très déliées et légèrement solubles dans l'eau bouillante ; mis en contact avec l'ammoniaque à froid, il est décomposé, et de là résulte du cyanate d'ammoniaque.

*Cyanate d'argent.* — Il se précipite tout-à-coup en poudre blanche, légèrement soluble dans l'eau bouillante, lorsqu'on décompose l'azotate d'argent par le cyanate de potasse. Chauffé jusqu'au rouge, il devient noir, entre en fusion, s'enflamme même à l'abri du contact de l'air et brûle avec bruit. L'ammoniaque le dissout aisément.

ARTICLE II.

*Acide cyanurique.*

2112. L'acide cyanurique entrevu par Schéele, signalé par Williams Henry comme un acide particulier, fut d'abord désigné par MM. Chevallier et Lassaigne sous le nom d'acide pyrourique, parce que c'est un des produits de la distillation de l'acide urique proprement dit, et qu'alors on n'était point encore parvenu à le produire autrement; mais MM. Wöhler et Liebig, ayant observé d'une part qu'il pouvait être considéré comme de l'acide cyanique hydraté, et d'autre part qu'il se formait lorsqu'on décomposait l'acide urique et l'urée par le feu, ont cru devoir changer son nom en celui qu'il porte aujourd'hui, et qui a été adopté par les chimistes.

L'acide cyanurique est solide, incolore, presque insipide; il rougit le tournesol d'une manière sensible. Il est peu soluble dans l'eau froide, beaucoup plus dans l'eau bouillante, d'où il se sépare par le refroidissement en prismes rhomboïdaux obliques, transparens, qui contiennent 21,56 pour 100 d'eau, s'effleurissent à l'air et deviennent d'un blanc de lait. Les cristaux se forment mieux et sont plus beaux, lorsque opérant sur une dissolution saturée et bouillante, on l'évapore au bain de sable, à une température de 60 à 80°, et que réduite à moitié on la laisse refroidir avec le bain.

Exposé à la chaleur de l'eau bouillante, l'acide cyanurique perd son eau de cristallisation; chauffé ensuite peu-à-peu, jusqu'au rouge, dans une cornue, dont le col se rend dans un récipient entouré d'un mélange de glace et de sel marin, il se décompose et se transforme en acide cyanique hydraté, que l'on recueille dans le récipient sous forme d'un liquide incolore, très volatil, extrêmement piquant, ordinairement troublé par une petite quantité d'acide para-cyanurique, substance blanche, isomère avec l'acide cyanurique, et dans laquelle l'acide cyanique hydraté se convertit rapidement à la température ordinaire (*voyez* acide cyanique) : aussi n'obtient-on pour ainsi dire que de l'acide para-cyanurique en poudre blanche, si l'on n'a pas le soin de refroidir le récipient.

L'acide azotique est sans action sur l'acide cyanurique; il en opère seulement la dissolution à chaud; il en est de même de l'acide sulfurique concentré; étendue d'eau, la dissolution sulfurique laisse précipiter l'acide cyanurique.

*État naturel, préparation.*—L'acide cyanurique est toujours un produit de l'art; il se forme, soit en décomposant l'urée ou l'acide urique par le feu, soit en faisant bouillir le chlorure solide de cyanogène avec beaucoup d'eau.

Le procédé le plus simple pour le préparer consiste à faire usage d'urée pure et sèche. On la chauffe peu-à-peu dans une cornue de verre. Elle se fond à 120° c., se décompose bientôt ensuite, s'épaissit et donne pour résidu une poudre d'un blanc jaunâtre, qui n'est autre chose que de l'acide cyanurique retenant plus ou moins d'ammoniaque. Rien de plus facile à concevoir que ce qui se passe dans cette opération. L'urée peut être représentée par 1 at. de cyanate d'ammoniaque + 1 at. d'eau. Or, comme l'acide cyanurique peut l'être lui-même par 1 atome d'acide cyanique + 1 atome d'eau, il s'ensuit que l'urée, soumise à l'action d'une chaleur convenable, pourrait être transformée en 1 atome d'acide cyanurique et en 1 atome d'ammoniaque; mais nous avons vu plus haut que l'acide cyanurique porté jusqu'à un certain degré de chaleur, se convertissait en acide cyanique hydraté; par conséquent, il se pourra faire qu'en décomposant l'urée sèche par le feu, l'on obtienne : 1° de l'acide cyanique légèrement ammoniacal dans la cornue; 2° du gaz ammoniacal et du cyanate d'ammoniaque hydraté : et si nous faisons remarquer dès à présent que le cyanate d'ammoniaque hydraté passe à l'état d'urée par la fusion, on comprendra sans peine que le produit volatil contiendra plus ou moins de cette substance régénérée : tel est en effet ce qui arrive.

Quoi qu'il en soit, l'acide cyanurique qui forme le résidu de la distillation, se purifie facilement en le dissolvant à chaud dans l'acide sulfurique concentré, y ajoutant goutte à goutte de l'acide azotique jusqu'à ce qu'il n'y ait plus d'effervescence et que la liqueur soit devenue incolore, la laissant refroidir et l'étendant d'eau : l'acide cyanurique se précipite en poudre cristalline d'une blancheur éclatante.

*Composition.* — En analysant le cyanurate d'argent, MM. Wöhler et Liebig ont trouvé l'acide cyanurique composé de 60,825 de cyanogène, de 36,874 d'oxigène, de 2,301 d'hydrogène.

Ce qui, d'après sa capacité de saturation, donne pour formule $3C^2AzHO = \frac{3}{2}(C^4Az^2O + H^2O) = 1\frac{1}{2}$ atome d'acide cyanique, plus $1\frac{1}{2}$ atome d'eau.

A l'état d'hydrate, il contient 2 atomes d'eau, et par conséquent, la formule devient $C^6Az^3H^3O^3 + 2H^2O$.

M. Sérullas l'avait cru formé de 1 atome de cyanogène et de 2 atomes d'oxigène. Il avait proposé en conséquence de le désigner sous le nom d'acide cyanique et d'appeler simplement acide cyaneux l'acide qui ne contenait que 1 atome d'oxigène (*Ann. de Chim. et Phys.*, t. XXXVIII, p. 379). C'était une erreur qui fut aperçue par les deux chimistes que nous venons de nommer, dans le beau travail qui leur est dû. (*Ann. de Ch. et de Phys.*, t. XLVI, p. 25.)

*Cyanurates.*

2113. Dans les cyanurates neutres, la quantité d'oxigène de l'oxide est à la quantité d'oxigène de l'acide comme 1 à 3, et à la quantité d'acide même comme 1 à 9,636.

Aucun cyanurate n'existe dans la nature.

On les obtient directement, lorsqu'ils sont solubles, et par la voie des doubles décompositions, lorsqu'ils sont insolubles. C'est ainsi qu'en versant du cyanurate d'ammoniaque dans l'azotate d'argent, il se précipite du cyanurate d'argent en flocons blancs qui, séchés, ne noircissent pas à la lumière.

Le cyanurate de potasse a été le sujet de quelques observations intéressantes. MM. Wöhler et Liebig ont vu : 1° qu'il avait une grande tendance à devenir acide; 2° que pour l'obtenir neutre, il fallait mêler le cyanurate alcalin avec de l'alcool qui retenait l'excès d'alcali et précipitait le cyanurate en aiguilles cristallines blanches et très fines; 3° qu'en redissolvant le cyanurate neutre et l'évaporant, il se déposait des cristaux de cyanurate acide peu solubles, et que la liqueur devenait alcaline; 4° que soumis à l'action du feu, le cyanurate neutre fondait, bouillonnait vivement et se transformait en cyanate de potasse fixe, et carbonate d'ammoniaque qui se sublimait; qu'en effet la formule du cyanate neutre de potasse est : $(C^4Az^2O, KO)$; que celle du cyanurate neutre est: $(C^6Az^3O^3H^3, KO)$ ou $(C^4Az^2O, KO) + \frac{1}{2}(C^4Az^2O) + 1\frac{1}{2}H^2O$, d'où l'on voit que $\frac{1}{2}$ atome d'acide cyanique $+ 1\frac{1}{2}$ atome d'eau, c'est-à-dire les parties constituantes du carbonate d'ammoniaque, peuvent se dégager sans que la neutralité soit changée; mais il paraît que le cyanurate acide de potasse, au lieu de donner un sublimé de carbonate d'ammoniaque, donne de l'acide cyanique hydraté et de l'acide para-cyanurique, ce qui peut être, puisque, comme nous l'avons vu précédemment, l'acide cyanique hydraté a la propriété de se transformer en acide paracyanurique. (*Ann. de Chim. et de Phys.*, t. XLIII, p. 33.)

ARTICLE III.

*Acide cyanilique.*

2114. L'acide auquel M. Liebig a donné ce nom paraît être différent de l'acide cyanurique, quoique d'ailleurs il ait la même composition, et qu'il donne à la distillation les mêmes produits. Ses cristaux qui sont tout différens de ceux que donne l'acide cyanurique ont pour type l'octaèdre à base carrée, et se présentent sous forme de larges feuilles, douées d'un éclat métallique ou nacré. Il est plus soluble dans l'eau froide que l'acide cyanurique; il cristallise uni à 21 pour 100 d'eau qu'il abandonne complètement et avec facilité dans un air chaud. L'acide anhydre, soumis à la distillation, se transforme, comme l'acide cyanurique (2112), sans laisser de résidu, en acide cyanique hydraté, qui lui-même se change promptement en acide para-cyanurique. Dissous dans l'acide sulfurique concentré, et précipité par l'eau, l'acide cyanilique se trouve converti en acide cyanurique, et ne cristallise plus avec sa forme primitive.

Uni à la potasse, l'acide cyanilique se trouve avoir la même capacité de saturation que l'acide cyanurique; mais uni à l'ammoniaque, il en a une qui est moitié moindre, résultat facile à constater en précipitant l'azotate d'argent par le cyanilate de potasse et le cyanilate d'ammoniaque. Il semble donc que la potasse convertit l'acide cyanilique en acide cyanurique, tandis que l'ammoniaque ne l'altère pas.

D'après l'analyse de l'acide cyanilique et celle du cyanilate d'argent obtenu en précipitant l'azotate d'argent par le cyanilate d'ammoniaque, une proportion d'acide cyanilique se trouve représentée par la formule atomique $C^{12}Az^{6}H^{6}O^{6}$.

Hydraté, sa formule est $C^{12}Az^{6}H^{6}O^{6}+4H^{2}O$.

Pour le préparer, il faut faire bouillir avec de l'acide azotique concentré le *mellon* ($C^{3}Az^{2}$) jusqu'à ce qu'il soit devenu blanc. On laisse refroidir la liqueur, on en sépare la partie solide par la décantation, on la lave avec de l'eau froide, et on la traite par l'eau bouillante. L'acide cyanilique qui la constitue se dissout et cristallise par le refroidissement. Outre cet acide, il se forme de l'ammoniaque qui reste uni à l'acide azotique. De plus, il arrive souvent que de l'acide cyanurique accompagne l'acide cyanilique. Dans ce cas, on fait usage de leur inégale solubilité pour les séparer. C'est l'acide cyanurique qui cristallise le premier. Le mellon joint à une certaine quantité d'eau offre les élémens du cyanilate d'ammoniaque, comme on peut le voir par l'équation : $C^{12}Az^{8}+H^{12}O^{6}=C^{12}Az^{6}H^{6}O^{6}+Az^{2}H^{6}$, dans laquelle $C^{12}Az^{8}$ représente le *mellon*. M. Liebig pense que l'acide azotique se borne à agir sur le *mellon* et l'eau, comme il le ferait sur le cyanilate d'ammoniaque, puis seulement en outre à décomposer une portion de l'acide cyanilique produit; car, sans cette dernière supposition, la quantité obtenue serait inférieure à celle que donnerait le calcul théorique. Il existe toutefois contre cette explication une objection que ne se dissimule pas le chimiste allemand. Comment se fait-il que l'acide azotique soit le seul qui fasse subir au *mellon* cette transformation? (Voyez *Ann. de Chim. et de Phys.*, t. LVI, p. 40.)

ARTICLE IV.

*Acide para-cyanurique.*

2115. L'acide para-cyanurique, désigné sous le nom d'*acide cyanurique insoluble*, par MM. Wöhler et Liebig, qui l'ont découvert, est la substance blanche dans laquelle se convertit l'acide cyanique hydraté à la température ordinaire.

Il contient pour 100, comme l'acide cyanurique, 60,285 de carbone, 36,874 d'oxigène, 2,301 d'hydrogène, et peut être représenté par 1 atome d'acide cyanique + 1 atome d'eau ($C^4Az^2O + H^2O$).

On peut l'obtenir en mêlant une solution de cyanate de potasse concentrée avec l'acide chlorhydrique, ou en décomposant ce sel fondu par le gaz chlorhydrique sec; mais il s'en produit beaucoup plus lorsqu'on triture le cyanate de potasse avec l'acide oxalique cristallisé, et qu'on chauffe le mélange au point de le rendre pâteux. Ce mélange laisse exhaler une odeur d'acide cyanique très forte, et se prend en masse compacte quelque temps après. Il suffit alors de traiter la masse par l'eau bouillante à plusieurs reprises. Une petite quantité de matière blanche se dissout. Quant à l'acide cyanurique, il reste en poudre très ténue et très abondante. La matière blanche paraît être de l'acide para-cyanurique hydraté ou représenté par 1 atome d'acide cyanique et 2 atomes d'eau : du moins, telle est sa composition, et ce qui tend à la prouver, c'est que l'acide para-cyanurique, par une ébullition prolongée dans l'eau, semble donner lieu à un peu d'acide hydraté.

L'acide para-cyanurique est insipide, inodore, complètement insoluble dans l'eau, dans l'alcool, sans action sur l'acide azotique, l'acide chlorhydrique, l'eau régale. L'acide sulfurique concentré le décompose à l'aide d'une douce chaleur, et agit sur lui, comme tous les acides, sur l'acide cyanique. Il y a donc un grand dégagement de gaz carbonique et formation de sulfate d'ammoniaque (2110).

La potasse dissout facilement l'acide para-cyanurique. La liqueur donne par l'évaporation du cyanurate et du carbonate d'ammoniaque, d'où il est probable qu'il se produit un peu de cyanate.

Soumis à l'action d'une douce chaleur, l'acide para-cyanurique sec se transforme comme l'acide cyanurique en acide cyanique hydraté.

Telles sont les seules expériences auxquelles l'acide para-cyanurique a été soumis. En établissent-elles réellement l'acidité? Pour moi, j'en doute. La question reste indécise. Il ne serait pas extraordinaire, au reste, qu'une substance acide fût isomérique avec une substance non acide.

### ARTICLE V.

### *Acide fulminique.*

2116. L'acide fulminique, reconnu par MM. Liebig et Gay-Lussac dans les poudres fulminantes d'argent et de mercure, n'a point encore pu être isolé. Aussitôt qu'on le sépare de ses combinaisons, il se transforme en produits nouveaux, tant est grande la mobilité de ses élémens : aussi, les fulminates ont-ils tous la propriété de détoner par le choc ou la chaleur avec plus ou moins de force.

Sa composition et sa capacité de saturation sont les mêmes que celles de l'acide cyanique : il a donc pour formule $C^4Az^2O$. Mais ses propriétés sont essentiellement différentes. D'une part, les cyanates ne donnent jamais lieu à la moindre détonation, et d'autre part, lorsqu'on décompose les fulminates par les acides, l'acide fulminique n'est jamais changé, comme l'est l'acide cyanique, en acide carbonique et en ammoniaque.

Nous n'examinerons en particulier que les fulminates d'argent et de mercure.

2117. *Fulminates d'argent.* — Pour obtenir le fulminate d'argent, MM. Gay-Lussac et Liebig ont suivi un procédé qui est sensiblement le même que celui qui était connu avant leurs expériences. « On met dans un matras de $\frac{1}{2}$ litre 45gram. d'acide azotique à 38 ou 40° de Baumé (1,36 à 1,38 de densité) et une pièce d'argent de $\frac{1}{2}$ franc, contenant 2,25 grammes d'argent pur. Lorsque la dissolution de l'argent est terminée, on la verse dans 60gram. d'alcool au titre de 85 à 87 degrés centésimaux. Le liquide porté à l'ébullition se trouble bientôt, et commence à déposer du fulminate d'argent : on éloigne aussitôt le matras du feu, et on ajoute successivement, en plusieurs portions, une quantité d'alcool égale à-peu-près à la première, pour ralentir l'ébullition, qui néanmoins continue encore d'elle-même. Lorsque l'ébullition a cessé, on laisse refroidir ; on jette le fulminate sur un filtre, et on le lave avec de l'eau acidulée jusqu'à ce qu'elle n'entraîne plus d'acide : le fulminate est alors d'un blanc de neige, et aussi pur que si l'on eût employé de l'argent fin. On enlève alors le filtre ; on le développe sur une assiette que l'on place sur une casserole remplie d'eau à moitié, en la recouvrant d'une feuille de papier, et l'on chauffe jusqu'à l'ébullition, pendant 2 à 3 heures. On obtient ordinairement un poids de fulminate égal à celui de l'argent employé ; on devrait en obtenir à-peu-près un tiers en sus ; mais ce tiers reste en dissolution dans l'acide azotique et dans les eaux de lavage. »

Indépendamment du fulminate, il se forme plusieurs autres produits, savoir : de l'éther azoteux, du gaz carbonique, de l'eau. Comment interpréter tous ces phénomènes ? De la manière suivante :

1 atome d'alcool $= C^4H^4 + H^2O$.

1 atome d'acide azotique $= Az^2O^5$.

Or, comme 1 atome d'acide fulminique $= C^4Az^2O$ ;

$(C^4H^4 + H^2O) + Az^2O^5$ peut être représenté par $C^4Az^2O + H^6O^3 + 2O$.

Mais que deviennent les deux atomes d'oxigène de la formule précédente : ils transforment le carbure d'hydrogène de 1 second atome d'alcool en eau et acide carbonique, à l'aide de 4 atomes d'oxigène fournis par 2 atomes d'acide azotique, qui passent ainsi à l'état d'acide azoteux, comme on le voit dans la formule suivante :

$$2O + 2Az^2O^5 + (C^4H^4 + H^2O) = 4CO + 3H^2O + 2Az^2O^3.$$

Dès que les deux atomes d'acide azoteux ($2Az^2O^3$) sont formés, il réagissent sur 4 atomes d'alcool et forment 2 atomes d'éther azoteux ($2Az^2O^3 + 2C^8H^8 + H^2O$) en mettant 1 atome d'eau en liberté ($H^2O$).

Dans le cas où il y aurait excès d'acide azotique et d'alcool par rapport à l'argent pour la préparation du fulminate, ils réagiraient à la manière ordinaire. (*Voy.* éther azoteux.)

*Composition.* — Le fulminate d'argent détone seul très facilement par le feu ou le choc ; cependant, une fois qu'il est mêlé à certains corps, particulièrement au bi-oxide de cuivre, il peut être broyé sans danger dans une capsule avec un bouchon de liége ou le doigt, et être ensuite exposé à l'action du feu.

MM. Gay-Lussac et Liebig ont mis cette propriété à profit pour déterminer la quantité de carbone et d'azote contenue dans l'acide du fulminate ; ils se sont assurés ainsi que ces deux corps étaient dans les proportions qui représentent le cyanogène, car l'expérience leur a donné un mélange de 2 volumes de gaz carbonique et de 1 volume d'azote.

Pour connaître la proportion d'oxide d'argent, ils ont traité ensuite une portion de fulminate bien sec par l'acide chlorhydrique ; à cet effet, ils ont employé un excès d'acide, et ont évaporé la liqueur jusqu'à siccité, après y avoir ajouté toutefois un peu d'acide azotique, vers la fin de l'évaporation, afin de détruire une petite quantité de sel ammoniac formé aux dépens des élémens de l'acide fulminique et de l'eau. La quantité de chlorure a été telle que le fulminate doit contenir 77,528 d'oxide d'argent.

Connaissant la quantité d'oxide du fulminate et sachant le rapport de l'azote au carbone, ils ont cherché à déterminer les autres élémens. C'est encore au moyen de l'oxide de cuivre qu'ils ont procédé à cette nouvelle recherche; ils ont donc mêlé le fulminate avec l'oxide dans les proportions convenables et n'ont rien négligé pour opérer sur des matières bien sèches (*Ann. de Chim. et de Phys.*, XXV, 290). L'opération a été faite sur 3 décigrammes de fulminate et a été répétée 4 fois. Ils n'ont obtenu que des traces d'eau; et en considérant le carbone et l'azote dégagés comme étant à l'état de cyanogène, 100 de fulminate leur auraient donné 17,160 de ce dernier gaz.

Or, 100 de fulminate contiennent 77,528 d'oxide d'argent ou 72,187 d'argent et 5,341 d'oxigène; il s'ensuit que l'analyse, en négligeant les traces d'eau, offre une perte de 5,312.

Ces 5,312, qui équivalent très sensiblement à la quantité d'oxigène de l'oxide, ne peuvent être attribués ni à de l'eau ni à de l'hydrogène; par conséquent, ils ne peuvent provenir que de l'oxigène appartenant à l'acide fulminique.

Le fulminate doit donc être composé de

77,528 d'oxide d'argent,
22,472 d'acide fulminique.

En conséquence, dans ce fulminate, la quantité d'oxigène de l'acide doit être égale à celle de l'oxide, et la composition du sel doit être exprimée par la formule $AgO,C^4Az^2O$.

*Propriétés.* — Le fulminate d'argent résiste à une température de 130°. Chauffé plus fortement, il ne tarde point à produire une forte explosion. Le plus léger choc entre deux corps durs suffit pour le faire détoner, à la température ordinaire, même au milieu de l'eau. Il ne faut le toucher qu'avec des baguettes de bois, et ne le prendre qu'avec des cuillers de papier. Sa saveur est métallique; il n'a point d'odeur, ne rougit point le tournesol, et colore la peau à la manière des sels d'argent.

Exposé à l'air, il devient rougeâtre et ensuite noir.

L'eau bouillante en dissout un trentième de son poids et en laisse déposer une partie, par le refroidissement, sous forme d'aiguilles cristallines blanches et soyeuses. Une goutte d'acide sulfurique concentré le fait fulminer.

Il paraît qu'en le mettant en contact avec les dissolutions alcalines, on en précipite la ½ de l'oxide (1); qu'il en résulte

(1) L'ammoniaque fait exception; elle n'y cause aucun trouble : le double fulminate qu'elle forme est très fulminant.

un fulminate double plus ou moins soluble et cristallisable; que la solution de ce fulminate, quoique contenant de l'oxide d'argent, n'est pas troublée par les chlorures; que l'acide azotique s'empare de la base alcaline et produit un dépôt blanc de bi-fulminate d'argent. Toutefois, comme il se pourrait que l'action de la base alcaline fût variable et mît en liberté plus ou moins d'oxide d'argent, il vaut mieux préparer les doubles fulminates d'argent solubles en décomposant 1 prop. de fulminate par $\frac{1}{2}$ proportion de chlorure de potassium ou même un peu moins, puisque le fulminate d'argent indécomposé, étant très peu soluble, reste avec le chlorure d'argent. D'ailleurs les doubles fulminates détonent tous avec plus ou moins de force par le choc ou la chaleur : ce sont, comme le fulminate d'argent, des corps sur lesquels on ne doit opérer qu'avec de grandes précautions.

La magnésie, par l'intermède de l'eau, produit des phénomènes analogues.

Le mercure, le cuivre, le fer, le zinc, plongés dans une solution bouillante de fulminate d'argent, en opèrent la décomposition; tout l'argent est précipité et l'on obtient de nouveaux fulminates. Celui de mercure détone fortement, les autres beaucoup moins.

Les acides chlorhydrique, iodhydrique et sulfhydrique produisent avec le fulminate d'argent des phénomènes remarquables. Tous le décomposent, même à froid, par l'intermède de l'eau : il en résulte, 1° avec l'acide chlorhydrique, du chlorure d'argent, de l'acide cyanhydrique et un nouvel acide contenant du chlore, du carbone et de l'azote, qu'il est facile d'obtenir pur en versant peu-à-peu de l'acide chlorhydrique sur le fulminate d'argent jusqu'à ce que le liquide filtré cesse de se troubler; 2° avec l'acide iodhydrique, des composés analogues, et par conséquent un acide dont l'un des principes est l'iode; 3° avec l'acide sulfhydrique, un acide où l'on retrouve le soufre; mais sa formation n'est point accompagnée de celle de l'acide cyanhydrique : seulement il se produit du sulfure d'argent; 4° avec l'acide sulfurique et l'acide oxalique, de l'acide cyanhydrique et de l'ammoniaque sans aucune effervescence. Observons toutefois que ces derniers résultats ne se concilient pas avec la composition de l'acide fulminique. La théorie fait voir qu'il devrait se produire de l'ammoniaque et de l'acide carbonique. (*Voyez* pour plus de détails les mémoires de MM. Liebig et Gay-Lussac, *Ann. de Chim. et de Phys.*, t. XXIV, p. 294; et t. XXV, p. 285.)

2118. *Fulminate de mercure.*—C'est à Howard qu'on doit la découverte de cette poudre; et c'est par suite de cette découverte qu'on fut conduit à faire celle du fulminate d'argent.

Ce sel s'obtient aisément, en dissolvant, à la température ordinaire, une partie de mercure dans 12 parties d'acide azotique à 34° de l'aréomètre de Baumé, ajoutant 11 parties d'alcool du commerce à la dissolution, chauffant le tout au bain marie, et ôtant le vase du feu, lorsque des vapeurs très épaisses commencent à se montrer, vapeurs qui paraissent dues à de la vapeur mercurielle et qui ne se manifestent pas dans la préparation du fulminate d'argent. La poudre se précipite peu-à-peu par le refroidissement en petits cristaux.

Si on craignait qu'elle ne fût pas pure, il faudrait la dissoudre dans l'eau bouillante; elle s'en précipiterait sous forme d'aiguilles par le refroidissement. Les corps qui peuvent l'altérer, sont l'azotate ou l'oxalate de mercure : elle contient une certaine quantité du premier, quand on ne chauffe pas jusqu'à ce qu'il se manifeste d'épaisses vapeurs, et plus ou moins du second, quand on fait chauffer trop long-temps.

Cette poudre est blanche ou d'un blanc gris; placée entre des corps durs, elle détone avec grand bruit par un choc assez léger : aussi ne doit-on la toucher qu'avec des baguettes de bois et des cuillers de carte. Projetée sur des charbons incandescens, elle brûle avec une flamme d'un bleu tendre, accompagnée d'une légère explosion. Elle est sans odeur, sans action sur le tournesol; sa saveur est métallique; ses propriétés chimiques ont la plus grande analogie avec celles du fulminate d'argent. C'est cette poudre qu'on emploie aujourd'hui pour faire des amorces détonantes par le choc. On commence par la broyer sur une table de marbre avec une molette en bois, après l'avoir mouillée avec 30 pour 100 d'eau; on ajoute ensuite 6 parties de poudre ordinaire ou de nitre sur 10 de fulminate et l'on continue à broyer. On obtient ainsi une pâte ferme qui, essorée au degré convenable, est mise en grains : chacun d'eux fait une amorce. (*Voyez* le rapport sur les poudres fulminantes pouvant servir d'amorces, par MM. le colonel Aubert, Pélissier et Gay-Lussac, *Ann. de Chim. et de Phys.*, XLII, 5.)

### ARTICLE VI.

### *Acide cyanhydrique* (*acide hydro-cyanique*, *acide prussique*).

2119. M. Gay-Lussac ayant trouvé que l'acide prussique ou l'acide du bleu de Prusse était composé d'hydrogène, d'azote et de carbone; que l'azote et le carbone unis ensemble formaient un corps qui lui servait de radical, a cru devoir appeler ce corps *cyanogène* (de γεννάω, *j'engendre*, et de κύανος, *bleu*) (149); de là par conséquent les expressions d'*acide cyanhy-*

*drique* au lieu d'acide prussique ; de *cyanure* au lieu de prussiure. L'acide cyanhydrique est donc le même que l'acide prussique. Nous verrons bientôt que dans les combinaisons, il joue le même rôle que les acides chlorhydrique, iodhydrique, bromhydrique, fluorhydrique.

C'est à Schéele que nous devons la découverte de l'acide cyanhydrique ; il la fit en 1780 ; mais il ne le connut qu'uni à une grande quantité d'eau (1). M. Gay-Lussac est le premier qui soit parvenu à l'obtenir pur. Presque tout ce qui précède est tiré de son *Mémoire* (2). Un grand nombre d'autres chimistes ont également fait des recherches sur l'acide cyanhydrique. Les plus remarquables sont celles de M. Proust (3), celles de M. Porret (4), celles de M. Vauquelin (5), celles de M. Robiquet (6), celles de M. Berzelius (7), celles de M. Kuhlman (8) et celles de M. Pelouze (9) : nous aurons occasion de les citer par la suite.

2119 *bis. Propriétés physiques.*—L'acide cyanhydrique pur, à la température ordinaire, est liquide, transparent, sans couleur ; sa densité à + 7 degrés est de 0,70583, et celle de sa vapeur de 0,9476. Il rougit légèrement la teinture de tournesol. Son odeur est si forte, qu'elle produit presque sur-le-champ des maux de tête et des étourdissemens ; elle ne devient supportable qu'autant que l'acide est répandu dans une très grande quantité d'air : alors elle est la même que celle des amandes amères.

2120. *Action sur l'économie animale.* — L'action de l'acide cyanhydrique sur l'économie animale est des plus vénéneuses : c'est ce qui résulte des expériences de MM. Coulon, Emmert (10), Robert (11), Orfila (12), et surtout de celles de M. Magendie (13). Pour le prouver, nous ne pouvons mieux faire que de citer ce que ce dernier physiologiste a publié à cet égard. « L'extrémité d'un tube de verre trempé légèrement « dans un flacon contenant quelques gouttes d'acide prussique

(1) *Mémoires*, t. II.
(2) *Ann. de Chim.*, t. LXXVII, p. 128, et t. XCV, p. 136.
(3) *Ann. de Chim.*, t. LX, p. 225.
(4) *Ann. de Ch. et de Phys.*, t. I, p. 120, et t. XII, p. 372 et 378.
(5) *Ann. de Ch. et de Phys.*, t. IX, p. 113.
(6) *Ann. de Ch. et de Phys.*, t. XVII.
(7) *Ann. de Ch. et de Phys.*, t. XV.
(8) *Ann. de Ch. et de Phys.*, t. XL, p. 441.
(9) *Ann. de Chim. et de Phys.*, t. XLVIII, p. 395.
(10) *Ann. de Chim.*, t. LXXXI, p. 103.
(11) *Ann. de Chim.*, t. XCII, p. 52.
(12) *Toxicologie.*
(13) *Ann. de Ch. et de Phys.*, VI, 347.

« pur, fut transportée immédiatement dans la gueule d'un « chien vigoureux : à peine le tube avait-il touché la langue, « que l'animal fit deux ou trois grandes inspirations précipi- « tées, et tomba raide mort. Il nous fut impossible de trouver « dans ses organes musculaires locotomeurs aucune trace d'ir- « ritabilité.

« Dans une autre expérience, quelques atomes d'acide « ayant été appliqués sur l'œil d'un chien, les effets furent « presque aussi soudains que ceux dont je viens de parler, et « d'ailleurs semblables.

« Une goutte d'acide étendue de quatre gouttes d'alcool ayant « été injectée dans la veine jugulaire d'un troisième chien, « l'animal *à l'instant même tomba mort, comme s'il eût été* « *frappé d'un boulet ou de la foudre.*

« En un mot, l'acide prussique pur est, sans aucun doute, « de tous les poisons connus le plus actif et le plus prompte- « ment mortel; sa puissante influence délétère nous permet « de croire ce que les historiens rapportent du coupable talent « de Locuste, et rend moins extraordinaires ces empoisonne- « mens subits si communs dans les annales de l'Italie. »

L'on voit, d'après cela, que l'on ne saurait prendre trop de soins pour se mettre à l'abri de sa vapeur. C'est toujours en détruisant la sensibilité et la contractilité volontaire des muscles qu'il agit sur les animaux à sang chaud, et la mort qu'il produit est d'autant plus prompte que la circulation est plus rapide et les organes de la respiration plus étendus.

Cependant, encore bien que l'action de l'acide cyanhydrique soit si délétère, il paraît d'après les expériences de MM. Siméon, Nonat et Persoz, qu'on peut en détruire les effets par l'emploi immédiat du chlore : ainsi, lorsqu'on fait une incision à un animal et qu'on y applique une quantité d'acide suffisante pour le tuer, on le rappelle promptement à la vie, au moyen de quelques gouttes de chlore en dissolution dans l'eau. Il est évident qu'alors le chlore détruit l'acide en s'emparant de l'hydrogène (*Ann. de Chim. et de Phys.*, t. XL, p. 334 et t. XLIII, p. 324). Il paraîtrait aussi, suivant M. Murray, que l'ammoniaque serait l'antidote de l'acide cyanhydrique. M. Frémy a fait une expérience tendant à confirmer cette assertion. (*Journ. de chim. méd.* t. I, p. 482.)

M. Lassaigne assure qu'on peut presque toujours reconnaître la présence de l'acide prussique dans les alimens d'un animal qui n'en aurait avalé qu'une quantité extrêmement petite; il suffit alors de les soumettre à une douce chaleur dans une cornue, de recueillir le liquide distillé, d'y ajouter un peu de potasse, puis du sulfate de bi-oxide de cuivre, et enfin de l'acide chlorhydrique qui dissoudra l'excès d'oxide de cuivre : la solution prendra aussitôt un aspect laiteux, plus ou moins intense, dû à la formation du bi-cyanure de cuivre. (*Ann. de Chim. et de Phys.*, t. XXVII, p. 200.)

2121. *Composition.* — C'est en faisant passer, d'une part, une certaine quantité d'acide cyanhydrique en vapeur, par exemple, deux grammes, dans un tube incandescent contenant du fer, et, d'une autre part, la même quantité d'acide cyanhydrique dans un autre tube également incandescent, mais contenant un excès de bi-oxide de cuivre, qu'on parvient facilement à déterminer la nature de cet acide et la proportion de ses principes constituans. En effet, tout l'acide se décompose complètement dans les deux cas; et l'on obtient, dans le premier, un dépôt de charbon et parties égales d'azote et d'hydrogène en volume; dans le second, de l'eau, et du gaz carbonique et du gaz azote dans le rapport de 2 à 1. Mais un volume de gaz carbonique représente un volume de vapeur de carbone, dont la densité est 0,4220, c'est-à-dire celle du gaz carbonique moins celle du gaz oxigène : par conséquent, un volume de vapeur cyanhydrique doit être composé de un volume de vapeur de carbone, un demi-volume d'azote et un demi-volume d'hydrogène, ou de un demi-volume de cyanogène et de un demi-volume d'hydrogène : aussi, en ajoutant la densité de la vapeur de carbone, qui est de 0,4220, à la moitié de la densité du gaz azote ou à 0,4878, et à la moitié de celle de l'hydrogène ou à 0,0344, trouve-t-on 0,9442, qui est, à trois millièmes près, la densité de la vapeur cyanhydrique, et parvient-on au même résultat en ajoutant la moitié de la densité du gaz hydrogène à la moitié de celle du cyanogène. Il suit donc de là que l'acide cyanhydrique contient sur 100, en poids, 44,69 de carbone, 51,66 d'azote, et 3,65 d'hydrogène.

Ce qui, d'après sa capacité de saturation, donne pour formule atomique de son nombre proportionnel $C^4 Az^2 H^2$.

2122. *Propriétés chimiques.* — Sa volatilité est très grande. En effet, il bout à 26,5 degrés sous une pression de $0^{m.},76$ ; et à 10°, il soutient une colonne de mercure de $0^{m.},38$. Sa congélation est facile à opérer : elle a lieu à — 15 degrés : aussi, lorsqu'on verse quelques gouttes de cet acide sur du papier, la portion qui se vaporise presque instantanément produit-elle assez de froid pour faire cristalliser l'autre : c'est le seul liquide qui possède cette propriété. On l'obtient bien plus facilement cristallisé, en plongeant le vase qui le contient dans un mélange de 2 parties et demie de glace et d'une partie de sel : alors il affecte quelquefois la forme de l'azotate d'ammoniaque.

Soumis à l'action de la pile, il se décompose : l'hydrogène se porte au fil négatif et le cyanogène au fil positif.

Abandonné à lui-même dans des vaisseaux fermés, il se décompose aussi, quelquefois même en moins d'une heure; rarement on le conserve au-delà de quinze jours, à moins qu'on ne le place dans l'obscurité; car il paraît que c'est à la lumière qu'est due la décomposition qu'il éprouve; il commence par prendre une couleur d'un brun rougeâtre qui se fonce de plus en plus, et bientôt il se convertit en une masse noire qui exhale une odeur très vive d'ammoniaque.

En analysant cette masse, M. P. Boullay l'a trouvée formée de cyanhydrate d'ammoniaque et d'un composé de 50,67 de carbone, 47,64 d'azote et 1,69 d'hydrogène, qu'il appelle acide *azulmique*, et qui aurait pour formule $C^5Az^4H$, de telle sorte que 6 atomes d'acide cyanhydrique se transformeraient en 1 atome de cyanhydrate d'ammoniaque + 2 atomes d'*acide azulmique*, comme l'indique la formule $6(C^2Az,H)=(C^2Az,H+AzH^3)+C^{10}Az^4H^2$. Le cyanhydrate d'ammoniaque se sépare, soit en chauffant la masse noire au bain-marie, soit en la traitant par l'eau : dans tous les cas, le cyanhydrate se vaporise ou se dissout, et l'*acide azulmique* reste en poudre d'un brun noir. (1)

Cependant, lorsqu'on le fait passer en vapeur à travers un tube incandescent, jamais sa décomposition n'est complète;

(1) La matière noire, appelée acide azulmique par M. Boullay, pour indiquer à-la-fois son rapprochement avec l'acide ulmique et la différence de sa nature chimique, est insipide, inodore, susceptible de se décomposer par la chaleur en donnant du cyanhydrate d'ammoniaque du cyanogène et du charbon, insoluble dans l'eau, dans l'alcool, soluble à froid dans l'acide azotique concentré qu'elle colore en beau rouge aurore, soluble surtout dans les alcalis et l'ammoniaque, qui alors prennent une couleur d'un brun foncé. Les acides précipitent la matière brune des dissolutions alcalines, et la plupart des sels des 5 dernières sections les décolorent en y formant un précipité brun. Dans toutes ces propriétés, il n'en est qu'une seule qui tende à faire croire que cette matière soit acide; c'est celle de se dissoudre dans les alcalis et de s'unir aux oxides. Mais elle ne suffit point évidemment pour caractériser un acide. Plusieurs substances, qui ne sont point acides, possèdent cette propriété : telle est entre autres l'albumine. A la vérité, nous avons admis au nombre des acides l'*ulmine*, qui se rapproche à beaucoup d'égards de l'acide *azulmique* de M. Boullay. Mais l'ulmine neutralise les bases, elle rougit le tournesol, elle décompose les carbonates alcalins.

Quoi qu'il en soit, cette matière noire, qu'on pourrait peut-être désigner sous le nom d'*azulmine*, paraît se former, ainsi que l'a remarqué M. Boullay, dans un grand nombre de circonstances, par exemple dans les décompositions spontanées du cyanhydrate d'ammoniaque et du cyanogène dissous dans l'eau, dans la réaction du cyanogène sur les bases, et aussi dans celle qu'exerce l'acide azotique faible sur la fonte, c'est-à-dire sur le charbon très divisé qu'elle contient : ce qui semble certain, c'est que le résidu que fournit alors la fonte possède les principales propriétés de l'*azulmine*. (P. Boullay.)

il en résulte un léger dépôt de charbon, du gaz hydrogène, et un peu de gaz azote et de cyanogène mêlé de beaucoup d'acide.

Mis en contact avec les gaz, à la température de 20°, il en augmente singulièrement le volume.

Il prend feu sur-le-champ dans l'air par l'approche d'un corps en combustion : aussi sa vapeur mêlée à l'oxigène constitue-t-elle un mélange détonant sous l'influence d'une chaleur rouge ou d'une étincelle électrique.

L'hydrogène, le bore, le silicium, le phosphore, l'iode, l'azote ne lui font éprouver aucune altération. Le chlore enlève facilement l'hydrogène à l'acide cyanhydrique; de là de l'acide chlorhydrique et du chlorure de cyanogène.

L'action du brôme est probablement la même que celle du chlore. Le soufre volatilisé dans la vapeur cyanhydrique l'absorbe très bien : le résultat de l'absorption est un composé solide qui paraît être formé de cyanogène et d'acide sulfhydrique.

L'eau et l'alcool le dissolvent en toutes proportions.

De tous les métaux, c'est le potassium qui nous offre, avec la vapeur cyanhydrique, les phénomènes les plus curieux et les plus importans à connaître.

Lorsqu'on chauffe dans un excès de vapeur cyanhydrique une quantité de potassium capable de produire avec l'eau 50 mesures de gaz hydrogène, ce métal décompose 100 mesures de cette vapeur, absorbe tout le cyanogène de ces 100 mesures, et en dégage en même temps tout l'hydrogène, c'est-à-dire, $\frac{100}{2}$ ou 50 (1) : si l'on verse ensuite de l'eau sur le *cyanure* de potassium produit, il le dissout; d'où l'on voit que le potassium agit sur l'acide cyanhydrique, comme sur les acides chlorhydrique, fluorhydrique, bromhydrique, iodhydrique, puisqu'il dégage des uns et des autres la moitié de leur volume d'hydrogène, et que, dans le *cyanure*, le *cyanogène* joue, relativement à ce métal, le même rôle que le chlore, le fluor, le brôme, l'iode dans les chlorures, fluorures, bromures, iodures : nouvelle preuve que l'acide cyanhydrique doit être considéré comme un véritable hydracide.

(1) Pour faire cette expérience commodément, il faut faire passer la vapeur cyanhydrique mêlée d'azote dans une petite cloche courbe pleine de mercure, y introduire le potassium, le chauffer, mesurer le gaz après la transformation du métal en une substance fusible et d'une couleur jaunâtre, qui est le cyanure, traiter le résidu gazeux par une dissolution de potasse pour absorber l'acide cyanhydrique non attaqué, et déterminer dans l'eudiomètre la quantité d'hydrogène contenue dans le gaz non absorbé par l'alcali.

Introduit avec du fer sous une éprouvette pleine de mercure, il ne change pas de nature, et n'est pas absorbé; mais, en ajoutant de l'eau au mélange, il se dégage peu-à-peu du gaz hydrogène, et il se produit du bleu de Prusse. (Vauquelin.)

Les oxides métalliques en général tendent à exercer sur lui la même action que sur les acides chlorhydrique, fluorhydrique, bromhydrique, iodhydrique, c'est-à-dire à former de l'eau et des cyanures. Voilà ce que nous offrent d'une manière remarquable les oxides des dernières sections, par exemple ceux de mercure, d'argent. La réaction se manifeste promptement, et l'on observe même que si l'opération se faisait à chaud dans une cloche courbe, où l'on aurait introduit de la vapeur acide et de l'oxide d'argent desséché, la température, au moment de la décomposition réciproque des deux corps, se trouverait si élevée que le cyanogène deviendrait libre, et qu'il serait dangereux d'opérer sur une trop grande quantité de matière à-la-fois. On ne pourrait employer alors la chaleur sans danger qu'autant qu'on affaiblirait l'acide en l'unissant à l'eau, ou qu'en mêlant sa vapeur à de l'hydrogène ou de l'azote. Il n'en est pas de même avec les dissolutions alcalines : ce n'est qu'autant qu'elles sont en grand excès que l'acide se trouve neutralisé. On dirait qu'il se forme un oxi-cyanure; et ce qui tendrait à faire adopter cette opinion, c'est que le cyanure de potassium en se dissolvant dans l'eau laisse exhaler l'odeur de l'acide cyanhydrique. (1)

L'acide chlorhydrique et sans doute les autres acides le transforment sous l'influence de l'eau, en ammoniaque et en acide formique (2058).

Il décompose les sels de mercure protoxidé, en sépare l'acide, en réduit l'oxide, et de là résultent du mercure libre et du bi-cyanure mercuriel. Il précipite la dissolution d'azotate d'argent en blanc, celle de carbonate acide de fer en vert de mer qui devient bientôt bleu; il trouble aussi les dissolutions des sulfures et de savon; mais il paraît qu'il n'agit point sur la plupart des autres combinaisons salines.

2123. *Etat naturel, préparation.* — Jusqu'à présent cet acide n'a point été trouvé dans la nature, si ce n'est, du moins d'après quelques chimistes, dans les feuilles de laurier-cerise (*prunus lauro-cerasus*), les amandes amères (*amygdalus communis*), les amandes de cerises noires (*prunus avium*), les amandes, les feuilles et les fleurs de pêcher (*amygdalus per-*

(1) Cette odeur ne proviendrait-elle pas de l'action de l'acide carbonique de l'air?

*sica*), et dans quelques écorces (*Journal de Physique*, pour 1803). Cependant il se forme dans un grand nombre de nos opérations : on ne peut distiller aucune substance végétale ou animale azotée sans en former une certaine quantité ; il s'en produit beaucoup plus, lorsque l'on calcine ces substances avec de la potasse ou de la soude, qu'on lessive le résidu et qu'on verse un acide dans la dissolution ; on en obtient également beaucoup en substituant, dans l'opération précédente, des charbons animaux aux substances animales ; c'est l'un des produits constans de l'action de l'acide azotique sur les matières végétales et animales, et, suivant Clouet, de celle du gaz ammoniacal sur le charbon incandescent.

On l'obtient en traitant le bi-cyanure de mercure ou le cyanure de potassium par l'acide chlorhydrique liquide et légèrement fumant, ou bien encore le bi-cyanure de mercure par l'acide sulfhydrique.

Le *premier procédé* s'exécute dans un appareil qui se compose : 1° d'une cornue tubulée qu'on place sur un fourneau ; 2° d'un long tube ; 3° d'un petit flacon qu'on entoure de glace. Le long tube est presque courbé, à angle droit, à l'une de ses extrémités ; à partir de sa courbure, les deux tiers de sa capacité sont pleins de fragmens de chlorure de calcium, et l'autre tiers de fragmens de marbre ; il communique d'une part avec le flacon par la partie courbe, et de l'autre avec la cornue : il est bon de l'entourer de glace dans presque toute sa longueur, de même que le flacon. L'appareil étant monté, on introduit le cyanure de mercure en poudre par la tubulure de la cornue ; puis l'on adapte à cette tubulure un tube à trois branches pour verser l'acide par petites portions, faisant en sorte que la cornue soit chaude avant que la deuxième portion d'acide ne soit versée, et entretenant le feu pendant tout le cours de l'évaporation. L'acide et le cyanure se décomposent réciproquement ; il en résulte du bi-cyanure qui se dissout en partie et de l'acide cyanhydrique qui se vaporise à mesure qu'il se forme et vient se condenser dans le tube. Lorsque la quantité de liquide devient très sensible, il faut suspendre l'opération pour purifier le produit déjà obtenu : cette opération se fait en enlevant la glace qui entoure le tube et le chauffant doucement. Par ce moyen, l'acide cyanhydrique passe seul dans le petit flacon, car l'eau et le peu d'acide chlorhydrique qui auraient pu être entraînés, sont retenus ; savoir : l'eau par le chlorure de calcium, et l'acide chlorhydrique par la chaux.

C'est aussi de cette manière que l'on se procure l'acide cyanhydrique avec le cyanure de potassium ; seulement il faut se contenter de plonger la cornue dans de l'eau à la température de 50 à 60°. Ce procédé est même beaucoup plus économique que le premier, en raison de la facilité que l'on a à faire le cyanure alcalin.

Le *dernier procédé* consiste à mettre en contact, à une température un peu élevée, du gaz sulfhydrique avec le cyanure de mercure. Le gaz formé dans un ballon, par un mélange de sulfure de fer artificiel et d'acide sulfurique étendu d'eau, est conduit par un petit tube recourbé dans un autre tube horizontal, plus large, placé au-dessus d'un fourneau, et contenant le cyanure mercuriel, plus du carbonate de plomb et du chlorure de calcium. Ceux-ci doivent être introduits séparément à la suite du cyanure, et occuper chacun à-peu-près quatre centimètres de long. A peine le gaz sulfhydrique touche-t-il le cyanure, qu'il en résulte du sulfure de mercure et de l'acide cyanhydrique en vapeur. Cet acide arrivant bientôt à l'extrémité du grand tube, cède l'eau qu'il entraîne au chlorure de calcium, et le peu de gaz sulfhydrique qui pourrait ne pas être décomposé, au carbonate de plomb : de là, par un tube ordinaire, il se rend et se condense dans un flacon entouré d'un mélange de glace et de sel.

2124. *Usages.* — Jusque dans ces derniers temps, l'acide cyanhydrique était resté sans usages. M. Magendie, en 1817, en a conseillé l'emploi, à très petite dose, contre plusieurs maladies de poitrine. (*Ann. de Ch. et de Phys.*, VI, 347.)

### *Acide cyanhydrique proto-cyano-ferré, et acide cyanhydrique sesqui-cyano-ferré.*

2125. *Acide cyanhydrique proto-cyano-ferré.*—Nous appelons ainsi l'acide qui fut désigné d'abord par M. Porrett à qui la découverte en est due, sous le nom d'*acide cyanique-ferruré*, puis par d'autres chimistes, sous les noms d'*acide hydro-ferro-cyanique, d'acide hydro-cyano-ferrique, d'acide-hydro-cyanique-ferruré, de cyanure-ferreux acide.*

Sa composition est représentée par 4 atomes d'acide cyanhydrique et 1 atome de proto-cyanure de fer $4(H,C^2Az)+(Fe,2C^2Az)$; il renferme en outre 1 atome d'eau. On l'obtient par divers procédés.

L'un de ces procédés consiste à dissoudre dans l'eau le double proto-cyanure de barium et de fer $(2BaC^4Az^2+FeC^4Az^2)$, et à y verser la quantité convenable d'acide sulfurique étendu pour en précipiter le barium à l'état de baryte. Il y a décomposition de 2 atomes d'eau $(2HO)$, et production de 2 atomes de sulfate de baryte et de 4 atomes d'acide cyanhydrique qui s'unit à l'atome de proto-cyanure de fer comme on le voit dans la formule : $(2BaC^4Az^2 + FeC^4Az^2), + 2H^2O + 2SO^3 = 2(BaO,SO^3) + (2C^4Az^2H^2, FeC^4Az^2)$. C'est donc le cyanogène du cyanure de barium qui passe à l'état d'acide cyanhydrique pour s'unir au proto-cyanure ferrugineux.

Au lieu de cyanure double de barium et de fer, on peut employer le double cyanure de potassium et de fer *proto-cyané*. Alors, comme le conseille M. Porrett, on dissout 50 grains de ce double cyanure dans 2 ou 3 drachmes d'eau chaude, et l'on y verse ensuite 58 grains d'acide tartrique en dissolution dans l'esprit-de-vin; par ce moyen, tout l'acide tartrique se combine avec la potasse et la précipite à l'état de sur-tartrate; la liqueur filtrée ne contient plus que de l'acide cyanhydrique proto-cyano-ferré : en la soumettant à une évaporation spontanée, elle le laisse bientôt déposer sous forme de cristaux. (*Ann. de Chim. et de Phys.*, t. XII, p. 378.)

Enfin, c'est en traitant par l'acide sulfhydrique le cyanure de fer et de plomb, provenant d'une solution de proto-cyanure jaune de potassium et de fer, versée dans une solution de plomb, que M. Berzelius prépare l'acide cyanhydrique proto-cyano-ferré : il lave le cyanure avec soin, le met encore humide dans l'eau et l'expose à un courant de gaz sulfhydrique; il enlève ensuite l'excès d'acide sulfhydrique par l'addition d'une quantité convenable de cyanure de plomb ferrugineux, filtre la dissolution et l'évapore dans le vide : dans cette opération, le soufre se combine au plomb, l'hydrogène au cyanogène du cyanure de plomb, et l'acide cyanhydrique qui en résulte au proto-cyanure de fer faisant partie du double cyanure. Ce procédé est fort simple et s'exécute facilement.

L'acide cyanhydrique proto-cyano-ferré se dépose, par l'évaporation spontanée de sa dissolution, en petits cristaux dépourvus d'odeur. Ces cristaux sont incolores et transparens naturellement; mais par le contact de l'air, ils prennent peu-à-peu une légère teinte bleuâtre, due à ce qu'il se forme du sesqui-cyanure ferrugineux, parce que l'oxigène de l'air s'unit, soit à l'hydrogène d'une partie de l'acide cyanhydrique, soit au fer d'une partie du proto-cyanure et que dans tous les cas il se produit un composé double de proto et sesqui-cyanure de fer (bleu de Prusse); ils bleuissent moins difficilement étant humides que secs. Leur saveur est franchement acide et bien marquée; elle n'a rien de commun avec celle de l'acide cyanhydrique ordinaire. Ils se dissolvent facilement dans l'eau et dans l'alcool, sans leur communiquer la moindre couleur. La solution aqueuse versée sur le peroxide de fer, ou mêlée au sulfate de peroxide de ce métal, donne tout de suite du bleu de Prusse; elle neutralise complètement la potasse, la soude, la chaux, la baryte, etc., et forme avec toutes ces bases des sels très stables, et en tout semblables à ceux qu'on obtient en traitant le bleu de Prusse par ces alcalis. Lorsqu'on la fait bouillir en vase clos, elle finit par laisser dégager tout son acide et donner lieu à un précipité blanc de proto-cyanure de fer qui bleuit à l'air. L'acide cristallisé est à plus forte raison décomposé par la chaleur : il se dégage d'abord de l'acide cyanhydrique; mais bientôt l'eau de l'acide est elle-même décomposée; il se produit du carbonate d'ammoniaque et il reste du fer carburé.

On voit donc que l'acide cyanhydrique proto-cyano-ferré a des propriétés acides bien plus énergiques que l'acide cyanhydrique pur, et l'on va voir qu'il en est de même de l'acide cyanhydrique sesqui-cyano-ferruré.

2126. *Acide cyanhydrique sesqui-cyano-ferré.* — Lorsqu'on verse dans une dissolution de plomb, un cyanure double de proto-cyanure de potassium et de sesqui-cyanure de fer, il en résulte un précipité de proto-cyanure de plomb et de sesqui-cyanure de fer, avec lequel il est facile de se procurer l'acide cyanhydrique sesqui-cyano-ferruré : il suffit pour cela de laver ce précipité et de le traiter par une quantité proportionnelle d'acide sulfurique. Le cyanure est décomposé; l'acide cyanhydrique ferruré se forme et se dissout dans l'eau, qu'il colore en rouge, et qui le laisse déposer en aiguilles jaune-brunâtre par évaporation spontanée.

L'acide cristallisé rougit le tournesol. Sa saveur est acide avec un arrière-goût astringent; la chaleur en dégage l'acide cyanhydrique. Il agit sur les dissolutions salines de même que le double cyanure de potassium proto-cyanuré et de fer sesqui-cyanuré : ainsi il ne trouble en aucune manière les sels de peroxide de fer et précipite en bleu ceux de protoxide.

Sa composition est exprimée par la formule $3(H,C^2Az)+(Fe,3C^2Az)$, c'est-à-dire par 3 atomes d'acide cyanhydrique et 1 atome de sesqui-cyanure de fer. Elle correspond donc au cyanure double de potassium et de fer qui sert à le former $(3KC^4Az^2+2FeC^6Az^3)$ : c'est le cyanogène du proto-cyanure de potassium, qui se trouve transformé en acide cyanhydrique et combiné avec les 2 atomes de sesqui-cyanure de fer.

## *Cyanhydrate d'ammoniaque.*

2127. Ce sel cristallise en cubes, ou en petits prismes entrelacés, ou en feuilles de fougères. Sa volatilité est telle, qu'à la température de 22°, la tension de sa vapeur est égale à environ 45 centimètres de mercure, de sorte qu'à 36° elle doit faire équilibre à la pression de l'atmosphère. Il se décompose avec une extrême facilité, et se convertit en un charbon azoté qui conserve la forme des cristaux.

C'est en saturant de gaz ammoniaque l'acide cyanhydrique, qu'on se procure le cyanhydrate d'ammoniaque. Il se forme pendant la distillation de la plupart des cyanures doubles ferrugineux hydratés, et surtout en distillant le composé de proto-cyanure de fer et de cyanhydrate d'ammoniaque. (Gay-Lussac. *Ann. de Chim.*, t. xcv, p. 216.)

## *Cyanures métalliques.*

2128. Les cyanures alcalins résistent, lorsqu'ils sont anhydres, à une haute température. La plupart des autres sont au contraire susceptibles de se décomposer.

Les produits varient quand on fait intervenir l'eau dans la réaction. (*Voyez* cyanure de potassium et cyanure de mercure.)

Les cyanures à radicaux alcalins, celui de magnésium, le bi-cyanure de mercure, sont solubles. Ceux de manganèse, de zinc, sont insolubles.

Traités par l'acide chlorhydrique, la plupart des cyanures, surtout les cyanures solubles, donnent de l'acide cyanhydrique ou de l'acide formique et de l'ammoniaque, suivant les quantités de matières respectives que l'on emploie. L'acide est-il très prédominant? Il y a production d'acide formique et d'ammoniaque. Est-ce, au contraire, le cyanure qui est en excès? Il se forme de l'acide cyanhydrique. Dans tous les cas, de l'eau est décomposée. Par exemple, 1 atome de cyanure de potassium + 3 atomes d'eau + un excès d'acide chlorhydrique donnent 1 atome d'acide formique, 2 atomes d'ammoniaque, et par suite de chlorhydrate d'ammoniaque + 1 atome de chlorure de potassium, comme le fait voir la formule suivante : $(C^4Az^2,K) + 3\,H^2O + 4\,HCh = C^4H^2O^3 + 2(AzH^3,HCh) + KCh^2)$.

Tous les cyanures, ou presque tous les cyanures, possèdent la propriété de s'unir au proto-cyanure de fer et de former des cyanures doubles qui sont très remarquables et jouissent d'une grande stabilité.

Leur composition est analogue à celle des chlorures, iodures, bromures, fluorures.

Le cyanogène joue donc, par rapport aux métaux, absolument le même rôle que le chlore, l'iode, le brôme et le fluor.

Aucun ne se trouve dans la nature.

On les obtient, soit en faisant réagir l'acide cyanhydrique sur les oxides libres ou unis aux acides, soit en précipitant les dissolutions salines par le cyanure de potassium, soit en calcinant les doubles cyanures ferrurés, procédé qui s'applique particulièrement à la préparation des cyanures alcalins, soit en décomposant des cyanures faciles à faire par des oxides qui échangent leur oxigène avec le cyanogène de ces cyanures, quelquefois même en combinant directement le cyanogène avec les métaux.

2129. *Proto-cyanure de potassium.* — Le proto-cyanure de potassium peut se faire directement; il suffit de chauffer le potassium avec un excès de cyanogène dans une petite cloche courbe sur le mercure. L'absorption est rapide et accompagnée de lumière. Il se forme encore, quand on calcine des matières animales avec de la potasse; mais alors il est difficile à purifier. Le meilleur procédé pour l'obtenir est de dessécher le cyanure double de potassium et de fer proto-cyanuré, et de l'exposer à l'action d'une chaleur rouge dans une cornue de porcelaine, jusqu'à ce qu'il ne se dégage plus d'azote. Le cyanure de fer est décomposé : en laissant dégager son azote, il passe à l'état de quadri-carbure qui reste mêlé avec le cyanure de potassium que l'on sépare en le dissolvant dans la plus petite quantité d'eau froide possible, et évaporant la dissolution à siccité dans le vide, par l'intermède de l'acide sulfurique.

Le cyanure de potassium est jaunâtre; sa saveur est alcaline. Il résiste en vase clos à la plus haute température; mais il se décompose sous l'influence de l'eau. Il suffit même de dissoudre le cyanure dans l'eau et de porter la liqueur à l'ébullition pour déterminer la réaction. Chaque atome de cyanure de potassium, en s'unissant aux principes de 4 atomes d'eau, donne lieu alors à 2 atomes d'ammoniaque qui se dégage, et 1 atome de formiate de potasse, comme le montre la formule suivante : $K,C^4Az^2+4H^2O=2AzH^3+(KO,C^4H^2O^3)$. L'hydrate de potasse produit le même effet; mais si la température est portée presqu'au rouge obscur, le formiate de potasse $(KO,C^4H^2O^3)$ s'empare de 1 at. d'eau de l'hydrate, et donne lieu à 2 at. de carbonate de potasse $2(KO,C^2O^2)$, plus un dégagement de 4 atomes d'hydrogène. (Pelouze, *Ann. de Chim. et de Phys.*, t. XLVIII, p. 396.)

Le cyanure de potassium est très soluble dans l'eau et très peu soluble dans l'alcool. Il est décomposé par tous les acides; il l'est même par l'acide carbonique. Voilà pourquoi la dissolution de cyanure de potassium laisse exhaler sans cesse de l'acide cyanhydrique, dans son contact avec l'air, et passe à l'état de carbonate de potasse.

Il s'unit au proto-cyanure et au sesqui-cyanure de fer avec lesquels il forme des cyanures doubles, qui ont beaucoup de stabilité (2136 et 2138). Le protoxide de fer hydraté agit sur lui comme le proto-cyanure de fer. Probablement qu'alors une partie du cyanure est décomposée par l'oxide de fer, et que de là résulte du proto-cyanure de fer et de la potasse.

Le cyanure de potassium ne trouble pas les dissolutions alcalines; il précipite au contraire un assez grand nombre de sels appartenant aux quatre dernières sections.

2130. *Cyanures de sodium, de barium, de calcium, de magnésium.*—Ils se préparent comme celui de potassium en calcinant les cyanures de sodium, de barium, de calcium, de magnésium ferrurés. Ceux de sodium, de calcium, de magnésium, se dissolvent très bien dans l'eau; celui de barium est beaucoup moins soluble. Tous jouissent sans doute de propriétés analogues à celles du cyanure de potassium.

2131. *Cyanures de fer.*—Lorsque l'on chauffe dans une cornue le cyanhydrate d'ammoniaque uni au proto-cyanure de fer, composé que l'on obtient en traitant le bleu de Prusse par l'ammoniaque, le cyanhydrate se sublime, et le proto-cyanure reste en poudre grise jaunâtre. Le proto-cyanure doit se produire aussi, lorsque l'on verse du cyanure de potassium dans un excès de sulfate de protoxide de fer en dissolution. Ce qu'il y a de certain, du moins, c'est qu'alors il se fait un précipité orangé très abondant, qui, par le contact de l'air, devient d'abord d'un vert sale, puis d'un bleu foncé.

Ce cyanure est surtout remarquable en ce qu'il peut se combiner avec les autres cyanures simples et former des cyanures doubles qui en général ont beaucoup de stabilité; tels sont surtout les cyanures doubles alcalins.

2132. *Cyanure de mercure.*—Il n'existe point de proto-cyanure de mercure; mais le bi-cyanure a une si grande tendance à se former, que le bi-oxide de mercure a la propriété de décomposer le cyanure de potassium et presque tous les autres cyanures: de telle sorte que le cyanogène du cyanure alcalin, par exemple, s'unit au mercure, et que l'oxigène de l'oxide de mercure se combine avec le potassium. De là le procédé par lequel on prépare le bi-cyanure mercuriel. On fait bouillir dans un matras 8 parties d'eau, 2 parties de bon bleu de Prusse en poudre fine et 1 partie de bi-oxide de mercure. Lorsque le mélange, de bleu qu'il était d'abord, est devenu jaune, on filtre la liqueur, et le cyanure s'en dépose par le refroidissement sous forme de cristaux. Ensuite on réunit les eaux-mères et les eaux de lavage, et l'on retire tout le cyanure qui s'y trouve par des évaporations et refroidissemens successifs. Mais comme dans cet état le cyanure contient une certaine quantité d'oxide de fer, il faut, pour le séparer de celui-ci, suivant M. Proust, le redissoudre dans l'eau, le faire bouillir avec un excès de bi-oxide de mercure et filtrer la liqueur. Il en résulte, à la vérité, que le cyanure se charge d'oxide de mercure; mais rien de plus facile que de convertir cet oxide en cyanure : c'est d'ajouter de l'acide cyanhydrique; à l'instant même l'oxigène de l'oxide s'unit à l'hydrogène de l'acide et le cyanogène au mercure. On peut encore, et ce procédé est plus économique, faire passer du gaz sulfhydrique à travers le cyanure, jusqu'à ce qu'il se manifeste une odeur permanente d'acide cyanhydrique. On filtre de nouveau pour séparer le sulfure de mercure, et de nouveau aussi l'on fait cristalliser le cyanure.

Ce cyanure parfaitement neutre est incolore et cristallise en longs prismes quadrangulaires coupés obliquement, tantôt transparens, tantôt opaques, et toujours anhydres. Sa saveur est très styptique et très désagréable. Il excite fortement la salivation. Son action vénéneuse est telle, qu'il serait dangereux de le prendre à la dose de quelques grains. Sa pesanteur spécifique est très grande. Il est sans odeur et sans action sur le tournesol.

Lorsque le cyanure mercuriel est bien desséché, et qu'on le chauffe convenablement dans une cornue ou dans un tube fermé par une de ses extrémités, il commence bientôt à noircir; il paraît se fondre comme une matière animale, et se transforme alors en cyanogène qui se dégage abondamment, et en mercure qui se volatilise.

On observe en outre qu'il se sublime un peu de cyanure, qu'il se décompose une petite quantité de cyanogène, et que de cette décomposition produite par l'affinité du mercure pour le carbone, résultent de l'azote qui altère le produit gazeux et un carbure mercuriel qu'une température plus élevée résout en mercure qui se dégage et en noir de fumée très léger.

Mais lorsque le cyanure est humide, au lieu de cyanogène, on obtient de l'acide carbonique, de l'ammoniaque, et beaucoup de vapeur cyanhydrique; d'où il suit que, dans ce cas, l'eau est décomposée.

Le soufre favorise beaucoup la décomposition du cyanure mercuriel. Que l'on mêle, comme l'a fait M. Berzelius, ce cyanure avec le tiers de son poids de soufre, que l'on chauffe, et l'on observera, au moment de la fusion de ce dernier corps, une réaction très vive; il se dégagera du gaz azote, du sulfure de carbone et beaucoup de cyanogène mêlés ensemble, et il restera dans la cornue un proto-sulfo-cyanure de mercure (composé de soufre, de cyanogène et de mercure) très boursouflé, qui refroidi, pulvérisé et chauffé de nouveau, se réduira en cyanogène et en cinabre. (*Ann. de Ch. et de Phys.*,

XVI, 40; d'ailleurs *voy.* plus loin le *sulfo-cyanure de mercure.*)

Le cyanure de mercure se dissout bien dans l'eau; il y est plus soluble à chaud qu'à froid : aussi l'eau bouillante qui en est saturée, en laisse-t-elle déposer, par le refroidissement, sous forme de cristaux.

La dissolution concentrée de potasse ne décompose pas le cyanure de mercure; elle le dissout seulement à l'aide de la chaleur et le laisse cristalliser par le refroidissement.

De tous les acides dont on ait éprouvé l'action sur le cyanure de mercure, il n'y a que l'acide chlorhydrique, l'acide sulfhydrique et l'acide iodhydrique qui puissent faire passer facilement le cyanogène de ce composé à l'état d'acide cyanhydrique. Il se produit en même temps du bi-chlorure, du bi-sulfure ou du bi-iodure. L'acide azotique, par l'ébullition, ne fait que le dissoudre. L'acide sulfurique concentré agit à la vérité sur lui, mais en se décomposant, et de là résultent du gaz sulfureux, du gaz carbonique, du sulfate d'ammoniaque et du sulfate de mercure. Il serait possible qu'il ne se formât que du sulfate de mercure, du sulfate d'ammoniaque et de l'oxide de carbone, comme on le voit dans la formule suivante :

$$(Hg,C^4Az^2)+2SO^3+3H^2O=C^4O^2+(2H^3Az,SO^3)+(HgO,SO^3)$$

Mais probablement que l'oxide de carbone opère la décomposition de l'acide sulfurique et produit l'acide carbonique et l'acide sulfureux que l'on recueille. Dans tous les cas, il y a de l'eau décomposée.

Quelques sels seulement ont de l'action sur le cyanure de mercure. L'azotate d'argent s'y unit et forme un composé qui se précipite en peu de temps sous forme de petits cristaux blancs, surtout quand les dissolutions sont concentrées. (Wöhler, *Ann. de Ch. et de Phys.*, XXVIII, 167.)

Lorsqu'on verse dans une solution de cyanure de mercure, de l'iodure de potassium lui-même en solution, il se produit tout de suite une foule de cristaux blancs nacrés, que M. Caillot a observés, et qu'il regarde comme un composé d'iodure et de cyanure mercuriels.

Le cyanure de mercure se combine également avec le cyanure de potassium, le chromate de potasse, le formiate de potasse, et forme des composés doubles susceptibles de cristalliser.

Les sulfures alcalins y occasionnent un précipité noir de sulfure de mercure.

Uni à l'eau, le cyanure de mercure a la propriété de dissoudre à chaud une quantité considérable de bi-oxide de mercure. De neutre qu'il est, il devient très alcalin, plus soluble, et cristallise non plus en prismes, mais en très petites houppes. Evaporé jusqu'à siccité, il se charbonne très aisément : aussi pour le dessécher sans le décomposer, est-on obligé de n'employer que la chaleur du bain-marie. Humide, il donne, dans sa décomposition par le feu, de l'acide carbonique, de l'ammoniaque, de la vapeur cyanhydrique, de l'azote, et un liquide brun qui n'est point huileux; tandis que, privé d'eau, on n'en retire que du cyanogène, du gaz carbonique et du gaz azote.

L'oxide de mercure, en se dissolvant dans le cyanure de mercure, ne constitue point de sous-cyanure; l'oxide n'est point réduit, il fait partie du nouveau composé qu'on obtient et c'est à sa présence qu'il faut attribuer le gaz carbonique qui provient de la calcination du composé parfaitement sec.

Quelques médecins emploient le cyanure de mercure dans le traitement des maladies syphilitiques; les chimistes s'en servent uniquement pour se procurer l'acide cyanhydrique et le cyanogène.

C'est Schéele qui l'a obtenu le premier. Après lui, Proust et M. Gay-Lussac sont ceux de tous les chimistes qui l'ont le plus et le mieux étudié. (*Ann. de Ch.*, LX, 227, et XCV, 136.)

2133. *Cyanure de palladium.*—Le cyanogène a une très grande affinité pour le palladium, plus peut-être que pour aucun autre métal : aussi, lorsqu'une dissolution saline contient du protoxide de palladium, et qu'on y verse du bi-cyanure de mercure, se fait-il un précipité de proto-cyanure de palladium. Cependant, si la dissolution ne contenait que très peu de métal, le dépôt n'aurait pas lieu tout-à-coup, et cesserait de pouvoir se produire si elle était suffisamment acide. C'est même sur la propriété qu'a le cyanure de mercure de décomposer les sels de palladium, qu'est fondé le moyen de se procurer celui-ci (1226). Lorsqu'on veut l'avoir pur, il faut employer des liqueurs exemptes de cuivre. La plus petite quantité de ce métal rend verdâtre le cyanure qui par lui-même est chamois très clair.

Le proto-cyanure de palladium, bien sec, donne à la distillation du cyanogène et du palladium. Il s'unit au cyanure de potassium, et forme un cyanure double cristallisable; en versant de l'azotate de palladium dans la dissolution de ce cyanure double, il se produit un dépôt de cyanure et d'azotate de palladium, qui brûle comme de la poudre quand on le chauffe après l'avoir desséché.

2134. *Cyanure d'argent.*—Le cyanure se précipite sous forme d'une poudre blanche en versant une dissolution d'acide cyanhydrique dans une dissolution d'argent.

La chaleur rouge le transforme, à l'abri du contact de l'air, en cyanogène et en argent, s'il est bien sec. Les acides chlorhydrique, sulfhydrique en opèrent la décomposition, de manière à produire de l'acide cyanhydrique et du chlorure ou du sulfure d'argent. Il est inattaquable par les acides sulfurique et azotique, à moins qu'ils ne soient concentrés et très chauds : alors ils le dissolvent. Parmi les alcalis caustiques, l'ammoniaque seule a de l'action sur lui : il en opère la dissolution avec facilité.

Le cyanure d'argent s'unit avec les autres cyanures, de même que le proto-cyanure de fer, et forme des cyanures doubles d'une grande stabilité. Pour obtenir les cyanures doubles alcalins, qui sont tous solubles, il suffit de mettre les dissolutions de cyanure de potassium, ou de sodium, etc., en contact avec le cyanure d'argent. Quant aux autres, pour la plupart insolubles, on se les procure par voie de double décomposition.

Les cyanures doubles solubles ont une saveur d'abord douceâtre, puis très désagréable ; l'alcool en sépare le cyanure en poudre. Ils ne sont troublés ni par les alcalis, ni par les chlorures ; celui de potassium peut être obtenu en cristaux penniformes, incolores, transparens. Il paraît que le cyanure d'argent peut d'ailleurs s'unir à l'acide cyanhydrique comme le proto-cyanure de fer, et former un acide cyanhydrique cyano-argenturé qui est très stable.

### *Cyanures doubles ferrugineux.*

2135. Plusieurs cyanures possèdent la propriété de se combiner l'un avec l'autre ; mais parmi ces corps, il n'en est aucun, à beaucoup près, qui soit doué de cette propriété autant que le proto-cyanure de fer. Il paraît en effet qu'il est susceptible de s'unir aux divers cyanures simples, et de former des cyanures doubles. Ce sont ces cyanures que nous allons examiner d'abord : nous examinerons ensuite quelques cyanures doubles qui contiennent le fer à l'état de sesqui-cyanure. Nous ne nous occuperons d'aucun autre.

### *Cyanures doubles proto-cyano-ferrés.*

2136. Leur composition est telle que la quantité de cyanogène du proto-cyanure de fer est toujours la moitié de celle du cyanogène de l'autre cyanure : ainsi celui de potassium a pour formule $2(K,C^4Az^2)+Fe,C^4Az^2$.

Calciné dans une cornue, à l'abri du contact de l'air, tous les cyanures ferrugineux se décomposent et se transforment, savoir : les cyanures ferrugineux alcalins, en quadri-carbure de fer $FeC^4$, en gaz azote et en cyanure alcalin simple $2(R,C^4Az^2)$, R indiquant le métal alcalin ; les cyanures ferrugineux des troisième et quatrième sections, en gaz azote et en quadri-carbures doubles, qui bientôt s'embrasent à la manière de la zircone, de l'oxide de chrôme, etc. ; enfin ceux ou la plupart de ceux des deux dernières sections, en métal appartenant à l'une de ces sections, en cyanogène auquel il était uni, en quadri-carbure de fer et en gaz azote.

Lorsque la calcination a lieu avec le contact de l'air, le carbone du cyanogène est toujours brûlé, l'azote toujours mis en liberté, le fer s'oxide, et l'autre métal s'oxide aussi, à moins qu'il ne fasse partie des deux dernières sections.

Les cyanures alcalins ferrugineux sont solubles et abandonnent leur eau de cristallisation dans le vide ; la plupart des autres, et surtout ceux des quatre dernières sections sont insolubles; plusieurs n'abandonnent toute leur eau de combinaison qu'au degré de chaleur où ils commencent à se décomposer : tel est entre autres le bleu de Prusse.

Les acides énergiques forment, à la température ordinaire, avec les cyanures alcalins ferrugineux en dissolution, de l'acide cyanhydrique proto-cyano-ferré, et un nouvean sel alcalin ; voilà du moins ce que nous offre l'acide tartrique et l'acide chlorhydrique avec le proto-cyanure de fer et de potassium, et l'acide sulfurique avec celui de fer et de barium (2125).

C'est même ainsi qu'on se procure les cyanures doubles alcalins, lesquels sont tous solubles ; quant aux cyanures insolubles, on les obtient par la voie des doubles décompositions.

Lorsque, au lieu d'opérer à froid, l'on opère à la chaleur de l'eau bouillante, et que le cyanure est en excès sensible, il se dégage de la vapeur cyanhydrique, et il se fait un dépôt blanc de proto-cyanure de fer : d'où l'on voit qu'à ce degré de chaleur l'acide cyanhydrique ne s'unit point au cyanure ferrugineux : l'acide cyanhydrique se décomposerait en acide formique et en ammoniaque, si l'acide ajouté était prédominant (2122).

D'autres phénomènes remarquables ont lieu avec l'acide sulfurique concentré. Tous les cyanures doubles réduits en poudre s'unissent à cet acide; la plupart même peuvent s'y dissoudre (*voy.* le proto-cyanure de fer et de potassium) : il en résulte des composés dans lesquels le double cyanure joue le rôle d'oxide, et qui sont analogues à ceux que M. Peligot a observés en combinant les chlorures avec l'acide chrômique (1852). Lorsqu'on vient à étendre d'eau la dissolution, le cyanure double se précipite s'il est insoluble; il se décompose au contraire s'il est soluble : de l'acide cyanhydrique proto-cyano-ferruré et un nouveau sel sont le résultat de cette décomposition.

Il n'est aucun cyanure double dont le proto-cyanure de fer puisse être décomposé par les alcalis ; le cyanure double, s'il appartient aux cinq dernières sections, est presque toujours alors changé en un cyanure ferrugineux alcalin; l'alcali échange donc son oxigène avec le cyanogène de l'autre cyanure, et par conséquent le métal de celui-ci se trouve oxidé:

c'est là ce qui a lieu en traitant le bleu de Prusse (cyanure double de fer proto-cyanuré et de fer sesqui-cyanuré) par une dissolution de potasse; le sesqui-cyanure cède son cyanogène au potassium, et la poudre bleue passe à l'état de sesqui-oxide de fer.

2136 *bis*. *Proto-cyanure jaune de fer et de potassium*.—C'est en traitant convenablement le beau bleu de Prusse du commerce, qui est un mélange de cyanure double de fer sesqui-cyanuré et de fer proto-cyanuré et d'un peu d'alumine, qu'on obtient le proto-cyanuré double de fer et de potassium dans les laboratoires.

Après avoir broyé ce bleu, on en dissout l'alumine et les autres matières étrangères, en le faisant chauffer avec son poids d'acide sulfurique étendu de 5 à 6 parties d'eau. Au bout de demi-heure, le tout est mis sur un filtre et lavé à grande eau. Lorsque celle-ci ne précipite plus l'azotate de baryte ou le chlorure de barium, on verse le résidu par parties dans une dissolution d'hydrate de potasse bouillante et suffisamment étendue, et on en ajoute jusqu'à ce qu'il cesse d'être décoloré, ou de passer du bleu au brun jaunâtre : alors on filtre la liqueur, on la concentre, on la laisse refroidir, et peu-à-peu le double cyanure s'en dépose sous forme de prismes quadrangulaires : on le purifie en le dissolvant et le faisant cristalliser de nouveau.

Il est évident que, dans cette préparation, l'alcali échange son oxigène ainsi que nous l'avons dit précédemment, contre le cyanogène du sesqui-cyanure de fer.

Plusieurs fabriques le préparent en grand pour les besoins du commerce. Le procédé qu'elles emploient consiste à calciner des matières animales, telles que du sang desséché, de la corne, etc., avec la potasse, à dissoudre dans l'eau la masse calcinée et refroidie, puis à mêler la dissolution avec du sulfate de fer du commerce, jusqu'à ce qu'il commence à se former du bleu de Prusse, à décanter la liqueur, et à la faire évaporer pour en séparer successivement, par la cristallisation, le sulfate de potasse et le double cyanure, que l'on purifie en le faisant cristalliser de nouveau.

Le proto-cyanure de fer et de potassium est transparent, de couleur citrine, sapide, inodore.

Il a pour formule : $(FeC^4Az^2, 2KC^4Az^2) + 3H^2O$, c'est-à-dire qu'il contient précisément la quantité d'eau nécessaire pour convertir les métaux en protoxide, et le cyanogène en acide cyanhydrique.

Exposé à une température de 60°, il perd son eau de cristallisation et devient blanc. Si, dans cet état, on le chauffe graduellement dans une cornue de verre munie d'un tube, on observe : 1° qu'il n'entre en fusion que près de la chaleur rouge; 2° que jusque-là il ne laisse dégager rien de gazéiforme ou de volatil; 3° qu'en élevant la température au point de le bien faire rougir, il se remplit de petites bulles qui apparaissent à de longs intervalles, et qu'il conserve cette apparence même lorsque le feu est assez fort pour ramollir le verre; 4° que le gaz dégagé n'est que de l'azote; 5° que la masse restante est un mélange de cyanure de potassium et de quadricarbure de fer: aussi, mise en contact avec l'eau, donne-t-elle d'une part une solution qui sent l'acide cyanhydrique et qui réagit comme un alcali, et d'autre part un petit résidu en flocons noirs, qui a tous les caractères du quadri-carbure ferrugineux. Tous ces phénomènes sont faciles à expliquer; il est évident que c'est le cyanogène du cyanure de fer qui commence à se décomposer; son azote devient libre, tandis que son carbone reste uni au fer.

L'air est sans action sur le proto-cyanure de fer et de potassium.

100 parties d'eau en dissolvent $27^{\text{part.}},8$ à $12^{\circ},2$; et $90^{\text{part.}},6$, à $93^{\circ},3$. En ajoutant de l'alcool à la dissolution, le cyanure se précipite.

Il n'éprouve aucun changement, ni par l'acide sulfhydrique, ni par les sulfures, ni par l'infusion de noix de galle.

L'acide sulfurique concentré s'unit à ce sel et le dissout très bien, en produisant beaucoup de chaleur. La dissolution n'éprouve aucune altération à 100°; ce n'est que bien au-dessus qu'elle commence à s'altérer; alors il s'en dégage beaucoup de gaz sulfureux, d'acide carbonique et d'azote; et il reste des sulfates acides de potasse, de fer et d'ammoniaque. Abandonnée à elle-même dans un vaisseau ouvert, pendant quelques jours, cette même dissolution devient pulpeuse, attire l'humidité et laisse déposer des cristaux qui sont un composé d'acide et de cyanure de fer et de potassium. Tous les cyanures doubles présentent, suivant M. Berzelius, à qui ces observations sont dues, la propriété de s'unir intimement à l'acide sulfurique. (*Voyez* ces composés, *Ann. de Chim. et de Phys.*, t. xv, p. 253. *Voyez* aussi l'action des autres acides (2130).

L'oxide rouge de mercure décompose facilement le proto-cyanure de fer et de potassium à l'aide de l'eau et de la chaleur; de cette décomposition facile à concevoir résultent du cyanure de mercure, de l'alcali libre et un précipité jaune-rougeâtre qui est du peroxide de fer (Vauquelin). Ce peroxide provient évidemment de l'action réciproque du cyanure de fer et de l'oxide de mercure : cependant, quelque chose qu'on fasse, il reste une portion de cyanure de fer dans la liqueur, et lorsqu'on l'évapore, on obtient un sel qui contient tout à-la-fois du cyanure de fer, du cyanure de mercure et de la potasse.

La dissolution du proto-cyanure de fer et de potassium n'est point troublée par les alcalis; elle ne l'est point non plus par les sels alcalins; elle l'est au contraire, par presque toutes les dissolutions des sels appartenant aux quatre dernières sections, et par quelques sels terreux. Les précipités qui en résultent sont des cyanures doubles de fer proto-cyanuré et du métal de la dissolution saline que l'on emploie. Leur couleur est très variable, comme on le verra dans le tableau suivant. Quelques-uns se dissolvent dans un excès de proto-cyanure de fer et de potassium : tels sont ceux de titane et de zirconium, d'après M. Chevreul.

*Tableau des couleurs des précipités produits par le proto-cyanure double de potassium et de fer.*

| *Dans les solutions salines* | |
|---|---|
| Des métaux alcalins.... | Point de précipité. |
| De magnésium, glucinium, aluminium.... | *Idem.* |
| D'yttrium.......... | Ppté blanc avec le chlorure, point avec l'acétate. |
| De cérium.......... | Ppté blanc. |
| De thorinium......... | Ppté blanc. |
| De zirconium......... | Blanc ou jaune serin, soluble dans un excès de réactif. |
| De manganèse........ | Blanc. Il devient après quelque temps couleur de fleurs de pêcher. |
| De fer protoxidé...... | Blanc, abondant. |
| D'ox. de fer $FeO+Fe^2O^5$ | Bleu clair, abondant. |
| De fer peroxidé....... | Bleu foncé, abondant. |
| D'étain.............. | Blanc. |
| De zinc.............. | *Idem.* |
| De cadmium.......... | *Idem.* |
| De cobalt............ | Vert d'herbe. |
| De nickel............ | Vert-pomme pâle. |
| De chrôme........... | Vert gris. |
| De molybdène........ | Brun foncé. |
| De vanadium......... | Jaune-citron tirant un peu sur le vert. |
| D'antimoine.......... | Blanc. |
| De titane............ | Rouge brun, soluble dans un excès de réactif. |
| D'urane............. | Couleur de sang. |
| De bismuth.......... | Blanc. |
| De cuivre protoxidé.... | *Idem.* |
| De cuivre bi-oxidé..... | Cramoisi. |
| De plomb............ | Blanc tirant sur le jaune. |
| De mercure bi-oxidé... | Blanc. Il se décompose rapidement en bi-cyanure de mercure soluble et en proto-cyanure de fer qui bleuit à l'air. |
| D'argent............ | Blanc. Il bleuit à l'air. |
| De palladium......... | Olive. |
| De rhodium.......... | |
| De platine........... | |
| D'or............... | Blanc. |

*Proto-cyanure blanc de fer et de potassium.* — Ce proto-cyanure est le précipité qu'on obtient en versant une dissolution de proto-cyanure de fer et de potassium dans une dissolution de sulfate de protoxide ou de proto-chlorure de fer; il se dépose en flocons blancs légèrement verdâtres. Exposé à l'air, ou mieux encore, lavé un grand nombre de fois avec de l'eau aérée qu'on décante et qu'on renouvelle, il se transforme peu-à-peu en beau bleu de Prusse qui, quand il est pur, doit être regardé comme un composé hydraté de proto-cyanure et de sesqui-cyanure de fer. Dans ce cas, l'oxigène de l'air fait passer une partie du fer du cyanure ferrugineux à l'état de peroxide, et, par conséquent ce cyanure même à celui de sesqui-cyanure, qui s'unissant au proto-cyanure non décomposé constitue le bleu. Mais que devient le cyanure de potassium? Une portion se dissout, chargée de proto ou de sesqui-cyanure de fer; une autre reste intimement unie avec le bleu, au point que des lavages réitérés ne l'enlèvent que difficilement. La quantité de cyanure de potassium qui fait partie du précipité et qui varie, est la plus grande possible, lorsque l'on verse goutte à goutte le sel de fer protoxidé dans un excès de dissolution de cyanure de fer et de potassium. Alors un phénomène remarquable se présente dans les lavages : à une certaine époque, l'eau se colore en bleu, et donne par évaporation un résidu de même nuance qui se redissout dans l'eau en la colorant de nouveau; c'est du bleu de Prusse rendu soluble par le cyanure de potassium ferrugineux, ou un composé formé de deux cyanures doubles, dont l'un communique sa solubilité à l'autre.

*Proto-cyanure de fer et de sodium.* — On le prépare comme celui de potassium avec lequel il a les plus grands rapports : il est jaune, soluble dans quatre fois et demie son poids d'eau froide, et dans beaucoup moins d'eau bouillante; il cristallise en prismes étroits à quatre pans et à sommets dièdres, s'effleurit et tombe en poussière à l'air. Sa formule est : $(FeC^4Az^2, 2NaC^4Az^2) + 12H^2O$.

*Proto-cyanure de fer et de barium.* — On peut se le procurer comme celui de potassium, en traitant le bleu de Prusse par la baryte; mais comme il est peu soluble, il vaut mieux mêler une dissolution bouillante de 2 parties de proto-chlorure de fer et de potassium avec une dissolution également bouillante d'une partie de chlorure de barium. Le nouveau cyanure cristallise, par le refroidissement de la liqueur, en petits prismes rhomboïdaux, de couleur jaune, qui ont pour formule : $(FeC^4Az^2, 2BaC^4Az^2) + 6H^2O$. Ce sel exige environ 100 d'eau bouillante et 1900 d'eau froide pour se dissoudre.

Il ne s'altère point à l'air à la température ordinaire; mais à + 40°, il s'effleurit et devient blanc, sans tomber en poussière, laisse dégager 16,56 pour 100 d'eau et en retient 1 $\frac{1}{2}$ qui ne se vaporise qu'au degré de chaleur nécessaire pour décomposer le sel, et qui pourrait convertir la moitié du fer en cyanhydrate de protoxide. Il s'unit avec l'acide sulfurique concentré.

*Proto-cyanure de fer et de strontium.* — S'obtient en traitant à chaud le bleu de Prusse par de l'eau et de l'hydrate de strontiane; se dissout dans 4 fois son poids d'eau froide; donne par évaporation spontanée, des cristaux jaunes : peu connu.

*Proto-cyanure de fer et de calcium.* — On se le procure comme le précédent. Il est si soluble, que sa dissolution ne cristallise que dans l'espace de quelques jours et qu'autant qu'elle est en consistance sirupeuse. Les cristaux sont d'assez gros prismes quadrilatères obliques, de couleur jaune-pâle, qui contiennent 41,33 d'eau pour 100 et qui ont pour formule $(FeC^4Az^2,2CaC^4Az^2) + 12H^2O$.

Exposés à la température de + 40°, ils s'effleurissent en conservant leur forme, perdent 39,61 d'eau et en retiennent comme ceux de barium, la quantité nécessaire pour convertir la moitié du fer en cyanhydrate de protoxide. D'ailleurs, cette petite quantité d'eau ne se dégage qu'à une haute température.

### *Cyanhydrate d'ammoniaque proto-cyano-ferré.*

C'est encore en décomposant le bleu de Prusse pur par l'ammoniaque, qu'on prépare ce cyanhydrate : mais alors le fer s'oxide aux dépens de l'eau dont l'hydrogène s'unit au cyanogène. Abandonnée à une évaporation spontanée, la dissolution laisse déposer peu-à-peu des cristaux octaédriques réguliers et d'un jaune pâle, qui contiennent un seul atome d'eau ou celle qui est nécessaire pour transformer le fer en cyanhydrate de protoxide.

Lorsqu'on la mêle à l'alcool, le cyanhydrate se précipite en poudre blanche qui, à l'air, devient successivement vert et bleu.

Chauffé en vase clos, ce sel abandonne le cyanhydrate qui se sublime et passe à l'état de proto-cyanure de fer. Ce cyanure se décompose ensuite, et se transforme en gaz azôte, et en carbure de fer formé de quatre atomes de carbone et d'un atome de fer. On observe que le carbure ainsi produit prend feu quand on le chauffe au rouge, et paraît brûler comme dans le gaz oxigène, quoiqu'il ne soit entouré que d'azote, et qu'il n'éprouve aucune altération. Ce phénomène, qui dépend d'un plus grand rapprochement entre les élémens, est analogue à celui que nous offre l'oxide de chrôme, l'oxide de rhodium, l'oxide de fer, l'hydrate de zircone, la gadolinite, quelques antimoniates métalliques, placés dans les mêmes circonstances; il se remarque également dans le résidu de la distillation d'un grand nombre de cyanures doubles ferrugineux. (*Ann. de Chim. et de Phys.*, t. XV, p. 225.)

*Proto-cyanure de fer et de magnésium.* — Soluble, donnant lieu par évaporation à de petits cristaux jaunes déliquescens, ayant la forme de tables; s'obtient comme ceux de strontium et de calcium.

2137. *Bleu de Prusse* (*cyanure double de fer proto-cyanuré et de fer sesqui-cyanuré*). — La découverte du bleu de Prusse date de 1710 : elle est due à Diesbach, fabricant de couleurs à Berlin. Le procédé par lequel on le prépare resta secret jusqu'en 1724. A cette époque, Woodward en donna une description dans les *Transactions philosophiques*. Un grand nombre de chimistes s'occupèrent ensuite de rechercher la nature du bleu de Prusse; mais, pendant long-temps, toutes ces recherches furent vaines. Ce n'est qu'en 1752 qu'il parut un mémoire remarquable de Macquer sur ce sujet, mémoire dans lequel il annonça que le bleu de Prusse était une combinaison d'oxide de fer et d'un principe colorant qu'il ne put isoler, et que, par cette raison, sans doute, il crut être le phlogistique (35) (voyez son *Dictionnaire de Chim.*). Cette opinion fut adoptée et soutenue exclusivement jusqu'en 1772. Alors Guyton, et bientôt après lui Bergman, soupçonnèrent que ce principe pouvait être un acide. Ce soupçon semblait avoir été changé en certitude par Schéele, dans le beau Mémoire qu'il publia sur le bleu de Prusse en 1782 (2e partie de ses Mémoires, page 141). Enfin Proust, Berthollet, Porrett, Vauquelin, Robiquet, Berzelius, soumirent ce corps à de nouvelles recherches. Celles de Proust sont très étendues, et démontrent que si le bleu de Prusse contient un acide, celui-ci doit être tout autre que l'acide cyanhydrique ordinaire (Voyez *Annales de Chimie*, t. LX, pag. 185; et *Statique chimique*, 2e vol.). Celles de M. Porret et de M. Robiquet ont pour objet de faire voir que ce bleu est composé de peroxide de fer et de l'acide que nous avons appelé *acide cyanhydrique proto-cyano-ferré* ou *acide hydro-ferro-cyanique* (*Ann. de Ch. et de Phys.*, t. I et XII). Telle est en effet l'idée que l'on doit s'en former, lorsqu'on le considère comme un sel. Mais comme l'acide cyanhydrique est un hydracide qui joue le même rôle que les acides chlorhydrique, iodhydrique, etc., tout nous porte à croire que le bleu de Prusse est un cyanure double hydraté, analogue aux autres cyanures doubles que nous avons examinés précédemment. Seulement il est digne de remarque, que tandis que les cyanures doubles de fer et de potassium, de fer et de sodium, abandonnent facilement leur eau de combinaison, le bleu de Prusse, ainsi que la plupart des autres cyanures doubles insolubles, n'abandonnent que difficilement celle qu'ils contiennent.

*Propriétés.* — Le bleu de Prusse pur est insipide, inodore, beaucoup plus pesant que l'eau, d'un bleu extrêmement foncé quand il est très divisé, et d'un rouge de cuivre, semblable à l'indigo, quand il est sec et en masse.

Le bleu de Prusse n'éprouve aucune altération à la température de 135°. Il résiste même à celle de 150°. Si, après avoir été porté à ce degré de chaleur, on le distille dans une cornue de verre, il donne d'abord de l'eau pure dont le dégagement a lieu pendant toute la durée de la distillation, puis un peu de cyanhydrate d'ammoniaque, et ensuite beaucoup de carbonate d'ammoniaque; enfin lorsque la sublimation des substances volatiles a eu lieu, en plongeant le vase au milieu des charbons brûlans, le résidu, qui paraît être un tri-carbure de fer, devient tout-à-coup incandescent.

Le bleu de Prusse, desséché autant que possible, prend aisément feu; il suffit d'en placer dans une capsule, et de le toucher avec un corps en combustion; il s'allume, continue à brûler, et de 100 parties, on retire 60,14 parties d'oxide rouge de fer non alcalin.

Exposé à l'air, à la température ordinaire, il s'altère peu-à-peu et passe au vert.

Mis en contact avec le chlore, il prend également cette teinte. En effet, le bleu de Prusse récemment précipité devient vert presque tout-à-coup en le versant dans un flacon plein de chlore gazeux ou liquide, et passe ensuite au jaune, surtout avec le chlore gazeux; mais devenu ainsi vert, puis jaune, il repasse tout de suite au bleu par des corps désoxigénans, tels que les sulfites et les azotites alcalins, l'acide sulfureux, le sulfate de protoxide de fer, et le proto-chlorure d'étain.

L'eau et l'alcool sont sans action sur lui.

Lorsqu'on le traite par des dissolutions bouillantes de potasse, de soude, il est décomposé, et il en résulte, d'une part, un proto-cyanure soluble de potassium ou de sodium et de fer, et d'une autre part, un résidu de peroxide de fer qui est d'un brun marron. La baryte, la strontiane, la chaux, l'ammoniaque, la magnésie, ont aussi la propriété de décomposer le bleu de Prusse par l'intermède de l'eau, et par conséquent de le décolorer. Quelquefois la décomposition du bleu de Prusse n'est pas complète, c'est ce qui a lieu surtout avec l'ammoniaque et la magnésie. Alors il se forme un composé de cyanure de fer et d'oxide de fer, composé brun-jaunâtre, que les acides sulfurique, chlorhydrique, etc., font redevenir bleu en dissolvant l'oxide ferrugineux.

Le bi-oxide de mercure décompose également le bleu de Prusse; mais alors c'est un cyanure de mercure qui se forme (2132).

Les acides étendus d'eau n'attaquent point, en général, le bleu de Prusse. Plusieurs acides concentrés l'altèrent. L'acide chlorhydrique liquide en isole l'acide cyanhydrique proto-cyano-ferré à la température ordinaire (Robiquet. *Ann. de Chim. et de Ph.* XII, 277). L'acide sulfurique, à cette même température, le rend parfaitement blanc, sans se charger d'aucun principe et sans dégager aucun gaz; en étendant l'acide d'eau, la couleur bleue reparaît; elle reparaît également dans l'eau purgée d'air : alors le bleu ne devient blanc que parce qu'il contracte une combinaison intime avec l'acide concentré, et le blanc ne redevient bleu qu'en raison de ce que l'acide affaibli ne possède pas cette propriété.

L'acide sulfhydrique, des lames d'étain et de fer, le font aussi passer facilement du bleu au blanc quand il est récemment précipité et en suspension dans l'eau, mais par une cause tout autre; car, dans ce cas, il se transforme en proto-cyanure.

Le proto-chlorure d'étain et le sulfate de fer peuvent en modifier également la couleur. Ils la rendent moins intense; c'est ce qu'on observe en versant l'un de ces deux composés en dissolution, sur du bleu de Prusse en flocons hydratés.

Le proto-cyanure de fer et de potassium est susceptible de s'unir au bleu de Prusse en diverses proportions et de former un bleu soluble ou insoluble, suivant que la quantité de cyanure est plus ou moins grande, comme il a déjà été dit (page 207). Rien de plus facile d'ailleurs que de démontrer l'existence du potassium, soit dans le bleu de Prusse soluble, soit dans le bleu insoluble; il suffit pour cela de calciner le bleu et de laver le résidu : on retrouve la potasse dans l'eau de lavage. Berzelius a trouvé qu'il y avait dans le bleu soluble 4 atomes de potassium pour 23 de fer, et dans le bleu insoluble 2 atomes de potassium pour 15 de fer.

*Etat naturel, préparation.* — Le bleu de Prusse n'existe point dans la nature.

Pour se le procurer pur, il faut verser une dissolution de proto-cyanure jaune de fer et de potassium dans un excès de dissolution de sesqui-chlorure de fer. A l'instant même, le bleu se précipite sous forme de flocons; on le lave à grande eau par décantation, puis on le rassemble sur un filtre et on le sèche. Les premières eaux sont colorées en jaune, parce qu'elles contiennent l'excès de per-chlorure ferrugineux; les secondes sont presque incolores; les troisièmes redeviennent jaunes, et les suivantes conservent cette teinte pendant long-temps : elles la doivent à un cyanure double de potassium proto-cyanuré et de fer sesqui-cyanuré provenant de l'action de l'air de l'eau sur le bleu. Ce n'est que quand elles la perdent que l'on peut regarder le bleu comme pur. Il ne faudrait pas rendre le cyanure jaune prédominant dans la préparation; l'on obtiendrait du bleu de Prusse soluble (2137).

Dans les arts, voici le procédé que l'on suit : après avoir fait un mélange de parties égales de potasse du commerce et d'une matière animale, qui est ordinairement du sang desséché ou des rognures de corne, l'on calcine le mélange jusqu'à ce qu'il devienne pâteux; ce qui n'a lieu qu'à la température rouge (1) : lorsqu'il est refroidi, on le projette par parties dans douze à quinze fois son poids d'eau, on l'y délaie, et on le laisse en contact avec elle pendant environ demi-heure, en le remuant de temps en temps; après quoi l'on filtre sur une toile la liqueur, qui contient du cyanure de potassium, du carbonate de potasse, un peu de sulfure et de chlorure de potassium. La liqueur étant filtrée, on l'agite avec un bâton, et l'on y verse en même temps de l'eau dans laquelle on a fait dissoudre 2 parties d'alun (2) et 1 partie de sulfate de fer du commerce. Il se fait aussitôt, d'une part, une effervescence due à du gaz carbonique et à un peu de gaz sulfhydrique, et d'autre part, un précipité très abondant formé d'alumine, de beaucoup de proto-cyanure blanc de fer et de potassium, et enfin d'une petite quantité de proto-sulfure de fer hydraté qui colore quelquefois le tout en brun noirâtre. Ce n'est que quand la liqueur contient un excès d'alun et de sulfate de fer qu'on doit cesser d'y ajouter de ces sels (3). Ce précipité est ensuite lavé par décantation avec une grande quantité d'eau limpide qu'on renouvelle toutes les douze heures. Par ce moyen, il passe

(1) Cette calcination s'opère dans un fourneau à réverbère ou dans un grand creuset de fonte : ce creuset est placé dans un fourneau surmonté d'un dôme dont la partie antérieure est munie d'une porte par laquelle on introduit le combustible et la matière; la partie supérieure est surmontée d'un long tuyau qui se rend dans une cheminée : de cette manière on évite toute mauvaise odeur dans l'atelier.

En petit, la calcination se fait dans un creuset ordinaire.

(2) Au lieu de 2 parties d'alun, on en emploie souvent 4.

(3) Pour se préserver du gaz sulfhydrique, toujours très incommode et très dangereux à respirer, il faut faire l'opération en vase clos. On peut employer à cet effet, avec succès, l'appareil qui a été décrit par M. d'Arcet dans les *Ann. de Ch.*, t. LXXXII, p. 165. Cet appareil consiste dans une tonne fermée par les deux bouts, et présentant, d'une part, à sa partie inférieure et latérale, un robinet ser-

successivement du brun noirâtre au brun verdâtre, du brun verdâtre au brun bleuâtre, de cette couleur à un bleu plus prononcé, et de celle-ci à un bleu très foncé. Lorsque, au bout de vingt à vingt-cinq jours de lavage, il est devenu aussi bleu que possible, on le rassemble sur une toile, on le laisse égoutter, puis on le partage en masses cubiques que l'on fait sécher, et on le verse dans le commerce. Que se passe-t-il dans cette opération? C'est ce que nous allons examiner.

1° Par la calcination, la matière animale est décomposée; il s'en dégage de l'eau, du gaz carbonique, de l'ammoniaque, du gaz oxide de carbone, de l'huile, du gaz hydrogène carboné, enfin tous les produits de la décomposition des matières animales par le feu; l'on obtient pour résidu un mélange de charbon, de potasse plus ou moins carbonatée, de cyanure de potassium, de sulfure et de chlorure de potassium. Celui-ci est fourni par l'alcali; le sulfure, par le sulfate que toutes les potasses du commerce contiennent toujours; et le cyanure, par la combinaison du métal de la potasse avec l'azote et le carbone de la matière animale, dans les proportions nécessaires pour faire le cyanogène.

2° Lorsqu'on projette le résidu dans l'eau, la potasse carbonatée, le cyanure, le sulfure et le chlorure de potassium se dissolvent; il faut que la matière soit complètement refroidie: autrement le cyanure de potassium se transformerait en ammoniaque et formiate de potasse (2129), et pour la refroidir, il faut la soustraire à un courant d'air, car il serait possible qu'elle s'embrasât comme un pyrophore. (M. Gay-Lussac, *Ann. de Chim. et de Phys.*, t. VIII, p. 440.)

3° L'on concevra aisément la plupart des autres phénomènes qui se présentent, en se rappelant que la potasse décompose l'alun, s'empare de son acide et en précipite la base; qu'il en est de même du carbonate de potasse, et du sulfure de potassium, si ce n'est que, dans ce cas, il y a de plus un dégagement de gaz carbonique et de gaz sulfhydrique; que le cyanure de potassium forme avec le sulfate de protoxide de fer un précipité blanc insoluble de proto-cyanure de fer en partie combinée avec du cyanure de potassium; enfin, qu'avec ce

vant à retirer la liqueur et le précipité; d'autre part à la partie supérieure, 1° un entonnoir muni d'un robinet par lequel on verse la liqueur; 2° un bâton qui plonge dans la tonne et dont l'extrémité supérieure est reçue dans un petit sac de peau servant à boucher le trou par lequel ce bâton passe: c'est avec ce bâton qu'on agite les liqueurs; 3° un tube de fer-blanc, dont l'extrémité inférieure va se rendre au-dessous de la grille du fourneau de calcination.

même sulfate, le sulfure de potassium en forme un noir de sulfure de fer hydraté.

4° Reste donc à expliquer l'effet des lavages. Ils ont pour objet non-seulement de dissoudre les sels solubles étrangers au bleu de Prusse, tels que le sulfate de potasse, le chlorure de potassium, mais surtout de transformer, au moyen de l'air contenu dans l'eau, une partie du proto-cyanure de fer en peroxide et en sesqui-cyanure. Ce sesqui-cyanure s'unit au proto-cyanure ferrugineux non décomposé, et de là le bleu. L'on dissout en même temps plus ou moins de cyanure de potassium qui fait toujours partie du précipité; on le retrouve dans la liqueur à l'état de cyanure sesqui-cyano-ferré, et non proto-cyano-ferré; car elle ne précipite pas les sels de peroxide de fer, et elle précipite au contraire en bleu les sels de protoxide. L'on voit donc en dernier résultat que le bleu de Prusse du commerce doit contenir une certaine quantité de cyanure de potassium et de peroxide de fer. Selon toute apparence, le cyanure de potassium s'y trouve uni à du proto-cyanure de fer, et le cyanure double qui en résulte est lui-même combiné avec le cyanure double ferrugineux qui constitue le bleu de Prusse pur. Ce qu'il y a de certain du moins, c'est que plusieurs cyanures doubles sont susceptibles de combinaisons (2137 *bis*).

Il est probable aussi que, par le moyen des lavages, on parvient à détruire la petite quantité de sulfure noir de fer qui se forme au moment où l'on mêle les liqueurs, et à la transformer en sulfate de fer.

*Composition.*—Il n'en est pas de la composition du bleu, préparé en décomposant le proto-cyanure jaune de potassium et de fer par un excès de sel de fer peroxidé, comme de celle du bleu de Prusse du commerce. Bien lavé, il ne contient point de cyanure de potassium; il ne renferme qu'un peu de peroxide de fer qui se produit pendant les lavages en même temps que du cyanure double de potassium proto-cyanuré et de fer sesqui-cyanuré ou cyanure rougi de potassium et de fer. Or, comme les liqueurs sont neutres avant et après l'opération, il s'ensuit que le bleu de Prusse pur doit être représenté par la formule : $(3FeC^4Az^2 + 4FeC^6Az^3)$ c'est-à-dire par 3 atomes de proto-cyanure de fer unis à 4 atomes de sesqui-cyanure de fer.

*Usages.* — Les usages du bleu de Prusse sont assez nombreux : les fabricans de papiers peints en emploient une grande quantité; il en est de même des peintres en bâtimens; on en fait usage dans la peinture à l'huile, mais à tort, parce qu'il devient peu-à-peu verdâtre; uni à la soie, il lui donne la belle teinte connue sous le nom de *bleu Raimond*, bleu que l'on prépare aujourd'hui en grand à Lyon dans plusieurs ateliers; on commence également à l'unir à la laine; enfin, dans les laboratoires, l'on s'en sert pour préparer l'acide cyanhydrique et les cyanures.

*Composés de cyanures doubles, Bleu de Prusse soluble.*

2137 *bis.* Lorsque l'on verse du proto-cyanure jaune de fer et de potassium dans une dissolution d'un sel de baryte, de chaux ou de magnésie, et que les liqueurs sont suffisamment concentrés, il se fait, d'après les observations du docteur Mosander et de Berzelius, un précipité formé de 1 atome de proto-cyanure de fer et de potassium, et de 1 atome de proto-cyanure de fer et de barium, ou de calcium ou de magnésium.

Le bleu de Prusse pur (double cyanure de fer proto et sesqui-cyanuré) peut également s'unir au proto-cyanure jaune de fer et de potassium; il s'y unit même en diverses proportions et donne des composés solubles ou insolubles, suivant que le proto-cyanure de fer et de potassium est en quantité plus ou moins grande : *de là le bleu de Prusse soluble.*

Nous avons déjà dit comment on pouvait facilement le préparer. On peut également l'obtenir en versant du per-chlorure de fer dans un excès de dissolution de proto-cyanure jaune de fer et de potassium, recueillant le précipité sur un filtre, et le lavant. L'eau est d'abord jaune, en raison du chlorure de fer qu'elle contient, et qui, conjointement avec le chlorure de potassium formé, s'oppose à la dissolution du bleu, puis elle devient verte et bientôt d'un beau bleu foncé, après quoi elle redevient peu-à-peu incolore. Elle perd tout de suite sa transparence par l'addition du sulfate de potasse, du sel marin, du sel ammoniac, etc., etc. L'acide chlorhydrique la trouble également; mais l'alcool la laisse transparente. Dans tous les cas, le précipité conserve la propriété de se redissoudre dans l'eau; il la conserve même lorsqu'on évapore la solution aqueuse jusqu'à siccité. Le bleu dissous peut être regardé comme formé de 2 at. de proto-cyanure jaune de fer et de potassium, et de 3 at. de bleu de Prusse. Celui qui reste sur le filtre, et que l'eau ne dissout pas, contient moins de proto-cyanure de fer et de potassium : il doit être composé de 1 at. de proto-cyanure de fer et de potassium, et de 2 at. de bleu de Prusse pur (Berzelius). Il faut observer que l'eau qui tient en dissolution le bleu soluble renferme en même temps un peu de proto-cyanure de potassium, uni à du proto-cyanure et à du sesqui-cyanure de fer, c'est-à-dire du cyanure jaune et du cyanure rouge. Ce qui le prouve, c'est qu'on peut les séparer, en évaporant l'eau bleue presque jusqu'à siccité, et ajoutant de l'alcool à 86° qui précipite le bleu de Prusse et retient en dissolution les cyanures. C'est même ainsi que le bleu doit être purifié.

*Bleu minéral.* — C'est du bleu de Prusse fait avec un excès d'alun, et qui, par cela même, doit être neutre. Il est toujours mêlé de plus ou moins d'alumine, ou de craie, ou même de sulfate de chaux, d'amidon. Sa teinte est vive et plus ou moins foncée.

### *Cyanures doubles sesqui-cyano-ferrés.*

2138. Le sesqui-cyanure de fer, de même que le proto-cyanure de fer, s'unit aux autres cyanures simples, et forme des cyanures doubles. M. Léopold Gmelin à qui cette observation est due, a surtout examiné le double cyanure de potassium sesqui-cyano-ferré.

Ce double cyanure, qu'on appelle quelquefois *cyanure rouge de potassium et de fer* à cause de sa couleur, est remarquable en ce qu'il ne précipite pas les dissolutions de peroxide de fer, et qu'il précipite en bleu celles de protoxide.

Ses cristaux sont rouge-rubis, transparens, quelquefois assez volumineux, anhydres, et composés de 35,68 de potassium; 16,48 de fer; 47,84 de cyanogène; d'où l'on tire pour leur formule : $(3KC^4Az^2+Fe^2 3C^4Az^2)$, c'est-à-dire que la quantité de cyanogène du proto-cyanure de potassium égale celle du sesqui-cyanure de fer. Leur forme n'a point été déterminée. Chauffés à la flamme d'une bougie, ils brûlent vivement et lancent en pétillant des étincelles de fer. Soumis à la distillation en vases clos, ils laissent dégager du cyanogène, du gaz azote, et se convertissent en une masse formée de beaucoup de proto-cyanure de potassium et de fer, et d'une petite quantité de carbure de fer, faciles à séparer l'un de l'autre par l'eau. Ils sont solubles dans 38 fois leur poids d'eau froide, et presque insolubles dans l'alcool. Aussi, l'alcool précipite le sel de la dissolution aqueuse sous forme d'une masse brun-rougeâtre qui se compose de très petits cristaux. Pour peu qu'il y ait de protoxide de fer dans une liqueur, le double cyanure de potassium sesqui-cyano-ferré en manifeste la présence; elle prend une couleur verte. Une quantité un peu plus forte d'oxide donne lieu à du bleu.

Pour obtenir le double cyanure de potassium sesqui-cyano-ferré, il faut dissoudre le proto-cyanure jaune de potassium et de fer dans l'eau et faire passer un courant de chlore à travers la dissolution, jusqu'à ce qu'elle cesse de précipiter les sels de peroxide de fer, en ayant soin de la remuer continuellement et d'arrêter l'opération au point qui vient d'être indiqué. La liqueur est ensuite évaporée peu-à-peu; le sel cristallise d'abord en aiguilles d'un jaune rougeâtre et très brillantes; mais en le redissolvant dans l'eau et le faisant cristalliser de nouveau, on l'obtient tel que nous l'avons dit plus haut.

Les proto-cyanures de fer et de sodium, de fer et de barium, de fer et de calcium, traités par le chlore, comme celui de fer et de potassium, donnent les mêmes résultats; il en est de même aussi du chlorhydrate d'ammoniaque proto-cyano-ferré.

M. L. Gmelin a également observé que le double cyanure de potassium sesqui-cyano-ferré donnait avec nombre de dissolutions salines des précipités diversement colorés; savoir :

| Avec dissolution de | Précipités. |
|---|---|
| Manganèse | gris brunâtre. |
| Zinc | jaune orangé. |
| Étain | blanc. |
| Cobalt | brun rougeâtre foncé. |
| Nickel | brun jaunâtre. |
| Titane | jaune brunâtre. |
| Urane | brun rougeâtre. |
| Bismuth | brun jaunâtre. |
| Cuivre | brun jaunâtre sale. |
| Argent | jaune orange. |
| Mercure protoxidé ou bi-oxidé | jaune. |
| Plomb | cristaux brun rougeâtre au bout de quelque temps. |

## *Sulfure de cyanogène.*

2139. Le sulfure de cyanogène, appelé aussi sulfo-cyanogène parce qu'il peut jouer un rôle analogue à celui du cyanogène, s'obtient, d'après M. Liebig, en faisant passer un courant de chlore gazeux dans une dissolution concentrée de sulfo-cyanure de potassium, qu'il faut agiter sans cesse, et qu'il faudrait même saturer auparavant avec de l'acide chlorhydrique, si elle n'était exempte de potasse libre ou carbonatée. Le chlore forme avec le potassium un chlorure qui se dissout, tandis que le sulfure de cyanogène se précipite sous forme d'une poudre jaune-rougeâtre. Il est à remarquer que, si la dissolution était très étendue, il ne se produirait aucun précipité; et cependant le sulfure est insoluble dans l'eau: aussi le sépare-t-on des matières qui pourraient l'altérer, en le lavant convenablement. On peut encore se procurer le sulfure de cyanogène en faisant bouillir la dissolution de sulfo-cyanure de potassium avec de l'acide azotique faible. Le potassium s'oxide aux dépens de l'oxigène de l'acide; il se forme de l'azotate de potasse qui reste dissous. (Liebig, *Ann. de Chim. et de Ph.*, t. LVI, p. 8.)

Sa composition est représentée par 1 atome de cyanogène

164,95 + 1 atome de soufre 201,16 ($C^2AzS$). 2 atomes de sulfo-cyanogène équivalent à 1 atome d'oxigène.

Le sulfure de cyanogène est solide, pulvérulent, rougeâtre, doux au toucher; il tache fortement les corps avec lesquels on le met en contact.

Lorsqu'il est anhydre, et qu'on le chauffe peu-à-peu jusqu'au rouge naissant dans une cornue, il se transforme en soufre et sulfure de carbone, qui se vaporisent, et en un résidu jaune qui est le *mellon* de Liebig : $C^4Az^2S^2$ donnent $S+CS+C^3Az^2$ (mellon). Si le sulfure de cyanogène renfermait de l'eau (qu'il retient avec force), celle-ci se décomposerait en même temps que le sulfure, et la réaction des principes donnerait lieu à du soufre, à du carbonate d'ammoniaque volatil, et à une masse noire qui s'embraserait dans l'air, et brûlerait à la manière du charbon.

Le sulfure de cyanogène est insoluble dans l'alcool comme dans l'eau; chauffé avec le potassium, il s'y unit en produisant un vif dégagement de lumière, du sulfo-cyanure, du sulfure et du cyanure de potassium.

L'acide azotique le décompose avec production d'acide sulfurique, d'acide carbonique et d'ammoniaque.

L'acide sulfurique le dissout et le laisse précipiter ensuite par addition suffisante d'eau.

Fondu avec l'hydrate de potasse, il donne lieu à une masse formée de carbonate alcalin, de l'excès d'hydrate, et de sulfure et sulfo-cyanure de potassium.

La lessive de potasse caustique le colore en rouge, et le transforme en une matière, rouge, solide qui, mise successivement en contact avec l'alcool et l'eau se dissout en très grande partie, et laisse un résidu jaune clair, que Liebig regarde comme un degré plus élevé de sulfuration du cyanogène. (1)

(1) M. Lassaigne a trouvé un autre composé de soufre et de cyanogène, qui contiendrait 4 atomes de cyanogène, pour 1 de soufre.

Ce sulfure est un corps solide, blanc, cristallisable en lames rhomboïdales, volatil à une basse température. Son odeur piquante et très forte a quelque analogie avec celle du chlorure de cyanogène. Appliqué sur la langue, il détermine une sensation douloureuse, semblable à celle qui résulterait de l'introduction d'une pointe très aiguë. Exposé à la lumière diffuse, il se colore d'abord en jaune, puis en orangé dans l'espace de quelques semaines.

Humecté d'une petite quantité d'eau et exposé à l'action d'un courant galvanique, il se décompose. Si les fils conducteurs sont d'argent, ce métal se sulfure au pôle positif et l'on sent une légère odeur d'amandes amères au pôle négatif : expérience qui démontre que le soufre est négatif relativement au cyanogène.

L'eau peut le dissoudre et acquérir ainsi la propriété de rougir le tournesol. Il en est autrement de l'alcool qui cependant en dissout davantage.

ARTICLE VII.

## *Acide sulfo-cyanhydrique.*

2140. L'acide sulfo-cyanhydrique est un composé de 98,32 de sulfo-cyanogène et de 1,68 d'hydrogène. Il paraît que dans cet acide, le sulfure de cyanogène joue le même rôle que le chlore dans l'acide chlorhydrique, et qu'en conséquence l'acide sulfo-cyanhydrique peut être comparé à l'acide chlorhydrique. C'est ce même acide que Rink d'abord, et Bucholz ensuite ont examiné sans en connaître la composition, que Porrett a regardé comme formé des élémens de l'acide cyanhydrique et de soufre, et qu'il a appelé *acide chyazique sulfuré*.

Pour obtenir cet acide, il faut introduire une dissolution concentrée de sulfo-cyanure de potassium (2142) dans une cornue de verre, y ajouter de l'acide phosphorique en consistance sirupeuse, et distiller. Bientôt il passe dans le récipient un liquide qui est l'acide sulfo-cyanhydrique.

L'on peut encore se procurer l'acide sulfo-cyanhydrique en précipitant l'azotate d'argent par le sulfo-cyanure de potassium, recueillant sur un filtre le sulfo-cyanure d'argent, le lavant, le mettant en suspension dans l'eau, le décomposant par un courant de gaz sulfhydrique, filtrant la nouvelle liqueur et la chauffant doucement pour dégager l'excès de gaz sulfhydrique; mais alors l'acide se trouve étendu d'eau (1). Peut-être parviendrait-on à l'obtenir anhydre en

---

Dissous dans l'eau et versé dans une solution de peroxide de fer, il la colore en rouge cramoisi.

On prépare ce sulfure de cyanogène en mettant dans un petit ballon du cyanure de mercure pulvérisé, sur lequel on verse environ la moitié de son poids de bichlorure de soufre. Au bout de plusieurs jours on aperçoit à quelques lignes au-dessus du mélange et appliqués sur les parois du vase, des cristaux blancs que l'on recueille et que l'on purifie en les chauffant à une douce chaleur dans une petite cornue, après les avoir mêlés avec une petite quantité de carbonate de chaux. Il suffit alors d'isoler les cristaux qui se sont sublimés. (Lassaigne, *Ann. de chim. et de phys.*, XXXIX, 197.)

(1) M. Liebig fait observer que cette méthode est la seule par laquelle on puisse obtenir de l'acide sulfo-cyanhydrique pur; que le sulfo-cyanure de potassium distillé avec de l'acide phosphorique, donne un acide sulfo-cyanhydrique qui contient toujours un peu d'ammoniaque et d'acides cyanhydrique et sulfhydrique (*Ann. de chim. et de phys.*, LVI, 12). Mais peut-être préviendrait-on la formation de tous ces composés en rendant le sulfo-cyanure prédominant; il semble d'ailleurs que l'ammoniaque devrait rester unie à l'acide phosphorique, qu'on pourrait se débarrasser de l'acide cyanhydrique en chauffant doucement le produit, et qu'il en serait de même de l'acide sulfhydrique, à moins qu'il ne fût uni à l'acide sulfo-cyanhydrique (*Voyez* plus bas). Dans ce cas, on ajouterait un peu de sulfo-cyanure d'argent.

faisant passer le gaz sulfhydrique sur un excès de sulfo-cyanure d'argent sec dans un tube de verre horizontal auquel serait adapté un flacon pour recueillir le produit. (*Voyez* le proto-sulfo-cyanure de mercure.)

L'acide sulfo-cyanhydrique, préparé avec l'acide phosphorique, est un liquide incolore dont la saveur est fortement acide, l'odeur piquante, la densité 1,022, qui bout à + 103°, et cristallise à — 10°.

Abandonné à lui-même, il se décompose peu-à-peu et forme un liquide brun, d'où il se dépose du sulfo-cyanogène. Le chlore en précipite aussi du sulfo-cyanogène.

La pile donne lieu au même dépôt : il se produit au pôle positif, tandis que l'hydrogène se dégage au pôle négatif.

L'acide sulfo-cyanhydrique forme, avec les bases des sels, qui, pour la plupart sont incolores et solubles dans l'alcool. Sa propriété caractéristique est de donner avec les sels de fer peroxidé, une couleur rouge de sang si intense, quelle permet de découvrir des quantités d'acide ou de fer très faibles, de telle sorte que du papier, du liège, etc., qui renferment des traces de fer, sont susceptibles de colorer d'une manière sensible l'acide sulfo-cyanhydrique.

Il paraît d'après Zéise que l'acide sulfo-cyanhydrique peut se combiner avec le gaz acide sulfhydrique. On obtiendrait le composé en unissant d'abord l'acide sulfo-cyanhydrique avec un sulfure de fer, de potassium, de zinc, etc., et en traitant le produit par un acide tel que le chlorhydrique. Le sulfure métallique donne avec l'acide chlorhydrique, de l'acide sulfhydrique, comme il a été dit, qui s'unit tout-à-coup avec l'acide sulfo-cyanhydrique; mais ce composé n'ayant point encore été convenablement étudié, nous ne faisons que l'indiquer.

Quel rapport existe-t-il entre l'acide sulfo-cyanhydrique que nous venons de faire connaître, et les deux composés dont il a été question en parlant du cyanogène, et qui ont été obtenus l'un, par M. Gay-Lussac, en mettant le cyanogène gazeux en contact avec le gaz sulfhydrique, et l'autre, par MM. Liebig et Wöhler, en les mettant en contact par l'intermède de l'alcool et de l'eau? l'acide sulfo-cyanhydrique doit être considéré comme un composé d'hydrogène et de sulfo-cyanogène, les deux autres peuvent l'être comme des combinaisons d'acide sulfhydrique et de cyanogène en proportions diverses.

La formule atomique du nombre proportionnel de l'acide sulfo-cyanhydrique est $(C^4Az^2S^2,H^2)$,
Celle du composé de Gay-Lussac est $(C^8Az^4,H^6S^3)$,
Celle du composé de Wöhler et Liebig est $(C^{12}Az^6,H^{12}S^6)+H^2O$.

2141. *Sulfo-cyanhydrate d'ammoniaque.* — Le sulfo-cyanhydrate d'ammoniaque s'obtient en saturant par l'ammoniaque, l'acide sulfo-cyanhydrique. Il est très soluble dans l'eau, déliquescent, et difficile à obtenir sous forme de cristaux réguliers. Sa décomposition par le feu donne lieu à des produits remarquables, qui ont été examinés tout récemment par M. Liebig. (*Ann. de Chim. et de Phys.*, t. LVI, p. 15). A une température qui ne surpasse que de quelques degrés le point d'ébullition de l'eau, ce sel commence à se décomposer, et la décomposition est d'autant plus complète que la chaleur est mieux ménagée. Le premier effet du feu est de dégager une quantité notable de gaz ammoniac. Il ne tarde pas à se distiller ensuite du sulfure de carbone et à se sublimer du sulfhydrate d'ammoniaque. En faisant plonger dans l'eau l'extrémité de l'appareil réfrigérant adapté à la cornue, l'on condense tous les produits volatils de la distillation, qui ne sont composés que de sulfure de carbone, d'acide sulfhydrique et d'ammoniaque libre ou combinée à cet acide. Quant au résidu contenu dans la cornue, il consiste en un composé unique et pur, pourvu qu'il n'y en ait point eu de détruit par l'inégale distribution de la chaleur, effet qu'il est presque impossible d'éviter. M. Liebig a donné le nom de *melam* à cette substance, remarquable par les corps auxquels elle donne naissance sous l'influence des acides et des alcalis, et dont la formule atomique est $C^{12}Az^{11}H^{9}$. 8 at. de sulfo-cyanhydrate d'ammoniaque produisent 1 at. de *mélam*, 5 d'ammoniaque, 4 d'acide sulfhydrique et 4 de sulfure de carbone. C'est ce dont il est aisé de se rendre compte d'après l'équation suivante : $4(H^2,C^4Az^2S^2 + Az^2H^6) = C^{12}Az^{11}H^9 + 5AzH^3 + 4H^2S + 4CS$. L'expérience a toujours fourni à très peu près les quantités de *mélam* et de sulfure de carbone indiquées par la théorie. Au sulfhydrate d'ammoniaque peut être substitué, pour la production des phénomènes dont il vient d'être question, un mélange de 2 parties de sel ammoniac et de 1 p. de sulfo-cyanure de potassium : ce mélange se comporte exactement de la même manière.

### *Sulfo-cyanures.*

2142. Lorsque 1 atome de métal s'unit à 1 atome d'oxigène pour former un oxide, il s'unit à 2 atomes de sulfo-cyanogène pour former un sulfo-cyanure : par conséquent les sulfo-cyanures renferment les mêmes quantités de cyanogène que les cyanures proprement dits : ainsi le sulfo-cyanure de potassium a pour formule $(K,2C^2AzS)$.

Quelques-uns s'obtiennent en chauffant jusqu'au rouge dans une fiole les doubles cyanures ferrurés avec du soufre, lessivant la masse et faisant évaporer la liqueur : tels sont les sulfo-cyanures alcalins (*voyez plus bas* sulfo-cyanure de potassium); d'autres, en traitant les métaux par l'acide sulfo-cyanhydrique : il y a dégagement d'hydrogène. *Exemple : proto-sulfo-cyanure de fer ;* d'autres, comme le sesqui-sulfo-cyanure de fer, le bi-sulfo-cyanure de mercure et le sulfo-cyanure d'aluminium, en mettant l'acide sulfo-cyanhydrique en contact avec les oxides, autant que possible hydratés : il y a production d'eau ; d'autres enfin par la voie des doubles décompositions : ceux de plomb, d'argent, de platine, d'or, de chrôme, étant insolubles, sont dans ce cas. L'on se sert aussi de ce procédé, pour obtenir les sulfo-cyanures solubles, en faisant usage d'un sulfate soluble et de sulfo-cyanure de barium.

Les sulfo-cyanures alcalins résistent, quand ils sont secs, à l'action de la chaleur rouge ; mais la plupart des autres doivent donner de l'azote, du sulfure de carbone et un sulfure métallique : ce sont là du moins les produits que l'on obtient en chauffant celui de fer, à l'abri du contact de l'air.

Projetés dans un creuset incandescent, tous se décomposent : l'azote se dégage, le carbone et le soufre sont toujours brûlés. Quant au métal, il l'est lui-même, à moins qu'il ne fasse partie des deux dernières sections.

Presque tous les sulfo-cyanures sont solubles dans l'eau : on cite comme ne l'étant pas ou l'étant à peine, ceux de chrôme, de cuivre au *minimum*, de plomb, de palladium, d'argent, d'or et de platine. Plusieurs se dissolvent même dans l'alcool, entre autres, les sulfo-cyanures de potassium, de calcium, de cobalt. En concentrant les dissolutions aqueuses ou alcooliques, les sulfo-cyanures s'en déposent en général à l'état de cristaux.

*Sulfo-cyanure de potassium.* — Lorsque après avoir desséché le proto-cyanure jaune de fer et de potassium, on le chauffe dans une fiole avec la moitié de son poids de soufre, jusqu'au point de faire rougir le mélange, le cyanure de potassium s'unit au soufre. Quant au cyanure de fer, il est décomposé, et de là résultent du sulfure de fer, du sulfure de carbone et un dégagement de gaz azote. Il suffit ensuite, pour avoir le sulfo-cyanure, de traiter la masse par l'alcool, de concentrer la liqueur et de l'abandonner à elle-même dans un lieu sec : le sel cristallise peu-à-peu. Si l'on ne faisait que fondre le mélange, il se produirait tout à-la-fois du sulfo-cyanure de potassium et du sulfo-cyanure de fer. Dans ce cas, il faudrait les dissoudre dans l'eau, ajouter à la dissolution du carbonate de potasse, qui précipiterait le fer et convertirait le sulfo-cyanure ferrugineux en sulfo-cyanure de potassium, filtrer la liqueur, l'évaporer à siccité, mettre le résidu en contact avec l'alcool qui est sans action sur le carbonate alcalin, etc., Les doubles cyanures de fer et de barium, de fer et de strontium, etc., se comportent d'une manière analogue.

Le sulfo-cyanure de potassium a la saveur du nitre; comme lui, il cristallise en longues aiguilles incolores et anhydres. Il est légèrement déliquescent. Soumis à l'action du feu dans une cornue, il se fond en un liquide transparent, qui se prend en masse opaque et cristalline par le refroidissement. L'intervention d'une petite quantité d'eau, produirait du carbonate d'ammoniaque, du sulfure de potassium et probablement du sulfure de carbone. Projeté dans un creuset incandescent, il donne lieu à un dégagement d'azote, d'acide carbonique, d'acide sulfureux et à du sulfate neutre de potasse.

Dissous dans une grande quantité d'eau et exposé à l'air, il finit par se décomposer. Le chlore agit sur la dissolution de sulfo-cyanure de potassium, comme il a été dit; il s'empare du potassium et précipite le sulfo-cyanogène. D'autres phénomènes ont lieu entre le chlore privé de vapeur et le sulfo-cyanure sec et mêlé avec 2 fois son poids de sel marin, pour rendre la réaction plus prompte. Si la température est insuffisante pour fondre le sulfo-cyanure, on obtient d'abord du chlorure de soufre, accompagné d'un autre produit, dont l'auteur n'indique point la nature, puis du chlorure de cyanogène solide, qui en augmentant le feu à la fin de l'opération, se condense dans le col de la cornue en longues aiguilles transparentes. Le résidu est un mélange de chlorure de potassium et de *mellon* ($C^3Az^2$) : l'eau en dissout le chlorure et laisse en poudre le *mellon*, qu'il est bon toutefois de chauffer jusqu'au rouge, pour être plus certain de sa pureté. A une température de beaucoup supérieure au point de fusion du sulfo-cyanure de potassium, la décomposition est très vive; d'épaisses vapeurs rouges se dégagent et se déposent sur les parois de la cornue en feuilles rouges non cristallines, formées de chlorures de soufre et de cyanogène. Distillé avec l'acide sulfurique, le sulfo-cyanure de potassium donne de l'acide sulfo-cyanhydrique qui contient toujours de l'ammoniaque, et des acides cyanhydrique et sulfhydrique : il se forme de plus une matière jaune qui reste dans la cornue avec le sulfate de potasse. M. Liebig observe à ce sujet, que les acides phosphorique, oxalique, chlorhydrique se comportent avec le sulfo-sel de la même manière que l'acide sulfurique, et par conséquent que l'acide sulfo-cyanhydrique, obtenu en décomposant le sulfo-cyanure de potassium par l'acide phosphorique, n'est pas pur (2140).

Le sulfo-cyanure de potassium donne du sulfo-cyanogène, lorsqu'on le fait bouillir avec de l'acide azotique faible (2139).

Il décompose les sels solubles avec les métaux desquels il peut former des sulfo-cyanures insolubles : c'est même de cette manière que l'on se les procure.

M. Berzelius l'a trouvé composé de 40,15 de potassium, de 26,88 de cyanogène, et de 32,97 de soufre, ce qui donne la formule ($K, 2C^2AzS$). (*Ann. de Chim. et de Phys.*, t. XVI, p. 23.)

*Proto-sulfo-cyanure de mercure.* — Ce sulfo-cyanure s'obtient en précipitant l'azotate de protoxide de mercure par le sulfo-cyanure de potassium. On peut encore se le procurer, en introduisant dans une cornue 5 parties de bi-cyanure de mercure et 1 partie de soufre en petits fragmens, et chauffant le tout peu-à-peu jusqu'à ce que tout le soufre soit vaporisé. Si le soufre et le bi-cyanure étaient réduits en poudre et intimement mêlés, la matière se boursouflerait considérablement. La moitié du cyanogène s'unit à du soufre et au mercure, pour former le proto-sulfo-cyanure qui reste au fond de la cornue; l'autre moitié se dégage et est en partie décomposée : de là du gaz azote et du sulfure de carbone.

Le proto-sulfo-cyanure de mercure est pulvérulent, jaune-citron, insipide, insoluble dans l'eau. L'acide chlorhydrique fumant en dissout une petite portion, qui se précipite en étendant l'acide d'eau. L'eau régale ne l'attaque qu'autant qu'elle est concentrée, et encore l'action est-elle très lente. Mis en contact à chaud avec un courant de gaz sulfhydrique ou de gaz chlorhydrique, dans un tube de verre horizontal, etc., il se décompose, donne du sulfure ou du chlorure de mercure, et des gouttes d'un liquide qui se déposent dans la partie la plus froide du tube. Ces gouttes sont sans couleur et probablement de l'acide sulfo-cyanhydrique anhydre; mais en peu de temps elles deviennent jaunâtres, et se prennent en petits cristaux transparens et étoilés, qui peu-à-peu laissent dégager de l'acide cyanhydrique, se détruisent et se transforment en une masse jaune-orangé, opaque, pulvérulente, insoluble dans l'eau. M. Wöhler pense qu'elle contient pour la même quantité d'acide cyanhydrique, 2 fois autant de soufre que l'acide sulfo-cyanhydrique. En conséquence, M. Berzelius propose de l'appeler *acide hydro-hyper-sulfo-cyanique*, et son radical qui n'a point encore été isolé, *hyper sulfo-cyanogène*. Pour admettre ces dénominations, il nous semble qu'il serait nécessaire, que les corps auxquels elles s'appliquent fussent mieux connus.

*Bi-sulfo-cyanure de mercure.* — C'est en neutralisant seulement l'acide sulfo-cyanhydrique par le bi-oxide de mercure, que l'on obtient ce sulfo-cyanure. Un excès d'oxide pourrait produire du proto-sulfo-cyanure. Le bi-sulfo-cyanure qui est soluble se dépose peu-à-peu en cristaux rayonnés par l'évaporation spontanée de la liqueur. Ce sulfo-cyanure bien sec se transforme, lorsqu'on le chauffe, en sulfure de carbone, en bi-sulfure de mercure et en mellon, comme le fait voir la formule suivante $(Hg, 2C^2AzS) = CS + HgS + C^3Az^2$. (Liebig, *Ann. de Chim. et de Phys.*, t. LVI, p. 8.)

## *Chlorures de cyanogène.*

2143. Il existe deux chlorures de cyanogène, l'un gazeux, l'autre solide : ils sont isomériques. Tous deux sont formés de chlore et de cyanogène dans le rapport atomique de 1 à 1.

*Chlorure gazeux.* — Le chlorure gazeux de cyanogène, découvert par Berthollet, n'est bien connu que depuis que M. Gay-Lussac et M. Sérullas l'ont soumis à de nouvelles recherches.

Ce chlorure est incolore, sans action sur la teinture de tournesol, très vénéneux, au point que 2 grains dissous dans un peu d'eau donnent tout-à-coup la mort à un lapin.

Sa densité calculée d'après les proportions de ses principes, doit être égale à 2,116. Son odeur est si vive, qu'à une très petite dose, il irrite la membrane pituitaire et détermine le larmoiement.

Un froid de —12 à —15° le rend liquide. Il se liquéfie également sous une pression de 4 atmosphères à + 20°; un froid de 18° le fait cristalliser en de très longues aiguilles transparentes, qui à — 10° disparaissent peu-à-peu en passant à l'état de gaz.

Il ne détone point avec 2 fois son volume d'oxigène ou d'hydrogène par l'étincelle électrique. Pour le faire détoner avec l'un d'eux, il faut nécessairement ajouter une certaine quantité de l'autre; alors il brûle vivement et avec production d'une flamme d'un blanc bleuâtre et d'une vapeur blanche extrêmement épaisse, dont l'odeur a quelque chose de nitreux et dont la saveur est mercurielle.

L'eau en dissout 2 fois son volume et le laisse dégager presque sans altération, lorsqu'on vient à la chauffer : seulement il se forme un peu d'acide carbonique, d'acide chlorhydrique et d'ammoniaque. L'alcool en dissout 5 fois davantage.

La potasse en dissolution produit avec le chlorure de cyanogène du chlorure de potassium et du cyanate de potasse.

On peut l'obtenir en faisant passer un courant de chlore

dans de l'acide cyanhydrique étendu d'eau, jusqu'à ce que la liqueur décolore l'indigo dissous par l'acide sulfurique. On la prive alors de l'excès de chlore en l'agitant avec du mercure, puis on la distille à une douce chaleur en faisant passer les produits à travers un tube horizontal, qui contient des fragmens de craie et de chlorure de calcium, pour absorber l'acide chlorhydrique et l'eau qui pourraient se dégager; mais comme le chlorure de cyanogène se trouve encore mêlé à du gaz carbonique, il faut le refroidir à —20°, pour le solidifier : c'est ce que l'on fait en conduisant les gaz à leur sortie du tube horizontal dans un large tube en forme de U, qui plonge dans un bain réfrigérant. Le chlorure se solidifie dans la courbure et le chlore se dégage. Le tube en U est ensuite bouché d'un côté, et de l'autre il reçoit un petit tube propre à recueillir les gaz. On le sort du réfrigérant et peu-à-peu le chlorure, reprenant l'état de gaz, est recueilli dans des éprouvettes pleines de mercure.

La production du chlorure de cyanogène est facile à concevoir dans la réaction du chlore et de l'acide cyanhydrique; mais indépendamment du chlorure de cyanogène et de l'acide chlorhydrique auxquels il donne lieu, il se forme encore d'autres produits provenant de ce que environ le tiers du cyanogène, à l'aide de la chaleur et sous l'influence de l'acide chlorhydrique, décompose l'eau, d'où résulte du gaz carbonique et du chlorhydrate d'ammoniaque.

Le chlorure gazeux de cyanogène s'obtient encore en mettant dans un flacon d'un litre et plein de chlore, 5 à 6 grammes de cyanure de mercure en poudre, ajoutant la quantité d'eau convenable pour réduire le cyanure en bouillie, bouchant le flacon et l'abandonnant à lui-même dans l'obscurité, pendant 10 à 12 heures. Le chlore est absorbé tout entier et le chlorure de cyanogène prend sa place. Comme le flacon peut contenir de l'air, et de plus du cyanogène et de l'acide chlorhydrique, on plonge le flacon dans un mélange refroidi à-20°; le chlorure cristallise; alors on chasse tous les gaz en remplissant le vase de mercure refroidi lui-même à — 20°, puis on le sort du bain, on y adapte un tube pour recueillir le chlorure sur le mercure à mesure qu'il reprend l'état de gaz. (Gay-Lussac, *Ann. de Chim.*, XCV, 205; Sérullas, *Ann. de Chim. et de Phys.*, XXXV, 291, 337.)

*Chlorure solide de cyanogène.*— Ce chlorure, isomérique avec le chlorure gazeux, et regardé à tort par M. Sérullas, qui l'a découvert, comme un bi-chlorure, cristallise en aiguilles d'une blancheur éclatante. Son odeur a une analogie frappante avec celle de souris, et lorsqu'on le respire, il excite le larmoiement.

Sa saveur est légèrement piquante; sa densité = 1,320; son terme de fusion est 140°, celui de son ébullition 190°. Un grain dissous dans l'alcool suffit pour donner la mort instantanément à un lapin.

L'eau froide n'en dissout qu'une très petite quantité; il est plus soluble dans l'eau chaude : dans tous les cas, le chlorure et l'eau se décomposent peu-à-peu et donnent lieu à de l'acide chlorhydrique et à de l'acide cyanurique (2112).

L'alcool et l'éther sont ses véritables dissolvans. L'eau le sépare de chacun d'eux.

Mis en contact avec une dissolution de potasse, il en résulte du chlorure de potassium et du cyanurate de potasse.

Lorsqu'on arrose d'ammoniaque le chlorure de cyanogène cristallisé, et qu'on chauffe doucement le mélange, le chlorure se réduit en une poudre blanche, que l'eau bouillante dissout en petite quantité et qu'elle laisse déposer en flocons blancs par le refroidissement. Cette substance contient du chlore que l'on ne peut enlever même en la faisant bouillir avec de l'ammoniaque. La potasse la décompose avec dégagement d'ammoniaque. M. Liebig l'a trouvée formée de carbone, d'azote, d'hydrogène et de chlore en telle quantité, que sa composition est représentée par $(C^{12}Az^{10}H^{8}Ch)$, $= (C^{8}Az^{8}H^{8}) + C^{4}Az^{2}Ch$, $C^{8}\ Az^{8}\ H^{8}$ constituerait une nouvelle matière qu'il propose d'appeler *cyanamide*, parce qu'en s'associant aux principes de 4 atomes d'eau, elle pourrait donner lieu à de l'ammoniaque et à de l'acide cyanurique, et qu'alors elle appartiendrait à la famille des *amides*. $C^{4}Az^{2}Ch$ serait un chlorure de cyanogène, contenant moitié moins de chlore que le chlorure ordinaire. De nouvelles expériences sont nécessaires pour éclaircir tout ce qu'il y a d'hypothétique dans cette induction. L'auteur le remarque lui-même. La *cyanamide* ne doit donc point encore être mise au rang des substances nouvelles.

C'est en versant dans un litre plein de chlore sec 82 centigrammes d'acide cyanhydrique, que Sérullas prépare le chlorure solide de cyanogène. Bientôt l'acide se gazéifie, sa couleur disparaît, et l'on aperçoit quelques heures après sur les parois du vase un liquide incolore qui s'épaissit peu-à-peu, et finit par se solidifier sous forme d'une matière blanche plus ou moins cristalline, qui est le chlorure lui-même.

Le contact doit être prolongé pendant 24 heures; mais quelque chose qu'on fasse, le chlorure solide est toujours mêlé d'un peu de chlorure gazeux et d'un peu du liquide qui s'est formé d'abord et qui pourrait être un autre chlorure isomérique avec les deux premiers. Quoi qu'il en soit, on débouche le flacon, on chasse au moyen d'un soufflet le gaz chlorhydrique qui s'est formé, on introduit dans le vase un peu d'eau et quelques fragmens de verre pour détacher le chlorure solide, l'on agite et l'on décante. L'eau entraîne le chlorure, il est lavé sur un filtre jusqu'à ce que la liqueur ne trouble plus l'azotate d'argent; puis, après avoir été pressé entre des feuilles de papier joseph, on le distille dans une petite cornue; il se gazéifie, apparaît sous forme d'un liquide qui bientôt cristallise. Pour l'avoir bien pur, une seconde distillation est même nécessaire. (Sérullas, *Ann. de Ch. et de Phys.*, XXXVIII, 370.)

Au lieu de ce procédé, qui est long et dispendieux, il vaut beaucoup mieux préparer le chlorure solide de cyanogène en traitant le sulfo-cyanure de potassium à une douce chaleur par le chlore, comme nous l'avons exposé précédemment (2142). Le chlorure se sublime à la fin de l'opération en aiguilles blanches que l'on peut détacher et obtenir pures.

*Bromure de cyanogène.*

2144. Le bromure de cyanogène, découvert par M. Sérullas, est un corps solide à la température ordinaire, cristallisable en cubes ou en longues aiguilles, incolore, transparent, aussi vénéneux au moins que les chlorures de cyanogène, volatil et dont l'odeur est très pénétrante. Il se gazéifie à $+15°$ et reprend tout-à-coup l'état solide et cristallin par le refroidissement; il est soluble dans l'eau et dans l'alcool, et produit avec une dissolution concentrée de potasse du bromure de potassium et du cyanate de potasse.

Le bromure de cyanogène se prépare en faisant passer du brôme en vapeur à travers du cyanure de mercure pulvérisé : l'action a lieu tout-à-coup avec dégagement de chaleur.

A cet effet, il faut mettre une partie de brôme dans une ampoule de verre, déposer celle-ci au fond d'un tube dont l'extrémité inférieure est fermée, placer sur l'ampoule un peu de verre, puis deux parties de cyanure de mercure bien sec et pulvérisé : après quoi l'autre extrémité du tube est recourbée et plongée dans un flacon refroidi par un mélange de glace et de sel marin. Alors on chauffe légèrement l'ampoule, le brôme se vaporise, le bromure se forme et se condense entièrement dans le flacon. Il se produit en même temps du bromure de mercure, mais qui reste dans le tube.

*Iodure de cyanogène.*

2145. M. Sérullas est le chimiste qui le premier a observé l'iodure de cyanogène. On ne réussirait point à former cet iodure directement, c'est-à-dire, en essayant de combiner l'iode avec le cyanogène gazeux. Il faut présenter ces corps l'un à l'autre, au moment où ils sont à l'état de gaz naissant. On satisfait à cette condition en chauffant un mélange de deux parties de cyanure de mercure et d'une partie d'iode. Les matières doivent être bien séchées, bien broyées ensemble, introduites dans une fiole et exposées peu-à-peu au feu; bientôt la réaction se détermine; il se produit tout à-la-fois de l'iodure de cyanogène et du proto-iodure de mercure. L'iodure de cyanogène, très volatil, se rend hors de la fiole; il apparaît sous la forme d'une fumée épaisse, qui se condense en aiguilles blanches, extrêmement légères, volumineuses, que l'on peut recueillir aisément en inclinant la fiole et faisant pencher son col très chaud dans un vase à large goulot : s'il était sali par un peu d'iodure mercuriel, il suffirait de le sublimer de nouveau pour l'avoir très pur.

L'iodure de cyanogène a une odeur forte, très piquante; il irrite vivement les yeux et provoque le larmoiement; sa saveur est des plus caustiques. Son action sur l'économie animale est aussi délétère que celle du chlorure et du bromure de cyanogène. Il est plus dense que l'acide sulfurique concentré. Il n'altère ni le papier de tournesol, ni celui de curcuma, et ne participe en rien des substances alcalines ou acides.

Projeté sur des charbons ardens, il laisse dégager d'abondantes vapeurs violettes; d'où il suit que dans cette circonstance il est en partie décomposé. L'eau et l'alcool en opèrent la dissolution.

Le chlore, dont l'action est si grande sur beaucoup de corps, paraît n'en avoir aucune, quand il est sec, sur l'iodure de cyanogène. Cet iodure ne trouble point la dissolution d'argent.

Le gaz sulfureux sec est sans action sur l'iodure de cyanogène; mais l'acide sulfureux liquide l'attaque à l'instant même, l'eau est décomposée, et de là résultent de l'acide cyanhydrique, de l'acide sulfurique et un dépôt d'iode, qui, comme on sait, disparaît dans l'acide sulfureux versé en excès.

Les phénomènes dépendant du contact de l'acide azotique, de l'acide sulfurique et de l'acide chlorhydrique sont peu remarquables, si ce n'est que, par l'acide azotique, il est facile de s'assurer que l'iodure ne contient point de traces de mercure.

Les alcalis, et particulièrement la potasse, par l'intermède de l'eau, produisent avec l'iodure de cyanogène des iodures et des cyanates.

L'iodure de cyanogène est formé de :

1 at. iode = 789,75 + 1 at. cyanogène = 164,95.

D'où résulte la formule : ($C^2Az,I$). (Sérullas, *Ann. de Chim. et de Phys.*, XXVII, 184.)

## *Mellon.*

2146. Le *mellon* est un composé de carbone et d'azote ($C^3Az^2$), récemment découvert par M. Liebig en chauffant le sulfo-cyanogène : il reste au fond de la cornue, sous forme d'une poudre jaune (2139). Ce sont les principes du cyanogène qui se combinent alors dans un autre ordre, et donnent naissance au nouveau corps comme l'indique la formule suivante, dans laquelle on voit en même temps qu'il y a dégagement de soufre et formation de sulfure de carbone : $2(C^2Az,S) = S + CS + C^3Az^2$, c'est-à-dire que 2 atomes de sulfo-cyanogène donnent 1 atome de soufre, plus 1 atome de sulfure de carbone, plus 1 atome de *mellon*.

Le mellon s'obtient, soit en exposant le sulfo-cyanogène ou le bi-sulfo-cyanure de mercure à l'action de la chaleur rouge dans une cornue de verre, soit en faisant réagir le chlore sec à l'aide de la chaleur sur le sulfo-cyanure de potassium, comme il a été dit (2142) : il paraît se produire d'ailleurs dans plusieurs autres circonstances, savoir : en calcinant le *mélam* et l'*ammelide*, corps neutres, la *melamine* et l'*ammeline*, bases salifiables, la cyanamide (2143), toutes substances nouvelles, dont aucune ne se trouve dans la nature, et que M. Liebig vient de faire connaître dans un travail remarquable. (*Ann. de Chim. et de Phys.*, t. LVI, p. 5.)

C'est en raison de son analogie avec le cyanogène que nous croyons devoir le placer ici.

Le mellon est solide, jaune, pulvérulent, insipide, inodore, infusible, insoluble dans l'eau et dans tous les autres liquides indifférens : aucun d'eux d'ailleurs ne l'altère. Il exige pour sa décomposition une température susceptible de ramollir le verre à bouteille, et se transforme alors en trois volumes de cyanogène et un volume d'azote : $C^6Az^4 = C^6Az^3 + Az$.

Le mellon se combine avec le potassium à l'aide de la chaleur en donnant lieu à un dégagement de lumière. Une faible odeur ammoniacale se fait sentir en même temps : elle provient sans doute de la petite quantité d'huile de pétrole dont il est presque impossible de débarrasser le potassium. Le mellonure formé est très fusible, transparent, soluble dans l'eau, à laquelle il communique un goût d'amandes amères. La dissolution ne contient néanmoins aucune trace de cyanure. Elle produit des précipités tout différens des cyanures dans les solutions salines. Un acide puissant y détermine la formation de flocons blancs, volumineux, facilement solubles dans les dissolutions alcalines. M. Liebig n'a point fait connaître la nature de ce précipité, que la théorie indiquerait comme devant être un acide *mellonhydrique*. Il n'a pas publié non plus d'autres détails sur les mellonures.

Chauffé dans du chlore sec, le mellon donne naissance à une substance solide, blanche, d'une odeur forte, et qui attaque vivement les yeux. C'est probablement du chlorure de mellon. Le même composé paraît se former en même temps que du sulfure de carbone, lorsqu'on chauffe ensemble 2 parties de bi-chlorure de mercure, et 1 partie de sulfo-cyanure de potassium.

Une dissolution de potasse, bouillie avec le mellon, en dégage de l'ammoniaque et le dissout. Bientôt après, il se forme de longs cristaux soyeux, dont la quantité peut augmenter à tel point, par le refroidissement, que le liquide finisse par se solidifier complètement. Ils sont formés de cyanurate de potasse mêlé à un autre produit, qui n'est peut-être que du mellonure de potassium.

Le mellon est converti en acide cyanilique et en ammoniaque, etc., par l'acide azotique (2114). M. Liebig n'a point fait connaître l'action des autres acides. Il s'est borné à observer que l'acide cyanilique ne peut point être produit par eux. (*Ann. de Chim. et de Phys.*, t, LVI, p. 5.)

## IIe GROUPE.

### *Acides azotés, qui ne sont ni gras, ni à radical de cyanogène.*

2147. Ce groupe renferme au moins huit acides, qui sont : l'acide urique, l'acide purpurique, l'acide rosacique, l'acide hyppurique, l'acide allantoïque, l'acide asparmique, l'acide indigotique, l'acide picrique ou carbazotique.

## ARTICLE Ier.

### *Acide urique.*

2148. *Historique.* — C'est à Schéele qu'on doit la découverte de l'acide urique; il la fit en 1776, en analysant les calculs de la vessie de l'homme. Croyant que les calculs étaient toujours formés de cet acide, il le nomma *acide lithique*, dénomination à laquelle on a renoncé, depuis qu'on sait que ces concrétions renferment beaucoup d'autres substances. Bergman, Pearson, Fourcroy et Vauquelin, MM. Williams Henry, Prout et Wöhler, sont ceux qui, après Schéele, ont étudié avec le plus de soin les propriétés de l'acide urique.

*État naturel.*—L'acide urique existe dans l'urine de l'homme, des animaux carnivores et de plusieurs autres classes d'animaux, mais on ne le trouve jamais dans celle des mammifères herbivores. C'est cet acide qui se dépose quelquefois des urines humaines, sous forme de poudre jaunâtre, peu après qu'elles sont rendues, et qui s'attache tellement aux vases qu'on a peine à l'enlever, même par le frottement; c'est lui qui constitue tous les calculs et toutes les couches de calculs urinaires de l'homme, qui sont jaunâtres et dont la poussière ressemble à la sciure de bois; c'est également lui qui forme en grande partie la substance blanche qu'on distingue dans les excrémens des oiseaux carnivores. Le *guano* des Indiens, dont se compose la couche supérieure du sol dans quelques îles de la mer du Sud, n'est pour ainsi dire que de l'acide urique combiné à l'ammoniaque. M. Brugnatelli l'a rencontré également uni à l'ammoniaque dans les matières excrémentielles de la falène du ver à soie, et dans la dragée ou le blanc du même insecte. M. Vauquelin l'a observé en grande quantité dans les urines blanches et boueuses que rendent les serpens. M. Robiquet l'a découvert dans les cantharides. Enfin, il paraît que c'est ce même acide qui, uni à la soude, compose les calculs arthritiques.

*Préparation.* — Le meilleur moyen d'obtenir l'acide urique pur est de se procurer des dépôts d'urines humaines non putréfiées, ou des calculs urinaires jaunâtres, de les broyer, de les traiter à chaud par un excès de dissolution de potasse ou de soude caustique, faible, de filtrer la liqueur, et d'y verser un excès d'acide chlorhydrique : à l'instant, l'acide urique qui est peu soluble, se précipite en flocons blancs qui perdent peu-à-peu de leur volume et se transforment en petites paillettes brillantes; aussitôt qu'il est précipité, on le rassemble sur un filtre et on le lave, jusqu'à ce que l'eau qui passe à travers ne trouble plus la dissolution d'azotate d'argent : dans cet état, il est pur; il ne reste plus qu'à le dessécher à une douce chaleur. Il est plus difficile, en raison des impuretés qui l'altèrent, de l'extraire des excrémens des oiseaux carnivores : il faut d'abord traiter par l'alcool bouillant, la substance blanche qui contient l'acide, puis la laver à l'eau froide : après quoi on dissout le résidu dans une lessive étendue et chaude de potasse caustique, on filtre la liqueur et l'on y ajoute, d'après le conseil de Wöhler, une dissolution bouillante de sel ammoniac, jusqu'à ce qu'il ne s'y forme plus de précipité. Par ce moyen, tout l'acide urique uni à de l'ammoniaque se dépose en gelée presque transparente, qui peu-à-peu se rassemble au fond du vase, sous forme d'une poudre blanche. Il suffit ensuite de verser de l'acide chlorhydrique sur cette poudre et de laver le résidu pour en séparer l'acide urique.

*Propriétés.* — L'acide urique ainsi préparé est solide, d'un blanc jaunâtre, en petites lames ou en poudre, sans odeur, sans saveur, spécifiquement plus pesant que l'eau et sans action, bien sensible du moins, sur la teinture de tournesol.

Soumis à l'action du feu dans une cornue de verre, l'acide urique très pur et fortement desséché donne beaucoup d'acide cyanhydrique et un sublimé brun-clair ou jaune, très abondant, entremêlé de feuilles cristallines, incolores et minces, lequel sent fortement le cyanhydrate d'ammoniaque, et toutefois ne se compose pour ainsi dire que de parties égales d'urée et d'acide cyanurique. Il ne se produit aucun liquide; il se dégage peu de gaz et le résidu charbonneux n'est pas considérable. Pour séparer l'acide cyanurique, il faut traiter le sublimé par l'acide azotique chaud qui détruit l'urée, le cyanhydrate d'ammoniaque, et qui par le refroidissement laisse déposer l'acide cyanurique. Quant à l'urée, on l'obtient en traitant le sublimé par l'eau froide, qui est presque sans action sur l'acide cyanurique, évaporant la dissolution, tirée à clair, versant de l'alcool sur le résidu, faisant chauffer la liqueur, la filtrant et vaporisant l'alcool par une chaleur modérée (Wöhler, *Ann. de Chim. et de Phys.*, t. XLIII, p. 64). Néanmoins, l'urée ainsi obtenue n'est pas pure; elle retient toujours un peu d'acide cyanurique.

Chauffé peu-à-peu dans des vaisseaux ouverts, l'acide urique en se décomposant, répand une forte odeur, facile à reconnaître pour celle de l'acide cyanhydrique.

L'air n'exerce aucune action sur lui à la température ordinaire; il en opère la combustion au degré de la chaleur rouge. L'eau, à 15°, n'en dissout que la 1720e partie de son poids; bouillante, elle en dissout la 1150e partie, et en laisse déposer, par le refroidissement, sous forme de petites écailles cristallines : il est absolument insoluble dans l'alcool.

Les sels qu'il est capable de former avec les bases salifiables ne sont solubles, d'une manière très sensible, qu'autant que ces bases le sont elles-mêmes, et qu'elles sont en excès. Presque tous les acides ont la propriété de les décomposer. En effet, si l'on verse un excès d'acide qui ait tant soit peu de force dans une dissolution de sous-urate alcalin, dissolution que l'on peut toujours obtenir à froid, et à plus forte raison à chaud, l'acide urique en sera précipité tout-à-coup, comme nous l'avons dit précédemment.

Si l'on projette de l'acide urique humide dans un flacon plein de chlore gazeux, il se gonfle, et donne lieu à du gaz carbonique, à de l'acide cyanique, à de l'acide oxalique et à du sel ammoniac. Si le chlore et l'acide urique étaient complètement secs, la réaction ne se ferait qu'à l'aide de la chaleur : de l'acide cyanique, de l'acide chlorhydrique en seraient le résultat, d'après Liebig. Kodweiss admet qu'il se forme en outre du chlorure de cyanogène. L'acide azotique le convertit en *acide purpurique*, et en une petite quantité d'une matière rouge particulière et d'acide oxalique (voyez *acide purpurique*). Lorsqu'on évapore la dissolution jusqu'à siccité, à une douce chaleur, il se manifeste un phénomène qui peut servir à faire reconnaître l'acide urique; c'est qu'on obtient un résidu rouge qui se dissout dans l'eau sans la colorer. L'acide urique, chauffé avec de la potasse et un peu d'eau dans un creuset, laisse dégager de l'ammoniaque, ne brunit point, et donne lieu à de l'oxalate et à du carbonate de potasse, ainsi qu'à du cyanure de potassium. (Gay-Lussac.)

Enfin, quand on fait chauffer un mélange d'acide urique et d'un excès de chlorate de potasse, il se dégage du gaz azote, et il se produit non-seulement de l'eau, du gaz acide carbonique, mais encore de la vapeur d'acide hypo-azotique: la combustion a peu d'activité.

*Composition.* — M. Liebig vient de soumettre l'acide urique à une nouvelle analyse : il l'a trouvé formé de 36,083 de carbone, 33,361 d'azote, 2,441 d'hydrogène, 28,186 d'oxigène; ce qui conduit à la formule $C^{10}Az^4H^4O^3$. (*Ann. de Chim. et de Phys.*, t. LV, p. 56.)

ARTICLE II.

*Acide purpurique.*

2149. Lorsqu'on traite l'acide urique par l'acide azotique étendu, ou le chlore ou l'iode, il se forme un acide particulier qui a été étudié successivement par M. Gaspard Brugnatelli (*Ann. de Chim. et de Phys.*, VIII, 201), le docteur Prout (*Ann. de Chim. et de Phys.*, XI, 48), et M. Vauquelin. M. Brugnatelli n'a fait qu'entrevoir le nouvel acide. Le docteur Prout ne l'a connu qu'uni à une matière rouge; il a cru qu'il formait par lui-même des sels pourpres avec la plupart des bases salifiables, et de là le nom d'*acide purpurique* sous lequel il l'a désigné. M. Vauquelin s'est assuré qu'il était incolore, que les sels qu'il produisait avec presque tous les oxides étaient blancs, qu'il contenait plus d'oxigène que l'acide urique; il a pensé en conséquence que le nom d'*acide purpurique* était impropre, et que celui d'*acide urique oxigéné* serait plus convenable.

Tout en blâmant le premier de ces noms, nous ne pouvons adopter le second, par la raison toute simple que l'acide purpurique n'est point de l'acide urique, plus de l'oxigène.

Pour se procurer l'acide purpurique, il faut prendre, d'après M. Vauquelin, 50 parties d'acide urique pulvérisé et les faire dissoudre successivement, à l'aide d'une douce chaleur, dans un mélange de 100 parties d'acide azotique à 34°, et de

100 parties d'eau. La dissolution s'opère avec une grande effervescence et finit par prendre une belle couleur rouge écarlate. Lorsqu'elle est faite, on la sature peu-à-peu par un lait de chaux; elle se fonce en couleur et laisse déposer, aussitôt que le point de saturation est sensiblement atteint, un sel blanc, cristallin et brillant : c'est un sous-purpurate de chaux. L'eau-mère est rouge, et si l'on y verse de l'ammoniaque, il s'en précipite un sous-purpurate calcaire, qui, au lieu d'être blanc comme le premier, est teint en rouge par une matière colorante qu'il entraîne avec lui, et qui, dans le traitement de l'acide urique, prend naissance en même temps que l'acide purpurique.

L'acide purpurique ne doit être extrait que du sous-purpurate blanc, et même auparavant il est bon de purifier ce sel en le redissolvant dans de l'eau bouillante, à laquelle on ajoute assez d'acide acétique pour saturer l'excès de base. Par ce moyen, le purpurate devient plus soluble et cristallise par refroidissement.

Ainsi purifié, M. Vauquelin prescrit d'en opérer la dissolution dans 24 fois son poids d'eau et d'ajouter à la liqueur 30 grammes d'acide oxalique : il en résulte de l'oxalate de chaux insoluble et de l'acide purpurique libre très soluble; mais comme la liqueur filtrée retient un peu d'oxalate de chaux, elle doit être évaporée à siccité et le résidu mis en contact avec l'alcool : l'acide purpurique seul se dissout, de sorte qu'alors il est facile de l'avoir parfaitement pur.

Cet acide est incolore, sans odeur, très sapide, très soluble dans l'eau et l'alcool. Il ne cristallise que difficilement. Il se fond à une douce chaleur, prend l'aspect d'une gomme, et reste sec, cassant et transparent après son refroidissement. Il sature parfaitement les alcalis et forme des sels incolores qui possèdent des propriétés très distinctes.

Lorsqu'il est impur ou uni à la matière colorante qui se forme en même temps que lui dans le traitement de l'acide urique par l'acide azotique, il forme au contraire des purpurates colorés.

Cent parties d'acide purpurique blanc sont composées, suivant M. Vauquelin, de 37,34 de charbon, de 29,34 d'oxigène, de 17,22 d'hydrogène et de 16,04 d'azote.

Les propriétés attribuées par Prout à l'acide purpurique, diffèrent beaucoup de celles qui lui sont assignées par Vauquelin et que nous venons de rapporter d'après lui. Ainsi Prout le regarde comme insipide, infusible, insoluble dans l'alcool, et soluble seulement dans plus de 1000 fois son poids d'eau bouillante.

Nous n'entrerons pas dans de plus grands détails sur les propriétés de cet acide : ceux qui voudront les connaître d'une manière plus particulière devront consulter les observations de M. Vauquelin (*Mémoires du Muséum d'hist. natur.*, t. VII, p. 253; et t. IX, p. 155). Ils pourront aussi lire une petite note publiée par M. Lassaigne (*Ann. de Chim. et de Phys.*, t. XXII, p. 334).

### ARTICLE III.

### *Acide rosacique.*

2150. *Historique, propriétés.* — L'acide rosacique, qui tire son nom de sa couleur, fut découvert par M. Proust en 1798 (*Ann. de Chim.*, t. XXXVI, p. 258), et étudié par M. Vauquelin en 1811, et par M. Vogel en 1816.

Cet acide est solide, d'un rouge de cinabre très vif, inodore; sa saveur est faible; cependant il rougit d'une manière très sensible la teinture de tournesol.

Mis sur des charbons incandescens, il se décompose et donne lieu à une vapeur piquante qui n'a rien des matières animales : il paraît donc qu'il ne contient pas d'azote, ou du moins qu'il n'en contient que peu. Il est très soluble dans l'eau; sa dissolution dans l'alcool s'opère facilement. Il se combine avec les bases salifiables et forme des sels solubles, non-seulement avec la potasse, la soude et l'ammoniaque, mais avec la baryte, la strontiane et la chaux; il produit un précipité légèrement rose dans l'acétate de plomb; enfin, il se combine avec l'acide urique, et cette combinaison est si intime, que l'acide urique, en se précipitant de l'urine, entraîne tout l'acide rosacique, encore bien que celui-ci soit très soluble.

Telles sont les propriétés que M. Vauquelin lui a reconnues (*Ann. du Muséum d'hist. nat.*, t. XVII, p. 133, ou *Bulletin de Pharmacie*, t. III, p. 416). M. Vogel lui attribue les suivantes :

1° L'acide sulfurique concentré le convertit en une poudre d'un rouge foncé, le dissout et l'amène ensuite à l'état d'une poudre blanche insoluble dans l'eau, laquelle réunit toutes les propriétés de l'acide urique.

2° L'acide sulfureux lui donne également cette belle nuance d'un rouge vif. Ce rouge, qui, avec le temps, augmente d'intensité dans l'acide sulfureux, est constant et inaltérable.

3° L'acide azotique le transforme également en acide urique.

4° La dissolution d'azotate d'argent, dans laquelle on a délayé de l'acide rosacique, lui communique au bout de quelques heures une couleur d'un brun fauve; au bout de vingt-quatre heures, il reste une poudre d'un vert bouteille.

L'acide urique partage cette propriété jusqu'à un certain point.

On voit, abstraction faite de la couleur et de l'action des acides sulfurique et sulfureux, ajoute M. Vogel, que l'acide rosacique ne diffère pas beaucoup de l'acide urique. (*Journal de Pharmacie*, II, 27.)

*État naturel*, *préparation*. — L'acide rosacique est très rare : on ne le trouve que dans quelques urines. C'est lui qui, uni à l'acide urique, se dépose de celles qu'on rend dans le cours des fièvres intermittentes et des fièvres nerveuses, souvent sous forme de sédiment rosacé et quelquefois sous forme de cristaux rougeâtres. Peut-être est-ce lui qui colore les urines que l'on connaît sous le nom d'*urines ardentes*.

On l'obtient pur en se procurant une certaine quantité du dépôt coloré dont nous venons de parler, lavant ce dépôt avec de l'eau pour en séparer le liquide urinaire, traitant ensuite ce même dépôt par l'alcool bouillant, et faisant évaporer la dissolution.

L'analyse n'en a point encore été faite; il est sans usages.

### ARTICLE IV.

### *Acide hyppurique.*

2151. Cet acide, reconnu comme acide distinct par M. Liebig, qui tira son nom des mots ἵππος *cheval*, et οὖρη, *urine*, existe surtout dans l'urine des quadrupèdes herbivores, tels que le cheval, le bœuf, etc. (*Ann. de Chim. et de Phys.*, t. XLIII, p. 188.) On l'a aussi rencontré dans celle des jeunes enfans. Il paraît qu'il se trouve toujours en combinaison avec la soude.

*Préparation*. — Après avoir réduit l'urine des quadrupèdes au moins à $\frac{1}{8}$, on y verse de l'acide chlorhydrique. Au bout de quelque temps, l'acide hyppurique devenu libre, mais impur, apparaît sous forme d'un précipité cristallin jaune-brun. On dissout ce précipité dans un mélange de chaux et d'eau; on fait digérer la liqueur avec du charbon animal, et lorsqu'elle est incolore, on la filtre chaude, on y verse de l'acide chlorhydrique jusqu'à ce qu'elle ait une saveur acide, et on la laisse refroidir lentement. L'acide hyppurique se dépose en longues aiguilles pendant le refroidissement.

Les cristaux d'acide hyppurique sont des prismes quadrangulaires incolores et transparens, terminés par un sommet dièdre. Leur longueur est souvent de 2 à 3 pouces. Ils n'ont qu'une faible saveur amère, et néanmoins rougissent fortement le papier de tournesol humide. 1000 p. d'eau à 10° ne dissolvent que 2 p. $\frac{2}{3}$ de cet acide ; l'eau bouillante en dissout bien davantage. Il est beaucoup plus soluble dans l'alcool que dans l'eau, et ne l'est que fort peu dans l'éther.

L'acide hyppurique se fond à une douce chaleur, et se prend ensuite par le refroidissement en masse cristalline. Une température un peu supérieure à son point de fusion le décompose. Il commence par devenir jaune-brun, puis noir, et, si l'on opère à une chaleur graduée dans un appareil distillatoire, il se forme d'abord un sublimé incolore et cristallin composé d'acide benzoïque et de benzoate d'ammoniaque, puis il se distille une matière rougeâtre, très fusible, et d'apparence résineuse. Il se dégage en même temps de l'acide cyanhydrique dont l'odeur est très marquée. Dans la cornue reste un charbon poreux.

A la température de 120°, l'acide sulfurique dissout l'acide hyppurique sans l'altérer ; il le décompose sous l'influence d'une plus forte chaleur, et donne lieu à de l'acide benzoïque qui se sublime. L'acide azotique concentré et bouillant, suivant M. Liebig, produit le même effet, bien qu'il se dégage à peine des traces d'acide hypo-azotique ou de gaz carbonique. L'acide chlorhydrique ne le détruit point même à chaud ; il n'en opère que la dissolution.

Chauffé avec 4 fois son poids d'hydrate de chaux, l'acide hyppurique laisse dégager beaucoup d'ammoniaque.

Une dissolution aqueuse de chlore ne l'attaque point ; mais, bouilli avec un grand excès de chlorite de chaux, il est décomposé complètement.

MM. Dumas et Péligot, en analysant l'hyppurate d'argent, ont trouvé, pour la formule atomique du nombre proportionnel de cet acide, $C^{36}Az^{2}H^{16}O^{5}$.

Cristallisé, il contient en outre 1 atome d'eau que la chaleur ne peut lui faire perdre, et se trouve représenté par $C^{36}Az^{2}H^{16}O^{5}+H^{2}O$.

*Hyppurates.* — Soumis à la distillation, ils donnent une petite quantité d'eau ammoniacale, et de l'huile empyreumatique dont la réaction est alcaline et dont l'odeur est analogue à celle de foin.

Les hyppurates de potasse, de soude, d'ammoniaque, de baryte, de strontiane, de chaux, de magnésie, d'alumine, de manganèse, de nickel, de cobalt, de cuivre, de bi-oxide de mercure, sont solubles dans l'eau et cristallisent en général avec facilité. L'hyppurate de plomb n'est pas plus soluble que l'acide hyppurique lui-même. Les hyppurates de fer peroxidé, de protoxide de mercure et d'argent sont insolubles : aussi les obtient-on facilement par la voie des doubles décompositions.

Le premier est couleur de rouille, les deux autres sont blancs et se précipitent sous forme de flocons.

Dans les hyppurates neutres, la quantité d'oxigène de l'oxide est à celle de l'oxigène de l'acide comme 1 à 5 et à la quantité d'acide même comme 1 à 21,526.

On connaît en outre des sous-hyppurates à base de baryte, de strontiane, d'oxide de plomb. Ils jouissent d'une faible solubilité. L'hyppurate d'ammoniaque cristallisé offre au contraire l'exemple d'un hyppurate avec excès d'acide. Le sel neutre, pendant l'évaporation de sa dissolution, abandonne de l'ammoniaque.

ARTICLE V.

## *Acide allantoïque.*

2152. *Historique, propriétés.* — MM. Buniva et Vauquelin, en analysant l'eau de l'*amnios* de la vache, ont trouvé un acide particulier auquel ils ont donné le nom d'*acide amniotique*. Mais il paraît que celle sur laquelle ils ont opéré était mêlée à de l'allantoïde; car M. Lassaigne n'a pu retrouver le nouvel acide que dans cette dernière liqueur. C'est pourquoi il a proposé d'en changer le nom en celui d'acide allantoïque.

Cet acide est solide, blanc et brillant, sans odeur; sa saveur est faible; il rougit légèrement la teinture de tournesol, et cristallise en aiguilles inaltérables à l'air.

Exposé au feu, il se boursoufle, se décompose, et donne du carbonate d'ammoniaque, un charbon volumineux, etc. L'air ne l'altère point. Il est peu soluble à la température ordinaire dans l'alcool, et surtout dans l'eau qui n'en dissout que $\frac{1}{400}$ de son poids; il l'est beaucoup plus dans ces liquides bouillans : aussi se précipite-t-il de ceux-ci en partie, par le refroidissement, sous forme de cristaux.

L'acide azotique le convertit, suivant C. G. Gmelin, en un autre acide cristallisable en longues aiguilles.

Il forme, avec tous les alcalis, des sels solubles que la plupart des acides décomposent : aussi, lorsqu'on dissout ces sels dans l'eau, et qu'on verse un acide tant soit peu fort dans la dissolution, on voit tout-à-coup l'acide allantoïque se déposer en poudre blanche cristalline. Ce n'est qu'à la faveur de l'ébullition, qu'il décompose les carbonates en dissolution dans l'eau. Il ne trouble point les dissolutions d'azotate d'argent, de plomb, de mercure, ni les eaux de baryte, de strontiane, de chaux.

*Etat naturel, préparation.* — L'acide allantoïque n'a été trouvé que dans les eaux de l'allantoïde de la vache.

Ces eaux étant composées d'eau proprement dite, d'albumine, de matière mucilagineuse azotée, insoluble dans l'alcool, d'acide allantoïque, d'acide lactique et de lactate de soude, de chlorhydrate d'ammoniaque, de chlorure de sodium, de sulfate de soude, de phosphate de soude, de phosphate de chaux et de magnésie; il faut, pour en extraire l'acide allantoïque, les faire évaporer jusqu'en consistance de sirop très épais, et traiter à plusieurs reprises le résidu par l'alcool bouillant : l'acide se dissout dans celui-ci, et s'en sépare presque entièrement par le refroidissement.

M. Liebig a trouvé l'acide allantoïque formé de 31,87 de carbone, 29,51 d'azote, 3,89 d'hydrogène, et 34,73 d'oxigène.

Ce qui correspond à la formule : $C^5Az^2H^4O$.

L'on ne possède point encore d'analyse d'allantoate assez précise pour fixer le nombre proportionnel de l'acide allantoïque.

*Allantoates.* — Les allantoates sont en général légèrement solubles dans l'eau et cristallisables; mais il paraît que ces sels prennent en cristallisant un excès d'acide, et que leurs cristaux rougissent la teinture de tournesol.

*Voyez* le Mémoire de Vauquelin (*Ann. de Chim.*, t. XXXIII, p. 279); celui de M. Lassaigne (*Ann. de Chim. et de Phys.*, t. XVII, p. 300), et la Note de M. Liebig (*Ann. de Chim. et de Phys.*, t. XLVII, p. 186).

### ARTICLE VI.

### *Acide asparmique ou aspartique.*

2153. L'acide asparmique n'existe point dans la nature, et ne peut être produit qu'en décomposant l'asparamide (*Voyez* cette substance). Le meilleur moyen de le préparer, suivant M. Plisson, est de faire réagir, par l'intermède de l'eau, à la température de l'ébullition, l'oxide de plomb sur l'asparamide en poudre, jusqu'à ce qu'il ne se dégage plus d'ammoniaque, de traiter la matière restante par un courant de gaz sulfhydrique, d'évaporer à siccité et de faire bouillir le résidu à plusieurs reprises avec de l'alcool du commerce. L'asparamide qui est isomère avec l'asparmate d'ammoniaque, se comporte avec l'oxide de plomb de la même manière que le ferait ce sel lui-même. L'acide asparmique qu'elle peut former s'unit à l'oxide de plomb, tandis qu'il se dégage de l'ammoniaque. L'acide sulfhydrique met ensuite en liberté l'acide asparmique; l'alcool bouillant le dissout, et il s'en dépose à l'état de petites paillettes. MM. Pelouze et Boutron-Charlard ont trouvé plus facile de se procurer l'acide asparmique, en décomposant l'asparamide par l'ébullition avec un excès d'eau de baryte, et versant dans la liqueur chaude de l'acide sulfurique jusqu'à ce que la baryte ait été précipitée entièrement.

L'acide asparmique n'a pas d'odeur. Sa saveur est légèrement acidule. Il rougit la teinture de tournesol. 128 parties d'eau n'en dissolvent qu'une partie à 8° $\frac{1}{2}$. Il est plus soluble dans l'eau bouillante, moins soluble au contraire dans un mélange d'eau et d'alcool, et insoluble dans l'alcool anhydre. L'eau qui en a été saturée à chaud, le laisse déposer, par le refroidissement, sous forme d'une poudre cristalline. L'acide chlorhydrique le dissout en quantité beaucoup plus considérable que l'eau. Il se dissout aussi dans l'acide sulfurique à froid, mais les deux acides se décomposent mutuellement sous l'influence de la chaleur. L'acide azotique, au contraire, ne réagit pas sur lui, même à la température de l'ébullition. Soumis à la distillation, l'acide asparmique donne des produits ammoniacaux : projeté sur des charbons ardens, il répand une odeur de plumes brûlées.

D'après l'analyse que M. Liebig a faite de l'acide asparmique anhydre, et les quantités d'oxide de plomb avec lesquels MM. Pelouze et Boutron-Charlard ont trouvé qu'il se combinait, cet acide est formé, de 42,16 de carbone, 12,20 d'azote, 4,37 d'hydrogène, 41,27 d'oxigène;

Et la formule atomique de son nombre proportionnel est $C^{16}Az^2H^{10}O^6$.

Cristallisé, il est représenté par $C^{16}Az^2H^{10}O^6 + 2H^2O$. Il supporte une température de 120° sans laisser dégager l'eau qu'il contient.

### *Asparmates.*

2154. Dans les asparmates neutres, la quantité d'oxigène que renferme l'oxide est à celle de l'acide comme 1 est à 6, et à la quantité d'acide même comme 1 à 14,509.

Les asparmates neutres de potasse, de soude, d'ammoniaque, de baryte, de chaux, de magnésie, de zinc, de nickel, sont notablement solubles dans l'eau. Celui de potasse est même déliquescent et refuse de cristalliser. L'asparmate de cuivre n'y est que peu soluble; mais il s'y dissout, en plus grande quantité, surtout à chaud, lorsqu'elle est chargée d'asparmate de soude; cependant il se sépare en cristaux, par le refroidissement de la liqueur, sans former de sel double. Les asparmates de plomb, de mercure protoxidé, d'argent, sont insolubles ou très peu solubles.

En se décomposant au feu, les asparmates laissent dégager beaucoup d'acide cyanhydrique. C'est du moins ce qui a lieu avec l'asparmate de chaux, suivant M. Plisson.

Les asparmates peuvent être produits directement par l'union de l'acide et de la base. Ceux qui sont insolubles doivent être obtenus de préférence en les précipitant par double décomposition, et ceux qui se dissolvent dans l'eau se préparent facilement en décomposant par les sulfates correspondans l'asparmate de baryte. On se procure ce sel lui-même en traitant l'asparamide par l'eau de baryte, et saturant l'excès de la base par l'acide sulfurique.

Il existe des asparmates bi-basiques. Celui de chaux se dissout dans l'eau, et lui communique la propriété d'agir sur les couleurs végétales, à la manière des alcalis. Parmi un grand nombre de dissolutions salines avec lesquelles on l'a mis en contact, il n'a formé de précipité que dans les sels de sesqui-oxide de fer, de plomb et d'argent.

*Voyez* pour plus de détails sur l'acide asparmique et les asparmates, les recherches de M. Plisson, *Journ. de Pharm.*, t. XIII, p. 296 et 486; *idem* t. XV, p. 268;—celles de MM. Plisson et Henry, même journal, t. XVI, p. 723; — celles de MM. Pelouze et Boutron-Charlard, *Ann. de Chim. et de Phys.*, t. LII, p. 90; — et les analyses de M. Liebig, même recueil, t. LIII, p. 416.

### ARTICLE VII.

### *Acide indigotique.*

2155. La nature ne nous offre point l'acide indigotique tout formé : on ne peut se le procurer qu'en traitant l'indigo par l'acide azotique. On introduit dans une cornue tubulée, munie d'un récipient et chauffée au bain de sable, 2 parties d'acide azotique d'une densité de 1,38, que l'on étend de son poids d'eau au moins, et l'on y ajoute 1 partie d'indigo de bonne qualité par petites portions, afin de modérer la réaction qui, sans cela, serait trop vive. Quand l'indigo a presque complètement disparu, on arrête le feu. La liqueur, en se refroidissant, laisse déposer à la surface une matière résinoïde, qui doit être recueillie et traitée par l'eau bouillante pour dissoudre l'acide indigotique que cette matière entraîne : après quoi, l'eau acide ramenée à la température ordinaire, est filtrée, mêlée au liquide de la cornue, et le mélange est distillé jusqu'à concentration convenable. L'acide indigotique et l'acide picrique sont les deux principaux produits de la réaction de l'acide azotique sur l'indigo. Ces deux acides cristallisent ensemble, en abandonnant à elle-même, dans un endroit froid, la liqueur concentrée. L'eau-mère évaporée en fournit de nouvelles quantités. En dissolvant les cristaux dans l'eau bouillante, et la laissant refroidir, l'acide indigotique cristallise de nouveau et ne reste plus accompagné que de très peu d'acide picrique et de matière résinoïde, dont il peut être dépouillé par des critsallisation réitérées. Ce mode de purification peut donc être employé; mais le suivant est plus facile : on dissout l'acide dans l'eau chaude, et on y ajoute peu-à-peu un très petit excès de carbonate de plomb récemment précipité et délayé dans l'eau. Alors on filtre la liqueur : sur le filtre restent l'acide picrique et la matière résineuse, unis à l'oxide de plomb; l'indigotate neutre, qui est soluble, passe au contraire à travers. Il ne faut donc plus que précipiter le plomb de la dissolution par un poids proportionnel d'acide sulfurique, et la concentrer, après l'avoir filtrée de nouveau, pour avoir l'acide indigotique pur. Un excès trop fort de carbonate de plomb occasionnerait la perte d'une partie de l'acide, en donnant naissance à un sous-indigotate insoluble.

L'acide indigotique se présente sous forme d'aiguilles blanches groupées en étoiles. Sa saveur est faiblement acide, amère et astringente. Il fond à une douce chaleur, et cristallise par le refroidissement en tables hexagones bien prononcées. Chauffé avec précaution, il se volatilise sans altération et se sublime en aiguilles blanches. Par une élévation de température moins bien ménagée, il se détruit en partie : si on le jette sur un fer rouge, une portion se volatilise; l'autre, en se décomposant, produit de l'azote et du gaz carbonique, et laisse un charbon qui brûle avec bruissement.

L'eau froide en dissout $\frac{1}{1000}$ de son poids, et l'eau bouillante s'en charge en toutes proportions. Il est soluble dans l'alcool. Sa dissolution aqueuse rougit le papier de tournesol, colore les sels de sesqui-oxide de fer en rouge, et ne produit aucun changement apparent dans ceux de protoxide de ce métal. L'acide azotique le fait passer à l'état d'acide picrique. Le chlore est au contraire sans action sur lui. Selon M. Buff, l'acide indigotique se dissoudrait dans l'eau avec une couleur rouge de cuivre sous l'influence de l'hydrogène naissant, et la liqueur laisserait déposer au bout de quelque temps des flocons d'un rouge violâtre.

D'après l'analyse de M. Dumas (*Ann. de Chim. et de Phys.*, t. LIII, p. 176), l'acide indigotique est composé de 48,09 de carbone, 2,61 d'hydrogène, 7,40 d'azote, 40,90 d'oxigène;

Ce qui correspond à la formule $C^{45}H^{16}Az^{3}O^{15}$.

*Voyez* les mémoires de Fourcroy et Vauquelin, *Ann. de*

*Chim.*, LV, 303, et LVI, 37; celui de M. Chevreul, *id.*, LXXII, 113, et les observations de M. Buff (*Ann. de Chim, et de Phys.* t. XXXVII, p. 160, et t. XLI, p. 174).

### *Indigotates.*

2156. Dans les indigotates neutres, l'oxigène de l'oxide est à celui de l'acide comme 1 est à 15, et à la quantité d'acide même comme 1 est à 30,240. Il existe d'ailleurs des indigotates basiques : l'acide indigotique a même beaucoup de tendance à en produire.

La saveur des indigotates est moins amère que celle de l'acide indigotique. Soumis à l'action du feu, ils abandonnent une portion de leur acide, et brûlent ensuite avec bruissement, mais graduellement et sans flamme. L'indigotate d'ammoniaque fait exception toutefois : il peut être sublimé sans décomposition. Tous les indigotates neutres connus se dissolvent dans l'eau en quantité plus ou moins notable, au moins lorsqu'elle est chaude. Les moins solubles sont ceux de plomb, de cuivre et de mercure protoxidé. L'indigotate de potasse se dissout en petite quantité dans l'alcool froid, et abondamment dans l'alcool bouillant. Ce sel n'est probablement pas le seul indigotate soluble dans ce véhicule.

Les indigotates doivent être en général préparés directement. Celui de protoxide de mercure peut l'être par double décomposition. Mais Buff a vainement essayé d'obtenir par ce moyen l'indigotate neutre de plomb. L'indigotate de potasse et l'azotate de plomb, neutres, mêlés ensemble, ont donné un précipité qui renfermait toujours un excès de base.

## ARTICLE VIII.

### *Acide picrique, ou nitro-picrique, ou carbazotique.*

2157. Cet acide ne se produit qu'artificiellement. Il prend naissance par l'action de l'acide azotique en excès sur une foule de matières azotées et principalement l'indigo. Nommé d'abord *amer de Welter*, *amer d'indigo*, *jaune amer*, M. Liebig lui a donné le nom d'acide carbazotique. M. Berzelius l'appelle acide nitro-picrique. Nous proposerons de le désigner simplement sous le nom d'acide picrique, qui rappellera sa saveur amère.

L'acide picrique s'obtient en faisant digérer de l'indigo de première qualité, concassé grossièrement, avec huit à dix fois son poids d'acide azotique ordinaire. L'indigo se dissout en produisant un dégagement abondant de bi-oxide d'azote. Dès que l'effervescence cesse de se manifester, la liqueur doit être portée à l'ébullition. L'on y ajoute de nouvel acide azotique de temps à autre, jusqu'à ce qu'il cesse de se décomposer; on laisse refroidir la liqueur, et l'acide picrique s'en sépare en cristaux jaunes et brillans. L'eau-mère, étendue d'eau, laisse déposer une quantité considérable d'une matière brune, formée d'une substance encore mal connue appelée *tannin artificiel*, et d'acide picrique. Il faut laver cette matière à l'eau froide, puis la dissoudre dans l'eau bouillante, pour en retirer encore de l'acide picrique cristallisé. Les cristaux obtenus exigent une purification qui s'effectue en les dissolvant dans l'eau chaude, saturant la dissolution par du carbonate de potasse, faisant cristalliser à plusieurs reprises le picrate de potasse, décomposant, au moyen d'un acide puissant en léger excès, ce sel dissous dans une petite quantité d'eau bouillante, lavant avec un peu d'eau froide l'acide picrique, qui cristallise par le refroidissement, et enfin, faisant subir à ce produit une ou plusieurs nouvelles cristallisations. L'indigo peut fournir $\frac{1}{4}$ de son poids d'acide picrique.

Cet acide cristallise en lames triangulaires, jaunes et brillantes, dont la forme primitive est l'octaèdre à base rhombe. Sa saveur est très amère. Il rougit la couleur de tournesol. Soumis à l'action du feu, il se fond, puis se volatilise sans se décomposer, même à l'air libre, à moins qu'il ne soit brusquement exposé à une forte chaleur, car alors il s'enflamme et laisse, après avoir brûlé avec une flamme jaune, un résidu charbonneux. Il est peu soluble dans l'eau froide, mais beaucoup plus dans l'eau bouillante, qui acquiert par là une couleur jaune intense. L'alcool et l'éther le dissolvent facilement. Il peut être fondu avec de l'iode ou dans une atmosphère de chlore, sans éprouver d'altération. L'acide sulfurique concentré le dissout à l'aide de la chaleur sans le décomposer. Il n'est pas altéré non plus par l'acide azotique, l'acide chlorhydrique, l'eau régale, soit à froid, soit à chaud. Bouilli avec une dissolution alcaline concentrée, il est au contraire facilement détruit, laisse dégager de l'ammoniaque, et produit un sel rouge intense, qui présente de la ressemblance avec le croconate de potasse (Dumas). Il se décompose aussi, lorsque après l'avoir mêlé intimement avec du sulfate de protoxide de fer, on fait digérer le tout avec de l'eau et de l'hydrate de baryte. Le fer se peroxide aux dépens d'une partie de l'oxigène de l'acide picrique, qui donne d'ailleurs naissance à un acide nouveau. Cet acide, que M. Liebig a nommé *nitro-hématique*, entre en combinaison avec la baryte, et produit un sel soluble qui colore la liqueur en rouge de sang.

L'acide picrique cristallisé est anhydre. M. Dumas l'a trouvé formé de 31,6 de carbone, 17,6 d'azote, 1,2 d'hydrogène, 49,6 d'oxigène (*Ann. de Chim., et de Phys.*, t. LIII, p. 178).

Ce qui correspond à la formule $C^{25}Az^{6}H^{6}O^{15}$.

## *Picrates.*

2158. Les picrates sont en général cristallisables et brillans. Les bases qui donnent des sels incolores avec les acides qui le sont eux-mêmes, produisent des picrates jaunes. Les picrates de soude, d'ammoniaque, de baryte, de chaux, de magnésie, de protoxide et de sesqui-oxide de fer, de cobalt, des bi-oxides de cuivre et de mercure, d'argent, se dissolvent facilement dans l'eau. Le picrate de potasse ne se dissout que dans 260 fois son poids d'eau à 15°. Celui de mercure protoxidé exige pour sa dissolution 1200 fois son poids d'eau froide. Celui de plomb y est également fort peu soluble. La propriété la plus remarquable des sels que forme l'acide picrique, est de détoner avec force quand ils ont pour bases des oxides très électro-positifs. Ainsi, tandis que le picrate de cuivre se décompose sans explosion et sans flamme, les picrates de baryte, de potasse, de soude, de chaux, de magnésie, de plomb, détonent avec force par le choc ou l'action de la chaleur. Les picrates de mercure et d'argent ne produisent pas de détonation, mais ils fusent comme de la poudre à tirer, lorsqu'on les chauffe.

Les picrates solubles se préparent ordinairement en saturant l'acide picrique par les bases ou leurs carbonates. Un grand nombre peuvent être également préparés en décomposant le picrate de baryte par le sulfate de la base que l'on veut unir à l'acide picrique. Quant aux picrates insolubles, tels que ceux de plomb et de protoxide de mercure, ils s'obtiennent par la voie ordinaire des doubles décompositions.

Dans les picrates neutres, la quantité d'oxigène de l'oxide est à celle de l'oxigène de l'acide comme 1 est à 15, et à la quantité de l'acide même comme 1 à 30,240.

Nous ne nous occuperons en particulier que du picrate de potasse.

2159. *Picrate de potasse.* — Ce sel cristallise en longues aiguilles jaunes, quadrilatères, très brillantes et demi transparentes. Ses cristaux, lorsqu'ils se séparent d'une dissolution chaude qui n'a pas été saturée, ont un reflet tantôt rouge, tantôt vert. Ils ne renferment point d'eau de cristallisation. Chauffés dans un petit tube de verre, avec précaution, le picrate de potasse commence par se fondre, puis il se décompose en brisant le verre en mille morceaux. Il est beaucoup plus soluble dans l'eau bouillante que dans l'eau froide, qui n'en prend que $\frac{1}{160}$ de son poids à 15°. L'alcool est sans action sur lui. Les acides puissans décomposent le picrate de potasse; cependant l'acide picrique en dissolution dans l'alcool, versé dans l'azotate de potasse, y détermine au bout de quelque temps, un précipité cristallin formé de picrate de cette base. L'acide picrique est même un très bon réactif pour découvrir la potasse dans des liqueurs alcooliques.

### IIIe GROUPE.

### *Acides azotés, gras.*

2160. Trois seulement sont bien connus, l'acide cholestérique, l'acide ambréique et l'acide cholique.

#### ARTICLE I.

#### *Acide cholestérique.*

2161. Lorsqu'on traite par l'acide azotique la matière grasse des calculs biliaires de l'homme que M. Chevreul a nommée *cholestérine*, il se forme, suivant MM. Pelletier et Caventou, un acide particulier qu'ils appellent *cholestérique*. Pour l'obtenir, ils font chauffer la cholestérine avec son poids d'acide azotique concentré : bientôt celle-ci se trouve attaquée et dissoute; il se dégage en même temps beaucoup de gaz oxide d'azote, et la liqueur, par le refroidissement, et surtout par une addition d'eau, laisse déposer une matière jaune, qui est l'acide cholestérique impur ou imprégné d'acide azotique. On peut le purifier par plusieurs lavages à l'eau bouillante. Cependant, après l'avoir lavé, il vaut mieux en opérer la fusion au milieu de l'eau chaude, y ajouter une petite quantité de carbonate de plomb, faire bouillir le tout pendant quelques heures en décantant et renouvelant l'eau de temps en temps, mettre ensuite la masse restante et desséchée en contact avec de l'alcool, et faire évaporer la dissolution alcoolique : le résidu que l'on obtient est l'acide cholestérique le plus pur possible. L'azote qu'il contient lui est fourni par l'acide azotique.

Cet acide est jaune-orangé lorsqu'il est en masse, et en aiguilles blanches dont il est difficile de déterminer la forme, lorsqu'on le dissout dans l'alcool et qu'on abandonne la liqueur à une évaporation spontanée. Sa saveur est très faible et légèrement styptique; son odeur rappelle celle du beurre; sa pesanteur spécifique est plus grande que celle de l'alcool et moindre que celle de l'eau.

Exposé au feu, il entre en fusion à 58°, et ne se décompose qu'à une température bien supérieure à celle de l'eau bouillante, en produisant de l'huile, de l'eau, de l'acide carbonique, du gaz hydrogène carboné, mais point de trace d'ammoniaque.

Il est très soluble dans l'alcool, dans les éthers sulfurique et acétique, dans les huiles volatiles de lavande, de romarin, de térébenthine, de bergamote, etc.; il est au contraire insoluble dans les huiles fixes, d'olive, d'amande douce, de ricin, etc.; il l'est également dans les acides végétaux, et l'est presque complètement aussi dans l'eau : celle-ci en dissout cependant assez pour rougir la teinture de tournesol.

Soit à froid, soit à chaud, l'acide azotique le dissout sans l'altérer; l'acide sulfurique concentré, dans un espace de temps assez long, ne fait que le charbonner.

Il paraît que l'acide cholestérique est susceptible d'union avec la plupart des bases salifiables : il en résulte des sels dont nous nous contenterons de dire quelques mots. Tous sont colorés, les uns en jaune, les autres en jaune-orangé, les autres en rouge. Les cholestérates de potasse, de soude, d'ammoniaque, sont très solubles et déliquescens; la plupart des autres sont, au contraire, insolubles ou très peu solubles. Il n'en est aucun qui ne puisse être décomposé par tous les acides minéraux, excepté l'acide carbonique, et par la plupart des acides végétaux; de telle manière qu'en versant l'un de ces acides dans une dissolution de cholestérate, l'acide cholestérique se sépare à l'instant même en flocons. Les cholestérates solubles donnent lieu à des précipités dans toutes les dissolutions métalliques dont la base a la propriété de former un sel insoluble ou peu soluble avec l'acide cholestérique; les précipités varient selon l'espèce de métal, et quelquefois selon son degré d'oxigénation. En général, les couleurs sont plus brillantes lorsque les précipités sont encore humides : par exemple, le cholestérate de baryte est d'un rouge vif au moment de sa précipitation; il en est de même de celui d'alumine : tous deux, par la dessiccation, deviennent ternes et sombres.

Il n'existe point de cholestérate d'or : à peine a-t-on versé du cholestérate de potasse dans une dissolution de chlorure d'or, que ce métal apparaît à l'état métallique.

D'après l'analyse qu'en a faite M. Pelletier (*Ann. de Chim. et de Phys.*, t. LI, p. 187), l'acide cholestérique est composé de 54,99 de carbone, 4,89 d'azote, 6,96 d'hydrogène, 33,20 d'oxigène; ce qui, d'après sa capacité de saturation, donne pour formule atomique du nombre proportionnel $C^{26}AzH^{20}O^{6}$.

Dans les cholestérates neutres, l'oxigène de la base est à celui de l'acide comme 1 est à 6, et à la quantité d'acide même comme 1 à 18,070. (*Voyez* pour plus de détails, le *Journ. de Pharm.*, t. III, p. 292.)

ARTICLE II.

*Acide ambréique.*

2162. L'acide ambréique s'obtient en traitant par l'acide azotique, l'*ambréine* qui constitue presque entièrement l'ambre gris. La préparation se fait absolument comme celle de l'acide cholestérique, dont il vient d'être question, et avec lequel il a autant de rapport que l'ambréine en a elle-même avec la cholestérine. Après avoir été lavé à l'eau froide, le résidu de l'action de l'acide azotique sur l'ambréine, est chauffé à 100° avec de l'eau à laquelle on ajoute un peu de carbonate de plomb; on lave de nouveau, et quand l'eau de lavage ne renferme plus de sel de plomb, il ne reste que de l'acide ambréique pur, qui peut être obtenu à l'état de petits cristaux lamelleux, en le dissolvant dans l'alcool bouillant, et laissant refroidir la dissolution saturée. L'azote qu'il renferme provient de l'acide azotique comme celui de l'acide cholestérique.

L'acide ambréique est jaune en masse, presque blanc quand il est très divisé, et en petits cristaux lamelleux lorsqu'il s'est séparé peu-à-peu, par le refroidissement, de l'alcool bouillant qu'on en a saturé. Son odeur est particulière et n'a rien qui rappelle celle de l'ambre. Il rougit très sensiblement le papier de tournesol. L'eau ne le dissout qu'en fort petite quantité. Il est au contraire notablement soluble dans l'alcool et l'éther, mais bien moins que l'acide cholestérique. Soumis à l'action de la chaleur, il se fond à une température supérieure à celle de l'eau bouillante, puis se décompose sans manifester d'odeur ammoniacale. L'acide azotique ne le décompose point.

Il forme avec la potasse un sel neutre soluble dans l'eau, et un sel acide insoluble dans ce liquide et soluble dans l'alcool. La solution aqueuse du sel neutre produit un précipité jaune dans le chlorure de calcium ou de barium, des précipités rouges dans le bi-chlorure de mercure et l'acétate de plomb, et un précipité dans le chlorure d'or, dont le métal ne se réduit que dans l'espace de plusieurs heures.

L'analyse de l'acide ambréique a donné sur 100 parties 51,942 de carbone, 8,505 d'azote, 7,137 d'hydrogène, 32,416 d'oxigène : ce qui paraît conduire à la formule $C^{42}Az^{8}H^{35}O^{10}$. Cette formule d'ailleurs ne pourra être fixée d'une manière précise qu'après que la capacité de saturation de l'acide aura été déterminée. (*Voy.* le mémoire MM. Pelletier et Caventou, *Journ. de Pharm.*, t. VI, p. 53, et l'analyse de M. Pelletier, *Ann. de Ch. et de Phys.*, t. LI, p. 190.)

ARTICLE III.

*Acide cholique.*

2163. Cet acide a été trouvé par L. Gmelin dans la bile de bœuf, de laquelle il l'extrait de la manière suivante :

Après avoir évaporé la bile jusqu'en consistance de sirop peu épais, il agite le produit sirupeux avec de l'éther à plusieurs reprises, réduit le résidu à l'état d'extrait, le dissout dans l'eau, verse dans la liqueur de l'acétate de plomb, et décompose, par un courant de gaz sulfhydrique, le précipité délayé dans l'eau après avoir été lavé. Par l'addition de l'acétate, l'acide cholique, qui vraisemblablement existe à l'état de sel alcalin dans la bile, se précipite uni à l'oxide de plomb, et devient libre ensuite par l'action de l'acide sulfhydrique, qui forme avec l'oxide de plomb de l'eau et du sulfure de ce métal : en raison de son peu de solubilité dans l'eau froide, il reste presque en totalité mêlé au sulfure de plomb et en outre à quelques autres matières. Le mélange est lavé, séché et épuisé par l'alcool bouillant, dans lequel l'acide est soluble. La liqueur est étendue d'eau, qui précipite quelques matières étrangères au produit qu'on veut obtenir, puis filtrée et soumise à la distillation. A mesure que l'alcool se vaporise, elle laisse précipiter une matière résineuse, et avec elle une partie de l'acide cholique. Dès que l'alcool est entièrement volatilisé, il faut décanter le liquide bouillant qui reste dans la cornue, et l'abandonner au refroidissement : l'acide cholique se dépose alors sous forme d'aiguilles blanches et déliées. Celui qui se sépare pendant le cours de la distillation et accompagne le produit résineux, en est extrait en traitant le tout à plusieurs reprises par l'eau bouillante, faisant évaporer les liqueurs et les laissant refroidir.

Les cristaux que forme l'acide cholique ainsi obtenu, s'aplatissent en lames d'un brillant légèrement soyeux, par la compression entre des feuilles de papier joseph. Il n'a pas d'odeur. Sa saveur est à-la-fois sucrée et âcre. Il rougit fortement la teinture de tournesol. Il est fort peu soluble dans l'eau froide, davantage dans l'eau bouillante, très soluble au contraire dans l'alcool.

Soumis à l'action de la chaleur, au contact de l'air, il se résout d'abord en un liquide brun oléagineux, puis se boursoufle, exhale d'abord l'odeur de la corne brûlée et ensuite une odeur empyreumatique, brûle avec une flamme brillante et fuligineuse et laisse un résidu peu abondant de charbon, qui brûle lui-même facilement. A la distillation, il donne une grande quantité d'huile empyreumatique, brune et épaisse, et un liquide aqueux, jaune pâle, qui contient de l'ammoniaque.

L'acide sulfurique concentré dissout, à froid, l'acide cholique et ne paraît pas l'altérer; à chaud, il le brunit. L'acide azotique le décompose aisément, le dissout en s'échauffant et dégage du bi-oxide d'azote.

La dissolution aqueuse de l'acide cholique ne précipite ni l'azotate d'argent, ni l'azotate de mercure protoxidé, ni le bi-chlorure de ce métal, ni le sulfate de cuivre, ni les perchlorures de fer et d'étain, ni l'acétate de plomb neutre : elle produit seulement un léger trouble avec le sous-acétate de plomb.

L'acide cholique décompose, à froid, les carbonates avec effervescence, et sépare les acides urique et allantoïque de leurs combinaisons solubles avec les bases.

Les cholates sont en général solubles et se distinguent par leur saveur sucrée. L'acide cholique en est précipité par les acides plus puissans, sous forme de grands flocons blancs et caséiformes.

## SECTION IV.

### *Acides qui n'ont point été assez examinés, ou dont l'existence est douteuse.*

Indépendamment des acides précédens, il en est un assez grand nombre qui ont été annoncés comme nouveaux. Mais comme presque aucun n'a été analysé et que d'ailleurs on n'a pas fait une étude approfondie de leurs propriétés, nous croyons devoir les ranger dans une section particulière, et même nous contenter souvent de ne citer que leurs noms, en indiquant toutefois les ouvrages où ils ont été décrits.

2165. *Acide bolétique.* — Incolore, cristallisable en prismes quadrilatères, d'une saveur semblable à celle de la crême de tartre, soluble dans 45 fois son poids d'alcool et dans 180 parties d'eau à 20°; volatil, sans altération, ou du moins en ne se décomposant qu'en très petite quantité; susceptible de former dans les azotates de plomb et d'argent des précipités insolubles dans l'eau, mais solubles dans un excès d'acide, et de précipiter complètement le sesqui-oxide de fer de ses dissolutions dans les acides. Le boletate de potasse est difficilement cristallisable, très soluble dans l'eau, mais insoluble dans l'alcool. Le bolétate d'ammoniaque cristallise facilement en prismes quadrilatères, inaltérables à l'air, solubles, fusibles et sublimables. L'eau dissout aussi, en quantité notable, les bolétates d'alumine, de protoxide de manganèse et de protoxide de fer. Ceux de chaux, de baryte, de cuivre, ne s'y dissolvent qu'en petite quantité.

L'acide bolétique a été trouvé par M. Braconnot dans le *boletus pseudo-igniarius*, et s'extrait du suc de cette plante. Sa préparation s'exécute à très peu près comme celle que nous allons décrire pour l'acide équisétique. *Ann. de Ch.*, LXXX, 275; et LXXXVII, 249.

2166. *Acide équisétique.* — Incolore, cristallisable en aiguilles inaltérables à l'air, acide au goût, mais moins que l'acide tartrique, soluble dans l'eau et l'alcool, fusible et non volatil; forme avec la potasse, la soude, l'ammoniaque, la baryte, la chaux, la magnésie, l'oxide de zinc, des sels très solubles, et même avec les 2 premières bases des sels déliquescens, avec le bi-oxide de cuivre un sel bleu-verdâtre peu soluble, avec l'oxide de plomb et le protoxide de mercure des sels insolubles dans l'eau et l'acide acétique; précipite les sels de fer peroxidé, mais ne trouble point les sels de protoxide de ce métal; se trouve dans l'*équisetum fluviatile*, uni à la magnésie, la potasse et la chaux, et se retire du suc exprimé de cette plante, en l'évaporant après l'avoir filtré, épuisant par l'alcool l'extrait fourni par l'évaporation, dissolvant dans l'eau le résidu alcoolique, versant dans la liqueur, d'abord de l'acétate de baryte, pour précipiter du phosphate de cette base que l'on sépare par le filtre, puis de l'acétate de plomb qui forme de l'équisétate de plomb insoluble, et achevant l'opération, comme il a été dit à l'article de l'acide oxalique (1935), à cela près, que l'acide équisétique obtenu d'abord, a besoin d'être dissous dans l'alcool, qui laisse indissous des phosphates de baryte et de chaux, et enfin d'être décoloré par les moyens accoutumés.

2167. *Acide esculique.* — Cet acide n'est connu que par un travail de M. Edmond Frémy, qui l'a obtenu, soit en faisant agir les acides puissans sur la substance trouvée par M. Bussy dans la saponaire d'Égypte et décrite sous le nom de *saponine*, soit en traitant par les acides ou les alcalis une matière analogue, peut-être même identique, que renferment les marrons d'Inde. C'est du nom de l'arbre qui porte ces fruits (*Æsculus hypo-castanum*), qu'est tirée la dénomination d'acide esculique.

Voici le meilleur procédé pour le préparer d'après M. Frémy. Les marrons d'Inde pulvérisés sont traités par de l'alcool froid, et la liqueur est évaporée, jusqu'au point de donner un résidu gélatineux, que l'on fait chauffer avec une dissolution de potasse : il se produit alors de l'esculate de potasse et une combinaison de cette base avec une matière colorante jaune. En ajoutant de l'alcool, ce dernier composé se précipite, tandis que l'esculate reste dissous et s'obtient sous forme de cristaux par évaporation. Redissous ensuite dans l'eau et décomposé par un acide, l'acide chlorhydrique par exemple, ce sel abandonne en poudre floconneuse l'acide esculique, qu'il suffit de laver avec de l'eau pour l'obtenir pur.

Ainsi préparé, il est insipide, à peine soluble dans l'eau bouillante, très soluble dans l'alcool, insoluble dans l'éther; lorsqu'on le soumet à l'action du feu, il commence à se décomposer au moment où il entre en fusion, et donne les divers produits qui proviennent de la distillation des matières organiques non azotés. L'acide azotique le transforme en une résine jaune, avec dégagement d'acide hypo-azotique ou de bi-oxide d'azote.

M. Frémy a trouvé l'acide esculique formé de 57,26 de carbone, 8,35 d'hydrogène, 34,39 d'oxigène; et son nombre proportionnel, égal à 6944; d'où il a déduit pour la formule atomique de sa proportion :

$$5^{52}H^{92}O^{4}.$$

Cet acide ne perd point d'eau en s'unissant aux bases.

L'eau dissout les esculates de potasse, de soude, d'ammoniaque : évaporée ensuite, elle les laisse déposer en gelée; ce n'est qu'autant qu'on les fait dissoudre dans un mélange de 1 partie d'eau et de 2 parties d'alcool, qu'ils cristallisent. Ils se séparent alors en belles paillettes nacrées. L'alcool anhydre ne les dissout point. L'acide carbonique et par conséquent presque tous les autres acides les décomposent.

Les esculates de baryte, de strontiane, de chaux, de plomb, de cuivre, sont insolubles dans l'eau et dans l'alcool anhydre, mais solubles dans l'alcool aqueux; quelques-uns même cristallisent en s'en séparant.

2168. *Acide fungique.* — Incolore, incristallisable, déliquescent, d'une saveur très aigre. Il produit avec la potasse et la soude des sels très solubles dans l'eau, incristallisables, avec la baryte un sel soluble dans 15 fois son poids d'eau froide et difficilement cristallisable; avec la chaux, un sel soluble seulement dans 80 fois son poids d'eau à 23°; avec l'ammoniaque, un sursel cristallisant en hexaèdres réguliers; avec la magnésie, un sel assez soluble, cristallisable; avec l'alumine et le protoxide de manganèse, des sels incristallisables et gommeux; avec l'oxide de zinc, un sel médiocrement soluble et cristallisant bien. Il existe, d'après M. Braconnot qui l'a découvert, dans la plupart des champignons, tantôt libre, tantôt combiné avec la potasse, comme dans le bolet du noyer, et s'obtient au moyen du suc exprimé de ce champignon, bouilli, filtré et évaporé jusqu'en consistance d'extrait. Il faut traiter cet extrait à plusieurs reprises par l'alcool, qui ne dissout pas le fungate de potasse, dissoudre le résidu dans l'eau, décomposer le fungate de potasse par l'acétate de plomb, puis le fungate de plomb qui s'est précipité par l'acide sulfurique étendu. L'acide fungique ainsi mis en liberté, doit être uni à l'ammoniaque, et le fungate ammoniacal, soumis à des cristallisations réitérées, jusqu'à ce qu'il soit incolore. Il ne reste plus ensuite qu'à le transformer de nouveau en fungate de plomb, etc. (*Ann. de Chim.*, t. LVIII, p. 237 et 253.)

2169. *Acide igasurique ou strychnique.* — MM. Pelletier et Caventou, dans leurs belles recherches sur la *fève de Saint-Ignace,* sur la *noix vomique* et sur le *bois de couleuvre* (plante du genre *strychnos*), ayant observé que ces substances contenaient une nouvelle base végétale, la strychnine, en combinaison avec un acide, cherchèrent à isoler celui-ci pour en reconnaître la nature. Il leur sembla nouveau, et ils crurent devoir en conséquence l'appeler *acide igasurique*, du nom malais par lequel les indigènes désignent, dans les Grandes-Indes, la fève de Saint-Ignace ; cette fève, selon les auteurs du Mémoire, est composée,

| | |
|---|---|
| 1° D'igasurate de strychnine; | 5° De gomme; |
| 2° D'un peu de cire; | 6° D'amidon; |
| 3° D'une huile concrète; | 7° De bassorine; |
| 4° D'une matière colorante jaune; | 8° De fibre végétale. |

Voici le procédé qu'ils suivent pour extraire cet acide. Après avoir divisé la fève de Saint-Ignace avec la râpe, ils la traitent par l'éther sulfurique dans le *digesteur à soupape* (1), et dissolvent ainsi l'huile concrète et un peu d'igasurate de strychnine : lorsque l'éther est sans action sur la poudre, ils la mettent à plusieurs reprises en contact avec de l'alcool bouillant, qui se charge de l'huile échappée à l'action de l'éther, de cire qui se dépose en partie par le refroidissement, d'igasurate de strychnine, et de matière colorante. Toutes les décoctions alcooliques sont réunies, filtrées et évaporées ; le résidu, d'un jaune brun, est délayé dans l'eau ; on ajoute de la magnésie, et on fait bouillir le tout ensemble pendant quelques minutes : par ce moyen l'igasurate est décomposé, et de cette décomposition résulte de la strychnine libre et un sous-igasurate de magnésie très peu soluble dans l'eau. Des lavages d'eau froide enlèvent presque complètement la matière colorante; au moyen de l'alcool bouillant, on sépare ensuite la strychnine,

(1) Instrument au moyen duquel on peut élever l'éther à une température plus grande que celle à laquelle il entre en ébullition sous la pression ordinaire.

qui se dépose par le refroidissement. Enfin, pour obtenir l'acide igasurique du sous-igasurate de magnésie qui reste uni à une petite quantité de matière colorante, il faut dissoudre le sel magnésien dans une grande masse d'eau distillée bouillante, concentrer la liqueur, et y ajouter de l'acétate de plomb, qui précipite tout de suite l'acide igasurique à l'état d'igasurate, et décomposer ce dernier sel par le gaz sulfhydrique, en procédant à cette décomposition comme à celle de l'oxalate de plomb (1935). Les propriétés que possède cet acide ont été décrites par les auteurs comme il suit : « Evaporé à consistance « de sirop, et abandonné à lui-même, il cristallise en petits « cristaux durs et grenus. Il est très soluble dans l'eau et dans « l'alcool. Sa saveur est acide et très styptique. Il s'unit aux « bases alcalines et terreuses, et forme des sels solubles dans « l'eau et dans l'alcool. Sa combinaison avec la baryte est très « soluble, et cristallise difficilement, et en champignons. Sa « combinaison avec l'ammoniaque, parfaitement neutre, ne « forme pas de précipité dans les sels d'argent, de mercure « et de fer; mais elle se comporte avec les sels de cuivre d'une « manière particulière, et qui semble caractériser l'acide des « *strychnos*, car ce même acide se rencontre dans la noix « vomique et le bois de couleuvre : cet effet consiste dans la « décomposition des sels de cuivre, par sa combinaison am- « moniacale; ceux-ci passent de suite au vert, et il se dépose « peu-à-peu un sel d'un blanc verdâtre, très peu soluble dans « l'eau. L'acide des *strychnos* semble se rapprocher par là de « l'acide méconique; mais il en diffère essentiellement par son « action sur les sels de fer : ceux-ci prennent sur-le-champ une « couleur rouge très foncée avec l'acide méconique, effet, que « ne produit point l'acide des *strychnos*. Nous croyons donc de- « voir regarder jusqu'à nouvel ordre, mais sans oser l'affirmer, « l'acide en question comme particulier, et le désigner sous « le nom d'*acide igasurique*, etc.

On voit donc que les auteurs ne regardent pas leurs expériences comme décisives. Devaient-ils, d'après cela, lui donner un nom spécial? Je ne le pense pas. C'est à eux-mêmes que je soumets cette observation. » (*Ann. de Chim. et de Phys.*, t. x, p. 167.)

2170. *Acide kramérique.*—Incolore, cristallisable en prismes aciculaires, inaltérable à l'air, d'une saveur vive et styptique, très soluble dans l'eau, fixe, remarquable surtout par sa propriété d'enlever la baryte à l'acide sulfurique, propriété bien extraordinaire que M. Berzelius a lui-même constatée. Il forme avec les alcalis des sels cristallisables, parmi lesquels ceux de potasse, de soude et d'ammoniaque sont très solubles dans l'eau, tandis que ceux de baryte, de strontiane, de chaux ne le sont que fort peu. Le kramérate neutre de baryte exige pour se dissoudre six cents fois son poids d'eau bouillante; il est insoluble dans l'alcool. Sa solution aqueuse n'est pas précipitée par l'acide sulfurique ni par les sulfates; elle l'est au contraire par les carbonates. Il existe en outre un sous-kramérate soluble dans quatre cent cinquante fois son poids d'eau.

L'acide kramérique se prépare au moyen de l'extrait de la racine de ratanhia (*krameria triandra*) ou de la racine elle-même. La matière ayant été épuisée par l'eau bouillante, on précipite de la décoction, d'abord le tannin par la gélatine, puis l'acide gallique et la matière colorante par le sulfate de sesqui-oxide de fer, en filtrant à chaque fois : l'excès de sel de fer est ensuite décomposé par du carbonate de chaux; la liqueur filtrée de nouveau et mêlée avec une dissolution d'acétate de plomb, donne un précipité de kramérate de plomb que l'on décompose par l'acide sulfhydrique. (M. Peschier, *Journ. de Pharm.*, t. VI, p. 36, et t. X, p. 549.)

2171. *Acide laccique.* — La laque en bâton contient, suivant M. John, un acide particulier qui n'a encore été que peu examiné. Nous nous contenterons de rapporter ici la note qu'on trouve sur l'extraction et les propriétés de cet acide dans les *Ann. de Chim. et de Phys.*, t. I, p. 445, note extraite du *Journal* de M. Schweiger, vol. XV, p. 110. « M. John, après « avoir pulvérisé la laque, la lave avec de l'eau, jusqu'à ce « qu'elle ne lui communique plus de couleur; et, par l'éva- « poration, il obtient un résidu qu'il traite par l'alcool. La « dissolution alcoolique, évaporée à siccité, laisse un autre « résidu qui, à son tour, est traité par l'éther, et ce dernier « laisse enfin une masse sirupeuse d'un jaune de vin clair, qui, « dissoute dans un peu d'alcool, laisse précipiter de la résine « par l'addition de l'eau. Le liquide contient l'acide nouveau « combiné avec très peu de potasse et avec des traces de chaux; « mais on peut l'en séparer, en y versant une dissolution « d'acétate de plomb, et en décomposant le précipité par une « quantité d'acide sulfurique justement égale à celle qui est « nécessaire pour saturer le plomb.

« Cet acide a les propriétés suivantes : il est susceptible de « cristalliser; il a une couleur d'un jaune de vin très clair; sa « saveur est acide, et il est soluble dans l'eau, l'alcool et l'éther.

« Il précipite en blanc les dissolutions de plomb et de mer- « cure; mais il ne trouble point l'eau de chaux, ni les azota- « tes d'argent et de baryte.

« Seul ou combiné, il donne un précipité blanc avec les sels « oxidés de fer.

« Ses combinaisons avec la chaux, la soude et la potasse, « dont l'auteur n'a pu encore déterminer la forme cristalline, « sont déliquescentes, et par conséquent très solubles dans « l'eau. »

Observons de plus que l'acide laccique ne doit sa couleur qu'à des traces de résine, qu'il est possible de l'obtenir tout-à-fait incolore, et qu'il a une si grande affinité pour l'eau qu'il est déliquescent.

2172. *Acide lichénique.* — M. Pfaff, qui l'a trouvé dans le lichen d'Islande, en partie saturé par la chaux, l'en extrait de la manière suivante, qui vraisemblablement pourrait être avantageusement modifiée. Il fait macérer le lichen avec de l'eau contenant 2 gros de carbonate de potasse par livre de lichen, sature presque complètement la dissolution par l'acide acétique et y verse de l'acétate de plomb. Il sépare aussitôt par le filtre, le précipité qui s'est formé, et qui contient de l'acide lichénique, de l'oxide de plomb, de la chaux, une matière extractive, etc. Abandonnée quelque temps à elle-même, la liqueur donne lieu à un nouveau dépôt, formé de lichénate de plomb seul. C'est au moyen de ce deuxième dépôt, décomposé par le gaz sulfhydrique, qu'il se procure l'acide lichénique : le premier, traité de même, fournit un lichénate acide de chaux qui cristallise par l'évaporation.

L'acide lichénique est soluble dans l'eau et dans l'alcool. Sa solution alcoolique, concentrée convenablement, le laisse déposer en aiguilles cristallines. Exposé à l'action du feu, il se volatilise entièrement, sans entrer en fusion. Son nombre proportionnel doit être fixé à 590, d'après les expériences de M. Pfaff.

Les lichénates de potasse, de soude, d'ammoniaque se dissolvent facilement, et cristallisent en prismes aiguillés ou en lamelles inaltérables à l'air. Les lichénates de baryte, de strontiane, de chaux, de protoxide de manganèse, de sesqui-oxide de fer, de zinc, de plomb, sont insolubles ou très peu solubles. Suivant M. Pfaff, l'acide lichénique aurait beaucoup d'analogie avec l'acide bolétique. (*Traité de Ch.* de M. Berzelius, v, 107.)

2173. *Acide morique.* — L'acide morique, découvert par M. Klaproth, n'existe qu'en combinaison avec la chaux. Cette combinaison se trouve sur l'écorce du *morus alba* ou *mûrier blanc*, en petits grains d'une couleur d'un brun jaunâtre et noirâtre.

Pour obtenir l'acide morique, on traite à chaud, par une grande quantité d'eau distillée, l'écorce du mûrier recouverte de morate de chaux : ce sel se dissout; on l'obtient par l'évaporation. Alors on fait bouillir le morate de chaux avec un excès de dissolution d'acétate de plomb ; il en résulte de l'acétate de chaux, sel très soluble, et du morate de plomb, sel insoluble. On recueille celui-ci sur un filtre, on le lave, et on extrait l'acide morique par un procédé semblable à celui que nous avons suivi pour extraire l'acide oxalique de l'oxalate de plomb (1935).

L'acide morique a une saveur âcre; il rougit la teinture de tournesol et cristallise en aiguilles très fines, de couleur de bois pâle : cette couleur est due à une petite quantité de matière étrangère dont il est possible de le séparer. En effet, lorsqu'on le chauffe dans une cornue, il s'en décompose une partie; l'autre se sublime et se condense dans le col du vase en cristaux prismatiques, transparens et sans couleur.

L'acide morique ne s'altère point à l'air. L'eau et l'alcool le dissolvent facilement. Il forme avec la chaux un sel qui ne se dissout que dans vingt-huit fois son poids d'eau bouillante, et soixante-six fois son poids d'eau froide. Il est probable que les morates de baryte, de strontiane sont également très peu solubles. Ceux de potasse, de soude et d'ammoniaque sont au contraire très solubles.

Les morates n'ont point encore été étudiés, de sorte que nous ne pouvons en faire l'histoire d'une manière particulière. (Voy. le *Dictionnaire de Chimie* de MM. Klaproth et Wolff.)

2174. *Acide abiétique*, trouvé dans les arbres du genre *abies* par M. Cailliot. (*Journ. de Pharm.*, XVI, 438.)

*Acide absinthique*, trouvé dans l'*absinthium vulgare* par M. Braconnot, (*Bull. de Pharm.*, V, 555.)

*Acide* de l'*acer campestris*, trouvé par M. Schérer.

*Acide aconitique*, trouvé dans l'*aconitum napellus et paniculatum* par M. Peschier.

*Acide* provenant de l'*amidon* traité par l'acide azotique.

*Acide anémonique*, trouvé dans l'anémone par M. Scharz. (*Traité de Chimie* de M. Berzelius, V, 440.)

*Acide apocrénique*, trouvé dans les eaux de Porla, le terreau, le fer limoneux par M. Berzelius. (*Ann. de Chimie et de Physique*, LIV, 219.)

*Acide anchusique*; c'est la matière colorante de l'orcanette. (Voy. *Matières colorantes*.)

*Acide atropique*, trouvé dans l'*atropa belladona* par M. Peschier.

*Acide azulmique*; on a appelé ainsi la substance décrite sous le nom d'*azulmine* (2122).

*Acide caféique*, trouvé dans le café par M. Pfaff. (*Traité de Chimie* de M. Berzelius, VI, 311.)

*Acide carthamique*; c'est la matière rose du carthame. (*Voy.* cette substance.)

*Acide castorique*, obtenu par Brandes en traitant la castorine par l'acide azotique. (*Traité de Chimie* de M. Berzelius, VII, 750.)

*Acide coccognidique*, trouvé par M. Gobel dans la graine de *daphne gnidium*. (*Traité de Chimie* de M. Berzelius, VI, 319.)

*Acide colopholique*, résine acide trouvée par M. Unverdorben.

*Acide conique*, trouvé dans le *conium maculatum* par M. Peschier.

*Acides gras de la coque du Levant*, observés par M. Boullay. (*Journ. de Pharm.*, V, 3.)

*Acide crénique*, trouvé par M. Berzelius dans les mêmes localités que l'acide apocrénique. (*Annales de Chimie et de Physique*, LIV, 219.)

*Acides* provenant de l'*acide croconique*, traité par les acides azotique et sulfhydrique. (Voy. *Acide croconique*.)

*Acide daturique*, trouvé dans le *datura stramonium* par M. Peschier.

*Acide* de l'*empois aigri*, indiqué par M. Chevreul.

*Acides* provenant du *fulminate d'argent* traité par les acides sulfhydrique, chlorhydrique, iodhydrique (2117).

*Acide ginkoique*, trouvé dans les fruits du *gingkobiloba* par M. Peschier.

*Acide* de l'*hydne sinué*, trouvé par M. Braconnot.

*Acide hydro-xanthique* (76).

*Acide hypo-picrotoxique*, acide analogue à l'acide ulmique, trouvé dans la coque du Levant par MM. Pelletier et Couerbe. (*Ann. de Chim. et de Phys.*, LV.)

*Acide hyper-sulfo-cyanhydrique*. (Voyez *proto-sulfo-cyanure de mercure*, 2142.)

*Acide isatique*. M. Dœbereiner a proposé de donner ce nom à l'indigo désoxigéné.

*Acide kinovique*, trouvé dans le *kina nova* par MM. Pelletier et Caventou. (*Journ. de Pharm.*, VII, 113.)

*Acide lactucique*, trouvé par Pfaff dans le *lactuca virosa*. (*Traité de Chimie* de M. Berzelius, V, 97.)

*Acide lampique*. Il se forme par la combustion de l'alcool ou de l'éther dans la lampe sans flamme. (Voy. *Éther*.)

*Acide mécloïque*. Il se forme par l'action du chlore sur la méconine. (*Voy.* cette substance.)

*Acide mélanique*, trouvé dans l'urine par Prout. (*Journ. de Pharm.*, IX, 17.)

*Acides* provenant de l'*acide mellitique* distillé et de l'acide mellitique chauffé avec de l'alcool (1955).

*Acide* provenant de la *méconine* traitée par l'acide azotique. (Voy. *Méconine*.)

*Acide nitro-hématique* (2157).

*Acide* de la *noix vomique*, annoncés par M. Corriol. (*Journ. de Pharm.*, XIX, 156, 373.)

*Acide* du *phytolacca decandra*, trouvé par M. Braconnot.

*Acide pinique*, résine acide décrite par M. Unverdorben.

*Acide polygalique*, trouvé dans les racines du *polygala seneca* par M. Peschier.

*Acide pyrozoique*, trouvé par Unverdorben dans les produits de la distillation des matières animales. (*Traité de Chimie* de M. Berzelius, VII, 727.)

*Acide silvique*, résine acide décrite par M. Unverdorben.

*Acide solanique*, trouvé dans les baies du *solanum nigrum* par M. Peschier.

*Acide* du *strychnos-pseudo-kina*, annoncé par M. Vauquelin. (*Bull. de la Soc. philomatique*, mars 1823); non étudié.

*Acide* provenant du *suif* traité par l'acide azotique. (Voy. *Suif*.) L'acide stéarique fournit, à ce qu'il paraît, le même produit.

*Acide sulfo-adipique*. (Voy. *Suif*.)

*Acide tanacétique*, trouvé dans le *tanacetum vulgare* par M. Peschier.

*Acide tartrique modifié par la chaleur* (1967).

*Acide végéto-sulfurique*. (Voy. *Ligneux*.)

*Acides verdeux* et *verdique*. Le premier de ces acides a été trouvé par M. Runge dans beaucoup de familles végétales, telles que les cinarocéphales, les eupatoriées, les chicoracées, etc. D'après le même chimiste, cet acide, exposé à l'air en présence d'un excès de base, absorbe une proportion d'oxigène, verdit et passe à l'état d'acide verdique. (*Traité de Chimie* de M. Berzelius, V, 117.)

*Acide* du *viola odorata* trouvé par Peretti.

## SECTION V.

### *Acides composés d'acides connus et de matières organiques.*

2175. Tous ces acides résultent de l'action d'acides puissans sur diverses matières organiques. Nous ne ferons que les énoncer ici, et nous ne nous en occuperons qu'en traitant de ces matières elles-mêmes.

Ils sont au nombre de douze, savoir :

L'acide sulfo-vinique. (Voy. *Éthers à oxacides*.)

L'acide sulféthérique. (Voy. *Éthers à oxacides*.)

L'acide para-sulféthérique. (Voy. *Éthers à oxacides*.)

L'acide phospho-vinique. (Voy. *Éthers à oxacides.*)

L'acide sulfo-vinique de l'esprit de bois. (Voy. *Composés de méthylène.*)

L'acide benzo-sulfurique. (Voy. *Benzine* ou *quadri-carbure d'hydrogène.*)

L'acide sulfo-naphtalique. (Voy. *Naphtaline.*)

L'acide nitro-leucique. (Voy. *Leucine.*)

L'acide nitro-sacharique. (Voy. *Gélatine.*)

L'acide sulfindigotique. (Voy. *Indigo.*)

L'acide hypo-sulfindigotique. (Voy. *Indigo.*)

## SECTION VI.

### *Bases salifiables organiques.*

2176. Nous désignons sous ce nom les substances tirées du règne organique, capables de s'unir aux acides, de les saturer plus ou moins complètement, et de former avec eux des combinaisons salines. Dès 1804, M. Seguin d'une part (1) et M. Sertuerner de l'autre, avaient observé la *morphine* dans l'opium; ils en avaient même décrit la plupart des propriétés; mais ni l'un ni l'autre ne l'avaient considérée comme une base, et leurs Mémoires n'avaient point excité l'attention des chimistes. Ce n'est qu'en 1816 que M. Sertuerner ayant repris et étendu ses premières expériences, osa tirer cette conséquence remarquable, que la *morphine* qu'il appelait *morphium*, possédait toutes les propriétés qui caractérisent les substances basiques, et devait être rangée parmi elles (2); c'est donc à lui qu'appartient réellement l'honneur d'avoir découvert ce nouveau genre de substances. L'annonce de ce fait remarquable fit une vive sensation. Aussi, à dater de cette époque, fit-on de toutes parts des recherches analogues, et ne tarda-t-on point à acquérir la conviction que la plupart des végétaux doués d'action énergique sur l'économie animale, devaient leurs propriétés actives à la présence de bases salifiables particulières. Parmi les chimistes qui se sont occupés avec le plus de suite et de succès de ces recherches, nous devons citer MM. Pelletier et Caventou; ils ont découvert plusieurs de ces sortes de bases, dont l'une, la quinine, unie à l'acide sulfurique, est un des médicamens les plus précieux que possède la médecine.

Les bases salifiables végétales dont l'existence nous paraît

(1) *Ann. de Chim.* XCII, 225.
(2) *Ann. de Ch. et de Phys.*, V, 21.

bien constatée, sont au nombre de dix-sept : la *morphine*, la *codéine*, la *narcotine*, la *quinine*, la *cinchonine*, l'*aricine*, la *strychnine*, la *brucine*, la *delphine*, la *vératrine*, la *sabadilline*, l'*émétine*, la *solanine*, l'*atropine*, la *ménispermine*, la *melamine* et l'*ammeline*; toutes ont été analysées.

Divers chimistes en admettent encore un grand nombre d'autres; mais il est évident que ce nombre est singulièrement exagéré. Nous nous contenterons de jeter plus tard un coup-d'œil sur celles dont l'existence nous paraît la moins douteuse. (2198). Plusieurs de ces substances, lorsqu'elles auront été analysées, qu'on aura déterminé leur capacité de saturation, et qu'on les aura soumises à un examen plus approfondi, devront sans doute passer dans la première classe; jusque-là, elles ne peuvent appartenir qu'à la seconde.

2177. *Propriétés.* — Toutes les bases végétales sont solides, blanches, sans odeur, plus pesantes que l'eau; presque toutes sont amères ou âcres, et ramènent au bleu la teinture de tournesol rougie par les acides. La vératrine, la delphine, l'émétine, la solanine, l'amméline, ne peuvent être obtenues qu'en poudre; les autres sont susceptibles de cristallisation.

Toutes, exposées peu-à-peu à l'action du feu, entrent en fusion; chauffées plus fortement ensuite, elles se décomposent, donnent des produits ammoniacaux, etc., en raison de l'azote qu'elles contiennent.

La cinchonine et l'atropine sont les seules qui se volatilisent, du moins en partie; il paraît même que, à une douce chaleur, l'atropine peut être volatilisée sans subir d'altération.

Elles sont insolubles ou peu solubles dans l'eau, surtout à froid; leur véritable dissolvant est l'alcool, assez souvent l'éther et quelquefois les huiles essentielles.

L'acide azotique concentré décompose à froid toutes les bases naturelles, et forme avec presque toutes à chaud, de l'acide oxalique.

L'acide sulfurique concentré altère aussi à la température ordinaire la plupart des bases naturelles.

Lorsque ces deux acides sont étendus, ils s'y unissent comme les autres acides, et forment des sels dont les propriétés sont quelquefois remarquables.

Les sulfates, azotates, chlorhydrates, acétates, sont généralement solubles. Beaucoup de tartrates, oxalates, gallates neutres, sont au contraire insolubles. Un excès d'acide rend toujours solubles les sels qui ne le sont pas, et ajoute à la solubilité de ceux qui le sont.

Le sels solubles s'obtiennent en dissolvant les bases dans les acides faibles, et faisant évaporer la dissolution au point convenable, pour les avoir en cristaux; les sels insolubles, par la voie des doubles décompositions.

Tous les sels à bases organiques sont incolores quand l'acide l'est lui-même. Tous sont décomposables par le feu. Les azotates le sont très facilement, en raison de l'oxigène de l'acide qui se porte bientôt sur les principes combustibles de la base. Les sulfates donnent toujours du gaz sulfhydrique.

Combinée à un acide, une base organique quelconque en est constamment séparée par un courant voltaïque, et transportée au pôle négatif, tandis que l'acide se rend au pôle positif.

Les alcalis, et même la magnésie, enlèvent les acides aux bases organiques; mais à leur tour, celles-ci enlèvent les acides à la plupart des autres oxides.

Lorsqu'un sel à base organique est neutre, l'infusion de noix de galle et le tannin y forme, pour peu qu'il soit soluble, un précipité que les acides redissolvent. Il n'y a guère d'exception à cette règle, si tant est qu'il y en ait. Wittstock, assure à la vérité, que les sels de morphine exempts de narcotine ne sont pas troublés par la noix de galle; mais il se sera sans doute servi d'une infusion ancienne : une infusion récente les trouble constamment. (Pelouze.)

2178. *État naturel.* — Les bases organiques ont toutes été trouvées jusqu'ici dans les végétaux, excepté la *melamine* et l'*ammeline* qui sont artificielles, et que M. Liebig est parvenu à produire en traitant le *melam* par une dissolution de potasse. Toutes, excepté la narcotine, sont unies à des acides, et presque toujours à un excès de ceux-ci; elles communiquent ordinairement aux végétaux des propriétés très actives, et de là, sans doute, la cause pour laquelle on a été porté à admettre ces sortes de matières dans toutes les plantes dont l'action sur l'économie animale était très grande. Cette observation, importante sans doute, ne doit point toutefois être généralisée dans l'état actuel de la science.

2179. *Préparation.* — Comme les bases végétales sont unies aux acides, qu'elles ont moins d'affinité pour ceux-ci que la magnésie, et à plus forte raison que la chaux, qu'elles ne sont bien solubles dans l'eau qu'à l'état de sels, qu'elles sont, au contraire, solubles par elles-mêmes dans l'alcool, l'on conçoit que, en faisant infuser les substances qui les renferment, dans de l'eau, à laquelle on ajoute au besoin de l'acide sulfurique ou de l'acide chlorhydrique, faisant chauffer ensuite la liqueur avec de la magnésie ou de l'hydrate de chaux, recueillant et lavant le précipité, puis le traitant par de l'alcool déflegmé et bouillant, l'on devra obtenir la base végétale dans la solution alcoolique, d'où il sera possible de la retirer par évaporation. C'est en effet par un procédé plus ou moins analogue à celui-ci qu'on s'est procuré jusqu'à présent les bases naturelles organiques : seulement on apporte, pour la préparation de quelques-unes d'entre elles, des modifications nécessitées par la présence de matières étrangères.

2180. *Composition.* — Toutes les bases organiques sont formées d'oxigène, de carbone, d'hydrogène et d'azote, excepté la mélamine qui n'est point oxigénée. On remarque que la cinchonine, qui est la plus chargée de carbone, en renferme 78,67 pour 100, et que dans la solanine qui en contient le moins, il y en a encore 62.66 sur 100 : d'où il suit que dans ces bases, le carbone est, à beaucoup près, le principe le plus abondant. Toutes aussi, quand elles ne sont point artificielles, semblent contenir 2 atomes d'azote par chaque atome d'équivalent. Voilà du moins ce que nous offrent la morphine, la quinine, la cinchonine, la strychnine, la brucine, la delphine, la narcotine. C'est ce qu'on verra dans le tableau suivant, qui indique : 1° la proportion des principes constituans des bases, tirée de l'expérience et du calcul; 2° la formule atomique et l'équivalent ou nombre proportionnel de chacune d'elles; 3° la quantité d'acide sulfurique ou d'acide chlorhydrique, saturé par 100 de base; 4° le nom de l'auteur de l'analyse.

Ce tableau fait voir en même temps que les bases n'ont qu'une faible capacité de saturation, encore bien que le plus grand nombre puisse neutraliser les acides. On la détermine aisément en recherchant combien un poids donné de base anhydre est susceptible d'absorber de gaz chlorhydrique et s'assurant que la quantité de gaz absorbé correspond à celui qu'indique le chlorure obtenu, lorsqu'on décompose ensuite le chlorhydrate par l'azotate d'argent; elles sont rangées dans l'ordre de leur plus grande capacité de saturation, sauf la mélamine et l'ammeline qui sont artificielles, et qui ont été placées après toutes les autres. (Pelletier et Dumas, *Ann. de Chim. et de Phys.*, t. XXIV, p. 163. — Liebig, t. XLVII, p. 162.)

| NOM de LA BASE. | RÉSULTATS DE L'ANALYSE, d'après l'expérience et le calcul (1). Carbone. | Azote. | Hydrogène. | Oxigène. | FORMULE ATOMIQUE et nombre proportionnel (2). | ACIDE chlorhydr. ou sulfurique saturé par 100 de base. | NOM de L'AUTEUR de l'analyse. |
|---|---|---|---|---|---|---|---|
| Cinchonine. | 77,81 | 8,87 | 7,37 | 5,93 | $C^{40}Az^{2}H^{22}O$ | 22,7 Ac.Ch. | Liebig. |
| | 78,67 | 9,11 | 7,06 | 5,16 | =1942,05 | | |
| Quinine... | 75,76 | 8,11 | 7,52 | 8,61 | $2C^{20}AzH^{12}O$ | 24,1 Ac.Ch.(3) | Liebig. |
| | 74,39 | 8,62 | 7,25 | 9,74 | =2055,54 | 23,3 Ac.S. (4) | |
| Aricine.... | 71,00 | 8,00 | 7,00 | 14,00 | $C^{40}Az^{2}H^{24}O^{5}$ | ........... | Pelletier. |
| | 70,93 | 8,21 | 6,95 | 13,99 | =2155,54 | | |
| Sabadilline. | 64,18 | 7,95 | 6,88 | 20,99 | $C^{40}Az^{2}H^{26}O^{5}$ | 19 Ac.S. (5) | Couerbe. |
| | 64,55 | 7,50 | 6,85 | 21,10 | =2368,03 | | |
| Delphine .. | 76,69 | 5,93 | 8,89 | 7,49 | $2C^{27}AzH^{19}O$ | 17,5 Ac.Ch. | Couerbe. |
| | 77,03 | 6,61 | 8,86 | 7,50 | =2677,98 | | |
| Strychnine. | 76,43 | 5,81 | 6,70 | 11,06 | $C^{60}Az^{2}H^{32}O^{5}$ | 15,0 Ac.Ch. | Liebig. |
| | 77,10 | 5,95 | 6,72 | 10,13 | =2969,82 | | |
| Codéine.... | 71,34 | 5,35 | 7,59 | 15,72 | $C^{62}Az^{2}H^{40}O^{5}$ | 12,7 Ac.Ch. | Robiquet. |
| | 71,90 | 5,38 | 7,58 | 15,21 | =3296,02 | | |
| Brucine... | 70,88 | 5,07 | 6,66 | 17,39 | $2C^{32}AzH^{36}O^{6}$ | 13,1 Ac.Ch. | Liebig. |
| | 70,96 | 5,14 | 6,50 | 17,40 | =3447,67 | | |
| Morphine.. | 72,34 | 4,99 | 6,37 | 16,30 | $2C^{34}AzH^{18}O^{5}$ | 12,6 Ac.Ch. | Liebig. |
| | 72,20 | 4,92 | 6,24 | 16,66 | =3600,33 | 13,9 Ac.S. | |
| Veratrine.. | 70,79 | 5,21 | 7,63 | 16,39 | $C^{68}Az^{2}H^{45}O^{6}$ | 13,3 Ac.Ch. | Couerbe. |
| | 71,25 | 4,85 | 7,51 | 16,39 | =3644,25 | 14,7 Ac.S. | |
| Narcéine.. | 54,73 | 4,33 | 6,52 | 34,42 | $2C^{32}AzH^{24}O^{8}$ | ........... | Pelletier. |
| | 54,08 | 3,92 | 6,62 | 35,37 | =4522,62 | | |
| Narcotine.. | 65,00 | 2,51 | 5,50 | 26,99 | $2C^{40}AzH^{20}O^{6}$ | 9,52 Ac.Ch. | Liebig. |
| | 65,27 | 3,78 | 5,32 | 25,63 | =4684,11 | | |
| Atropine... | | | | | $2C^{68}AzH^{25}O^{6}$ | ........... | Liebig. |
| | | | | | =6861,16 | | |
| Solanine... | 62,11 | 1,64 | 8,92 | 27,33 | $2C^{84}AzH^{68}O^{14}$ | 4,23 Ac.Ch. | Blanchet. |
| | 62,66 | 1,72 | 8,27 | 27,34 | =10241,6 (6) | | |
| Emétine... | 64,57 | 4,30 | 7,77 | 22,95 | $C^{74}H^{54}Az^{2}O^{10}$ | ........... | Pelletier et Dumas. |
| | 65,13 | 4,08 | 7,76 | 23,03 | =4342,13 | | |
| Melamine.. | 28,46 | 66,67 | 4,87 | 0,00 | $C^{12}Az^{12}H^{12}$ | ........... | Liebig. |
| | 28,74 | 66,56 | 4,69 | 0,00 | =1595,67 | | |
| Ammeline. | 28,46 | 54,93 | 3,97 | 12,63 | $C^{12}Az^{10}H^{10}O^{2}$ | ........... | Liebig. |
| | 28,55 | 55,11 | 3,88 | 12,45 | =1606,16 | | |

(1) La première ligne, dans chaque analyse, donne les résultats de l'expérience, et la seconde la composition calculée d'après la formule.

(2) On a supposé 2 atomes d'azote dans l'équivalent des bases, dont la capacité de saturation n'est pas connue directement.

(3) La base, dans cet essai, avait absorbé un excès de gaz acide en raison de sa porosité.

(4) Nombre obtenu en doublant l'acide du sulfate basique.

(5) M. Couerbe suppose que les 100 parties combinées avec 19 p. d'acide sulfurique sont formés par de la sabadilline et de l'eau.

(6) L'azote n'a point été déterminé directement : on en a déduit la quantité de la connaissance du nombre proportionnel, en y supposant 2 atomes de cet élément.

*Action sur l'économie animale.* — Les bases végétales ont, en général, une action très forte sur l'économie animale, surtout quand elles sont unies à des acides qui les rendent solubles : quelques-unes même doivent être considérées comme de violens poisons. (*Voyez* chaque base.)

ARTICLE I.

## *Morphine.*

2181. La morphine, dont le nom dérive des propriétés qu'elle possède, est la première des bases salifiables végétales qu'on ait trouvées, et dont nous devons la découverte importante à M. Sertuerner (*Ann. de Ch. et de Phys.*, v, 21). Sa composition a été énoncée dans le tableau de la page précédente.

Jusqu'ici on ne l'a rencontrée que dans l'opium; elle y existe en combinaison avec un excès d'acide méconique.

*Préparation.* — Pour obtenir la morphine pure, M. Robiquet conseille : 1° de faire bouillir pendant un quart d'heure, une infusion concentrée d'opium avec une petite quantité de magnésie (environ 10 grammes par livre d'opium); 2° de filtrer et de laver à l'eau froide le dépôt grisâtre qui se forme; 3° de faire macérer ce dépôt bien sec avec de l'alcool faible, à une chaleur de 60 à 70°; 4° de le filtrer de nouveau et de jeter dessus un peu d'alcool faible et froid; 5° enfin, de le faire bouillir successivement avec 3 à 4 portions d'alcool concentré, auquel on ajoute un peu de charbon animal, et de passer les liqueurs toutes bouillantes à travers un filtre : ces liqueurs, par le refroidissement, laisseront déposer la morphine sous forme de cristaux très peu colorés : on l'obtiendra blanche par une nouvelle cristallisation (*Ann. de Ch. et de Phys.*, v, 279). Voici ce qui se passe dans cette opération.

L'eau de l'infusion de l'opium tient en dissolution la morphine à l'état de méconate acide; elle renferme en outre quelques autres matériaux de l'opium, et particulièrement de la narcotine dissoute à la faveur de l'acide méconique, une matière colorante, etc. (*Voy.* la composition très compliquée de l'opium.)

La magnésie décompose le méconate de morphine, forme avec l'acide méconique un sous-méconate insoluble qui se précipite avec la morphine même, la narcotine et une certaine quantité de matière colorante.

L'alcool faible dissout la majeure partie de la narcotine et de la matière colorante, et ne dissout que très peu de morphine.

L'alcool concentré bouillant dissout, au contraire, assez bien la morphine pour la séparer du sous-méconate de magnésie, qui est tout-à-la-fois insoluble et dans l'alcool et dans l'eau : par le refroidissement, il en laisse déposer une grande quantité et retient la narcotine échappée à l'action de l'alcool faible.

M. Hottot a apporté à ce procédé de légères modifications, au moyen desquelles il paraît qu'on obtient la morphine plus promptement et avec moins de dépense. « Prenez opium du commerce, 1 kilogr.; faites macérer à froid, dans suffisante quantité d'eau pour épuiser le marc; réunissez les liqueurs; évaporez jusqu'à ce que le liquide marque 2 degrés environ; versez dans le liquide, à demi refroidi, assez d'ammoniaque pour que la liqueur soit neutre ou très peu alcaline, à-peu-près 8 grammes; laissez déposer la matière grasse, décantez, et ajoutez de nouveau de l'ammoniaque liquide, environ 64 grammes; laissez déposer 12 heures; versez le précipité sur un filtre; lavez-le à l'eau froide, puis chauffez-le au bain-marie avec 3 kilogr. d'alcool à 34° et 64 grammes de charbon animal, et lorsque l'alcool sera bouillant, filtrez-le : par le refroidissement, la morphine se précipitera en cristaux dont le poids sera de 6 à 8 gros. » (*Journ. de Pharm.*, x, 476.)

Mais, comme la morphine, quelques soins que l'on prenne dans la pratique de ces deux procédés, retient toujours un peu de narcotine, elle doit être réduite en poudre très fine et traitée par l'éther, qui dissout la narcotine et n'a point d'action sur la morphine, ou plutôt on doit en opérer la solution dans l'acide sulfurique affaibli, et faire en sorte que la liqueur soit neutre. La narcotine tout entière se retrouve dans le résidu. Le sulfate de morphine est d'ailleurs très facile à purifier par la cristallisation. Il ne faut donc plus, pour avoir la morphine pure, que la précipiter par la magnésie ou une quantité convenable d'ammoniaque, et la reprendre par l'alcool bouillant.

On peut encore, et ce procédé paraît même préférable aux deux précédens : 1° faire macérer l'opium dans l'eau; 2° verser dans la liqueur un très petit excès d'ammoniaque qui précipite la morphine, la narcotine, et un peu de matière colorante; 3° rassembler le précipité sur un filtre, le laver et le mettre en contact avec la potasse caustique qui dissout très facilement la morphine et n'attaque point la narcotine; 4° filtrer la dissolution, y ajouter assez d'acide sulfurique pour saturer les deux bases, et précipiter de nouveau la morphine par une quantité convenable d'ammoniaque; 5° enfin, traiter cette base par de l'alcool bouillant et du charbon, et laisser refroidir la liqueur alcoolique après l'avoir filtrée : la morphine se dépose peu-à-peu parfaitement pure.

*Propriétés*. — La morphine ainsi obtenue est incolore,

amère, cristallisée en aiguilles transparentes, qui ont la forme de prismes à quatre pans obliquement tronqués, et contiennent 6 $\frac{1}{3}$ pour 100 d'eau ou 1 atome sur 2 de base. Elle est, pour ainsi dire, insoluble dans l'eau froide, dans l'éther, même difficilement soluble dans l'eau bouillante. L'alcool anhydre en dissout la quarantième partie de son poids à la température ordinaire, et l'alcool bouillant, la trentième partie du sien. Elle se dissout aussi dans les huiles grasses et volatiles. La dissolution alcoolique verdit le sirop de violettes et ramène au bleu le papier de tournesol rougi par les acides. Exposée peu-à-peu à la chaleur, la morphine perd son eau de cristallisation, devient opaque et blanche lorsqu'elle est cristallisée, et se fond en un liquide jaunâtre, qui se prend ensuite par le refroidissement en masse transparente, incolore et rayonnée; chauffée plus fortement, elle se décompose et donne des produits ammoniacaux, etc.; elle s'enflammerait et brûlerait avec une flamme vive et rouge, si la calcination avait lieu au contact de l'air.

Les acides sulfurique et azotique concentrés l'altèrent : le premier la charbonne, le second lui donne une couleur rouge tirant sur l'orange, et produit le même effet sur les sels de morphine. Affaiblis, ils forment avec elle, ainsi que les autres acides, des sels neutres très amers quand ils sont solubles, et qui se comportent d'ailleurs avec les réactifs comme nous l'avons dit (2177). Cependant, l'acide iodique fait exception. M. Sérullas s'est assuré qu'elle le décomposait en s'appropriant son oxigène, et qu'elle en rendait l'iode libre.

La potasse et la soude dissolvent très facilement la morphine; aussi, lorsqu'on verse peu-à-peu un excès de l'un de ces alcalis dans une dissolution faible d'un sel de morphine, celle-ci qui apparaît d'abord en flocons blancs caséiformes, disparaît-elle ensuite en totalité. L'ammoniaque elle-même dissout des quantités très sensibles de morphine.

Son action sur la dissolution neutre de per-chlorure de fer ou d'un sel de fer per-oxidé est remarquable. Le mélange, comme l'a observé M. Stéphane Robinet, prend une belle couleur bleue, qui disparaît quand on ajoute un excès d'acide et reparaît lorsqu'on le sature. Suivant M. Pelletier, la morphine se partagerait alors en 2 parties : l'une s'emparerait de l'acide du sel; l'autre, en s'oxigénant, ferait passer le peroxide à l'état de protoxide, et s'unirait à celui-ci : ce serait ce composé de morphine qui serait bleu. (*Journal de pharm.*, t. XVIII, p. 624.)

*Sulfate neutre de morphine.*—Soluble dans environ deux fois son poids d'eau, cristallisable en aiguilles soyeuses, divergentes, souvent ramifiées, qui contiennent pour 1 atome de sel, 6 atomes d'eau dont quatre ne peuvent être chassés qu'à une température de 120°, et les deux autres qu'à la température à laquelle le sel se décompose.

*Bi-sulfate.* — Il se forme en ajoutant au sulfate neutre autant d'acide que celui-ci en contient. Si l'on en ajoutait davantage, l'excès pourrait être enlevé par l'éther qui ne dissout point le bi-sulfate.

*Azotate.* — Ce sel n'exige qu'une fois et demie son poids d'eau pour se dissoudre; il cristallise en groupes d'étoiles.

*Chlorhydrate.* — Cristallisable en aiguilles ou cristaux penniformes; beaucoup moins soluble dans l'eau froide que l'azotate et le sulfate; très soluble dans l'eau bouillante, si bien que la liqueur se prend en masse par le refroidissement.

*Acétate.* — Très soluble dans l'eau, cristallisable en forme d'aiguilles rayonnées, et susceptible, lorsqu'on fait évaporer sa dissolution, d'abandonner une partie de son acide et de laisser déposer des cristaux de morphine.

*Action sur l'économie animale.* — Il paraît constant, 1° que la morphine introduite à l'état solide dans l'estomac de l'homme agit comme l'acétate de morphine; ce qui provient sans doute de ce qu'elle se dissout dans les acides qui se trouvent dans ce viscère; 2° que l'action de cet acétate et des autres sels solubles de morphine est très grande et même vénéneuse; 3° que l'extrait aqueux d'opium, préparé à la manière ordinaire, agit non-seulement par le méconate de morphine qu'il contient, mais encore par la narcotine et plusieurs des autres matières qui entrent dans sa composition; 4° qu'en conséquence, l'acétate et le sulfate de morphine, qui sont maintenant employés en médecine, ne produisent pas les mêmes effets que l'opium. (Orfila, *Journal de Chim. médic.*, t. 1, p. 165 et 221.)

On trouve dans les *Annales de Chimie et de Physique*, tom. XXV, pag. 102, des recherches de M. Lassaigne sur la possibilité de reconnaître, par les moyens chimiques, la présence de l'acétate de morphine chez les animaux empoisonnés par ce sel.

## ARTICLE II.

### *Codéine.*

2182. La codéine n'existe que dans l'opium, en très petite quantité; elle y a été découverte par M. Robiquet. (*Journ. de Pharmacie*, t. XIX, p. 87.)

Pour se la procurer, l'on commence par faire dissoudre l'opium dans l'eau, l'on verse dans la dissolution rapprochée du chlorure de calcium, jusqu'à ce qu'il ne se forme plus de précipité : il en résulte du méconate de chaux insoluble et des chlorhydrates de morphine et de codéine solubles, qu'on obtient en filtrant la liqueur, et la concentrant convenablement. Ils se déposent en cristaux. On les purifie par de nouvelles cristallisations. (1)

Ces sels purifiés sont redissous dans l'eau, mêlés à de l'ammoniaque qui précipite la morphine et ne décompose point le chlorhydrate de codéine, lequel par une évaporation ménagée cristallise, et peut même être obtenu pur et exempt de sel ammoniac, en le faisant cristalliser de nouveau.

Enfin, après avoir encore redissous le chlorhydrate de codéine dans l'eau, on y ajoute une dissolution de potasse caustique, qui en sépare la base sous forme d'un hydrate pulvérulent. La codéine ainsi mise en liberté, doit être recueillie, lavée avec un peu d'eau froide et dissoute dans l'éther bouillant; abandonnant ensuite la liqueur à l'évaporation spontanée, l'alcali cristallise en petites plaques radiées, transparentes. Quand la cristallisation ne fait plus de progrès, il faut ajouter de l'eau par portions à la dissolution. Elle se change bientôt en une masse cristalline de codéine hydratée.

100 parties d'eau dissolvent 1p.,26 de codéine à 15°, 3p.,7 à 43° et 5p.,88 à 100°. La dissolution manifeste une alcalinité très sensible. Saturée à chaud, elle fournit, par un refroidissement bien ménagé, des cristaux réguliers. Lorsqu'on en verse dans de l'eau bouillante, plus que celle-ci n'en peut dissoudre, elle forme au fond du vase une couche d'aspect oléagineux. Elle est sans doute alors à l'état d'hydrate plus fusible que l'alcali sec; car, exposée seule dans un tube de verre à l'action de la chaleur, elle n'entre en fusion que vers 150°.

L'éther est son meilleur dissolvant.

Elle ne bleuit point par les sels de sesqui-oxide de fer, ainsi que le fait la morphine, ni ne se colore en rouge par l'acide azotique. Ses dissolutions sont précipitées par la teinture de noix de galle. Elle s'unit aux acides et forme des sels, parmi lesquels l'azotate surtout cristallise avec la plus grande facilité.

Suivant M. Robiquet, la codéine anhydre doit avoir pour formule $C^{62}Az^{2}H^{40}O^{5}$, et la codéine hydratée $C^{62}Az^{2}H^{40}O^{5} + 2\,H^{2}O$, d'où l'on déduit pour son nombre proportionnel ou poids atomique 3296,206. Cependant il a trouvé d'une autre part que 1gr. d'acide chlorhydrique sec sature 7gr.,837 de co-

(1) C'est ce mélange de sels, préparé depuis quelques années par M. W. Gregory, sous le nom de muriate de morphine, qu'on emploie à Edimbourg au lieu de morphine pure ou de sel de morphine.

déine; ce qui, d'après son calcul, donnerait pour nombre proportionnel 3250,93, peu différent du premier, mais ce qui réellement donne le nombre 3566,85, beaucoup plus fort. Nous signalons cette discordance à l'auteur de la découverte de la codéine. Il lui appartient de la faire disparaître.

L'action de la codéine sur l'économie animale paraît être bien différente de celle de la morphine. A la dose de 4 à 6 grains, l'azotate de codéine produit d'abord une accélération du pouls, ensuite une excitation agréable, semblable à celle des liqueurs enivrantes, accompagnée d'une démangeaison générale, puis, au bout de quelques heures, une dépression désagréable, des nausées, et quelquefois des vomissemens (W. Gregory. *Journ. de Pharm.*, t. xx, p. 85). D'une autre part, M. Barbier regarde cet alcali administré à la dose d'un grain à l'état de solution ou de sirop, comme susceptible de provoquer le sommeil sans fatigue, incapable de troubler les fonctions digestives, et d'un emploi très utile pour combattre la gastralgie. (*Journ. de Pharm.*, t. xx, p. 174.)

## ARTICLE III.

### *Narcotine.*

2183. La narcotine est une matière particulière qui fait partie de l'opium, et qui a été découverte en 1803 par M. Derones : il la fit connaître alors sous le nom de *sel d'opium*. D'après les observations de MM. Pelletier et Robiquet, elle s'y trouve libre, et non combinée comme la morphine avec l'acide méconique.

Plusieurs chimistes ne mettent pas la narcotine au nombre des bases salifiables, parce qu'elle n'exerce point de réaction alcaline sur les couleurs végétales, qu'elle ne neutralise point les acides, et qu'elle se précipite de sa dissolution dans l'acide acétique, lorsqu'on la fait évaporer. Mais, comme d'une autre part, elle forme des combinaisons stables et définies avec les acides puissans, et que le chlorhydrate et le sulfate sont même susceptibles de cristalliser, elle se rapproche beaucoup plus par cela même des bases proprement dites, que de toute autre classe de corps. C'est une base faible, analogue dans ses affinités à plusieurs oxides métalliques.

*Préparation.* — Nous avons vu précédemment (2181) que la narcotine se trouvait mêlée avec la morphine, lorsque, après avoir fait une infusion d'opium, on venait à chauffer la liqueur avec la magnésie, pour décomposer le méconate de morphine; nous avons fait voir en même temps, qu'on pouvait la séparer par de l'alcool faible et mieux encore par l'éther. Mais dans ce cas, la majeure partie de la narcotine de l'opium reste dans le marc, surtout si, au lieu de mettre l'opium en contact avec l'eau chaude, on le fait macérer en le malaxant dans de l'eau froide, qu'on renouvelle de temps en temps. Il suffit alors pour obtenir la narcotine qui s'y trouve contenue, de traiter le marc par de l'alcool à 36° non bouillant, de laisser refroidir la liqueur, de la filtrer pour en séparer un peu de caoutchouc qui se précipite, de la réduire aux $\frac{3}{4}$ par la distillation et de l'abandonner à elle-même : elle laisse déposer ainsi une grande quantité de narcotine, qu'au besoin on purifie par de nouvelles cristallisations.

Le sel d'opium ou plutôt la narcotine est blanche, insipide, inodore, sans action sur le tournesol et sur le sirop de violettes. Elle cristallise en prismes droits, à base rhomboïdale, souvent réunis en petites houpes. Chauffée dans une cornue, elle se fond d'abord, puis se décompose et donne lieu à tous les produits qui proviennent de la distillation des matières animales. Projetée sur les charbons ardens, elle brûle avec flamme. Elle est insoluble dans l'eau froide, et soluble dans quatre cents fois son poids d'eau à 100°, dans 100 d'alcool à la température ordinaire et dans 24 d'alcool bouillant. L'éther, les huiles volatiles, dissolvent aussi très bien la narcotine à chaud.

Les sels de narcotine s'obtiennent en mettant un excès de cette base en contact avec les acides étendus, et concentrant convenablement la dissolution. Ils sont très amers, acides, solubles dans l'eau en général, décomposés par les alcalis et la magnésie qui en précipitent la narcotine, et troublés par l'infusion de noix de galle.

Le sulfate de narcotine et le chlorhydrate sont extrêmement solubles, et ont été obtenus sous forme de cristaux par M. Robiquet. Ce chimiste rapporte que le chlorhydrate cristallise assez facilement, en évaporant la dissolution aqueuse jusqu'à siccité, dissolvant le résidu dans de l'alcool bouillant et le laissant refroidir. Il a trouvé qu'un poids d'acide chlorhydrique liquide, représentant 1 gr. d'acide sec, dissolvait 11 grammes de narcotine parfaitement sèche et pure, et que la dissolution conservait une réaction acide, bien qu'elle fût neutre à la saveur (*Journ. de Pharm.*, t. XIX, p. 58). Ce nombre s'accorde à $\frac{1}{22}$ près, avec celui qui a été obtenu par M. Liebig, en saturant la narcotine par du gaz chlorhydrique.

Il est impossible d'obtenir l'acétate de narcotine en cristaux. A la vérité, l'acide acétique dissout cette base à froid; mais elle se dépose, dès qu'on soumet la dissolution à l'évaporation;

c'est même un moyen que l'on peut employer pour séparer la narcotine de la morphine.

La narcotine, dissoute dans l'huile, à la dose d'un demi-gros, fait périr assez rapidement les chiens. Ils périssent tout-à-coup, lorsqu'on injecte cette dissolution dans la veine jugulaire : elle est sans effet dans le tissu cellulaire; et ce qu'il y a de remarquable, c'est que l'acétate de narcotine est presque sans effet sur les animaux. (Voy. le mémoire de M. Derosne, *Ann. de Chim.*, XLV, 247.)

### ARTICLE IV.

### *Quinine.*

2184. M. Duncan d'Edimbourg était parvenu à retirer de quelques espèces de quinquina une substance cristalline, que le docteur Gomès décrivit ensuite sous le nom de *cinchonin*, et que M. Laubert, plus tard, obtint assez pure : c'était la *cinchonine.* Mais aucun de ces chimistes n'en avait soupçonné la nature alcaline. Ce furent M. Houton-Labillardière, d'un côté, et MM. Pelletier et Caventou, de l'autre, qui s'aperçurent les premiers que cette substance pouvait être une base salifiable organique, analogue à la morphine. Ces deux derniers entreprirent alors l'analyse des quinquinas, en s'attachant particulièrement à la recherche et à l'étude du principe amer, qu'ils reconnurent consister dans les quinquinas, en deux bases salifiables organiques, l'une qu'ils appelèrent *cinchonine*, et l'autre *quinine.* Il paraît que ces deux bases existent simultanément dans toutes les espèces de quinquina ; que le *rouge* les contient à-peu-près en proportions égales; que le gris (*cinchona condaminea*) ne contient pour ainsi dire que de la cinchonine, et le jaune (*cinchona cordifolia*) que de la quinine. Toutes deux sont naturellement unies à l'acide quinique, et peuvent être représentées, savoir : la cinchonine par $C^{40}Az^2H^{20} + H^2O$, et la quinine par $C^{40}Az^2H^{20} + 2H^2O$, de sorte qu'elles ne diffèrent l'une de l'autre que par $H^2O$.

*Préparation.* — C'est du sulfate pur de quinine que l'on extrait cette base, en le dissolvant dans l'eau, et en versant dans la dissolution un petit excès d'ammoniaque. La quinine se précipite en flocons blancs caséiformes : on la recueille sur un filtre, on la lave et on la fait sécher.

*Propriétés.*—La quinine ne cristallise que très difficilement : ce n'est qu'autant qu'on la dissout dans de l'alcool à 0.815, et qu'on abandonne la dissolution à elle-même, à une basse température, qu'on peut l'obtenir en aiguilles ou houpes soyeuses, qui contiennent 1 atome d'eau sur 1 atome de base. Desséchée et privée d'humidité, elle se présente, quand elle n'est point en cristaux, sous forme de masse poreuse, blanchâtre. Elle est presque insoluble dans l'eau, quoiqu'elle ait une saveur amère. L'éther la dissout assez bien et l'alcool beaucoup mieux. Elle se dissout aussi dans les huiles grasses et dans les huiles volatiles : il paraît même que quelques fabricans se servent maintenant d'huile essentielle de térébenthine pour l'extraire, après avoir été précipitée par la chaux de la liqueur qu'on obtient en traitant l'écorce de quinquina par l'acide chlorhydrique. La dissolution alcoolique verdit le sirop de violettes et ramène au bleu le papier de tournesol rougi par les acides.

Exposée peu-à-peu à l'action du feu, la quinine perd toute l'eau qu'elle peut contenir, se fond en un liquide transparent, qui par le refroidissement se prend en une masse translucide, résiniforme, et susceptible de se charger d'électricité négative par son frottement sur un morceau de drap. Chauffée plus fortement, elle se décompose et donne des produits ammoniacaux.

Elle s'unit aux acides et forme des sels qui ont une forte saveur amère, dont l'éclat est nacré lorsqu'ils sont cristallisés, et dont les dissolutions sont précipitées non-seulement par les alcalis, mais encore par les oxalates, les tartrates, l'infusion de noix de galle, et par le tannin. Celui-ci peut déceler moins de $\frac{1}{2000}$ de quinine dans une liqueur. Aussi M. Henry fils a-t-il fondé sur cette observation un procédé pour déterminer promptement, à l'aide d'une liqueur titrée de tannin, la quantité de quinine et de cinchonine que peut contenir un quinquina.

*Sous-sulfate.* — Baup le prépare en traitant la dissolution de sulfate de quinine par le carbonate de baryte, la filtrant et la faisant cristalliser : il affecte la forme d'aiguilles nacrées, qui ont l'apparence de l'amianthe, et qui contiennent 10 atomes d'eau.

Ainsi obtenu, il ne se dissout, suivant Baup, que dans 740 parties d'eau à 13°, dans 30 p. à 100°, dans 60 p. d'alcool d'une densité de 0,85 à la température ordinaire, et dans une quantité bien moindre d'alcool bouillant. Chauffé, il entre facilement en fusion, laisse dégager seulement 8 atomes d'eau, puis à une température plus élevée prend une couleur rouge et se décompose. Il s'effleurit peu-à-peu dans l'air sec à 20° cent.

*Sulfate neutre.* — Les cristaux de sulfate neutre sont ordinairement de petits prismes aiguillés, transparens. Pour les obtenir un peu gros, il faut abandonner une solution concentrée de ce sel à une évaporation spontanée, dans un lieu où la température est d'environ 30°; ils contiennent 24,66 pour 100 d'eau : aussi sont-ils susceptibles d'éprouver la fusion aqueuse. Ce sel est soluble dans 11 parties d'eau à 13°, dans 8 parties à 22°; beaucoup plus soluble à chaud qu'à froid dans l'alcool étendu, presque insoluble dans l'alcool anhydre. Bien desséché, il possède une propriété remarquable qui a été observée par M. Callaud, et qu'on retrouve à un moindre degré dans celui de cinchonine : c'est que porté à la température de 100°, il devient lumineux, surtout lorsqu'on le frotte légèrement. MM. Pelletier et Dumas, en répétant cette expérience curieuse, ont vu qu'alors il était toujours chargé d'électricité vitrée. (Baup, *Ann. de Chim. et de Phys.* XXVII, 329.—Liebig, XLVII, 175.)

*Sulfate de quinine du commerce.*—La consommation du sulfate de quinine, en médecine, étant considérable, on a cherché un procédé économique pour le préparer ; M. Henry fils a proposé le suivant, qui est généralement adopté. (*Journ. de Pharm.*, t. VII, p. 296.)

On fait bouillir 1 kil. de quinquina jaune en poudre dans 8 kil. d'eau acidulée par 50 à 60 gramm. d'acide sulfurique ou par une quantité équivalente d'acide chlorhydrique ; on passe la liqueur à travers une toile, et l'on traite le résidu par une nouvelle quantité d'eau acidulée, afin de l'épuiser de quinine. Quand les liqueurs sont froides, on y jette par portion 250 grammes à-peu-près de chaux vive, en favorisant le mélange par l'agitation. Il se forme un précipité qui doit être lavé à l'eau froide, égoutté et mis ensuite, à plusieurs reprises, en digestion, à la chaleur de 60 degrés, dans de l'alcool à 36 degrés de concentration.

En distillant les liqueurs alcooliques, l'on obtient une matière brune visqueuse, très riche en quinine. Sur cette matière, on verse de l'acide sulfurique très étendu d'eau, et en quantité convenable pour saturer la base. Alors on ajoute du charbon animal à la dissolution, puis on la fait réduire convenablement et on la filtre ; par le refroidissement, le sulfate cristallise. Un kilogramme de bon quinquina jaune fournit à-peu-près 12 grammes de sulfate.

Le sulfate de cinchonine, qui se forme en même temps que celui de quinine, reste dans les eaux-mères avec une petite portion de celui-ci.

L'*azotate neutre de quinine*, soumis à une douce évaporation, offre un phénomène remarquable : à un certain point de concentration, il se sépare sous forme de gouttelettes oléagineuses anhydres qui se figent par le refroidissement, comme de la cire, et qui, recouvertes de quelques lignes d'eau, l'absorbent peu-à-peu sans se dissoudre, et donnent lieu à des prismes rhomboïdaux très courts, inclinés sur leurs bases, lesquels ne se prêtent à aucune division mécanique.

*Chlorhydrate de quinine.*— Soluble, cristallisable en aiguilles nacrées, fusible au-dessous de 100°.

L'*acétate de quinine* cristallise avec la plus grande facilité en aiguillles soyeuses et nacrées, souvent groupées en mamelons ou en étoiles; si l'on divise les cristaux en les délayant dans l'eau, ils y flottent sous forme de larges filamens asbestiformes d'un aspect soyeux et satiné tout particulier. Ce sel est donc bien différent de celui de cinchonine, qui est incristallisable, et se prend par évaporation en une masse d'apparence gommeuse.

Les *oxalate*, *tartrate* et *gallate* sont insolubles, lorsqu'ils sont neutres; ils se dissolvent dans un excès d'acide.

*Usages.* — Le sulfate de quinine est employé avec le plus grand succès contre les fièvres intermittentes. C'est un des médicamens les plus précieux par la constance de ses effets et la facilité qu'on a de l'administrer; on le donne à la dose de 4 à 5 grains, qu'on renouvelle convenablement. Le sulfate neutre, en raison de sa plus grande solubilité, est préféré au sulfate bi-basique.

### ARTICLE V.

### *Cinchonine.*

2185. La cinchonine se trouve dans toutes les espèces de quinquina; mais dans le quinquina gris (*cinchona condaminea*), elle n'est accompagnée que de très peu de quinine.

D'après cela, rien ne s'oppose à ce qu'on extraie la cinchonine du quinquina gris, par un procédé analogue à celui que nous avons indiqué pour l'extraction de la quinine.

Il faudra donc faire chauffer avec de l'acide chlorhydrique faible le quinquina gris réduit en poudre, filtrer la liqueur, y ajouter un excès d'hydrate de chaux, porter le mélange à l'ébullition, filtrer de nouveau, laver le dépôt, et le traiter à plusieurs reprises par l'alcool bouillant. La cinchonine se dissoudra; on la retirera de la dissolution par évaporation et cristallisation; mais comme elle est ordinairement un peu colorée, on la purifie en la combinant avec un acide, décolorant le sel par le charbon animal, passant la liqueur au filtre et extrayant la base du nouveau sel, comme nous venons de le dire, par la chaux et l'alcool.

L'on peut encore se servir des eaux-mères du sulfate de quinine pour se la procurer; c'est même le procédé que l'on suit le plus ordinairement. L'on étend d'eau ces eaux-mères, on les précipite par l'ammoniaque, on recueille le précipité sur un filtre, on le lave, on le fait sécher et on le dissout dans l'alcool bouillant. Celui-ci laisse déposer la cinchonine sous forme de cristaux qu'il est bon de purifier par une nouvelle cristallisation. Ce procédé est fondé sur ce que les eaux-mères de sulfate de quinine ne contiennent presque que du sulfate de cinchonine, et sur ce que la cinchonine est moins soluble dans l'alcool que la quinine, qui ne cristallise qu'avec difficulté lorsqu'elle y est dissoute.

*Propriétés.* — La cinchonine est incolore, translucide, cristalline, soluble seulement dans deux mille cinq cents fois son poids d'eau bouillante, et à-peu-près insoluble dans l'eau froide. Sa saveur est amère, mais longue à se développer, en raison de son peu de solubilité; ce qui le prouve, c'est que, dissoute dans un acide, elle a l'amertume et la stypticité d'une forte décoction de quinquina. Exposée au feu, elle se décompose dès qu'elle commence à entrer en fusion et se volatilise en partie. L'éther, les huiles fixes et volatiles ne la dissolvent qu'en très petite quantité. Son meilleur dissolvant est l'alcool.

La cinchonine ramène au bleu le tournesol rougi par un acide; elle se combine avec tous les acides, et forme, avec la plupart, des combinaisons neutres et acides.

Les sels de cinchonine sont amers comme ceux de quinine; comme eux aussi, ils sont décomposés et précipités non-seulement par les bases alcalines, mais encore par les oxalates et les tartrates solubles, l'infusion de noix de galle, le tannin (2177).

Le *sous-sulfate de cinchonine* est soluble à la température ordinaire dans 54 parties d'eau, dans 6 ½ d'alcool à 85°, dans 11 et ½ d'alcool anhydre, et insoluble dans l'éther. Ses cristaux sont des prismes à base rhomboïdale, terminés par deux facettes ou coupés droit au sommet. Ils contiennent 4,86 d'eau pour 100; au-dessus de 100°, ils fondent comme la cire; à une température plus élevée, ils ne tardent point à se décomposer. (Baup, *Ann. de Chim. et de Phys.*, t. XXVII, p. 323.)

Le *sulfate neutre de cinchonine* est soluble à 14° dans un peu moins de la moitié de son poids d'eau, très soluble aussi dans l'alcool et insoluble dans l'éther. Ses cristaux sont des octaèdres rhomboïdaux qui perdent leur transparence dans un air sec, s'effleurissent à l'aide de la chaleur, et laissent dégager 15,518 pour 100 d'eau. Chauffés convenablement, ils deviennent phosphorescens comme le sulfate de quinine. (Baup. —Liebig, *Ann. de Chim. et de Phys.*, XLVII, 174.)

Le sulfate de cinchonine peut être extrait des eaux-mères du sulfate de quinine (2184). Il paraît, d'après les observations du docteur Bally, qu'administré à la dose de 6 à 8 grains par jour, il arrête les fièvres aiguës et périodiques, et qu'il est moins irritant que celui de quinine.

Le *chlorhydrate de cinchonine* cristallise facilement en prismes très déliés et brillans, très solubles dans l'eau et l'alcool, et fusibles au-dessous de 100°.

L'*azotate neutre de cinchonine*, soumis à une douce évaporation, se dépose comme celui de quinine en gouttelettes d'apparence huileuse, qui se figent par le refroidissement comme de la cire, et qui, recouvertes de quelques lignes d'eau, l'absorbent peu-à-peu et donnent lieu à des groupes de cristaux prismatiques réguliers.

Les *oxalate, tartrate* et *gallate* de cinchonine sont insolubles quand ils sont neutres : on peut les former par double décomposition.

L'*acétate de cinchonine* est incristallisable; il se prend par l'évaporation en une masse gommeuse.

ARTICLE VI.

## *Aricine.*

2186. L'aricine découverte par MM. Pelletier et Coriol dans une écorce venant d'Arica, au Pérou, est mêlée par fraude au *quinquina calissaya.* C'est une substance blanche, transparente, cristalline, d'une saveur qui ne se développe qu'au bout de quelque temps, et occasionne une sensation chaude et acerbe. L'alcool et l'éther la dissolvent; elle est complètement insoluble dans l'eau.

Exposée à l'action du feu, elle entre d'abord en fusion, puis elle se décompose sans se volatiliser.

Elle forme, en s'unissant aux acides, des sels dont la plupart ne peuvent être ramenés au point de neutralité. Dissoute dans un excès d'acide sulfurique affaibli, elle produit un sulfate acide cristallisable en aiguilles aplaties. Le sulfate neutre au contraire ne cristallise point en se séparant de sa solution aqueuse, mais se présente alors sous forme d'une gelée *tremblotante*, qui prend, en se desséchant, un aspect corné. Ce sel neutre est insoluble dans l'éther, soluble dans l'alcool, et se dépose de la dissolution saturée à chaud sous forme de petites aiguilles soyeuses. L'aricine se combine aussi très bien à l'acide azotique étendu; mais l'acide concentré la détruit promptement en développant une couleur verte des plus intenses.

D'après M. Pelletier, l'aricine est composée de 70,93 de carbone, 6,95 d'hydrogène, 8,21 d'azote et de 13,96 d'oxigène; ce qui correspond à la formule : $C^{40}H^{24}Az^{2}O^{3}$. (*Ann. de Ch. et de Phys.*, t. LI, p. 186.)

Sa préparation s'exécute, au moyen de l'écorce qui la contient, exactement comme celle de la cinchonine.

Cette écorce étant rare et appartenant à un arbre inconnu, l'aricine n'a pu être examinée que par MM. Pelletier et Coriol. L'étude qu'ils en ont faite est même bien loin d'être complète. (*Ann. de Chim. et de Phys.*, t. XLII, p. 330.—*Journ. de pharm.*, t. XV, p. 565.)

## ARTICLE VII.

### *Strychnine.*

2187. La strychnine, la première des bases végétales découvertes par MM. Pelletier et Caventou, a été trouvée jusqu'ici en combinaison avec l'acide *igasurique* : 1° dans la fève de Saint-Ignace (graine du *Strychnos ignatia*); 2° dans la noix vomique (graine du *Strychnos nux vomica*); 3° dans le bois de couleuvre (*strychnos colubrina*); 4° dans l'upas tieuté (*strychnos tieute*). Presque toujours elle est accompagnée d'une plus ou moins grande quantité de brucine : c'est ce qui a lieu dans la fève de Saint-Ignace et surtout dans la noix vomique.

*Extraction.* — Le procédé par lequel on se procure la morphine peut être appliqué à la préparation de la strychnine; seulement, lorsqu'on opère sur des *strychnos* qui contiennent en même temps de la brucine, il faut traiter le mélange de ces deux bases par de l'alcool faible et froid, qui dissout la brucine sans attaquer très sensiblement la strychnine. Il est bon toutefois de reprendre la strychnine par de l'alcool bouillant, et de soumettre la liqueur à une évaporation ménagée. Cette base cristallise la première, tandis que la brucine qui pourrait être mêlée avec elle reste dans l'*eau-mère alcoolique*.

De nouvelles cristallisations seraient faites, si l'on craignait que la strychnine ne fût point parfaitement pure. Il est possible aussi d'employer l'acide azotique avec succès, comme nous le dirons tout-à-l'heure.

Au lieu de ce procédé, M. Wittstock conseille d'employer le suivant pour extraire la strychnine de la noix vomique. Il fait bouillir la noix vomique avec de l'eau-de-vie à 0,94, décante la liqueur et sèche la noix dans un four afin de pouvoir la pulvériser aisément. Après cela, il traite cette poudre à 2 ou 3 reprises par de nouvelles quantités d'eau-de-vie bouillante, les réunit toutes et les distille pour en vaporiser l'alcool. Alors il verse un petit excès d'acétate de plomb dans la liqueur restante. Il précipite ainsi de la matière colorante, de la graisse et des acides végétaux. Quant à la strychnine et à la brucine, elles se trouvent dissoutes à l'état d'acétate. La liqueur filtrée et réunie aux eaux de lavage, est chauffée avec un excès de magnésie, puis le précipité qui contient la strychnine et la brucine est recueilli sur un filtre, lavé à l'eau froide, séché et traité par l'alcool à 0,835 (1). Distillant ensuite celui-ci jusqu'à un certain point, la strychnine se sépare en poudre blanche cristalline. Toutefois, pour être plus certain de l'obtenir pure, il faut la dissoudre dans de l'acide azotique et soumettre la liqueur parfaitement neutre à une douce évaporation. L'azotate de strychnine cristallise seul : celui de brucine, s'il en existait, resterait en dissolution ; il ne peut cristalliser qu'autant qu'il est acide. Enfin, l'on sépare la strychnine de l'azotate par l'ammoniaque, et on lui rend la forme cristalline en la dissolvant à chaud dans l'alcool à 0,835.

*Propriétés.* — La strychnine est blanche, et si amère que de l'eau qui n'en contient que $\frac{1}{600000}$ a une amertume sensible. Dissoute dans l'alcool, elle se dépose par évaporation spontanée en cristaux presque microscopiques, qui paraissent être des prismes à quatre pans terminés par des pyramides à quatre faces surbaissées.

Exposée au feu, elle ne se fond point; elle se décompose et alors se boursoufle, noircit et donne des produits ammoniacaux, etc. L'eau à 10° en dissout moins de $\frac{1}{6000}$ ; l'eau bouillante $\frac{1}{2500}$ ; l'éther, des traces. Ses dissolvans sont l'alcool et les huiles volatiles. Toutefois elle est insoluble dans l'alcool anhydre; l'alcool à 0,820 en dissout à peine à la température de 15° : il faut qu'il soit au moins à 0,835 pour en opérer la dissolution.

La strychnine s'unit facilement aux acides, les neutralise, et déplace la plupart des autres bases végétales.

Les sels de strychnine sont excessivement amers. La plupart sont solubles et cristallisables. Leurs dissolutions sont précipitées par les alcalis, l'infusion de noix de galle et le tannin pur. Elles ne le sont point par les oxalates et les tartrates solubles.

Le *sulfate de strychnine* est soluble dans moins de dix parties d'eau froide; il cristallise en petits cubes diaphanes s'il est neutre, et en aiguilles déliées s'il est acide; l'air diminue sa transparence; la chaleur du bain-marie suffit pour le rendre opaque; une chaleur plus élevée le fond d'abord dans son eau de cristallisation, et lui fait perdre 3 pour 100 de son poids; une chaleur plus forte le décompose et le charbonne.

(1) M. Wittstock recueille le précipité sur un linge, l'exprime, le délaie dans l'eau froide, l'exprime de nouveau et répète ce traitement plusieurs fois, probablement afin d'employer une moins grande quantité d'eau de lavage et d'obtenir toute la brucine. D'une livre de noix vomique, il a retiré 40 grains d'azotate de strychnine et 50 d'azotate de brucine.

*Le chlorhydrate de strychnine* est plus soluble que le sulfate; il cristallise en prismes très déliés, qui semblent être quadrilatères, et qui perdent leur transparence à l'air.

Le *phosphate* ne s'obtient parfaitement neutre que par double décomposition. Préparé directement, il est toujours acide, et cristallise en prismes quadrilatères très prononcés.

L'*azotate de strychnine* s'obtient en mettant un excès de base dans l'acide azotique très étendu d'eau, chauffant et filtrant la liqueur, pour séparer la strychnine excédante. Le sel par évaporation, se dépose en une multitude d'aiguilles nacrées. Il est beaucoup plus soluble dans l'eau chaude que dans l'eau froide, et insoluble dans l'alcool. S'il était mêlé d'azotate de brucine, celui-ci, pourvu qu'il fût neutre, resterait dans les eaux-mères.

Enfin les acides carbonique, acétique, oxalique, tartrique, ont été aussi combinés avec la même base. Le premier donne lieu à un carbonate très peu soluble, et les trois autres à des sels très solubles, susceptibles de cristallisation, surtout quand l'acide prédomine.

*Action sur l'économie animale.* — La strychnine est un poison extrêmement violent; elle fait périr les animaux à très petites doses, en exerçant une action stimulante spéciale sur la moelle épinière et leur donnant des attaques de *tétanos*. Un demi-grain, insufflé dans la gueule d'un lapin, occasionne la mort en cinq minutes; en introduisant la strychnine dans la circulation, l'animal périt beaucoup plus promptement.

Les sels de strychnine sont encore plus vénéneux à cause de leur solubilité : un quart de grain d'azotate ou de chlorhydrate, par exemple, tue un lapin en deux minutes. (*Voyez* pour plus de détails sur la strychnine et ses propriétés, le Mémoire de MM. Pelletier et Caventou, *Ann. de Chim. et de Physique*, t. x, p. 142.)

## ARTICLE VIII.

### *Brucine.*

2188. C'est dans l'écorce de la fausse angusture, qui appartient au *strychnos nux vomica*, et non au *brucæa anti-dysenterica*, comme on le croyait d'abord, que la brucine a été découverte unie à l'acide gallique, par MM. Pelletier et Caventou; depuis, ils l'ont trouvée accompagnant la strychnine dans le fruit même de ce *strychnos* (noix vomique), et dans la fève de Saint-Ignace. Comme l'écorce de la fausse angusture ne contient que de la brucine, on s'en sert de préférence pour extraire cette base : à cet effet, après avoir traité la fausse angusture par l'eau, il faut y ajouter de l'acide oxalique, qui enlève la brucine à l'acide gallique, évaporer la liqueur jusqu'à consistance d'extrait, et laver le résidu avec de l'alcool à la température de zéro. Celui-ci dissout toute la matière, excepté l'oxalate de brucine; ensuite on fait chauffer ce sel avec de l'eau et de la magnésie, pour le décomposer, et on redissout la base dans l'alcool, qui la laisse précipiter sous forme de cristaux par évaporation lente. On a vu d'ailleurs, qu'en se servant de noix vomique pour avoir la strychnine, on obtient en même temps de la brucine (2187).

*Propriétés.* — La brucine a une saveur très amère, et en même temps acerbe; elle se dissout dans environ 500 parties d'eau bouillante et 800 parties d'eau froide; elle est insoluble dans l'éther, les huiles grasses, très peu soluble dans les huiles volatiles; son dissolvant est l'alcool. On l'observe quelquefois en masses feuilletées, d'un blanc nacré, ayant l'aspect de l'acide borique, d'autres fois en masses spongieuses; mais lorsqu'on la fait cristalliser régulièrement, elle affecte la forme de prismes obliques à bases parallélogramiques: dans tous les cas, elle doit être considérée comme un hydrate formé de 100 de base et de 19,57 d'eau.

Soumise à l'action du feu, la brucine cristallisée ne tarde point à fondre et à abandonner l'eau qu'elle contient : si alors on la chauffe plus fortement, elle se décompose et donne des produits ammoniacaux, etc.

L'air ne l'altère pas. Elle forme avec les acides des sels neutres et des sur-sels. Ceux de ces sels qui ont été examinés sont : le sulfate, le chlorhydrate, l'azotate, le phosphate, l'acétate et l'oxalate. Tous sont solubles, amers, troublés par l'infusion de noix de galle et le tannin. Le sulfate, le chlorhydrate, l'oxalate, à l'état neutre, cristallisent bien. L'azotate et le phosphate, pour cristalliser, ont besoin de contenir un excès d'acide : quant à l'acétate, il est incristallisable.

L'acide azotique concentré la colore tout de suite, à la température ordinaire, en un rouge de sang très foncé; et chose digne de remarque, c'est que cette couleur se développe aussi, par l'action de la pile, sur la base pure ou sur ses sels, et qu'elle se montre au *pôle positif*. A la vérité, la propriété d'être colorée en rouge lui est commune avec la morphine; mais elle ne partage avec aucune autre base celle d'apparaître avec la même teinte au pôle positif. (Pelletier et Couerbe, *Ann. de Chim. et de Phys.*, LIV, 187.)

*Action sur l'économie animale.* — La brucine exerce sur l'économie animale le même genre d'action que la strychnine : seulement, pour produire des effets aussi intenses, il en faut environ douze fois autant que de strychnine. (*Ann. de Chim. et de Phys.*, t. XII, p. 113.)

### ARTICLE IX.

### *Delphine.*

2189. La delphine ne s'est rencontrée jusqu'ici que dans le *staphisaigre* (semence du *delphinium staphisagria* de Linnæus); elle y a été découverte par MM. Lassaigne et Feneulle, en combinaison avec l'acide malique; mais ils ne l'ont pas obtenue pure. Le meilleur procédé connu jusqu'ici pour se la procurer, est celui qui a été indiqué par M. Couerbe.

On prend des semences grises ou au plus légèrement marron, et non des semences noirâtres, qui contiennent à peine de la delphine. Après les avoir réduites en pâte, on les fait bouillir à plusieurs reprises avec de l'alcool à 36° pour les épuiser de base salifiable. Puis la liqueur est distillée, et l'extrait qu'elle fournit, traité par l'acide sulfurique bouillant très étendu, en ayant soin de le renouveler, jusqu'à ce qu'il ne se colore plus, ou plutôt que la potasse n'y occasionne aucun trouble. On dissout ainsi toute la delphine, et l'on sépare une grande quantité de graisse, que l'on met de côté.

Versant alors un petit excès de potasse ou d'ammoniaque dans la dissolution, on en précipite la base végétale, plus deux matières d'apparence résineuse, qui ensemble pèsent 55 à 60 grains, lorsqu'on opère sur 1 livre de staphisaigre. Toutes trois sont solubles dans l'alcool comme dans l'acide sulfurique; mais l'une peut être séparée de la dissolution sulfurique par l'acide azotique. Une autre est soluble dans l'éther, c'est la delphine. La troisième au contraire y est complètement insoluble, c'est celle que l'auteur désigne sous le nom de *staphisain*.

C'est pourquoi l'auteur commence par les dissoudre toutes dans l'alcool bouillant, en y ajoutant du noir animal; il filtre ensuite l'alcool chargé de noir, le fait évaporer, reprend le résidu par de l'acide sulfurique faible, verse goutte à goutte dans la dissolution sulfurique de l'acide azotique ordinaire, qui produit un dépôt de matière résineuse rousse, laisse éclaircir la liqueur par le repos, la décante, ajoute de la potasse très faible pour en précipiter la delphine et le staphisain, après quoi il les recueille sur un filtre, les lave, les redissout de nouveau dans l'alcool à 40°, filtre la nouvelle dissolution, la distille et obtient enfin un mélange de delphine et de staphisain, dont il opère le départ au moyen de l'éther. Le staphisain contient un peu de nitre, qu'il est facile d'enlever par un lavage à l'eau.

Ce procédé, comme l'on voit, est fort long et fort compliqué. Peut-être parviendrait-on à obtenir la delphine pure, en traitant le mélange même des trois matières par l'éther à une douce chaleur.

La delphine ainsi obtenue est une substance solide, incristallisable, inodore, excessivement âcre, légèrement jaunâtre en petite masse, mais presque blanche lorsqu'elle est très divisée, insoluble pour ainsi dire dans l'eau froide ou chaude, soluble dans l'éther, plus soluble encore dans l'alcool, fusible à 120°, et devenant dure et cassante comme la résine par le refroidissement. Chauffée convenablement, elle se décompose, donne des produits ammoniacaux et un grand résidu charbonneux. Le gaz chlore est sans action sur elle à la température ordinaire; mais à 150 ou 160°, il l'attaque vivement, la colore en vert, puis en brun foncé, la rend excessivement friable, et la transforme avec production d'acide chlorhydrique en trois substances, l'une soluble dans l'alcool, une autre dans l'éther, la troisième insoluble dans ces deux réactifs, et contenant toutes trois de l'azote et du carbone dans le rapport de 1 à 15,22.

Les acides sulfurique, azotique, chlorhydrique concentrés, la décomposent : le sulfurique la charbonne en la rougissant d'abord; l'azotique à chaud la transforme en une matière d'apparence résineuse.

Tous trois étendus d'eau s'y unissent, la dissolvent et forment des sels, qui peuvent être obtenus complètement neutres. Il en est de même des acides oxalique, acétique. Ces sels sont très âcres, très solubles, incristallisables. Desséchés, ils se laissent facilement réduire en poudre et s'humectent en peu de temps à l'air.

Il paraîtrait suivant M. Feneulle, que la delphine pourrait former des sels neutres, acides et basiques. Comme il n'a opéré que sur de la delphine impure, les expériences ont besoin d'être répétées.

L'analyse et la capacité de saturation ont été citées (p. 265). (Voyez pour plus de détails *Journ. de Pharm.*, t. IX, p. 4. — *Ann. de Chim. et de Phys.*, t. XII, p. 358 et t. LII, p. 359.)

### ARTICLE X.

### *Vératrine.*

2190. C'est encore à MM. Pelletier et Caventou qu'on doit la découverte de la vératrine : ils l'ont trouvée unie à un excès d'acide gallique et mêlée d'ailleurs à l'acide cévadique, à l'élaïne, à la stéarine, à une matière colorante jaune, à de la gomme, à du ligneux, etc., dans la cévadille (graine du *veratrum sabadilla*), dans la racine de l'hellébore blanc (*veratrum album*) et dans celle du colchique commun (*colchicum autumnale*), plantes qui sont toutes trois de la même famille.

*Préparation.* — Le procédé suivi par MM. Pelletier et Caventou ne donne que de la vératrine impure ; elle contient une nouvelle base, la sabadilline et une matière d'apparence résineuse. M. Couerbe, à qui sont dues ces observations, la prépare en suivant le procédé qui vient d'être indiqué pour se procurer la delphine. Ainsi, après avoir ajouté de l'acide azotique, goutte à goutte à la dissolution sulfurique, pour en séparer une matière noire et poisseuse, après avoir décomposé le liquide devenu clair par de la potasse très étendue d'eau, traité le précipité par l'alcool à 40° bouillant, évaporé la liqueur alcoolique et s'être procuré un extrait formé de sabadilline, de *résini-gomme*, de vératrine et de *vératrin*, il fait bouillir cet extrait avec de l'eau, qui se colore en jaune, dissout la *résini-gomme* et la sabadilline, et laisse déposer celle-ci par refroidissement en cristaux légèrement roses. Traitant ensuite le résidu à plusieurs reprises par de l'éther pur à une douce chaleur, il s'empare de la vératrine. La dissolution éthérée abandonnée à elle-même, laisse bientôt déposer la vératrine qui se présente d'abord comme une sorte de poix presque blanche, et qui devient cassante, en la chauffant légèrement dans le vide. La *résini-gomme* apparaît en gouttelettes huileuses à la surface de la dissolution aqueuse, lorsqu'on vient à la concentrer par la chaleur : elle contient $H^2O$ de plus que la *sabadilline*. Quant au *vératrin*, il constitue la matière que l'éther ne dissout point. Une livre de cévadille ne fournit pas tout-à-fait 1 gros de vératrine.

*Propriétés.* — La vératrine, obtenue comme il vient d'être dit, est solide, friable, d'apparence résineuse, presque blanche, inodore, excessivement âcre, incristallisable, fusible à 115°, presque insoluble dans l'eau, soluble dans l'alcool et l'éther, susceptible de verdir le sirop de violettes et de ramener au bleu la teinture de tournesol rougie.

Soumis à la distillation, elle se boursoufle et se décompose en produisant de l'eau, de l'huile, de l'ammoniaque, etc.

La vératrine s'unit aux acides, les neutralise lorsqu'elle est en excès et que les liqueurs sont concentrées ; mais dès qu'on verse de l'eau sur les sels, ils offrent des indices d'acidité. Tous sont solubles. Le sulfate et le chlorhydrate peuvent être obtenus cristallisés en dissolvant la vératrine dans ces acides étendus, et abandonnant la liqueur à une évaporation spontanée. Les cristaux de sulfate sont de longues aiguilles très déliées, qui exposées au feu se fondent, perdent les 2 atomes d'eau de cristallisation qu'elles contiennent et se charbonnent instantanément en produisant des vapeurs blanches, mêlées d'acide sulfureux. Ceux de chlorhydrate sont analogues aux cristaux de sulfate, mais moins durs et moins allongés : ils sont très solubles dans l'eau, dans l'alcool, et se décomposent très facilement par la chaleur.

*Action sur l'économie animale.* — Portée sur la membrane nasale, la vératrine provoque des éternuemens violens. Quelques grains introduits dans l'estomac occasionnent d'affreux vomissemens en irritant la membrane muqueuse, et peuvent même causer la mort. (*Ann. de Ch. et de Phys.*, XIV, 75; — LII, 368. — *Journ. de Physiologie* de M. Magendie, 1821, pag. 64.)

## ARTICLE XI.

### *Sabadilline.*

2191. La sabadilline est une nouvelle base découverte par M. Couerbe; elle accompagne la vératrine dans la cévadille, la racine de l'hellébore blanc et du colchique commun, qui toutes en contiennent fort peu, beaucoup moins que de vératrine.

Préparée, comme nous l'avons dit (2190), et purifiée en la dissolvant à chaud dans de l'alcool chargé de charbon, elle est blanche, excessivement âcre, fusible à 200° et susceptible de se prendre à mesure qu'elle se refroidit en une masse qui a l'aspect résineux et brunâtre. Une température plus élevée la rend noire, en dégage de légères fumées, puis la décompose entièrement en laissant un charbon volumineux.

La sabadilline se dissout assez bien dans l'eau chaude et s'en dépose presque en totalité par le refroidissement, sous forme de cristaux plus ou moins réguliers, pourvu que la liqueur soit amenée à un certain degré de concentration : les cristaux bien formés semblent être hexaédriques; ils partent d'un centre commun et forment des étoiles.

L'alcool dissout plusieurs fois son poids de sabadilline. La dissolution est incristallisable et verdit fortement le sirop de violettes.

L'éther ne la dissout pas d'une manière sensible.

L'acide sulfurique concentré la charbonne. L'acide azotique la transforme à chaud en une matière d'apparence résineuse, sans trace d'acide oxalique.

Étendus d'eau, ces acides s'y unissent et forment des sels neutres; il en est de même de l'acide chlorhydrique. Le sulfate et le chlorhydrate cristallisent.

La composition et la capacité de saturation de la sabadilline ont été indiquées dans le tableau, page 265.

On voit donc, d'après ce qui précède, que la sabadilline diffère de la vératrine, en ce que la première cristallise, se dissout dans l'eau et dans l'éther, et que la seconde est incristallisable et insoluble dans ces deux agens.

ARTICLE XII.

## *Émétine.*

2192. L'émétine, découverte par M. Pelletier, ne se trouve que dans l'ipécacuanha, qui lui doit, selon toute apparence, sa vertu vomitive. Pour se la procurer, M. Pelletier met d'abord l'ipécacuanha pulvérisé en contact avec de l'éther sulfurique, à la température de 30°; lorsque l'ipécacuanha ne cède plus rien à l'éther renouvelé convenablement, il le traite de la même manière par l'alcool, en chauffant jusqu'à près de 80°; ensuite il évapore les dissolutions alcooliques au bain-marie et verse de l'eau sur le résidu; après quoi la liqueur filtrée est mêlée avec un excès de magnésie et portée jusqu'à l'ébullition. Par ce moyen, le sel d'émétine qui pourrait exister, est décomposé, et celle-ci se dépose, surtout par le refroidissement, avec la magnésie excédante : alors il faut laver le dépôt avec de l'eau très froide, qui s'empare de la matière colorante non combinée à la magnésie, puis le dessécher, dissoudre l'émétine dans l'alcool rectifié et faire évaporer la dissolution : le résidu est l'émétine. Pour l'avoir plus blanche, on peut la combiner à un acide, traiter le sel par le charbon animal, la précipiter de nouveau par la magnésie et la séparer par l'alcool, comme nous l'avons dit plus haut.

Dans cette opération, l'éther a pour objet d'enlever une matière grasse, et l'alcool de dissoudre le sel d'émétine; mais comme cet agent dissout en même temps un peu de cire, de la matière grasse et de la matière colorante, il faut nécessairement se débarrasser de ces différens corps, et de là la raison pour laquelle on emploie successivement l'eau, qui n'a aucune action sur le corps gras, la magnésie, qui décompose le sel d'émétine, etc., etc.

Les eaux de lavage du précipité magnésien ne doivent pas être rejetées; elle retiennent encore de l'émétine, qu'on peut obtenir par une autre série d'opérations.

M. Berzelius s'est assuré qu'au lieu de traiter d'abord l'ipécacuanha par l'éther et l'alcool, on peut le mettre en contact avec de l'acide sulfurique faible qui dissout l'émétine, de la gomme et de l'amidon : l'on précipite ensuite par de la magnésie, la base végétale que l'on purifie comme nous venons de l'exposer.

*Propriétés.* — L'émétine ainsi préparée jouit des propriétés suivantes : elle est blanche, pulvérulente, inaltérable à l'air, d'une saveur un peu amère et désagréable; elle est peu soluble dans l'eau froide, plus soluble dans l'eau bouillante, très soluble dans l'alcool, insoluble dans l'éther, les huiles : l'éther même la précipite de ses dissolutions alcooliques. Chauffée doucement, elle fond entre 45° et 48°; puis, lorque la température est convenablement élevée, elle fournit les produits des substances organiques azotées.

L'émétine avec les acides ne forme aucun sel neutre; tous les sels dont elle fait partie sont acides et solubles, tous se prennent en masse d'apparence gommeuse par l'évaporation; quelquefois seulement, au milieu de ces masses, on distingue des rudimens de cristaux.

Pour unir l'émétine à l'acide azotique, il faut que cet acide soit très étendu d'eau : l'acide concentré l'attaque, la change en une matière résineuse jaune-orangé, et enfin en acide oxalique.

L'acide gallique et l'infusion de noix de galle forment dans la solution d'émétine des précipités blancs et très abondans : en cela l'émétine se rapproche de la quinine et de la cinchonine; mais elle n'est pas précipitée par les oxalates et les tartrates alcalins.

Le sous-acétate de plomb, qui produit un très abondant précipité dans une dissolution d'émétine colorée, n'a aucune action sur les sels d'émétine purs : par conséquent, l'acétate n'agit sur l'émétine colorée qu'en vertu de la matière colorante étrangère, avec laquelle l'oxide de plomb peut se combiner en entraînant un peu d'émétine même.

L'émétine pure est plus active que l'émétine du Codex, dans le rapport de 3 à 1, selon M. Magendie. On ne doit donc l'employer qu'avec prudence; mais les effets sont plus constans. Dans les cas d'empoisonnemens par une trop forte dose d'émétine, la noix de galle serait le meilleur antidote. (*Voy.* plus loin l'*Analyse de l'Ipécacuanha.*)

### ARTICLE XIII.

### *Solanine.*

2193. D'après M. Desfosses, les baies de la morelle (*solanum nigrum*), les feuilles et les tiges de la douce-amère, renferment en combinaison avec l'acide malique une base qu'il appelle *solanine*. Pour l'obtenir, il verse de l'ammoniaque dans le suc filtré des baies de morelle, et précipite ainsi une matière grisâtre, qu'il recueille sur un filtre et qu'ensuite il lave et traite par l'alcool bouillant; celui-ci laisse déposer la solanine par l'évaporation.

Depuis le travail de M. Desfosses, elle a été retrouvée dans les baies du *solanum verbascifolium* par MM. Payen et Chevalier, dans le *solanum mammosum* et *les germes de pom-*

*mes de terre.* M. Otto la retire de ces germes en les traitant par de l'eau mêlée d'acide sulfurique, filtrant la liqueur, précipitant l'acide sulfurique, l'acide phosphorique et la matière extractive qu'elle contient alors, au moyen de l'acétate de plomb, et mettant la base en liberté par l'emploi d'un lait de chaux. Il la sépare ensuite de l'excès de chaux par l'alcool à 80° centésimaux, qui la dissout, et la purifie par plusieurs dissolutions successives dans l'alcool.

Parfaitement pure, elle est sous forme de poudre blanche, brillante comme de la nacre de perle, inodore, très amère, fusible un peu au-dessus de 100°, décomposable à une température beaucoup plus élevée, insoluble dans l'eau froide, presque insoluble dans l'eau chaude, qui n'en dissout que $\frac{1}{8000}$ de son poids, dans l'éther, l'huile d'olive, l'essence de térébenthine, et très soluble, au contraire, dans l'alcool.

Elle ne produit aucun effet sur le papier de curcuma, et ramène pourtant au bleu le papier de tournesol rougi.

Soumise à l'action de la chaleur, elle abandonne environ $\frac{1}{10}$ de son poids d'eau, se fond à une température supérieure à 130°, puis se décompose, et donne à la distillation des produits acides. Chauffée avec de la potasse caustique, elle ne produit même que des traces d'ammoniaque. Les acides sulfurique et azotique concentrés la décomposent : elle s'y unit comme aux autres, lorsqu'ils sont étendus, et forme des sels neutres, la plupart incristallisables, dont quatre seulement ont été examinés, savoir : le sulfate, le chlorhydrate, l'azotate et l'acétate; tous, et surtout l'acétate, jouissent d'une amertume plus grande que la solanine. Le sulfate s'effleurit en excroissances cristallines, semblables à des choux-fleurs.

La solanine est très vénéneuse. M. Otto a observé qu'un grain avait suffi pour faire périr un jeune lapin en trois heures, et qu'un lapin plus fort avait succombé en neuf heures à une dose de 3 grains. Son action paralysante sur les extrémités postérieures des animaux est très marquée : aussi produit-on cette espèce de paralysie sur les bêtes à cornes en les nourrissant avec des lavures provenant des pommes de terre germées. (*Voy.* pour plus de détails les recherches de MM. Desfosses, *Journ. de Pharm.*, t. VI, p. 374, et t. VII, p. 414; une note de MM. Payen et Chevalier, *Journ. de Chim. méd.*, t. I, p. 517; les observations de M. O. Henry, *Journ. de Pharm.*, t. XVIII, p. 661; celles de M. Otto, *Ann. de Chim. et de Phys.*, t. LIII, p. 413; et l'analyse de M. Blanchet, *Ann. de Chim. et de Phys.*, t. LIII, p. 414.)

### ARTICLE XIV.

### *Atropine.*

2194. L'atropine, découverte par Brandes (1), puis examinée successivement par MM. Runge (2), Geiger et Hesse (3), a été obtenue pure pour la première fois par M. Mein. Elle se trouve dans les tiges, les feuilles et la racine de l'*atropa belladona*. Voici le procédé qu'a suivi M. Mein pour l'obtenir :

1° On prend environ 24 parties de racines sèches de belladone, provenant de plantes âgées de 2 à 3 ans, bien nourries, pesantes, et présentant à la cassure un faible éclat résineux ; on les réduit en poudre très fine, et on les fait digérer pendant plusieurs jours avec 60 parties d'alcool à 86 ou 90° centésimaux. La matière est fortement exprimée, et le résidu traité de nouveau par une quantité d'alcool égale à la première.

2° Les liqueurs réunies et filtrées sont mêlées avec 1 partie d'hydrate de chaux, et abandonnées à elles-mêmes pendant 24 heures, en ayant soin de les agiter fréquemment : après quoi on sépare, au moyen du filtre, la liqueur du dépôt abondant qui s'est formé ; on y ajoute, goutte à goutte, un petit excès d'acide sulfurique étendu, et l'on se débarrasse par une nouvelle filtration du sulfate de chaux produit. Alors la dissolution alcoolique est distillée dans une cornue et réduite à environ moitié ; puis la portion restante est étendue de 6 à 8 parties d'eau pure et chauffée dans une capsule à un feu très doux, tant que l'alcool qu'elle contient n'est pas entièrement dégagé. Le tout est jeté sur un filtre, s'il en est besoin, et concentré avec précaution jusqu'au tiers.

3° Lorsque le liquide filtré a été refroidi, on y verse, goutte à goutte, en le remuant, une solution concentrée de carbonate de potasse, jusqu'à ce qu'il ne se trouble plus, et on le laisse en repos pendant quelques heures. Le dépôt est une résine jaunâtre, qui s'opposerait à la cristallisation de l'atropine. Ensuite, on décante les eaux-mères avec précaution, et on y verse de nouveau une petite quantité de carbonate de potasse. Bientôt l'atropine s'en dépose, et donne à la liqueur l'aspect d'une masse gélatineuse à la surface et au milieu de laquelle il se forme çà et là, dans l'espace de 12 à 24 heures, des points blancs étoilés d'atropine cristallisée. La masse gélatineuse doit être agitée, puis jetée sur un filtre, égouttée autant que possible, et comprimée peu-à-peu entre plusieurs feuilles de papier non collé.

(1) *Journ. de Pharm.*, VI, 47.
(2) *Ann. de Ch. et de Phys.*, XXVII, 32.
(3) *Journ. de Pharm.*, XX, 87.

4° Comme l'atropine en cet état est mêlée à des matières salines, etc., et ne pourrait être lavée par les procédés ordinaires sans une grande perte, on la fait sécher, puis on en fait une pâte avec de l'eau que l'on absorbe par la compression entre des feuilles de papier. Séchée de nouveau, on la dissout dans 5 fois son poids d'alcool, et l'on filtre la dissolution, qu'il faut étendre de 6 à 8 fois son volume d'eau pure. La liqueur devient promptement laiteuse, et l'on trouve l'atropine en cristaux groupés, de couleur jaune clair, au bout de 12 à 24 heures. Ces cristaux doivent être lavés avec quelques gouttes d'eau et soumis à un nouveau traitement par l'alcool. On les obtient, par ce moyen, blancs et régulièrement formés. 12 onces de racine de belladone ne donnent qu'environ 20 grains d'atropine pure.

L'atropine cristallise en prismes soyeux, transparens et incolores; elle n'a pas d'odeur; sa saveur est légèrement amère. Elle se dissout facilement dans l'alcool absolu et l'éther, et en très petite quantité dans l'eau: sa solubilité dans ces trois liquides augmente par l'élévation de température. Elle verdit le sirop de violettes, dilate promptement la pupille, entre facilement en fusion, se volatilise sans s'altérer, et s'enflamme lorsqu'on la chauffe dans une petite cuiller à la lampe à esprit-de-vin.

Le chlore et les acides concentrés l'altèrent peu à froid. L'hydrate de potasse, à l'aide de la chaleur, la détruit et en dégage d'abondantes vapeurs ammoniacales. Dissoute dans l'eau, elle forme avec l'infusion de noix de galle un précipité blanc, avec le chlorure de platine un précipité isabelle, et avec le chlorure d'or un précipité jaune citron qui, au bout de quelque temps, devient cristallin. Elle s'unit facilement avec les acides sulfurique, azotique, chlorhydrique et acétique. Les sels qui en résultent sont solubles. Le sulfate et l'acétate cristallisent mieux que l'azotate et le chlorhydrate.

Il paraît, d'après MM. Geiger et Hesse, que l'atropine qui a le contact de l'eau et de l'air éprouve peu-à-peu, à la température ordinaire, une décomposition remarquable; qu'elle prend une légère teinte jaunâtre, contracte une odeur narcotique nauséabonde, devient soluble en toutes proportions dans l'eau, et perd la propriété de cristalliser; que du reste la base est aussi vénéneuse qu'auparavant, mais que si on la combine avec un acide, et qu'on traite la dissolution par le charbon animal, les alcalis en précipitent la plus grande partie de l'atropine, sous forme solide, et douée de nouveau de la propriété de cristalliser.

Sa composition a été indiquée précédemment dans le tableau, page 265 de ce volume.

ARTICLE XV.

## *Ménispermine.*

2195. La ménispermine a été découverte et étudiée par MM. Pelletier et Couerbe (*Ann. de Chim. et de Phys.*, t. LIV, p. 197). On l'extrait du fruit du *menispermum cocculus* ou coque du Levant, dans l'enveloppe duquel elle se trouve. Ce fruit, après avoir été concassé, doit être mis en contact avec de l'alcool à 36°, que l'on porte à l'ébullition et que l'on renouvelle jusqu'à ce qu'il n'enlève plus de matières solubles. Les liqueurs alcooliques, soumises à la distillation pour en retirer l'alcool, puis évaporées à siccité, laissent un résidu composé de ménispermine, de *picrotoxine*, d'une substance non alcaline que MM. Pelletier et Couerbe regardent comme isomère avec la ménispermine et qu'ils ont appelée *para-ménispermine*, et enfin de quelques autres matières moins bien caractérisées. En traitant ce résidu par l'eau bouillante, l'on dissout la picrotoxine. La matière restante est mise en contact avec l'acide acétique, qui rend solubles la ménispermine et la *para-ménispermine*. L'ammoniaque les précipite ensemble, accompagnées encore de quelques autres produits. Il faut opérer la dissolution du mélange dans l'alcool, abondonner la liqueur à l'évaporation spontanée, puis, quand la ménispermine a cristallisé, arroser la masse d'un peu d'alcool froid, qui dissout facilement une matière d'apparence résineuse, et enfin traiter le résidu par l'éther également froid pour enlever la para-ménispermine. Après ces diverses opérations, il ne reste plus que de la ménispermine que l'on pourrait, au besoin, purifier par des cristallisations successives.

La ménispermine est solide, blanche, opaque, insipide, inodore. Ses cristaux sont des prismes à quatre pans, terminés par des pyramides à quatre faces, et ressemblent par leur aspect au cyanure de mercure. Elle est insoluble dans l'eau. L'alcool et l'éther la dissolvent mieux à chaud qu'à froid : ils l'abandonnent sous forme cristalline par l'évaporation. Elle ne paraît point avoir d'action bien marquée sur l'économie animale.

A la température de 120°, la ménispermine entre en fusion. Exposée à une plus forte chaleur, elle se décompose en laissant un charbon abondant, si l'on opère dans un tube, et très peu de charbon, si elle est placée dans un vase très ouvert, tel qu'un verre de montre.

La ménispermine résiste mieux à l'action décomposante des acides que beaucoup d'autres bases organiques. L'acide sulfurique concentré semble n'agir que très peu sur elle à froid; à chaud, il la dissout sans se colorer sensiblement. La base se précipite en versant de l'ammoniaque dans la dissolution préalablement étendue d'eau. L'acide azotique concentré et froid n'a également que peu d'action sur elle. A l'aide la chaleur, il la convertit en une *matière jaune et résinoïde* et en acide oxalique.

Les acides sulfurique, azotique, chlorhydrique, etc., affaiblis, en opèrent aisément la dissolution et forment avec elle des sels parmi lesquels le sulfate seul a été examiné. Il cristallise en aiguilles prismatiques, se fond à 165° et ressemble alors à de la cire en fusion, se décompose à une température supérieure, et dégage entre autres produits de l'acide sulfhydrique. 100 parties de ce sulfate cristallisé abandonnent 15 parties d'eau en se desséchant, et contiennent d'ailleurs 6,875 d'acide sulfurique : ce qui donnerait pour nombre proportionnel de la base 5,695, si le sel était neutre et si la chaleur en chassait toute l'eau. Or, en partant de l'analyse de la base, et y admettant 2 atomes d'azote, on trouve pour nombre proportionnel 1,903, qui, à très peu de chose près, est le tiers de 5,695=1,898. Par conséquent, le sel, dans cette supposition, serait un sulfate tri-basique. Cependant les auteurs le supposent quadribasique.

## ARTICLE XVI.

### *Mélamine.*

2198. Cette base est la seule, avec l'amméline, qui soit artificielle. Toutes deux ont été récemment découvertes par M. Liebig. (*Ann. de Chim. et de Phys.*, t. LVI, p. 23.)

*Préparation.* — Pour se procurer la mélamine, on prend le résidu bien lavé de la distillation de 2 parties de chlorhydrate d'ammoniaque et de 1 partie de sulfocyanure de potassium, lequel ne se compose pour ainsi dire que de la substance désignée sous le nom de *mélam* (*Voy.* cette matière); on y ajoute $\frac{1}{8}$ de partie de potasse caustique que l'on dissout dans 3 à 4 parties d'eau, et l'on entretient la liqueur en ébullition jusqu'à ce qu'elle soit devenue parfaitement claire. Ce n'est ordinairement qu'au bout de trois jours que la dissolution se trouve complètement opérée : elle serait rendue plus rapide par l'emploi d'une liqueur alcaline plus concentrée, mais une grande masse de potasse compliquerait la séparation du produit. Pendant l'ébullition, l'eau vaporisée doit être remplacée de temps en temps par une dissolution de potasse de même concentration que la première. Lorsque le liquide s'est éclairci, il faut le filtrer et l'évaporer à une douce chaleur jusqu'à ce qu'il se forme des paillettes brillantes. Abandonné alors au refroidissement, il laisse déposer des cristaux de *mélamine*, qu'il ne reste plus qu'à laver et à purifier entièrement par plusieurs cristallisations.

Une autre matière, que nous allons décrire tout-à-l'heure sous le nom d'*amméline*, se produit en même temps que la *mélamine*, et reste dissoute dans l'alcali. La théorie de la production de ces deux substances est d'une extrême simplicité. 2 at. de *mélam* ($2C^{12}Az^{11}H^{9}$) et 2 atomes d'eau ($2H^{2}O$), en se décomposant simultanément sous l'influence de la potasse, donnent précisément une proportion de mélamine ($C^{12}Az^{12}H^{12}$) et une proportion d'amméline ($C^{12}Az^{10}H^{10}O^{2}$).

La mélamine forme des cristaux octaédriques à base rhombe dans lesquels les angles des arrêtes principales sont d'environ 75° et 115°. Ces cristaux sont assez volumineux, blancs, peu transparens, doués d'un éclat vitreux, peu solubles dans l'eau froide, beaucoup plus dans l'eau bouillante, insolubles dans l'éther et l'alcool. L'air ne les altère pas. Ils ne contiennent point d'eau de cristallisation. Ils décrépitent par la chaleur, et se résolvent ensuite en un liquide transparent, qui, par le refroidissement, se prend en une masse cristalline. Une température élevée jusqu'au rouge décompose la mélamine, en dégage de l'ammoniaque, et laisse pour résidu une matière qui paraît n'être que du *mellon*, car elle en a la couleur jaune, se transforme comme lui en cyanogène et azote, et se comporte également comme lui avec la potasse. La mélamine peut être en effet représentée par du mellon et de l'ammoniaque. $C^{12}Az^{12}H^{12} = C^{12}Az^{8} + Az^{4}H^{12}$ : aussi donne-t-elle lieu par la fusion avec le potassium à un dégagement de gaz ammoniaque, en même temps qu'à un dégagement de lumière, et à du mellonure de potassium. D'une autre part, fondue avec un excès d'hydrate de potasse, elle produit du cyanate de cette base, et probablement aussi du gaz ammoniac; car 1 proportion de mélamine et 3 proportions d'eau renferment les élémens de 3 proportions d'acide cyanique et de 3 proportions d'ammoniaque, comme l'indique l'équation suivante : $C^{12}Az^{12}H^{12} + H^{6}O^{3} = C^{12}Az^{6}O^{3} + Az^{6}H^{18}$. Si, au contraire, la mélamine était en excès, l'on obtiendrait du mellonure de potassium. Vraisemblablement dans cette circonstance, une partie de l'ammoniaque que l'on peut concevoir unie au mellon dans la mélamine, reduit par son hydrogène le potassium qui s'unit au mellon, produit de l'eau et du gaz azote.

Les acides étendus se combinent à la mélamine sans l'altérer; mais les acides azotique et sulfurique concentrés la détruisent. Il ne se produit point de matière charbonneuse; la mélamine donne de l'ammoniaque, qui reste unie à l'acide employé, et de plus un composé nommé *ammélide*, représenté par la formule $C^{12}Az^{9}H^{9}O^{3}$. 3 proportions d'eau doivent se décomposer en même temps qu'une proportion de mélamine, pour donner naissance à ce produit, ainsi qu'on le voit par les formules suivantes ; $C^{12}Az^{12}H^{12} + H^{6}O^{3} = C^{12}Az^{9}H^{9}O^{3} + Az^{3}H^{9}$.

L'analyse de la mélamine et de plusieurs de ces sels ont fait voir qu'elle était composée de 28,74 de carbone, 66,57 d'azote et 4,69 d'hydrogène ;

Et que sa proportion était représentée en atomes par $C^{12}Az^{12}H^{12}$.

La mélamine ne neutralise point complètement les acides, et produit en les saturant des sels qui tous ont une faible réaction acide. Mais elle forme des sels doubles basiques entièrement neutres aux réactifs. Chauffée avec une dissolution de sel ammoniac, elle dégage de l'ammoniaque en se combinant à l'acide chlorhydrique. Sa dissolution décompose un grand nombre de sels métalliques, tels que ceux de cuivre, de zinc, de fer, de manganèse, et précipite les oxides de leurs solutions, en formant presque toujours un sel double basique. Versée dans de l'azotate d'argent, elle y produit un précipité composé de 1 proportion d'acide azotique, 1 proportion d'oxide d'argent et 1 proportion de mélamine. M. Liebig fait remarquer que la mélamine, en se combinant aux acides oxigénés, présente comme l'ammoniaque la propriété de retenir une proportion d'eau, autant du moins qu'on en peut juger par l'oxalate qu'il a soumis à l'analyse ; mais qu'il n'en est plus de même dans les sels doubles basiques qu'elle produit, comme on peut le voir par la composition de l'azotate double bi-basique qu'elle forme avec l'oxide d'argent.

Les sels simples de mélamine qui ont été examinés sont le sulfate, l'azotate, le phosphate, l'oxalate, l'acétate et le formiate. Ils sont tous plus ou moins solubles et cristallisables. Les moins solubles sont le sulfate, l'azotate et surtout l'oxalate. On les prépare directement.

### ARTICLE XVII.

### *Amméline.*

2199. L'amméline se produit en même temps que la mélamine dans le traitement du *mélam* par la potasse caustique, ainsi que nous venons de le dire (2198). Elle reste en dissolution dans l'alcali après la précipitation de la mélamine. On l'en sépare en saturant la liqueur par l'acide acétique, l'acide carbonique, ou un sel ammoniacal, ou même par un acide puissant, pourvu qu'il ne soit pas employé en excès. Elle forme un précipité blanc qu'il faut laver et achever de purifier en le dissolvant dans l'acide azotique, faisant cristalliser l'azotate, le redissolvant dans de l'eau acidulée par l'acide azotique, et y versant de l'ammoniaque ou du carbonate d'ammoniaque. Le précipité bien lavé et séché est de l'amméline pure.

Cette substance se produit aussi, en même temps que de l'ammoniaque, par l'action de l'acide chlorhydrique bouillant sur le *mélam*. 2 atomes d'eau concourent avec 1 atome de mélam à la formation de ces produits. L'équation suivante représente la réaction :

$$C^{12}Az^{11}H^{9}(\text{Mélam})+H^{4}O^{2}=C^{12}Az^{10}H^{10}O^{2}(\text{Ammél}^{\text{ne}})+AzH^{3}.$$

L'amméline est d'un blanc éclatant, et présente un aspect cristallin, quand sa précipitation a été effectuée à l'aide de l'ammoniaque. Elle est insoluble dans l'eau, l'alcool, l'éther, mais soluble dans les alcalis fixes, caustiques, et dans la plupart des acides. Soumise à l'action de la chaleur, elle donne un sublimé cristallin, du gaz ammoniac, et un résidu jaune citron, qui paraît être du mellon.

Mise en contact avec les principaux acides, l'amméline s'y unit et forme des sels qui cristallisent parfaitement. Ses propriétés basiques sont toutefois bien moins caractérisées que celles de la mélamine. L'affinité de l'eau pour les acides suffit pour décomposer partiellement les sels neutres d'amméline et déterminer la précipitation d'une certaine quantité de base. L'ammeline ne dégage pas l'ammoniaque des sels ammoniacaux par l'ébullition; mais elle forme avec beaucoup d'autres sels des sels doubles basiques semblables à ceux de la mélamine.

L'amméline n'est point décomposée par l'acide azotique même concentré et bouillant. Elle ne fait que s'y unir et donne lieu à un azotate qui cristallise facilement. L'eau pure sépare de ce sel une petite partie de la base, qu'elle laisse indissoute. La liqueur renferme par conséquent un excès d'acide; cependant elle donne, par l'évaporation, le même sel neutre qu'auparavant. L'azotate d'amméline cristallisé est facilement détruit par le feu. Il se transforme en acide azotique, en azotate d'ammoniaque, ou dans les produits de sa décomposition, et en *ammelide* ($C^{12}Az^{9}H^{9}O^{3}$). Avec 1 prop. d'amméline et 1 pr. d'eau, on peut en effet former de l'ammélide et de l'ammoniaque ainsi qu'on le voit par l'équation suivante :

$$C^{12}Az^{10}H^{10}O^{2}+H^{2}O=C^{12}Az^{9}H^{9}O^{3}+AzH^{3}.$$

L'acide sulfurique concentré fait éprouver à l'amméline la même transformation.

Fondue avec la potasse caustique, l'amméline se décompose rapidement : la masse se boursoufle fortement; il se dégage de l'ammoniaque et de la vapeur d'eau, et il reste du cyanate de potasse, lequel est neutre, si l'ammeline a été employée en petit excès. 1 prop. d'amméline et 1 prop. d'eau donnent naissance, sous l'influence de la potasse, à 3 prop. d'acide cyanique et 2 proportions d'ammoniaque. C'est ce qu'exprime l'équation suivante : $C^{12}Az^{10}H^{10}O^{2}+H^{2}O = 3(C^{4}Az^{2},O) + 2Az^{2}H^{6}$. (Liebig, *Ann. de Chim. et de Phys.*, t. XLVI, p. 31.)

### ARTICLE XVIII.

*Bases organiques dont l'existence n'est point aussi bien démontrée que celle des bases précédentes.*

2200. Indépendamment des bases que nous venons d'examiner, il en est un grand nombre d'autres dont on a publié la description dans les journaux scientifiques; mais évidemment beaucoup de méprises ont été faites, beaucoup d'erreurs ont été commises; on s'est laissé entraîner par l'idée fausse que toutes les plantes très actives devaient leur vertu à des *alcaloïdes*, et l'on a été conduit à regarder comme *basiques* des matières qui ne l'étaient pas, et qui appartenaient à la classe des substances *indifférentes*, ou même, faute plus grave, à prendre pour bases réelles des corps déjà connus, et qui n'avaient aucune analogie avec elles. C'est ainsi qu'on a cru d'abord que la *salicine*, la *caféine*, etc., étaient de véritables bases organiques; c'est encore ainsi que le malate d'*althéine*, annoncé par M. Bacon, ne se trouve être que de l'asparamide d'après les observations de M. Plisson, et que la *digitaline* de MM. Dulong d'Astafort et de M. Leroyer de Genève, n'est que du nitre d'après celles de M. Soubeyran.

Par ces motifs, nous n'examinerons ici que la *nicotine*, l'*hyoscyamine*, la *daturine*, la *colchicine*, l'*aconitine*, la *corydaline* et la *curarine*.

La *cicutine*, la *capsicine* (*capsicum annuum*), la *jalapine*, l'*aloïne*, ne sont pas assez bien connues pour que nous décrivions leurs propriétés. Il en est de même de cinq autres bases trouvées par M. Unverdorben, savoir : l'*ammoline*, l'*animine*, l'*odorine*, l'*olanine* dans l'huile animale de Dippel, et la *cristalline* dans l'huile empyreumatique d'indigo. (*Traité de Chimie de M. Berzelius*, t. VII, p. 717 et 730.)

Aucune des sept bases dont il va être question n'a été analysée. Leur nombre proportionnel n'a point non plus été déterminé, si ce n'est celui de la nicotine. On sait néanmoins qu'elles contiennent toutes de l'azote, car elles donnent de l'ammoniaque à la distillation; que dans l'état où elles ont été obtenues, elles ramènent au bleu le papier de tournesol rougi, qu'elles s'unissent aux acides et forment des sels neutres ou acides,

*Nicotine.* — Incolore, d'une odeur et d'une saveur âcre et piquante, liquide même à —6°, miscible en toutes proportions à l'eau, dont elle est en grande partie séparée par l'éther qui la dissout aisément; soluble dans l'alcool, dans l'huile d'amande, et fort peu dans l'essence de térébenthine; susceptible d'être distillée lentement à la température de 140°, et de bouillir en se décomposant à celle de 246; s'unissant aux acides et formant des sels âcres et piquans comme elle, que l'eau et l'alcool peuvent dissoudre pour la plupart, mais sur lesquels l'éther paraît être sans action. Le phosphate, l'oxalate, le tartrate sont cristallisables.

Elle s'extrait des feuilles ou des semences de tabac (*nicotiana tabacum*) en acidulant l'eau dont on se sert, évaporant la liqueur jusqu'à un certain point, y ajoutant alors de la chaux, la distillant et traitant le produit distillé par l'éther.

La nicotine rétrécit les pupilles. Une seule goutte suffit pour tuer un chien. Elle a été découverte par MM. Posselt et Reimann, et étudiée par eux et M. Buchner. (*Voyez* l'ouvrage de Berzelius, t. v, p. 177.)

*Hyoscyamine.* — Solide, cristallisable en aiguilles incolores, transparentes et soyeuses, d'une saveur âcre, légèrement soluble dans l'eau, très soluble dans l'alcool et dans l'éther, susceptible de se vaporiser presque sans altération, et même de passer à la distillation avec l'eau, mais seulement en très petite quantité. Elle s'altère promptement dans son contact avec l'eau et les alcalis, et se détruit complètement en dégageant de l'ammoniaque quand on la chauffe avec de la potasse. Sa dissolution aqueuse forme un précipité blanc avec l'infusion de noix de galle, un précipité blanc-jaunâtre avec le chlorure d'or, et ne produit aucun trouble avec celui de platine. Elle neutralise les acides et donne des sels aisément cristallisables pour la plupart, et très vénéneux.

L'hyoscyamine existe dans l'*hyoscyamus niger* et s'extrait des semences de cette plante. On les traite par l'alcool, on concentre la solution alcoolique dans une cornue, on la décolore par l'emploi successif et réitéré de la chaux et de l'acide sulfurique en la filtrant à chaque fois, on réduit par l'évaporation cette solution à un petit volume, et l'on y ajoute un excès de carbonate de soude pulvérisé. Le précipité est recueilli et séparé le plus promptement possible du carbonate alcalin, en le soumettant à la presse et le traitant par l'alcool absolu; les eaux-mères sont en même temps reprises par de l'éther. Les liqueurs alcooliques et éthérées réunies, mêlées à de l'hydrate de chaux, filtrées, décolorées par le charbon animal et évaporées, laissent déposer l'hyoscyamine, que l'on purifie au besoin en la dissolvant dans un acide, traitant encore par le charbon animal, etc.

Cette matière est très vénéneuse. Portée sur l'œil, elle détermine une dilatation qui dure très long-temps. (Geiger et Hesse, *Journal de Pharm.*, t. xx, p. 92.)

*Daturine.* — Blanche, amère et âcre, fusible, volatile; cristallise facilement en prismes; se dissout dans 280 p. d'eau froide et 72 p. d'eau bouillante, dans l'alcool en grande quantité, un peu moins dans l'éther; se comporte comme l'atropine avec la potasse et, en général, avec les divers réactifs; ne se volatilise pas toutefois comme elle avec la vapeur d'eau; se prépare de la même manière, au moyen des semences du *datura stramonium*, et produit le même effet sur la pupille. Parmi les sels qu'elle forme, quelques-uns donnent de très beaux cristaux, inaltérables à l'air, aisément solubles. (Geiger et Hesse, *Journal de Pharm.*, t. xx, p. 94; et Samuel Simes, *idem*, t. xx, p. 101.)

*Colchicine.* — Solide, blanche, inodore, d'une saveur âpre et très amère, cristallisable en aiguilles déliées, assez soluble dans l'eau qui, après l'avoir dissoute, produit un précipité dans la solution de chlorure de platine, soluble dans l'alcool, susceptible de neutraliser complètement les acides, se colorant par l'action de l'acide azotique concentré en violet foncé qui passe bientôt au vert et au jaune, très vénéneuse, trouvée dans le *colchicum autumnale*, d'où elle s'extrait par un procédé semblable à celui que l'on emploie pour préparer l'hyoscyamine. (Geiger et Hesse, *Journal de Pharm.*, t. xx, p. 164.)

*Aconitine.* — Solide, blanche, pulvérulente ou en masse transparente, qui présente l'éclat du verre, inodore, d'une saveur amère, puis âcre, très fusible, non volatile, peu soluble dans l'eau, qui n'acquiert point en la dissolvant la propriété de précipiter le chlorure de platine, très soluble dans l'alcool, soluble dans l'éther, susceptible de neutraliser complètement les acides et de former des sels qui paraissent être incristallisables.

Elle est extrêmement vénéneuse, produit sur la pupille une dilatation qui persiste peu de temps, s'extrait des feuilles sèches de l'*aconitum napellus* à-peu-près de la même manière que l'atropine des racines de la belladone. (Geiger et Hesse, *Journal de Pharm.*, t. xx, p. 165.)

*Corydaline.* — Cristallisable en longs prismes incolores ou en fines écailles, sans odeur, presque insipide, quoique ses sels soient extrêmement amers, très peu soluble dans l'eau, davantage dans les dissolutions des alcalis fixes, bien soluble dans l'alcool et l'éther, fusible au-dessous de 100°, et se décomposant à une température portée un peu au-delà de ce point, se colorant en rouge intense par l'action de l'acide azotique concentré, susceptible de former un sulfate neutre et un sulfate basique, un chlorhydrate très soluble et incristallisable, un acétate très soluble et cristallisable. Ses dissolutions sont précipitées par l'infusion de noix de galle.

Elle a été découverte par Wackenroder. Sa préparation rentre dans le procédé général (2179). (Voyez le *Traité de M. Berzelius*, t. v, p. 175.)

*Curarine.* — Telle qu'elle a été obtenue jusqu'ici, elle est amorphe et cornée, de couleur jaunâtre, amère, déliquescente, soluble en toutes proportions dans l'eau et l'alcool, insoluble dans l'éther et l'essence de térébenthine. De tous les réactifs avec lesquels elle a été mêlée, le tannin seul la précipite. Elle neutralise les acides et forme des sels que l'on n'a pu faire cristalliser.

Pour l'obtenir, on traite par l'alcool le poison des Indiens, nommé *curara*, préalablement pulvérisé. La liqueur alcoolique évaporée après addition d'eau, filtrée, décolorée par le charbon animal, est mêlée avec une infusion de noix de galle. Le précipité est dissous dans de l'eau chargée d'acide oxalique, et la dissolution, mise en contact avec un excès de magnésie, est filtrée et évaporée. La curarine reste pour résidu. (Boussingault et Roulin, *Ann. de Chim. et de Phys.*, XXXIX, 24; Pelletier et Pétroz, même recueil, XL, 213.)

---

# TROISIÈME CLASSE.

*Substances neutres ou indifférentes.*

2201. Parmi les substances neutres ou indifférentes, les unes sont formées de carbone et d'hydrogène; d'autres de carbone, d'hydrogène et d'oxigène; les autres, de ces trois principes et d'azote. Il est donc naturel d'en faire l'étude dans trois chapitres distincts. Nous y en joindrons un quatrième, qui comprendra les substances dont l'examen laisse beaucoup à desirer ou dont l'existence est douteuse.

---

## CHAPITRE I.

*Substances formées de carbone et d'hydrogène.*

2202. Le carbone et l'hydrogène sont les deux corps simples qui s'unissent dans le plus grand nombre de proportions, et qui donnent lieu en même temps au plus grand nombre de composés isomériques. En effet, dans l'état actuel de la science, on connaît au moins 17 carbures d'hydrogène, savoir :

4 carbures gazeux : le proto-carbure $CH^2$ (1), le bi-carbure CH (1) ou *methylène*, le bi-carbure $C^2H^2$ (1) ou gaz oléfiant, le bi-carbure $C^4H^4$ (1).

6 carbures liquides : le bi-carbure ou huile douce de vin légère, le naphte, l'essence de térébenthine ou camphène, l'essence de citron ou citrène, le quadri-carbure, l'eupione.

7 carbures solides : l'huile de vin concrète, l'essence de rose concrète, la paraffine, le caoutchouc, la naphtaline, la para-naphtaline et l'idrialine.

Indépendamment de ces 17 carbures, M. Morin de Genève admet 3 autres carbures gazeux : un proto-carbure *dilaté* ($\frac{1}{2}$ $CH^2$) (1), un sesqui-carbure ($\frac{1}{2}$ $C^3H^4$) (1) et un sesqui-carbure *dilaté* ($\frac{1}{4}$ $C^3H^4$) (1). Mais leur existence ne nous paraît pas assez bien démontrée pour les examiner d'une manière particulière. (*Ann. de Chim. et de Phys.*, XLII, 311.)

Nous suivrons dans l'étude des différens carbures d'hydrogène un ordre fondé sur leur composition et résultant de leur moindre degré de carburation.

Nous aurons :

1° Le proto-carbure d'hydrogène ($CH^2$). (1)

2° Sept bi-carbures, dans lesquels le rapport du carbone à l'hydrogène est exprimé par (CH) et qui sont : le bi-carbure gazeux CH ou *methylène* (1), le bi-carbure gazeux (2CH) (1) ou gaz oléfiant, le bi-carbure gazeux (4 CH) (1), le bi-carbure liquide ou huile douce de vin légère, l'huile douce de vin concrète, la paraffine, l'essence de rose concrète.

3° Le caoutchouc ($C^8H^7$). (2)

4° Le naphte ($C^6H^5$). (1)

5° L'essence de citron ou citrène ($C^5H^4$) (1), l'essence de térébenthine ou camphène ($2C^5H^4$). (1)

6° Le quadri-carbure d'hydrogène. ($C^6H^3$) (1)

7° La naphtaline ($2C^5H^2$) (1), la para-naphtaline ($3C^5H^2$). (1)

8° L'idrialine ($C^3H$). (2)

Et enfin l'eupione (non analysée) : il en sera question en même temps que de la paraffine, parce qu'on les trouve ensemble dans les produits de la distillation des matières organiques et qu'on obtient l'une en même temps que l'autre.

(1) Cette formule indique le nombre d'atomes qui existent dans un volume gazeux.

(2) Comme on ne connaît point la densité de la vapeur de ce corps, cette formule n'indique que le rapport du charbon à l'hydrogène.

Déjà nous avons traité du proto-carbure d'hydrogène et du bi-carbure ($C^2H^2$) ou gaz oléfiant (53 et 55). Peut-être même aurions nous dû examiner tous les autres, excepté les essences de rose, de térébenthine, de citron, et le caoutchouc, dont l'histoire se rattache trop immédiatement à celle des substances végétales pour en être séparée.

### ARTICLE I.

### *Bi-carbure gazeux CH ou methylène.*

2203. Le methylène (ainsi nommé de *meth*, liqueur spiritueuse, et de *yle*, bois) vient d'être découvert par MM. Dumas et Peligot dans l'*esprit de bois*. Ils l'obtiennent en décomposant le chlorhydrate de methylène dans un tube de porcelaine chauffé au rouge : le chlorhydrate se résout alors en methylène et en gaz chlorhydrique faciles à séparer l'un de l'autre par la potasse. Cependant, même en ménageant le feu, il y a toujours un peu de charbon qui se dépose et un peu de gaz hydrogène qui devient libre; à part celui-ci, 1 vol. du gaz recueilli exige pour sa combustion 1 $\frac{1}{2}$ vol. de gaz oxigène, et produit 1 vol. de gaz carbonique : d'où il suit évidemment que le methylène est composé de 1 vol. de vapeur de charbon et de 1 vol. d'hydrogène condensés en un seul.

Le methylène forme avec l'eau et les acides des composés extrêmement remarquables, que nous ne ferons connaître que plus tard (2323).

### ARTICLE II.

### *Bi-carbure gazeux d'hydrogène $C^4H^4$.*

2204. M. Faraday est parvenu à extraire trois composés de carbone et d'hydrogène du liquide qui se dépose, lorsque l'on comprime, sous une pression de 30 atmosphères, le gaz de l'huile pour le rendre portatif.

L'un est gazeux, et ne se liquéfie que bien au-dessous de zéro : *c'est le bi-carbure $C^4H^4$.*

L'autre est solide à zéro, ne se fond qu'à +7° et bout à 86° : *c'est le quadri-carbure* : il n'en sera question que plus bas (2213).

Le dernier est liquide, bout à 85°5, et résiste à un grand froid : à la température et sous la pression de l'atmosphère, il tient en dissolution les deux autres. Ce carbure paraît être identique avec le naphte. (*Voy.* page 318.)

Le *bi-carbure gazeux d'hydrogène* $C^4H^4$ s'obtient en chauffant avec la main le liquide provenant du gaz comprimé dans une fiole surmontée d'un tube qui s'engage sous des flacons pleins de mercure. Le gaz se dégage peu-à-peu et se conserve autant que l'on veut sans altération. Si l'on craignait que le gaz ne fût pas pur, il faudrait le liquéfier en le recevant dans un tube recourbé, sous forme de U, qu'on tiendrait plongé dans un mélange frigorifique, puis le gazéifier de nouveau, et ne recueillir que les premières portions : la liquéfaction aurait lieu aisément par un froid de 18°, et la gazéification au-dessous de zéro.

Ce gaz est incolore; sa densité est 27 à 28 fois aussi grande que celle de l'hydrogène, c'est-à-dire de 1,8576 à 1,9264, ou sensiblement 2 fois celle du gaz oléfiant : celle du liquide dans lequel il se convertit par le froid, est de 0,627 à 12°. Il est très combustible et brûle avec une flamme brillante.

L'eau ne dissout que très peu de ce gaz; l'huile d'olive 6 fois son volume; l'acide sulfurique concentré 100 fois; l'alcool une grande quantité, si bien qu'en versant de l'eau dans la solution, il se produit une vive effervescence due au gaz qui se dégage.

L'acide chlorhydrique ainsi que les dissolutions alcalines sont sans action sur lui.

Son analyse se fait comme celle du gaz oléfiant, et l'on trouve que 1 volume de gaz consomme 6 de gaz oxigène, dont 4 sont employés à faire du gaz carbonique et les 2 autres de l'eau : d'où il suit que comme 2 volumes d'oxigène représentent 4 volumes d'hydrogène, et que 4 volumes de gaz carbonique représentent 4 volumes de vapeur de carbone, 1 volume du gaz résulte de 4 volumes d'hydrogène et de 4 de vapeur de carbone. Et en effet, en prenant 4 fois la densité de l'hydrogène et 4 fois celle de la vapeur de carbone, et additionnant les deux sommes, on obtient, à peu de chose près, un nombre égal à celui de la densité du nouveau gaz. Ce bi-carbure d'hydrogène a donc pour formule $C^4H^4$.

### ARTICLE III.

### *Huile douce de vin légère, huile douce de vin concrète.*

2205. Lorsque l'on calcine dans une cornue de verre, munie d'un récipient, un sulfovinate bien sec, par exemple, du sulfovinate de chaux (sulfate double de bi-carbure d'hydrogène ($C^2H^2$) et de chaux, dans lequel le bi-carbure d'hydrogène fait fonction de base), le sulfate de chaux reste dans la cornue, tandis que le sulfate de bi-carbure d'hydrogène se partage en deux parties : l'une se décompose en gaz sulfureux, eau, acide carbonique, carbure d'hydrogène, etc.; l'autre se vaporise et vient se condenser dans le récipient, sous l'apparence d'une huile jaunâtre, connue quelquefois sous le nom d'*huile douce de vin pesante*. (*Voy.* les sulfovinates.)

Le sulfate de bi-carbure doit être lavé en l'agitant avec une certaine quantité d'eau, qui n'en dissout que très peu, puis versé dans un verre à pied, que l'on dispose sur une large capsule contenant de l'acide sulfurique. La capsule est ensuite placée sous le récipient de la machine pneumatique, et le vide est fait peu-à-peu. Par ce moyen, l'acide sulfureux que pourrait contenir le sulfate de bi-carbure se sépare promptement. Alors on chauffe le sulfate de bi-carbure avec de l'eau, dans un matras à long col, jusqu'à ce que le sulfate qui occupe le fond du vase ait disparu : il se transforme ainsi en sulfate acide de bi-carbure ou acide sulfovinique qui se dissout, et en une matière huileuse légère qui se rassemble à la surface. C'est cette matière d'apparence huileuse, qui contient tout à-la-fois l'huile légère et l'huile concrète. En effet, abandonnée au repos dans une capsule entourée de glace, elle laisse déposer du jour au lendemain des cristaux de même composition qu'elle, et qui affectent la forme de petits prismes croisés très symétriques.

Cela fait, il faut réunir le tout sur un filtre mouillé d'eau, qui permet au sulfate acide de s'écouler, laver la matière jusqu'à ce que la liqueur ne soit plus acide, et placer l'entonnoir sur un support : de cette manière, le filtre se dessèche et laisse passer l'huile en retenant les cristaux, que l'on recueille et que l'on comprime entre des feuilles de papier joseph, pour absorber toute l'huile adhérente aux aiguilles cristallines.

2206. *Huile douce de vin légère ou bi-carbure liquide.*—Ce bi-carbure est légèrement jaune comme l'huile d'olive. Son odeur, qui est aromatique, se développe par le frottement entre les doigts. Sa densité à 10°,5 est égale à 0,9174, selon MM. Dumas et P. Boullay. M. Sérullas l'a trouvée de 0,921; mais il n'indique point la température.

Il tache le papier à la manière des huiles. Son point d'ébullition est très élevé. Lorsqu'on abaisse sa température jusqu'à —25°, il devient épais comme une térébenthine, sans perdre sa transparence. Il se solidifie à —35°. Il ne conduit point l'électricité, lorsqu'il est entièrement privé d'eau.

2207. *Huile douce de vin concrète.* — Ce bi-carbure cristallise en longs prismes transparens et brillans; son odeur est semblable à celle du bi-carbure liquide; sa saveur est nulle;

il est friable et craque sous la dent, lorsqu'on l'y comprime; sa densité est 0,980. Il fond à 110°, sans cesser d'être transparent, et se volatilise à 260°, sans résidu et sans altération. Il est insoluble dans l'eau, soluble dans l'alcool et plus soluble dans l'éther, dont on peut l'extraire sous forme cristalline, par une évaporation ménagée avec soin.

## ARTICLE IV.

### *Paraffine.*

2208. La *paraffine* est une substance qui a été trouvée avec l'*eupione*, il y a quelques années, dans le goudron provenant de la distillation des matières organiques et de la houille, par M. Reichenbach (*Ann. de Chim. et de Phys.*, L, 69). M. Laurent l'a trouvée depuis dans l'huile que fournissent également à la distillation les schistes bitumineux (*Ann. de Chim. et de Phys.*, LIV, 392). Son nom vient de son peu d'affinité pour les autres corps (*parùm affinis*).

L'auteur lui assigne les propriétés suivantes :

La paraffine est solide, cristalline, d'un blanc pur, inodore, insipide, tendre, douce au toucher comme la cétine; elle prend un éclat gras par la râclure, ne conduit point l'électricité, et n'éprouve aucune diminution de poids, au contact de l'air libre, pendant plusieurs mois. Sa densité est de 0,870.

Soumise à l'action de la chaleur, elle fond à 43° $\frac{3}{4}$ en un liquide incolore, transparent, oléagineux, et bout à une température plus élevée, sans subir d'altération et sans laisser de résidu; cependant elle ne fait pas tache comme la graisse, à la température ordinaire, et du papier non collé n'en reste pas imbibé par le frottement.

Chauffée dans une cuiller de platine, jusqu'à ce qu'elle commence à se vaporiser, elle s'enflamme à l'approche d'une bougie allumée, et brûle tout entière avec une lumière blanche et pure; mais lorsqu'on l'expose directement à la flamme de la bougie, elle se liquéfie sans prendre feu.

La paraffine est insoluble dans l'eau, presque insoluble dans l'alcool froid, peu soluble dans l'alcool bouillant. L'éther en dissout les $\frac{7}{5}$ de son poids à la température de 25° : à une température un peu plus basse, la liqueur se prend en une masse blanche cristalline. Ses meilleurs dissolvans sont l'huile de térébenthine, l'huile de goudron, et l'huile de naphte; elles en opèrent facilement la dissolution à froid;

les huiles d'olives et d'amandes ne l'opèrent bien qu'à chaud.

Elle s'unit par la fusion avec la stéarine, la cétine, la cire d'abeilles et la colophane; elle s'unit de même avec la graisse de porc et le suif, mais ces deux corps gras s'en séparent en se refroidissant. Le camphre, la naphtaline, le benjoin, la poix noire compacte, ne forment avec elle aucune combinaison même momentanée. Elle ne se charge tout au plus que d'une petite quantité de phosphore, de soufre, de sélénium, par la fusion.

Une foule de corps sont sans action sur elle, savoir : le chlore dissous ou gazeux, le potassium même en fusion, l'oxide rouge de plomb, le peroxide de manganèse, les acides sulfurique, azotique, chlorhydrique, oxalique, tartrique, acétique, les dissolutions de potasse, d'ammoniaque, de baryte, de strontiane, de chaux, l'hydrate de chaux en poudre, les carbonates alcalins.

*Préparation.*— La paraffine s'extrait plus aisément et en plus grande quantité du goudron végétal, surtout de celui de bois, que du goudron des substances animales ou de houille. M. Reichenbach donne même la préférence au goudron que donne la carbonisation de bois de hêtre.

1° On distille jusqu'à siccité cette sorte de goudron, et on obtient ainsi, en ayant soin de ne pas agiter le récipient, trois liquides différens : le supérieur est une huile assez légère; l'intermédiaire un liquide aqueux acide, et l'inférieur une huile pesante.

2° On soumet à une nouvelle distillation l'huile pesante, et lorsque la masse liquide commence à s'épaissir et à se soulever, on change le récipient, et l'on continue la distillation en augmentant le feu jusqu'à ce qu'il ne vaporise plus rien. Le produit que l'on obtient ainsi est épais, et formé d'huile, d'eupione et de paraffine dont une partie apparaît sous forme de petites paillettes. S'il contenait trop d'huile, ou s'il était trop liquide, il faudrait le redistiller encore, en changeant de récipient, comme il a été dit plus haut.

3° Lorsqu'on s'est procuré cette sorte de produit, on l'agite avec 6 à 8 fois son poids d'alcool à 0,833. Après quelques momens de repos, il se dépose du mélange trouble une masse liquide, épaisse, qu'on lave successivement avec de l'alcool au même degré que le précédent jusqu'à ce qu'elle se transforme en petites feuilles incolores; ce sont ces petites feuilles qui constituent la paraffine, et qu'on purifie en les dissolvant dans de l'alcool absolu et bouillant : elles s'en précipitent par le refroidissement, soit sous leur forme première, soit en petites aiguilles aplaties.

Dans le cas où l'on ne traiterait le produit huileux que par un volume d'alcool égal au sien, l'on dissoudrait la paraffine par l'intermède de l'huile à laquelle elle est unie; mais il suffirait d'ajouter 6 à 7 fois plus d'alcool à la dissolution pour en précipiter la paraffine, que l'on purifierait comme il a été dit.

4° Au lieu de traiter directement par l'alcool le produit épais qui provient de la distillation de l'huile pesante de goudron, l'on peut encore le mêler peu-à-peu avec le quart ou la moitié de son poids d'acide sulfurique concentré, porter le mélange jusqu'à 100°, si la réaction ne développe pas ce degré de chaleur, et le placer pendant 12 heures ou plus dans un lieu où la température ne soit pas moins de 50°.

L'acide est en partie décomposé; il y a dégagement de gaz sulfureux; la masse devient noire, et se recouvre d'une couche liquide, incolore, de paraffine, d'eupione et d'huile, laquelle couche, décantée et refroidie, se solidifie complètement. En la comprimant alors entre plusieurs doubles de papier joseph, presque toute l'huile et toute l'eupione se trouvent absorbées, de sorte que la purification de la paraffine par l'alcool bouillant devient ensuite très facile.

*Composition*. — L'analyse de la paraffine a été faite par M. J. Gay-Lussac : il a vu qu'elle était formée de carbone et d'hydrogène, et s'est assuré que ces deux corps constituaient un véritable bi-carbure. (*Ann. de Chim. et de Phys.* L. 78.)

ARTICLE V.

## *Eupione*.

2209. L'*eupione*, qui tire son nom de deux mots grecs (πιῶν, graisse, εὐ, bon, pur), est, comme la paraffine, une substance qui a été trouvée par M. Reichenbach dans les goudrons provenant de la distillation des matières organiques et de la houille; mais le goudron animal ou l'huile de Dippel fournit plus d'eupione qu'aucun autre.

L'eupione est liquide même à —20°, incolore, limpide comme l'alcool absolu, inodore, insipide, sans action sur les couleurs bleues, mauvais conducteur de l'électricité. Elle produit sur le papier des taches grasses qui disparaissent d'elles-mêmes dans un espace de temps plus ou moins considérable. Sa densité est de 0,740 à 22° c.

Elle bout à 169°, sans se décomposer; elle ne s'enflamme qu'autant qu'elle est chaude, à l'approche d'une allumette;

elle brûle facilement au moyen d'une mèche, sans déposer de suie, et en donnant lieu à une flamme vive. L'air, à la température ordinaire, ne l'altère pas.

Elle est insoluble dans l'eau froide ou chaude, très soluble dans l'éther. L'alcool absolu se mêle avec elle en toutes proportions, lorsqu'il est bouillant; à + 18°, il en dissout encore le tiers de son poids; à 8°, beaucoup moins: l'eau diminue singulièrement le pouvoir dissolvant de l'alcool, si bien que l'alcool d'une densité de 0,833, ne dissout que 5 pour 100 d'eupione à la chaleur de l'ébullition, et qu'après le refroidissement il n'en retient que un peu plus de 1 centième. Le sulfure de carbone, l'essence de térébenthine, le naphte, les huiles d'amandes et d'olives s'unissent aussi à l'eupione, en toutes proportions, comme l'alcool absolu.

L'eupione dissout à froid le chlore, et mieux encore le brôme, et prend la teinte de ces deux corps; ils s'en dégagent par la chaleur, sans lui avoir fait éprouver d'altération. Elle dissout également l'iode en devenant violette; et si la dissolution se fait à chaud, une partie de l'iode se sépare en cristaux par le refroidissement; elle n'agit comme dissolvant sur le phosphore, le soufre, le sélénium, qu'autant qu'elle est très chaude.

L'eupione dissout encore beaucoup d'autres substances, savoir: la paraffine, la naphtaline, le camphre, les résines, les graisses, la cire; elle dissout même le caoutchouc, mais il faut qu'elle soit bouillante. Le caoutchouc se gonfle d'abord considérablement: la solution étendue sur un carreau de verre, et exposée à la chaleur d'un poêle, devient gluante, donne des fils et finit par sécher. Malheureusement la matière est cassante.

Les oxides, le bi-chromate de potasse, le potassium, les alcalis même, dans leur plus grand état de concentration, n'exercent aucune action sur l'eupione.

*Préparation.* — C'est du goudron animal d'os, de cornes ou de chairs, que M. Reichenbach extrait l'eupione.

1° Il le distille, et de 8 litres en retire 5, qu'il réduit à 3 par une nouvelle distillation.

2° Il mêle ensuite ces 3 litres peu-à-peu avec une livre d'acide sulfurique concentré, et les agite à mesure avec soin : il obtient ainsi une huile subtile, transparente, d'un jaune clair, qui tient l'eupione, plus de la paraffine, en dissolution, et qui se rassemble à la surface d'un liquide rouge; il la décante pour la traiter de nouveau par l'acide sulfurique et la distiller aux $\frac{3}{4}$. La quantité d'acide doit être égale en poids à celle de l'huile : il a pour objet de la détruire : aussi se colore-t-il en noir, et est-il bon d'ajouter en même temps de l'acide azotique, environ le quart du poids de l'acide sulfurique.

3° Le produit huileux et incolore qui provient de cette opération est lavé avec une lessive chaude de potasse, puis séparé après quelque temps de digestion, mêlé comme précédemment, mais seulement avec la moitié de son poids d'acide sulfurique, et soumis de nouveau à la distillation : après quoi il est encore lavé à la potasse, décanté, et ensuite distillé très lentement avec de l'eau pure jusqu'à ce que les $\frac{1}{4}$ soient passés dans le récipient.

4° Enfin, après avoir desséché dans le vide par l'intermède de l'acide sulfurique le nouveau produit, qui n'est pour ainsi dire que de l'eupione, on le fait bouillir avec quelques grains de potassium qui en sépare des flocons rouges, et l'on soutient l'opération tant que le métal se ternit. Lorsqu'il conserve tout son éclat, il ne faut plus que traiter l'eupione par l'alcool pour la séparer de la paraffine, qu'elle pourrait contenir et qui est sensiblement insoluble dans ce liquide. Une chaleur convenable vaporise ensuite l'alcool et laisse l'eupione pure.

L'eupione n'a point encore été analysée; mais la propriété qu'elle a de ne point être attaquée par le potassium, nous autorise à croire qu'elle n'est formée que de carbone et d'hydrogène : elle se rapproche beaucoup du naphte.

### ARTICLE VI.

*Essence de rose concrète, essence de térébenthine ou camphène, essence de citron ou citrène.*

2210. Il ne sera question de ces essences que dans les huiles essentielles auxquelles leur étude se rattache. Nous n'en faisons mention ici, que parce qu'elles ne contiennent point d'oxigène, et qu'elles sont uniquement formées d'hydrogène et de carbone.

### ARTICLE VII.

*Caoutchouc.*

2211. *Propriétés.* — Le caoutchouc, nommé aussi *gomme élastique*, *résine élastique*, est un corps solide, inodore, insipide, mou, flexible, extrêmement élastique, assez tenace, très mauvais conducteur de l'électricité et de la chaleur, qui fut apporté d'Amérique en Europe au commencement du dix-huitième siècle. Pur, il est transparent et incolore, ou du moins n'a qu'une légère teinte jaunâtre, même en couches assez épaisses. Sa pesanteur spécifique est de 0,925, et n'augmente pas d'une manière stable par une forte pression.

Le froid rend le caoutchouc dur et difficile à broyer; mais par la chaleur, il reprend sa souplesse et son élasticité. Il entre en fusion à environ 120°, et prend la consistance de goudron, qu'il conserve même après son refroidissement. Soumis à la distillation, il donne beaucoup de carbure d'hydrogène oléagineux, du carbure hydrogéné gazeux, mais point de gaz carbonique, point d'eau, point d'ammoniaque. Mis en contact avec la flamme d'une bougie, il prend feu promptement, brûle avec rapidité et répand une odeur fétide. Il est inaltérable à l'air, insoluble dans l'eau et dans l'alcool. Lorsqu'on en coupe une bande et qu'on la tient pendant long-temps dans l'eau bouillante, elle se gonfle, et ses bords se ramollissent de telle sorte, qu'en les rapprochant et les tenant pressés l'un contre l'autre, ils finissent par adhérer ensemble avec beaucoup de force (Grossart, *Ann. de Chim.*, t. XI, p. 143); cette propriété a même été mise à profit pour faire des tubes de caoutchouc.

Le chlore, le brôme, l'iode, les gaz sulfureux, chlorhydrique, fluo-silicique, fluo-borique, ammoniaque, etc., ne l'attaquent pas. Les dissolutions alcalines, même à chaud, ne font que le gonfler. Les acides étendus sont sans action sur lui. Celle de l'acide sulfurique concentré n'est très sensible qu'à l'aide de la chaleur; l'acide azotique lui-même ne fait que jaunir le caoutchouc à froid : il faut chauffer l'acide pour déterminer une vive réaction.

L'éther pur est l'un des meilleurs dissolvans du caoutchouc; il le dissout très bien, surtout ramolli dans l'eau bouillante, et le laisse déposer, par l'évaporation, doué de toutes ses propriétés primitives : la dissolution acquiert alors de la consistance, et finit par se prendre dans une large capsule en plaques transparentes et d'une élasticité extrême. L'alcool la trouble tout-à-coup. Plusieurs huiles possèdent aussi la propriété de dissoudre le caoutchouc : telles sont entre autres l'essence de térébenthine, les huiles empyreumatiques qui proviennent de la distillation du goudron de houille et de bois, l'huile que donne le caoutchouc lui-même lorsqu'on le distille, etc. Enfin, il se gonfle considérablement dans l'huile de naphte, et s'y dissout en partie à la chaleur de l'ébullition.

*État naturel, extraction.* — Le caoutchouc se trouve contenu en quantité assez considérable dans l'*hævea caoutchouc*, le *jatropha elastica*, le *ficus indica* et l'*artocarpus integrifolia*, qui sont, les deux premiers, des arbres de l'Amérique méridionale, et les deux derniers des arbres des Indes orientales. Il existe encore dans plusieurs autres, surtout dans le *castilleja elastica*, *le cecropia peltata*, *l'hippomane biglandulosa*, *l'urceolaria elastica*, et même dans un assez grand nombre de plantes herbacées, entre autres dans les diverses espèces de *guy*.

Lorsqu'on incise l'écorce de ces arbres, il en sort un suc laiteux, qui, d'après les expériences de Faraday, contient, sur 100 parties, 31,7 de caoutchouc, 1,9 d'albumine végétale, 7,13 d'une autre substance azotée, amère, soluble dans l'eau et l'alcool, précipitable par l'azotate de plomb, 2,9 d'une substance soluble dans l'eau et insoluble dans l'alcool, des traces de cire, et 56,37 d'eau contenant en dissolution un peu d'un acide libre. C'est avec ce suc que les naturels préparent les *poires de gomme élastique* qui nous viennent d'Amérique. A cet effet, ils font un moule pyriforme en terre, et après avoir appliqué une première couche de suc sur ce moule, ils la font sécher en l'exposant à la fumée; ils en appliquent ensuite une seconde, une troisième, etc., qu'ils font sécher successivement comme la première; puis ils brisent le moule et le font sortir en fragmens par une ouverture qu'ils ménagent au haut de la poire, ou bien le délaient dans l'eau : d'ailleurs, ils pratiquent quelquefois sur ces poires des dessins en creux, avant qu'elles aient acquis tout le degré de consistance qui leur est propre. Le caoutchouc du commerce n'est donc pas pur; il est coloré en brun noir, et doit contenir nécessairement toutes les matières solides qui font partie du suc laiteux.

Depuis quelque temps, ce suc nous arrive lui-même dans des flacons que l'on a soin de bien remplir et de bien boucher; il est d'un jaune pâle, épais, semblable à de la crème. Sa densité est 1011,74. Son odeur est aigrelette et rappelle un peu celle de pourri. Ordinairement il se couvre, dans le vase qui le renferme, d'une peau de caoutchouc; et quelquefois il arrive que le suc se prend en une masse solide d'un blanc jaunâtre : c'est ce qui a lieu, quand les vases sont mal bouchés. Appliqué sur un corps solide en couches minces, il se solidifie assez vite, et se transforme en caoutchouc semblable, à la couleur près, à celui du commerce. Lorsqu'on l'expose à l'action du feu, le caoutchouc se coagule en même temps que l'albumine et vient se réunir à la surface de la liqueur. L'alcool produit le même effet. Pour en extraire le caoutchouc pur, on le mêle avec quatre fois son volume d'eau dans un vase muni d'un robinet à la partie inférieure. Au bout de vingt-quatre heures, le caoutchouc étant rassemblé sous forme de crême à la surface de la liqueur, on fait écouler celle-ci par le robinet, et on la remplace par d'autre eau, que l'on fait écouler comme la première, lorsqu'elle est claire, et ainsi de suite, jusqu'à ce que l'eau que l'on ajoute ne dissolve plus rien. Il est bon de dissoudre dans les premières eaux de lavage un peu de sel marin, pour augmenter leur densité et favoriser la séparation du caoutchouc. Les lavages étant achevés, le caoutchouc se trouve dans un grand état de division, et pour ainsi dire sans cohérence; mais pour lui en donner, il suffit de le séparer de l'eau qu'il retient, soit en la vaporisant, soit en le plaçant sur du papier joseph, des briques, etc. Bientôt il se prend en une peau blanche, opaque, élastique, qui après l'évaporation complète de l'eau est incolore et transparente comme de la gelée de colle de poisson: en cet état, il peut être regardé comme pur.

*Composition.*—M. Faraday a trouvé le caoutchouc formé de 87,2 de carbone et de 12,8 d'hydrogène, quantités qui équivalent sensiblement à la formule $C^8H^7$. Celui du commerce donne, il est vrai, de l'acide carbonique, de l'eau, des traces d'ammoniaque à la distillation, mais ces produits sont évidemment dus aux corps étrangers qu'il contient.

*Usages.* — Les usages du caoutchouc commencent à se multiplier. On l'emploie pour effacer les traces de crayons, préparer des vernis qui ont l'avantage de ne point s'écailler, obtenir des tubes flexibles d'une grande utilité dans les laboratoires, rendre les tissus imperméables. On s'en sert aussi pour faire des vessies propres à conserver les gaz: à cet effet, on ramollit les poires qui nous arrivent d'Amérique, en les trempant dans l'éther pur, jusqu'au bord du col, pendant dix à vingt-quatre heures; on adapte ensuite à celui-ci un tube de laiton muni d'un robinet, et on insuffle de l'air dans la poire, de temps en temps, au point de l'amincir considérablement (Mitchell, *Ann. de Chim. et de Phys.*, t. XLIX, p. 145). Depuis quelque temps, l'on est parvenu à réduire le caoutchouc en fils, et à tisser divers objets, tels que des corsets, des bretelles, des jarretières, etc., d'une extrême élasticité. Enfin, il paraît qu'en Angleterre, on fabrique avec le caoutchouc, par une distillation bien ménagée, un liquide d'une densité de 0,720, bouillant à 90°, qui paraît être un mélange de carbures hydrogénés, et qui dissout le caoutchouc lui-même avec une grande facilité.

ARTICLE VIII.

## *Naphte.*

2212. Le naphte est un carbure d'hydrogène naturel, que l'on rencontre en grande quantité dans les bitumes liquides, tels que le bitume naphte, le pétrole (*voy.* ces deux substances). Le tri-carbure d'hydrogène de M. Faraday n'est lui-même que du naphte (page 318).

*Préparation.*—C'est en soumettant ces bitumes à trois distillations successives et ne recueillant que les premières portions du produit, qu'on se procure le naphte parfaitement pur.

*Propriétés.* — Ainsi obtenu, le naphte est un liquide transparent, incolore, aussi fluide que l'alcool, presque insipide, d'une odeur faible et fugace, bouillant à 85° et demi, et produisant une vapeur dont la densité est 2,833.

Introduit en vapeur dans un tube de porcelaine incandescent, le naphte se décompose et donne lieu à un dépôt de charbon très dense, dont l'éclat est métallique, à du gaz hydrogène carboné et à de l'huile brune empyreumatique, mêlée de naphte et de charbon très divisé. Cette huile, soumise à une température d'environ 35°, laisse sublimer un quart de son poids de cristaux sans couleur, en lames rhomboïdales, minces, transparentes, éclatantes, souvent tronquées à leurs angles aigus, inflammables, insolubles dans l'eau, inaltérables à l'air, douées d'une forte odeur d'empyreume et de benjoin, et en général, des propriétés d'une substance cristalline que l'on obtient lorsque l'on décompose de la même manière l'éther sulfurique, l'alcool et les huiles essentielles. (1)

Le naphte, par l'approche d'un corps en combustion, prend feu à la manière des huiles essentielles, et brûle avec une flamme blanche mêlée de beaucoup de suie. Il est inaltérable à l'air et à la lumière.

Le chlore l'altère, et de là résultent de l'acide chlorhydrique et une huile un peu moins fluide, un peu moins inflammable et un peu moins volatile que le naphte.

Les acides minéraux n'ont que très peu d'action sur le naphte : il en est de même de la potasse et de la soude.

| | |
|---|---|
| L'eau en dissout.......... | 0 |
| L'alcool absolu toutes sortes de proportions.......... | |
| L'alcool à 41° de l'aréomètre de Baumé et à la température de 12°.......... | $\frac{1}{5}$ de son poids. |
| L'alcool à 36°, même température.......... | $\frac{1}{8}$ de son poids. |
| L'éther sulfurique.......... | à froid, toutes sortes de proportions. |
| Le pétrole.......... | |
| Les huiles grasses et essentielles.......... | |

Si certains liquides dissolvent le naphte, il a la propriété à son tour de dissoudre plusieurs solides. Par exemple, il dissout :

1° A son degré d'ébullition, la douzième partie de son poids

(1) J'ai plusieurs fois essayé d'obtenir cette substance cristalline en faisant passer de l'alcool et de l'éther à travers un tube incandescent ; mais je n'ai réussi qu'une fois à en obtenir une très petite quantité ; il paraît que le degré de chaleur influe beaucoup sur sa production.

de soufre, et le laisse déposer, par le refroidissement, sous forme de belles aiguilles très brillantes, qui se brisent ensuite d'elles-mêmes et se ternissent.

2° A la même température que la précédente, environ un quinzième de son poids de phosphore : une partie s'en sépare d'abord en gouttes et en poussière; une autre, dans l'espace de quelques jours, se dépose en cristaux prismatiques.

3° Le huitième de son poids d'iode.

4° Une très grande quantité de camphre, et plus encore de poix-résine.

5° A froid, très peu de cire : il ne fait, pour ainsi dire, que la délayer ; à chaud, toutes sortes de proportions.

6° A peine un centième de laque en écaille et de copal brut.

7° A froid, très peu de caoutchouc : cependant celui-ci s'y gonfle extraordinairement, à tel point qu'il finit par occuper un volume trente fois plus considérable que son volume primitif ; à chaud, l'action dissolvante est plus marquée, mais jamais la dissolution n'est complète.

Le succin, le sucre, la gomme et l'amidon n'y sont nullement solubles.

*Composition.*—Suivant M. Théodore de Saussure, le naphte est composé de 87,60 de carbone et de 12,78 d'hydrogène (*Bibliothèque universelle*, IV). Ce résultat se trouve confirmé par les observations de M. Dumas (*Ann. de Chim. et de Phys.*, L, 238). Or, comme la densité de la vapeur de naphte, donnée par l'expérience, est de 2,833, il s'ensuit que la formule du naphte doit être $C^6H^5$.

### ARTICLE IX.

### *Quadri-carbure d'hydrogène ou Benzine.*

2213. Le quadri-carbure d'hydrogène est un liquide que M. Faraday a découvert dans les produits de la distillation de la houille (1), et que MM. Mitscherlich (2) et Peligot (3) ont obtenu chacun de leur côté, en décomposant par le feu l'acide benzoïque sous l'influence de la chaux. MM. Faraday et Peligot le désignent sous le nom de *bi-carbure d'hydrogène*, dénomination que nous ne saurions admettre, puisque ce carbure contient quatre fois autant de carbone que le proto-car-

(1) *Ann. de Chim. et de Phys.*, XXX, 268.
(2) *Id.*, LV, 42.
(3) *Id.*, LVI. 65.

bure. M. Mitscherlich propose de l'appeler *benzine ;* mais il est évident que la dénomination de quadri-carbure, qui indique sa composition sans le confondre avec aucun des autres carbures, est préferable.

*Propriétés.* — Le quadri-carbure est limpide, incolore, très fluide, mauvais conducteur du fluide électrique. Son odeur est aromatique, sa densité de 0,83, celle de sa vapeur de 2,77.

Plongé dans un bain frigorifique de quelques degrés au-dessous de zéro, il se prend en une masse cristalline, dure, cassante, douée d'un grand éclat, qui se liquéfie ensuite à $+7^{\circ}$. M. Mitscherlich fixe son point d'ébullition à 86°; M. Faraday à 85°,5; M. Peligot à 82°. Une haute température le décompose et en fait précipiter beaucoup de charbon.

Exposé à l'air, il s'y vaporise complètement. Mis en contact avec le gaz oxigène, il le rend très détonant par l'approche d'une bougie allumée.

Il est peu soluble dans l'eau, assez cependant pour lui communiquer fortement son odeur, très soluble au contraire dans les huiles fixes et volatiles, dans l'éther, dans l'alcool. L'eau le sépare tout-à-coup de sa solution alcoolique.

L'iode, le potassium, les solutions alcalines, l'acide chlorhydrique n'exercent aucune action sur lui; l'iode seulement s'y dissout en très petite quantité.

Il n'y a guère que le chlore, l'acide azotique et l'acide sulfurique qui l'attaquent; et encore la réaction n'a-t-elle lieu que dans quelques circonstances qui la favorisent.

Lorsqu'on verse un peu de quadri-carbure dans un flacon de chlore gazeux, sec ou humide, et qu'on le place dans l'obscurité, l'action est nulle ; à la lumière diffuse, elle est faible ; mais au soleil, d'épaisses vapeurs remplissent aussitôt le flacon; il se produit beaucoup de chaleur; en cinq minutes, tout le chlore disparaît, et bientôt le vase se trouve tapissé de cristaux transparens, friables, parfaitement blancs, pourvu que le chlore ne soit point en excès. Il est facile de les détacher en les agitant avec de l'eau qui ne les dissout point. Si le chlore était en excès, les cristaux se produiraient encore, à la vérité, mais ils seraient imprégnés d'une autre matière épaisse, filante, orangée, contenant probablement plus de chlore que la première. Il y aurait en même temps production de beaucoup d'acide chlorhydrique. On séparerait la matière épaisse de la matière cristalline, en les dissolvant dans l'alcool bouillant qui, par le refroidissement, laisserait déposer celle-ci.

Cette matière cristalline paraît être composée, d'après M. Peligot, de 25,16 de carbone; 2,00 d'hydrogène; 72,72 de chlore, et doit avoir pour formule : $C^6H^3,Ch^3$=1 volume de vapeur de quadri-carbure et 3 vol. de chlore. Le chlorure de quadri-carbure est insoluble dans l'eau et indécomposable par elle ; soluble dans l'éther, d'où il se dépose par évaporation spontanée en belles lames brillantes. L'alcool bouillant le dissout aussi ; mais il se précipite presque tout entier par le refroidissement. Il fond comme de l'huile, et ne se solidifie ensuite qu'à + 50°. Il bout à 150°, et se distille sans aucun résidu.

L'acide azotique n'agit sur le quadri-carbure qu'autant qu'il est concentré et bouillant. Il dissout alors le quadri-carbure et laisse déposer, en l'étendant d'eau, un corps oléagineux qui a beaucoup d'analogie avec l'huile d'amandes amères, et que M. Mitscherlich doit examiner dans une partie de son mémoire, non encore publié. (*Ann. de Ch. et de Phys.*, t. LV, p. 47, et t. LVI, p. 318.)

L'acide sulfurique nous offre avec le quadri-carbure des phénomènes dignes de remarques. Lorsqu'il est hydraté, la réaction est nulle ; mais lorsqu'il est anhydre, la réaction s'opère tout-à-coup à la température ordinaire ; il en résulte de la chaleur et trois composés divers que M. Mitscherlich a examinés, mais dont il n'a fait encore connaître que le premier qu'il désigne sous le nom d'*acide benzo-sulfurique*. Cet acide a pour formule : ( $C^{24}H^{10},S^2O^5$ ). Or, comme le quadri-carbure d'hydrogène est représenté par $C^{24}H^{12}$, et que l'acide sulfurique l'est par $S^2O^6$, il s'ensuit qu'il se fait 1 atome d'eau au moment de la réaction, et que l'acide dans le composé ne se trouve qu'à l'état d'acide hypo-sulfurique.

Pour obtenir l'acide benzo-sulfurique pur, il faut mettre l'acide sulfurique fumant dans un flacon et y ajouter un petit excès de quadri-carbure, en ayant soin d'agiter continuellement le vase, et de laisser de temps en temps refroidir le flacon qui s'échauffe. Ensuite on dissout l'acide dans l'eau, et on filtre la liqueur pour en séparer une petite quantité d'une matière insoluble ; c'est l'une des trois matières dont il a été question plus haut : après quoi l'acide doit être saturé par du carbonate de baryte, et la nouvelle dissolution filtrée comme la première ; on y verse une quantité proportionnelle de sulfate de cuivre ; on la filtre encore, et par l'évaporation, on obtient le benzo-sulfate de cuivre en beaux et volumineux cristaux. C'est de ce benzo-sulfate qu'on extrait l'acide benzo-sulfurique, en décomposant sa dissolution aqueuse par le gaz sulfhydrique. L'acide évaporé jusqu'en consistance sirupeuse, forme un résidu cristallin. Soumis à l'action du feu, il se décompose assez promptement ; mais les benzo-sulfates résistent à une température assez élevée. Celui de cuivre, par exemple, peut supporter une chaleur de 220°. Il a pour formule : ($CuO + C^{24}H^{10},S^2O^5$).

Il paraît que la plupart des benzo-sulfates sont solubles; tels sont du moins les benzo-sulfates de baryte, de potasse, de soude, d'ammoniaque, de zinc, de protoxide de fer, de bi-oxide de cuivre, d'argent. Ces divers benzo-sulfates, à part celui de baryte, cristallisent très bien. (*Ann. de Chim. et de Phys.*, LVI, 318.)

*Composition.*— M. Mitscherlich a trouvé que le quadri-carbure d'hydrogène ou la benzine était formé de 92,62 de carbone et de 7,76 d'hydrogène; M. Peligot a obtenu des résultats analogues : or, comme la densité de la vapeur de quadri-carbure ou de benzine est de 2,77, il s'ensuit que sa formule doit être $C^6H^3$.

*Préparation.*—C'est en mêlant de l'acide benzoïque cristallisé avec 3 fois son poids de chaux éteinte et soumettant le mélange à une distillation ménagée, que l'on se procure le quadri-carbure d'hydrogène ou la benzine. Il se dégage d'abord de l'eau, puis un liquide léger, limpide, oléagineux, qui est le quadri-carbure même : on l'enlève avec une pipette et on le purifie en le distillant de nouveau, après l'avoir agité avec un peu de potasse.

La théorie de l'opération est bien simple. L'acide benzoïque cristallisé a pour formule $C^{28}H^{12}O^4$, et le quadri-carbure $C^6H^3$. Par conséquent $C^{28}H^{12}O^4 = 4C^6H^3 + 4CO$, c'est-à-dire 4 volumes de vapeur de quadri-carbure + 4 vol. d'acide carbonique. Or, tels sont précisément les produits dans lesquels se transforme 1 atome d'acide benzoïque sous l'influence d'un excès de chaux; le quadri-carbure se volatilise; quant à l'acide carbonique, il reste uni à la chaux.

On peut aussi extraire le quadri-carbure d'hydrogène du gaz de l'huile, comme l'a fait le premier M. Faraday. En effet, lorsque, après avoir chauffé à la main le liquide provenant du gaz de l'huile comprimé, on soumet ce liquide à la distillation, il ne tarde point à bouillir. Mais la température à laquelle il bout n'est pas constante; elle s'élève assez rapidement jusqu'à 80°, et si l'on met dans un tube fermé par un bout le produit recueilli entre ces deux degrés, et qu'on l'expose à l'action d'un mélange frigorifique, il s'en dépose une matière cristalline, qui est le quadri-carbure. Mais comme dans cet état il n'est pas pur, il faut introduire dans le tube même qui le contient, du papier sans colle, et presser ce papier à l'aide d'un tube plus étroit : par ce moyen on parvient à séparer beaucoup de liquide; après quoi, retirant le quadri-carbure et l'enveloppant dans de nouveau papier, refroidi préalablement à −18°, on le purifie par une forte pression, telle que celle de la presse hydraulique. Le quadri-carbure ainsi obtenu, est à —18° transparent, fragile, dur et grenu comme le sucre en pain.

Quant au composé liquide, que la pression sépare du quadri-carbure et que M. Faraday avait pris pour un tri-carbure, ce n'est que du naphte, d'après la remarque de M. Dumas. (*Ann. de Chim. et de Phys.*, L, 238.)

### ARTICLE X.

### *Naphtaline.*

2214. La naphtaline est une substance remarquable qui a été découverte par M. Kidd (1) et examinée successivement par MM. Faraday (2), Wöhler, Liebig (3), Reichenbach (4), Oppermann (5), Laurent (6), Dumas (7), Peligot. (8)

*Propriétés.* — Cette substance est solide à la température ordinaire, très blanche, un peu plus dense que l'eau, piquante, et d'une odeur légèrement aromatique qui se rapproche de celle du narcisse : cette odeur est même caractéristique, car elle se répand promptement à plusieurs pieds de distance et adhère fortement et pendant long-temps à tout corps qui en a été imprégné. La densité de sa vapeur est 4,528 fois aussi grande que celle de l'air et correspond à $C^{10}H^4$.

Sa tendance à la cristallisation est des plus grandes. En effet, elle se sublime par une légère chaleur, avant d'entrer en fusion, et cristallise en feuilles si minces que 3 à 4 grammes suffisent pour en remplir un flacon d'un litre. Projetée dans un creuset incandescent, elle se vaporise tout-à-coup et apparaît dans l'air en paillettes neigeuses d'un éclat argentin superbe. L'alcool, l'éther la dissolvent et l'abandonnent par le refroidissement en belles lames nacrées, rhomboïdales.

Exposée à l'action du feu, elle entre en fusion à 79°, mais ne bout qu'à 212.

Quoique douée d'une assez forte odeur, elle s'évapore dans l'air moins facilement que le camphre.

Lorsqu'on l'enflamme, elle brûle rapidement, et répand une fumée très considérable et très dense.

Elle est insoluble dans l'eau froide, presque insoluble dans l'eau bouillante qu'elle rend laiteuse par le refroidissement; soluble surtout à chaud dans l'alcool et l'éther, plus ou moins soluble aussi dans les huiles fixes et volatiles : l'eau la précipite de sa dissolution alcoolique.

(1) *Ann. de Ch. et de Phys.*, XIX, 273.
(2) *Id.*, XXXIV, 164.
(3) *Id.*, XLIX, 27.
(4) *Id.*, XLIX, 36.
(5) *Id.*, XLIX, 41.
(6) *Id.*, XLIX, 214—LII, 275—LIV, 395.
(7) *Id.*, L, 182.
(8) *Id.*, LVI, 64.

Le chlore gazeux l'attaque vivement à la température ordinaire : il en résulte un dégagement de chaleur, du gaz chlorhydrique, et une masse qui, d'abord liquide, s'épaissit peu-à-peu, et prend la consistance de l'huile d'olive figée. Cette masse se trouve formée de deux chlorures : l'un solide, blanc, grenu, doué d'une forte odeur, insoluble dans l'eau, presque insoluble dans l'alcool même bouillant, et dans l'éther froid, inattaquable par les acides et les alcalis à la température ordinaire; l'autre huileux, légèrement jaunâtre, doué, comme le premier, d'une forte odeur; insoluble dans l'eau, très soluble dans l'alcool, soluble en toute proportion dans l'éther. Or, comme le premier paraît avoir pour formule ($Ch^2,C^{10}H^3$), et le second ($Ch,C^{10}H^4$), et que la composition de la naphtaline est représentée par $C^{10}H^4$, il est facile de voir qu'une partie de la naphtaline s'unit au chlore, et que l'autre cède au chlore le $\frac{1}{4}$ de son hydrogène, etc. Quoi qu'il en soit, pour séparer les deux chlorures, il faut les agiter avec de l'éther, qui dissout à froid le chlorure liquide et attaque à peine le chlorure solide. Celui-ci reste pur, lorsqu'on renouvelle l'éther à plusieurs reprises; mais quelque chose qu'on fasse, le chlorure liquide se trouve toujours mêlé à un peu de chorure solide. (M. Laurent, *Ann. de Chim. et de Phys.*, t. LII, p. 275.)

Le brôme agit fortement, comme le chlore, sur la naphtaline, et donne lieu sans doute à des produits analogues. L'iode, au contraire, est sans action sur elle; il en est de même du phosphore, du soufre, du chlorure de soufre, et du potassium, du moins au degré de chaleur où il entre en fusion.

Les acides acétique, oxalique, chlorhydrique la dissolvent, sans l'altérer, en prenant une couleur d'œillet pourpre : l'acide acétique en dissout une si grande quantité à chaud, que par le refroidissement, il se prend en une masse solide cristalline.

L'acide azotique bouillant la décompose en se décomposant lui-même, et laissant déposer, à mesure qu'il se rapproche de la température ordinaire, une grande quantité de petits cristaux jaunâtres, aciculaires, en groupes étoilés qui, séchés et fondus, s'enflamment dans leur contact avec un corps en combustion, répandent beaucoup de fumée, et laissent un abondant résidu de charbon.

L'acide sulfurique concentré forme avec la naphtaline l'acide *sulfo-naphtalique*, qui sera décrit plus bas.

*État naturel.* — M. Laurent a fait voir que la naphtaline existe dans le goudron de houille, unie à une huile d'où il est difficile de la séparer immédiatement; mais est-elle toute formée dans la houille elle-même? C'est une question qui n'est point encore résolue. Le même chimiste l'a observée aussi en petite quantité dans l'huile provenant de la distillation du bois, et M. Peligot dans les produits de la distillation du benzoate de chaux. (*Ann. de Chim. et de Phys.*, t. LVI, p. 64.)

*Préparation.* — Il faut d'abord distiller le goudron de la houille, jusqu'à ce qu'on en ait retiré un peu moins de la moitié de son volume d'huile, puis faire passer du chlore gazeux à travers celle-ci, qui se fonce peu-à-peu en couleur et devient aussi noire que le goudron, ce qui n'a lieu toutefois que dans l'espace de quatre jours, en opérant sur trois litres d'huile. Alors, on agite la matière oléagineuse avec de l'eau, pour séparer la plus grande partie de l'acide chlorhydrique formé; après quoi on soumet l'huile à une nouvelle distillation, et on expose le produit à un froid de 10°. La naphtaline s'en dépose abondamment sous forme de lames, lesquelles égouttées sur un filtre, comprimées dans un linge fin, agitées avec de l'alcool froid, qui enlève toute l'huile adhérente et peu de naphtaline, n'ont plus besoin, pour être purifiées, que d'être recueillies sur un filtre, soumises à la presse entre plusieurs doubles de papier joseph, et dissoutes dans l'alcool bouillant, d'où elles se séparent par le refroidissement en beaux cristaux lamelleux et nacrés. (1)

Dans cette opération, le chlore a pour objet de décomposer l'huile à laquelle se trouve unie la naphtaline : aussi y a-t-il production d'acide chlorhydrique. Il suffit, à la vérité, de refroidir l'huile de goudron pour en extraire de la naphtaline; mais par ce moyen on en retire beaucoup moins qu'en traitant la matière oléagineuse par une quantité convenable de chlore.

*Composition.* — M. Faraday, d'une part, et M. Laurent, de l'autre, ont trouvé que la naphtaline était sensiblement formée de 93,95 de carbone et de 6,05 d'hydrogène : or, d'après l'analyse du sulfate double de baryte et de naphtaline, 15,035 d'acide sulfurique sont neutralisés par 44,777 de naphtaline, il s'ensuit que la naphtaline doit avoir pour formule atomique du nombre proportionnel $C^{20}H^{8}$.

2215. *Acide sulfo-naphtalique, ou bi-sulfate de naphtaline.* — Lorsqu'on fait un mélange de parties égales de naphtaline pure et d'acide sulfurique concentré, qu'on l'expose pendant ½ heure à une chaleur modérée et qu'on le traite par l'eau,

(1) L'huile de goudron contient souvent de la para-naphtaline, en même temps que de la naphtaline : au lieu de se déposer en lames par un froid de 10°, elle se sépare en grains. Au reste, comme elle est insoluble dans l'alcool, elle n'est point mêlée à la naphtaline. (Voy. plus bas *Para-naphtaline.*)

on obtient une liqueur qui, soumise à une évaporation ménagée, laisse déposer l'acide sulfo-naphtalique en une masse solide très déliquescente. Rien de plus facile d'ailleurs que de le priver de l'acide sulfurique libre qu'il pourrait contenir; c'est de le redissoudre dans l'eau, d'y ajouter de l'eau de baryte, de s'arrêter au point où la dissolution cesse de précipiter (Faraday), et de la faire évaporer de nouveau, ou plutôt de la concentrer dans le vide sec par l'intermède de l'acide sulfurique : il s'épaissit peu-à-peu, se solidifie sans se colorer, et finit par devenir dur et fragile.

Ainsi préparé, l'acide sulfo-naphtalique a une saveur tout à-la-fois acide et amère. Il se fond au-dessous de 100°, et se prend par le refroidissement en une masse au milieu de laquelle on distingue des centres de cristallisation. Chauffé plus fortement, il devient brun, donne de la naphtaline, de l'acide sulfureux, etc., et un résidu charbonneux qui contient encore de l'acide sulfo-naphtalique, à moins que la chaleur n'ait été élevée jusqu'au rouge.

Il forme des sels neutres solubles avec beaucoup de bases, surtout avec les bases alcalines. Il paraît même qu'en s'unissant avec la baryte, il en forme deux qui sont isomériques, et qui étant inégalement solubles peuvent être séparés l'un de l'autre par des lavages convenables.

Le plus soluble n'exige que peu d'eau pour se dissoudre. Il s'obtient en touffes imparfaitement cristallines par une évaporation très lente, et se prend en une masse granuleuse sans consistance par le refroidissement rapide de sa dissolution saturée. L'alcool en opère aussi très facilement la dissolution. Sa saveur est amère. Chauffé en vase clos, il perd d'abord toute l'eau qu'il pourrait contenir, résiste à une assez forte chaleur, puis se décompose en abandonnant de la naphtaline, etc.; mais exposé sur une feuille de platine à l'action du feu, il brûle avec une flamme pétillante accompagnée de fumée.

L'autre sel est beaucoup moins soluble dans l'eau que le premier, ainsi que dans l'alcool. Il se dépose ordinairement en petits groupes formés de cristaux prismatiques transparens. Sa saveur est à peine sensible. Chauffé en vases clos, il donne moins de naphtaline que le plus soluble, et lorsqu'on l'expose à l'action du feu sur une feuille de platine, il brûle comme de l'amadou.

M. Faraday a trouvé ces deux sels composés de :

| | Baryte. | Acide sulfuriq. | Carbone. | Hydrogène. |
|---|---|---|---|---|
| Le premier.... | 27,57 | 30,17 | 41,90 | 2,877 |
| Le deuxième... | 28,03 | 29,13 | 42,40 | 2,66 |

D'où l'on peut déduire qu'ils doivent avoir pour formule

$BaO,SO^3+C^{20}H^8,SO^3$, c'est-à-dire qu'ils contiendraient 1 pr. de baryte, 1 prop. de naphtaline et 2 prop. d'acide sulfurique. (Faraday, *Ann. de Chim. et de Phys.*, XXXIV, 164.)

### ARTICLE XI.

### *Para-naphtaline.*

2216. La para-naphtaline n'a encore été observée que par MM. Dumas et Laurent; elle accompagne la naphtaline dans l'huile de goudron de houille. Nous allons citer ce qu'en disent les auteurs (*Ann. de Chim. et de Phys.*, L, 187) :

« On peut diviser en quatre époques bien distinctes la dis- « tillation du goudron de houille.

« Le premier produit est une substance oléagineuse qui « fournit beaucoup de naphtaline pure.

« Le deuxième produit est encore huileux; mais il fournit « à-la-fois de la naphtaline et de la para-naphtaline, que l'on « peut séparer l'une de l'autre au moyen de l'alcool.

« Le troisième produit est visqueux. Il ne renferme, pour « ainsi dire, que de la para-naphtaline, mais elle est accompa- « gnée d'une matière visqueuse, qui rend sa purification très « difficile.

« Enfin, le quatrième et dernier produit ne se distingue du « précédent qu'en ce qu'il est accompagné de cette substance « jaune rougeâtre ou orangé, qui se montre à la fin de toutes « les distillations de cette espèce.

« Pour extraire la para-naphtaline du deuxième de ces pro- « duits, il suffit de le refroidir à 10° au-dessous de zéro. La « para-naphtaline se dépose en grains cristallins; on la traite « ensuite par l'alcool, qui dissout le reste de la matière hui- « leuse, ainsi que la naphtaline, et qui laisse au contraire la « para-naphtaline presque tout entière.

« On soumet la para-naphtaline à 2 ou 3 distillations, et on « l'obtient ainsi très pure.

« Les troisième et quatrième produits exigent un traitement « différent. On dissout le tout dans la plus petite quantité pos- « sible d'essence de térébenthine, et on soumet cette dissolu- « tion à 10° de froid. La para-naphtaline cristallise et peut se « séparer facilement au moyen du linge. Exprimée et lavée à « l'alcool, elle doit être purifiée par des distillations conve- « nables.

« Ainsi purifiée, la para-naphtaline n'entre en fusion qu'à « 180°, tandis que la naphtaline fond à 79°. Elle ne bout qu'à « une température qui est au-dessus de 300°, tandis que la « naphtaline bout à 212°.

« Cependant la para-naphtaline peut être distillée sans altération, ou du moins à chaque nouvelle distillation le volume « du résidu charbonneux diminue tellement qu'il finit par « devenir presque impondérable. Elle peut aisément se sublimer avant d'entrer en fusion. Elle se condense en cristaux « lamelleux et contournés sans forme déterminable.

« La para-naphtaline est insoluble dans l'eau. Elle se dissout « à peine dans l'alcool, même bouillant, et s'en précipite en « flocons, ce qui la distingue très aisément de la naphtaline, « qui se dissout en abondance dans l'alcool bouillant et qui « s'en sépare en cristaux volumineux. L'éther se comporte « comme l'alcool. Le meilleur dissolvant de cette substance, « c'est l'essence de térébenthine.

« L'acide sulfurique concentré, mis en contact à chaud avec « la para-naphtaline, la dissout et prend une couleur vert sale « due vraisemblablement à de légères traces de la matière « orangée, qui accompagne toujours la para-naphtaline. Comme « cette matière colore l'acide en jaune, il ne serait pas impossible que la para-naphtaline pût par elle-même communiquer une couleur bleue à l'acide sulfurique.

« L'acide azotique agit d'une manière remarquable sur la « para-naphtaline; il l'attaque en dégageant d'abondantes vapeurs nitreuses et laisse un résidu qui se sublime, du moins « en partie, en aiguilles contournées sans forme régulière. »

La para-naphtaline contient sur cent, 93,8 de carbone et 6,2 d'hydrogène, c'est-à-dire les mêmes quantités de carbone et d'hydrogène que la naphtaline; elle est donc isomérique avec elle. Mais comme la densité de sa vapeur est de 6,741, il s'ensuit que 2 vol. de para-naphtaline en représentent 3 de naphtaline, et qu'elle doit avoir pour formule $C^{15}H^{6}$.

## ARTICLE XII.

### *Sé-carbure d'hydrogène ou idrialine.*

2217. L'idrialine, aperçue par M. Payssé dans quelques minerais de la mine à mercure d'idria, n'est bien connue que depuis les recherches de M. Dumas; il a trouvé que cette substance était distincte de toutes les autres et formée de 94,9 de carbone et de 5,1 d'hydrogène, ce qui donne pour sa formule $C^{3}H$, et fait voir qu'elle doit être considérée comme un sé-carbure (*Ann. de Chim. et de Phys.*, L, 193.)

Les minerais où se trouvait l'idrialine et sur lesquels M. Dumas a opéré, avaient l'apparence de la houille, sauf leur couleur qui était brunâtre. Ils ne contenaient que peu ou point de mercure. Chauffés légèrement dans un tube ouvert aux deux extrémités, ils entraient en fusion et laissaient dégager une poussière cristalline très abondante et si légère, qu'elle volait au loin dans l'air : cette poussière était l'idrialine elle-même; elle présentait des lames contournées, incolores et sans forme déterminable.

Toutefois ce n'est point ainsi qu'on doit la préparer. Il faut à ce procédé, dans lequel elle se décompose presque tout entière, préférer le suivant, dans lequel il s'en décompose encore beaucoup, mais moins que dans le premier.

Le minerai concassé est introduit dans une cornue tubulée, dont le col placé verticalement plonge dans une éprouvette longue et étroite. Un courant de gaz carbonique est dirigé par la tubulure dans la cornue. Celle-ci étant chauffée peu-à-peu, le minerai entre en fusion, bout et fournit d'abord des vapeurs mercurielles et bientôt de l'idrialine en abondance. En continuant l'opération jusqu'à fondre la cornue, ce produit continue à se dégager jusqu'à la fin, sans qu'il apparaisse la moindre trace d'eau, de bitume ou d'huile.

Pour débarrasser l'idrialine du mercure qui se trouve disséminé dans les flocons qu'elle présente, on la dissout dans l'essence de térébenthine pure et bouillante. Par le refroidissement, l'idrialine se dépose si vite que la liqueur se prend en masse presque instantanément. Elle peut être isolée au moyen du filtre et desséchée par la pression entre des doubles de papier joseph.

L'idrialine est donc une substance qui, soumise à la distillation, se volatilise et se décompose en partie. La portion décomposée est beaucoup plus considérable que l'autre, et s'élève même aux $\frac{9}{10}$ dans le vide ou dans un courant de gaz carbonique.

L'eau froide ou chaude ne la dissout pas. Elle est à peine soluble dans l'alcool et l'éther. Son véritable dissolvant est l'essence de térébenthine bouillante. Chauffée avec l'acide sulfurique concentré, elle se dissout et donne à cet acide une belle teinte bleue semblable à celle du sulfate d'indigo : des traces d'idrialine suffisent pour constater cette propriété caractéristique.

L'idrialine est-elle toute contenue dans les minerais d'où on la retire? Pas de doute, car en les faisant bouillir avec l'essence de térébenthine ou l'alcool, on retrouve dans ces liquides des quantités très sensibles d'idrialine, ce qui doit porter à croire, d'après M. Dumas, que la naphtaline se trouve elle-même toute formée dans la houille.

# CHAPITRE II.

## *Substances neutres formées de carbone, d'hydrogène et d'oxigène.*

2218. Ces substances sont très nombreuses; elles se partagent en trois sections.

La première renferme les substances représentées dans leur composition par du charbon et de l'eau, comme le sucre;

La deuxième, celles qui le sont par du charbon, de l'eau, plus un peu d'hydrogène : telle est la mannite;

La troisième, celles qui sont très carbonées et très hydrogénées : là, se trouvent les corps gras, les résines, l'alcool, l'éther, etc.

## SECTION I.

### *Substances neutres représentées dans leur composition par le charbon et l'eau.*

2219. A cette section appartiennent les gommes, ou plutôt l'arabine, la cérasine, la bassorine dont elles se composent, la lactine, la pectine, les diverses sortes de sucre, l'amidon, la dextrine, le ligneux, et probablement plusieurs autres substances, qui n'ont point encore été analysées.

#### ARTICLE Ier.

#### *Arabine, cérasine, bassorine.*

2220. Ces substances ont pour caractères d'être solides, incristallisables, insipides, incolores, sans odeur, inaltérables à l'air sec, insolubles dans l'alcool, incapables d'éprouver la fermentation spiritueuse, facilement décomposables par l'acide azotique, qui les fait passer en partie à l'état d'acide mucique, et susceptibles de former avec l'eau une sorte de gelée ou de mucilage. Ce sont elles qui, par leur mélange ou isolément, constituent les diverses gommes : celles-ci contiennent seulement en outre un peu d'autres matières. (M. Guérin, *Ann. de Ch. et de Phys.*, XLIX, 248.)

2221. *Arabine.*— Nous nommons ainsi, avec M. Chevreul, la substance dont se composent presque entièrement la gomme arabique et la gomme du Sénégal.

Indépendamment des propriétés qui précèdent, l'arabine présente encore les suivantes : elle est transparente, friable et à cassure vitreuse, lorsqu'elle a été desséchée. De 150 à 200°, elle se ramollit et se tire en fils. En élevant davantage la température, elle se boursoufle, se noircit et se décompose complètement.

L'arabine est très soluble dans l'eau; mais elle lui communique tant de viscosité, que bientôt la liqueur ne passe plus à travers les filtres et qu'alors même il est impossible de juger si la solution est réelle. En effet, l'eau ne filtre plus, si elle contient sur 100 plus de 17,75 d'arabine à 20°, ou plus de 23,54 à 100°. Conservée dans le vide, la solution d'arabine ne s'altère pas. Au contact de l'air, elle finit par devenir sensiblement acide. Grillée de manière à n'en dégager aucun gaz, elle acquiert la propriété de se dissoudre plus aisément dans l'eau.

Lorsqu'on la traite par les alcalis faibles, elle forme des composés qui ont d'abord l'aspect du lait caillé, et se dissolvent ensuite. Elle s'unit également à plusieurs autres oxides, surtout au protoxide de plomb : la combinaison peut même s'effectuer directement avec l'oxide très divisé sous l'influence de l'eau bouillante; mais on l'obtient plus facilement, soit en mêlant une solution d'arabine avec du sous-acétate ou du sous-azotate de plomb, soit en versant de l'azotate de plomb dans une solution mixte d'arabine et d'ammoniaque, jusqu'à ce que toute l'ammoniaque soit saturée, sans que la totalité de l'arabine soit précipitée : le dépôt est blanc, caséiforme, composé de 61,75 d'arabine, et de 38,25 d'oxide de plomb, d'où l'on voit que l'oxigène du plomb est le 12e de celui de l'arabine.

Plusieurs sels peuvent aussi se combiner avec l'arabine : tels sont entre autres le sulfate de peroxide et le sesqui-chlorure de fer. Que l'on mêle une dissolution d'arabine à une dissolution de sulfate de peroxide, il se produira tout-à-coup un *coagulum* orange insoluble dans l'eau froide : de l'eau contenant seulement la millième partie de son poids d'arabine se trouble et forme un dépôt jaune, vingt-quatre heures après qu'on y a ajouté du sulfate de fer. Le sesqui-chlorure se prend en gelée brune translucide avec une solution concentrée d'arabine. L'azotate de protoxide de mercure donne un précipité qui se redissout d'abord par l'agitation, mais qui ensuite devient stable en étendant la liqueur d'eau.

L'acide sulfurique concentré la colore à peine à la température ordinaire; il la transforme en une autre matière d'apparence gommeuse et douée des mêmes propriétés, selon M. Braconnot, que celle qui provient de l'action de cet acide sur le ligneux. Ainsi modifiée, elle devrait donc passer à l'état de sucre de raisin en la faisant bouillir avec l'acide sulfurique étendu; et cependant M. Guérin assure qu'en traitant l'arabine, comme le ligneux ou les chiffons, par l'acide sulfurique, on obtient à la vérité des cristaux grenus ayant une saveur sucrée, mais qui refusent de fermenter avec la levure de bière. Il n'en est plus de même lorsqu'on emploie directement l'acide affaibli. En effet, MM. Biot et Persoz ont vu que 798 grammes de gomme arabique dissous, d'abord dans 1,924 grammes d'eau, puis mêlés peu-à-peu avec 250 grammes d'acide sulfurique du commerce, se transformaient promptement et complètement en sucre fermentescible, en portant la liqueur à la température de 96°. (*Ann. de Chim. et de Phys.*, t. LII, p. 87.)

Traitée par deux fois son poids d'acide azotique, l'arabine donne de l'acide oxhalhydrique et de l'acide mucique; avec une quantité double d'acide azotique, elle donne le plus possible d'acide mucique, environ la seizième partie de son poids; il ne se forme plus alors d'acide oxhalhydrique, mais il commence à se produire de l'acide oxalique.

Non-seulement l'alcool ne dissout point l'arabine, mais même il la sépare de l'eau sous forme de flocons blancs.

Toutefois, le meilleur réactif pour en démontrer la présence dans un liquide, est le sous-acétate de plomb. Ce réactif rend blanche l'eau qui en contient quelques traces.

M. Thomson admet une combinaison entre l'arabine et le sucre : il en donne pour preuve, qu'en évaporant de l'eau chargée de ces deux substances, et qu'en traitant le résidu par l'alcool, l'arabine, qui y est insoluble, retient toujours une petite quantité de sucre qui est, au contraire, soluble dans ce réactif.

L'arabine est un des corps immédiats des végétaux les plus répandus; on la rencontre dans toutes les parties des plantes herbacées, dans tous les fruits, dans un assez grand nombre de racines et de tiges ligneuses, enfin dans toutes les feuilles.

Les beaux échantillons de gomme arabique du Sénégal peuvent être, jusqu'à un certain point, considérés comme de l'arabine pure. Cependant, pour l'avoir exempte de toutes matières étrangères, il faut l'extraire de sa combinaison avec l'oxide de plomb, en la traitant par le gaz sulfhydrique, comme l'oxalate de plomb dont on veut extraire l'acide oxalique.

L'arabine contient sur 100, d'après MM.

| | Gay-Lussac et Thénard. (1) | Berzélius. (2) | Guérin. (3) |
|---|---|---|---|
| Carbone...... | 42,23 | 42,682 | 43,81 |
| Hydrogène.... | 6,93 | 6,374 | 6,20 |
| Oxigène...... | 50,84 | 50,944 | 49,85 |

(1) L'analyse a été faite en opérant sur de beaux échantillons de gomme arabique et tenant compte des matières salines que la gomme renfermait.

(2) L'analyse a été faite en opérant sur l'arabine unie à l'oxide de plomb.

(3) L'analyse a été faite en opérant sur l'arabine elle-même.

Les deux premiers résultats donnent pour formule

$C^{13}H^{12}O^6$,

Le dernier $C^{12}H^{10}O^5$.

Différence due, suivant M. Guérin, à ce qu'il a séché l'arabine dans le vide sec, à la température de 125°, tandis que MM. Gay-Lussac et Thenard ne l'ont séchée que dans l'air et au degré de chaleur de l'eau bouillante.

2222. *Cérasine*. — La cérasine fait partie, selon toute apparence, de toutes les gommes qui exsudent des arbres de nos climats, et particulièrement du cerisier.

Pour l'obtenir, on met en contact une partie de gomme de cerisier avec 400 parties d'eau à la température de 20°, en ayant soin d'agiter la liqueur de temps en temps; au bout de 12 heures, on la décante pour la remplacer par une même quantité d'eau, et ainsi de suite jusqu'à ce qu'il ne se dissolve plus rien; la partie insoluble est la cérasine : on la fait égoutter sur une toile, puis on la dessèche au bain-marie.

La cérasine diffère de l'arabine en ce qu'elle est demi transparente, plus facile encore à pulvériser, et qu'elle se gonfle un peu dans l'eau froide sans s'y dissoudre : en la faisant bouillir dans une grande quantité d'eau pendant long-temps, on finit par en opérer la solution, et la convertir en arabine. D'ailleurs, comme la cérasine a la même composition que l'arabine, ces deux substances sont isomériques.

2223. *Bassorine*. — Cette substance est facile à distinguer, parce qu'elle est demi transparente, difficile à pulvériser, qu'elle se gonfle considérablement dans l'eau froide ou dans l'eau bouillante, et forme un mucilage épais sans se dissoudre; que traitée par dix fois son poids d'acide azotique, elle donne près de 23 pour 100 d'acide mucique, c'est-à-dire beaucoup plus que n'en donnent l'arabine et la cérasine; enfin qu'elle contient moins de charbon que celle-ci, puisque, d'après M. Guérin, elle est composée de 37,28 de carbone, 55,87 d'oxigène, 6,85 d'hydrogène, et qu'en conséquence sa formule doit être $C^{20}H^{22}O^{11}$.

Mais si l'eau ne fait que la gonfler, il n'en est pas de même de l'eau aiguisée d'acide azotique ou chlorhydrique. MM. Vauquelin et Pelletier ont observé qu'alors l'eau dissolvait presque complètement la bassorine à l'aide de la chaleur; ils ont même observé qu'en concentrant par une évaporation douce la dissolution azotique, et y ajoutant de l'alcool très rectifié, il en résultait un précipité blanc, floconneux, assez volumineux, qui, lavé avec beaucoup d'alcool et séché, ne formait pas tout-à-fait la quantité de bassorine employée, et présentait les propriétés de l'arabine. La bassorine sur laquelle ils ont opéré était-elle bien pure? ce qui tendrait à faire croire qu'elle ne l'était pas, c'est qu'en évaporant la liqueur alcoolique, ils ont obtenu un résidu liquide, jaune, épais, légèrement acide, dont la saveur était amère, qui n'était troublé ni par la chaux, ni par la potasse, mais qui devenait rouge avec ces deux alcalis, et *laissait exhaler une forte odeur d'ammoniaque*. (Vauquelin, *Bull. de Pharm.*, t. III, p. 56. — Thèse de M. Pelletier sur les gommes-résines, p. 23.)

La bassorine fait partie de la gomme de Bassora d'où elle tire son nom, de la gomme adraganthe et de quelques gommes-résines du commerce.

Le meilleur moyen de se la procurer consiste à traiter la gomme de Bassora à grande eau froide, à renouveler l'eau jusqu'à ce qu'elle n'enlève plus rien à la gomme, à faire égoutter le résidu, et à le sécher d'abord entre des toiles, puis à la chaleur du bain-marie.

## ARTICLE II.

### *Gommes.*

2224. Immédiatement après l'arabine, la cérasine et la bassorine, nous plaçons les gommes, parce qu'elles sont formées de l'une ou de plusieurs de ces substances immédiates, et qu'elles en ont les propriétés générales (2220).

On distingue six sortes de gommes : 1° la gomme arabique; 2° la gomme du Sénégal; 3° la gomme des arbres fruitiers à noyau, *gomme de pays;* 4° la gomme adraganthe; 5° la gomme de Bassora; 6° la gomme des graines et des racines. Les cinq premières découlent spontanément des branches et du tronc des arbres qui les contiennent, quelquefois même du fruit, sous forme d'un mucilage qui peu-à-peu se dessèche et se durcit à l'air. Les gommes de graines et de racines s'extraient par l'eau bouillante.

A part quelques autres matières, le plus souvent en très petite quantité, la gomme arabique et la gomme du Sénégal ne contiennent que de l'arabine; les gommes des arbres à fruits à noyau, que de l'arabine et de la cérasine; la gomme de Bassora et la gomme adraganthe, que de l'arabine et de la bassorine. Quant aux gommes de graines et de racines, elles ne renferment ni cérasine, ni bassorine, mais l'arabine qui s'y trouve est mêlée avec une assez grande quantité de matières étrangères.

2225. *Gomme arabique.* — Cette gomme découle de l'*acacia arabica* et de l'*acacia vera*, qui croissent sur les bords du Nil et dans l'Arabie. On la trouve dans le commerce sous forme de petites masses, arrondies d'un côté et creuses de l'autre. Elle est transparente, inodore, cassante, facilement réductible en poudre, tantôt sans couleur, et tantôt colorée en jaune, ou même en rouge brun. Ces couleurs disparaissent ou s'affaiblissent beaucoup, lorsque la gomme reste exposée long-temps aux rayons solaires, et mieux encore à une température de 100°. Sa densité est de 1,355.

Humectée, la gomme arabique rougit le papier de tournesol, propriété qu'elle doit à un peu de malate acide de chaux, que l'alcool concentré et bouillant lui enlève en même temps que des traces de chlorures de potassium et de calcium, d'acétate de potasse.

Sa dissolution aqueuse, quoique filtrée, est toujours un peu louche, ce qui tient à une quantité très minime de matière insoluble et azotée, suffisante toutefois pour que le produit de la distillation de la gomme soit sensiblement alcalin.

Abstraction faite de cette matière, 100 parties de belle gomme contiennent 79,40 d'arabine, 17,60 d'eau, plus quelques centièmes de substances salines et terreuses. Aussi, en l'incinérant, donne-t-elle 2,5 à 3 pour 100 d'un résidu salin composé de carbonates de potasse et de chaux, de phosphate de chaux, de chlorure de potassium, d'oxide de fer, d'alumine, de magnésie, de silice.

La gomme arabique est employée en médecine, à cause de ses propriétés adoucissantes. Elle entre dans la composition de plusieurs sirops et de beaucoup de potions. Les arts en tirent aussi un grand parti. Les confiseurs s'en servent pour faire les pastilles. On la dissout dans certaines couleurs pour les rendre brillantes et solides. Enfin, c'est avec la gomme arabique que l'on donne le lustre aux étoffes.

2226. *Gomme du Sénégal.* — Les nègres recueillent cette gomme pendant le mois de novembre sur l'*acacia sénégal.* (1) Elle est en morceaux ordinairement gros comme des œufs de perdrix, mais quelquefois d'un volume beaucoup plus considérable, souvent creux, et ayant une forme ovoïde. Sa densité est égale à 1,436.

Elle est formée de 81,10 d'arabine, de 16,10 d'eau, de 2 à 3 de matières salines, en tout semblables à celles que contient la gomme arabique, avec laquelle elle se confond d'ailleurs par ses propriétés chimiques et ses usages.

2227. *Gomme de pays.* — C'est à l'époque de la maturité des fruits des arbres qui la contiennent, que l'écoulement de cette gomme a lieu. Il n'est personne qui n'ait eu occasion de remarquer cet écoulement. Elle contient tout à-la-fois de

(1) L'arbre qui la produit est haut de 18 à 20 pieds.

l'arabine et de la cérasine. Souvent elle est colorée en rouge brun. Celle qui provient de l'abricotier, de l'amandier, du cerisier, du pêcher, du prunier, en renferme de 82 à près de 90 pour 100; le reste ne se compose, pour ainsi dire, que d'eau et de matières salines. Par exemple : 100 parties de gomme de cerisier renferment 52,10 d'arabine; 34,90 de cérasine; 12,00 d'eau; 1 de matières salines.

La gomme de pays s'emploie pour donner du brillant aux couleurs, à l'encre, par exemple.

2228. *Gomme adraganthe.* — Cette gomme, que l'on ramasse sur la fin du mois de juin, provient de l'*astragàlus tragacantha* de l'île de Crète et des îles environnantes. Elle a l'aspect de petits rubans entortillés, et est blanche ou rougeâtre, opaque, un peu ductile. C'est à cette dernière propriété qu'il faut attribuer la difficulté avec laquelle on la réduit en poudre : on n'y parvient même qu'en chauffant le mortier. Sa densité est 1,384.

Mise en contact avec l'eau, elle se dissout en partie, se gonfle considérablement, et forme un mucilage fort épais.

100 parties se composent de 53,30 d'arabine, de 33,30 de bassorine et d'amidon, de 11,10 d'eau, et de 2 à 3 parties de matières salines qui sont les mêmes que celles des autres gommes.

La présence de l'amidon peut être rendue très sensible en traitant la gomme adraganthe par l'eau bouillante jusqu'à ce qu'elle ait la consistance de l'empois, et versant dessus quelques gouttes d'une solution alcoolique d'iode : à l'instant, la matière devient bleue. L'on peut encore examiner la gomme au microscope, et l'on verra deux sortes de grains, les uns arrondis, d'autres plus gros, beaucoup plus nombreux et de forme oblique. Les premiers seront formés d'amidon, les autres de gomme pure. Aussi, quand, après avoir divisé le plus possible de la gomme adraganthe humectée, on la porte sur le porte-objet du microscope, et qu'on ajoute une solution d'iode, n'y a-t-il que les grains ronds qui bleuissent.

2229. *Gomme de Bassora.* — Elle est d'un blanc légèrement jaunâtre et en morceaux qui présentent, les uns des cavités, d'autres des excroissances; il en est qui sont aplatis et sillonnés. Sa densité est 1,359.

Mise en contact avec l'eau, elle se gonfle prodigieusement et forme un mucilage extrêmement épais. L'eau bouillante n'en dissout qu'une très petite quantité.

100 parties de cette gomme contiennent 61,3 de bassorine; 11,20 d'arabine; 21,89 d'eau; 5 à 6 de matières salines.

*Gomme de graines et de racines.* — Lorsqu'on traite une partie de graine de lin mondée par 8 parties d'eau à 60° pendant une demi-heure, et que l'on presse la matière dans une toile à larges mailles, en la soumettant à la torsion, l'on obtient un mucilage acide très épais, qui, évaporé promptement au bain-marie dans une capsule de porcelaine, contient environ 52,70 d'arabine, 29,89 d'une matière insoluble, laquelle ne donne point d'acide mucique avec l'acide azotique; 10,30 d'eau; 7,11 de substances salines. Mais lorsque, au lieu d'eau chaude, on emploie de l'eau froide en la renouvelant nombre de fois, le produit de l'évaporation contient jusqu'à 67,50 pour 100 d'arabine mêlée d'un peu de matière azotée, plus 14 d'eau, et 18,50 de sels ou de terres. Les racines mucilagineuses fournissent des résultats plus ou moins analogues. Il suit donc de là que les graines et les racines ne contiennent ni bassorine, ni cérasine, et qu'elles ne renferment d'autres principes gommeux que l'arabine.

### ARTICLE III.

### *Lactine ou sucre de lait.*

2230. La dénomination de *sucre de lait*, donnée par Schéele, à une substance qui ne s'est encore rencontrée que dans le lait et dont la saveur est douce, a le double inconvénient de se composer de deux mots, et d'induire en erreur, puisque la substance à laquelle elle s'applique, n'est point susceptible de fermenter, et par conséquent n'est point un véritable sucre. C'est pourquoi je propose de l'appeler *lactine*.

*Propriétés.* — La lactine est solide, sans odeur; sa densité est 1,543; elle cristallise ordinairement en prismes à quatre faces, terminés par des pyramides à quatre faces, blancs, demi transparens, durs, croquant sous la dent, contenant 12 pour 100 d'eau, et qui, projetés sur les charbons incandescens, décrépitent, se boursouflent et se charbonnent.

Chauffée peu-à-peu et avec précaution, elle se fond en un liquide incolore, abandonne son eau de cristallisation, et se prend par le refroidissement en une masse blanche et opaque. Une température un peu plus élevée la jaunit, la caramélise: alors elle devient plus soluble dans l'eau, incristallisable, et acquiert, pour ainsi dire, d'après Vauquelin, toutes les propriétés de la gomme. (*Bulletin de Pharmacie*, t. III, p. 49.)

Exposée à l'air, la lactine n'en attire point l'humidité et ne s'altère en aucune manière.

L'eau, à la température ordinaire, en dissout à-peu-près la neuvième partie de son poids; l'eau chaude en dissout beaucoup plus, de sorte que, par le refroidissement, elle en laisse déposer sous forme de cristaux. La potasse et la soude la rendent beaucoup plus soluble. L'alcool concentré n'en dissout qu'une quantité presque insensible : l'éther, pas la moindre trace. Elle n'est précipitée de sa dissolution aqueuse par aucun sel, par aucun alcali, par aucun acide; l'infusion de noix de galle ne produit non plus aucun nuage dans cette dissolution; mais l'alcool, en raison de son affinité pour l'eau, la trouble fortement au bout de quelques minutes, et en sépare un grand nombre de petits cristaux de lactine.

Traitée par l'acide azotique, elle donne absolument les mêmes produits que l'arabine, c'est-à-dire, des acides oxalhydrique, mucique, oxalique, etc. (2221). Elle peut, comme l'amidon, être transformée en sucre analogue à celui du raisin, lorsqu'on la fait bouillir avec quatre fois son poids d'eau aiguisée de 2, 3, 4 à 5 pour 100 d'acide sulfurique : l'acide chlorhydrique produit aussi le même effet. (M. Vogel, *Annales de Chimie*, t. LXXXII, p. 156.)

Enfin, il paraît que la lactine peut s'unir aux bases salifiables puissantes : en effet, Berzelius a observé, 1° que le protoxide de plomb chasse l'eau de cristallisation de la lactine à une douce chaleur; 2° qu'agité avec une solution de lactine à la température de 50°, il donne lieu à un composé blanc, presque insoluble, qui, recueilli et lavé sur un filtre, à l'abri du contact de l'air, puis desséché dans le vide sec, se trouve contenir sur cent, 63,53 d'oxide et 36,47 de lactine ($C^{10}H^8O^4$, PbO); 3° que la liqueur filtrée tient en dissolution un autre composé formé de 18,12 d'oxide de plomb, et de 81,88 de lactine ($4C^{10}H^8O^4$, PbO); 4° qu'en faisant digérer pendant long-temps l'oxide de plomb en excès avec la solution de lactine, il se produit un troisième composé dans lequel l'oxigène de l'oxide est égal à celui de la lactine. ($C^{10}H^8O^4$, 4PbO).

*Préparation.* — C'est en Suisse que la lactine se prépare; là existe une grande quantité de petit-lait provenant de la fabrication du fromage de Gruyère; on l'évapore jusqu'à un certain point, et en abandonnant la liqueur à elle-même pendant quelques jours, on en retire des couches épaisses d'environ 20 millimètres de lactine cristallisée, qu'on purifie par de nouvelles dissolutions et cristallisations. Ces couches cristallines sont brisées en morceaux de différentes grosseurs et versées dans le commerce. En traitant de la même manière toute autre espèce de petit-lait provenant de la coagulation spontanée du lait ou de sa coagulation par les acides, on en retirerait également de la lactine. Dans tous les cas, cette préparation sera facile à concevoir, en observant que le petit-lait n'est autre chose qu'une grande quantité d'eau tenant en dissolution une assez grande quantité de lactine, et une petite quantité de matière caséeuse, d'acide et de sels.

A moins qu'on ne l'ait fait cristalliser un grand nombre de fois, la lactine retient toujours quelques traces de substances animales que, suivant M. Vauquelin, l'on peut rendre sensibles en le réduisant en poudre, et le triturant dans un mortier avec un peu d'eau légèrement alcaline : il se dissout tout entier par l'effet de l'alcali, tandis que la matière animale reste isolée et apparaît sous forme de flocons.

*Composition.* — La lactine a été analysée successivement par MM. Gay-Lussac et Thenard, Berzelius, Prout et Liebig : voici les résultats qu'ils ont obtenus :

| | Gay-Lussac et Thenard. | Berzelius. | Prout. | Liebig. |
|---|---|---|---|---|
| Carbone..... | 38,825 | 39,574 | 40,00 | |
| Hydrogène... | 7,341 | 7,167 | 6,67 | 6,73 |
| Oxigène..... | 53,834 | 53,359 | 53,33 | 53,27 |

D'où l'on peut conclure que la lactine cristallisée a pour formule atomique : $C^2H^2O$, équivalant à 40,45 de carbone, 6,61 d'hydrogène, 52,64 d'oxigène.

Mais comme elle contient 12 pour 100 d'eau de cristallisation, elle doit avoir pour formule, à l'état anhydre, $C^{10}H^8O^4$ qui représente une proportion.

La formule de la lactine cristallisee devient alors :

$$C^{10}H^8O^4+H^2O.$$

*Usages.* — La lactine est employée en médecine, mais seulement par quelques médecins. On s'en sert aussi quelquefois pour falsifier la cassonnade; il est toujours facile de reconnaître la fraude au moyen de l'alcool à 33°, qui dissout le sucre, et n'a que peu d'action sur la lactine : le résidu sera véritablement de la lactine, si, par l'acide azotique, il se convertit en partie en acide mucique.

### ARTICLE IV.

### *Pectine ou gelée végétale.*

2231. Il existe dans tous les fruits une substance particulière qu'il est facile d'en précipiter par l'alcool sous forme de *gelée*. C'est cette substance qui a été connue jusqu'ici seulement sous le nom de *gelée végétale*, et que M. Braconnot propose d'appeler *pectine*.

Pour l'obtenir, on doit mêler l'alcool au jus du fruit récemment exprimé. L'opération s'exécute très bien avec le suc de groseilles. Si la quantité d'alcool est assez considérable, le dépôt se forme presque instantanément; si au contraire on veut ménager l'alcool, la pectine ne se prend en masse gélatineuse qu'en abandonnant le mélange à lui-même pendant

1 à 2 jours. Dans tous les cas, la pectine doit être pressée graduellement, lavée avec de l'alcool faible et desséchée.

Ainsi préparée, la pectine est insipide, sans action sur le tournesol, et en fragmens demi transparens, membraneux, semblables à la colle de poisson. Plongée en cet état dans 100 fois son poids d'eau froide, elle se gonfle extrêmement, de même que la bassorine, et donne lieu à un mucilage ayant l'aspect de l'empois, mais qui ne se colore point en bleu par l'iode. Une plus grande quantité d'eau augmente sa transparence, au point qu'alors elle paraît comme dissoute.

L'eau bouillante paraît avoir moins d'action sur la pectine que l'eau à la température ordinaire.

Soumise à la distillation, la pectine se décompose sans se fondre, donne de l'acide acétique, de l'huile empyreumatique, etc., point d'ammoniaque, et un grand résidu charbonneux qui contient ordinairement un peu de carbonate, de phosphate et de sulfate de chaux, et d'oxide de fer.

Lorsqu'on verse un acide dans une dissolution de pectine, cette substance n'éprouve aucun changement réel; mais, chose bien digne de remarque, elle se trouve transformée tout-à-coup en acide pectique sous l'influence de la plus légère trace d'un oxide alcalin. Aussi, quand après avoir ajouté au jus de groseille étendu d'eau et filtré un peu de potasse ou de soude, qui n'en trouble point la transparence, on le mêle avec un petit excès d'acide sulfurique, y produit-on un abondant précipité gélatineux d'acide pectique. Si la quantité de potasse ou de soude était suffisante, l'acide pectique se déposerait à l'instant à l'état de sous-pectate.

Le carbonate de potasse peut comme la potasse transformer la pectine en acide pectique. Le carbonate de soude, ni même l'ammoniaque concentrée, ne possèdent cette propriété.

Enfin la pectine, de même que l'acide pectique, donne de l'acide mucique et de l'acide oxalique avec l'acide azotique.

*Composition.* — La pectine, d'après les produits de sa distillation, ne contient évidemment que du carbone, de l'hydrogène et de l'oxigène. Probablement qu'elle est isomérique avec l'acide pectique : c'est du moins ce qu'autorise à croire sa facile transformation en acide pectique; malheureusement, jusqu'ici on n'a fait l'analyse élémentaire d'aucune de ces deux substances. (*Voyez* le Mémoire de M. Braconnot, *Annales de Chim. et de Phys.*, XLVII, 274.)

## ARTICLE V.

### *Du sucre.*

2232. Nous désignons par le nom de *sucre* tout corps qui,

dissous dans l'eau et mis en contact avec le ferment, peut être décomposé et transformé en gaz acide carbonique et en alcool. (Voyez *Fermentation spiritueuse.*) D'après cette définition, nous devons admettre au moins aujourd'hui cinq espèces de sucre : le premier est le sucre ordinaire, ou le sucre proprement dit; le second est ce même sucre, rendu incristallisable en le dissolvant dans l'eau, et faisant bouillir long-temps la dissolution; le troisième est celui que nous trouvons dans presque tous les fruits; le quatrième, le sucre de champignons; et le cinquième, le sucre qu'on rencontre dans l'urine d'une certaine sorte de diabètes.

§ I.

*Sucre ordinaire ou de canne.*

2233. Le sucre ordinaire est connu depuis nombre de siècles; mais ce n'est que depuis la découverte de l'Amérique que l'on s'en est servi comme aliment. Avant cette époque, il n'était employé qu'en médecine, à cause de sa rareté. Presque tous les chimistes s'en sont successivement occupés, en sorte que l'histoire de ses propriétés ne laisse que peu de chose à desirer.

Le sucre est solide, blanc, d'une saveur très douce; sa pesanteur spécifique est 1,6065. Il devient lumineux lorsqu'on le frotte dans l'obscurité. Il cristallise assez facilement; ses cristaux prennent le nom de *sucre candi;* on les obtient en plongeant des fils dans une dissolution sirupeuse, que l'on abandonne à elle-même dans une terrine pendant dix à quinze jours : ils renferment, d'après Berzelius, 1 atome d'eau sur 2 atomes de sucre, ou 5,3 d'eau pour 100, qu'ils retiennent même en les chauffant au point de les faire fondre, et qui ne se dégagent qu'en unissant le sucre aux bases, par exemple au protoxide de plomb. (1)

(1) M. Biot a recherché l'action que pouvaient exercer des solutions de matières organiques sur un rayon de lumière polarisée qui les traversait; il a vu que la direction du plan de polarisation était changé par plusieurs d'entre elles, et a construit un appareil propre à mesurer ce changement avec beaucoup de précision. Il a observé :

1° Que le sucre de canne dévie le plan de polarisation vers la droite;

2° Que le sucre de canne rendu incristallisable, le dévie vers la gauche;

3° Que le sucre du *raisin,* cristallisé et redissous dans l'eau ou l'alcool, le dévie vers la droite, mais qu'avant sa cristallisation, il le dévie vers la gauche;

4° Que le sucre d'amidon le dévie toujours vers la droite;

5° Qu'aussitôt que la fermentation commence à s'établir dans une solution de sucre de canne cristallisé, l'action d'agir à droite passe brusquement à gauche;

6° Que la fermentation n'intervertit pas le sens de la rotation dans le sucre d'amidon et le sucre de raisin; qu'elle l'affaiblit seulement;

Soumis à l'action du feu, le sucre se fond, puis se caramélise, se décompose, se boursoufle en répandant une odeur particulière. Il paraît être inaltérable à l'air. Dissous dans le tiers de son poids d'eau, il donne lieu à un sirop qui se conserve très bien, à la température ordinaire, dans des vases fermés. Étendu d'eau, ce sirop s'altère promptement, surtout par le contact de l'atmosphère, s'aigrit et se couvre de moisissure. En l'exposant pendant long-temps à une température de 90 à 110°, il se colore, et la plus grande partie du sucre qu'il contient perd la propriété de cristalliser. Le sucre rendu ainsi incristallisable, forme, selon toute apparence, une espèce nouvelle.

C'est en concentrant, par l'ébullition, une dissolution de sucre jusqu'à ce que, projetée dans l'eau, elle soit capable de se prendre en masse cassante et transparente, qu'on prépare le sucre d'orge : alors on la coule sur une table huilée ; devenue molle, on la divise et on en forme de petits cylindres.

Le sucre est beaucoup moins soluble dans l'alcool que dans l'eau ; l'alcool concentré n'en dissout même qu'une quantité presque imperceptible, du moins à la température ordinaire.

Les dissolutions de sucre deviennent tout à-la-fois incristallisables, amères et astringentes, en s'unissant à la chaux, à la baryte, à la strontiane ; mais, par l'addition d'une quantité convenable d'acide qui en précipite la base, elles reprennent leurs propriétés primitives. La potasse, la soude, mises en contact avec ces dissolutions, nous offrent les mêmes phénomènes.

M. Daniell a fait à cet égard des observations intéressantes, qu'on trouve (*Ann. de Chim. et de Phys.*, t. x, p. 219). Ayant fait bouillir ensemble pendant une demi-heure 1,000 parties de sucre, 600 de chaux vive, et 1,500 d'eau, et ayant examiné la liqueur après son refroidissement, il a vu 1° qu'elle contenait sur 100 parties, 16,5 de chaux et 33,2 de sucre ; 2° qu'en l'évaporant lentement, elle se prenait en une masse solide, demi transparente, jaune, dont l'aspect avait beaucoup de rapport avec celui de la gomme ; 3° que le sucre, dans cette masse, n'était point dénaturé ; 4° qu'en abandonnant la liqueur à elle-même pendant quelques mois, il s'en déposait du carbonate de chaux en rhomboïdes très aigus ; qui selon lui provient de la décomposition d'une partie du sucre. Mais M. Pelouze s'est assuré que la chaux n'exerce point d'action décomposante sur le sucre, et que si les sucres bruts altérés

7° Que la gomme arabique dévie le plan de polarisation de 12 degrés vers la gauche. (*Ann. de chim. et de phys.*, LII, 72.) *Voyez* de plus le 5e vol. *Philosophie chimique*.

par le temps renferment du carbonate de chaux, l'acide contenu dans ce sel a été fourni en entier par l'air atmosphérique. (*Ann. de Chim. et de Phys.*, XLVIII, 301.)

Plusieurs autres oxides, et particulièrement le protoxide de plomb, ont aussi la propriété de s'unir avec le sucre. En effet, lorsqu'on fait chauffer de l'eau avec du sucre et du protoxide de plomb, l'oxide se dissout d'abord; mais au bout de quelque temps, la liqueur devient opaque, et laisse déposer une poudre blanche, légère, insipide, insoluble même dans une grande quantité d'eau bouillante, et qui, d'après M. Berzelius, est une combinaison, lorsqu'elle est bien desséchée, de 100 de sucre et de 139,6 d'oxide de plomb. Les acides les plus faibles la décomposent et s'emparent de l'oxide qu'elle contient. (*Ann. de Chim.*, t. XCV, p. 59.)

Le sucre se colore presqu'à l'instant par son contact avec l'acide sulfurique concentré, à la température ordinaire; il prend une nuance marron qui devient beaucoup plus foncée avec le temps, sans perdre la propriété de se dissoudre dans l'eau, et sans produire d'acide sulfureux. Lorsque l'acide est étendu d'eau et bouillant, son action est tout autre; il convertit alors le sucre de canne, de même que l'amidon (2249), en sucre de raisin. L'acide chlorhydrique, et plusieurs autres acides sans doute produisent le même effet. Quant à l'acide azotique, il forme toujours de l'acide oxalhydrique, de l'acide oxalique, etc., et point du tout d'acide mucique.

Le sous-acétate de plomb ne précipite pas le sucre de sa dissolution, et comme il précipite au contraire presque toutes les autres substances végétales et animales, il s'ensuit qu'on peut l'employer avec avantage pour séparer le sucre de la plupart de ces substances.

Le sucre n'a d'action sur les sels qu'à l'aide de la chaleur; il réduit par l'intermède de l'eau le perchlorure d'or, les azotates de mercure, d'argent, le sulfate de cuivre, et ramène à un moindre degré d'oxigénation les oxides de plusieurs autres sels (*Journ. de Pharm.*, t. 1, p. 241). M. Vogel, à qui sont dues ces observations, assure que le phosphore attaque le sucre en un jour sans le contact de l'air, et que de son action sur ce corps résultent de l'acide phosphoreux et une masse noire et gluante.

2234. *État naturel et préparation.* — Le sucre se trouve dans la tige de toutes les plantes du genre *arundo*, dans l'érable, la betterave, le navet, et en général dans toutes les racines dont la saveur est douce. C'est de l'*arundo saccharifera* ou canne à sucre, de l'*acer saccharinum*, de la betterave, qu'on l'extrait.

2235. La canne à sucre se cultive dans les Indes occidentales et dans les Indes orientales. Elle peut être également cultivée dans tous les pays chauds. La plantation de la canne se fait toujours par boutures. Dans l'Amérique, c'est depuis le mois de mars jusqu'au mois d'avril qu'on met les boutures en terre. Il faut que celle-ci soit légère et molle, sans être maigre ni trop humide. La cendre, les feuilles pourries de la canne, la lie des distillateurs, sont autant d'engrais qu'on emploie avec succès.

Les boutures ont 4 décimètres de long et sept à huit boutons; on les couche deux par deux dans des trous qui ont 8 décimètres de largeur et 16 centimètres de profondeur; on les couvre ensuite de 5 cent. et demi de terre. Les trous de la même rangée sont éloignées les uns des autres d'environ 45 cent., et les rangées le sont entre elles d'environ un mètre. Au bout de quinze à dix-huit jours, les jeunes plantes paraissent à la surface du sol; bientôt elles sont environnées d'herbes de diverse nature. Ces herbes, nuisant à l'accroissement des cannes, doivent être enlevées avec soin, surtout au commencement de la plantation. Ce n'est qu'à douze mois environ que les cannes fleurissent : quatre ou cinq mois après, elles sont parfaitement mûres. Alors leur couleur est jaunâtre, leur moelle d'un gris brunâtre, et leur suc visqueux est très doux. Leur grosseur et leur hauteur varient singulièrement : il en est qui ont six mètres et demi de haut, ce qui provient du climat, du terrain et de la culture : le plus communément elles n'en ont que quatre. La quantité de sucre qu'elles contiennent est aussi très variable : on en retire depuis 6 jusqu'à 15 centièmes de leur poids.

Le procédé que l'on suit pour extraire le sucre repose sur la propriété qu'a ce corps de cristalliser, tandis que ceux avec lesquels il est mêlé sont incristallisables. Les cannes étant parvenues à leur maturité, on les coupe par le pied, après en avoir enlevé la flèche ou partie supérieure; ensuite on les effeuille et on les porte au moulin, qui se compose principalement de trois cylindres placés horizontalement les uns à côté des autres, et mis en mouvement par des chevaux, des mulets ou des bœufs. C'est au moyen de ces cylindres qu'on en exprime le suc, en les faisant passer d'abord entre l'un des cylindres latéraux et le cylindre du milieu, puis entre celui-ci et l'autre cylindre latéral : les cannes ainsi comprimées prennent le nom de *bagasse*. Le suc exprimé n'est presque composé que d'eau, de sucre cristallisable; on y trouve seulement en outre un peu d'albumine ou fécule verte, de gomme, de ferment, de matières salines en dissolution, et de parenchyme ou matière fibreuse en suspension ; il entre en fermentation si promptement, qu'il est nécessaire de le cuire sur-le-champ (1). Voici le procédé suivi jusque dans ces derniers temps.

Le suc obtenu par la pression exercée sur les cannes à sucre est conduit dans une grande chaudière placée sur un fourneau de longueur convenable à la suite de quatre autres chaudières de moindre dimension et de diverses grandeurs. La première est la plus grande et la plus éloignée du foyer; vient ensuite la chaudière de seconde grandeur, et ainsi de suite, de telle manière que la dernière est la plus petite et la plus près du foyer. C'est dans la première que le suc est amené au bouillon, après avoir reçu un peu de chaux délayée. Il s'y forme une écume qu'on enlève, et qui est principalement composée de fécule et de parenchyme. Le suc, en partie déféqué, est transvasé dans la chaudière suivante, ou de seconde grandeur, appelée la *propre*, et là, par une ébullition soutenue et par une nouvelle addition de chaux, on avance la concentration et l'épuration en ayant soin de séparer les écumes qui continuent à se former. De la seconde chaudière le liquide passe dans la troisième nommée le *flambeau* où la clarification s'achève, puis dans la quatrième dite le *sirop*, et enfin dans la cinquième désignée sous le nom de *batterie*. C'est dans celle-ci que la cuite s'opère. On reconnaît que le sirop est cuit, lorsqu'en en prenant une goutte entre le pouce et l'index et écartant ceux-ci brusquement, il en résulte un filet qui se rompt près du pouce et remonte vers l'index en forme de crochet.

Le sirop étant cuit est versé tout de suite dans un réservoir près de la *batterie*, où il se refroidit jusqu'à un certain point, et de là dans des caisses ou bacs percés de plusieurs trous qu'on a bouchés avec des chevilles de bois entourées de paille de maïs. Vingt-quatre heures après, on l'agite avec un mouveron, afin de faciliter la cristallisation qui est déjà commencée, et qui, par ce moyen, se termine en cinq ou six heures; puis en débouchant les trous, l'on donne issue au sirop, qui a conservé sa fluidité. Aussitôt qu'il est écoulé, le sucre resté dans la caisse est exposé à l'air pour le priver de l'humidité qu'il retient toujours, et renfermé ensuite dans des barriques bien sèches. C'est en cet état qu'on l'envoie en Europe sous les

(1) M. Vauquelin a fait l'analyse du suc de canne; mais quoique conservé par procédé d'Appert, ce suc avait éprouvé des altérations dans la traversée; sa partie sucrée s'était détruite en grande partie et s'était transformée en gomme. (*Ann. de chim. et de phys.*, xx, 93.)

noms de *cassonade*, *moscouade*, ou de *sucre brut*. Quelquefois cependant on le blanchit en le clairçant, opération qui consiste à unir et battre légèrement la base des pains dans les formes, puis à verser dessus du sirop de sucre blanc fait à froid. Le sirop, en s'écoulant peu-à-peu, entraîne la mélasse, à tel point que par ce moyen il est possible d'avoir de la cassonade blanche. (1)

Quant au sirop écoulé, il est reversé dans une chaudière, évaporé de nouveau, et soumis à des cristallisations successives, jusqu'à ce qu'on ne puisse plus obtenir de sucre : on le vend à cette époque sous le nom de *mélasse*.

Le sucre ainsi préparé, contenant encore beaucoup de matières étrangères, a besoin d'être raffiné. Pour cela, il faut le mettre dans la chaudière appelée *chaudière à clarifier*, le fondre dans une certaine quantité d'eau, y ajouter tout de suite des quantités déterminées d'eau de chaux et de sang, pousser au bouillon, et arrêter le feu brusquement. Une écume très grosse et très abondante se forme et surnage; alors on laisse écouler le sirop éclairci, par le fond de la chaudière, garni d'un tuyau à robinet, sur des filtres de laine ou de coton qui se trouvent placés au-dessous; de là il passe immédiatement dans des caisses pleines de charbon mouillé et en grains, connues sous le nom de *filtre Dumont*; il s'y décolore et acquiert une grande limpidité (2). Dans cet état, il marque environ 30° de l'aréomètre de Beaumé ou 1,260 de densité, et est reçu dans un réservoir inférieur, d'où une pompe le remonte dans un autre réservoir placé au dessus de la chaudière à cuire.

Cette chaudière était autrefois semblable à la chaudière à clarifier. On y mettait à-la-fois beaucoup de sirop, qui devait y séjourner long-temps pour arriver par l'ébullition au degré de concentration convenable. Ce long contact avec le feu altérait singulièrement la qualité du sucre, et produisait souvent 25 ou 28 pour cent de mélasse. C'était une perte très considérable et une augmentation de difficulté pour obtenir bien blanc le sucre qui s'était conservé.

Ce procédé a été abandonné, et depuis une vingtaine d'an-

(1) Quelques colons blanchissent aussi la cassonade en la traitant par le taffia ou alcool faible, qu'ils se procurent à très bon marché par la fermentation des mélasses.

(2) Il n'y a que peu de temps que l'on emploie ces filtres. Auparavant, l'on mettait le charbon en poudre fine avec le sirop dans la chaudière; mais, d'une part, la décoloration se faisait moins bien, les sirops étaient moins beaux; et, d'autre part, le charbon était plus difficile à laver.

nées, la cuite s'opère assez généralement dans des chaudières très plates, exposées à un grand feu et rendues mobiles à l'aide d'une bascule, qui permet de les vider très promptement sans éteindre le feu. Le sucre ne séjourne que fort peu de temps dans ces chaudières, parce qu'elles sont chauffées par toute la surface de leur fond et parce qu'on y met peu de sirop à la fois. Dix minutes suffisent quelquefois pour terminer la cuite. Ce deuxième procédé est à coup sûr meilleur que le précédent, car on évite une décomposition notable de sucre; mais on a plus récemment adopté d'autres procédés de cuite encore plus parfaits.

Philip Taylor a exécuté des chaudières au fond desquelles se trouve une série de tuyaux d'environ 2 cent. $\frac{1}{2}$ de diamètre, où il introduit un courant de vapeur à 4 ou 5 atmosphères. Le sirop placé dans la chaudière reçoit la chaleur que laissent passer les tuyaux, sans aucun mélange de vapeur; l'ébullition a promptement lieu; elle se trouve excessivement forte avec une vapeur à cette pression, et la cuite est faite plus rapidement que dans la chaudière la mieux chauffée, et qui, par exemple, reposerait en entier sur un foyer des plus ardens, quoique la température de la vapeur soit très inférieure.

Il résulte de cette dernière circonstance que le sucre est encore moins altéré dans ce troisième procédé que dans la chaudière à bascule; toutefois il éprouve encore la funeste influence d'une chaleur de 110°, pendant quelque temps.

Enfin Howard a supprimé cet inconvénient en opérant la cuite du sucre dans le vide. A l'aide de pompes puissantes que met en mouvement une machine à vapeur, il aspire tout l'air que contient le récipient dont il a recouvert la chaudière à cuite; et par un courant de vapeur placé à l'extérieur, il donne au sirop une température qui n'excède pas 60 à 65 degrés centig. Le sirop bout aisément; la vapeur produite est rapidement enlevée par les pompes qui ne cessent d'agir, et la cuite s'opère ainsi à une basse température, c'est-à-dire dans les conditions les plus favorables à la conservation du sucre cristallisable.

Le procédé de Howard est sans contredit préférable à tous ceux qui précèdent et ne laisserait rien à desirer, s'il n'exigeait l'emploi d'une machine assez dispendieuse : aussi a-t-on cherché à le simplifier, en concentrant le sirop par voie de distillation, et refroidissant la vapeur qui se rend dans les récipiens, de manière à diminuer beaucoup la pression intérieure et par conséquent le degré d'ébullition du sirop. Pour choisir entre les nouveaux appareils qui reposent sur ce principe, il faut attendre que l'expérience ait prononcé. Il en est de même de l'appareil de M. Brame-Chevallier, qui consiste à opérer la cuite en insufflant une très grande quantité d'air chaud à travers la dissolution de sucre.

Quand la cuite est opérée, on verse le sirop dans un grand rafraîchissoir, et on en amasse de quoi remplir un bon nombre de formes. Tant qu'il n'est point à environ 50 degrés, on *mouve* souvent afin de faire opérer la cristallisation en petits grains isolés, dont l'ensemble, après la séparation du sirop, puisse former le sucre en pains ordinaires. Alors on en remplit des formes coniques percées à leur sommet d'un trou que l'on tient bouché avec une cheville, et on continue à mouver de temps à autre : ces formes, qui sont renversées, reposent sur des pots destinés à recevoir le sirop non cristallisé. Le refroidissement détermine bientôt la cristallisation du sucre : à cette époque, on débouche le trou des formes, et le sirop s'écoule; après quoi l'on procède au *terrage*.

Cette opération se fait en enlevant à la base des cônes une couche d'environ 27 millimètres de sucre, la remplaçant par une autre de même épaisseur de sucre blanc réduit en poudre, et la recouvrant de terre blanche argileuse, délayée dans l'eau. Cette eau filtre à travers le sucre, rend le sirop qu'il contient plus fluide, et l'entraîne. (1)

Un seul terrage ne suffit pas : il faut en faire jusqu'à quatre, ce qui exige ordinairement trente-deux jours. Par conséquent, au bout de huit jours, il faut enlever la première couche d'argile dont la consistance est celle d'une pâte ferme, recouvrir de nouveau sucre pulvérisée la base du pain, et verser dessus d'autre argile délayée. Il ne reste plus qu'à enlever les pains de leurs moules, et qu'à les laisser à l'étuve pendant un à deux mois pour les sécher et les raffermir. Le raffermissement du sucre provient non-seulement de la vaporisation d'une certaine quantité d'eau, mais encore de la cristallisation de quelques parties qni sont encore liquides.

Examinons maintenant quelle peut être l'action de la chaux dans l'extraction du sucre. M. Daniell, dans le Mémoire déjà

(1) Au lieu de terrer le sucre ainsi, on pourrait verser dessus du sirop de sucre blanc fait à froid; l'effet serait le même, puisque l'eau, en quittant l'argile, dissout le sucre appliqué à la base du pain, et donne lieu à un véritable sirop. C'est ce qu'on fait dans les colonies sous le nom de *clairçage*, comme nous l'avons déjà dit, et c'est ce qu'on fait aussi dans les fabriques de sucre de betteraves, pour obtenir de très belles cassonades, qui équivalent à du sucre blanc en poudre. On pourrait aussi faciliter l'écoulement des sirops par le vide. Ce sont des améliorations que j'ai conseillées il y a très long-temps, et que certaines fabriques ont adoptées.

cité, pense qu'elle rend la matière colorante plus soluble, et qu'elle facilite de cette manière la cristallisation et la purification du sucre pendant le terrage. Pour moi, je crois qu'elle a pour objet de rendre les écumes plus fermes et de contribuer à leur séparation; elle s'unit à l'albumine et forme avec celle-ci un composé qui se rassemble mieux que ne le ferait l'albumine seule.

D'importans changemens dans la fabrication du sucre se préparent actuellement aux colonies, on cherche à y introduire l'usage du charbon, et du sang transporté d'Europe après sa dessiccation. On commence aussi à se servir de meilleurs appareils d'évaporation et de cuisson. Enfin, dans quelques sucreries, l'on suit autant que possible le procédé que l'on pratique en Europe pour l'extraction du sucre de betterave.

2236. *Extraction du sucre de betterave.* — C'est à Margraff que nous devons la découverte du sucre de betterave, mais c'est M. Achard de Berlin, qui le premier est parvenu à l'extraire en grand.

Les procédés ont été répétés soigneusement, surtout en France. Ils ont éprouvé successivement un grand nombre de modifications. Enfin, après beaucoup d'essais, l'on a vu que ce qu'il y avait de mieux à faire était de traiter le jus de betterave par la chaux, puis par le charbon, et de concentrer assez la liqueur clarifiée pour qu'elle cristallisât par le refroidissement. Entrons à cet égard dans quelques détails.

Après avoir arraché les betteraves, on en coupe le collet, l'extrémité de la racine et les radicules; on les lave, on les râpe pour les réduire en pulpe, et on les presse afin d'en extraire le jus. Ce jus ressemble beaucoup, par sa composition, à celui de canne. Il contient en effet de l'eau, du sucre cristallisable, de l'albumine, du ferment, de la matière colorante, du parenchyme, quelques sels, qui varient en raison du terrain et de l'engrais, et en outre un peu d'acide malique ou acétique; il n'en diffère essentiellement que par une plus ou moins grande quantité de sucre, laquelle, d'après M. Pelouze, est d'environ 10 pour 100 du poids de la betterave. (*Ann. de Chim. et de Phys.*, t. XLVII, p. 409.)

Le jus de betterave doit être extrait le plus promptement possible, parce que son séjour dans l'air atmosphérique en altère beaucoup la qualité (1). Lorsqu'on a obtenu suffisamment de jus, il faut en remplir une chaudière de cuivre munie de

(1) Par exemple, il s'y produit beaucoup de mannite. (Pelouze, *Ann. de Ch. et de Phys.*, XLVII, 419.)

deux robinets, dont l'un est placé tout près du fond, et l'autre à quelques pouces au-dessus, la chauffer vivement, et y ajouter, dès qu'elle est parvenue à 70 degrés, une certaine quantité de chaux en bouillie claire, qui a non-seulement pour objet de neutraliser la liqueur, mais encore de favoriser la défécation en s'unissant à l'albumine, etc. Cette quantité varie selon la qualité des betteraves; au commencement de la saison, elle est d'environ la trois centième partie du jus; à la fin, c'est-à-dire au mois de février, il faut en ajouter davantage. Aussitôt que le jus, qu'on ne cesse de chauffer, a jeté deux ou trois bouillons, on éteint le feu, soit en retirant promptement du foyer le charbon ou le bois embrasé, et y jetant de l'eau, soit en suspendant l'arrivée de la vapeur à haute pression, dont l'emploi est très commode dans ce genre d'opération (1). Il s'est formé une écume solide, épaisse, d'un gris verdâtre, et un dépôt plus ou moins considérable. Le suc s'est clarifié, il a pris une légère teinte jaune, et lorsqu'il est devenu tout-à-fait limpide, ce qui a lieu dans l'espace d'une heure, on tire la liqueur à clair en ouvrant le robinet supérieur. Quant aux écumes et au dépôt, elles sont enlevées avec de grandes cuillers, jetées sur une étoffe de laine, égouttées et pressées.

Le jus traité comme il vient d'être dit, est versé sur un filtre de charbon qui a déjà servi à la décoloration du sirop à 27 degrés, et se rend ensuite dans une chaudière placée au-dessous de la première. Là il est évaporé à grand feu jusqu'à ce qu'il marque de 15 à 17 degrés. Alors on le fait couler dans des réservoirs où il reste pendant quelques heures, après quoi on le décante pour le séparer d'un dépôt abondant auquel il donne lieu; et dans le cas où il ne serait pas bien clair, on le clarifierait par le lait avec addition d'un peu d'acide sulfurique, ou bien par le sang; puis on le concentre en le soumettant à l'action d'un grand feu, comme précédemment, et quand il est à 27 degrés, bouillant, on le passe *au filtre Dumont*, c'est-à-dire à travers une couche épaisse de charbon mouillé et en grains; quelquefois encore, avant de le filtrer, on le clarifie par le sang avec addition de charbon fin, mais on ne fait subir cette opération qu'à celui qui n'est pas d'une belle qualité. Enfin, on cuit le sirop à la manière ordinaire, on le verse dans les formes, et l'on *clairce* les pains pour avoir une très belle cassonade.

(1) Lorsqu'on se sert de vapeur, on la fait arriver par une foule de tuyaux disposés les uns à côté des autres, comme nous l'avons dit, page précédente, 342.

Le raffinage du sucre brut de betterave se fait de la même manière que celui de canne.

Les betteraves contiennent 10 pour 100 de leur poids de sucre. Cependant en fabrique, on n'en extrait que $5\frac{1}{2}$ à 6 parties au plus. Les 4 autres restent dans les mélasses et dans le marc, savoir : $2\frac{1}{3}$ dans les mélasses à l'état de sucre incristallisable, et $1\frac{2}{3}$ en nature ou sans avoir éprouvé d'altération dans le marc ou la pulpe, qui n'est autre chose que de la betterave mal râpée, et qui forme les $\frac{16}{100}$ de la betterave, même dans les établissemens les mieux dirigés.

2237. *Sucre d'érable.* — C'est de *l'acer saccharinum* qu'il s'extrait dans l'Amérique septentrionale. A cet effet, du 15 mars au 15 mai, on pratique dans l'arbre un trou assez profond pour percer une partie du bois, et auquel s'adapte un tuyau qui conduit le suc dans un vase placé au pied de l'arbre. On remarque : 1° que plus le trou est élevé et l'arbre ancien, plus le suc est sucré, mais qu'aussi plus l'arbre est endommagé; 2° que les arbres de moyen âge donnent en 24 heures environ 8 litres de suc, dont la densité varie de 1,003 à 1,006; 3° qu'il ne faut pratiquer un second trou dans le même arbre, qu'autant que le premier ne fournit plus de suc : autrement l'arbre s'épuiserait et mourrait dans l'année; 4° que le jus ne peut être conservé plus de vingt-quatre heures sans fermenter : aussi s'empresse-t-on de le concentrer en le portant à l'ébullition, et de le couler dans des formes où il se prend en masse jaune brunâtre. Rien ne s'opposerait à ce qu'on le raffinât par les procédés ordinaires; mais on le consomme tout entier dans le pays à l'état de cassonade. Il paraît qu'on en prépare ainsi plus de 7 millions de livres.

2238. *Composition.* — Le sucre est composé d'après les expériences de MM.

| | Gay-Lussac et Then. | Berzelius. | Dumas et Pelletier. | Prout. | Liebig. |
|---|---|---|---|---|---|
| Carbone.... | 42,47 | 41,93 | 42,13 | 42,86 | 42,301 |
| Hydrogène.. | 6,90 | 7,05 | 6,37 | 6,35 | 6,454 |
| Oxigène.... | 50,63 | 51,31 | 51,50 | 50,80 | 51,501 |

MM. Gay-Lussac et Thenard, Dumas et Pelletier, Prout, Liebig, ont opéré sur le sucre cristallisé, et ont obtenu des résultats peu différens, d'où l'on peut déduire pour la formule atomique du sucre, $C^{24}H^{22}O^{11}$.

Mais, si l'on reconnaît avec M. Berzelius que le sucre cristallisé renferme 1 atome d'eau, qui ne s'en dégage pas, même au-dessus de la chaleur de l'eau bouillante, la formule deviendra $C^{24}H^{20}O^{10} + H^2O$; et celle du sucre anhydre $C^{12}H^{10}O^5$.

Dès-lors le sucre anhydre équivaudra à du bi-carbonate d'éther ou du bi-carbonate de bi-carbure d'hydrogène hydraté, comme l'ont fait voir MM. Dumas et Boullay (*Ann. de Chim. et de Phys.*, t. XXXVII, p. 45), et comme le montre l'équation suivante $C^{12}H^{10}O^5 = C^4O^4 + C^8H^8 + H^2O$.

*Usages.* — Le sucre s'emploie dans une foule de circonstances, soit comme aliment, soit comme médicament. Ses usages sont si connus, que nous ne croyons pas nécessaire d'en parler.

## § II.

### *Sucre incristallisable.*

2239. Nous appelons ainsi le sucre dans lequel se transforme le sucre de canne, lorsqu'on le dissout dans l'eau et qu'on fait bouillir la dissolution pendant long-temps en renouvelant l'eau convenablement. Vainement alors on rapproche la liqueur en consistance sirupeuse : elle a perdu la propriété de cristalliser. Or, comme cette transformation a lieu sans qu'il y ait absorption ou dégagement de gaz, il est probable que le sucre incristallisable est isomérique avec le sucre cristallisé; il serait possible cependant, qu'il en différât par une quantité plus ou moins grande d'hydrogène et d'oxigène dans les mêmes proportions que dans l'eau.

Quoi qu'il en soit, le sucre incristallisable a une saveur au moins aussi douce que le sucre cristallisé. Le charbon le décolore complètement. L'alcool le dissout facilement.

Le miel le contient tout formé, et mêlé à plus ou moins de sucre de raisin.

Il n'existe ni dans la canne, ni dans la betterave, ni dans l'érable; celui qui fait partie de la mélasse provient de l'action du feu et de l'eau sur le sucre cristallisable.

## § III.

### *Sucre de raisin ou de fruits.*

2240. Presque tous les fruits contiennent une espèce particulière de sucre différente de celle que nous venons d'examiner. C'est surtout dans les raisins qu'on trouve cette nouvelle espèce; voilà pourquoi on la désigne ordinairement sous le nom de *sucre de raisin*. Nous devons à M. Proust presque tout ce que nous en savons.

Le sucre de raisin se dépose ordinairement en petits grains blancs et hydratés qui ont peu de consistance, qui se groupent et donnent lieu à des tubercules semblables à ceux qu'on observe dans les choux-fleurs. On l'obtient quelquefois en prismes durs à faces rhomboïdales, et croquant sous la dent, lorsqu'on abandonne la dissolution alcoolique à une évaporation spontanée. Mis dans la bouche, il produit d'abord une sensation de fraîcheur; à cette sensation succède une saveur sucrée : cette saveur n'est pas très forte. Aussi, pour sucrer également la même quantité d'eau, faut-il employer deux fois et demie autant de sucre de raisin, que de sucre de canne.

Soumis à l'action du feu, il se ramollit à 60°, devient pâteux à 70°, sirupeux à 90°, et perd dans l'espace d'une heure ou plus, à la température de 100°, 9,8 d'eau pour 100 : elle commence à se dégager à 65°; conservé dans le vide sec, pendant 72 heures, il ne perd que 9,44. (M. Guérin.)

100 parties d'eau à 23°,5 en dissolvent 63,5 parties; l'eau bouillante le dissout en toutes proportions; l'alcool anhydre est pour ainsi dire sans action sur lui, mais l'esprit-de-vin ordinaire en opère très bien la dissolution : il y est d'ailleurs, comme dans l'eau, plus soluble à chaud qu'à froid. Le sucre cristallisé au milieu de l'alcool en retient avec force une petite quantité.

L'acide azotique le transforme en acide oxalhydrique et en acide oxalique. Son affinité pour les bases paraît moins forte que celle du sucre de canne. Toutefois, chauffé avec de l'eau et un excès d'oxide plombique, il perd 11,14 pour 100 d'eau, d'après Berzelius; mais pendant la dessiccation, même à 60 degrés, le composé brunit d'une manière sensible et répand une odeur de sucre brûlé, de sorte qu'il est impossible de se servir de ce moyen pour déterminer la quantité d'eau que retient le sucre de raisin.

Les eaux de chaux, de baryte, le sous-acétate de plomb, l'infusion de noix de galle, n'en troublent pas la solution.

De 25 parties de sucre de raisin hydraté, M. Guérin a retiré, en les faisant fermenter avec 6 grammes de levure de bière et 250 grammes d'eau, savoir : 10,572 grammes d'acide carbonique, et 11,072 grammes d'alcool, ce qui, en tenant compte de l'eau contenue dans le sucre, représente le poids de celui-ci moins 3,628 parties. La fermentation a eu lieu de 25 à 32 degrés, dans un appareil où le gaz carbonique pouvait être recueilli sur le mercure; elle s'est terminée en 58 heures. (*Voy.* la théorie de la fermentation vineuse.)

*Préparation.*—Rien de plus facile que sa confection. Après avoir exprimé le suc des raisins, qui est composé d'eau, de sucre, de mucilage, de bi-tartrate de potasse, de tartrate de chaux, et d'une petite quantité d'autres matières salines, on y verse un excès de craie ou de marbre en poudre. Il en résulte surtout par l'agitation, une effervescence due à ce que l'excès d'acide du bi-tartrate de potasse contenu dans le sucre de raisin se combine avec une partie de la chaux du carbonate calcaire, et met l'acide de celui-ci en liberté. La liqueur étant saturée, ce qui ne tarde point à avoir lieu, on la clarifie avec des blancs d'œufs ou du sang par les procédés ordinaires : on la blanchirait au besoin en la passant sur *le filtre Dumont;* ensuite on l'évapore dans une chaudière de cuivre jusqu'à ce qu'elle marque 35° bouillant et on la laisse refroidir. Au bout de quelques jours, elle se prend presque en masse cristalline. Cette masse, égouttée, lavée avec un peu d'eau froide et soumise à une forte pression, n'est autre chose que le sucre même. En concentrant le sirop, on retire de nouveaux produits.

On préparait, en 1810, dans le midi de la France, pour le besoin du commerce, une assez grande quantité de sirop de raisin. La préparation s'en faisait comme celle du sucre cristallisé, si ce n'est que, pour prévenir la fermentation du moût et le travailler à loisir, il était nécessaire de le muter, et qu'au lieu de l'évaporer jusqu'à 35° bouillant, il fallait seulement l'évaporer jusqu'à 32°.

Le mutisme s'opère, soit en agitant le moût dans des tonneaux où l'on a brûlé auparavant des mèches soufrées, soit en y ajoutant une petite quantité d'acide sulfureux liquide : probablement que l'acide s'unit au ferment et l'empêche de réagir sur le sucre. Ce qu'il y a de certain du moins, c'est que par ce moyen l'on peut conserver le moût pendant très long-temps, tandis que, livré à lui-même, il perdrait sa saveur sucrée au bout de quelques jours et deviendrait vineux. (Voyez, pour plus de détails, le Mémoire de M. Proust, *Ann. de Chim.*, LVII, 131; et un recueil de mémoires de différens auteurs, publié par Parmentier en 1813.)

Le sirop de raisin bien préparé n'a qu'une teinte jaunâtre peu foncée, surtout quand il provient de moût qui a été convenablement cuit. Renfermé dans des bouteilles, il résiste long-temps à la fermentation, moins cependant que le sirop ordinaire, ce qui provient sans doute de ce qu'il contient plusieurs matières étrangères au sucre même. Il ne donne ni au café ni à l'eau une saveur aussi agréable que le sucre de canne; mais il peut le remplacer dans la préparation des compotes, des prunes à l'eau-de-vie, et, en général, dans toutes les préparations de fruits qui doivent être plus ou moins sucrées.

Cette sorte de sucre ne s'extrait pas seulement des fruits qui le contiennent; on peut encore le retirer du miel, et surtout le faire en traitant certaines substances végétales par l'acide sulfurique, par exemple l'amidon, la fibre ligneuse, la lactine (2249, 2255, 2230). L'arabine elle-même, ainsi que le sucre de canne, passent à l'état de sucre de raisin sous l'influence de l'acide sulfurique (2221).

*Composition.* — Le sucre de raisin, desséché est formé d'après MM.

| | Saussure. | Prout. |
|---|---|---|
| Carbone.......... | 36,71 | 36,36 |
| Hydrogène........ | 6,78 | 7,09 |
| Oxigène.......... | 56,51 | 56,56 |

Ce qui donne pour sa formule $C^{12}H^{14}O^{7}$. (*Bibliothèque britannique, sciences et arts*, LVI, 333. — *Ann. de Chim. et de Phys.*, XXXVI, 368). M. Guérin est parvenu tout récemment à de semblables résultats.

Par conséquent, si l'on supposait qu'il contînt encore comme le sucre de canne 1 atome d'eau, la formule du sucre anhydre deviendrait $C^{12}H^{12}O^{6}$; et dès-lors sa composition pourrait être représentée par du bi-carbonate d'alcool ou du bi-carbonate de bi-carbure d'hydrogène bi-hydraté, comme le fait voir l'équation $C^{12}H^{12}O^{6}=C^{4}O^{4}+C^{8}H^{8}+H^{4}O^{2}$.

## § IV.

### *Sucre de diabètes.*

2241. Les individus qui sont attaqués du *diabètes* ont tous une soif extraordinaire, boivent beaucoup et rendent chaque jour une quantité d'urine qui s'élève quelquefois jusqu'à 30 ou 32 litres. Ce que cette maladie offre de plus étonnant, c'est moins d'augmenter si fortement la soif des malades, que de changer la nature de leurs urines. En effet, celles-ci n'ont plus ni la saveur ni l'odeur vireuse des urines ordinaires. Loin de pouvoir comme elles éprouver la fermentation putride et donner lieu à des produits infects, elles sont, au contraire, capables d'éprouver la fermentation spiritueuse et de former une liqueur d'où, par la distillation, l'on peut retirer de l'eau-de-vie ou de l'esprit-de-vin. En un mot, elles ne sont composées que d'eau, de sucre, de quelques traces de matière animale et de matières salines, lorsque la maladie est parvenue à son plus haut période. Alors, pour en extraire le sucre, il suffit d'y verser un excès de sous-acétate de plomb en dissolution, de filtrer la liqueur, d'y faire passer un courant de gaz sulfhydrique, de la filtrer de nouveau et de l'évaporer en consistance sirupeuse. (1)

La saveur de ce sucre est variable : il en est qui est aussi sucré que celui de raisin, et qui, d'après M. Chevreul, en a toutes les propriétés (*Ann. de Chim.*, xcv, 319); d'autre l'est à peine, si bien qu'on le prendrait pour une sorte de gomme (2). Cependant celui-ci, dissous dans l'eau et mis en contact avec le ferment, entre tout aussi bien en fermentation que celui-là; donc il appartient comme lui au genre sucre, et en est évidemment une espèce distincte. Le premier provient sans doute de l'espèce de diabètes qu'on appelle en médecine *diabètes sucré*, et l'autre du diabètes connu sous le nom de *diabètes non sucré*.

## § V.

### *Sucre des champignons.*

2242. Lorsque l'on broie diverses espèces de champignons, tels que l'*agaricus volvaceus*, l'*agaricus acris*, l'*hydnum repandum*, l'*hydnum hybridum*, le *merulius cantharellus*, le *phallus impudicus*, le *boletus juglandis*, le *peziza nigra* dans un mortier de marbre, qu'on délaie la matière pulpeuse dans l'eau, qu'on filtre la liqueur et qu'on l'évapore presque jusqu'à siccité, puis qu'on traite à plusieurs reprises le résidu par l'alcool, l'on obtient une dissolution d'un brun foncé qui, concentrée convenablement, laisse déposer, en se refroidissant, une matière sucrée qui, suivant M. Braconnot, possède des propriétés d'après lesquelles on doit la regarder comme une nouvelle espèce du genre sucre.

Ce nouveau sucre est blanc, beaucoup moins doux que celui de canne, et a une disposition fort remarquable à cristalliser. En effet, il suffit d'imprégner un vase de la plus légère dissolution de sucre dans l'eau pour avoir, un instant après, une foule de cristaux aciculaires partant d'un centre commun. Une évaporation spontanée, faite à la manière ordinaire dans un lieu chaud, sur une quantité de liqueur un peu notable, donne lieu à de longs prismes quadrilatères à base carrée : l'on n'otiendrait que des aiguilles soyeuses très fines si la cristallisation s'opérait trop promptement. Exposé au feu, le sucre de champignon se fond, se boursoufle, et s'enflamme en

(1) On se rappelle que le sous-acétate de plomb ne précipite point le sucre, et précipite presque toutes les autres matières végétales ou animales.

(2) J'ai eu occasion d'extraire des urines d'un diabétique que M. Dupuytren a traité, plus de 15 kilogrammes de sucre presque insipide.

exhalant une odeur de caramel. L'acide azotique le décompose et le fait passer en partie à l'état d'acide oxalique, sans qu'il se forme de matière jaune amère. Mêlé avec la plupart des autres acides, il conserve la propriété de cristalliser.

D'ailleurs, il produit avec la levure et l'eau tous les phénomènes qui caractérisent la fermentation spiritueuse. (*Ann. de Chim.*, LXXIX, 278, LXXX, 272, LXXXVII, 237.)

## § VI.

### *Miel.*

2243. Le miel est une substance sucrée que les abeilles préparent en introduisant dans leurs estomacs le suc visqueux et sucré qu'elles recueillent dans les nectaires et sur les feuilles de certaines plantes; elles le déposent ensuite dans les alvéoles de leurs gâteaux.

La manière d'extraire le miel est fort simple : après avoir enlevé avec un couteau les petites lames de cire qui ferment les alvéoles, on expose les gâteaux sur des claies à une douce chaleur. Bientôt la partie la plus pure du miel s'écoule goutte à goutte : on l'appelle *miel vierge*. Lorsqu'il ne s'en écoule plus, on brise les gâteaux et on les laisse égoutter de nouveau, ayant soin d'augmenter insensiblement la chaleur. Alors on sépare autant que possible le couvain et le rouget qu'ils contiennent, puis on les soumet à une pression graduée. Par ce moyen, presque tout le reste du miel achève de s'écouler. Il est à remarquer qu'il est d'autant meilleur qu'il a fallu moins de pression pour l'extraire. Le miel vierge n'a besoin d'aucune espèce de purification. Quant à celui qui a été exprimé, comme il contient en suspension des matières plus ou moins pesantes qui se rassemblent, les unes à la partie supérieure, les autres à la partie inférieure, il faut le garder en repos pendant quelque temps, l'écumer et le décanter.

C'est en traitant par l'eau les gâteaux que l'on a pressés, et en abandonnant la liqueur à elle-même, qu'on forme l'hydromel; et c'est en renfermant le résidu dans des sacs et les exposant à l'action de l'eau bouillante dans des chaudières, qu'on obtient la cire : elle fond, passe à travers les mailles, se sépare du couvain et se rassemble à la surface du liquide, où elle se fige par le refroidissement. Dans cet état, elle est jaune; on la blanchit en l'exposant à la rosée, après l'avoir fondue et coulée en rubans sur une roue qui tourne et plonge en partie dans l'eau froide.

Il s'en faut beaucoup que tous les miels soient de la même qualité; ce qui provient non-seulement, comme nous venons de le dire, du mode de leur extraction, mais encore de l'état de l'atmosphère, et surtout des plantes sur lesquelles les abeilles les ont recueillis. Les plantes aromatiques de la famille des *labiées* en fournissent d'excellent; le *sarrasin* en donne au contraire de mauvais; l'*azalée pontique*, la *jusquiame*, passent même pour en donner qu'il serait dangereux de manger. Les miels de Mahon, du mont Hymette, du mont Ida, de Cuba, sont les plus renommés; ils sont liquides, blancs et transparens comme du sirop. Après eux viennent les miels de Narbonne et du Gâtinais : ils sont blancs et grenus. Les miels de Bretagne tiennent le dernier rang : ils ont toujours une couleur d'un rouge brun, une saveur âcre et une odeur désagréable.

Tous les miels contiennent deux espèces de sucre : l'une semblable au sucre de raisin, et l'autre au sucre incristallisable de la canne. Ce sont ces deux espèces de sucre qui, mêlées en diverses proportions et unies à une matière odorante, constituent les miels de bonne qualité. Ceux de qualité inférieure contiennent en outre une certaine quantité de cire et d'acide; les miels de Bretagne contiennent même du couvain : c'est à cela qu'il faut attribuer la propriété qu'ils ont de se putréfier. Quelques miels semblent renfermer aussi de la mannite. (Guibourt, *Ann. de Chim. et de Phys.*, XVI, 371.)

Le sucre cristallisable entre quelquefois en assez grande quantité dans les miels pour s'y montrer sous la forme de petits grains brillans. Nous citerons par exemple ceux de Narbonne et du Gâtinais. Le meilleur moyen de le séparer consiste à délayer le miel dans un peu d'alcool, à mettre le tout dans un sac de toile serrée, et à le presser fortement. L'alcool entraîne la presque totalité du sucre incristallisable; il n'entraîne au contraire presque point de l'autre. Celui-ci reste sous forme de masse solide; on l'obtiendra pur en l'imprégnant une seconde fois d'alcool et le pressant de nouveau. Il est évident d'ailleurs que, pour se procurer le sucre incristallisable, il suffira d'évaporer la dissolution alcoolique.

Le miel s'emploie fréquemment en médecine et comme substance alimentaire. Nous ne citerons que quelques-uns de ses usages. Uni au vinaigre, il forme l'*oximel*. Dissous dans l'eau, il fermente peu-à-peu, et donne lieu à une liqueur vineuse appelée ordinairement *hydromel*. Il entre dans la composition du pain-d'épice. En le traitant par l'eau, le charbon animal et la craie, on parvient à faire un sirop qui, lorsque le miel est d'excellente qualité, est aussi bon que le meilleur sirop de sucre. Ce sirop, que Lowitz a fait le premier, et dont on s'est beaucoup occupé en France, il y a vingt-deux ans, s'obtient de la manière suivante : on prend 100 parties de miel, 20 parties d'eau, 1 partie et demie de craie, 5 parties de charbon animal pulvérisé, lavé et séché, et un blanc d'œuf, pour deux kilogrammes de miel. Le miel, la craie et les $\frac{2}{3}$ de l'eau doivent être mis dans une bassine. La liqueur ayant bouilli pendant deux minutes, on y ajoute le charbon, et deux minutes après on y verse les blancs d'œufs délayés dans l'autre tiers d'eau ; on agite et on soutient encore l'ébullition pendant deux autres minutes. Alors on ôte la bassine de dessus le feu, et au bout d'un demi-quart d'heure on passe le sirop à travers la chausse. Enfin on lave le résidu avec de l'eau chaude, et on se sert des eaux de lavage pour faire une nouvelle opération, ou bien on les fait évaporer jusqu'à consistance sirupeuse; mais le sirop qui en provient a toujours un peu la saveur du caramel.

ARTICLE VI.

*Amidon.*

2244. Les graines de toutes les légumineuses et des graminées, les marrons, les châtaignes, les pommes de terre, les racines des *arum*, de la bryone, etc., contiennent une grande quantité d'une substance blanche, pulvérulente, insipide, sans odeur, sans action sur le tournesol et le sirop de violettes, inaltérable à l'air, à laquelle on donne le nom d'*amidon* ou de *fécule amilacée*.

Leeuwenhoeck reconnut au microscope en 1716, que l'amidon est sous la forme de grains globuleux plus ou moins irréguliers; que chaque globule se compose d'une enveloppe ou tégument, ou poche, ou sac, et d'une matière intérieure fort différente de l'enveloppe.

M. Raspail, en 1825, tira d'expériences qui lui sont propres la même conséquence que Leeuwenhoeck; il décrivit les formes très variées que l'amidon affecte dans une même plante, détermina le *maximum* de dimension d'un grand nombre de grains de cette substance, s'assura que ceux d'amidon de pommes de terre avaient jusqu'à $\frac{1}{8}$ de millimètre de diamètre, que ceux de froment n'avaient que $\frac{1}{20}$ de millimètre, et que ceux du petit millet ne dépassaient point $\frac{1}{400}$ de millimètre; il constata que l'enveloppe était insoluble dans l'eau, tandis que la partie intérieure pouvait s'y dissoudre; il fit d'ailleurs plusieurs autres observations qu'il publia en 1825, 1829, 1830, et qui se trouvent consignées dans son *nouveau système de chimie organique.*

Or, comme d'après les expériences de MM. Payen et Persoz,

l'enveloppe n'entre dans le poids de l'amidon que pour 4 ou 5 millièmes au plus, il s'ensuit qu'en faisant l'histoire chimique de l'amidon, on fait par cela même celle de sa partie interne.

*Action du feu.* — Soumis à l'action du feu, l'amidon se fond, noircit, se boursoufle, se décompose à la manière des substances végétales. Projeté sur un corps incandescent, il prend feu et répand une fumée d'une odeur piquante. Une légère torréfaction en modifie seulement les propriétés, suivant MM. Vauquelin et Bouillon-Lagrange : alors il se dissout dans l'eau à la température ordinaire, comme la gomme, et peut être employé dans presque tous les arts où l'on fait usage de celle-ci. (*Bullet. de Pharm.*, III, 54 et 395.)

*Action de l'iode.* — Trituré avec plus ou moins d'iode, il forme des combinaisons dont la couleur varie. Ces combinaisons sont violâtres quand la quantité d'iode est petite, bleues quand elle est un peu plus grande, d'un bleu noir quand elle l'est plus encore (MM. Colin et Gaultier de Claubry, *Ann. de Chim.*, XC, 92; M. Pelletier, *Bullet. de Pharm.*, VI, 289). Ne proviendraient-elles pas toutes de la plus foncée, mêlée à de l'amidon libre? Quoi qu'il en soit, on peut toujours obtenir la plus belle couleur bleue en traitant l'amidon avec un excès d'iode, dissolvant le composé dans la potasse liquide, et précipitant la dissolution par un acide végétal. Cette couleur se manifeste même à l'instant, soit en versant de l'eau bouillante sur de l'iode dans une liqueur qui contient de l'amidon en suspension, soit en mêlant la décoction d'amidon avec de l'eau saturée d'iode. C'est en effet par ce dernier procédé que M. Lassaigne l'a préparée pour les recherches dont il a communiqué les résultats à l'Académie; seulement, après avoir évaporé le mélange des deux liqueurs dans le vide sec, il a repris le résidu par l'eau froide, et a obtenu ainsi un iodure soluble et un iodure insoluble, tous deux colorés en bleu : il n'a examiné que le premier.

Cet iodure, séché dans le vide sec, est d'un bleu foncé ; il est complètement soluble dans l'eau et insoluble dans l'alcool.

La solution aqueuse ne se trouble pas avec le temps et conserve sa couleur. Le carbone très divisé, le phosphore, le chlore, le brôme, le fer, le zinc, le cuivre, le mercure, l'argent, la décolorent, savoir : le carbone en absorbant l'iode ; le phosphore, en donnant lieu, par la décomposition de l'eau, à de l'acide phosphoreux et à de l'acide iodhydrique ; le chlore, le brôme, en formant du chlorure et du brômure d'iode ; le fer, le zinc, le cuivre, le mercure, l'argent, en s'emparant de l'iode et passant à l'état d'iodure.

Les alcalis décolorent aussi cette solution d'iodure, et les acides rétablissent la couleur; quant aux acides minéraux, et aux acides végétaux cristallisés, ils précipitent l'iodure en flocons bleus.

De toutes les propriétés de l'iodure, la plus remarquable est sans contredit la suivante. Lorsqu'on chauffe la solution à un certain degré, de 89 à 90°, si elle est concentrée, à un moindre degré, si elle est étendue d'eau, elle se décolore et reprend ensuite sa couleur par un refroidissement lent ou brusque, phénomène analogue à celui que nous présente dans un sens inverse l'acide hypo-azotique (296); mais si on la porte à l'ébullition pendant deux minutes, elle reste incolore : alors, suivant M. Lassaigne, il se forme de l'acide iodhydrique aux dépens de l'hydrogène de la substance organique. Ce qu'il y a de certain du moins, c'est que la couleur reparaît par l'addition d'une quantité convenable de chlore.

L'iodure soluble contient 41,79 d'iode sur 100.

La propriété que possèdent l'iode et l'amidon de former un composé bleu, permet de se servir d'iode pour reconnaître l'amidon, et d'amidon pour reconnaître l'iode.

M. Balard conseille à ce sujet, lorsque l'iode est à l'état d'iodure métallique, ce qui a toujours lieu dans les eaux salées, de mêler avec l'amidon et l'acide sulfurique, la liqueur qui contient l'iodure, et de verser par-dessus une petite quantité de solution de chlore; celui-ci, en raison de sa moindre densité, reste à la surface, et au point où les deux liqueurs se touchent, on voit se manifester une zone bleue. Par une légère agitation, la teinte bleue se développe; elle disparaîtrait si le chlore était en excès : il se produirait, comme on sait, des acides iodhydrique et chlorhydrique. L'acide sulfurique agit dans cette épreuve en décomposant l'iodure, produisant de l'acide iodhydrique et le mettant en contact avec le chlore. (*Ann. de Chim. et de Phys.*, XXVIII, 178.)

2245. *Action de l'eau.* — L'eau froide est sans action sur l'amidon en grains; mais elle se comporte tout autrement avec l'amidon broyé à la mollette et dont les enveloppes ont été brisées. S'il n'y a que peu d'eau, l'amidon se gonfle et forme une sorte d'empois; s'il y en a beaucoup, l'amidon se dissout en partie. Du moins en évaporant la liqueur filtrée et parfaitement limpide, elle donne, d'après M. Guérin, un résidu équivalant aux 7 millièmes de son poids, et en y versant de l'eau chargée d'iode, elle se colore en bleu.

D'autres phénomènes ont lieu avec l'eau à une certaine température.

1° Que l'on verse 12 à 15 parties d'eau bouillante sur 1 partie d'amidon, il en résultera tout-à-coup de l'empois; qu'on emploie l'eau de 60 à 65 degrés, elle produira le même effet, pourvu qu'on la maintienne à ce degré de chaleur : dans les deux cas, les enveloppes s'ouvrent, les grains se vident, comme l'a si bien observé M. Raspail au microscope, et la combinaison entre l'eau et la partie interne s'opère. Au-dessous de 60 degrés, par exemple à 50, l'empois ne se forme pas : les grains restent intacts. Abandonné à lui-même, l'empois est susceptible de beaucoup d'altérations remarquables dont il sera question plus bas. Placé sur des doubles de papier qu'on renouvelle, il abandonne de l'eau, diminue de volume et se réduit en une masse qui a l'apparence de la corne.

2° Que l'on fasse bouillir l'amidon pendant un quart d'heure dans 100 fois son poids d'eau, l'amidon se dissoudra, sauf les enveloppes ou vésicules qui le recouvrent et qui, dans un espace de temps plus ou moins considérable, se déposeront au fond de la liqueur en entraînant un peu de la partie interne à laquelle elles adhèrent plus ou moins fortement.

Si l'on filtre ensuite la liqueur décantée et qu'on l'évapore à l'aide d'une légère ébullition, presqu'en consistance sirupeuse, il s'en séparera une matière blanche insoluble que l'on pourra recueillir sur une toile par la torsion. De nouvelles évaporations qui seront répétées jusqu'à quatre fois à une température moindre que 100 degrés, et de nouvelles filtrations à travers la toile, produiront de nouveaux dépôts : après quoi l'on obtiendra un liquide qui, évaporé à siccité, laissera un résidu complètement soluble dans l'eau froide.

L'on voit donc qu'en traitant ainsi l'amidon, l'on en retire trois substances; savoir, une substance soluble dans l'eau, une autre substance qui, comme celle-ci, se dissout d'abord, mais qui par l'évaporation devient insoluble, même dans l'eau bouillante; enfin la substance tégumentaire : ce sont ces trois substances que M. Guérin connaît sous les noms d'*amidine*, d'*amidin soluble*, d'*amidin tégumentaire*. Il pense que la partie interne de l'amidon est composée d'*amidine* et d'*amidin soluble* dans le rapport de 60,45 à 39,55, opinion qui sera discutée plus bas, lorsqu'il s'agira de la composition de l'amidon : nous ne ferons maintenant qu'exposer les propriétés de ces trois substances sous les simples dénominations d'*amidine*, d'*amidin* et de *tégumens*.

2246. L'*amidine*, parfaitement desséchée, est à peine jaunâtre quand elle a été traitée par le charbon animal; elle est blanche à l'état d'hydrate; elle n'a ni odeur, ni saveur; elle est transparente en plaques minces; elle se réduit facilement en poudre. L'eau froide la dissout complètement en devenant très mucilagineuse; elle est plus soluble dans l'eau bouillante et tout-à-fait insoluble dans l'alcool et l'éther ; sa solution aqueuse dévie le plan de polarisation 3 fois autant que le sucre de canne, d'après M. Biot. L'iode lui donne la couleur bleue de la pensée; le sous-acétate de plomb y forme un précipité blanc très abondant ; l'acide azotique la transforme en acides oxalhydrique et oxalique, sans traces d'acide mucique; l'acide sulfurique, en sucre de raisin. La levure ne la fait point entrer en fermentation.

100 parties d'amidine sont composées, d'après l'analyse de M. Guérin, de 39,72 de carbone, de 7,13 d'hydrogène, et de 53,15 d'oxigène, ce qui donne pour formule $C^{10}H^{11}O^{5}$.

L'*amidin* est insipide, sans odeur, sans action sur les couleurs bleues, insoluble dans l'eau froide ou chaude, dans l'alcool, l'éther, soluble dans la potasse et la soude, d'où il est précipité par les acides. Il forme avec une solution aqueuse d'iode une belle couleur bleue, qui disparaît à 90 degrés de chaleur, et reparaît par le refroidissement. Il donne sensiblement la même quantité d'acide oxalique avec l'acide azotique et la même quantité de sucre de raisin avec l'acide sulfurique que le ligneux (2255). M. Guérin en a retiré 52,74 de carbone, 6,59 d'hydrogène, 40,67 d'oxigène, d'où ce chimiste a conclu, en tenant compte de ses propriétés, qu'il était isomérique avec le ligneux proprement dit, et qu'il devait avoir pour formule $C^{14}H^{10}O^{1}$. Observons cependant que dans le ligneux l'oxigène est à l'hydrogène dans les mêmes proportions que dans l'eau. (*Ann. de Chim et de Phys.*, LVI, 225.)

La *substance tégumentaire* ne saurait être obtenue pure qu'en faisant bouillir l'amidon avec l'eau et la diastase. Lorsqu'on emploie l'eau seule, elle retient toujours plus ou moins de la partie interne altérée ou modifiée, probablement de l'*amidin*; elle constitue, suivant M. Payen, les 4 à 5 millièmes du poids de l'amidon, et, suivant M. Guérin, les 22 millièmes. Quoi qu'il en soit, elle est insipide, sans action sur les couleurs bleues, insoluble dans l'eau, l'alcool, l'éther; l'iode ne la colore pas. M. Guérin a trouvé qu'elle donnait sensiblement avec l'acide sulfurique la même quantité de sucre de raisin que le ligneux, et qu'elle contenait 52,74 de carbone, 6,59 d'hydrogène, 40,67 d'oxigène; mais la substance tégumentaire sur laquelle il a opéré, avait été préparée avec l'eau seule et n'était point pure. Une nouvelle analyse est nécessaire.

2247. *Action des bases.* — L'amidon, broyé avec une dissolution concentrée de potasse ou de soude, forme un composé transparent, gélatineux, soluble dans l'eau ; la liqueur filtrée est limpide et troublée par les acides, qui, se combinant avec l'alcali, mettent l'amidon en liberté. Les eaux de chaux, de baryte, précipitent tout-à-coup l'amidon de sa dissolution aqueuse; il en est de même de l'infusion de noix de galle; l'alcool est encore dans le même cas, mais alors l'amidon se dépose en nature sans contracter d'union avec la matière précipitante.

Lorsqu'on fait digérer de l'amidon dans l'eau bouillante, jusqu'au point où la liqueur se transforme en une gelée d'une faible consistance, qu'on mêle ensuite cette gelée avec une dissolution elle-même bouillante d'un excès de sous-azotate ou de sous-acétate de plomb, et qu'on laisse pendant long-temps les matières en contact, l'on obtient un précipité qui, lavé et séché soigneusement, se trouve composé de 100 d'amidon et de 38,89 de protoxide de plomb (Berzelius, *Ann. de Chim.*, XCV, 82). Il suffit même de verser le sous-acétate de plomb en liqueur dans la dissolution d'amidon pour obtenir un précipité d'amidon et d'oxide de plomb.

2248. *Action des acides.* — L'acide azotique affaibli dissout l'amidon à froid; à l'aide de la chaleur, il le convertit en acides oxalhydrique, oxalique, etc. (1931), et sépare en même temps une petite quantité d'une substance grasse, d'apparence cireuse, qui, par le refroidissement, se fige à la surface de la liqueur. 100 parties d'amidon, traitées par 800 d'acide azotique d'une densité de 1,34, ont donné à M. Guérin 21,10 parties d'acide oxalique anhydre. (*Ann. de Chim. et de Phys.*, LVI, 231.)

L'acide sulfurique peut s'unir à l'amidon et former avec lui un composé cristallisable. Que l'on prenne de l'acide sulfurique étendu de douze fois son poids d'eau; que l'on dissolve, en élevant un peu la température, l'amidon dans quarante fois son poids de cet acide faible, et que l'on verse de l'alcool dans la dissolution, il en résultera un précipité qui devra être regardé comme un mélange d'eau, d'acide sulfurique, d'amidon pur et du composé cristallin. Si, après avoir lavé le précipité avec l'alcool pour enlever l'excès d'acide, on verse sur le résidu une petite quantité d'eau, celle-ci dissoudra le composé; mais comme elle en séparera un peu d'amidon, et que par cela même elle mettra de l'acide en liberté, il faudra verser la nouvelle liqueur sur un filtre, la faire cristalliser par évaporation spontanée, et délayer à plusieurs reprises les cristaux dans de l'alcool. L'acide libre sera emporté, et le composé d'acide et d'amidon restera pur. (Th. de Saussure, *Ann. de Chim. et de Phys.*, XI, 387.)

2249. Des produits tout autres se forment, lorsque, au lieu de favoriser l'action par une douce chaleur, l'on fait bouillir la liqueur, et qu'on soutient pendant long-temps l'ébullition;

alors l'amidon peut se transformer d'abord en une matière d'apparence gommeuse qui est la *dextrine*, et bientôt après ou peut-être en même temps, en un sucre semblable à celui de raisin. Pour obtenir ce sucre, dont la découverte est due à M. Kirchoff, voici à-peu-près le procédé qu'indique ce chimiste : il faut prendre 2 kilogrammes de fécule, les délayer dans 8 kilogrammes d'eau aiguisée de 40 grammes d'acide sulfurique à 66°. On fait bouillir le mélange pendant trente-six heures dans une bassine d'argent ou de plomb, en ayant soin de l'agiter avec une spatule de bois pendant la première heure de l'ébullition. Au bout de ce temps, la masse devenant plus liquide n'a plus besoin d'être remuée que par intervalle. A mesure que l'eau s'évapore, elle doit être remplacée. Quand la liqueur a suffisamment bouilli, il faut y ajouter de la craie et du charbon, puis la clarifier au blanc d'œuf, la filtrer à travers une chausse de laine, et la concentrer jusqu'à ce qu'elle ait acquis une consistance presque sirupeuse. Alors on ôte la bassine de dessus le feu, afin que, par le refroidissement, il se précipite le plus possible de sulfate de chaux ; on décante ensuite le sirop, et on en achève l'évaporation.

Il est à remarquer que plus la quantité d'acide est considérable, moins il faut laisser bouillir l'amidon pour le convertir en matière sucrée (Mémoire de M. Vogel, *Ann. de Chim.*, LXXXII, 148). Suivant M. Persoz, deux heures suffisent, lorsqu'on emploie 500 grammes de fécule, 120 grammes d'acide, et 1400 grammes d'eau, en ayant soin de remplacer celle dont la vaporisation a lieu. (*Ann. de Chim. et de Phys.*, LII, 73.)

Il était curieux de rechercher ce qui se passait dans cette opération ; c'est ce qu'a essayé de faire M. Th. de Saussure : après avoir analysé comparativement l'amidon et la substance sucrée, et s'être assuré qu'il ne se dégageait aucun gaz pendant la réaction ; que l'air ne jouait aucun rôle ; que l'acide sulfurique n'était pas décomposé, ainsi que l'avait annoncé M. Delarive ; que 100 parties d'amidon produisaient 110p,14 de sucre ; il en a conclu qu'une portion de l'eau était solidifiée ; que le sucre d'amidon n'était, par conséquent, qu'une combinaison d'amidon avec l'hydrogène et l'oxigène dans les proportions nécessaires pour faire l'eau, et que l'acide sulfurique n'avait d'autre influence que d'augmenter la fluidité de la solution aqueuse d'amidon. (*Bibliothèque britannique, Sciences et Arts*, LVI, 333.)

Il paraît que beaucoup d'autres acides minéraux et organiques peuvent opérer la transformation de l'amidon en sucre, comme le fait l'acide sulfurique : tels sont, l'acide oxalique, l'acide tartrique, l'acide malique, d'après M. Couverchel, et l'acide quinique, d'après MM. Henri et Plisson. L'amidon passe d'abord à l'état de dextrine, et ensuite, par une action ultérieure, à l'état de sucre.

M. Couverchel rejette la théorie de M. de Saussure sur cette transformation; il assure avoir obtenu moins de sucre qu'il n'avait employé d'amidon; il croit que c'est en perdant une partie d'hydrogène et d'oxigène dans les proportions nécessaires pour faire l'eau, que l'amidon se transforme en sucre (*Journ. de Pharm.*, VII, 267). Mais il faudrait pour cela que le sucre contînt plus de charbon que l'amidon: or, le contraire a lieu: donc cette nouvelle manière de voir ne peut être admise. Observons toutefois que la théorie laisse quelque chose à desirer; en effet, 100 parties d'amidon, en absorbant de l'eau, formeraient plus de 110,14 parties de sucre de raisin, et d'autre part, M. Guérin, en traitant 100 parties d'amidon par 250 parties d'acide sulfurique concentré, comme nous le dirons en parlant du ligneux, n'a pu produire que 91,52 parties de ce sucre anhydre, ou 115,70 parties de sucre hydraté. Il est vrai que l'action de l'acide concentré peut être différente de celle de l'acide étendu. Quoi qu'il en soit, de nouvelles expériences nous semblent nécessaires pour démontrer clairement comment s'opère la transformation.

2250. *Produits que donne l'empois abandonné à lui-même avec ou sans le contact de l'air, ou mêlé avec du gluten desséché.* — La présence de l'acide sulfurique n'est pas indispensable pour obtenir du sucre avec l'amidon: on en obtient encore, soit en abandonnant l'*empois* à lui-même, avec le contact ou sans le contact de l'air, soit en y ajoutant du gluten desséché, soit en chauffant l'amidon avec l'eau et une très petite quantité de diastase. M. Th. de Saussure a fait sur l'action réciproque de l'empois et de l'air, de l'empois et du gluten, des observations que nous devons d'abord rapporter. (*Ann. de Chim. et de Phys.*, XI, 379.)

« L'amidon, dit M. de Saussure, réduit par l'eau à l'état « d'empois, et abandonné à sa décomposition spontanée, à « une température entre 20 et 25 degrés, produit, soit avec le « contact de l'air, soit sans cette influence;

« 1° Une espèce de sucre semblable à celle qu'on obtient de « la même fécule par l'intervention de l'acide sulfurique délayé et d'une plus haute température;

« 2° Une espèce de gomme qui a un grand rapport avec le « principe gommeux de l'amidon torréfié; (1)

(1) C'est, selon toute apparence, la matière qui sera décrite sous le nom de *dextrine*.

« 3° Une matière que j'ai désignée sous le nom d'*amidine*, « et dont les propriétés sont intermédiaires entre celles de « l'amidon et de la gomme précédente; (1)

« 4° Une substance qui s'approche du ligneux par son in- « solubilité dans l'eau bouillante et dans plusieurs acides; mais « elle tient de la nature amilacée en colorant en pourpre la « solution aqueuse d'iode. (2)

« La décomposition spontanée de l'amidon fournit encore « d'autres produits; mais leur présence et le mode de leur « formation sont subordonnés à l'action ou à l'absence de l'air « atmosphérique pendant la fermentation.

« Lorsque cette décomposition se fait avec le contact de « l'air, l'amidon produit une grande quantité d'eau dans « laquelle le gaz oxigène atmosphérique n'entre point comme « principe constituant. Il se forme du gaz acide carbonique « dont l'oxigène appartient à l'air atmosphérique.

« L'amidon dépose encore, dans cette circonstance, du « charbon qu'on ne sépare qu'imparfaitement, et qui rembru- « nit tous les produits de l'opération. Le gaz oxigène n'est ab- « sorbé dans cette fermentation qu'en tant qu'il forme le gaz « acide carbonique dont je viens de parler. Le poids du ré- « sidu sec de la décomposition de l'amidon avec le contact de « l'air pèse moins que l'amidon employé. La soustraction du « carbone par l'air n'entre que pour très peu dans ce déchet, « qui est dû presque uniquement à l'eau formée par l'amidon, « et qui se volatilise.

« Lorsque la décomposition spontanée s'opère sans le con- « tact de l'air, l'amidon ne produit point d'eau; il dégage une « petite quantité de gaz acide carbonique et du gaz hydrogène « pur ou presque pur. Il ne dépose point de charbon. Le « poids du résidu de cette fermentation, après le dessèche- « ment à la température de l'eau bouillante, s'est trouvé, dans « mes expériences, égal au poids de l'amidon employé à la « même température; mais comme je n'ai tenu compte ni de « la perte qu'il a subie par le dégagement du gaz acide car- « bonique, ni de celle qu'il a éprouvée par sa décomposition « dans un long dessèchement avec le contact de l'air, il me « paraît probable que l'amidon, dans sa fermentation sans ce « contact, fixe ou s'approprie en petite quantité les élémens « de l'eau.

(1) Cette matière paraît être de l'amidon gélatineux peu altéré.

(2) Sans doute que la substance dont il s'agit ici n'est autre chose que la substance tégumentaire, à laquelle adhère plus ou moins d'amidone ou d'amidin.

« Mes expériences sans l'influence de l'air n'ont été ni assez « prolongées ni assez multipliées pour indiquer si sa présence « augmente la quantité de sucre; leurs résultats à cet égard « ont varié. Il est probable que l'air la diminue en détruisant « tous les produits de l'opération.

« La conversion de l'amidon en sucre par l'intervention du « gluten, dans l'espace de quelques heures, et par une tempé-« rature élevée, fournit des produits sucrés et gommeux qui « diffèrent des substances obtenues dans l'opération précé-« dente, en ce qu'ils donnent avec l'eau des dissolutions où la « décoction de noix de galle indique la présence de la matière « glutineuse par des précipités abondans. Ce principe donne « au produit sucré d'autres propriétés distinctives très sail-« lantes. Il s'engendre, de plus, dans l'empois mêlé de gluten, « un acide qui ne se manifeste point dans la fermentation de « l'amidon seul, et qui paraît dû exclusivement à la fermenta-« tion du gluten. D'ailleurs, la décomposition spontanée de « l'amidon sans le contact de l'air, et celle qui s'opère par « l'intermède de la matière glutineuse, ont, en général, des « caractères semblables. Le gluten, en s'unissant à l'amidon, « ne paraît qu'accélérer une décomposition que celui-ci au-« rait subie plus tard sans cette influence. »

Voyons maintenant comment M. Th. de Saussure est parvenu à produire et à constater ces divers résultats. Pour cela, il s'est toujours servi d'empois préparé en versant 12 parties d'eau bouillante sur une partie d'amidon : ses expériences ont été variées; les principales sont les suivantes :

*Première expérience.* — Quinze grammes d'empois récemment fait furent placés sous de larges récipiens pleins d'air et fermés par du mercure : la température était d'environ 22°. Au bout de deux mois, le volume de l'air n'avait pas changé. Une portion d'oxigène seulement s'était combinée à du carbone, et avait formé 50 centimètres cubes de gaz carbonique.

La même quantité d'empois, après deux ans d'exposition à l'air libre, produisait, dans une expérience semblable, un volume de gaz acide égal au quart du précédent.

L'influence de l'air se borne donc à enlever un peu de carbone à l'amidon.

*Deuxième expérience.* — Un flacon de la capacité de 300 centimètres cubes fut rempli d'empois fait avec l'amidon de froment. A la tubulure du vase on adapta un tube recourbé qui s'engageait par son extrémité sous une cloche pleine de mercure. L'appareil fut exposé pendant trente-huit jours à une température de 22° à 25° : pendant tout ce temps, il ne se dégagea qu'une très petite quantité de gaz carbonique et de gaz hydrogène. (1)

D'une autre part, une portion du même empois fut soumise, pendant le même temps, au contact de l'air, dans un vase ouvert, très évasé, à côté du précédent; tous les jours on l'agitait avec une spatule, et on remplaçait par de l'eau distillée celle qui pouvait se vaporiser. Il ne s'est point couvert de moisissure, et est devenu en peu de temps tout-à-fait liquide.

Dans les deux cas, les produits furent séchés, ainsi que l'amidon, à la température de l'eau bouillante, et ensuite pesés.

L'amidon fermenté avec le contact de l'air avait diminué de poids dans le rapport de 100 à 83, perte qu'on ne peut attribuer presque entièrement qu'à de l'eau qui se forme aux dépens de l'hydrogène et de l'oxigène de la matière végétale même, puisque l'air n'enlève qu'une quantité extrêmement petite de carbone.

Quant à l'amidon fermenté sans le contact de l'air, il n'avait subi aucune diminution de poids, et, par cela même, on peut croire qu'il s'était assimilé les élémens d'une certaine quantité d'eau. En effet, pendant la fermentation, il y a dégagement de gaz carbonique et de gaz hydrogène dont on ne tient pas compte ici; et de plus, pendant la dessiccation, qui dure deux à trois jours, l'amidon se trouvant en contact avec l'air, est dans les conditions nécessaires pour produire plus ou moins d'eau par la réaction de ses principes (2). Il faut donc, pour équivaloir à cette perte, qu'il y ait absorption de quelques matières. Or, il n'y a que de l'eau en contact avec l'amidon, et il est démontré que l'amidon et l'eau peuvent se combiner par l'intermède de l'acide sulfurique. Pourquoi ne se combineraient-ils pas également dans la circonstance présente?

D'ailleurs, on a trouvé à-peu-près;

| | Dans l'amidon fermenté sans le contact de l'air. | Dans l'amidon fermenté avec le contact de l'air. |
|---|---|---|
| Sucre | 47,4 | 49,7 |
| Gomme (dextrine) | 23,0 | 9,7 |
| Amidine (amidon gélatineux) | 8,9 | 5,2 |
| Ligneux amilacé | 10,3 | 9,2 |
| Ligneux mêlé de charbon | quantité inappréciable | 0,3 |
| Amidon non décomposé | 4,0 | 3,8 |

(1) M. de Saussure n'a recueilli que le gaz provenant de l'amidon de pomme de terre. 30 grammes d'amidon ou 360 grammes d'empois n'en ont fourni que 26 centimètres cubes, contenant 21,66 d'hydrogène et 5,34 d'acide carbonique: à la vérité, il devait être resté beaucoup plus de gaz carbonique dans l'empois même.

(2) Car de l'amidon en fermentation depuis deux mois continue encore à fermenter.

*Troisième expérience.* — Au lieu d'abandonner l'empois à lui-même, comme on l'a dit précédemment, on l'a mêlé avec du gluten pulvérisé, et égal en poids à la moitié de l'amidon que l'empois contenait; puis on a exposé le mélange à une température de 50 à 60 degrés : il s'est toujours formé du sucre dans l'espace de dix à douze heures, ainsi que l'avait annoncé M. Kirchoff, et il s'est formé de plus des produits analogues à ceux que donne l'amidon seul. (*Voyez*, à cet égard, ce qui a été dit plus haut.)

Ajoutons à tout ce qui précède sur la conversion de l'amidon en sucre, et par suite en alcool par la fermentation, que M. Mathieu de Dombasle a eu l'occasion de faire à ce sujet des expériences en grand, qui, s'il restait des doutes, les dissiperaient complètement. Il a publié ses résultats dans une petite brochure, dont un extrait, sous forme de lettre à M. Gay-Lussac, a paru dans les *Ann. de Chim. et de Phys.*, t. XIII, p. 284. Nous reviendrons sur ce phénomène en traitant de la fermentation.

2251. *Action de la diastase.* — De toutes les propriétés de l'amidon, la plus remarquable sans doute est celle qu'il possède de se convertir successivement en dextrine et en sucre de raisin, sous l'influence de l'eau et de quelques millièmes de diastase. Nous ne devons que l'énoncer ici; ce ne sera qu'en faisant l'histoire de la diastase que nous nous en occuperons d'une manière spéciale.

2252. *Préparation de l'amidon.* — La fécule étant toujours libre dans les plantes, et ayant d'ailleurs une pesanteur spécifique plus grande que celle de toutes les substances avec lesquelles elle se trouve mêlée, on peut l'extraire facilement par de simples lotions. Tel est, en effet, le procédé qu'on emploie; seulement, lorsqu'elle est enveloppée de gluten, comme dans plusieurs graines céréales, il faut détruire celui-ci par la fermentation.

C'est de la pomme de terre, de plusieurs espèces de palmiers, du froment, de l'orge, qu'on extrait la fécule pour les besoins du commerce. Toutes ces fécules ne sont pas absolument identiques. Par exemple, la fécule de pomme de terre diffère sensiblement de celle de froment. La première est plus friable; elle exige une température un peu moins élevée pour se réduire en gelée avec l'eau; elle peut se dissoudre dans les lessives de potasse plus délayées; elle se décompose moins promptement par la fermentation spontanée; elle contient plus d'eau hygrométrique. 100 parties de cette fécule séchée à 22°,5 de chaleur et à 88° de l'hygromètre à cheveu, ont perdu, par le desséchement, à la température de l'eau bouillante, 16,41 d'eau, tandis que l'amidon de froment a perdu, par le même procédé, 13,66. (Th. de Saussure, *Ann. de Chim. et de Phys.*, t. XI, p. 397.)

*Amidon de pomme de terre.* — Après avoir lavé, nettoyé et râpé les pommes de terre, on met la pulpe sur un tamis, et on l'arrose en la remuant jusqu'à ce que le liquide passe limpide; la fécule est entraînée et reçue dans des vases placés au-dessous du tamis; bientôt elle se dépose. Il faut alors faire écouler la liqueur, laver ce dépôt deux ou trois fois par décantation, et le laisser sécher : dans cet état, il n'est plus formé que de fécule pure. Cette fécule est très blanche, d'apparence cristalline; on s'en sert pour préparer des bouillies fort nourrissantes. (Voy. l'art. *Pomme de terre.*)

*Amidon de palmier.* — C'est encore par un procédé analogue que l'on extrait la fécule de plusieurs espèces de palmiers qui croissent aux Molluques, aux Philippines et aux autres îles des Indes orientales; elle fait partie de la substance molle et parenchymateuse qui forme le centre de ces arbres, et que l'on connaît improprement sous le nom de *moelle*. Cette fécule, desséchée et passée à travers un tamis pour la réduire en petits grains, prend le nom de *sagou* : on l'emploie pour composer des bouillons restaurans.

Nous venons de dire que quand une plante ne contenait point de gluten, il suffisait de la traiter comme la pomme de terre pour en obtenir la fécule pure. Cependant, il est impossible de purifier entièrement la fécule de *bryone* par ce moyen; elle conserverait une saveur amère et des propriétés purgatives, qu'elle doit, à ce qu'il paraît, à une matière cristalline qui a été obtenue par divers chimistes (*Journ. de Chim. méd.*, t. I, p. 345 et 502) : ainsi préparée, quelques médecins l'emploient même pour provoquer des évacuations alvines. Quant à la fécule des *arum*, elle a besoin d'être lavée un grand nombre de fois pour perdre la saveur caustique qu'elle doit à un principe âcre et vénéneux. C'est une chose fort remarquable, que, dans un grand nombre de plantes, la fécule se trouve placée à côté d'un poison.

*Amidon d'orge et de blé.* — Ces deux graines contiennent une certaine quantité de gluten. Il faut, d'après ce que nous avons dit précédemment, les faire fermenter pour pouvoir facilement en extraire la fécule : c'est ce que les amidonniers exécutent à Paris de la manière suivante :

Ils commencent par moudre très grossièrement l'orge ou le blé sans séparer le son de la farine (1); ils mettent ensuite

(1) On peut également employer les recoupettes de froment et de blé gâté.

l'orge et le froment, ainsi moulus, dans de grandes cuves, avec une certaine quantité d'eau à laquelle ils ajoutent un peu d'eau sure (*Voy.* plus bas, la composition de ces eaux). Peu-à-peu la masse entre en mouvement. Lorsque la majeure partie du gluten est décomposée, ce qui a lieu au bout de quinze à trente jours, selon que la température de l'atmosphère est plus ou moins élevée, ou que les graines contiennent plus ou moins de gluten, on décante la liqueur, après avoir enlevé toutefois une couche assez épaisse de moisissure qui la recouvre : c'est cette liqueur qu'on connaît sous le nom de *première eau sure* ou *d'eau grasse;* elle est trouble et gluante. M. Vauquelin l'a trouvée composée d'eau, d'acide acétique, d'alcool, d'acétate d'ammoniaque, de phosphate de chaux et de gluten. (*Ann. de Chim.*, t. XXXVIII, p. 248.)

Après avoir lavé le dépôt par décantation, on le délaie dans l'eau, et on verse le tout dans un tamis de crin placé au-dessus d'un tonneau. Le son le plus grossier reste sur le tamis; le plus fin, au contraire, et la fécule passent à travers; mais comme, pendant la filtration, ils se précipitent en partie à l'état de mélange, il faut les remettre en suspension dans la liqueur en agitant celle-ci : alors ils s'en séparent de nouveau, mais de telle manière que le son se trouve presque tout entier à la surface de la fécule. De là le mode de traitement qu'on fait subir au dépôt ainsi obtenu, dépôt qui prend le nom de *gros noir*. Dès que par la décantation, il se trouve mis à découvert, on enlève la première couche avec une pelle, la seconde et la troisième en rinçant à deux reprises la partie supérieure de la masse restante. Cela fait, on délaie le résidu dans l'eau, et on le jette sur un tamis de soie plus ou moins fin. Par ce moyen on sépare une nouvelle quantité de son, et il ne faut plus que laisser déposer la fécule et la rincer pour l'obtenir pure : elle sera d'autant plus belle qu'on l'aura passée à travers un tamis plus fin, et qu'on l'aura lavée davantage. (1)

Enfin l'on procède à la dessiccation. Il faut commencer par donner à l'amidon la forme de bloc : pour cela, on le moule dans des paniers d'osier garnis d'une toile qui ne doit point y être adhérente. Quand les paniers sont remplis, on les porte au grenier, on les renverse sur une aire faite en plâtre, et on ôte la toile qui recouvre les blocs. Ces blocs doivent être rompus à la main. Les morceaux sont exposés à l'air pendant quelques jours; on râcle ensuite leur superficie, et on les met

(1) On garde les rinçures; elles laissent déposer un amidon impur que l'on nomme *amidon commun*.

à l'étuve pour les sécher entièrement : sans cette précaution, ils prendraient une couleur verte. (1)

Pour peu que l'on réfléchisse, il sera facile de se rendre compte de tout ce qui se passe dans cette opération. Les farines d'orge et de froment sont composées de beaucoup de fécule et d'une petite quantité de gluten, d'albumine, de quelques sels, parmi lesquels se trouve le phosphate de chaux. Quelques portions de fécule, sous l'influence du gluten et de l'eau, passent à l'état de sucre, et donnent lieu à la fermentation spiritueuse, par conséquent à de l'alcool et à de l'acide carbonique : celui-ci se dégage sous forme de bulles. A cette fermentation succède nécessairement la fermentation acide, d'où résulte une certaine quantité de vinaigre. Bientôt la fermentation putride s'établit ; elle est due au gluten, qui, par son contact avec l'eau, et en raison de la grande quantité d'azote qu'il contient, est susceptible de décomposition spontanée : de là l'ammoniaque. Que l'on ajoute que le gluten et le phosphate de chaux, qui sont insolubles par eux-mêmes, peuvent se dissoudre dans l'acide acétique, et l'on se fera une idée exacte de la production des *eaux sures*. Il sera aussi facile de concevoir la nature du dépôt.

2253. *Composition.* — L'amidon est formé, d'après MM.

| | Gay-L. et Th. (2) | Berzelius (3) | Prout (4) | Guérin (5) |
|---|---|---|---|---|
| Carbone. . . . . . . . | 43,55 | 44,250 | 42,8 | 43,64 |
| Hydrogène. . . . . . | 6,77 | 6,674 | 6,3 | 6,26 |
| Oxigène. . . . . . . . | 49,68 | 49,076 | 50,9 | 50,10 |

D'où l'on déduit pour sa formule $C^{12}H^{10}O^{5}$.

MM. Gay-Lussac, Thenard, Berzelius et Prout ont analysé l'amidon, sans tenir compte de la substance tégumentaire, où se trouvent des traces de matière d'apparence cireuse, dont il est facile de constater l'existence en traitant l'amidon par l'alcool ou par l'acide azotique. Il en est de même de M. Guérin : au reste, le poids de cette substance est très faible (page 358).

Examinons maintenant si, comme M. Guérin le pense, la

(1) Dans plusieurs pays, les amidonniers n'ont pas l'habitude de moudre le grain sur lequel ils opèrent; ils le laissent tremper dans l'eau jusqu'à ce qu'il se ramollisse, et qu'il donne un suc blanc par la pression. Alors ils l'enferment dans des sacs de grosse toile qu'ils soumettent à la presse à plusieurs reprises, ayant soin de les tremper dans l'eau à chaque fois. Ensuite ils font fermenter toutes les eaux obtenues, lavent le dépôt qui s'y forme, et le dessèchent à une douce chaleur.

(2) *Recherches physico-chimiques.*

(3) *Traité de Chimie.*

(4) *Ann. de Ch. et de Phys.*, XXXVI, 369.

(5) *Idem*, LVI, 230.

partie interne de l'amidon est composée d'*amidine* et d'*amidin*, ou si, comme le croient MM. Payen et Persoz, elle n'est formée que d'une seule matière qu'ils appellent *amidone*.

La première question ne semble pas difficile à résoudre. En effet, d'après M. Guérin lui-même, la formule de l'amidine est $C^{10}H^{11}O^{6}$; celle de l'amidin $C^{14}H^{9}O^{4}$, et celle de la partie interne de l'amidon $C^{12}H^{10}O^{5}$. Or, puisque la composition de la partie interne est représentée par du charbon et de l'eau, et que celles de l'amidine et de l'amidin le sont toutes deux par du charbon, de l'eau et de l'hydrogène, il est impossible que la partie interne soit composée d'amidine et d'amidin : ces deux substances doivent donc être le produit de l'action de l'eau sur l'amidon.

La seconde question offre plus de difficulté. Cependant, si l'on considère 1° que l'acide sulfurique et plusieurs autres acides transforment successivement la partie interne de l'amidon en dextrine et en sucre; 2° que quelques millièmes de diastase suffisent pour lui faire éprouver la même transformation; 3° qu'elle est complètement insoluble dans l'alcool et l'éther; 4° qu'elle forme avec l'eau un empois qui paraît être homogène; 5° que cet empois congelé et exposé à quelques degrés au-dessus de zéro donne, d'après les expériences de M. Payen, un liquide qui filtré et évaporé ne laisse que des traces de résidu; il deviendra probable que la partie interne ne consiste qu'en une seule substance, ou du moins cette hypothèse est celle qui jusqu'à présent permettra d'expliquer le mieux les faits. On objectera sans doute avec M. Guérin, qu'en broyant l'amidon avec de l'eau à la température ordinaire, on en dissout une partie, et que cette partie s'élève même jusqu'à 28 pour 100; mais on pourra répondre que la partie dissoute paraît être de la même nature que celle dont l'eau bouillante opère la dissolution; que si celle-ci est composée d'*amidine* et d'*amidin*, l'autre doit l'être aussi, et que par conséquent l'eau froide, par le broiement, produit dans l'amidon des altérations semblables à celles que produit l'eau à l'aide de la chaleur. Il n'en est pas moins vrai toutefois, que les expériences ne sont point démonstratives, et que de nouvelles recherches sont nécessaires pour prononcer définitivement : ceux qui voudront s'y livrer devront consulter le rapport fait par M. Chevreul à l'académie sur plusieurs mémoires qui avaient pour objet l'amidon, rapport dans lequel il trace l'historique très exact de tout ce qui a été publié sur cette substance, et où il discute la valeur des diverses observations faites jusqu'à ce jour. (*Mémoires du Muséum d'histoire naturelle*, année 1834.)

*Usages.* — Les usages de l'amidon sont très multipliés;

c'est le principe le plus abondant de la farine, et de plusieurs bulbes ou racines alimentaires. On l'emploie pour faire le sucre de raisin artificiel et par suite des eaux-de-vie. Il entre dans la composition des dragées. Aromatisé, il constitue la poudre à poudrer. Il sert à faire l'empois avec lequel on donne de la raideur au linge, etc.

### ARTICLE VII.

### *Dextrine.*

2254. La dextrine est une matière d'apparence gommeuse, dans laquelle se transforme la partie interne de l'amidon, sous l'influence des acides ou de la diastase. Elle fut observée successivement, savoir : 1° par M. Dubrunfaut, dans les produits de la réaction de l'amidon et de l'orge germée (1); 2° par M. Couverchel, dans ceux que l'on obtient en traitant l'amidon par divers acides végétaux (2); 3° par MM. Biot et Persoz, en traitant également l'amidon par les acides, mais en se servant d'acides minéraux, et particulièrement d'acide sulfurique au lieu d'acide tartrique (3); 4° enfin, par MM. Payen et Persoz (4). Dubrunfaut la regarda comme une sorte de gomme; M. Couverchel, comme la gomme normale, s'imaginant que la gomme arabique ne devait qu'à un corps étranger la propriété de donner de l'acide mucique. MM. Biot et Persoz l'ont confondue avec la partie interne de l'amidon, et lui ont donné le nom qui sert à la désigner, parce qu'elle fait tourner, plus qu'aucune autre matière, le plan de polarisation à droite. Elle n'a été bien distinguée de toutes les autres substances organiques connues jusqu'ici que par MM. Payen et Persoz, dans le travail qui leur est commun sur l'action réciproque de la diastase et de l'amidon.

Depuis cette époque, M. Guérin l'a soumise à un nouvel examen et en a fait mieux connaître les propriétés. (5)

*Propriétés.* — La dextrine est blanche, insipide, sans odeur, très transparente sous forme de plaques minces, friable et à cassure vitreuse, lorsqu'elle est bien desséchée. Une chaleur de 100°

(1) M. Braconnot obtint aussi en 1819, en traitant le ligneux par l'acide sulfurique (2255), une matière d'apparence gommeuse, qui a les plus grands rapports avec la dextrine.

(2) *Journ. de Pharm.*, VII, 266.

(3) *Ann. de Ch. et de Phys.*, LII, 72.

(4) *Ann. de Ch. et de Phys.*, LIII, 73, et LVI, 337.

(5) Le mémoire de M. Guérin paraîtra incessamment dans les *Ann. de Chim. et de Phys.*

ne l'altère pas ; elle laisse dégager de l'eau de 125° à 150°, prend une teinte jaunâtre et une saveur de pain grillé ; elle est encore solide et transparente à 200° ; ce n'est qu'à 225° qu'elle éprouve un commencement de fusion, et qu'à 235° qu'elle se boursoufle et se décompose.

La dextrine est inaltérable à l'air sec. L'eau la dissout en grande quantité, soit à froid, soit à chaud, et devient mucilagineuse, comme avec la gomme proprement dite. La solution est abondamment précipitée par l'alcool, qui est sans action sur la dextrine; elle n'est troublée ni par l'eau de chaux, ni par l'eau de baryte, ni par l'azotate de protoxide de mercure.

L'iode ne la colore point en bleu. Elle ne forme point d'acide mucique avec l'acide azotique. L'acide sulfurique étendu d'eau la convertit en sucre de raisin, à l'aide de la chaleur. Il en est de même de la diastase ; mais, chose digne de remarque, c'est qu'à mesure que la quantité de sucre augmente, l'action de la diastase diminue, à tel point qu'il est impossible de décomposer complètement la dextrine, à moins qu'on ne l'isole en la précipitant de la liqueur par l'alcool, qu'on ne la redissolve dans l'eau, et qu'on ne la mette en contact avec une nouvelle quantité de diastase. (Voyez *la diastase.*)

La levure de bière est sans action sur la dextrine. Ce ne serait qu'autant qu'elle contiendrait du sucre qu'un commencement de fermentation spiritueuse aurait lieu.

*Composition.* — Jusqu'ici l'analyse élémentaire de la dextrine n'a point encore été faite ; mais si l'on considère que la composition de l'amidon et celle du sucre de raisin, sont représentées par du charbon et de l'eau ; que l'amidon ne diffère du sucre de raisin qu'en ce qu'il contient plus de charbon, et qu'avant de se transformer en sucre, sous l'influence des acides ou de la diastase, l'amidon passe d'abord à l'état de dextrine, il deviendra extrêmement probable que la dextrine a une composition analogue à celle du sucre et de l'amidon, et que la quantité de charbon qu'elle renferme est plus petite que celle de l'amidon, mais plus grande que celle du sucre.

*Etat naturel, préparation.* — La dextrine est toujours un produit de l'art; elle peut être obtenue par divers procédés.

L'un des meilleurs consiste à prendre 100 parties de fécule de pommes de terre, 20 d'acide sulfurique du commerce et 28 d'eau. On mêle l'acide avec les deux tiers de l'eau, on porte le mélange jusqu'à l'ébullition, et l'on y verse la fécule délayée dans l'eau restante. La liqueur se trouvant ainsi refroidie, on la chauffe jusqu'à 90 ou 92 degrés ; puis on en sature l'acide par de l'oxide de plomb en poudre, on la retire du feu, et lorsqu'elle n'est plus qu'à la température de 20 degrés, on la filtre, et on y ajoute de l'alcool qui en précipite tout-à-coup la dextrine sous forme d'une matière blanche glutineuse, ayant une apparence en quelque sorte soyeuse et nacrée ; ensuite on purifie la dextrine par plusieurs lavages alcooliques faits à chaud et par des décantations successives. Par ce moyen, elle change peu-à-peu d'aspect ; elle se transforme en une poudre blanche pour ainsi dire impalpable. Il ne faut plus qu'en dégager l'alcool en la chauffant jusqu'à 100 degrés, la redissoudre dans l'eau, la faire bouillir avec du charbon pour la décolorer complètement, filtrer la liqueur et la faire évaporer. Au lieu d'acide, on peut employer avec beaucoup de succès la diastase, ou plutôt l'orge germée qui en contient. Six à dix parties d'orge germée suffisent pour 100 de fécule. On verse dans une bassine 400 parties d'eau, que l'on fait chauffer jusqu'à 25 à 30°. On y délaie l'orge, et l'on continue de chauffer jusqu'à 60 degrés ; alors on ajoute la fécule, en ayant soin d'agiter le liquide qui doit être maintenu entre 65 à 75°, pendant une vingtaine de minutes : de laiteux et un peu visqueux qu'il était d'abord, il paraît fluide presque comme de l'eau : à cette époque, on le porte promptement à la température de 100°, puis on le laisse refroidir, on le filtre et on le traite par l'alcool : la dextrine se précipite et se purifie, comme nous l'avons dit plus haut. (Voyez *la diastase*.)

### ARTICLE VIII.

### *Ligneux*.

2255. Le ligneux est, de tous les corps immédiats des végétaux, le plus répandu et le plus abondant. On le trouve dans toutes leurs parties, dans la racine, la tige, les feuilles, les fleurs et les fruits. Il constitue la fibre proprement dite : aussi entre-t-il pour les 0,96 à 0,98 dans la composition de toutes les espèces de bois. Tous contiennent en outre des matières extractives, des sels de diverse nature ; quelques-uns contiennent en même temps des résines. Or, comme ces substances sont solubles dans l'eau, l'alcool, les acides étendus, et la potasse en liqueur, et que le ligneux y est insoluble, on parviendra toujours à se procurer ce corps sensiblement pur, en traitant successivement la sciure de bois par ces quatre agens, dans un matras, à la température à laquelle ils peuvent entrer en ébullition. Il faudra mettre la sciure en contact, à une douce chaleur : d'abord avec l'alcool, pour dissoudre les parties résineuses ; ensuite avec l'eau, qui opérera la dissolution des matières extractives et de quelques sels ; puis avec l'acide chlorhydrique faible, qui attaquera les sels insolubles dans l'eau, et particulièrement le carbonate et le phosphate de chaux; puis encore avec de la potasse dissoute dans 10 à 12 fois son poids d'eau; enfin une seconde fois avec l'eau, afin d'enlever l'alcali ou le sel alcalin adhérant au résidu, c'est-à-dire au ligneux même.

Le ligneux est solide, d'un blanc sale, insipide, inodore, spécifiquement plus pesant que l'eau.

Décomposé par le feu dans une cornue, on en retire tous les produits qui proviennent de la distillation des matières végétales, et de plus une petite quantité d'un corps très remarquable, dont nous parlerons bientôt sous le nom d'*esprit de bois*.

Chauffé avec le contact de l'air, il s'enflamme, se charbonne, et finit par se consumer entièrement. Imbibé d'eau, il se décompose aussi à la température ordinaire, surtout dans son contact avec l'air, mais dans un espace de temps très considérable. (Voyez *bois*.)

Le ligneux n'est pas sensiblement soluble dans la potasse; il éprouve au contraire des altérations toutes particulières, lorsqu'on le fait chauffer convenablement avec elle (2021).

Probablement que plusieurs autres alcalis, et particulièrement la soude, agiraient sur le ligneux d'une manière analogue à la potasse.

L'acide sulfurique nous présente aussi avec le ligneux, ou avec toutes les matières qui en sont presque entièrement formées, telles que les bois, les écorces, la paille, le chanvre, le linge, etc., des phénomènes bien dignes d'attention (M. Braconnot, *Ann. de Chim. et de Phys.*, t. XII, p. 172). Toutes ces matières, par cet acide, peuvent être transformées à volonté en une sorte de matière d'apparence gommeuse, qui est apparemment la *dextrine*, et en un sucre semblable à celui du raisin.

1° Que l'on prenne 24 grammes de toile de chanvre usée, bien sèche et coupée en petits morceaux; qu'on les mette dans un mortier de verre, et qu'on les arrose avec 34 grammes d'acide sulfurique concentré, en ayant soin d'ajouter cet acide peu-à-peu, et de remuer continuellement le mélange, de telle manière que la masse s'échauffe à peine et s'imbibe également : un quart d'heure après, si l'on broie le tout avec un pilon de verre, la toile disparaîtra sans dégagement de gaz, et il en résultera une masse mucilagineuse très tenace, poissante, homogène, peu colorée, entièrement soluble dans l'eau, excepté une petite quantité de tissu non attaqué.

Alors la conversion du ligneux en matière d'apparence gommeuse se trouve opérée. Pour extraire celle-ci, il faut dissoudre la masse mucilagineuse dans l'eau, saturer la dissolution par la craie, la passer à travers un linge serré, laver le résidu sur le linge même et l'exprimer fortement, puis réduire la liqueur par l'évaporation, y ajouter une telle quantité d'acide oxalique que toute la chaux qui s'y trouve soit précipitée, la filtrer de nouveau, et la mêler avec un grand excès d'alcool, qui s'emparera des acides libres, et rendra la matière d'apparence gommeuse insoluble.

24 grammes de toile sèche ont fourni à M. Braconnot 26,2 grammes de cette matière, mais qui retenait 4,30 grammes, tant en acide qu'en chaux; en outre, sur les 24 grammes, il y en a eu 2,5 qui n'ont point été attaqués; par conséquent 21,5 grammes de toile auraient produit 21,9 de matière d'apparence gommeuse. Mais était-elle anhydre? cela n'est pas probable.

2° Lorsque, au lieu de saturer par de la craie la solution de la masse mucilagineuse acide dont nous venons de parler, on la fait bouillir pendant dix heures, la matière d'apparence gommeuse se trouve décomposée et remplacée presque en totalité par du sucre. L'extraction de ce sucre, qui ressemble en tout point à celui de raisin, n'offre aucune difficulté. En effet, il suffit pour cela de neutraliser l'acide, comme nous l'avons dit précédemment, de filtrer la liqueur et de l'évaporer jusqu'en consistance sirupeuse. En vingt-quatre heures, la cristallisation commence à se manifester, et dans l'espace de quelques jours tout le sirop se prend en masse. Il n'y a plus qu'à presser fortement le sucre entre plusieurs doubles de linge usé, et le faire cristalliser une seconde fois pour l'obtenir sensiblement pur; traité par le charbon animal, il devient d'un blanc éclatant.

M. Braconnot a trouvé que 20,4 grammes de chiffons secs pouvaient produire 23,3 de sucre. M. Guérin en a obtenu 87,58p. qu'il regarde comme anhydre, en traitant 100 de ligneux par 250p. d'acide sulfurique concentré. (*Ann. de Chim. et de Phys.*, LVI, 242.)

3° Indépendamment de la matière d'apparence gommeuse et du sucre, il se produit encore, dans le traitement du ligneux par l'acide sulfurique, un acide que M. Braconnot a appelé acide *végéto-sulfurique*, et qui est composé de *soufre*, de *carbone*, d'*hydrogène* et d'*oxigène*, ou d'*une matière végétale, et des élémens de l'acide sulfurique, mais dans un rapport et une répartition qu'il ne connaît pas*.

Voici comment il extrait cet acide : il étend d'eau la masse mucilagineuse acide provenant de l'action de l'acide sulfurique concentré sur le linge, fait bouillir pendant long-temps la liqueur avec de l'oxide de plomb, la filtre pour séparer le sulfate de plomb, etc., fait passer dans la nouvelle liqueur filtrée un excès de gaz sulfhydrique, qui s'empare du plomb combiné avec le nouvel acide, filtre de nouveau, fait évaporer presqu'à consistance sirupeuse, et verse sur le résidu de l'alcool qui dissout l'*acide végéto-sulfurique*, plus un peu de sucre; enfin il ramène la dissolution alcoolique à l'état sirupeux, et agite le sirop avec de l'éther sulfurique : celui-ci ne se charge que de l'acide végéto-sulfurique; par la chaleur, l'éther se volatilise et l'acide reste pur.

Il s'agirait maintenant d'expliquer la formation de ces différens produits.

Mais pour cela il faudrait connaître la proportion des principes constituans de l'acide végéto-sulfurique, de la matière d'apparence gommeuse, du sucre, du ligneux, et savoir en même temps d'une manière précise combien le ligneux donne d'acide végéto-sulfurique, de matière d'apparence gommeuse et de sucre. Or, plusieurs de ces données nous manquent : nous ne pouvons donc résoudre la question. Seulement comme la matière d'apparence gommeuse paraît être de la dextrine, que le ligneux, la dextrine et le sucre de raisin sont représentés dans leur composition par du charbon et de l'eau, que le ligneux contient plus de charbon que la dextrine, et la dextrine probablement plus de charbon que le sucre, il s'ensuit : 1° que le ligneux, pour se transformer en dextrine, doit abandonner une certaine quantité de charbon, ou s'assimiler une certaine quantité d'eau; 2° qu'il en doit être de même de la dextrine pour sa conversion en sucre.

La quantité de dextrine formée étant moins grande que celle du ligneux, on peut supposer que le ligneux passe à l'état de dextrine, en abandonnant du charbon, et ce qui appuie cette opinion, c'est que l'*acide végéto-sulfurique* doit prendre naissance à cette époque. Si au contraire la quantité de sucre est réellement plus grande que celle du ligneux, on ne pourra se rendre compte de cette augmentation de poids qu'en supposant que les principes de l'eau ont été fixés par la dextrine (2254).

L'acide sulfurique étendu de la moitié de son poids d'eau paraît être sans action sur la matière ligneuse, à la température ordinaire; à l'aide d'une douce chaleur, il convertit celle du linge en une sorte de matière qui a le même aspect que l'amidon, quoiqu'elle n'en ait aucune des propriétés, et qui représente la presque totalité du linge employé.

L'acide azotique produit aussi le même effet sur le linge, pourvu qu'on suspende l'action au moment où les gaz commencent à se dégager. (M. Braconnot, *Mémoire cité.*) Si on la prolongeait, toute la matière disparaîtrait, et l'on obtiendrait de l'acide oxalique. De 100 parties de ligneux traitées à l'aide d'une légère chaleur, par 800 parties d'acide azotique, M. Guérin a retiré 24,78 parties d'acide oxalique anhydre. (*Mémoire cité.*)

Nous avons déjà dit que l'eau et l'alcool ne pouvaient opérer la dissolution du ligneux; il en est de même de l'éther, des huiles, et de tous les corps connus jusqu'ici : il n'est soluble dans aucun sans éprouver d'altération.

*Composition.* — Le ligneux est formé suivant MM. :

| | Gay-Lussac et Thenard. | Prout (*Ann. de Ch. et de Phys.*, XXXVI, 371). | |
|---|---|---|---|
| | Ligneux du hêtre et du chêne. | Ligneux du buis. | Ligneux du saule. |
| de carbone | 52 | 50,0 | 49,8 |
| eau | 48 | 50,0 | 50,2 |

*Usages.* — Il est évident, d'après ce que nous avons dit précédemment de l'état naturel du ligneux, que c'est le corps immédiat des végétaux qui joue le plus grand rôle dans l'économie végétale, et celui dont les arts tirent le plus grand parti. A la vérité, on ne l'emploie jamais pur; mais puisqu'il constitue au moins les 96 centièmes du bois, n'est-ce pas à lui qu'on doit attribuer toutes les qualités et toutes les propriétés de celui-ci?

## SECTION II.

### *Des substances neutres représentées dans leur composition par du charbon, de l'eau, plus un peu d'hydrogène.*

#### ARTICLE I.

#### *Mannite.*

2256. L'on connaît sous le nom de *mannite*, une substance qui entre dans la composition de la manne, et qui fait la majeure partie de la manne en larmes.

*Propriétés.* — La mannite est solide, très blanche, inodore, cristallisable en aiguilles demi transparentes. Sa saveur est douce.

Soumise à l'action du feu, la mannite bien desséchée se fond à 100 et quelques degrés, sans rien perdre de son poids, en une liqueur limpide comme de l'eau, qui, par le refroidissement, se prend en une masse cristalline d'un éclat soyeux. Chauffée plus fortement, elle donne lieu à tous les produits qui proviennent de la distillation des substances végétales. Elle n'attire point l'humidité de l'air. Elle est très soluble dans l'eau; elle ne se dissout bien dans l'alcool qu'à chaud : aussi, par le refroidissement, s'en précipite-t-elle presque tout entière sous la forme de petits grains blancs et cristallins.

L'acide azotique la décompose facilement à l'aide d'une légère chaleur; il ne résulte pas de cette décomposition la plus petite quantité d'acide mucique; les produits qui en proviennent sont l'eau, l'acide carbonique, l'acide oxalique, etc. (931). Le sous-acétate de plomb ne trouble point sa dissolution. Enfin, mise en contact avec l'eau et le ferment, elle ne donne aucun signe de fermentation, même après un grand nombre de jours, quelle que soit la température.

*Etat naturel.* — La mannite se rencontre dans les diverses espèces de manne du commerce, dans la manne grasse, dans la manne en sortes, et surtout dans la manne en larmes. Elle existe aussi dans le céleri ordinaire, d'après MM. Vogel et Hubner, et en grande quantité dans le céleri-rave suivant M. Payen (1). On la trouve également dans plusieurs sucs fermentés, savoir, dans celui d'ognon (2), dans le suc de carotte (Laugier), dans le jus de betterave (3), mais alors cette substance est évidemment un produit de la fermentation. MM. Pelouze et J. Gay-Lussac ont observé que le sucre de canne se transformait d'abord en sucre de raisin, et celui-ci en mannite.

*Préparation.* — Pour l'obtenir, il faut dissoudre la manne en larmes dans l'alcool bouillant, laisser refroidir la dissolution, et dissoudre de nouveau dans l'alcool bouillant le dépôt cristallin, après l'avoir pressé entre des feuilles de papier joseph : la mannite se précipitera pure de cette seconde dissolution.

*Composition.* — La mannite est composée, suivant MM.

| | Saussure (4) | Prout (5) | Liebig (6) |
|---|---|---|---|
| De carbone..... | 38,53 | 38,7 | 40,02 |
| Hydrogène.... | 7,87 | 6,8 | 7,62 |
| Oxigène..... | 53,60 | 54,5 | 52,35 |

(1) *Journ. de Pharm.*, IX, 418.—*Ann. de Chim. et de Ph.*, LV, 219.
(2) Fourcroy et Vauquelin, *Ann. de Ch.*, LXV, 161.
(3) Pelouze et J. Gay-Lussac, *Ann de Ch. et de Phys.*, XLVII, 419 et LII, 410.
(4) *Bibliothèque britannique, sciences et arts*, LVI, 351.
(5) *Ann. de Ch. et de Phys.*, XXXVI, 374.
(6) *Idem*, LV, 140.

D'après les résultats de M. Prout, la composition de la mannite serait représentée par 38,7 de carbone, et 61,3 d'eau; mais d'après ceux de M. de Saussure et ceux de M. Liebig, elle contiendrait un excès d'hydrogène par rapport à l'oxigène. les résultats de M. Liebig conduisent à la formule $C^{12}H^{14}O^{6}$.

M. Gay-Lussac et moi, nous avons aussi trouvé que la mannite contenait un peu plus d'hydrogène qu'il n'en fallait pour convertir son oxigène en eau. Nous n'avons pas publié notre analyse, parce que nous regardions nos résultats comme douteux.

## ARTICLE II.

### *Glycérine.*

2257. Schéele a observé le premier que toutes les fois que l'on traitait les huiles grasses ou les graisses par la litharge, à l'aide de la chaleur, et qu'on employait l'eau comme intermède, celle-ci, après l'opération, contenait une matière douce à laquelle il a cru devoir donner le nom de *principe doux des huiles*. Le principe doux se forme également lorsqu'on substitue à l'oxide de plomb toute autre base salifiable capable de déterminer la saponification : telles sont la potasse, la soude, la baryte, la strontiane, la chaux, l'oxide de zinc; telle serait sans doute aussi la lithine. M. Chevreul, à qui nous devons ces observations, appelle ce principe *glycérine*.

Nous adopterons cette dénomination.

La *glycérine* est un liquide transparent, sans couleur, sans odeur, et d'une consistance sirupeuse; sa saveur est très douce; sa pesanteur spécifique, de 1,27 à la température de 17°. Lorsqu'on soumet cette substance à l'action du feu dans une cornue, elle se vaporise et se décompose en partie; exposée à l'air, elle en attire l'humidité; en la projetant sur des charbons ardens, elle s'enflamme presque à la manière des huiles; l'eau se combine avec elle presque en toutes proportions; l'alcool la dissout facilement; l'acide azotique la convertit en acide oxalique, et, suivant M. Vogel, l'acide sulfurique la transforme en sucre, de même que l'amidon (*Bull. de Pharm.*, t. IV, p. 255). Elle est capable de dissoudre une petite quantité d'oxide de plomb; le ferment ne l'altère en aucune manière; enfin, l'acétate de plomb neutre ou basique ne trouble pas sa dissolution.

Sa préparation est très simple : il faut prendre parties égales d'huile d'olive et de litharge bien pulvérisée, mettre le tout dans une bassine avec un peu d'eau, placer la bassine sur un feu modéré, agiter constamment le mélange avec une spatule, ayant soin d'ajouter de l'eau chaude à mesure qu'elle s'évapore, faire chauffer le mélange jusqu'à ce que l'huile et la litharge aient réagi et aient pris la consistance d'emplâtre : alors on ajoute une nouvelle quantité d'eau, on ôte la bassine de dessus le feu, on décante la liqueur, on la filtre; ensuite, après y avoir fait passer du gaz sulfhydrique pour en séparer le plomb, on la filtre de nouveau, on la concentre le plus possible au bain marie, puis on la place dans le vide sec pendant très long-temps, à une température de 20 à 25° : elle finit par acquérir la densité que nous avons rapportée plus haut. Quoique dans cet état elle paraisse contenir encore un peu d'eau, il est impossible d'en extraire. M. Chevreul l'a trouvée formée (*Recherches sur les corps gras*) :

| | |
|---|---|
| De carbone.................... | 40,071 |
| Hydrogène.................... | 8,925 |
| Oxigène.................... | 51,004 |

Ce qui donne sensiblement pour formule $C^6H^8O^5$.

## ARTICLE III.

### *Saponine.*

2258. On connaît dans le commerce, sous le nom de *saponaire d'Egypte*, une racine qui a la propriété de faire mousser l'eau comme le savon, et qui paraît être la même que celle dont on se sert en Orient pour nettoyer les châles de cachemire et autres étoffes. Cependant, la plante qui la produit n'est point une saponaire proprement dite; c'est, selon toute apparence le *gypsophila struthium*, très voisin des saponaires, qui croît spontanément dans plusieurs contrées de l'Orient, et même en Grèce et en Hongrie.

Il était utile de rechercher quelle pouvait être la substance à laquelle la saponaire devait la propriété qu'elle a de rendre l'eau mousseuse; c'est ce qu'a fait M. Bussy; il a vu que c'était une substance nouvelle, qu'il a appelée *saponine*; elle se trouve associée dans la saponaire à de la stéarine et à une matière résineuse rougeâtre. (*Ann. de Chim. et de Phys.*, t. LI, p. 390.)

Depuis, M. Braconnot l'a retrouvée dans l'écorce du *gymnocladus canadensis*, arbre qui s'élève à la hauteur de 30 à 40 pieds (*Ann. de Chim. et de Phys.*, t. LII, p. 294); probablement même qu'elle existe dans les marrons d'Inde (2167).

*Préparation.* — Rien de plus facile que d'extraire la saponine de la saponaire d'Egypte. Il suffit de réduire cette racine en poudre, de la faire bouillir avec de l'alcool pendant quelques minutes, et de filtrer la liqueur. La saponine s'en précipite, par le refroidissement, sous forme de flocons blancs. Dans cet état, pour l'avoir pure, on n'a plus besoin que de l'exprimer et de la sécher.

*Propriétés.* — La saponine est blanche, incristallisable, âcre, piquante, friable.

Soumise à la distillation, elle se boursoufle, noircit, se décompose entièrement, et donne beaucoup d'huile empyreumatique acide. Chauffée avec le contact de l'air, elle brûle avec flamme, tout en se boursouflant comme en vase clos.

La saponine est soluble en toutes proportions dans l'eau; mais, chose extraordinaire, 1 millième de saponine rend l'eau mousseuse par l'agitation. L'alcool la dissout d'autant mieux qu'il est plus faible. L'éther est sans action sur elle.

Mise en contact, à chaud, avec la plupart des acides, par exemple, avec l'acide chlorhydrique, elle se dissout d'abord; bientôt après, elle se trouble et donne lieu à un dépôt blanc d'acide esculique. L'acide azotique produit aussi le même effet; mais ensuite la réaction devient assez vive; l'acide esculique se décompose et se transforme en une matière jaune d'apparence résineuse, qui se rassemble à la surface de la liqueur, en acide mucique et en acide oxalique, etc.

L'eau de chaux et l'acétate neutre de plomb ne troublent point la dissolution de saponine; l'acétate basique la précipite toujours très abondamment; l'eau de baryte fait un précipité blanc dans celle qui est suffisamment concentrée.

*Composition.* — M. Bussy a retiré de 100 parties de saponine : 51,0 de carbone, 7,4 d'hydrogène, 41,6 d'oxigène : ce qui donne pour formule $C^{51}H^{46}O^{16}$.

La saponine ne serait-t-elle pas composée de gomme et de résine? Les produits qu'elle donne avec l'acide azotique, ont conduit M. Bussy à l'examiner sous ce point de vue; mais toutes les expériences auxquelles il l'a soumise, le portent à croire que c'est une matière toute particulière.

*Saponine des marrons d'Inde.* — M. E. Fremy a observé dans les marrons d'Inde une substance qui, selon toute apparence, est la saponine. Elle n'en diffère qu'en ce que les acides à froid, la potasse et le courant de la pile font passer cette substance à l'état d'acide esculique, tandis que la saponine de la saponaire ne donne d'acide esculique qu'avec les acides à chaud, et n'en donne point, soit avec la potasse, soit avec un courant électrique. Le Mémoire de M. Fremy paraîtra incessamment dans les *Annales de Chimie et de Physique.*

ARTICLE IV.

*Salicine.*

2259. La salicine est une substance fébrifuge qui a été découverte en 1830 par M. Leroux, pharmacien à Vitry-le-Français, dans l'écorce de saule (*salix helix*). Bientôt après, M. Braconnot l'a retirée de l'écorce des *salix amygdalina et fissa*, et de celle des *populus tremula* (tremble ordinaire), *alba*, *græca*; mais il n'en a pas trouvé de traces dans l'écorce des *salix capræa*, *viminalis*, *babylonica*, *bicolor*, *incana*, *daphnoides*, *russiliana*, *alba*, *triandra*, *fragilis*, et dans celle des *populus angulosa*, *nigra*, *virginica*, *monilifera*, *grandiculata*, *fastigiata*, *balsamea*.

La salicine n'appartient donc qu'à quelques espèces de saules et de peupliers; elle accompagne dans le tremble deux autres substances que M. Braconnot y a observées et dont il sera question par la suite.

*Propriétés.* — La salicine se présente ordinairement sous forme de cristaux blancs, très ténus et nacrés. MM. Pelouze et Jules Gay-Lussac l'ont observée en aiguilles prismatiques; et M. Braconnot en petites lames rectangulaires, dont les bords paraissaient taillés en biseau.

Sa saveur est très amère et rappelle l'arome de l'écorce de saule.

Sa fusion a lieu à 100 et quelques degrés sans qu'elle perde d'eau; par le refroidissement, elle se prend en une masse cristalline; chauffée un peu plus fortement, elle devient d'un jaune citrin et cassante comme une résine; à une température suffisamment élevée, elle se décompose en donnant un produit acide et beaucoup d'huile empyreumatique.

100 parties d'eau dissolvent 5,6 parties de salicine à $19°,5$; elle est beaucoup plus soluble dans l'eau chaude; il paraît même que l'eau bouillante la dissout en toutes proportions. L'alcool en opère aussi la dissolution; mais l'éther et l'huile essentielle de térébenthine sont sans action sur elle. La solution aqueuse de salicine n'est précipitée, ni par l'acétate de plomb neutre ou basique, ni par la gélatine, ni par l'infusion de noix de galle.

Les dissolutions alcalines bouillantes n'altèrent pas la salicine; il en est de même de l'acide acétique. Les acides chlorhydrique et azotique concentrés ne font que la rendre plus soluble à la température ordinaire; mais, à chaud, l'acide azotique la décompose en donnant lieu à de l'acide *picrique* et à de l'acide oxalique; l'acide chlorhydrique la résinifie. Telle est aussi le genre d'altération que lui fait éprouver l'acide sulfurique bouillant et étendu d'environ son poids d'eau. Quant à l'acide sulfurique concentré, il l'attaque à froid, la dissout, se colore en rouge pourpre, et laisse déposer, par addition d'eau, un sédiment rouge, insoluble dans l'acide sulfurique affaibli, mais soluble dans l'eau à laquelle il donne une teinte d'un rouge foncé.

*Préparation.* — La salicine s'extrait facilement de la décoction d'écorce de tremble en y versant un petit excès de sous-acétate de plomb, filtrant la liqueur, y ajoutant assez d'acide sulfurique pour précipiter l'excès de plomb, la filtrant de nouveau, la concentrant, la faisant bouillir alors avec un peu de noir animal et la filtrant chaude une dernière fois : la salicine cristallise par le refroidissement.

La décoction d'écorce de tremble contient, suivant M. Braconnot, de la salicine, de la populine qui reste dans les eaux-mères, de la corticine et de la matière gommeuse que l'acétate de plomb précipite, de l'acide benzoïque qui est également précipité par cet acétate, un principe soluble dans l'eau et dans l'alcool, qui réduit les sels d'or, d'argent et de mercure, du tartrate de chaux et du tartrate de potasse.

*Composition.* — De 100 de salicine, MM. Pelouze et Jules Gay-Lussac ont retiré 55,491 de carbone; 8,184 d'hydrogène; 36,325 d'oxigène.

Ce qui donne pour sa formule $C^4H^4O$, ou 2 volumes de gaz oléfiant et 1 volume d'oxigène.

(*Voyez* pour plus de détails sur la salicine le rapport sur le mémoire de M. Leroux, fait à l'Académie par MM. Gay-Lussac et Magendie, *Ann. de Chim. et de Phys.*, XLIII, 440, — les observations de MM. Pelouze, et Jules Gay-Lussac, id., XLIV, 220; — celles de M. Braconnot, id., XLIV, 296; — celles de M. Peschier, id., XLIV, 418; — celles de M. Buchner, *Journ. de Pharm.*, XVI, 242.)

## ARTICLE V.

### *Picrotoxine.*

2260. La découverte de la picrotoxine est due à M. Boullay; il a retiré cette substance des fruits connus vulgairement sous le nom de *coques du Levant* (*menispermum cocculus*). Son nom dérive de deux mots grecs qui signifient, l'un *amer* et l'autre *poison*.

Le meilleur moyen d'obtenir la picrotoxine consiste, selon l'auteur, « à faire bouillir fortement dans l'eau les semences mondées du *menispermum cocculus*, avant ou après en avoir retiré l'huile, et à faire évaporer lentement la liqueur jusqu'en consistance d'extrait; on triturera ensuite la masse extractive avec un vingtième de son poids de baryte ou de magnésie pure, et après vingt-quatre heures de contact avec l'une de ses bases, on épuisera le mélange à chaud par l'alcool absolu. La liqueur alcoolique sera évaporée à siccité, et le produit redissous dans de nouvel alcool. S'il en est besoin, on fera bouillir cette liqueur avec du charbon animal pour la décolorer, et en la réduisant de nouveau à un très petit volume, on obtiendra, par le refroidissement, la plus grande partie du principe amer cristallisé (picrotoxine), quelquefois très pur, quelquefois encore un peu coloré. Dans ce dernier cas, il faudrait le redissoudre dans de l'alcool très faible. »

La picrotoxine est blanche, brillante, demi transparente, inodore; son amertume est insupportable; elle cristallise le plus ordinairement en aiguilles aciculaires; mais elle se présente quelquefois aussi en filamens soyeux et flexibles, en plaques transparentes, en masses rayonnantes et mamelonnées, en cristaux durs et grenus. L'eau à 14° en dissout $\frac{1}{150}$ de son poids; l'eau bouillante, $\frac{1}{25}$; l'alcool bouillant, d'une pesanteur spécifique de 0,80, $\frac{33}{100}$; l'éther sulfurique d'une pesanteur spécifique de 0,700, $\frac{4}{10}$; l'huile d'olive, d'amande douce, de térébenthine, pas du tout; la potasse, la soude et l'ammoniaque liquides, une assez grande quantité.

Soumise à la distillation, elle se décompose; projetée sur des charbons incandescens, elle brûle sans se fondre ni s'enflammer, en répandant une fumée blanche abondante, et une odeur de résine.

La picrotoxine ne s'unit point aux acides. L'acide sulfurique concentré, sous l'influence de la plus légère chaleur, la décompose et la charbonne; l'acide azotique la transforme en acide oxalique; l'acide acétique est le seul qui en favorise la dissolution.

Elle forme au contraire des combinaisons plus ou moins intimes avec un grand nombre de bases, surtout avec les bases alcalines, avec le protoxide de plomb, et même avec quelques bases végétales, telles que la brucine, la strychnine, la quinine, la cinchochine et la morphine. Toutes ces combinaisons sont solubles et décomposables par un courant voltaïque, de telle manière que la picrotoxine se rassemble au pôle positif sous forme de belles aiguilles : celle qui est base d'oxide de plomb est incristallisable, tant est grande sa solubilité, et néanmoins elle contient 46,5 d'oxide sur 100. Toutes d'ailleurs cèdent leurs bases à l'acide carbonique.

Il suit de là que la picrotoxine, loin de pouvoir jouer le

rôle d'une base, ainsi que l'avait pensé M. Boullay, jouerait plutôt celui d'un acide.

MM. Pelletier et Couerbe, qui en ont fait l'analyse, y ont trouvé 60,91 de carbone, 6,00 d'hydrogène et 33,09 d'oxigène, d'où l'on déduit la formule $C^{24}H^{14}O^{5}$.

Son action sur l'économie animale est très forte. Dix grains de picrotoxine ayant été incorporés dans de la mie de pain et donnés à un jeune chien de moyenne force, l'animal est mort en quarante-cinq minutes, après avoir éprouvé de violens mouvemens convulsifs. (*Voy.* pour plus de détails sur la picrotoxine les mémoires de M. Boullay, *Bull. de Pharm.* IV, 25, *Journ. de Pharm.*, V, 8; le mémoire de M. Casaseca, *Ann. de Chim. et de Phys.*, XXX, 314; celui de MM. Pelletier et Couerbe, LIV, 176.)

ARTICLE VI.

## *Olivile.*

2261. L'olivile a été trouvée par M. Pelletier dans la gomme d'olivier en 1816 (1). Pour l'obtenir, M. Pelletier épuise cette gomme par l'éther qui enlève une matière résineuse, et reprend le résidu par de l'alcool absolu; celui-ci ne dissout que l'olivile, et l'abandonne par l'évaporation spontanée en cristaux blancs, irréguliers.

L'olivile est sans odeur; elle n'altère point les couleurs bleues; sa saveur est tout à-la-fois amère et sucrée.

Non-seulement elle peut être obtenue en aiguilles, mais aussi sous forme de poudre blanche : alors elle est brillante et comme amilacée.

Exposée à la température de 70°, elle se fond, se colore légèrement en jaune, prend l'aspect d'une résine transparente, et devient idio-électrique par le frottement. Chauffée plus fortement, elle se décompose, et donne tous les produits qui proviennent de la distillation des matières végétales sans aucune trace d'ammoniaque. Projetée sur des charbons incandescens, elle brûle, mais difficilement, en répandant beaucoup de fumée.

L'olivile se dissout dans trente-deux fois son poids d'eau bouillante, et s'en sépare en grande partie par le refroidissement, de telle manière que la liqueur reste laiteuse pendant long-temps. L'ébullition rétablit d'abord la transparence;

(1) La gomme d'olivier n'est point une gomme proprement dite; elle est formée, d'après M. Pelletier, d'olivile, de résine et d'un peu d'acide benzoïque.

mais lorsqu'on la prolonge, l'olivile se rassemble peu-à-peu à la surface de l'eau, comme une substance oléagineuse.

L'alcool et l'acide acétique concentrés dissolvent une très grande quantité d'olivile, l'alcool bouillant paraît même la dissoudre en toutes proportions. La dissolution acide ne se trouble point, lorsqu'on l'étend d'eau : il n'en est pas de même de la dissolution alcoolique.

Il paraît que l'éther est absolument sans action sur l'olivile; les huiles fixes et les huiles volatiles en exercent une à peine sensible à chaud, et tout-à-fait insensible à froid.

Les alcalis, peu concentrés, n'altèrent pas l'olivile, et en favorisent la dissolution dans l'eau.

L'acide azotique la dissout à froid en prenant une couleur d'un rouge foncé : à chaud, il la décompose, et de là résultent de l'eau, du gaz carbonique, des oxides d'azote, de l'acide oxalique, etc., et un peu de matière jaune amère.

L'acide sulfurique concentré la charbonne tout-à-coup ; étendu d'eau, il ne l'attaque en aucune manière.

L'acétate de plomb est la seule matière saline qui précipite l'olivile de sa dissolution aqueuse. Le précipité se compose de flocons blancs, très solubles dans l'acide acétique.

Telles sont les propriétés que M. Pelletier a reconnues à l'olivile; elles nous semblent, comme à lui, prouver que cette substance est différente de toutes celles qui sont connues jusqu'à présent (*Journ. de Pharm.*, II, 337). M. Pelletier a trouvé l'olivile composée de 63,84 p. de carbone, de 8,06 p. d'hydrogène et de 28,10 d'oxigène; ce qui conduit à la formule atomique $C^{12}H^{9}O^{2}$ (*Ann. de Chim. et de Phys.*, LI, 197.)

### ARTICLE VII.

### *Columbine.*

2262. Cette matière, entrevue par M. Planche (*Bulletin de Pharm.*, III, 298), n'a été bien observée que par Wistock. Elle se trouve dans la racine de *columbo*, racine employée en médecine, dont l'origine n'est pas connue avec certitude, mais que l'on croit appartenir à une espèce de *menispermum* (*palmatum, Lamb.*).

Pour préparer la columbine, la racine de *columbo* doit être traitée à plusieurs reprises par de l'alcool d'une densité de 0,835. La liqueur obtenue est réduite à un petit volume par la distillation, et abandonnée au repos pendant quelques jours. Il s'y dépose des cristaux que l'on recueille sur un tamis très fin, et que l'on redissout dans l'alcool après les avoir lavés. La dissolution, traitée par le charbon animal, filtrée

### ARTICLE I.

## *Hydrates de bi-carbure d'hydrogène.*

2265. Ces hydrates sont seulement au nombre de deux : le mono-hydrate ou éther ordinaire, éther hydrique, et le bi-hydrate ou alcool. Nous nous occuperons d'abord du bi-hydrate ou alcool, parce que c'est celui qui joue le rôle le plus important dans les arts et les laboratoires, et qu'il sert à la préparation de toutes les autres combinaisons éthérées.

### § I.

## *Alcool ou esprit-de-vin, ou bi-hydrate de bi-carbure d'hydrogène.*

2266. L'alcool est un liquide très volatil, qu'on retire, par la distillation, de toutes les boissons vineuses, et particulièrement du vin proprement dit, de la bière et du cidre (Voyez *Fermentation vineuse*). On en attribue la découverte à Arnaud de Villeneuve, qui professait la médecine à Montpellier au commencement du quatorzième siècle; mais il est probable qu'elle remonte à une époque beaucoup plus reculée.

Employé d'abord comme médicament, l'alcool le fut bientôt comme liqueur, et l'art de l'extraire devint une branche considérable d'industrie.

2267. L'alcool, tel qu'on le trouve dans le commerce, n'est point pur; il contient de l'eau dont on parvient à le priver en le distillant sur différens corps très avides d'humidité, et particulièrement sur de la chaux. A cet effet, on l'introduit dans une cornue ou un flacon tubulé avec deux fois son poids de chaux réduite en fragmens, et, après vingt-quatre heures de digestion, l'on procède à la distillation au bain-marie, en ayant soin de fractionner les produits. La première moitié du liquide distillé est ordinairement de l'alcool le plus déflegmé possible. Dans le cas où il ne le serait pas complètement, il faudrait lui faire subir une nouvelle distillation. (1)

(1) M. Sœmmering a fait connaître un procédé très curieux pour concentrer l'alcool, si toutefois il réussit aussi bien qu'on l'assure. Il consiste à renfermer l'alcool mêlé d'eau dans une vessie de bœuf et à le suspendre dans un endroit chaud, comme dans une étuve maintenue à une température de 40 à 50°. L'eau passe peu-à-peu à travers les pores de la vessie et se vaporise à mesure. Il n'y a qu'une très petite quantité d'alcool qui s'écoule avec elle et éprouve le même effet. La presque totalité de ce liquide reste donc dans la vessie, complètement privée d'eau, d'après M. Sœmmering, et accompagnée seulement d'environ $\frac{3}{100}$ de son poids d'eau, d'après MM. Geiger et Planiava, mais souillée d'ailleurs de diverses matières organiques enlevées à la vessie. Pour l'en séparer, il faut faire usage d'une distillation.

## Ier GROUPE.

*Ethers ou composés qui ont pour base le bi-carbure d'hydrogène* $C^2H^2$ *ou gaz oléfiant.*

2264. Le nom d'*éther* a d'abord été donné à un corps très volatil, d'une odeur très suave, qui peut être considéré comme un composé d'eau et de gaz oléfiant, et dans lequel le gaz oléfiant ferait fonction de base. Or, comme l'on a découvert depuis un grand nombre de composés analogues, les chimistes ont été conduits à faire du mot *éther* un nom générique, et à distinguer chaque espèce d'éther par le nom même du corps qui lui était propre. Observons toutefois que cette dénomination est plus particulièrement réservée pour ceux de ces composés qui, à l'instar de l'éther ordinaire, contiennent sur 1 proportion de bi-carbure $C^8H^8$ une seule proportion d'un autre corps.

Les composés éthérés, connus jusqu'ici, résultent tous, dans l'hypothèse que nous admettons, de l'union du gaz oléfiant.

1° Avec l'eau (éther hydrique, alcool).

2° Avec presque tous les hydracides (éther chlorhydrique, éther brômhydrique, etc.

3° Avec le chlore, le brôme, l'iode, le sulfo-cyanogène (éther chloré, éther brômé, etc.).

4° Avec quelques oxacides minéraux (éther azoteux, etc.).

5° Avec un grand nombre d'acides organiques (éther acétique, éther oxalique, etc.).

6° Avec le proto-chlorure d'iridium, le proto-chlorure et le proto-cyanure de platine (chlorures, cyanure, éthérés).

7° Avec le protoxide de platine (oxide de platine éthéré).

Plusieurs sont hydratés : tels sont les éthers à oxacides minéraux et organiques, et ce qu'il y a de remarquable, c'est que l'eau qu'ils contiennent, plus le gaz oléfiant qui leur sert de base, équivalant à de l'éther hydrique, de telle sorte qu'on pourrait les regarder comme formés d'éther hydrique et d'acides. Les éthers à hydracides ne contiennent au contraire jamais d'eau ; ils résultent toujours de l'union du gaz oléfiant avec l'hydracide proprement dit. En admettant de l'eau dans les éthers à oxacides, la composition devient la même pour tous; les phénomènes sont plus généraux et plus faciles à apprécier.

### ARTICLE I.

### *Hydrates de bi-carbure d'hydrogène.*

2265. Ces hydrates sont seulement au nombre de deux : le mono-hydrate ou éther ordinaire, éther hydrique, et le bi-hydrate ou alcool. Nous nous occuperons d'abord du bi-hydrate ou alcool, parce que c'est celui qui joue le rôle le plus important dans les arts et les laboratoires, et qu'il sert à la préparation de toutes les autres combinaisons éthérées.

### § 1.

### *Alcool ou esprit-de-vin, ou bi-hydrate de bi-carbure d'hydrogène.*

2266. L'alcool est un liquide très volatil, qu'on retire, par la distillation, de toutes les boissons vineuses, et particulièrement du vin proprement dit, de la bière et du cidre (Voyez *Fermentation vineuse*). On en attribue la découverte à Arnaud de Villeneuve, qui professait la médecine à Montpellier au commencement du quatorzième siècle; mais il est probable qu'elle remonte à une époque beaucoup plus reculée.

Employé d'abord comme médicament, l'alcool le fut bientôt comme liqueur, et l'art de l'extraire devint une branche considérable d'industrie.

2267. L'alcool, tel qu'on le trouve dans le commerce, n'est point pur; il contient de l'eau dont on parvient à le priver en le distillant sur différens corps très avides d'humidité, et particulièrement sur de la chaux. A cet effet, on l'introduit dans une cornue ou un flacon tubulé avec deux fois son poids de chaux réduite en fragmens, et, après vingt-quatre heures de digestion, l'on procède à la distillation au bain-marie, en ayant soin de fractionner les produits. La première moitié du liquide distillé est ordinairement de l'alcool le plus déflegmé possible. Dans le cas où il ne le serait pas complètement, il faudrait lui faire subir une nouvelle distillation. (1)

(1) M. Sœmmering a fait connaître un procédé très curieux pour concentrer l'alcool, si toutefois il réussit aussi bien qu'on l'assure. Il consiste à renfermer l'alcool mêlé d'eau dans une vessie de bœuf et à le suspendre dans un endroit chaud, comme dans une étuve maintenue à une température de 40 à 50°. L'eau passe peu à peu à travers les pores de la vessie et se vaporise à mesure. Il n'y a qu'une très petite quantité d'alcool qui s'écoule avec elle et éprouve le même effet. La presque totalité de ce liquide reste donc dans la vessie, complètement privée d'eau, d'après M. Sœmmering, et accompagnée seulement d'environ $\frac{3}{100}$ de son poids d'eau, d'après MM. Geiger et Planiava, mais souillée d'ailleurs de diverses matières organiques enlevées à la vessie. Pour l'en séparer, il faut faire usage d'une distillation.

2268. Ainsi obtenu, l'alcool est un liquide transparent et incolore, dont l'odeur est pénétrante et agréable, et la saveur brûlante. Pris à petite dose, il excite les forces; pris en trop grande quantité, il les détruit au contraire, et produit l'ivresse; il est sans action sur le tournesol. En l'agitant, il forme des bulles qui disparaissent promptement. Sa densité est de 0,79235 à 17°,88, et celle de sa vapeur de 1,613 d'après Gay-Lussac. (*Ann. de Chim. et de Phys.*, II, 130.)

Lorsqu'on le fait passer, au moyen d'une cornue, à travers un tube incandescent, il se décompose complètement. De 81gram.,37 de liqueur alcoolique qui contenait, d'après sa pesanteur spécifique, 70gram.,14 d'alcool et 11gram.,23 d'eau, M. Th. de Saussure a retiré : 1° 77lit.,924 de gaz hydrogène oxi-carburé sec, ou de gaz hydrogène carboné et de gaz oxide de carbone, à la température de 0°, et sous la pression de 0m.,76; lesquels pesaient 59gram.,069, et renfermaient tout au plus $\frac{1}{200}$ de gaz carbonique; 2° 17gram.,771 d'eau; 3° des traces d'acide acétique; 4° 0gram.,65 d'alcool échappé à la décomposition; 5° 0gram.,41 d'un mélange de cristaux volatils, en lames minces, et d'huile essentielle brune; 6° 0gram.,05 de charbon. (*Ann. de Chim.*, LXXXIX, 278.)

L'alcool entre en ébullition à environ 78°,41 sous la pression de 0m.,76. Un froid de 68° ne le congèle pas (Walker) (1). Sa chaleur spécifique est de 0,52, suivant M. Despretz; sa réfraction, de 2,2223. Il ne conduit pas sensiblement le fluide électrique.

Agité avec le gaz oxigène, l'alcool en dissout à la température ordinaire 2 fois et demie autant que l'eau, ce qui explique le faible dégagement de gaz que produit l'eau versée dans l'alcool. Exposé au contact de l'air, il se vaporise peu-à-peu et en attire l'humidité : aussi, lorsqu'il est aux trois quarts vaporisé, trouve-t-on que la portion qui est encore liquide a moins de saveur, moins d'odeur et plus de pesanteur spécifique que l'alcool pur.

Placé dans un vase ouvert, il s'enflamme par l'approche

(1) Suivant M. Hutton, l'alcool se congèlerait et cristalliserait à —79°. Un peu avant sa congélation, il se partagerait en trois couches très distinctes : la première très mince, d'un vert jaunâtre pâle, d'une odeur forte et désagréable, d'une saveur très marquée et nauséabonde; la seconde, très mince aussi, d'un jaune très pâle, d'une odeur forte mais agréable, d'une saveur piquante; la troisième, beaucoup plus épaisse que les deux autres, transparente, sans couleur, insipide, fumant au contact de l'air, d'une odeur forte et piquante. M. Hutton considère cette dernière couche comme de l'alcool pur, et les deux autres comme des substances étrangères. Il ne dit point comment il a pu produire un froid de 79°; de sorte que ses expériences, dont les résultats nous paraissent bien douteux, n'ont point encore pu être répétées. (*Biblioth. britannique*, LIII, 3.)

d'un corps en ignition. Sa combustion est assez rapide; elle ne donne aucun résidu; sa flamme est blanche et très étendue. Il s'enflamme également en tirant à sa surface des étincelles électriques : par conséquent, en chargeant le gaz oxigène de vapeurs alcooliques, et en excitant une étincelle à travers le mélange, il en devra résulter une détonation, et c'est en effet ce qui a lieu : on convertit ainsi ce mélange en eau et en gaz carbonique.

La combustion lente de l'alcool peut donner lieu à des produits tout autres. Que l'on mette le feu à une mèche alimentée par de l'alcool et dans laquelle ait été placé un fil de platine tourné en spirale, puis, qu'on éteigne subitement la flamme; le fil métallique empêchera la combustion de s'arrêter complètement, il se maintiendra rouge, et en même temps il se produira un acide, qui paraît être d'une nature particulière et ne pas différer de celui que donne l'éther dans la même circonstance (page 396). D'autres composés prennent encore naissance par l'action du noir de platine sur la vapeur alcoolique mêlée à l'air, à la température ordinaire : il se forme d'abord de l'*acétal*, et ensuite de l'acide acétique. La présence de diverses matières organiques et particulièrement de celles qui occasionnent la fermentation alcoolique, est également susceptible de déterminer la conversion de l'alcool en acide acétique, par suite de l'absorption d'une partie de l'oxigène atmosphérique. C'est à ce genre de phénomène qu'a été donné le nom de *fermentation acide* : nous y reviendrons par la suite.

L'hydrogène, le bore, le carbone, l'azote, sont sans action sur l'alcool; seulement l'azote y est légèrement soluble, à-peu-près comme dans l'eau.

Le phosphore et le soufre s'y dissolvent en petite quantité, et en sont l'un et l'autre précipités par l'eau : leur dissolution, qui a une odeur et une saveur désagréables, ne s'opère bien qu'à chaud. Pour faire celle du soufre, on a conseillé de mettre ce corps et l'alcool en contact à l'état de vapeurs; ce à quoi l'on parvient en plaçant du soufre au fond d'un alambic de verre, suspendant un petit vase plein d'alcool, dans l'intérieur de la cucurbite, disposant l'appareil dans un bain de sable et le chauffant convenablement. Mais il paraît qu'alors il s'établit une réaction entre une partie des deux corps mis en présence à l'état gazeux, et qu'il y a production d'acide sulfhydrique.

L'iode se dissout d'une manière très sensible dans l'alcool et le colore en brun foncé; puis, avec le temps, il l'attaque en formant de l'acide iodhydrique. C'est en versant peu-à-peu dans la dissolution alcoolique d'iode de la potasse ou de la soude caustique, dissoute elle-même dans l'alcool, et agitant le mélange que se prépare l'*iodoforme*.

Le brôme se dissout aussi dans l'alcool, mais en opère la décomposition plus rapidement que l'iode. Le chlore le décompose plus rapidement encore et donne lieu à des produits très variés.

Que l'on fasse passer un courant de chlore à travers l'alcool, il se formera d'abord de l'acide chlorhydrique et de l'éther acétique, éther qu'il sera facile d'obtenir en distillant la liqueur sur de la craie (Dumas et Boullay, *Ann. de Chim. et de Phys.*, LVI, 141). Mais, lorsque le chlore deviendra prédominant, la réaction sera tout autre, et des composés de nature diverse prendront naissance suivant que l'expérience se fera à la température ordinaire ou à une température élevée, avec ou sans le contact immédiat des rayons solaires. Si la température est celle de l'atmosphère ou si elle en diffère peu, il se formera de l'éther proto-chloré ou du proto-chlorure de bicarbure d'hydrogène (2286); si la liqueur est bouillante, au lieu d'éther, on obtiendra du chloral; enfin si la liqueur est exposée aux rayons solaires, il se produira de temps en temps, au sein du liquide, une flamme purpurine et des vapeurs blanches accompagnées d'explosion dont la violence ira en croissant (Vogel, *Journ. de Pharm.*, IX, 627). Dans tous les cas, il y aura production de beaucoup d'acide chlorhydrique.

Le potassium et le sodium, mis en contact à froid avec l'alcool le plus rectifié, passent peu-à-peu tous deux à l'état de protoxides qui se dissolvent en donnant lieu à un dégagement de gaz.

L'alliage de potassium et d'antimoine n'agit à froid sur l'alcool que lorsque celui-ci contient de l'eau, et en dégage alors de l'hydrogène. A l'aide de la chaleur, il décompose l'alcool anhydre en produisant du gaz carbure d'hydrogène.

L'alcool se combine avec l'eau en toutes proportions. Combiné avec un poids d'eau égal à-peu-près au sien, il forme l'eau-de-vie, qui ne doit sa couleur qu'à une matière étrangère. Toutefois on remarque une différence sensible entre l'eau-de-vie faite ainsi et l'eau-de-vie extraite du vin par la distillation : celle-ci est toujours meilleure. L'on prétend qu'en distillant la combinaison de l'eau et de l'alcool, l'eau-de-vie prend toutes les qualités de celle qui provient du vin.

La combinaison entre l'eau et l'alcool a toujours lieu avec un dégagement de chaleur sensible au thermomètre, et avec une contraction qui varie en raison des quantités d'eau et d'alcool que l'on mêle. Suivant M. Rudberg, 53$^{vol.}$,939 d'alcool absolu et 49$^{vol.}$,836 d'eau, à la température de 15°, se contracteraient de $3^{vol.}$,775, et par conséquent se trouveraient réduits à 100 vol. C'est la plus grande contraction dont l'eau et l'alcool soient susceptibles. Cette plus grande contraction correspond donc, comme il est facile de le voir, à 3 at. d'eau et à 1 at. d'alcool.

Toutefois la densité du mélange croît avec la quantité d'eau dans des rapports qui ont été déterminés très exactement par M. Gay-Lussac ; de telle sorte qu'au moyen d'un pèse-liqueur qu'il appelle alcoomètre et de tables, il fait connaître la quantité d'alcool absolu que peut contenir, à une température donnée, une eau-de-vie ou un esprit-de-vin quelconque. C'est même de cet instrument et de ces tables que l'administration des droits réunis se sert pour assigner les droits d'entrée que doivent payer les esprits. *Ces tables, publiées en 1824, se trouvent chez M. Colardeau, fabricant d'instrumens de précision.*

Par exemple, la température étant de 15 degrés centigrades, voici le rapport qui existe entre la densité de la liqueur alcoolique et le nombre de centièmes d'alcool absolu que cette liqueur contient en volume :

| Densité de la liqueur. | Alcool en centièmes. |
|---|---|
| 0,7947 | 100 |
| 0,8168 | 95 |
| 0,8346 | 90 |
| 0,8502 | 85 |
| 0,8645 | 80 |
| 0,8779 | 75 |
| 0,8907 | 70 |
| 0.9027 | 65 |
| 0,9141 | 60 |
| 0,9248 | 55 |
| 0,9348 | 50 |
| 0,9440 | 45 |
| 0,9523 | 40 |
| 0.9595 | 35 |
| 0,9656 | 30 |

De toutes les bases salifiables, il n'y a que la potasse, la soude, l'ammoniaque et celles qui sont de nature organique, que l'alcool puisse dissoudre en quantité bien sensible ; et l'on se rappelle sans doute que c'est sur la propriété dissolvante de l'alcool pour ces deux premiers alcalis, qu'est fondé le procédé que nous avons donné pour en obtenir les hydrates (675 et 736). Mais tous deux ne doivent rester que le moins longtemps possible en contact avec l'alcool, surtout sous l'influence de l'air : autrement la liqueur se colorerait et se chargerait de divers produits qui n'ont fait jusqu'ici le sujet d'aucun examen approfondi.

La baryte est un excellent réactif pour savoir si l'alcool est pur : que l'on mette un fragment de baryte dans l'alcool bien déflegmé, il restera parfaitement intact ; mais il se délitera tout de suite pour peu que l'alcool contienne d'eau.

L'action des acides sur l'alcool est très variée : de cette action résulte ou la dissolution des acides, ou leur décomposition, ou la production d'un éther. En effet : 1° plusieurs d'entre eux sont susceptibles d'être décomposés par l'alcool : tels sont surtout l'acide sulfurique concentré à la température de 180° (2273), l'acide chlorique, l'acide brômique, l'acide iodique, à la température ordinaire (265 et 267), l'acide azotique à l'aide d'une très douce chaleur et même à froid, quand il contient le moins d'eau possible, l'acide chromique seul, et sous l'influence de l'acide sulfurique ou du bi-oxide de manganèse (1041 et 2058), etc., etc.

2 Un grand nombre sont susceptibles de s'y dissoudre, et la dissolution a toujours lieu avec chaleur, lorsqu'en s'unissant à l'eau l'acide est de nature à pouvoir en produire.

3° Beaucoup aussi, en opérant la décomposition de l'alcool, soit par eux-mêmes, soit sous l'influence d'acides puissans, donnent lieu à des éthers : voilà ce que nous offrent les acides sulfurique, phosphorique, arsénique, azotique, les hydracides et la plupart des acides organiques non azotés. (*Voy.* les éthers en particulier.)

Tous les sels insolubles ou peu solubles dans l'eau sont insolubles dans l'alcool. Il paraît qu'il en est de même du plus grand nombre des sels efflorescens. Presque tous les sels déliquescens peuvent au contraire se dissoudre dans ce liquide. En l'étendant d'eau, sa force dissolvante augmente en général ; il acquiert alors la faculté d'opérer la dissolution d'un grand nombre de substances salines qu'il ne dissout point dans son état de pureté : propriété que l'on met quelquefois à profit dans l'analyse. (1)

La plupart des chlorures, des brômures, des iodures, des fluorures se comportent avec l'alcool comme les sels proprement dits ; quelques-uns cependant sont susceptibles de se décomposer de manière à produire de l'éther : tels sont surtout les bi-chlorure d'étain, proto-chlorure d'antimoine, etc. (Voyez *Ether chlorhydrique.*)

L'alcool est capable de dissoudre aussi beaucoup de substances organiques, le sucre, la mannite, les résines, les huiles

(1) Toutefois quelques matières salines font exception : par exemple, le bi-chlorure de mercure, d'après Guibourt (1754) ; le chlorure de magnésium, d'après Kirwann.

essentielles, les huiles grasses, etc., etc.; celles-ci toutefois, l'huile de ricin excepté, n'y sont que très peu solubles.

Enfin, l'alcool nous présente, avec l'acide azotique, le mercure et l'argent, des phénomènes remarquables : de son action sur ces corps résultent deux poudres qui fulminent par le choc avec la plus grande force, et dont la préparation et les propriétés ont été décrites (2117).

2269. *Etat naturel.* — L'alcool ne provient jamais que des liqueurs qui ont subi la fermentation vineuse : par conséquent il ne peut exister dans la nature. En effet, pour que cette fermentation puisse se développer, il faut que les fruits ou les autres parties des végétaux qui en sont susceptibles soient écrasés, et aient eu pendant quelque temps le contact de l'air : à la vérité, il serait possible que, dans quelques circonstances, ces deux conditions fussent remplies; mais bientôt la fermentation acide succédant à la fermentation vineuse changerait l'alcool en vinaigre, de sorte que l'existence de l'alcool ne serait que momentanée (Voyez *Fermentation vineuse*).

2270. *Composition.* — L'alcool a été analysé par M. Th. de Saussure et par MM. Dumas et Boullay. M. Th. de Saussure a opéré sur de l'alcool dont la densité était de 0,792 à 20° (*Ann. de Chim.*, LXXXIX, 299); MM. Dumas et Boullay sur de l'alcool dont la densité était de 0,7915 à 18° et qui bouillait à 76° sous la pression de 0m,745 (*Ann. de Chim. et de Phys.*, XXXVI, 297). Voici leurs résultats.

| | Saussure. | Dumas et Boullay. |
|---|---|---|
| Carbone | 51,98 | 52,37 |
| Hydrogène | 13,70 | 13,31 |
| Oxigène | 34,32 | 34,61 |

D'où l'on voit : 1° que la formule atomique de l'alcool doit être $C^4H^6O$, ou $C^4H^4+H^2O$, représentant 2 volumes de bicarbure d'hydrogène (gaz oléfiant) et 2 vol. de vapeur d'eau; 2° que la densité de la vapeur alcoolique étant de 1,613, cette vapeur résulte de 1 vol. de gaz oléfiant et de 1 vol. de vapeur d'eau, condensés en un seul.

2271. *Usages.* — Uni au sucre, l'alcool est la base de toutes les liqueurs; étendu d'eau, il forme l'eau-de-vie; les vins lui doivent leur force, leurs principales vertus. On l'emploie dans les arts pour composer des vernis très siccatifs, dans les laboratoires pour préparer les éthers, et en médecine, pour dissoudre le camphre, pour faire les médicamens connus sous le nom de *teintures*, médicamens qui ne sont que des matières résineuses dissoutes dans l'alcool. C'est l'un des dissolvans dont les chimistes font le plus fréquent usage dans nos laboratoires.

§ 2.

*Ether hydrique, ou mono-hydrate de bi-carbure d'hydrogène.*

2272. L'éther hydrique, qu'on appelle encore *éther sulfurique* ou simplement *éther*, est de tous les éthers le plus anciennement connu et le plus employé. Sa découverte remonte au moins au seizième siècle; car il en est parlé dans la Pharmacopée de *Valérius Cordus*, publiée à Nuremberg en 1540. Cependant ce n'est que vers l'année 1730 que les chimistes commencèrent à en étudier les propriétés avec soin.

C'est un liquide incolore, d'une odeur forte et suave, d'une saveur chaude et piquante, qui ne transmet point le fluide électrique et qui réfracte fortement la lumière, dont la limpidité est parfaite, la fluidité très grande, la pesanteur spécifique de 0,71192 à la température de 24°,77. (Gay-Lussac, *Ann. de Chim. et de Phys.*, II.)

Il en est peu de plus volatil. En effet, sous la pression de 0m.,76, il entre en ébullition à 35°,66; sa vapeur, comparée à celle de l'air, pèse 2,586 (Gay-Lussac). Placé sous un récipient où l'on fait ensuite le vide, il bout à la température ordinaire. Exposé à un courant d'air, il ne tarde point à se vaporiser: aussi, lorsque l'on entoure de linge la boule d'un thermomètre, qu'on la plonge dans l'éther, et qu'on la fait tourner rapidement, le mercure descend-il à un grand nombre de degrés—0, surtout si l'on a soin d'entretenir ce linge toujours humide. Cette propriété est quelquefois mise à profit pour guérir, ou du moins diminuer certains maux de tête: l'on verse quelques gouttes d'éther sur l'une des tempes et l'on souffle dessus: le froid produit cause un soulagement subit. Soumis à un froid de 50 degrés, l'éther reste liquide et n'éprouve d'ailleurs aucune altération. Une chaleur rouge le décompose. De 47 grammes introduits peu-à-peu en vapeur dans un tube de porcelaine incandescent, M. Th. de Saussure a retiré 42gr.,36 d'un mélange de carbure gazeux d'hydrogène et de gaz oxide de carbone, contenant des traces de gaz carbonique, 0gr.,4 d'huile et de goudron, 0gr.,12 de charbon: la perte a été de 4gr.,12.

D'après M. Döbereiner, l'éther qui a été mis en contact avec l'air atmosphérique, dans un flacon que l'on ferme et que l'on ouvre de temps en temps, contient 15 pour 100 de son volume de gaz azote; on n'y trouve point de gaz oxigène: il est absorbé de telle sorte que l'éther finit par s'altérer et par passer en partie à l'état d'acide acétique (Gay-Lussac, *Ann. de Chim. et de Phys.*, II, 98). J'ai observé en effet que de l'éther très pur, conservé pendant long-temps de cette manière, s'était acidifié au point qu'en le mettant sur les tempes, il y produisait une douleur très cuisante. M. Planche a fait la même observation que M. Gay-Lussac. Il paraît toutefois qu'il se forme en même temps de l'éther acétique, et que c'est pour cela que l'acidification est si long-temps à devenir sensible.

Chargé de vapeur d'éther, le gaz oxigène détone sur-le-champ par une étincelle électrique ou par le contact d'un corps en combustion : il en est de même de l'air dans certaines proportions. C'est pourquoi, si l'on verse de l'éther dans un vase, et qu'on en approche une bougie allumée, il prend feu sur-le-champ : de là le soin qu'on doit avoir de ne jamais transvaser l'éther que dans le jour. La flamme de l'éther est blanche, très étendue, fuligineuse; elle noircit les corps blancs exposés à son action.

En plongeant un fil de platine presque incandescent dans de l'air chargé de vapeur d'éther, il devient tout-à-coup lumineux. Que l'on répète l'expérience dans l'obscurité, on apercevra au-dessus du fil une lumière pâle, phosphorescente, qui sera très distincte, surtout quand le fil cessera d'être en ignition, et il se formera en même temps une substance particulière volatile et piquante, qui possède, suivant M. Davy, des propriétés acides. Cet acide, qu'on ne peut obtenir qu'impur et en très petite quantité, semble être nouveau, d'après les expériences de M. Faraday, faites à l'invitation du savant chimiste que nous venons de citer. (*Ann. de Chim. et de Phys.*, t. IV, p. 350.)

Le phosphore et le soufre sont légèrement solubles dans l'éther : la solution éthérée de phosphore est incolore et lumineuse au contact de l'air, dans l'obscurité; celle du soufre est également incolore, et paraît indiquer par son odeur et sa saveur la présence de l'acide sulfhydrique.

Le chlore gazeux enflamme l'éther, à la température ordinaire, en donnant lieu à du gaz chlorhydrique, à un dépôt de charbon, etc. Ce ne serait qu'autant que l'éther serait soumis à un froid d'au moins 10°, que l'inflammation n'aurait pas lieu; mais alors il se produirait une matière huileuse dont la nature n'est pas bien connue.

L'éther dissout facilement le brôme en prenant une couleur rouge jaunâtre. Il l'enlève à l'eau qui en contient; mais il le cède lui-même à une dissolution de potasse, propriété mise très utilement à profit dans la préparation du brôme. L'iode se dissout pareillement dans l'éther et le colore en brun; il le décompose peu-à-peu en passant à l'état d'hydracide; il en est de même du brôme, à plus forte raison.

Le potassium et le sodium s'oxident dans l'éther en produisant une légère effervescence. Au contact de l'air, les métaux, dont l'oxidation est facile, tels que le zinc, le fer, l'étain, le plomb, s'oxident aussi peu-à-peu et se convertissent en acétates. Le cuivre, le bismuth et les métaux des deux dernières sections s'y conservent sans s'altérer.

L'eau en dissout, à la température et à la pression ordinaires, la dixième partie de son poids; et, de son côté, l'éther dissout aussi une petite quantité d'eau, de sorte que, en agitant ensemble parties égales d'eau et d'éther il se forme deux couches : l'une, inférieure, d'eau éthérée, et l'autre, supérieure, d'éther aqueux.

Aucune base salifiable, excepté la potasse, d'après M. Boullay, et l'ammoniaque, ne se dissout dans l'éther. Il paraît que les alcalis l'altèrent à l'aide de la chaleur, surtout au contact de l'air : dans ce dernier cas, il y a production d'acétate.

Son action sur les acides n'est pas connue dans tous ses détails, on sait seulement; 1° qu'il est absorbé à froid par l'acide sulfurique concentré, en perdant son odeur et sa volatilité, et reparaît avec ses propriétés primitives, si l'on ajoute de l'eau (Magnus); et qu'en chauffant parties égales d'éther et d'acide sulfurique, on forme d'abord de l'acide sulfovinique, puis, qu'en continuant à élever la température, on obtient les produits de la décomposition de celui-ci; 2° que, mis en contact avec de l'acide sulfurique anhydre, l'éther donne lieu à de l'acide sulféthérique; 3° qu'il produit, avec les acides chlorique et brômique les mêmes phénomènes que l'alcool; 4° que l'acide azotique, qui agit avec beaucoup de force à chaud sur l'éther, n'a point d'action sur lui à froid; 5° qu'il dissout un certain nombre d'acides organiques, tels que l'acide tannique, la plupart des acides gras, etc.

Il est probable que l'éther n'a qu'une très faible action sur les sels : l'on ne connaît encore bien que celle qu'il exerce sur quelques matières salines : il réduit facilement les dissolutions d'or par l'agitation; il dissout le per-chlorure de fer, le per-chlorure d'urane, et un petit nombre d'autres composés métalliques. M. Vogel a observé qu'il dissolvait aussi le bi-chlorure mercuriel, et que, exposée au soleil pendant quelques jours, la dissolution devenait très acide, et laissait déposer une poudre blanche formée de proto-chlorure et de carbonate de mercure.

Dès que l'éther et l'alcool sont en contact, ils s'unissent et forment un liquide incolore et limpide que l'eau décompose; elle s'empare de l'alcool et met la plus grande partie de l'éther en liberté; on voit l'éther, dans cette expérience, se séparer sous forme de petits globules et se rassembler à la surface de la liqueur.

L'alcool n'est pas la seule substance végétale sur laquelle l'éther agisse ; il agit encore sur plusieurs huiles fixes, sur les huiles essentielles, les résines, le caoutchouc gonflé par l'eau bouillante, un certain nombre de bases organiques ; il dissout toutes ces substances, et forme des dissolutions dont, jusqu'à présent, les arts n'ont tiré aucun parti.

M. Planche a observé, en examinant l'action de l'éther sur les huiles fixes, 1° qu'une dissolution de 3 parties d'huile d'olive dans 2 parties d'éther sulfurique restait liquide à 18° au-dessous de zéro; 2° qu'en ajoutant à un mélange de 1 partie d'éther et de 1 d'alcool, 1 partie d'huile fixe, il en résultait, par l'agitation, au bout de quelques minutes, deux couches très distinctes, l'une, inférieure, composée d'éther et d'huile, et l'autre, supérieure, presque uniquement composée d'alcool. (*Bull. de Pharm.*, 1, 300.)

2273. *Préparation.* — L'éther hydrique s'obtient toujours pour les usages de la médecine et les besoins des laboratoires, en faisant réagir à chaud l'acide sulfurique et l'alcool hydraté; mais le mode de procéder varie. Nous allons décrire en premier lieu celui qu'on a suivi jusque dans ces derniers temps : l'on prend parties égales d'alcool et d'acide concentré; l'on introduit l'alcool dans une cornue de verre, et l'on y verse peu-à-peu l'acide, en ayant soin de favoriser, par l'agitation, la combinaison, qui a lieu avec un grand dégagement de calorique; l'on place ensuite la cornue dans un fourneau muni de son laboratoire, et on la fait communiquer, par le moyen d'une allonge, avec un ballon qui communique lui-même avec deux flacons, savoir : directement avec l'un par sa partie inférieure, et latéralement avec l'autre par un tube (pl. XVIII, fig. 2). L'appareil étant ainsi disposé, on met du feu sous la cornue, de manière à faire bouillir légèrement la combinaison de l'acide et de l'alcool; l'éther se produit, se vaporise et vient se condenser dans les récipiens; la presque totalité se rassemble dans le flacon *A*; il n'en arrive que très peu dans le flacon *B*. L'ébullition doit être soutenue jusqu'à ce qu'on commence à apercevoir des vapeurs blanches dans la partie vide de la cornue, ce qui a ordinairement lieu lorsque le liquide distillé est à-peu-près égal aux $\frac{2}{5}$ de l'alcool employé. A cette époque, il ne se forme plus ou presque plus d'éther. En continuant la distillation, l'on obtient du gaz sulfureux, une petite quantité d'huile qu'on a appelée *huile douce de vin pesante*, du gaz bicarbure d'hydrogène, désigné par les chimistes hollandais sous le nom de *gaz oléfiant*, du gaz carbonique, et en même temps il se dépose du charbon; ce charbon est même en assez grande quantité pour épaissir la liqueur et la rendre susceptible de boursouflement par les gaz qui se dégagent.

Si l'on suspendait l'opération avant l'époque que nous venons de prescrire, l'éther ne contiendrait qu'un peu d'alcool qui passe au commencement de la distillation, et une petite quantité d'eau; mais comme on ne la suspend tout au plus qu'à cette époque, il s'ensuit qu'il contient en outre un peu de gaz sulfureux et d'huile douce de vin : dans tous les cas, l'on est obligé de le rectifier. Pour rectifier l'éther, on le met d'abord en digestion, pendant une demi-heure, avec la 15<sup>e</sup> ou la 16<sup>e</sup> partie de son poids de pierre à cautère, dans un flacon que l'on agite de temps en temps; ensuite on le décante et on l'agite avec un poids d'eau égal au sien; après l'avoir décanté de nouveau, on le distille à une douce chaleur sur du chlorure de calcium, en se servant d'un appareil semblable à celui qu'on emploie pour le préparer. Dans cette expérience, la potasse a pour objet d'absorber l'acide sulfureux; l'eau, de dissoudre l'alcool; et le chlorure de calcium, de retenir l'eau que dissout l'éther; l'huile douce fait partie du résidu.

Au lieu d'opérer ainsi que nous venons de le dire, M. Boullay mêle 3 parties d'acide sulfurique avec 2 parties d'alcool à 0,83, chauffe le mélange dans l'appareil précédemment décrit, jusqu'à ce qu'il se soit produit une assez grande quantité d'éther, puis fait arriver peu-à-peu de l'alcool dans la liqueur, de manière à la maintenir sensiblement au même niveau et à la même température. On satisfait facilement à cette condition en établissant une communication par un tube étroit entre un vase plein d'alcool et placé à hauteur convenable, et l'intérieur de la cornue; le tube part d'une tubulure à robinet dont le vase est muni à la partie latérale et inférieure; il passe à travers la tubulure même de la cornue pour s'enfoncer de plusieurs pouces dans le mélange liquide; on tourne convenablement le robinet, et l'alcool s'écoule sous forme de petit filet. Par ce procédé, bien supérieur au premier, l'on peut convertir une très grande quantité d'alcool en éther : il ne se forme ni acide sulfureux, ni huile douce, etc.; la liqueur ne se charbonne point, elle reste limpide et prend seulement une couleur jaune brunâtre.

Examinons maintenant ce qui se passe dans cette opération. Puisque l'alcool et l'éther sont, le premier un bi-hydrate, et le second un mono-hydrate de bi-carbure d'hydrogène, il est évident que l'alcool ne se transforme en éther qu'en perdant la moitié de l'eau qu'il contient; mais cette transformation n'est point immédiate.

L'acide sulfurique passe d'abord en partie à l'état d'acide sulfovinique ( bi-sulfate de bi-carbure d'hydrogène bi-hydraté) (1). L'éther ne prend naissance que par la destruction de ce composé, ainsi que M. Hennel l'a observé le premier, et telle est la cause pour laquelle une même quantité d'acide sulfurique peut éthérifier une masse considérable d'alcool.

Que l'on chauffe ensemble, par exemple, parties égales d'alcool et d'acide concentré, le mélange bouillira à 120°. Comme l'alcool s'y trouvera en léger excès, cet excès se dégagera sans altération, et le point d'ébullition s'élèvera. Aussitôt qu'il sera parvenu vers 124 à 127°, l'acide sulfovinique (ou bi-sulfate bi-hydraté de bi-carbure d'hydrogène ) commencera à se décomposer. L'acide sulfurique et le bi-carbure prendront chacun 1 pr. d'eau, et de là résultera, d'une part, de l'acide plus ou moins aqueux qui restera dans le vase, et de l'autre, de l'éther qui se vaporisera. Les choses se passent ainsi tant que la température du mélange ne s'est point élevée jusqu'à environ 140°; mais, à cette époque, en même temps que l'acide sulfovinique laisse dégager de l'éther, l'acide sulfurique hydraté abandonne une petite portion de l'eau qu'il contient. En ajoutant de nouvelles quantités d'alcool avant que le point d'ébullition de la liqueur n'ait atteint 170°, il y aura nouvelle production momentanée d'acide sulfovinique, puis décomposition de celui-ci, et formation de vapeurs éthérées et aqueuses, comme précédemment. Le même phénomène pourra encore être reproduit un grand nombre de fois. Mais si on laisse le liquide atteindre une température de 170 à 180°, d'autres produits prendront naissance. En effet le bi-carbure d'hydrogène pourra, en se séparant de l'acide sulfurique, se dégager sans s'unir à l'eau. Bientôt, en outre, l'acide agira comme oxigénant en se décomposant lui-même : il en résultera du gaz sulfureux, du gaz carbonique, de l'eau qui s'ajoutera à celle qui préexistait et des produits charbonneux. Enfin, dans le courant de gaz et de vapeurs se distillera du sulfate de bi-carbure d'hydrogène, produit par la décomposition des dernières portions d'acide sulfovinique. De là, par conséquent, l'origine des matières diverses avec lesquelles l'éther sulfurique est d'abord mêlé et dont il est nécessaire de le débarrasser par les procédés qui ont été indiqués.

(1) Ce qu'il y a de certain du moins, c'est que le sulfovinate de baryte contient en effet 2 pr. d'acide sulfurique, 2 pr. d'eau, 1 pr. de bi-carbure d'hydrogène et 1 pr. de baryte; ou 2 pr. d'acide sulfurique, 1 pr. de baryte et 1 pr. d'alcool.

Nous venons de voir qu'on parvenait à éthérifier beaucoup plus d'alcool en le faisant arriver peu-à-peu dans le mélange d'acide alcoolisé qu'en opérant à la manière ordinaire. Il était utile de rechercher quelle pouvait être la différence entre les produits. C'est ce que vient de faire M. Mitscherlich; pour cela, il a fait un mélange de 100 parties d'acide sulfurique concentré, de 20 parties d'eau et de 50 parties d'alcool anhydre; il l'a échauffé graduellement jusqu'à ce que son point d'ébullition fût arrivé à 140°. Alors il a fait tomber de l'alcool dans le vase qui contenait le mélange, et en a réglé le courant de manière que la température de l'ébullition restait constante, condition indispensable pour le succès de l'expérience.

« Si l'on opère, dit-il, sur un mélange de six onces d'acide sul-« furique, $1\frac{1}{5}$ d'eau, 3 d'alcool, et qu'on prenne successivement « la densité du produit sur chaque fraction de deux onces, on « trouvera 0,780 pour la densité de la première, et 0,788 pour « celle des deux suivantes; elle augmentera ainsi peu-à-peu « jusqu'à 0,798, ce qui aura lieu ordinairement vers la neu-« vième ou dixième once : la densité restera ensuite con-« stante et sera presque exactement celle de l'alcool employé. « La plus faible densité des premières onces vient de ce que « l'acide sulfurique prend encore de l'eau... On peut conver-« tir ainsi en éther autant d'alcool qu'on veut, pourvu que l'a-« cide sulfurique ne change pas.

« Le liquide distillé se divise en deux couches superposées : « la supérieure est formée d'éther, plus un peu d'eau et d'al-« cool; l'inférieure, d'eau, plus un peu d'alcool et d'éther : il « est composé en somme de 65 d'éther, de 18 d'alcool et de « 17 d'eau, et son poids est à-peu-près égal à celui de l'alcool « employé, lorsqu'on a eu soin d'éviter toute évaporation à « l'air. »

Une partie de l'alcool échappe donc à la décomposition. La quantité d'eau ne devrait être que de 15,4 au lieu de 17; mais il n'est guère possible d'arriver à une moindre différence, attendu qu'il se perd toujours un peu d'éther et que l'expérience ne comporte pas une très grande précision. L'acide n'éprouve aucune altération, et contient toujours la même quantité d'eau, à dater de l'époque où la densité du produit est de 0,798, quantité qui se trouve être un peu plus que le double de l'eau renfermée dans l'acide concentré. Il y a plus : c'est qu'en employant l'acide, l'alcool et l'eau en d'autres proportions, l'acide commence par s'hydrater précisément à ce même degré pour donner lieu ensuite à un produit éthéré constant; par exemple, mêle-t-on 3 onces d'acide sulfurique avec 2 onces d'eau et laisse-t-on l'alcool tomber goutte à goutte, les deux premières onces distillées auront une densité de 0,926 et seront de l'esprit-de-vin aqueux à peine éthéré; les deux suivantes en auront une de 0,885 et contiendront beaucoup plus d'éther; bientôt la densité s'accroîtra jusqu'à 0,798. Dès-lors, l'acide convenablement hydraté agira de telle manière sur l'alcool que le produit ne changera plus de nature. Que si l'on opérait sur 6 onces d'acide sulfurique concentré et qu'on y laissât couler peu-à-peu 6 onces d'alcool pur, les deux premières onces d'éther brut que l'on obtiendrait auraient une densité de 0,768, et l'on n'arriverait à la densité constante que lorsque l'acide sulfurique aurait pris la quantité d'eau précédemment déterminée.

De ces expériences, M. Mitscherlich conclut que l'acide sulfurique n'agit point dans l'éthérification, comme nous l'avons exposé précédemment, mais qu'il exerce sur l'alcool une action décomposante semblable à celle de l'or, du platine, de l'argent, du bi-oxide de manganèse sur le bi-oxide d'hydrogène. Il serait possible sans doute qu'il en fût ainsi; cependant nous pensons que la théorie donnée (page 400) n'a rien d'improbable.

En effet, n'est-il pas permis de supposer qu'en faisant tomber peu-à-peu de l'alcool froid dans de l'acide sulfurique convenablement hydraté et dont la température est de 140°, il se fera de l'acide sulfo-vinique, là où l'alcool sera en contact avec la liqueur acide parce qu'elle se refroidira; mais que bientôt l'acide sulfo-vinique formé venant à s'échauffer se décomposera et se transformera en acide sulfurique qui restera dans la cornue, et en éther et eau qui se dégageront. (*Ann. de Chim. et de Phys.*, LVI, 433.)

Quoi qu'il en soit, il n'en est pas moins prouvé que dans la préparation de l'éther, la présence d'une certaine quantité d'eau est nécessaire pour obtenir le plus de produit éthéré possible.

L'*éther hydrique* se produit encore en traitant l'alcool par l'acide phosphorique, l'acide arsénique, l'acide fluo-borique; mais on n'en obtient que très peu par ces procédés, et l'on ne parvient même à s'en procurer avec les acides phosphorique et arsénique qu'en faisant passer l'alcool par très petites portions à travers leurs dissolutions concentrées et échauffées convenablement.

A cet effet, M. Boullay se sert de l'appareil au moyen duquel il prépare l'éther hydrique (page précédente, 399). La densité de l'acide phosphorique doit être de 1,46, et sa température de 90°. Quant à l'acide arsénique, il doit être dissous dans la moitié de son poids d'eau, et porté à la température capable de faire bouillir la dissolution. Dans les deux cas, on fait passer à travers l'acide un poids d'alcool égal au sien, et l'on rectifie le produit au moyen de plusieurs distillations successives, et ensuite d'un lavage. (*Journ. de Pharm.*, I.)

Ce n'est plus ainsi qu'il convient de procéder avec l'acide fluoborique : il faut saturer l'alcool anhydre de gaz fluo-borique, distiller ensuite le mélange, puis le rectifier une première fois sur de la potasse pour enlever l'acide qui se vaporise, et une seconde fois sur du chlorure de calcium après l'avoir lavé avec un peu d'eau pour en séparer l'alcool. ( Desfosses, *Ann. de Chim. et de Phys.*, XVI, 72.)

L'acide phosphorique donne lieu à de l'acide phosphovinique, puis à de l'éther, et enfin, comme l'a fait voir M. Lassaigne, à une sorte d'huile douce, à du gaz oléfiant, à du charbon (*Ann. de Chim. et de Phys.*, XIII, 294). L'acide fluoborique donne de l'éther et de l'acide borique : celui-ci se dépose même au moment où l'alcool se sature de gaz. L'acide arsénique ne paraît produire que de l'éther ; il se pourrait cependant qu'il se formât de l'acide arsénio-vinique.

2274. *Composition.* — Il suit des observations de M. Gay-Lussac et de celles de MM. Dumas et Boullay ; 1° que l'éther sur 100 renferme 65,31 de carbone, 13,33 d'hydrogène, et 21,36 d'hydrogène ; 2° que 1 volume de vapeur d'éther est formé de 2 vol. de gaz oléfiant et de 1 vol. de vapeur aqueuse.

Il a donc pour formule atomique : $C^8H^{10}O = C^8H^8 + H^2O$ qui représente 2 vol. de vapeur éthérée.

Or, comme la formule de l'alcool est $C^4H^4 + H^2O$, ou $C^8H^8 + 2H^2O$, l'on voit que pour la même quantité de gaz oléfiant, l'éther contient moitié moins d'eau que l'alcool. L'éther hydrique est donc un mono-hydrate de bi-carbure d'hydrogène, et l'alcool un bi-hydrate. (Gay-Lussac, *Ann. de Chim.*, XCV, 311 ; — Dumas et P. Boullay, *Ann. de Chim. et de Phys.*, XXXVI, 298.)

## ARTICLE II.

### *Ethers à hydracides.*

2275. Ces éthers résultent de l'union des hydracides avec le gaz oléfiant, et ne renferment pas d'eau en combinaison. Le gaz oléfiant et le gaz acide s'y trouvent réunis en volumes égaux. Cinq seulement sont connus : l'éther chlorhydrique, l'éther bromhydrique, l'éther iodhydrique, l'éther cyanhydrique et l'éther sulfhydrique. A ce dernier nous annexerons le composé que M. Zeise a fait connaître sous le nom de *mercaptan*, et qui paraît n'être qu'un sulfhydrate acide de bi-carbure d'hydrogène.

### § 1. *Ether chlorhydrique*.

2276. *Propriétés.* — Sous la pression de 0m,76, cet éther est toujours gazeux au-dessus de 11°, et liquide à 11° et au-dessous.

Gazeux, il est incolore, sans action sur la teinture de tournesol, sur le sirop de violettes; son odeur est très forte et analogue à celle de l'éther sulfurique; sa saveur sensiblement sucrée; sa pesanteur spécifique, comparée à celle de l'air, de 2,219.

Liquide, il possède toutes ces propriétés, sinon qu'il est spécifiquement beaucoup plus pesant: alors, si l'on représente par l'unité le poids d'un volume d'eau, celui d'un même volume d'éther sera de 0,874 à la température de 5°. Versé sur la main, il entre subitement en ébullition et y produit un froid considérable. Exposé au rouge brun, l'éther chlorhydrique se décompose et se transforme en gaz chlorhydrique et en gaz oléfiant; une chaleur très forte modifie ces résultats : il ne se forme dans ce cas que du gaz hydrogène proto-carboné, et il se dépose une quantité considérable de charbon.

Dans son contact avec l'air, l'éther chlorhydrique prend feu sur-le-champ par l'approche d'une bougie allumée; sa flamme est verte : du gaz chlorhydrique, de l'eau et de l'acide carbonique sont les produits de cette combustion. On obtient de semblables résultats en le mettant en contact à l'état de gaz avec l'oxigène, et décomposant le mélange, soit par une bougie, soit par l'étincelle électrique. Si l'oxigène est à l'éther dans le rapport de 3 à 1, il en résulte de plus une très forte détonation, à tel point qu'elle brise les eudiomètres ordinaires.

L'eau dissout un volume égal au sien de gaz éther chlorhydrique, sous la pression de 0m.,75 et à la température de 18°. La dissolution a une saveur sucrée et analogue à celle de la menthe.

Quoique très soluble dans l'alcool, il en est séparé presque en totalité par l'eau.

Les acides sulfurique, azotique et hypo-azotique concentrés n'ont aucune espèce d'action sur cet éther à froid; ils ne le décomposent qu'à chaud; ce n'est qu'à cette température qu'ils en mettent l'acide chlorhydrique en liberté. Il n'en est pas de même du chlore gazeux : son action est aussi vive à froid qu'à chaud.

La potasse, la soude, l'ammoniaque ne décomposent pas sensiblement l'éther chlorhydrique dans l'espace de quelques heures, à une température inférieure à celle de l'eau bouillante; sous quelque état qu'on présente ces corps les uns aux autres, la décomposition ne devient sensible que dans l'espace de plusieurs jours, même lorsqu'on établit un contact intime entre l'éther et l'alcali, par l'alcool, qui a la propriété de les dissoudre tous deux : il ne commence en effet, à se former de chlorure alcalin, que le deuxième ou le troisième jour.

L'azotate d'argent et l'azotate de protoxide de mercure, sels qui forment subitement des précipités dans les eaux où se trouve de l'acide chlorhydrique libre ou uni à des bases salifiables, agissent sur l'éther avec tout autant de lenteur que les alcalis ; ils n'y occasionnent aucun nuage sur-le-champ ; on ne commence à en apercevoir que quelques heures après le contact : et même trois mois après, la décomposition est bien loin d'être complète. Toutes ces expériences se font facilement dans un petit flacon bouché à l'émeri.

2277. *Composition.* — Lorsqu'on fait passer l'éther chlorhydrique très sec à travers un tube de porcelaine chauffé seulement au rouge brun, on le transforme sensiblement en un mélange de parties égales en volume de gaz oléfiant et de gaz chlorhydrique (Thenard). Or, comme en ajoutant la densité du gaz oléfiant à celle du gaz chlorhydrique, on obtient celle de la vapeur de cet éther, il s'ensuit que l'on doit considérer cette vapeur comme formée d'un volume de gaz chlorhydrique et d'un volume de gaz oléfiant, condensés en un seul. C'est, en effet, à cette conséquence que sont arrivés MM. Colin et Robiquet dans leurs observations sur l'éther chlorhydrique (*Ann. de Chim. et de Phys.*, t. 1, p. 348 et suiv.). D'après cela, la formule atomique ($H^2Ch^2,C^8H^8$) représentera 4 volumes d'éther chlorhydrique.

2278. *État naturel, préparation.* — L'éther chlorhydrique n'existe point dans la nature ; on le forme en saturant l'alcool de gaz chlorhydrique, ou bien encore en mêlant ensemble parties égales, en volume, d'alcool et d'acide chlorhydrique liquide concentré, et chauffant le mélange. Après avoir introduit ce mélange dans une cornue de verre, on la place sur un fourneau par le moyen d'un triangle de fer, et l'on y adapte un tube à boule qui va se rendre au fond d'un flacon à trois tubulures, égal en capacité à la cornue qu'on emploie et à moitié rempli d'eau à 20 ou 25°. La deuxième tubulure porte un tube droit de sûreté, et la troisième, un tube recourbé qui plonge dans une éprouvette longue, étroite, bien sèche et entourée de glace, qu'on renouvelle à mesure qu'elle fond. Il est bon de tenir l'ouverture de l'éprouvette fermée par un bouchon percé d'un trou, pour donner issue à la petite portion de vapeur d'éther qui pourrait ne pas se condenser.

L'appareil étant ainsi disposé, on porte peu-à-peu la liqueur jusqu'à une légère ébullition. Alors, par l'action qu'exerce l'acide chlorhydrique sur les élémens de l'alcool, celui-ci se partage en bi-carbure d'hydrogène, et en eau; le carbure d'hydrogène s'unit à une portion de l'acide, et de là l'éther qui, déposant dans l'eau du flacon tubulé une petite quantité d'alcool et d'acide qu'il entraîne à l'état de mélange, arrive pur et gazeux dans l'éprouvette, où il se condense. On juge que l'opération va bien lorsque les bulles ne se succèdent ni trop rapidement, ni trop lentement, dans le flacon intermédiaire. De 500 grammes d'acide, et d'un volume d'alcool égal à celui de ces 500 grammes, l'on peut retirer facilement 60 grammes d'éther.

Si on voulait l'obtenir à l'état de gaz, il faudrait adapter à la troisième tubulure du flacon un tube convenablement recourbé, qui irait s'engager sous des flacons pleins d'eau à la température de 20 ou 25°; l'on pourrait encore se contenter de faire passer un peu d'éther liquide dans des éprouvettes pleines de mercure à cette même température.

Il ne peut être conservé à l'état liquide que dans des flacons bouchés à l'émeri, renversés et placés dans un lieu frais, par exemple, à la cave : encore est-il nécessaire de maintenir le bouchon avec de la peau et du fil.

2279. L'éther que l'on produit en traitant certains chlorures, surtout le bi-chlorure d'étain par l'alcool, n'est, pour ainsi dire, que de l'éther chlorhydrique (*Mémoires d'Arcueil*, t. 1 p. 142). Il contiendrait seulement, suivant M. Liebig, un peu d'éther ordinaire. La production de l'un et de l'autre est facile à concevoir en observant qu'une partie de l'eau appartenant à la constitution même de l'alcool, est décomposée de telle manière que l'oxigène s'unit au métal et l'hydrogène au chlore; de là par conséquent de l'acide chlorhydrique, et la réunion de toutes les conditions nécessaires pour former les deux éthers en question.

Il paraît qu'il en est de même de l'éther provenant de la réaction du chlorure de phosphore sur l'alcool : la seule différence qui existe entre l'un et l'autre, c'est que l'éther fait avec l'acide est un peu plus volatil que l'éther fait avec les chlorures.

L'éther chlorhydrique a été obtenu en grande quantité, pour la première fois, par M. Basse de Hameln, et étudié successivement par Gehlen, qui y a démontré l'existence de l'acide chlorhydrique ; par M. Thenard et par M. Boullay. (*Mémoires d'Arcueil*, t. 1, p. 115 et 337.)

## § 2. *Éther bromhydrique.*

2280. M. Sérullas, qui a obtenu le premier cet éther, le prépare en introduisant dans une petite cornue tubulée 40 p. d'alcool à 38° du pèse-liqueur de Baumé, 1 p. de phosphore, et 7 à 8 p. de brôme qui doivent être versées en petites portions, par la tubulure. Aussitôt que le brôme touche le phosphore placé sous l'alcool, il y a production de chaleur, d'acide bromhydrique et d'acide phosphoreux. Le mélange est distillé à une douce chaleur, et le produit recueilli dans un récipient bien refroidi. Ce produit étant étendu d'eau, l'éther bromhydrique s'en sépare à l'instant, et se dépose au fond du vase en un liquide d'un aspect oléagineux. Il ne reste plus, pour l'avoir pur, qu'à le laver avec de l'eau, à laquelle on ajoute une petite quantité de potasse, puis à le dessécher en le distillant sur du chlorure de calcium.

L'éther bromhydrique est liquide, incolore, très volatil, d'une saveur piquante, d'une odeur forte et éthérée, d'une densité plus grande que celle de l'eau. Il est très soluble dans l'alcool duquel l'eau le précipite. Il ne change pas de couleur comme l'éther iodhydrique lorsqu'on le conserve sous l'eau. (*Ann. de Chim. et de Phys.*, t. XXXIV, p. 99.)

## § 3. *Éther iodhydrique.*

2281. M. Gay-Lussac, à qui la découverte de cet éther est due, l'a obtenu en faisant un mélange de deux parties, en volume, d'alcool et d'une d'acide iodhydrique coloré, ayant 1,70 de densité, distillant le mélange au bain-marie, et étendant d'eau le produit qui se rassemble peu-à-peu dans le récipient. L'éther se précipite sous forme de petits globules qui sont d'abord un peu laiteux, mais qui, en se réunissant, forment un liquide transparent. On le purifie en le lavant à l'eau froide à plusieurs reprises.

M. Sérullas, au lieu de ce procédé, en indique un autre analogue à celui par lequel on prépare l'éther bromhydrique : il consiste à introduire dans une petite cornue tubulée 40 p. d'iode et 100 p. d'alcool à 38°, à y projeter, par petits fragmens, et en agitant, 2 $\frac{1}{2}$ p. de phosphore, puis à distiller la liqueur presque entièrement; on verse alors sur le résidu 25 à 30 p. de nouvel alcool quand le liquide a été presque entièrement volatilisé, et l'on continue la distillation, jusqu'à ce qu'il soit revenu au même point de concentration ; on réunit les deux produits dont on précipite l'éther par l'eau, etc. (*Ann. de Chim. et de Phys.*, XLII, 119.)

Cet éther ne rougit point le tournesol ; son odeur est forte et a de l'analogie avec celle des autres éthers ; sa densité est de 1,9206 à 22°,3. Il prend, dans l'espace de quelques jours, une couleur rosée, qui n'augmente pas d'intensité avec le temps, et que la potasse et le mercure font disparaître sur-le-champ en s'emparant de l'iode auquel elle est due.

L'éther iodhydrique entre en ébullition à la température de 68°,8, sous la pression de 0m.,76. Il ne s'enflamme point par l'approche d'un corps en combustion : seulement il exhale des vapeurs pourpres, lorsqu'on le verse goutte à goutte sur des charbons incandescens. Le potassium s'y conserve sans altération. La potasse ne l'altère pas dans le moment ; il en est de même du chlore, des acides azotique et sulfureux. L'acide sulfurique concentré le brunit assez promptement. En le faisant passer dans un tube incandescent, il se décompose et se transforme en un gaz inflammable carburé, en acide iodhydrique très brun, en charbon et en flocons dont l'odeur est éthérée, que M. Gay-Lussac considère comme une sorte d'éther formé d'acide iodhydrique et d'une matière végétale particulière. Ces flocons se fondent dans l'eau bouillante, et prennent, en se refroidissant, la transparence et la couleur de la cire ; ils sont beaucoup moins volatils que l'éther iodhydrique, et laissent dégager beaucoup plus d'iode en les projetant sur des charbons embrasés. (*Ann. de Chim.*, XCI, 89.)

On n'a point encore fait l'analyse de l'éther iodhydrique ; elle doit être semblable à celle de l'éther chlorhydrique.

## § 4. *Éther fluorhydrique.*

Probablement que l'acide fluorhydrique forme avec l'alcool un éther analogue aux précédens : ce qui tend à le faire croire, c'est que Gehlen, en distillant un mélange de 3 p. de spath fluor, 2 p. d'acide sulfurique concentré et 2 p. d'alcool anhydre, obtint un éther pesant spécifiquement 0,72, ressemblant d'ailleurs à l'éther ordinaire, mais possédant une saveur amère, et brûlant avec une flamme bleue. N'était-ce point un mélange d'éther hydrique et d'éther fluorhydrique ? Cette supposition paraît assez vraisemblable. Il faudrait employer pour la préparation de celui-ci un fluorure soluble, tel que le fluorure de potassium, celui de calcium n'étant que trop difficilement décomposé par l'acide sulfurique.

## § 5. *Éther cyanhydrique.*

2282. L'analogie qui existe entre le cyanogène et le chlore, le brôme, l'iode, devait porter à croire que l'acide cyanhydrique était susceptible de former un éther comme les acides chlorhydrique, bromhydrique, iodhydrique. Cette prévision vient d'être réalisée par M. Pelouse, qui a obtenu l'éther cyanhydrique en chauffant légèrement un mélange de parties égales de cyanure de potassium et de sulfo-vinate de baryte. Il se produit une décomposition réciproque entre le sulfate de bi-carbure d'hydrogène existant dans le sulfo-vinate de baryte, et entre le cyanure alcalin auquel s'ajoutent les élémens d'un atome d'eau pris dans le sulfo-vinate, ainsi que le fait voir l'équation suivante, dans laquelle l'éther cyanhydrique est représenté par ( $C^4Az^2,H^2+C^8H^8$ ) :

$$(C^4Az^2,K)+(SO^3,\ BaO+SO^3,C^8H^8,H^4O^2)=(SO^3,BaO)+$$
$$(SO^3,KO)+(C^4Az^2,H^2+C^8H^8)+H^2O.$$

L'éther cyanhydrique, résultant de cette réaction, se distille à mesure qu'il se forme. On lave le produit distillé avec 4 ou 5 fois son volume d'eau pour enlever l'alcool et l'acide cyanhydrique qu'il peut contenir, on le maintient pendant quelque temps à une température de 60 à 70°, et on le rectifie sur du chlorure de calcium.

L'éther cyanhydrique est un liquide incolore doué d'une odeur alliacée très forte, pesant spécifiquement 0,78, entrant en ébullition à 82°, ne se dissolvant dans l'eau qu'en très petite quantité, mais soluble en toutes proportions dans l'alcool et l'éther sulfurique. Son action sur l'économie animale est très énergique.

La potasse dissoute dans l'eau ne le décompose qu'avec la plus grande difficulté, et seulement dans le cas où la dissolution est très concentrée. Lorsqu'il est pur, il ne trouble pas la dissolution d'azotate d'argent. (*Journ. de Pharm.*, xx, 399.)

## § 6. *Éther sulfhydrique.*

2283. On sait que l'éther hydrique opère d'abord la dissolution du polysulfure d'hydrogène, et que bientôt il laisse déposer une foule de cristaux en aiguilles, qui ne sont autre chose que du soufre. Or le gaz sulfhydrique ne devient pas libre ; il reste en combinaison dans la liqueur, et lorsqu'on abandonne celle-ci à une évaporation spontanée, l'on obtient pour résidu une matière brune, d'aspect oléagineux, dont l'odeur est caractéristique et d'une extrême fétidité. D'une autre part, si l'on met le polysulfure d'hydrogène en contact avec l'alcool, il se décomposera et se transformera peu-à-peu en soufre et en gaz sulfhydrique qui se dégagera; mais si l'on ajoute un peu d'acide sulfurique à l'alcool, le gaz, au lieu de se dégager, formera une combinaison fétide semblable à la précédente, et qu'on obtiendra, du moins en partie, en évaporant la liqueur alcoolique, etc. N'est-il pas extrêmement probable, d'après cela, et d'après la propriété que possèdent les hydracides de s'unir au gaz oléfiant, que cette matière fétide d'aspect oléagineux est de l'éther sulfhydrique? Je me proposais de l'analyser; malheureusement, dans les recherches que j'ai faites sur le polysulfure d'hydrogène, j'ai été atteint, en respirant la vapeur de polysulfure, d'une affection très vive à la membrane pituitaire, affection qui n'est point encore guérie, et qui s'est opposée à ce que je misse fin à ce genre de travail.

2284. *Mercaptan ou acide sulfhydro-vinique.* — Le composé que M. Zeise a nommé *mercaptan*, de *mercurium captans*, par la raison qu'il attaque avec énergie le bi-oxide de mercure, n'exerce aucune action acide sur le papier de tournesol. Néanmoins il se comporte comme un hydracide avec les alcalis et surtout avec l'oxide de mercure, montrant de même que l'acide cyanhydrique et l'acide sulfhydrique beaucoup plus de tendance à réagir sur cet oxide que sur la potasse et la soude. Les réactions qu'il exerce, les circonstances de sa production, sa composition élémentaire, tendent également à nous le présenter comme de l'acide sulfhydrique à moitié saturé par du bi-carbure d'hydrogène, ou en d'autres termes, comme un bi-sulfhydrate de ce bi-carbure : il correspondrait au bi-sulfhydrate d'ammoniaque, qui est également neutre aux papiers colorés. Nous adopterons cette supposition, et en raison de la similitude de composition du *mercaptan* envisagée de cette manière, et des acides sulfo-vinique et phospho-vinique qui sont aussi des bi-sels de bi-carbure d'hydrogène, nous proposons pour lui le nom d'*acide sulfhydro-vinique*.

Il se produit par la décomposition réciproque d'un sulfovinate et d'un proto ou bi-sulfure alcalin, ou mieux d'un sulfhydrate de sulfure. Dans tous les cas, il y a en même temps formation d'une matière moins volatile, dont la nature n'est pas encore connue (1), et en outre dégagement de gaz sulfhydrique. Mais la matière de nature inconnue et l'acide sulfhydrique ne se montrent qu'en très petite quantité, si l'on fait réagir sur le sulfo-vinate un sulfhydrate de sulfure, comme

(1) M. Zeise lui donne le nom d'*éther thialique*.

par exemple le sulfhydrate de sulfure de barium sur le sulfo-vinate de potasse. En ne tenant pas compte de ces deux produits qui paraissent accidentels, l'équation suivante représentera les résultats de l'action du sulfhydrate et du sulfo-vinate :

$$(H^2S, BaS)+(SO^3, KO+SO^3, C^8H^8, H^4O^2)=(2H^2S, C^8H^8) +(SO^3, KO)+(SO^3, BaO)+H^2O.$$

Pour se procurer pur l'*acide sulfhydro-vinique*, il faut mettre en contact avec le bi-oxide de mercure le produit de la distillation d'un mélange pulvérulent de sulfhydrate de sulfure de barium et de sulfo-vinate de potasse. L'oxide est rapidement converti, avec production d'eau, en *sulfo-vinure* de mercure ou composé de sulfure de mercure et d'éther sulfhydrique ($HgS+H^2S, C^8H^8$). Délayé dans l'eau et traité par du gaz sulfhydrique, ce corps est décomposé; et tandis que du sulfure de mercure se dépose, de l'acide sulfhydro-vinique nage à la surface de l'eau.

L'acide sulfhydro-vinique est un liquide incolore, que ne congèle pas un froid de 22°. Sa saveur est sucrée et éthérée tout-à-la-fois; son odeur, alliacée et excessivement pénétrante; sa densité, de 0,842 à 15°; son point d'ébullition, à environ 62°. L'eau n'en dissout qu'une petite quantité; mais l'alcool et l'éther le dissolvent presqu'en toutes proportions. Ses dissolutions n'ont point d'action sur les papiers réactifs.

Dissous dans l'eau ou dans l'alcool, il forme avec l'acétate de plomb un précipité jaune citron : il n'agit point, au contraire, sur l'azotate de ce métal.

Le potassium le décompose à la température ordinaire avec vivacité, en dégageant de l'hydrogène et donnant naissance à un *sulfo-vinure*.

L'acide sulfhydro-vinique convertit lentement l'oxide de cuivre en une substance incolore, pulvérulente. Versé sur le bi-oxide de mercure, il agit sur lui avec violence, produit de l'eau et un composé représenté par la formule : $C^8H^{10}S^2Hg$ ou ($SHg+SH^2, C^8H^8$). C'est de cette réaction qu'a été déduite la composition de l'acide sulfhydro-vinique. Il donne le même corps avec le bi-chlorure de mercure; de l'acide chlorhydrique prend naissance en même temps. Il exerce une action analogue sur les per-chlorures d'or et de platine; mais les sulfo-vinures produits ne correspondent point aux chlorures employés : ils ont pour formule, l'un, ($Au^2S+H^2S, C^8H^8$), l'autre, ($PtS+H^2S, C^8H^8$). Leur formation est donc accompagnée d'un autre corps que ne donnent point le bi-oxide et le bi-chlorure de mercure.

Le sulfo-vinure de potassium est incolore, très soluble dans l'eau et dans l'alcool, susceptible de supporter sans s'altérer, à l'état sec, l'action d'une température de plus de 100°; il se détruit au contraire aisément lorsqu'on chauffe sa dissolution aqueuse. Il conserve toujours une réaction alcaline. Dissous dans l'eau ou dans l'alcool, il précipite en jaune les dissolutions d'acétate ou d'azotate de plomb, et en blanc celles des chlorures de cuivre, de mercure et d'or.

Il en est de même du sulfo-vinure de sodium.

Le sulfo-vinure de mercure est blanc, cristallin, inodore, doué de la propriété d'acquérir par le frottement une odeur particulière. Il est insoluble dans l'eau et peu soluble dans l'alcool. Il se fond à 86°, et se prend par le refroidissement en une masse dont l'aspect est celui du chlorate de potasse fondu. Sa décomposition commence à s'effectuer à la température de 125° : du mercure se sépare; elle s'achève à 175° en donnant des produits divers dont la nature n'est point encore bien connue.

## ARTICLE III.

### *Ethers à radicaux simples ou jouant le rôle de radicaux simples.*

2285. Ces éthers sont au nombre de cinq, l'éther proto et per-chloré, l'éther brômé, l'éther iodé, l'éther sulfo-cyané. (1)

### § 1. *Ethers chlorés.*

2286. *Ether proto-chloré.* — On l'obtient en faisant passer un excès de chlore à travers l'alcool à la température ordinaire. L'action est vive : aussi, pour empêcher que la liqueur ne s'échauffe trop, est-il bon de l'entourer d'un mélange de glace et de sel; sans cela il se formerait plus ou moins de chloral. D'ailleurs le courant de gaz doit être soutenu, tant que l'absorption est sensible. Il y a tout à-la-fois production de beaucoup d'acide chlorhydrique et d'éther proto-chloré; une portion de celui-ci se dépose; l'autre reste en dissolution dans l'acide, d'où l'eau la précipite aisément. (2)

(1) Au lieu de considérer ces corps comme des composés du bi-carbure d'hydrogène $C^2H^2$ et de chlore, ou de brôme, etc., il serait possible de les regarder comme formés d'hydracides et de carbures moins hydrogénés que le bi-carbure d'hydrogène (Voy. ce qui a été dit à ce sujet 337). Ils rentreraient alors dans la classe des éthers à hydracides, et voilà pourquoi nous les mettons à la suite de ceux-ci.

(2) Cependant, si l'alcool était anhydre, on n'obtiendrait, suivant M. Liebig, qu'une matière soluble dans l'eau. (*Ann. de Ch. et de Phys.*, LV, 134.)

Purifié avec soin par des lavages à l'eau et à la potasse, l'éther proto-chloré présente les propriétés suivantes : il ne rougit point le papier de tournesol; il est incolore, plus pesant que l'eau; sa saveur est fraîche, analogue à celle de la menthe, et son odeur toute particulière; il est très soluble dans l'alcool et très peu soluble dans l'eau. Distillé avec l'acide azotique, il se volatilise et se décompose en partie : l'un des produits de la décomposition est le chlore. Lorsqu'on l'introduit en vapeur dans un tube incandescent, il y a beaucoup d'acide chlorhydrique mis à nu. Cependant les alcalis les plus forts l'attaquent à peine, d'où il faut conclure que le chlore ou l'acide chlorhydrique qu'il contient est intimement combiné avec le bi-carbure.

M. Despretz, qui en a fait l'analyse, le regarde comme un composé de 1 volume de chlore et de 2 volumes de gaz oléfiant.

2287. *Ether bi-chloré*, ou *huile des Hollandais*, ou *hydro-bi-carbure de chlore.* — Il se forme en combinant directement le chlore et le bi-carbure gazeux d'hydrogène. Si les deux gaz sont secs et que le chlore ne soit en excès dans aucune partie du mélange, l'éther est le produit unique de leur action, ainsi que l'a observé M. Dumas. Il n'en est plus de même dans le cas contraire ou si les gaz sont humides : il y a alors production de plus ou moins d'acide chlorhydrique, et il est même difficile d'éviter qu'il n'en soit ainsi.

Pour préparer cet éther chloré, on fait arriver dans un ballon du gaz oléfiant et du chlore secs ou humides en volumes à-peu-près égaux. Un liquide huileux se forme aussitôt; quand la quantité produite est suffisante, il est retiré du ballon, lavé avec de l'eau, puis avec une dissolution de potasse, décanté et distillé au bain-marie, d'abord avec de l'acide sulfurique concentré, puis sur de la baryte finement pulvérisée.

Les matières diverses qui peuvent prendre naissance en même temps que l'éther chloré, sont le résultat de l'action du chlore sur lui, ou sur les vapeurs dont est accompagné le gaz bi-carbure d'hydrogène, lorsqu'il n'a pas été soigneusement purifié.

Quant à l'éther chloré lui-même, il provient de la combinaison, à volumes égaux, des deux gaz employés à sa préparation. En effet, il se trouve composé de 24,6 de carbone, 4,1 d'hydrogène, et 71,3 de chlore (Dumas, *Ann. de Chim. et de Phys.*, XLVIII, 185, et LVI, 145). Ce qui équivaut à la formule : $C^2H^2$, Ch, représentant 1 seul volume de vapeur, comme le fait voir la densité trouvée par M. Gay-Lussac.

L'éther bi-chloré est un liquide incolore, sucré, sans action sur la teinture de tournesol, d'une odeur agréable et analogue à celle de l'éther hydrique. Sa pesanteur spécifique est 1,247 à 18°; celle de sa vapeur, 3,45, et son point d'ébullition 85°, sous la pression de $0^{m}.770$. Il se distille sans altération, même après avoir été mêlé à de l'acide sulfurique concentré ou à une dissolution de potasse caustique. Versé dans une cuiller d'argent un peu chaude, il prend feu à l'approche d'un corps en combustion, produit une flamme verte et des fumées épaisses, piquantes, acides, chargées d'une grande quantité de noir de fumée; d'où l'on peut conclure qu'alors l'hydrogène et le chlore s'unissent et que le carbone est mis en liberté. Tels sont aussi les résultats qu'il présente en le faisant passer à travers un tube incandescent : seulement il se dégage de plus une certaine quantité de gaz inflammable.

Chauffé légèrement avec de l'éther chloré, le potassium dégage un produit gazeux, formé de gaz oléfiant pur ou mêlé d'hydrogène. Sous l'influence de la lumière solaire et surtout de la lumière directe, le chlore transforme l'éther chloré en acide chlorhydrique et en sesqui-chlorure de carbone.

La potasse et l'acide sulfurique concentré n'exercent aucune action sur l'éther chloré, même à la température à laquelle se distille celui-ci. Le gaz ammoniaque mêlé à sa vapeur produit un gaz permanent, combustible, qui n'a pas été examiné, et du sel ammoniac qui se dépose.

M. Pfaff a annoncé que l'eau réagissait sur l'éther chloré sous l'influence des rayons solaires, et que de là résultaient de l'éther acétique et de l'acide chlorhydrique, réaction qui se concevrait aisément à l'inspection de l'équation suivante :

$$C^{16}H^{16}, Ch^{8}+H^{8}O^{4}=(C^{8}H^{6}O^{3}, H^{8}C^{8}, H^{2}O)+H^{8}Ch^{8}.$$

Mais M. Liebig attribue la formation de l'éther acétique et de l'acide chlorhydrique remarqués par Pfaff, à la décomposition d'une matière particulière, existant dans l'huile impure des Hollandais : cette matière lui communiquerait, par l'intermède de l'eau, la propriété de donner naissance aux deux produits désignés, non-seulement à la lumière solaire directe, mais encore par la distillation à la lumière diffuse; tandis que l'huile purifiée par la potasse et l'acide sulfurique n'éprouverait de la part de l'eau aucune réaction, soit par la distillation, soit par l'exposition aux rayons du soleil. Il fait observer toutefois que c'est en hiver que cette expérience a été faite.

M. Liebig assure en outre que le chlore et le gaz oléfiant, même bien exempts d'humidité, ne peuvent se combiner sans produire de l'acide chlorhydrique, et il admet dans l'huile éthérée, formée par ces deux gaz, purifiées, une composition autre que celle que nous avons donnée. (Voyez les *Ann. de Chim. et de Phys.*, LVI, 182 et LVI, 135.)

## § 2. *Ether brômé.*

2288. Ce composé prend naissance en faisant tomber du brôme dans un flacon ou ballon contenant du gaz oléfiant (Balard, *Ann. de Chim. et de Phys.*, XXXII, 375). On le purifie par des lavages à l'eau chargée de potasse.

Il se présente à la température ordinaire avec l'aspect d'un liquide oléagineux, incolore, plus dense que l'eau, d'une saveur très sucrée qu'il communique à l'eau en s'y dissolvant, d'une odeur éthérée, agréable et pénétrante. Il suffit pour le solidifier de ramener sa température à 7° au-dessus de zéro (Serullas). Il se volatilise avec facilité, et se décompose en traversant un tube incandescent avec production de gaz bromhydrique et dépôt de charbon.

L'air ne l'altère point à froid; mais il y brûle par l'approche d'un corps embrasé, avec une légère flamme verte, en répandant des vapeurs acides et une épaisse fumée. Le brôme ne le convertit pas en brômure de carbone; il n'exerce aucune action sur lui, même sous l'influence des rayons solaires.

## § 3. *Ether iodé.*

2289. Sa préparation et ses propriétés ont été décrites, t. I, p. 405. Il a beaucoup d'analogie avec l'éther bi-chloré, mais présente toutefois moins de stabilité : aussi, tandis que celui-ci peut, sans subir d'altération, être distillé sur de la potasse et de l'acide sulfurique du commerce, l'éther iodé est décomposé, quoiqu'avec difficulté, par une dissolution de potasse, pourvu qu'elle soit concentrée; d'une autre part, chauffé avec de l'acide sulfurique, il laisse dégager des vapeurs d'iode et un gaz qui n'est probablement que du bi-carbure d'hydrogène.

## § 4. *Ether sulfo-cyané.*

2290. Cet éther, sur l'existence duquel nous conservons des doutes, a été obtenu par M. Liebig, en distillant un mélange de 1 partie de sulfocyanure de potassium, 2 parties d'acide sulfurique concentré et 3 parties d'alcool à 80° de l'alcoomètre. Du gaz sulfureux se dégage, tandis que dans le récipient passe un liquide où l'addition de l'eau détermine la séparation d'un produit oléagineux. Celui-ci se rassemble d'abord à la partie supérieure, en raison de l'alcool et de l'éther hydrique dont il est accompagné. Des lavages multipliés l'en débarrassent. Par la distillation sur du chlorure de calcium, il est ensuite privé d'eau.

Après ces traitemens, l'éther sulfo-cyané reste avec l'aspect d'une huile incolore ou légèrement citrine, plus dense que l'eau, d'une saveur douceâtre suivie d'un arrière-goût de menthe poivrée, d'une odeur analogue à celle de l'assa-fœtida qui adhère opiniâtrément à tous les corps avec lesquels il a été en contact. L'eau n'en dissout que des traces et prend néanmoins son odeur à un très haut degré. Il se dissout bien dans l'alcool et dans l'éther. Son point d'ébullition est entre 66 et 72°. Il brûle facilement, en produisant une flamme rouge bleuâtre et répandant une odeur d'acide sulfureux.

Soumis à l'action du chlore, il est décomposé tout en conservant son aspect, et paraît produire successivement des chlorures de soufre, de cyanogène et de carbone. L'iode, le soufre, le phosphore s'y dissolvent sans l'altérer. Le potassium l'attaque peu-à-peu, surtout à l'aide de la chaleur, en se recouvrant d'une croûte jaune qui contient du sulfocyanure alcalin.

L'acide sulfurique le blanchit et le rend opaque : par la chaleur, le mélange noircit, et laisse dégager du gaz sulfureux. L'acide azotique agit sur l'éther sulfocyané avec tant d'énergie qu'il en détermine quelquefois l'inflammation. La potasse et l'ammoniaque en dissolutions concentrées sont au contraire sans action sur lui.

Cet éther n'a point été analysé. Les motifs sur lesquels M. Liebig s'est fondé pour le regarder comme composé de bicarbure d'hydrogène uni au sulfocyanogène et non à l'acide sulfocyanhydrique, sont d'abord le dégagement de gaz sulfureux qui accompagne sa formation, puis la production de sulfocyanure de potassium à laquelle il donne lieu dans son contact avec le potassium, sans en fournir par l'action de la potasse. (*Ann. de Chim. et de Phys.*, XLI, 201.)

## ARTICLE IV.

### *Éthers à oxacides.*

2291. Ces éthers sont formés d'oxacides, de bi-carbure d'hydrogène $C^2H^2$ et d'eau. Pour 1 proportion d'acide, ils renferment 1 proportion $C^8H^8$ de bi-carbure, plus 1 proportion d'eau $H^2O$ : l'eau et le bi-carbure d'hydrogène s'y trouvent donc dans les proportions qui constituent l'éther hydrique. (1)

(1) L'éther qui contient de l'acide sulfurique, a donné aux chimistes qui l'ont analysé des résultats différens. Mais ces résultats ne sont pas à l'abri d'objections.

On n'en connaît que trois : 1° le sulfate neutre de bi-carbure d'hydrogène hydraté, qui devrait porter le nom d'*éther sulfurique*, consacré, mais à tort, à désigner l'éther hydrique (2272) ; 2° l'éther azoteux nommé d'abord *éther nitrique*, parce qu'il se produit dans la réaction de l'acide azotique ou nitrique sur l'alcool ; 3° l'éther oxichlorocarbonique.

Outre ces composés neutres, il en existe quatre autres, savoir : les acides sulfovinique, sulféthérique, para-sulféthérique, et phospho-vinique, qui sont des bi-sulfates et du biphosphate de bi-carbure d'hydrogène. Nous les étudierons en même temps que les premiers.

### § 1er. *Éthers sulfatés.*

2292. *Sulfate neutre hydraté de bi-carbure d'hydrogène* ($C^2H^2$) *ou gaz oléfiant.*—Ce sulfate paraît n'être que *l'huile douce de vin pesante.* Le meilleur moyen de l'obtenir consiste à décomposer par le feu dans un appareil distillatoire, un sulfovinate, celui de chaux, par exemple, qui peut être regardé comme un sulfate double hydraté de chaux et de bi-carbure d'hydrogène; mais comme il se vaporise et se condense dans le récipient de l'alcool, de l'éther, de l'acide sulfureux, en même temps que l'huile, il faut la laver avec de l'eau, pour dissoudre ces diverses substances, puis la dessécher dans le vide.

L'huile douce de vin pesante, telle qu'elle a été étudiée jusqu'ici, est verte ou incolore, d'une consistance oléagineuse, d'une odeur aromatique, d'une saveur piquante, d'une densité de 1,133. Elle est peu soluble dans l'eau, très soluble, au contraire, dans l'alcool et dans l'éther. Elle se décompose en partie à la distillation.

Le potassium s'y conserve sans altération à la température ordinaire : avec le concours de la chaleur, il exerce, au contraire, sur elle une vive action, de laquelle résultent beaucoup de sulfate de potasse, de l'hydrogène carboné, un peu de sulfure de potassium et un dépôt de charbon : il se développe en même temps une odeur d'ail excessivement forte.

Au contact de l'eau, elle se transforme en acide sulfovinique et en huile douce de vin légère ( 2205 ). La conversion s'effectue lentement à froid, et rapidement par l'effet d'une élévation de température; en prolongeant l'action de l'eau et de la chaleur, l'acide sulfovinique pourrait lui-même se décomposer en alcool et acide sulfurique(2295).

Traitée par les bases, elle abandonne, comme avec l'eau, de l'huile légère, et donne lieu à un sulfovinate.

Sérullas et plus tard M. Liebig, ont trouvé l'huile douce de vin pesante, composée de telle manière que sa formule atomique serait $2(SO^3+C^8H^8)+H^2O$. Cependant il est vraisemblable que le sulfate neutre de bi-carbure d'hydrogène, parfaitement purifié, offrirait une composition analogue à celle des autres éthers et à celle du produit correspondant fourni par l'esprit de bois. S'il en était ainsi, ce sulfate serait représenté par $SO^3+C^8H^8+H^2O$.

2294. *Bi-sulfates hydratés de bi-carbure d'hydrogène* (gaz oléfiant), *ou acides sulfovinique, sulféthérique, para-sulféthérique.* — Tous résultent de 2 proportions d'acide, de 1 pr. $C^8H^8$ de bi-carbure d'hydrogène et de 1 ou 2 pr. d'eau; l'acide sulfovinique semble en contenir 2 proportions, et les acides sulféthérique et para-sulféthérique, une seule : d'où il suit que l'eau et le bi-carbure représenteraient de l'alcool dans le premier, et de l'éther ordinaire dans les deux autres. Tous sont remarquables d'ailleurs en ce qu'ils peuvent s'unir aux bases et former des sels neutres dans lesquels la moitié de l'acide est saturé par le bi-carbure d'hydrogène.

2295. *Acide sulfovinique.* — Il prend naissance par la réaction de l'acide sulfurique concentré sur l'alcool, l'éther ou le gaz oléfiant lui-même. Sa formation s'effectue immédiatement, même à froid, lorsque l'alcool est anhydre. L'élévation de température est au contraire indispensable pour déterminer sa production à l'aide de l'éther et du gaz oléfiant (1). On se le procure facilement, en ajoutant 1 partie d'alcool à 1 ou 2 parties d'acide sulfurique concentré, par petites portions pour éviter que la réaction ne développe une trop forte chaleur : sans cette précaution, le mélange se colorerait en brun ou en jaune. La liqueur est ensuite étendue d'eau et saturée par du carbonate de baryte ou de plomb ; ce qui donne lieu à un sulfate insoluble et à un sulfovinate soluble. Le sulfate formé et le carbonate en excès sont séparés par le filtre; puis le sulfovinate est décomposé par la quantité strictement convenable d'acide sulfurique, ou bien encore s'il est à base d'oxide de plomb, par un courant de gaz sulfhydrique : après quoi la liqueur est filtrée de nouveau et évaporée dans le vide, mais jusqu'à un certain point pour en prévenir la décomposition.

L'acide sulfovinique forme un liquide incolore, très acide, incristallisable, miscible à l'eau et à l'alcool en toutes proportions. Placé sous un récipient vide, à côté d'un vase plein d'acide sulfurique, il se concentre d'abord au point de paraître

(1) M. Liebig a déduit de ses expériences, que le gaz oléfiant ne pouvait se combiner directement à l'acide sulfurique hydraté; mais il n'a opéré qu'à la température ordinaire, et il paraît que M. Faraday, qui avait été conduit à la conséquence opposée, avait échauffé l'acide sulfurique mis en contact avec le gaz.

presque aussi huileux que l'acide sulfurique lui-même, et d'avoir une densité de 1,319; il se décompose ensuite, sans dégagement d'acide sulfureux, d'après l'observation de M. Sérullas; il reste dans le vase de l'acide sulfurique et un peu d'huile éthérée. Soumis à l'ébullition, il donne de l'acide sulfurique, de l'acide sulfureux, etc., s'il est concentré, et se transforme en alcool et en acide sulfurique hydraté, s'il est étendu.

L'acide sulfovinique n'a point été analysé directement. Sa composition se conclut de celle du sulfovinate de baryte.

2296. Les *sulfovinates* n'ont point été étudiés avec détails. Ils sont en général très solubles dans l'eau et dans l'alcool; plusieurs sont même déliquescens; tels sont ceux de chaux et de plomb. Il paraît que tous se transforment en bi-sulfate et en alcool par une ébullition prolongée avec beaucoup d'eau; que d'ailleurs les dissolutions alcalines n'en séparent, à froid, le bi-carbure d'hydrogène sous aucune forme; que, soumis à la distillation sèche, ils laissent dégager de l'acide carbonique, de l'acide sulfureux, du carbure gazeux d'hydrogène, de l'eau, de l'alcool, quelquefois de l'éther et principalement de l'*huile de vin pesante* (2292) et donnent pour résidu un mélange de charbon et du sulfate de l'oxide que contenait le sulfovinate, à moins que ce sulfate ne soit lui-même susceptible de décomposition.

Le *sulfovinate de baryte* s'obtient comme il a été dit à l'article de la préparation de l'acide sulfovinique. Un procédé semblable peut être appliqué à la préparation des sulfovinates de strontiane et de chaux. Le sulfovinate de plomb obtenu de cette même manière, ou en faisant digérer l'acide sulfovinique avec le carbonate de ce métal, est toujours bi-acide d'après MM. Dumas et P. Boullay; mais il peut être neutralisé par une quantité convenable de litharge : un excès le rend même alcalin. Quant aux autres sulfovinates, on se les procure facilement, soit en mêlant des quantités proportionnelles de sulfovinate de baryte et des sulfates dont on veut unir les bases avec l'acide sulfovinique, soit en combinant celles-ci directement avec l'acide.

Nous n'étudierons en particulier que le sulfovinate de baryte.

Il cristallise en grandes tables carrées, parfaitement limpides, très solubles dans l'eau. Exposé à une température d'environ 40°, il s'effleurit et commence à s'altérer. A sec et sous l'influence de la chaleur, le sulfovinate de baryte est rapidement attaqué par le chlore gazeux : il se forme un peu d'éther, et il se dépose, sur les parois de l'appareil dans lequel s'exécute l'opération, des gouttes huileuses, abondantes, d'une odeur très piquante. Sa dissolution, au contraire, n'est point troublée par un courant de ce gaz à la température ordinaire; mais évaporée ensuite jusqu'au point où le sel devrait s'en séparer sous forme de cristaux, elle laisse déposer beaucoup de sulfate de baryte d'un aspect grenu et cristallin.

Chauffé avec du carbonate de potasse sec, le sulfovinate de baryte se décompose sans se charbonner : le produit distillé est de l'alcool accompagné d'un peu d'éther.

Sa composition se trouve représentée par 2 proportions d'acide sulfurique, 1 pr. $C^8H^8$ de bi-carbure d'hydrogène, 1 pr. de baryte et 3 pr. d'eau. Par l'exposition à une douce chaleur, il peut perdre, selon M. Magnus, sans changer de nature, environ le tiers de cette eau, et se décompose si l'on essaie de le dessécher davantage. Il n'y a donc tout au plus que 2 proportions d'eau que l'on puisse regarder comme inhérentes au sel et par suite à l'acide. En supposant avec M. Magnus qu'il en soit ainsi, l'acide sulfovinique aura pour formule :

$$2SO^3 + C^8H^8 + 2H^2O,$$

ce qui équivaut à de l'acide sulfurique anhydre, plus de l'alcool.

Nous devons faire observer toutefois que les résultats antérieurement obtenus par M. Sérullas dans l'analyse du sulfovinate de chaux, l'ont conduit à une conséquence toute différente sur la composition de l'acide contenu dans ce sel : l'eau et le bi-carbure d'hydrogène s'y trouveraient dans le même rapport que dans l'éther, et sa formule serait :

$$2SO^3 + C^8H^8 + H^2O,$$

de sorte qu'il serait isomère avec les acides sulféthérique et para-sulféthérique de M. Magnus.

2297. *Acide sulféthérique* (*ou acide éthéro-sulfurique, acide éthionique* de M. Magnus). — Si l'on met de l'acide sulfurique anhydre dans de l'alcool ou de l'éther parfaitement dépouillé d'eau, mais peu-à-peu pour s'opposer à un dégagement de chaleur trop considérable, il se produit un nouvel acide composé, analogue au précédent, découvert par M. Magnus (*Ann. de Chim. et de Phys.*, LII, 151). Sa préparation s'exécute au reste de la même manière que celle de l'acide sulfovinique, en ayant toutefois bien soin de n'évaporer sa dissolution et celle du sulféthérate de baryte que dans le vide et à froid. S'il se trouvait mêlé avec de l'acide sulfovinique, on l'en séparerait facilement, après avoir saturé le produit acide par le carbonate de baryte; car il suffirait de traiter le mélange des deux sels barytiques par l'alcool, qui enleverait le sulfovinate et laisserait indissous le sulféthérate.

D'après des observations toutes récentes de M. Aimé, l'acide sulféthérique se produit encore en mettant l'acide sulfurique anhydre en contact avec le gaz oléfiant : il se dégage en même temps du gaz sulfureux.

L'acide sulféthérique est toujours à l'état liquide. L'ébullition le décompose rapidement : il se forme de l'acide sulfurique, de l'acide para-sulféthérique, et peut-être de l'alcool ou de l'éther.

M. Magnus ne nous a rien appris de plus sur les propriétés de cet acide; parmi les sulféthérates, il n'a examiné que celui de baryte.

Le *sulféthérate de baryte* est très soluble dans l'eau, insoluble dans l'alcool, incristallisable, susceptible en dissolution d'éprouver de la part de la chaleur le même effet que l'acide sulféthérique libre : seulement la transformation n'est pas aussi rapide, bien qu'elle s'exécute encore avec beaucoup de facilité. Il ne donne pas d'huile douce à la distillation, comme le sulfovinate de la même base; il laisse dégager beaucoup d'acide sulfurique et répand une odeur particulière.

Il contient pour 1 pr. de baryte, 2 pr. d'acide sulfurique, 1 pr. $C^8H^8$ de bi-carbure d'hydrogène et 1 pr. d'eau. En supposant cette eau inhérente à la nature même de l'acide sulféthérique, celui-ci se trouvera représenté par $2SO^3 + C^8H^8 + H^2O$ : d'où l'on voit qu'il pourrait être regardé comme formé d'acide sulfurique et d'éther. C'est pour ce motif que M. Magnus l'a nommé *acide éthéro-sulfurique*. Il nous a paru préférable de lui donner la dénomination de *sulféthérique*, dont la première partie rappelle le nom de l'acide, suivant les principes généraux de la nomenclature.

2298. *Acide para-sulféthérique* (*acide iséthéro-sulfurique* de M. Magnus). — On vient de voir qu'il prend naissance en faisant bouillir l'acide sulféthérique ou la dissolution du sulféthérate de baryte. Lorsqu'on se sert du sulféthérate de baryte pour le préparer, il suffit, après avoir décomposé le sel par l'ébullition, de filtrer le sulfate de baryte précipité, de faire cristalliser le para-sulféthérate, et d'en précipiter la base par l'acide sulfurique; mais, dans le cas où l'on ferait usage d'acide sulféthérique libre, il faut d'abord saturer, par le carbonate de baryte, la liqueur provenant de sa décomposition, puis filtrer, etc.

Les propriétés de l'acide para-sulféthérique libre n'ont point été examinées : on ne le connaît que dans le para-sulféthérate de baryte.

La composition de ce sel ne diffère en rien de celle du sulféthérate de la même base.

Il se dissout facilement dans l'eau, sensiblement dans l'alcool, quoiqu'en moindre proportion que le sulfovinate, et cristallise aisément : de là le moyen de séparer l'acide parasulféthérique de l'acide sulféthérique.

Une chaleur de 200° ne lui fait subir aucune altération. Soumis à une température plus élevée, il se boursoufle considérablement, se noircit, exhale une odeur pénétrante, et dégage des gaz et des vapeurs dont la nature n'a point été déterminée. Mêlé à du chlorate ou à de l'azotate de potasse, il détone violemment, lorsqu'on le chauffe, même en présence d'une assez forte proportion de carbonate de soude.

### § 2. *Acide phosphovinique.*

2299. L'acide phosphovinique est le seul composé connu d'acide phosphorique et de bi-carbure d'hydrogène $C^2H^2$ : c'est un bi-phosphate. Il a été découvert par M. Lassaigne et étudié avec détails par M. Pelouze. (*Ann. de Chim. et de Phys.*, LII, 37.)

Pour le préparer, ce dernier chimiste fait un mélange de 100 gram. d'alcool à 95° centésimaux et de 100 gram. d'acide phosphorique en consistance de sirop très épais; il entretient le mélange pendant quelques minutes à une température de 60 à 80°, l'étend, au bout de vingt-quatre heures, de 7 à 8 fois son volume d'eau, le neutralise par le carbonate de baryte en poudre fine, porte ensuite la liqueur à l'ébullition pour volatiliser l'alcool, et la filtre, après l'avoir laissée refroidir jusqu'à environ 70°; car, bouillante, elle renfermerait beaucoup moins de phosphovinate de baryte en dissolution : il se dépose en passant de 70° à la température ordinaire. Il ne reste plus qu'à le décomposer de la même manière que le sulfovinate correspondant pour la préparation de l'acide sulfovinique.

L'acide phosphovinique forme un liquide incolore, inodore, d'une saveur mordicante et très acide, qui rougit fortement la couleur du tournesol, et se mêle en toutes proportions à l'eau, l'alcool et l'éther. L'évaporation lui donne une consistance oléagineuse, et produit en outre un dépôt très peu abondant de petits cristaux dont le nombre n'augmente pas par un froid considérable. Leur faible quantité n'a pas permis à M. Pelouze de les examiner. Etendu de plusieurs fois son volume d'eau, il résiste à une ébullition prolongée sans éprouver d'altération; mais il se décompose dans la même circonstance, s'il est à son maximum de concentration, et donne d'abord un mélange d'éther et d'alcool, puis des gaz carbures d'hydrogène, des traces d'huile douce du vin et un résidu d'acide phosphorique mêlé de charbon. L'acide phosphovinique étendu dissout le zinc et le fer en dégageant une grande quantité d'hydrogène. Comme l'acide para-phosphorique, il coagule l'albumine. Il présente d'ailleurs des propriétés identiques, soit qu'il ait été préparé avec de l'acide phosphorique, soit qu'il provienne d'acide para-phosphorique.

L'acide phosphovinique, dans le sel de baryte desséché, renferme les élémens de 2 proportions d'acide phosphorique, de 1 pr. $C^8H^8$ de bi-carbure d'hydrogène et de 1 pr. d'eau, et conséquemment ceux d'atomes égaux d'acide phosphorique et d'éther, ce qui correspond à la formule $P^2O^5 + C^8H^8 + H^2O$.

Dans les phosphovinates, la quantité d'acide est à la quantité d'oxide dans le même rapport que dans les phosphates neutres. Or, comme la moitié de l'acide est saturée par le bicarbure d'hydrogène, il s'ensuit que les phosphovinates sont des sels sesqui-basiques. Telle est du moins la composition du phosphovinate de baryte que l'on obtient en mettant l'acide phosphovinique en contact avec le carbonate de cette base et celle du phosphovinate de plomb qui résulte de la décomposition réciproque du phosphovinate de baryte et des sels de plomb.

Les phosphovinates de potasse, de soude, d'ammoniaque, de baryte, de strontiane, de magnésie se dissolvent dans l'eau en quantité notable. Il en est sans doute de même des phosphovinates de manganèse, de fer protoxidé et peroxidé, de nickel, de cuivre, de platine; car le phosphovinate de baryte ne produit aucun précipité dans les chlorures qui leur correspondent : il forme, au contraire, des précipités plus ou moins considérables dans les sels de chaux, d'étain au *minimum*, de mercure protoxidé ou bi-oxidé, d'argent et surtout de plomb. Tous d'ailleurs sont solubles dans les acides affaiblis qui ne peuvent former avec leurs bases des sels insolubles.

Le phosphovinate de baryte est le sel de ce genre qui a été le mieux examiné. Sa saveur est celle que possèdent en général les sels de baryte. Sa solubilité dans l'eau varie avec la température d'une manière très irrégulière : 100 parties d'eau dissolvent 3,40 parties de ce sel à 0°; 3p.,30 à 5°; 6p.,72 à 20°; 9p.,36 à 40°; 7p.,16 à 50; 8p.,89 à 55°; 8p.,08 à 60°; 4p.49 à 80°; 2,80 à 100°. Cristallisé à froid, ou précipité de sa dissolution par une chaleur de 100°, il retient la même quantité d'eau et se trouve représenté par $P^2O^5 + 2BaO + C^8H^8 + 13H^2O$. Il s'effleurit avec une lenteur extrême. La dessiccation l'amène à l'état indiqué par la formule $P^2O^5 + 2BaO + C^8H^8 + H^2O$ (Liebig); mais exposé ensuite à l'air, il reprend avidement une partie de celle qu'il a perdue. Ce n'est qu'à une température peu inférieure à celle du rouge obscur qu'il se décompose : de l'eau, des gaz hydrogènes carbonés, un peu d'alcool et des traces d'éther à peine sensibles se dégagent; le résidu se compose de phosphate neutre de baryte mélangé de charbon très divisé.

### § 3. *Ether azoteux.*

2300. L'éther azoteux est ordinairement liquide, d'un blanc jaunâtre; il a une odeur analogue à celle des éthers hydrique et chlorhydrique, mais beaucoup plus forte : aussi produit-il, quand on le respire, une sorte d'étourdissement. Il ne rougit point le papier de tournesol. Sa saveur est âcre et brûlante; sa pesanteur spécifique de 0,886 à 4°; celle de sa vapeur de 3,067, d'après MM. Dumas et Boullay; sa tension de 0m.,758 à la température de 21°. Versé sur la main, il entre sur-le-champ en ébullition, et produit un froid considérable; il suffit même de tenir ouvert entre les mains le flacon qui le renferme pour le voir s'échapper sous la forme de grosses bulles; il prend feu avec la plus grande facilité, et brûle avec une flamme blanche et sans résidu.

Agité avec vingt-cinq ou trente fois son poids d'eau, il se partage en trois parties : l'une, très petite, se dissout; une autre se vaporise, et une troisième se décompose : du bi-oxide d'azote se dégage; la dissolution devient acide tout-à-coup; elle prend une forte odeur de pomme de reinette; et si, après avoir saturé par la potasse l'acide qu'elle contient, elle est soumise à la distillation, on en retire de l'alcool, et on obtient un résidu formé d'azotite et d'azotate de potasse; par conséquent, dans cette circonstance, il y a séparation d'une partie des deux corps qui constituent l'éther : résultats faciles à expliquer en observant que l'éther azoteux a pour formule : $Az^2O^3+C^8H^8+H^2O$; que le carbure d'hydrogène $C^8H^8$ s'unit à 2 atomes d'eau pour s'alcooliser, tandis que l'acide $Az^2O^3$, se décomposant en partie, donne lieu tout à-la-fois à l'acide azotique et au bi-oxide.

Abandonné à lui-même dans un flacon bien fermé, l'éther éprouve aussi, en quelques jours, d'une manière sensible, une altération qui le rend acide : il le devient même sur-le-champ par la distillation. Que se passe-t-il alors? La décomposition spontanée donne lieu, suivant Berzelius, à de l'acide malique; d'où il suit qu'il y aurait du carbure d'hydrogène dont les élémens seraient brûlés par l'oxigène de l'acide azoteux : aussi se dégage-t-il du bi-oxide d'azote. Il est probable d'ailleurs qu'il se forme en même temps une certaine quantité d'alcool.

Si, au lieu de soumettre l'éther azoteux à une chaleur capable d'en opérer la distillation, on le fait passer à travers un tube incandescent, il se décompose complètement. 41 grammes et demi d'éther ainsi décomposé ont donné 5,63 d'eau, contenant un peu d'acide cyanhydrique, 0,40 d'ammoniaque, 0,80 d'huile, 0,30 de charbon, 0,75 d'acide carbonique, 29,90 de gaz formé de bi-oxide d'azote, d'azote, d'hydrogène carboné et d'oxide de carbone. La perte a été de 3,72.

Quoique l'éther azoteux s'altère spontanément, et qu'on ne puisse le mettre en contact avec l'eau sans le décomposer en partie, il résiste pendant long-temps à l'action de la potasse. D'une dissolution de 15 grammes d'éther azoteux dans un grand excès d'une dissolution alcoolique de potasse, il n'a commencé à se déposer des cristaux d'azotite que vingt-quatre heures après; et au bout de huit jours, cette dissolution sentait encore fortement l'éther.

2301. *Préparation.* — L'éther azoteux se prépare en distillant parties égales en poids d'alcool et d'acide azotique du commerce. Après les avoir introduits dans une cornue double en capacité de leur volume, on pose cette cornue sur un fourneau par le moyen d'un triangle de fer, et on la fait communiquer par des tubes avec cinq flacons, dont le premier est vide, et les quatre autres à moitié remplis d'eau saturée de sel. Chacun d'eux est d'ailleurs placé dans une terrine, entouré d'un mélange de glace et de sel marin, et reçoit la longue branche du tube qui le fait communiquer avec le flacon qui le précède, de telle sorte que cette branche pénètre dans son intérieur jusqu'à son fond. Mieux vaudrait peut-être adapter uniquement à la cornue un très long tube, légèrement incliné, fortement refroidi, qui verserait les produits dans un flacon.

Cela fait, on met quelques charbons incandescens sous la cornue, et bientôt la liqueur entre en ébullition. On doit alors retirer le feu et modérer l'ébullition, qui devient de plus en plus forte, en jetant de temps en temps de l'eau sur la cornue avec une éponge. L'opération est terminée lorsque, en l'abandonnant à elle-même, la liqueur cesse de bouillir. Cette liqueur forme, à cette époque, un peu plus du tiers de la quantité d'alcool et d'acide employés.

L'éther azoteux n'est pas le seul produit qu'on obtienne dans cette opération. L'on obtient encore beaucoup de protoxide d'azote et d'eau, un peu d'azote, de bi-oxide d'azote, de gaz carbonique, de gaz acide hypo-azotique, d'acide acétique, et d'une matière facile à charbonner. Il faut donc concevoir qu'une portion d'alcool est complètement décomposée par l'acide azotique ; qu'elle cède presque tout son hydrogène à l'oxigène de cet acide, et que de là résultent tous les produits étrangers à l'éther, tandis que de l'acide azoteux, du bicarbure d'hydrogène et de l'eau en proportions égales s'unissent pour constituer l'éther proprement dit. Tout l'éther se dégage ainsi que l'azote, le protoxide d'azote, le bi-oxide d'azote, le gaz carbonique. Quant à l'eau, à l'acide hypo-azotique et à l'acide acétique, ils ne se dégagent qu'en partie, de même que l'alcool et l'acide azotique qui échappent à leur réaction réciproque. En effet, la matière facile à charbonner reste dans la cornue avec un peu d'acide acétique, environ 78 grammes d'acide azotique, 60 grammes d'alcool et 284 grammes d'eau, lorsque l'on opère sur 500 grammes d'alcool et 500 d'acide azotique.

C'est parce qu'il se forme une si grande quantité de gaz que l'on est obligé de mettre de l'eau salée dans les flacons qui servent de récipient, et de les entourer d'un mélange de glace et de sel. Sans cela la majeure partie de l'éther serait entraînée jusque dans l'atmosphère, et même, quelque chose qu'on fasse, une petite portion y parvient toujours.

Lorsque l'opération est terminée, ce qu'il est facile de reconnaître aux signes que nous avons indiqués précédemment, on délute l'appareil et l'on trouve, dans le premier flacon, une grande quantité d'un liquide jaunâtre, formé de beaucoup d'alcool faible, d'éther et d'acides azotique et acétique; dans le second, à la surface de l'eau salée, une couche assez épaisse d'éther chargé d'un peu d'acide et d'alcool; dans le troisième, une couche de la même nature que la précédente, mais très mince, etc. On sépare ces différentes couches par un entonnoir à long bec; on les réunit à la liqueur contenue dans le premier flacon, et on soumet le tout à une légère ébullition, dans une cornue de verre munie d'un récipient entouré de glace. Les premiers produits sont de l'éther, qui, pour être entièrement pur et privé d'acide, n'a besoin que d'être mis, à froid, en contact avec de la chaux en poudre, dans un petit flacon, décanté au bout de demi-heure, et rectifié par la distillation. D'un mélange de 500 grammes d'alcool et de 500 grammes d'acide, l'on retire environ 100 grammes d'excellent éther.

Au lieu de ce procédé, que j'ai indiqué dans les Mémoires d'Arcueil, M. Duroziez fils conseille de mêler 3 livres d'alcool à 36° avec une livre et demie d'acide azotique à 32°, et 12 onces d'acide sulfurique, c'est-à-dire qu'il opère comme quand il s'agit d'unir l'alcool aux acides végétaux (2305); mais la présence d'une si grande quantité d'acide sulfurique ne détermine-t-elle pas la formation d'un peu d'éther hydrique? (*Journ. de Pharm.*, IX, 191.)

Il existe encore une autre méthode enseignée par Black, et fort bonne, à ce qu'il paraît. Elle consiste à verser dans un flacon cylindrique 9 parties d'alcool d'une densité de 0,83, à faire arriver, sous l'alcool, au moyen d'un entonnoir muni d'une ouverture très étroite et plongeant jusqu'au fond du flacon, 4 parties d'eau distillée, en ayant soin d'éviter que les deux liquides se mêlent; à conduire sous l'eau, en prenant la même précaution, 8 parties d'acide azotique fumant, concentré, et à laisser réagir peu-à-peu les trois couches de liquide, dans un lieu dont la température ne dépasse pas 15°. Le flacon doit être plein jusqu'aux $\frac{4}{5}$, et avoir une hauteur pour le moins triple de la largeur. Son ouverture est fermée avec un bouchon percé et muni d'un tube mince, recourbé, qui se rend jusqu'au fond d'un deuxième flacon plus étroit, à demi plein d'alcool. A bout de quarante-huit à soixante heures, l'éthérification est terminée; il ne reste plus que deux couches dans le grand flacon; l'éther occupe la partie supérieure et nage à la surface d'une liqueur acide : on le décante et on le purifie. Le deuxième flacon renferme en dissolution dans l'alcool une autre portion d'éther azoteux, entraînée à l'état de vapeur pendant l'opération : on la sépare en ajoutant de l'eau, etc.

2302. L'éther azoteux est formé de 32,35 de carbone; 18,73 d'azote; 6,60 d'hydrogène et 42,32 d'oxigène; ce qui correspond à la formule $Az^2O^3+C^8H^8+H^2O$ : elle représente 4 vol. d'éther gazeux. (Dumas et P. Boullay.)

Cet éther ne s'emploie qu'en médecine : encore n'en fait-on usage que dissous dans l'alcool.

La découverte en est due à Navier, médecin de Châlons. Un grand nombre de chimistes se sont occupés de son histoire. (*Mém. d'Arcueil*, 1, 75.)

## § 4. *Ether oxi-chloro-carbonique.*

2303. L'éther oxi-chloro-carbonique est le produit de l'action de l'acide chloroxicarbonique (202 *bis*) sur l'alcool. Il renferme un acide particulier, inconnu à l'état isolé, contenant pour la même quantité de carbone moitié plus d'oxigène et moitié moins de chlore que l'acide chloroxicarbonique. Cet éther d'ailleurs est toujours hydraté, et sa composition rentre dans la loi générale des éthers à oxacides.

La réaction qui lui donne naissance se représente par l'équation suivante :

$$C^4O^2Ch^4 + C^8H^8,H^4O^2 = Ch^2H^2 + C^4O^3Ch^2,C^8H^8,H^2O;$$

d'après laquelle on peut voir que 4 volumes de gaz chloroxicarbonique et 4 volumes d'alcool supposé gazeux, se décomposent mutuellement, en produisant 4 volumes de gaz chlorhydrique et une quantité d'éther oxichlorocarbonique qui fournirait 4 volumes de vapeur.

M. Dumas, qui a fait connaître cet éther remarquable, le prépare en faisant passer 30 grammes d'alcool absolu dans un ballon de 15 litres rempli de gaz chloroxicarbonique. Après avoir agité le tout, puis laissé rentrer de l'air pour remplacer le gaz absorbé, la liqueur doit être extraite du ballon et mêlée à environ son volume d'eau distillée. Il se forme alors deux couches dont la plus pesante ne contient pour ainsi dire que de l'éther oxichlorocarbonique, et la plus légère que de l'eau fortement chargée d'acide chlorhydrique. Le liquide inférieur est soutiré avec une pipette et rectifié au bain-marie sur de la litharge et du chlorure de calcium : l'éther passe pur dans le récipient.

C'est un liquide très-fluide, incolore, d'une odeur forte, qui provoque le larmoiement et suffoque, à moins qu'il ne soit disséminé dans beaucoup d'air : il devient alors assez agréable à respirer. Sa densité est de 1,133, à la température de 15°; celle de sa vapeur de 3,82 d'après l'expérience, et de 3,759 d'après le calcul. Il entre en ébullition à 94° sous la pression de 0,773.

Sa formule atomique est $C^4O^3Ch^2+C^8H^8+H^2O$; ce qui représente 4 volumes de vapeur.

L'eau chaude mise en contact avec lui devient fortement acide; il se forme probablement de l'alcool et des acides chlorhydrique et carbonique. L'acide sulfurique concentré le dissout, en donnant lieu bientôt après à un dégagement de gaz acide chlorhydrique.

Mêle-t-on l'éther oxichlorocarbonique avec de l'ammoniaque en dissolution concentrée, il se développe beaucoup de chaleur, le mélange entre en ébullition et fait quelquefois même une sorte d'explosion. Si l'ammoniaque est en excès, l'éther disparaît entièrement en produisant du chlorhydrate d'ammoniaque et de l'*uréthane*, composé particulier que nous allons décrire. (Voyez *Ann. de Chim. et de Phys.*, LIV, 222.)

2304. *Uréthane* ou *carbonate neutre anhydre d'ammoniaque et de bi-carbure d'hydrogène.* — Ce composé, dont la constitution élémentaire se trouve exprimée en atomes de la manière la plus simple par $C^6AzH^7O^2$, peut être représenté par l'une ou l'autre des deux formules suivantes :

$$(C^2O^2,\ C^8H^8,\ H^2O)+C^2Az^2H^4O$$
$$(C^2O^2,\ C^8H^8)+(C^2O^2,\ Az^2H^6).$$

La première le ferait envisager comme une combinaison d'éther carbonique (encore inconnu à l'état isolé, mais d'une composition analogue à celle des autres éthers à oxacides) et d'urée (*Voy.* ce corps). C'est à cette considération qu'a fait allusion M. Dumas, en proposant le nom d'*uréthane*. La deuxième nous ferait voir simplement dans cette uréthane un carbonate neutre et anhydre de bi-carbure d'hydrogène et d'ammoniaque. Si la tendance que manifestent ces deux bases à former des sels hydratés est un motif pour rejeter cette dernière hypothèse, on trouve de puissantes raisons pour la préférer dans la volatilité de l'uréthane comparée à la manière dont se comporte l'urée soumise à l'action du feu (page 177 de ce volume) : le carbonate d'ammoniaque anhydre n'existe-t-il pas d'ailleurs à l'état isolé (383)?

La formation simultanée de l'uréthane et du chlorhydrate d'ammoniaque par l'éther oxichlorocarbonique et l'ammoniaque se conçoit tout de suite en jetant les yeux sur l'équation suivante :

$$C^4O^3Ch^2, C^8H^8, H^2O + 2Az^2H^6 = (C^2O^2, C^8H^8 + C^2O^2, Az^2H^6) + H^2Ch^2, Az^2H^6.$$

Pour se procurer l'uréthane, on fait agir un excès d'ammoniaque liquide sur l'éther chloroxicarbonique. Lorsque celui-ci a disparu, le produit de la réaction est évaporé et desséché dans le vide, puis placé dans un appareil distillatoire bien exempt d'humidité, et exposé à la chaleur d'un bain d'huile. L'uréthane se vaporise et passe dans le récipient, accompagnée d'une petite quantité de sel ammoniac : il faut, pour l'en dépouiller complétement, la soumettre à des distillations réitérées, tant que sa dissolution aqueuse précipite l'azotate d'argent.

Elle est solide, blanche, fusible au-dessous de 100°, volatile vers 108° sans s'altérer, pourvu qu'elle soit sèche, très soluble dans l'eau froide ou chaude, ainsi que dans l'alcool même anhydre. Elle est remarquable par la facilité avec laquelle elle cristallise, soit en se séparant de ses dissolutions aqueuse et alcoolique, soit en passant de l'état liquide à l'état solide. Dans le premier cas, elle donne des cristaux minces, volumineux, nets et transparens; dans le deuxième, elle se prend en une masse feuilletée et nacrée comme le blanc de baleine. La densité de sa vapeur a été trouvée égale à 3,14, et doit être, d'après le calcul, de 3,096, de telle sorte que 1 vol. de gaz carbonique, 1 vol. de gaz oléfiant et 1 vol. de gaz ammoniac s'y trouvent condensés en un seul.

L'uréthane ne réagit point sur l'eau, à froid, et s'y dissout sans lui communiquer la propriété d'exercer aucune action sur les couleurs végétales. Mais si elle est exposée humide à l'action de la chaleur, elle éprouve une décomposition qui donne lieu à d'abondantes vapeurs ammoniacales.

## ARTICLE V.

### *Éthers à oxacides organiques.*

2305. Tous sont composés, comme les éthers à oxacides minéraux, de 1 proportion d'acide, 1 pr. $C^8H^8$ de bi-carbure d'hydrogène et 1 proportion d'eau. Tous s'obtiennent facilement en faisant réagir les acides organiques et l'alcool sous l'influence des acides minéraux puissans. Tous se décomposent, lorsqu'on les agite avec des dissolutions caustiques de potasse et de soude, de telle manière que l'acide se combine avec la base, et que le bi-carbure, en s'unissant à 2 proportions d'eau reconstitue l'alcool qui disparaît au moment de la production de l'éther.

Les éthers à oxacides organiques, connus jusqu'ici, sont au nombre de 10, savoir : les éthers acétique, formique, oxalique, tartrique, citrique, malique, quinique, gallique, benzoïque, succinique. Outre ces éthers, il existe un bi-cyanate de bi-carcure d'hydrogène que MM. Wöhler et Liebig ont fait connaître sous le nom d'éther cyanique. Nous l'examinerons après les éthers organiques; et à l'éther oxalique nous annexerons *l'oxaméthane*, qui peut être regardée comme un oxalate anhydre d'ammoniaque et de bi-carbure d'hydrogène.

### § 1. *Éther acétique.*

2306. L'éther acétique, découvert par le comte de Lauraguais en 1759, est devenu successivement l'objet des recherches de Schéele, de Pelletier, de Schultze, de Lichtenberg, de Gehlen, de Thenard, de Dumas et Boullay (*Mém. d'Arcueil*, t. 1, p. 153. — *Ann. de Chim. et de Phys.* t. XXXVII, p. 15). On en trouve de petites quantités dans le vinaigre, et il s'en forme quelquefois en peu de temps, lorsqu'on expose à l'air du marc de raisin (M. Derosne, *Ann. de Chim.* t. LXVIII, p. 331). Les pharmacopées recommandent, pour l'obtenir, de mettre parties égales en poids d'acide acétique concentré et d'alcool; de distiller le mélange jusqu'à ce que la distillation soit aux deux tiers faite, de cohober, c'est-à-dire de remettre dans la cornue ce qui est passé dans le récipient, de continuer la distillation jusqu'au point où on l'avait laissée d'abord, de cohober de nouveau et de redistiller de cette manière la liqueur cinq à six fois; enfin, de saturer le produit par la potasse, et d'en retirer l'éther pur par une nouvelle distillation. Mais ce procédé présente plusieurs inconvéniens : le premier, d'occasioner une perte assez considérable d'éther, en raison du nombre de distillations qu'on est obligé de faire; le second, de donner de l'éther contenant de l'alcool, à moins qu'on ait cohobé un grand nombre de fois; le troisième, d'exiger une longue manutention et l'emploi d'une trop grande quantité d'acide. Le suivant que j'ai indiqué est bien préférable.

Prenez 100 parties d'alcool rectifié, 63 parties d'acide acétique concentré, 17 parties d'acide sulfurique du commerce; après avoir mêlé le tout, introduisez-le dans une cornue de verre tubulée, par la tubulure dont elle est surmontée; placez cette cornue dans un fourneau muni de son laboratoire; adaptez-y un ballon à long col, que vous refroidirez avec des linges mouillés; fermez la tubulure du ballon avec un bouchon percé d'un petit trou; mettez quelques charbons incandescens sous la cornue : la liqueur ne tardera pas à entrer en ébullition; lorsqu'il y en aura environ 125 grammes distillés, l'opération sera terminée. Ces 125 grammes seront de l'éther presque pur; il ne faudra plus pour le purifier, que le laisser en contact avec 10 à 12 grammes de pierre à cautère pendant environ demi-heure dans un flacon, et agiter le tout de temps en temps; il en résultera deux couches : l'une inférieure, très mince, de potasse et d'acétate de potasse en dissolution dans l'eau; et l'autre supérieure, très épaisse, d'éther pur, qu'on séparera par un entonnoir à long bec. Dans cette expérience, l'acide sulfurique peut être regardé comme agissant en enlevant de l'eau à l'alcool et à l'acide acétique : ce qu'il y a de certain, c'est qu'il n'entre pas dans la composition de l'éther acétique, et qu'il ne se produit point d'éther hydrique.

On peut encore faire avec économie un excellent éther acétique, en prenant 3 parties d'acétate de potasse, 3 parties d'alcool très concentré, et 2 parties d'acide sulfurique aussi très concentré; on les introduit dans une cornue tubulée, et on distille le mélange jusqu'à parfaite siccité; ensuite on mêle le produit avec la 5$^{e}$ partie de son poids d'acide sulfurique encore très concentré, et, par une distillation ménagée, on en retire autant d'éther qu'on a employé d'alcool. Tout autre acétate peut être substitué à l'acétate de potasse; mais alors il faut employer d'autres proportions d'alcool et d'acide sulfurique que celles qu'on vient d'indiquer : par exemple, on peut employer avec avantage l'acétate de plomb, en le mêlant avec la moitié de son poids d'alcool, et un peu plus de la moitié de son poids d'acide sulfurique.

2307. L'éther acétique est un liquide incolore, qui a une odeur agréable d'éther sulfurique et d'acide acétique; il ne rougit ni le papier ni la teinture de tournesol; sa saveur est toute particulière; sa pesanteur spécifique est de 0,866 à 7°, et celle de sa vapeur de 3,067.

Sous la pression de 0m,75, il entre en ébullition à 71°. Mis en contact avec l'air et un corps enflammé, il prend feu et brûle avec une lumière d'un blanc jaunâtre : de l'acide acétique se développe dans sa combustion. Il ne s'altère point avec le temps. L'eau en dissout, à 17°, la 7e partie et demie de son poids. Ainsi dissous dans l'eau, il est toujours sans action sur la teinture de tournesol, et il conserve l'odeur et la saveur qui le caractérisent. Mais lorsqu'on le met, dans cet état, en contact avec la moitié de son poids de potasse caustique, son odeur et sa saveur disparaissent; il se décompose complètement : aussi, en soumettant la liqueur à la distillation, passe-t-il de l'alcool dans le récipient, et obtient-on de l'acétate de potasse pour résidu.

L'éther acétique est, comme tous les autres éthers, très soluble dans l'alcool, et séparé en grande partie de sa dissolution alcoolique par l'eau : il dissout comme ceux-ci la plupart des corps gras, et notamment les huiles grasses. Il peut s'unir au chlorure de calcium et former un composé qui renferme proportions égales de chlorure et d'éther. (Liebig, *Ann. de Chim. et de Phys.*, t. LV, p. 133.)

Ses autres propriétés ne sont point encore connues.

Sa formule atomique est $C^8H^6O^3+C^8H^8+H^2O$ : elle représente 4 volumes de vapeur.

On ne peut l'employer qu'en médecine.

2308. *Acétal.* — C'est le nom que donne M. Liebig à une substance que M. Döbereiner a découverte en oxidant la vapeur de l'alcool à la température ordinaire, au moyen du noir de platine. Nous la plaçons ici parce qu'elle peut être considérée comme de l'acétate tri-basique de bicarbure d'hydrogène tri-hydraté, et que sous ce point de vue elle se rapproche de l'éther acétique.

Pour l'obtenir, M. Döbereiner, après avoir mis de l'alcool à 60 ou 80° de l'alcoomètre dans une soucoupe, place, à quelques lignes au dessus de la surface du liquide, un support qui reçoit plusieurs verres de montre contenant du noir de platine légèrement humecté avec de l'eau, et il recouvre le tout d'une cloche de verre, ouverte dans sa partie supérieure, et plongeant dans l'alcool que renferme la soucoupe. Cet appareil est abandonné dans un endroit qui ne soit pas trop frais, jusqu'à ce que l'alcool soit devenu très acide. Au bout de ce temps, le liquide est distillé sur du carbonate de chaux, et le produit du récipient mêlé à du chlorure de calcium en poudre. La liqueur se partage en deux couches, dont la plus légère est de l'acétal, mêlé seulement à une petite quantité d'eau et d'alcool. En le mettant en contact avec du chlorure de calcium récemment fondu, puis le décantant quand le chlorure s'est liquéfié, réitérant cette opération jusqu'à ce qu'il ne se manifeste plus d'humidité, et le distillant, sur le même chlorure, dans un appareil bien sec, on obtient l'acétal tout-à-fait pur.

L'acétal est un liquide fluide comme l'éther, incolore, d'une odeur éthérée qui a de la ressemblance avec l'éther proto-chloré. Sa densité est de 0,823 à 20°, et son point d'ébullition à 95°. Il se mêle en toutes proportions à l'alcool et à l'éther : l'eau en dissout environ $\frac{1}{6}$ de son poids. Il prend aisément feu et brûle avec une flamme brillante. Il passe à l'état d'acide acétique, en prolongeant l'action du noir de platine qui lui a donné naissance. La potasse, et mieux encore l'acide sulfurique produisent, en agissant sur lui, une matière résinoïde jaune.

M. Liebig lui a assigné pour formule atomique $C^{16}H^{18}O^3$, qui pourrait représenter une combinaison de 1 at. d'acide acétique et de 3 at. d'éther hydrique: $C^8H^6O^3+3(C^8H^8,H^2O)=2C^{16}H^{18}O^3$. Il pense qu'un atome d'acétal provient de 4 atomes d'alcool qui abandonnent 1 atome d'eau, et perdent, par l'oxidation, 4 atomes d'hydrogène. (*Journ. de Pharm.*, t. XIX, p. 351.)

## § 2. *Ether formique.*

2309. Il a été découvert par Jean Afzélius, et étudié plus tard par Bucholz, Gehlen et Döbereiner. La réaction de l'acide formique sur l'alcool, sans le secours de l'acide sulfurique, peut lui donner naissance, mais difficilement ; il vaut beaucoup mieux le préparer en distillant 7 parties de formiate de soude, 10 parties d'acide sulfurique concentré et 6 d'alcool. L'éther formé doit être ensuite séparé de l'alcool par l'addition d'eau, puis dépouillé de l'acide qui pourrait l'accompagner par l'agitation avec un peu de magnésie calcinée, et enfin desséché par la distillation sur du chlorure de calcium. (Döbereiner, *Ann. de Chim. et de Phys.*, II, 103.)

L'éther formique est un liquide incolore, d'une odeur forte, qui rappelle celle des noyaux de pêche, et d'une saveur qui se rapproche de celle des fourmis. Sa densité est de 0,9157 à 18°, selon Gehlen, et son point d'ébullition à 56°, sous la pression de 27,7 pouces, selon Döbereiner. Il est soluble en toutes proportions dans l'alcool : l'eau l'en précipite en partie ; elle en dissout elle-même $\frac{1}{9}$ de son poids ; mais au bout de quelque temps, la dissolution se trouve transformée en un mélange d'alcool et d'acide formique faibles : l'addition d'une grande quantité d'alcool empêche sa décomposition. L'éther formique brûle à l'air avec une flamme bleue, dont les bords et la pointe sont d'un jaune clair. Il n'a point été l'objet de recherches analytiques suffisamment précises.

## § 3. *Ether oxalique.*

2310. Lorsqu'on fait une dissolution de 30 grammes d'acide oxalique dans 35 grammes d'alcool pur, et qu'après y avoir ajouté 10 grammes d'acide sulfurique concentré, on la distille jusqu'à ce qu'il commence à se former un peu d'éther hydrique, il ne passe que de l'alcool légèrement éthéré dans le récipient, et il reste dans la cornue une liqueur brune très fortement acide, d'où, par le refroidissement, il ne se dépose que des cristaux d'acide oxalique; mais lorsqu'on étend cette liqueur d'eau, il s'en sépare une matière d'aspect oléagineux, peu soluble dans l'eau, assez abondante, et qu'on obtient pure en la lavant à l'eau froide, et lui enlevant par un peu d'alcali l'excès d'acide qu'elle retient.

Toutefois, d'après MM. Dumas et P. Boullay, le procédé suivant est préférable : il fournit plus d'éther. 1 partie d'alcool, 1 partie de sel d'oseille et 2 parties d'acide sulfurique ont soumises à la distillation, jusqu'à ce qu'environ la totalité de l'alcool soit passée dans le récipient. Il ne se dégage d'abord que de l'alcool; mais, plus tard, il se volatilise en outre de l'éther hydrique, de l'eau et de l'éther oxalique qui se rassemble presque tout entier au fond du vase. On décante le liquide supérieur, on le remet dans la cornue et l'on distille de nouveau. Cette seconde distillation donne un produit d'où l'on peut extraire, en l'étendant d'un peu d'eau, une nouvelle quantité d'éther : celui-ci se précipite; l'on peut même en obtenir encore en versant de nouvel alcool sur le résidu contenu dans la cornue, et procédant à une troisième distillation dont le produit devra être étendu d'eau comme celui de la seconde.

Ainsi obtenu, il contient un peu d'acide, d'alcool, d'éther, et d'après M. Sérullas, du sulfate de bi-carbure d'hydrogène. Pour le débarrasser de ces corps étrangers, il faut le laver rapidement avec de l'eau, le faire bouillir sur de la litharge en poudre jusqu'à ce qu'il ne soit plus acide et que son point d'ébullition soit parvenu à 183 ou 184°, le transvaser alors dans une cornue et le rectifier.

L'éther oxalique est un liquide oléagineux, dont l'odeur est aromatique. Sa densité est de 1,0929 à 7°,5; celle de sa vapeur de 5,087; par conséquent, sa formule atomique

$$C^4O^3+C^8H^8+H^2O$$

représente 2 vol. de vapeur.

Il bout entre 183° et 184° : l'alcool le dissout en toutes proportions ; l'eau, seulement en très petite quantité ; elle finit même par le décomposer et le transformer en acide oxalique et alcool : aussi doit-on éviter de conserver cet éther sous l'eau ; il disparaîtrait dans l'espace de quelques jours. Sous l'influence des alcalis, sa décomposition est instantanée : 100 parties d'éther ont donné à MM. Dumas et Boullay 49,0 parties d'acide oxalique et 62,2 parties d'alcool ; d'où l'on voit qu'alors il y a 11,2 parties d'eau absorbées, résultats qui s'accordent, autant qu'on peut le desirer, avec la théorie, puisque, d'après le calcul, on devrait obtenir 63,1 parties d'alcool et 49,2 d'acide.

L'ammoniaque exerce sur l'éther oxalique une action dont les effets sont remarquables et variés. Employée en dissolution concentrée et en excès, elle réagit sur l'acide oxalique de l'éther, de manière à former de l'eau et de l'*oxamide*, composé qui peut être représenté par de l'oxalate d'ammoniaque anhydre auquel on enlèverait les élémens de 1 atome d'eau : l'eau de l'éther et celle qui provient de la décomposition mutuelle de l'acide oxalique et de l'ammoniaque s'unissent au bi-carbure d'hydrogène, et de là résulte de l'alcool qui se dissout dans la liqueur, tandis que la presque totalité de l'oxamide se précipite. L'équation suivante est la représentation du phénomène :

$$(C^4O^3, C^8H^8, H^2O) + Az^2H^6 = C^4O^2Az^2H^4 \text{ (oxamide)} + C^8H^8, H^2O.$$

Si, au contraire, on fait passer de l'ammoniaque gazeuse et sèche dans l'éther oxalique, on obtiendra de l'alcool et de l'*oxaméthane* mêlée seulement d'un peu d'oxamide. L'oxaméthane peut être considérée comme un oxalate double anhydre de bi-carbure d'hydrogène et d'ammoniaque. Voici l'équation par laquelle se trouve exprimée la réaction qui lui donne naissance :

$$2(C^4O^3, C^8H^8, H^2O) + Az^2H^6 = (C^4O^3, C^8H^8 + C^4O^3, Az^2H^6) + C^8H^8, H^4O^2.$$

*Oxaméthane ou oxalate anhydre d'ammoniaque et de bicarbure d'hydrogène.* — La théorie de la production de ce composé vient d'être donnée. Pour procéder à sa préparation, il faut faire passer, dans de l'éther oxalique, du gaz ammoniaque sec, à froid, jusqu'à ce que la matière soit solidifiée. Ce terme atteint, elle doit être échauffée pendant quelque temps, tout en continuant encore le courant de gaz ammoniaque. La portion du produit qui se trouve placée à la surface est la plus impure ; on la rejette. Le reste est traité par l'alcool bouillant dont il faut éviter, autant que possible, d'employer un excès.

L'oxaméthane se dissout et se sépare ensuite facilement du liquide à l'état de cristaux : une petite quantité d'oxamide, mêlée avec elle, reste au contraire indissoute.

L'oxaméthane cristallise en belles lames, blanches, grasses au toucher, tant par voie de dissolution que par sublimation. Elle est soluble dans l'eau et l'alcool; mais l'eau chaude la décompose et devient acide : il se forme de l'alcool et du bioxalate d'ammoniaque. Elle se fond au-dessous de 100°, ne se volatilise qu'au-dessus de 220°, et n'est point altérée par la sublimation.

Elle est, par sa nature, analogue à l'uréthane (2304). La plus simple expression atomique de sa composition est : $C^8AzH^7O^3$, que l'on peut considérer comme la réduction, soit de la formule : ($C^4O^3$, $Az^2H^6$ + $C^4O^3$, $C^8H^8$), soit de la formule : ($C^4O^3$, $C^8H^8$,$H^2O$+$C^4Az^2H^4O^2$). La première de ces deux formules représente un double oxalate d'ammoniaque et de bicarbure d'hydrogène; la deuxième, un composé d'éther oxalique et d'oxamide (voyez *oxamide*). La dénomination d'*oxaméthane* rappelle cette dernière manière d'envisager la composition de cette substance. MM. Dumas et Boullay, qui l'ont découverte, lui donnèrent primitivement le nom d'oxalovinate d'ammoniaque. (*Annales de Chimie et de Physique*, t. XXXVII, p. 36.)

## § 4. *Ethers citrique, malique.*

2311. Si l'on traite les acides citrique et malique par l'alcool et l'acide sulfurique, de la même manière que l'acide oxalique, on obtient des produits éthérés analogues. Les éthers malique et citrique, qui tous deux ont l'aspect oléagineux comme l'éther oxalique, sont d'ailleurs comme lui sans odeur, un peu plus pesans que l'eau, sensiblement solubles dans ce liquide, très solubles dans l'alcool dont l'eau les précipite tout-à-coup, décomposables par les alcalis. Ils ne se vaporisent pas, du moins dans le cours de l'opération où on les produit.

## § 5. *Ether tartrique.*

2312. L'acide tartrique est aussi susceptible de réagir sur l'alcool, de même que les acides précédens; mais il nous offre, dans sa réaction sur ce liquide, des phénomènes particuliers que nous allons rapporter. L'expérience doit être faite de même qu'avec l'acide oxalique. Il faut donc employer 30 grammes d'acide tartrique, 35 grammes d'alcool, 10 grammes d'acide sulfurique, et distiller la liqueur jusqu'à ce qu'il commence à se former un peu d'éther. Si, à cette époque, l'on retire le feu du fourneau, la liqueur se prendra en sirop épais par le refroidissement. En vain l'on y versera de l'eau dans l'espérance d'en séparer, comme dans les expériences précédentes, de l'éther tartrique. Que l'on y ajoute alors peu-à-peu de la potasse, on en précipitera beaucoup de tartrate acide; puis, après l'avoir saturée sans dépasser le point de saturation, qu'on l'évapore et qu'on la traite à froid par l'alcool très concentré, on obtiendra, par l'évaporation de la dissolution alcoolique, une substance qui, par le refroidissement, se prendra en sirop épais, plus facilement encore qu'avant d'avoir été traitée par la potasse et l'alcool.

Cette substance, dont il est facile de préparer une grande quantité, a une couleur brune et est amère, légèrement nauséabonde, inodore, nullement acide, très soluble dans l'eau et dans l'alcool; elle ne précipite point le chlorure de calcium; elle précipite abondamment le chlorure de barium. Quand on la calcine, elle répand d'épaisses fumées qui ont une odeur d'ail, et en même temps elle laisse un résidu charbonneux non alcalin qui contient beaucoup de sulfate de potasse. En un mot, lorsqu'on la distille avec la potasse, on en retire de l'alcool très fort et beaucoup de tartrate de potasse. D'après ces propriétés, on peut conjecturer que cette substance est formée de sulfovinate et de tartrovinate de potasse, ou de sulfovinate de potasse et d'éther tartrique.

### § 6. *Ethers gallique, kinique.*

2313. On sait seulement de l'éther gallique qu'il existe (*Mém. d'Arcueil*, II, 13), et de l'éther kinique, qu'il a beaucoup de rapports avec l'éther tartrique. (Henry et Plisson, *Ann. de Chim. et de Phys.*, XLI, 327.)

### § 7. *Ether benzoïque.*

2314. L'éther benzoïque est incolore, liquide à la température ordinaire; sa saveur est piquante, son aspect oléagineux, son odeur faible, et tout autre que celle de l'éther hydrique; sa densité de 1,0539 à 10° ½; celle de sa vapeur de 5,409. Il entre en ébullition à 209°.

Il est presque insoluble dans l'eau froide, moins insoluble dans l'eau chaude, et très soluble dans l'alcool dont on peut le précipiter par l'eau. Agité pendant quelque temps avec une dissolution d'hydrate de potasse, il disparaît et se décompose complètement. En effet si, lorsqu'il n'existe plus d'éther à la surface de la liqueur, elle est distillée, on en retire de l'alcool qui se vaporise et du benzoate de potasse qui reste dans le vase distillatoire.

On ne saurait obtenir l'éther benzoïque, soit en distillant ensemble de l'alcool et de l'acide benzoïque un grand nombre de fois, soit en précipitant par l'eau une dissolution d'acide benzoïque dans l'alcool, soit en concentrant fortement cette dissolution et l'abandonnant à elle-même. La présence d'un acide minéral fort et concentré est absolument indispensable.

Que l'on prenne 30 grammes d'acide benzoïque, 60 grammes d'alcool, 15 grammes d'acide chlorhydrique liquide et concentré; qu'on les introduise dans une petite cornue tubulée dont le col se rendra dans un récipient muni, si l'on veut, d'un tube propre à recueillir les gaz; que l'on place ensuite la cornue sur un fourneau, qu'on arrête la distillation quand elle sera à moitié faite pour cohober, et qu'on réitère 2 ou 3 fois cette opération, voici ce qu'on observera. Dans tout le cours de l'opération, il ne se dégagera d'autres gaz que de l'air atmosphérique et des traces d'éther chlorhydrique. Le produit distillé contiendra une petite quantité d'éther benzoïque, qu'on pourra facilement en séparer par l'eau. Mais la majeure partie de cet éther restera dans la cornue; il y sera recouvert par une couche d'alcool, d'eau, d'acide chlorhydrique et d'un peu d'acide benzoïque. En versant à plusieurs reprises de l'eau chaude dans la cornue, on enlèvera cette couche. L'on pourra donc facilement se procurer ainsi de l'éther benzoïque. Toutefois cet éther, tel que nous venons de le préparer, ne sera point pur; il contiendra un petit excès d'acide benzoïque, qui pourra le rendre solide à la température ordinaire, et lui donnera la propriété de rougir le tournesol. Pour le purifier, il faudra l'agiter avec une petite quantité de dissolution alcaline, et le laver convenablement. En vain on recherchera la présence de l'acide chlorhydrique dans l'éther benzoïque.

L'éther benzoïque peut être produit encore au moyen du chlorure de benzoyle et de l'alcool; mais la réaction de ces deux composés ne pourrait servir de base à un mode de préparation plus avantageux que celui dont nous venons de donner la description.

La formule atomique de cet éther est : $C^{28}H^{10}O^3,C^8H^8,H^2O$ : elle représente 4 volumes de vapeur.

## § 8. *Ether succinique.*

2315. Cet éther a été obtenu par M. F. d'Arcet en distillant ensemble 10 p. d'acide succinique, 20 p. d'alcool et 5 p. d'acide chlorhydrique concentré, et cohobant 4 ou 5 fois la liqueur du récipient. Dans la cornue se trouve en dernier lieu un liquide jaunâtre de consistance oléagineuse, composé d'alcool, d'eau, d'acide succinique, d'acide chlorhydrique et d'éther succinique. L'addition de l'eau y détermine la précipitation de gouttelettes huileuses, brunes, qui ne tardent point à se réunir au fond du vase; elles forment un liquide qui, lavé à l'eau froide à plusieurs reprises, chauffé sur de l'oxide de plomb jusqu'à ce que son point d'ébullition soit constant, et enfin distillé, est de l'éther succinique pur.

Il se présente sous forme d'un liquide incolore, huileux au toucher, doué d'une saveur aigre et brûlante et d'une odeur qui rappelle celle de l'éther benzoïque. Sa densité est de 1,036, à 15°; celle de sa vapeur de 6,22. Il entre en ébullition à 214°. Il brûle avec une flamme jaune.

Le chlore le décompose très lentement à la lumière diffuse, mais instantanément à la lumière solaire directe : de l'acide chlorhydrique se substitue au gaz chlore, et sur les parois du flacon dans lequel on opère, se dépose bientôt une foule de petits cristaux d'acide succinique, mêlés à une matière jaunâtre et visqueuse.

La potasse, en agissant sur l'éther succinique, donne lieu à du succinate et à de l'alcool. L'ammoniaque sèche est sans action sur lui; mais si l'éther est agité avec de l'ammoniaque liquide, il ne tarde point à disparaître, et, au bout de quelques heures, une matière blanche cristalline, qui paraît avoir de l'analogie avec l'oxaméthane, se précipite.

L'éther succinique a pour formule atomique : $C^8H^4O^3 + C^8H^8 + H^2O$. En supposant qu'elle représente 2 vol. de vapeur, la densité de cette vapeur devra être 6,06, nombre qui diffère peu de celui que l'expérience a donné. (*Journal de Pharm.*, xx, 657.)

## § 9. *Ether cyanique.*

2316. L'acide cyanique est le seul des acides organiques azotés, qui ait été combiné avec le bi-carbure d'hydrogène $C^2H^2$.

Fait-on passer de la vapeur d'acide cyanique hydraté dans de l'alcool absolu? Elle est rapidement absorbée, l'alcool s'échauffe au point d'entrer en ébullition, sans toutefois qu'il se dégage aucun gaz permanent; le liquide se trouble et laisse apparaître un abondant précipité blanc, cristallin, dont le refroidissement augmente encore la quantité. La substance qui constitue le précipité est l'éther cyanique de MM. Wöhler et Liebig. Pour l'obtenir pur, il suffit de le laver à plusieurs reprises avec de l'alcool, et de le faire sécher.

Ainsi préparé, l'éther cyanique est sous forme d'une poudre cristalline, d'une blancheur éclatante, sans saveur et sans odeur prononcées. Il se dissout à peine dans l'eau froide, un peu plus dans l'eau bouillante, sans lui communiquer de réaction acide; plus encore dans l'alcool et dans l'éther, surtout à chaud. Sa dissolution dans l'alcool ou dans un mélange d'alcool et d'éther, l'abandonne sous forme de cristaux réguliers et prismatiques, soit par l'évaporation spontanée, soit par un refroidissement ménagé, après avoir été saturée bouillante. Ces cristaux sont transparens, doués d'un éclat nacré, plus denses que l'eau, et cependant susceptibles de flotter à sa surface.

Exposé à l'action du feu, l'éther cyanique se résout bientôt en un liquide incolore et transparent, au-dessus duquel de la vapeur s'élève sous forme d'une fumée inodore, et produit dans l'air, en se condensant, une neige cristalline très légère. Cette vapeur peut s'enflammer à l'air, et brûle avec une flamme semblable à celle du cyanogène. Par le refroidissement, l'éther fondu se prend en une masse cristalline. En vase clos, il ne se volatilise qu'en très petite quantité; la plus grande partie est décomposée : à la température à laquelle l'acide sulfurique commence à fumer, une vive ébullition se manifeste; de l'alcool, accompagné d'un peu d'éther cyanique, vient se condenser dans le récipient, tandis qu'il reste dans la cornue de l'acide cyanurique pur.

Les acides sulfurique et azotique dissolvent l'éther cyanique sans l'altérer. Chauffé avec une dissolution de potasse caustique, il donne lieu à de l'alcool qui se vaporise, et à de l'acide cyanique qui s'unit à l'alcali.

L'éther cyanique a été trouvé formé de 51,63 de carbone, 13,51 d'eau, et 34,86 d'alcool; ce qui correspond à la formule :

$$2(C^4Az^2,O)+C^8H^8+4H^2O.$$

D'après ces résultats, le composé dont il s'agit différerait considérablement par sa composition des autres éthers à oxacides, ou plutôt devrait être regardé, malgré la nullité de son action sur la couleur de tournesol, comme un bi-cyanate de bi-carbure d'hydrogène, uni à 4 proportions d'eau. (V. *Ann. de Chim. et de Phys.*, XLVI, 56.)

### ARTICLE VI.

*Chlorures, cyanures et oxides métalliques éthérés, ou unis au bi-carbure d'hydrogène* $C^2H^2$.

2317. Le bi-carbure d'hydrogène $C^2H^2$ paraît susceptible d'entrer en combinaison avec les proto-chlorures de platine et d'iridium, le proto-cyanure et le protoxide de platine. C'est M. Zeise qui a découvert ces sortes de composés : il les appelle *éthérés*, parce qu'ils contiennent la base des éthers.

2318. *Proto-chlorure de platine éthéré.* — Il prend naissance, lorsqu'on réduit à-peu-près jusqu'au quart, par la distillation, une dissolution de bi-chlorure de platine dans l'alcool: de l'acide chlorhydrique se produit en même temps; souvent en outre il se précipite du platine en poudre. La liqueur réduite contient le proto-chlorure éthéré. Pour l'en retirer à l'état de pureté, M. Zeise y ajoute un excès de chlorhydrate d'ammoniaque, qui, s'unissant à-la fois au bi-chlorure de platine non décomposé et au proto-chlorure éthéré, forme avec le premier un sel double insoluble qui se précipite, et avec le deuxième un sel double soluble que l'on fait cristalliser. Débarrassé de l'eau-mère adhérente et redissous dans l'eau, ce sel est ensuite mêlé avec de l'eau saturée de bi-chlorure de platine, sans excès d'acide, que l'on y verse peu-à-peu, tant qu'il se dépose du chlorhydrate ammoniacal de bi-chlorure. Séparée ensuite du dépôt par la filtration, la dissolution ne renferme plus que du proto-chlorure de platine éthéré. En l'évaporant dans le vide, à côté d'un vase contenant de l'acide sulfurique que l'on remplace plus tard par un autre plein de potasse caustique, elle laisse le chlorure éthéré à l'état solide.

Il reste sous forme d'une masse gommeuse sans aucune texture cristalline, d'une couleur jaune clair, que la lumière fait passer d'abord au verdâtre et ensuite au noir. Sa formule atomique est $PtCh^2,C^8H^8$.

Soumis à la distillation sèche, le proto-chlorure de platine éthéré donne du gaz chlorhydrique et du gaz bi-carbure d'hydrogène et laisse un résidu de platine mêlé de charbon.

Il est très soluble dans l'eau, sans être déliquescent, et la colore en jaune. Il se dissout aussi dans l'alcool.

La dissolution étendue sur du verre ou de la porcelaine, puis séchée et brûlée, laisse un enduit métallique, miroitant, qui s'incruste facilement. La solution aqueuse, abandonnée à elle-même, se trouble peu-à-peu; il s'en sépare une matière brune. L'ébullition accélère la décomposition et détermine un dépôt de platine, la production d'acide chlorhydrique et un dégagement de gaz bi-carbure d'hydrogène.

L'addition d'acide chlorhydrique dans la liqueur empêche la manifestation de ces phénomènes et donne de la stabilité au chlorure éthéré.

L'azotate d'argent, en agissant sur lui par l'intermède de l'eau, n'en précipite d'abord que la moitié du chlore qu'il contient. La liqueur filtrée aussitôt après le mélange ne tarde pas à se troubler de nouveau, et donne un dépôt noir abondant.

Le cuivre métallique, plongé dans une dissolution aqueuse de chlorure de platine éthéré, en précipite une poudre noire dont la nature n'est pas encore bien connue, et qui fait explosion lorsqu'on la chauffe.

*Proto-chlorure de platine ammoniacal éthéré.* — Ce composé se forme par l'action de l'ammoniaque *liquide* sur le proto-chlorure de platine éthéré dissous dans l'eau. Il se sépare sous forme d'une poudre jaune, légèrement soluble dans l'eau et dans l'alcool, qui noircit sous l'influence de la lumière. Il a pour formule : $2PtCh^2 + AzH^3 + C^8H^8$.

2319. *Proto-cyanure de platine éthéré.* — Il se forme par la double décomposition du bi-cyanure de mercure et du proto-chlorure de platine éthéré, et se dépose lentement de la liqueur au sein de laquelle il se produit. Il est blanc et d'apparence mucilagineuse; la lumière le noircit.

2320. *Proto-chlorure d'iridium éthéré.* — Ce proto-chlorure éthéré s'obtient comme celui de platine et offre les mêmes phénomènes dans sa préparation. Il paraît qu'il possède des propriétés analogues.

2321. *Chlorures éthérés doubles.* — Le proto-chlorure de platine éthéré et vraisemblablement celui d'iridium, peuvent s'unir à un grand nombre de chlorures électro-positifs et au chlorhydrate d'ammoniaque. Les composés doubles que forme le proto-chlorure de platine éthéré avec le chlorure de potassium et le chlorhydrate d'ammoniaque, prennent facilement une forme cristalline et renferment de l'eau de cristallisation, qu'ils perdent à une température d'environ 100 à 110°. Le double chlorure de platine éthéré et de sodium est au contraire incristallisable, ou du moins il ne cristallise que très difficilement.

M. Zeise a conclu de ses expériences sur la composition du chlorure double de platine éthéré et de potassium, que ce sel desséché devait avoir pour formule atomique : $2PtCh^2 + KCh^2 + C^8H^8$ ou $(PtCh^2, C^8H^8 + PtCh^2, KCh^2)$. Mais M. Liebig qui a mis en doute tous les résultats des analyses de M. Zeise, a fait voir que les nombres moyens fournis par ces expériences s'accordent mieux avec la supposition d'après laquelle les élémens d'un atome d'eau seraient joints à la formule qui précède. A l'appui de cette manière de voir, il ajoute que le chlorure double desséché autant que possible, et soumis à une chaleur plus forte que celle à laquelle il peut perdre de l'eau sans se détruire, laisse distiller en se noircissant, de l'eau mêlée d'éther ordinaire (*Ann. de Chim. et de Phys.*, LV, 121). D'après cela, à la formule donnée par M. Zeise, devrait être substituée celle-ci : $(PtCh^2, C^8H^8 + PtCh^2, KCh^2) + H^2O$. Quoi qu'il en soit, le sel cristallisé doit renfermer 2 at. d'eau de plus que le sel desséché.

2322. *Protoxide de platine éthéré.* — L'hydrate de magnésie mis en digestion dans la dissolution de proto-chlorure de platine éthéré, donne lieu à une décomposition réciproque de laquelle résultent du chlorure de magnésium et un *oxide de platine éthéré*, qui peut être obtenu pur en dissolvant l'excès de magnésie par l'acide azotique étendu, lavant avec de l'eau la partie qui reste indissoute, et la desséchant dans le vide. La potasse caustique, substituée à la magnésie, déterminerait une réaction plus compliquée, et précipiterait en même temps de l'oxide éthéré et du métal réduit. Cet oxide éthéré est remarquable par la propriété qu'il a de détoner avec violence en l'exposant à une douce chaleur.

## IIe GROUPE.

### *Composés qui ont pour base le bi-carbure d'hydrogène CH ou méthylène.*

2323. MM. Dumas et Peligot viennent de faire sur l'*esprit de bois* un travail extrêmement remarquable, qui sera bientôt publié dans les annales de chimie et de physique, et dont l'un d'eux, M. Peligot, a bien voulu nous donner l'extrait qu'on va lire.

En soumettant l'esprit de bois à l'analyse, ils ont vu que ce liquide pouvait être représenté dans sa composition par 2 proportions d'eau et une proportion $C^4H^4$ d'un bi-carbure d'hydrogène CH. Or, comme l'alcool peut être représenté dans la sienne par deux proportions d'eau et une proportion d'un bi-carbure d'hydrogène $C^2H^2$, ils en ont conclu que le carbure d'hydrogène CH jouait dans l'esprit de bois le même rôle que le carbure $C^2H^2$ dans l'alcool, et que, puisque le carbure $C^2H^2$ était la base d'un éther hydrique, d'éthers à oxacides minéraux et végétaux, d'éthers à hydracides, etc., il en était probablement de même du carbure CH. C'est ce que l'expérience a confirmé, si bien que, quand on connaît l'histoire des combinaisons du bi-carbure $C^2H^2$, on peut faire celles des combinaisons du bi-carbure CH. Non-seulement, les propriétés sont analogues, mais les modes de préparation sont presque toujours les mêmes; si ce n'est que dans le premier cas, on opère sur l'alcool ou bi-hydrate de bi-carbure $C^2H^2$; et que dans le second on opère sur le bi-hydrate de bi-carbure CH.

## ARTICLE I.

### *Hydrates de méthylène ou de bi-carbure CH.*

2324. Ces hydrates sont au nombre de deux : le *monhydrate* et le *bi-hydrate* ou *esprit de bois*. Celui-ci correspond à l'alcool ou esprit de vin, et l'autre à l'éther hydrique. Nous nous occuperons d'abord de l'esprit de bois, parce qu'il sert à préparer les divers composés dont le méthylène fait partie.

### § 1. *Esprit de bois ou bi-hydrate de méthylène.*

2325. L'esprit de bois, ainsi appelé à cause de son analogie avec l'esprit de vin ou alcool, est un liquide particulier, très volatil, découvert en 1812 par M. Philipps Taylor dans les produits de la distillation du bois.

*Préparation.* — On l'obtient en soumettant à plusieurs distillations successives la partie aqueuse de ces produits, c'est-à-dire l'acide pyro-ligneux, ne prenant que la liqueur qui passe la première et la rectifiant en dernier lieu sur de la chaux au bain-marie. Cette opération se fait actuellement en grand à la fabrique d'acide pyro-ligneux de Choisy. On commence par distiller cet acide pour le séparer de la majeure partie du goudron qu'il contient, et en même temps l'on met de côté les premiers produits pour en extraire l'esprit de bois. Ce n'est même qu'en opérant ainsi sur beaucoup d'acide pyro-ligneux que l'on peut se procurer des quantités notables d'esprit.

*Propriétés.* — L'esprit de bois pur est liquide, non-seulement à la température ordinaire, mais encore bien au-dessous de zéro. Il est incolore et sans action sur les papiers réactifs. Sa fluidité est très grande; son odeur, tout-à-la-fois alcoolique et empyreumatique; sa saveur, piquante et comme poivrée; sa densité, de 0,798 à 20°; celle de sa vapeur, de 1,120.

Il entre en ébullition à 66°,5 sous la pression de $0^{m},761$. Une chaleur rouge le décompose. Il prend feu à l'approche d'un corps en combustion et brûle avec une flamme d'un blanc bleuâtre. Mis en contact avec l'air et le noir de platine, comme nous l'avons dit au sujet de l'alcool, il donne lieu à beaucoup de chaleur et à de l'acide formique; c'est ce qu'indique l'équation suivante :

$$(C^4H^4,H^4O^2)+O^4=(C^4H^2O^3,H^2O)+H^4O^2.$$

C'est-à-dire que 1 at. d'esprit de bois + 4 at. d'oxigène = 1 at. d'acide formique hydraté + 2 at. d'eau.

L'esprit de bois se mêle à l'eau et à l'alcool en toutes proportions; il dissout les résines, et en général tous les corps que l'alcool dissout lui-même.

Lorsqu'on y verse des fragmens de baryte, il en résulte une vive réaction, la liqueur s'échauffe beaucoup et laisse déposer par la filtration et le refroidissement, des cristaux de baryte même, qui contiennent de l'esprit de bois en combinaison.

Rien de plus facile d'ailleurs que de prévoir la nature des

produits qui peuvent naître de sa réaction sur le chlore, le chlorite de chaux, les acides minéraux et organiques, le sulfure de carbone par l'intermède de la potasse, sur l'azotate très acide d'argent ou de mercure, etc., etc. Cette réaction est absolument analogue à celle de l'alcool, de telle sorte que là ou l'alcool produit un composé de bi-carbure $C^2H^2$, l'esprit de bois forme un composé de bi-carbure CH.

*Composition.* — M. Liebig avait trouvé dans l'esprit de bois 53,83 de carbone; 10,97 d'hydrogène; 35,29 d'oxigène, ce qui conduisait à la formule $C^8H^{10}O^2$ (*Journ. de Pharm.*, XIX, 390); mais MM. Dumas et Peligot ont démontré, dans leur beau travail, que l'esprit de bois était formé de 37,97 de carbone; 12,40 d'hydrogène; 49,63 d'oxigène, d'où l'on déduit pour la formule de son nombre proportionnel $C^4H^4+2H^2O$.

Or, comme la densité de la vapeur de l'esprit de bois est, d'après l'expérience, de 1,120, que celle du bi-carbure CH est de 0,4902 et celle de la vapeur d'eau, de 0,6201, il s'ensuit que 1 vol. de vapeur d'esprit de bois se compose de 1 vol. de bi-carbure d'hydrogène CH et de 1 vol. de vapeur d'eau, condensés en un seul.

### § 2. *Monhydrate de méthylène.*

2326. Lorsqu'on distille un mélange de 1 partie d'esprit de bois, et de 4 d'acide sulfurique concentré, il se passe des phénomènes parfaitement semblables à ceux que présente la distillation d'un mélange d'alcool et d'acide sulfurique; mais au lieu d'un produit liquide comme l'éther hydrique, on obtient un produit gazeux. Ce gaz, débarrassé d'acide carbonique et d'acide sulfureux par un contact de vingt-quatre heures, avec des fragmens de potasse, est le monhydrate de méthylène, et présente les caractères suivans :

Il est incolore; son odeur est éthérée; sa densité trouvée par expérience, de 1,617; sa densité calculée, de 1,6008. Il brûle avec une flamme bleue. Un froid de — 16° ne le liquéfie pas.

L'eau en dissout 37 fois son volume à + 18° : l'alcool et l'esprit de bois en dissolvent beaucoup plus.

Il est absorbé en grande quantité par l'acide sulfurique concentré, dont il se sépare quand on ajoute de l'eau.

Son analyse, dans l'eudiomètre à mercure, par un excès de gaz oxigène, donne pour sa formule atomique $(C^4H^4,H^2O)=$ 52 de carbone, 12,90 d'hydrogène, 34,42 d'oxigène.

L'on voit donc que ce corps est à l'esprit de bois ce que l'éther ordinaire est à l'alcool : c'est-à-dire que le bi-hydrate de méthylène perd la moitié de son eau pour former l'hydrate gazeux, et qu'il présente l'un des plus curieux exemples d'isomérie, car il possède exactement la même composition que l'alcool, et il a la même densité que la vapeur alcoolique.

ARTICLE II.

*Des composés que forme le méthylène avec les hydracides.*

2327. Lorsqu'on fait réagir l'esprit de bois sur les hydracides, il se produit des composés nouveaux parfaitement analogues aux éthers chlorhydrique, iodhydrique, etc. Ces composés contiennent 1 volume d'acide pour 1 volume de méthylène, de sorte que l'eau que renferme le bi-hydrate de méthylène se sépare et s'unit à l'excès d'acide.

§ 1. *Chlorhydrate de méthylène.*

2328. Le chlorhydrate de méthylène est un gaz incolore, neutre, d'une odeur éthérée, d'une saveur sucrée. Sa densité a été trouvée égale à 1,731 par expérience.

Une chaleur rouge le décompose complètement et le transforme en gaz chlorhydrique et bi-carbure CH ou méthylène: il y a en même temps un peu de gaz hydrogène qui devient libre et dépôt d'une légère couche de charbon; mais probablement qu'on n'obtiendrait pas de traces de ces deux derniers corps en employant une température convenable.

Le chlorhydrate de méthylène brûle avec une flamme verte. L'eau en dissout 2,8 fois son volume à 16°. Il ne trouble point la dissolution d'azotate d'argent.

On le prépare très facilement en chauffant un mélange de 2 parties de sel marin, 1 partie d'esprit de bois, et 3 parties d'acide sulfurique concentré : à l'aide d'une douce chaleur, il se produit un gaz qui peut être recueilli sous l'eau, et qui n'est autre chose que le chlorhydrate de méthylène pur.

MM. Dumas et Peligot l'ont trouvé composé de 24,17 de carbone, 5,92 d'hydrogène, 69,91 de chlore, ce qui donne pour la formule atomique de son nombre proportionnel :

$$(C^4H^4, H^2Ch^2)$$

§ 2. *Iodhydrate de méthylène.*

2329. Cet iodhydrate s'obtient très facilement en distillant une partie de phosphore, huit parties d'iode et douze ou quinze d'esprit de bois. On dissout l'iode dans l'esprit de bois, et on y ajoute le phosphore peu-à-peu. Les premiers fragmens déterminent une réaction très vive accompagnée d'une grande production d'acide iodhydrique; la distillation doit être faite à une douce chaleur et continuée tant qu'il se dégage une liqueur éthérée. En ajoutant de l'eau à cette liqueur, il s'en sépare un corps huileux très dense, dont le poids est au moins égal à celui de l'iode employé; ce corps est l'iodhydrate de méthylène, qui, pour être pur, n'a plus besoin que d'être distillé au bain-marie sur du chlorure de calcium et du massicot en excès.

Il est incolore, faiblement combustible; sa densité est égale à 2,237, à la température de 22° c., et celle de sa vapeur à 4,8824. Il bout entre 40 et 50°.

Suivant MM. Dumas et Peligot, il est formé de 8,65 de carbone, de 2,12 d'hydrogène, et de 89,23 d'iode, ce qui donne pour la formule atomique de son nombre proportionnel :

$$(C^4H^4,H^2I^2.)$$

### § 3. *Cyanhydrate de méthylène.*

2330. C'est en distillant un mélange de sulfate de méthylène et de cyanure de potassium que l'on se procure ce cyanhydrate; il est liquide et très volatil.

## ARTICLE III.

### *Des composés que forme le méthylène avec les oxacides minéraux.*

2331. Lorsqu'on fait agir les oxacides sur l'esprit de bois, on donne naissance à deux sortes de produits; les uns, véritables sels neutres, correspondent aux éthers formés dans les mêmes circonstances par l'alcool; les autres, véritables sels acides, correspondent à l'acide sulfovinique et à l'acide phosphovinique. Mis en contact avec les dissolutions alcalines, tous se décomposent; l'acide s'unit à l'alcali, et le méthylène à l'eau, pour reproduire de l'esprit de bois.

### § 1. *Sulfates de méthylène.*

2332. *Sulfate neutre.*—Ce composé remarquable se produit avec facilité en distillant ensemble un mélange de 1 partie d'esprit de bois et de 8 à 10 parties d'acide sulfurique concentré : l'opération doit être conduite lentement; elle donne au moins 1 partie de sulfate, lequel se condense dans le récipient sous forme d'un liquide oléagineux. Comme, en cet état, le sulfate n'est pas pur, il faut séparer par décantation le liquide oléagineux du liquide aqueux qui le recouvre, l'agiter avec du chlorure de calcium, afin de le priver d'eau, et le distiller de nouveau, à plusieurs reprises, sur de la baryte caustique en poudre très fine, pour le débarrasser de l'acide sulfureux qu'il contient en grande quantité; il est bon même de le placer ensuite dans le vide, et de mettre, dans une capsule à part, de la potasse qui absorberait les vapeurs aqueuses et acides qu'il pourrait encore laisser dégager.

Le sulfate de méthylène ainsi préparé est incolore, d'une odeur alliacée, d'une densité de 1,324 à 22°. Il bout à 188°, et se vaporise sans éprouver d'altération.

La formule atomique de son nombre proportionnel est : $(C^4H^4, SO^3)+H^2O$.

L'eau froide le décompose lentement; l'eau bouillante, très rapidement : dans les deux cas, il se transforme en acide sulfo-méthylique et en bi-hydrate de méthylène.

Les alcalis hydratés en opèrent aussi très facilement la décomposition; la baryte caustique est, au contraire, sans action sur lui.

Chauffé avec du sel marin fondu, il donne lieu à du sulfate de soude et à du chlorhydrate de méthylène gazeux.

Distillé avec du cyanure de potassium, il produit du sulfate de potasse et du cyanhydrate de méthylène.

Enfin, mis en contact à une température convenable avec beaucoup d'autres sels, il en résulte des composés analogues; par exemple, on obtient 1° avec le benzoate de potasse, du benzoate de méthylène et du sulfate de potasse; 2° avec le formiate de soude, du formiate de méthylène, etc., lequel n'a pu être encore produit d'aucune autre manière; 3° avec les sulfures alcalins, des corps liquides qui ressemblent au mercaptan de M. Zeise.

2333. *Bi-sulfate de méthylène* ou *acide sulfo-méthylique.* — Rien de plus facile que d'obtenir l'acide sulfo-méthylique, en dissolvant le double sulfate de baryte et de méthylène dans l'eau, y ajoutant peu-à-peu assez d'acide sulfurique pour précipiter exactement toute la baryte, filtrant la liqueur et l'évaporant convenablement dans le vide : l'acide sulfo-méthylique se dépose peu-à-peu sous forme de cristaux lamelleux.

Il suffit même de mêler l'acide sulfurique concentré avec l'esprit de bois pour former tout-à-coup une grande quantité d'acide sulfo-méthylique, au point que quelquefois le mélange qui laisse d'abord dégager beaucoup de chaleur, cristallise par évaporation spontanée.

L'acide sulfo-méthylique, placé dans le vide sur du sable chaud, se détruit et se transforme en sulfate neutre de méthylène, en acide sulfureux, etc.

Il est très soluble dans l'eau; il l'est moins dans l'alcool.

Il forme des sels doubles solubles avec toutes les bases minérales; mais le sulfo-méthylate de baryte est le seul qui ait été étudié avec soin.

Ce *sulfo-méthylate* se prépare comme le sulfovinate de la

même base, en mêlant peu-à-peu 1 partie d'esprit de bois à 2 parties d'acide sulfurique concentré, saturant exactement le mélange par la baryte, filtrant la liqueur, l'évaporant convenablement au bain-marie et la laissant refroidir : il s'en dépose de belles lames carrées qui sont le sulfo-méthylate, et l'on obtient des eaux-mères qui, soumises à une évaporation spontanée, fournissent de nouveaux cristaux.

Le sulfo-méthylate de baryte est incolore, transparent, d'une saveur fraîche. Exposé à l'air sec, il s'effleurit; il est déliquescent dans un air saturé d'humidité, et par conséquent très soluble dans l'eau. Distillé dans une cornue, il donne naissance à du gaz sulfureux, à de l'eau et du sulfate neutre de méthylène.

Il a pour formule : $2SO^3+C^4H^4+BaO+2H^2O$.

2334. *Sulfaméthylane* ou *sulfate double de méthylène et d'ammoniaque.* — Si l'on dirige un courant de gaz ammoniac sec sur du sulfate neutre de méthylène, ce sel s'échauffe, passe à l'état de *sulfaméthylane* qui cristallise en belles lames transparentes : il se produit en même temps de l'esprit de bois. L'ammoniaque liquide peut être substituée au gaz ammoniac ; la réaction se fait même avec une sorte d'explosion, en opérant sur une quantité de matière un peu considérable : dans tous les cas, la liqueur, évaporée dans le vide, donne lieu à des cristaux d'une grande beauté qui tombent en déliquescence à l'air.

Le nombre proportionnel du sulfaméthylane a pour formule atomique : $S^2O^6$, $C^4H^4$, $Az^2H^6$, qui représente 2 proportions d'acide sulfurique, 1 pr. de méthylène et 1 pr. d'ammoniaque.

Il est facile, d'après cela, de concevoir ce qui se passe dans la formation de ce corps; l'équation suivante l'indique d'une manière précise :

$$(S^2O^6,C^8H^8,H^4O^2)+Az^2H^6=(S^2O^6,C^4H^4,Az^2H^6)$$
$$+(C^4H^4,H^4O^2)$$

C'est-à-dire que 2 proportions de sulfate neutre de méthylène +2 pr. d'eau unie au sulfate, +1 pr. d'ammoniaque, donnent une proportion de sulfaméthylane ou de sulfate double de méthylène et d'ammoniaque, + 1 prop. de bi-hydrate de méthylène.

## § 2. *Azotate de méthylène.*

2335. L'azotate de méthylène s'obtient avec la plus grande facilité, en mêlant ensemble 50 gr. de nitre en poudre, 100 gr. d'acide sulfurique et 50 gr. d'esprit de bois; l'appareil est à-peu-près le même que celui qui sert à la préparation de l'éther azoteux (page précédente 425).

La réaction, favorisée par la chaleur initiale du mélange, commence tout de suite et s'accomplit d'elle-même. On voit peu de vapeurs rouges dans l'appareil; il se forme, au contraire, beaucoup d'azotate qu'on trouve au fond des flacons refroidis, et que l'on purifie en le distillant, à plusieurs reprises, sur un mélange de massicot et de chlorure de calcium. La distillation doit se faire dans un bain d'eau bouillante.

Les quantités indiquées plus haut fournissent au moins 50 gr. d'azotate de méthylène.

Cet azotate est incolore, parfaitement neutre; son odeur est faible et éthérée; sa densité, de 1,182 à 22°; celle de sa vapeur, de 2,653.

Il bout à 66°. Exposé à une température qui ne paraît pas dépasser 120°, il détone avec violence : les produits de la détonation consistent en bi-oxide d'azote, gaz carbonique, eau, etc.

L'azotate de méthylène est décomposé rapidement par une dissolution alcoolique de potasse : de là résulte de l'azotate de potasse facile à reconnaître, etc.

Sa composition est représentée par la formule :
$(Az^2O^5, C^4H^4, H^2O)$ = 1 pr. d'acide azotique, 1 pr. de méthylène, 1 pr. d'eau.

### § 3. *Oxichlorocarbonate de méthylène.*

2336. Cet oxichlorocarbonate se fait comme celui de carbure $C^2H^2$ (2303), en versant de l'esprit de bois dans un ballon contenant du gaz chloroxicarbonique. La température s'élève, et la réaction se termine en quelques instans. L'oxichlorocarbonate apparaît sous forme d'une huile pesante : par l'addition de l'eau, on le précipite tout entier de la liqueur; il se produit en outre de l'acide chlorhydrique.

L'oxichlorocarbonate ainsi obtenu doit être rectifié sur un mélange de massicot sec et de chlorure de calcium; alors il est incolore, très fluide, très volatil; son odeur est pénétrante, il brûle avec une flamme verdâtre; et lorsqu'on le met en contact avec l'ammoniaque, il se produit une matière cristalline analogue à celle qui a été décrite par M. Dumas, sous le nom d'*uréthane* (2304).

Sa composition peut être représentée par la formule : $(C^4H^4, H^2O, C^2O\ Ch^2)$, ou par 1 pr. de méthylène, 1 pr. d'eau, 1 pr. d'acide oxichlorocarbonique; d'où l'on voit que l'équation suivante indique ce qui se passe dans la réaction de l'esprit de bois et de l'acide oxichloro-carbonique :

$(C^4H^4,H^4O^2)+C^4O^2Ch^4=(C^4H^4,H^2O,C^4O^3Ch^2)+H^2Ch^2$.

Par conséquent, 1 pr. d'eau de l'esprit de bois est décomposée; son oxigène se fixe sur l'acide oxichlorocarbonique, et son hydrogène enlève à cet acide 2 atomes de chlore pour former $H^2Ch^2$ d'acide chlorhydrique.

## ARTICLE IV.

### *Composés que forme le méthylène avec les oxacides organiques.*

2337. Tous ces composés contiennent 1 pr. de méthylène, 1 pr. d'acide, et de plus 1 pr. d'eau : ils peuvent donc être considérés comme des sels neutres hydratés qui correspondent aux éthers à oxacides, puisqu'ils n'en diffèrent qu'en ce que ceux-ci, au lieu de 4 atomes de méthylène CH, contiennent 4 atomes de bi-carbure $C^2H^2$.

Tous se préparent d'ailleurs comme les éthers à oxacides organiques, c'est-à-dire, en distillant un mélange d'esprit de bois, d'acide sulfurique, et de l'acide organique que l'on veut unir au méthylène. Il n'en est aucun que les dissolutions alcalines ne puissent décomposer : l'acide s'unit à l'alcali et le méthylène à l'eau, de manière à reproduire de l'esprit de bois.

### § 1. *Benzoate de méthylène.*

2338. Le benzoate de méthylène est oléagineux, incolore, d'une odeur balsamique et agréable. Il bout à 198°,5 sous la pression de 0m.,761. La densité de sa vapeur a été trouvée égale à 4,717 par expérience.

MM. Dumas et Péligot en ont retiré 71 de carbone, 5,80 d'hydrogène, 23,20 d'oxigène, d'où l'on déduit pour la formule atomique de son nombre proportionnel :

$(C^4H^4,H^2O,C^{28}H^{10}O^3)$ = 1 pr. de méthylène, 1 pr. d'eau, 1 pr. d'acide benzoïque.

On l'obtient en distillant 2 parties d'acide benzoïque, 1 partie d'acide sulfurique et 1 d'esprit de bois, versant de l'eau dans le produit de la distillation pour en séparer le benzoate de méthylène qui s'y trouve dissous, agitant ensuite celui-ci avec du chlorure de calcium et le soumettant à une nouvelle distillation sur du massicot sec.

### § 2. *Oxalate de méthylène.*

2339. C'est en distillant un mélange de parties égales d'acide sulfurique concentré, d'acide oxalique, d'esprit de bois, et ajoutant de temps en temps une certaine quantité d'esprit au mélange, que l'on obtient cet oxalate. Il passe dans le récipient avec une liqueur spiritueuse très volatile qui le tient en dissolution. Exposée à l'air, la liqueur se vaporise promptement et laisse, sous forme de belles lames rhomboïdales, l'oxalate qui, pour être pur, n'a plus besoin que d'être desséché et distillé sur du massicot sec.

L'oxalate de méthylène est composé de 41,18 de carbone, 5,04 d'hydrogène, 53,78 d'oxigène, ce qui conduit à la formule : $C^4O^3,C^4H^4,H^2O$), représentant 1 pr. d'acide oxalique, 1 pr. de méthylène, 1 pr. d'eau. Il est incolore, cristallisable en rhombes doués d'un grand éclat, fusible vers 51°, susceptible d'entrer en ébullition à 161°, sous la pression de 0m.761, et de former une vapeur dont la densité est égale à 4,098.

L'eau le dissout d'abord, mais le décompose bientôt, surtout à chaud, et le transforme en acide oxalique et en esprit de bois.

L'ammoniaque liquide agit sur lui comme sur l'éther oxalique : de là, de l'oxamide et de l'esprit de bois, en vertu de la réaction suivante :

$$(C^4O^3,C^4H^4,H^2O)+Az^2H^6=C^4O^2Az^2H^4+C^4H^4,H^4O^2.$$

Le gaz ammoniac se comporte aussi avec l'oxalate de méthylène comme avec l'éther oxalique ; il en résulte de l'*oxaméthylane*.

*Oxaméthylane ou oxalate double de méthylène et d'ammoniaque.* — L'oxaméthylane résulte de l'action du gaz ammoniac sec sur l'oxalate de méthylène ; dissous dans l'alcool bouillant, il cristallise en cubes à facettes nacrées.

Il contient sur 100 parties : 35,5 de carbone ; 4,8 d'hydrogène ; 13,6 d'azote ; 46,1 d'oxigène, ce qui donne pour la formule atomique de son nombre proportionnel :

$$(C^8O^6,C^4H^4,Az^2H^6)$$

qui représente 2 pr, d'acide oxalique, 1 pr. de méthylène, 1 pr. d'ammoniaque.

Or, comme il se forme de l'esprit de bois en même temps que de l'oxaméthylane, il s'ensuit que la réaction est la même que celle qui a lieu entre le sulfate de méthylène et l'ammoniaque (2334).

## § 3. *Acétate de méthylène.*

2340. L'acétate de méthylène est un liquide incolore. Son odeur est agréable et rappelle celle de l'éther acétique. Sa densité est d'environ 0,919 à 22° ; celle de sa vapeur, de 2,573. Il bout à 58°, sous la pression de 0m.762.

Il est formé de 49,15 de carbone, 8,03 d'hydrogène, 42,82 d'oxigène, ce qui donne pour la formule atomique de son nombre proportionnel :

$$(C^8H^6O^3,C^4H^4,H^2O)$$

Par conséquent, cet acétate est isomérique avec l'éther formique, et chaque proportion d'acétate correspond à 4 vol. de vapeur.

### III$_e$ GROUPE.

#### *Corps gras neutres.*

2341. Les corps gras neutres formés de carbone, d'hydrogène et d'oxigène, sont très nombreux. Ils ont pour caractères d'être liquides à la température ordinaire ou de se fondre à une température peu élevée, de ne point avoir d'odeur ou de n'en avoir qu'une très faible, d'être insipides ou presque sans saveur, très combustibles, insolubles dans l'eau, de donner beaucoup d'huile fétide, etc., et seulement un petit résidu charbonneux, lorsqu'on les distille et qu'ils ne sont point volatils sans altération, ce qui a lieu très souvent; de laisser au contraire déposer, dans tous les cas, une grande quantité de charbon, et dégager beaucoup de gaz hydrogène carboné, lorsqu'on les fait passer en vapeur à travers un tube incandescens; enfin, de ne point rougir le tournesol et de ne point s'unir aux alcalis. (1)

Les corps gras se partagent naturellement en corps gras saponifiables et en corps gras non saponifiables.

Les corps gras saponifiables sont de trois sortes : les uns sont convertis par les dissolutions alcalines en glycérine et en acides gras du premier groupe, lesquels acides se décomposent et se volatilisent en partie à la distillation (2073); d'autres en glycérine et en acides gras volatils, ou du second groupe (2101), et quelquefois en outre, en acides gras du premier; les autres en acides gras du premier groupe et en *éthal* ou *céraïne*.

Les corps gras non saponifiables peuvent être également sous divisés en trois sortes : en corps gras qu'on trouve tout formés dans les substances organiques; en corps gras qui sont le produit de la saponification, et en corps gras qui proviennent de la décomposition des acides sous l'influence des alcalis à une haute température.

(1) Indépendamment des corps gras formés de carbone, d'hydrogène et d'oxigène, il en est quelques-uns qui ne contiennent que du charbon et de l'hydrogène 2202).

D'autres renferment tout à-la-fois du charbon, de l'hydrogène, un peu d'oxigène, d'azote, de phosphore et de soufre : ce sont ceux qu'on extrait du cerveau. Mais on ne sait pas bien dans quel état s'y trouvent l'azote, le phosphore et le soufre. (Voy. les *Corps gras azotés*.)

## ARTICLE I.

### *Corps gras que les dissolutions alcalines transforment en glycérine et en acides gras du premier groupe* (2073).

2342. Il existe au moins six espèces de ces corps gras : la stéarine, la margarine, l'oléine, la palmine, l'élaïdine, la ricinine. Non-seulement, tous se saponifient, lorsqu'on les chauffe avec les dissolutions alcalines, mais encore ils donnent tous à la distillation, excepté la palmine, les mêmes acides gras que ceux qui se forment sous l'influence des dissolutions alcalines (2076).

2343. *Stéarine.* — La stéarine, ainsi nommée de *στέαρ, suif*, a été découverte par M. Chevreul; mais M. Braconnot l'a le premier obtenue pure. Elle existe dans presque toutes les graisses animales, et ne s'est encore rencontrée dans aucun corps gras d'origine végétale, si ce n'est dans l'huile concrète de muscades.

Pour l'obtenir, M. Braconnot fait fondre le suif, y ajoute de l'essence de térébenthine nouvellement distillée, et, lorsque par le refroidissement le mélange s'est figé, il le presse d'abord dans un linge, puis entre des doubles de papier brouillard. L'oléine et la margarine, dissoutes dans l'essence, s'écoulent ou s'absorbent; la stéarine au contraire reste presque tout entière dans le résidu. En la traitant de nouveau une à deux fois par l'essence, elle se trouve complètement purifiée, ou du moins il ne faut plus que la tenir en fusion pendant quelque temps et la laisser refroidir (*Ann. de Chim.*, XCIII, 248). Cependant, nous pensons avec M. Lecanu qu'il vaut mieux finir par dissoudre la stéarine dans l'éther bouillant et la faire cristalliser en abandonnant la solution à elle-même : il est beaucoup plus facile de la séparer ainsi des dernières portions de matières grasses étrangères et d'essence interposée que par la chaleur.

On peut encore se procurer aisément la stéarine en agitant de la graisse fondue dans un flacon avec un poids d'éther égal au sien, décantant la liqueur refroidie, comprimant successivement le résidu dans un linge et entre des feuilles de papier non collé, le dissolvant ensuite dans l'éther bouillant, et faisant cristalliser de nouveau la stéarine qui se dépose par le refroidissement jusqu'à ce qu'elle n'entre en fusion qu'à 62°. (Lecanu, *Ann. de Chim. et de Phys.*, LV, 92.)

Séparée de l'éther et comprimée, la stéarine est en petites lames blanches, nacrées, brillantes comme l'acide stéarique, insipides, inodores, sans action sur les couleurs bleues.

Exposée à l'action du feu, elle fond à 62°, comme nous venons de le dire, et se prend, lorsqu'on la laisse refroidir, en une masse demi transparente et sans texture cristalline, qui a l'aspect de la cire, mais cassante et susceptible de se réduire facilement en poudre. Chauffée plus fortement, elle entre en ébullition et fournit, sans se colorer, un produit solide qui contient beaucoup d'acide stéarique.

L'éther bouillant la dissout en grande quantité; mais refroidi à +15°, il n'en contient que $\frac{1}{225}$ de son poids; elle est au contraire peu soluble dans l'alcool à chaud, à plus forte raison dans l'alcool à froid; cependant l'alcool à 97° centésimaux en dissout assez, lorsqu'il est bouillant, pour en laisser déposer sous forme de flocons blancs, à mesure qu'il revient à la température ordinaire.

Les dissolutions alcalines la convertissent à l'aide de la chaleur en glycérine et en acide stéarique fusible à 66°.

Son analyse élémentaire a donné 78,029 de carbone, 12,387 d'hydrogène, 9,584 d'oxigène.

D'où l'on déduit la formule atomique : $C^{146}H^{140}O^{7}=C^{140}H^{134}O^{5}+C^{6}H^{6}O^{2}$, c'est-à-dire 1 at. d'acide stéarique + 1 at. de glycérine, tous deux anhydres.

2344. *Margarine.* — Si l'on abandonne à une évaporation spontanée les liqueurs refroidies qui proviennent du traitement du suif de mouton par l'éther (2343), et si l'on recueille la matière solide qui se dépose d'abord, on trouvera que cette matière exprimée fortement dans un linge, et desséchée à la chaleur du bain-marie, diffère essentiellement de la stéarine. C'est pourquoi M. Lecanu propose de la désigner sous le nom de *margarine*.

Suivant lui, il en existe deux variétés, l'une qui appartient aux graisses animales, l'autre aux huiles végétales.

La première, d'après ses observations, est fusible à + 47°; elle donne, comme la stéarine, avec la dissolution bouillante de potasse et de soude, de la glycérine et un acide fusible à 66°, lequel est probablement de l'acide stéarique; mais elle est très soluble dans l'éther froid, ce qui la distingue essentiellement de la stéarine. 5 parties d'éther dissolvent en effet une partie de margarine de suif de mouton à + 12°, et 2 parties à + 18°. L'alcool la dissout à-peu-près aussi bien à froid qu'à chaud.

La seconde, que l'on peut extraire des huiles végétales et surtout de l'huile d'olive, comme la première du suif, fond à + 28°, se dissout en très grande quantité dans l'éther, et se transforme, sous l'influence des alcalis, en glycérine et en un acide fusible à + 59°, doué des propriétés de l'acide margarique. Nous regarderons comme constans les faits observés par M. Lecanu. Voyons les conséquences qu'on en peut tirer :

D'abord, la margarine ne serait-elle pas un mélange de stéarine et d'oléine ? M. Lecanu répond à cette objection qu'il a prévue, en disant que la margarine est très soluble dans l'éther froid, et que l'oléine augmente si peu la solubilité de la stéarine dans ce liquide, qu'il est possible de retrouver celle-ci dans des mélanges qui n'en contiennent qu'un centième. Il paraît d'ailleurs que l'acide fourni par la margarine dans la saponification ne contient point d'acide oléique.

Mais doit-on conclure avec M. Lecanu qu'il existe deux sortes de margarine ? Nous ne le pensons pas. La véritable margarine est probablement celle des huiles végétales, qui se fond à 28° et donne de l'acide margarique.

L'autre, celle des graisses, ne sera sans doute qu'une matière isomérique avec la stéarine; et ce qui porte à le croire, c'est la propriété qu'elle a de se transformer comme la stéarine en glycérine et acide stéarique. Il existerait donc plusieurs variétés de stéarine; et selon toute apparence, il en serait de même pour la margarine et l'oléine (2372).

2345. *Oléine.* — L'oléine, dont le nom vient d'*oleum*, *huile*, fait partie de toutes les huiles végétales et de presque toutes les graisses animales; elle a été obtenue pour la première fois par M. Chevreul, en chauffant la graisse de porc dans un matras avec sept à huit fois son poids d'alcool presque bouillant, et d'une densité de 0,791 à 0,798, décantant la liqueur au bout de quelque temps, et traitant le résidu par de nouvel alcool, jusqu'à ce que toute la graisse fût dissoute. Chaque portion d'alcool laisse déposer, par le refroidissement, sous forme de petites aiguilles, la stéarine impure, et retient l'oléine, qui, en réduisant la dissolution à $\frac{1}{8}$ de son volume, se rassemble en une couche semblable à de l'huile d'olive. A la vérité, dans cet état, l'oléine retient un peu de stéarine; mais M. Chevreul, après l'avoir agitée avec beaucoup d'eau, la recueille dans un petit vase, et l'expose à une température suffisamment basse pour déterminer la précipitation d'une matière blanche et floconneuse; il sépare ensuite celle-ci de la partie fluide par le filtre, expose de nouveau et successivement cette partie fluide à des températures de plus en plus basses, en filtrant après chaque exposition au froid, et finit par obtenir de l'oléine fluide à 4° sous zéro, qu'il considère comme à peu près pure. L'on peut extraire, par ce moyen, l'oléine de toutes les matières grasses où elles se trouvent. L'on peut aussi, pour la séparer, se servir de la congélation et de l'imbibition; mais il faut toujours, en dernier résultat, la traiter par l'alcool, etc., comme nous venons de l'exposer.

L'oléine est incolore, très peu odorante, sans action sur le tournesol, analogue, pour l'aspect et la consistance, à l'huile d'olive blanche, fluide à — 4°, insoluble dans l'eau, soluble dans 31 fois $\frac{1}{4}$ son poids d'alcool à 0,816 de densité et bouillant.

Elle a une saveur douceâtre; sa pesanteur spécifique est de 0,913 à la température de 15°.

Soumise à un froid de 6 à 7°, elle se prend en une masse formée d'aiguilles. Chauffée dans le vide, elle se vaporise sans se décomposer.

Mise en contact avec les deux tiers de son poids de potasse et quatre fois son poids d'eau, elle se saponifie et se convertit en glycérine et en acides oléique et margarique.

L'oléine de graisse de porc est composée de 79,030 de carbone, de 11,422 d'hydrogène et de 9,548 d'oxigène. Celles de graisse humaine et de graisse de mouton donnent à l'analyse des résultats presque entièrement semblables. (*Voy.* l'ouvrage de M. Chevreul.)

2346. *Elaïdine.* — Cette substance qui tire son nom de ἔλαις, ἐλαιδος, olive, olivier, est le produit de l'action de l'acide hypo-azotique sur les huiles d'olive, d'amandes douces, de noisettes, de noix d'acajou, et probablement de beaucoup d'autres, d'après les expériences de M. F. Boudet. (*Ann. de Chim. et de Phys.*, L, 391.)

Pour la produire, il suffit de mettre 100 parties d'huile d'olive en contact à froid avec un mélange de 3 parties d'acide azotique à 35°, et une partie d'acide hypo-azotique, d'agiter l'huile et de l'abandonner à elle-même pendant un temps suffisant. L'huile se solidifie en deux heures à la température de 17°. Alors on la chauffe avec de l'alcool, qui en sépare une matière jaune, etc., puis on la comprime entre des feuilles de papier non collé pour en extraire une petite quantité de matière oléagineuse encore liquide; le résidu, presque égal en poids à celui de l'huile primitive, est l'*élaïdine* pure. Que se passe-t-il dans cette opération? On l'ignore, parce qu'on n'a analysé aucun des produits qui se forment. Tout ce qu'on sait, c'est que l'huile solidifiée ne rougit pas le tournesol, lorsqu'elle a été mêlée seulement avec l'acide hypo-azotique.

Quoi qu'il en soit, l'élaïdine est réellement une substance distincte de toutes les autres; elle est fusible à 36°, soluble en toutes proportions dans l'éther hydrique, presque insoluble dans l'alcool à 0,8975 de densité, car à la température de l'ébullition, il n'en dissout que la 200e partie de son poids et se trouble par le refroidissement. Chauffée rapidement dans une cornue de verre, elle se décompose, entre en ébullition et donne un produit liquide qui forme à-peu-près la moitié du volume de l'élaïdine employée, et qui, par le refroidissement, se prend en masse de consistance butyreuse: dans ce produit se trouve beaucoup d'acide élaïdique. Enfin, mise en contact avec des solutions bouillantes de potasse ou de soude, elle se transforme promptement en glycérine et en acide élaïdique.

2347. *Palmine.* — La palmine s'obtient en mettant l'huile de ricin ou de *palma christi* en contact avec un mélange d'acide hypo-azotique et d'acide azotique, comme nous l'avons dit au sujet de l'élaïdine (2346). Lorsque l'huile est solidifiée, ce qui n'a lieu que dans l'espace de 30 à 40 heures, on la traite par l'alcool bouillant. Celui-ci se charge de beaucoup de palmine et la laisse déposer en partie par le refroidissement, sous forme de petits grains opalins qui ne présentent aucune apparence cristalline.

Cette substance est blanche; son odeur rappelle celle de l'huile volatile qui se dégage dans la distillation de l'huile de ricin. Elle fond à 66° et se prend par le refroidissement en une masse dont la cassure est analogue à celle de la cire. Chauffée convenablement dans une cornue de verre, elle se décompose, laisse dégager des gaz, de la vapeur d'eau, une huile brunâtre qui exhale une forte odeur et représente à-peu-près la moitié de la palmine. Parvenue à ce point, la distillation s'arrête presque tout-à-coup, ou du moins il ne se vaporise plus d'huile, etc.; mais le résidu se soulève, se boursoufle, et remplit tout le vase d'une matière d'un brun rougeâtre, phénomène remarquable que présente l'huile de ricin elle-même, à cela près que la matière boursouflée est de couleur jaune-doré. Si l'on reprend ensuite le produit qui se condense dans le récipient et qu'on le distille avec de l'eau, on obtiendra d'une part le tiers de son poids de l'huile volatile odorante que donne l'huile de ricin à la distillation, et d'autre part, pour résidu, une huile fixe, très acide, liquide à zéro, soluble d'une manière très sensible dans l'eau de potasse faible, et en toutes proportions dans l'alcool.

La palmine est soluble à la température de 30°, dans la moitié de son poids d'alcool marquant 36° à l'aréomètre; elle l'est beaucoup plus dans l'alcool bouillant; l'éther hydrique la dissout en toutes proportions quand elle est fondue.

Les solutions alcalines la transforment à chaud en glycérine et en acide palmique; mais, chose digne de remarque, l'acide palmique ne fait pas partie des produits qu'elle fournit à la distillation. (M. F. Boudet, *Ann. de Chim. et de Phys.*, L, 411.)

ARTICLE II.

*Corps gras que les dissolutions alcalines transforment en glycérine et en acides volatils.*

2348. Il existe certainement des corps gras particuliers que les alcalis transforment en glycérine et en acides volatils; mais jusqu'ici l'on n'est point parvenu à les isoler. Les substances grasses que nous allons décrire sous les noms de *phocénine*, de *butyrine*, d'*hircine*, sont probablement des mélanges de matières diverses. Telle doit être du moins la butyrine, car elle forme avec les alcalis jusqu'à cinq acides, qui sont: l'acide butyrique, l'acide caprique, l'acide caproïque, l'acide oléique, l'acide margarique. Quelques chimistes, en considérant que la stéarine ne produit que de l'acide stéarique, l'élaïdine que de l'acide élaïdique, la palmine que de l'acide palmique, pensent qu'il en doit être de même de tous les autres corps gras saponifiables. Ils s'appuient d'ailleurs sur ce que l'oléine et la margarine qui n'ont point encore été obtenues pures, donnent, la première, beaucoup d'acide oléique, et la seconde, beaucoup d'acide margarique.

Suivant eux, la butyrine, dans l'état où on la connaît maintenant, contiendrait tout à-la-fois de la *butyrine* proprement dite, de la *caprine*, de la *caproïne*, de l'*oléine*, de la *margarine;* et l'huile de ricin, de la *ricinine*, de la *margaritine*, de l'*oléidine*. Cette opinion peut sans doute être soutenue avec un certain degré de vraisemblance; mais il est évident qu'avant d'être admise, elle a besoin d'être fortifiée par de nouveaux résultats; il faudrait, par exemple, que l'on eût isolé la *caprine* et la *caproïne*.

*Phocénine* (nom dérivé de *phocæna*, marsouin). — La phocénine se trouve unie à l'oléine et à une très petite quantité d'acide phocénique dans l'huile de marsouin, à ces mêmes substances et à la cétine dans l'huile de dauphin. Pour se la procurer, il faut dissoudre à chaud 10 parties d'huile de marsouin dans 9 parties d'alcool d'une densité de 0,797, laisser refroidir la dissolution, décanter la liqueur alcoolique, d'où il se sera déposé une portion de matière, et soumettre cette liqueur à la distillation : on obtiendra ainsi un résidu acide, ayant l'aspect oléagineux. Si l'on désacidifie ce résidu oléagineux par un lait de carbonate de magnésie, et si, après avoir séparé de ce carbonate le nouveau résidu ou plutôt la nouvelle huile, on la traite par de l'alcool faible et froid, celui-ci s'emparera de la *phocénine* proprement dite, qui possède les propriétés suivantes : à + 17° elle est très fluide; sa densité est de 0,954; l'odeur qu'elle exhale est faible et ne saurait se définir; cependant il semble qu'elle a quelque chose de celle de l'éther et de l'acide phocénique.

La phocénine n'altère pas les couleurs; elle est insoluble dans l'eau, très soluble dans l'alcool bouillant. La solution très étendue d'alcool laisse après la distillation une phocénine qui rougit le tournesol; mais la quantité d'acide est très petite.

Cent parties de phocénine, traitées par la potasse, donnent 32,82 d'acide phocénique sec, 15 de glycérine, 59 d'acide oléique hydraté.

2350. *Butyrine* (nom tiré de *butyrum*, beurre.) — La butyrine se trouve dans le beurre, unie à l'oléine, à la stéarine et à une très petite quantité d'acide butyrique. Lorsqu'on veut l'extraire, il faut d'abord séparer le beurre du lait de beurre par la fusion et la décantation, puis on laisse refroidir très lentement dans une capsule profonde de porcelaine le beurre ainsi purifié, et on le tient exposé pendant quelques jours à une température de 19°; par ce moyen, on isole une grande quantité de stéarine cristallisée en petits grains, et l'on obtient un composé huileux que l'on filtre avec soin. On met dans un ballon ce composé huileux avec un poids égal au sien d'alcool de 0,796 de densité, à une température de 19°. On agite les matières de temps en temps, et après vingt-quatre heures l'alcool est décanté et la partie indissoute mise de côté. Soumettant ensuite la solution alcoolique à une distillation ménagée, on obtient pour résidu une nouvelle huile riche en butyrine. Comme elle est légèrement acide, il faut la traiter par le carbonate de magnésie, ainsi que nous l'avons dit au sujet de la phocénine. Le butyrate, très soluble dans l'eau, est facilement enlevé. Il ne s'agit plus alors que de faire chauffer la matière grasse restante avec de l'alcool, et de faire évaporer celui-ci pour avoir la butyrine pure : en voici les propriétés.

La butyrine est très fluide à 19°, et sa densité est de 0,908; elle ne paraît guère se congeler qu'à 0°; son odeur rappelle celle du beurre chaud. Elle est presque toujours jaunâtre; mais cette couleur ne lui est pas essentielle, car il y a des beurres qui donnent de la butyrine presque incolore.

L'eau ne la dissout pas; l'alcool d'une densité de 0,822 la dissout en toutes proportions, lorsqu'il est bouillant.

Une dissolution alcoolique chargée de peu de butyrine devient acide, mais très légèrement, lorsqu'on la distille; on ne trouve en effet dans le résidu que des traces d'acide butyrique.

La butyrine se saponifie facilement; elle se transforme alors en acides butyrique, caproïque et caprique, en glycérine et en acides margarique et oléique.

2351. *Hircine* (d'*hircus*, bouc).— L'hircine se trouve dans les graisses de bouc et de mouton. C'est elle qui, avec l'oléine, forme la partie liquide du suif. Comme elle est beaucoup plus soluble dans l'alcool que l'oléine, l'on conçoit qu'on peut l'obtenir par un procédé plus ou moins semblable à celui que nous avons suivi pour la préparation de la butyrine.

Elle n'a été encore que très peu examinée; elle a pour principal caractère de produire de l'acide hircique dans la saponification.

## ARTICLE III.

### *Des corps gras que les dissolutions alcalines transforment en acides gras du premier groupe et en d'autres graisses neutres.*

2352. Les corps gras de cette sorte sont seulement au nombre de deux, la *cétine* et la *cérine*: sous l'influence des alcalis, la cétine se transforme en acides margarique et oléique, et en *éthal;* la cérine, en acide margarique et en *céraïne*.

2353. *Cétine* (de κῆτος, *baleine*).—C'est encore M. Chevreul qui a proposé d'appeler ainsi la matière cristallisable qui forme la majeure partie du *spermacéti* ou *blanc de baleine*.

Pour obtenir cette matière pure, il suffit de traiter le spermacéti par de l'alcool bouillant et de laisser refroidir la liqueur. La cétine se dépose sous forme de lames cristallines qu'on peut purifier, si l'on veut, par une nouvelle cristallisation.

La cétine est blanche, douce au toucher, presque inodore, cassante, sans saveur, sans action sur le tournesol; elle entre en fusion à 49°. Soumise à la distillation dans le vide, elle se volatilise sans altération; distillée dans une cornue à la manière ordinaire, elle donne un peu d'eau acide, un peu d'huile et un produit solide cristallisé, dont le poids égale presque celui du blanc de baleine : des traces de charbon restent au fond de la cornue.

Cent parties d'alcool bouillant, d'une densité de 0,821, dissolvent environ 2 parties et demie de cétine.

Chauffée avec son poids d'hydrate de potasse et deux fois son poids d'eau, elle se saponifie aisément; les produits de la saponification ne contiennent pas de glycérine : ils se composent seulement d'acide margarique, d'acide oléique et d'éthal. En étendant le savon d'eau et le décomposant par l'acide tartrique, on obtient une graisse acide dont le poids est à-peu-près égal à celui de la cétine soumise à l'action de l'alcali. Si l'on fait bouillir cette graisse dans de l'eau de baryte, qu'on enlève ensuite l'excès de base par l'eau distillée très chaude, puis qu'on sèche la matière et qu'on la traite par l'alcool, celui-ci dissout l'éthal et laisse pour résidu le margarate et l'oléate de baryte. La quantité des acides margarique et oléique est à celle de l'éthal comme 64 à 36 (Chevreul).

M. Chevreul ayant pris 7 grammes de cétine, 11 gr. d'acide margarique, 18 gr. d'hydrate de potasse, observa un phénomène remarquable. En les faisant chauffer d'abord avec 16 gr. d'eau, jusqu'à ce qu'il se fût formé un magma gélatineux, puis faisant bouillir ce magma avec 100 gr. de ce liquide pendant une demi-heure, laissant macérer le tout pendant deux jours, et le faisant enfin bouillir pendant quelques minutes avec 300 nouveaux grammes d'eau, il vit qu'à 100° le liquide était laiteux, qu'à 66 il commençait à s'éclaircir, qu'à 60 il était très limpide, qu'à 55 il commençait à se troubler, et qu'à 50 il était opaque.

2354. *Cérine.*—La cérine n'a encore été trouvée que dans la cire des abeilles; elle en constitue les 70 ou 80 centièmes : le reste est formé de *myricine*. C'est en traitant à plusieurs reprises la cire à la température de l'ébullition par l'alcool d'une densité de 36 degrés à l'aréomètre, maintenant la liqueur très chaude, pour permettre à la myricine tenue en suspension de se déposer, décantant la liqueur et la faisant évaporer, qu'on se procure la cérine. Une quantité à peine sensible de myricine se dissout, de telle sorte que, l'action de l'alcool étant épuisée, le résidu peut être considéré comme de la myricine pure.

La cérine est blanche, analogue à la cire, fusible à 62°, beaucoup plus soluble dans l'alcool et l'éther bouillans que la myricine. Elle n'est que difficilement attaquée, même à chaud, par l'acide azotique. L'acide sulfurique concentré la charbonne promptement à l'aide de la chaleur. Traitée par les alcalis caustiques, elle se transforme en acide margarique et en *céraïne* (2340). Soumise à la distillation, elle donne de l'acide margarique sans acide sébacique, de l'eau, de l'acide acétique, de l'huile empyreumatique et une matière jaune. (John, F. Boudet et Boissenot, *Journ. de Pharm.*, XIII, 38.)

### ARTICLE IV.

### *Des corps gras naturels, insaponifiables et inaltérables par les alcalis.*

2355. Parmi ces corps, on compte la cholestérine, l'ambréine, la castorine, la myricine. Peut-être devrait-on y ajouter la matière grasse du liége et la séroline, qui toutes deux sont inattaquables par les alcalis et ont été examinées, la première par M. Chevreul (*Ann. de Chim.*, XCVI, 166), et la seconde par M. F. Boudet (*Ann. de Chim. et de Phys.*, LII, 346). Mais comme ces chimistes eux-mêmes n'osent point assurer que ce sont des matières nouvelles, il n'en sera question qu'en parlant du liège et du sérum du sang.

2356. *Cholestérine* (χολὴ, *bile*, et στερεός, *solide*). — La cholestérine fait partie de la bile humaine et constitue la partie cristalline des calculs auxquels cette sorte de bile donne naissance. Elle existe également dans le sang humain, suivant M. F. Boudet (*Ann. de Chim. et de Phys.*, LII, 337), dans les matières grasses du cerveau, d'après M. Couerbe (*Id.* LVI, 181), et se rencontre toujours dans le musc. M. Lassaigne l'a trouvée aussi dans une concrétion qui s'était formée dans le cerveau d'un cheval et dans la matière d'un squirrhe qui s'était développé dans le mésocolon d'une jument. (*Ann. de Chim. et de Phys.*, IX, 324.)

Cette substance, que l'on se procure facilement en traitant les calculs biliaires de la vésicule de l'homme par l'alcool bouillant, filtrant la liqueur et la laissant refroidir, est sous la forme d'écailles blanches, brillantes, sans saveur; elle ne fond qu'à la température de 137°, et cristallise, par le refroidissement, en lames rayonnées. Chauffée plus fortement dans une cornue à la manière ordinaire, elle bout, se colore en jaune, puis en brun, donne lieu à une grande quantité d'un liquide huileux, qui n'est ni acide ni ammoniacal, et laisse un très petit résidu de charbon : dans le vide, elle se volatilise sans altération.

Cent grammes d'alcool bouillant en dissolvent 18 gr., lorsque sa densité est de 0,816, et seulement 11,24 lorsque sa densité s'élève à 0,840.

L'acide azotique la convertit en un acide particulier (2161); et, suivant M. Chevreul, la potasse en dissolution dans l'eau ne lui fait éprouver aucune altération, même lorsqu'on porte la température jusqu'au degré d'ébullition et qu'on la soutient pendant vingt-quatre heures.

Suivant le même chimiste, la cholestérine est composée de 85,095 de carbone, de 11,880 d'hydrogène et de 3,025 d'oxigène, d'où l'on déduit la formule : $C^{76}H^{63}O$.

2357. *Ambréine*. — C'est cette substance qui constitue pour ainsi dire l'*ambre gris* tout entier ; elle s'obtient sous forme de houppes blanches et déliées en traitant l'ambre gris à chaud par l'alcool d'une densité de 0,827, filtrant la liqueur et l'abandonnant à elle-même.

L'ambréine, examinée successivement par Roze, Bucholz, Pelletier et Caventou, est insipide, d'un blanc brillant, fusible à +30°, soluble dans l'alcool, l'éther, les huiles essentielles et les huiles grasses, inattaquable par les alcalis, susceptible de former de l'acide ambréique avec l'acide azotique (2162). Chauffée sur une feuille de platine, elle fond, répand des fumées, et se vaporise sans presque aucun résidu ; aussi, lorsqu'on la distille, passe-t-elle dans le récipient sans avoir subi d'altération bien sensible, et ne laisse-t-elle dans la cornue que très peu de charbon. Elle est formée de 83,37 de carbone, de 13,32 d'hydrogène, de 3,31 d'oxigène, ce qui donne pour formule atomique ($C^{66}H^{65}O$). (*Journal de Pharmacie*, VI, 49. — *Ann. de Chim. et de Phys.*, 41, 188.)

2358. *Castorine.* — On l'appelle ainsi parce qu'on l'extrait du *castoreum* dans la composition duquel elle entre pour quelques centièmes seulement. On se la procure en faisant chauffer le *castoreum* avec six fois son poids d'alcool à 0,85, et un peu de charbon, filtrant la dissolution bouillante, la laissant refroidir et la filtrant de nouveau pour séparer de la graisse qui se précipite, puis l'exposant à une évaporation spontanée. La castorine se dépose peu-à-peu en aiguilles quadrilatères et transparentes qui se groupent entre elles. Dans le cas où elles contiendraient un peu de résine brun-jaunâtre, on l'enleverait en les traitant une seconde fois par l'alcool et le charbon, etc. Il serait bon même, si la couleur persistait, de les soumettre à l'action de l'alcool en premier lieu. L'ammoniaque dissoudrait la résine sans attaquer la castorine.

La castorine a une faible odeur de *castoréum* et une saveur qui a quelque chose de métallique. Mise en contact avec l'eau bouillante, elle se fond en une huile qui se rassemble à la surface du liquide et se prend, par le refroidissement, en une masse transparente : la vapeur entraîne avec elle un peu de matière. Soumise à la distillation, elle se décompose.

Elle est insoluble dans l'eau froide, très légèrement soluble dans l'eau bouillante, plus soluble dans l'alcool, plus soluble encore dans l'éther : elle se dissout aussi, savoir : 1° dans l'acide sulfurique concentré avec facilité : l'eau l'en précipite; 2° dans l'acide sulfurique étendu, à l'aide de la chaleur : elle s'en dépose par le refroidissement ou la saturation; 3° dans l'acide acétique bouillant : elle se sépare sous forme de cristaux par la concentration de la liqueur; 4° dans une lessive concentrée et bouillante de potasse caustique : en affaiblissant la dissolution, une partie de la castorine se précipite.

Quant à l'acide azotique, il ne la dissout point à froid; mais à chaud il paraît qu'il la convertit en un acide analogue dans son genre aux acides cholestérique et ambréique.

2359. *Myricine.*—La myricine entre pour 20 à 30 centièmes dans la composition de la cire et constitue le résidu que l'on obtient en traitant celle-ci à plusieurs reprises par l'alcool.

Elle est d'un blanc grisâtre, fusible à 65°, insoluble, soit à froid, soit à chaud, dans l'eau de potasse concentrée, soluble dans la 200e partie de son poids d'alcool, dont elle se précipite sous forme de flocons blancs par le refroidissement, susceptible de se vaporiser presque entièrement sans altération. (John; Boudet et Boissenot; *Journ. de Pharm.*, XIII, 42.)

### ARTICLE V.

### *Corps gras neutres qui sont le produit de la saponification.*

2360. On n'en connaît encore que deux qui proviennent, l'un de l'action de la potasse sur la cétine : c'est *l'éthal;* l'autre, de celle de cet alcali sur la cérine : c'est la *céraïne*.

2361. *L'éthal* est composé de 79,766 de carbone, 13,945 d'hydrogène, 6,289 d'oxigène, quantités qui équivalent à $C^{32}H^{34}O = (4C^8H^8 + H^2O)$. Or, comme l'éther et l'alcool peuvent être représentés dans leur composition, le premier par $C^8H^8 + H^2O$, et le second par $C^8H^8 + 2H^2O$, il s'ensuit qu'il existe un rapport simple entre les proportions des principes constituans de ces trois substances; car la quantité d'hydrogène bi-carboné étant la même, les quantités d'eau sont comme les nombres 1, 4, 8. C'est par suite de cette analogie de composition que M. Chevreul a formé le nom d'*éthal* des deux premières syllabes des mots *éther* et *alcool*.

L'éthal est incolore, solide à la température ordinaire, insipide, presque sans odeur, demi transparent comme la cire, sans action sur le tournesol, insoluble dans l'eau, soluble en toutes proportions à la température de 54° dans l'alcool d'une densité de 0,812.

L'éthal entre en fusion à 48° et cristallise par le refroidissement en petites lames brillantes sur lesquelles on distingue quelquefois des aiguilles radiées. Il affecte la même forme en se déposant lentement de sa solution alcoolique. Chauffé sur un bain de sable dans une petite capsule, il se volatilise en totalité sans se décomposer. Il s'enflamme à la manière des huiles. Les alcalis sont sans action sur lui.

2362. *Céraïne.* — Lorsqu'on saponifie la cérine par une solution de potasse caustique, et qu'on traite par l'alcool la matière réduite en consistance de gelée, on dissout le margarate alcalin et l'on obtient pour résidu une matière grasse assez abondante qui est la céraïne.

Cette matière, traitée par l'eau acidulée d'acide chlorhydrique, puis lavée et chauffée au bain-marie jusqu'à ce qu'elle ait perdu toute son humidité, est dure, cassante, fusible au dessus de 70°, peu soluble à chaud dans l'alcool, quoiqu'il se prenne en gelée par le refroidissement, plus soluble dans l'éther et l'essence de térébenthine, inattaquable par les alcalis, susceptible de se décomposer et de se vaporiser en partie, lorsqu'on la soumet à la distillation.

ARTICLE VI.

### *Des matières grasses considérées à l'état où elles existent dans les végétaux et dans les animaux.*

2363. Ces matières sont formées de plusieurs des substances grasses immédiates dont il vient d'être question dans les articles (2342, 2348, 2352, 2355); c'est pourquoi nous les plaçons à la suite de ces substances; elles comprennent les huiles grasses végétales, la cire et les graisses animales.

#### § 1. *Des huiles grasses végétales.*

2364. On distingue deux genres d'huiles : les unes sont visqueuses, fades ou presque insipides ; les autres sans viscosité, caustiques et volatiles. Ce sont les premières qu'on appelle *huiles grasses*, ou bien encore *huiles douces ou fixes;* quant aux secondes, elles reçoivent le nom d'*huiles volatiles*, d'*huiles essentielles*, ou simplement d'*essences* : nous nous en occuperons dans le groupe suivant (2411).

2365. Les huiles grasses sont presque toutes liquides à la température ordinaire. Leur viscosité les empêche de couler facilement. Leur saveur, quoique faible, est souvent désagréable. Leur odeur est toujours très légère. La plupart sont colorées en jaune ou en jaune verdâtre. Toutes sont spécifiquement moins pesantes que l'eau.

2366. Lorsqu'on soumet une huile dans une cornue, à une température capable d'en opérer la distillation, elle entre en ébullition, se décompose, et il se forme, indépendamment de gaz qui sont l'hydrogène carboné, l'oxide de carbone et l'acide carbonique, une quantité plus ou moins considérable d'acides gras, semblables à ceux qui sont le produit de la saponification, et de plus un peu d'acide acétique et d'acide sébacique; plus tard, on obtient dans le récipient une huile empyreumatique qui, vers la fin de l'expérience, ne renferme plus d'acide gras; enfin, lorsque la matière est complètement distillée, l'on voit se sublimer, ainsi que cela se remarque dans la distillation du succin, une matière jaune rougeâtre : il reste dans la cornue une très petite quantité de charbon.

Dans le cours de l'opération, il se produit même encore un peu d'huile volatile, légèrement odorante, et d'une autre matière volatile aussi, non acide, soluble dans l'eau, dont l'odeur est très forte et insupportable.

La proportion de ces substances varie singulièrement suivant l'espèce de corps gras employé; mais les plus abondantes sont l'acide margarique, l'acide oléique et l'huile empyreumatique qui prend naissance à la seconde époque de l'opération. (MM. Bussy et Lecanu, *Journal de Pharm.*, XI, 353 et XIII, 57. — M. Dupuy, *Ann. de Chim. et de Phys.*, XXIX, 319.)

2367. Exposées à l'action de l'air, les huiles, peu-à-peu, perdent de leur liquidité, s'épaississent et quelquefois se durcissent. Celles qui se durcissent ou qui s'épaississent au point de ne plus tacher le papier sur lequel on les applique, prennent le nom d'*huiles siccatives* : telles sont les huiles de lin, d'œillet ou de pavot, de noix, de chenèvis, de faine. Celles qui ne s'épaississent point assez pour cela, s'appellent *huiles non siccatives* : exemples, huiles d'olive, de colza, d'amandes douces, de noisettes, de noix d'acajou, de ricin.

Dans ce changement d'état, il ne se forme point d'eau, il ne se produit que du gaz carbonique qui ne représente pas à beaucoup près tout l'oxigène absorbé : nous citerons comme preuve un passage du Mémoire que M. Théod. de Saussure a publié (*Ann. de Chim. et de Phys.*, XIII, 350). « Les huiles « fixes récentes n'exercent sur le gaz oxigène, pendant long-« temps, qu'une action à peine sensible; mais tout-à-coup « elles subissent un changement d'état qui leur en fait absor-« ber au moins cent fois plus qu'aux huiles volatiles dans le « même temps. Une couche d'huile de noix de trois lignes d'é-« paisseur sur deux pouces de diamètre, placée sur du mer-« cure à l'ombre, dans du gaz oxigène pur, n'en a absorbé « qu'un volume égal au plus à trois fois celui de l'huile, pen-« dant huit mois, entre décembre 1817 et le 1er août 1818; « mais dans les dix jours suivans, elle en a absorbé soixante « fois son volume. Cette absorption s'est faite successivement « avec plus de lenteur jusqu'à la fin d'octobre, époque où la « diminution du volume du gaz ne s'opérait plus d'une ma-« nière bien marquée. L'huile avait absorbé alors cent qua-« rante-cinq fois son volume de gaz oxigène, en formant vingt-« et-une fois son volume de gaz carbonique : elle n'avait point « produit d'eau, et elle était réduite en état de gelée transpa-« rente, qui ne tachait pas le papier.

« Ce changement subit dans l'état des huiles fixes, particu-« lièrement des siccatives, explique les inflammations sponta-« nées qu'elles ont produites, et dont on n'a pas d'exemple « avec les huiles volatiles. »

2368. Le soufre et le phosphore ont la propriété de se dissoudre dans les huiles à l'aide de la chaleur : on peut même, en laissant refroidir la dissolution, obtenir du soufre assez bien cristallisé. Ce procédé a été recommandé par Pelletier.

L'iode, et le chlore surtout, leur enlèvent, même à la température ordinaire, une certaine quantité d'hydrogène, et forment, l'un de l'acide iodhydrique, et l'autre de l'acide chlorhydrique. Il en doit être de même du brôme.

Le potassium et le sodium n'ont qu'une très faible action sur les huiles : lorsqu'on les met en contact avec elles, ils s'oxident peu-à-peu, et finissent par produire une espèce de savon très oléagineux.

2369. Il paraît que toutes les huiles sont absolument insolubles dans l'eau : la plupart au contraire sont plus ou moins solubles dans l'esprit-de-vin et dans l'éther. M. de Saussure a remarqué que leur solubilité dans l'esprit-de-vin croissait avec la quantité d'oxigène qu'elles contenaient naturellement ou qu'elles avaient absorbé. (*Ann. de Chim. et de Phys.*, XIII, 360.)

2370. L'acide sulfurique concentré, mis en contact à froid ou à une douce chaleur avec les huiles, donne lieu aux mêmes acides gras que ceux qui se forment dans l'acte de la saponification, et probablement à de la glycérine, phénomènes qui, selon toute apparence, dépendent de l'affinité des acides gras pour l'acide sulfurique : aussi, le mélange bien broyé prend-il l'aspect d'une sorte de savon. Si la température était trop élevée, l'acide sulfurique serait décomposé, et il y aurait dégagement de gaz sulfureux et carbonisation de l'huile.

Les oxacides qui ont pour radicaux l'azote, le chlore, le brôme, sont facilement décomposés par les huiles; les produits qui se forment dans ces diverses réactions n'ont pas encore été bien examinés : on sait seulement d'après M. F. Boudet (*Ann. de Chim. et de Phys.* t. LV, p 391), 1° que les huiles non siccatives se solidifient en plus ou moins de temps, lorsqu'on les met, à la température ordinaire, avec un demi-centième à trois centièmes de leur poids d'acide hypo-azotique; que, en se solidifiant ainsi, l'huile de ricin se transforme en palmine, les autres en élaïdine, et que dans cet état aucune n'altère le tournesol; 2° que les huiles siccatives, traitées de la même manière, conservent leur liquidité, d'où il suit que, sous ce rapport, les huiles se partagent en deux sections bien distinctes. Voici le tableau du temps qu'ont exigé à la température de 17°, 100 grains de quelques huiles non siccatives, pour passer à l'état solide par l'addition d'un mélange de 3 grains d'acide azotique à 38°, et de 3 grains d'acide hypo-azotique pur.

| Huiles | Couleurs qu'elles prennent immédiatement. | Nombre de minutes écoulées avant leur solidification. |
|---|---|---|
| D'olive | vert bleuâtre | 73′ |
| D'amandes douces | blanc sale | 160′ |
| D'amandes amères | vert foncé | 160′ |
| De noisettes | vert bleuâtre | 103′ |
| De noix d'acajou | jaune soufre | 43′ |
| De ricin | jaune doré | 603′ |
| De colza | jaune brun | 2400′ |

2371. Lorsqu'on fait bouillir les huiles avec de l'eau et des oxides alcalins, ou d'autres oxides qui ont beaucoup d'affinité pour les acides, les huiles sont toujours décomposées, sans qu'il se forme d'acide carbonique ou d'acide acétique, et sans que l'air exerce la plus légère influence sur le phénomène. On n'obtient pour produits que de la glycérine et des acides gras qui sont ordinairement l'acide margarique et l'acide oléique. Or, comme leurs élémens réunis représentent ceux de l'huile, il s'ensuit que la base salifiable, en raison de son affinité pour les deux acides, détermine l'union des élémens de la matière huileuse dans un autre ordre.

2372. *Composition.* — Les huiles, outre un peu de matière colorante et de matière odorante, renferment au moins deux substances grasses en proportions diverses, l'une solide et l'autre liquide à la température ordinaire. La 1re analogue à la margarine, et la 2e analogue à l'oléine. Mais toutes contiennent-elles les mêmes variétés de margarine et d'oléine? nous ne le pensons pas : autrement, il serait impossible de se rendre compte de la cause pour laquelle il existe *des huiles siccatives et des huiles non siccatives, des huiles solidifiables et des huiles non solidifiables par l'acide hypo-azotique.* La différence entre les proportions d'oléine et de margarine dans chacune d'elles ne le permettrait pas : elle est trop faible. quoi qu'il en soit, c'est en pressant les huiles dans du papier gris, à une température assez base pour leur donner une consistance convenable, que l'on parvient à séparer la matière solide et la matière liquide qui les composent : celle-ci est absorbée par le papier, tandis que l'autre ne l'est pas. On renouvelle le papier jusqu'à ce qu'il cesse d'être taché. L'opération dure quelquefois plusieurs jours. M. Braconnot (*Ann. de Chim.* t. XCIII, p. 225) a extrait par ce procédé, que M. Chevreul avait employé avant lui, dans des expériences sur l'huile d'olive, savoir :

| | Matière grasse liquide analogue à l'oléine. | Matière grasse solide analogue à la stéarine. |
|---|---|---|
| De l'huile d'olive | 72 | 28 |
| — d'amande douce | 76 | 24 |
| — de colza | 54 | 46 |

On n'a encore fait l'analyse élémentaire que de cinq huiles fixes, qui sont les huiles d'olive, de noix, d'amandes douces, de lin, de ricin : la première a été analysée par MM. Gay-Lussac et Thenard (*Recherches physico-chimiques*); et les quatre autres par M. de Saussure (*Ann. de Chim. et de Phys.*, t. XIII, p. 351). Voici les résultats de ces analyses :

| Huiles | Carbone. | Hydrogène. | Oxigène. | Azote. |
|---|---|---|---|---|
| D'olive.......... | 77,21 | 13,36 | 9,43 | |
| De noix.......... | 79,774 | 10,570 | 9,122 | 0,534 |
| D'amande douce... | 77,403 | 11,481 | 10,828 | 0,288 |
| De lin........... | 76,014 | 11,351 | 12,635 | |
| De ricin......... | 74,178 | 11,034 | 14,788 | |

2373. *État naturel, préparation.* — Quoique les huiles grasses soient très abondantes, elles ne se rencontrent pour ainsi dire que dans les semences.

2374. Les unes sont employées comme aliment ou comme médicament, et les autres dans l'éclairage, etc. Les premières s'obtiennent en broyant la substance qui les contient, et en exprimant cette substance à froid si les huiles sont fluides, et entre des plaques de fer plus ou moins chaudes si elles sont concrètes. Pour obtenir les secondes, on broie aussi la substance d'où l'on se propose de les extraire; mais avant de soumettre cette substance à la presse, on l'humecte, on la torréfie, afin de détruire le mucilage qu'elle renferme, et qui s'opposerait à la sortie de l'huile, et afin de rendre en même temps celle-ci plus fluide. Examinons maintenant les principales huiles en particulier.

2375. *Huile d'olive.* — Non siccative, contenue dans le péricarpe des fruits de l'*olea europæa*, arbre qui croît surtout en Provence, en Italie et en Espagne; colorée en jaune ou jaune verdâtre, légèrement odorante, solide en partie à quelques degrés + 0 : on en connaît plusieurs variétés.

1° L'huile vierge, qu'on obtient en exprimant à froid les olives les plus mûres et non fermentées : c'est la meilleure; elle est ordinairement peu colorée, d'une saveur et d'une odeur agréables.

2° L'huile commune, qui est extraite en délayant dans l'eau bouillante la pulpe des olives dont on a séparé l'huile vierge, et qui, en raison de sa légèreté, se rassemble bientôt à la surface de l'eau : cette huile se rancit assez facilement et est toujours colorée en jaune.

3° L'huile des olives fermentées, qu'on prépare comme les précédentes, si ce n'est qu'on entasse les olives, et qu'on les laisse entrer en fermentation avant de les soumettre à la presse. Cette huile est de mauvaise qualité; elle contient plusieurs matières étrangères, parmi lesquelles on rencontre une grande quantité de mucilage et de parenchyme qui restent suspendus dans l'huile, et qui en troublent la transparence pendant quelque temps.

L'huile d'olive est employée comme aliment; elle entre dans la composition du savon; les horlogers s'en servent pour adoucir les frottemens; mêlée avec de la cire blanche et de l'eau, elle forme le cérat de Galien; c'est en faisant chauffer parties égales de cette huile, d'axonge et de litharge, et ajoutant au mélange, qu'on remue sans cesse, de l'eau, un peu de cire blanche et de sulfate de zinc, qu'on fait l'emplâtre diapalme, emplâtre qu'il est possible d'obtenir aussi en précipitant une solution de savon par une solution d'acétate de plomb.

Cette huile étant toujours d'un prix élevé, il arrive assez souvent qu'on la falsifie avec celle d'œillet et quelquefois avec l'huile de faine; mais il est toujours possible de reconnaître cette fraude au moyen de l'acide hypo-azotique qui solidifie l'huile d'olive et laisse liquide l'huile d'œillet ou l'huile de faine. Il suffit pour cela de mêler cinq grammes de l'huile à essayer avec un centigramme d'acide hypo-azotique dissous dans trois centigrammes d'acide azotique à 35 degrés; la solidification de l'huile, à la température de + 10°, sera retardée de 40 minutes par un centième d'huile d'œillet, de 90 minutes par un vingtième, et d'un temps beaucoup plus long par un dixième; l'huile pure sur laquelle il faut opérer comparativement se solidifie à + 16° en 130 minutes (F. Boudet, *Ann. de Chim. et de Phys.*, LV, 391.) M. Poutet avait recommandé, dès l'année 1819, l'emploi d'une solution acide de mercure, préparée en faisant dissoudre à froid 6 parties de mercure dans 7 parties et demie d'acide azotique à 38° environ de l'aréomètre de Baumé : il en mêlait 8 grammes avec 92 grammes d'huile (*Ann. de Chim. et de Phys.*, XII, 58). Mais comme M. F. Boudet a prouvé que cette solution n'agit que par l'acide hypo-azotique ou l'acide azoteux qu'elle contient, et qu'elle est moins sensible que le mélange d'acide hypo-azotique et d'acide azotique, il est évident que la liqueur d'épreuve de M. F. Boudet doit être préférée à celle de M. Poutet.

2376. *Huile d'amandes douces.* — Non siccative, contenue dans les semences de l'*amygdalus communis*, liquide, d'un blanc verdâtre, ayant l'odeur et la saveur des amandes, rancissant avec beaucoup de promptitude. Pour extraire cette huile, on commence par frotter les amandes les unes contre les autres dans un linge rude, afin de séparer la poussière qui les recouvre, et qui, tout en colorant l'huile, en absorberait une partie; ensuite on réduit les amandes en pâte au moyen du pilon, ou mieux en poudre par le moulin; on les met dans des sacs de coutil, entre deux plaques de fer qu'on a fait chauffer dans l'eau bouillante, et on les presse fortement. Cette huile, récemment préparée, est louche : on peut la clarifier par le repos, ou la filtration à travers un papier gris.

L'huile d'amandes douces n'est guère employée qu'en pharmacie, dans la préparation des émulsions, des potions huileuses, du savon médicinal, du savon ammoniacal, etc. Ce dernier, qu'on appelle encore *liniment volatil*, résulte de la combinaison d'une partie d'ammoniaque liquide à 22° et de 8 parties d'huile : pour le faire, on mêle simplement l'ammoniaque avec l'huile, et on agite fortement le mélange. Ce savon est laiteux, d'une consistance un peu plus épaisse que celle de l'huile; il exhale fortement l'odeur d'ammoniaque, et est regardé comme un puissant résolutif.

2377. *Huile de navette.* — Cette huile, non siccative, a une odeur analogue à celle des plantes crucifères, une couleur jaune et une viscosité assez grande; elle est contenue dans les graines du *brassica napus* (navette); on l'extrait en broyant la graine, la faisant ordinairement chauffer avec un peu d'eau et la soumettant à la presse. Dans cet état elle retient une certaine quantité de matière colorante, qui en rend la combustion moins facile : aussi lorsqu'on la brûle, même dans les meilleures lampes, n'empêche-t-elle point la carbonisation de la mèche, et donne-t-elle de la fumée. Pour la purifier, il faut y ajouter deux centièmes de son poids d'acide sulfurique, lorsqu'elle a été extraite à froid, ce qui est rare, et trois centièmes, lorsqu'elle a été extraite à chaud, puis l'agiter fortement, de manière à rendre la masse homogène. On l'abandonne ensuite au repos pendant 24 heures. Au bout de ce temps, on fait arriver de la vapeur dans le mélange, au moyen d'une petite bouillote, jusqu'à ce que l'huile ait acquis une température de 60° ou 80°, suivant qu'elle aura été extraite à froid ou à chaud. Alors on abandonne de nouveau la masse au repos, pendant trois ou quatre jours. A cette époque, elle se trouve divisée en trois parties : la partie supérieure est formée par l'huile épurée; au dessous, se trouve une couche d'huile impure, que l'on recueille à part; au-dessous enfin est l'eau chargée d'acide sulfurique, que l'on rejette.

L'huile épaisse et brunâtre qui se rassemble au-dessous de l'huile pure, est un produit qu'il faut réunir dans des barils debout. A la longue, il s'en sépare encore de l'huile pure. Le résidu est vendu aux fabricans de savon vert, qui en tirent parti,

L'huile de navette est employée dans l'éclairage et dans la fabrication des savons verts; elle entre aussi, mais pour une petite quantité, dans la composition du savon ordinaire.

2378. *Huile de colza.* — Cette huile a les plus grands rapports avec l'huile de navette; elle s'extrait du *brassica campestris* : comme elle, on l'emploie à l'éclairage, après l'avoir purifiée par l'acide sulfurique; ce sont les départemens du nord qui fournissent à la consommation la majeure partie de ces deux espèces d'huile.

2379. *Huile de lin.* — Siccative, d'un blanc verdâtre, d'une odeur particulière, contenue dans les semences du *linum usitatissimum*. On l'extrait de ces semences en les torréfiant, pour détruire le mucilage qui les recouvre, les broyant, les chauffant avec un peu d'eau, et les exprimant.

Cette huile est fort employée dans la peinture commune; elle entre aussi dans la composition des vernis gras; mais, avant de s'en servir, il est nécessaire d'augmenter sa qualité siccative. Pour cela, on la fait bouillir, en la remuant, avec 7 à 8 parties de son poids de litharge; on l'écume avec soin, et quand elle acquiert une couleur rougeâtre, on laisse éteindre le feu : elle se clarifie par le repos. Il paraît que, dans cette opération, il se forme du stéarate et de l'oléate de plomb qui se dissolvent.

C'est encore avec l'huile de lin que l'on prépare l'encre des imprimeurs. A cet effet, il faut la faire bouillir dans un pot de terre, l'enflammer, la laisser brûler pendant environ une demi-heure, l'éteindre et la laisser bouillir doucement jusqu'à ce qu'elle ait acquis une consistance convenable : dans cet état, on l'appelle *vernis;* on la colore en la broyant avec un sixième de son poids de noir de fumée.

2380. *Huile d'œillet.* — Siccative, d'un blanc jaunâtre, peu visqueuse, inodore, d'une légère saveur d'amande, liquide à zéro, s'extrait par expression de graines du *papaver somniferum*.

Rendue par la litharge plus siccative qu'elle ne l'est naturellement, on s'en sert en peinture pour délayer les couleurs et les appliquer sur la toile. On l'emploie aussi, mais dans son état naturel, comme aliment et dans l'éclairage; quelquefois même on la mêle avec l'huile d'olive, fraude qu'il est toujours facile de reconnaître par le procédé que nous avons exposé précédemment en traitant des propriétés de l'huile d'olive.

2381. *Huile de noix.* — Siccative, d'un blanc verdâtre, inodore, d'une saveur particulière; s'extrait de la noix (fruit du *juglans regia*), à froid, quand on veut s'en servir comme aliment, et à chaud, quand on veut l'employer en peinture ou dans l'éclairage.

2382. *Huile de chenevis.* — Siccative, jaunâtre, ne se congèle qu'à plusieurs degrés sous zéro, s'extrait du chenevis, graine du *cannabis sativa* (chanvre), en broyant cette graine à l'aide de meules, la torréfiant légèrement, y ajoutant une petite quantité d'eau et la soumettant à la presse.

On s'en sert pour la confection des savons mous, dans la peinture et l'éclairage.

2383. *Huile de faine.* — Siccative, légèrement colorée en jaune, inodore, d'une saveur douce; s'extrait de la faine, fruit épineux et à 4 valves du hêtre de nos forêts, s'emploie comme aliment et pour l'éclairage, surtout dans les départemens de l'est.

2384. *Huile ou beurre de cacao.* — Huile concrète, d'un blanc jaunâtre, d'une saveur douce et agréable et d'une odeur particulière, contenue dans les semences du *theobroma cacao;* on l'extrait de ces semences par deux procédés différens.

Le premier consiste à torréfier légèrement le cacao des îles, à le monder de ses écorces et de ses germes, à le broyer avec un cylindre de fer sur une pierre chaude, à le réduire en pâte liquide, et à le renfermer dans un sac de toile, qu'on met à la presse entre deux plaques chauffées d'avance dans l'eau bouillante : bientôt l'huile s'écoule; elle est reçue dans des moules, où elle se solidifie par le refroidissement.

Le deuxième procédé se borne à mettre le cacao broyé dans l'eau bouillante : l'huile fond, et en raison de sa légèreté, vient se rassembler à la surface de l'eau : on l'enlève et on la coule dans des moules.

Le beurre de cacao est employé en pharmacie pour la préparation des bols, des pilules, des suppositoires, etc.

2385. *Huile ou beurre de muscade, huile ou beurre de palme.* — Le *beurre de cacao* n'est pas la seule huile végétale concrète que l'on connaisse; il en existe plusieurs autres : telle est l'huile de muscade que l'on tire des semences du *myristica moschata*, et qui nous vient en pains carrés, longs, d'un jaune marbré et d'une forte odeur de muscade, due à un peu d'huile essentielle.

Telle est encore l'huile de palme que l'on tire du fruit de l'*elais gumcensis*, arbre élevé qui croît naturellement en Afrique et dans la Guyane : elle a une couleur jaune orangé, une saveur très douce, un léger goût d'iris, une odeur analogue, la consistance du beurre; aussi se fond elle à 29°, ou lorsqu'on la tient quelque temps entre les doigts.

2386. *Huile de ricin.* — Cette huile, dont la composition diffère beaucoup de celle des autres huiles, est d'un blanc jaunâtre, quelquefois d'un jaune verdâtre, quelquefois même rougeâtre; elle a une odeur fade et une saveur douce, suivie d'une légère âcreté. Un froid de plusieurs degrés ne la congèle pas. Exposée à l'air, elle s'épaissit peu-à-peu sans perdre sa transparence. L'alcool pur la dissout en toutes proportions; celui qui est à 36 degrés n'en dissout que les trois cinquièmes de son poids.

Soumise à la distillation, elle donne à part un peu de gaz, d'eau et d'acide acétique, une huile volatile, incolore et cristallisable, des acides ricinique et oléidique, qui se condensent avec l'huile volatile dans le récipient, et une matière solide qui reste dans la cornue : cette matière qui équivaut presque aux deux tiers de l'huile de ricin employée, se distingue par des propriétés remarquables; elle est d'un blanc jaunâtre, boursouflée, pleine de cavités, semblable jusqu'à un certain point à de la mie de pain molet, insoluble dans l'eau, l'alcool, l'éther, les huiles fixes et volatiles, soluble, au contraire, dans les alcalis avec lesquels elle forme une sorte de savon; elle ne se décompose qu'à une température élevée, s'enflamme à l'approche d'un corps en ignition, et brûle très facilement sans se fondre.

Lorsque au lieu de distiller l'huile de ricin, on la traite par des solutions de potasse ou de soude caustique, elle se saponifie en très peu de temps, plus facilement que l'huile d'olive; et de là résultent des ricinate, oléidate, margaritate et de la glycérine. La glycérine fait à-peu-près le quinzième de l'huile; l'acide margaritique en fait au plus le millième; les deux autres acides équivalent au reste.

Puisqu'en saponifiant et en distillant l'huile de ricin, on n'obtient ni acide oléique, ni acide margarique, il est évident qu'elle ne renferme ni oléine, ni margarine : c'est donc une huile toute particulière, d'autant plus qu'elle est très soluble dans l'alcool, et que les autres huiles ne s'y dissolvent qu'en petite quantité. On ignore si elle contient plusieurs substances grasses, dont l'une, par exemple, formerait l'acide ricinique, et une autre l'acide oléidique dans la saponification.

L'huile de ricin s'extrait des semences du *ricinus communis*, par expression, ou bien en torréfiant très légèrement ces semences, les pilant et les faisant bouillir dans quatre à cinq fois leur poids d'eau, enlevant l'huile qui se rassemble à la surface, la faisant chauffer de nouveau dans une autre bassine pour dissiper l'humidité qu'elle contient, et la passant ensuite à travers un blanchet.

Ce dernier procédé est le plus souvent employé, parce que l'ébullition volatilise un principe âcre, très dangereux, qui peut rester dans l'huile préparée par expression. Cependant il suffit de faire bouillir celle-ci pendant quelque temps pour en séparer ce principe. (*Voyez*, pour plus de détails, les *Observations* de M. Déyeux, *Ann. de Chim.*, LXXIII, 106; celles de M. Henry, *Bullet. de Pharm.*, V, 337, et celles de M. Guibourt, *Journ. de Chim. méd.*, I, 108.)

L'huile âcre de ricin doit être proscrite de la médecine; prise en grande quantité, elle est vénéneuse; à la dose de quelques grains elle est fortement purgative.

## § 2. *Cire.*

2387. La cire, qu'on peut regarder jusqu'à un certain point comme une huile fixe concrète, est très répandue dans la nature.

1° Suivant M. Proust, elle fait partie de la fécule verte de plusieurs plantes, et particulièrement du chou; elle entre dans la composition du pollen de toutes les fleurs; elle recouvre l'enveloppe des prunes et d'un grand nombre d'autres fruits.

2° Il existe à la surface supérieure des feuilles de beaucoup d'arbres, un vernis que l'on croit analogue à la cire. Pour s'en procurer une certaine quantité, il faut écraser les feuilles, les faire digérer successivement dans l'eau et dans l'alcool, jusqu'à ce que toutes les parties solubles dans ces agens soient dissoutes, et ensuite verser sur le résidu cinq à six fois son poids d'ammoniaque liquide. Après quelques heures de macération, l'on filtre la liqueur, et l'on en sature l'alcali par un acide étendu; le vernis se précipite en poudre jaune; on le purifie en le lavant et le fondant.

3° Le *pela* des Chinois est regardé comme une espèce de cire qu'ils retirent d'un insecte.

4° MM. Boussingault et Mariano de Rivero, l'ont reconnue dans le suc de l'arbre de la vache.

5° On assure que la cire se trouve également dans les *myrica angustifolia*, *latifolia*, *cordifolia et cerifera* (1), Enfin le *gale*,

(1) Le *myrica cerifera*, arbrisseau qui croît très abondamment dans la Louisiane et dans d'autres parties de l'Amérique septentrionale, contient beaucoup de matière ayant l'aspect de la cire; elle se trouve, suivant Cadet, à la surface des baies que produit cet arbrisseau. L'extraction s'en fait facilement; il suffit de mettre les baies dans l'eau bouillante et de les froisser contre les parois de la chaudière, la matière grasse entre en fusion et se rassemble à la surface du bain; on l'enlève, on la passe à travers un linge, et lorsqu'elle est devenue concrète, on la fond de nouveau et on la coule. Dans cet état elle est verdâtre, couleur qu'elle doit sans doute à des substances étrangères; car, en la dissolvant à chaud dans l'éther, elle se sépare, sous forme de lames presque blanches, par le refroidissement de la liqueur, et celle-ci reste teinte en vert. (*Voyez* le mémoire de Cadet, *Ann. de Chim.*, XLIV, 140.) D'un seul arbrisseau on peut retirer jusqu'à 3 kilogrammes de matière grasse : 4 parties de baies en donnent 1. M. Hatchett admet dans la laque une certaine quantité de matière grasse analogue à celle du *myrica*.

le chaton mâle du bouleau, de l'aulne, du peuplier, du frêne, passent pour contenir une certaine quantité de cire.

La cire étant si répandue, il est naturel de penser que les abeilles ne la forment point, et qu'elles ne font que la recueillir. Cependant M. Huber est d'une opinion contraire, et il en donne pour preuve qu'en les nourrissant de sucre, elles fournissent beaucoup de cire; preuve à laquelle il n'y a rien à répliquer si, ce qui est très vraisemblable, l'expérience a été bien faite. (*Journ. de Phys.*, 1804.)

Toutes les espèces de cire dont nous venons de parler sont-elles identiques? Cela n'est pas probable : aussi la prétendue cire du *ceroxylon andicola*, qui est plus particulièrement connue sous le nom *cera de palma*, est-elle particulière (Boussingault, *Ann. de Chim. et de Phys.*, t. XXIX, p. 330). Il serait nécessaire de les examiner toutes avec soin et de les comparer les unes aux autres. Ce que nous allons dire ne s'applique principalement qu'à la cire des abeilles, laquelle est formée, comme nous l'avons fait voir précédemment, d'environ 70 de cérine et de 30 de myricine.(2354).

La cire est solide, blanche, cassante, insipide, presque inodore; sa pesanteur spécifique est de 0,96 (Bostock), et de 0,966 (Saussure).

Elle fond à 62° environ, brûle facilement, devient blanche par le contact de l'air humide ou du chloreliquide. L'eau ne la dissout point; les huiles grasses et essentielles la dissolvent aisément; l'alcool bouillant en sépare la cérine et laisse indissoute la myricine presque tout entière (2354).

La cire est composée, suivant MM. Gay-Lussac, Thenard, de Saussure, Oppermann. (*Recherches physico-chimiques.* — *Ann. de Chim. et de Phys.*, XIII, 340. — XLIX, 243.)

| | Gay-Lus. et Then. | Saussure. | Oppermann. |
|---|---|---|---|
| De Carbone.... | 81,784 | 81,607 | 81,291 |
| Hydrogène.. | 12,672 | 13,859 | 14,073 |
| Oxigène.... | 5,544 | 4,534 | 4,636 |

Le procédé par lequel on l'obtient a été décrit (2243).

Ses usages sont assez variés; nous n'exposerons que les principaux : combinée avec l'huile d'olive, elle forme le cérat; c'est avec elle qu'on prépare toutes les pièces artificielles d'anatomie, l'on s'en sert pour injecter les vaisseaux: la bougie pure est uniquement composée de cire.

## § 3. *Graisses animales saponifiables.*

2388. *État naturel.* — Les graisses, se trouvent dans un grand nombre de tissus animaux; elles sont très abondantes sous la peau, aux environs des reins et dans la duplicature membraneuse de l'épiploon, la surface des muscles et des intestins, la base du cœur; les médiastins en présentent encore des quantités considérables. Leur consistance, leur couleur et leur odeur varient suivant les animaux qui les fournissent : ainsi, elles sont généralement fluides dans les cétacés, molles et d'une odeur forte dans les carnivores, solides et inodores dans les ruminans, ordinairement blanches et abondantes dans les jeunes animaux, jaunâtres et moins abondantes dans ceux qui sont vieux. Leur consistance varie encore suivant la région qu'elles occupent : elles sont plus fermes sous la peau et aux environs des reins que dans le voisinage des viscères mobiles. Elles font environ la vingtième partie du poids du corps de l'homme.

2389. *Préparation.* — Les graisses, dans les animaux, ne sont jamais complètement isolées; elles sont toujours enveloppées de tissu cellulaire, de sang, de membranes, de vaisseaux lymphatiques, etc. Pour les purifier, on les sépare d'abord mécaniquement d'une partie des corps étrangers qu'elles contiennent; ensuite on les fait fondre le plus souvent avec une certaine quantité d'eau, et on les décante ou bien on les passe à travers une toile, et quelquefois dans les laboratoires à travers un filtre.

2390. *Composition.* — Les graisses animales sont toujours formées de plusieurs des corps gras que nous avons examinés (2342, 2348, 2352, etc.). Ceux qu'on y rencontre le plus fréquemment, sont l'oléine, la stéarine, la margarine. Presque toutes les graisses contiennent en outre une très petite quantité de principe colorant et de principe odorant. Quelquefois l'hircine, la phocénine, la butyrine en font partie. En les soumettant à un grand degré de froid et les comprimant ensuite entre des feuilles de papier non collé, on obtient un résidu formé principalement de stéarine et de margarine, dont l'essence de térébenthine peut enlever ensuite la margarine.

2391. *Propriétés.* — Les graisses sont, en général, blanches ou jaunâtres, peu odorantes, d'une saveur douce et fade, plus légères que l'eau, d'une consistance qui varie depuis celle du blanc de baleine, qui est solide, jusqu'à celle de l'huile de poisson, qui est tout-à-fait liquide.

Toutes entrent en fusion au-dessous de 100°. Chauffées fortement avec le contact de l'air, elles répandent des fumées blanches et piquantes, prennent une couleur plus ou moins foncée, et s'enflamment.

Soumises à la distillation, elles se décomposent à la manière des huiles et donnent des produits analogues.

Lorsque, au lieu de recevoir directement ces produits dans des récipiens, on les fait passer lentement dans un tube de porcelaine exposé à une très haute température, ils se transforment seulement en carbure gazeux d'hydrogène, en gaz oxide de carbone et en charbon. La quantité de charbon qu'on obtient alors est très considérable. Cependant M. Bérard assure qu'en introduisant peu-à-peu un mélange de 1 volume de gaz carbonique, 10 de gaz oléfiant et 20 de gaz hydrogène, dans un tube de porcelaine *chauffé au rouge cerise*, il se produit une petite quantité de cristaux légers et brillans qui ont l'apparence de ceux qu'on rencontre dans les calculs biliaires, et qu'en chauffant très-fortement le tube, il se forme quelques gouttes d'une huile brune jannâtre.

Exposées au contact de l'air, elles se rancissent plus ou moins promptement, et il s'y développe, comme en les distillant, les mêmes acides que dans l'acte de la saponification. Leur action sur les métalloïdes, le potassium, le sodium, l'eau, l'alcool, l'acide sulfurique, les alcalis, est sensiblement la même que celle des huiles grasses sur ces divers corps.

2392. *Usages.* — Considérés physiologiquement, les usages des matières grasses sont de garantir les organes, d'entretenir leur température, de diminuer la susceptibilité nerveuse, et de servir à la nutrition, comme on l'observe dans les animaux dormeurs, tels que les loirs, les marmottes, etc.

Leurs usages, dans l'économie domestique et dans les arts, sont très variés. Nous indiquerons les principaux en traitant de chaque matière grasse en particulier.

2393. *Historique.* — C'est à M. Chevreul que nous sommes redevables de presque tout ce que nous savons de précis sur les graisses; c'est lui qui le premier nous en a fait connaître la composition, en même temps que leur transformation en acides, sous l'influence des bases. Le résultat de ses nombreuses et belles recherches se trouve consigné dans l'ouvrage imprimé par Levrault, en 1823. M. Braconnot, MM. Bussy et Lecanu, ont aussi fait des observations intéressantes qui ont été publiées : (*Ann. de Chim.*, XCIII, 225, *Journ. de Pharm.*, XII, 617, *Ann. de Chim. et de Phys.*, LV, 192.)

2394. Les matières grasses qui doivent nous occuper sont la graisse de porc, le suif, l'huile de pied de bœuf, la graisse d'homme, le beurre, l'huile de poisson, l'huile de dauphin, le blanc de baleine.

2395. *Graisse de porc.* — La graisse de porc, qu'on connaît encore sous les noms d'*axonge*, de *sain doux*, est blanche, molle, presque inodore, d'une saveur fade, sans action sur le tournesol, fusible à environ 27°, susceptible d'être transformée, par les solutions alcalines, en stéarate, margarate, oléate et en glycérine; elle s'obtient par le procédé suivant : on coupe par morceaux la panne (graisse enveloppée de membranes et de portions de tissu cellulaire, qu'on trouve vers la région des reins et à la surface des intestins du cochon); on la débarrasse des matières sanguinolentes, en la lavant à plusieurs reprises; on la fond avec de l'eau en ayant soin de presser de temps en temps les cellules adipeuses, et on la passe à travers un linge. Lorsqu'elle est refroidie, on l'enlève couche par couche pour en séparer une petite quantité d'eau qui se trouve ordinairement rassemblée au fond du vase, puis on la fait fondre de nouveau, mais au bain-marie, et on la coule dans des pots.

Comme elle donne, en la saponifiant, des stéarate, margarate et oléate, elle doit contenir tout à-la fois de la stéarine, de la margarine et de l'oléine.

Suivant M. de Saussure, elle est composée de 78,843 de carbone, 12,182 d'hydrogène, 8,502 d'oxigène, 0,473 d'azote (*Ann. de Chim et de Phys.*, XIII); et suivant M. Chevreul, de 9,756 d'oxigène, 79,098 de carbone, 11,146 d'hydrogène.

La graisse de porc est employée comme aliment. Elle entre dans les pommades cosmétiques et dans plusieurs préparations pharmaceutiques : l'onguent *napolitain* ou *pommade mercurielle double* n'est que du mercure qui a été trituré, à parties égales, avec de la graisse, jusqu'à ce qu'on n'aperçoive plus de globules métalliques; l'*onguent gris* est ce même onguent divisé dans 7 parties de graisse; c'est en faisant chauffer la graisse avec la dixième partie de son poids d'acide azotique que l'on prépare celle qu'on appelle *graisse oxigénée*; enfin c'est en fondant un kilogramme de graisse, y versant 90 grammes de mercure dissous à chaud dans 120 grammes d'acide azotique et agitant le tout, qu'on obtient l'*onguent citrin*. (Voyez le *Codex*.)

La graisse est encore employée dans la corroyerie, la hongroyerie, pour l'éclairage, pour graisser les roues des voitures, etc.

2396. *Suif.* — Substance grasse, insipide, presque inodore, de consistance ferme, insoluble dans l'eau, presque insoluble dans l'alcool, qu'on trouve autour des reins et près des viscères mobiles du bœuf, du mouton, du bouc et du cerf. Le suif présente des variétés dans sa blancheur, sa consistance et sa combustibilité. Celui du mouton est très blanc, très solide et le plus en usage : on le purifie comme la graisse de porc (2393).

L'acide sulfurique concentré développe facilement des acides gras dans le suif en fusion; il paraît en être de même de l'acide azotique; quant à l'acide chlorhydrique, son action est très faible. (M. Braconnot, *Ann. de Chim.*, XCIII, 250.)

Les alcalis, en le saponifiant, donnent lieu tout à-la-fois aux acides stéarique, margarique et oléique.

Il est formé de stéarine, de margarine, d'oléine. M. Chevreul a trouvé de plus un peu d'hircine dans celui de mouton; car, outre les acides gras précédens, il produit de l'acide hircique : telle est aussi la composition de celui de bouc; il n'est point démontré que l'hircine fasse partie de celui de bœuf.

De 100 de graisse de mouton purifiée comme celle de porc (2393), M. Chevreul a retiré 78,996 de carbone, 9,304 d'oxigène, 11,700 d'hydrogène.

Le suif sert à faire du savon, de la chandelle, etc. Quelquefois aussi on l'emploie en médecine.

2397. *Huile de pied de bœuf.* — Graisse liquide, jaunâtre, inodore, que l'on obtient en faisant bouillir dans l'eau jusqu'à parfaite cuisson, les pieds de bœuf séparés de leur corne; bientôt elle vient se rassembler à la surface de la liqueur : on l'enlève et on la met dans de grands réservoirs, où elle se dépure par le repos.

L'huile de pied de bœuf ne s'épaissit et ne se fige que difficilement, ce qui la fait rechercher pour le graissage des mécaniques; on s'en sert aussi comme aliment dans l'économie domestique, et particulièrement pour faire des fritures.

Elle est sans doute formée, comme presque toutes les graisses animales, de stéarine, de margarine et d'oléine; car, en se saponifiant, elle forme des acides stéarique, margarique et oléique.

2398. *Graisse humaine.* — Cette graisse purifiée par la fusion est ordinairement jaunâtre et inodore; elle varie, dans son degré de fusibilité, suivant les régions du corps qu'elle occupe; celle des reins commence à se figer à + 25°; celle du tissu cellulaire des mollets est encore fluide à + 15°.

Lorsqu'on la saponifie, elle ne produit que des acides margarique et oléique, d'où il suit qu'elle ne doit contenir en corps gras saponifiables que de la margarine et de l'oléine. Toutefois, M. Lecanu y a signalé une substance nacrée, peu soluble dans l'éther et dont il n'a point examiné les propriétés.

M. Chevreul a trouvé la graisse humaine composée de 79,000 de carbone, de 11,416 d'hydrogène, et de 9,584 d'oxigène.

2399. *Beurre.* — La matière butyreuse ne se trouve que dans le lait; c'est toujours par le procédé suivant qu'on l'extrait. On commence par abandonner le lait à lui-même dans des terrines. Bientôt il se rassemble à sa surface de la crême,

2° Si ce flacon est exposé au soleil, la crême commencera à s'élever tout de suite, et formera en très peu de temps une couche assez épaisse ; au bout de vingt-quatre heures le lait sera entièrement caillé.

3° Lorsque l'on met de la crême dans une bouteille jusque près du goulot, qu'on remplit celui-ci de gaz carbonique, qu'on le bouche et qu'on agite la bouteille, le beurre se fait comme dans des vaisseaux ouverts.

Il faut donc conclure de là que la matière butyreuse existe dans le lait, et que celui-ci n'est que du sérum tenant, pour ainsi dire, en suspension intime, cette matière et la matière caséeuse, de telle sorte que, quand le lait est abandonné à lui-même, ces diverses matières se séparent les unes des autres en vertu de leur pesanteur spécifique.

2400. Les propriétés physiques du beurre sont connues de tout le monde. On sait qu'il est d'une consistance molle à la température ordinaire ; que sa couleur varie du jaune au blanc ; que sa saveur est plus ou moins agréable ; qu'il a une odeur légèrement aromatique ; que sa pesanteur spécifique est moindre que celle de l'eau, et qu'il est très fusible.

L'air l'altère beaucoup plus promptement en été qu'en hiver. Mis en contact avec les solutions bouillantes de potasse ou de soude, il forme outre la glycérine, des acides margarique, oléique, et de plus un peu d'acides butyrique, caprique et caproïque.

Pour le conserver, on le sale ou on le fond. Au lieu de le fondre en le soumettant à une température élevée, comme on le fait ordinairement, il vaudrait mieux en opérer la fusion à une chaleur de 60 à 66° ; il en résulterait un grand avantage : c'est qu'alors il ne contracterait point de saveur âcre, et serait aussi propre que le beurre frais à la préparation des alimens. (Clouet.)

Le beurre, débarrassé par la fusion, de la matière caséeuse et du sérum avec lesquels il est ordinairement mêlé, est composé de margarine, d'oléine, d'une petite quantité de principe colorant, d'un peu d'acide butyrique auquel il doit son odeur, et de butyrine : il faudrait y ajouter la caprine et la caproïne, dans le cas où l'on croirait que les acides caprique et caproïque proviendraient de substances grasses particulières. (Voyez l'ouvrage de M. Chevreul.)

2401. *Huile de poisson.* — Graisse fluide, blanche ou d'un brun rougeâtre, d'une odeur désagréable, qui produit avec les acalis des acides stéarique, margarique, oléique, et qu'on retire de plusieurs poissons de mer, surtout des cétacés.

Cette graisse s'obtient pure en la faisant fondre, la coulant à travers une toile dans des tonneaux, et la séparant, par la décantation, d'une matière blanche concrète qu'elle laisse déposer par le refroidissement, et qui a beaucoup de rapport avec la stéarine.

Elle est composée de stéarine, d'oléine, de *principe odorant*, de *principe colorant*, et contient en outre un peu de la matière blanche concrète dont nous venons de parler (Chevreul, *Ann. de Chim. et de Phys.*, t. VII, p. 373). Probablement qu'elle renferme aussi de la margarine.

De 100 parties d'huile de poisson, M. Berard a obtenu 79,65 de carbone, 6 d'oxigène, et 14,35 d'hydrogène.

On emploie cette huile pour faire le savon vert et pour l'éclairage.

2402. *Huile de dauphin* (*delphinus globiceps*), et *huile de marsouin* (*delphinus phocœna*).—L'huile de dauphin, extraite, à la chaleur du bain-marie, du tissu qui la contient, est légèrement colorée en jaune citron; son odeur est analogue à celle du poisson et du cuir apprêté au gras, et sa densité à 20° est de 0,9178. 100 parties d'alcool d'une densité de 0,812 en dissolvent 110 à la température de 70°. La dissolution ne rougit point la teinture de tournesol et ne commence à se troubler qu'à 52°.

Lorsqu'on expose l'huile de dauphin à 3°—0°, on parvient à la réduire en une substance cristallisée, brillante, et en huile liquide à quelques degrés au-dessus de 0°.

La matière cristalline a beaucoup d'analogie avec la cétine. Quant à l'huile liquide, elle paraît être formée d'oléine, de margarine, de phocénine et d'un peu d'acide phocénique.

Ce sont aussi ces quatre substances qui constituent l'huile de marsouin.

2403. *Blanc de baleine*. — Le blanc de baleine se trouve dans le tissu cellulaire interposé entre les membranes du cerveau de diverses espèces de cachalots, surtout du *physeter macrocephalus*. Il est naturellement mêlé avec une huile liquide, dont on le sépare en grande partie au moyen d'un sac de laine. Pour achever de le purifier, on le soumet peu-à-peu, à une forte pression, puis on le fait bouillir avec une proportion convenable de lessive alcaline, on le lave et on le fond.

Cette matière grasse est solide, blanche, douce au toucher, cassante, sans action sur le tournesol. Elle entre en fusion à environ 44 degrés. Soumise à la distillation, elle donne un peu d'eau acide, un produit solide, cristallisé, dont le poids est égal aux neuf dixièmes du blanc de baleine, des traces de charbon, etc. Cent parties d'alcool bouillant en dissolvent

7 parties, et en laissent déposer, par le refroidissement, sous forme de lames cristallines. Elle est composée, d'après M. Chevreul, de beaucoup de cétine, dont les propriétés ont été examinées (2353), d'une certaine quantité d'huile fluide à + 18°, et d'un autre principe particulier jaunâtre.

M. Berard, qui a déterminé la proportion des principes constituans du blanc de baleine, y a trouvé, sur 100 : 81 de carbone, 6 d'oxigène et 13 d'hydrogène.

Suivant M. de Saussure, la quantité de carbone n'est que de 75,474, celle d'hydrogène de 12,795, celle d'oxigène de 11,377 : il y aurait en outre 0,354 d'azote.

## ARTICLE VII.

### *Corps gras qui proviennent de la décomposition des acides, sous l'influence des alcalis à une haute température.*

2404. Les corps gras qui se produisent sous cette influence sont la *benzone*, la *margarone*, la *stéarone*, l'*oléone*, la *succinone*. Nous y joindrons comme annexe l'*acétone*, non que l'acétone soit une substance grasse, mais parce qu'elle se forme dans les mêmes circonstances que la benzone, etc.

Chacune de ces substances offre ceci de très remarquable dans sa composition, savoir, qu'elle peut être représentée par 1 prop. de l'acide d'où son nom dérive, moins 1 proportion d'acide carbonique : rien donc de plus facile de voir pourquoi ces nouvelles matières prennent naissance, lorsqu'on met en contact, à une température convenable, les acides benzoïque, margarique, stéarique, etc., avec les bases alcalines; c'est que les bases alors passent, du moins en partie, à l'état de carbonates. A la vérité, une petite partie des acides se transforme ordinairement en gaz, en huile, en un résidu charbonneux, etc.; mais cet effet doit être attribué à ce que le sel se trouve soumis dans quelques-uns de ses points à un degré de chaleur trop élevé.

MM. Dumas et Liebig ont établi, les premiers, la théorie que nous venons d'exposer en analysant l'acétone ou esprit pyro-acétique (*Ann. de Chim. et de Phys.* t. XLIX). M. Bussy l'a ensuite appliquée à la production de la margarone, de la stéarone et de l'oléone (*id.* t. LIII, p. 398); M. Peligot, à celle de la benzone (*id.* t. LVI, p. 59), et M. F. Darcet à celle de la succinone.

2405. *Benzone.* — Nous avons exposé (2071) le procédé par lequel M. Peligot est parvenu à se procurer facilement la benzone pure. Il ne nous reste donc qu'à décrire les principales propriétés de cette matière; nous rappellerons seulement que comme le benzoate de chaux dont on se sert pour sa préparation est toujours hydraté, il se forme plus ou moins de benzine et de naphtaline en même temps que de benzone.

La benzone est une sorte d'huile assez épaisse, incolore à l'état de pureté, mais le plus souvent d'une couleur ambrée. Son odeur particulière, quoique un peu empyreumatique, n'a rien de désagréable. Sa densité est plus grande que celle de l'eau, et son point d'ébullition au-dessus de 250°.

Elle n'est attaquable ni par l'acide azotique, ni par la potasse; elle l'est, au contraire par l'acide sulfurique concentré, qui la colore en brun, même à froid, et la décompose complètement; elle l'est également par le chlore gazeux sous l'influence solaire ou à la lumière diffuse, et de là résulte de l'acide chlorhydrique et un produit cristallisé que l'auteur n'a point encore étudié.

M. Peligot la regarde comme composée de 86,5 de carbone, 5,4 d'hydrogène, 8,1 d'oxigène, quantités équivalentes à la formule $C^{26}H^{10}O$.

Or, comme celle de l'acide benzoïque est $C^{28}H^{10}O^3$, il s'ensuit que la benzone est représentée par 1 proportion d'acide benzoïque moins une proportion d'acide carbonique, comme le montre l'équation : $C^{28}H^{10}O^3 - C^2O^2 = C^{26}H^{10}O$.

2406. *Margarone*.—C'est en mêlant l'acide margarique avec le quart de son poids de chaux vive, et distillant le mélange, que l'on se procure cette substance. Quarante grammes d'acide fournissent ainsi 28 grammes d'un produit solide légèrement jaunâtre, d'où l'on peut extraire par la pression entre des papiers non collés, 22 grammes de margarone presque pure. Il ne faut plus en effet que la dissoudre ensuite à plusieurs reprises dans l'alcool bouillant, et la laisser précipiter à chaque fois par le refroidissement, pour la séparer d'une petite quantité de matière huileuse qu'elle retient encore, et qui la rend un peu plus fusible qu'elle ne l'est naturellement. Cette huile provient de ce qu'une très petite partie de l'acide se décompose, de manière à donner les produits ordinaires de la distillation des matières organiques : aussi le résidu, où se trouve beaucoup de carbonate de chaux, est-il coloré en noir.

La margarone, préparée comme il vient d'être dit, est d'un blanc pur, brillante et nacré. Elle fond à 77°, et se prend, lorsqu'on la soustrait à l'action du feu, en une masse qui imite le blanc de baleine. Soumise à la distillation, elle entre en ébullition et se vaporise complètement sans éprouver d'altération notable. Triturée dans un mortier, elle adhère souvent au papier dont on se sert pour la remuer, ce qui tient à la propriété qu'elle a de s'électriser par le frottement.

Chauffée fortement au contact de l'air, elle brûle avec une flamme éclatante et exempte de fumée.

Elle se dissout : 1° dans 7 fois son poids d'alcool à 40° bouillant, mais seulement dans 50 fois son poids d'alcool à 36°; 2° dans moins de la 5e partie de son poids d'éther hydrique à chaud; 3° très facilement dans l'éther acétique et dans l'essence de térébenthine, aussi à chaud : dans tous les cas, elle se sépare en grande partie de ces diverses liqueurs par le refroidissement. L'eau seule la précipite également de la dissolution alcoolique.

Exposée dans un tube à l'action d'un courant de chlore sec, et sous l'influence d'une douce chaleur, elle se transforme en un liquide visqueux, transparent, incolore.

L'acide sulfurique concentré la colore et la charbonne, dès qu'on vient à élever un peu la température. Cependant l'acide azotique est presque sans action sur elle. Une dissolution concentrée de potasse n'en exerce elle-même aucune, même quand elle est bouillante. Ce ne serait qu'autant que l'alcali serait sec et que la température serait très élevée, que la margarone serait attaquée : alors chaque proportion de margarone céderait $\frac{1}{2}$ proportion d'acide carbonique à l'alcali, et passerait à l'état de paraffine (CH) (2208).

D'après l'analyse de M. Bussy, la margarone est composée de 83,34 de carbone, de 13,51 d'hydrogène, de 3,15 d'oxigène.

Ce qui donne pour sa formule atomique $C^{68}H^{67}O$.

D'où l'on voit que la margarone peut être représentée dans sa composition :

1° Par 1 proportion d'acide margarique, moins 1 proportion d'acide carbonique : $C^{68}H^{67}O = C^{70}H^{67}O^3 - C^2O^2$.

2° Par de l'acide margarique + du bi-carbure d'hydrogène : $3(C^{68}H^{67}O)$ ou $C^{204}H^{201}O^3 = C^{70}H^{67}O^3 + C^{134}H^{134}$.

3° Par de l'acide carbonique, + du bi-carbure d'hydrogène : $2(C^{68}H^{67}O)$ ou $C^{136}H^{134}O^2 = C^2O^2 + C^{134}H^{134}$. (M. Bussy, (*Ann. de Chim. et de Phys.*, t. LIII, p. 398.)

2407. *Stéarone.* — La stéarone se prépare de la même manière que la margarone, en substituant l'acide stéarique à l'acide margarique.

Elles ont à-peu-près les mêmes caractères physiques; mais la stéarone ne fond qu'à 86°; elle est moins soluble dans l'alcool et l'éther que la margarone, et contient sur 100, d'après l'analyse de M. Bussy, 84,78 de carbone, 13,77 d'hydrogène, 1,45 d'oxigène :

Ce qui donne pour sa formule atomique $C^{136}H^{134}O = 2$ proportions d'acide stéarique moins 2 proportions d'acide carbonique, comme le montre l'équation suivante :

$$C^{136}H^{134}O = C^{140}H^{134}O^5 - C^4O^4.$$

Et ce qui fait voir d'une autre part que, pour la même quantité de bi-carbure d'hydrogène, la margarone contient deux fois autant d'oxigène que la stéarone.

2408. *Oléone.* — L'oléone n'a été que peu examinée; on sait seulement qu'elle existe, qu'elle est liquide, qu'on l'obtient à la manière de la margarone, en distillant l'acide oléique avec la chaux, que dans cette préparation, la chaux se carbonate en partie, que, par conséquent, l'oléone doit être représentée dans sa composition par 1 proportion d'acide oléique moins 1 proportion d'acide carbonique, et doit avoir pour formule : $C^{136}H^{120}O$.

2409. *Succinone.* — En distillant le succinate de chaux, M. F. Darcet a obtenu une très petite quantité de matière huileuse, qu'il croit être la succinone; mais, de son propre aveu, ses résultats laissent trop à desirer pour les adopter. De nouvelles expériences sont donc nécessaires pour décider la question de savoir si la succinone existe réellement.

2410. *Acétone, ou esprit pyro-acétique.* — Lorsqu'on soumet à un degré de chaleur convenable les acétates acalins, ils se décomposent de telle manière, que la majeure partie de l'acide se transforme en acide carbonique, qui reste uni à la base, et en acétone, qui se dégage et se condense dans le récipient. Suivant Liebig, la totalité de l'acide éprouve même cette transformation, en opérant sur l'acétate de baryte, résultats sensiblement confirmés par M. Dumas, puisque de 100 parties de ce sel, qui contenait 6,6 d'eau de cristallisation, il a retiré 72,2 de carbonate de baryte, 1,2 de charbon, 18,3 d'acétone, 6,6 d'eau, 1,7 de gaz, y compris la perte. Il suit de là qu'il est facile de se procurer de l'acétone : on distille un acétate, par exemple celui de baryte ou de chaux, désséché autant que possible, et l'on rectifie plusieurs fois le produit sur du chlorure de calcium, au bain-marie, afin de le séparer des matières étrangères et surtout de l'eau qu'il pourrait contenir.

L'acétone ainsi préparée est un liquide incolore, limpide, dont la saveur est âcre et brûlante, et dont l'odeur pénétrante diffère beaucoup de celle de l'alcool ou de l'éther. Sa densité est égale à 0,7921 à 18°; celle de sa vapeur de 2,019, d'après l'expérience, et de 2,020 d'après le calcul.

Elle bout à 56° sous la pression de 76 centimètres, et ne se congèle point à — 15 degrés; elle prend feu aisément, et brûle avec une flamme très lumineuse. Elle s'unit en toutes proportions à l'eau, à l'alcool, à l'éther hydrique et à la plupart des huiles essentielles. Elle ne dissout que peu de soufre et de phosphore; mais elle dissout le camphre en très grande quantité.

L'air ne l'altère pas. Il en est de même des alcalis, soit à froid, soit à chaud. L'acide sulfurique concentré mêlé à l'acétone donne lieu, comme l'esprit-de-vin, à un dégagement de chaleur, mais ne produit pas d'éther lorsqu'on le distille. Il paraît toutefois qu'en étendant le mélange d'eau et le saturant de carbonate de baryte, l'on obtient un sel soluble qui a de l'analogie avec le sulfovinate de baryte.

Traitée par le chlore, elle perd $H^2$, prend $Ch^2$, et forme la combinaison $C^6H^4OCh^2$, comme le montre l'équation suivante :

$$C^6H^6O + Ch^4 = C^6H^4OCh^2 + H^2Ch^2.$$

Enfin, mise en contact à chaud avec une dissolution de chlorite de chaux, l'acétone est décomposée : il y a tout à-la-fois production de carbonate de chaux, qui se précipite, et d'une grande quantité de chloroforme qui se dégage aisément en distillant la liqueur. (*Voy.* cette nouvelle substance.)

L'acétone est formée d'après l'analyse de :

| | M. Dumas. | M. Liebig (moy. de 3 analyses.) |
|---|---|---|
| Carbone ....... | 62,44 | 62,148 |
| Hydrogène ..... | 10.20 | 10,453 |
| Oxigène ....... | 27,36 | 27,399 |

Ce qui donne pour formule atomique $C^6H^6O = C^8H^6O^3 - C^2O^2$, ou 1 proportion d'acide acétique moins 1 proportion d'acide carbonique.

Par conséquent, l'acétone peut être représentée dans sa composition :

Soit par 1 proportion d'acide carbonique + 2 proportions de gaz oléfiant + 1 proportion d'eau $= C^2O^2 + 2C^8H^8 + H^2O$ ou $3C^6H^6O$;

Soit par 1 proportion d'acide acétique + 2 proportions de gaz oléfiant + 1 proportion d'eau $= C^8H^6O^3 + 2C^8H^8 + H^2O$, ou $4C^6H^6O$.

Il s'ensuit encore que l'acétone peut être considérée comme un carbonate ou un acétate bi-basique de bi-carbure d'hydrogène hydraté; mais comme l'éther acétique ou l'acétate neutre de bi-carbure d'hydrogène hydraté est décomposé très facilement par la potasse, et que l'acétone est inattaquable par cette base, il serait difficile d'assimiler l'acétone à un composé de cette sorte.

L'on voit enfin que l'acide acétique pourrait être regardé lui-même comme un carbonate d'acétone, puisqu'il est représenté par $C^2O^2 + C^6H^6O$, ou 1 proportion d'acide carbonique + 1 proportion d'acétone.

Un grand nombre de chimistes se sont occupés successivement de l'esprit pyro-acétique ou acétone ; mais ceux qui l'ont examiné d'une manière plus particulière sont MM. Derosnes (*Ann. de Chim.*, t. LXIII, p. 267), Chenevix (*id.* t. LXIX, p. 5), Liebig (*Ann. de Chim. et de Phys.* t. XLIX, p. 193), Dumas (*id.* t. XLIX, p. 208, et *Journ. de Pharm.* t. XX, p. 482.)

## IV$^e$ GROUPE.

### *Huiles essentielles.*

2411. Toutes les huiles essentielles, telles qu'on les extrait des plantes, sont *âcres*, *caustiques*, *odorantes*, *sans viscosité*. Presque toutes sont plus légères que l'eau. Plusieurs sont colorées, les unes en jaune, d'autres en vert, d'autres en bleu; il est très probable qu'elles doivent cette propriété à des corps étrangers.

2412. Quoique douées d'une forte odeur, elles n'entrent point en ébullition si facilement que l'eau. Lorsqu'on en verse une certaine quantité dans une capsule, et qu'on en approche un corps en combustion, elles s'enflamment promptement et répandent une fumée noire et épaisse.

2413. Introduites avec l'oxigène dans une éprouvette pleine de mercure, elles s'emparent peu-à-peu d'une grande quantité de ce gaz; quelques-unes prennent plus de consistance, et s'épaississent à tel point qu'elles finissent par se solidifier et se transformer en des substances analogues aux résines. Elles se comportent de la même manière avec l'air, dans les mêmes circonstances. M. de Saussure rapporte que : 1° l'huile concrète d'anis a absorbé 156 fois son volume de gaz oxigène en deux ans, dans le cours desquels l'absorption a seulement eu lieu pendant que la température était suffisamment élevée pour rendre l'huile liquide, et qu'elle a formé 56 volumes de gaz carbonique; 2° que 1 volume d'huile de lavande rectifiée, mise en contact avec l'oxigène, a fait disparaître 111 vol. de gaz en quatre mois, et 119 vol. en trois ans, en produisant 22$^{vol.}$,0 de gaz carbonique et 1$^{vol.}$,9 d'hydrogène; 3° que 1 vol. d'huile de citron, rectifiée avec soin, en a fait disparaître 144 vol. au bout de trois ans et demi, en donnant 22$^{vol.}$,0 d'acide carbonique, et 2$^{vol.}$,9 d'hydrogène; 4° que 1 vol. d'huile de térébenthine rectifiée a donné lieu, en quarante-cinq mois, à une absorption de 128 vol. de gaz et à la production de 17$^{vol.}$7 d'acide carbonique, et de 5$^{vol.}$1 d'hydrogène : dans ces expériences, l'huile d'anis a acquis un plus haut degré de solubilité dans l'alcool, et a perdu la propriété de se concréfier par le froid; les trois autres essences se sont colorées en conservant leur transparence et leur fluidité. (*Ann. de Chim. et de Phys.*, XIII, 280 et XLIX, 232.)

Des essais semblables avec le gaz ammoniac ont prouvé

que les huiles essentielles peuvent aussi absorber ce gaz. L'absorption est ordinairement très grande, lorsqu'elles sont plus pesantes que l'eau; elle est au contraire très faible, de 8 à 10 fois, par exemple, le volume des huiles, lorsqu'elles sont plus légères. L'huile de lavande est la seule qui en absorbe jusqu'à 47 volumes.

Toutes produisent, avec le chlore gazeux, beaucoup de chaleur et une matière visqueuse qui est un composé d'acide chlorhydrique et d'un corps particulier; d'où il suit que ce gaz les déshydrogène en partie. Elles cèdent aussi une certaine quantité de leur hydrogène à l'iode; car le mélange ne tarde point à s'acidifier et à contenir de l'acide iodhydrique : d'où l'on peut conclure que le brôme produirait sans doute des effets analogues. Leur action sur le potassium et surtout sur le sodium, quand elles sont bien pures, est nulle ou presque nulle à froid.

2414. Il n'en est aucune qui ne se dissolve en petite quantité dans l'eau, et en grande quantité dans l'alcool : la solution dans l'alcool est d'autant plus grande que l'huile est plus oxigénée et que l'alcool est plus concentré. Chargé d'huile essentielle, l'alcool prend le nom d'*esprit*, et l'eau celui d'*eau aromatique*. On distingue les eaux aromatiques et les esprits par le nom de la plante ou de la partie de la plante avec laquelle on les prépare : c'est ainsi qu'on appelle *eau de lavande*, *esprit de lavande*, l'eau et l'esprit de vin tenant en dissolution de l'huile essentielle de lavande. Toutes les dissolutions alcooliques d'huile essentielle sont toujours décomposées par l'eau : celle-ci s'empare de l'alcool et sépare l'huile, de telle sorte que la liqueur prend un aspect laiteux. L'éther possède comme l'alcool la propriété de dissoudre facilement les huiles essentielles. Plusieurs, dans leur contact avec l'air, à une température déterminée, s'hydratent, suivant MM. Blanchet et Sell, et passent de l'état liquide à l'état solide : telle est entre autres l'huile de persil (*Journ. de Pharm.* xx, 349). La transformation a lieu à froid dans l'espace de quelques jours.

2415. Elles peuvent, en général, absorber une grande quantité de gaz chlorhydrique et en neutraliser une partie. Quelques-unes même acquièrent, par cette absorption, la propriété de cristalliser : telle est principalement l'huile essentielle de térébenthine, qui forme avec cet acide un composé qui se rapproche singulièrement du camphre par la plupart de ses propriétés (p. 498 de ce vol.); telle est encore l'huile de citron, etc. Versés sur les huiles essentielles, les acides azotique et hypo-azotique très concentrés les décomposent avec violence; il en résulte un grand boursouflement, beaucoup de chaleur, et sans doute de l'eau, du gaz carbonique, des oxides d'azote ou de l'azote; souvent même il y a inflammation : du moins elle a toujours lieu tout-à-coup avec l'essence de térébenthine, lorsque ces acides contiennent environ le tiers de leur poids d'acide sulfurique. Pour faire cette expérience avec succès et sans danger, il faut prendre environ 30 grammes d'huile essentielle de térébenthine, 45 grammes d'acide azotique chargé d'acide hypo-azotique, et 15 grammes d'acide sulfurique très concentré, placer l'huile dans un creuset, et verser dedans les deux acides au moyen d'un verre attaché à l'extrémité d'une tige; l'acide sulfurique agit évidemment en absorbant l'eau de l'acide azotique, et le mettant dans le cas de se décomposer très facilement.

Jusqu'à présent on n'a fait qu'un petit nombre d'expériences sur la réaction des bases salifiables et des huiles essentielles. Cependant ces expériences suffisent pour prouver qu'il existe, en général, fort peu d'affinité entre les bases et les huiles essentielles. Celles qui ont le plus de tendance à se combiner aux alcalis, sont les plus denses; elles semblent être en même temps plus oxigénées que les autres : telle est l'huile de girofle qui s'unit aux bases énergiques, l'huile de piment de la Jamaïque qui se comporte à-peu-près de la même manière, suivant M. Bonastre, et l'huile de canelle qui forme avec l'ammoniaque une combinaison définie. Le produit connu en médecine sous le nom de *savon de Starkey*, et qui s'obtient en faisant agir la soude sur l'huile essentielle de térébenthine, n'est, à ce qu'il paraît, qu'un composé de l'alcali employé et d'essence convertie en une sorte de résine.

Enfin les huiles essentielles se combinent en toutes proportions avec les huiles fixes. Elles dissolvent les résines, le camphre, et même le caoutchouc, propriétés dont les arts tirent un grand parti pour la composition des vernis.

2416. On voit donc, d'après ce qui précède, que les huiles essentielles ont des propriétés opposées à celles des huiles fixes. En effet, les huiles essentielles sont âcres, caustiques, très odorantes, sans viscosité, volatiles, inflammables par l'approche d'un corps en combustion, sensiblement solubles dans l'eau, non saponifiables. Les huiles fixes, au contraire, sont douces, presque inodores, visqueuses, décomposables, au moins en grande partie, par la distillation, insolubles dans l'eau; elles ne s'enflamment point par l'approche d'un corps en combustion, et se saponifient aisément.

2417. *État naturel.* — Les huiles essentielles se trouvent dans tous les végétaux aromatiques; ce sont ces huiles qui leur communiquent l'odeur qu'ils exhalent; elles se rencontrent dans toutes leurs parties, dans les fleurs, dans les feuilles, dans les tiges, moins fréquemment dans les graines, quelquefois dans les racines; elles sont toujours renfermées dans de petits utricules placés à la surface de ces différens corps.

Il n'est point de plantes de la famille des labiées qui n'en contiennent des quantités plus ou moins grandes; mais il s'en faut beaucoup que celles des autres familles soient dans ce cas.

2418. *Extraction.* — Toutes les huiles essentielles peuvent être extraites par distillation : ce procédé est celui que l'on suit presque toujours; on l'exécute en distillant de l'eau dans un alambic, comme nous l'avons dit (168), et en mettant avec l'eau elle-même, dans la cucurbite, la plante ou la partie de la plante qui contient l'huile essentielle. La quantité d'eau doit être assez grande pour baigner la plante, et l'on juge que l'opération est terminée quand l'eau passe sans odeur. L'eau et l'huile essentielle se volatilisent ensemble, se condensent dans le serpentin, et se rendent dans le récipient dont la forme est particulière (*Voy.* pl. IV, fig. 13). Au moyen de ce récipient, qu'on appelle *récipient florentin* ou *italien*, l'eau ne peut pas dépasser le niveau *AB*. Lorsqu'elle y est parvenue, elle s'écoule par l'anse *BC*. L'huile, au contraire, se rassemble ordinairement au-dessus de *AB*, dans la partie du récipient *AAAA*. Cependant il en est une petite partie qui se dissout dans l'eau : c'est même ainsi qu'on obtient les eaux aromatiques, et c'est pourquoi l'on doit se servir de préférence d'eau déjà saturée d'huile, à moins qu'on ne veuille obtenir tout à-la-fois de l'huile et de l'eau aromatique. Il est même des substances dont il serait impossible de se procurer l'huile sans cette précaution, parce qu'elles en contiennent très peu : telle est la rose. D'ailleurs, on sépare la couche d'huile en la versant avec l'eau dans un entonnoir dont on tient le bec fermé par le doigt, retirant le doigt au bout de quelques minutes, laissant écouler l'eau et recevant ensuite l'huile dans un flacon : il serait encore mieux de commencer par faire écouler la majeure partie de l'eau par l'anse en inclinant le récipient.

L'eau, dans l'extraction de l'huile, a pour objet, non-seulement de maintenir la température à un degré constant et d'empêcher la plante de brûler, mais encore de favoriser la vaporisation de l'huile essentielle, qui n'entrant en ébullition qu'à la température de 150° environ, peut se réduire en vapeur dans tous les gaz, à la manière de tous les liquides dont la tension est plus ou moins considérable : aussi y a-t-il de l'avantage à charger l'eau d'une certaine quantité de sel; elle ne bout plus qu'à 100 et quelques degrés, et dès-lors l'huile étant plus échauffée, il en passe beaucoup plus dans un temps donné.

On peut encore se procurer certaines huiles essentielles par la pression; mais ce procédé n'est praticable que sur les zestes dont la partie charnue de quelques fruits est enveloppée. Qui n'a pas été à même d'observer en effet que, en comprimant l'enveloppe de l'orange, on en faisait jaillir une liqueur très inflammable? D'ailleurs, pour être certain d'avoir pures celles qui sont ainsi obtenues, il est nécessaire de les distiller avec de l'eau; les chimistes redistillent même de cette manière les huiles essentielles extraites par distillation; puis pour enlever la petite quantité d'eau qu'elles retiennent, ils les agitent à froid ou à une douce chaleur avec du chlorure de calcium : c'est en cet état seulement qu'ils les considèrent comme exemptes de matières étrangères.

2419. *Composition.* — Les essences, telles qu'on les extrait des plantes, contiennent souvent deux huiles, l'une liquide, l'autre solide à la température ordinaire, et que M. Berzelius a proposé de désigner, savoir; la première par le nom générique d'*éléoptène*, et la deuxième par celui de *stéaroptène*. Ces huiles sont-elles les mêmes dans les diverses espèces d'essences? Non, sans aucun doute. Mais il serait possible qu'il n'en existât qu'un certain nombre qui constitueraient toutes les essences par leur mélange ou leur union; ce qu'il y a de certain, c'est que plusieurs sont isomériques : nous citerons pour exemple les huiles des essences de térébenthine et de citron; d'autres sont probablement dans le même cas. Ajoutons que, suivant M. Couerbe, les essences contiendraient en outre une très petite quantité d'un acide gras; ce serait à cet acide qu'elles devraient leur odeur et leur saveur, si bien qu'on pourrait les en priver par les alcalis caustiques; mais avant d'admettre ces résultats que l'auteur a annoncés, il y a seize mois, il faut attendre qu'il ait publié ses expériences. (*Ann. de Chim. et de Phys.*, LIII, 219.)

Les analyses élémentaires de beaucoup d'essences ont été faites depuis quelques années; nous allons les rapporter dans le tableau suivant.

Elles ont paru dans les *Ann. de Chim. et de Phys.*, t. XIII, p. 259 et 327. — L, 225. — LII, 405. — LIII, 165. — LVI, 314. — XLVII, 99. — LI, 275, et dans le *Journal de Pharm.*, IV, 1. — XX, 224 et 341.

| NOMS DES ESSENCES. | CARBONE. | HYDROGÈNE. | OXIGÈNE. | AZOTE. | NOMS DES AUTEURS. |
|---|---|---|---|---|---|
| Essence de térébenthine.. | 87,6 | 12,3 | ..... | ..... | Houtou-Labillardière. |
| *Idem*................. | 87,788 | 11,646 | ..... | 0,566 | Th. de Saussure. |
| *Idem*................. | 88,88 | 11,12 | ..... | ..... | Herman. |
| *Idem*................. | 88,4 | 11,6 | ..... | ..... | Dumas. |
| *Idem*................. | 87,8 | 11,4 | ..... | ..... | Blanchet et Sell. |
| Ess. de térébent. des Vosges. | 88,5 | 11,5 | ..... | ..... | *Idem*. |
| Essence de templin...... | 88,1 | 11,6 | ..... | ..... | *Idem*. |
| Essence de citron....... | 86,899 | 12,326 | ..... | 0,775 | Th. de Saussure. |
| *Idem*................. | 88,5 | 11,5 | ..... | ..... | Herman. |
| *Idem*................. | 88,45 | 11,46 | ..... | ..... | Dumas. |
| *Idem*................. | 87,93 | 11,57 | ..... | ..... | Blanchet et Sell. |
| Essence de rose ordinaire. | 82,053 | 13,124 | 3,949 | 0,874 | Th. de Saussure. |
| Essence de rose concrète.. | 86,743 | 14,839 | ..... | ..... | *Idem*. |
| Essence d'anis ordinaire... | 76,487 | 9,352 | 13,821 | 0,340 | *Idem*. |
| *Idem*................. | 81,35 | 8,55 | 10,10 | ..... | Blanchet et Sell. |
| Essence d'anis concrète... | 83,468 | 7,531 | 8,341 | 0,460 | Th. de Saussure. |
| *Idem*................. | 81,35 | 8,26 | 10,39 | ..... | Dumas. |
| *Idem*................. | 81,21 | 8,12 | 10,67 | ..... | Blanchet et Sell. |
| Essence de fenouil...... | 75,4 | 10,0 | 14,6 | ..... | Göbel. |
| *Idem*................. | 77,19 | 8,49 | 14,32 | ..... | Blanchet et Sell. |
| Essence de fenouil concrète | 81,0 | 8,1 | 10,9 | ..... | *Idem*. |
| Essence de menthe poivrée | 75,1 | 13,4 | 11,5 | ..... | Göbel. |
| *Idem*................. | 79,6 | 11,0 | 9,4 | ..... | Blanchet et Sell. |
| Essence de menthe concrète | 77,61 | 13,09 | 9,30 | ..... | Dumas. |
| *Idem*................. | 78,45 | 12,10 | 9,45 | ..... | Blanchet et Sell. |
| Essence d'asarum....... | 75,41 | 9,76 | 14,86 | ..... | *Idem*. |
| Essence d'asarum concrète. | 69,48 | 7,78 | 22,72 | ..... | *Idem*. |
| Essence de persil concrète | 65,5 | 6,4 | 28,1 | ..... | *Idem*. |
| Essence de lavande...... | 75,50 | 11,07 | 13,07 | 0,36 | Th. de Saussure. |
| Essence de romarin...... | 82,21 | 9,42 | 7,73 | 0,64 | *Idem*. |
| Essence de girofle...... | 70,04 | 7,88 | 22,08 | ..... | Dumas. |
| Ess. de fécule de p. de terre | 69,0 | 13,6 | 17,4 | ..... | *Idem*. |
| Camphre................ | 74,38 | 10,67 | 14,61 | 0,34 | Th. de Saussure. |
| *Idem*................. | 81,76 | 9,70 | 8,54 | ..... | Liebig. |
| *Idem*................. | 79,3 | 10,4 | 10,3 | ..... | Dumas. |
| *Idem*................. | 79,35 | 10,6 | 10,05 | ..... | Blanchet et Sell. |
| Essence d'amandes amères. | 79,5 | 5,7 | 14,7 | ..... | Wöhler et Liebig. |
| Essence de cassia........ | 76,7 | 9,7 | 13,6 | ..... | Göbel. |
| Essence de canelle....... | 78,1 | 10,9 | 11,0 | ..... | *Idem*. |
| *Idem*................. | 81,6 | 6,2 | 12,2 | ..... | Dumas et Peligot. |

On voit d'après ce tableau qu'il existe un certain nombre d'essences qui sont de véritables carbures d'hydrogène, et que toutes les autres sont oxigénées. On voit également que, suivant

M. de Saussure, les essences de térébenthine, de citron, d'anis, de lavande, de romarin, de rose, contiendraient de l'azote; mais la quantité qu'il en a trouvée est très petite, et de plus, ses résultats ne sont point d'accord avec ceux qui ont été obtenus par les autres chimistes. Nous ne pensons donc pas que ces sortes d'huiles soient réellement azotées. Il n'en est pas de même toutefois des essences de *moutarde*, d'*assa fœtida* : elles contiennent tout à-la-fois de l'azote et du soufre dans un état de combinaison, mal connu. (Voyez *les corps gras ou les huiles azotées.*)

2420. *Usages.* — Certaines huiles sont employées comme aromates; d'autres pour dissoudre les résines; d'autres en médecine; d'autres pour enlever les taches d'huiles grasses de dessus les étoffes.

Nous n'examinerons en particulier que les principales. Nous traiterons : 1° des huiles de térébenthine, de citron, de bergamote, de cédrat, d'orange, qui toutes sont ou paraissent être des carbures d'hydrogène, excepté l'essence liquide de rose (1); 2° des essences d'anis, de menthe poivrée, de fleurs d'oranger, qui, comme celle rose, contiennent deux sortes d'huiles, l'une concrète, l'autre liquide; 3° des essences de lavande, de romarin, de jasmin, de girofle, de fécule de pomme de terre; 4° du camphre qui, en raison de sa nature et de ses propriétés, doit être assimilé aux essences oxigénées; 5° des essences d'amandes amères et de canelle, remarquables par la propriété qu'elles ont, en s'unissant à l'oxigène, de former des acides hydratés; 6° de la créosote, que l'on peut regarder comme une essence artificielle.

*Huile essentielle de térébenthine.*

2421. Cette essence, qu'on emploie en médecine et dans la préparation des vernis, se retire, par la distillation, de la térébenthine que fournissent les arbres résineux et surtout le *pinus maritima*. Celle du commerce est presque toujours colorée en jaune; elle contient une sorte de résine qui provient de l'action de l'air sur l'huile, et de plus une sorte d'essence naturellement concrète, qui se dépose sous forme de cristaux en exposant l'huile à un froid de 27°. Pour la purifier, on suit le procédé qui a été indiqué (pag. 494 de ce vol.), c'est-à-dire,

(1) Nous supposons que les essences de bergamote, de cédrat, d'orange, qu'on extrait de diverses espèces de *citrus*, sont, comme l'essence de citron, formées de carbone et d'hydrogène; mais le fait est que ces essences n'ont point encore été analysées.

qu'on la redistille avec de l'eau, et qu'on l'agite ensuite avec du chlorure de calcium.

Ainsi purifiée, l'essence de térébenthine est sans couleur, d'une odeur forte et désagréable (1). Sa densité à 22°, 5 est de 0,86. Elle rougit presque toujours le tournesol, propriété qu'elle doit à un peu d'acide succinique, suivant MM. Lecanu et Serbat. (*Annales de Chimie et de Physique*, tome XXI, page 328.)

L'essence de térébenthine exposée à l'air en absorbe très lentement l'oxigène, et d'après MM. Boissenot et Persoz, elle éprouve des altérations d'où résultent une petite quantité de matière cristalline particulière, analogue aux essences concrètes, fusible à 150°, volatile sans décomposition entre 150 et 165°, soluble dans l'alcool, l'éther, les huiles grasses et essentielles, dans 12 fois son poids d'eau bouillante, et seulement 200 fois son poids d'eau froide (*Ann. de Chim. et de Phys.*, XXXI, 442). MM. Blanchet et Sell, qui lui ont donné le nom de *camphre de térébenthine*, lui assignent pour formule $C^{10}H^8,H^2O$, d'après laquelle ce serait un hydrate d'essence de térébenthine pure. (*Journal de Pharmacie*, XX, 228.)

Le chlore se dissout dans l'essence de térébenthine, l'épaissit sans lui faire perdre sa transparence, et la colore en jaune foncé. Toutefois s'il était en grand excès, il la décomposerait tout-à-coup; aussi, en faisant tomber quelques gouttes d'huile dans un flacon rempli de gaz, il y a aussitôt inflammation et dépôt de charbon.

L'essence de térébenthine peut se charger d'une grande quantité d'iode, et acquiert alors une couleur jaunâtre ou rougeâtre; elle enlève même instantanément ce corps simple à sa dissolution dans le proto-iodure de potassium ou dans l'acide iodhydrique. De là résultent probablement quelques combinaisons particulières, ou du moins des combinaisons qui ne bleuissent point par l'amidon.

Lorsque l'on fait passer du gaz chlorhydrique à travers 100 parties de cette essence purifiée et entourée d'un mélange de glace et de sel, elle absorbe près du tiers de son poids d'acide, et se prend en une masse cristalline et molle, dont on sépare, en la faisant égoutter pendant quelques jours, environ 20 parties

(1) Quelquefois au contraire l'huile de térébenthine a une odeur agréable. MM. Blanchet et Sell rapportent qu'ils ont obtenu de la térébenthine du *pinus picea* une huile qui avait l'odeur de l'huile de citron, et des fruits du *pinus mugho* une huile dont l'odeur était analogue à celle des fleurs d'orangers. D'un autre côté, M. Couerbe a annoncé aussi qu'il était parvenu à enlever la mauvaise odeur de l'essence de térébenthine ordinaire.

d'un liquide incolore, acide, fumant, chargé de beaucoup de cristaux, et 110 parties d'une substance blanche, grenue, cristalline, volatile, dont l'odeur est camphrée ; c'est à cette substance qu'on a donné le nom de *camphre artificiel*. On le purifie en l'exposant à l'air sur du papier joseph, le lavant à l'eau et à l'alcool, le faisant cristalliser dans ce dernier liquide et le desséchant dans le vide ou par la fusion à une douce chaleur.

Le camphre artificiel, découvert par Kind, a été étudié successivement par Trommsdorff, par MM. Boullay, Cluzel et Chomet, par Gehlen, par Thenard, etc. Les cinq premiers l'ont considéré comme étant formé seulement d'hydrogène, de carbone et d'oxigène ; Gehlen l'a regardé comme un composé d'acide chlorhydrique uni à la majeure partie de l'hydrogène de l'huile et à une petite quantité de son carbone ; pour moi, j'ai admis qu'il résultait de la combinaison de l'acide chlorhydrique et de l'huile essentielle. (Voyez *Ann. de Chim.*, t. LI, p. 270 ; et *Mémoires de la Société d'Arcueil*, tom. II, p. 26.)

2422. *Composition.* — Il paraît que l'essence de térébenthine rectifiée contient, outre le *camphène*, une petite quantité d'une autre huile. Cette opinion que j'avais émise, en me fondant sur ce que, dans le traitement de l'essence de térébenthine par le gaz chlorhydrique, l'on obtenait toujours une certaine quantité de chlorhydrate incristallisable, se trouve confirmée par les expériences de MM. Blanchet et Sell. Ils ont extrait les huiles du chlorhydrate cristallin (*chlorhydrate de camphène*) et du chlorhydrate liquide en distillant ceux-ci avec de la chaux, et ont vu que ces deux huiles qui doivent être isomériques, puisque le camphène a la même formule que l'essence, entrent en ébullition à des températures différentes : la première bout à 145°, et l'autre à 134° ; ils ont proposé pour celle-ci le nom de *peucyle*, et pour l'autre le nom de *dadyle* ; mais nous ne voyons pas de aison pour ne pas conserver la dénomination de *camphène*, par laquelle M. Dumas désigne l'huile du camphre artificiel ; quant à l'autre matière huileuse, elle a été trop peu examinée pour lui donner un nom spécial.

Outre les propriétés précédentes, le camphre artificiel possède les suivantes : il est plus léger que l'eau ; il ne rougit point le tournesol ; il s'enflamme facilement et brûle sans résidu. Soumis à l'action du feu dans un matras, il commence par entrer en fusion, puis il se sublime et se décompose en partie : aussi sa sublimation n'a-t-elle pas lieu sans qu'il y ait de l'acide chlorhydrique mis en liberté. Lorsqu'on le fait passer à travers un tube incandescent, sa décomposition est complète ; et si l'on reçoit les produits dans un flacon plein d'eau, celle-ci acquiert la faculté de précipiter abondamment l'azotate d'argent. Il se dissout en totalité et facilement dans l'alcool, dont l'eau le sépare sans altération. L'acide azotique le décompose à chaud, avec dégagement de chlore. L'acide acétique ne l'attaque point. Enfin les alcalis n'en séparent l'acide qu'avec beaucoup de difficulté, d'où il faut conclure que celui-ci est fortement retenu par la substance à laquelle il se trouve uni. On ne peut même bien opérer la décomposition du chlorhydrate qu'autant qu'on le mêle avec deux ou trois fois son poids de chaux vive ou de baryte, qu'on distille le mélange au bain d'huile en le chauffant le plus rapidement possible, et qu'on redistille le produit huileux plusieurs fois de suite sur de nouvelles quantités de bases, ou plutôt qu'on le purifie par une seule distillation sur un alliage d'antimoine et de potassium : dans ce dernier cas, il y a production de chlorure de potassium et dégagement d'hydrogène (1). C'est au produit huileux ainsi obtenu que M. Dumas a donné le nom de *camphogène* ou de *camphène*, parce que, uni à l'oxigène, il représente le camphre naturel.

Le camphre artificiel est formé de volumes égaux de gaz chlorhydrique et de vapeur de cette huile, ou en poids, de 20,8 d'acide chlorhydrique et de 79,2 d'huile, ce qui conduit à la formule : ($C^{20}H^{16}$,ChH) (Dumas).

*Camphène.* — Le camphène est liquide à la température ordinaire, incolore, d'une odeur moins forte que celle de l'essence non purifiée. Il entre en ébullition à 156°. La densité de sa vapeur est de 4,76. Il se dissout dans l'alcool, l'éther, le carbure de soufre. Le potassium ne l'altère point.

Le gaz chlorhydrique s'y unit tout-à-coup, et reproduit le *camphre artificiel* ou chlorhydrate de camphène. Son nombre proportionnel, déduit de la composition de ce chlorhydrate, est représenté par la formule atomique $4C^{10}H^8$, dans laquelle $C^{10}H^8$ représente 1 vol. de vapeur; on voit donc que le camphène a la plus grande analogie avec l'essence de térébenthine purifiée. M. Dumas dit même avoir obtenu une essence qui possédait les propriétés fondamentales du camphène, de telle sorte qu'il a été conduit à regarder ainsi l'essence rectifiée par plusieurs distillations comme du camphène

(1) Lorsqu'on se sert d'un alliage d'antimoine et de potassium pour enlever les dernières portions d'acide chlorhydrique, il faut qu'il soit récemment fait ou qu'il ait été conservé dans un flacon bien bouché.

pur. (M. Dumas, *Annales de Chimie et de Physique*, L, 225. LII, 400. — MM. Blanchet et Sell, *Journal de Pharmacie*, t. xx, p. 224.) (1)

*Essence de citron.*

2423. Cette essence, qu'on emploie principalement pour la toilette et pour enlever les taches d'huile grasse de dessus le linge et toutes sortes d'étoffes, nous vient du midi de la France, d'Italie, etc.; elle s'extrait par pression de l'écorce de citron (*citrus medica*). A cet effet, on fait choix de citrons bien sains et bien mûrs, on en rape l'écorce, et on la soumet à la presse dans une étamine très fine, faite en forme de sac. Bientôt l'huile volatile se sépare, on la garde en repos pendant quelque temps, ensuite on la décante et on la conserve dans des vases fermés; mais, pour l'avoir très pure, il faut la soumettre à la distillation : aussi la première est-elle jaune et a-t-elle une densité égale à 0,8517, tandis que celle qui a été distillée, surtout en ne recueillant que les trois premiers cinquièmes, est incolore et ne pèse que 0,847 à plus 22°.

L'essence pure est soluble en toutes proportions dans l'alcool anhydre; versée sur une étoffe, elle la mouille et s'en sépare assez promptement sous forme de vapeur.

Elle absorbe deux cent quatre-vingt-six fois son volume de gaz chlorhydrique, à 20° et 724 millimètres de pression, ou tout près de la moitié de son poids, et se transforme en une pâte formée de cristaux lamelleux, nacrés, blancs, et d'huile liquide, jaune, fumant à l'air. En laissant égoutter ces cristaux, les comprimant, à la température de zéro, dans des feuilles de papier joseph qu'on renouvelle au besoin, et les faisant cristalliser dans l'alcool à plusieurs reprises, il est facile de les obtenir purs.

La liqueur restante, exposée à l'air, peut en fournir encore une nouvelle quantité; par ce moyen, l'essence en donne un poids plus considérable que le sien; mais quelque chose qu'on fasse, elle ne se convertit point complètement en cristaux :

(1) En décomposant par la chaux, à l'aide de distillations réitérées, le camphre artificiel formé avec de l'essence de térébenthine, qui en avait fourni à-peu-près un poids moitié du sien, M. Oppermann a obtenu une huile qui se solidifiait à une température de + 10 ou 12°, tandis que le camphène obtenu par M. Dumas restait liquide à cette température. Cette huile cependant donna à l'analyse les mêmes résultats que le camphène. On ne connaît point encore la nature de la matière à laquelle doit être attribuée la facilité que présenta la congélation du produit préparé par M. Oppermann. Elle provenait peut-être de l'essence de térébenthine employée. (*Ann. de Ch. et de Phys.*, XLVII, 225.)

elle se comporte à cet égard comme l'essence de térébenthine. M. de Saussure, qui a examiné ces cristaux dont j'avais précédemment annoncé l'existence, a trouvé qu'ils possèdent les propriétés suivantes : ils affectent la forme de prismes droits quadrangulaires aplatis; ils ont une odeur faible de thym; ils sont plus denses que l'eau, insipides, insolubles dans l'eau, solubles dans l'alcool, fusibles à 41°, inflammables dans leur contact avec l'air et un corps fortement échauffé, indécomposables à la température ordinaire. Abandonnés à eux-mêmes dans un flacon, ils se vaporisent peu-à-peu. Chauffés brusquement dans une cornue, ils se subliment sans altération. Soumis à une chaleur de 60° long-temps continuée, ils se décomposent en partie (1). La potasse caustique en liqueur est sans action sur eux; l'acide sulfurique concentré en dégage l'acide chlorhydrique; l'acide azotique fumant les attaque peu-à-peu à froid. Mêlés et distillés avec de la chaux, ils se décomposent et laissent dégager la matière huileuse qui leur sert de base, et pour laquelle M. Dumas a proposé le nom de *citrène* (Saussure, *Ann. de Chim. et de Phys.*, XIII, 269). Enfin l'analyse fait voir qu'ils sont formés de 34,5 d'acide chlorhydrique et de 65,5 de citrène, ce qui correspond à la formule: HCh, $C^{10}H^8$. (Dumas, *Ann. de Chim. et de Phys.*, LII, 408.)

2424. *Composition.* — J'avais conclu de la propriété qu'a l'essence de citron de ne point cristalliser complètement en s'unissant au gaz chlorhydrique, qu'elle se composait probablement de deux huiles particulières : telle est aussi la conséquence que MM. Blanchet et Sell ont tirée de leurs expériences; ils proposent même de les désigner, savoir; celle qui fait partie du chlorhydrate cristallin par le nom de *citronyle*, et l'autre par celui de *citryle*; mais nous ferons ici la remarque que nous avons déjà faite au sujet de l'essence de térébenthine : il n'y a pas de raison de changer la dénomination de citrène, et l'huile du chlorhydrate incristallisable n'a point encore été assez examinée pour recevoir une dénomination spéciale.

*Citrène.* — Le citrène s'extrait du chlorhydrate de citrène, comme le camphène du chlorhydrate de camphène. Il est liquide à la température ordinaire, et a la plus grande analogie, selon M. Dumas, avec l'essence de citron rectifiée par plusieurs distillations.

Sa composition en poids est la même que celle du camphène, de l'essence de citron et de l'essence de térébenthine,

---

(1) Cependant MM. Blanchet et Sell rapportent qu'ils sont fusibles à 43°, qu'ils se subliment sans décomposition à 50° et qu'ils entrent en ébullition à 160°.

de sorte que toutes les huiles qui les constituent sont isomériques; mais l'on remarque que le citrène a une capacité de saturation double de celle du camphène : aussi la formule du chlorhydrate de camphène est-elle ( $2C^{20}H^{16}$, 2ChH ), tandis que celle du chlorhydrate de citrène est ( $C^{20}H^{16}$, 2ChH). (M. Dumas, *Ann. de Chim. et de Phys.*, LII, 405. — MM. Blanchet et Sell, *Journ. de Pharm.*, XX, 237.)

*Essence de rose.*

2425. L'essence de rose est incolore, plus légère que l'eau, solide à la température ordinaire. Elle se liquéfie entre le 29 et le 30°, s'extrait, par la distillation, des pétales de la rose muscate (*rosa sempervirens* ), et nous est apportée de Tunis et du Levant dans de très petits flacons; on l'emploie comme cosmétique. Respirée en grande quantité, cette huile blesse l'odorat; elle n'est agréable qu'autant que l'on respire à-la-fois peu de molécules odorantes.

Elle contient évidemment deux huiles différentes, l'une concrète et l'autre fluide à la température moyenne. On peut les séparer, soit en pressant l'essence de rose dans des feuilles de papier, soit en la lavant avec de l'alcool, qui ne dissout presque pas d'huile concrète, à zéro.

L'huile concrète est la seule des deux qui ait été examinée. Elle n'entre en fusion qu'à près de 34°, et cristallise par refroidissement en lames brillantes, blanches, transparentes, qui ont la consistance de la cire d'abeilles ( Saussure ). C'est un carbure d'hydrogène qui a pour formule atomique CH; l'huile liquide, au contraire, doit contenir de l'oxigène, car l'essence de rose en contient elle-même. (*Voy.* le tableau, p. 495.)

*Essences de bergamotte, de cédrat, d'orange.*

2426. *De bergamotte.*—Jaune, plus légère que l'eau, ne se congèle qu'à plusieurs degrés sous zéro; s'extrait ordinairement par la pression de l'écorce de bergamote (*citrus limetta bergamotta*). A cet effet, on fait choix de bergamottes bien saines et bien mûres; on en râpe l'écorce, et cette écorce râpée ressemblant à une pulpe, est soumise à la presse dans une étamine très fine, faite en forme de sac. Bientôt l'huile volatile se sépare; on la garde en repos pendant quelque temps; ensuite on la décante, et on la conserve dans des vases fermés. Ainsi obtenue, elle est moins fluide que celle qui provient de la distillation; mais son odeur est plus agréable. On l'emploie en médecine et comme cosmétique; elle nous vient du Portugal, de l'Italie et de quelques autres pays. Elle paraît différer peu par sa nature, de l'essence de citron. Il en est de même des deux suivantes.

*Huiles volatiles de cédrat et d'orange* (*citrus medica cedra, citrus aurantium*). — Les huiles volatiles de cédrat et d'orange se préparent comme celles de citron et de bergamotte : elles nous viennent des mêmes pays, et sont employées aux mêmes usages.

### *Essence d'anis.*

2427. Blanche ou faiblement jaunâtre, pesant spécifiquement 0,987 à 25° suivant M. de Saussure; soluble en toutes proportions, à la température ordinaire, dans l'alcool absolu; passe vers la température de 17°, de l'état mou à l'état liquide; s'extrait des semences d'anis (*anisum pimpinella*); on l'emploie en médecine et dans l'économie domestique.

Elle est composée d'une huile fluide et d'une huile concrète : celle-ci s'obtient aisément en soumettant l'essence refroidie par de la glace à l'action de la presse, dans du papier, jusqu'à ce qu'elle ne le tache plus. On la purifie en la dissolvant à chaud dans l'alcool à 90° centésimaux, qui l'abandonne, en se refroidissant sous forme de larges écailles brillantes. Ces cristaux recueillis sur un filtre et séchés, sont débarrassés par la fusion de l'alcool adhérent. Cette huile concrète forme au moins les $\frac{3}{4}$ de l'essence; elle est dure, grenue, très blanche, réductible en poudre, un peu plus dense que l'eau, fusible à 16°, susceptible d'entrer en ébullition à 220°, et de se volatiliser sans se décomposer. Tant qu'elle conserve l'état solide, l'air ne lui fait subir aucune altération; mais, à l'état liquide, elle en absorbe l'oxigène (2413).

Elle est formée de 81,4 de carbone, 8,0 d'hydrogène, et 10,6 d'oxigène, et se trouve représentée par la formule $C^{20}H^{12}O$ (Dumas). (*Ann. de Chim. et de Phys.* L, 234.)

MM. Blanchet et Sell ont retrouvé depuis ce composé dans l'essence de fenouil. (*Journal de pharm.* XX, 343.)

### *Essence de menthe poivrée.*

2428. Cette essence se retire des feuilles de la menthe poivrée (*mentha piperita*). Elle est jaune, plus légère que l'eau.

Refroidie jusqu'à environ 0°, elle se congèle en partie, et laisse déposer des cristaux qui sont très abondans, surtout en opérant sur l'essence qui nous vient d'Amérique : elle renferme donc deux huiles, l'une concrète, l'autre liquide à la température ordinaire.

*Essence concrète.*—Ses cristaux sont des aiguilles prismatiques, incolores, inodores, peu solubles dans l'eau, bien solubles dans l'alcool et l'éther, qui se fondent vers 25 à 27°, entrent en ébullition à 208°, se volatilisent sans altération en vases clos, mais prennent à cette température au contact de l'air une teinte jaunâtre.

Sa composition est représentée en poids, par 77,3 de carbone, 12,6 d'hydrogène et 10,1 d'oxigène, et en atomes par la formule $C^2H^{20}O$ (Dumas). (*Ann. de Chim. et de Phys.* L, 232.)

*Huile volatile de fleurs d'oranger ou néroli.*

2429. Liquide, d'un jaune orangé, plus légère que l'eau; se retire des fleurs d'oranger (*citrus aurantium*); on l'emploie en médecine et comme cosmétique. Elle renferme deux huiles, l'une concrète, l'autre liquide à la température ordinaire.

*Huile concrète.*—Cette huile, que M. Plisson propose d'appeler *aurade*, se sépare de l'huile volatile de fleurs d'oranger, en y versant de l'alcool à 35° Baumé. On cesse d'en ajouter aussitôt qu'il cesse lui-même de la troubler. Le dépôt continue encore à se former pendant quelques jours. Il est d'autant plus abondant que l'essence est plus récente. Le produit obtenu doit être lavé à l'alcool, et purifié par la cristallisation dans l'éther hydrique.

Les cristaux sont blancs, nacrés, inodores, insipides, insolubles dans l'eau pure, à peine solubles dans l'eau qui tient de la potasse en dissolution, susceptibles de se dissoudre dans 60 fois leur poids d'alcool bouillant, dans beaucoup moins d'essence de térébenthine chaude et dans une quantité plus petite encore d'éther hydrique. Ils se fondent vers 55°, se distillent dans le vide sans altération, et se décomposent en partie au contact de l'air par la volatilisation, en formant de l'eau. L'acide chlorhydrique et même l'acide azotique, paraissent sans action sur cette substance, soit à froid, soit à chaud; l'acide sulfurique concentré ne l'attaque qu'à l'aide de la chaleur. (M. Plisson *Ann. de Chim. et de Phys.* XL, 83.)

*Essence de lavande.*

2430. Jaune, plus légère que l'eau; se retire des fleurs de lavande (*lavandula spica*); employée en médecine et dans la parfumerie. En la rectifiant par une nouvelle distillation, et ne prenant que les trois premiers cinquièmes du produit, sa densité, qui pourra être d'abord de 0,898 à 20°, se réduira à 0,877.

M. Vauquelin a observé que cette huile avait la propriété de dissoudre une grande quantité d'acide acétique très concentré; que la propriété dissolvante croissait avec la concentration de l'acide, et que la portion d'acide indissoute était plus faible que celle qui était unie à l'huile.

L'eau trouble la dissolution et finit par s'emparer de l'acide tout entier. Probablement que des effets analogues auraient lieu avec d'autres essences et d'autres acides. L'acide chlorhydrique, par exemple, forme un composé très intime avec l'essence de térébenthine. (*Ann. de Chim. et de Phys.* XIX, 279.)

*Essence de romarin.*

2431. Incolore, plus légère que l'eau; elle s'extrait du (*rosmarinus officinalis*), et est employée en médecine et dans la parfumerie. Par la rectification, sa densité diminue : de 0,9109, elle peut devenir 0,8886, en ne prenant que la première moitié du produit.

*Essence de jasmin.*

2432. Cette huile, d'une odeur extrêmement fugace, ne peut s'obtenir et se conserver qu'au moyen du procédé suivant : on étend, au fond d'une boîte en ferblanc, un drap de laine blanche, imprégné d'huile de *ben* ou d'huile d'olive; on le recouvre d'un lit de fleurs récentes de jasmin (*jasminum officinale*); sur ces fleurs on étend un deuxième drap blanc imbibé d'huile comme le précédent, et recouvert d'un nouveau lit de fleurs; on continue ainsi à mettre successivement des fleurs et des morceaux de drap jusqu'à ce que la boîte en soit remplie, et on comprime le tout au moyen d'un couvercle. Au bout de vingt-quatre heures, on retire les fleurs, on les remplace par de nouvelles que l'on dispose comme les premières, et qu'on renouvelle jusqu'à ce que l'huile fixe soit bien chargée d'odeur. Alors on met les morceaux de drap dans l'alcool, on les exprime bien, et on distille au bain-marie ce mélange d'alcool et d'huile odorante; l'alcool se volatilise et se rend dans le récipient, chargé de l'odeur du jasmin; il prend chez les parfumeurs le nom d'*essence de jasmin*. On prépare de la même manière les essences de lis, de tubéreuse, de violette, etc.

Ces essences nous viennent du midi de la France; elles sont employées comme cosmétiques.

*Essence de girofle, eugénine, caryophylline.*

2433. L'essence de girofle, qui est employée comme assaisonnement, comme parfum, et en médecine, se retire des cloux de girofle, c'est-à-dire de la fleur non développée du giroflier, arbre que l'on cultive dans les îles Moluques, à Bourbon et à Cayenne.

Celle qu'on trouve dans le commerce est toujours jaune orangé et impure; rectifiée par la distillation, elle devient parfaitement incolore, et pèse spécifiquement 1,061, d'après M. Bonastre; mais elle retient encore beaucoup d'eau dont on la prive en la faisant digérer à 60 ou 80° avec du chlorure de calcium en poudre.

Ainsi purifiée, elle conserve l'odeur et la saveur âcre de la fleur elle-même. Elle entre en ébullition dans un bain d'huile de colza bouillante, et résiste sans se congeler à un froid de 20°.

L'alcool, l'éther hydrique, l'acide acétique la dissolvent en toutes proportions; l'acide sulfurique la décompose; il en est de même de l'acide azotique, qui lui fait prendre à froid une couleur rouge vif, et la transforme en acide oxalique à l'aide de la chaleur. Le chlore la décompose également.

L'essence de girofle a la propriété de former avec les bases puissantes de véritables combinaisons, toutes cristallisables, quand elles sont solubles dans l'eau; les acides en opèrent la décomposition, et en séparent l'huile légèrement altérée et colorée en brun (M. Bonastre, *Ann. de Chim. et de Phys.*, XXXV, 274). Les composés qu'elle produit avec la potasse et la soude se prennent en une masse d'écailles cristallines au milieu desquelles se trouve beaucoup d'eau interposée; ces cristaux se dissolvent dans 10 à 12 fois leur poids d'eau froide, et en toutes proportions dans l'eau bouillante. Leur solution possède une réaction alcaline, en même temps qu'une saveur âcre extrêmement piquante : elle développe avec les sels de peroxide de fer une couleur qui varie du rouge au violet ou même au bleu-verdâtre. L'alcool et l'éther détruisent la combinaison, en s'emparant, le premier de l'huile et de la base, et le second, de l'huile seulement. Le composé d'essence et de baryte forme de jolis cristaux, d'un blanc de perle, d'une saveur piquante de girofle, légèrement solubles dans l'eau, qui renferment 70 p. d'huile et 30 p. de base. Enfin, l'essence de girofle donne avec la strontiane un produit qui se rapproche beaucoup du précédent par ses propriétés; avec la chaux une masse solide, amorphe, insoluble dans l'eau froide, très peu soluble dans l'eau bouillante; avec la magnésie et l'oxide de plomb, des composés semblables, complètement insolubles (M. Bonastre, *Ann. de Chim. et de Phys.* XXXV, 274); avec le gaz ammoniac, de petits cristaux doués d'un grand éclat, contenant 127 centimètres cubes de gaz alcalin pour 1 gramme d'huile essentielle (Dumas).

L'essence de girofle, rectifiée et privée d'eau est formée, suivant M. Dumas, de 70,02 de carbone, 7,42 d'hydrogène, et 22,56 d'oxigène; ce qui correspond à la formule $C^{40}H^{26}O^{5}$, représentant

1 proportion=2192,9. (*Ann. de Chim. et de Phys.*, LIII, 167.)

A la suite de l'essence de girofle, nous placerons deux substances qui s'y rattachent par leur origine, et jusqu'à un certain point par leurs propriétés. Ce sont les matières désignées par M. Bonastre sous les noms d'*eugénine* et de *caryophylline*.

*Eugénine.* — Cette substance qui se dépose d'elle-même dans l'eau distillée du girofle, cristallise en lames minces, blanches, nacrées, transparentes, susceptibles de jaunir légèrement avec le temps, d'une saveur faible, d'une odeur beaucoup moins vive que celle du girofle, solubles en toutes proportions dans l'alcool et l'éther. Elle partage avec l'essence de girofle la propriété de prendre immédiatement une couleur rouge vif de sang par son contact avec l'acide azotique froid. La formule atomique qui représente sa composition est :

$$C^{10}H^6O \text{ ou } C^{40}H^{24}O^4,$$

qui ne diffère de la formule de l'essence de girofle que par la perte des élémens de 1 at. d'eau. (M. Bonastre, *Journal de Pharmacie*, XX, 565. — M. Dumas, *Ann. de Chim. et de Phys.*, LIII, 168.)

*Caryophylline.* — La caryophylline existe à l'état de petits cristaux dans certaines variétés de girofle, et particulièrement dans celui des Moluques. On se sert d'alcool froid pour la dépouiller des matières étrangères qui l'accompagnent.

Elle cristallise en aiguilles divergentes, blanches et brillantes, réunies en faisceaux très déliés. Elle est inodore, insipide, insoluble dans l'eau et l'alcool froid, soluble dans l'alcool bouillant, dans l'éther froid ou chaud, et en petite quantité dans les dissolutions d'alcalis caustiques, ainsi que dans l'acide acétique très concentré, fusible, susceptible de se décomposer aisément par la chaleur, en sorte qu'il est difficile de la fondre sans l'altérer, et que la sublimation la détruit en grande partie. M. Dumas l'a trouvée isomère avec le camphre. Elle a donc pour formule $C^{20}H^{16}O$. (Bonastre, *Journ. de Pharm.*, XIII, 519; — Dumas, *Ann. de Chim. et de Phys.*, LIII, 169.)

*Huile volatile de l'eau-de-vie de pommes de terre.*

2434. C'est à cette huile que les eaux-de-vie de pommes de terre doivent l'odeur et la saveur désagréables qu'on leur connaît. Elle se trouve renfermée dans la partie tégumentaire de la fécule, passe à la distillation avec les vapeurs aqueuses et alcooliques lors de la préparation de l'eau-de-vie, et se sépare de l'alcool à mesure qu'on le rectifie. Dans cet état, elle retient une grande quantité d'alcool. Pour l'en débarrasser, on la chauffe dans une cornue à un feu modéré, jusqu'à ce que le liquide restant bouille à 130 ou 132°. En rejetant les premiers produits de la distillation et redistillant les derniers avec la même précaution, on en retire une nouvelle dose d'huile, bouillant de 130 à 132°. Si alors on la soumet à des rectifications ménagées, on l'obtiendra parfaitement pure. Cette huile est limpide et incolore, d'une odeur nauséabonde particulière; la densité de sa vapeur, de 3,147, d'après l'expérience, et de 3,072 d'après le calcul; son point d'ébullition à 131°,5. M. Dumas l'a trouvée formée de 68,6 de carbone, 13,4 d'hydrogène et 18,0 d'oxigène; ce qui correspond à la formule :

$C^{10}H^{12}O$, représentant 2 volumes de vapeur. (*Ann. de Chim. et de Phys.*, LVI, 314.)

### *Camphre.*

2435. *Etat naturel, extraction.* — Le camphre est une substance immédiate particulière qui a beaucoup d'analogie avec les résines, mais qui en diffère cependant par plusieurs propriétés.

On le trouve uni aux huiles essentielles dans plusieurs plantes de la famille des labiées, comme par exemple la lavande, et pour ainsi dire libre dans plusieurs espèces de *laurus*, arbre très commun en Orient. C'est toujours du *laurus camphora* qu'on l'extrait pour les besoins du commerce, et surtout de la médecine, où il est souvent employé. L'extraction s'en fait particulièrement au Japon : on divise le bois du *laurus*, et on le chauffe avec de l'eau dans de grandes cucurbites de fer, surmontées de chapiteaux en terre dont l'intérieur est garni de cordes de paille de riz. Le camphre, entraîné par la vapeur d'eau, se sublime et vient s'attacher à ces cordes, à l'état de poudre grise : on l'en sépare, et, transporté en Europe, on le raffine par une nouvelle sublimation, mais tellement conduite, qu'il prend la forme d'une masse hémisphérique, transparente et cristalline, forme sous laquelle on le trouve chez les droguistes.

M. Clémandot a publié, dans le *Journal de Pharmacie* (t. III, p. 323), un procédé qui donne des pains de camphre très beaux et tels que le veut le commerce. Ce procédé est à-peu-près le même que celui qu'on a suivi en Hollande jusqu'à présent : il consiste à faire bouillir doucement le camphre, mêlé à $\frac{2}{50}$ de chaux vive, dans un vase de verre que l'on entoure de sable, d'abord jusqu'au col, et dont on découvre peu-à-peu la partie supérieure, à mesure que la sublimation a lieu : le vase ressemble à une fiole : il n'en diffère qu'en ce qu'il est beaucoup plus grand et beaucoup plus évasé.

Comme le camphre fond à 175° et qu'il bout à 204°, l'opération exige beaucoup de temps et est difficile à conduire. En effet, si l'ébullition était trop rapide, le haut du vase s'échaufferait trop, et le camphre retomberait en gouttes; si, d'une autre part, le refroidissement était trop grand, le camphre se condenserait sous forme de neige très volumineuse : il faut nécessairement que la partie contre laquelle vient se rendre la vapeur de camphre soit toujours maintenue à une température un peu moindre seulement que 175° : sans cela, le camphre ne se réunirait point en masse et ne serait point demi transparent. Sept à huit heures sont nécessaires pour la sublimation de deux livres et demie de matière.

On trouve dans les *Annales de Chimie et de Physique* (t. VIII, p. 78) une méthode beaucoup plus abrégée : on conseille de distiller le camphre dans une cornue ou dans une chaudière en forme d'alambic; de tenir le sommet et le col du vase assez chauds pour que le camphre ne puisse s'y solidifier (ce qui aura lieu tout naturellement si la distillation est rapide), et de recevoir le camphre liquide dans un récipient de cuivre étamé, formé de deux hémisphères juxtà-posés. Lorsque le camphre est solidifié dans l'hémisphère inférieur, on le détache en chauffant un peu cet hémisphère, après avoir enlevé l'hémisphère supérieur. Ainsi raffiné, le camphre est aussi beau que préparé par voie de sublimation, et le raffinage coûte beaucoup moins.

Si l'on voulait se procurer le camphre des labiées, il faudrait d'abord en extraire l'huile et l'exposer ensuite à l'air à une température de 22°; l'huile s'évaporerait peu-à-peu, et le camphre resterait presque tout entier sous forme cristalline. M. Proust en a retiré, par ce procédé, 0,10 de l'huile de romarin, de marjolaine; 0,125 de celle de sauge, et 0,25 de celle de lavande. M. Dumas s'est assuré de l'identité de composition du camphre de lavande et du camphre ordinaire.

2435. *Propriétés.* — Le camphre raffiné est solide, blanc, transparent, cassant; son odeur est forte, sa saveur âcre, et sa pesanteur spécifique, suivant Brisson, de 0,9887. M. de Saussure a trouvé que, à 15°,5, il avait une force élastique égale à 4 millimètres.

Que l'on projette sur l'eau quelques petits grains de camphre, ils s'agiteront bientôt et tourneront très sensiblement sur eux-mêmes; que l'on place en partie dans l'eau et en partie dans l'air une colonne de camphre de 4 ou 5 millimètres de diamètre, cette colonne communiquera à l'eau un mouvement de *va et vient*, et se trouvera coupée au bout de quelques jours. Dans les deux cas, il suffit de verser une goutte d'huile sur la surface du liquide pour empêcher les phénomènes d'avoir lieu. (*Ann. de Chim.*, XXI, XXXVII, XL, XLVIII; et *Ann. de Chim. et de Phys.*, IV, 310, *id.* LIII, 126.)

Le camphre, en vertu de sa tension, se vaporise dans l'air à la température ordinaire : voilà pourquoi l'on trouve si souvent des cristaux transparens au haut des vases dans lesquels on le conserve, cristaux qui, d'après John, ont la forme de petites tables hexagonales, brillantes, dont deux faces latérales opposées sont plus larges que les quatre autres; c'est aussi pour cette raison qu'il peut servir, comme l'alcool, à produire une lampe sans flamme. En effet, mettez un morceau de camphre sur un support convenable, et placez au-dessus un fil de platine roulé en spirale et chauffé au rouge; le fil conservera son incandescence, ou la reprendra même s'il l'a perdue, et restera dans cet état jusqu'à ce que tout le camphre soit consumé.

A peine est-il en contact avec un corps en combustion qu'il prend feu : il brûle sans résidu.

L'eau n'en dissout que des quantités insensibles, et cependant elle ne peut être en contact avec ce corps sans prendre l'odeur qui le caractérise. L'alcool, au contraire, en dissout une grande quantité, environ les 0,75 de son poids. La dissolution est incolore, très âcre, même caustique; elle est décomposable par l'eau, qui en précipite subitement le camphre en flocons.

Les huiles fixes et les huiles essentielles possèdent aussi la propriété de dissoudre le camphre; elles en dissolvent plus à chaud qu'à froid, et en laissent déposer par le refroidissement, sous forme de cristaux, lorsqu'elles ont été saturées à chaud.

Les dissolutions alcalines paraissent être sans action sur le camphre, ou du moins elles n'en dissolvent que des portions extrêmement petites : il n'en est point de même des acides.

L'acide azotique, par une douce chaleur, dissout facilement le camphre; il en résulte une liqueur qu'on appelait autrefois *huile de camphre*, et dont l'eau opère sur-le-champ la décomposition, de même que celle de l'alcool camphré : c'est un azotate bi-basique anhydre, représenté par $Az^2O^5, 2C^{10}H^{32}O^2$. En augmentant la chaleur, l'acide et le camphre se décomposent réciproquement : l'acide camphorique est l'un des produits de cette décomposition (2066).

L'acide sulfurique concentré nous offre avec le camphre des phénomènes remarquables, qui ont fixé d'abord l'attention de M. Hatchett, et qu'ensuite M. Chevreul a examinés avec une grande exactitude. En mettant en contact 30 grammes de camphre avec 60 grammes d'acide sulfurique, le mélange ne tarde point à jaunir et à brunir; pour peu qu'on le chauffe, il s'en dégage beaucoup de gaz sulfureux. Si, au bout de 2 heures, l'on verse sur le résidu 60 autres grammes d'acide, et qu'on procède à la distillation, il passera dans le récipient de l'acide sulfurique faible, de l'acide sulfureux, une huile volatile jaune dont l'odeur sera celle du camphre; et si, lorsqu'il n'y a presque plus de liqueur dans la cornue, l'on traite par l'eau bouillante, à plusieurs reprises, le nouveau résidu qui est tout noir, il se partagera en deux parties : en une matière noire insoluble, qui est une combinaison d'acide sulfurique et de charbon très hydrogéné, et en une substance astringente soluble, qui est formée d'acide et d'une matière particulière. C'est de la dissolution qui provient de l'action de l'eau sur le second résidu qu'on obtient le tannin artificiel de M. Hatchett : il suffit d'en saturer l'excès d'acide par l'eau de baryte, de filtrer et de faire évaporer la liqueur. (*Ann. de Chim.*, LXXIII, 167.)

Parmi les autres acides, il paraît qu'il en est plusieurs qui, comme l'acide azotique, peuvent dissoudre le camphre.

Suivant M. de Saussure, ce corps peut absorber près de 144 fois son volume de gaz chlorhydrique à la température de 10°, sous la pression de $0^{m}726$, et former un liquide incolore, transparent, qui se trouble au contact de l'air, parce que la vapeur de celui-ci s'unit tout de suite à l'acide et détruit son action sur le camphre.

2436. *Composition.* — Il résulte des expériences de M. Dumas que le camphre est formé de 79,2 de carbone, de 10,4 d'hydrogène, et de 10,4 d'oxigène, ce qui correspond à la formule : $C^{40}H^{32}O^{2}$, représentant 4 volumes de vapeur. Or, comme cette quantité atomique est susceptible d'absorber 1 pr. de gaz chlorhydrique, elle doit être regardée elle-même comme l'expression de 1 pr. de camphre. (*Ann. de Chim. et de Phys.*, L, 226, et *Journ. de Pharm.* XX, 213.)

2437. Le camphre de toutes les espèces de *laurus* est sans doute identique; mais, suivant M. John Brown, la matière solide que l'on extrait de l'huile de thym est douée de propriétés particulières : par exemple, elle ne se dissout pas dans l'acide azotique. M. Dumas a fait voir aussi que l'essence concrète de menthe poivrée (2428), que Proust avait regardée comme identique avec le camphre, ne devait point être confondue avec lui.

*Essence d'amandes amères.*

2438. L'huile essentielle d'amandes amères ne préexiste pas dans les semences qui servent à la préparer. Elle provient d'une réaction, jusqu'ici mal connue, qui s'effectue à l'aide de la chaleur par le concours de l'eau. Pour l'obtenir, on commence par soumettre à froid les amandes amères à l'action de la presse, afin d'extraire la majeure partie de l'huile fixe qui s'y trouve contenue. Le *tourteau* qui reste est grossièrement pulvérisé et placé dans un alambic au-dessus de l'eau qu'on y met d'abord, de manière que la vapeur aqueuse, à mesure qu'elle se produit, soit forcée de le traverser; les premières portions d'eau vaporisée se séparent immédiatement de l'huile non dissoute; celle-ci tombe au fond du récipient. La liqueur qui passe ensuite est laiteuse et moins chargée d'huile; elle doit être recueillie à part. A la fin, l'eau distillée n'entraîne plus d'essence et conserve sa transparence. Arrivé à ce terme, il ne faut pas prolonger davantage l'opération. Les liquides aqueux et oléagineux sont séparés l'un de l'autre comme à l'ordinaire : seulement il est avantageux de faire subir à la partie aqueuse du premier produit obtenu, une nouvelle distillation que l'on arrête, quand on ne voit plus de gouttes oléagineuses se condenser dans le récipient. Cette liqueur contient en effet une quantité notable d'essence dissoute, à ce qu'il paraît, à la faveur d'une autre substance de nature inconnue. (Robiquet et Boutron-Charlard, *Ann. de Chim. et de Phys.*, t. XLIV, p. 364.)

L'huile essentielle d'amandes amères est d'une couleur jaune peu intense, d'une saveur âcre, brûlante, et d'une odeur pénétrante, agréable, qui ressemble à celle de l'acide cyanhydrique. Elle renferme, outre la matière huileuse qui en constitue la plus grande partie, un peu d'eau, des traces de matière colorante, une certaine quantité d'acide cyanhydrique, et quand elle a été exposée à l'air, de l'acide benzoïque. En la mêlant avec de l'hydrate de potasse et une dissolution de chlorure de fer, agitant le tout fortement, le soumettant à la distillation, décantant l'eau du produit distillé avec une pipette, et rectifiant l'huile sur de la chaux vive en poudre dans un appareil bien sec, on obtient un composé défini, que MM. Wöhler et Liebig regardent comme un hydrure d'un radical ternaire auquel ils ont donné le nom de *benzoyle*. Ce radical, dont nous avons déjà parlé à l'article de l'acide benzoïque et dans nos généralités sur les substances végétales, aurait pour formule atom. de son nombre proportionnel $C^{28}H^{10}O^{2}$. (*Ann. de Ch. et de Phys.*, LI, 273.)

2439. *Hydrure de benzoyle*, ou *essence d'amandes amères purifiée*. — Ce composé, qui a pour formule ($C^{28}H^{10}O^{2}$,$H^{2}$), est un liquide oléagineux, parfaitement incolore, susceptible de réfracter fortement la lumière. Sa saveur est brûlante et aromatique; son odeur, peu différente de celle de l'essence primitive; sa densité, de 1,043; son point d'ébullition, plus élevé que 130°. Il peut traverser, sans se décomposer, un tube incandescent; mais il prend feu aisément dans des vaisseaux ouverts, et brûle avec une flamme fuligineuse.

Exposé au contact de l'air, il en absorbe l'oxigène peu-à-peu, et se transforme en acide benzoïque hydraté. Cette conversion, qui finit par devenir complète avec le temps, est accélérée par l'influence de la lumière solaire. Elle se conçoit aisément, à l'inspection de l'équation :

$$C^{28}H^{10}O^2,H^2+2O=(C^{28}H^{10}O^2,O+H^2O),$$

qui fait voir que 1 atome d'oxigène se combine avec le benzoyle $C^{28}H^{10}O^2$ pour faire de l'acide benzoïque, et que 1 autre atome s'unit à l'hydrogène de l'hydrure de benzoyle pour faire de l'eau.

Le chlore et le brôme exercent sur cet hydrure une action analogue à celle de l'oxigène : ils le détruisent rapidement, et forment à la place d'un oxacide de benzoyle, un chlorure ou brômure de ce radical, et au lieu d'eau, de l'acide chlorhydrique ou bromhydrique (2440 et 2441).

L'hydrure de benzoyle n'est point altéré par la chaux anhydre, même au degré de chaleur nécessaire pour le distiller; mais il en est tout autrement, lorsque cette substance oléagineuse est chauffée avec de l'hydrate de potasse; alors, en opérant à l'abri du contact de l'air, elle réagit sur l'eau de l'hydrate, s'empare de son oxigène, en dégage l'hydrogène, abandonne elle-même une quantité de ce gaz égale à celle qui provient de l'eau décomposée, et passant ainsi à l'état d'acide benzoïque, donne lieu à du benzoate de potasse. Ces divers effets sont exprimés par l'équation qui suit :

$$C^{28}H^{10}O^2,H^2+KO,H^2O=(C^{28}H^{10}O^2,O+KO)+4H.$$

L'hydrure de benzoyle se dissout à froid sans altération dans les acides azotique et sulfurique concentrés; à chaud, ils sont décomposés : le premier donne de l'acide benzoïque, le second prend d'abord une teinte pourprée, noircit ensuite, et laisse dégager de l'acide sulfureux.

2440. *Chlorure de benzoyle.* — C'est en faisant passer un courant de chlore à travers l'essence d'amandes amères que l'on obtient ce chlorure; il se produit d'abord beaucoup de chaleur et de gaz chlorhydrique; quelque temps après, l'action venant à se ralentir, il est nécessaire de chauffer le liquide, tout en continuant le courant de gaz : de cette manière, l'huile se trouve bientôt convertie en chlorure de benzoyle pur. La réaction s'exprime par l'équation suivante :

$$C^{28}H^{10}O^2,H^2+4Ch=C^{28}H^{10}O^2,Ch^2+H^2Ch^2.$$

Le chlorure de benzoyle est un liquide incolore, d'une odeur pénétrante, qui affecte vivement les yeux et se rapproche de celle du raifort. Son point d'ébullition est très élevé. Il est inflammable; la flamme qu'il produit est brillante, fuligineuse et bordée de vert. Sa densité est de 1,196. Il tombe au fond de l'eau sans s'y dissoudre, puis donne, en la décomposant peu-à-peu, des acides benzoïque et chlorhydrique. Cet effet est rendu plus rapide par l'ébullition ; il se produit aussi en laissant pendant long-temps le chlorure de benzoyle, exposé à l'air humide.

Si l'on ajoute de la potasse à l'eau mise en contact avec ce chlorure, il est évident qu'il devra se former au lieu d'acides chlorhydrique et benzoïque, du chlorure de potassium et du benzoate de potasse. La production de ces deux composés s'effectue tout de suite en chauffant la dissolation alcaline. Cependant le chlorure de benzoyle peut être distillé sur la chaux et la baryte anhydres, sans subir aucune altération.

Quant à l'ammoniaque gazeuse et sèche, sa réaction est instantanée; le chlorure perd son état liquide à mesure qu'il absorbe le gaz alcalin, et se convertit en une masse solide composée d'un mélange de chlorhydrate d'ammoniaque et de *benzamide*, substance dont la formule atomique est celle du benzoate d'ammoniaque privé de 1 atome d'eau.

Versé dans l'alcool anhydre ou bi-hydrate de bi-carbure d'hydrogène, il s'y mêle d'abord en toutes proportions, puis se décompose presque immédiatement. La $\frac{1}{2}$ de l'eau combinée au bi-carbure d'hydrogène réagit sur le chlorure comme le fait l'eau pure, c'est-à-dire en donnant lieu à de l'acide chlorhydrique et à de l'acide benzoïque; la seule différence qui se fasse remarquer, c'est que l'acide benzoïque, au moment où il prend naissance, passe à l'état d'éther, en se combinant avec le bicarbure d'hydrogène et l'autre moitié de l'eau contenue dans l'alcool, ainsi que le montre l'équation :

$$C^{28}H^{10}O^2,Ch^2+C^8H^8,H^4O^2=(C^{28}H^{10}O^2,O+C^8H^8+H^2O)+H^2Ch^2.$$

2441. *Bromure de benzoyle.*— Sa préparation s'exécute en traitant par le brôme, à la température ordinaire, l'essence d'amandes amères, purifiée ; elle est accompagnée de phénomènes analogues à ceux que produit le chlore sur la même essence; l'excès de brôme et l'acide bromhydrique en sont chassés par la chaleur. Ce bromure se présente sous forme d'une masse molle, très fusible, formée de larges feuilles cristallines de couleur brunâtre; son odeur, qui se rapproche de celle du chlorure de benzoyle, est toutefois beaucoup moins forte et un peu aromatique. Chauffé à l'air, il brûle avec une flamme claire et fuligineuse. L'eau le décompose, mais avec une très grande lenteur ; il y a production d'acide bromhydrique et d'acide benzoïque. L'alcool et l'éther hydrique, au contraire, le dissolvent sans l'altérer.

2442.—*Iodure de benzoyle.*—Ne peut s'obtenir immédiatement par l'iode et l'essence d'amandes amères; se forme et se distille, en chauffant un mélange du chlorure du même radical et d'iodure de potassium; cristallise en tables incolores, quand il ne contient pas d'iode en excès; se fond aisément, mais en se décomposant à chaque fois et perdant un peu d'iode; ressemble tout-à-fait au composé qui précède, par sa combustibilité et la manière dont il se comporte avec l'eau et l'alcool.

2443. *Sulfure de benzoyle.*—Cristallin et mou à la température ordinaire, très fusible, jaune, d'une odeur désagréable; brûle avec une flamme fuligineuse, en produisant de l'acide sulfureux; paraît être indécomposable par l'eau et l'alcool; ne donne qu'avec beaucoup de difficulté lorsqu'on le traite par une dissolution bouillante de potasse caustique, du benzoate de cette base et du sulfure de potassium; s'obtient en distillant un mélange de chlorure de benzoyle et de sulfure de plomb bien pulvérisé.

2444. *Cyanure de benzoyle.*—Ce composé pur a l'aspect d'un liquide huileux incolore; il prend rapidement et spontanément une couleur jaune; son odeur forte et pénétrante provoque le larmoiement; sa saveur est mordante, et suivie d'un arrière-goût d'acide prussique, quoique douceâtre; sa flamme est blanche, très fuligineuse; sa densité, plus grande que celle de l'eau; décompose promptement ce liquide, pour produire de l'acide benzoïque et de l'acide cyanhydrique; donne du cyanhydrate d'ammoniaque et de la benzamide avec le gaz ammoniac sec; s'obtient en distillant le chlorure de benzoyle sur le cyanure de mercure.

Bien que le cyanure de benzoyle n'ait point été analysé, la manière dont il se prépare et la nature des produits dans lesquels il se transforme par le contact de l'eau, font voir d'une manière certaine qu'il doit être formé de proportions égales de cyanogène et de benzoyle, et avoir pour formule :

$$C^{28}H^{10}O^{2},C^{4}Az^{2}$$

2445. *Benzoïne.*—La benzoïne est une substance concrète, isomérique avec l'essence d'amandes amères pure, et dans laquelle cette essence se transforme en diverses circonstances, surtout en l'abandonnant quelques semaines sur une dissolution de potasse caustique, à l'abri de l'influence de l'air. On l'obtient alors plus ou moins colorée en jaune. Elle devient parfaitement incolore en la dissolvant dans l'alcool bouillant auquel on ajoute du charbon animal, et la faisant cristalliser à plusieurs reprises.

Ses cristaux sont prismatiques, transparens, très brillans, sans odeur ni saveur; elle fond à 120°, bout et se distille en vases clos à une température plus élevée; s'enflamme facilement au contact de l'air. Elle est insoluble dans l'eau froide, légèrement soluble dans l'eau chaude, d'où elle se sépare par le refroidissement en petites aiguilles cristallines; elle se dissout dans l'alcool, plus à chaud qu'à froid.

Traitée par le brôme, la benzoïne donne lieu à un abondant dégagement de chaleur et de gaz bromhydrique, et à la production d'un liquide brun, épais, qui ne paraît pas éprouver de la part de la potasse le même genre de décomposition que le bromure de benzoyle. La benzoïne elle-même n'est point attaquée par la dissolution bouillante de cet alcali. Toutefois, par la fusion avec l'hydrate de potasse, elle se convertit, de même que l'hydrure de benzoyle, en benzoate alcalin et en gaz hydrogène. L'acide azotique concentré est sans action sur elle; l'acide sulfurique au contraire la dissout en prenant une couleur d'un bleu violet, qui ne tarde pas à brunir, et qui passe, en élevant la température, d'abord au vert foncé, puis au noir, tandis que de l'acide sulfureux se dégage.

Sa formule atomique est $C^{14}H^{6}O$, la même que celle de l'essence d'amandes amères purifiée. (*Ann. Chim. Phys.*, LI, 302.)

*Essence de cannelle.*

2446. L'huile essentielle de cannelle que l'on trouve dans le commerce présente des propriétés très variables; mais il est facile de s'en procurer qui soit douée de tous les caractères d'un composé défini et pur : c'est de concasser l'écorce de cannelle de Ceylan, de la faire digérer pendant 12 heures dans de l'eau salée; de la distiller ensuite avec de l'eau ordinaire, et de mettre en contact l'huile ainsi obtenue avec des fragmens de chlorure de calcium. MM. Dumas et Péligot ont fait sur cette huile des observations pleines d'intérêt : nous allons rapporter les plus remarquables.

Son action sur l'oxigène, d'où résulte un acide particulier, l'*acide cinnamique*, est exactement comparable à celle qu'exerce ce gaz sur l'essence d'amandes amères, et pourrait faire croire qu'il existe dans l'essence de cannelle un radical analogue au *benzoyle* (2448). En supposant réelle l'existence de ce radical qui devrait porter le nom de *cinnamyle*, il aura pour formule de sa proportion $C^{36}H^{14}O^{2}$. Combiné avec 2 at. ou 1 pr. d'hydrogène, il constituera l'essence $C^{36}H^{14}O^{2},H^{2}$; avec 1 at. d'oxigène, il formera l'acide cinnamique anhydre $C^{36}H^{14}O^{2},O$; lequel, à l'état d'hydrate, représenté alors par la formule $(C^{36}H^{14}O^{2},O+H^{2}O)$, est le produit unique dans lequel se transforme l'essence au contact de l'air ou de l'oxigène pur. C'est surtout quand il est humide que ce gaz est absorbé rapidement.

Le chlore agit vivement sur l'huile essentielle de cannelle. Outre une grande quantité d'acide chlorhydrique, il paraît se produire d'abord un chlorure liquide de *cinnamyle*, qui n'a pu être isolé ; bientôt il est remplacé par un composé cristallisé en belles aiguilles incolores, dernier produit de l'action prolongée du chlore. Les auteurs l'ont nommé *chloro-cinnose*. Il jouit d'une grande stabilité. Sa composition est représentée par $C^{36}H^{8}Ch^{8}O^{2}$, formule qui ne diffère de celle de l'huile dont il provient qu'en ce que la $\frac{1}{2}$ de l'hydrogène se trouve remplacée par une quantité proportionnelle de chlore.

L'huile essentielle de cannelle joue le rôle de base avec les acides chlorhydrique et azotique, et fait fonction d'acide à l'égard de l'ammoniaque.

Mise en contact avec le gaz chlorhydrique, elle en absorbe une grande quantité et s'épaissit en prenant une teinte verte. Le produit saturé de gaz paraît être un composé défini, et se rapporte à la formule $C^{36}H^{16}O^{2}+H^{2}Ch^{2}$.

Elle se combine promptement par l'agitation avec l'acide azotique concentré, et se prend en une masse jaunâtre de prismes obliques à bases rhomboïdales, qu'on peut égoutter sur des papiers. L'eau détruit cette combinaison et remet l'huile en liberté; il en est de même de l'humidité atmosphérique. La combinaison se détruit même spontanément; il se dégage des vapeurs nitreuses, et la matière se fluidifie en répandant l'odeur d'amandes amères ; la chaleur favorise cette sorte de décomposition. L'azotate d'essence de cannelle récemment préparé a donné à l'analyse 56,5 de carbone; 5,6 d'hydrogène; 6,8 d'azote; 31,1 d'oxigène. En admettant pour ce sel la formule $C^{36}H^{16}O^{2},Az^{2}O^{5},H^{2}O$, il devrait renfermer 55,8 de carbone ; 4,5 d'hydrogène ; 7,2 d'azote ; 32,5 d'oxigène.

Traitée à chaud par l'acide azotique, l'essence de cannelle se convertit d'abord en essence d'amandes amères, puis en acide benzoïque.

L'ammoniaque gazeuse forme avec elle un composé solide, sec au toucher, susceptible de se réduire en poudre. Il est inaltérable à l'air. La formule $C^{36}H^{16}O^{2},Az^{2}H^{6}$ représente sa composition.

La potasse en dissolution dans l'eau, chauffée avec l'huile essentielle de cannelle, semble ne lui faire éprouver aucune altération. Mais cet alcali, à l'état d'hydrate solide, la décompose à l'aide de la chaleur, produit un abondant dégagement d'hydrogène et donne lieu à un sel qui, selon toute apparence, est du cinnamate de potasse.

Le *chlorure de chaux* se comporte d'une manière toute différente. Sa dissolution bouillante fait passer l'essence à l'état de benzoate de chaux.

La composition de l'essence de cannelle est exprimée en poids par 82,1 de carbone, 5,9 d'hydrogène et 12,6 d'oxigène; et en atomes, par $C^{36}H^{16}O^2$, qui représente sa proportion. Cette formule peut être décomposée des deux manières suivantes : $C^{36}H^{14}O^2,H^2$, et $C^{28}H^{12}O^2,C^8H^4$. La première permet de se rendre aisément compte de la transformation de l'essence en acide cinnamique; la seconde qui fait voir dans cette essence les élémens de l'hydrure de benzoyle et de l'hydrogène quadricarboné peut servir à expliquer la nature des produits qui prennent naissance sous des influences oxidantes plus énergiques; par exemple, la transformation de l'essence en hydrure de benzoyle et ensuite en acide benzoïque par l'acide azotique.

2447. *Acide cinnamique.* — On se procure cet acide au moyen de l'essence ou de l'eau distillée de cannelle exposée depuis long-temps au contact de l'air. Il s'y trouve à l'état de cristaux, que l'on purifie en les dissolvant dans l'eau bouillante, d'où il se dépose par le refroidissement.

L'acide cinnamique présente beaucoup d'analogie avec l'acide benzoïque par ses caractères extérieurs. Il se fond à 120°, bout à 293° sous la pression de 0m 755, et distille sans laisser de résidu. Sa vapeur, comme celle de l'acide benzoïque, est piquante et provoque la toux. Sa solubilité dans l'eau est moindre que celle de ce dernier acide. Très peu soluble à froid, il se dissout beaucoup mieux à l'aide de la chaleur; aussi l'eau bouillante qui en est saturée se prend-elle par le refroidissement en une masse gélatineuse cristalline, d'un aspect nacré. L'alcool le dissout aisément; l'eau l'en précipite.

Traité par l'acide azotique, il est décomposé, et produit, avec un dégagement de vapeurs rutilantes, d'abord de l'*hydrure de benzoyle*, puis de l'acide benzoïque. Le chlorure de chaux le convertit aussi en acide benzoïque, et donne du benzoate de chaux.

Il forme avec les alcalis et les autres oxides métalliques des sels qui, pour la plupart, sont solubles, et ont en général une grande ressemblance avec les benzoates.

L'acide cinnamique anhydre, tel qu'il se trouve dans le cinnamate d'argent, a pour formule atomique de son nombre proportionnel $C^{36}H^{14}O^3$, que l'on pourrait regarder comme la somme effectuée de $C^{36}H^{14}O^2+O$ qui nous ferait voir dans cet acide une combinaison oxigénée de *cinnamyle*. La formule de l'acide cinnamique cristallisé est $C^{36}H^{14}O^3+H^2O$.

## *Créosote.*

2448. La créosote est une substance nouvellement découverte par M. Reichenbach, dans les produits de la distillation du bois; nous la plaçons à la suite des huiles volatiles, parce qu'elle en a les propriétés les plus essentielles.

Cette substance est liquide, oléagineuse, un peu grasse au toucher, incolore, d'une saveur caustique et brûlante, à tel point que, dans son état de concentration, elle détruit l'épiderme en très peu de temps, d'une odeur pénétrante et désagréable, qui rappelle celle de la viande fumée, d'une densité égale à 1,037, à la température de 20°, d'une consistance semblable à celle de l'huile d'amandes, sans action sur les teintures de tournesol et de curcuma, susceptible de produire sur le papier des taches qui disparaissent à l'air au bout de quelques heures, et très rapidement par l'action d'une douce chaleur.

Elle entre en ébullition sans se décomposer à 203° sous la pression de $0^{m},720$, reste fluide à un froid de 27°, ne conduit pas l'électricité, jouit d'un grand pouvoir réfringent, et brûle dans une lampe avec une flamme très rutilante.

Mise en contact avec l'eau, à la température de + 20°, elle forme deux combinaisons différentes; la première est une dissolution de 1 partie de créosote dans 400 parties d'eau; la seconde une dissolution de 1 partie d'eau dans 10 parties de créosote. Elle s'unit en toutes proportions à l'alcool, l'éther hydrique, l'éther acétique, le naphte, l'eupione, le sulfure de carbone, etc.

La créosote se charge aisément d'une grande quantité d'iode et de phosphore. Le soufre, à l'aide de la chaleur, y devient beaucoup plus soluble qu'à froid, et forme un liquide rouge-brun, d'où la majeure partie du corps dissous se dépose en cristaux par le refroidissement.

Le potassium passe en dissolution dans la créosote, après y avoir développé des bulles de gaz et s'être converti en potasse; la liqueur devient sirupeuse; on en peut retirer par la distillation de la créosote exempte d'altération.

La créosote donne lieu, avec la potasse, à deux combinaisons différentes : l'une, anhydre, est en consistance oléagineuse; l'autre, hydratée, se présente sous forme de petites paillettes cristallines, blanches et nacrées; toutes deux sont décomposées par les acides les plus faibles, même par l'acide carbonique qui s'empare de la base.

La soude se comporte de la même manière que la potasse. La chaux et la baryte se combinent également bien avec la créosote, en produisant une masse blanche, onctueuse, soluble dans l'eau, que la dessiccation rend pulvérulente et rose pâle.

L'ammoniaque s'y dissout instantanément à froid, et s'y trouve retenue avec assez de force pour qu'il soit difficile de l'en séparer complètement. L'oxide de cuivre s'y dissout aussi, et lui communique une couleur d'un brun chocolat. L'oxide de mercure au contraire la détruit, la transforme en matière résineuse, et se trouve ramené à l'état métallique.

Les acides azotique et sulfurique, concentrés, décomposent la créosote. Le premier laisse dégager d'abondantes vapeurs rutilantes; le deuxième la colore d'abord en rouge, puis ajouté en plus grande quantité, il y développe une couleur noire et lui fait perdre sa fluidité. L'acide acétique s'y mêle en toutes proportions, sans l'altérer.

D'autres acides organiques y sont solubles, soit à froid, soit à chaud, et souvent ils s'en séparent, en partie du moins, par le refroidissement.

La créosote dissout un grand nombre de sels métalliques des diverses sections : tels sont, entre autres, les acétates de potasse, de soude, d'ammoniaque, de zinc, de plomb, les chlorures de calcium, d'étain, etc., etc. Quelques-uns seulement, comme l'azotate et l'acétate d'argent, sont réduits.

La créosote coagule l'albumine.

Mais de toutes les propriétés de la créosote, la plus importante est d'empêcher la corruption des viandes. M. Reichenbach assure que de la viande fraîche et même du poisson, trempés pendant un quart d'heure dans une dissolution aqueuse de créosote, ne se pourrissent plus et sèchent complètement en les exposant au soleil. De là, ce chimiste conclut que c'est à la présence de la créosote que les viandes enfumées doivent la propriété qu'elles ont de se conserver. Cette conséquence nous paraît fondée; mais nous ne sommes plus d'accord avec l'auteur, lorsqu'il ajoute que la créosote agit en coagulant l'albumine, l'empêchant ainsi de se corrompre et l'isolant de la fibrine qui seule ne serait pas susceptible de putréfaction; car on sait que la fibrine pure, dans les chaleurs de l'été, commence à se putréfier du jour au lendemain.

*Préparation.* — La créosote se prépare, soit au moyen du goudron de bois, soit au moyen de l'acide pyroligneux brut.

Le premier procédé s'exécute en distillant le goudron, au moins jusqu'à ce qu'il ait atteint la consistance de la poix, et au plus jusqu'à ce que des vapeurs blanches de paraffine aient commencé à se montrer. La liqueur qui passe dans le récipient se partage en trois couches, dont l'une est aqueuse et placée entre les deux autres qui sont oléagineuses : c'est la couche inférieure qui convient seule à la préparation dont il s'agit.

1° Après l'avoir saturée par du carbonate de potasse, on la laisse reposer, et l'on décante la nouvelle huile qui se sépare. Cette huile, étant de nouveau soumise à la distillation, donne d'abord des produits plus légers que l'eau : on les rejette ; puis une liqueur plus pesante : celle-ci doit être recueillie, agitée à plusieurs reprises avec de l'acide phosphorique étendu, abandonnée quelque temps au repos, lavée tant qu'elle communique à l'eau une réaction acide, et distillée avec une nouvelle quantité d'eau chargée d'acide phosphorique, en ayant soin de cohober de temps en temps.

2° Le liquide oléagineux ainsi rectifié est incolore ; il contient beaucoup de créosote, mais il renferme en même temps de l'eupione, etc. ; c'est pourquoi on le mêle avec la potasse en liqueur d'une densité de 1,12, qui dissout la première et n'attaque point la seconde ; ensuite, après avoir enlevé l'eupione, etc., qui se rassemble à la partie supérieure, on expose la dissolution alcaline au contact de l'air, assez de temps pour qu'elle noircisse par suite de la destruction d'une matière étrangère ; puis on y verse de l'acide sulfurique en quantité convenable : la créosote redevient libre, on la décante et on la distille.

3° Le traitement par la potasse, l'acide sulfurique, etc., est répété jusqu'à ce que l'huile ne brunisse plus à l'air et prenne seulement une teinte légèrement rougeâtre. Alors elle est dissoute dans de la potasse plus concentrée, soumise à une distillation nouvelle, et enfin redistillée pour la dernière fois en rejetant les premières portions qui renferment beaucoup d'eau, ne recueillant que les suivantes, et évitant d'ailleurs de pousser l'évaporation trop loin.

Pour extraire la créosote de l'acide pyroligneux, on y dissout du sulfate de soude à saturation ; l'huile qui se sépare et surnage est décantée, laissée en repos quelques jours pendant lesquels elle abandonne une nouvelle quantité d'acide et de sulfate de soude, saturée à chaud par du carbonate de potasse et distillée avec de l'eau ; la nouvelle liqueur oléagineuse obtenue est d'un jaune pâle, on la traite par l'acide phosphorique, etc., etc., comme celle qui provient du goudron.

*Composition.* — M. Ettling a trouvé la créosote formée de 76,2 de carbone, 7,8 d'hydrogène, 16,0 d'oxigène (moyenne de deux expériences) ; mais il paraît qu'elle n'était pas entièrement privée d'eau. La formule qui paraît s'appliquer le mieux aux résultats obtenus est $C^{14}H^{9}O$. (*Ann. de Chim. et de Phys.*, t. LIII, p. 325.)

*Usages.* — La créosote paraît être employée avec succès pour calmer les douleurs de dents; peut-être pourrait-on en faire usage aussi pour conserver les viandes, s'il était possible de les priver ensuite de l'odeur désagréable qu'elle leur donne: observons toutefois que l'on a beaucoup exagéré les propriétés qu'on lui a attribuées sous ce rapport.

## V<sup></sup>e GROUPE.

### *Résines.*

2449. Les résines, dont il existe un grand nombre d'espèces, sont des substances solides, cassantes, inodores et insipides quand elles sont pures, demi-transparentes au moins, et d'une couleur tirant le plus ordinairement sur le jaune. Aucune n'est conducteur du fluide électrique. Toutes s'électrisent d'une manière négative par le frottement.

Soumises à l'action du feu, les résines se fondent d'abord, et se décomposent ensuite en donnant lieu à divers phénomènes, selon qu'on opère en vases clos ou en vases ouverts : en vases clos, elles se transforment en une grande quantité de gaz hydrogène carburé, d'huile empyreumatique, etc., et une petite quantité de charbon; en vases ouverts, elles brûlent avec une flamme jaune, et répandent d'abondantes fumées noires.

L'air n'a aucune action sur les résines à la température ordinaire. Le soufre et le phosphore peuvent s'unir avec elles par la fusion.

Elles sont toutes insolubles dans l'eau. La plupart d'entre elles, au contraire, se dissolvent dans l'alcool, dans l'éther hydrique, dans les huiles essentielles, et même dans les huiles grasses.

M. Hattchett a examiné avec soin l'action de quelques acides sur les résines : nous rapporterons ses principaux résultats.

1° L'acide azotique attaque et décompose les résines avec violence; il se dégage une grande quantité de gaz, et il se forme une liqueur que l'eau ne trouble point, et qui donne, par l'évaporation, une substance visqueuse, d'un jaune foncé, soluble dans l'alcool et dans l'eau. En faisant chauffer cette substance avec une nouvelle quantité d'acide azotique, elle prend peu-à-peu les propriétés du tannin artificiel (Voyez *tannin artificiel*). Quelquefois il se produit aussi de l'acide oxalique.

2° L'acide sulfurique concentré dissout promptement toutes les résines, à la température ordinaire, sans les altérer d'une manière bien sensible. La dissolution est transparente, visqueuse, d'un brun jaunâtre, et susceptible de décomposition par l'eau, qui en précipite sur-le-champ la matière résineuse. En chauffant cette dissolution, elle se fonce en couleur, et bientôt il se dégage beaucoup de gaz sulfureux; il se forme de l'eau, un peu d'acide carbonique, et il se dépose une grande quantité de charbon. Si on l'étend d'eau avant qu'elle prenne la couleur noire, et si l'on fait digérer dans l'alcool le précipité que l'on obtiendra, il en résultera une liqueur d'où l'on pourra extraire du tannin artificiel : il suffira d'en vaporiser l'alcool et de traiter le résidu par l'eau; la partie dissoute sera le tannin artificiel pur.

3° L'acide chlorhydrique liquide et l'acide acétique concentré sont aussi capables de dissoudre les résines, mais moins promptement que l'acide sulfurique : soit que l'opération se fasse à froid ou à chaud, les résines ne sont point altérées, et toujours on peut les précipiter par l'eau.

Presque toutes les résines sont solubles à chaud dans les dissolutions de potasse ou de soude caustique; elles agissent alors à la manière d'un acide, si bien qu'elles peuvent quelquefois neutraliser complètement l'alcali. Aussi, lorsqu'on verse ces sortes de *résinates*, dans une dissolution saline de baryte, de strontiane, de chaux, ou d'une autre base appartenant aux cinq dernières sections, se produit-il tout-à-coup un précipité qui est formé de la base du sel et de la résine du *résinate* alcalin. L'ammoniaque elle-même, liquide ou gazeuse, s'unit à beaucoup de résines.

M. Unverdorben, qui a fait un grand nombre de recherches à ce sujet, propose d'établir la division suivante, fondée sur la plus ou moins grande tendance des résines à se combiner avec les bases, ou ce qui est la même chose, sur leurs propriétés plus ou moins électro-négatives.

1° *Résines fortement électro-négatives.* — Elles se dissolvent facilement dans l'ammoniaque, à la température ordinaire. La dissolution saturée peut être soumise à l'ébullition, sans se troubler, et donne par l'évaporation, un *résinate ammoniacal* avec excès de résine. Elles peuvent aussi : 1° se dissoudre à l'aide de l'ébullition dans une dissolution aqueuse de carbonate de soude, et en chasser l'acide; 2° former avec l'alcool une dissolution qui rougisse la solution alcoolique de tournesol, et qui précipite la solution alcoolique d'acétate de cuivre.

2° *Résines médiocrement électro-négatives.* — Elles se dissolvent facilement dans l'ammoniaque à la température ordinaire; mais la dissolution saturée ne peut être soumise à l'ébullition, sans se troubler et sans donner un précipité qui est de la résine exempte d'ammoniaque.

Toutefois, elles rougissent le tournesol et décomposent le

carbonate de soude et la dissolution alcoolique d'acétate de cuivre, comme les précédentes. Ces sortes de résines sont les plus nombreuses.

3° *Résines faiblement électro-négatives.* — Elles ne sont solubles ni dans l'ammoniaque, ni dans le carbonate de soude bouillant. Elles ne se dissolvent bien dans la potasse et la soude, qu'autant que ces bases sont caustiques. Leur dissolution dans l'alcool ne rougit le tournesol qu'à l'aide de l'ébullition. Elles précipitent la solution alcoolique d'acétate de plomb, et ne troublent pas celle d'acétate de cuivre.

4° *Résines indifférentes.* — Elles sont insolubles dans la potasse ou la soude caustique; quelques-unes seulement se dissolvent dans une solution de potasse saturée d'une autre résine, et encore la résine indifférente se précipite-t-elle lorsqu'on ajoute à la liqueur une plus grande quantité du dissolvant alcalin.

2450. *État naturel, extraction.* — Les résines se trouvent presque toutes contenues dans des arbrisseaux ou des arbres de différentes hauteurs. La plupart sont unies à des huiles essentielles qui les ramollissent. On les obtient en les laissant exsuder naturellement de ces arbres ou arbrisseaux, et le plus souvent en facilitant leur écoulement par des incisions. Dans tous les cas, on les sépare ensuite, par la chaleur, de l'huile qu'elles peuvent contenir.

2451. *Composition.*—Les résines, telles qu'on les trouve dans le commerce, semblent presque toujours être un mélange de plusieurs d'entre elles que l'on parvient à séparer en employant successivement divers agens, de l'alcool, de l'éther, des huiles de pétrole, de térébenthine, de l'acétate de cuivre, des solutions de potasse ou de soude, etc., etc. C'est ce que tendent à faire voir les exemples que nous allons citer. 1° Lorsque l'on traite à froid la résine animée et la résine élémi par l'alcool, l'on obtient un résidu complètement soluble dans l'alcool bouillant, et susceptible de cristalliser par refroidissement : ces résines sont donc au moins formées de deux autres. 2° Si l'on dissout une résine naturelle dans l'alcool, et qu'on y verse une dissolution alcoolique d'acétate de cuivre, il arrive assez souvent, ou que l'oxide ne précipite qu'une partie de la matière résineuse, ou que s'il précipite la totalité de la résine, le précipité se dissout partiellement dans l'éther, ou l'huile de pétrole, ou l'huile de térébenthine. 3° Que l'on mette certaines résines en contact avec la potasse ou la soude caustique en liqueur, elles ne s'y uniront et ne s'y dissoudront qu'incomplètement, d'où il suit que chacune d'elles doit contenir au moins deux substances résineuses, en admettant qu'il n'y ait point d'action décomposante, ce qui est probable. C'est en faisant usage de ces moyens, que M. Unverdorben a été conduit à ce résultat, savoir : qu'une résine du commerce contenait quelquefois jusqu'à cinq résines distinctes.

D'ailleurs la composition élémentaire des résines, n'a encore été que fort peu étudiée; on n'a même fait jusqu'à présent que l'analyse de la colophane et celle du copal. Il est probable que l'on en trouvera d'isomériques : elles doivent être, à cet égard, dans le même cas que les huiles essentielles.

2452. *Usages.* — Les résines ont divers usages; c'est principalement dans la composition des vernis qu'on les emploie. Nous allons les décrire à l'état où elles se trouvent dans le commerce, c'est-à-dire, unies presque toujours à de l'huile esssentielle, quelquefois même en assez grande quantité pour devenir liquides.

Nous examinerons ensuite les baumes, qui ne sont que des résines chargées d'huile et d'acide benzoïque; puis les gommes résines qui renferment tout à-la-fois des résines et de la gomme, comme l'exprime leur nom, et souvent d'autres matières encore, et enfin les vernis qui ont pour bases les résines proprement dites.

ARTICLE I.

### *Résines liquides.*

2453. Les résines qu'on trouve dans le commerce à l'état liquide, sont au nombre de trois, la térébenthine, la résine ou baume de copahu, et la résine de la Mecque.

2454. *Baume ou résine de copahu.* — D'un blanc jaunâtre, d'une consistance d'huile, s'épaississant par la vétusté, d'une odeur forte, d'une saveur âcre et amère; pèse spécifiquement 0,95; se dissout entièrement ou presque entièrement dans l'alcool; s'extrait par incision du *copaïfera officinalis L.*, arbre qui croît au Brésil, à Cayenne et dans les Indes orientales. On l'emploie en médecine comme vulnéraire et détersif.

La résine de copahu contient beaucoup d'huile volatile qu'on en dégage par la distillation, et deux résines : l'une très abondante, jaune, dure, plus soluble à chaud qu'à froid dans l'alcool, s'en déposant par le refroidissement sous forme de cristaux, rougissant le tournesol et s'unissant aux bases; l'autre brune, onctueuse, entrant pour quelques centièmes seulement dans le baume. Il paraît que cette dernière résine est le résultat de l'action de l'air sur l'huile essentielle, car le baume récent en contient moins encore que le baume ancien qui pourtant en contient fort peu. C'est en les traitant à la température ordinaire par l'huile de pétrole qu'on les sépare : la première s'y dissout; l'autre y est insoluble.

2455. *Résine ou baume de la Mecque, de Judée.* — Cette résine nous est fournie par l'*amyris opobalsamum L.*, petit arbre qui croît naturellement dans l'Arabie heureuse et que l'on cultive en Judée et en Égypte. On l'extrait, soit par des incisions faites au tronc et aux branches, soit par la décoction des rameaux et des feuilles dans l'eau. Le baume qui s'écoule par incision est si estimé chez les Turcs que le sultan l'envoie comme cadeau aux souverains ; il est d'un jaune clair, très fluide et doué d'une odeur toute particulière et très agréable. Le produit de la décoction est le seul que l'on trouve dans le commerce ; il est plus visqueux que le premier, mais plus fluide toutefois que la térébenthine. Son odeur est également très agréable ; récent, il est blanchâtre et trouble ; mais il prend de la transparence en vieillissant, jaunit, s'épaissit et finit même par devenir solide.

Le baume de la Mecque se dissout entièrement dans l'alcool, sauf un très petit résidu blanc dans lequel M. Vauquelin a trouvé une résine que l'alcool même gonfle et rend glutineuse.

Il contient, suivant M. Trommsdorf, 30 parties d'huile essentielle qu'on en dégage aisément par la distillation, 64 de résine dure, soluble dans l'alcool concentré et chaud, 4 de résine brune et fortement gluante, insoluble dans l'alcool anhydre ou aqueux, mais soluble dans les huiles grasses et volatiles, 0,4 de substance colorante amère.

2456. *Térébenthine.* — D'un blanc légèrement jaunâtre, diaphane, d'une consistance de miel, d'une odeur forte, d'une saveur âcre et amère ; elle découle naturellement ou par incision de plusieurs arbres, tels que les pins, sapins ; on l'emploie en médecine et dans plusieurs arts.

On trouve dans le commerce différentes espèces de térébenthine : la plus renommée est celle de Chio.

On extrait en France une grande quantité de térébenthine du pin maritime (*pinus maritima*), qui croît dans les landes de Bordeaux. L'on se procure en même temps plusieurs substances résineuses très employées, telles que le *galipot*, la *colophane*, la *poix*, le *goudron*, etc. L'importance de ces produits nous engage à entrer dans quelques détails sur leur extraction.

Sur des arbres de trente ou quarante ans, l'on fait, à partir de leur pied, du mois de février au mois d'octobre, des entailles ou incisions de 8 centimètres de largeur sur 14 millimètres de hauteur ; on les renouvelle une ou deux fois par semaine, et on les continue jusqu'à ce que la dernière soit à la hauteur de 2m.,59 à 2m.,92, ce qui arrive ordinairement au bout de quatre ans ; à cette époque, on commence une autre suite d'incisions au côté opposé, et l'on en fait successivement de nouvelles tout autour de l'arbre. Pendant cet intervalle, les anciennes entailles s'étant fermées, on en pratique d'autres sur leurs bords ; et on peut, en les faisant avec précaution, obtenir pendant soixante ans de la résine d'un arbre bien soigné dans son exploitation. D'ailleurs, on pratique une petite cavité au pied de l'arbre, dans l'une de ses grosses racines, pour recevoir la résine qui s'écoule, et qu'on nomme *térébenthine brute*. Cette cavité se remplit ordinairement tous les mois. Il y a des portions de résine qui se figent pendant l'été à la surface des incisions : on les détache pendant l'hiver; elles prennent le nom de *barras* ou de *galipot*.

La térébenthine brute contient toujours quelques matières étrangères : on la purifie, soit en la fondant, la décantant et la passant à travers un filtre de paille ; soit en la mettant dans des barriques dont le fond est percé de petits trous, et exposant ces barriques au soleil. Ce dernier procédé exige beaucoup plus de temps que le premier ; mais aussi la térébenthine qui en provient et qui s'écoule peu-à-peu à travers le fond des barriques, est beaucoup plus estimée : elle prend le nom de *térébenthine fine*, et se vend comme celle de Chio, tandis que l'autre, que l'on appelle *térébenthine commune*, se donne à un prix beaucoup plus bas.

2457. C'est en soumettant la térébenthine commune à la distillation qu'on obtient l'huile essentielle de térébenthine et la colophane ou *brai sec* ou *arcanson* : l'huile essentielle passe dans les récipiens ; la colophane reste dans la cucurbite à l'état liquide ; on l'en retire, et par le refroidissement, elle se solidifie.

De 125 kilogrammes de térébenthine, on extrait environ 15 kilogrammes d'essence, et par conséquent 110 kilogrammes de colophane.

2458. *Colophane.* — La colophane est brune, demi-transparente, cassante, facile à réduire en poudre, sans odeur, sans saveur. Sa densité est de 1,07 à 1,08 ; elle n'entre en fusion complète qu'à 135°, et donne à la distillation beaucoup d'huile pyrogénée qui devient très limpide en la rectifiant. L'alcool pur, l'éther, les huiles grasses et volatiles la dissolvent aisément. Il en est de même de la potasse et de la soude caustiques et de l'acide sulfurique concentré. L'huile de pétrole ne la dissout qu'en partie ; aussi cette huile sert-elle à séparer les deux résines dont la colophane est composée : la résine soluble est bien plus abondante que l'autre. Toutes deux rougissent le tournesol et s'unissent aux bases. M. Unverdorben a même désigné la première sous le nom d'*acide silvique*, et la seconde sous celui d'*acide pinique* : celle-ci est incristallisable, l'autre cristallise assez bien.

Plusieurs chimistes ont fait l'analyse de la colophane ou de la résine cristalline qu'elle contient; nous ne citerons que les résultats de MM. Gay-Lussac et Thenard qui ont opéré sur la colophane naturelle, ceux de M. T. de Saussure qui a purifié la colophane par l'huile de pétrole, et ceux de MM. Blanchet et Sell qui l'ont purifiée en la faisant bouillir avec de l'eau, puis sans eau, et la dissolvant ensuite dans l'éther d'où ils l'ont retirée parfaitement blanche. (*Journal de Pharmacie*, t. XX, p. 229.)

| | Gay-Lussac et Thenard. | Saussure. | Blanchet et Sell. |
|---|---|---|---|
| Carbone.... | 75,944 | 77,402 | 79,655 |
| Hydrogène.. | 10,719 | 9,551 | 10,080 |
| Oxigène.... | 13,337 | 13,047 | 10,265 |

Les résultats obtenus par MM. Blanchet et Sell conduisent à la formule $C^{20}H^{16}O$, d'où l'on voit que la résine cristallisable de la colophane serait un oxide de camphène et isomère avec le camphre.

La colophane sert à faire la résine jaune ou poix résine, etc. On sait d'ailleurs qu'on en frotte les archets afin de les empêcher de glisser sur les cordes des violons.

*Résine jaune ou poix résine.* — La résine jaune se compose d'environ 1 partie de galipot et de 3 parties de brai sec. Le mélange est d'abord fondu, puis passé à travers un filtre de paille et mis dans une auge. Lorsqu'il est encore en fusion et bien chaud, on jette dessus une quantité plus ou moins grande d'eau froide; il en résulte un grand dégagement de vapeur et un changement de couleur dans toute la matière, qui devient d'un beau jaune d'or.

La poix résine est ordinairement en pains jaunes, très fragiles et à cassure vitreuse.

2459. *Poix jaune, poix de Bourgogne.* — L'on appelle ainsi le galipot purifié par la fusion et la filtration à travers un lit de paille.

2460. *Poix noire.* — Il reste dans la paille que l'on emploie comme filtre une certaine quantité de térébenthine, de résine et de copeaux résineux : l'on s'en sert pour se procurer la poix noire. A cet effet l'on jette successivement cette paille par paquet dans un four dont la forme est sensiblement ovale, de 3 à 4 mètres de haut et d'environ 18 décimètres de diamètre dans sa plus grande largeur. Ce four présente deux ouvertures : l'une supérieure, assez grande, par laquelle on le charge;

et l'autre inférieure, beaucoup plus petite, par laquelle s'écoulent les produits; celle-ci, qui se trouve au milieu du carrelage, n'est, à proprement parler, qu'une petite cavité carrée ou *réservoir*, au fond duquel est adaptée une gouttière verticale qui établit une communication entre le four et une cuve servant de récipient. Lorsqu'un paquet est presque entièrement brûlé, on en jette un autre, et ainsi de suite, pendant une quinzaine de jours. Alors un ouvrier descend dans le four, le nettoie, et l'on reprend le travail. De chaque paquet l'on retire une certaine quantité d'un liquide visqueux, noir, qui, par la gouttière, se rend dans le récipient et se sépare en deux parties, l'une liquide ou *huile de poix*, l'autre molle ou *poix grasse*, *pegle grasse*, dont l'on se sert pour faire le *brai gras*, comme nous le dirons tout-à-l'heure, et qui, pour être transformée en poix noire, n'a plus besoin que d'être cuite dans une chaudière de fonte, de manière à se prendre en masse par le refroidissement. C'est ordinairement dans des moules de terre noire qu'on la conserve et qu'on l'expédie.

2461. *Goudron.* — Il arrive une époque à laquelle les arbres ne sont plus capables de fournir de térébenthine; alors on en retire du goudron : pour cela, on fend le bois en bûches d'une grosseur médiocre, et de 7 à 8 décimètres de long; puis, lorsque les bûches sont à un certain degré de sécheresse, on les refend de manière à les diviser convenablement. L'abatage des pins se fait ordinairement en hiver, et c'est au commencement du printemps qu'on procède à l'extraction du goudron. L'appareil dans lequel on fait cette extraction prend le nom de *four*, et se compose de trois parties principales, savoir : l'aire, la cave ou le récipient, et la gouttière. L'aire est une surface circulaire, un peu concave, présentant une ouverture ronde au centre, carrelée depuis cette ouverture jusqu'aux deux tiers du rayon, et couverte d'ailleurs dans tout son pourtour d'argile battue. La cave ou le récipient est une fosse placée à quelques décimètres au-dessous de l'aire, et garnie dans tout son intérieur de madriers équarris et parfaitement joints entre eux. Enfin la gouttière est un conduit qui s'adapte à l'ouverture de l'aire, et qui établit une communication entre elle et la fosse.

Lorsqu'on veut extraire le goudron, on commence par implanter sur l'aire, à l'orifice de la gouttière, une longue perche verticale; après quoi l'on place le bois tout autour de la perche, à-peu-près de la même manière que le font les charbonniers. On établit ainsi quatre à cinq lits les uns sur les autres, qui vont en se rétrécissant de manière à former une sorte de cône tronqué. Ce cône, qui varie beaucoup dans ses dimensions, soit en largeur, soit en hauteur, prend le nom de *bûcher;* on le recouvre de gazon, et vingt-quatre heures après, la perche étant retirée, on y met le feu au moyen de copeaux que l'on place dans des ouvertures pratiquées à l'entour du bûcher et à fleur de l'aire, en ayant soin de boucher chaque ouverture quelque temps après l'inflammation des copeaux. Des signes que nous ne rapporterons point ici permettent aux ouvriers de reconnaître si l'opération va bien. Nous ajouterons seulement à ce que nous venons de dire, 1° que la térébenthine s'écoule peu-à-peu du bois, abandonne une partie de son essence, et se rassemble sur l'aire dont on tient la gouttière bouchée; 2° que, par ce moyen, la térébenthine s'altère, se colore en noir, se transforme en goudron, et se sépare de l'eau et de l'acide acétique que le bois en se décomposant peut former; 3° que ce n'est que vers le troisième jour qu'on ouvre la gouttière pour la première fois, et, qu'à dater de cette époque, on l'ouvre deux ou trois fois par jour; 4° que les goudrons des Landes, préparés de cette manière, valent ceux du Nord, auxquels le commerce cependant accorde la préférence; 5° qu'on peut toujours améliorer ceux qui sont de mauvaise qualité en les recuisant pour vaporiser l'eau et l'acide pyroligneux qui les altèrent, et les décantant après les avoir tenus en fusion tranquille pour les séparer du sable et des matières terreuses avec lesquels ils sont ordinairement mêlés; 6° qu'enfin, dans le cas où ils ne seraient point assez liquides, il suffit de les mêler avec un peu d'huile de térébenthine pour leur donner le degré de fluidité convenable.

2462. *Brai gras.* — Parties égales de goudron, de brai sec et de poix grasse, cuits ensemble dans une chaudière de fonte, forment le brai gras; on le met dans des futailles, ou bien on le coule en moule : une plus grande quantité de brai sec ajoutée à ce mélange forme la *poix bâtarde.*

2463. *Noir de fumée.* — Enfin, il est encore un autre produit que l'on prépare dans les Landes : c'est le noir de fumée. L'opération consiste à brûler des matières résineuses, du brai sec, par exemple, dans une chambre de planches de sapin, tapissée de grosses toiles. Le brai sec se place dans des pots en terre ou dans des marmites en fer; on y met le feu, et l'on tient la chambre fermée tant que la combustion dure. Cette combustion donne lieu à une fumée épaisse qui, en passant à travers la toile, dépose sur celle-ci le noir, que l'on enlève de temps en temps.

## ARTICLE II.

### *Résines solides.*

2464. Les résines qu'on trouve à l'état solide dans le commerce sont très nombreuses ; elles ne diffèrent de celles qui sont liquides qu'en ce qu'elles contiennent beaucoup moins d'huile essentielle. Nous ne décrirons que les principales.

2465. *Résine animé.* — Cette résine est en morceaux d'un jaune pâle, à cassure vitreuse, d'une odeur agréable, et recouverte de poussière. Elle découle de l'*hymenæa courbaril* ou *carouge*, arbre qui croît au Mexique, au Brésil et dans les Antilles.

L'analyse y démontre la présence d'une très petite quantité d'huile essentielle et de deux résines, l'une soluble dans l'alcool froid, et l'autre dans l'alcool bouillant, dont elle se dépose sous forme de cristaux par le refroidissement.

La résine animé est employée en médecine et dans la préporation des vernis.

2466. *Colophane.* — C'est la résine contenue dans la térébenthine; il en a été question précédemment (2458).

2467. *Résine copal.* — Cette résine est très dure, fragile, à cassure conchoïde, inodore, sans couleur, ou à peine jaunâtre, terne et imprégnée de sable à l'extérieur, limpide à l'intérieur. Sa pesanteur spécifique est de 1,045 à 1,139. Elle contient souvent comme le succin avec lequel elle a beaucoup de rapports, des insectes dans son intérieur, quelquefois des débris végétaux, quelquefois des fleurs, mais ne donne pas comme lui d'acide succinique à la distillation. Elle ne se fond qu'à une température élevée, s'altère presque en même temps qu'elle entre en fusion, et répand en se soulevant des vapeurs d'une odeur aromatique. L'huile de térébenthine, l'huile de pétrole, n'en dissolvent qu'une petite quantité. Il en est de même de l'alcool anhydre à la température ordinaire; quand il est bouillant, il la transforme en une substance visqueuse, élastique. L'éther la gonfle d'abord et la dissout ensuite. On peut la dissoudre aussi dans l'alcool d'une densité de 0,82, lorsqu'elle est gonflée par l'éther au point de produire une masse sirupeuse épaisse; il suffit alors de porter la masse à l'ébullition, et d'y ajouter peu-à-peu l'alcool chaud tout en la remuant. L'alcool froid y occasionnerait un *coagulum*. M. Unverdorben assure même qu'en faisant digérer une partie de copal dans une partie et demie d'alcool pendant 24 heures, il en résulte une solution complète, parce que suivant lui le copal contient plusieurs résines et que celles qui sont insolubles par elles-mêmes dans l'alcool se dissolvent dans une solution très concentrée des autres. Les huiles grasses sont sans action dissolvante sur le copal. L'acide sulfurique concentré en opère la dissolution; la potasse et la soude l'opèrent également à l'aide de la chaleur; mais par le refroidissement la liqueur se trouble et se prend presque tout entière en masse gélatineuse: il paraît que la résine précipitée à l'état de *résinate* est tout autre que celle qui reste dissoute.

Le copal contient plusieurs résines. La propriété qu'il a de se dissoudre en partie lorsqu'on le traite successivement: 1° par de l'alcool à 67 degrés centésimaux; 2° par de l'alcool anhydre; 3° par une solution de potasse alcoolique, laquelle produit un *résinate* qui ne se dissout qu'incomplètement dans de l'alcool à 25 degrés, ne laisse aucun doute à cet égard. Suivant M. Unverdorben, ces résines seraient au nombre de cinq. Nous ne le suivrons pas dans ses recherches analytiques: elles se trouvent consignées dans l'ouvrage de M. Berzelius.

La question de savoir de quels arbres découle le copal, offre encore quelque incertitude: plusieurs naturalistes pensent qu'il nous est fourni par le *rhus copallinum*, arbre de l'Amérique septentrionale, et par l'*eleœcarpus copaliferus*, qui croît dans les Indes orientales.

M. Guibourt, d'après les fleurs qu'on rencontre quelquefois dans l'intérieur du copal, admet qu'il doit provenir d'arbres voisins des genres *eperua*, *parivoa*, *anthonota*, *outea*, *vouapa*.

Dans tous les cas, on dirait qu'il a été roulé dans les eaux et recouvert du sable des rivières.

Le copal s'emploie dans la préparation des vernis: à cet effet, on le fait fondre, on y ajoute de l'huile siccative chaude et on étend le tout d'huile essentielle de térébenthine, qui alors opère bien la dissolution du copal.

2468. *Résine élémi.* — Jaune blanchâtre, tirant un peu sur le vert, molle, demi transparente, d'une odeur approchant de celle du fenouil; pèse spécifiquement 1,018; devient lumineuse dans l'obscurité, lorsqu'on la chauffe ou qu'on la frotte avec un corps pointu; découle par incision de l'*amyris elemifera* et de l'*amyris ambrosiaca* L., arbres de l'Amérique méridionale. Elle nous vient, par la voie du commerce, sous forme de gâteaux arrondis et enveloppés dans des feuilles de canne ou bien en caisses de 200 à 300 livres. On l'emploie en médecine comme anti-septique, fondante et détersive, et quelquefois aussi dans la préparation des vernis.

Suivant M. Bonastre, elle contient 12,5 d'huile volatile qu'on en dégage par la distillation, 60 d'une résine transparente soluble dans l'alcool froid, et dont la dissolution rougit le tournesol, 24 d'une résine insoluble dans les alcalis, qui ne se dissout que dans l'alcool bouillant et s'en dépose sous forme cristalline par un refroidissement lent, 2 de matière extractive amère, soluble dans l'eau, et 1,5 d'autres corps étrangers.

2469. *Résine de gaïac.* — La résine de gaïac provient du *guajacum officinale*, arbre de l'Amérique méridionale ; elle en découle spontanément ou par incision. On pourrait encore l'obtenir en traitant le bois râpé par l'alcool, étendant la dissolution d'eau et la distillant jusqu'à ce que l'alcool soit vaporisé : la résine reste alors à l'état de pureté.

Cette résine est en masses assez considérables, d'un brun verdâtre, friables et brillantes dans leur cassure. Sa densité est de 1,205 à 1,228. Sa saveur, d'abord peu sensible, devient bientôt âcre et produit un sentiment de chaleur brûlante dans le gosier. Elle a une très faible odeur de benjoin que la pulvérisation ou la chaleur augmente beaucoup. Elle se ramollit sous les dents, quoique facile à pulvériser. Sa poussière excite la toux.

Projetée sur des charbons incandescens, elle laisse exhaler des vapeurs aromatiques. Exposée à l'air, elle en absorbe facilement l'oxigène et verdit. Un papier enduit de teinture de gaïac devient vert, quand on l'expose aux rayons violets du spectre, et reprend sa couleur jaune sous l'influence des rayons rouges, ou si on le chauffe jusqu'à un certain point.

L'alcool dissout les neuf dixièmes de la résine de gaïac; l'éther dissout aussi la résine de gaïac, mais laisse un plus grand résidu que l'alcool; sa dissolution dans l'huile de térébenthine se fait mieux à chaud qu'à froid. Les huiles grasses sont sans action dissolvante sur cette résine.

Elle est soluble, à la température ordinaire, dans la potasse et la soude caustiques, dans l'acide sulfurique concentré, dans l'acide azotique d'une densité de 1,39, mais avec dégagement de gaz. Beaucoup d'autres corps l'attaquent encore. Dans tous les cas, elle prend des teintes diverses : par exemple, le chlore la colore d'abord en vert, puis en bleu, et enfin en brun. Un courant de bi-oxide d'azote dirigé sur le fond d'une capsule humectée de teinture de gaïac, développe à l'instant une très belle couleur bleue. La dissolution alcoolique de gaïac est précipitée par l'eau en blanc, par le chlore en bleu, par l'acide sulfurique en vert. L'acide azotique chargé d'acide hypoazotique lui donne une couleur verte ; si l'on y ajoute ensuite une certaine quantité d'eau, il s'y fait un dépôt vert et elle devient bleue ; une plus grande quantité d'eau rend le dépôt bleu et la dissolution brune.

La dissolution résineuse dans l'essence passe tour-à-tour,

lorsqu'on l'évapore, au bleu, au rouge améthyste, au rose, au rouge brun, et enfin au brun jaunâtre. Des rondelles de racines fraîches de plusieurs plantes rendent bleues, même à l'abri du contact de l'air, quelques gouttes de teinture de gaïac : telles sont, suivant M. Planche, celles de *cochlearia armoracia*, *solanum tuberosum*, *brassica napus*, *borago officinalis*, etc., etc. Le lait lui-même bleuit la teinture de gaïac ; il perd cette propriété par l'ébullition.

La résine de gaïac, suivant M. Unverdorben, contient deux résines qu'il sépare au moyen de l'ammoniaque qui dissout l'une et est sans action sur l'autre.

2470. *Résine laque.* — La résine laque exsude, sous forme d'un liquide laiteux, des rameaux et des petites branches de plusieurs arbres de l'Inde, du *ficus indica*, du *ficus religiosa*, du *rhamnus jujuba*, et du *croton lacciferum*, à la suite de piqûres qu'y fait la femelle d'un insecte hémiptère, nommé *coccus lacca*. C'est au milieu de ce liquide qui s'épaissit peu-à-peu, que l'insecte se multiplie, et c'est en coupant les tiges et les branches enduites de résine et de couvée que l'on fait la récolte de la laque.

On connaît dans le commerce trois espèces de laque : la laque en bâtons, la laque en grains et la laque plate ou en écailles.

*Laque en bâtons* (*stick lac*). — C'est la laque adhérant à l'extrémité des branches de l'arbre ; elle y forme une couche d'un rouge brun foncé, plus ou moins épaisse et quelquefois de 5 à 6 pouces de longueur.

*Laque en grains* (*seed lac*). —La laque en grains est la laque en bâtons que l'on a enlevée de dessus les branches, que l'on réduit ensuite en poudre grossière, et que l'on fait bouillir avec une faible dissolution de carbonate de soude pour en extraire la matière colorante.

*Laque plate ou en écailles* (*shell lac*). — Cette laque n'est autre que la laque en grains que l'on fond, que l'on passe à travers une toile et que l'on coule sur le tronc uni d'un bananier (*musa paradisiaca*) ou sur une pierre plate. Elle a l'aspect du verre d'antimoine ; mais elle varie en couleur, suivant qu'elle a perdu plus ou moins de son principe colorant : de là, la laque en écailles, *blonde*, *rouge* ou *brune*.

Lorsqu'on traite la laque par l'alcool, à la température ordinaire, qu'on filtre la dissolution et qu'on la fait évaporer, l'on obtient pour résidu la matière résineuse. Cette matière, après avoir été fondue, est brune, translucide, cassante, d'une densité égale à 1,139, fusible à un degré de chaleur peu élevé et susceptible alors de couler comme un liquide visqueux et de répandre une odeur agréable; elle est de plus complètement soluble dans l'alcool anhydre, dans les acides chlorhydrique, acétique, dans la potasse et la soude caustiques qu'elle neutralise, et soluble en partie seulement dans l'éther hydrique et les huiles essentielles.

Suivant Hattchett, les diverses espèces de laque contiendraient, savoir :

| | Résine. | Mat. color. | Cire. | Gluten. | Subst. étr. | Perte |
|---|---|---|---|---|---|---|
| Laque en bâtons.... | 68,0 | 10,0 | 6,0 | 5,5 | 6,5 | 4,0 |
| Laque en grains.... | 88,5 | 2,5 | 4,5 | 2,0 | » | 2,5 |
| Laque en écailles... | 90,5 | 0,5 | 4,0 | 2,8 | » | 1,8 |

M. John admet sur 100 parties de laque en grains : 66,65 d'une résine dont une partie est insoluble dans l'éther; 16,7 d'une substance particulière qu'il appelle laccine; 3,75 de matière colorante; 3,92 d'extractif; 0,62 d'acide laccique; 2,08 de peau d'insecte; 1,67 de graisse analogue à la cire; 1,04 de sels divers; 0,62 de sable; 3,96 de perte.

M. Unverdorben trouve dans la laque jusqu'à cinq résines distinctes, de la graisse, des acides oléique et margarique, de la cire, de la *laccine* de John, une matière colorante extractive. Nous ne le suivrons pas dans ses recherches analytiques; elles sont publiées par extrait dans l'ouvrage de M. Berzelius.

*Lac-lake* (*laque de résine laque*). — On donne ce nom à une laque que l'on prépare aux Indes en précipitant par l'alun une dissolution alcaline de résine laque (*Ann. de Chim. et de Phys.*, III, 225, — IV, 49). Elle est employée en teinture.

*Lac-die* (*laque à teindre*). — C'est une préparation peu différente de la précédente et qu'on fait aussi aux Indes, mais qui n'est pas très bien connue.

On emploie la laque comme dentifrice, dans la préparation des vernis, pour luter les pièces de faïence, de terre, mais surtout en teinture et dans la fabrication de la cire à cacheter.

On s'en sert en teinture à l'état de lac-lake ou de lac-dye; et dans la fabrication de la cire à cacheter sous forme de laque en écailles.

La bonne cire rouge à cacheter s'obtient en faisant fondre à une douce chaleur 48 parties de laque en écailles, 19 de térébenthine de Venise et 1 de baume du Pérou, et mêlant à la masse fondue 32 parties de vermillon : la masse refroidie jusqu'à un certain point est roulée en cylindres ou comprimée dans des moules de laiton. Dans la cire commune, une grande partie de la laque est remplacée par la colophane, et le vermillon, par un mélange de minium et de craie. La couleur bleue est donnée par le bleu de cobalt; la couleur verte par le vert de montagne ou la combinaison de la résine de la gomme laque avec l'oxide de cuivre; la couleur jaune, par le chromate de plomb; la couleur noire, par le noir d'os bien lavé.

2471. *Mastic.*—Cette résine est en larmes ou grains jaunâtres, demi transparens, fragiles, à cassure vitreuse, d'une odeur douce et agréable et d'une saveur aromatique. Elle se ramollit sous la dent et y devient ductile; tandis que la sandaraque à laquelle elle ressemble se brise. Elle s'extrait par incision du *pistacia lentiscus*, de l'île de Chio. On l'emploie quelquefois comme masticatoire pour fortifier les gencives et parfumer l'haleine; on s'en sert aussi dans la préparation des vernis.

Le mastic contient deux résines; l'une soluble, l'autre insoluble dans l'alcool un peu étendu d'eau.

2472. *Sandaraque.* — On la trouve dans le commerce en larmes allongées, d'un blanc jaunâtre, insipides, presque sans odeur, recouvertes de poussière, transparentes à l'intérieur, à cassure vitreuse, qui se brisent sous la dent au lieu de s'y ramollir comme le mastic. L'alcool et l'essence de térébenthine la dissolvent aisément. Elle découle du *thuya articulata*, qui croît en Barbarie. On l'emploie en médecine et surtout dans la préparation des vernis; on s'en sert aussi pour empêcher le papier de boire.

M. Unverdorben la regarde comme étant composée de trois résines distinctes qu'il sépare de la manière suivante : il dissout la sandaraque dans l'alcool et y ajoute une solution d'hydrate de potasse; par ce moyen, il précipite complètement l'une des résines à l'état de *résinate*, en abandonnant la liqueur à elle-même dans un endroit frais; versant ensuite dans la liqueur filtrée de l'acide chlorhydrique étendu, il précipite les deux autres résines qui sont, l'une soluble et l'autre insoluble dans l'alcool à 67 degrés centésimaux, chauffé jusqu'à ébullition.

2473. *Sang-dragon.* — Cette résine est opaque, inodore, insipide, à cassure lisse et luisante, friable sous les doigts, d'un brun foncé, lorsqu'elle est en masse, et d'un rouge vermillon, lorsqu'elle est en poudre; elle se dissout facilement dans l'alcool, l'éther, les huiles volatiles, les huiles grasses, la potasse, la soude et les colore en rouge. On l'extrait, savoir; 1° par l'eau bouillante, du fruit du *calamus rotang* L., petit arbre des Indes Orientales; 2° par incision, du *dracœna draco* L., grand arbre des îles Canaries, du *pterocarpus santalinus*, arbre de l'Amérique méridionale, et du *pterocarpus draco* qui croît tout-à-la-fois dans l'Amérique méridionale et dans les îles de la Sonde.

Le sang-dragon se trouve dans le commerce : 1° sous forme

de grosses olives enveloppées de feuilles de roseau et disposées en colliers; 2° sous celle de cylindres comprimés, d'un pied de long, d'un pouce d'épaisseur, entourés de feuilles de palmiers; 3° en masses plus ou moins considérables.

Le sang-dragon est employé dans la préparation des vernis, dans les dentifrices, dans la poudre et les pilules astringentes.

Suivant Herberger, il est formé de 90,7 de résine rouge, qu'il appelle *draconine*, de 2 d'huile grasse, de 1,6 d'oxalate de chaux, de 3,7 de phosphate calcaire; il y admet en outre 3 centièmes d'acide benzoïque dont la présence n'est pas bien constatée.

### ARTICLE III.

### *Baumes.*

2474. Les baumes ne sont pas plus que les gommes-résines des substances immédiates particulières. Ils sont composés de résine, d'acide benzoïque, d'huile essentielle et quelquefois de plusieurs autres matières. On en distingue cinq ou six espèces : le benjoin, le liquidambar, le baume du Pérou, le baume de Tolu et le styrax: ce sont ceux-ci qui contiennent une quantité remarquable d'huile.

2475. *Benjoin.* — Solide, friable, d'un rouge brun, offrant le plus souvent çà et là des larmes blanches, d'une cassure vitreuse, d'une odeur agréable, d'une saveur peu marquée d'abord, mais qui finit par irriter la gorge.

Exposé à l'action du feu, il entre en fusion et laisse dégager beaucoup de fumées très piquantes d'acide benzoïque, que l'on peut recueillir sous forme de belles aiguilles brillantes et nacrées (2070). L'alcool le dissout complètement; l'éther, presque en totalité; les huiles grasses et volatiles, en très petite partie. Il contient 18 pour 100 d'acide benzoïque que l'on peut retirer, d'après Stolze, comme il suit : on dissout le benjoin dans 3 parties d'alcool; on y ajoute ensuite peu-à-peu une dissolution de cristaux de carbonate de soude dans 8 parties d'eau et 3 parties d'alcool, en ayant soin de s'arrêter dès que l'acide benzoïque est saturé : après quoi l'on étend la liqueur de 2 parties d'eau, et l'on procède dans une cornue à la distillation de l'alcool. A mesure que celui-ci se vaporise, la résine du benjoin se dépose; quant à l'acide, il reste tout entier dissous, en combinaison avec la soude: on le précipite par l'acide chlorhydrique. Le benjoin s'extrait par incision *du styrax benzoin*, qui croît à Sumatra; il découle sous forme d'un liquide blanc qui se solidifie et se colore au contact de l'air. On en distingue deux sortes, le *benioin amygdaloïde*, ainsi nommé, parce qu'il est parsemé de larmes blanches qui ont la forme d'amandes concassées, et le benjoin en sorte : celui-ci diffère de l'autre, en ce qu'il ne contient pas de larmes, et qu'il renferme beaucoup d'impuretés.

Suivant M. Unverdorben, le benjoin contiendrait, outre l'acide benzoïque et un peu d'huile volatile, trois résines différentes.

2476 *Liquidambar*. — Il nous est fourni par le *liquidambar styraciflua*, arbre qui croît au Mexique, à la Louisiane et en Virginie. Il en existe de liquide, comme de l'huile, et de mou comme de la térébenthine très épaisse.

Le liquidambar liquide, dit *huile de liquidambar*, est transparent, d'un jaune ambré, d'une odeur agréable et forte, d'une saveur aromatique et qui prend à la gorge ; l'alcool bouillant le dissout presque complètement.

Le liquidambar mou est blanchâtre, opaque, d'une odeur plus agréable et moins forte que le précédent, d'une saveur douce et parfumée d'abord, mais qui finit par devenir âcre. Exposé à l'air, il se solidifie avec le temps et acquiert de la transparence. Il contient une assez grande quantité d'acide benzoïque pour qu'une portion de celui-ci s'effleurisse.

2477. *Baume du Pérou*.—On extrait ce baume du *miroxillon peruiferum*, qui croît au Pérou, au Mexique, etc., tantôt par incision, et tantôt en faisant évaporer la décoction de l'écorce et des branches de cet arbre.

Celui qu'on extrait par incision est très rare ; on l'apporte dans les enveloppes du fruit du cocotier : de là le nom qu'il prend de *baume en coque*. Il est brun, non transparent, si ce n'est en couche mince, d'une consistance de térébenthine épaisse, d'une odeur suave, d'une saveur âcre et amère, et formé de deux matières ; l'une fluide, l'autre granuleuse et comme cristalline. Sur 100, il contient 12 d'acide benzoïque, 88 de résine, plus des traces d'huile volatile.

La seconde sorte, connue sous le nom de *baume noir du Pérou*, est beaucoup plus commune que la précédente, translucide, d'une consistance de sirop bien cuit, d'une couleur d'un rouge brun très foncé, d'une saveur âcre et amère presque insupportable, d'une odeur plus forte que le baume en coque. Stoltze le regarde comme formé de 69 d'une huile particulière, de 20,7 de résine peu soluble dans l'alcool, de 6,4 d'acide benzoïque, de 0,6 de matière extractiforme, et de 0,9 d'humidité.

2478. *Styrax solide ou storax*. — C'est ce baume qui était connu des Grecs sous le nom de *styrax calamite*, parce qu'on l'apportait de la Syrie, de la Cilicie, de la Pamphylie, dans des feuilles ou des tiges de roseau. On suppose qu'il s'extrait par incision du *styrax officinale* L.

On en trouve au moins deux sortes dans le commerce. L'une se compose de larmes blanches, opaques, molles et réunies en masse; son odeur est suave, quoique forte; sa saveur douce, parfumée d'abord, puis amère. L'autre est en masse, comme la première, mais elle est moins molle et toujours mêlée de sciure de bois; elle a une odeur et une saveur moins fortes, et sa couleur est d'un rouge brun.

2479. *Styrax liquide.* — Le styrax liquide du commerce a la consistance du miel. Il est opaque, d'un gris brunâtre, d'une odeur trop forte pour être agréable, d'une saveur aromatique. Il contient beaucoup d'acide benzoïque. L'alcool bouillant le dissout complètement, ou du moins ne laisse pour résidu que des impuretés. Il paraît qu'il résulte d'un mélange de liquidambar, de storax et de plusieurs autres matières. (M. Guibourt.)

2480. *Baume de Tolu.* — Le baume de Tolu s'extrait par incision du *mirospermum toluiferum* (De Cand.), arbre qui croît dans les environs de Tolu et de Carthagène en Amérique. Récent, il est liquide; il acquiert ensuite peu-à-peu assez de consistance pour se prendre en masse comme la poix, et même pour devenir cassant. Son odeur est suave, sa saveur douce et agréable, sa couleur fauve ou roux, son aspect grenu et cristallin, sa transparence incomplète. L'alcool, l'éther, les huiles essentielles le dissolvent en totalité.

## ARTICLE IV.

### *Gommes-résines.*

2481. Lorsqu'on fait des incisions aux tiges, aux branches ou aux racines de quelques végétaux, il en découle un suc laiteux qui se durcit peu-à-peu à l'air, et qui paraît formé de résine et d'huile essentielle, tenue en suspension dans de l'eau chargée de gomme et quelquefois de plusieurs autres matières végétales, parmi lesquelles on doit citer le caoutchouc, la bassorine, l'amidon, la cire, diverses matières salines: c'est à ce suc devenu ainsi solide qu'on donne le nom de *gomme-résine*, nom impropre, puisqu'il donne une fausse idée du corps qu'il représente. Quoique les gommes-résines ne soient, d'après ce qui précède, que des mélanges de substances immédiates, nous en ferons l'histoire d'une manière particulière, parce qu'il en est plusieurs qui sont employées, surtout en médecine.

Les gommes-résines sont contenues dans les vaisseaux propres des végétaux. On les obtient, en général, comme nous venons de le dire, par incision et évaporation spontanée. Elles sont toutes solides, plus pesantes que l'eau; presque toutes sont opaques et très cassantes ; la plupart ont une saveur âcre et une forte odeur ; leur couleur est très variable.

L'eau les dissout en partie ; il en est de même de l'alcool. La dissolution aqueuse ne devient que difficilement transparente. Lorsqu'on verse de l'eau dans la dissolution alcoolique, elle se trouble sur-le-champ, la partie résineuse s'en sépare dans un état de division extrême, et donne à la liqueur l'aspect laiteux. Il paraît, d'après M. Hatchett, qu'elles sont solubles à chaud dans la potasse et la soude en liqueur ; et que l'acide sulfurique, après en avoir opéré la solution, les convertit peu-à-peu en charbon et en tannin artificiel.

Il s'en faut de beaucoup que toutes les gommes-résines soient employées ; on ne se sert, pour ainsi dire, que des suivantes :

2482. *Assa-fœtida.* — Quelquefois en larmes détachées qui ont quelque transparence, mais ordinairement en masses d'un brun rougeâtre parsemées de larmes, d'une odeur fétide et alliacée, d'une saveur amère, âcre et repoussante.

On l'extrait par incision de la racine du *ferula assa-fœtida.* Elle nous vient des Indes orientales, et est composée, d'après M. Pelletier, de : résine particulière 65, huile volatile 3,60, gomme 19,44, bassorine, 11,66, malate acide de chaux, 0,30. (*Bull. de Pharm.*, t. III, p. 566.)

Elle est employée dans la médecine vétérinaire, et l'on prétend que malgré sa saveur insupportable, les Orientaux s'en servent pour assaisonner leurs mets.

Suivant M. Zeise, l'huile volatile de l'*assa-fœtida* contient du soufre et a pour formule $C^{32}H^{16}S^{2}O$.

2483. *Gomme ammoniaque.* — En larmes blanches qui deviennent jaunes avec le temps, ou en masses considérables jaunâtres, parsemées d'un grand nombre de larmes blanches, d'une odeur forte et désagréable, d'une saveur amère, âcre et nauséabonde. Elle nous vient de la Lybie et du Barca, et s'obtient, suivant Wildenow, d'une plante du genre *berce*, qu'il a nommée *heracleum gummiferum*. M. Braconnot en a retiré : gomme 18,4, résine 70, matière glutiniforme 4,4, eau 6,0 ; perte 1,2. (Voy. *Ann. de Chim.*, t. LXVIII, p. 69.)

La gomme ammoniaque entre dans l'emplâtre de ciguë et dans celui de diachylon.

2484. *Bdellium.* — En fragmens plus ou moins gros, arrondis, qui adhèrent fortement aux dents, demi transparens, d'un gris jaunâtre, verdâtre ou rougeâtre, d'une cassure terne et cireuse, d'une odeur faible qui rappelle celle de la myrrhe, d'une saveur âcre et amère ; il est fourni par un arbre inconnu qui croît dans le Levant : on en trouve ordinairement une certaine quantité dans la gomme arabique et dans celle du Sénégal.

Pelletier le regarde comme composé de 59 de résine, de 9,2 de gomme soluble, de 30,6 de bassorine, de 1,2 d'huile volatile, y compris la perte. (*Ann. de Chim.*, t. LXXX, p. 39.)

2484. *Euphorbe.*— En larmes irrégulières, jaunâtres, demi transparentes, friables, presque inodores, d'une saveur âcre et caustique, irritant fortement l'organe de l'odorat lorsqu'on le respire en poudre, même en très petite quantité : aussi est-ce un violent sternutatoire. On l'extrait par incision de l'*euphorbia officinarum, antiquorum et canariensis*, qui croissent, le premier dans les déserts de l'Afrique, le deuxième dans les états barbaresques et au Malabar, le troisième aux îles Canaries. Il est composé, d'après M. Pelletier, de : résine 60,80, malate de chaux 12,20, malate de potasse 1,80, cire 14,40, bassorine et ligneux 2, huile volatile et eau 8; perte 0,80(*Bull. de Pharm.*, t. IV, p. 502). M. Braconnot y a trouvé les mêmes substances, mais en d'autres proportions. (*Ann. de Chim.*, t. LXXIII, p. 44.)

On l'emploie à l'extérieur comme un vésicant presque aussi fort que les cantharides.

2486. *Galbanum.*—Tantôt en larmes molles, s'agglutinant aisément, jaunes et luisantes à l'extérieur, jaunes et translucides à l'intérieur, à cassure grenue et grasse, d'une odeur forte, tenace, d'une saveur âcre et amère; tantôt en masses, résultant de ce que les larmes plus chargées d'huile, mais encore distinctes, se sont réunies.

Le galbanum se retire du *bubon galbanum*, plante de la famille des ombellifères, qui croît en Afrique et surtout en Ethiopie. Il en découle quelquefois spontanément, mais le plus souvent par des incisions faites à la tige ou même par une section complète opérée un peu au-dessus du collet de la racine. Il contient, d'après Pelletier, 66,86 de résine; 19,28 de gomme; 6,34 d'huile volatile et d'eau; 7,52 de bois et autres corps étrangers; des traces de malate acide de chaux. (*Bul. de Pharm.* IV, 97.)

2487. *Gomme-gutte.*— En masses cylindriques, d'un jaune brun à l'extérieur, et d'un jaune rougeâtre à l'intérieur, opaque, inodore, friable, d'une cassure vitreuse, donnant par la trituration une poudre d'un beau jaune, presque insipide d'abord, puis âcre et amère; elle se divise très aisément dans l'eau avec laquelle elle forme une émulsion d'un jaune superbe.

Pendant long-temps on a pensé que l'arbre qui produisait la gomme-gutte était le *cambogia-gutta* de Linné; mais aujourd'hui on commence à croire avec Kœnig qu'elle provient de l'arbre qu'il a nommé *guttæ-fera vera*, qui croît dans l'île de Ceylan et dans la presqu'île de Camboge. Le suc en découle spontanément par gouttes, et mieux encore par des incisions qu'on pratique à l'écorce; il est ensuite séché au soleil.

M. Braconnot y a trouvé 80 de résine soluble dans l'alcool, 19,5 de gomme soluble dans l'eau, et 0,5 de matières étrangères, insolubles dans ces deux liquides. La résine pure et fondue est d'un rouge hyacinthe, transparente, susceptible d'être de nouveau transformée en poudre jaune par la trituration, complètement décolorée par le chlore, soluble dans l'éther, dans la potasse et la soude qu'elle neutralise. (*Annales de Chimie*, tome LXVIII, page 33.)

La gomme-gutte est employée en médecine comme purgative, mais surtout dans la peinture en aquarelle, comme une des couleurs jaunes les plus pures.

2488. *Myrrhe.* — En larmes de différentes grosseurs, d'un rouge brun, demi transparentes, fragiles, brillantes dans leur cassure, grasses et huileuses sous le pilon, d'une saveur très âcre et amère, d'une odeur forte et aromatique qui n'a rien de désagréable. Les plus grosses offrent dans leur intérieur des stries blanches, circulaires. Quelquefois la myrrhe se rencontre aussi en grosses larmes demi transparentes, mais jaunâtres et douées d'une saveur et d'une odeur moins fortes que la précédente.

Elle découle par incision d'un arbre mal connu qui croît en Arabie et en Abyssinie, et que l'on suppose être une espèce d'*amyris* ou de *mimosa*. M. Pelletier la regarde comme formée de 34 de résine et de 66 de gomme (*Bul. de Pharm.*, IV, 54); M. Braconnot y admet 23 de résine et 77 d'une gomme qui posséderait des propriétés particulières. (*Ann. de Chim.*, LXVIII, 60.)

La myrrhe n'est employée qu'en médecine.

2489. *Oliban ou encens.* — On en distingue deux sortes: l'encens de l'Inde qui nous vient de Calcutta, et l'encens d'Afrique qui nous arrive d'Abyssinie et d'Ethiopie, par la voie de Marseille. Le premier découle du *boswellia serrata* (De Cand.), arbre qui croît au Bengale; c'est le plus estimé; l'autre, d'un arbre encore mal connu, mais assez semblable au lentisque: on a cru pendant long-temps que c'était le *juniperus lycia* et *thurifera*.

L'encens de l'Inde est ordinairement en larmes arrondies, jaunes ou d'un jaune rougeâtre, demi opaques, fragiles, farineuses à la surface, d'une odeur aromatique, d'une faible saveur, en partie solubles dans l'eau et dans l'alcool, susceptibles de répandre, lorsqu'on les projette sur des charbons ardens, des fumées dont l'odeur s'étend au loin et parfume l'air.

L'encens d'Afrique ressemble beaucoup au précédent ; mais il est en larmes plus petites et mêlées d'un grand nombre de larmes et de *marrons* rougeâtres. Ces *marrons* sont faciles à ramollir entre les doigts, souvent mêlés de débris d'écorce, et contiennent d'ailleurs une grande quantité de petits cristaux de spath calcaire.

D'après M. Braconnot, 100 parties d'oliban sont formées de 56 de résine soluble dans l'alcool; de 30,8 de gomme soluble dans l'eau; de 5,2 de résidu, insoluble dans l'eau et l'alcool ; de 8 d'huile volatile et perte. (*Annales de Chimie*, tome LXVIII, page 60.)

L'oliban est employé comme parfum ; il entre aussi dans la composition de la thériaque et de divers emplâtres.

2490. *Opoponax.* — En larmes anguleuses, de différentes grosseurs, d'un jaune rougeâtre à l'extérieur, d'un jaune marbré de rouge à l'intérieur, opaques, friables, d'une odeur forte et désagréable, d'une saveur âcre et amère.

On l'extrait par incision, dans le Levant, de la racine du *pastinaca opoponax*, etc. Il est composé, d'après M. Pelletier (*Ann. de Chim.*, LXXIX, 90), de : résine, 42 ; gomme, 33,40 ; ligneux, 9,80; amidon, 4,20 ; acide malique, 2,80 ; matière extractive, 1,60; cire, 0,30; caoutchouc, des traces; huile volatile et perte, 5,90.

2491. *Scammonée.* — La scammonée nous vient de la Syrie et de la Natolie; on en distingue deux variétés, la scammonée d'Alep et celle de Smyrne. La première s'extrait du *convolvulus scammonia* L., qui croît dans l'Asie-Mineure; la seconde, de diverses plantes de la famille des apocynées.

La scammonée d'Alep est la plus estimée. La plus pure est en masses poreuses, légères, d'un gris rougeâtre à l'extérieur, rarement d'un gris blanchâtre, d'une odeur forte et désagréable, d'une saveur d'abord faible, puis nauséabonde, amère et âcre. Sa cassure est terne. Lorsque l'on frotte cette scammonée avec le doigt mouillé de salive, il se forme une émulsion d'un jaune verdâtre, sale, qui devient très poisseuse en se séchant.

La scammonée de Smyrne est d'un brun terne, non poreuse, non friable, très pesante, dure, à cassure terne et terreuse, d'une odeur plus faible que celle d'Alep.

Ces deux scammonées sont composées, d'après MM. Bouillon-Lagrange et Vogel (*Annales de Chimie*, tome LXXII, page 69) :

| | Sc. d'Alep. | Sc. de Smyrne. |
|---|---|---|
| Résine.......................... | 60 | 29 |
| Gomme.......................... | 3 | 8 |
| Extrait.......................... | 2 | 5 |
| Débris de végétaux et matière terreuse. | 35 | 58 |

La scammonée s'emploie comme purgatif.

### ARTICLE V.

#### *Vernis.*

2492. Les vernis sont des espèces de liquides qu'on applique en couche mince sur les corps, pour les préserver de l'action des agens extérieurs. On en distingue trois genres qui comprennent chacun plusieurs espèces : les deux premiers sont en général formés de corps résineux tenus en dissolution dans l'huile essentielle de térébenthine ou dans l'alcool ; le troisième est une dissolution de copal ou de succin dans l'huile de lin, ou de noix, ou d'œillet lithargirée, et dans l'essence de térébenthine : de là les noms qu'on leur donne de *vernis à l'alcool*, *vernis à l'essence* et *vernis gras*. Celui-ci ne sèche que lentement; les deux autres, au contraire, sont très siccatifs. Donnons des exemples de chacun d'eux.

2493. *Vernis à l'alcool.* — Prenez :

| | | | | | |
|---|---|---|---|---|---|
| Alcool concentré.........Parties | 32 | 32 | 64 | 60 | 80 |
| Mastic pur...................... | | 3 | » | » | 4 |
| Sandaraque...................... | 3 | 6 | 12 | 4 | 8 |
| Résine animé.................... | » | » | 2 | » | » |
| Résine élemi.................... | » | 1 | 4 | » | » |
| Camphre......................... | » | » | 1 | » | » |
| Gomme laque en écailles......... | » | » | » | 7 | 8 |
| Térébenthine de Venise très claire. | 3 | $\frac{1}{4}$ | » | 1 | » |
| Verre pilé grossièrement (1)..... | 4 | 4 | 4 | 4 | » |

Réduisez les résines solides et sèches, telles que le mastic et la sandaraque, en poudre fine; introduisez-les avec le verre et l'alcool dans un matras; placez le matras dans de l'eau bouillante pendant une ou deux heures, en ayant soin de remuer de temps en temps la matière avec un gros tube de verre; versez ensuite les résines molles ou liquides dans le matras, et continuez à le tenir un temps suffisant, par exemple, pendant une demi-heure dans l'eau.

(1) Le verre, suivant M. Tingry, en divisant la matière, facilite et augmente l'action de l'alcool. Comme il est plus pesant que les résines et qu'il occupe le fond du vase, il s'oppose d'ailleurs à ce que les résines adhèrent à celui-ci et se colorent.

Le lendemain, décantez la liqueur et filtrez-la à travers le coton.

Les trois premiers sont très limpides et s'appliquent ordinairement sur les objets de toilette, tels que boîtes, étuis, cartons, découpures, etc. Les deux autres sont excellens, mais colorés. Le dernier s'étend sur les objets en cuivre jaune.

2494. *Vernis à l'essence.* — Prenez :

| | |
|---|---|
| Mastic pur en poudre.................... | 12 parties. |
| Térébenthine pure.................... | 1 et demie. |
| Camphre en morceaux.................... | $\frac{1}{2}$ |
| Verre blanc pilé.................... | 5 |
| Essence de térébenthine rectifiée.......... | 36 |

Mettez dans un matras le mastic, le camphre, le verre et l'huile essentielle de térébenthine, et faites l'opération comme la précédente. Ce vernis est celui qu'on applique sur les tableaux.

2495. *Vernis gras.* — Prenez :

| | |
|---|---|
| Copal.................... | 16 parties. |
| Huile de lin ou d'œillet lithargirée.......... | 8 |
| Essence de térébenthine.................... | 16 |

Faites fondre le copal dans un matras en l'exposant à une chaleur convenable; versez-y ensuite l'huile bouillante; remuez la matière, et lorsque la température ne sera plus qu'à 60 ou 80°, ajoutez l'essence de térébenthine chaude; passez le tout sur-le-champ par un linge, et conservez le vernis dans une bouteille à large ouverture : il devient très clair au bout de quelque temps. Ce vernis est presque sans couleur.

Les vernis gras s'appliquent sur les voitures de luxe, le fer, le laiton, le cuivre, le bois; on en recouvre aussi les lampes, certaines théières, etc.

Les vernis à l'alcool et à l'essence peuvent être colorés : en rouge, par le carthame, la cochenille, l'orcanette, le sang-dragon, le santal; en jaune, par le curcuma, la gomme-gutte, le rocou, le safran; en vert, par l'acétate de cuivre. Lorsque le vernis au lieu d'être transparent doit être opaque, la couleur s'incorpore en poudre très fine et n'a plus besoin d'être soluble dans la liqueur spiritueuse ou huileuse. (*Voyez*, pour plus de détails sur les vernis, les ouvrages de Watin et de Tingry.)

Indépendamment des vernis qu'on prépare comme il vient d'être dit, il en est d'autres qui sont naturels et dont nous devons parler.

2496. *Vernis naturels.* — Il en existe deux qu'on emploie avec beaucoup de succès dans les pays qui les produisent. L'un est le *vernis de Chine* qui découle d'un arbre appelé *augia sinensis* par Boureiro, lequel arbre croît en Cochinchine, en Chine et à Siam. Ce vernis a la consistance de la térébenthine; il est d'une couleur d'un brun jaunâtre; soluble dans l'alcool, l'éther, l'huile essentielle de térébenthine, et se compose d'une résine jaune, d'huile essentielle et d'acide benzoïque : c'est donc une sorte de baume.

L'autre est le vernis que les Indiens de la province de *Los Pastos* appliquent sur le bois, de manière à le rendre imperméable à l'eau. Les *Pastusos* se le procurent brut par un commerce d'échange qu'ils entretiennent avec les Indiens non réduits de Macao, et l'épurent. On ignore le nom de l'arbre qui le produit. Ce vernis est mou, très élastique et ressemble à du gluten frais. L'ouvrier l'étire en une membrane mince, et l'applique sur l'objet en bois qu'il veut recouvrir, et qu'il a coloré d'abord avec une belle couleur rouge de rocou; il adhère fortement, et durcit assez promptement, sans jamais devenir cassant et sans jamais s'écailler. Une calebasse vernissée peut contenir de l'eau bouillante, sans être détériorée; il ne résiste pas aussi bien à l'action de l'eau-de-vie ou de la lessive de cendres. M. Boussingault a fait sur ce vernis des observations intéressantes, que l'on trouvera dans les *Ann. de Chim. et de Phys.* (LVI, 216).

### VI^e GROUPE.

### *Chloroforme, bromoforme, iodoforme.*

2497. Ces corps se produisent en décomposant l'alcool par le chlore, le brôme, l'iode, avec le concours d'un alcali. M. Dumas a fait voir que leur composition ne différait de celle de l'acide formique qu'en ce que l'oxigène de cet acide était remplacé par la quantité équivalente de chlore, de brôme ou d'iode; il a vu en même temps que, chauffés avec une dissolution de potasse, ils se convertissaient en formiate de cette base et en chlorure, bromure ou iodure de potassium : de là les noms qu'il leur a donnés. A la suite du chloroforme, nous placerons le *chloral*, parce qu'il peut être considéré comme un composé de chloroforme et d'oxide de carbone.

### ARTICLE I.

### *Chloroforme.*

2498. Ce corps a été découvert en même temps par M. Soubeyran (*Ann. de Chim. et de Phys.*, t. XLVIII, p. 131), et par M. Liebig (*Ann. de Ch. et de Ph.*, t. XLVIII, p. 223); mais c'est M. Dumas, qui en a fait connaître la véritable nature (*Ann. de Chim. et de Phys.*, t. LVI, p. 115). Sa formule atomique est

$C^2HCh^3$ ou bien $C^4H^2CH^6$, dans laquelle les 3 atomes d'oxigène de l'acide formique se trouvent remplacés par 6 atomes de chlore. M. Soubeyran, ne l'ayant pas obtenu pur, a déduit de ses analyses, qu'il pouvait être regardé comme un chlorure de bi-carbure d'hydrogène, et M. Liebig, qui l'avait cru exempt d'oxigène, l'a présenté comme un chorure de carbone formé de 4 atomes de carbone et de 5 atomes de chlore.

Le chloroforme est un liquide incolore, oléagineux, dont l'odeur ressemble beaucoup à celle de la *liqueur des Hollandais* ou éther chloré (2287). Sa densité est de 1,480 à 18°. Il bout à 61°. La densité de sa vapeur est de 4,11.

Il n'est point inflammable; mais porté au bout d'un tube dans la flamme de la lampe à alcool, il en rend jaune et fuligineuse la partie où il a été placé. Sa vapeur, conduite à travers un tube de porcelaine chauffé au rouge obscur, se décompose en déposant sur la surface du tube une couche de charbon et une multitude de cristaux blancs filamenteux, dont l'odeur est celle du sesqui-chlorure de carbone.

L'alcool et l'éther le dissolvent facilement; il s'en précipite par l'addition de l'eau, dans laquelle il est insoluble ou à peine soluble.

Le soufre, le phosphore, l'iode s'y dissolvent sans l'altérer.

L'action du potassium sur lui est nulle ou très faible à la température ordinaire, et même à son point d'ébullition. Mais ce métal, chauffé dans la vapeur de chloroforme, s'enflamme avec explosion, se convertit en chlorure, met en liberté du carbone qui se dépose, et produit sans doute un dégagement de gaz hydrogène pur ou carboné. Cette vapeur, en arrivant sur le fer et le cuivre, portés à l'incandescence, les fait également passer à l'état de chlorures.

Lorsqu'on la conduit sur de la baryte ou de la chaux, dont la température est élevée jusqu'au rouge naissant, il se forme du chlorure de barium ou de calcium, du charbon, de l'acide carbonique et de l'eau qui s'unissent à l'alcali, et il ne se dégage aucun gaz : sous l'influence d'une chaleur plus intense, il y aurait production de gaz oxide de carbone.

La potasse caustique en dissolution, chauffée avec du chloroforme dans un tube fermé, se change en chlorure et en formiate, par suite de la réaction indiquée par l'équation :

$$C^4H^2Ch^6 + 4KO = C^4H^2O^3, KO + 3KCh^2.$$

L'acide sulfurique concentré n'agit que très difficilement sur le chloroforme, du moins à froid. Cependant il l'attaque à la longue, et développe de l'acide chlorhydrique.

Le chloroforme se produit dans diverses circonstances. L'action des chlorites sur l'alcool, l'esprit de bois, l'acétone, celle des alcalis sur le chloral et celle de la solution alcoolique de potasse sur l'éther proto-chloré, lui donnent également naissance. On le prépare facilement en dissolvant dans 3 parties d'eau 1 partie de *chlorure de chaux*, décantant la liqueur, y ajoutant de $\frac{1}{5}$ à $\frac{1}{10}$ de partie d'alcool ou d'acétone, et distillant le tout dans une cornue assez grande pour que le liquide n'en sorte pas pendant le boursouflement qu'occasionne la réaction. Dans le récipient adapté à l'appareil se condense sous un liquide aqueux une matière oléagineuse. L'eau qui surnage ayant été décantée, le produit oléagineux n'a besoin que d'être agité à plusieurs reprises avec de l'acide sulfurique concentré, et que d'être rectifié sur de la baryte en poudre fine, pour fournir du chloroforme pur.

L'alcool en produit à-peu-près un poids égal au sien, et l'acétone beaucoup plus.

La composition du chloroforme est exprimée en poids par 10,2 de carbone, 0,8 d'hydrogène et 88,9 de carbone, et en atomes par la formule : $C^2HCh^3$ qui représente 2 volumes de vapeur.

2499. *Chloral.* — Le chloral est le résultat de la décomposition de l'alcool traité par le chlore pendant tout le temps qu'il se produit de l'acide chlorhydrique. Il a été étudié par M. Liebig et par M. Dumas. (*Ann. de Chim. et de Phys.*, t. XLIX, p. 154, et t. LVI, p. 125.)

C'est en faisant passer une très grande quantité de chlore gazeux à travers l'alcool anhydre qu'on le prépare. Le chlore se rend dans un premier flacon de Woulf où il se refroidit et dépose une partie de son humidité; puis dans un deuxième flacon plein de fragmens de chlorure de calcium qui le dessèche, de là dans un troisième flacon vide et sec, destiné à recevoir l'alcool, s'il survenait une absorption pendant l'expérience qui est très longue, et enfin dans un ballon qui contient l'alcool au fond duquel il se dégage. Le ballon est surmonté d'un tube qui porte les vapeurs acides dans une cheminée tirant bien. Le chlore se trouve d'abord absorbé rapidement et converti en acide chlorhydrique. L'action se ralentit ensuite peu-à-peu, et le gaz se dissolvant sans réaction immédiate, la liqueur se colore en jaunâtre. Il faut alors échauffer celle-ci en plaçant quelques charbons sous le ballon, et l'entretenir chaude jusqu'à ce qu'elle n'éprouve plus aucune décomposition de la part du chlore qui la traverse, même à une température très voisine de son point d'ébullition. L'opération dure au moins un jour, en l'effectuant sur 200 gram. d'alcool.

Cela fait, le liquide dans lequel s'est transformé l'alcool est mêlé avec 2 ou 3 fois son poids d'acide sulfurique au *maximum* de concentration, introduit dans une cornue et soumis à une distillation ménagée que l'on arrête un peu avant que la couche huileuse qui surnage l'acide ait entièrement disparu. Le produit du récipient est soumis à une ébullition que l'on entretient jusqu'à ce que sa température qui s'élève successivement soit parvenue à environ 94 ou 95°. En réitérant la distillation avec de l'acide sulfurique, renouvelant également l'ébullition du liquide distillé, et lui faisant subir une dernière rectification sur une petite quantité de chaux ou de baryte caustique et en poudre fine, on a du chloral d'une pureté assurée, surtout si rejetant ou mettant de côté le premier et le dernier quart de la liqueur qui passe dans le récipient, on ne recueille que le produit intermédiaire. L'acide sulfurique enlève dans ces traitemens l'eau et l'alcool ou convertit celui-ci en éther; l'action de la chaleur volatilise l'éther, et la baryte ou la chaux, employée en dernier lieu, est destinée à retenir les restes de l'acide chlorhydrique.

Le chloral est un liquide incolore, gras au toucher, susceptible de produire sur le papier des taches pareilles à celles que font les huiles, mais qui disparaissent en peu de temps. Sa saveur est presque nulle et seulement un peu grasse; son odeur pénétrante provoque le larmoiement. Sa densité est de 1,502 à 18°. Il bout à 94° sans éprouver d'altération, en répandant une vapeur caustique, capable d'attaquer la peau : cette vapeur pèse spécifiquement 5,13 d'après l'expérience, et 5,06 d'après le calcul.

Mis en contact avec une quantité d'eau suffisante, le chloral s'y dissout abondamment avec dégagement de chaleur. L'eau peut en prendre en solution plus d'une fois son volume. La liqueur qui en résulte est sans action sur les papiers réactifs, ne trouble point l'azotate d'argent et ne donne lieu à aucune réaction pendant son ébullition avec de l'oxide rouge de mercure. Il s'en sépare, par l'évaporation, sous forme de cristaux blancs rhomboïdaux, un hydrate de chloral qui peut se distiller sans altération et se volatiliser dans l'air, à la température ordinaire, à la manière du camphre. L'eau exerce un autre mode d'action sur le chloral, quand elle n'est pas en quantité suffisante pour le dissoudre : elle le décompose et produit le corps improprement nommé *chloral insoluble* par M. Liebig.

Le chloral dissout facilement, à l'aide de la chaleur, le soufre, le phosphore, le brôme et l'iode : la solution de l'iode est douée d'une couleur pourpre très riche. Le gaz chlore s'y dissout en petite quantité et le colore en jaune. Du reste, le chloral peut être exposé au soleil ou porté à l'ébullition dans une atmosphère de chlore sans éprouver aucune décomposition. Le fer et le cuivre, chauffés au rouge dans sa vapeur, se convertissent en chlorures et se recouvrent d'une couche de charbon poreux et brillant, tandis qu'il se dégage des gaz parmi lesquels se trouve de l'oxide de carbone.

L'acide azotique ne paraît point susceptible de lui céder de l'oxigène, même à chaud; mêlé avec de l'acide sulfurique du commerce, il se change après un certain temps en *chloral insoluble*; cet effet ne proviendrait-il point d'une petite quantité d'eau existant dans cet acide?

Les bases alcalines anhydres n'agissent sur le chloral que quand il a été réduit en vapeur par la chaleur. La réaction est alors très vive et accompagnée d'une forte ignition : elle donne lieu à un chlorure alcalin, à une matière brune qui reste avec lui dans la cornue et à une huile jaunâtre qui se volatilise. Il est même difficile d'éviter la production de ces phénomènes dans la rectification du chloral sur la baryte ou la chaux, lorsque l'opération touche à sa fin. Les dissolutions alcalines le décomposent facilement à l'aide de la chaleur, et donnent lieu à du chloroforme et à un formiate. En effet, le chloral peut être représenté par $C^8H^2O^2Ch^6 = C^4H^2Ch^6 + C^4O^2$, c'est-à-dire par du chloroforme et de l'oxide de carbone, et l'on sait que les élémens de 2 atomes d'oxide de carbone et de 1 at. d'eau représentent 1 at. d'acide formique,

$$C^4O^2 + H^2O = C^4H^2O^3$$

mais, comme d'ailleurs le chloroforme lui-même peut donner naissance à un chlorure métallique et à un formiate en présence d'une solution alcaline bouillante, l'on conçoit que cette réaction, favorisée par l'état naissant du chloroforme, pourra occasioner la production d'une nouvelle quantité de formiate et d'une certaine quantité de chlorure; c'est en effet ce que confirme l'expérience.

M. Dumas a prouvé, par l'analyse élémentaire du chloral, par la densité de sa vapeur et par les produits de sa décomposition au moyen des alcalis, que cette substance devait être formée sur 100 parties de 16,6 de carbone; 0,7 d'hydrogène; 10,8 d'oxigène, et de 71,9 de chlore, ce qui correspond à la formule atomique:

$C^4HOCh^3$, qui représente 2 vol. de vapeur.

Quant au chloral hydraté, il est composé d'atomes égaux de chloral et d'eau, ou de volumes égaux de ces deux corps pris à l'état gazeux, réunis sans condensation, de sorte qu'il a pour formule :

$(C^4HOCh^3, H^2O)$, représentant 4 vol. de vapeur.

M. Liebig avait cru le chloral exempt d'hydrogène; il lui avait assigné pour formule $C^9O^2Ch^6$.

2500. *Chloral insoluble.* — M. Liebig a nommé *chloral insoluble* une matière solide, à-peu-près insoluble dans l'eau même bouillante, dans l'alcool et dans l'éther, en laquelle se transforme le chloral par l'action d'une petite quantité d'eau ou par le contact de l'acide sulfurique du commerce, ainsi qu'il a été dit précédemment. Elle doit être purifiée par des lavages réitérés à l'eau bouillante, après avoir été réduite en poudre.

Cette substance est opaque et blanche. Elle se volatilise lentement à l'air, plus facilement dans le vide. En la chauffant au bain d'huile, on la voit se distiller sans se fondre à 150° et même à 200°. Le produit qui se condense dans le récipient est très fluide et cristallise à la manière du chloral hydraté; il ne reste dans la cornue qu'une trace inappréciable de charbon. Distillée avec de l'acide sulfurique concentré, elle donne un liquide incolore, doué de toutes les propriétés principales du chloral, et qui, au bout de quelques jours, devient spontanément solide et insoluble. Elle se comporte avec les solutions alcalines à-peu-près de la même manière que le chloral.

Elle est composée, d'après M. Dumas, de 17,6 de charbon; 1,0 d'hydrogène; 68,0 de chlore et 13,4 d'oxigène; ce qui correspond à la formule $C^{24}H^8Ch^{16}O^7$, laquelle se représente par 6 atomes de chloral qui auraient perdu 2 atomes de chlore et gagné 1 at. d'eau. (*Ann. de Chim. et de Phys.*, LVI, 138.)

### ARTICLE II.

### *Bromoforme.*

2501. Si l'on substitue le *bromure de chaux* au *chlorure* dans le traitement de l'alcool ou de l'acétone pour la préparation du chloroforme, on obtient à la place de ce produit une liqueur oléagineuse comme lui, mais moins volatile, assez dense pour que l'acide sulfurique la surnage, et que l'on peut purifier en l'agitant avec cet acide ou avec du chlorure de calcium fondu. C'est le bromoforme dont la formule atomique est $C^2HBr^3$, et qui, par l'ébullition avec une dissolution de potasse, se convertit en formiate et en bromure. (Dumas, *Ann. de Chim. et de Phys.*, LVI, 120.)

### ARTICLE III.

### *Iodoforme.*

2502. Nommé d'abord *hydriodure*, puis *perhydriodure de*

*carbone* par Sérullas qui l'a découvert, ce composé fut regardé plus tard, d'après les expériences de M. Mitscherlich, comme ne renfermant que du carbone et de l'iode. Mais M. Dumas a fait voir récemment qu'il contenait en outre de l'hydrogène, et avait pour formule $C^2HI^3$ (*Ann. de Chim. et de Phys.*, t. LVI, p. 122). Nous avons décrit la manière de préparer l'iodoforme et ses propriétés principales en le désignant par le nom de *deuto-iodure de carbone* (117). Le seul fait qu'il nous reste à ajouter à son histoire, c'est celui de sa décomposition par la potasse : la nature des produits qui en résultent a été exposée précédemment (2497).

## SECTION IV.

### *Matières neutres azotées.*

2503. Les unes sous l'influence d'acides puissans ou de la potasse et de la soude, se transforment en ammoniaque et en acides de nature diverse : elles s'appellent *amide*, du nom d'*oxamide* adopté pour désigner l'une d'elles. D'autres, mises en contact avec l'eau, à la température ordinaire, éprouvent promptement la décomposition putride sans pouvoir d'ailleurs se changer en acide et ammoniaque comme les précédentes; d'autres sont phosphorées ou sulfurées; d'autres enfin ne présentent aucun de ces caractères. On peut donc diviser les matières neutres azotées en quatre groupes très distincts.

#### Ier GROUPE.

#### *Amides.*

2504. Les *amides* connues jusqu'ici sont au nombre de cinq : l'urée, l'oxamide, la benzamide, la succinamide, l'asparamide; elles sont représentées dans leur composition :

L'urée par 2 at. ou 1 prop. de carbonate d'ammoniaque moins 1 atome d'eau $= C^2O^2,Az^2H^6 - H^2O = C^2OAz^2H^4$.

L'oxamide, par 1 atome d'oxalate d'ammoniaque moins 1 atome d'eau $= C^4O^3,Az^2H^6 - H^2O = C^4O^2Az^2H^4$.

La benzamide par 1 atome de benzoate d'ammoniaque moins un atome d'eau$=C^{28}H^{10}O^3,Az^2H^6 - H^2O = C^{28}H^{14}O^2Az^2$.

La succinamide par 1 atome de bi-succinate d'ammoniaque moins 1 atome d'eau$=C^8H^4O^3, AzH^3 - H^2O = C^8H^5O^2Az$.

L'asparamide par l'asparmate d'ammoniaque $=$

$$C^{16}Az^2H^{10}O^6, Az^2H^6.$$

Aucune n'a d'odeur; toutes sont sapides et susceptibles de cristalliser,

Chauffées dans une cornue, l'oxamide, la benzamide et la succinamide se volatilisent; l'urée et l'asparamide se décomposent en donnant lieu à des produits ammoniacaux.

Exposées à l'air, elles n'éprouvent point d'altération. Elles sont solubles dans l'eau, dans l'alcool; seulement, l'eau ne dissout l'oxamide qu'à chaud.

Leur transformation en acides et en ammoniaque, sous l'influence des dissolutions alcalines ou des acides puissans, est facile à expliquer par leur composition : il est évident que, si l'on en excepte l'asparamide, il doit toujours y avoir alors pour 1 ou 2 atomes de matière 1 atome d'eau décomposée.

Deux d'entre elles, l'urée et l'asparamide, sont toutes formées dans la nature : les trois autres sont des produits de l'art.

## ARTICLE I.

### *Urée.*

2505. C'est à Rouelle le cadet que nous devons la découverte de l'urée, et à Fourcroy et Vauquelin, que nous devons la connaissance de la plupart de ses propriétés. (*Ann. de Chimie*, t. XXXII, p. 80.)

Cette substance bien purifiée affecte la forme de longs prismes aiguillés, semblables à ceux que peut former le chlorure de strontium; elle est sans couleur, sans odeur, sans action sur les couleurs bleues végétales, transparente, assez dure; sa saveur est fraîche, un peu piquante, et sa pesanteur spécifique plus grande que celle de l'eau.

Lorsqu'on l'introduit dans une cornue, et qu'on l'expose à une chaleur ménagée et progressive, elle entre en fusion à 120°, se décompose ensuite, produit d'abord de l'ammoniaque et de l'acide cyanurique, puis les composés dans lesquels se transforme celui-ci par l'action du feu (2112).

Projetée sur un fer chaud ou sur des charbons ardens, elle se réduit tout de suite en vapeurs blanches qui répandent une forte odeur d'ammoniaque.

Mise en contact avec l'air, elle n'en attire pas sensiblement l'humidité.

Elle est soluble à la température de 15° dans un poids d'eau moindre que le sien, et dans la cinquième partie de son poids d'alcool d'une densité de 0,816; en portant ces liquides à l'ébullition, leurs propriétés dissolvantes augmentent : l'eau dissout alors l'urée en toutes proportions, et l'alcool en dissout à-peu-près un poids égal au sien. Sa dissolution aqueuse nous présente des phénomènes qu'il est important de faire connaître.

Abandonnée à elle-même, cette dissolution se décompose lentement, et toujours dans un espace de temps plus ou moins considérable en raison de la température de l'atmosphère : la chaleur favorise la réaction. Chaque atome d'urée ($C^2Az^2H^4O$) s'associe les principes de 1 atome d'eau ($H^2O$) et se convertit en 2 at. ou 1 prop. de carbonate d'ammoniaque ($C^2O^2, Az^2H^6$).

En la mêlant à une certaine quantité d'acide sulfurique, d'acide chlorhydrique, étendus d'eau, ou à tout autre acide fort, dans un état convenable de concentration, et soumettant le mélange à la température de l'ébullition, il en résulte, par la réaction de ses principes les uns sur les autres, de l'ammoniaque qui s'unit à l'acide employé, et du gaz carbonique qui se dégage.

Si, au lieu de faire agir à chaud les acides sur l'urée, on les met en contact avec cette substance à la température ordinaire, il paraît qu'ils s'y combinent : du moins, tels sont les acides azotique, oxalique, cyanurique ; ils donnent lieu à des composés acides qui cristallisent facilement : les autres composés acides sont au contraire incristallisables.

L'azotate acide d'urée s'obtient en versant une grande quantité d'acide azotique à 24° dans de l'urée en dissolution concentrée ; il se dépose tout-à-coup en cristaux brillans et si nombreux que la liqueur se prend quelquefois en masse. Cet azotate est peu soluble dans l'eau ; il cède son acide aux bases salifiables ; soumis à la distillation, il détone, parce que, à une basse température, il y a production d'azotate d'ammoniaque qui se décompose subitement, à une chaleur rouge. Lorsque l'acide azotique est chargé de beaucoup d'acide hypo-azotique, il perd la propriété de s'unir à l'urée ; il en opère promptement la décomposition en se décomposant lui-même.

L'acide oxalique exerce sur la dissolution d'urée le même mode d'action que l'acide azotique. Il produit avec elle un oxalate en lamelles cristallines, minces et longues, d'une saveur acide franche, très soluble dans l'eau bouillante, mais peu soluble dans l'eau froide qui n'en prend que 4,37 pour 100, et soluble seulement dans 60 fois son poids d'alcool d'une densité de 0,833 à la température de 16°. La chaleur le transforme en acide cyanurique, en carbonate d'ammoniaque, et en oxide de carbone. Les oxalates alcalins neutres paraissent susceptibles de produire avec lui des sels doubles. La chaux en sépare l'acide oxalique.

L'urée peut aussi entrer en combinaison avec l'acide cyanurique. Le composé prend naissance dans les premiers momens de la décomposition de l'urée par le feu ; on l'obtient aisément en faisant bouillir, avec de l'acide cyanurique, la dissolution d'urée concentrée, filtrant la liqueur encore chaude, et la laissant refroidir : il cristallise en aiguilles déliées, solubles dans l'eau et dans l'alcool.

Le chlore altère la dissolution d'urée à la température ordinaire : il produit des flocons qui s'attachent peu-à-peu, comme une huile concrète, aux parois du vase, détruit l'urée, et forme du gaz carbonique, du gaz azote, du chlorhydrate et du carbonate d'ammoniaque.

L'infusion de noix de galle ne trouble point la dissolution d'urée; il en est de même des alcalis; mais pour peu qu'on la chauffe avec les matières alcalines, l'urée qu'elle contient ne tarde point à se transformer en ammoniaque et en acide carbonique qui reste combiné avec l'oxide alcalin.

L'urée ne décompose aucun sel; elle s'unit seulement à un certain nombre d'entre eux, et change la cristallisation de quelques-uns : par exemple, elle fait cristalliser le sel marin en octaèdres et le sel ammoniac en cubes. Elle s'unit aussi aux oxides insolubles qui sont très basiques : il suffit de faire digérer sa dissolution très concentrée avec l'oxide de plomb pour former un composé de cette nature; les autres se préparent aisément en versant un alcali dans une dissolution mixte d'urée et de sel métallique.

2506. *État naturel, production artificielle.* — L'urée existe dans l'urine de l'homme, dans celle de tous les quadrupèdes, et probablement d'un grand nombre d'autres animaux; on ne l'a trouvée jusqu'ici dans aucune autre humeur, si ce n'est dans le sang, lorsque les animaux sont privés de reins; elle ne fait jamais partie des substances molles ou solides.

L'urée d'ailleurs peut être obtenue artificiellement, soit en mettant le cyanogène en contact avec l'ammoniaque (149), soit en chauffant le cyanate d'ammoniaque cristallisé, etc. (2111), soit en faisant passer l'oxamide en vapeur à travers un long tube de verre porté au rouge naissant.

2507. *Préparation.* — De tous les procédés qu'on peut employer pour l'obtenir, le meilleur est le suivant : il faut évaporer l'urine en consistance de sirop très clair, ayant soin de ménager le feu, surtout à la fin de l'évaporation; ajouter peu-à-peu à ce sirop son volume d'acide azotique à 24°, exempt d'acide hypo-azotique; agiter le mélange et le plonger dans un bain de glace, afin de durcir les cristaux d'azotate acide d'urée qui se précipitent; laver ces cristaux avec de l'eau à 0; les faire égoutter, et les comprimer entre des feuilles de papier joseph. Lorsqu'on les a ainsi séparés des matières étrangères auxquelles ils étaient adhérens, on les redissout dans l'eau, on fait digérer la liqueur avec du charbon animal, et l'on y ajoute assez de carbonate de potasse pour en séparer l'acide azotique; puis on évapore la nouvelle liqueur, à une douce chaleur, presque à siccité; on traite le résidu par de l'alcool très pur, qui ne dissout que l'urée : on concentre la dissolution alcoolique, et l'urée cristallise. Si elle était colorée, on la ferait cristalliser de nouveau en se servant tout à-la-fois de charbon et d'alcool, etc.

2508. *Composition.* — D'après les résultats analytiques obtenus par Prout et confirmés par MM. Wöhler et Liebig (*Ann. de Chimie et de Physique*, t. XLVI, p. 31), l'urée est composée de 20,2 de carbone, 46,8 d'azote, 6,6 d'hydrogène, 26,4 d'oxigène;

Ce qui correspond à la formule $C^2Az^2H^4O$.

Par conséquent, l'urée peut être représentée par les élémens du carbonate neutre d'ammoniaque moins 1 atome d'eau $C^2O^2 + Az^2H^6 - H^2O$), ou bien par de l'acide cyanurique et de l'ammoniaque ($C^4AzHO + AzH^3$), ou bien par du cyanate d'ammoniaque hydraté ($C^4Az^2,O + Az^2H^6 + H^2O$), ou bien encore par de l'oxide de carbone et un azoture d'hydrogène particulier ($C^2O + Az^2H^4$), commun aux amides. La première de ces quatre formules permet de se rendre aisément compte de l'action que l'eau fait subir à l'urée, surtout sous l'influence de la chaleur, ou des acides, ou des bases puissantes; la seconde, de sa décomposition, à la distillation sèche; la troisième, de sa production au moyen du cyanate d'ammoniaque (2111).

La quantité d'urée qui se trouve combinée avec une proportion d'acide dans l'azotate et l'oxalate, contient 2 proportions d'oxigène, et a pour expression $C^4Az^4H^8O^2 = 765,87$.

## ARTICLE II.

### *Oxamide.*

2509. *Préparation.* — L'oxamide est un des produits de la distillation de l'oxalate d'ammoniaque (1949). Elle se dépose en partie dans le col de la cornue et en partie dans l'eau ammoniacale du récipient; on réunit le tout sur un filtre; on le lave à grande eau; le résidu est de l'oxamide pure.

*Propriétés.* — C'est une substance blanche qui se présente en poudre grenue, ou en plaques confusément cristallisées. Elle n'est pas sensiblement soluble dans l'eau froide, et ne se dissout qu'en petite quantité dans l'eau bouillante, dans l'alcool et dans l'éther. Une douce chaleur la sublime sans l'altérer ; une température moins ménagée en décompose une portion ; on remarque alors une odeur sensible d'acide cyanique. Elle est entièrement détruite en traversant un long tube de verre chauffé au rouge : il n'y a aucun dépôt de charbon ; il se forme un sublimé d'urée, et il se dégage du carbonate d'ammoniaque, de l'acide cyanhydrique, du gaz oxide de carbone.

Chauffée avec une dissolution de potasse, l'oxamide se convertit en ammoniaque qui se vaporise, et en oxide oxalique qui se combine à l'alcali. Mise en contact avec l'acide sulfurique concentré, elle ne paraît pas subir d'altération à froid ; mais à l'aide de la chaleur, elle s'y dissout, et bientôt se décompose, en donnant de l'ammoniaque qui s'unit à l'acide, et un mélange de gaz oxide de carbone et acide carbonique, à volumes égaux, comme le ferait l'acide oxalique. Enfin exposée à l'action de l'eau sous la pression de 2 à 3 atmosphères, elle se change en oxalate d'ammoniaque. Sa dissolution bouillante ne trouble point les sels de chaux.

*Composition.*—L'oxamide contient sur 100 parties, 27,6 de carbone ; 31,9 d'azote ; 4,5 d'hydrogène, et 26,0 d'oxigène ; ce qui conduit à la formule $C^2AzH^2O$ ou $C^4Az^2H^4O^2$.

L'oxamide peut donc être représentée par un atome d'oxalate d'ammoniaque, moins un atome d'eau ($C^4O^3+Az^2H^6-H^2O$), ou par atomes égaux de cyanogène et d'eau ($C^2Az$, $H^2O$), ou par 2 atomes de bi-carbure d'hydrogène et un atome de bi-oxide d'azote ($C^2H^2$, $AzO$), ou par un compose d'atomes égaux d'oxide de carbone ($C^2O$), et d'un azoture d'hydrogène qui serait ($AzH^2$). (*Voy.* le Mémoire de M. Dumas ; *Ann. de Chim et de Phys.*, XLIV, 129.)

### ARTICLE III.

### *Benzamide.*

2510. *Préparation.* — C'est en faisant passer du gaz ammoniac sec sur du chlorure de benzoyle bien pur, que se prépare la benzamide. Le gaz est absorbé avec production abondante de chaleur, et le liquide se change en une masse solide et blanche, qui n'est qu'un mélange de benzamide et de sel ammoniac. La formation de ces produits solides devient bientôt un obstacle à la saturation du chlorure de benzoyle par l'ammoniaque : de là la nécessité de retirer plusieurs fois la masse du vase, pour l'exprimer et la soumettre de nouveau à l'action du gaz alcalin. On lave ensuite cette masse à l'eau froide, qui n'enlève pour ainsi dire que le chlorhydrate d'ammoniaque, et l'on traite le résidu par l'eau bouillante : la benzamide s'y dissout, et cristallise pendant le refroidissement de la liqueur.

Rien de plus simple que la réaction qui lui donne naissance, ainsi qu'on peut en juger à l'inspection de l'équation qui suit : $(C^{28}H^{10}O^{2}, Ch^{2}) + Az^{4}H^{12} (C^{28}H^{10}O^{2}, Az^{2}H^{4}) + (H^{2}Ch^{2}, Az^{2}H^{6})$, équation dans laquelle $(C^{28}H^{10}O^{2}, Az^{2}H^{4})$ représente la benzamide.

*Propriétés.* — La benzamide est une substance solide, blanche, qu'une température de 115° résout en un liquide transparent, et qui, par le refroidissement, se prend en une masse d'apparence feuilletée. Soumise à une chaleur beaucoup plus forte, elle entre en ébullition, se distille sans s'altérer, et donne une vapeur dont l'odeur a de l'analogie avec celle d'huile d'amandes amères. La benzamide s'enflamme facilement et brûle en répandant beaucoup de noir de fumée. Elle est très peu soluble dans l'eau froide, beaucoup plus dans l'eau bouillante et dans l'alcool ; elle se dissout aussi dans l'éther. Sa dissolution aqueuse, saturée à chaux et refroidie brusquement, dépose des cristaux brillans, semblables à ceux de chlorate de potasse : abandonnée au contraire à un refroidissement lent, cette liqueur se change tout entière en une masse de cristaux aiguillés et soyeux, laquelle, au bout de quelques jours, et même souvent de quelques heures, laisse apercevoir dans son intérieur de grandes cavités où se présentent quelques cristaux d'une forme bien déterminée, résultant d'une transformation subie par les aiguilles soyeuses. Ces cristaux sont transparens et nacrés, nagent sur l'eau, comme s'ils étaient onctueux, et ont la forme de prismes droits rhomboïdaux, dont les angles aigus sont tronqués longitudinalement.

Le potassium fondu avec la benzamide paraît se convertir entièrement en cyanure, et produit en même temps, sans dégagement d'ammoniaque, une grande quantité d'une huile douce et aromatique, inattaquable par les alcalis et les acides concentrés. Cette huile prend aussi naissance, mais en très petite quantité, quand on fait passer la benzamide en vapeur dans un tube étroit et chauffé jusqu'au rouge : dans cette circonstance d'ailleurs, la majeure partie de la benzamide reste intacte, et l'on n'aperçoit aucune trace de charbon.

Les acides puissans ainsi que la potasse et la soude transforment sous l'influence de l'eau la benzamide en ammoniaque et en acide benzoïque, à l'aide de la chaleur. Leur action est nulle, au contraire, à la température ordinaire.

Chauffée avec la baryte anhydre, elle donne lieu à d'autres phénomènes : l'alcali paraît se changer en hydrate ; de l'ammoniaque se dégage, et l'huile que nous avons signalée comme un des produits de l'action du potassium se forme encore ici et se distille.

La benzamide ne détermine de précipité dans aucune dissolution saline.

*Composition.* — La benzamide est formée de 69,7 de carbone, de 11,5 d'azote, de 5,7 d'hydrogène, et de 13,0 d'oxigène : Ce qui donne pour formule atomique $C^{14}H^{7}AzO$, dont le double est $C^{28}H^{14}Az^{2}O^{2}$. Par conséquent, la benzamide peut être représentée par un atome de benzoate d'ammoniaque, moins un atome d'eau ($C^{28}H^{10}O^{3}+Az^{2}H^{6}-H^{2}O$), ou par 2 atomes de benzoyle + 2 atomes de l'azoture d'hydrogène que nous avons admis hypothétiquement dans l'urée et l'oxamide ($C^{28}H^{10}O^{2}, Az^{2}H^{4}$). (*Voy.* le Mémoire de MM. Wöhler et Liebig; *Ann. de Chim. et de Phys.* 41, 293.)

### ARTICLE IV.

### *Succinamide.*

2511. La succinamide s'obtient en faisant agir sur l'acide succinique anhydre le gaz ammoniac sec. Au moment du contact, il y a chaleur assez forte et production d'eau abondante. Elevant ensuite la température, on rend la réaction complète. La succinamide fond et se volatilise dans l'appareil où l'on opère.

Elle est blanche, beaucoup plus fusible que l'acide succinique, volatile sans décomposition, très soluble dans l'eau, moins soluble dans l'alcool, fort peu dans l'éther. Tous ces dissolvans l'abandonnent aisément sous forme cristalline. Sa solution aqueuse fournit par l'évaporation spontanée de beaux cristaux rhomboédriques, qui perdent un atome d'eau à la sublimation. Traitée par la potasse, elle ne laisse dégager d'ammoniaque qu'à l'aide de la chaleur.

*Composition.*—La succinamide sublimée est formée de 48,9 de carbone, 5,0 d'hydrogène, 14,0 d'azote et de 32,1 d'oxigène, d'où l'on tire pour formule atomique $C^{8}AzH^{6}O^{2}$. Hydratée, elle est représentée dans sa composition par la formule : $C^{8}AzH^{7}O^{3}=C^{8}H^{4}O^{3}+AzH^{3}$, c'est-à-dire, les élémens du bisuccinate d'ammoniaque anhydre. Il est facile de concevoir, d'après cela, les circonstances de sa préparation et le dégagement d'ammoniaque qu'elle produit sous l'influence de la potasse. (M. F. Darcet; *Journ. de Pharm.*, t. xx, p. 659.)

### ARTICLE V.

### *Asparamide* ou *Asparagine.*

2512. L'asparamide est une substance végétale particulière, dont la découverte est due à MM. Vauquelin et Robiquet. Cette substance est solide, incolore, inodore, d'une saveur très faible. La forme qu'elle affecte, d'après M. Haüy, dérive d'un prisme droit rhomboïdal, dont le grand angle de la base est d'environ 130°; les bords de cette base et les deux angles situés à l'extrémité de la grande diagonale, sont remplacés par des facettes. Souvent aussi, elle se présente sous forme d'octaèdres rectangulaires. Dans tous les cas, elle est dure et cassante.

Soumise à la distillation, l'asparamide abandonne d'abord 12 pour 100 d'eau de cristallisation, se boursoufle considérablement, exhale des vapeurs piquantes, se décompose à la manière des substances organiques azotées, et fournit un charbon qui brûle sans laisser de résidu. Elle rougit faiblement la teinture de tournesol, à l'aide de la chaleur. L'air ne l'altère point. Elle est soluble dans 58 fois son poids d'eau à 13° et dans beaucoup moins d'eau chaude. Dissoute dans ce liquide, elle n'est troublée ni par l'infusion de noix de galle, ni par l'acétate de plomb, ni par l'oxalate d'ammoniaque, ni par le chlorure de barium, ni par le sulfure de potassium. L'alcool anhydre et l'éther hydrique sont sans action sur elle; cependant l'eau alcoolisée la dissout mieux que ne le fait l'eau pure : il en est de même aussi d'une dissolution de potasse très faible; mais alors l'alcali en détermine bientôt la décomposition.

L'asparamide se transforme facilement en acide asparmique et en ammoniaque. Aussi suffit-il d'abandonner une dissolution aqueuse d'asparamide à elle-même, à la température ordinaire, pour qu'au bout de quelques jours une portion de la matière soit changée en asparmate d'ammoniaque. La chaleur, la présence des alcalis, des carbonates solubles et même de l'oxide de plomb et du carbonate de chaux favorisent cette transformation. Il en est de même des acides : alors il y a production d'un nouveau sel ammoniacal, et d'acide asparmique qui devient libre.

*Composition.* — La composition de l'asparamide se prête aisément à l'explication de ces divers phénomènes; car elle peut être représentée par les élémens de l'asparmate neutre d'ammoniaque. En effet elle renferme sur 100 : 36,7 de carbone; 21,3 d'azote; 5,9 d'hydrogène et 36,1 d'oxigène, ce qui correspond à la formule $C^8Az^4H^8O^3$ ou $C^{16}Az^4H^{16}O^6 = C^{16}H^{10}O^6 + Az^2H^6$, ou une proportion d'acide asparmique et une proportion d'ammoniaque. (Liebig, *Ann. de Chim et de Phys.* LIII, 416.)

Cristallisée, elle contient de l'eau, et sa formule devient $CAz^2H^8O^3 + H^2O$.

*Etat naturel, préparation.*—Trouvée d'abord dans l'asperge, elle a été rencontrée depuis dans les racines de guimauve, de réglisse, de grande consoude, dans 47 variétés de pommes de terre analysées par Vauquelin, dans des *ornithogalium.* Celle de la guimauve fut regardée d'abord comme du *malate d'althéine*, base imaginaire; et celle de la réglisse porta le nom d'*agédoïte* jusqu'à ce que sa véritable nature eût été reconnue.

MM. Vauquelin et Robiquet la retirent de l'asperge, de la manière suivante : après avoir extrait le suc de cette plante, ils le soumettent à l'action du feu pour le déféquer et en coaguler l'albumine; ils le filtrent, le concentrent et l'abandonnent à une évaporation spontanée pendant quinze à vingt jours. Dans cet espace de temps, il s'y forme deux espèces de cristaux : les uns rhomboïdaux, durs et cassans, ne contiennent, pour ainsi dire, que de l'asparamide; les autres en aiguilles peu consistantes, paraissent être analogues à la *mannite* : il ne faut plus alors que séparer les premiers avec beaucoup de soin, les dissoudre et faire cristalliser la liqueur, pour obtenir l'asparamide pure. (*Ann. de Chim.*, t. LVII, p. 88.)

Mais il est plus facile de l'extraire de la racine de guimauve blanche. Cette racine est d'abord coupée en petits morceaux et contusée de manière à en rompre les fibres; puis elle est mise en macération dans environ 4 fois son poids d'eau froide pendant 2 jours, après quoi, l'eau doit être renouvelée pour soumettre la racine à une nouvelle macération. Les deux liqueurs obtenues sont réunies, évaporées à environ la moitié de leur volume, filtrées ou plutôt passées à plusieurs reprises au travers d'un drap de laine fin, et concentrées par une nouvelle évaporation jusqu'en consistance de sirop très peu cuit. Ce sirop étant ensuite abandonné pendant 4 ou 5 jours à l'air, laisse déposer des cristaux légèrement jaunâtres d'asparamide. En les séparant par décantation de l'eau-mère surnageante, les lavant à l'eau froide, et leur faisant subir une nouvelle cristallisation, on les obtient parfaitement blancs. (Henry et Plisson, *Journ. de Pharm.*, XVI, 71, 3. — Boutron-Charlard et Pelouze, *Ann. de Chim. et de Phys.*, LII, 90.)

## IIe GROUPE.

### *Matières neutres azotées facilement putrescibles.*

2513. Les matières qui constituent ce groupe sont principalement la fibrine, l'albumine animale, l'albumine végétale, la matière colorante du sang ou l'hématosine, la gélatine, le caséum, le gluten.

2514. Soumises à la distillation, ces substances donnent de

l'eau, du gaz carbonique, du carbonate d'ammoniaque dont une partie cristallise dans les vases, de l'acétate d'ammoniaque, du prussiate ou cyanhydrate d'ammoniaque en très petite quantité, du gaz oxide de carbone, une huile épaisse, noire, lourde et très fétide, du gaz hydrogène carboné, du gaz azote et un charbon volumineux, la plupart du temps brillant, difficile à in inérer à cause des sels dont il est enveloppé.

2515. Mises en contact avec l'eau et abandonnées à elles-mêmes à la température ordinaire, dans des vaisseaux ouverts ou fermés, elles éprouvent bientôt la décomposition putride, sur laquelle nous reviendrons dans la suite.

2516. Projetées dans un creuset rouge ou sur des charbons incandescens, elles se boursouflent, s'enflamment et brûlent à la manière des corps combustibles. Si la combustion était complète, il n'en résulterait que de l'eau, du gaz carbonique et du gaz azote; mais comme elle ne l'est jamais, il se forme en outre une plus ou moins grande quantité des produits qu'on obtient en vases clos, produits toujours faciles à reconnaître par leur fétidité.

2517. Le gaz hydrogène, le bore, le carbone, le phosphore, le soufre, l'azote, sont sans action sur elles.

Elles cèdent une portion de leur hydrogène à l'iode, au brôme et surtout au chlore.

2518. L'eau en les dissolvant ou les ramollissant, facilite leur putréfaction. L'alcool au contraire les rend imputrescibles.

2519. Lorsqu'on les calcine avec la potasse ou la soude, il se produit du cyanure de potassium ou de sodium, propre à faire du bleu de Prusse (2137).

Les dissolutions alcalines, concentrées et bouillantes, les décomposent et les transforment en ammoniaque qui se dégage, et en acide carbonique, acide acétique, et une autre matière mal connue, qui restent unis à l'alcali.

L'action des oxides insolubles ne présente rien de général.

2519 *bis*. Les acides faibles, tels que les acides carbonique, borique, tungstique, colombique, molybdique, etc., n'attaquent pas les substances azotées du deuxième groupe. Ceux qui sont forts s'y unissent ou en opèrent la décomposition. L'acide chlorhydrique concentré présente en outre un phénomène tout particulier et très remarquable, d'après MM. Bourdois et Caventou; il les dissout du jour au lendemain à la température de 18 à 20°, en prenant une belle teinte bleue, si ce n'est avec la gélatine et la matière colorante du sang.

Nous ne parlerons avec quelques détails que de l'action de l'acide azotique : c'est la seule qui soit assez bien connue pour pouvoir être exposée dans ces généralités.

2520. Ces substances sont toutes décomposées par l'acide azotique, à froid ou du moins à chaud. Toutes paraissent donner lieu, par des quantités convenables d'acide :

| | Qui se forment |
|---|---|
| A de l'eau et du gaz carbonique......... | Dans tout le cours de l'opération. |
| A un peu d'acide prussique ou cyanhydrique | *Idem.* |
| A du gaz azote......................... | Au commencement. |
| A de l'oxide d'azote................... | Quelque temps après que l'opération est commencée. |
| A de l'acide hypo-azotique............. | Quelque temps après que l'opération est commencée. |
| A de l'ammoniaque ..................... | Peut-être. |
| A de l'acide oxalhydrique (1).......... | Vers le milieu. |
| A de l'acide oxalique.................. | Presqu'à la fin. |
| A un composé jaune, amer, qui selon toute apparence est de l'acide picrique .......... | A la fin. |

Ces produits sont les mêmes que ceux que donnent les substances non azotées, à cela près qu'ici l'on obtient de plus de l'acide picrique et peut-être un peu d'ammoniaque; d'où l'on peut conclure que la théorie de leur formation doit être analogue. Par conséquent, il faut concevoir que l'eau, le gaz carbonique, résultent de la combinaison d'une plus ou moins grande quantité d'oxigène de l'acide azotique, avec des quantités proportionnelles d'hydrogène et de carbone de la substance animale; que le gaz azote, l'oxide d'azote et l'acide hypo-azotique, proviennent de la décomposition de l'acide azotique; que les acides oxhalhydrique et oxalique ne sont que la substance animale elle-même *désazotée* et convenablement *déshydrogénée* et *décarbonée;* que l'ammoniaque, s'il s'en forme, n'est due qu'aux principes de cette substance; que l'acide prussique ou cyanhydrique, dont la quantité est très petite, a sans doute la même origine que celui qu'on recueille dans le traitement des substances non azotées; enfin, que l'acide picrique apparaît à la fin de l'opération et constitue le résidu qu'on retrouve dans la cornue dont on se sert, parce qu'il est indécomposable par l'acide azotique.

Toutefois, dans ce que nous venons de dire, on ne voit pas ce que devient tout l'azote de la substance. A la vérité, une portion entre dans la composition de l'acide picrique; une autre peut-être employée pour faire de l'ammoniaque, et l'on peut même supposer qu'une autre fait partie de l'acide prussi-

(1) Nous supposons qu'il en est avec les matières neutres azotées comme avec le sucre, etc.; c'est-à-dire qu'au lieu d'acide malique, il se forme de l'acide oxalhydrique. Cependant aucune expérience décisive n'a été faite à cet égard.

que ou cyanhydrique (1). Mais la quantité d'azote qui appartient à ces produits ne représente pas complètement celle que contient toute la substance ; il faut donc le chercher ailleurs, et ce qu'il y a de plus vraisemblable, est que l'excédant se dégage à l'état de gaz.

2521. Les substances azotées du deuxième groupe n'ont aucune action sur les sels à froid sans l'intermède de l'eau : à chaud, elles agissent sur eux de même que les substances organiques en général, c'est-à-dire, par l'hydrogène et le carbone qu'elles contiennent (1932).

2522. *Composition, état naturel, préparation, etc.* — Nous ne parlerons de leur composition, de leur état naturel, de leur préparation et de leurs usages, que dans l'histoire particulière de chacune d'elles, histoire dont nous allons nous occuper actuellement.

ARTICLE I.

## *Fibrine.*

2523. *État naturel, préparation.* — La fibrine existe dans le chyle; elle entre dans la composition du sang; c'est elle qui forme en grande partie la chair musculaire : on peut donc la regarder comme la substance animale la plus abondante.

Pour l'obtenir, il suffit de battre le sang, à sa sortie de la veine, avec une poignée de bouleau ; bientôt elle s'attache à chaque tige sous forme de longs filamens rougeâtres qu'on décolore en les malaxant sous un filet d'eau froide, et qu'on prive ensuite d'un peu de graisse qu'ils contiennent en les faisant digérer à plusieurs reprises dans de l'alcool ou de l'éther.

*Propriétés.* — La fibrine ainsi obtenue est solide, blanche, flexible, légèrement élastique, insipide, inodore, plus pesante que l'eau, sans action sur le tournesol et le sirop de violettes ; elle contient environ les $\frac{4}{5}$ de son poids d'eau. C'est à celle-ci qu'elle doit sa blancheur, sa flexibilité et son élasticité ; car exposée à l'air, elle se dessèche, devient demi-transparente, jaunâtre, raide, cassante; et si dans cet état on la plonge dans l'eau, elle en absorbe à-peu-près autant qu'elle en avait perdu, et reprend ses propriétés primitives. (Chevreul, *Ann. de Chim. et de Phys.*, t. XIX, p. 33).

On en retire par la distillation beaucoup de carbonate d'ammoniaque, etc., et un charbon, très volumineux, très brillant, très difficile à incinérer, qui laisse un résidu d'un gris

(1) Hypothèse que nous n'admettons pas, parce que les substances non azotées semblent donner autant d'acide prussique que les substances animales.

blanchâtre, contenant une grande quantité de phosphate de chaux, un peu de phosphate de magnésie et des traces d'oxide de fer. Ce résidu équivaut ordinairement à deux tiers de partie pour 100 du poids de la fibrine sèche.

Mise en contact, dans un vase ouvert, avec de l'eau qu'on renouvelle de temps en temps, elle se corrompt, et finit par disparaître tout entière, à très peu de chose près, tandis que de la fibre qui est imprégnée de graisse donne un résidu gras, d'autant plus abondant que la graisse est en plus grande quantité; d'où l'on peut conclure que les cadavres ne passent au gras qu'en raison de la graisse qu'ils contiennent. L'expérience est facile à faire de manière à ne rien perdre, en plaçant la fibre sur un filtre dans un entonnoir, bouchant le bec de celui-ci, et le débouchant pour faire écouler l'eau et la remplacer par d'autre. (Gay-Lussac; *Ann. de Chim. et de Phys.*, tom. IV, p. 71.)

L'eau froide est sans action sur elle. Traitée par l'eau bouillante, elle finit par s'altérer tellement, qu'elle perd la propriété de se ramollir et de se dissoudre dans l'acide acétique, et que la liqueur filtrée précipite par l'infusion de noix de galle, et donne un résidu blanc, sec, dur, d'une saveur agréable. C'est à M. Berzelius que nous devons ces observations, ainsi que les suivantes.

L'acide sulfurique étendu de six fois son poids d'eau s'unit à la fibrine à la température ordinaire; il forme avec elle un composé qui occupe beaucoup moins de volume que la fibrine même, et qui, lavé à l'eau, devient peu-à-peu transparent, se gonfle et se transforme en un autre lequel est gélatineux. Celui-ci est un sulfate neutre, soluble dans l'eau à peine tiède, tandis quele premier est un sulfate acide, insoluble dans l'eau bouillante: aussi, lorsqu'on verse de l'acide sulfurique dans la dissolution de sulfate neutre, y produit-on tout de suite un précipité de sulfate acide. A chaud, la réaction acide serait autre: il y aurait dégagement d'une petite quantité de gaz azote, et la fibrine serait altérée.

L'acide chlorhydrique faible se comporte avec la fibrine de même que l'aide sulfurique étendu.

Concentrés, ils produisent d'autres phénomènes, surtout avec la fibrine desséchée: l'acide sulfurique à froid la gonfle en une gelée jaune sans la décomposer; l'acide chlorhydrique la gonfle également et la rend gélatineuse, mais la gelée se résout avec le temps en un liquide d'un beau bleu foncé; ce ne serait qu'autant que la fibrine ne serait pas complètement privée de matière colorante que la liqueur prendrait une teinte pourpre ou violette. Dans tous les cas, en délayant le produit dans l'eau, on en précipite un sulfate ou un chlorhydrate acide analogue à celui que donne l'acide affaibli et que des lavages prolongés transforment en sulfate et chlorhydrate neutres.

L'acide azotique très faible agit aussi sur la fibrine, comme l'acide sulfurique étendu, à la température ordinaire; mais il en est tout autrement, lorsque sa densité est de 1,25. Il en résulte d'abord un dégagement de gaz azote; en même temps la liqueur devient jaune. En prolongeant le contact pendant vingt-quatre heures, toute la fibrine est attaquée et convertie en une masse pulvérulente, d'un jaune-citron, qui paraît être composée de fibrine altérée et combinée intimement avec l'acide oxalhydrique et l'acide azoteux. Si alors on élève la température, on obtient tous les produits dont il a été question précédemment (2520).

L'acide acétique concentré rend la fibrine molle à la température ordinaire, et la convertit en une gelée incolore qui se dissout aisément dans l'eau chaude. La dissolution est sans couleur et peu sapide. Soumise à l'ébullition, il s'en dégage un peu de gaz azote, sans qu'elle se trouble. Evaporée jusqu'à siccité, elle laisse un résidu transparent qui rougit le papier de tournesol, et qui ne peut se dissoudre, même dans l'eau bouillante, qu'à la faveur d'une nouvelle quantité d'acide acétique. Les acides sulfurique, chlorhydrique, azotique en précipitent la matière animale, et forment avec elle des combinaisons acides. La potasse, la soude, l'ammoniaque opèrent aussi la précipitation de cette matière, pourvu toutefois qu'on n'ajoute pas un trop grand excès d'alcali, car alors les parties précipitées d'abord se redissoudraient. (Berzelius, *Annales de Chimie*, t. LXXXVIII, p. 28.)

La potasse et la soude, liquides, dissolvent peu-à-peu la fibrine à froid, sans lui faire éprouver d'altération bien sensible; mais, à chaud, elles la décomposent, occasionnent la formation d'une certaine quantité de gaz ammoniac, et des autres produits dont il a été fait mention précédemment (2519). Dans la dissolution alcaline de fibrine, celle-ci joue le rôle d'acide, quoique, avec les acides proprement dits, elle joue le rôle de base; et ce qui le prouve, c'est qu'en mêlant cette dissolution avec la plupart des dissolutions salines des cinq dernières sections, on en précipite les oxides unis à la fibrine même.

Enfin l'infusion de noix de galle trouble les dissolutions de sulfate neutre, de chlorhydrate neutre, etc. de fibrine, et que l'eau de potasse ou de soude, saturée de cette substance organique; il en est de même du cyanure de fer et de potassium.

*Composition.* — 100 parties de fibrine sont composées de

53,360 de carbone, 19,685 d'oxigène, 7,021 d'hydrogène, 19,934 d'azote. (Gay-Lussac et Thenard, *Recherches physico-chimiques*, II, 330.) (1)

*Usages.* — La fibrine, à l'état de pureté, est sans usages; mais, puisqu'elle forme la base de la chair, elle n'en doit pas être moins considérée comme la substance animale nutritive la plus commune; elle est connue depuis un temps immémorial.

### ARTICLE II.

### *Albumine animale.*

2524. L'albumine est, de toutes les substances, la plus disséminée dans l'économie animale. C'est elle qui, unie à une plus ou moins grande quantité d'eau, et à une très petite quantité de sels, forme entièrement ou presque entièrement le blanc d'œuf, d'où elle tire son nom, le sérum du sang, la liqueur du péricarde, celle des hydropiques, des ventricules du cerveau, l'humeur des vésicatoires, de la brûlure, des hydatides; elle constitue la majeure partie de la synovie; elle existe aussi dans le chyle, dans le sang, dans la bile des oiseaux, et l'on ne saurait douter qu'on ne la trouve un jour dans plusieurs autres substances qui n'ont point encore été bien examinées.

Pour en faire plus facilement et plus complètement l'histoire, nous l'étudierons liquide, desséchée par évaporation spontanée, coagulée par le feu ou l'alcool: sous ces trois états, elle possède des propriétés diverses.

2525. *Albumine coagulée par l'alcool ou par le feu.* — Cette sorte d'albumine s'obtient en agitant le blanc d'œuf avec dix ou douze fois son poids d'alcool: celui-ci s'empare de l'eau qui tient la substance albumineuse en dissolution, et cette substance se précipite sous forme de flocons et de filamens blancs que la cohésion rend pour ainsi dire insolubles, et que par conséquent il faut laver à grande eau. On peut également se procurer cette même substance en soumettant le blanc d'œuf à la chaleur de l'eau bouillante et lavant le *coagulum*. Cependant, s'il était vrai, comme l'avance M. Couerbe, que le blanc d'œuf contint, outre l'albumine, une matière particulière à laquelle il a cru devoir donner le nom d'*oonin* (*Journ. de Pharm.*, XV, 497), il faudrait se servir du sérum du sang, opérer sur le sérum comme sur le blanc d'œuf, mais traiter, par l'alcool ou l'éther, le *coagulum* qui proviendrait de l'ac-

(1) La petite quantité de graisse qu'elle contient n'en avait point été extraite.

tion du feu pour extraire la petite portion de graisse que le sérum renferme toujours.

L'albumine ainsi extraite est, comme la fibrine, solide, blanche, insipide, inodore, plus pesante que l'eau, sans action sur le tournesol et sur le sirop de violettes, capable de donner, dans sa décomposition par le feu, beaucoup de carbonate d'ammoniaque, etc. (2514), et un charbon volumineux difficile à incinérer : de 100 d'albumine, on retire 1,8 de cendre qui contient beaucoup de phosphate et de carbonate de chaux, un peu de carbonate de soude et des traces d'oxide de fer.

C'est aussi comme la fibrine, suivant M. Berzelius, qu'elle se comporte avec les acides, les alcalis, l'alcool, l'éther et l'eau : seulement elle se dissout moins facilement que la fibrine dans l'acide acétique et dans l'ammoniaque, et beaucoup mieux dans la potasse et la soude. Toutefois il est très facile de les distinguer l'une de l'autre, par l'eau chargée d'une petite quantité de bi-oxide d'hydrogène. L'albumine est sans action sur ce liquide, tandis que la fibrine en dégage tout de suite du gaz oxigène (446).

Enfin, de même que la fibrine, elle se convertit par la dessiccation en une substance jaune, dure, cassante, demi-transparente, qui se ramollit peu-à-peu dans l'eau, et qui, en absorbant celle-ci, redevient blanche et opaque.

2526. *Albumine desséchée par évaporation spontanée.* — Lorsqu'on expose le blanc d'œuf à l'air ou qu'on le place dans le vide sec, à la température ordinaire, l'albumine se concentre peu-à-peu, et finit par se prendre en une masse solide, jaunâtre et transparente. Cette masse, mise en contact avec l'eau, s'y redissout et reproduit un liquide visqueux, coagulable par la chaleur, possédant en un mot toutes les propriétés du blanc d'œuf frais, d'où il suit que, par l'évaporation spontanée, l'albumine de l'œuf n'éprouve aucune altération; le sérum du sang nous offre des phénomènes analogues.

Dans tous les cas, l'alcool rend tout-à-coup insoluble dans l'eau l'albumine qui a été desséchée spontanément; la chaleur de l'eau bouillante produit aussi le même effet, mais très lentement.

Il existe donc une différence bien marquée entre l'albumine dont la dessiccation a été spontanée et l'albumine coagulée. Cependant, soit qu'on abandonne 100 parties d'albumine liquide à une évaporation spontanée, ou qu'après les avoir coagulées par le feu on les expose à l'air, le résidu est toujours le même, environ 15 parties, lesquelles, dans le vide sec, se réduisent à 13,75, terme moyen. (M. Chevreul, *Ann. de Chim. et de Phys.*, XIX, 38.)

2527. *Albumine liquide.* — L'albumine liquide se trouve, comme on vient de le voir, en grande quantité dans l'économie animale. A la vérité, elle y est toujours mêlée à une certaine quantité de sels, quelquefois même à un peu de graisse ; mais ces matières n'ont que très rarement de l'influence sur les résultats.

Elle est transparente, insipide, inodore, plus pesante que l'eau, plus ou moins visqueuse ; elle mousse par l'agitation, et verdit le sirop de violettes, en raison du peu de carbonate de soude qu'elle contient.

Placée dans le courant de la pile voltaïque, elle se coagule sur-le-champ tout autour du pôle positif. M. Brande, à qui cette observation est due, pense qu'on pourrait se servir avec succès de ce moyen pour rendre sensibles de petites quantités d'albumine que beaucoup de fluides animaux contiennent.

Soumise à l'action de la chaleur, elle ne tarde point à répandre une odeur particulière et caractéristique, et à se prendre, lorsqu'elle n'est pas unie à beaucoup d'eau, en une masse dure, opaque et blanche : nous citerons pour exemple le blanc d'œuf, qui perd sa transparence de 60 à 63 degrés et se solidifie complètement à une température un peu plus élevée. Plusieurs chimistes et notamment Fourcroy, ont attribué cette sorte de coagulation à une oxigénation de l'albumine ; mais il est évident que l'oxigène n'y entre pour rien, puisque l'albumine se coagule tout aussi bien sans le contact qu'avec le contact de l'air ; et que l'alcool la coagule sur-le-champ de même que le feu. Quoi qu'il en soit, si l'albumine en dissolution concentrée se coagule facilement par la chaleur, il n'en est pas de même de l'albumine étendue d'eau : en effet, que l'on mêle le sérum avec 15 à 20 fois son volume d'eau et qu'on le porte à l'ébullition, il deviendra seulement opalin, et chose digne de remarque, c'est que d'une part il le deviendrait encore, quand bien même la quantité d'eau serait beaucoup plus considérable, et que de l'autre en laissant ensuite évaporer spontanément la liqueur, l'albumine qui formerait le résidu serait insoluble dans l'eau comme l'albumine coagulée.

Conservée, surtout en vase clos, l'albumine éprouve, au bout d'un certain temps, la décomposition putride, et répand une odeur analogue à celle du gaz sulfhydrique.

La potasse et la soude s'opposent à sa coagulation par le feu.

Le chlore et l'iode la troublent tout-à-coup.

Tous les acides d'un certain degré de force peuvent se combiner avec elle, et la plupart sont capables de former des composés blancs, acides, peu solubles, surtout lorsque les acides sont très prédominans. Il paraît même que celui qu'elle forme avec l'acide azotique est tout-à-fait insoluble; car cet acide rend trouble une liqueur qui ne contient que des traces d'albumine; il en est de même de l'acide tannique ou de l'infusion de noix de galle. L'acide phosphorique et l'acide acétique sont du petit nombre de ceux qui s'y unissent sans la troubler.

Cependant, lors même qu'un acide ne trouble pas l'albumine liquide, il produit sur elle le même effet que la chaleur. Pour le prouver, il suffit d'y faire tomber une seule goutte d'acide acétique, et d'y ajouter ensuite la quantité d'alcali nécessaire à la neutralisation : l'albumine qui avait été combinée avec l'acide, se précipite à l'état de *coagulum;* le même effet aurait lieu, si l'on versait d'abord l'alcali, puis l'acide.

Il n'est presque point de dissolutions de sels appartenant aux quatre dernières sections qui ne soient décomposées et troublées par l'albumine liquide, même très étendue d'eau. Les précipités varient par leur nuance; mais ils sont toujours floconneux et composés d'albumine unie à la substance saline. Or, comme les composés insolubles n'ont presque point d'action sur l'économie animale, il s'ensuit que l'on pourrait se servir de l'albumine contre la plupart des empoisonnemens par les sels métalliques : aussi M. Orfila l'a-t-il proposée comme le meilleur antidote contre le sublimé corrosif et les sels mercuriels, et l'a-t-il administrée avec succès dans un cas d'empoisonnement par la liqueur mercurielle de Van-Swieten (Voyez sa *Toxicologie*). Cependant il ne faudrait point, autant que possible, la donner en trop grand excès, car une portion du précipité pourrait être redissoute.

*Composition.* — L'albumine est formée, savoir : celle du blanc d'œuf d'après MM. Gay-Lussac et Thenard, celle du sérum du sang veineux humain d'après M. Prout, celles du sang artériel et du sang veineux d'après M. Michaelis :

| | Gay-Luss. et Then. | Prout. | Sang arter. | Sang veineux. |
|---|---|---|---|---|
| Carbone..... | 52,883 | 49,750 | 53,009 | 52,650 |
| Hydrogène... | 7,540 | 7,775 | 6,993 | 7,359 |
| Azote....... | 15,705 | 15,550 | 15,562 | 15,505 |
| Oxigène..... | 23,872 | 26,925 | 24,436 | 24,484 |

Cependant, outre ces principes, il semble qu'elle contient une petite quantité de soufre, car elle noircit les vases d'argent dans lesquels on la fait cuire, et elle finit par exhaler du gaz sulfhydrique lorsqu'on l'abandonne à elle-même.

*Usages.* — Lorsqu'on fait bouillir une liqueur qui contient de l'albumine, bientôt celle-ci, comme nous l'avons dit précédemment, se coagule et entraîne tous les corps tenus en suspension, même les plus divisés : de là l'usage qu'on en fait pour clarifier les sirops. On l'emploie aussi, mais à la température ordinaire, pour clarifier les vins, la bière : elle s'unit alors au tannin, et forme un composé insoluble qui agit comme l'albumine coagulée. On s'en sert quelquefois dans les laboratoires pour composer, par son mélange avec la chaux, un lut très siccatif. Enfin elle doit être considérée comme substance nutritive, puisqu'elle fait partie des œufs, du sang, de la chair musculaire.

2528. *Variétés d'albumine.*—Les nombreuses propriétés que nous venons de décrire appartiennent à l'albumine de l'œuf comme à celle du sérum ; on est donc porté à conclure que ces substances sont identiques. Toutefois l'éther et l'huile de térébenthine coagulent le blanc d'œuf et ne produisent rien de semblable sur le sérum du sang. Est-ce qu'il existerait des variétés d'albumine animale ?

### ARTICLE III.

### *Albumine végétale.*

2529. L'albumine végétale existe dans le froment, le seigle, l'orge, le maïs et en général dans les graines des graminées ; on la rencontre également dans les graines des plantes légumineuses, dans celles qui, broyées avec l'eau produisent des émulsions, telles que les amandes, et de plus, dans tous les sucs végétaux, où la chaleur détermine un *coagulum* ; c'est donc une substance très répandue ; presque toujours elle est accompagnée de *gluten*.

L'albumine végétale a tant de rapports avec l'albumine animale, que ces deux substances semblent se confondre. En effet, l'albumine végétale se comporte avec les différens réactifs d'une manière analogue à l'albumine animale, et tout ce que nous avons dit de l'une peut s'appliquer plus ou moins à l'autre ; aussi pensons-nous qu'il n'est pas nécessaire d'en tracer l'histoire particulière.

### ARTICLE IV.

### *Caséum ou matière caséeuse.*

2530. Le caséum n'existe que dans le lait. On peut l'en extraire par deux procédés qui donnent : l'un du *caséum* soluble dans l'eau, l'autre du *caséum* insoluble dans ce liquide et *en état de coagulation.*

2531. *Caséum soluble.* — Pour l'obtenir, on verse d'abord dans le lait écrémé de l'acide sulfurique très étendu, qui précipite le caséum sous forme de *caillot blanc*. On rassemble ensuite ce caillot sur un filtre, on le lave soigneusement, puis on le délaie et on le fait digérer dans de l'eau avec du carbonate de baryte. Celui-ci s'empare de l'acide du *caillot*, et le caséum devenant libre se dissout. Il ne reste plus alors qu'à filtrer la liqueur et l'évaporer jusqu'à siccité.

Le caséum ainsi obtenu est en masse jaunâtre, insipide, inodore, sans action sur le tournesol.

Il se dissout facilement dans l'eau, difficilement dans l'alcool. La dissolution aqueuse, conservée dans un flacon, s'altère peu-à-peu, répand l'odeur de vieux fromage, se putréfie et devient ammoniacale. Les acides la coagulent, surtout à chaud, comme le lait lui-même, et le *coagulum* finit par disparaître, lorsqu'on le lave à grande eau. La potasse, la soude, l'ammoniaque ne la troublent point.

L'alcool, l'infusion de noix de galle, plusieurs sels, entre autres l'acétate de plomb, y occasionnent des précipités qui sont: le premier, du caséum pur, le second du gallate de caséum, les autres des composés de caséum et d'oxide; aussi, plusieurs oxides peuvent-ils être unis directement au caséum et former des combinaisons insolubles; tels sont : la chaux, la baryte, la strontiane, etc. Cette propriété a même été mise à profit pour employer le lait caillé dans la peinture en détrempe.

2532. *Caséum coagulé.* — Le caséum coagulé est au caséum soluble ce qu'est l'albumine solidifiée par la chaleur à l'albumine liquide. On l'obtient en plongeant la membrane muqueuse de l'estomac des jeunes veaux dans le lait, chauffant celui-ci jusqu'à 50°, le maintenant à cette température pendant quelque temps, puis, lavant à grande eau le *coagulum* qui ne tarde point à se produire. Il semble, au premier coup-d'œil, que la membrane n'agit ici qu'en portant ou produisant de l'acide au milieu du lait; mais il n'en est point ainsi. Berzelius a reconnu que 1800 grammes de lait avaient été coagulés par une membrane bien nettoyée, bien lavée, du poids de 1 gramme, et qui, après l'opération, pesait encore 0 gr. 94. D'ailleurs, le carbonate de baryte ne donne point au coagulum la propriété de se dissoudre, ce qui démontre qu'il diffère essentiellement de celui que forment les acides dans le lait. Le *caséum* éprouve donc alors une modification particulière qu'il est difficile d'expliquer. Il paraît que le caseum coagulé se produit encore en chauffant doucement la dissolution du caséum soluble, et que, par conséquent, il constitue les pellicules qui se forment à la surface du lait qu'on évapore.

Le caséum coagulé est blanc, et de plus, il est comme le caséum soluble, insipide, inodore, sans action sur le tournesol, et le sirop de violettes.

Soumis à la distillation, il donne une grande quantité de carbonate d'ammoniaque, etc., et un charbon volumineux, difficile à incinérer, qui laisse 6 $\frac{1}{2}$ pour 100 de cendre, composée presque uniquement de phosphate de chaux; on y trouve seulement un peu de chaux plus ou moins carbonatée.

L'eau chaude ou froide ne le dissout point; il en est de même de l'alcool; il est au contraire soluble dans la potasse, la soude, l'ammoniaque, à la température ordinaire ou à une température peu élevée. Il se dissout aussi à cette température dans la plupart des acides forts appartenant au règne végétal et au règne minéral, pourvu toutefois que les premiers soient concentrés, et les seconds étendus d'une certaine quantité d'eau, etc.

Placé sur un filtre à claire-voie, ou sur une claie en osier, à l'état de caillé, et exposé à l'air, il prend peu-à-peu de la consistance, finit par s'altérer et se transformer en une sorte de fromage.

Délayé dans l'eau et abandonné à lui-même, il forme de nouveaux produits que Proust a examinés le premier, mais dont le principal n'a bien été isolé que par M. Braconnot. Ce chimiste ayant mêlé 270 grammes de fromage frais, provenant d'un lait écrémé, avec 1 litre d'eau, et ayant laissé le mélange se putréfier pendant un mois à une température de 20 à 25 degrés, la majeure partie du fromage se dissolvit. Au bout de ce temps, il filtra la liqueur et l'évapora en consistance de miel; elle se prit peu-à-peu en une masse grenue, dont une partie seulement était soluble dans l'alcool. La partie insoluble fut traitée par l'eau chaude: du charbon de la lessive du sang fut ajouté à la dissolution pour la décolorer; après quoi celle-ci fut passée au filtre et soumise à une évaporation spontanée; il s'en sépara ainsi des cristaux aciculaires déliés, se groupant autour des bords du liquide. Ils constituent une matière particulière qui se rapproche de l'oxide caséeux de M. Proust, à laquelle M. Braconnot a donné le nom d'*aposépédine* (de ἀπὸ et σηπεδων), c'est-à-dire produit par la putréfaction.

L'*aposépédine*, purifiée par de nouvelles cristallisations, est inodore, légèrement amère, facile à réduire en poudre et croquant sous la dent. Elle brûle sans résidu. Chauffée dans un tube de verre ouvert aux deux bouts, elle se sublime en partie sous forme de cristaux sans subir d'altération. Distillée dans une cornue, elle se décompose complètement, donne une huile qui a la consistance du suif, etc., et des produits ammoniacaux au nombre desquels se trouve le sulfhydrate d'ammoniaque. Elle noircit l'argent poli, à une température convenablement élevée. L'eau à 14° en dissout la 22$^{e}$ partie de son poids et se putréfie promptement; elle est peu soluble dans l'alcool bouillant : toutefois il en laisse déposer par le refroidissement une quantité très sensible en poudre fine et légère. L'acide azotique la transforme en une matière amère et en une huile jaune, sans aucune trace d'acide oxalique. L'infusion de noix de galle trouble tout-à-coup et fortement sa dissolution aqueuse : le précipité blanc disparaît dans un excès de réactif. (Voyez les *Mémoires* de MM. Proust et Braconnot, *Ann. de Chim. et de Phys.*, x, 29 et xxxvi, 159.)

*Composition*, etc. — La matière caséeuse est composée, sur 100 parties, de 59,781 de carbone, 11,409 d'oxigène, 7,429 d'hydrogène, 21,381 d'azote. (MM. Gay-Lussac et Thenard, *Recherches physico-chimiques*, II.)

Elle forme la base de toutes les espèces de fromages, et constitue presque entièrement ceux qui sont de qualité inférieure : nous devons donc la considérer comme substance nutritive, d'autant plus qu'elle entre pour une grande quantité dans la composition du lait.

## ARTICLE V.

### *Gélatine ou colle forte.*

2534. *Etat naturel.* — La gélatine ne fait jamais partie des humeurs des animaux ; mais toutes leurs parties molles et solides contiennent la matière propre à la former. On la trouve, sous cet état, dans la chair musculaire, les peaux, les cartilages les ligamens, les tendons et les aponévroses. Les membranes en contiennent une grande quantité ; les os en renferment environ la moitié de leur poids.

*Propriétés.* — La gélatine est, de même que la fibrine et l'albumine, plus pesante que l'eau, sans saveur, sans odeur, sans couleur, sans action sur la teinture de tournesol et sur le sirop de violettes.

Soumise à la distillation, elle nous offre encore les mêmes phénomènes que ces substances ; mais elle s'en distingue facilement par les propriétés suivantes.

En la chauffant peu-à-peu dans une capsule d'argent ou de platine, elle se ramollit et répand une odeur particulière ; elle éprouve ensuite un commencement de fusion, se boursoufle, exhale des fumées dont l'odeur, différente de la première, ressemble à celle de la corne brûlée, puis elle s'enflamme, brûle quelques instans, et laisse un charbon volumineux, difficile à incinérer, qui ne donne pour résidu après la combustion qu'un peu de cendre composée de phosphate de chaux.

Elle est très soluble dans l'eau bouillante, et très peu dans l'eau froide. Lorsqu'on en dissout 2 parties et demie dans 100 parties d'eau chaude, la liqueur se prend en gelée par le refroidissement : cette gelée, surtout en été, s'aigrit en quelques jours, se liquéfie, et ne tarde point ensuite à éprouver tous les phénomènes de la fermentation putride.

L'alcool et l'acide tannique ou tannin, précipitent la gélatine de sa dissolution : le premier en agissant sur l'eau, et le second sur la substance elle-même. Le précipité que forme le tannin est abondant, d'un blanc gris, complètement insoluble : aussi est-on certain qu'une liqueur qui reste limpide, lorsqu'on y ajoute de l'infusion de noix de galle, ne contient pas de trace de gélatine. D'ailleurs il se réunit promptement en une masse collante, élastique, qui, par son exposition à l'air, se dessèche et devient friable; sous ces deux états il est imputrescible : c'est un composé analogue qui se produit probablement dans l'intérieur des peaux lorsqu'on les tanne. On n'a point encore déterminé exactement combien il contient de gélatine et de tannin. Celui que forme l'alcool est blanc, disparaît dans l'eau; il n'est composé que de gélatine pure.

Aucun acide autre que l'acide tannique, aucun alcali, ne précipitent la dissolution de gélatine.

Quelques sels au contraire la troublent plus ou moins fortement : tels sont les azotates et le bi-chlorure de mercure, le proto-chlorure d'étain, le sulfate neutre de peroxide de fer à chaud, le même sel à froid, mais mêlé à de l'ammoniaque jusqu'à ce qu'il ait pris une couleur d'un rouge intense, l'alun en y ajoutant assez d'alcali pour qu'il passe à l'état de sous-sulfate ($AL^2O^3,SO^3$) ; tel est encore le sulfate de platine : M.E.Davy assure même que pour peu qu'une liqueur contienne de gélatine, ce sulfate y produit un nuage sensible : le précipité apparaît en flocons bruns et visqueux, et noircit par la dessiccation.

Le chlore possède aussi la propriété de troubler la dissolution de gélatine; le dépôt qu'il y produit au bout de quelque temps est blanc, floconneux, composé de filamens nacrés, très flexibles, très élastiques : il a pour propriétés caractéristiques d'être insipide, insoluble dans l'eau et dans l'alcool, imputrescible, faiblement acide, de dégager spontanément pendant plusieurs jours du chlore, d'en dégager beaucoup plus par la chaleur, enfin d'être soluble dans les alcalis et de former des chlorhydrates. On peut le regarder comme composé de gélatine au moins en partie altérée, de chlore et d'acide chlorhydrique.

L'acide sulfurique donne lieu avec elle à des phénomènes tout particuliers et très dignes de remarque (Braconnot) : que l'on prenne 12 grammes de colle forte en poudre; qu'on les mette en contact, à la température ordinaire, avec deux fois autant d'acide sulfurique concentré; qu'on y ajoute, vingt-quatre heures après, un décilitre d'eau; que l'on fasse bouillir le tout pendant cinq heures, en ayant soin de remplacer par de nouvelle eau la vapeur qui pourra se former; qu'alors on sature par de la craie la liqueur suffisamment étendue, et qui sera à peine colorée; qu'on la filtre et qu'on l'évapore, elle se réduira en un sirop qui, abandonné un mois à lui-même, laissera déposer des cristaux grenus. Ces cristaux, séparés de la portion de matière qui aura conservé l'état sirupeux, lavés ensuite avec de l'alcool, puis comprimés dans un linge, pourront être obtenus assez purs par une seconde cristallisation qui se fera en très peu de temps. Voici les propriétés qui les distinguent.

Ils sont grenus, groupés, très durs, et croquent sous la dent, à la manière du sucre candi. Leur saveur est douce, à-peu-près comme celle du sucre de raisin. Soumis à l'action du feu dans une cornue, ils se fondent, se décomposent en formant un sublimé blanc et un produit ammoniacal; d'où l'on peut conclure que l'azote est l'un de leurs principes constituans. Ils sont solubles dans l'eau et insolubles dans l'esprit de vin. Leur solution dans l'eau, mêlée à de la levure, n'offre aucun indice de fermentation. Lorsqu'on les chauffe avec de l'acide azotique, ils s'y dissolvent sans aucun dégagement apparent de gaz, et lorsqu'on fait évaporer convenablement la dissolution, elle se prend par le refroidissement en une masse cristalline. En pressant cette masse entre des feuilles de papier joseph et la faisant cristalliser de nouveau, on obtient de beaux prismes incolores, transparens, légèrement striés. Ces cristaux, très différens de ceux qui servent à les produire, constituent, selon M. Braconnot, un véritable acide qui résulterait de la combinaison de l'acide azotique même avec la matière douce dont les premiers sont formés : or, comme l'auteur désigne cette matière par le nom de *sucre de gélatine* (nom qui, pour le dire en passant, nous paraît impropre, parce que la matière à laquelle il s'applique n'est point un véritable sucre), il propose d'appeler ce composé acide, *acide nitro-saccharique*.

Quoi qu'il en soit, ce composé acide ou cet acide *nitro-saccharique* a une saveur semblable à celle de l'acide tartrique : seulement elle est un peu sucrée. Exposé au feu dans une capsule, il se boursoufle beaucoup, et se décompose vivement en répandant une odeur piquante. Projeté sur un charbon ardent, il se comporte comme le salpêtre; il ne produit aucun changement dans les dissolutions salines; enfin il se combine avec les bases, et donne naissance à des sels qui possèdent des propriétés particulières : par exemple, le sel qu'il forme avec la chaux n'est point déliquescent et n'est que très peu soluble dans l'alcool concentré; celui qu'il produit avec l'oxide de plomb détone jusqu'à un certain point par l'effet de la chaleur.

Comment se rendre compte de ce qui se passe dans ce traitement de la gélatine par l'acide sulfurique? c'est ce qu'il conviendrait maintenant d'exposer; mais nous ne savons presque rien à cet égard. M. Braconnot nous apprend seulement que, outre la matière cristallisable, il s'en produit une autre qui ne cristallise pas, qui est blanche et qui possède des propriétés particulières; qu'il se forme de l'ammoniaque, et qu'il ne se dégage pas d'azote. (*Ann. de Chim. et de Phys.*, XIII, 113.)

*Préparation.*— C'est avec les rognures de peaux, de parchemin et de gants, avec les sabots et les oreilles de bœufs, de chevaux, de moutons, de veaux, qu'on prépare ordinairement la gélatine ou colle-forte pour les besoins du commerce.

Ces substances étant bien nettoyées et séparées de leur graisse et de leurs poils, on les fait bouillir dans une grande quantité d'eau pendant très long-temps, en ayant soin d'enlever les écumes qui se forment, et dont on favorise quelquefois la formation par l'addition d'un peu d'alun ou de chaux. Ensuite on passe la liqueur à travers un filtre à claire-voie, et on la laisse reposer; après quoi elle est décantée, écumée de nouveau, concentrée fortement, et versée dans des espèces de moules découverts et humectés où elle se solidifie et prend la forme de plaques molles. Enfin, lorsque ces plaques sont refroidies, ce qui a lieu en vingt-quatre heures, elles sont enlevées, coupées en tablettes, et l'on termine l'opération en les plaçant sur des cordes dans un endroit chaud et aéré.

Ce n'est point ainsi qu'on l'extrait des os : ceux-ci, contenant beaucoup de phosphate de chaux, doivent être mis d'abord en contact avec l'acide chlorhydrique liquide, qu'on renouvelle au besoin dans l'espace de huit jours; par ce moyen, ils sont dépouillés de toutes leurs matières salines, et deviennent souples, flexibles, demi transparens. Si alors on les traite par l'eau bouillante, ils se convertissent presque entièrement en colle; quatre heures d'ébullition suffisent : du reste, l'opération se fait comme nous venons de le dire tout-à-l'heure. On peut encore extraire la gélatine des os, en les broyant, après les avoir dépouillés de graisse, et les soumettant dans des cylindres à la vapeur de l'eau bouillante; c'est même ainsi qu'on se procure aujourd'hui la gélatine dont on se sert ensuite pour faire le bouillon d'os. (Voyez art. *Bouillon.*)

Toutes les colles sont plus ou moins transparentes : les unes sont d'un brun noirâtre, d'autres d'un brun rougeâtre, d'autres enfin d'un blanc légèrement jaune. Les meilleures se distinguent par leur transparence, leur peu de couleur, leur ténacité et la propriété qu'elles ont de ne point s'écailler. Celles qu'on extrait des os par le procédé que nous venons d'indiquer, procédé que M. d'Arcet a exécuté en grand, et pour lequel il a pris un brevet d'invention, l'emportent de beaucoup sur toutes les autres : elles sont presque aussi belles que la colle de poisson elle-même.

La bonne colle de poisson n'est que la partie intérieure de la vessie natatoire de différentes espèces de poissons. La plus estimée provient de certains esturgeons. Elle est blanche, même demi transparente, et n'est presque formée que de gélatine. Le prix en est bien plus élevé que celui de la colle-forte ordinaire, parce qu'elle est sans odeur, sans saveur, sans couleur. La préparation en est simple : elle consiste à laver la vessie de ce poisson, à la couper en long, à en détacher et rejeter la pellicule extérieure qui a une couleur brune, à faire sécher jusqu'à un certain point la partie restante, à la rouler et en achever la dessiccation à l'air.

Celle qu'on obtient en faisant bouillir dans l'eau la tête, la queue et les mâchoires de plusieurs baleines, et de presque tous les poissons sans écailles, est bien moins recherchée que la précédente; elle se confond pour ainsi dire avec la colle ordinaire.

Indépendamment de ces diverses colles, il en existe encore une autre que l'on connaît dans le commerce sous le nom de *colle-de-lapin*. Elle se vend à Paris chez tous les épiciers, à l'état de gelée : elle est employée dans la peinture en détrempe.

*Composition.* — La gélatine est composée de 47,881 de carbone, de 7,914 d'hydrogène, de 27,207 d'oxigène et de 16,998 d'azote (Gay-Lussac et Thenard, *Recherches physico-chimiques*, II, 336.)

### *Hématosine ou matière colorante du sang.*

2534 *bis.* L'hématosine (1) qui a aussi été appelée *zoohématine* (2), *hémochroïne* (3), est la substance animale à laquelle le sang doit sa couleur. Les chimistes qui l'ont étudiée successivement sont: le docteur Wells (4), Brande (5), Berzelius (6), Vauquelin (7), Engelhart (8), Lecanu (9). On la connaît sous deux états, de même que l'albumine et le caséum: dans le premier, elle est soluble dans l'eau; dans le second, elle y est insoluble.

(1) De αἷμα, αἵματος, sang.
(2) De ζῶον, animal, et αἷμα. — (3) De αἷμα et χρόα, couleur.
(4) *Trans. philos.* pour 1797, p. 416. — (5) *Ann. de Chim.* LXXXIV, 52.
(6) *Id.*, LXXXVIII, 39, et *Ann. de Ch. et de Phys.*, V, 42.
(7) *Ann. de Ch. et de Phys.*, I, 9. — (8) *Traité* de Berzelius, VII, 48.
(9) *Ann. de Chim. et de Phys.*, XLV, 5.

2535. *Hématosine soluble dans l'eau.* — M. Berzelius l'obtient en coupant le caillot en tranches très minces, le plaçant sur du papier brouillard pour en absorber le sérum, le triturant dans une petite quantité d'eau qui prend bientôt une couleur brune si foncée qu'elle n'offre pas la moindre transparence dans un tube de verre de 7 millimètres de diamètre, et évaporant la liqueur jusqu'à siccité, à une température moindre que 50°. M. Lecanu la prépare également par ce procédé : seulement, après avoir partagé en parties extrêmement ténues une certaine quantité de caillot de bœuf parfaitement égoutté, il le délaie à plusieurs reprises dans de l'eau distillée pour entraîner le sérum, ayant soin chaque fois d'exprimer fortement dans un linge la masse restante. Il dissout ensuite l'hématosine dans l'eau, et verse la dissolution filtrée dans des assiettes qu'il expose au soleil. Peu-à-peu, l'eau se vaporise et laisse un résidu solide qui est l'hématosine.

L'hématosine ainsi obtenue est solide, noire, brillante comme du jayet, lorsqu'elle est en masse; terne et de couleur briquetée, en poudre; brillante, translucide et rougeâtre, en couches minces.

Chauffée dans une cornue, elle se ramollit, se boursoufle et se décompose en donnant des produits ammoniacaux, etc., et un charbon volumineux, léger, brillant, difficile à incinérer, dont la cendre, de couleur rouge, ressemble au peroxide de fer. De 100 parties d'hématosine de sang humain, M. Lecanu a retiré 2,258 de cendres qui contenaient 0,534 de peroxide de fer, et 1,724, tant en phosphate et carbonate de chaux qu'en carbonate de soude et chlorure de sodium. M. Berzelius, en opérant, non pas sur l'hématosine soluble, comme l'a fait M. Lecanu, mais sur l'hématosine coagulée, a obtenu des résultats un peu différens (2536).

L'eau froide la dissout aisément. La dissolution qui est d'un rouge foncé, d'une odeur et d'une saveur très fades, possède les propriétés suivantes :

Soumise à une évaporation spontanée ou à une température de moins de 50°, l'eau s'en dégage peu-à-peu, et l'hématosine, comme nous l'avons déjà dit en parlant de sa préparation, n'éprouve aucune altération. Il en est tout autrement à 70° et au-dessus : la liqueur se décolore, et l'hématosine se coagule en flocons bruns insolubles dans l'eau. Cependant, d'après M. Lecanu, l'hématosine soluble, à l'état solide et bien desséchée, peut soutenir pendant plusieurs heures une température de 100° sans perdre sa solubilité. On se rappelle que l'albumine est dans le même cas.

Exposée à l'air, la dissolution d'hématosine devient plus

rouge qu'elle ne l'est d'abord, mais beaucoup moins que dans le sang dont elle fait partie.

Un courant de chlore ne tarde point à la décolorer et à la coaguler; l'hématosine en est précipitée sous forme de flocons blancs; l'oxide de fer, ainsi que les matières salines qu'elle contient, restent dissous.

Les alcalis ne la troublent point. Les acides minéraux, au contraire, pour peu qu'ils aient de force, y forment un précipité brun, composé d'acide et d'hématosine; ce ne serait qu'autant que la liqueur serait très étendue d'eau, que le précipité n'aurait pas lieu, et encore se produirait-il toujours avec l'acide azotique, car l'azotate d'hématosine est complètement insoluble. L'acide acétique concentré n'en altère point la transparence. Dans tous les cas, l'hématosine éprouve dans son contact avec les alcalis ou les acides, les mêmes modifications que de la part de la chaleur : que l'on verse en effet quelques gouttes d'acide acétique dans la dissolution d'hématosine, et que l'on y ajoute ensuite la quantité d'alcali nécessaire à la saturation, il se précipitera des flocons d'hématosine coagulée; que l'on répète l'expérience en ajoutant l'alcali en premier lieu, et l'on obtiendra les mêmes résultats.

Le gaz sulfhydrique rend l'hématosine d'abord violette, puis verte.

Le cyanure de potassium et de fer, l'iodure de potassium sont sans action sur elle.

Versée dans la plupart des sels des quatre dernières sections, la dissolution d'hématosine y fait naître des dépôts plus ou moins abondans, rouges ou bruns, qui se composent d'hématosine unie aux acides et oxides des sels. M. Lecanu assure toutefois que l'acétate et le sous-acétate de plomb font exception; il a même fondé sur cette propriété, jusqu'à un certain point, le procédé qu'il suit pour se procurer la substance qu'il appelle *globuline*, et qui, selon lui, serait la matière colorante pure du sang.

L'infusion de noix de galle la précipite tout-à-coup en flocons bruns. L'alcool en sépare l'hématosine dans l'état même où elle se trouve après avoir été coagulée par la chaleur; à chaud, il en extrait en même temps un peu de graisse qui accompagne cette substance animale.

L'éther hydrique, l'éther acétique, les huiles fixes, enlèvent comme l'alcool, la graisse qui se trouve dans l'hématosine; mais les huiles essentielles et surtout celle de térébenthine finissent par décolorer cette substance et la rendre jaunâtre.

L'on voit donc qu'il y a une grande analogie entre l'hématosine et l'albumine, solubles dans l'eau, et l'on va voir que cette analogie est tout aussi grande entre ces deux substances après avoir été coagulées, et par conséquent entre l'hématosine insoluble et la fibrine.

2536. *Hématosine insoluble.* — C'est en chauffant la dissolution aqueuse d'hématosine jusqu'à l'ébullition, qu'on se procure l'hématosine insoluble; toute la matière se coagule, sauf une très petite quantité qu'on retrouve unie à un peu d'alcali; aussi la liqueur filtrée a-t-elle une légère teinte d'un brun rougeâtre. On traite ensuite la matière coagulée par l'alcool bouillant pour dissoudre le peu de graisse qu'elle contient, puis on la recueille sur un filtre, on la lave et on la fait sécher.

L'hématosine insoluble et bien séchée, est inodore, insipide, plus ou moins rouge en poudre, noire, dure et à cassure vitreuse en masse.

Soumise à la distillation dans une cornue, elle donne comme l'hématosine soluble des produits ammoniacaux et un charbon volumineux, difficile à incinérer, dont la cendre contient beaucoup d'oxide de fer. De 100 parties d'hématosine de sang humain, M. Berzelius a retiré 1,3 de cendres, qui contenaient 0,3 de carbonate de soude, y compris des traces de phosphate de la même base, 0,1 de phosphate de chaux, 0,2 de chaux, 0,1 de sous-phosphate de peroxide de fer, 0,5 de peroxide de fer, 0,1 d'acide carbonique, et perte : d'une autre part, 100 d'hématosine de bœuf lui ont donné, à part les sels de soude, 1,0 de cendres, composées de 0,06 de phosphate de chaux, 0,2 de chaux, 0,075 de sous-phosphate de peroxide de fer, 0,5 de peroxide de fer, 0,165 d'acide carbonique et perte : d'où l'on voit que l'hématosine coagulée contient précisément la même quantité de fer que l'hématosine soluble.

L'hématosine éprouve dans l'eau bouillante le même changement que la fibrine (2523). C'est aussi comme la fibrine qu'elle se comporte sensiblement avec les acides; entrons dans quelques détails à cet égard.

Mise en contact avec l'acide acétique concentré, elle prend l'aspect gélatineux, surtout en opérant avec celle qui n'a point été desséchée, puis se dissout à l'aide de la chaleur en donnant lieu à un léger dégagement de gaz azote et à une liqueur brune. Les acides sulfurique, azotique, chlorhydrique, tartrique, oxalique, citrique, forment dans la liqueur des précipités brun foncé, qui ne sont que des sulfates, azotates, etc., acides, et qui recueillis sur un filtre et lavés, redeviennent neutres et se dissolvent à leur tour.

Etendus d'eau, les acides sulfurique et chlorhydrique l'attaquent à chaud; ils en dégagent un peu d'azote, comme l'acide acétique, et se colorent en jaune, mais ne la dissolvent pas; même au degré de l'ébullition; il se produit des sulfate, chlorhydrate acides qui ressemblent aux précédens. Si donc, on les lave convenablement, on les ramenera à l'état neutre, et c'est alors seulement que l'eau en opérera la dissolution. Ces dissolutions sont troublées tout-à-coup par une addition convenable d'alcali et par le cyanure jaune de fer et de potassium; le précipité est brun.

Le chlorhydrate, d'un brun rouge à l'état d'hydrate, noir à l'état sec, posséderait, suivant M. Lecanu, une propriété remarquable. L'alcool faible le dissoudrait comme l'eau; mais il ne se dissoudrait qu'incomplètement dans l'alcool concentré; il serait alors transformé en chlorhydrate de globuline soluble et très coloré, et en chlorhydrate d'albumine insoluble et blanc. (Voyez plus bas *Globuline*.)

L'eau chargée de potasse gonfle l'hématosine et la réduit en une gelée brune; un peu de chaleur favorise la dissolution qui finit par être complète; l'ammoniaque ne l'opère que difficilement. Les alcalis redissolvent beaucoup mieux le précipité d'hématosine qu'ils forment d'abord dans les combinaisons neutres solubles de cette substance avec les acides.

Lorsqu'on fait bouillir l'hématosine avec l'alcool, non-seulement il se charge de la graisse qu'elle contient, mais encore d'hématosine, au point qu'il prend une couleur rouge très marquée. L'éther n'enlève que le corps gras.

L'infusion de noix de galle précipite l'hématosine de sa dissolution dans les alcalis et les acides, et s'unit même facilement à cette substance qui n'a été que coagulée sans être desséchée.

L'analyse de l'hématosine a été faite par M. Michaëlis; il a trouvé dans celle du sang artériel et celle du sang veineux, déduction faite des matières terreuses, savoir:

| | Artériel. | Veineux. |
|---|---|---|
| Azote............ | 17,253 | 17,392 |
| Carbone.......... | 51,382 | 53,231 |
| Hydrogène........ | 8,354 | 7,711 |
| Oxigène.......... | 23,011 | 21,666 |

Je partage, à l'égard de ces analyses, l'opinion de M. Berzelius; elles ne peuvent pas être exactes. L'air a dû exercer une influence marquée sur le sang, et, par conséquent, sur la matière colorante. Est-il probable d'ailleurs que l'hématosine du sang veineux puisse contenir moins d'hydrogène que celle du sang artériel? Les phénomènes bien connus de la respiration tendent à nous faire adopter une opinion contraire.

Si l'on ne sait pas quelle différence existe entre la composition réelle de l'hématosine du sang artériel et celle du sang veineux, l'on est encore plus éloigné de savoir quel rôle joue le peroxide de fer dans l'hématosine dont il fait toujours partie. Quoiqu'il y entre pour $\frac{1}{2}$ centième, on ne saurait y en démontrer la présence par les réactifs les plus sensibles. Ce n'est qu'en détruisant la matière colorante par un courant de chlore et versant du cyanure jaune de potassium et de fer dans la liqueur filtrée qu'on y parvient aisément. A la vérité, H. Rose a fait voir : 1° que le sucre, la gomme, la lactine, la gélatine, etc., mêlés à une petite quantité de dissolution saline de peroxide de fer, empêchent la précipitation de celui-ci par les alcalis; 2° qu'en mêlant, soit avec une dissolution d'hématosine, soit avec du sérum ou de l'albumine étendue d'eau, d'abord un peu de sel de peroxide de fer, puis de l'ammoniaque, il ne se produit point de précipité, et que la liqueur n'est troublée ni par l'acide sulfhydrique ni par la teinture de noix de galle. Il semble au premier aperçu qu'on obtient ainsi des liqueurs ferrugineuses où le fer se trouve dans le même état que dans le sang; mais on doit à Berzelius des expériences qui tendent à infirmer cette conséquence. En effet, il a vu qu'en dissolvant de l'oxide de fer dans la matière colorante ou le sérum, et ajoutant un acide pour en opérer la coagulation, on obtenait une liqueur que le cyanure jaune de potassium et de fer colorait en beau bleu après la filtration, ou bien qu'en versant dans les deux liqueurs ferrugineuses de l'acide acétique qui ne les trouble point, le cyanure formait ensuite avec le sérum un précipité d'un beau bleu clair, et avec la matière colorante un précipité vert brun. Or, il est probable, d'après cela, que les causes qui s'opposent à la précipitation du fer dans les essais de Rose, ne sont pas les mêmes que celles qui font qu'on ne saurait démontrer la présence du fer dans l'hématosine par les procedés ordinaires.

2537. *Globuline.* — Suivant M. Lecanu, l'hématosine ne serait pas la matière colorante pure du sang; ce ne serait qu'un composé intime de cette matière et d'albumine. Le sous-acétate de plomb ne pourrait en précipiter cette dernière substance. On ne parviendrait à en opérer la séparation qu'en traitant le chlorhydrate d'hématosine sec par l'alcool qui dissout le chlorhydrate de matière colorante pure et n'attaque point le chlorhydrate d'albumine. M. Lecanu propose d'appeler *globuline* la matière colorante pure et de conserver néanmoins le nom d'hématosine à sa combinaison avec l'albumine. Nous ne pouvons adopter ce système de nomenclature. Il y aurait de graves inconvéniens à désigner ainsi par des noms particuliers des substances qu'on croirait être composées de deux matières organiques; tout ce qu'on pourrait faire serait de les assimiler aux sels et de leur en appliquer les dénominations.

En regardant comme constans tous les faits que nous venons de rapporter, il existerait bien évidemment une différence très marquée entre l'hématosine et la matière colorante pure; mais est-ce bien de l'albumine que l'hématosine contiendrait? Ne serait-ce pas une substance toute particulière? Est-il possible que le sous-acétate de plomb ne précipite pas l'albumine unie à la matière colorante? Nous ne pouvons qu'engager l'auteur à reprendre son travail et à résoudre toutes ces questions.

Quoi qu'il en soit, nous allons faire connaître en peu de mots les observations de M. Lecanu. Pour se procurer la matière colorante pure, il verse dans du sang de bœuf battu et préalablement étendu de 4 à 5 fois son poids d'eau, un très léger excès de sous-acétate de plomb, filtre la liqueur, y ajoute du sulfate de soude qui précipite l'excès de plomb, abandonne le mélange à lui-même pendant quelques heures, afin de laisser opérer le dépôt du sulfate de plomb formé, filtre de nouveau et obtient ainsi une liqueur d'un très beau rouge retenant toute la matière colorante et ne contenant que peu d'albumine. Par une addition suffisante d'acide chlorhydrique, il en sépare ensuite ces deux substances à l'état de chlorhydrate et sous forme de flocons bruns, lesquels sont recueillis sur un linge, exprimés fortement, bien séchés au bain-marie, et traités à plusieurs reprises par l'alcool bouillant, après quoi la liqueur alcoolique est mêlée avec quelques gouttes d'ammoniaque, qui la trouble, la fait passer du brun au rose, et en précipite la matière colorante pure sous forme de flocons rouges qu'on lave à l'eau bouillante et que l'on sèche.

Dans cet état, la matière colorante se distingue : 1° par la couleur qui est rouge de sang à l'état d'hydrate, et d'un brun rouge lorsqu'elle est sèche; 2° par la grande quantité de fer qu'elle contient : 100 de matière colorante de sang humain en ont donné 1,74, et 100 de matière colorante de sang de bœuf en ont donné 1,40; elle ne renferme d'ailleurs que des traces de matières salines; 3° par sa grande solubilité dans les alcalis et les acides; 4° surtout par sa propriété de former avec l'acide chlorhydrique un composé soluble dans l'alcool.

### *Gluten.*

2538. Le gluten, dont on doit la découverte à Beccaria, et qui a été examiné successivement par Fourcroy, Proust, Einhof, Taddei, etc., est une matière azotée qui, mêlée intimement avec l'albumine végétale, l'amidon, le sucre, de la gomme etc., constitue la partie intérieure de la graine des graminées et des plantes légumineuses. Il fait surtout partie des graines des céréales. On l'admet aussi, associé à l'albumine, dans presque tous les sucs des végétaux; mais il paraît que le gluten contenu dans ces sortes de sucs présente des différences très marquées avec celui des graines; il paraît même que le gluten des diverses graines n'est pas toujours identique. Il est donc à desirer qu'il devienne l'objet d'un nouvel examen. Dans cet état de choses, nous n'examinerons que le gluten du froment; c'est celui dont les propriétés sont le mieux connues.

Pour l'extraire, il faut faire une pâte avec la farine de froment, et la malaxer sous un filet d'eau, jusqu'à ce que celle-ci, qui d'abord devient laiteuse, conserve sa limpidité, et qu'il reste dans les mains une substance d'un blanc grisâtre, molle, collante, insipide, d'une odeur spermatique, très élastique, capable de s'étendre et de prendre l'aspect d'une membrane : cette substance a été long-temps regardée avec Beccaria comme le gluten pur; mais elle contient de l'albumine, probablement en état de combinaison, et de plus, un *mucus* de nature particulière, quelquefois même de l'amidon; de là la nécessité de la traiter par l'alcool bouillant qui dissout le gluten pur et n'agit ni sur l'albumine ni sur l'amidon, après quoi l'on ajoute de l'eau à la solution alcoolique, et l'on procède à la distillation du mélange. Le gluten, à mesure que la vaporisation de l'alcool a lieu, se sépare en flocons volumineux qui s'agglutinent en les remuant et forment une masse cohérente que l'on recueille et qu'on lave.

Le gluten ainsi préparé et encore chargé d'un peu de *mucus* ressemble beaucoup à celui que donne immédiatement la pâte de farine de froment; il en a la couleur, l'insipidité, la propriété collante et jusqu'à un certain point l'élasticité.

Lorsqu'il est frais et humide, il éprouve bientôt la décomposition putride et se réduit en une sorte de bouillie. Desséché peu-à-peu, soit à l'air sec, soit à l'étuve, il diminue beaucoup de volume, se durcit, devient luisant à l'extérieur, cassant, imputrescible, translucide et d'un jaune foncé.

Distillé dans une cornue, il fournit en se décomposant des produits ammoniacaux, etc., etc., et un charbon très volumineux et brillant.

Il est insoluble dans l'éther, les huiles grasses, les huiles essentielles, et l'est à-peu-près complètement aussi dans l'eau. Mis en macération avec l'alcool, à la température ordinaire, il donne lieu à une dissolution laiteuse et à un dépôt de grumeaux *muqueux*, qui se rapprochent beaucoup du gluten, mais qui pourtant en diffèrent sous quelques rapports. Il paraît qu'il est possible de se procurer *la matière muqueuse* en faisant tremper le gluten dans de l'acide acétique, jusqu'à ce qu'il soit gonflé et en partie liquéfié, le traitant ensuite par l'alcool et filtrant la liqueur; cette matière reste sous forme d'un mucilage presque transparent; le gluten supposé pur au contraire se dissout. (1)

De semblables phénomènes se produisent en versant de l'acide acétique sur le gluten. Celui-ci se gonfle, devient demi liquide; en ajoutant de l'eau, on obtient une dissolution laiteuse que le filtre ne peut éclaircir, et un dépôt de flocons mucilagineux. La partie dissoute peut être regardée comme le gluten le plus pur possible; on peut la précipiter par une quantité convenable de carbonate d'ammoniaque; elle reparaît avec les propriétés gluantes et caractéristiques du gluten proprement dit.

Telle est encore jusqu'à un certain point la manière d'agir des acides inorganiques, et entre autres de l'acide chlorhydrique et de l'acide azotique sur le gluten. Délayé dans ces acides étendus, il se combine avec eux et forme à la vérité des composés acides insolubles; mais lorsqu'on décante la liqueur et qu'on lave le résidu, il se dissout; la solution est trouble, chargée de flocons mucilagineux, et passe à travers les filtres sans devenir limpide; le composé que forme l'acide sulfurique est insoluble.

Les lessives alcalines de potasse et de soude possèdent aussi la propriété de dissoudre le gluten.

Les bases le précipitent de sa dissolution dans les acides, et ceux-ci de sa dissolution dans les bases. Au moment où il vient d'être ainsi précipité par l'ammoniaque, un excès de cet alcali le redissout; elle l'attaque à peine dans son état ordinaire.

Le cyanure jaune de potassium et de fer, ainsi que l'infusion de noix de galle, forment tout-à-coup des précipités dans l'acétate, l'azotate, etc., de gluten.

C'est au gluten que la farine doit la propriété de faire pâte avec l'eau. La pâte n'est, en effet, comme nous l'avons déjà dit, qu'un tissu visqueux et élastique du gluten dont les cellules sont remplies d'amidon, d'albumine, de sucre, etc. L'on conçoit, d'après cela, que c'est aussi au gluten que la pâte doit la propriété de lever par son mélange avec la levure ou le levain.

(1) La matière d'apparence muqueuse a été très peu étudiée. Elle paraît être azotée et se rapprocher beaucoup du gluten; mais elle est à peine soluble dans les acides, dans l'alcool froid. La potasse, au contraire, la dissout bien. C'est elle qui rend laiteuse les dissolutions du gluten dans l'alcool et dans les acides.

La levure ou le levain, en agissant sur le sucre de la farine, et sur celui qui provient de l'amidon (2249), donne lieu successivement aux fermentations spiritueuse et acide, et par conséquent à de l'alcool, de l'acide acétique et du gaz acide carbonique. Ce gaz tend à se dégager; mais le gluten s'y oppose : il cède, s'étend comme une membrane, forme une foule de petites cavités qui donnent de la légèreté et de la blancheur au pain et l'empêche d'être mat. Il suit de là, 1° que dans la panification on ne saurait mettre trop de soins à bien mêler le levain avec la pâte; car toutes les fois que le mélange ne sera point intime, le pain sera nécessairement mat; 2° que la pâte sera d'autant plus longue et capable de lever, et le pain d'autant plus blanc et plus léger que la farine contiendra plus de gluten : c'est pour cette raison que la farine de froment, indépendamment de ce qu'elle est plus nutritive, est préférée aux farines des autres graines céréales.

*Composition.* — Jusqu'à présent, l'analyse élémentaire du gluten n'a point encore été faite. Lorsqu'on voudra se livrer à cette recherche, une première question à résoudre se présentera : ce sera de savoir comment il sera possible de se le procurer parfaitement pur. Peut-être y parviendra-t-on en décomposant l'acétate, l'azotate ou le chlorhydrate de gluten par une quantité convenable de carbonate d'ammoniaque.

Suivant M. Taddei, le gluten de Beccaria serait formé de deux substances particulières : l'une, soluble dans l'alcool, serait la *gliadine* d'Einhoff; l'autre, insoluble dans cet agent, serait nouvelle; il la désigne sous le nom de *zimôme*. Mais la *gliadine* n'est que le gluten plus ou moins pur, et la *zimôme* ne paraît être que de l'albumine concrète.

## IIIe GROUPE.

*Matières neutres azotées qui n'appartiennent point aux amides et qui ne sont ni facilement putrescibles, ni phosphorées, ni sulfurées.*

Toutes sont formées de carbone, d'hydrogène, d'oxigène et d'azote, excepté le *mélam* dans lequel l'analyse n'a pu démontrer la présence de l'oxigène.

C'est pourquoi nous examinerons d'abord le mélam; nous étudierons ensuite l'*ammélide* qui, par sa préparation, a beaucoup de rapports avec celui-ci; puis, par ordre alphabétique, les autres matières qui font partie du troisième groupe.

ARTICLE I.

### *Mélam.*

2539. Le mélam est toujours un produit de l'art. Il forme le résidu de la distillation ménagée du sulfo-cyanhydrate d'ammoniaque, ou d'un mélange intime de 2 parties de chlorhydrate d'ammoniaque, et de 1 partie de sulfo-cyanure de potassium. Les circonstances qui accompagnent sa production ont été décrites (2141). Lorsque l'on se sert de sulfo-cyanure de potassium et de sel ammoniac pour le préparer, il reste mêlé à l'excès de ce sel et au chlorure métallique. On l'en débarrasse par des lavages prolongés. Il est d'ailleurs presque impossible d'éviter qu'une portion de mélam ne soit décomposée par la chaleur, surtout dans la partie inférieure de la cornue. C'est pour cela qu'il est nécessaire de le purifier, en le traitant par une solution bouillante de potasse passablement concentrée, filtrant la liqueur chaude avant que la matière solide n'ait entièrement disparu, et l'abandonnant à elle-même. Dans cette opération, une partie du mélam est dissoute en se décomposant, comme il sera dit tout-à-l'heure; une autre au contraire s'y dissout sans s'altérer et se dépose par le refroidissement.

Ainsi obtenu, il s'offre, sous forme d'une poussière blanche, lourde et granuleuse, insoluble dans l'eau, l'alcool, l'éther; une forte chaleur le décompose en donnant lieu à du gaz ammoniac, à un sublimé cristallin peu abondant, et à une matière jaune que la chaleur rouge transforme en cyanogène et en azote; ce doit donc être du mellon (2146).

La potasse en liqueur le dissout à l'aide de l'ébullition, et le décompose peu-à-peu, mais d'autant plus facilement qu'elle est plus concentrée; elle le convertit alors en mélamine et en amméline (Voyez p. 294 de ce vol.). En le fondant avec l'hydrate de potasse, l'alcali passe en partie à l'état de cyanate, tandis que du gaz ammoniac se dégage en produisant un grand boursouflement. 1 atome de mélam ($C^{12}Az^{11}H^{9}$), joint à 3 at. d'eau ($H^{6}O^{3}$), peut en effet fournir 3 at. d'acide cyanique ($C^{12}Az^{6},O^{3}$) et 5 at. d'ammoniaque ($Az^{5}H^{15}$).

L'acide azotique concentré, bouilli avec le mélam, l'attaque et le détruit sans dégager de bi-oxide d'azote; il en résulte de l'ammoniaque avec laquelle cet acide s'unit, et de l'acide cyanurique dont une grande partie cristallise pendant que la liqueur se refroidit. L'équation qui suit explique la formation de ces produits : $C^{12}Az^{11}H^{9} + H^{12}O^{6} = C^{12}Az^{6}H^{6}O^{6} + Az^{5}H^{15}$.

L'action de l'acide sulfurique sur le mélam donne des résultats différens. S'il est concentré, il le transforme en ammoniaque et en *ammélide*, substance particulière que nous allons tout-à-l'heure décrire, et que représente la formule $C^{12}Az^{9}H^{9}O^{3}$ dans l'équation suivante, qui rend compte de la réaction :

$$C^{12}Az^{11}H^{9}+H^{6}O^{3}=C^{12}Az^{9}H^{9}O^{3}+Az^{2}H^{6}.$$

Si l'acide est étendu, il donne encore naissance à de l'ammoniaque; mais il en forme moitié moins. Il n'y a que 2 atomes d'eau décomposés pour chaque atome de mélam, et au lieu d'ammélide, on obtient de l'amméline. L'action de l'acide chlorhydrique est tout-à-fait semblable à celle de l'acide sulfurique affaibli (p. 296).

*Composition.* — 100 parties de mélam renferment 30,8 de carbone, 65,4 d'azote, 3,8 d'hydrogène; ce qui donne pour sa formule atomique : $C^{12}Az^{11}H^{9}$. (Liebig, *Ann. de Chim. et de Phys.*, LVI, 15.)

### ARTICLE II.

### *Ammélide.*

2540. L'ammélide se produit en dissolvant dans l'acide sulfurique concentré le mélam, la mélamine ou l'amméline (2539, 2198, 2199). Dans tous les cas, elle se sépare sous forme d'un précipité blanc épais par l'addition d'alcool, et reste pure après quelques lavages à l'eau. On sait d'ailleurs qu'elle prend encore naissance en faisant bouillir l'acide azotique concentré avec la mélamine, et en calcinant l'azotate d'amméline (2198 et 2199). Elle ne se rencontre point dans la nature.

Obtenue comme nous venons de le dire, elle est sous forme d'une poudre blanche, insoluble ou à peine soluble dans l'eau, sans action sur les couleurs végétales. Elle se dissout dans les acides, peut même cristalliser par leur intermède, surtout en faisant usage d'acide azotique; mais elle ne forme point avec eux de véritables combinaisons; aussi suffit-il de laver les cristaux pour les désacidifier, et les carbonates alcalins, l'alcool et l'eau pure elle-même précipitent-ils l'ammélide de ses dissolutions acides.

Chauffée avec de l'hydrate de potasse, elle se convertit en cyanate de cet alcali et en ammoniaque qui se dégage.

Sa composition est exprimée en poids par 28,5 de carbone, 49,4 d'azote, 8,5 d'hydrogène et 18,6 d'oxigène; et en atomes par la formule $C^{4}Az^{3}H^{3}O$. (Liebig, *Ann. de Chim. et de Phys.*, LVI, 37.)

### ARTICLE III.

### *Amygdaline.*

2541. Cette substance, découverte par MM. Robiquet et

Boutron-Charlard (*Ann. de Chim. et de Phys.*, XLIV, 352) n'a encore été obtenue qu'au moyen des amandes amères; l'un des faits les plus remarquables qu'elle présente, c'est que son extraction prive ces semences de la propriété de fournir de l'huile essentielle et de l'acide cyanhydrique, lorsqu'on les distille ensuite avec de l'eau (2438).

L'amygdaline cristallise en aiguilles courtes et blanches, réunies ordinairement en groupes concentriques. Elle est inodore, d'une saveur d'abord amère, puis sucrée, qui rappelle celle des amandes amères; inaltérable à l'air, insoluble dans l'éther, plus soluble à chaud qu'à froid dans l'alcool: aussi, par le refroidissement, s'en dépose-t-elle en partie sous forme cristalline.

Soumise à l'action de la chaleur, elle se boursoufle et se décompose, en répandant successivement l'odeur de caramel et d'aubépine.

Le chlore gazeux et sec ne paraît pas l'altérer; mais sous l'influence d'une légère humidité, il y détermine une sorte de tuméfaction, et la transforme en une masse sèche et blanche, inodore, friable comme de la résine, insoluble dans l'eau et dans l'alcool.

Chauffée avec une dissolution de potasse caustique, l'amygdaline laisse dégager une grande quantité de gaz ammoniac sans produire aucune trace de cyanure alcalin.

L'action de l'acide azotique sur elle, pourvu qu'elle ne soit pas trop vive, donne lieu à de l'acide benzoïque. Sous ce rapport, l'amygdaline se comporte donc de la même manière que l'essence d'amandes amères.

Le meilleur moyen pour l'obtenir consiste à traiter, à chaud et à plusieurs reprises, par l'alcool anhydre, les amandes amères, préalablement exprimées et épuisées par l'éther. La première décoction alcoolique laisse déposer, en se refroidissant, une petite quantité d'amygdaline cristallisée que l'on recueille. Les autres décoctions n'en donnent point. Il faut les réunir aux eaux-mères, verser le tout dans un appareil distillatoire, et l'évaporer au bain-marie jusqu'à consistance sirupeuse. Le résidu, introduit dans un vase cylindrique haut et étroit, est agité fortement avec 5 à 6 fois son volume d'éther rectifié, puis abandonné au repos jusqu'au lendemain. Au bout de ce temps, la liqueur se trouve partagée en trois couches : la supérieure est une solution limpide et très fluide d'une très petite quantité de résine jaune dans l'éther; l'inférieure, une solution aqueuse et sirupeuse de sucre incristallisable mêlé à une matière colorante jaunâtre; celle du milieu a l'aspect d'un liquide où l'on a mis de la craie en suspension :

elle contient l'amygdaline. Après l'avoir séparée des deux autres par décantation, on la fait égoutter sur une toile fine, on dissout dans l'alcool bouillant la matière blanche qui se dépose sur la toile, et l'on abandonne la liqueur au refroidissement. L'amygdaline s'en précipite sous forme d'une foule de petites aiguilles blanches.

MM. Henry et Plisson ont trouvé l'amygdaline composée de 58,56 de carbone, 3,63 d'azote, 7,09 d'hydrogène et de 30,72 d'oxigène; d'où se déduit la formule : $C^{34}H^{26}AzO^{7}$. L'abondance de l'ammoniaque que laisse dégager l'amygdaline traitée par la potasse, semble y indiquer la présence d'une plus grande quantité d'azote.

### ARTICLE IV.

### *Caféine.*

2542. La caféine n'a été jusqu'ici rencontrée que dans le café. Elle y fut observée pour la première fois par M. Runge, puis par M. Robiquet. (*Dictionn. technol.*, art. *café*) et par MM. Pelletier et Caventou. (*Dictionn. de Médecine*, même article.)

Elle cristallise en aiguilles blanches, soyeuses, légèrement amères, neutres, qui abandonnent environ 8 pour 100 d'eau, à la température de 100°, et perdent en même temps leur éclat et leur flexibilité.

Elle se fond aisément, se résout en un liquide transparent, et se sublime ensuite sans laisser de résidu.

L'eau froide en dissout $\frac{1}{50}$ de son poids; l'eau bouillante beaucoup plus, à tel point que la liqueur se prend en masse cristalline par le refroidissement. Sa solubilité dans l'alcool anhydre est assez faible; elle est au contraire très prononcée, quand l'alcool est étendu de $\frac{1}{4}$ ou de $\frac{1}{3}$ de son poids d'eau. L'éther et l'essence de térébenthine en dissolvent à peine des traces. Les acides et les alcalis favorisent sa dissolution aqueuse; mais ils ne paraissent pas se combiner avec elle, ni lui faire éprouver d'altération. Pfaff assure même que l'acide azotique bouillant ne l'attaque pas.

Elle n'est pas précipitée par l'infusion de noix de galle, ni par les sels de cuivre, ni par l'acétate de plomb neutre ou basique.

On se procure la caféine en traitant par l'eau bouillante à plusieurs reprises le café réduit en poudre, versant dans les liqueurs réunis de l'acétate de plomb, les filtrant ensuite, y faisant passer un courant de gaz sulfhydrique pour décomposer l'excès d'acétate, les filtrant de nouveau et les concentrant par l'évaporation. La caféine cristallise par le refroidissement; on la purifie en lui faisant subir une nouvelle cristallisation.

Les résultats analytiques obtenus par MM. Pfaff, Liebig, Wöhler, font voir que la caféine desséchée est formée de 49,8 de carbone, 28,8 d'azote, 5,1 d'hydrogène et 16,3 d'oxigène, ce qui donne pour sa formule atomique :

$$C^2Az^2H^5O \text{ ou } C^4Az^4H^{10}O^2.$$

A l'état hydraté, elle est représentée par $C^4Az^4H^{10}O^2 + H^2O$.

C'est de toutes les matières organiques non acides dont la composition est connue, celle qui, après l'urée, renferme la plus grande quantité d'azote.

## ARTICLE V.

### *Cantharidine.*

2543. La cantharidine, principe vésicant des cantharides, a été isolée pour la première fois par M. Robiquet, et depuis lors étudiée par MM. Gmelin, Thierry, etc. (*Ann. de Chim.*, LXXVI, 302. — *Journ. de Pharm.*, XXI, 44). Elle est solide, blanche, inodore, insoluble dans l'eau, plus soluble à chaud qu'à froid dans l'alcool, l'éther hydrique, l'essence de térébenthine, les huiles d'olives, d'amandes douces, l'axonge en fusion; aussi s'en sépare-t-elle par le refroidissement sous forme de petites aiguilles et sous celle de paillettes lorsque la dissolution est trop concentrée.

Appliquée à très petites doses sur la peau, elle produit en peu de temps une vive rubéfaction et fait naître des ampoules.

Elle entre en fusion à 210°. Chauffée plus fortement, elle se sublime en aiguilles brillantes; une petite partie seulement se décompose.

L'acide sulfurique concentré ne la dissout qu'à chaud, et se colore en jaunâtre; l'addition d'eau en précipite la cantharidine sous forme de petites aiguilles. Elle n'éprouve à froid aucune action de la part des acides azotique et chlorhydrique, s'y dissout en élevant la température, et s'en sépare à l'état cristallin à mesure que la liqueur se refroidit. Elle est insoluble dans l'ammoniaque liquide froide, mais soluble dans une solution étendue de potasse ou de soude caustique, d'où elle se précipite en petites aiguilles en y versant de l'acide acétique.

*État naturel, préparation.* — La cantharidine se trouve dans les cantharides et quelques autres insectes, tels que les mylabres de la chicorée et le *mylabris pustulata*. Elle existe dans les cantharides, suivant M. Robiquet, unie à une huile verte qui la colore, et associée d'ailleurs avec deux autres matières, l'une jaune et l'autre noire, et de plus avec de l'acide acétique, de l'acide urique, du phosphate de magnésie. On la prépare en traitant les cantharides pulvérisées par l'éther hydrique. A cet effet, on place les cantharides dans un appareil semblable à celui dans lequel M. Pelouze prépare le tannin et que l'on appelle *appareil de déplacement* (*V*. 2004 et la description des appareils); on les tasse et l'on verse dessus peu d'éther à-la-fois, en le renouvelant à mesure qu'il s'écoule. Les premières onces de liqueur qui filtrent ne contiennent pour ainsi dire que de l'huile; on les met de côté. Mais celles que l'on recueille ensuite sont moins huileuses et se trouvent chargées de cantharidine. Les lavages doivent être continués jusqu'à ce que la solution passe presque incolore. Alors on soumet toutes les liqueurs réunies, sauf les premières, à la distillation pour en retirer l'éther; on les concentre convenablement, et on les laisse refroidir; la cantharidine cristallise encore imprégnée d'une petite quantité d'huile: pour l'en priver, il ne faut plus que la presser entre plusieurs doubles de papier joseph, et la redissoudre dans l'alcool bouillant, d'où elle se dépose bien cristallisée et très blanche. (*Journ. de Pharm.* XIV, 67 — XXI, 124.)

*Composition.*—MM. Plisson et Henry ont trouvé la cantharidine formée de 68,56 de carbone, 9,89 d'azote, 8 43 d'hydrogène et 13,15 d'oxigène. (*Journ. de Pharm.*, XXI, 44.)

## ARTICLE VI.

### *Cystine.*

2544. La cystine, substance découverte par Wollaston, et appelée d'abord par lui *oxide cystique*, ne s'est encore trouvée que dans la vessie humaine; elle y forme des calculs dus à l'agglommération de cristaux confus, demi transparens, jaunâtres, insipides, qui ont quelque analogie, pour l'aspect, avec ceux de phosphate ammoniaco-magnésien; elle est sans action sur les couleurs végétales. Distillée à feu nu, elle donne des produits ammoniacaux, etc., et un charbon spongieux. Projetée sur des charbons incandescens, ou chauffée au chalumeau, elle se boursoufle, se décompose, se charbonne et exhale des vapeurs dont l'odeur alliacée, fétide, persistante, et toute particulière, permet de reconnaître la cystine en opérant sur des quantités de matière à peine perceptibles.

La cystine est insoluble dans l'eau, l'alcool, les acides tartrique, citrique et acétique, ainsi que dans le bi-carbonate d'ammoniaque; mais elle se dissout très bien dans les acides azotique, sulfurique, phosphorique, oxalique, et surtout dans l'acide chlorhydrique.

La potasse, la soude, l'ammoniaque, la chaux, et même les

bi-carbonates de potasse et de soude, la dissolvent aussi très facilement.

Il est évident, d'après cela, qu'on peut la précipiter de ses dissolutions acides par le carbonate d'ammoniaque, et de ses dissolutions alcalines par les acides citrique et acétique.

Les diverses combinaisons de la cystine avec les acides cristallisent en aiguilles divergentes; il paraît qu'elles sont toutes solubles dans l'eau; une chaleur de 100° volatilise l'acide du chlorhydrate.

Les combinaisons de la cystine avec les alcalis cristallisent aussi; mais l'auteur n'ayant eu à sa disposition qu'une très petite quantité de matière, n'a pu déterminer la forme des cristaux.

Enfin l'acide acétique, versé dans une dissolution chaude et alcaline de cette substance, a donné lieu à un précipité cristallin, qui s'est formé par degré, à mesure que le refroidissement de la liqueur s'est opéré. Les cristaux obtenus étaient des hexagones aplatis.

La cystine a été analysée par Prout et par M. Lassaigne. Les résultats qu'ils ont obtenus laissent à penser qu'ils n'ont point opéré sur la même matière; les voici :

| | Prout. | Lassaigne. |
|---|---|---|
| Carbone........ | 29,88 | 36,2 |
| Azote........... | 11,85 | 36,0 |
| Hydrogène....... | 5,12 | 12,8 |
| Oxigène......... | 53,15 | 17,0 |

Prout a déduit de son analyse la formule $C^6AzH^6O^4$. Ceux qui voudront connaître tout ce qui a été fait sur la cystine, devront consulter les *Ann. de Chim.*, LXXVI, 21; les *Ann. de Chim. et de Phys.* XXIII, 238 et XXVII, 221; le *Journ. de Pharm.* VII, 170.

ARTICLE VII.

*Glycyrrhizine.*

2545. La glycyrrhizine est la matière sucrée de la racine de la réglisse (*glycyrrhiza glabra*) : elle n'a pas été retrouvée ailleurs, si ce n'est peut-être dans l'*abrus precatorius*, arbrisseau très répandu dans les Antilles, et dans les feuilles duquel elle paraît exister.

La glycyrrhizine est incristallisable. Réduite en poudre, elle ressemble à du succin pulvérisé, et a la saveur sucrée de la réglisse elle-même.

Elle est soluble dans l'eau et dans l'alcool.

Chauffée à l'air libre, elle se boursoufle comme du borax, et prend feu; sa poudre, jetée dans la flamme d'une bougie, brûle avec autant de facilité que celle du lycopodium, et produit une lumière plus blanche.

La glycyrrhizine est susceptible de se combiner avec les acides, les bases et les sels. Les composés qu'elle forme avec les acides sont en général peu solubles dans l'eau, et même presque insolubles quand l'eau est acidulée : le sulfate se dépose d'abord sous forme d'un léger nuage, et se rassemble ensuite en une masse cohérente qui, pétrie dans l'eau tiède, devient gluante comme une résine demi fondue ; bien lavé, il a une saveur sucrée qui n'a rien d'acide ; il se dissout dans l'alcool et dans l'eau chaude ; sa solution dans l'eau bouillante saturée se prend en une gelée tremblante par le refroidissement. L'acétate est plus soluble que le sulfate, et comme lui d'une saveur sucrée : il ne s'obtient pas non plus sous forme cristalline.

L'infusion de noix de galle n'occasionne aucun précipité dans la solution de glycyrrhizine.

L'affinité de cette substance pour les bases est assez forte pour expulser l'acide carbonique des carbonates alcalins, même de ceux de baryte et de chaux, par une digestion prolongée. Les composés qui en résultent se dissolvent facilement dans l'eau, moins facilement dans l'alcool ; ils ne cristallisent point.

Versée goutte à goutte dans un excès de sous-acétate de plomb, elle en précipite l'oxide.

Ce n'est point ainsi qu'elle agit sur les solutions de sulfate de fer peroxidé, de proto-chlorure d'étain, d'azotate de cuivre, d'acétate de plomb neutre : elle y occasionne des dépôts plus ou moins considérables, mais qui sont formés de glycyrrhizine unie à ces sels.

Elle n'a point été analysée.

Pour l'obtenir, il faut traiter la racine de réglisse par l'eau bouillante, concentrer la liqueur à une douce chaleur, y verser de l'acide sulfurique, et recueillir le précipité blanc que forme celui-ci : il est composé d'albumine végétale coagulée et de glycyrrhizine unie à l'acide employé ; on le lave d'abord avec de l'eau chargée d'une petite quantité d'acide sulfurique, puis avec de l'eau pure ; on le traite ensuite par l'alcool qui laisse l'albumine indissoute, et l'on ajoute du carbonate de potasse goutte à goutte dans la liqueur, jusqu'à ce qu'elle ne soit plus sensiblement acide. En la filtrant et la faisant évaporer, la glycyrrhizine reste pure, sous forme d'une masse translucide, jaune, fendillée, facile à détacher du vase.

## ARTICLE VIII.

### *Para-ménispermine.*

2546. La para-ménispermine accompagne la ménispermine

dans la coque du Levant (semence du *menispermum cocculus*) (2195). Traitée par l'alcool bouillant, la coque du Levant concassée lui cède à-la-fois ces deux substances. L'une et l'autre se retrouvent ensemble après la vaporisation de l'alcool, mêlées à diverses autres matières dont on les sépare en grande partie, en lavant à l'eau bouillante le résidu de la solution évaporée, faisant agir sur ce résidu l'acide acétique qui opère en même temps la dissolution de la ménispermine et de la para-ménispermine, et les précipitant par l'addition d'ammoniaque. Il faut alors les redissoudre dans l'alcool, abandonner la liqueur à l'évaporation spontanée, puis verser sur le produit solide, d'abord de l'alcool froid qui enlève une substance d'apparence résineuse, et ensuite de l'éther également froid qui dissout la ménispermine: la matière qui reste est la para-ménispermine; on l'obtient cristallisée en la dissolvant de nouveau dans l'alcool anhydre et bouillant, filtrant la liqueur et la laissant refroidir; la liqueur-mère en donne une nouvelle quantité par une évaporation ménagée.

La para-ménispermine est blanche, inodore, cristallisable en prismes à base rhomboïdale, incolores et groupés le plus souvent en petites masses rayonnées imitant des étoiles. Elle est insoluble dans l'eau, presque insoluble dans l'éther hydrique. L'alcool absolu est son véritable dissolvant; elle y est plus soluble à chaud qu'à froid. Elle se dissout aussi dans les acides étendus, mais sans les saturer ni diminuer leur force, sans former de combinaisons solides: seulement les acides très énergiques en opèrent la décomposition à l'aide de la chaleur.

La para-ménispermine entre en fusion vers la température de 250°, et bientôt après en ébullition. Quand on opère dans un verre de montre, au-dessus d'une lampe à esprit-de-vin, à peine a-t-on commencé à la fondre que déjà elle se volatilise en fumée blanche; en retirant le verre de dessus la flamme, l'on voit cette fumée retomber sous forme de neige, et le globule de matière fondue s'envelopper d'une croûte cristalline et brillante; une chaleur brusque la décompose.

MM. Pelletier et Couerbe attribuent à la para-ménispermine la même composition qu'à la ménispermine, et lui assignent pour formule atomique $C^{18}AzH^{12}O$.

### ARTICLE IX.

### *Pipérine* ou *pipérin*.

2547. Cette substance, qui cristallise en prismes à quatre pans, terminés par une face inclinée, est sans couleur, à peine sapide, fusible à 100°, insoluble dans l'eau à la température ordinaire, presque insoluble dans l'eau bouillante. L'acide acétique en opère facilement la dissolution. L'éther la dissout bien aussi, mais seulement à chaud; à froid, il n'en dissout que $\frac{1}{100}$. Son meilleur dissolvant est l'alcool, d'où elle se dépose, toutefois en partie, sous forme de cristaux, par le refroidissement. L'eau trouble tout-à-coup les liqueurs acétique et alcoolique qui en sont saturées.

Chauffée convenablement, elle se décompose et donne tous les produits ordinaires des matières végétales non azotées, plus une petite quantité de sels ammoniacaux.

Etendus d'eau, les acides sulfurique, azotique, chlorhydrique, sont sans action sur elle; concentrés, ils l'attaquent et l'altèrent. L'acide sulfurique lui fait prendre une couleur rouge de sang; l'acide chlorhydrique une couleur jaune verdâtre, puis orangée et enfin rouge.

Pour se procurer la pipérine, il faut d'abord traiter le poivre en poudre par l'alcool, à plusieurs reprises. Evaporant ensuite les dissolutions alcooliques, elles fournissent une matière grasse ou résineuse qu'on soumet à l'action de l'eau bouillante. Lorsque l'eau que l'on décante et que l'on remplace par d'autre ne se colore plus, on redissout le résidu dans l'alcool, et il en résulte une liqueur qui, abandonnée à elle-même pendant plusieurs jours, donne lieu à beaucoup de cristaux de pipérine. Comme dans cet état elle est un peu colorée, on la purifie par de nouvelles dissolutions et cristallisations. M. Poutet conseille de traiter par une solution de potasse l'extrait alcoolique; cet alcali en s'emparant de la matière grasse abrège beaucoup l'opération. (*Journ. de Chim. méd.*, I, 135.)

La pipérine a été analysée par MM. Pelletier et Liebig (*Ann. de Chim. et de Phys.*, LI, 199 et 443). Voici les résultats de leurs expériences :

| | Pelletier. | Liebig. |
|---|---|---|
| Carbone........... | 70,41 | 70,8 |
| Azote............. | 4,51 | 4,4 |
| Hydrogène......... | 6,80 | 6,7 |
| Oxigène........... | 18,28 | 18,1 |

La formule qui paraît s'accorder le mieux avec ces résultats, est $C^{72}Az^2H^{42}O^7$. Néanmoins le premier de ces chimistes attribue à la pipérine la formule $C^{40}AzH^{24}O^4$, et le deuxième $C^{40}AzH^{20}O^4$.

## IVe GROUPE.

### *Matières neutres azotées qui sont en même temps phosphorées ou sulfurées.*

2548. Il existe un certain nombre de matières qui contiennent de l'azote et qui renferment en même temps du phosphore et du soufre, ou seulement l'un des deux. Ce sont d'une part, quelques matières grasses qu'on trouve dans le cerveau, la moelle épinière, la moelle allongée, les nerfs, et selon toute apparence aussi dans la laitance de la carpe, et d'autre part l'huile essentielle de moutarde. Peut-être pourrait-on y joindre l'essence d'assa-fœtida; il paraît toutefois que celle-ci n'est que sulfurée sans être azotée (2482).

On ignore comment les élémens sont combinés entre eux dans ces sortes de matières, et si le phosphore, le soufre y sont au même état de combinaison que l'hydrogène, le carbone, etc., dans les substances organiques.

La découverte du phosphore a d'abord été faite dans la laitance de la carpe, par Fourcroy et Vauquelin en 1807 (*Ann. de Chim.* LXIV, 5); Vauquelin l'a ensuite retrouvé dans le cerveau, la moelle épinière, la moelle allongée, les nerfs (*Ann. de Chim.*, LXXXI, 37). Plusieurs autres chimistes ont fait depuis des recherches à ce sujet; savoir : MM. John, Gmelin, Kuhn et M. Couerbe. Celles de M. Couerbe sont les plus recentes; il en sera question d'une manière spéciale dans l'article suivant.

### ARTICLE I.

#### *Matières grasses du cerveau, de la moelle allongée, etc.*

2549. Suivant Vauquelin, le cerveau, la moelle allongée, la moelle épinière, les nefs, ne diffèrent dans leur composition que par la proportion des matières qui s'y rencontrent : tous ces organes renferment des substances phosphorées. M. Couerbe en admet dans le cerveau jusqu'à quatre, qu'il regarde comme grasses (1), et qu'il propose de désigner par les noms de *cérébrote*, *stéaroconote*, *céphalote*, *éléencephole* (*Ann. de Chim. et de Phys.*, LVI, 164) : nous allons les faire connaître en nous occupant successivement de leur préparation générale et des caractères qui les distinguent.

2550. *Préparation.*—Le cerveau, après avoir été préalablement dépouillé de son enveloppe membraneuse et lavé à l'eau froide, pour en séparer autant que possible le sang dont il est imprégné, est malaxé et mis en macération dans l'éther froid, dont on réitère l'action 3 ou 4 fois. Quoique insolubles dans l'éther pur, la cérébrote et la stéaroconote passent elles-mêmes en dissolution, du moins en partie, à la faveur des autres ma-

(1) Cependant plusieurs sont infusibles d'après l'auteur, propriété qui les éloigne évidemment de la classe des corps gras.

tières grasses qui s'y dissolvent également. Les liqueurs obtenues sont évaporées d'abord dans un appareil distillatoire, pour recueillir le majeure partie du dissolvant employé, puis dans une capsule. Il reste une masse grasse blanchâtre, offrant d'épaisses stries gluantes, et de plus au-dessous de celles-ci, quand on opère sur des cerveaux sains, une sorte de granulation blanche presque entièrement produite par de la cérébrote. En versant sur la masse une petite quantité d'éther, cette portion de cérébrote reste seule indissoute. Le nouveau résidu que laisse la solution évaporée doit être épuisé par l'alcool bouillant qui le partage en deux parties : l'une, formée de stéaroconote et de céphalote, ne s'y dissout pas ; l'autre, qui s'y dissout au contraire, renferme de l'éléencephole, de la cérébrote, et de la cholestérine.

1º Le mélange de stéaroconote et de céphalote est traité par l'éther froid qui s'empare de celle-ci et ne peut plus dissoudre la première, de sorte que leur séparation est très facile à effectuer. On retire ensuite la céphalote de la solution en vaporisant l'éther; elle reste colorée en jaune fauve ; la stéaroconote est moins foncée dans sa couleur.

2º La liqueur alcoolique tenant en dissolution les autres matières, est filtrée sur du charbon animal, et abandonnée à elle-même : il s'en sépare une foule de cristaux très blancs et d'un aspect gras, que l'on recueille et que l'on exprime au travers d'un linge fin. On en obtient de nouvelles quantités par plusieurs concentrations successives, et on les réunit aux premiers. Lorsque l'alcool, par suite de ces opérations, se trouve suffisamment affaibli, il laisse déposer, outre les cristaux, une huile rougeâtre. C'est encore par une légère pression dans un linge, que la matière cristalline est isolée de l'huile en même temps que de l'alcool: celui-ci s'écoule avec l'huile sous forme d'un liquide trouble.

Les cristaux se composent de cholestérine et de cérébrote. Par l'emploi de l'éther froid, on opère la dissolution de la première de ces deux substances et sa séparation d'avec la cérébrote que l'éther pur ne saurait dissoudre.

Quant à l'huile rouge qui reste mêlée à l'alcool, le meilleur moyen de l'isoler consiste à verser, dans la liqueur trouble qui s'est écoulée à travers le linge, une certaine quantité d'éther qui l'éclaircit, et à abandonner le tout à l'évaporation spontanée. Elle se précipite peu-à-peu au fond du liquide; on l'enlève avec une pipette et on la filtre : c'est l'éléencephole. Pour l'obtenir aisément, il faut retirer de sa dissolution dans l'alcool la plus grande quantité possible de cristaux, avant d'amener le liquide au degré où cette huile commence à se déposer : sans cette précaution, elle pourrait rester mêlée à une trop grande quantité de matière grasse solide.

Enfin le cerveau qui a été traité par l'éther peut encore fournir une troisième portion de cérébrote, en le soumettant à l'action de l'alcool bouillant, filtrant ce liquide chaud et le laissant refroidir. Elle se dépose alors avec de la cholestérine : nous avons indiqué déjà comment l'éther offre le moyen de séparer ces deux produits.

Les quatre matières dont nous venons de décrire la préparation doivent-elles être regardées comme pures ? C'est une question dont la solution affirmative paraîtra plus que douteuse, en considérant: 1° que, d'après M. Couerbe, le phosphore et le soufre ne s'y rencontreraient pas en proportions constantes (1) ; 2° que, dans tous les cas, la petite quantité de ces élémens dans les produits obtenus ne permettrait de représenter leur composition que par des formules extrêmement compliquées; 3° que la tendance de ces divers corps gras à déterminer mutuellement leur dissolution dans les véhicules employés doit être un grand obstacle à leur isolement complet ; 4° que la coloration offerte par trois d'entre eux provient probablement de substances étrangères. Quoi qu'il en soit, nous allons les décrire tels que M. Couerbe les a étudiés : ils sont tous insolubles dans l'eau, décomposables par la distillation, et laissent, quand on les chauffe à l'air, un charbon imprégné d'acide phosphorique qui s'oppose à une combustion complète.

2551. *Cérébrote* ou *myélocone*.—Solide, blanche, insoluble dans l'éther, aisément soluble dans l'alcool bouillant et très peu dans ce liquide froid, infusible, susceptible de se réduire en poudre par la dessiccation à une chaleur ménagée : c'est de là que vient le nom de myélocone que lui donna d'abord M. Kuhn, et qui signifie *moelle en poudre*. Elle n'est point saponifiée par la potasse ou la soude caustique, même en dissolution concentrée.

Dans la cérébrote ordinaire, M. Couerbe a trouvé 67,818 de carbone, 11,100 d'hydrogène, 3,399 d'azote, 2,138 de soufre, 2,332 de phosphore, 13,213 d'oxigène. Abstraction faite du phosphore et du soufre dont la quantité varie dans les cérébrotes extraites des divers cerveaux, ces résultats se rapportent à la formule atomique $C^{54}H^{54}AzO^{4}$.

2552. *Stéaroconote* (de *στέαρ*, *graisse solide*, *κόνις poudre*).

(1) Suivant ce chimiste, la dose de phosphore serait dans les cerveaux d'idiots moindre d'environ 1 pour 100 que dans ceux d'individus ordinaires, et dans les cerveaux de fous plus forte de 1 à 2 pour 100. Mais il faudrait des expériences plus décisives pour admettre de tels résultats.

— Cette substance se présente sous forme d'une poudre de couleur fauve, insipide et produisant dans la bouche l'impression ordinaire des graisses; elle est infusible, insoluble dans l'eau, l'alcool et l'éther, mais soluble dans les huiles grasses et essentielles. L'acide azotique la dissout à l'aide de la chaleur, et laisse déposer après quelque temps d'ébullition de petites lames cristallines, blanches et brillantes d'un acide gras, semblable par son aspect aux acides margarique et stéarique.

La stéaroconote a donné à l'analyse 59,832 de carbone, 9,352 d'azote, 9,246 d'hydrogène, 2,420 de phosphore, 2,030 de soufre, et 17,120 d'oxigène; ce qui conduit, en faisant abstraction du phosphore et du soufre, à la formule atomique $C^{18}H^{18}AzO^{2}$.

2553. *Céphalote.* — Solide et élastique comme du caoutchouc, brune, susceptible de se ramollir par la chaleur sans jamais atteindre toutefois une fluidité complète, soluble dans 25 fois son poids d'éther froid, à peine soluble dans l'alcool même bouillant. L'acide chlorhydrique ne l'attaque ni à froid ni à chaud. L'acide sulfurique a besoin d'être porté à l'ébullition pour agir sur elle et la charbonner. L'acide azotique ne la décompose qu'avec une très grande lenteur; mais l'eau regale la dissout vivement. Les alcalis la saponifient et donnent lieu à des acides gras, qui sont d'abord jaunes, et que l'on amène facilement à l'état de blancheur en les purifiant.

La céphalote a été trouvée formée de 66,362 de carbone, 10,034 d'hydrogène, 3,250 d'azote, 2,544 de phosphore, 1,959 de soufre, 15,851 d'oxigène; d'où, déduction faite du phosphore et du soufre, l'on est conduit à la formule

$$C^{54}H^{53}AzO^{6}.$$

2554. *Eléencéphole.* — C'est une huile rougeâtre, d'une saveur désagréable, soluble en toutes proportions dans l'éther, les huiles grasses et volatiles, assez soluble dans l'alcool chaud, susceptible de dissoudre elle-même les trois substances qui précèdent. Sa composition a été trouvée la même que celle de la céphalote.

## ARTICLE II.

### *Huile essentielle de moutarde noire.*

2555. Cette huile essentielle qui se prépare à la manière ordinaire en distillant avec de l'eau les semences exprimées du *sinapis nigra*, ne se produirait plus, si celles-ci avaient été préalablement traitées par l'alcool. Elle est donc dans le même cas que celle des amandes amères (2438 et 2541). On l'obtient le plus souvent colorée; mais en la rectifiant, il est facile de l'obtenir limpide et sans couleur. Sa saveur est très âcre et très caustique, son odeur forte et excessivement pénétrante, sa densité à 20° égale à 1,015, celle de sa vapeur égale à 3,37. Elle bout à 143°.

L'alcool et l'éther la dissolvent abondamment; l'eau l'en précipite; elle peut elle-même dissoudre une grande quantité de soufre et de phosphore qui s'en séparent, en partie du moins, sous forme de cristaux par le refroidissement. Le chlore la décompose en donnant naissance à beaucoup d'acide chlorhydrique et à des produits non examinés.

L'acide azotique, l'eau régale, l'attaquent avec force, et donnent de l'acide sulfurique pour dernier résidu.

Les oxides alcalins chauffés avec cette huile essentielle, se convertissent en sulfures et en sulfo-cyanures, et développent en même temps de grandes quantités d'ammoniaque. Quant à l'ammoniaque, elle agit d'une manière particulière; 100 centim. c. de ce gaz sec à 13° et 0,m 753 sont absorbés par 0,410 d'essence, et donnent lieu à une substance que nous étudierons tout-à-l'heure, qui cristallise très bien et se rapproche par ses propriétés du genre des *amides*. Il ne se produit point d'eau; on voit seulement apparaître dans cette expérience quelques traces impondérables de sulfo-cyanhydrate d'ammoniaque. L'ammoniaque liquide en excès, abandonnée pendant quelques jours avec l'huile essentielle, la transforme pareillement en une masse cristallisée de même nature.

L'essence de moutarde noire est formée de 49,84 de carbone, 5,09 d'hydrogène, 14,41 d'azote, 10,18 d'oxigène, et 20,48 de soufre; ce qui conduit à la formule atomique:

$$C^{64}H^{40}Az^{8}O^{5}S^{5},$$

représentant 16 vol. de vapeur et le quadruple de la quantité qui réagit sur 1 prop. ($Az^2H^6$) d'ammoniaque. (Dumas et Pelouze, *Ann. de Chim. et de Phys.*, LIII, 181.)

*Produit de l'action de l'ammoniaque sur l'essence de moutarde.*—Les cristaux qui résultent de cette action deviennent d'une blancheur éclatante, lorsque après les avoir dissous dans l'eau et traités par le charbon animal, on les reproduit par l'évaporation et le refroidissement. Leur saveur est amère, leur odeur nulle, leur forme celle d'un prisme à base rhomboïdale. Ils fondent à 70°, se dissolvent dans l'eau froide et mieux encore dans l'eau chaude, se dissolvent également dans l'alcool et l'éther: les dissolutions sont neutres et ne se troublent sous l'influence d'aucun réactif.

Les alcalis fixes bouillans en dégagent de l'ammoniaque avec une lenteur qui fait voir que cette base ne s'y trouve pas toute formée. L'acide azotique les détruit et donne de l'acide sulfurique. Par aucun moyen, l'huile de moutarde primitive n'a pu être reproduite avec ces cristaux.

Leur composition est exprimée en poids par 42,43 de carbone, 6,93 d'hydrogène, 24,54 d'azote, 8,66 d'oxigène, 17,44 de soufre, et en atomes par la formule $C^{64}H^{64}Az^{16}O^{5}S^{5}$. Ils proviennent donc de la réunion des élémens de 1 atome d'huile et de 8 at. d'ammoniaque ($C^{64}H^{40}Az^{8}S^{5}O^{5}+8AzH^{3}$) ou de 16 volumes de vapeur d'essence et de 16 vol. de gaz ammoniac : ainsi la réaction qui a lieu entre ces deux composés s'effectue entre des volumes égaux.

## SECTION IV.

### *Des matières neutres qui n'ont point été assez examinées ou dont l'existence est très douteuse.*

2556. Ces sortes de matières sont très nombreuses; nous examinerons d'abord celles qui nous semblent nouvelles, et dont les propriétés ont été le mieux constatées, savoir : la diastase, la fungine, le gentianin, l'inuline, la lichenine, la populine.

Nous ne ferons pour ainsi dire que citer les autres, en indiquant autant que possible les ouvrages où elles ont été décrites.

2557. *Diastase* (1).—La diastase est une nouvelle matière découverte par MM. Payen et Persoz, et remarquable par la singulière propriété qu'elle a de transformer en dextrine et en sucre de raisin une quantité considérable de fécule sous l'influence de l'eau et de la chaleur.

On la trouve dans les semences d'orge, d'avoine et de blé, ainsi que dans la pomme de terre, mais seulement après la germination et à la base des radicelles et des pousses, autour de leur point d'insertion avec la graine ou le tubercule. On la rencontre encore sous les bourgeons de l'*aylanthus glandulosa*. Elle entre dans la composition de l'orge germée pour une quantité qui excède rarement 2 millièmes, et y est accompagnée d'une matière azotée qui paraît être de nature albumineuse. Pendant la germination, la proportion de la diastase augmente avec le développement de la gemmule et jusqu'à ce que celle-ci, dans l'orge, par exemple, ait atteint une longueur égale à celle de chaque grain germé.

(1) Nous avons été forcé de placer la diastase dans cette section, parce qu'elle n'a point encore été analysée.

Le meilleur moyen de la préparer est le suivant : on écrase dans un mortier de l'orge fraîchement germée, on l'humecte avec environ la moitié de son poids d'eau et l'on soumet le mélange à une forte pression. Il en découle un liquide visqueux qui doit être mêlé avec de l'alcool de manière à détruire sa viscosité. Par ce moyen, on sépare en flocons la plus grande partie de la matière albumineuse. Il suffit alors de filtrer la liqueur et d'y ajouter une nouvelle quantité d'alcool pour en précipiter la diastase impure ; on la purifie en la redissolvant jusqu'à trois fois dans l'eau et la précipitant de nouveau chaque fois par l'alcool en excès. Enfin, on la recueille sur un filtre, on l'enlève tout humide, on la dessèche en couches minces sur une lame de verre par un courant d'air chaud à la température de 45 à 50°, et on la conserve dans un flacon bien bouché.

La diastase est solide, blanche, amorphe, insoluble dans l'alcool, soluble dans l'eau et l'alcool faible.

Sa solution aqueuse est insipide et neutre ; elle n'est point précipitée par le sous-acétate de plomb ; abandonnée à elle-même, elle s'altère promptement à la température ordinaire et devient acide, soit qu'elle ait ou qu'elle n'ait pas le contact de l'air : suivant M. Guérin, 10 grammes d'eau chargée de un demi-gramme de diastase et placés dans un tube sur le mercure, tout en s'acidifiant, donnent environ 3 centimètres cubes de gaz carbonique.

La diastase est sans action sur la gomme arabique, le sucre, l'inuline, le ligneux, les tégumens de la fécule, la levure de bière, l'albumine, le gluten, le charbon d'os.

Elle en exerce au contraire une très extraordinaire sur l'amidon ; c'est ce que prouvent les expériences suivantes :

1° Lorsque l'on délaie 200 parties d'amidon dans 1000 parties d'eau froide, qu'on y ajoute 1 partie de diastase, qu'on élève et qu'on maintient la température entre 70 à 75 degrés, il arrive qu'au bout d'un certain temps la liqueur n'est plus colorée en bleu violet par une solution d'iode. Si alors on examine ce qu'est devenu l'amidon, on voit qu'il s'est liquéfié, qu'il s'est transformé tout entier en sucre de raisin et en dextrine, sauf les tégumens qui l'enveloppent et qui équivalent aux $\frac{4}{1000}$ de son poids ; ceux-ci apparaissent en flocons légers, et se déposent peu-à-peu. En filtrant la liqueur, l'évaporant et traitant le résidu par de l'alcool à 84 degrés centésimaux, celui-ci se charge de tout le sucre, tandis que la dextrine qui ne commence à devenir soluble dans ce liquide qu'autant qu'il marque au plus 45 degrés, se rassemble au fond du vase à l'état d'hydrate.

2° L'orge germée agit sur la fécule à la manière de la diastase; six à dix parties d'orge germée suffisent pour transformer 100 de fécule en dextrine et sucre (2254).

3° (1) La diastase liquéfie et saccharifie l'empois d'amidon, sans absorption et sans dégagement de gaz: cette réaction est la même dans l'air et dans le vide.

4° 100 parties d'amidon réduites en empois, avec 39 fois leur poids d'eau à 65°, puis mêlées avec 6, 13 p. de diastase dissoutes dans 40 parties d'eau froide, ont donné 86,91 p. de sucre, en les tenant exposées pendant 1 heure à une température de 60 à 65 degrés.

5° Un empois renfermant 1393 parties d'eau et 100 d'amidon, mêlé avec 12, 25 p. de diastase dissoutes dans 67 parties d'eau froide a fourni 77,64 p. de sucre, en prolongeant le contact à 20° pendant 24 heures.

6° L'expérience précédente répétée à zéro, mais en prolongeant seulement le contact pendant 2 heures, a produit 11,82 p. de sucre.

7° Les proportions et les circonstances les plus favorables à la production de beaucoup de sucre sont un léger excès de diastase ou d'orge germée, environ 50 parties d'eau pour 1 p. d'amidon et une température comprise entre 60 et 65°.

8° La diastase dissoute dans 30 fois son poids d'eau froide n'agit pas sur l'amidon ordinaire ou en globules entre 20 et 26°.

9° La diastase même en excès ne saccharifie pas la dextrine mêlée à une certaine quantité de sucre de raisin. Aussi, ne parvient-on jamais à transformer complètement la fécule en sucre par la diastase dans une première opération; il se produit toujours plus ou moins de dextrine dont on ne peut opérer la saccharification qu'en l'isolant du sucre par l'alcool, la dissolvant dans l'eau et la soumettant à l'action de la diastase dans plusieurs traitemens successifs: d'où l'on voit que la présence du sucre affaiblit et peut même arrêter l'effet de la diastase sur la fécule.

Comment actuellement concevoir la transformation de la fécule, soit en dextrine, soit en sucre de raisin? de la manière suivante: la fécule a pour formule $C^{12}H^{10}O^{5}$, et le sucre de raisin $C^{12}H^{14}O^{7}$; par conséquent, pour se transformer en sucre, 1 atome de fécule n'a besoin que de s'assimiler les principes de 2 atomes d'eau. Or, lorsqu'on fait réagir la diastase sur la fécule dépouillée de ses enveloppes, celle-ci finit par se saccharifier tout entière sans qu'il s'absorbe ou qu'il se dé-

(1) Les résultats rapportés sous les n^os 3, 4, 5, 6, 7, 8 et 9 m'ont été communiqués par M. Guérin: ils font partie d'un mémoire inédit, qui sera bientôt publié dans les *Ann. de Ch. et de Phys.*

gage de gaz. Il est donc très probable que la saccharification a lieu comme nous venons de l'indiquer. S'il en était ainsi, 100 de fécule devraient dônner 114,21 de sucre de raisin.

Quant à la dextrine, elle doit se produire aussi d'une manière analogue au sucre de raisin ; car, selon toute apparence, la fécule devient d'abord dextrine, puis par l'absorption d'une plus grande quantité d'eau elle se saccharifie. Il est nécessaire toutefois pour admettre cette théorie, qu'on ait fait l'analyse de la dextrine, et qu'on ait prouvé que pour la même quantité de carbone, elle contient plus d'eau que la fécule. Dans cette hypothèse, sa composition devrait être $C^{12}H^{12}O^{6}$.

2558. *Fungine.*—M. Braconnot propose d'appeler ainsi la substance charnue qui forme la base des champignons, et que l'on obtient pour résidu, lorsque l'on traite ceux-ci par l'eau bouillante aiguisée d'un peu d'alcali.

La fungine est plus ou moins blanche, mollasse, insipide, peu élastique.

Lorsqu'on la torréfie, elle répand bientôt l'odeur du pain grillé. Exposée à la flamme d'une bougie, elle prend feu promptement. Décomposée par la chaleur, dans une cornue, elle donne tous les produits qui proviennent de la distillation des matières animales, et un charbon dont la cendre est composée de phosphate de chaux, de phosphates d'alumine et de fer, et de carbonate calcaire.

L'eau, l'alcool, l'éther, l'acide sulfurique faible, la potasse et la soude sont sans action sur elle.

L'acide chlorhydrique la dissout à l'aide de la chaleur. L'acide azotique l'attaque vivement, et de là résultent : 1° beaucoup de gaz, de l'acide oxalique, une matière jaune amère, semblable à celle que cet acide forme avec l'indigo; 2° deux substances grasses : l'une analogue à la cire, et l'autre plus abondante, analogue au suif.

Enfin la fungine résiste à l'action des alcalis faibles ; elle n'est attaquée par ces agens qu'autant qu'ils sont concentrés.

La plupart de ses propriétés la rapprochent beaucoup de la fibre ligneuse.

2559. *Gentianin.*—Il paraît, d'après MM. Henry et Caventou, que la racine de gentiane (*gentiana lutea*) doit sa saveur amère à une substance particulière, susceptible de cristallisation, et qu'ils proposent d'appeler *gentianin.* Le gentianin se trouve dans cette racine avec huit autres matières dont on le sépare comme il suit :

1° La gentiane en poudre est mise en contact à froid pendant quarante-huit heures avec de l'éther, qui dissout le *gen-*

*tianin*, de la glu, une matière grasse fixe, une matière odorante et un acide; 2° on évapore l'éther et on traite le résidu par l'alcool faible, qui s'empare seulement du gentianin, de l'acide, et de la matière odorante; 3° la solution alcoolique étant évaporée comme la précédente, l'on délaie dans l'eau le nouveau résidu qui en provient, l'on y ajoute un peu de magnésie qui sature l'acide, et l'on fait chauffer la liqueur jusqu'à ce que toute l'eau soit volatilisée; la matière odorante se dégage en même temps que celle-ci, de sorte que le gentianin ne reste plus qu'avec le sel de magnésie qui s'est formé et l'excès de magnésie. Mais comme cette base peut s'unir au nouveau principe, il est bon de la saturer par une dose convenable d'acide : alors, au moyen de l'éther, on dissout le gentianin qui se dépose, par l'évaporation, sous forme de petites aiguilles cristallines d'un beau jaune.

Ainsi obtenu, il a l'amertume et l'arôme de la gentiane à un grand degré; il n'altère ni la couleur du tournesol, ni celle du curcuma; exposé, dans un tube fermé par un bout, à la température d'environ 350°, il se décompose et se sublime en partie. Projeté sur des charbons incandescens, il présente des phénomènes analogues, et de plus une belle vapeur jaune due à une grande quantité de gentianin qui se condense. Il est très soluble dans l'alcool et dans l'éther, beaucoup moins dans l'eau bouillante et surtout dans l'eau froide. Les alcalis et les acides, convenablement étendus, en favorisent la dissolution. (*Journ. de Pharm.*, t. VII, p. 173.)

2560. *Inuline*. — M. Rose, en examinant l'*inula helenium*, en a extrait une substance qu'il regarde comme nouvelle, et à laquelle M. Thomson donne le nom d'*inuline*. Cette substance est blanche et pulvérulente comme l'amidon. Projetée sur des charbons incandescens, elle fond et répand une fumée blanche, d'une odeur semblable à celle du sucre qui brûle. Distillée dans une cornue, on en retire tous les produits que fournit la gomme. Elle se dissout facilement dans l'eau chaude, et s'en précipite presque tout entière par le refroidissement sous forme de poudre : toutefois, avant de se précipiter, elle donne à la dissolution une consistance un peu mucilagineuse; c'est ce qui a lieu surtout lorsqu'on emploie 1 partie d'inuline sur 4 parties d'eau. En versant de l'alcool dans une dissolution d'*inuline*, celle-ci ne tarde pas à se déposer. Traitée par l'acide azotique, l'inuline se décompose promptement; il en résulte de l'acide malique ou plutôt oxalhydrique, de l'acide oxalique, etc. L'iode ne la colore point et sert à la distinguer aisément de l'amidon qui s'en rapproche d'ailleurs par beaucoup de propriétés.

C'est en faisant bouillir la racine d'aunée dans trois ou quatre fois son poids d'eau, et en abandonnant la liqueur à elle-même, qu'on obtient l'inuline.

Cette substance n'existe pas seulement dans la racine d'*inula helenium*; elle a été trouvée en abondance dans la racine de colchique par MM. Pelletier et Caventou, et dans la racine de pyrèthre par M. Gauthier. (*Ann. de Chim. et de Phys.*, t. VIII, p. 101; et t. XIV, p. 82.)

MM. Pelletier et Caventou ont observé à cette occasion: 1° que l'inuline et l'amidon avaient la propriété de s'unir; 2° que quand on faisait bouillir ces deux substances dans l'eau, l'inuline ne se déposait point de la dissolution, si la quantité d'amidon était très prédominante, et que, dans le cas contraire, l'inuline en se déposant, entraînait une certaine quantité d'amidon, ce qu'on reconnaissait facilement au moyen de l'iode; 3° que, pour découvrir l'inuline mêlée à beaucoup d'amidon, le seul moyen était de verser de l'infusion de noix de galle dans la décoction amilacée et de faire chauffer la liqueur: il se formera un précipité qui ne disparaîtra que vers 100, tandis que si l'amidon était pur, il se redissoudrait à 50°, comme l'a observé M. Thomson.

2561. *Lichénine.* — M. Guérin a donné ce nom à la partie organique du lichen d'Islande, qui, se dissolvant dans l'eau chaude, s'en sépare en gelée par le refroidissement.

A l'état hydraté, elle est incolore; mais après dessiccation, elle présente une teinte jaunâtre. Elle est transparente en plaques minces, insipide, inodore, et ne se réduit que difficilement en poudre.

L'eau froide la gonfle lentement, augmente considérablement son volume, et n'en dissout que des traces; le même liquide bouillant la dissout aisément. Sa dissolution est précipitée en flocons blancs par l'alcool et l'éther hydrique.

Exposée à l'air, la lichénine dissoute dans l'eau se décompose au bout de quelques jours et devient acide.

Par l'iode, la lichénine se colore en bleu, mais avec beaucoup moins d'intensité que *l'amidine.* L'acide sulfurique la convertit en sucre, et l'acide azotique, d'abord en acide oxalhydrique, puis en acide oxalique, etc.

Le sous-acétate de plomb forme dans sa dissolution un précipité blanc, insoluble dans l'eau, qui disparaît par l'addition de quelques gouttes d'acide acétique.

Pour préparer la lichénine, on fait digérer pendant vingt-quatre heures 16 parties de lichen d'Islande haché, avec 200 parties d'eau, et 1 partie de potasse du commerce, en ayant soin d'agiter le tout fréquemment. La solution alcaline brunit et se charge en même temps d'un principe amer qui se dissoudrait à peine dans l'eau pure. Après la digestion, le lichen est mis à égoutter, puis tenu en macération avec de l'eau qu'on renouvelle tant qu'elle acquiert de l'amertume et une réaction alcaline, et soumis à l'action prolongée de l'eau bouillante. La liqueur passée chaude à travers un linge laisse déposer par le refroidissement la lichénine en une gelée que l'on fait dessécher sur une toile de lin ou sur du papier gris : elle devient alors dure et noirâtre; mais, en la dissolvant une seconde fois dans l'eau bouillante, et filtrant la liqueur immédiatement, on l'obtient sous forme de gelée parfaitement blanche.

M. Guérin l'a trouvée composée de 39,33 de carbone, 7,24 d'hydrogène, et 53,43 d'oxigène; d'où il a déduit pour sa formule at. $C^{10}H^{11}O^{5}$. (*Ann. de Chimie et de Physique*, t. LVI, p. 247.)

2562. *Populine.*—Substance découverte par M. Braconnot dans l'écorce et les feuilles de tremble (*populus tremula*). Elle est solide, et cristallise en aiguilles blanches, fines et soyeuses, d'une saveur sucrée comparable à celle de la réglisse, solubles dans environ 2,000 fois leur poids d'eau froide, dans 70 fois leur poids d'eau à 100° et dans beaucoup moins d'alcool bouillant, lequel se prend ensuite par le refroidissement en masse cristalline.

Soumise à la distillation, elle se résout d'abord en un liquide incolore, puis se boursoufle et donne un produit d'apparence oléagineuse, qui cristallise en se refroidissant. Si l'on comprime les cristaux ainsi formés dans du papier à filtre, celui-ci absorbe une huile empyreumatique très âcre, tandis qu'il reste des paillettes micacées d'acide benzoïque. A l'air, la populine brûle en produisant beaucoup de flamme, et répandant une odeur aromatique particulière.

Traitée par le phosphore dans l'eau bouillante, elle n'éprouve aucune altération. Le chlore et l'iode sont aussi sans action sur elle.

L'acide acétique concentré, l'acide azotique ordinaire, l'acide phosphorique un peu étendu la dissolvent aisément à la température atmosphérique. L'addition de l'eau ou mieux encore d'une solution alcaline en détermine la précipitation. Les acides puissans plus ou moins concentrés la détruisent tous, du moins à l'aide de la chaleur; par l'action de l'acide azotique, elle fournit une grande quantité d'acide picrique. Calcinée avec la potasse à une température convenable, elle se change en acide oxalique qui s'unit à l'alcali.

Sa solution aqueuse ne produit aucun précipité avec la plupart des dissolutions salines; mais en la saturant de chlorure de sodium, la populine s'en sépare entièrement avec sa forme cristalline ordinaire.

Le meilleur moyen de préparer cette substance consiste à l'extraire des feuilles de tremble, en les faisant bouillir avec de l'eau, versant dans la décoction encore chaude du sous-acétate de plomb qui y occasionne un précipité jaune, et concentrant jusqu'en consistance de sirop clair la liqueur préalablement filtrée.

Il s'y forme pendant le refroidissement un dépôt cristallin très volumineux de populine impure. Ce dépôt fortement exprimé dans un linge, est mêlé avec environ 160 fois son poids d'eau et un peu de noir animal; puis la liqueur est portée à l'ébullition, et filtrée bouillante: la populine s'en sépare rapidement en une sorte de bouillie formée d'aiguilles, qui deviennent d'une blancheur éblouissante en les faisant égoutter sur du papier à filtrer. (*Ann. de Chim. et de Phys.*, tom. XLIV, pag. 311.)

2563. *Abiétine.*—Résine cristallisable, indifférente, trouvée par M. Caillot dans la térébenthine. (*Journ. de Pharm.*, t. XVI, p. 436.)

*Albuminine* ou *oonin.* — V. *Albumine* (2525).

*Amanitine.*—Principe vénéneux des agarics à volva, étudié par M. Letellier. (*Journ. de Pharm.*, XVI, 115.)

*Ampelite.*—Matière grasse volatile, minérale.

*Amylonine.*—Voyez plus bas *Xyloïdine.*

*Amyrine.*—Matière résineuse, insoluble dans l'alcool froid, observée dans la résine de *l'amyris*, par M. Bonastre, et analysée par MM. Henry et Plisson. (*Journ. de Pharm.*. XIV, 352-XVI, 597.)

*Arthanitine.*— Substance cristalline, trouvée par M. Saladin dans le *cyclamen europœum*, soluble dans 500 fois son poids d'eau, dans beaucoup moins d'alcool, insoluble dans l'éther.

*Asboline.*—Huile azotée non volatile, séparée de la suie par M. Braconnot au moyen de l'éther hydrique qui la dissout. (*Ann. de Chim. et de Phys.*, XXXI, 37.)

*Asarite.*—Substance cristalline volatile, soluble dans l'alcool, l'éther, les essences, extraite de la racine *d'asarum.* (*Journ. de Pharm.*, XX, 347.)

*Barégine* ou *glairine*, *plombiérine*, *zoogène.*—Substance organique azotée d'apparence gélatineuse, insoluble dans l'eau, sensiblement insoluble aussi dans les acides azotique, chlorhydrique, acétique, fort peu soluble dans la potasse caustique.

Elle se rencontre dans toutes les eaux thermales, d'après

M. Longchamp. (*Journ. de Pharm.*, I, 262; VI, 294; VII, 196; XIV, 76, 312, 367 et 533.)

*Berbérine.*—Matière azotée, jaune, soluble dans l'eau et l'alcool, déliquescente, insoluble dans l'éther, trouvée par M. Brandes dans la racine d'épine-vinette (*berberis vulgaris*).

*Betuline.*—Sorte de corps gras cristallisable et volatil, trouvé dans l'écorce de bouleau par M. Lowitz. (*Journ. de Pharm.*, VI, 307.)

*Bryonine.*—Si, après avoir extrait le suc de la bryone et l'avoir saturé par de l'ammoniaque pour en précipiter du malate et du phosphate de chaux, on filtre la liqueur, et si ensuite on la fait évaporer avec ménagement, il se produira des pellicules cristallines blanches d'une matière azotée, extrêmement amère, qui n'est autre chose que la bryonine, ou le principe actif de la bryone, du moins d'après plusieurs chimistes. (*Journal de Chim. méd.*, I, 345 et 502.)

*Bubuline.*—Matière brune, extractive, trouvée par Morin dans les excrémens des bêtes à corne.

*Burserine.*—Matière résineuse, insoluble dans l'alcool froid, observée par M. Bonastre dans les plantes du genre *bursera*. (*Journ. de Pharm.*, XII, 495.)

*Caphopicrite.*—V. *Rhabarbarin.*

*Capsicine.*—Sorte de résine molle, légèrement soluble dans l'eau, très soluble dans l'alcool, l'éther, l'essence de térébenthine, les alcalis caustiques, trouvée par M. Braconnot dans le *capsicum annuum*.

*Cathartine.*—Nom proposé par MM. Lassaigne et Feneulle, pour désigner une substance qu'ils croient nouvelle et dans laquelle ils font résider la vertu purgative du séné. (*Ann. de Chim. et de Phys.*, t. XVI, p. 20.)

*Cérine.*—Nous savons, d'après M. Chevreul, qu'il existe dans le tissu cellulaire du liége une matière grasse. Ce chimiste a cru devoir lui donner le nom de *cérine*, parce qu'il lui a trouvé des propriétés qui la rapprochent de la cire (*Journ. de Pharm.*, XIII, 41). Toutefois, cette matière ne doit pas être confondue avec celle que l'on extrait de la cire, et à laquelle John a donné le même nom (2354).

*Ceroxyline.*—Matière cristalline résineuse, extraite par M. Bonastre du *ceroxylon andicola*, au moyen de l'alcool bouillant. (*Journ. de Pharm.*, XIV, 351.)

*Chitine.* M. Odier a donné ce nom à la croûte dure qui forme le tégument extérieur d'une grande partie des insectes et les élytres des coléoptères.

*Chlorophyle.*—Voyez *Physiologie chimique végétale*, art. *feuilles*.

*Cicutine.*—Regardée comme le principe actif de la ciguë, découverte par Brandes. (*Journ. de Pharm.*, VI, 47.)

*Cire fossile.*—Voyez *Ann. de Chim. et de Phys.*, LV, 217.

*Corticine.*—M. Braconnot a donné ce nom à la matière brune floconneuse, analogue à l'ulmine par ses caractères extérieurs et qu'il a remarquée dans l'écorce de tremble. (*Ann. de Chim. et de Phys.*, XLIV, 300.)

*Coumarin.*—Principe cristallisable et aromatique de la fève Tonka, d'après MM. Boullay et Boutron-Charlard. (*Journ. de Pharm.*, XIII, 480.)

*Cubebin.*—Matière cristalline extraite du poivre de cubèbe. Elle paraît être la même que le piperin (*Journ. de Pharm.*, XX, 403). Ce n'est pas toutefois l'opinion de M. Cassola. (*Journ. de Chim, médic.*, X, 685.)

*Cyanamide.*—Voyez *page 227 de ce volume*.

*Cytisine.*—MM. Chevallier et Lassaigne ont appelé ainsi une matière qu'ils ont extraite des graines du faux ébénier (*cytisus laburnum*); son aspect est le même que celui de la gomme arabique; sa saveur est amère et nauséeuse; elle attire promptement l'humidité de l'air; à petites doses, elle agit fortement sur l'économie animale; et possède d'ailleurs d'autres propriétés que les auteurs rapportent. Cette matière, en supposant qu'elle soit nouvelle, n'a probablement point encore été obtenue pure. (*Journ. de Pharm.*, t. IV, p. 340, et VII, 235.)

*Dammarine.*—Résine particulière, provenant de la résine *dammara*, étudiée par Brandes et Lucanus.

*Dulcarine.*—Substance indiquée par M. Desfosses dans les tiges de douce-amère. (*Journ. de Pharm.*, VII, 416.)

*Elatin.* — Matière purgative trouvée dans l'élaterium. (*Journ. de Pharm.*, VI, 395.)

*Elleborine.*—Résine molle, de saveur très âcre, trouvée dans *l'hellebŏrus hyemalis*.

*Erythrine.*—Voyez 2576.

*Erythrogène.*— Matière grasse cristalline que M. Bizio annonce avoir trouvée dans une bile altérée par la maladie.

*Esculine.*—Nom donné par M. F. Canzoneri à un corps qu'il regarde comme particulier et qu'il a obtenu au moyen des marrons d'Inde. (*Journ. de Pharm.*, IX, 542; XI, 47.)

*Ferment.* — Voyez *Fermentation vineuse*.

*Fuscine.*—Matière brune, insoluble dans l'eau et les solutions alcalines, soluble dans la plupart des acides, observée par M. Unverdorben dans l'huile de Dippel qui avait été exposée à l'air.

*Gliadine.*—Voyez *Gluten* (2538).

*Glutine.* — C'est l'albumine végétale. (*Journ. de Pharm.*, t. XIV, p. 396.)

*Gossypine.*—Matière principale du coton. (Des[illegible]ux, *Journ. de Pharm.*, II, 446.)

*Guacyne.*—Résine du gaïac. (Desvaux, *J. de Ph.*, II, 457.)

*Hélénine.*—Sorte d'huile volatile concrète qui se tire de la racine d'aunée (*inula helenium.*)

*Hespéridine.*—Substance cristalline trouvée dans les orangettes par M. Lebreton d'Angers. (*Journ. de Pharm.*, t. XIV, 377 et 477; XV, 156; XVI, 707.)

*Impératrine.*—Substance cristallisée qui ressemble aux résines, trouvée par Osann dans *l'imperatoria ostruthium.*

*Laccine.*—Espèce de résine (2470).

*Laurine.*—Matière cristalline, volatile, trouvée par M. Bonastre dans les baies de laurier. (*J. de Pharm.*, X, 32; XXV, 89.)

*Légumine.* — Matière décrite par M. Braconnot, qui la retire des haricots. D'après ce chimiste, elle jouerait le rôle de base et renfermerait du soufre parmi ses principes constituans. (*Ann. de Chim. et de Phys.*, XXXIV, 69.)

*Lupinine.*—Substance d'apparence gommeuse obtenue par M. Cassola, au moyen de la farine de lupin. (*Journ. de Chim. méd.*, X, 688.)

*Lupuline.*—Ce nom a été donné par M. W. Yves, médecin à New-York, à la matière active du houblon (*humulus lupulus, lupulus fœmina*), matière sur laquelle MM. Planche, Payen et Chevallier ont fait diverses recherches. (*Journ. de Pharm.*, VIII, 214; 320; 351; 533). (V. *Fleur de houblon.*)

*Masticine.* — Sorte de résine extraite du mastic par M. Bonastre. (*Journ. de Pharm.*, t. VIII, p. 575.)

*Médulline.* — Nom donné à la moelle de sureau par Desvaux. (*Journ. de Pharm.*, II, 446.)

*Mucilage ou mucus végétal.*— (*Journ. de Pharm.*, IV, 539, 549 et 553; *Bull. de Pharm.*, IV, 93).

*Mucus animal.* — (Voyez *Physiologie chimique animale.*)

*Nicotianine.* — Sorte d'huile volatile concrète qui s'extrait du tabac et possède une odeur semblable à celle de la fumée des feuilles de cette plante.

*Orcine.* — (Voyez 2575.)

*Oxide xanthique.* — Matière trouvée dans un calcul par M. Marcet (*Journ. de Pharm.*, IV, 87; XV, 535). (Voy. d'ailleurs *calculs urinaires.*)

*Phyteumacolle.* — Substance trouvée par Brandes dans la belladone. (*Journ. de Pharm.*, VI, 289.)

*Picamare.*—Huile épaisse, trouvée par M. Reichembach dans les produits de la distillation du bois. (*Journ. de Ph.*, XX, 362.)

*Picromel.* — (Voyez *bile.*)

*Pittacale.* — Matière bleue, résineuse, trouvée par M. Reichembach dans les produits de la distillation du bois. (*Journ. de Pharm.*, XX, 362).

*Plombagin.* — Substance cristallisable et volatile, trouvée dans la racine de dentelaire par M. Dulong d'Astafort. (*Journ. de Pharm.*, XIV, 25, 422 et 443.)

*Pollénine.* — Matière qui reste en épuisant successivement le pollen des fleurs, tel que celui du lycopodium, par l'eau, l'alcool, l'éther, l'essence de térébenthine. Il paraît d'ailleurs que le produit ainsi obtenu avec différentes fleurs n'est pas toujours identique. (Voy. *pollen.*)

*Pseudo-érythrine.* — (Voyez 2578.)

*Pseudotoxie.* — Substance trouvée par M. Brandes dans la belladone. (*Journ. de Pharm.*, VI, 289.)

*Quassine.* — Matière contenue dans l'écorce de Simarouba. (Morin, *Journ. de Pharm.*, VII, 60.)

*Quercie.* — Matière trouvée par M. J. Scattergood dans l'écorce de plusieurs chênes. (*Journal de Pharmacie*, tom. XV, pag. 550.)

*Rétinite.* — Résine fossile.

*Rhabarbarin.* — Matière jaune et cristalline de la rhubarbe, d'après M. Caventou qui regarde la *caphopicrite* comme une combinaison de *rhabarbarin* et de matière brune. (*Journ. de Pharm.*, II, 451; XII, 23; XIV, 201.)

*Rhaponticine.* — Substance jaune, cristalline, azotée, trouvée par M. Hornemann dans la rhubarbe. M. Vaudin a désigné sous le nom de *rhéine* une matière également jaune, qu'il a retirée de la même plante, et qui peut-être est identique avec la précédente. Il est même possible qu'il faille en dire autant du rhabarbarin. (*Journ. de Chim. méd.*, II, 286.)

*Santonine.* — Substance cristalline, non volatile, insoluble dans l'eau, mais soluble dans les acides étendus, la potasse, la soude, l'ammoniaque, l'alcool et l'éther, observée par MM. Kahler et Alms, dans la barbotine. (*Journ. de Pharm.*, t. XX, p. 44.)

*Sarcocolline.* — On donne ce nom à la substance qui forme, d'après M. Thomson, la majeure partie de la sarcocolle. La sarcocolle exsude spontanément du *penœa sarcocolla*; arbrisseau qui croît dans l'Afrique septentrionale. Telle qu'on la trouve dans le commerce, elle est solide, sous forme de petits globules, demi transparente, d'une couleur jaune; son odeur se rapproche de celle de l'anis.

Pour préparer la sarcocolline, il faut traiter par l'eau ou l'alcool la sarcocolle du commerce, préalablement soumise à l'action de l'éther, puis évaporer la dissolution : le résidu est la sarcocolline.

C'est une substance brune, cassante, incristallisable, insoluble dans l'éther; sa saveur est sucrée et un peu amère; jetée sur un corps incandescent, elle se ramollit, exhale une odeur de caramel, prend la consistance du goudron, et brûle en ne laissant que peu de résidu. Elle se convertit en acide oxalique par l'action de l'acide azotique. M. Pelletier l'a trouvée formée de 57,15 de carbone, 8,34 d'hydrogène et 34,51 d'oxigène, d'où il a déduit la formule $C^{26}H^{23}O^{6}$. (*Ann. de Chim. et de Phys.*, t. LI, p. 198.)

*Scillitine.* — Matière extraite de la scille par M. Vogel. (*Bull. de Pharm.*, IV, 539; *Journ. de Pharm.*, II, 455 ; XII, 637.)

*Sénégine.* — Regardée par Gehlen comme la substance active du *polygala seneca.* (*Journ. de Pharm.*, XIII, 586.)

*Séraï.* — Matière observée dans le lait par M. Schubler qui la considère comme tenant le milieu entre la matière caséeuse et l'albumine.

*Séroline.* — (Voyez *sang.*)

*Sinapine* ou *sulfo-sinapisine.* — MM. Henry et Garot regardent comme une matière neutre particulière, la substance qu'ils avaient appelée d'abord *acide sulfo-sinapique*, laquelle produit des sulfo-cyanures par l'action des bases. (*Journ. de Pharm.*, XI, 473.)

*Staphysain.* — (Voyez *delphine*, p. 283 de ce volume.)

*Styracine.* — Matière cristalline, trouvée par M. Bonastre dans la teinture de styrax liquide. (*Journ. de Pharm.*, XIII, 151.)

*Subérine.* — M. Chevreul a donné ce nom au tissu cellulaire du liége séparé des matières astringentes, colorantes, résineuses ou grasses, que les cavités de ce tissu contiennent. Cette substance se distingue par la propriété qu'elle a de produire de l'acide subérique avec l'acide azotique. Elle est probablement la même que celle qui constitue l'épiderme des arbres.

*Suif de montagne.* — Matière minérale, analogue au suif par son aspect. Elle a encore été appelée Hatchettine, Schéerite.

*Tanghine* ou *tanguine.* — Substance extraite du tanguin de Madagascar. (*Journ. de Pharm.*, IX, 54; XI, 237.)

*Tannin artificiel.* — Le tannin artificiel est une matière que l'on obtient en traitant les corps très riches en charbon, savoir : le charbon de terre, le charbon de bois, le noir de fumée, l'indigo, les résines, l'asphalte par l'acide azotique; le camphre et les résines par l'acide sulfurique. Il a été observé pour la première fois par M. Hatchett en 1805 (*Ann. de Chim.*, LVII, 113), et examiné ensuite par M. Chevreul (*Ann. de

*Chim.* LXXII, 113, et LXXIII, 36). M. Hatchett le regarde comme analogue au tannin naturel; M. Chevreul, comme un composé d'une substance charbonnée et hydrogénée avec l'acide dont on se sert pour le produire. M. Chevreul admet d'ailleurs plusieurs variétés de tannin; il reconnaît que non-seulement les substances tannantes artificielles ne peuvent être assimilées au tannin de la noix de galle, mais qu'un grand nombre de ces substances diffèrent entre elles suivant l'espèce d'acide et l'espèce de matière végétale avec lesquelles on les a préparées, et même suivant la quantité d'acide qui est entrée en combinaison. L'opinion de M. Hatchett ne peut plus être soutenue aujourd'hui; celle de M. Chevreul est vraisemblable.

L'on a vu précédemment comment on pouvait se procurer le tannin qui provient de l'action de l'acide azotique sur les résines (2449), et de celle de l'acide sulfurique sur les résines et sur le camphre (2449, 2435). Nous allons décrire maintenant la préparation du tannin qui se produit, dans la réaction de l'acide azotique sur le charbon d'une part, et sur l'indigo de l'autre.

*Tannin fait avec le charbon et l'acide azotique.* — Mettez dans un matras une partie de charbon de terre ou de bois réduit en poudre fine, et 5 à 6 parties d'acide azotique d'une pesanteur spécifique de 1,4, étendu de deux fois son poids d'eau; faites chauffer le mélange : bientôt il se produira une vive effervescence due principalement au dégagement du bi-oxide d'azote. Après deux jours de digestion, ajoutez une nouvelle quantité d'acide, et laissez digérer jusqu'à ce que le charbon soit dissous; alors évaporez peu-à-peu la liqueur jusqu'à siccité, et vous obtiendrez un peu plus d'une partie d'une masse brune : c'est le tannin artificiel.

Il est astringent, acide, soluble dans l'eau et l'alcool, inaltérable par l'acide azotique. Soumis à la distillation, il se boursoufle, se décompose, donne du bi-oxide d'azote en assez grande quantité et un charbon volumineux. Sa solution aqueuse est troublée tout-à-coup par celle de gélatine et celle d'albumine : elle l'est également par la plupart des dissolutions métalliques; le précipité formé par la gélatine est abondant, brun et insoluble dans l'eau bouillante.

*Tannin fait avec l'indigo et l'acide azotique.* — Déjà il a été question de cette sorte de tannin (2157); mais nous devons ajouter à ce que nous avons dit de sa préparation, les observations de M. Buff. Suivant ce chimiste, il faut faire chauffer 1 partie d'indigo en poudre fine avec 2 parties d'acide azotique concentré, étendu de 15 à 20 parties d'eau, filtrer la liqueur, et laver le résidu à l'eau bouillante pour en séparer l'acide indigotique adhérent; traiter ensuite la poudre roussâtre restée sur le filtre par une dissolution de carbonate de potasse ou de soude qui dissout une substance brune et n'attaque pas l'indigo qui a échappé à l'action de l'acide, puis précipiter cette substance en saturant l'alcali par l'acide chlorhydrique, la purifier au moyen de quelques lavages à l'alcool, la dissoudre dans l'acide azotique concentré et faire évaporer la dissolution : le nouveau résidu serait le tannin artificiel. Or, comme la substance brune se dissout dans l'acide sans le décomposer, mais seulement en le colorant en rouge d'aurore, et comme on peut la précipiter par la potasse ou la soude sans altération, M. Buff en conclut que le tannin artificiel d'indigo n'est autre chose qu'un composé de la substance brune avec l'acide azotique; voici les principales propriétés qui distinguent cette substance : elle est friable, insipide, complètement insoluble dans l'eau et l'alcool, presque insoluble dans les acides sulfurique et chlorhydrique étendus, soluble au contraire dans l'acide sulfurique concentré, dans l'acide azotique, dans les alcalis caustiques ou carbonatés, susceptible d'être précipitée de sa dissolution dans l'acide azotique par les bases, et de sa dissolution dans les bases alcalines par les acides, en ayant le soin d'employer les quantités de réactif convenables. Plus l'indigo approche d'être pur et moins il donne de cette substance, si bien que M. Buff est porté à croire qu'elle est due à l'action de l'acide azotique sur la résine que l'indigo contient. (*Voy.* le Mémoire de M. Buff. *Ann. de Chim. et de Phys.* XXXIX, 290.)

Que conclure en dernier résultat de tout ce qui précède? que l'on n'a pas de notions précises sur les matières qui ont reçu le nom de tannin artificiel, et que de nouvelles recherches sont nécessaires pour éclaircir ce point, encore très obscur, de la chimie organique.

*Taurine.* — (Voyez *bile.*)

*Variolarin.* — Substance cristalline, d'apparence résineuse, trouvée par M. Robiquet dans le *variolara dealbata.* (*Journ. de Pharm.*, XV, 298.)

*Vératrin.* — (Voyez *vératrine*, p. 285 de ce volume.)

*Viscine.* — Matière essentielle de la glu. (*Journ. de Pharm.*, t. XX, p. 18.)

*Xyloïdine.* — M. Braconnot a donné ce nom à la matière dans laquelle se transforment, par l'action de l'acide azotique concentré, à froid, l'amidon et beaucoup d'autres matières organiques (*Ann. de Chim. et de Phys.*, LII, 290). M. Wall, qui avait déjà préparé antérieurement ce produit, a donné le nom d'*amylonine* à la substance qu'on en retire par *l'alcool bouillant.*

*Zanthopicrite.* — Substance cristallisée, jaune, volatile avec décomposition partielle, trouvée par MM. Chevallier et G. Pelletan dans l'écorce du *Zanthoxilum* des Caraïbes. (*Ann. de Chim. et de Phys.*, XXXIV, 200.)

*Zimome.* — (Voyez *gluten*. 2538.)

## CLASSE IV.

### *Matières colorantes.*

2564. Les matières colorantes sont très multipliées : on les trouve dans toutes les parties des plantes, tantôt dans les racines, tantôt dans les tiges, tantôt dans les graines, etc. Il en existe de toutes les nuances; les plus communes sont les rouges, les jaunes et les vertes.

La nature ne nous offre jamais les matières colorantes que combinées ou mêlées les unes avec les autres, et souvent même avec plusieurs des matériaux immédiats des végétaux. Par exemple, celles qui sont jaunes accompagnent presque constamment celles qui sont rouges. Voilà ce qui rend la préparation de ces matières si difficiles. Toutefois, l'on est déjà parvenu à en isoler un assez grand nombre; elles possèdent des propriétés générales que nous allons exposer d'abord.

2565. Toutes les matières colorantes semblent être solides, insipides et inodores. Exposées peu-à-peu à l'action du feu, beaucoup d'entre elles se décomposent et se volatilisent en partie; les autres éprouvent une décomposition complète et donnent les produits ordinaires des matières organiques. Toutes s'altèrent et se ternissent avec le temps par le contact de l'air humide et des rayons solaires; quelques-unes même perdent entièrement leur teinte : tel est surtout la carthamine. On produit en elles de semblables altérations en substituant aux rayons solaires une température de 150 à 200°; altérations faciles à constater au moyen d'un tube dont les extrémités sont droites et le milieu courbé en arc. Après avoir introduit un peu de matière colorante dans la partie arquée, on fait plonger cette partie dans un mortier de fer rempli de mercure. Le tube étant solidement fixé, on le fait communiquer d'une part avec une cornue tubulée qui contient un peu d'eau et dont la tubulure reçoit un tube droit qui plonge au fond de ce liquide, et d'autre part avec le haut d'un petit tonneau qui est plein d'eau et qui porte un robinet près de son fond : alors on élève le mercure à la température de 150 à 200°; on ouvre le robinet convenablement, l'eau s'écoule et détermine un courant d'air, saturé de vapeur. Les résultats ne sont sensibles qu'au bout de quelques heures (MM. Gay-Lussac et Thenard, *Recherches physico-chimiques*, t. II). Si l'air avec le temps agit sur les couleurs, comme nous venons de le dire, il arrive quelquefois qu'il les avive ou qu'il les développe d'abord, en leur cédant une certaine quantité d'oxigène. Nous pouvons citer comme preuve l'*indigogène*, qui, de blanc jaunâtre, passe au bleu; l'orcine qui sous l'influence des alcalis, devient d'un beau rouge violet; la teinture de tournesol qui, après s'être décolorée en quelques mois dans des vaisseaux fermés, reprend sa teinte au contact de l'air; la pulpe récente de betteraves, de pommes de terre, le péricarpe de la noix, le suc des artichauts, le suc des tiges et des feuilles de la fève de marais, qui brunissent en quelques minutes, etc., etc. On peut consulter à ce sujet les expériences publiées par M. Kuhlmann dans les *Ann. de Chim. et de Phys.*, LIV, 291.; elles ajoutent beaucoup aux faits anciennement connus.

2566. La plupart des matières colorantes sont solubles dans l'eau; quelques-unes seulement le sont dans l'alcool, les huiles, l'éther. Ces dissolvans prennent toujours la teinte des matières dissoutes : ainsi l'eau est colorée en jaune par la gaude, en rouge par le bois de Brésil. Mais il en est tout autrement lorsque le dissolvant est un acide ou un alcali, même très étendu : alors, à moins que la matière colorante ne soit très solide, c'est-à-dire peu altérable, elle éprouve dans sa teinte différens changemens d'autant plus manifestes que l'acide ou l'alcali est plus puissant.

Ces divers changemens sont dus en général à de véritables combinaisons entre les matières colorantes, les acides ou les alcalis; car l'on peut faire reparaître par un alcali les couleurs altérées par les acides, et par un acide les couleurs altérées par les alcalis. Est-il besoin de faire remarquer que si l'acide ou l'alcali que l'on a primitivement uni à la matière colorante était très concentré, celle-ci pourrait être altérée dans sa composition intime ?

2566 *bis*. Le chlore détruit toutes les matières colorantes, même à la température ordinaire, et les transforme en un jaune d'une nature particulière. Le tournesol, qui est l'une des plus fugaces, et l'indigo, qui est au contraire l'une des plus solides, peuvent servir d'exemple : lorsqu'on verse une dissolution de chlore sur l'une ou l'autre de ces couleurs, elle passe sur-le-champ au jaune fauve. (Voyez-en la cause, 1925.)

2567. Presque tous les oxides et les sous-sels insolubles ont la propriété d'enlever les matières colorantes à l'eau, et de former avec elles des composés qui sont eux-mêmes insolubles. C'est à ces composés qu'on donne le nom de *laques*. On les obtient ordinairement en dissolvant la matière colorante dans l'eau, y versant une dissolution d'alun, et quelquefois de bi-chlorure d'étain, et ajoutant ensuite une suffisante quantité de soude, de potasse, d'ammoniaque, ou bien encore de carbonate de ces bases en liqueur. Toute la matière colorante pourra être précipitée, si le sel alumineux est en excès.

2568. Le charbon lui-même, quand il est très divisé, peut aussi s'unir aux matières colorantes et décolorer complètement l'eau qui les tient en dissolution : que l'on agite du charbon animal avec du vin rouge, du vinaigre rouge, etc., ceux-ci deviendront blancs en quelques minutes, si la dose de charbon est suffisante. Les arts ont tiré parti de cette propriété pour blanchir les sirops, etc.

## ARTICLE I.

### *Carthamine.*

2569. La carthamine est une matière colorante très fugace, pulvérulente et d'un rouge foncé. Soumise à la distillation sèche dans une cornue, elle donne de l'eau acide, de l'huile empyreumatique et un résidu charbonneux qui équivaut au tiers de son poids. L'air humide, sous l'influence solaire, l'altère très promptement; aussi la soie teinte en rose par le carthame ne conserve-t-elle pas long-temps son brillant.

Elle est insoluble dans l'eau, dans les acides étendus d'eau, dans les huiles grasses et volatiles. Elle ne se dissout qu'en petite quantité dans l'éther et dans l'alcool. Ses véritables dissolvans sont les alcalis caustiques et carbonatés ; il en résulte des dissolutions jaunes dont on peut la précipiter par les acides, surtout par les acides végétaux, avec la belle couleur rouge qui la caractérise. Il paraît que dans ces dissolutions, elle fait fonction d'acide. Dœbereiner assure même qu'elle rougit le tournesol, et propose en conséquence de l'appeler *acide carthamique*.

Cette couleur s'extrait de la fleur du *carthamus tinctorius* de Linnée, plante annuelle que l'on cultive en Espagne, en Egypte et dans quelques contrées du Levant (1). On lave d'abord la fleur à grande eau (2). Ce lavage a pour objet de dissoudre toute la matière colorante jaune qui accompagne la matière colorante rouge, et qui paraît être combinée avec elle.

(1) En Egypte, ceux qui récoltent les fleurs de carthame les compriment entre deux pierres pour en exprimer le suc, les lavent avec de l'eau chargée de sel marin, les pressent ensuite entre les mains et les dessèchent à l'ombre. Pour empêcher que la dessication ne soit très prompte, ils les exposent à la rosée pendant la nuit.

(2) Pour faire ce lavage, les teinturiers mettent le carthame dans un sac de toile serrée, le laissent tremper dans l'eau pendant quelque temps, et le foulent ensuite à la rivière jusqu'à ce qu'il ne donne plus de couleur jaune.

Lorsque la fleur ne colore plus sensiblement l'eau, on la met en contact, à la température ordinaire, avec environ son poids de carbonate de soude dissous dans 9 à 10 parties d'eau. Au bout d'une heure, on passe la liqueur à travers une toile serrée, on y verse du jus de citron en quantité plus que suffisante pour saturer l'alcali, et on y plonge tout de suite les écheveaux de coton. L'acide citrique contenu dans ce jus décompose le carbonate de soude, et en précipite la matière colorante qui se combine promptement avec le coton. Alors, après avoir lavé ce coton, on le traite par une nouvelle dissolution de carbonate de soude, qui redissout la matière colorante, et on la précipite de nouveau par le jus de citron : elle se rassemble peu-à-peu au fond du vase. En la séparant de la liqueur surnageante et la faisant sécher, elle prend l'aspect cuivré et peut être conservée indéfiniment : il n'en faut qu'une parcelle pour donner à l'eau une couleur rose très foncée. (1)

La matière colorante rouge, seule ou combinée avec différentes substances, et fixée sur la soie, le fil et le coton, leur donne une multitude de nuances qui varient depuis le rose couleur de chair jusqu'au cerise. Toutes ces nuances sont en général peu solides, surtout le rose. Cependant comme elles sont très éclatantes, les teinturiers font un grand usage du carthame.

C'est encore avec le carthame qu'on prépare le rouge dont les femmes se servent pour la toilette. Il suffit pour cela de se procurer la matière colorante rouge, comme nous venons de le dire, mais sans la recevoir sur le coton, de la dessécher sur des assiettes, et de la broyer exactement avec du talc réduit en poudre fine et passé au tamis de soie.

## ARTICLE II.

### *Matières colorantes de la garance ou alizarine et purpurine.*

2570. D'après les recherches de MM. Robiquet et Colin d'une part, et d'après celles de MM. Gaultier-Claubry et Persoz, de l'autre, il existe deux matières colorantes rouges dans la garance. MM. Robiquet et Colin les désignent sous les noms d'*alizarine* et de *purpurine* ; MM. Gaultier-Claubry et Persoz, sous ceux de *matière colorante rouge* et de *matière colorante*

(1) Si, dans cette opération, on précipite d'abord la matière colorante rouge sur le coton pour la redissoudre ensuite, c'est afin de la séparer d'une petite quantité du principe colorant jaune qui se trouve combiné avec elle, mais qui, une fois fixé sur le coton, n'est plus attaqué par le carbonate alcalin.

*rose*. La purpurine et la matière colorante rose sont identiques. L'alizarine et la matière colorante rouge, offrent quelques différences. Il est vrai que les auteurs n'ont publié qu'une partie de leurs résultats, et qu'ils ont cru devoir se réserver le secret de quelques autres pour en faire des applications en grand.

Indépendamment de ces deux matières colorantes, la garance en contient une troisième qui est jaune et que M. Kuhlmann appelle *xanthine* (*Journ. de pharm.* XIV, 353); elle renferme de plus, suivant le même chimiste, du ligneux, un acide végétal, une matière végéto-animale, de la gomme, du sucre, une substance amère, de la résine, des sels. (*Ann. de Chim. et de Phys.* XXIV, 225.)

2571. *Alizarine.* — Cette substance s'obtient en mêlant peu-à-peu, à la température ordinaire, la garance en poudre fine avec les deux tiers de son poids ou un poids égal au sien d'acide sulfurique concentré, et abandonnant le mélange à lui-même pendant quelques jours : on charbonne ainsi les matières étrangères à l'alizarine. Ensuite on lave la masse pour en extraire l'acide; on sèche le résidu, et on le traite d'abord par l'alcool froid qui en sépare un peu de matière grasse, puis, à plusieurs reprises, par de l'alcool bouillant qui dissout l'alizarine; après quoi on étend la dissolution alcoolique d'eau, on la distille pour en retirer l'alcool et on filtre la liqueur restante : l'alizarine reste sur le filtre. L'on peut encore extraire par la chaleur, l'alizarine de la masse charbonneuse lavée à l'eau et à l'alcool froid; il suffit de la dessécher et de l'exposer dans une cornue à la température d'environ 250 degrés : l'alizarine se sublime et vient se déposer en longues et belles aiguilles brillantes qui s'entrelacent et offrent la couleur rouge du plomb chrômaté natif.

L'alizarine, obtenue comme il vient d'être dit, est inodore, insipide, neutre aux papiers réactifs, susceptible de se sublimer à une douce chaleur sans laisser de résidu, peu soluble dans l'eau bouillante, moins soluble encore dans l'eau froide, soluble en toutes proportions dans l'alcool et l'éther. La solution aqueuse est d'un rose pur; la solution éthérée d'un beau jaune d'or. La présence d'un acide dans l'eau ou même du carbonate de chaux nuit à la solubilité de l'alizarine.

Projetée dans une eau légèrement ammoniacale, elle s'y dissout instantanément, et si elle est pure, développe une couleur *pensée* des plus riches et des plus belles; l'action de la potasse et de la soude en liqueur est la même que celle de l'ammoniaque, mais moins prompte. Les carbonates alcalins dissolvent aussi l'alizarine et prennent une couleur violette. Les acides étendus ne peuvent en opérer la dissolution ; l'acide sulfurique concentré l'opère au contraire assez facilement, il devient rouge de sang, et l'eau en précipite la substance colorante; l'acide azotique concentré l'altère; l'iode ne l'attaque point; le chlore ne l'attaque lui-même qu'avec peine.

Enfin l'alizarine s'unit facilement aux tissus mordancés, et donne tous les tons que l'on obtient avec la garance elle-même; ils sont plus beaux et d'une telle fixité que la couleur résiste parfaitement au savon bouillant. Pour réussir, il faut seulement satisfaire à quelques conditions, savoir : que le bain soit bouillant, que l'eau soit pure et ne contienne surtout ni acide, ni carbonate de chaux; il faut même, lorsque l'alizarine est enveloppée d'une matière grasse, ce qui arrive quelquefois, la délayer dans un peu d'alcool avant de la projeter dans le bain. Une petite quantité de matière suffit alors pour teindre le tissu qu'on plonge dans la liqueur. (*Ann. de Chim. et de Phys.* XXXIV, 225; L, 163; LVII, 70.)

2572. *Matière colorante rouge de MM. Gaultier-Claubry et Persoz.* — Les acides étendus n'enlevant aucune quantité de matière colorante rouge ou rose à la garance, MM. Gaultier-Claubry et Persoz ont mis cette propriété à profit pour isoler ces deux substances colorantes.

1° Ils délaient la garance en poudre dans une assez grande quantité d'eau pour former une bouillie très claire, ajoutent à la liqueur 90 grammes d'acide sulfurique pour chaque kilogramme de garance, font arriver de la vapeur à travers le bain, le portent à l'ébullition, transforment ainsi en sucre la grande quantité de gomme que contient la substance tinctoriale et lavent ensuite toute la masse avec facilité; ce qu'il est difficile et presque impossible de faire, lorsque la gomme fait partie de la poudre.

2° La garance ainsi traitée est mise en contact à chaud, à deux reprises, avec une dissolution de carbonate de soude, et soumise à des lavages successifs jusqu'à ce que l'eau passe incolore. Toutes les liqueurs colorées sont réunies et neutralisées par un acide qui les décompose et y produit un précipité rouge-marron. Ce précipité étant bien lavé, on le dissout dans l'alcool et on en retire *la matière colorante rouge* en le soumettant à la distillation.

3° Lorsque la garance a été épuisée par le carbonate de soude et qu'elle a été bien lavée, comme on vient de le dire, elle est susceptible de donner à la dissolution d'alun une belle couleur rouge cerise dans l'espace de quelques heures, surtout à chaud. Si alors l'on verse un petit excès d'acide sulfurique ou d'acide chlorhydrique concentré dans la liqueur, il se forme un précipité d'un beau rouge légèrement orangé, et si après avoir recueilli ce précipité sur un filtre et l'avoir lavé, on le traite par l'alcool, il en résulte une dissolution qui, distillée, laisse déposer *la matière colorante rose*.

La matière colorante rouge est à peine soluble dans l'eau froide, sensiblement plus soluble dans l'eau chaude, très soluble dans l'alcool et surtout dans l'éther hydrique, d'où l'on peut la retirer sous forme d'aiguilles cristallines par une douce évaporation; soluble dans la potasse, la soude, l'ammoniaque, les carbonates alcalins, le proto-chlorure d'étain à chaud, le sulfhydrate d'ammoniaque, l'acide sulfurique concentré, insoluble au contraire dans l'acide sulfurique et en général dans tous les acides étendus d'eau, dans une dissolution d'alun, décomposable par l'acide azotique à chaud.

Le chlore ne l'altère qu'avec difficulté.

Chauffée dans un tube à la flamme de la lampe à alcool, elle se décompose en donnant des traces d'alizarine, du goudron, etc., et un charbon volumineux.

Unie aux tissus mordancés avec un sel d'alumine, elle leur donne une couleur d'un rouge de brique sans éclat, mais très solide. (*Ann. de Chim. et de Phys.*, XLVIII, 69.)

Il suit de là que la matière colorante rouge de MM. Gaultier-Claubry et Persoz, se rapproche beaucoup de l'alizarine de MM. Robiquet et Colin; elle n'en diffère essentiellement que par la nuance qui lui est propre, les tons moins beaux qu'elle donne aux tissus, et par la propriété qu'elle a de se décomposer par la chaleur; mais peut-être que si, au lieu de la chauffer à la lampe, on l'exposait à une douce chaleur, elle fournirait beaucoup plus d'alizarine; alors elle pourrait être regardée comme de l'alizarine impure. Je suis porté à croire qu'elle retient de la *xanthine*.

2573. *Purpurine ou matière colorante rose.* — Cette matière se distingue, parce qu'elle est soluble dans une dissolution d'alun, insoluble dans le carbonate de soude, dans le proto-chlorure d'étain, soluble au contraire en toutes proportions dans ce chlorure par l'addition de quelques gouttes de potasse; elle se distingue encore parce qu'elle est assez facilement altérable par le chlore, et décomposable à froid par l'acide azotique concentré; que les teintes qu'elle communique aux tissus, tirent sur le purpurin ou le rose et sont plus brillantes, mais moins solides que celles de l'alizarine ou de la matière colorante rouge.

D'ailleurs l'eau n'en dissout qu'une très petite quantité, tandis que l'alcool, surtout à chaud, et l'éther à froid comme à chaud, la dissolvent très bien : les dissolutions alcooliques et éthérées sont toutes deux d'un rouge cerise brillant; elles donnent par l'évaporation spontanée des cristaux en aiguilles de 4 à 5 lignes de longueur.

ARTICLE III.

## *Orcine, érythrine.*

2574. — M. Robiquet a donné le nom d'*orcine*, à une matière particulière qu'il a retirée du *variolaria dealbata* de Dec. fl. fr., *lichen dealbatus acharius*, l'une des plantes avec lesquelles on prépare l'orseille dite *orseille de terre*, et M. Heeren, celui d'*érythrine*, à une matière plus ou moins semblable qu'il a extraite du *lichen roccella*, lequel fournit l'orseille appelée *orseille des îles*. L'orcine et l'érythrine ne sont point colorées par elles-mêmes, mais elles le deviennent et prennent une teinte d'un beau rouge violet, sous l'influence de l'air et de l'ammoniaque; elles constituent ainsi la matière colorante des diverses sortes d'orseille : de là la cause pour laquelle nous les plaçons ici.

2575. *Orcine.* — Pour obtenir l'orcine, M. Robiquet traite à plusieurs reprises le lichen par l'alcool bouillant, filtre la dissolution qui, par le refroidissement, laisse déposer des flocons cristallins et blancs d'une matière résineuse, la distille et lui donne la consistance d'extrait. Il broie ensuite cet extrait dans un mortier avec de l'eau qu'il renouvelle jusqu'à ce qu'elle sorte sans saveur, réduit par la concentration la liqueur en sirop et l'abandonne à elle-même dans un lieu frais; par ce moyen, elle laisse déposer en quelques jours de longues aiguilles radiaires d'*orcine*, qu'on ne parvient à débarrasser de l'eau-mère qui les salit qu'en les soumettant à une forte pression, les dissolvant dans l'eau, les décolorant par le charbon animal, et les faisant cristalliser de nouveau : on les obtient alors en longs prismes d'un blanc jaunâtre et opaque. Lorsqu'on veut les avoir tout-à-fait sans couleur, il n'est qu'un moyen : c'est de précipiter leur solution aqueuse par le sous-acétate de plomb, de mettre le dépôt bien lavé en suspension dans l'eau, d'y faire passer un courant de gaz sulfhydrique, de filtrer la nouvelle liqueur et de la concentrer convenablement; l'orcine, dans ce cas, affecte la forme de prismes quadrilatères, aplatis, terminés par deux facettes, et tout-à-fait incolores.

Indépendamment des propriétés que nous venons de faire connaître en décrivant sa préparation, l'orcine en a d'autres très importantes et qui sont caractéristiques : elle est sans action sur les couleurs du tournesol et de la violette; sa saveur est sucrée et un peu nauséabonde; chauffée dans une cornue, elle se fond bientôt en un liquide transparent, bout, se vaporise sans altération et se condense dans le col du vase en une masse cristalline opaque ou translucide et dont la surface semble comme vernie; l'acide azotique la colore d'abord en rouge, puis la couleur disparaît avec dégagement de bi-oxide d'azote et sans production d'acide oxalique.

Ses dissolvans sont l'eau et l'alcool. Mise en contact avec l'air, sa solution aqueuse n'éprouve aucun changement; mais si l'on y ajoute un peu de potasse ou de soude, elle passe au fauve, et dans l'espace de 2 à 3 jours au rouge brun foncé. L'ammoniaque lui donne une teinte moins sombre, mais cette teinte est bien loin d'égaler les beaux tons de l'orseille. Il en est tout autrement, lorsqu'on fait agir le gaz ammoniac sur l'orcine à l'état solide : que l'on mette en effet de l'orcine en poudre fine dans une petite capsule, qu'on la place sur un verre à pied contenant un peu d'ammoniaque concentrée, qu'on recouvre le verre d'une cloche, l'orcine brunira d'abord et deviendra rouge-brun du jour au lendemain; si alors on la retire de dessous la cloche et qu'on la laisse exposée quelque temps au contact de l'air, sa teinte passera au violet foncé; puis si on la dissout dans l'eau, elle y développera la plus belle couleur rouge-violet que l'on puisse voir, surtout par l'addition de quelques gouttes d'alcali volatil. (*Ann. de Chim. et de Phys.*, XLII, 236). Il y a sans doute alors absorption d'oxigène.

2576. *Erythrine de Heeren.* — Le meilleur moyen de se procurer l'érythrine consiste, selon Heeren, à verser sur le *lichen roccella* une petite quantité d'ammoniaque. On pétrit à froid le mélange pendant quelque temps, puis on étend d'eau la solution trouble et rougeâtre, on y ajoute du chlorure de calcium qui en sépare l'acide roccellique à l'état de roccellate calcaire, après quoi on précipite l'érythrine de la liqueur filtrée par un léger excès d'acide chlorhydrique. Obtenue ainsi, elle a l'aspect d'une gelée jaunâtre, demi transparente. Pour la purifier, on la fait redissoudre dans la liqueur même en la chauffant jusqu'à 100°; par le refroidissement, elle se dépose sous forme d'une poudre qui doit être recueillie et mise en digestion avec de l'alcool tiède et du charbon animal; il ne faut plus alors que filtrer la dissolution alcoolique et la mêler avec une fois et demie son volume d'eau bouillante; il se fait peu-à-peu un dépôt blanc ou presque blanc qui est l'érythrine pure.

L'érythrine est inodore, insipide, très fusible, susceptible de se volatiliser et de se décomposer en partie sans donner de trace d'ammoniaque, soluble à la température de 12° dans 22 fois et demie son poids d'alcool au titre de 89 pour 100, dans 2,29 de ce même alcool bouillant, dans 170 parties d'eau à 100°, presque insoluble dans l'eau froide. L'acide acétique à chaud, les alcalis et leurs carbonates la dissolvent aussi sans l'altérer. L'acide sulfurique concentré la décompose au contraire en la dissolvant; il en est de même de l'acide azotique, qui se colore en même temps en jaune; l'acide chlorhydrique même bouillant est sans action sur elle. Mise en contact avec l'air et les dissolutions alcalines de potasse ou de soude, elle passe comme l'orcine peu-à-peu au brun rougeâtre terne; l'ammoniaque donne une teinte plus vive, d'où il suit que sous ce rapport l'érythrine se rapproche de l'orcine. En introduisant l'érythrine dans un matras à col étroit et à fond plat, versant dessus 20 fois son poids d'eau légèrement ammoniacale et plaçant le vase sur un poèle chaud, la couleur commence à se développer en quelques minutes; elle devient jaunâtre, augmente et change de ton peu-à-peu, et passe au bout de 24 heures au rouge vineux, si l'on agite souvent la dissolution.

2577. *Amer d'érythrine.* — Lorsque après avoir dissous l'érythrine dans les alcalis, on conserve la liqueur à l'abri du contact de l'air, l'érythrine finit par se décomposer et se transformer en une substance amère. Cette substance s'obtient aisément en faisant bouillir une dissolution de carbonate d'ammoniaque dans un matras, y projetant de l'érythrine, maintenant la liqueur bouillante pour prévenir le contact de l'air et chasser le carbonate. L'*amer* reste sous forme d'un extrait brunâtre, amer et astringent, très soluble dans l'eau et dans l'alcool.

2578. *Pseudo-érythrine de Heeren.* — L'alcool bouillant a la propriété de décomposer l'érythrine : de là une substance que M. Heeren appelle *pseudo-érythrine*. Pour l'obtenir, il épuise le *lichen roccella* par de l'alcool porté à l'ébullition, étend la dissolution tirée à clair de 2 fois son volume d'eau, la chauffe assez pour la faire bouillir de nouveau, y ajoute de la craie pour saturer l'acide roccellique qui s'y trouve, la filtre toute bouillante et l'abandonne à elle-même. Au bout de quelques jours, il se fait un dépôt limoneux qui, chauffé avec une petite portion de la liqueur, rentre en dissolution presque entièrement, et se dépose pendant le refroidissement de la nouvelle liqueur filtrée, en cristaux déliés et brunâtres : ce sont ces cristaux qui, décolorés comme ceux d'érythrine par l'alcool et le charbon, constituent la pseudo-érythrine. Pure, elle est très blanche et se présente tantôt sous forme de paillettes, tantôt sous celle d'aiguilles aplaties d'un pouce et demi de long. Une chaleur de 120° suffit pour la fondre en un liquide qui a l'apparence oléagineuse. L'eau n'en dissout que très peu; l'alcool à 60 pour cent en dissout la 5^e partie de son poids à zéro. Elle se comporte avec les acides comme l'érythrine; elle se comporte encore comme celle-ci avec les alcalis, si ce n'est qu'elle ne donne point d'amer, et que sous l'influence de l'ammoniaque et de l'air elle ne passe que beaucoup plus lentement à la couleur vineuse. (Heeren.)

Liebig qui en a fait l'analyse, l'a trouvé formée de 60,810 de carbone, de 6,334 d'hydrogène, de 32,856 d'oxigène, ce qui conduit à la formule $C^{40}$ $H^{25}$ $O^{8}$.

On voit, d'après ce qui précède, qu'il doit exister les relations les plus intimes entre l'*orcine*, l'*érythrine*, l'*amer d'érythrine* et la *pseudo-érythrine*; mais il sera impossible de les apprécier, tant qu'on n'aura pas analysé ces diverses substances. Ces recherches seraient d'autant plus importantes à faire qu'elles éclaireraient probablement la fabrication de l'orseille.

## ARTICLE IV.

### *Hématine.*

2579. L'hématine (1) est cristalline, d'un blanc rosé, très brillante quand on l'examine à la loupe, d'une saveur légèrement astringente, amère et âcre. M. Chevreul, à qui nous devons la découverte de cette substance, l'a trouvée dans le bois de campêche auquel elle donne toutes ses propriétés caractéristiques.

Pour se procurer l'hématine, M. Chevreul commence par faire digérer le campêche en poudre avec de l'eau, à la température de 50 à 55°. Quelques heures après, il filtre la liqueur, l'évapore jusqu'à siccité, et met le résidu dans de l'alcool à 36° pendant un jour. Au bout de ce temps, il filtre la nouvelle liqueur, la concentre jusqu'au point de l'épaissir, y verse une petite quantité d'eau, la soumet de nouveau à une douce évaporation et l'abandonne à elle-même : par ce moyen, il obtient une assez grande quantité de cristaux d'hématine qui, pour devenir purs, n'ont besoin que d'être lavés à l'alcool et séchés.

Soumise à l'action du feu dans une cornue, l'hématine donne tous les produits des substances végétales, et de plus un peu d'ammoniaque, ce qui prouve qu'elle contient de l'azote.

L'eau bouillante la dissout facilement et se colore en un rouge orangé qui passe au jaune par le refroidissement, mais qu'on peut faire reparaître en chauffant de nouveau la disso-

(1) Nom tiré d'αἷμα, *sang*, qui est la racine du mot *hæmatoxylum*, par lequel on désigne le genre auquel le bois de campêche appartient.

lution. Si l'on évapore cette dissolution, il s'y forme des cristaux d'hématine : en y ajoutant peu-à-peu de l'acide, elle passe au jaune, puis au rouge. L'action de l'acide sulfureux est différente : il donne d'abord une teinte jaune à la dissolution, et finit par détruire le principe colorant si le contact est prolongé.

La potasse et l'ammoniaque font prendre une couleur d'un rouge pourpre à la dissolution d'hématine ; si l'on ajoute un grand excès de ces alcalis, elle devient d'un bleu violet, puis d'un rouge brun, et enfin d'un jaune brun : dans cet état, l'hématine est décomposée ; on ne peut la faire reparaître par les acides. Les eaux de baryte, de strontiane et de chaux ont la même action sur cette substance : seulement elles finissent par la précipiter de sa dissolution.

Si l'on fait passer un courant de gaz sulfhydrique dans de l'eau chargée d'hématine, elle prend une couleur jaune qui se détruit dans l'espace de quelques jours. Le gaz sulfhydrique paraît agir en se combinant avec l'hématine, et non en la désoxigénant : c'est ce qu'il est facile de vérifier en introduisant dans une petite cloche remplie de mercure une certaine quantité de la dissolution décolorée, et en y portant ensuite un morceau de potasse pure : celle-ci se fond, s'empare de l'acide sulfhydrique, et la couleur reparaît aussitôt.

Le protoxide de plomb, le protoxide d'étain, l'hydrate de peroxide de fer, l'hydrate de cuivre, l'hydrate de nickel, l'oxide de zinc et son hydrate, les fleurs d'antimoine, l'oxide de bismuth, s'unissent à l'hématine et la colorent en un bleu plus ou moins violet. Le bi-oxide d'étain agit sur elle à la manière des acides minéraux. Elle précipite la colle forte de sa dissolution, sous forme de flocons rougeâtres.

L'hématine n'est pas employée à l'état de pureté ; mais comme elle existe dans le bois de campêche, elle entre dans toutes les couleurs que l'on prépare avec ce bois. Ces couleurs sont principalement le violet et le noir. M. Chevreul la propose comme un très bon réactif pour découvrir la présence des acides. (*Voyez* son Mémoire, *Annales de Chimie*, t. LXXXI, p. 128.)

## ARTICLE V.

### *Carmine.*

2580. On connaît sous ce nom la matière colorante de la cochenille et du carmin. Ce sont MM. Pelletier et Caventou qui sont parvenus les premiers à l'isoler. Nous en tracerons l'histoire d'après les expériences dont ils ont publié les résultats. (*Journ. de Pharm.*, IV, 193.)

*Propriétés.* — La carmine est d'un rouge pourpre éclatant, grenue et comme cristalline, inaltérable à l'air, fusible à 50°, destructible très promptement par l'iode et presque instantanément par le chlore, décomposable en peu de temps par l'acide azotique, et par les acides sulfurique et chlorhydrique concentrés, très soluble dans l'eau, peu soluble dans l'alcool rectifié, insoluble dans l'éther, les huiles fixes et volatiles.

Sa solution aqueuse nous présente nombre de phénomènes remarquables : elle prend, par évaporation, l'apparence de sirop, et ne laisse jamais déposer de cristaux ; les acides en font passer la couleur du rouge légèrement cramoisi au rouge vif, puis au rouge jaunâtre, et enfin au jaune. Les alcalis, au contraire, la font virer au violet ; et la chaux est le seul de ces corps qui la précipite. Dans tous les cas, l'effet des acides peut être neutralisé par les alcalis, et celui des alcalis par les acides, en sorte que la teinte primitive peut être rétablie par l'addition d'une quantité convenable de ces agens. L'on remarque cependant que la couleur s'altère profondément par le contact prolongé de la potasse et de la soude, etc. ; elle devient rouge et de là jaune : alors plus de moyen de la faire reparaître telle qu'elle était d'abord. L'élévation de température produit aussi en peu de temps la même altération.

L'alumine en gelée décolore tout de suite la solution de carmine ; elle forme une laque qui est d'un très beau rouge à la température ordinaire, et qui devient violette à la chaleur de l'ébullition.

Parmi les sels, il n'y a guère que l'acétate de plomb, le proto-chlorure d'étain, l'azotate de protoxide et l'azotate de bi-oxide de mercure qui troublent cette solution, quand elle ne contient aucune matière étrangère. Les trois premiers y forment un précipité violet, et le dernier un précipité rouge écarlate.

L'azotate de plomb, les sels de cuivre, les sels de baryte, de strontiane, de chaux, la font virer seulement au violet ; et les sels de potasse, de soude, d'ammoniaque, d'alumine, au cramoisi.

Le bi-chlorure d'étain la rend d'un rouge vif.

L'azotate d'argent et le bi-chlorure de mercure sont sans aucune action sur elle.

Nous ne parlons ici que des sels neutres.

*Composition.* — La carmine, desséchée dans le vide à une douce chaleur, contient sur 100, d'après M. Pelletier, 49,33 de carbone, 3,56 d'azote, 6,66 d'hydrogène et 40,45 d'oxigène ;

ce qui conduit à la formule atomique : $C^{32}AzH^{26}O^{10}$. (*Ann. de Chim. et de Phys.*, LI, 194.)

2581. *Etat naturel.*—La carmine n'a encore été trouvée que dans la cochenille, insecte du genre *coccus*. C'est de la cochenille mestèque (*coccus cacti*) que MM. Pelletier et Caventou l'ont retirée, laquelle, selon ces chimistes, est composée; 1° de carmine; 2° d'une matière animale particulière; 3° d'une matière grasse où se trouve de la stéarine, de l'élaïne, un acide odorant; 4° d'un peu de phosphate et de carbonate de chaux, de phosphate de potasse, de chlorure de potassium et d'un autre sel résultant de l'union de la potasse avec un acide organique.

MM. Pelletier et Caventou traitent d'abord la cochenille par de l'éther hydrique parfaitement rectifié; la température est élevée peu-à-peu jusqu'au degré d'ébullition du liquide; celui-ci se colore en jaune doré, et est renouvelé jusqu'à ce qu'il ne prenne plus de teinte sensible : par ce moyen, une grande partie de la matière grasse est dissoute; quelque peu de carmine l'est aussi, mais seulement par l'intermède du corps gras.

La cochenille, étant épuisée par l'éther, est mise en contact avec de l'alcool dans le digesteur de M. Chevreul (*voyez* ce digesteur, *Description des appareils*); plusieurs décoctions sont faites successivement, puis réunies et abandonnées à une évaporation spontanée : elles contiennent la carmine, un peu de matière grasse et un peu de matière animale; bientôt elles les laissent déposer en petits grains d'une très belle couleur rouge. En traitant ces petits grains à froid par de l'alcool très concentré, on ne dissout que la carmine et la matière grasse; et si l'on ajoute à la dissolution autant d'éther qu'elle contient d'alcool, le mélange se trouble peu-à-peu, et forme en quelques jours un dépôt qui n'est composé que de carmine pure. Toute la matière grasse reste avec un peu de matière colorante dans l'alcool éthéré.

*Usages.* — C'est à la carmine que l'écarlate et le carmin doivent leur couleur; pure, elle est sans usages. (*Voyez* plus loin les articles *Cochenille*, *Ecarlate*, *Carmin*.)

## ARTICLE VI.

### *Indigo.*

2582. *Propriétés.* — L'indigo apporté de l'Inde en Europe vers le milieu du XVI<sup></sup>e siècle, et purifié par des procédés qui seront exposés plus loin, est un corps solide, sans saveur, sans odeur, d'un bleu pourpre, et susceptible de cristallisation en aiguilles.

2582 *bis*. Soumis à l'action du feu dans une cornue, il se sépare en deux parties, à une température que M. Crum a évaluée à 290° : l'une se volatilise sous forme de vapeurs violettes qui se condensent dans le col du vase, tandis que l'autre est décomposée et donne tous les produits des substances animales. En le chauffant à l'air libre, on en vaporise beaucoup plus qu'en vases clos, pourvu toutefois que la température ne soit pas très élevée : en effet, si elle était portée jusqu'au rouge, l'indigo se gonflerait, s'enflammerait, brûlerait avec une flamme blanche, et se transformerait en un charbon volumineux qui finirait lui-même par se brûler.

2583. L'indigo est inaltérable à l'air, insoluble dans l'eau et dans l'éther, mais sensiblement soluble dans l'alcool bouillant qu'il colore en bleu, et dont il se précipite complètement par le refroidissement.

2583 *bis*. Le chlore le détruit presque tout-à-coup, sous l'influence de l'humidité. L'iode ne le décompose qu'à l'aide de la chaleur.

2584. Lorsqu'on met en contact une partie d'indigo en poudre avec 9 à 10 parties d'acide sulfurique concentré, il se dissout dans l'espace de quelques heures, surtout à une température de 30 à 40°. La dissolution est toujours d'un beau bleu.

Après avoir été étendu de la moitié de son poids d'eau, l'acide sulfurique ne possède plus la propriété de dissoudre l'indigo. L'acide fumant le dissout, au contraire, plus facilement que l'acide ordinaire; 6 parties d'acide suffisent alors à la dissolution de 1 partie d'indigo. Enfin l'acide sulfurique anhydre dont on fait condenser la vapeur au milieu du bleu d'indigo, donne lieu, selon M. Dobereiner, à une liqueur d'un pourpre magnifique, qui se prend par le refroidissement en une masse rouge-cramoisi, susceptible de se dissoudre entièrement dans l'eau, et de la colorer en bleu foncé.

Dans la réaction de l'acide sulfurique sur l'indigo, il se produit deux ou même trois composés bleus différens, qui ont été étudiés par M. Berzelius. Il les désigne par les noms d'*acide sulfo-indigotique*, d'*acide hypo-sulfo-indigotique*, et de *pourpre d'indigo*. Il regarde les deux premiers comme des combinaisons des acides sulfurique et hypo-sulfurique avec l'indigo, lesquelles pourraient être comparées jusqu'à un certain point à l'acide sulfo-naphtalique et aux acides éthérés. Quant au pourpre d'indigo, il le considère comme formé d'acide sulfurique, uni à de l'indigo modifié. Ce dernier produit ne prend pas toujours naissance : un excès d'acide le détruit, et l'emploi de l'acide sulfurique fumant ne permet de l'obtenir qu'autant que l'on a soin d'étendre d'eau la dissolution de l'indigo aussitôt qu'elle a été opérée. M. Berzélius obtient ces trois composés de la manière suivante :

1° Il étend la dissolution sulfurique d'indigo de 40 à 50 fois son volume d'eau et la verse sur un filtre : le composé pourpre reste seul sur celui-ci qu'il lave convenablement.

2° Il prend ensuite de la laine passée d'abord à l'eau de savon, puis à l'eau contenant un centième de carbonate de soude et à l'eau pure, et la tient plongée pendant quelque temps, à une douce chaleur, dans la liqueur filtrée. La laine se teint en s'emparant des acides sulfo-indigotique et hypo-sulfo-indigotique; il la lave alors, la met en contact avec une solution très étendue de carbonate ammoniacal et produit ainsi du sulfo-indigotate et de l'hypo-sulfo-indigotate d'ammoniaque, tous deux solubles dans l'eau. Mais l'hypo-sulfo-indigotate est le seul que l'alcool puisse dissoudre : il sera donc facile de les séparer l'un de l'autre. Lorsque la séparation en sera faite, on versera dans la solution alcoolique d'hypo-sulfo-indigotate, de l'acétate de plomb dissous lui-même dans l'alcool : il se formera un précipité bleu d'hypo-sulfo-indigotate de plomb, qui filtré, lavé, délayé dans l'eau et décomposé par un courant de gaz sulfhydrique donnera lieu à un dépôt de sulfure de plomb et à un composé soluble, qui, ne différera de l'acide hypo-sulfo-indigotique, qu'en ce que l'indigo s'y trouvera désoxigéné; mais il suffira d'exposer sa dissolution à l'air pour qu'elle en absorbe l'oxigène et régénère l'acide bleu, de sorte que, par l'évaporation, on l'obtiendra isolé de toute autre matière. L'acide sulfo-indigotique s'extrait par le même procédé de la dissolution aqueuse du sulfo-indigotate ammoniacal. Il s'unit comme l'acide hypo-sulfo-indigotique aux diverses bases. (*Ann. de Chim. et de Phys.*, XXXVI, 350.)

C'est avec la dissolution d'indigo dans l'acide sulfurique qu'on teint en bleu de Saxe, et qu'on éprouve la force décolorante du chlore ou du *chlorure de chaux*. (*Ann. de Chim. et de Phys.* VII, 383.)

L'acide azotique concentré exerce une si vive action sur l'indigo, que quelquefois il l'enflamme : l'action est encore très grande, lors même qu'il est étendu d'eau. Il paraît, d'après les expériences de M. Buff, que lorsque l'indigo est pur, il ne se forme, indépendamment des gaz qui se dégagent, que de l'acide indigotique et par suite de l'acide picrique. Mais il en est tout autrement, lorsqu'on opère sur l'indigo du commerce : on obtient de plus une sorte de matière résineuse ou huileuse et du tannin artificiel (2563). M. Chevreul, en traitant ainsi de l'indigo de Guatimala, a même observé qu'il y avait production d'ammoniaque. (*Ann. de Chim.*, LXXII, 113.)

L'acide chlorhydrique liquide n'agit point sur l'indigo bien pur, soit à froid soit à chaud : il en est de même des alcalis.

2585. Quoique les phénomènes dont nous venons de parler soient très importans, ceux qui nous restent à étudier le sont bien plus encore. Lorsqu'on traite l'indigo réduit en poudre fine par diverses matières désoxigénantes, il passe au jaune, devient soluble dans l'eau, au moyen des alcalis ; et si, dans cet état, on le met en contact avec l'air, il absorbe le gaz oxigène, redevient bleu et insoluble; d'où l'on doit conclure que ces matières n'agissent sur lui qu'en le désoxigénant en partie. C'est ce que produisent, par l'intermède de l'eau, l'acide sulfhydrique, le sulfhydrate d'ammoniaque, le sulfate de protoxide de fer et un alcali, l'orpiment et la potasse, la potasse et le protoxide d'étain, et plusieurs autres mélanges dont nous ne parlerons point.

L'action de l'acide sulfhydrique a lieu à la température ordinaire : il en résulte, outre l'indigo au *minimum* d'oxidation, de l'eau, et probablement un léger dépôt de soufre. L'expérience doit être faite en vase clos; elle n'est terminée qu'au bout de quelques jours. Il faut s'y prendre de la même manière pour faire agir le sulfhydrate d'ammoniaque; il donne lieu aux mêmes phénomènes que l'acide sulfhydrique : seulement le soufre, au lieu de se déposer, reste uni à l'excès de sulfhydrate. C'est encore à froid, comme nous venons de le dire, qu'on désoxigène l'indigo par la dissolution de protoxide d'étain dans la potasse (dissolution qu'on se procure en versant un excès de potasse en liqueur dans le proto-chlorure de ce métal) : d'une part, le protoxide passe à l'état de bi-oxide, et de l'autre la potasse s'unit à l'indigo désoxigéné. Enfin l'on pourrait aussi opérer à froid la désoxigénation de l'indigo par le sulfate de fer et la chaux, ou par l'orpiment et la potasse; mais il vaut mieux favoriser la réaction par la chaleur. Dans le premier cas, l'on prend 2 parties en poudre de sulfate de fer du commerce, 2 de chaux qu'on éteint, 1 d'indigo bien pulvérisé, 150 d'eau; l'on met toutes ces matières dans un matras que l'on expose à une température de 40 à 50° pendant quelques heures; la chaux s'empare de l'acide sulfurique du sulfate, et le protoxide de fer mis en liberté désoxigène l'indigo d'autant plus facilement que, ramené à un moindre degré d'oxidation, celui-ci tend à se combiner avec la matière calcaire. On opère de même dans le deuxième cas : les proportions qu'on doit employer sont : 8 parties d'orpiment, 6 d'alcali, 8 d'indigo et 100 d'eau. Il se forme sans doute du sulfure de potassium et de l'arsénite de potasse, tandis que l'indigo désoxigéné se combine avec une portion d'alcali, comme dans les expériences précédentes.

Enfin pour désoxigéner l'indigo dissous dans l'acide sulfurique, il suffit d'y ajouter de la limaille de fer ou de zinc : c'est l'hydrogène à l'état de gaz naissant qui produit cet effet. La dissolution ne devient pas jaune; elle prend une couleur d'un gris très pâle, et cependant elle repasse au bleu par le contact de l'air. (*Ann. de Chim. et de Phys.*, tom. VIII, pag. 442.)

2586. *État naturel.* — L'indigo n'a été trouvé jusqu'ici que dans un très petit nombre de plantes appartenant aux genres *indigofera*, *isatis* et *nerium*.

C'est surtout du genre *indigofera* qu'on l'extrait : ce genre fait partie de la famille des légumineuses; il renferme plusieurs espèces qui, probablement, pourraient toutes fournir de l'indigo. Celles d'où on le retire sont cultivées à la Chine, au Japon, aux Indes, à Madagascar, en Égypte et dans les colonies de l'Amérique; on en distingue trois principales : 1° l'indigo franc, *indigofera tinctoria*: c'est la plus petite, la plus riche en principe colorant; mais l'indigo qu'elle fournit est le moins estimé; 2° l'*indigofera disperma*: elle est plus élevée et plus ligneuse que la précédente, et donne un meilleur indigo; on la cultive à Guatimala; 3° l'*indigofera argentea*: c'est de cette dernière qu'on retire le plus bel indigo; elle n'en contient qu'une très petite quantité. M. Chevreul, qui a fait l'analyse des tiges de l'*indigofera anil*, a trouvé, 1° que le suc de ces tiges contenait de l'indigo au *minimum* d'oxidation, de la matière végéto-animale coagulable par la chaleur, une certaine quantité d'une matière verte et d'une matière jaune extractive, toutes deux solubles dans l'alcool; du mucilage, un sel calcaire, des sels alcalins; 2° que la fécule verte, c'est-à-dire, la substance tenue en suspension dans le suc non filtré, renfermait de l'indigo, de la cire, de la résine verte, de la matière animale, et une résine rouge particulière; 3° que le marc exprimé était formé, pour la plus grande partie, des débris ligneux de la plante. Ces résultats sont sensiblement analogues à ceux que ce chimiste avait obtenus en analysant d'abord les feuilles d'*isatis tinctoria*. (*Ann. de Chim.*, t. LXVIII, p. 284.)

2587. *Préparation.* — Lorsque la plante est parvenue à son degré convenable de maturité, on en coupe les feuilles, qu'on lave d'abord, que l'on met ensuite dans une cuve avec une quantité d'eau assez grande pour les recouvrir d'environ un décimètre de ce liquide, et que l'on maintient dans cette position par des planches chargées de poids. Bientôt la fermentation s'établit; la liqueur devient verte, légèrement acide, se couvre de bulles et présente un grand nombre de pellicules irisées; alors on la fait écouler dans une autre cuve placée audessous de la première; on l'agite et on y ajoute une certaine quantité d'eau de chaux qui facilite la séparation de l'indigo. Le dépôt étant fait, on décante la liqueur, on lave l'indigo par décantation, puis on le fait égoutter et sécher à l'ombre.

On peut, par un procédé semblable, extraire l'indigo du pastel ou *isatis tinctoria* : seulement, au lieu de se contenter de laver le précipité qu'occasionne la chaux, il faut le traiter ensuite par l'acide chlorhydrique faible, et le soumettre à de nouveaux lavages. (1)

L'indigo ainsi obtenu est celui qu'on trouve dans le commerce. On en distingue trois sortes : 1° l'indigo flore ou guatimala : il est moins impur, et par conséquent d'un plus grand prix que les deux autres; 2° l'indigo cuivré, ainsi nommé à cause de la teinte cuivreuse qu'il acquiert quand on le frotte avec un corps dur; 3° enfin l'indigo de troisième qualité, tel que celui qu'on nous envoie de la Caroline. Le premier est plus léger que l'eau; les deux autres sont, au contraire, spécifiquement plus pesans.

On parvient à les purifier en grande partie, en les traitant d'abord par l'eau, puis par l'alcool, et enfin par l'acide chlorhydrique.

L'indigo guatimala ainsi traité à fourni à M. Chevreul (*Ann. de Chim.*, LXVI, 20.)

| | | |
|---|---|---|
| En dissolution dans l'eau : | ammoniaque; matière verte; un peu d'indigo désoxidé; extractif; gomme | 12 |
| En dissolut. dans l'alcool : | matière verte; résine rouge; un peu d'indigo | 30 |
| En dissolution dans l'acide chlorhydrique : | résine rouge | 6 |
| | carbonate de chaux | 2 |
| | oxide rouge de fer; alumine | 2 |
| Un résidu formé de | silice | 3 |
| | indigo pur | 45 |
| | | 100 |

M. Berzelius, en faisant subir à l'indigo du commerce un

(1) Le précipité est vert; il doit cette couleur à un mélange de jaune et de bleu. En le traitant par l'acide chlorhydrique, on enlève non-seulement la chaux, mais encore on rend la matière jaune plus soluble dans l'eau. Toutefois, après avoir été ainsi traité, il contient encore bien plus de matière étrangère que d'indigo ordinaire. (Voyez *Traité* de M. Puymaurin.)

autre mode de traitement qui consiste à faire agir sur lui à chaud et successivement l'acide sulfurique étendu, la potasse caustique en dissolution concentrée et l'alcool, a obtenu un résidu formé également de la matière bleue presque pure, tandis qu'il a retrouvé, savoir ; 1° dans l'acide, une substance glutineuse, soluble dans l'eau et l'alcool, et susceptible d'être séparée des sulfates qui l'accompagnent au moyen de ce dernier liquide ; 2° dans l'alcali, une matière brune ; 3° dans l'alcool, la résine rouge qui possède des propriétés particulières. Distillée dans le vide, cette résine se fond, bout, se volatilise et se décompose en partie ; de là résultent un résidu charbonneux et un sublimé qui se compose de cristaux incolores et de résine non altérée : aucun gaz ne se dégage. En traitant le sublimé par l'alcool, on enlève toute la résine et l'on met à nu les cristaux, remarquables en ce qu'ils passent au rouge pourpre et se transforment ainsi en résine rouge, lorsqu'on les met en contact avec l'acide azotique faible. (*Ann. de Chim et de Phys.*, t. XXXVI, p. 210.)

On pourrait donc se servir de l'un de ces deux procédés dans les laboratoires pour se procurer de l'indigo presque pur ; mais lorsqu'on veut avoir cette matière colorante exempte de toutes matières étrangères, il vaut mieux employer les suivans. Le premier consiste à mettre, par exemple, 5 décigrammes d'indigo ordinaire réduit en poudre, dans un creuset de platine ou d'argent, à fermer exactement ce creuset, et à le placer sur quelques charbons incandescens. L'indigo se sublime et s'attache en cristaux à la partie moyenne du creuset : on le sépare d'un peu de matière rouge et d'huile avec lesquelles il est mêlé, en le traitant par l'alcool qui les dissout.

Le deuxième s'exécute en dissolvant l'indigo du commerce dans le sulfate de fer et les alcalis, décantant la dissolution bien claire, au moyen d'un siphon qui la conduit dans de l'acide chlorhydrique étendu, et exposant à l'air le mélange de ces deux liqueurs : bientôt, en effet, l'indigo absorbe l'oxigène, devient insoluble, et forme une sorte d'écume bleue qu'il faut laver avec de l'eau. L'indigo ne retient plus alors qu'une petite quantité de résine rouge qu'on enlève par l'alcool comme dans le premier procédé.

2588. *Composition.* — D'après le résultat moyen des dernières analyses de M. Dumas, l'indigo purifié est composé de 72,80 de carbone, de 10,80 d'azote, de 4,04 d'hydrogène et de 12,36 d'oxigène ; d'où l'on déduit pour sa formule atomique : $C^{15}H^{5}AzO$, ou $C^{45}H^{15}Az^{3}O^{3}$. (*Ann. de Chim. et de Phys.*, LIII, 174.)

Quant à l'indigo désoxigéné, il a vraisemblablement pour

formule $C^{45}H^{15}Az^{3}O^{2}$, d'où il suit qu'il renfermerait un tiers d'oxigène de moins que l'indigo bleu; or, M. Berzelius a trouvé que, pour produire 100 parties de celui-ci, l'indigo blanc absorbait 4 p. 6 d'oxigène, nombre qui diffère peu effectivement du tiers de la quantité d'oxigène que doivent contenir 100 parties d'indigo bleu : donc, etc.

Nous allons maintenant faire connaître plus particulièrement ce dernier composé.

2589. *Indigo désoxigéné.* — L'indigo désoxigéné, qu'on appelle quelquefois *indigogène*, s'obtient en faisant agir sur l'indigo la chaux et le sulfate de fer comme il a été dit (2585), laissant la liqueur s'éclaircir, la faisant passer, à l'aide d'un siphon, dans une éprouvette jusqu'au fond de laquelle se rend le siphon, remplissant entièrement le vase, à tel point que la couche supérieure du liquide que le contact de l'oxigène atmosphérique a rendue bleue s'écoule par dessus les bords, ajoutant ensuite quelques gouttes d'acide sulfurique ou acétique, privé d'air par l'ébullition ou l'exposition dans le vide, et adaptant à l'éprouvette un bouchon qui ferme bien. L'indigo blanc, précipité par l'addition de l'acide, se rassemble. On l'abandonne au repos pendant douze à vingt-quatre heures, et quand il cesse de s'affaisser, on le jette sur un filtre après avoir décanté la liqueur surnageante, on le lave avec de l'eau bouillie et refroidie dans un flacon bouché, tant que celle-ci prend une réaction acide, puis on le comprime entre des doubles de papier joseph, et on le sèche dans le vide, à côté d'un vase contenant de l'acide sulfurique. Il s'altère d'autant moins par le contact de l'air, qu'il s'est mieux tassé avant la filtration.

L'indigo désoxigéné est blanc-grisâtre, ou peut-être tout-à-fait blanc quand il est pur, doué d'un éclat soyeux et d'une apparence cristalline, sans odeur, sans saveur, sans action sur le papier de tournesol. Il est insoluble dans l'eau; mais il se dissout dans l'alcool et dans l'éther.

Chauffé dans le vide, il donne lieu à un peu d'eau qui se volatilise, à de l'indigo bleu qui se sublime et à un abondant résidu de charbon, sans qu'il se dégage aucun gaz dans le cours de l'opération.

En exposant à l'air l'indigo désoxigéné humide et récemment préparé, il y reprend de l'oxigène avec avidité et bleuit très rapidement : si, au contraire, il a été desséché, son oxigénation exige plusieurs jours pour se terminer, à la température ordinaire; mais, en le chauffant graduellement, il arrive un point, où toute la masse s'oxidant en même temps, devient instantanément d'un bleu pourpre.

L'acide sulfurique fumant le dissout en prenant une couleur pourpre, très foncée, qui devient bleue en l'étendant d'eau. L'acide azotique commence par le faire passer au bleu en l'oxidant; employé en plus grande quantité, il le détruit complètement. D'ailleurs il paraît impossible de le combiner avec les acides affaiblis.

Il s'unit, au contraire, très facilement aux bases salifiables, se dissout dans la potasse et la soude caustiques ou carbonatées, dans l'ammoniaque, dans les eaux de baryte et de strontiane, et forme avec la chaux deux combinaisons, dont l'une est très soluble dans l'eau, et dont l'autre qui renferme une plus grande quantité de base, est presque insoluble dans ce liquide. Enfin il se combine encore avec les oxides basiques des métaux des cinq dernières sections. Le composé qu'il produit avec la magnésie se dissout légèrement dans l'eau ; les autres sont insolubles ou presque insolubles, et s'obtiennent par double décomposition. Beaucoup d'entre eux donnent de l'indigo bleu à la distillation.

### *Matières colorantes du bois de Brésil, du santal, de l'orcanette, de la gaude, du quercitron, du bois jaune, du curcuma, du safran, des feuilles, etc.*

Nous ne parlerons de ces sortes de matières colorantes qu'en traitant des produits naturels qui les renferment.

### *Teinture.*

2590. La teinture est un art qui a pour objet de fixer les matières colorantes sur certaines substances.

Les principales substances que l'on teint sont les fils et les tissus de coton, de chanvre, de lin, de laine et de soie. Pour les teindre, il faut en général les soumettre à trois opérations : la première consiste à les blanchir plus ou moins parfaitement; la seconde, à les unir à des corps qui augmentent leur affinité pour les matières colorantes, et que l'on désigne sous le nom de *mordans;* la troisième, à dissoudre ces matières et à plonger le corps à teindre dans le bain qui en résulte. Néanmoins, dans quelques circonstances, l'on fait une quatrième opération : l'on aère la couleur, afin de l'*aviver*. Dans quelques autres, au contraire, on supprime la seconde : c'est lorsque la matière colorante est insoluble dans l'eau.

Les fils et les tissus destinés à la teinture devant être blanchis plus ou moins parfaitement, l'on distingue deux sortes de blanchîment. La première, moins parfaite que la seconde, ne peut suffire que dans le cas où l'on veut obtenir des teintes foncées : elle s'appelle *décreusage*, lorsqu'on opère sur le lin, le chanvre, le coton et la soie, et *désuintage*, lorsqu'on opère sur la laine. La seconde n'est d'usage que pour les fils ou les tissus qui doivent recevoir une teinte légère ou partielle, comme dans les toiles peintes : elle conserve le nom de *blanchîment* proprement dit.

Nous allons traiter de chacune de ces opérations en particulier.

*Décreusage.*

2591. Le décreusage est une opération par laquelle on se propose d'enlever aux fils et aux tissus de coton, de lin, de chanvre et de soie, les corps étrangers qui les recouvrent, qui en altèrent plus ou moins la blancheur, en diminuent la flexibilité, et s'opposent à l'action des matières colorantes.

Le lin, le chanvre et le coton se décreusent de la même manière. Quant à la soie, elle se décreuse d'une matière particulière.

2591 *bis. Décreusage du lin, du chanvre et du coton.* — Supposons que l'on veuille décreuser 100 kilogrammes de fils ou de tissus de coton, de chanvre ou de lin, on les fera bouillir dans l'eau pendant deux heures; puis, après les avoir laissé égoutter, on les remettra sur le feu avec 15 seaux d'eau et 1 kilogramme et demi de soude du commerce si l'opération se fait sur le coton, et 2 kilogrammes si elle a lieu sur le fil : dans tous les cas, l'alcali devra avoir été rendu caustique par la chaux. L'ébullition sera soutenue de nouveau pendant deux heures; après quoi les fils ou les tissus seront lavés à grande eau, et ensuite exposés à l'air. Quelquefois l'on se contente, par économie, de décreuser les fils de lin et de chanvre en les faisant tremper dans une lessive ordinaire, à la température de l'atmosphère, pendant vingt-quatre heures.

2592. *Décreusage de la soie.* — On distingue deux espèces de soies : la soie écru blanc, et la soie écru jaune. Celle-ci, d'après les expériences de M. Roard, est formée de 0,23 à 0,24 d'une matière gommeuse; de $\frac{1}{200}$ à $\frac{1}{300}$ d'une matière grasse analogue à la cire; de $\frac{1}{55}$ à $\frac{1}{60}$ de matière colorante; d'une quantité presque inappréciable d'une matière huileuse odorante, et de 0,72 à 0,73 de soie pure. L'autre ne paraît en différer qu'en ce qu'elle ne contient point de matière colorante, et qu'elle est un peu moins gommeuse.

Le décreusage de la soie doit être fait de manière qu'elle ne perde rien de sa solidité: on y parvient en la traitant, à la température de l'ébullition, par des quantités variables de savon et d'eau. Celui de la soie jaune, pour les couleurs foncées, s'opère à Lyon en employant 1 partie de savon sur 4 de soie, et maintenant l'ébullition pendant quatre heures. Celui qu'on pratique pour les couleurs claires ou pour le blanc n'est pas tout-à-fait le même; on le partage en deux parties : la première prend le nom de *dégommage*, et la seconde de *rebouillage* ou de *cuite*. Dans le dégommage, on emploie 30 parties de savon pour 100 de soie, et l'on fait bouillir la dissolution pendant quinze minutes. Dans la cuite, on emploie la même quantité de savon que dans le dégommage; mais, au lieu de tenir la soie pendant quinze minutes dans la dissolution bouillante, on l'y tient pendant quatre heures. Une ébullition aussi long-temps soutenue altère toujours la soie sans contribuer à son décreusage; c'est ce que M. Roard a parfaitement constaté; aussi décreuse-t-il toutes les soies, écru blanc ou jaune, en les faisant bouillir pendant une heure avec quinze fois leur poids d'eau et plus ou moins de savon, selon les couleurs qu'il veut obtenir : seulement il a le soin de plonger les soies dans le bain une demi-heure avant qu'il ne bouille, et de les retourner souvent. (Voy. *Ann. de Chim.*, t LXV, p. 44.)

### *Désuintage.*

2593. La laine est naturellement enduite d'une matière brune à laquelle on donne le nom de *suint*, et que M. Vauquelin a trouvée formée : 1° d'un savon à base de potasse qui en fait la plus grande partie; 2° d'un peu de carbonate, d'acétate et de chlorure de potassium; 3° de chaux, dont il ignore l'état de combinaison; 4° d'une matière animale à laquelle le suint doit son odeur particulière. Plus une laine est fine, plus elle contient de suint. Celle de mérinos en contient les deux tiers de son poids, tandis que les laines communes n'en contiennent que le quart du leur : aussi les premières sont-elles plus colorées que les secondes. Dans tous les cas, on les désuinte par l'un des deux procédés suivans.

Le premier consiste à faire tremper les laines que l'on veut désuinter dans de l'eau mêlée avec le quart de son poids d'urine putréfiée, c'est-à-dire d'urine ammoniacale, et à les remuer de temps en temps, en ayant soin d'entretenir l'eau à une température assez élevée pour qu'on puisse à peine y tenir la main. Au bout d'un quart d'heure, on les retire de la chaudière, on les fait égoutter et on les porte à la rivière, où elles sont lavées dans de grands paniers jusqu'à ce que l'eau en sorte limpide : alors on les fait égoutter de nouveau, et on les fait sécher au soleil. L'eau restée dans la chaudière sert à de nouvelles opérations. Il paraît que le suint qu'elle contient agit à la manière d'un savon.

Le second procédé ne diffère du premier qu'en ce que l'on n'emploie pas d'urine ; du reste la dissolution de suint qui en résulte sert également à des opérations subséquentes.

Quelquefois on ajoute une très petite quantité de savon au bain.

### *Blanchîment.*

2594. On sait depuis long-temps que les fils et les tissus de chanvre, de lin, de coton, peuvent acquérir un grand degré de blancheur par le contact successif et long-temps prolongé de l'air, de l'eau et de la lumière; mais ce procédé, que l'on a suivi exclusivement jusques il y a environ trente-cinq ans, a non-seulement l'inconvénient d'être long, mais de nuire toujours à la solidité des matières que l'on blanchit. M. Berthollet nous en a fait connaître un bien plus prompt et qui altère moins les fils et les tissus, lorsque son application est dirigée avec prudence. (1)

Les fils et les tissus de chanvre, de lin, de soie et coton, doivent être regardés comme des composés de fibres blanches unies à une certaine quantité de matière colorante. Cette matière est insoluble dans l'eau, dans les acides, et peu soluble dans les alcalis; mais le chlore la détruit en s'emparant d'une portion de son hydrogène; il la transforme en une nouvelle substance toujours insoluble dans l'eau et dans les acides, mais très soluble dans les alcalis. C'est sur ces faits qu'est établie la théorie du procédé de M. Berthollet.

Suivant ce célèbre chimiste, les fils et les tissus de chanvre, de lin, de coton, se blanchissent en les faisant tremper dans l'eau pendant quelques jours, les lessivant à plusieurs reprises, les plongeant après chaque lessive dans le chlore liquide, les traitant par l'acide sulfurique très faible, les lavant à grande eau après chaque opération, les azurant, les tordant, et enfin les laissant sécher.

L'eau dans laquelle on les plonge d'abord établit un com-

(1) L'ancien procédé, qu'on pratique encore dans plusieurs manufactures, consiste à lessiver les toiles de temps en temps, à les étendre sur le pré, et à les arroser deux ou trois fois le jour.

mencement de fermentation qui, selon M. Berthollet, favorise la séparation de la matière colorante, et surtout du *parou*, dont les tisserands enduisent la chaîne dans le tissage des toiles. Le chlore et la potasse agissent comme nous venons de le dire. Une seule immersion dans le chlore ne suffit point, parce que la nouvelle matière qui se produit s'oppose à l'action du chlore sur les couches intérieures de matière colorante; et de là, par conséquent, la nécessité de faire plusieurs lessives ainsi que plusieurs immersions. L'acide sulfurique sert à dissoudre un peu d'oxide de fer qui, dans le cours de l'opération, se dépose sur le coton, et lui donne une légère teinte jaunâtre; enfin par les lavages on se propose de séparer le liquide dont le coton est imprégné.

Il est nécessaire de ne faire usage que d'eau très limpide. Il faut aussi, 1° que la dissolution de chlore ne soit pas trop concentrée; 2° que les lessives ne soient pas trop fortes; 3° que l'acide sulfurique soit étendu de soixante-dix fois son poids d'eau; 4° enfin que l'action de ces agens soit prolongée pendant un certain temps. On juge de la concentration du chlore par son action sur l'indigo : il est au point de force convenable, lorsqu'il peut détruire la couleur d'une fois et demie à deux fois son volume d'une dissolution faite d'abord avec une partie d'indigo et sept parties d'acide sulfurique, et étendue ensuite de neuf cent quatre-vingt-douze fois son poids d'eau. Quant aux lessives, il faut, pour les obtenir, mettre dans un cuvier de la chaux vive, l'éteindre, jeter dessus deux fois son poids de potasse du commerce ou de carbonate de soude, puis ajouter plus ou moins d'eau selon la force qu'on veut donner à la lessive. On brasse le tout, et on abandonne l'opération à elle-même. Bientôt un dépôt abondant se rassemble au fond du cuvier : alors on décante le liquide surnageant; on lave une ou deux fois le précipité. L'eau qui sert à ces lavages est réunie à la première lessive, et si le mélange n'est point au degré convenable, on l'y porte par d'autres lessives très concentrées. (*Voyez* pour plus de détails, les *Élémens de Teinture*, par Berthollet.)

L'emploi du chlore n'est pas sans inconvénient, à cause de son action sur l'économie animale et de la difficulté qu'il y a de le préparer en grand : aussi commence-t-on à se servir généralement en France du chlorure de chaux, comme on le fait depuis long-temps en Angleterre. Ce chlorure a d'ailleurs l'avantage de contenir beaucoup de chlore sous un petit volume, et de pouvoir être transporté au loin.

Les estampes, les gravures, les livres dont les feuillets sont devenus jaunes, se blanchissent aussi par la dissolution de

41.

chlore : il suffit même pour cela de les tenir plongés dans cette dissolution pendant quelque temps, de les laver ensuite et de les faire sécher, en ayant soin toutefois, lorsque l'opération se fait sur un livre, d'en isoler les feuillets, afin que le blanchîment soit uniforme et complet.

*Blanchîment de la soie et de la laine.*

2595. La soie n'atteint point par le décreusage le dernier degré de blancheur : pour le lui donner, il suffit de l'exposer à la vapeur du gaz sulfureux ; c'est ce que l'on fait en la plaçant sur des cordes tendues dans une chambre où l'on brûle du soufre, et que l'on tient exactement fermée.

C'est aussi de la même manière qu'on rend la laine extrêmement blanche : seulement il faut, après l'avoir désuintée, la traiter par une dissolution tiède et très faible de savon, afin de dissoudre le suint qu'elle pourrait retenir, puis la laver et la faire sécher.

*Mordans.*

2596. Nous désignons par le nom de *mordans* tous les corps qui ont la propriété de s'unir avec ceux que l'on veut teindre, et d'augmenter leur affinité pour les matières colorantes.

Comme il n'est presque point de corps qui ne possède cette propriété, il existe donc un grand nombre de mordans. Mais les uns ne la possèdent qu'à un faible degré ; d'autres sont d'un prix très élevé ; d'autres altèrent les couleurs qu'il s'agit de combiner, ou en modifient les nuances : d'où il suit qu'il n'y en a qu'un très petit nombre qui soient propres au *mordançage*. Ceux dont on fait usage sont l'alun, l'acétate d'alumine, l'acétate et le sulfate de fer, le chlorure d'étain, la noix de galle. Le plus fréquemment employé à beaucoup près est l'alun : l'on ne se sert même pour ainsi dire de l'acétate d'alumine que pour les toiles peintes, du chlorure d'étain que pour la teinture écarlate, et de la noix de galle que pour le rouge d'Andrinople.

C'est toujours à l'état de dissolution dans l'eau que l'on combine les mordans avec les corps que l'on veut teindre, et après que ceux-ci sont décreusés, ou désuintés, ou quelquefois même blanchis.

Le *mordançage* précède ordinairement l'immersion dans le bain de teinture : rarement, comme dans la teinture écarlate, on mordance en même temps que l'on teint. Nous n'examinerons point en particulier chaque genre de mordançage. Nous nous contenterons de décrire celui qui consiste à unir l'alun avec les fils ou les tissus, et qui prend le nom d'*alunage* et de dire un mot de celui des toiles peintes.

2597. *Alunage de la soie.* — Cet alunage s'opère en plongeant la soie, à la température ordinaire, dans de l'eau qui contient la soixantième partie de son poids d'alun, la retirant du bain au bout de vingt-quatre heures, la tordant et la lavant. On ne doit jamais le faire à chaud, parce qu'alors la soie absorbe une moindre quantité de mordant, qu'elle se combine par suite avec moins de matière colorante, et que d'ailleurs elle perd son brillant et s'altère.

2598. *Alunage de la laine.* — Lorsqu'on veut aluner de la laine, il faut en prendre, par exemple, 1000 parties, les faire bouillir pendant une heure dans de l'eau de son, afin de les dégraisser, les passer ensuite à l'eau froide, puis les plonger pendant deux heures dans une dissolution bouillante composée de 8000 à 9000 parties d'eau, 250 parties d'alun, et enfin les retirer, les faire égoutter et les laver. Assez souvent on ajoute un peu de crême de tartre, qui, se trouvant absorbée comme l'alun, agit par son excès d'acide sur les couleurs que l'on veut fixer, et entretient d'ailleurs le bain limpide.

2599. *Alunage du coton, du chanvre et du lin.* — Cette opération se fait en plongeant le corps à teindre dans de l'eau légèrement chaude et qui contient le quart de son poids d'alun, puis le laissant dans le bain pendant vingt-quatre heures, à la température ordinaire, le lavant et le faisant sécher. Le coton serait également bien aluné en le tenant dans le bain seulement sept à huit minutes, l'exprimant un peu sans le tordre, et ne le teignant que douze à quinze heures après. Son affinité pour le mordant est même telle, qu'il serait possible de faire l'alunage au bouillon, comme celui de la laine.

2600. Dans toutes les teintures sur laine, on peut employer tous les aluns du commerce; mais dans les teintures sur soie et sur coton, surtout dans les couleurs claires, il ne faut se servir que d'alun au moins aussi pur que celui de Rome, c'est-à-dire, contenant à peine un demi-millième de son poids de sulfate de fer: sans cela, il y aurait une assez grande quantité d'oxide de fer fixé par le coton et la soie pour altérer la nuance qu'on chercherait à obtenir. C'est ainsi que les jaunes de gaude deviennent d'un jaune verdâtre avec les aluns dans lesquels il n'existe même qu'un seul millième de sulfate de fer. (MM. Roard et Thenard, *Ann. de Chim.*, t. LIX, pag. 58.)

*Mordançage des toiles imprimées.* — Ce mordançage s'opère d'une manière toute particulière. Le mordant n'est uni à la toile que là où elle doit être teinte. A cet effet, il est épaissi avec de l'amidon ou de la gomme, et appliqué avec des planches en bois, gravées en relief, ou avec un rouleau d'acier, qui est lui-même gravé. Par conséquent il doit être très soluble dans l'eau et pour ainsi dire incristallisable. Voilà pourquoi on ne fait usage alors, en mordans alumineux et ferrugineux, que d'acétate d'alumine et d'acétate de fer.

Cependant, lorsque le dessin ne doit se composer que d'une seule couleur, il arrive quelquefois que la toile est mordancée et teinte tout entière, et qu'on enlève ensuite les portions convenables de couleur par des applications de *rongeurs*. Quelquefois encore on fait des *réserves* sur la toile, en la couvrant d'argile et d'huile. Au reste, nous ne pouvons entrer dans aucun détail à cet égard. Nous renvoyons à cet effet aux ouvrages qui traitent spécialement de la teinture.

### *Fixation des couleurs sur les tissus.*

2601. Les matières colorantes qu'on se propose de fixer sur les fils ou sur les tissus sont solubles ou insolubles dans l'eau.

Lorsqu'elles y sont solubles, ce qui arrive le plus souvent, on les dissout dans ce liquide, à la chaleur de l'ébullition, et l'on plonge le corps à teindre dans le bain à une certaine température et pendant un certain temps, après avoir décreusé, dégraissé ou blanchi ce corps, et l'avoir ordinairement imprégné de mordant.

Lorsque, au contraire, les matières colorantes sont insolubles dans l'eau, il faut les rendre solubles par un corps intermédiaire, mettre le fil ou le tissu décreusé, désuinté ou blanchi et sans être imprégné de mordant, en contact avec la dissolution; puis, au moyen d'un troisième corps, précipiter ces matières.

Les soies se teignent à une température qu'on porte successivement de 30 à 75°. Si le bain était plus chaud d'abord, il leur enleverait une partie de leur mordant, et l'on obtiendrait des nuances moins foncées qu'on ne le desirerait. Par la même raison, il ne faut pas que le bain ait plus de 30 à 35° pour teindre le chanvre et le lin : l'opération se fait dans un baquet. Quant aux laines, elles se teignent presque toujours au bouillon. On pourrait teindre aussi, souvent du moins, le coton de cette manière; cependant, c'est ce qu'on ne fait pas : on le teint comme la soie ou comme le chanvre.

Il est nécessaire, que toutes les parties du corps à teindre, soient plongées également et pendant le même temps dans le bain de teinture. A cet effet, lorsqu'on opère sur des fils, on passe des bâtons dans les écheveaux : ceux-ci sont ensuite plongés dans le bain, puis retournés de temps en temps. Veut-on teindre des étoffes, l'on se sert d'un tour dont les deux extrémités sont posées sur deux fourches de fer, fixées elles-mêmes sur les bords de la chaudière. Après avoir placé sur le tour l'extrémité de la pièce dont le reste plonge dans la teinture, on le met en mouvement, et bientôt toute la pièce passe successivement du bain sur le tour, et du tour dans le bain; alors on imprime au tour un mouvement contraire, pour que la partie plongée la première le soit la dernière à la seconde immersion. Quant à la laine en toison, on la met sur une espèce d'échelle très large, dont les échelons sont très rapprochés.

Dans tous les cas, lorsque le corps est teint, on le lave à grande eau pour le priver de la matière colorante qui n'est que superposée.

2602. Après les considérations que nous venons de présenter sur la teinture, il ne nous reste plus, pour terminer ce que nous avons à dire à cet égard, qu'à faire connaître les substances d'où l'on extrait les principales couleurs rouges, jaunes et bleues, qu'à indiquer celles de ces matières qui sont solides et celles qui sont fugaces, et qu'à considérer en particulier quelques-uns des procédés que l'on emploie de préférence dans les arts.

## *Teintures rouges.*

2603. Les principales substances dont on se sert pour obtenir les rouges sont : le carthame qui a été examiné (2569), la garance, le bois de Brésil, la cochenille, l'orseille.

*Garance* (*rubia tinctorum*). — Cette plante, qui a donné son nom à la famille des rubiacées, appartient à la tétrandrie digynie de Linné. Elle est cultivée à Smyrne, à Chypre, en Barbarie, dans la Zélande, en Alsace et dans plusieurs de nos départemens du midi. Les racines sont les seules parties de la plante qui soient employées; on les arrache lorsqu'elles ont atteint leur troisième année, et on leur fait subir ensuite différentes manipulations qui ont pour objet de les trier, de les sécher, de les débarrasser de leur épiderme et de la terre qui les enveloppent, et de les réduire en poudre plus ou moins fine. Cette poudre est d'un rouge jaunâtre; elle est renfermée dans des tonneaux bien secs où elle finit par s'agglutiner si fortement qu'on est obligé de la couper à coups de hache quand on veut s'en servir. On trouve cependant, dans le commerce, des racines de garance entières. Les teinturiers donnent la préférence à celles qui offrent une cassure d'un jaune rougeâtre très vif, et dont le diamètre est égal à celui d'un tuyau de plume.

2604. La garance contient trois matières colorantes : deux

rouges, l'alizarine et la purpurine, et une jaune, la xanthine; elle contient en outre plusieurs autres substances dont la nature a été indiquée (2570).

Elle est principalement employée pour teindre le lin et le coton en rouge. Le rouge que l'on obtient est de deux sortes : l'un est appelé simplement *rouge de garance*, et l'autre *rouge d'Andrinople*. Celui-ci est le plus vif : on tirait autrefois du Levant les étoffes qui en étaient teintes; mais à présent on en prépare en France qui ne laissent rien à desirer. Le procédé que l'on suit étant très compliqué et la théorie mal connue, nous ne le décrirons point : on peut consulter à cet égard le *Traité* de M. Chaptal sur la teinture en rouge des Indes, et l'ouvrage de M. Vitalis.

Lorsque le mordant alumineux que l'on combine avec le coton contient une certaine quantité de sulfate ou d'acétate de fer, les teintes deviennent violettes. Or, comme le violet foncé paraît noir, l'on conçoit qu'il est possible d'obtenir avec la garance, les sels alumineux et les sels de fer, toutes les nuances qui se trouvent comprises d'une part entre le rouge clair et le rouge foncé, et de l'autre entre le violet clair et le noir. C'est en effet de cette manière qu'on se les procure dans les manufactures de toiles peintes.

2605. On se sert aussi de la garance pour teindre la laine. Que l'on fasse chauffer une partie de garance avec 25 ou 30 parties d'eau, et qu'on y plonge une partie de laine alunée, on obtiendra des couleurs d'un rouge plus ou moins fauve qui seront dues à l'alizarine, à la purpurine, à la xanthine, et qui varieront en raison de l'espèce de garance, de la température à laquelle on teindra, du temps que l'on mettra à teindre, etc.

Je tiens de M. Roard qu'en traitant la garance d'abord par de l'eau chargée de carbonate de soude pour en séparer la matière colorante fauve, et ensuite par une dissolution de chlorure d'étain et de crême de tartre, on obtient un bain qui donne de beau rouge, non-seulement avec la laine, mais encore avec la soie, l'une et l'autre alunées préalablement. (1)

MM. Gonin sont parvenus à obtenir sur la laine, avec la garance, une couleur aussi belle et aussi vive que l'écarlate de cochenille, mais qui malheureusement ne résiste pas bien au soleil. Probablement que par leur procédé qui est resté secret, ils ne fixent que la purpurine.

2606. La garance est encore employée, ainsi que l'a fait

(1) Le carbonate enlève sans doute la matière jaune, mais il enlève en même temps beaucoup d'alizarine; il n'y a que la purpurine qui ne se dissout pas.

M. Mérimé, à préparer une laque qui peut remplacer la laque carminée. Pour préparer cette laque, il faut d'abord laver la garance à l'eau, afin de la priver du mucilage, de la gomme et de la matière colorante jaune qu'elle contient : à cet effet, l'on délaie, comme le conseillent MM. Robiquet et Colin, chaque kilogramme de garance moulue dans 4 kilogrammes d'eau, on laisse macérer dix minutes, puis on soumet le tout à l'action d'une forte presse. Dès qu'il ne s'écoule plus de liquide, on procède successivement à un second et à un troisième lavage, en comprimant la matière comme la première fois. La garance, de jaune qu'elle était, a pris une assez belle nuance rosée; dans cet état, on la mêle avec 5 à 6 parties d'eau et une demi-partie d'alun, on chauffe le mélange au bain-marie pendant trois heures, en le remuant de temps à autre avec une spatule de bois, on le jette sur une toile serrée, et après avoir pressé le résidu, on filtre toutes les liqueurs réunies dont la teinte est d'un beau rouge cerise foncé. C'est en versant peu-à-peu une faible dissolution de carbonate de soude dans ces liqueurs que l'on en précipite la laque : les premières portions que l'on obtient sont plus belles que les dernières, surtout en ayant soin de les agiter, de sorte qu'il est bon de fractionner les produits. Le carbonate ne doit jamais être mis en excès, car la laque deviendrait légèrement violette. Aussitôt qu'elle a été lavée à grande eau, on la recueille sur un filtre, et on la dessèche à une douce chaleur. Cette laque n'est colorée que par la purpurine. Avant de traiter par l'alun la garance épuisée par l'eau, l'on pourrait encore la mettre en contact avec une dissolution chaude de carbonate de soude (2572); on enleverait ainsi toute la matière jaune qui aurait pu échapper à l'eau, en même temps que l'alizarine : la laque serait plus constamment belle.

2607. Il suit de tout ce qui précède que l'on ne sait pas teindre la laine en rouge de garance aussi bien que le coton. Beaucoup de recherches même restent à faire pour obtenir en peu de temps sur celui-ci des nuances vives et brillantes. Celles de MM. Robiquet et Colin, de MM. Gaultier Claubry et Persoz ont jeté sans doute beaucoup de jour sur ces importantes questions; mais leurs expériences ne sont pas complètes. Il est vrai qu'ils n'ont pas publié tous leurs résultats; peut-être que ceux qu'ils n'ont pas fait connaître nous donneraient la solution du problème.

Quoi qu'il en soit, toutes les couleurs qui ont pour base l'alizarine sont très solides; toutes celles, au contraire, qui appartiennent à la purpurine n'ont pas toute la solidité desirable.

2608. *Bois de Brésil.*—Ce bois, ainsi nommé du lieu d'où il nous est venu d'abord, prend encore le nom de *bois de Fernambouc*, de *bois de sappan* ou de *bois du Japon*, de *bois de Sainte-Marthe* et de *Brésillet*. Il nous est fourni, savoir : le premier, par le *cœsalpinia crista* qui croît au Brésil et à la Jamaïque : c'est le plus estimé; le deuxième, par le *cœsalpinia sappan*; le troisième, par le *cœsalpinia echinata*; le dernier, par le *cœsalpinia vesicaria* : c'est le moins estimé.

Le bois de Brésil est très dur, pesant, compacte, rouge à sa surface, pâle à l'intérieur, lorsqu'il est nouvellement fendu; sa saveur est sucrée, et son odeur légèrement aromatique; sa décoction est d'un beau rouge. M. Chevreul en a retiré la matière colorante principale à laquelle il a donné le nom de *Brésiline*. Il l'obtient en évaporant cette décoction jusqu'à siccité, dissolvant le résidu dans l'eau, agitant la liqueur avec de l'oxide de plomb, réitérant l'évaporation à siccité, reprenant le produit par l'alcool, filtrant la dissolution, la concentrant, y ajoutant de l'eau, puis une dissolution de gélatine; et enfin recommençant encore l'évaporation et le traitement du résidu par l'alcool : elle reste en dissolution dans ce liquide et s'en sépare par l'évaporation. La *Brésiline* est cristallisable en petites aiguilles de couleur orangée; soluble dans l'eau, l'alcool, l'éther; décomposable en totalité ou en grande partie par la distillation; susceptible d'être décolorée par l'acide sulfhydrique et de présenter les mêmes genres d'altération dans sa couleur que l'hématine en contact avec les acides et les bases énergiques.

La potasse et la soude font tourner au violet la couleur de l'infusion du bois de Brésil. Les acides la font passer au rose ou au jaune, savoir : au rose ou quelquefois au rouge clair, lorsqu'ils appartiennent au règne minéral, qu'ils sont puissans et concentrés et qu'on en ajoute une quantité suffisante; au jaune, lorsqu'ils sont étendus d'eau, ou lorsque, étant concentrés, ils appartiennent au règne végétal : du moins, c'est ainsi que se sont comportés, avec le papier teint par le bois de Fernambouc, tous les acides que M. Bonsdorff a examinés sous ce rapport. L'acide sulfureux est le seul dont l'action soit spéciale : il détruit la couleur. (*Ann. de Chim. et de Phys.*, t. XIX, 283.)

L'infusion de bois de Brésil donne lieu à des précipités de couleur cramoisie par son mélange avec les eaux de chaux et de baryte, le proto-chlorure d'étain et l'acétate de plomb; la gélatine la troublent fortement.

Le bois de Brésil est fréquemment employé en teinture. On s'en sert pour donner à la laine un rouge très vif, et faire de faux cramoisis sur la soie, c'est-à-dire des cramoisis imitant ceux qu'on obtient avec la cochenille. Pour le rouge sur laine, l'on prend 1 partie de bois de Fernambouc, bien divisé, 15 à 20 parties d'eau et 6 parties de laine; l'on fait bouillir l'eau sur le bois pendant trois quarts d'heure, et l'on plonge la laine dans le bain bouillant pendant à-peu-près le même temps; puis on la lave et on la fait sécher.

Pour le faux cramoisi sur soie, l'on emploie les mêmes doses de bois, d'eau et de soie que pour le rouge sur laine; l'on prépare aussi le bain de la même manière; mais on y plonge la soie seulement, à la température de 30 à 60°, pendant une heure et demie; alors on la passe dans une dissolution alcaline pour donner la teinte cramoisie.

M. Dingler conseille d'épurer le bain, lorsque le bois est de qualité inférieure, en y ajoutant du lait écrêmé : il paraît que la matière caséeuse en se coagulant entraîne la couleur fauve.

Les couleurs de bois de Brésil ne sont pas solides.

2609. *Cochenille.* — La cochenille est un petit insecte qui vit sur plusieurs espèces de *cactus*. On en distingue deux variétés, la *cochenille sylvestre* et la *cochenille fine* ou *mestèque*. Toutes deux nous viennent du Mexique. La première se trouve encore à Saint-Domingue, dans la Caroline méridionale, dans la Géorgie, à la Jamaïque et au Brésil; cette variété est plus petite que la cochenille fine, et est revêtue d'un duvet cotonneux qui augmente inutilement son poids; mais ces désavantages, qui d'ailleurs sont compensés par la facilité avec laquelle on l'élève, disparaissent en grande partie à force de soins.

La cochenille se récolte facilement; il ne s'agit que de l'enlever de dessus les *cactus*, à une certaine époque, de la faire mourir dans l'eau bouillante, de la dessécher au soleil, et de passer celle qui est fine à travers un crible pour la séparer des bourres du coton des larves des mâles : alors elle est semblable à une petite graine irrégulière, d'une couleur grise pourprée.

2610. MM. Pelletier et Caventou ont trouvé que la cochenille mestèque était composée de carmine, d'une matière animale particulière, d'une matière grasse et d'un peu de sels de nature diverse.

Déjà nous avons examiné les propriétés de la carmine (2580) : il faut actuellement dire quelques mots de la matière animale, afin de concevoir sans peine les phénomènes que présente la dissolution de cochenille dans son contact avec différens corps.

Lorsque la cochenille a été traitée un grand nombre de fois par de l'éther et par de l'alcool, comme nous l'avons vu (2581), si on la traite ensuite à plusieurs reprises par l'eau, dans le digesteur, on finit bientôt par en dissoudre toute la matière colorante; on dissout en même temps les dernières portions de matière grasse, et un peu de matière animale : le résidu est la matière animale pure. Cette matière est blanche ou brunâtre, translucide, insoluble par elle-même dans l'alcool, l'éther, les huiles, peu soluble dans l'eau, beaucoup plus soluble dans l'ammoniaque, et très soluble dans la potasse et la soude en liqueur.

Malgré son peu de solubilité dans l'eau, elle en est précipitée par tous les acides, sous forme de flocons blanchâtres; elle l'est également par tous les sels avec excès d'acide; elle l'est même quelquefois par les sels neutres; mais alors elle s'empare tout à-la-fois et de l'acide et de l'oxide : c'est ainsi qu'elle agit sur les sels de plomb, d'étain, de cuivre, d'argent.

Enfin, mêlée à la carmine, elle est encore précipitée par les acides et par un grand nombre de sels; et ce qui est digne de remarque, c'est que tous les précipités se trouvent contenir beaucoup de carmine, quoique celle-ci soit très soluble dans l'eau : aussi sont-ils très colorés. Le carmin parfaitement pur n'est même qu'un composé triple de matière animale, de carmine et d'un acide.

Les propriétés de la matière animale et de la carmine étant connues, il est facile de prévoir celles de la décoction de cochenille, décoction qui contient beaucoup de carmine, plus ou moins de matière animale et un peu de matière grasse. (1)

On concevra tout de suite : 1° pourquoi les acides rendent rouge la décoction de cochenille et y déterminent un précipité de cette couleur; pourquoi le précipité est d'autant plus abondant que la décoction contient plus de matière animale et a été faite par conséquent avec une eau plus alcaline; 2° par quelle raison, au contraire, la potasse, la soude, etc., font virer la couleur de la cochenille au cramoisi et redissolvent les précipités formés par les acides; 3° comment il se fait que les sels de zinc, les sels de plomb, le sulfate de cuivre, le proto-chlorure d'étain, forment, dans la décoction de co-

(1) La carmine favorise sans doute la solution de la matière animale et occasionne celle de la matière grasse ; ces trois substances semblent avoir une assez grande affinité réciproque ; c'est pour cela probablement que leur séparation est difficile. Cependant MM. Pelletier et Caventou rapportent qu'en agitant la décoction de cochenille avec de l'alumine en gelée, toute la carmine se précipite, et qu'il reste dans la liqueur de la matière animale et de la matière grasse.

chenille, des précipités violets, tandis que le bi-chlorure d'étain y produit des précipités rouges, etc., etc.

2611. La cochenille est principalement employée pour teindre la laine et la soie en écarlate, en cramoisi, et en couleurs qui se rapprochent plus ou moins de celles-ci : c'est aussi avec la cochenille qu'on prépare le carmin et la laque carminée.

2612. La teinture écarlate s'exécute en deux opérations : la première s'appelle *bouillon*, et la seconde *rougie*. Supposons qu'il s'agisse de teindre 50 kilogrammes de drap, on versera 800 à 900 kilogrammes d'eau et 6 kilogrammes et demi de crême de tartre dans une chaudière d'étain ou de cuivre étamé. Lorsque la liqueur sera parvenue à la température de 50°, on l'agitera pour dissoudre la crême de tartre; on y ajoutera 2 hectogrammes et demi de cochenille en poudre, et, un moment après, 6 kilogrammes et demi de dissolution d'étain très limpide. Alors il faudra y plonger le drap, le faire circuler rapidement pendant deux ou trois tours, ralentir le mouvement, laisser le drap dans la teinture bouillante pendant deux heures, le retirer du bain, l'éventer, le laver à la rivière, et procéder à la seconde opération.

Cette opération se fait en prenant à-peu-près autant d'eau que pour l'opération précédente, la versant dans la chaudière, la chauffant jusqu'à ébullition, y projetant 2 kil., 75 de cochenille pulvérisée et tamisée, agitant fortement le bain, y ajoutant, au bout d'une demi-heure, 3 kilogrammes de solution d'étain (1), le rafraîchissant au point seulement de l'empêcher de bouillir, puis y plongeant le drap, y faisant circuler celui-ci comme la première fois, le laissant dans le bain non bouillant pendant une demi-heure, ou plutôt jusqu'à ce que l'on ait obtenu la teinte que l'on desire, le retirant, l'éventant et le faisant sécher.

Pour donner plus de feu et de vivacité à l'écarlate, on lui communique une teinte jaunâtre en ajoutant une certaine quantité de fustet ou de curcuma au premier bain.

2613. Le second bain ou *rougie* qui a servi à teindre n'est pas épuisé de matière colorante lorsqu'on en retire le drap. On peut s'en servir pour obtenir les nuances capucine, cassis,

(1) Pour préparer la dissolution d'étain, il faut prendre, par exemple, 8 grammes d'acide azotique à 30 degrés, 1 gr. de sel ammoniac et 1 gr. d'étain d'Angleterre ou de Malaca; faire d'abord dissoudre le sel dans l'acide, y ajouter l'étain en grenaille, et étendre la dissolution d'un quart de son poids d'eau. Il existe encore plusieurs moyens de se procurer le chlorure d'étain; mais comme ils ne sont pas aussi sûrs que celui-ci, nous les passerons sous silence.

orangé, jonquille, couleur d'or, de cerise, de chair, de chamois, etc., en y ajoutant des quantités variables de fustet, de chlorure d'étain ou de crême de tartre.

2614. L'écarlate paraît être une combinaison de laine, de matière colorante, de matière animale, d'acide tartrique, de chlorure d'étain et de peroxide d'étain. Ce n'est pas inutilement que l'on a divisé en deux parties l'opération par laquelle on la prépare : si l'on faisait bouillir ensemble tous les corps qui entrent dans la composition de cette teinture, on n'obtiendrait qu'une nuance peu foncée.

2615. Lorsque l'on traite à plusieurs reprises du drap écarlate par l'eau bouillante, il prend d'abord une couleur cramoisie, et finit par devenir couleur de chair. La combinaison qui constitue l'écarlate est donc altérable par l'eau; elle l'est aussi par les alcalis et le savon : ces substances la font passer sur-le-champ au cramoisi, même à la température ordinaire; mais on peut la ramener au rouge en la mettant en contact avec les acides faibles.

On voit, d'après cela, qu'on peut teindre en cramoisi les draps déjà teints en écarlate, et qu'à cet effet il suffit de les traiter par un alcali : l'ammoniaque est celui qui réussit le mieux. On parvient encore aux mêmes résultats en se servant d'une dissolution bouillante d'alun. Toutefois l'on n'emploie guère ces procédés que dans le cas où la couleur écarlate n'est pas belle. Dans toute autre circonstance, on teint directement en cramoisi, en faisant bouillir le drap dans le bain de teinture, et composant ce bain pour chaque partie de drap, par exemple, de 15 à 20 parties d'eau, de $\frac{1}{8}$ de partie d'alun, de $\frac{1}{20}$ de crême de tartre, de $\frac{1}{12}$ de cochenille, et d'une très petite quantité de dissolution d'étain.

2616. La laque carminée, dont la teinte est toujours plus ou moins violette, peut s'obtenir comme toutes les autres laques (2567); mieux vaudrait cependant en faire la préparation en agitant de l'alumine en gelée avec une décoction de cochenille : la laque aurait une teinte rouge beaucoup plus belle.

Quant au carmin, les uns le préparent en versant une certaine quantité de solution d'alun dans une décoction de cochenille; d'autres veulent qu'au lieu d'alun on emploie de l'oxalate acide de potasse; quelques-uns conseillent d'ajouter à la décoction un peu d'écorce d'*autour* et de graine de *chouan*, afin de jaunir légèrement le carmin et de lui donner plus de feu. Dans tous les cas, le carmin qui se précipite est un composé triple de l'acide du sel que l'on emploie, de carmine et de matière animale : aussi, pour en faire, suffit-il d'ajouter un acide quelconque à la décoction de cochenille, et en obtient-on une assez grande quantité quand la décoction est faite avec de l'eau alcaline.

MM. Pelletier et Caventou ont trouvé celui du commerce falsifié; il contient ordinairement du cinnabre. (*Journal de Pharmacie*, t. IV, p. 193.)

2617. Depuis quelque temps, l'on a tenté de remplacer la cochenille par le lac-lake et le lac-dye; il paraît que les résultats que l'on a obtenus sont avantageux. Nous avons déjà parlé de ces deux substances; mais nous devons ajouter ici, d'après M. Edward Banckroft, que le lac-lake s'obtient en pulvérisant la laque en bâton (2470), la traitant à plusieurs reprises par d'assez grandes quantités d'eau bouillante chargée de soude, et mêlant ensuite de l'alun avec les différentes liqueurs réunies. Celles-ci contenant non-seulement le principe colorant, mais encore de la résine, il s'ensuit que le précipité que produit l'alun, et qui est le lac-lake même, est composé de matière colorante, de matière résineuse et d'alumine. La matière résineuse en forme à-peu-près le tiers, et l'alumine le sixième. L'on y trouve en outre de la matière végétale provenant de l'écorce mucilagineuse d'un arbre de l'Inde connu dans le pays sous le nom de *lodu*, et de plus du sable et d'autres matières terreuses, que les manufacturiers y ajoutent, pour en augmenter le poids.

Quoique le lac-dye ressemble beaucoup au lac-lake, sa préparation n'est pas bien connue. Ceux qui voudront savoir la manière d'employer ces deux matières colorantes en teinture, n'auront qu'à consulter le Mémoire de M. Banckroft. (*Ann. de Chim. et de Phys.*, t. III, page. 225.)

2618. *Orseille.* — L'orseille est une pâte d'un rouge violet. On en distingue deux espèces principales : l'*orseille de mer* qu'on appelle encore *orseille des îles*, *orseille des Canaries*, *orseille d'herbe*; et l'*orseille de terre* ou *orseille d'Auvergne*, *orseille de Lyon*. La première est la plus estimée; elle se prépare avec le *lichen roccella* qui croît sur les rochers voisins de la mer, aux Canaries, au Cap-Vert, etc.; la deuxième s'obtient, non comme on le croyait autrefois avec le *lichen parellus* ou *parelle*, mais avec le *variolaria orcina* qui, suivant l'état où il est, prend le nom de *Varenne*, de *pucelle*, de *parelle maîtresse*; 2° avec le *variolaria dealbata*; 3° avec le *variolaria aspergilla*; 4° avec le *lichen corallinus*. C'est sur les montagnes d'Auvergne, des Alpes, de la Lozère, des Pyrénées, qu'on récolte ces sortes de cryptogames.

Suivant M. Robiquet, le *variolaria dealbata* est formé d'*orcine*, de *variolarin*, *d'une matière grasse*, *résineuse*, *blanche et cristalline, de chlorophylle, d'une substance azotée d'un brun rougeâtre, de gomme, de tissu organique, d'oxalate de chaux.*

La préparation de l'orseille est compliquée et très longue. En Auvergne, les plantes sont mises d'abord en contact avec un peu plus que leur poids d'urine pendant plusieurs jours, en ayant soin d'agiter le mélange de temps à autre. On y ajoute alors de la chaux éteinte et tamisée, environ 5 pour 100 du poids des plantes, plus un peu d'acide arsénieux et d'alun; on brasse le tout très souvent. Au bout de 48 heures, la fermentation s'établit dans toute la masse. Si elle n'était point assez forte, il suffirait d'y ajouter une petite quantité de chaux pour la rendre plus active. A dater de cette époque, il ne faut plus que remuer la masse plusieurs fois par jour, par exemple de 2 en 2 heures, le 5ᵉ jour; de 3 en 3 heures, le 6ᵉ; de 4 en 4 heures, le 7ᵉ; puis de 6 en 6 heures, pendant les 15 jours suivans. Dès le 8ᵉ jour, la couleur est déjà assez belle; mais elle n'est bien vive qu'au bout du 22 ou 23ᵉ. A cette époque, on abandonne encore la matière à elle-même 7 à 8 jours, de sorte que ce n'est qu'au bout d'un mois que le travail est terminé et que l'orseille peut être mise en tonneau.

Il est impossible de dire précisément ce qui se passe dans cette opération; mais il est évident, d'après ce que nous avons vu (2574), que l'ammoniaque développée dans l'urine putréfiée, par l'addition de la chaux, a principalement pour objet de colorer en rouge violet, sous l'influence de l'air, l'orcine et l'éréthrine que peuvent contenir les plantes dont on se sert. Guidé par cette observation, il est probable qu'on parviendra à simplifier la fabrication de l'orseille. Déjà même on assure que certains fabricans ont substitué l'emploi de l'ammoniaque à celui de l'urine pourrie et de la chaux, et qu'ils se procurent ainsi de l'orseille beaucoup plus riche en couleur. (Voyez le *Mémoire de M. Cocq sur la fabrication de l'orseille*, *Ann. de Chim.*, LXXXI; *celui de M. Hendde*, *Journal de l'industriel*, novembre 1828; les *Observations de M. Robiquet*, *Ann. de Chim. et de Phys.*, XLII, 236.)

L'orseille communique promptement sa couleur, à l'eau, à l'alcool, à l'ammoniaque. L'infusion aqueuse est d'un cramoisi qui tire sur le violet. Conservée dans un vase fermé et bien plein, elle se décolore en quelques jours, mais elle reprend promptement la teinte qui lui est propre, au contact de l'air. C'est pourquoi, lorsqu'on se sert d'orseille pour colorer l'esprit-de-vin, et qu'on construit ensuite des thermomètres avec ce liquide, il perd sa teinte si l'instrument a été purgé d'air.

Les acides donnent à l'infusion d'orseille une couleur rouge; les alcalis la font virer au violet. L'alun y forme un précipité d'un rouge-brun; la dissolution d'étain, un précipité rougeâtre qui se dépose difficilement : dans les deux cas, la liqueur filtrée reste colorée, la première en rouge-jaunâtre, la seconde en rouge faible.

L'orseille s'emploie ordinairement en teinture pour modifier, rehausser les autres couleurs et leur donner de l'éclat. Rarement on l'emploie seule, parce que si les teintes qu'elle donne ont beaucoup de brillant, elles manquent de solidité. Voilà ce que l'on remarque dans les violets qu'on obtient en teignant la soie, d'abord au bain d'orseille, puis à la cuve d'indigo. La couleur est très belle, mais elle passe facilement.

### *Teinture en jaune.*

2619. La gaude, le quercitron, le bois jaune et le chromate de plomb sont les quatre substances dont on se sert le plus souvent pour teindre en jaune. Dans quelques circonstances, l'on fait encore usage du curcuma, du fustet, de la graine d'Avignon, du rocou, de l'acide azotique, etc.

2620. *Gaude (reseda luteola).* — La gaude est une plante qui croît spontanément dans nos pays, ainsi que dans presque toutes les contrées de l'Europe.

Parvenue à sa maturité, on l'arrache, on la fait sécher et on la met en bottes : c'est sous cet état qu'elle est employée. Les teinturiers préfèrent celle qui est cultivée et dont les tiges sont très fines : elle est plus riche en matière colorante que l'autre. Toutes les parties de la plante ne sont point également abondantes en cette matière. D'après M. Roard, les capsules en contiennent plus que les tiges, et la racine en contient à peine.

La matière colorante jaune de la gaude a été nommée *lutéoline* par M. Chevreul. Elle se dépose, accompagnée de diverses autres matières, en abandonnant au refroidissement la décoction faite avec une partie de feuilles terminales et de capsules de gaude et 10 parties d'eau. On l'obtient par sublimation cristallisée en aiguilles transparentes et d'un jaune léger. Elle est très peu soluble dans l'eau.

Une décoction de gaude bien chargée a une couleur jaune tirant sur le brun; en l'étendant d'eau, elle s'éclaircit et tire un peu sur le vert. Les acides oxalique et acétique en affaiblissent la teinte; l'acide azotique et les alcalis la foncent au contraire ; le proto-chlorure d'étain y produit un précipité d'un jaune clair, ainsi que l'acétate de plomb; l'alun, un léger précipité jaune; l'oxalate d'ammoniaque, un dépôt abondant d'oxalate de chaux; le sulfate de fer peroxidé, une coloration en brun olivâtre, puis à la longue un précipité brun très peu considérable; enfin la colle de poisson, un léger trouble.

La gaude est employée pour teindre en jaune franc et solide la soie, la laine et le coton; on en fixe la matière colorante par l'alun, ou du moins ce n'est que dans les manufactures de toiles peintes qu'on la fixe par l'acétate d'alumine. Que l'on fasse bouillir 2 parties de gaude pendant dix minutes dans 30 à 40 parties d'eau; qu'on passe le bain à travers une toile serrée, et qu'ensuite on y plonge pendant un quart d'heure, à la température de 30 à 75 degrés, une partie de soie alunée avec de l'alun bien pur, on obtiendra un jaune très beau et très intense. En substituant à la soie du coton décreusé et aluné, et prolongeant davantage l'immersion, l'on obtiendra également un très beau jaune; mais, pour peu qu'on ajoute de sulfate de fer au bain, la soie et le coton prendront une couleur olive. On s'y prendrait de la même manière pour teindre la laine, si ce n'est que le bain de teinture pourrait être presque bouillant.

Les couleurs de gaude sont très solides : on en tire un grand parti en teinture.

2621. *Quercitron.* — Le quercitron est l'écorce du *quercus nigra*. C'est à Banckroft que nous en devons la connaissance. Avant de le réduire en poudre, on doit toujours séparer l'épiderme brunâtre qui le recouvre. Il est bien plus riche en matière colorante que la gaude. Cette matière est de plusieurs sortes. L'une est jaune : c'est la couleur principale ; elle forme des cristaux nacrés pendant la concentration à une douce chaleur de la décoction ou de l'infusion de quercitron; M. Chevreul, qui cependant ne la regarde pas comme pure, lui a donné le nom de *quercitrin*. Les autres sortes de principes colorans sont, d'après le même chimiste, une substance brune et une substance rouge, lesquelles proviennent peut-être de l'action de l'air sur le quercitrin.

La décoction de 1 partie de quercitron dans 10 parties d'eau est d'un rouge orangé-brun, d'une saveur amère et astringente, d'une réaction acide sur le papier de tournesol. Les eaux de baryte, de strontiane, de chaux, y produisent des flocons abondans d'un jaune rouge. La potasse et l'ammoniaque en foncent la couleur. L'acide sulfurique étendu, l'acide oxalique, l'acide acétique en affaiblissent, au contraire, la teinte. L'acide azotique à 34° y forme des flocons d'un jaune roux, solubles en beau rouge brun dans un excès d'acide. L'alun ne la trouble que légèrement; le sulfate de peroxide de fer la colore en vert; le proto-chlorure d'étain et l'acétate de plomb y occasionnent des précipités roux.

Le quercitron peut servir à teindre en jaune la laine, la soie et les matières ligneuses; cependant il n'est guère employé que pour la teinture des toiles. Sa couleur devient roux plus facilement que celle de la gaude.

On obtiendra un jaune assez beau en traitant une partie de quercitron par 15 à 20 parties d'eau à la température de 50 à 60 degrés, passant la dissolution à travers un tamis fin au bout de 10 à 12 minutes, et y plongeant pendant le même espace de temps et à la même température, 10 parties de laine imprégnée d'alun et de chlorure d'étain. L'alunage se fait à la manière ordinaire, si ce n'est qu'on ajoute au bain une quantité de chlorure d'étain égale au quart de ce qu'on emploie d'alun.

2622. *Bois jaune.* — Ce bois est celui du *morus tinctoria*, plante de la famille des orties. On nous l'envoie du Brésil et des Antilles, sous forme de grosses bûches. Il doit être compacte, et autant que possible d'une couleur jaune sans mélange de rouge; mais il arrive souvent que l'on trouve dans son intérieur une matière pulvérulente jaune ou d'un blanc tirant sur la couleur de chair, et une matière rouge dont l'aspect est résineux.

Une décoction faite avec 1 partie de bois jaune et 10 parties d'eau, entretenue bouillante pendant un quart d'heure, est d'un orangé vif, tant qu'elle est chaude : elle se trouble peu-à-peu par le refroidissement et prend une teinte d'un jaune orangé. Filtrée alors et abandonnée quelques jours à elle-même, elle laisse déposer une substance jaune, cristallisée confusément, que M. Chevreul désigne sous le nom de *morin*, et qui paraît être principalement formée de la matière colorante jaune du bois.

La décoction de bois jaune est légèrement astringente et amère. Le contact du gaz oxigène la rend rougeâtre. Les alcalis la font passer au rouge-orangé brun-verdâtre. Les acides étendus en affaiblissent la teinte et la troublent légèrement; quelques-uns seulement font exception : tel est l'acide acétique, qui au contraire l'éclaircirait si elle était trouble. Le protochlorure d'étain y produit un précipité d'un beau jaune; l'alun, un précipité serin; l'acétate de plomb, un précipité jaune orangé; l'acétate de cuivre, un précipité d'un jaune brun; le sulfate de fer, un précipité floconneux noir olivâtre; la colle de poisson, un précipité en flocons d'un jaune orangé.

Le bois jaune est très riche en matière colorante : aussi suffit-il d'une partie de bois pour teindre 16 parties de drap. L'opération se fait en réduisant le bois en copeaux, le renfermant dans un sac, plongeant ce sac dans 25 à 30 parties d'eau bouillante, mettant dans le bain, d'après le conseil de M. Chaptal, des rognures de peaux pour l'aviver, et y passant l'étoffe alunée. Il paraît que la gélatine des peaux en précipite une matière d'un fauve rougeâtre.

Le bois jaune est employé, non-seulement pour teindre la laine en jaune, mais en vert, en bronze, etc. en l'alliant à d'autres couleurs de nuance convenable. Les jaunes qu'il donne finissent par devenir roux.

2623. *Jaune de Fernambouc.* — M. Bonsdorff est parvenu à obtenir sur laine, avec le fernambouc, un jaune très solide et très beau, en teignant la laine avec ce bois à la manière ordinaire, puis en la plongeant pendant quelques minutes dans une solution bouillante et très étendue de phosphate acide de chaux ou de jus de citron. Sa couleur résiste au savon. (*Ann. de Chim. et de Phys.*, t. XIX, p. 289.)

2624. *Curcuma* (*Terra merita*). — On appelle ainsi la racine du *curcuma longa*, de la famille des amomées; elle nous vient des Indes orientales.

Suivant MM. Vogel et Pelletier, elle est formée de ligneux, de matière colorante jaune pour laquelle M. Chevreul a proposé le nom de *curcumine*, de matière colorante brune, de fécule amilacée, d'un peu de gomme, d'huile volatile odorante et très âcre, et de chlorure de calcium.

Pour en retirer la curcumine, il faut traiter la racine par l'alcool bouillant qui dissout les deux matières colorantes, l'huile volatile et le chlorure de calcium, évaporer la liqueur à siccité, mettre le résidu en contact avec l'éther et évaporer la nouvelle dissolution : la curcumine reste mêlée seulement à une très petite quantité d'huile et de chlorure qui lui donne la propriété d'attirer l'humidité de l'air.

La curcumine est incristallisable, jaune en poudre, d'un brun rougeâtre en masse, fusible à 40°, très soluble dans l'alcool et l'éther, moins soluble dans les huiles grasses, les huiles essentielles et les graisses fondues, peu soluble dans l'eau même bouillante. Les alcalis la font passer au *rouge brun*. Elle colore l'acide sulfurique concentré en *rouge cramoisi* : l'eau l'en précipite en flocons jaunes. Telle est aussi l'action qu'exerce l'acide borique sur elle, en les dissolvant ensemble dans l'alcool et faisant évaporer complètement la dissolution. Les acides étendus ne l'altèrent pas et ramènent au jaune la teinte rouge-brun que lui donnent les alcalis.

L'infusion de curcuma contient en dissolution des quantités très notables des deux matières colorantes de la racine; elle est jaune rougeâtre et se comporte avec les alcalis et les acides sensiblement comme la *curcumine*.

La couleur du curcuma est très peu solide. Cependant on l'emploie pour donner plus de feu à l'écarlate et pour faire les verts sur laine au bleu de composition.

La propriété qu'elle a de devenir *rouge-brun* par les alcalis et de reprendre ensuite sa teinte jaune par les acides étendus, nous offre un excellent moyen de reconnaître de petites quantités des uns et des autres. A cet effet, on plonge à plusieurs reprises du papier dans une décoction de curcuma; on le colore ainsi en jaune; puis quand il est sec, on le trempe un instant dans une dissolution alcaline faible qui lui donne la teinte *rouge-brun*. En changeant de teinte, celui-ci indique des traces d'acide, l'autre des traces d'alcali.

2625. *Fustet.* — Le fustet est le bois du *rhus cotinus*, arbrisseau de la famille des térébinthacées. On le cultive en Provence. Il se trouve dans le commerce sous forme de petits morceaux d'un assez beau jaune et dépouillés de leur écorce.

Il donne une belle couleur jaune orangé, mais très fugace, que les alcalis font passer au rouge; cependant on l'emploie quelquefois avec la cochenille pour obtenir des écarlates jaunes, des capucines, des orangés, des aurores, qui ont beaucoup de feu : aucune de ces couleurs ne résiste à la lumière, toutes s'altèrent et deviennent roses.

*Graine d'Avignon.* — Cette graine est le fruit du *rhamnus infectorius*. Elle se récolte en France dans le comtat venaissin, dans la Provence, dans le Dauphiné et dans le Languedoc.

Quoiqu'elle donne un jaune qui ne soit pas solide, on s'en sert dans la fabrication du *stil de grain*, dans la teinture des toiles peintes et dans la préparation des laques pour les papiers peints.

2626. *Rocou.* — Le rocou est une pâte sèche, assez dure, brunâtre à l'extérieur et rouge à l'intérieur, qui vient de l'Amérique où elle est préparée avec les semences du *bixa orellana*, *Linn.* Les graines de cet arbre extraites des siliques qui les renferment sont pilées, délayées dans l'eau en quantité suffisante pour les couvrir entièrement, et abandonnées à la fermentation pendant plusieurs semaines ou même plusieurs mois. Au bout de ce temps, on les exprime en les plaçant dans des tamis, on conserve le résidu sous des feuilles de bananier jusqu'à ce qu'il s'échauffe par la fermentation, puis on le soumet à la même opération, et l'on réitère ce traitement jusqu'à ce qu'il ne reste plus de matière colorante. Le liquide écoulé est séparé des débris de graines qui s'y trouvent à l'aide de nouveaux tamis, et laissé en repos pendant quelque temps ;

après quoi la liqueur limpide étant décantée, le dépôt qui reste est soumis à l'action de la chaleur dans des chaudières où il se réduit en une pâte assez consistante qu'on fait sécher à l'ombre.

Au lieu de ce procédé long et pénible, en raison de l'emploi qu'il faut faire de la putréfaction, M. Leblond a proposé d'enlever simplement par des lavages à l'eau la matière colorante des graines de rocou qui se trouve tout entière à la surface, d'en déterminer le dépôt par l'addition de vinaigre ou de jus de citron, et d'amener ce dépôt à l'état de pâte par la méthode ordinaire ou bien en le faisant égoutter dans des sacs ainsi que cela se pratique pour l'indigo. Ce procédé paraît avoir l'avantage de donner un rocou beaucoup plus estimé.

La couleur du rocou se dissout légèrement dans l'eau, en lui communiquant une couleur jaune rougeâtre, une odeur forte de nature particulière, une saveur désagréable. Elle est beaucoup plus soluble dans l'alcool et dans les solutions alcalines. Sa dissolution dans les alcalis est jaune orangé; les acides l'en séparent presque complètement; l'alun y produit un précipité orangé, le sulfate de fer un précipité brun orangé, le sulfate de cuivre un précipité brun jaunâtre, plus clair que le précédent, et le chlorure d'étain un précipité jaune citron.

M. Chevreul a signalé dans le rocou l'existence de deux principes colorans : l'un, de couleur jaune, qui se dissout aisément dans l'eau, l'alcool, et légèrement dans l'éther; l'autre de couleur rouge, extrêmement peu soluble dans l'eau, mais notablement soluble dans l'alcool, l'éther, la potasse en liqueur, et susceptible de colorer en rouge orangé ces divers liquides. La matière colorante rouge est remarquable par la propriété qu'elle possède de devenir d'un très beau bleu d'indigo par son contact avec l'acide sulfurique concentré; au reste, la coloration n'est pas permanente, du moins sous l'influence de l'air : elle passe au vert, puis au brun violet.

Le rocou n'est guère employé que dans la teinture en soie pour composer des couleurs formées de rouge et de jaune, telles que les aurores, les oranges.

2627. *Chromate de plomb.* — Lorsqu'on plonge, pendant un quart d'heure, de la soie, de la laine, du coton, du lin, dans une dissolution faible de sous-acétate de plomb, à la température de 55 à 60°, et qu'après avoir lavé ces substances à grande eau, on les fait tremper dans une autre solution aussi faible que la précédente, de chromate neutre de potasse, elles prennent une couleur jaune qui, au bout de dix minutes, est parvenue à son maximum d'intensité. (Lassaigne, *Ann. de Chim. et de Phys.*, XV, 76.)

Suivant M. Berthier, la couleur ainsi obtenue tire toujours sur l'orange et est peu agréable; mais si l'on plonge les étoffes dans l'acide acétique, elles acquièrent presque aussitôt une couleur jaune citron, fort belle et très éclatante. En substituant l'acétate neutre de plomb au sous-acétate, on a immédiatement une belle couleur bouton d'or. C'est également ce qui a lieu avec l'azotate de plomb cristallisé : aussi prépare-t-on une assez grande quantité de ce sel pour les fabriques qui depuis quelque temps teignent en jaune de chrome.

Ces couleurs sont absolument inaltérables par le savon à froid; il en affaiblit la nuance à la chaleur de l'ébullition, et le vinaigre alors leur rend toute leur intensité et tout leur éclat. Le carbonate de soude, l'acide chlorhydrique les détruisent à l'instant. (*Ann. de Chim. et de Phys.*, XVI, 442.)

2628. *Orpiment.* — M. Braconnot a proposé de se servir d'orpiment pour teindre la laine, la soie, le coton, le chanvre, etc. Il dissout l'orpiment dans l'ammoniaque liquide et concentrée, étend le bain, qui est sans couleur, d'une quantité convenable d'eau, y plonge le corps à teindre, l'en retire lorsqu'il est bien imbibé, etc., et l'expose à l'air. Peu-à-peu l'ammoniaque se dégage, et le corps, d'incolore qu'il était au sortir du bain, prend une couleur jaune, dont la nuance peut s'étendre depuis le jaune doré le plus clair jusqu'au jaune souci. Cette couleur, très solide d'ailleurs et aussi vive que celle de gaude, ne peut malheureusement résister au savon. Il ne faudra donc l'employer que sur les étoffes qui ne se lavent point, telles que les tapisseries, etc. (*Ann. de Chim. et de Phys.*, XII, 398.)

2629. *Jaune citron et jaune orange faits sur soie avec l'acide azotique.* — On emploie maintenant l'acide azotique pour teindre la soie en jaune et pour faire des dessins jaunes sur la soie teinte en bleu ou en rouge; mais le procédé est peu connu. Voici comment M. Houtou-Labillardière est parvenu à l'exécuter. On épaissit de l'acide azotique pur à 24° avec de l'amidon grillé; on l'imprime, et avant que l'impression soit sèche, on met la soie, à la température de 100°, sur une plaque de cuivre chauffée à la vapeur; aussitôt la partie imprimée prend une couleur jaune citron; on lave et on passe dans une lessive caustique et faible : la couleur jaune citron prend alors la couleur orangée.

## *Teintures en bleu.*

2630. C'est avec l'indigo, le campêche et le bleu de Prusse, qu'on fait toutes les teintures en bleu; c'est avec l'indigo seul qu'on en obtient de solides.

2631. *Teintures en bleu par l'indigo.*—Il y a deux manières de combiner l'indigo avec les fils ou les tissus.

L'une consiste à dissoudre l'indigo dans l'acide sulfurique concentré, à étendre la dissolution de 100 à 150 parties d'eau, à y plonger le corps à teindre, à une température plus ou moins élevée, selon qu'on veut avoir une teinte plus ou moins foncée, à le laver et le sécher.

Les bleus que l'on obtient ainsi sont connus sous les noms de *bleus de Saxe* ou *de composition*; ils sont plus vifs, mais moins solides et moins foncés que ceux qui sont faits par la cuve; ce qui provient de ce qu'alors l'indigo reste uni à une portion de l'acide (2584).

La seconde manière d'unir l'indigo aux fils et aux tissus est de le ramener au *minimum* d'oxidation, de faciliter sous cet état sa dissolution dans l'eau par un alcali, et de mettre alternativement et à plusieurs reprises le corps à teindre en contact d'abord avec le bain de teinture, à la température de 40 à 45°, et ensuite avec l'air. Chaque immersion a pour objet d'imprégner le corps d'une certaine quantité d'indigo désoxigéné, et chaque exposition à l'air, de rendre cet indigo insoluble en le ramenant à son état naturel, et d'opérer sa combinaison. A sa première sortie du bain, le corps paraît jaunâtre; bientôt il devient vert, parce qu'il se trouve imprégné de jaune et de bleu, et enfin il passe entièrement au bleu.

2632. Le bain de teinture prend toujours le nom de *cuve*. On distingue trois espèces de cuves: 1° la cuve à la chaux et au vitriol; 2° la cuve d'inde; 3° la cuve de pastel.

2633. La cuve au vitriol peut se composer de 300 litres d'eau, 2 kilogrammes d'indigo, 2 kilogrammes et demi de sulfate de fer du commerce (sulfate de protoxide), 2 kilogrammes de chaux, et un demi-kilogramme de soude du commerce. On doit commencer par réduire l'indigo en poudre très fine et éteindre la chaux; ensuite on lessive la soude d'une part, et de l'autre on dissout le sulfate de fer. Cela étant fait, on verse l'eau, l'indigo, la chaux, la soude et le sulfate de fer dans une chaudière profonde; on remue bien le tout; on élève le bain à une température de 40 à 50 degrés, et on l'y maintient pendant vingt-quatre heures, en le remuant de temps en temps pendant les deux premières; alors on y passe l'étoffe. Lorsque, après s'en être servi, il commence à s'affaiblir, on y ajoute 2 kilogrammes de sulfate de fer et 1 kilogramme de chaux vive, afin de redissoudre la portion d'indigo qui, par son contact avec l'air, s'est oxigénée et précipitée. Ce n'est que quelque temps après cette addition qu'il est nécessaire d'y jeter une nouvelle quantité d'indigo.

2634. La cuve d'inde résulte d'un mélange de 100 seaux d'eau, 6 kilogrammes d'indigo, 6 kilogrammes d'alcali, 2 kilogrammes de son et 2 kilogrammes de garance. L'alcali, la garance et le son étant délayés dans l'eau, on fait bouillir celle-ci pendant quelque temps ; on porte ensuite la liqueur et le marc dans une chaudière conique placée dans un fourneau d'une forme appropriée ; après quoi l'on ajoute l'indigo bien broyé, on agite le tout, l'on couvre la cuve et l'on fait un peu de feu autour. Bientôt on agite de nouveau le bain, et on répète cette opération toutes les douze heures jusqu'à ce qu'il soit propre à la teinture, ce qui arrive ordinairement au bout de quarante-huit heures : il doit être d'un beau jaune, couvert de plaques cuivrées et d'écume bleue. A mesure qu'on teint, il s'affaiblit, et même beaucoup plus vite qu'on ne pourrait le croire, si l'on en jugeait par la quantité d'indigo qui se combine avec l'étoffe. Cet effet est dû à l'oxigénation et à la précipitation d'une grande partie de matière colorante. On la redissout en faisant bouillir une portion de la liqueur de la cuve, et y ajoutant le quart de la quantité d'alcali, le quart de la quantité de son, et le quart de la quantité de garance, employés primitivement, et en versant le mélange dans la cuve même. D'ailleurs, lorsque l'indigo se trouve lui-même épuisé, on en ajoute une nouvelle quantité. Il est évident que, dans la cuve d'inde, les corps qui désoxigènent l'indigo sont le son et la garance. La garance agit encore d'une autre manière : c'est qu'en se combinant avec l'étoffe, elle la met dans le cas d'être portée au même ton par une moindre quantité d'indigo.

2635. La cuve de pastel a beaucoup d'analogie avec la cuve d'inde ; elle n'en diffère qu'en ce qu'il entre du pastel et de la chaux dans sa composition, et qu'il n'y entre point de soude. Les quantités de matières que l'on peut employer sont les suivantes : eau, 4000 à 4500 litres ; pastel, 200 kilogrammes ; garance, 6 kilogrammes ; son, 2 kilogrammes (on peut les supprimer) ; chaux, 1 kilogramme ; indigo, 12 kilogrammes, trempé dans une lessive alcaline caustique à environ 6°, et ensuite broyé. (1)

1° L'on doit faire bouillir l'eau dans une chaudière pendant

(1) Le pastel est une plante de la famille des crucifères, qui croît naturellement en France et en Angleterre et qui appartient à la tétrandrie : Linné lui a donné le nom d'*isatis tinctoria*. On en distingue deux variétés, l'une à feuilles lisses, et l'autre à feuilles velues. Ceux qui s'occupent de la culture du pastel en font trois coupes par an ; ils laissent un espace de six semaines entre chacune d'elles, et com-

une heure avec la garance, et transvaser la liqueur dans une cuve en bois, dans laquelle on a jeté le pastel bien divisé. Cette cuve a à-peu-près 26 décimètres de profondeur et 16 décimètres de diamètre; elle est dans un lieu bien clos, et est enfoncée en terre jusqu'à la hauteur d'appui. Pendant tout le temps qu'on transvase et pendant au moins un quart d'heure après, l'on doit agiter toutes les matières contenues dans le bain, afin de les bien mêler.

2° Il faut couvrir exactement la cuve, la laisser six heures en repos, agiter le bain pendant une demi-heure, répéter cette opération de trois heures en trois heures jusqu'à ce qu'on aperçoive des veines bleues à sa surface, ajouter la chaux, et, immédiatement après, l'indigo broyé; agiter de nouveau deux fois le bain dans l'espace de six heures, et le laisser déposer: il prend une couleur d'un jaune d'or: c'est alors qu'on y passe les étoffes, après y avoir plongé toutefois un treillis fait avec de grosses cordes pour empêcher l'étoffe de toucher le dépôt.

3° A partir de l'époque où la cuve est en état de servir, il est nécessaire d'y verser tous les jours un demi-kilog. de chaux éteinte, et de réchauffer le bain tous les deux à trois jours, afin de l'entretenir à une température de 36 à 50 degrés. Cette seconde opération se fait en transvasant une grande partie de la liqueur dans une chaudière sous laquelle on allume du feu, en reportant ensuite cette liqueur dans la cuve, et couvrant celle-ci avec soin jusqu'à ce qu'on s'en serve.

La cuve au pastel est sujet à deux accidens : le premier se reconnaît à l'odeur piquante et à la couleur noirâtre qu'elle acquiert, ainsi qu'à la disparition des veines et de l'écume bleues qui se forment à sa surface; il est causé par un excès de chaux. Les ouvriers y remédient en jetant du tartre, du son, de l'urine ou de la garance dans le bain; d'autres se contentent de le faire chauffer. La seconde altération est, au contraire, produite par le défaut de chaux, ce qui permet au pastel de fermenter. Quand cela a lieu, les veines et les écumes bleues de la cuve disparaissent aussi; elle prend une teinte rousse, exhale une odeur fétide, et le dépôt qu'elle contient se soulève : dans ce cas on y ajoute une nouvelle quantité de cette matière alcaline.

mencent la première avant l'époque de la floraison. Quand le pastel est fauché, ils le lavent, le font sécher au soleil et le broient ensuite au moulin. Alors ils l'amassent en tas et le laissent fermenter pendant une quinzaine de jours. Au bout de ce temps, ils en forment des boules qu'ils amoncèlent dans un lieu aéré et exposé au soleil; elles ne tardent point à s'échauffer, à répandre une odeur putride et finissent par tomber en poudre grossière : c'est dans cet état qu'on verse le pastel dans le commerce.

Ce sont ces inconvéniens qui rendent les cuves de pastel si difficiles à conduire. Une cuve bien conduite peut durer très long-temps en y teignant matin et soir.

2636. *Teinture en bleu par le campêche.* — Le bois de campêche que l'on appelle encore *bois d'Inde*, est le tronc de *l'hæmatoxylum campechianum*, qui appartient à la famille des légumineuses et croît au Mexique et aux Antilles. Il nous est apporté sous la forme de bûches plus ou moins volumineuses. Il est pesant, dur, compacte, susceptible d'un beau poli, presque incorruptible, brun-rougeâtre extérieurement, et quand il est de bonne qualité, d'une couleur orangé-rougeâtre dans son intérieur. Sa saveur est douce, amère et astringente; son odeur, aromatique.

Suivant M. Chevreul, il est composé de ligneux, d'hématine, d'une matière particulière qui lui est intimement unie, d'une substance azotée, d'une huile volatile, d'une matière résineuse, d'acide acétique et de différens sels et oxides.

L'eau bouillante dissout environ les trois centièmes du bois de campêche. La décoction est d'un beau rouge tirant au violet ou au pourpre; mais en l'abandonnant à elle-même, elle acquiert peu-à-peu une couleur jaunâtre et finit même par devenir noire. Les alcalis foncent sa couleur et la font passer au pourpre et au violet; les acides au contraire la font tourner au jaune : on remarque toutefois que les acides concentrés, tels que l'acide sulfurique, l'acide chlorhydrique, et probablement beaucoup d'autres, lui donnent une teinte rouge. Sous ce rapport, le bois de campêche se rapproche du bois du Brésil; on l'en distingue aisément, parce que sa couleur est plus foncée et que son infusion aqueuse précipite en violet par les eaux de baryte, de strontiane, de chaux, le proto-chlorure d'étain, l'acétate de plomb, tandis que celle du Brésil précipite en cramoisi. L'infusion de campêche donne d'ailleurs des précipités noirs bleuâtres avec le sulfate de fer, et un précipité noir plus brun et moins éclatant que le précédent, avec le sulfate de cuivre.

On ne teint que la laine en bleu par le bois de campêche. Cette teinture se fait comme le rouge de Brésil, si ce n'est qu'on ajoute au bain une certaine quantité de vert-de-gris ou d'alcali. On peut employer pour une partie de laine alunée $\frac{1}{6}$ de partie de bois, 15 à 20 parties d'eau, $\frac{1}{20}$ de partie de vert de gris.

Le campêche ne sert pas seulement à teindre la laine en bleu; on s'en sert encore pour la teindre en violet, ainsi que la soie : alors on se contente d'aluner ces substances sans rien ajouter au bain. La laine se teint au bouillon, et la soie à la température de 30 à 60 degrés. Le campêche entre aussi dans la composition des bains de teinture en noir, comme donnant à cette teinte du lustre et du velouté. Enfin, en le mêlant avec d'autres substances colorantes, on obtient un grand nombre de couleurs composées.

2637. *Teinture en bleu de Prusse.* — La teinture en bleu de Prusse ne s'exécutait, avant 1811, que dans les laboratoires, parce qu'on ne l'obtenait jamais que terne; mais à cette époque, M. Raymond père, étant parvenu à l'aviver sur soie, et à la rendre tout à-la-fois foncée et brillante, les arts s'en sont emparés, et versent aujourd'hui dans le commerce, sous le nom de *bleu Raymond,* une grande quantité de soies teintes en bleu de Prusse.

Pour teindre la soie, il faut après l'avoir décreusée, la plonger pendant un quart d'heure, à la température ordinaire, dans de l'eau contenant environ la vingtième partie de son poids de sulfate de peroxide de fer, la laver, la tenir une demi-heure dans un bain de savon presque bouillant, la laver de nouveau, et la mettre à froid dans une dissolution très faible de cyanure jaune de fer et de potassium, acidulée par l'acide sulfurique ou l'acide chlorhydrique. Dès que la soie y est plongée, elle se colore, et n'a plus besoin, au bout d'un quart d'heure, que d'être lavée, puis avivée par une eau très légère de carbonate d'ammoniaque, et enfin séchée pour être versée dans le commerce. Dans cette opération, la soie s'empare d'une certaine quantité du sel ferrugineux; le savon enlève l'acide de ce sel, et peut être supprimé quand le sulfate de fer est neutre; l'acide par sa réaction sur le cyanure alcalin et l'oxide de fer, forme du sulfate de potasse ou du chlorure de potassium qui se dissout, et du bleu de Prusse qui s'unit à la soie. Quant au carbonate d'ammoniaque, il dissout un peu de matière jaune qui donne d'abord une teinte verte à la couleur. Suivant M. Chevreul, une immersion prolongée dans beaucoup d'eau produit plus sûrement le même effet.

Cette couleur se ternit au soleil, et reprend tout son éclat à l'obscurité.

Il paraît que, par des moyens plus ou moins analogues, on peut unir aussi le bleu de Prusse à la laine. Mais les essais faits jusqu'ici laissent encore à desirer. Ils sont principalement dus à M. Raymond fils et à M. Souchon.

### *Tournesol.*

2638. Le tournesol a une couleur d'un bleu violet; il existe dans le commerce sous deux états différens : en pain ou petits cubes et en drapeau.

Le tournesol en drapeau se prépare au village de Grand-Gallangues, près Montpellier, en imprégnant des chiffons de suc de *croton tinctorium*, plante annuelle et herbacée, et les exposant, dans des cuves, aux vapeurs ammoniacales que laisse exhaler un mélange d'urine putréfiée et de chaux. Les chiffons, verts d'abord, prennent une teinte bleu-violet qui devient plus intense par de nouvelles immersions dans le suc de la plante et leur exposition aux vapeurs alcalines. Le tournesol en drapeau est employé pour teindre en bleu le papier à sucre, colorer extérieurement les fromages de Hollande, etc.

Les auteurs ne sont point d'accord sur la plante qui sert à obtenir le tournesol en pain. Suivant les uns, il se fait avec le *lichen roccella* des Canaries ou du Cap-Vert ; suivant d'autres, avec le *roccella tinctoria* et le *ceanora tartarea* ; suivant d'autres encore, avec le *lichen parellus*. Ce qui paraît certain, c'est que toutes les plantes propres à la fabrication de l'orseille sont susceptibles de fournir le tournesol en pain. Il y a même une grande analogie entre la préparation de l'un et celle de l'autre. En effet, pour se procurer celui-ci, on pulvérise la plante bien séchée, on la mêle avec la moitié de son poids de cendres gravelées, et on ajoute assez d'urine au mélange pour le mettre en pâte molle. Il entre peu-à-peu en fermentation. Alors on l'arrose de temps en temps avec une nouvelle quantité d'urine, jusqu'à ce que la pâte ait pris d'abord une couleur pourpre, puis une nuance bleu foncé. Lorsqu'elle est en cet état, on la pétrit avec plus ou moins de craie qui lui donne la consistance plastique, on la moule et on la fait sécher à l'ombre.

La matière colorante du tournesol n'a point encore pu être isolée : elle est très altérable. En s'y unissant, les acides les plus faibles la rendent rouge, et les alcalis bleue. Sa couleur naturelle est le violet foncé; car cette teinte est celle que prend une infusion de tournesol qu'on rougit par l'acide sulfurique ou chlorhydrique, et qu'on neutralise ensuite par le carbonate de chaux. Elle est soluble dans l'eau et dans l'alcool. Conservée dans des flacons fermés, la solution aqueuse finit par se décolorer ; l'acide sulfureux, les hypo-sulfites, le proto-chlorure d'étain, l'hydrate de protoxide de fer, etc., produisent cet effet presque instantanément : dans tous les cas, la couleur bleu violet reparaît promptement par le contact de l'air ou de l'oxigène. Il y a donc d'abord *désoxigénation*, puis *réoxigénation*, phénomène que nous présente l'indigo, etc. d'une manière si remarquable.

Le tournesol est employé comme réactif pour reconnaître les acides et les alcalis. A cet effet, l'on prépare deux sortes de papiers dans les laboratoires; l'un qui est bleu violet, en plongeant du papier non collé dans une forte infusion de tournesol, dont on a presque neutralisé l'alcali par une addition d'acide chlorhydrique; l'autre qui est d'un rouge un peu violacé, en ajoutant un peu plus d'acide à l'infusion. Le premier indique les acides en passant du bleu au rouge, et le second les alcalis en passant du rouge au bleu.

### *Teinture en noir et en gris.*

2639. La matière colorante de cette teinture est un composé de peroxide de fer, d'acides tannique et gallique; elle est insoluble dans l'eau. Sa couleur naturelle est d'un gris violet; elle ne semble noire qu'autant qu'elle est concentrée : par conséquent, en fixant une grande quantité de cette matière sur les étoffes, elles paraîtront noires, et en en fixant de moins en moins, elles passeront du gris violet le plus brun jusqu'au plus clair. Que l'on tienne pendant deux heures 1 partie de coton dans 15 parties d'eau bouillante, à laquelle on aura ajouté $\frac{1}{5}$ de partie de noix de galle en poudre et autant de campêche; qu'on plonge ensuite le coton pendant deux à trois heures dans un bain presque bouillant, formé de 15 parties d'eau et de 1 partie de pyro-lignite de fer, et l'on obtiendra un noir foncé. En employant deux fois moins de noix de galle, de campêche et de pyro-lignite, il en résultera du gris. Dans la teinture noire en grand, on commence d'abord par donner un pied de bleu à la laine, au coton et au lin que l'on veut teindre; puis on les combine avec le principe astringent provenant d'une substance quelconque, et enfin on les passe dans un bain formé de sulfate de fer, de vert-de-gris et de campêche. Quant à la soie, elle ne reçoit jamais de pied de bleu.

### *Teinture en couleurs composées.*

2640. Nous ne décrirons point d'une manière particulière les procédés par lesquels on parvient à obtenir ces couleurs. Nous nous contenterons de dire qu'ils consistent, en général, à plonger le corps à teindre successivement dans divers bains colorans, ou quelquefois dans un seul formé de diverses matières colorantes : c'est ainsi que tous les verts se font, en passant les fils ou les tissus d'abord dans un bain bleu, et ensuite dans un bain jaune.

Le violet, le pourpre, le colombin, l'amaranthe, le lilas, les nuances pensée, mauve, et beaucoup d'autres se préparent en fixant sur l'étoffe une plus ou moins grande quantité de bleu et de rouge ; le coquelicot, le brique, le capucine, l'aurore, les mordorés, les cannelles, etc., en l'imprégnant de rouge et de jaune.

Telles sont les différentes notions que nous nous sommes proposé de donner sur l'art de la teinture ; ceux qui voudront en avoir de plus précises et de plus étendues devront consulter les ouvrages qui traitent particulièrement de cet art, et surtout les ouvrages de MM. Berthollet et Chaptal.

FIN DU QUATRIÈME VOLUME.

www.ingramcontent.com/pod-product-compliance
Ingram Content Group UK Ltd.
Pitfield, Milton Keynes, MK11 3LW, UK
UKHW021837190726
13855UKWH00001B/31

9 782013 408653